ENCYCLOPEDIA OF
AGRICULTURAL ECONOMICS

農業経済学事典

日本農業経済学会 編

丸善出版

刊行にあたって

学問の発展に伴って，その領域が細分化され，専門化されていくことはむしろ自然なことである.「産業革命が起こるまでは——また，多くの国ではその後もずっと長いあいだ——経済学といえば，すべて農業経済学だったのである」(J. K. Galbraith（1977）The Age of Uncertainty：都留重人訳『不確実性の時代』TBS ブリタニカ（1980）16 頁）とガルブレイスが指摘したとおり，長い歴史を有する農業経済学を包括的に理解するための事典を編さんすることは，途方もない困難を伴う作業である.

日本農業経済学会は，盛田清秀前会長を編集委員長として，会員による編集委員会を立ち上げ，こうした困難に果敢にチャレンジした．その成果として，このたび丸善出版から『農業経済学事典』を刊行する運びとなった．この事典は 300 を超える項目を 17 章に整理した大著であり，項目の大半を会員が執筆している．さらに，各項目には，引用文献や，必要に応じて，その項目を深く掘り下げたい読者のための参考文献も掲載されている．こうした文献の多くもまた会員の著作であることを考慮すると，この事典は，盛田前会長のリーダーシップの下で，日本農業経済学会が総力を挙げて上梓した事典であるといっても差し支えないであろう．同時に，ご協力いただいた非会員の方々にも，この機会に厚くお礼申し上げたい.

日本農業経済学会は 1924（大正 13）年に発足し，2024 年には創立 100 周年を迎える．会員数は 1,524 名（2018 年度）である．学会では，これまで創立 50 周年（逸見謙三・梶井功編（1981）『農業経済学の軌跡』農林統計協会）と，70 周年（中安定子・荏開津典生編（1996）『農業経済研究の動向と展望』富民協会）の節目に，それぞれ研究成果をレビューして，将来の研究方向を展望するための重要な著作を刊行してきた．今回，創立 100 周年を間近に控えて，農業経済学の理解に必要な事項を網羅した事典の出版が実現することは，誠に慶ばしいことである.

この間，1999 年に「食料・農業・農村基本法」が制定された．新法では「食料・農業・農村基本計画」を策定し，施策の評価をふまえて，米国農業法のように，概ね 5 年ごとに見直しを図ることにしている．この法律は，通称「新基本法」として，それまでの旧基本法である「農業基本法」(1961 年制定）と対置されており，いずれも「基本法」と銘打っていることから，農業法制の基本として位置づけられた法律である．その基本法が改正されたということは，この間に農業を取り巻く情勢が劇的に変化したことを物語っている．

旧基本法下の高度経済成長期に，日本では畜産物や油脂類の消費量が増加するとともに，コメの消費が減退し，食料自給率が低下した．国外では，1980年代初頭に現在のEUが農産物輸出地域に転換したことなどで，先進国を中心に農産物が過剰基調となり，これがGATTの農業交渉につながった．1991年に日米2国間合意による牛肉とオレンジの関税化がスタートし，1993年末にはGATTのウルグアイ・ラウンド交渉が妥結して，それ以降，農産物の市場開放が進展することになった．また，規制緩和による市場の効率化が標榜され，経済のグローバル化が世界を席巻したことも周知のとおりである．グローバリズムとは，企業の論理が国の統治を超越することでもある．規制緩和による市場の効率化で資源の効率的配置が実現して経済が拡大するという新自由主義的な考え方は一つの理念型であって，実際には，食料・農業・農村に関わる以下の問題が提起されることになった．

開放経済の下で食料の安定供給をどう確保するか．企業の論理が優越すれば都市部への人口集中が進む．農業の持続的な発展と農村の振興をどう図るか．市場開放とグローバル化は食料の生産地と消費地の物理的・時間的距離の伸長につながる．食料の安全性や消費者の合理的選択をどう担保するか．農業がもたらす環境保全機能をどう評価するかなどである．さらに，グローバリズムは国際間の賃金格差を平準化させる方向に働くため，高賃金経済の先進国では労働分配率が抑制される．日本では非正規雇用者の割合が増加するとともに，2000年代の景気拡大局面においても，正規雇用も含めた賃金率の横ばい，または緩やかな下降傾向が続き，所得格差が拡大した．

新基本法制定の背景にはこうした情勢変化があった．食料の安全保障，農村における生活環境の維持，生産者・消費者間の情報の偏在，外部経済，社会のセーフティネットに関わる問題であり，理論的には，公共財，外部性，情報の非対称性として，新自由主義が信奉する市場機構が失敗する要因でもある．『農業経済学事典』は，こうした現実問題の理解にも役立つはずである．研究者のみならず，一般の読者や学生の皆さんにもこの事典を活用してもらうことで，農業経済学の体系的理解とともに，食料・農業・農村問題への関心を深めていただくことを願ってやまない．

2019年5月吉日

日本農業経済学会会長
草　苅　　仁

序　文

ここに『農業経済学事典』を上梓することができたことに対し，出版にご尽力をいただいた関係者の皆さまにまず心よりお礼を申し上げます．

草苅仁日本農業経済学会会長が「刊行にあたって」で述べているように，本事典の編集に学会事業として取り組んだ日本農業経済学会は，わが国の経済学関連学会の中で最も古い歴史をもつ学会の１つであり，１世紀近くにわたる活発な学会活動を展開してきている．現在，会員の研究分野は狭義の農業経済学領域に留まらない広がりを示し，専門分野は経済学を超えて経営学，社会学，歴史学，法律学，教育学にわたり，さらに近年成立したフードシステム学の研究者も加わり，それぞれが専門的，学際的な研究に取り組んでいる．加えて農業は地域個性と切り離しがたいという固有の性格（立地特性）をもっているため，北海道から九州まで各地域・地方ごとの農業経済学会が組織されている．本事典はこれら多くの専門分野の研究者が総力を結集し，その先端的な知見をもとに構成・執筆されたものである．高度な内容でも平明な叙述を旨としつつ，正確かつ最高水準の情報・知見を提示する農業経済学分野を包括する事典としてお薦めできる作品に仕上がったと自負している．

このように，農業経済学が狭義の農業経済学領域に留まらない多方面にわたる研究を行ってきたことには十分な理由がある．それは，農業という産業が，産業経済的ロジックを超えた広がりをもつこと，すなわち農業という産業，営みが食料供給を通じて我々の生活基盤を支えていることはもちろんであるが，農業は地域社会の住民によるさまざまな社会活動の支えによって行われていると同時に，地域社会のアイデンティティを形作っていること，経済学でいう外部性（外部経済）による多面的機能を発揮していることなどによるものである．さらに地域および地球規模での環境問題，地域社会のあり方とそこに住む人々の暮らし，社会の文化構造，地域の歴史や思想性，人々および国の（食料）安全保障，国土保全など広範囲にわたる相互作用と因果連関関係を取り結んでいるのが農業および食料生産活動だからである．

研究対象の広がりと総合性，それによる多様な学問的アプローチの必要，私たちの暮らしとの密接かつ直接的な関わり，地域社会の重要な構成要素でありそこに住む人々の生命を支える安全保障のかなめであることなどの農業の特性が，以上のような農業経済研究の特徴と近年に至る展開をもたらしているのである．農業経済学の出発点においては，農村の貧困問題解決が最大の研究課題であったが，グローバル化のもとで農業という産業の生産性向上や競争力向上が課題となってきたことから，農産物マーケティング論，農業構造論，制度論など本来的な農業経済学領域での研究が専門化，深化してきたことは事実である．しかし現在，それを超えて，より広範な社会文脈の中で農業と食料生産が再定義されることが課せられている．

このように，農業経済学領域では固有の研究領域に加え，多面的なアプローチによる現代農業・食料問題の解決に向けた方策が研究されている．しかし，その一方で，人類の生存基盤の最たる食料生産に関わるという農業のもつ根源性にもかかわらず，農業生産・食料問題の複雑性のゆえであろうか，身近な問題でありながら農業の現状と実情，変貌の具体的様相，直面する課題とその性質，課題解決の方向性・展望については，必ずしも正確で体系的な情報が提供されてきたとはいえないようである．私たちが21世紀を生きぬく上で，子々孫々に豊かで安全な生活基盤・社会を手渡していくため，人類が地球規模で平和で公平・公正・平等な社会を築き上げるための基礎的情報・基本知識を提供する上で，本事典がいくらかでも役に立てればというのが，刊行にあたってのささやかな願いと期待である．

最後になるが，2016年の初夏に事典出版のお話をいただき，刊行に至るまで全面的にお世話いただいた丸善出版株式会社の小根山仁志さんには心からお礼申し上げたい．また事典刊行を学会の事業として承認し，支援いただいた日本農業経済学会と会員の皆さまには衷心より感謝申し上げる．事典出版のため延べ300名を超える会員および若干名の会員外の方からご執筆をいただいた．執筆者の方々は，いずれも各専門分野を代表する一線級の方々であり，大変ご多忙のところ本事典のため執筆の労をいただいたことに深く感謝申し上げる．また各章の取りまとめにおいては，当該領域の第一人者の中から編集委員をお願いした．編集委員のご尽力により項目編成，執筆者の人選，執筆内容の調整など刊行に向けた主要業務を滞りなく進めることができた．編集委員の本事典刊行への貢献に対し心よりお礼申し上げる．また，事典編集においては，基本方針，分野構成，項目編成，執筆者選任，原稿査読のすべてにわたって中心的役割を担っていただいた5人の常任編集委員には深甚な感謝を申し上げる．本事典の刊行は，この5人の働きがなければ決して可能ではなかった．さらに事典編集の事務局を務めていただいた編集幹事の神代英昭，首藤久人，草処基の3氏にはあらためて深い感謝の意を表させていただく．3人の編集幹事には，事典編集に伴う膨大な実務を担当していただいた．編集幹事の文字通り粉骨砕身のご活躍がなかったならば，本事典の発行はありえなかった．心からの敬意をこめて感謝申し上げる．

2019年6月

『農業経済学事典』編集委員長・前日本農業経済学会会長
盛　田　清　秀

編集委員会（五十音順）

執筆者一覧（五十音順）

合崎英男　北海道大学
會田剛史　日本貿易振興機構アジア経済研究所
秋津元輝　京都大学
秋山満　宇都宮大学
阿久根優子　日本大学
浅野耕太　京都大学
浅見淳之　京都大学
足立泰紀　神戸医療福祉大学
足立芳宏　京都大学
荒幡克己　岐阜大学
淡路和則　龍谷大学
安藤益夫　宇都宮大学
安藤光義　東京大学
飯國芳明　高知大学
池上彰英　明治大学
池上甲一　近畿大学 名誉教授
池島祥文　横浜国立大学
井坂友美　ニューカッスル大学大学院博士課程
石井圭一　東北大学
石田章　神戸大学
和泉真理　日本協同組合連携機構
磯田宏　九州大学
板橋衛　愛媛大学
伊丹一浩　茨城大学
市田知子　明治大学
伊藤順一　京都大学
伊藤房雄　東北大学
伊藤亮司　新潟大学
伊庭治彦　京都大学
岩崎正弥　愛知大学
岩元泉　鹿児島大学 名誉教授
鵜川洋樹　秋田県立大学
氏家清和　筑波大学
内田和義　島根大学 名誉教授
内山智裕　東京農業大学
畝山智香子　国立医薬品食品衛生研究所
梅本雅　農業・食品産業技術総合研究機構
江川章　中央大学
遠藤和子　農業・食品産業技術総合研究機構
大内雅利　明治大学 名誉教授
大浦裕二　東京農業大学
大鎌邦雄　東北大学 名誉教授
大西敏夫　大阪商業大学
大山利男　立教大学
小田滋晃　京都大学
小田切徳美　明治大学
小野雅之　神戸大学
加賀爪優　大和大学
梶川千賀子　岐阜大学
加治佐敬　青山学院大学
柏雅之　早稲田大学
片岡美喜　高崎経済大学
嘉田由紀子　参議院議員
香月敏孝　愛媛大学
加藤衛拡　筑波大学
金岡正樹　農業・食品産業技術総合研究機構

金田 憲和	東京農業大学
加納 啓良	東京大学 名誉教授
神井 弘之	農林水産省
上岡 美保	東京農業大学
川手 督也	日本大学
川村 保	宮城大学
菊島 良介	農林水産政策研究所
菊地 昌弥	桃山学院大学
木島 陽子	政策研究大学院大学
北川 太一	福井県立大学
木立 真直	中央大学
鬼頭 弥生	京都大学
木南 章	東京大学
清原 昭子	福山市立大学
草苅 仁	神戸大学
草処 基	東京農工大学
工藤 春代	大阪樟蔭女子大学
國光 洋二	農業・食品産業技術総合研究機構
久保田 哲史	農業・食品産業技術総合研究機構
栗山 浩一	京都大学
黒崎 卓	一橋大学
黒瀧 秀久	東京農業大学
桑原 考史	日本獣医生命科学大学
河野 恵伸	農業・食品産業技術総合研究機構
小林 茂典	石川県立大学
小林 信一	日本大学
小山 良太	福島大学
近藤 巧	北海道大学
斎藤 修	千葉大学 名誉教授
齋藤 勝宏	東京大学
斎藤 潔	宇都宮大学
齋藤 陽子	北海道大学
坂下 明彦	北海道大学
坂爪 浩史	北海道大学
坂根 嘉弘	広島修道大学
作山 巧	明治大学
櫻井 清一	千葉大学
櫻井 武司	東京大学
佐々木 貴正	国立医薬品食品衛生研究所
佐藤 和憲	東京農業大学
佐藤 了	秋田県立大学 名誉教授
佐野 聖香	立命館大学
澤内 大輔	北海道大学
澤田 守	農業・食品産業技術総合研究機構
志賀 永一	帯広畜産大学
重藤 さわ子	事業構想大学院大学
茂野 隆一	筑波大学
澁谷 美紀	農業・食品産業技術総合研究機構
清水 みゆき	日本大学
清水 洋二	拓殖大学 名誉教授
清水池 義治	北海道大学
下川 哲	早稲田大学
下山 晃	大阪商業大学
下渡 敏治	元 日本大学 教授
首藤 久人	筑波大学
生源寺 眞一	福島大学
庄司 俊作	同志社大学 名誉教授
庄司 匡宏	成城大学
荘林 幹太郎	学習院女子大学
白木沢 旭児	北海道大学
神代 英昭	宇都宮大学
末原 達郎	龍谷大学
菅沼 圭輔	東京農業大学
図司 直也	法政大学

鈴木 宣弘	東京大学
鈴村 源太郎	東京農業大学
須田 敏彦	大東文化大学
住本 雅洋	石川県立大学
関根 佳恵	愛知学院大学
仙田 徹志	京都大学
千田 雅之	農業・食品産業技術総合研究機構
祖田 修	京都大学 名誉教授
高橋 明広	農業・食品産業技術総合研究機構
高橋 克也	農林水産政策研究所
高橋 大輔	拓殖大学
竹下 広宣	名古屋大学
竹田 麻里	東京大学
田代 正一	鹿児島大学
立川 雅司	名古屋大学
立岩 寿一	東京農業大学 名誉教授
田中 勝也	滋賀大学
谷 顕子	高崎健康福祉大学
谷口 信和	東京大学 名誉教授
玉 真之介	帝京大学
玉井 哲也	農林水産政策研究所
千葉 典	神戸市外国語大学
珍田 章生	全国共済農業協同組合連合会
辻村 英之	京都大学
土田 志郎	東京農業大学
徳田 博美	名古屋大学
徳永 澄憲	麗澤大学
中尾 誠二	福知山公立大学
中島 紀一	茨城大学 名誉教授
中嶋 晋作	明治大学
中嶋 康博	東京大学
仲地 宗俊	琉球大学 名誉教授
中塚 雅也	神戸大学
長濱 健一郎	秋田県立大学
中村 勝則	秋田県立大学
中村 貴子	京都府立大学
並河 良一	マクロ産業動態研究会
南石 晃明	九州大学
新山 陽子	立命館大学
西川 邦夫	茨城大学
西澤 栄一郎	法政大学
西原 是良	早稲田大学
西山 未真	宇都宮大学
仁平 恒夫	ホクレン農業協同組合連合会 農業総合研究所
納口 るり子	筑波大学
能美 誠	鳥取大学
野田 公夫	京都大学 名誉教授
野本 京子	東京外国語大学 名誉教授
橋詰 登	農林水産政策研究所
林 岳	農林水産政策研究所
原 珠里	東京農業大学
東山 寛	北海道大学
久野 秀二	京都大学
平石 学	北海道立総合研究機構
平澤 明彦	農林中金総合研究所
平林 光幸	農林水産政策研究所
廣政 幸生	明治大学
胡 柏	愛媛大学
福井 清一	大阪産業大学
福田 晋	九州大学
福田 竜一	農林水産政策研究所
福与 徳文	茨城大学
藤島 廣二	東京聖栄大学
藤田 幸一	京都大学
藤田 武弘	和歌山大学

藤 原 辰 史	京都大学
藤 本 髙 志	大阪経済大学
藤 山 浩	持続可能な地域社会総合研究所
冬 木 勝 仁	東北大学
古 沢 広 祐	國學院大學
細 川 允 史	卸売市場政策研究所
堀 田 和 彦	東京農業大学
堀 部 篤	東京農業大学
前 田 幸 嗣	九州大学
槇 平 龍 宏	大月短期大学
正 木 卓	弘前大学
増 田 佳 昭	立命館大学
松 木 洋 一	日本獣医生命科学大学 名誉教授
松 下 秀 介	筑波大学
松 田 敏 信	鳥取大学
松 原 豊 彦	立命館大学
松 久 勉	農林水産政策研究所
松 村 一 善	鳥取大学
松 本 武 祝	東京大学
三 石 誠 司	宮城大学
宮 崎 猛	公立小松大学
宮 武 恭 一	農業・食品産業技術総合研究機構
宮 田 剛 志	高崎経済大学
宮 部 和 幸	日本大学
村 上 智 明	東京大学
森 佳 子	島根大学
森 高 正 博	九州大学
盛 田 清 秀	公立小松大学
門 間 敏 幸	東京農業大学 名誉教授
八 木 洋 憲	東京大学
薬師寺 哲 郎	中村学園大学
矢 口 芳 生	福知山公立大学
矢 坂 雅 充	東京大学
保 田 順 慶	大原大学院大学
柳 村 俊 介	北海道大学
矢 部 光 保	九州大学
山 浦 陽 一	大分大学
山 口 道 利	龍谷大学
山 崎 亮 一	東京農工大学
山 本 祥 平	食品需給研究センター
山 本 充	小樽商科大学
万 木 孝 雄	東京大学
横 山 繁 樹	国際農林水産業研究センター
吉 井 邦 恒	農林水産政策研究所
吉 田 謙太郎	九州大学
吉 田 義 明	千葉大学
ラランディソン，ツィラブ	京都大学
李 海 訓	東京経済大学

（2019 年 10 月現在）

目　次

第 1 章　経済学の発展と農業 (編集担当：矢口芳生・盛田清秀)

第 2 章　農業経済学のユニークネスと新展開 (編集担当：池上甲一・玉 真之介)

第 3 章　農業と技術 (編集担当：梅本 雅・立川雅司)

第4章　農業経営 (編集担当：納口るり子・盛田清秀)

第5章　農業と資源投入 (編集担当：茂野隆一・生源寺眞一)

第6章　農産物市場と価格形成　(編集担当：荒幡克己・生源寺眞一)

第7章　フードシステムと農業・食品産業　(編集担当：中嶋康博・新山陽子)

第8章　食料消費と消費者行動　(編集担当：草苅 仁・新山陽子)

第9章 食品の安全 (編集担当：工藤春代・新山陽子)

第10章 農業・農村と環境問題 (編集担当：西澤栄一郎・生源寺眞一)

第11章　日本の食料・農業・農村政策 (編集担当：福田 晋・安藤光義)

第12章　農業生産の立地構造 (編集担当：柳村俊介・安藤光義)

第 13 章 地域資源と農村 (編集担当：小田切徳美・安藤光義)

第 14 章 農業史・農村史 (編集担当：足立芳宏・松本武祝・玉 真之介)

第 15 章 農村・農業社会学 (編集担当：秋津元輝・立川雅司)

第16章　世界の農業（編集担当：石井圭一・櫻井武司・立川雅司）

第17章　食料・農業・農村の統計（編集担当：橋詰 登・玉 真之介）

付 録

見出し語五十音索引

■あ

■か

■さ

■た

■な

■は

■ま

■や

■ら

第1章

経済学の発展と農業

1-1

世界の食料需給と農業

●需給の不安定要素　世界の食料需給は，需要と供給の両面に不安定要素を抱えている．食料・農業生産が生産過程に自然を取り込んで行われるからである．

需要面では，人口増加する中，技術進歩や農地拡大等により食料生産は増大してきたが，途上国では不十分な所得，不適正な流通・分配や農業生産方法等が8億人もの栄養不足人口を生み出している．他方，各国の所得向上に伴う肉食の増大＝家畜穀物需要の増大，食品廃棄（食品ロス）の増大という問題もある．

供給面では，多くの不安定要素がある．食料・農業生産は気候に大きく影響され，長期的には地球温暖化の影響による生産適地の変動が考えられる．2014年IPCC第5次報告第2作業部会報告では，温暖化が食料生産に不利に作用するとした．短期的には温暖化が原因とされる多発する気象激変による食料・農業生産の不安定がある．国際市場に出回る量は限られ，常に安定的に確保されるわけではない．今後必要な農地面積の確保が可能かという問題もある．

生産量に大きな変化が起きた場合，農産物価格が暴騰暴落し，ときに**食料危機**や**農業危機**に発展する．一般的に食料危機は食料不足となり価格が暴騰して消費者を直撃し，反対に農業危機は価格が暴落して農業経営を破綻に追い込む．

近年の農業危機として，1982〜1987年の「アメリカ農業不況」，今日の日本の特異な「農業危機」がある．「アメリカ農業不況」は，1970年代の世界食料危機後の農業ブームと過剰生産力の累積のもと，穀物在庫増大と価格低下，ドル高による輸出競争力低下，農業負債増大等により，農場が相次いで倒産し自殺者も出た（矢口，2012）．ウルグアイ・ラウンド交渉による国際的な農業調整，ドル高是正と為替安定，国内的には農業補助金の漸減による農業再編等により終息した．

日本の「農業危機」の特徴は，食料自給率（供給熱量ベース40%未満）が先進国中最低状況と農産物価格低迷の中，耕地面積減少と耕作放棄地増大，農業担い手の不足と高齢化等に示される．国内の生産基盤を弱めつつ海外依存に傾斜する構造は，先進諸国にはみられない特異性がある．食料危機への対応が必要になる．

●食料危機7つのケース　近年人類は7例の食料危機を経験している（表1）．食料の危機回避，安定供給のために，各国は国内生産の確保・充実を基本に，備蓄，安定した輸入の確保に努める．日本は，食料自給率目標を45%（供給熱量ベース）とし，農地・担い手・農業技術等の農業生産基盤の確保に努めている．

表1　食料危機7つのケース

ケース	発生原因と事例	影響・特徴と性格
①マルサス的危機	☆食料生産が人口増加に追いつけずに発生. ☆地球的規模では未経験．アフリカや南アジア等の発展途上の国々では現実化，長期に続く. ☆バイオ燃料への穀物利用のシフトで，途上国の食料問題の深刻化.	☆1996年11月世界食料サミットで8億4000万人の「栄養不足人口半減」と宣言，「5年後会合」でも確認. ☆中長期の要因で発生し，影響は顕在的潜在的に長期に続く.
②偶発的危機	☆戦争や自然災害，長期の港湾ストライキ等で食料の輸入・調達ルートが途絶して発生. ☆1971年米国港湾スト（134日間）で混乱，95年阪神淡路大震災時の食料輸送混乱，等.	☆突発的要因により生じ，影響は比較的短期的であり，備蓄で対応可能.
③循環的危機	☆天候の循環的変動で世界的な不作を生じ，食料不足で価格高騰して発生. ☆72年世界的不作でのソ連大量穀物買付を契機に73～74年世界的危機，93年日本の米大凶作，06・07年豪州の2年連続の大干ばつ，等.	☆作柄の状況や連続の不作によっては，解決に時間がかかる危機. ☆地球温暖化の影響で，今後，頻繁に発生する可能性.
④政治的危機	☆輸出国の政治・経済戦略の一環として食料輸出が禁止ないし制限されることで発生. ☆73～74年の食料危機（米国「輸出管理法」に基づく輸出禁止，日本・EU等は穀物・食品価格高騰），81年の対ソ穀物制裁，等. ☆2006～08年危機は輸出国が食糧価格高騰の抑制目的で輸出規制実施，食糧暴動多発.	☆「輸出管理法」は，国家安全保障・外交政策・国内経済上必要な場合に，食料・農産物を含む戦略物資の輸出を禁止・規制. ☆WTO農業協定第12条に明文化，輸出禁止・規制は合法．06～08年の穀物輸出禁止・規制は途上国・中進国だったのが特徴的. ☆影響は比較的短期的.
⑤放射能汚染危機	☆原発や放射能廃棄物の事故，テロで原発破壊，核戦争等で生態系破壊され生産不能に. ☆1986年4月，旧ソ連・ウクライナ共和国・チェルノブイリで原発事故発生，被爆で約50人死亡，子ども約4000人甲状腺がん発病．半径30km圏内約11万6000人強制避難，その後北西約100km圏内の高濃度汚染地域から約40万人疎開. ☆白ロシア共和国（現ベラルーシ）で13万人避難，89年7月にも高濃度汚染地域から16万6000人を強制的避難，国土の23%が放射能汚染.	☆立入禁止区域でイノシシ肉が食肉基準の4000倍相当の放射能検出，また，欧州各地域で農産物汚染を確認（以上事故発生時），いまだに放射能汚染の後遺症続く. ☆20年後の2006年，汚染のベラルーシの農地26万5000haのうち，再生できたのが僅か7%，影響超長期. ☆2001・9・11米国「同時多発テロ」が「原発テロ」だったなら世界の食料環境は一変．日本2011・3・11地震で原発事故発生，大被害.
⑥毒物混入危機	☆過失・偶発的ないし故意・意図的な毒物の混入で発生．故意・意図的は「食品テロ」. ☆日本，1984年春グリコ・森永事件．事件の背景，目的等不明のまま犯人未逮捕，未解決. ☆近年の一連の残留農薬検出事件，2008年2月餃子中毒事件，2008年10月汚染米事件等.	☆輸入依存は毒物混入原因の特定困難，被害広範囲で中長期的（不安含），損害多額. ☆GAP・HACCP等プロセス管理が課題．トレーサビリティや安全管理の義務化必要. ☆日本の食品産業のバーゲニングパワー増大へ国内の食料自給力向上は不可欠.
⑦バイオ燃料シフト危機	☆地球環境問題を背景にバイオ燃料の需要増大，穀物・油糧作物が燃料用と競合で発生. ☆2006～08年の食料危機．米国「エネルギー政策法」（05年），ブッシュ大統領演説等を契機に06・07年バイオ燃料シフトで穀物不足と食品価格の高騰，穀物輸出国の輸出禁止・規制，開発途上国における食糧暴動多発.	☆偶発的・循環的・政治的・放射能汚染危機は，突発的・短期的要因背景に発生．マルサス的危機と同様に中長期的経過の中生じる可能性があり，影響は放射能汚染・マルサス的危機同様に顕在的潜在的に中長期継続. ☆バイオマスの食糧転用で危機は顕在化，政策転換あっても潜在的に中長期に続く.

（注：ここでの「短期」は1～2年，「中期」は3～4年，「長期」は5年以上，「超長期」は10年以上を想定.）

[出典：①～④の危機は速水佑次郎（1986）『農業経済論』岩波書店，pp. 227～239参照．⑤の危機は矢口芳生（1990）『食料戦略と地球環境』日本経済評論社，pp. 250～251参照．⑥⑦の危機は筆者が新たに措定（2009年）．筆者作成（矢口芳生（2012）『農業貿易摩擦論』農林統計出版，p. 480より）.]

[矢口芳生]

1-2

農業の国際比較

アメリカの農林水産業生産額はGDPの1%にすぎないが, とうもろこしと大豆の生産はともに世界の約3割を占め, 牛肉, 鶏肉(ともに世界の2割弱), 牛乳の生産もすべて世界最大である. 農地は国土の41.5%を占めている. 農業政策は, 価格支持融資制度(1930), 不足払い制度(1973), 直接固定支払制度(1996), 価格変動対応型支払制度(2002), 価格損失補償, 農業リスク補償(2014)へと変遷してきた.

EUは, 家族経営が中心で, 農地は全加盟国の国土面積の43%を占めるが減少傾向にある. 耕地面積（主に果樹園等の永年作物を含む）の比重が高いが, 牧草地の比重は低い. 畜産の比重は農業生産額の42.5%と高い. 特に生産量が多いのは, 牛乳, 小麦, てんさいの順である. 平均経営面積は16.1 haで, 最大はチェコ（133 ha), 最小はマルタ（1.2 ha）と大きな格差がある. 伝統的に保護的な共通農業政策（CAP）のもとで「価格・所得政策」と構造改革・農業環境施策を主とする「農村振興政策」がとられてきたが, WTO農業交渉への対応から1992年以降4度にわたる見直しが行われ, 徐々に後者に重点を移している.

主要国のこうした農業助成に対して, 政府介入の少ないオーストラリアはWTOやFTAの場で厳しく自由化を迫ってきた.

●農業生産性の国際比較　世界各国の農業生産性は各生産要素の生産性の組合せにより類型化される(速水・神門, 2002). 労働生産性(Y/L)は**土地生産性**(Y/A)と土地装備率（A/L）の積に分解される. この関係を対数表示して, $\log(Y/L) = \log(Y/A) + \log(A/L)$ とした上で, 原点Oから土地生産性の対数を縦軸にとり, 労働生産性の対数を横軸にして, 各国の農業生産性の分布を二次元座標に示したのが図1である. 土地の豊富な新大陸諸国（オーストラリア, アルゼンチン, カナダ, アメリカ等）は右下（労働生産性は高いが土地生産性は低い）の方に位置しており, アジア・アフリカの途上国（タンザニア, エジプト, フィリピン, スリランカ, マレーシア等）が左上（土地生産性は高いが労働生産性は低い）に位置している. その他の諸国はこれらの中間で図の中央に位置している.

この分布を土地装備率の水準について類型化すると, アジア型の諸国は, 土地・労働比率が1.0 haを示す45度線の近傍に分布し, 新大陸型の諸国は土地・労働比率が100 haを示す45度線の近傍で分布している. その他の西欧諸国は10 haの近傍に分布している.

●農業成長過程の類型化　この図で, アジア型, 西欧型, 新大陸型の代表として,各々，日本，デンマーク，アメリカの1880年から1990年の百年間の推移を矢印で示している．各国の**農業成長過程**をみると，アメリカは一貫して土地・労働比率を高めながら，土地生産性よりも労働生産性を高める方向で成長してきたが，農地拡大が西海岸に到達してフロンティアが消滅した1970年代後半からはやや土地生産性を高める傾向を示しはじめた．他方，西欧型のデンマークは1960年代までは，土地・労働比率一定のままで成長していたが，60年代以降は農家戸数の減少と農場規模拡大による土地・労働比率を高める方向で成長してきた．また，日本は基本法農政に伴う構造改善事業の進展した60年代以降，徐々に土地・労働比率の拡大により労働生産性が上昇してきた．これは，農地の流動化による規模拡大と機械化により徐々に進められてきた．

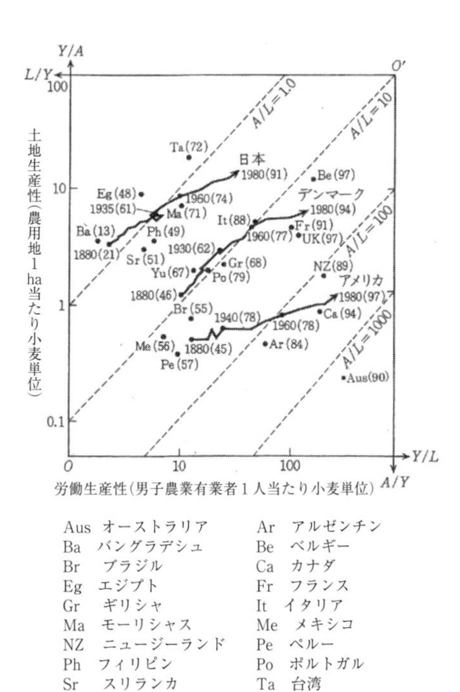

図1　主要国の農業成長経路［出典：速水他（2002）］

この図において，左下の原点Oの対極にある右上の原点O'に注目すると，右上から左上へ向かう横軸は農産物生産1単位当たりの労働投入係数を示し，右上から右下へ向かう縦軸は農業生産1単位当たりの土地投入係数を示している．ここで，右上の原点の近くに位置するカナダ，アメリカ，ニュージーランド，オーストラリア，イギリス，フランス，デンマーク，ベルギー，日本，台湾等の諸国は，農業生産1単位当たりの土地と労働の投入量が小さい先進諸国が示す世界の効率的等量曲線を示すものと解釈できる．逆に，右上の原点O'から遠く離れた左下に位置するバングラデシュ，スリランカ，フィリピン，メキシコ，ペルー等の諸国は，農業生産1単位当たりに要する土地と労働の投入量が大きい途上諸国が示す非効率な世界的等量曲線を示すことになる．ここで，各国の右側に示した括弧内の数値は当該国の非農業労働人口比率を示しており，各国の工業化水準あるいは経済発展水準を反映するが，右上の等量曲線の近傍の国ほど，この数値は大きく，左下の等量曲線に近い国ほど小さくなっている．

［加賀爪優］

1-3

農業と工業

「農業と工業」という問題設定は，①農業が工業と同じ経済法則に従って発展し，資本主義的で大規模な経営を生み出すかという「**資本主義（工業）と農業**」の視点と，②経済（資本主義）発展＝工業化にとって農業が果たす役割を問う「**資本主義（工業）にとっての農業**」という2つの視点を含んでいる．両者とも19世紀末からのドイツ社会民主党の農業綱領論争を契機として，国際的な関心を集めたが，一方では20世紀社会主義における農業集団化の必要性・可能性の論争に連なるとともに，他方では先進国における第二次大戦後の農業構造政策採用時に目指すべき農業経営像の明確化をめぐって議論された点でもある．もし，①の結論が農業も工業と同様の速度と深度で資本主義化するというものならば，②の課題は固有の意義をもち得ないという点で，①がより本質的な問題である．ただし，②は1960年代以降に独立した開発途上国の経済発展＝工業化における農業の役割をめぐる議論として改めて関心を集めており，別項で取り扱われる．

●農業＝有機的生産説　E. ダヴィット（1903）は生物（植物と動物）を対象に有機的生産を行う農業は無機的生産たる工業とは異なり，自然の制約を大きく受け，労働や資本を多投しても生産性が上がらない「**収穫逓減法則**」の支配下にあるため，綿密周到な労働は雇用労働ではなく家族労働によってしか提供されないから，農業においては家族経営が支配的であり，資本主義経営は成立しないとした．

●農業＝家族労作経営説　A. チャヤノフ（1911-12）は家族労働に依拠し，消費充足を行動原理とする農民家族経営は子どもが労働力として家計に止まって，消費人口を超える労働人口を多数抱える時期があり，人口論的分化と呼ばれる規模拡大を実現することがあるが，それが雇用労働に依拠し，利潤追求を行動原理とする資本主義経営を生み出す農民層分解につながらないのは世代交代により，他出する子どもへの資産配分が避けられず，経営が分割されてしまうためであるとした．

●資本主義農業成立説　これらに対してK. カウツキー（1899）は諸国の近代的農業の成立発展過程の詳細な統計分析を踏まえ，雇用労働に立脚する大経営＝資本主義経営の小経営＝農民家族経営に対する技術的・経済的優越性を主張した．ただし，農業においては工業においてと同様の速度と深度で資本主義経営の展開がみられないとし，その制約要因に土地の有限性と小規模な私的所有の支配を挙げた．V. レーニンはカウツキーの議論を大枠で支持し，資本主義化が遅れたロシアでの農業の社会主義化を国営農場（ソフホーズ）の設立だけによるのではなく，農民家族経営の共同化（コルホーズ）を通じて実践する方針を提起した.

●作目・畜種による大経営成立条件の差違　今日では農業の多部門に工業的生産方法が導入されて，農業生産の工業化＝機械化・化学化・電化・装置化・情報化が進展し，大規模な資本主義的会社経営が成立している．有機的生産としての農業がもつ自然的制約はかつてよりも大幅に縮小しており，農業＝有機的生産説がそのまま通用するわけではない．しかし，畜産でも酪農では依然として家族経営が支配的だが，採卵鶏やブロイラーでは会社経営が中心となっている．前者では妊娠牛の周産期をめぐる緻密な個体管理の不可欠性から，畜舎と住居の近接性に加え，緻密な管理を実現し得る家族経営に一定の技術的・経営的優越性が成立している．反対に，後者では孵卵と育雛・採卵の完全な分業体制が成立し，全生産過程に工業的技術が適用され，管理労働の単純化を通じて雇用労働に基づく会社経営が中心になっている．また，耕種部門でも，園芸作（施設野菜や花き）では一部に工業的技術に基づく植物工場が成立し，大規模経営が誕生しているが，露地栽培の家族経営を完全に圧倒しているわけではない．施設栽培は投資額の巨大性ゆえの高コスト体質が，露地栽培での豊作時の価格下落に十分に耐え得る保証がないからである．これらの現実は農業＝有機生産説が提起した農業の特殊性の指摘が今日でも完全には払拭されていないことを示している.

●家族経営のあり方の変容　反対に，農業＝家族経営説は今日でも一定の有効性をもった議論ではあるが，家族経営の行動原理は今日では単なる消費充足＝自給自足経済の実現にあるのではなく，家計費の獲得のための商品生産＝商業的な農業の実現へと質的に転換している．また，少子化を背景とした高学歴化や子どもの職業選択の自由の拡大によって，家族経営の枠内だけでの後継者確保が困難になっているという家族のあり方の変容も考慮に入れる必要があり，家族経営の法人化を通じた資本主義経営がゆっくりではあるが着実に形成されている.

●農工間の不均等発展　このように，農業においても資本主義化は進んでいるがその速度と深度は工業に比べれば小さい．こうした事態は農工間の不均等発展と呼ばれており，その要因としては，①農業生産の自然的性質の制約，②土地の賦存量と所有の制約，③生産財生産部門（工業）と消費財生産部門（農業）の差違，④農業に対する資本の支配，⑤農業の科学・技術発展の工業のそれよりの遅れ，などが指摘されている．より，包括的にいえば，耕種部門における１年１作の壁や大家畜畜産（酪農・肉用牛部門）における生理・生命機能制御の壁を容易には乗り越えることができず，農業では資本の回転率が工業や第３次産業に比べて著しい低位に止まらざるを得ないことを指摘しておかねばならない.　［谷口信和］

1-4

農業保護

農業保護とは，さまざまな政策によりそれがなかった場合と比べ農業所得を高めることであり，農業保護により農業所得はそれがなかった場合と比べ増加する．表1は，農業所得に占める PSE（Producer Support Estimate）の割合を示したものである．PSE は農業保護の国際比較を行うために OECD で開発された指標であり，その性格や目的，農業生産または所得へのインパクトのいかんを問わず，農業を支援する政策措置から生じる，消費者および財政から農業生産者への補助金としての支払いであり，国境政策や国内政策で引き上げられた国内農産物価格と国際価格の差に国内生産量を乗じた額に政府から農業生産者への直接支払い額を加えたものである．保護によって農業所得が倍増している国々がある一方で，ほとんど農業保護を行っていない国々も存在している．国際競争力がなく農業保護を行うことで農業生産を維持している国々と，国際競争力をもつためほとんど農業を保護しなくてもよい国々があるのである．また，GATT 農業合意を受けて，農業保護水準が削減されてきていることも確認することができる．

●農業保護の手段　農業保護の手段には，国内政策と**国境措置**とがある．国内政策には，農産物の市場価格を一定水準に固定する**価格支持政策**，生産費を考慮して農産物の目標価格を設定し市場価格との差額を補助金として支給する**不足払い制度**，投入要素に対する補助金支給，環境維持に対する固定支払いなどがある．国境措置は財が国境を越える際に講じられる政策であり，輸入に関しては，輸入

表1　農業所得に占める PSE 割合　　（単位：%）

国・地域名	86-90	91-95	96-00	01-05	06-10	11-15
日本	60	58	58	56	50	50
韓国	72	73	63	59	51	51
ノルウェー	70	69	69	68	60	59
スイス	72	67	68	66	53	52
EU	36	36	35	33	24	19
アメリカ	20	15	19	17	10	9
カナダ	33	25	16	20	17	11
オーストラリア	10	9	5	4	4	2
ニュージーランド	7	1	1	1	1	1

[出典：OECD Agricultural support 1986-2016.]

数量を一定の枠内に制限する輸入数量制限や，輸入価格や輸入数量に対して課税する**関税**，一定の輸入水準までは低率の一次関税が課されるがその水準を超えると高率の二次関税が課される**関税割当**などがある．また，国内支持価格と国際価格の差を課徴金として徴収する輸入課徴金制度という手段もある．国境措置には**衛生植物検疫措置**も含まれる．科学的根拠に基づき植物やヒトを含む動物の生命や健康を守るのが本来の目的であり，貿易量への影響を最小限に留めるよう配慮されている．

財の移動は価格の安い地域から価格の高い地域に生ずる．輸入が生ずるのは，その国で生産できないものや，国内で生産すると割高になるものがあるからである．特に，後者は国際競争力の劣る商品であるが，比較優位のない産業を保護し，国内生産を人為的に維持することは，貿易の利益に反し，経済厚生の損失をまねく政策である．

●農業保護の理由　かつて農工間の所得格差が存在したときには，所得格差の是正が農業保護の論拠の１つであったが，勤労者世帯と農家世帯の所得格差が解消した現在，理由は大きく分けて２つある．第１は農業が我々の生命を維持するための食料を生産する産業であるということであり，第２は農業やそれを支える農村が**多面的機能**をもつということである．

国家の基本的な役割の１つは，国民の安全を保障することである．国防や警察・消防などの公共サービスはもとより，食料の安全保障も，危機管理政策の１つとして国家に課された重要な役割である．長期的視点からは農業自給力の維持，短期的視点からは緩衝備蓄や輸入先の分散など，食料の安定的な確保に向けた施策などが含まれる．農業保護を行わない場合に，食料の安定的な確保ができないのであれば，農業保護は正当化される．

農業生産やその基盤となる農村には，国土保全，再生産可能な天然資源の持続的管理，生物多様性の保全などの環境便益を提供し，農村地域の社会経済的な存続に貢献するという多面的機能がある．狭義の経済学で考えると，農業の多面的機能には，市場を通さずに人々の行動に及ぼす技術的外部性がある．外部性がある場合には市場メカニズムでは最適な資源配分は達成されないため，政府が市場に介入することが正当化される．農業は農業生産に付随して環境便益を提供しているのに便益を評価する市場がないので生産物に対する対価を受け取ることができない．市場に替わって政府が環境便益生産のコストを支払っていると考えるとわかりやすいかもしれない．もし農業保護をやめて自由貿易体制に移行すれば，壊滅とはいわないまでも日本農業は縮小し，農村部での雇用機会が失われ，地域文化や農村地域の存続を脅かす可能性がある．　　［齋藤勝宏］

1-5

地代と農業

地代論が，農業経済学の最も重要な基礎理論の1つであることは間違いない．ただし，地代論や地代という範疇は，経済学の体系の中で理解されるべきものであり，経済学説の基底にある「価値論」との関連も無視するわけにはいかない．

●古典派経済学と地代範疇　周知のように，古典派経済学はアダム・スミスによって初めて体系化され，**ディヴィッド・リカード**により完成された．スミスの価値論は「投下労働説」と「支配労働説」，「価値分割論」と「構成価格論」が混在し，曖昧な部分を残していた面は否めない（内田，1989：p.176）．対して，リカードは主著『経済学および課税の原理』において，価値の生産の原理（投下労働説）と価値の分配の原理（価値分割論）を峻別した上で，資本主義的生産様式の下でも投下労働（過去労働の蓄積としての資本を含む）が交換価値を規定することを明確に示した．

資本主義社会は階級社会であり，労働に加えて資本と土地所有が生産に参加している．リカードは『原理』において，スミスと同様に労働が価値を規制する唯一の事情であった「未開社会」から出発し，「資本」を導入した場合（第1章「価値について」），「土地所有」を導入した場合（第2章「地代について」）の各々で，価値決定の原理に変更がないことを慎重に検討している．

後者の地代論で展開されているのが，いわゆる「**差額地代論**」である．リカードは『原理』の有名な「序文」において，地代論が自らの経済学体系の中で重要な位置を占めることに触れている．資本主義の勃興期に生まれたリカードの経済学は，スミスよりも鮮明に「階級対立」を意識している．その中心は，当時の支配階級である地主階級と，新興の資本家階級との利害対立に置かれていた．同時代のトーマス・ロバート・マルサスとの間で行われた「穀物法論争」もこのことが主題であり，同論争はリカード経済学の出発点に位置する．資本家階級の側で論陣を張ったリカードは，穀物の高価格が利潤を低下させ，資本蓄積の阻害要因となることを問題にしていたのである．

●差額地代論　リカードの差額地代論は外国貿易を捨象しているものの，一国の社会における農産物価格形成の原理を含む．まず，範疇としての地代と利潤の混同を避ける意図から，地代の定義が示される．リカードによれば，地代は「大地（アース）の生産物中の，土壌の根源的で不滅の力（the original and indestructible powers of the soil）の使用に対して地主に支払われる部分」である（リカードウ，1817：p. 103）．次に，一国の社会において地代が発生する諸条件が考察される．基礎的な条件が2つあり，①土地の量が無限ではないこと，②土地の質が均一ではないこと，である．その上で，経済発展がもたらす人口増加に対応して，すでに耕作されている優等地だけでは増大する食料需要を満たせなくなった場合，③劣等地が新たに耕作に引き入れられること，である．

基礎的な条件として示されている「量において無限ならず，質において均一ならず」は，土地自然の本質にかかわる．自然力を利用する産業は農業に限らないが（例えば，蒸気機関の利用や醸造業），農業における土地は「独占し得る自然」であり，水や空気のように対価を支払わずに済む無限の供給があるわけではない．また「生産過程そのものに入りこむ生産手段としての自然」という特殊な位置づけをもっている（加用，1970：p. 5）．この生産手段としての自然力が，土地の「豊度」（狭義には「地力」）として現れるのである．

以上を踏まえて，同一量の資本と労働を投下した場合，優等地と劣等地では豊度差に起因して収穫物に差異が生じる．この場合，両地で獲得される平均利潤は同一であるという前提を置きつつ，その差額が地代に転化するメカニズムが説かれる．さらなる劣等地が耕作に引き入れられるならば，優等地の地代は上昇し，前段の劣等地にも地代が生じる．したがって，リカードの定義にある「土壌の根源的で不滅の力」や「豊度」は，その絶対的な水準が問題ではない．それらの相対的な関係から，地代は発生する．それを決めるのは一国の社会全体の食料需要であり，最劣等地（限界地）を画する「耕境」もそれに応じて変動する．

相対的な優等地において地代が発生する状況下では，農産物の価値はその時々の最劣等地における個別的価値が規定することになる．この面では，価値決定の原理としての投下労働説は依然として有効であり，リカードの強調点は「地代が支払われるから穀物が高価なのではなく，穀物が高価だから地代が支払われる」ことにある（リカードウ，1817：p. 112）．以上のように，差額地代論はリカード経済学の体系を構成する不可欠の部分であると同時に，農産物価格形成の原理や農業における土地の意義を扱った含蓄豊かな理論であるといえよう．

最後に，地代論と現実分析との関わりについて触れておきたい．現実の「地代」は農地（権利）移動とともに，地価・小作料（借地料）というかたちで現れる．その水準は農業経営が打ち出す収益（地代負担力）との照応関係から捉える必要もあるが，今ひとつは「農地市場」構造の具体的な解明が不可欠である．農地取引が行われる範域としての農地市場は局地的市場であり，その変化を押さえることは，地域農業の構造変化そのものを把握することにつながっていく．

［東山 寛］

1-6

立地と農業

農業の形態は，地域により異なる．わが国の中でも，北と南で，また平坦部と山間地では，栽培品目，経営規模などに大きな違いがある．世界にまで目を広げると，地域ごとに千差万別な農業が展開している．農業は，他産業以上に，自然条件，社会経済条件などに影響され，地域ごとに特徴のある農業が展開している．

●『孤立国』で示されたチューネン圏　農業の立地特性を考察する上で，基礎となる理論は，19 世紀前半のドイツの経済地理学者チューネンが『孤立国』の中で示した「**チューネン圏**」である（チューネン，1826）．チューネンは，農産物の唯一の市場となる都市と，その周辺に広がる均質的な土地条件の農業地帯という仮想の空間で，地域ごとにどのような農業が展開するかを示した．

地域間で農業生産条件に差異はなく，農業の形態を規定するのは，農産物の市場となる都市までの距離による**輸送費**の差のみである．地域ごとに有利な農業の形態が選択されるが，その基準となるのは，農業粗収益から支出を控除した**土地純収益**としている．農業粗収益と農業生産に関わる支出は，基本的には地域による違いはない．違いは，都市からの距離に比例する輸送費のみである．都市から離れるほど，輸送費の増加により，支出が大きくなり，土地純収益は減少する．しかし，品目や作付方式によって，単収が異なるため，単位面積当たりの輸送費と距離による変化額が異なる．単収が大きいほど，輸送費は大きく，距離による差が大きくなり，都市から離れることによる土地純収益の減少も大きい．

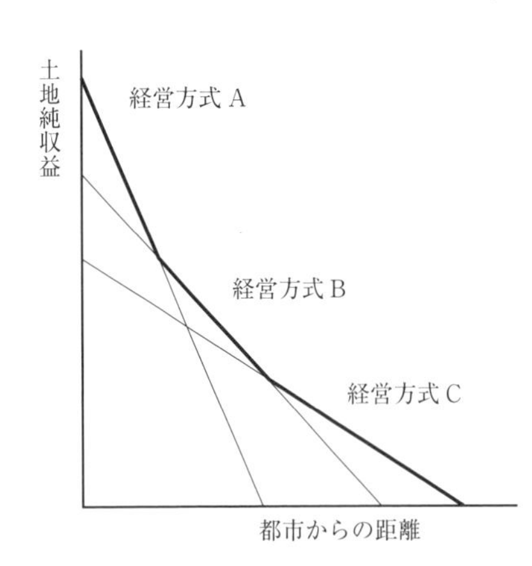

図 1　都市からの距離による土地純収益の変化（注：単位面積当たり輸送費は，経営方式 A，経営方式 B，経営方式 C の順に大きい．）［出典：筆者作成］

その結果，図 1 に示すように，都市からの距離によって土地純収益が最も大きい経営方式は異なる．地域ごとに土地純収益が最も高い**経営方式**が選択されることで，中心部の都市からの距離によって，異なる経営方式が展開する．チューネンは，自ら経営する農場のデータに基づいた計算によって，中心部から自由式，林業，輪栽式，穀草式，三圃式，畜産の順で同心円状に広がる農業の立地配置（チューネン圏）を描いた．チューネン圏で注目すべき点は，栽培品目ごとの立地配置ではなく，経営方式の立地配置を示していることである．同じ品目でも，経営方式によって，実質的な単収は異なり，単位面積当たりの輸送費も違うため，都市からの距離による優位性も異なる．チューネン圏では，単収が大きい品目ほど，集約的な経営方式ほど，都市から近い地域に立地することになる．

●実際の農業立地の規定要因　チューネン圏は，農業立地の規定要因が市場までの距離のみという仮想的な空間を用いて，農業立地の論理を説明したものである．野菜産地は都市近郊に立地してきたように，チューネン圏は現実に通じる面はあるが，現実の農業立地には，市場までの距離のみでなく，さまざまな要因が影響している（河野，2008 : p. 567）．

現実の農業立地を規定する要因として，まず挙げられるのが，気象や土壌など，作物栽培に影響を及ぼす自然条件である．自然条件は，市場までの距離と異なり，品目によって有利な条件は異なるので，影響は複雑になる．地域ごとの社会経済条件も，農業立地の規定要因として見逃せない．社会経済の発展水準に関わる資本と労働力の賦存状況，賃金水準は，農業立地の重要な規定要因である．

チューネン圏では，土地純収益が農業の優位性の評価基準であるが，これも現実の農業構造によって異なる．チューネン圏は，企業的な農業経営を行う大土地所有者（ユンカー）を前提としていると考えられる．自作地を基盤とした家族経営が主体の農業構造では，必ずしも土地純収益が評価基準とはならない．むしろ，家族労働力が十分に就業した場合に得られる農業所得が評価基準となるであろう．

●農業立地論の現代的課題　チューネン圏は，静態的な理論であるが，現代の農業立地，特に高度経済成長期以降は，野菜生産が近郊産地から遠隔産地に移動しているように，大きく変動している．したがって，現代の農業立地論においては，動態的な視点が必要となる．すなわち，農業立地移動の実態とその要因の分析である．農業立地移動の要因には，都市の拡大などの地域構成の変化，物流技術の発達，農産物栽培の自然的な適地性を変化させるような農業技術の発達などが考えられる．

現代のわが国の農業立地は，生産の地域的集中と生産・出荷を支える産地システムの形成（徳田，1997 : p. 9）による主産地形成を大きな特徴としている．さらに農産物市場における産地間競争が，農業立地に大きな影響を与えている．したがって，主産地形成論が，現代の農業立地論の重要な課題の1つとなる．

［徳田博美］

1-7

農業の産業構造

農民は，近い将来に資本家と労働者へと分解してしまう階級であるとする古典的な歴史ビジョンが存在していた一方で，実際にはなかなか分解せずに**家族経営**の農民であり続けることが，19 世紀末から 20 世紀の変わり目の，世界史的には帝国主義の時代に，当時の多くの先進国で明確になってきた．それとともに，農民が生き続け，農業で家族経営が支配的であり続ける背景をなす，農業生産の他産業にはない特徴が浮き彫りになってきた．

●農業生産の特徴　第 1 に，農業生産は，作物・家畜といった動植物の生産を目的としている．第 2 に，農業では，動植物の生産を行うにあたり，土地との結びつきが強く，広大な土地を必要とする場合が少なくない．こうした諸特徴が，農業生産が資本制的な企業経営に向かずに，家族経営に向いているいくつかの理由をもたらす．すなわち，①作物・家畜は，それぞれの生物学的属性として特有の物質代謝の働きをもっている．例えば，春に作付けして秋に収穫する作物は，人間の都合で勝手に夏に収穫することはできない．そのため，農業生産では，人間が労働している期間（労働期間）と，作物や家畜を生産する期間（生産期間）との間の時間的ズレが大きくなる．さらに，家族などが総出で連日の長時間労働をこなさねばならない農繁期と，労働量が極めて少ない農閑期とがある．こうした状況に柔軟に対応するには，企業に雇用されている労働者よりも家族員の方が向いている．②作物が広く圃場に分散していて農業労働が行われる空間の範囲が広大であるために，労務管理が難しくなる．また，同じ困難は，生物生産であることからも生じてくる．生物生産なので，作業をマニュアル化することが難しい．そのため，農業生産の成果は，働く人の労働意欲と深く結びついている．労働意欲は，人に雇用されている労働者よりも，自分の家のために働いている家族員のほうが一般には高い．

●農業生産の不利　農業生産が資本制的な企業経営であろうが家族経営であろうが，農業生産には工業生産と比べて以下に見る不利な点がある．そのため，農業では工業と比べて企業経営が順調に成長しにくい．

先に，作物が広く圃場に分散しながら土地と固く結びついていることを農業生産の特徴の 1 つとして挙げたが，ここから，工業と比べた農業の不利な条件が生じてくる．1 つは，農業生産が気象条件の変動に影響されやすいことである．反対に，工場生産では，気象条件の変動に影響されることはほとんどない．2 つは，農作業は，圃場を移動しながら行われることである．そのため，農業生産では，農業従事者が移動するための労力やコストがかかる．3つは，農業生産では，農業従事者だけでなく，道具や機械といった労働手段も移動する．特に重い道具や機械には，荷台や車といった，それなりの運搬手段が必要である．また，自走式のトラクターやコンバインのように，機械自体が移動機能をもつことが求められることもある．このことは，農業機械を，1カ所に固定されている機械と比べて割高なものにする．農業生産は，作物や家畜の生育ステージの影響を強く受けるので，年間を通じてある種類の農業機械を使うことができる期間が短く制限されるため，割高にならざるを得ない．例えば，田植機の使用期間は田植えの時期に制限される．

●農民のたくましさ　以上の条件から農業は工業と比べて不利になる．こうした不利な状況から生じる経済的困難に対しても，資本制的な企業経営より，家族経営的な農民の方が，強靱な耐久力をもっている．農民は，自分の所有地上で家族とともに仕事をしているが，それは労働者，土地所有者，資本家を一身に備えた存在といえる．そのため農民は，それぞれの立場に応じて所得を要求することができる．すなわち，農民は，労働者として労賃を要求し，資本家として利潤を要求し，土地所有者として地代を要求する．ところが，農民は，これら3種類の所得すべてが得られなくても経営を続けることができる．なぜなら，農民は，自分が生活していく上で必要な労賃部分を確保できれば，生活を継続できるからである．このように，農民は，本来自分が得る所得よりも低い所得に耐えながら農業経営を続けることができるのである（マルクス，1894：pp. 1401-1422）．資本制的な農業経営ではこういうわけにはゆかない．企業経営者は労働者を雇っているから労賃を払わねばならないが，しかし労賃を払っただけで満足するわけにはゆかない．企業経営者は，自分の所得として，投下した資本に対する利潤が得られなければ経営を続ける意味がない．また，資本制的な農業経営が借地上で行われていれば，企業経営者は，労賃のほかに，土地所有者に対して地代も払わねばならない．こうしたことから，資本制的な農業経営は，家族経営の農民のような，経済的困難に対する強靱な耐久力をもたないのである．

しかし，零細な家族経営の農民は，他産業ですでに成立している独占的大企業に対して，生産物の価格条件の面で弱い立場に立たされる．そのため，農民には，自らを協同組合に組織して，団結を通じて強い交渉力を獲得する動機が生じるのである．

［山崎亮一］

1-8

農業の企業形態

企業形態論は，企業のさまざまな存立形態を類型化するものである．より具体的には企業に対する出資のありよう，経営および労働の調達・使用のありようによって類型化される．そして，類型間の比較や歴史を進化論的にあとづけることが企業形態論の課題とされている（小松，2006）．一般的に，企業は家内営業（自営業）から個人企業，株式会社など会社企業へと発展していくが，今日においても，事業主個人の自己労働を基本とする家内営業は依然多く存在する．また，農業においては家内営業から個人企業，会社企業へという発展が必ずしも観察されてこなかった．この特殊性により，農業の企業形態が農業経営・経済学の重要テーマの１つとなった．

歴史的には，農業分野における企業形態論は**家族経営**を主な対象としてきたが，従来の家族経営とは異なる「企業的家族経営」，「資本型」家族経営，「雇用型」家族経営などと呼ばれる経営や，家族労働力をかなり超える規模の雇用労働力を擁し，他産業における中小企業と同様の経営を展開し，さらなる発展を追求する経営が現れるようになった．また，農外産業からの農業参入も増加している．

このような状況を踏まえ，改めて企業形態を検討することが必要となっている．例えば，「企業的家族経営」は家族経営なのか企業経営に近い存在なのか．またそれは企業経営への過渡的形態なのか独自の範疇に属するものなのか．伝統的家族経営との質的相違をどう評価するのか．家族経営の再定義は必要なのか．さらには，今後の日本農業を主として担っていく企業形態は家族経営であるのか，企業経営であるのか，あるいは「企業的家族経営」であるのか．このように，理論的な問題に留まらず，日本農業の経営主体をどのように展望するかという実際上の問題とも関わって再検討が必要になっている（日本農業経営学会，2014）．

●農業における企業形態を巡る視点　農業における企業形態は，次の３つの視点から論じられることが多い．第１に，農地取得にかかる法規制により，実際に農業経営や農地取得（所有および利用）が可能な企業形態とは何か，という視点である．第２に，今日では多様な形態の農業経営がみられることから，これらの「新しい」農業経営を企業形態の側面から整理する視点である．第３に，家族経営が農場数では圧倒的多数を占める中，数としては少ない家族経営以外の企業形態をもつ農業経営の優位性を導こうとする視点である．

第１の視点である，実際の農業経営や農地利用権の取得が可能な企業形態については，わが国の場合，農地を取得しなければ（農地を使用しない農業であれば）企業形態に特に制限はない．また，農地取得に際しても，農地法の改正などによって取得可能な企業形態は大幅に拡大してきている．とはいえ，2018 年時点では以下の企業は農地の「所有」ができない．①株式公開されている株式会社，②加工・販売を含めた農業以外の売上高が全体の過半，③農業関係者の議決権が過半に満たない，④役員のうち，農業（販売・加工等含む）の常時従事者が過半に満たない，あるいは役員または重要な使用人（農場長等）のうち，農作業に従事する者が1人もいない，である．企業形態からみれば，農業以外を主な事業とする上場企業を排除する形となっているが，農地の適切な利用を担保するガバナンスのあり方として，このような制限が有効なのか，引き続き検討していく必要がある．

第2の視点である，「新しい」農業経営については，「ネットワーク型農業経営組織」などが挙げられる．これは，①経営目的を共有し，②相互の経営資源や技術・知識・ノウハウを共有しながら，③経営全部または一部を連携させて活動する，④複数の農業経営が集まった組織である．これと同様のものとして，企業的農業経営者が知識やノウハウ・技術開発・情報の受発信などの手段を活用して，一定の地域範囲もしくは全国段階で同様な経営目的・形態をもつ農家を統合して経営の標準化を実現して多様な実需者ニーズに対応する「フランチャイズ型農業経営」の誕生も指摘されている．これらの「新しい農業経営」の特徴は，個々の経営単体の労働・資本・土地といった生産要素から農業経営全体の評価ができないことにある．いわば，企業形態論に新たな視角を求める議論である．

第3の視点である，家族経営以外の経営の優位性を検証する議論では，農業経営の拡大・成長によって，土地・労働・事業部門の拡大と経営管理手法の高度化が促される中で，これが家族経営の基本的性格の変化につながるのか，家族経営とは異なる経営の誕生に結びつくのかといった点が主に検討される．また，企業の農業参入のように，これまでの農業経営とは異質の企業が農業を行うことによるインパクト，あるいは新たな農業経営の可能性を検証するものもある．

このように，農業の企業形態論は，経営体数ベースでは圧倒的なシェアをもつ家族農業経営に対して，その他の企業経営をどのように農業に位置づけていくか，が主要なテーマとなる．

［内山智裕］

1-9

アダム・スミス以前の経済学と農業

アダム・スミス（1723-1790）は1776年に出版した『諸国民の富に関する自然性質と原因の研究（国富論）』において，個人の自由な経済活動を通して健全で秩序ある市場経済が発展し，社会水準が向上することを理論化した．彼の経済思想は，その後マルサス，リカードそしてマーシャルへと受け継がれ，古典派経済学という独立した学問分野を形成していく．アダム・スミスは経済学の父とも称されるが，アダム・スミス以前の経済学が姿を現し始めた世界をみてみよう．

●自然法思想の経済学　アダム・スミスの時代から2世紀さかのぼった頃の16世紀，世界は大航海時代の中で1つにつながり，ヨーロッパ諸国の経済財政運営は重商主義を基盤としていた．それは絶対王政国家が独占管理する国際貿易や植民地獲得で金銀を蓄積することを目的としていた．17世紀に入るとイギリスでピューリタン革命，続く名誉革命を経て王権が制限され，自由と平等を謳う市民社会誕生の産声が聞こえはじめた．そのような市民社会誕生をもたらした原動力を**自然法思想**という．それは個人を抑圧する体制に異を唱え，人間が生まれながらに保持している自由な権利を守るという考えであり，社会に広く影響を及ぼした．

この自然法思想をもとに経済学を構想したのが，イギリスの**ウイリアム・ペティ**（1623-1687）である．ペティは国家財政の収入を国家独占貿易や植民地に求めるのではなく，国民の租税で賄うのが自然であるとして，労働が価値を生む労働価値説と土地が価値を生む土地価値説の2つの価値説を提示した．労働価値説は，この後アダム・スミスによって引き継がれ，土地価値説はリカードの差額地代論として展開された．ペティの経済思想は，後の古典派経済学に至る道を開いたといえるだろう．

自然法思想は18世紀フランスにも飛び火した．フランスに重農主義と称される経済思想グループが誕生したのである．重農主義とは原語ではフィジオクラシー（自然による統治）と称され，その名に反映されているように自然法思想を基盤とした経済思想であった．その代表的論者はフランスの**フランソワ・ケネー**（1694-1774）である．ケネーは経済的に純生産物をもたらすのは農業だけであると考えた．農業に従事する者が「生産階級」であり，その他は「不生産階級」と農業が生み出した純生産物を地代として徴収する「地主階級」に分類した．そして，この3階級間で経済循環が発生し，それにより国民経済が再生産されるモデルを構築した．ケネーの経済思想は実体経済に基づいたものではなかったが，経済循環による経済の再生産という概念を打ち立てたことの意義は大きい．

アダム・スミスの経済学も自然法思想を色濃く反映させている．彼は国民社会を構成する一人ひとりの労働者に着目し，国民の富の源泉を労働に求めた．そして，国民の富とは重商主義者が捉えている金銀の蓄積ではなく，自然法思想に基づいて人間が生きるための必需品や便益品であると考えた．それらは人間労働の産物であったからである．アダム・スミスは，個人の労働こそが人間社会に真に必要な富を生む源泉であり，経済を動かす原動力であることを示した．そして個人の自由な活動を束縛するあらゆる障害を取り除いて個人の誠実な努力と積極性を引き出すとともに，個人間の相互信頼に基づいた社会秩序が結果的に社会水準の向上をもたらすという**自由主義経済思想**を体系化したのであった．

●アダム・スミス以前の農業　アダム・スミスの時代にヨーロッパ農業も大きな変革期を迎えていた．13 世紀以降の旧時代の農業・農村は封建領主が支配する村落のもとで**三圃式農業**を基盤として成立していた．三圃式農業とは，村落の農地を三区分し，それぞれの農地を冬小麦—春大麦—休閑という 3 年輪作で作付けする方式である．村落の農家は分散した保有地を抱えていたが，作付けや農作業を個人で勝手に行うことは禁じられ，営農はすべて村落の規制に基づいて村民の共同作業で行われた．村落を基盤とした共同営農が個人農を抑えて優位性を保てたのは，主穀であった麦作が地力維持のために深耕を必要としたことに起因している．ヨーロッパの重粘土地帯では 8 頭牽きの牛馬耕が行われたが，このような大規模な設備を個人農が保有する力はなく，必然的に領主や村落が所有する牛馬と重量犂を利用した共同作業に依存せざるを得なかった．耕起作業では，この大型設備作業班がいったん作業を始めると方向転換も容易ではなかったから，それぞれの農家の保有地の境界を横断して，細長い地条を耕起するようになった．そこに個人農が介入する余地はなかったのである．領主は地代収入の安定確保のため，村落による共同営農を強制した．

そのような中世から続く旧時代の農業構造が揺らぎ出したのは 16～18 世紀にかけてであった．16 世紀イギリスで羊毛需要の高まりと羊毛価格の高騰により，羊飼育を志向した地主たちが分散していた農地を集合させ，それを囲い込んだ（**エンクロージャー運動**）のである．囲い込まれた農地は村落規制の束縛から離れ，自由な農地利用を行えるようになった．次第に個人農による農地の自由利用が定着し，それとともに個人保有農地の売買も行われるようになった．農地の利用権と処分権という**近代的所有権**が成立しはじめたのである．アダム・スミスの時代に農業にも，中世から続く村落規制の束縛を離れ，個人と自由という新しい価値観が現れはじめていた．

［斎藤　潔］

1-10

リカードの比較優位説と農業

国際経済学の基本的な理論は，リカードの比較優位説とヘクシャー=オリーンの要素賦存説である．前者は，貿易当事国における当該産業の他産業に対する相対的な生産費（比較生産費）が安い国から高い国へと輸出されることで，両国はより多くの消費を享受できると説明する（表1）．リカードは，この命題を2国，2財，1生産要素の枠組で論じているが，一般的な場合にも妥当する．この場合，一国のある農産物の比較優位は，世界の輸出に占める当該農産物の比重に対して当該国の輸出に占める当該農産物の比重が何倍大きいかという顕示比較優位指数（RCA）で測られる．この説は，各産業の労働投入係数で測った相対的生産費（効率性）の両国間での差異を用いて説明する．これは，静態的な議論としては正しいが，各国の産業の効率性は時間とともに技術変化や規模の経済性あるいは外部経済性により変化する．

ヘクシャーとオリーンは，貿易の発生を規定するのは，効率性の両国間での差異ではなく，資源（生産要素）の賦存量の両国間での差異により規定されると指摘した．つまり，技術変化や規模の経済性を捨象できる枠組みでは，どの国も自国に豊富に存在する資源をより集約的に投入して生産される財（産業）で比較生産費が安くなり，その産業に比較優位をもつようになる．その結果，その財を輸出し，そうでない方の財を輸入するようになる．そのことを通じて，両国とも，閉鎖経済の場合に比べて，消費の水準と選択肢が増えることを通じて貿易利益が発生する．この場合，両国とも，財と生産要素に関する相対価格のもとで，自国

表1　リカードの比較優位説の例（各産業の労働投入係数と生産単位）

(a) 貿易開始前

	イギリス	ポルトガル	両国生産計
織　物	100	90	2
葡萄酒	120	60	2
合　計	220	150	4

(b) 特化による貿易開始後

	イギリス	ポルトガル	両国生産計
織　物	220	0	2.2
葡萄酒	0	150	2.5
合　計	220	150	4.7

（注：イギリスは織物1単位の生産に100人の労働，葡萄酒の生産に120人の労働を要し，ポルトガルは各々の生産1単位に90人，60人の労働を要するとする．イギリスでは織物の生産費は葡萄酒の5/6，ポルトガルでは1.5倍であり，イギリスは織物に比較優位をもつ．他方，ポルトガルでは，葡萄酒の生産費は織物の2/3，イギリスでは1.2倍であり，葡萄酒に比較優位をもつ．両製品ともポルトガルはイギリスより安く生産でき，輸入する誘因はない．しかし，各国が比較生産費の安い方に特化した時の両国での総生産量は合計で4.7単位となり，貿易開始前の総生産量4.0単位よりも増加する．）

の資源を使用し尽くすことが前提であり，技術進歩の差は捨象されている．

●産業内貿易の進展　2つの貿易理論を突き詰めていくと，どの国も自国に豊富に存在する資源を集約的に投入する産業に特化し輸出することになり，産業構造の対照的な国の間でのみ貿易が進展し，産業構造の似た国の間では貿易が進展しないことになる．事実，この状況は1960年代以前の国際市場が不安定ではなかった時代には妥当していた．いわゆる産業間貿易（垂直的国際分業）が主流であった時代の状況である．例えば，資本の豊富な日本が資本集約的な工業製品をオーストラリアに輸出し，土地の豊富なオーストラリアが土地利用型の農産物を日本に輸出するのがその典型である．しかし，1980年代以降の変動的な国際市場では，この命題が妥当しなくなっている．いわゆる産業内貿易（水平的国際分業）や工程間分業の進展である（加賀爪，2009）．例えば，農業内部でも青果物の新品種は研究開発投資の旺盛な日本で開発され，日本で開発された新品種の種子が韓国に輸出される一方で，輸入した種子を栽培して収穫された青果物が韓国から日本へと輸出されている．日本と韓国はともに資本豊富で土地希少な工業国であり，産業構造も似ているが，その両国の間で農業内部での貿易が進展している．これは，リカードやヘクシャー=オリーンが説明する貿易理論とは相容れない状況である．

●新貿易理論の展開　従来の貿易理論は，国単位の貿易を説明するが，近年では，農業の貿易も国の行動に加えて企業の行動により規定される部分が多い．例えば遺伝子組換え作物（GMO）を国際的に扱うモンサント社や5大穀物商社にみられるように，多国籍企業による海外直接投資（FDI）が産業内貿易（国際的な企業内取引）を促進している．この状況を説明する新貿易理論が展開されつつある．

従来の貿易理論のいま1つの新展開方向は，不完全競争下での貿易理論である．1989年以前の東西冷戦下では，穀物の主な輸出国は，アメリカ，カナダ，オーストラリア，アルゼンチン等の西側資本主義の新大陸諸国による寡占状況にあり，その輸入国は，旧ソ連，東欧，中国等の東側計画経済諸国であった．特に，旧ソ連のアフガニスタン侵攻時（1979年）にアメリカのカーター政権による対ソ穀物輸出規制が国際穀物市場を大きく変動させた．このように，農産物が，物理的兵器や石油に次ぐ国際政治上の「第三の武器」とみなされることが多々生じてきた．このような東西の冷戦構造の中で，北半球に偏在する先進国は飽食による肥満が問題になる一方で，南半球に偏在する途上国は食料不足のもと栄養不足人口の拡大と戦っている．いわゆる「北の飽食と南の飢え」の併存状況にある．このように，食料農産物の貿易構造は，東西の冷戦構造に食料の南北問題が絡み合う重層構造を呈してきた（加賀爪，2001）．こうした完全競争が妥当しない状況下では農業貿易に関して，リカードの比較優位説の妥当性は修正を迫られている．

［加賀爪 優］

1-11

人口と農業

マルサス（T. R. Malthus）の『人口論』（1798年）によれば，人口は農業の主産物たる食料の生産に規定され，食料に余裕がある限り増加する．しかし，1人当たりの土地は次第に減少し**収穫逓減の法則**が働いて，経済はやがて**定常状態**に達し，人口増加がやむか，増えすぎた人口は飢饉や疫病，戦乱などで激減する．定常状態では，労働者の賃金は生存を支えるだけのものになり，肥大した地代は地主によって浪費され，新しい投資には向かわない．事実，中世ヨーロッパでは数世紀の長期にわたり，人口も賃金も大きなうねりを描いて変動し，古典派経済学者が描いた世界が展開していた（安場，1980 : pp. 31–32）．

しかし人類は，イギリスの産業革命を契機に近代経済成長を開始し，非農業部門への投資に牽引されて経済は力強い成長を持続し，労働者の賃金も大幅に上昇していった．古典派経済学者の想定に反して定常状態から脱し得た主な要因は，第1に技術革新であった．革新は非農業のみならず農業にも及び，土地など天然資源の制約が大きく緩和された．第2に，賃金が上がり生活が豊かになったとき，人口は増加せず，逆に抑制する方向に働いた．多産多死から多産少死を経由して少産少死へと落ち着くに至った，歴史経験則である人口転換が生じたのである（安場 1980 : pp. 50–56）．人々が少産を選択した背景には，保健衛生の改善による乳児死亡率低下，女性の非農業就業の増加に伴う出産・育児費用の増大，都市化に伴う価値観の変化，安価な避妊具の普及，教育費の高騰などがあった．

現代は飢餓と飽食が並存する時代といわれて久しい．飢餓や貧困の撲滅は国連の大きな目標でもある．戦後の開発途上地域の動きをみると，中国，東南アジア，南アジアなどで顕著な改善がみられたのに対し，サハラ以南アフリカの改善が遅れている．アフリカでの改善のための教訓はいかに得られるのか．

第1に「農業開発先行論」という考え方がある．中国では1978年の人民公社解体以降，農業がまず発展をし，農村工業化（郷鎮企業），都市中心のより高度な工業化へと進んだ．インドなど南アジアでも，1980年代に緑の革命が全国に及んだ後，工業化が加速した．農業開発先行論によると，工業化が軌道に乗るためには，農業発展に伴う食料自給と農村の所得底上げが必須である．食料自給は，工業化のための原料・中間財などの輸入が円滑に行われるための条件であり，農村人口の所得上昇は，工業部門の国内製品市場を創出する．ただし，サハラ以南アフリカは自然環境が厳しく，技術革新の進んだ米，小麦以外の作物が主で，リスク分散をねらいとした複雑な伝統的農法も行われている．アジアや中南米が大きな恩恵を受けた緑の革命が適用しにくいという難点を抱えている．

第2に，逆説的になるが，人口密度の問題がある．人口密度が一定以上にならなければ経済開発は難しいという側面であるが，もっと強い意味で，**ボズラップ**（E. Boserup）は，人口圧力の増大こそが技術革新の生みの親であるとする画期的な考え方を提示した（ボズラップ，1966）．彼女は，人口が食料生産に制約されると考えた古典派経済学者とは異なり，人口増加を所与とし，一定の土地に対する人口圧力の増大が農業技術革新を誘発してきたと考えた．この理論に従えば，サハラ以南アフリカで緑の革命が起こりにくい根本的な要因は，長い歴史を通じて形成された，熱帯性疾病などに起因する人口の疎らさにあることになる．

ボズラップの考え方は，速水佑次郎らの**誘発的技術（制度）変化**の概念創出のヒントになり（Hayami and Ruttan, 1971），農業経済学の理論的発展に貢献した．例えば，日本の戦国期以降の「大開墾時代」が17世紀末頃までに終わり，人口圧力の高まりが小農社会への移行を生み（斎藤，1988），また勤勉革命を通じて，江戸後期に篤農らによる農業技術革新をもたらした歴史は，誘発的革新の理論があてはまる1つの事例といえる．ただし，人口圧力の増大が必ず技術や制度の革新を成功裡に誘発してきたとは考えにくい．需要（人口圧力）が高まっても供給（技術・制度変化）に失敗した例は，人類史上枚挙にいとまがない．

サハラ以南アフリカは，継続する高い人口増加率による負の効果に悩まされている．合計特殊出生率の低下は緩慢で，就業人口の6割近くが農業はじめ1次産業に従事しており，かつ穀物単収の伸びは依然遅々としているからである（表1）．

［藤田幸一］

表1　開発途上地域の人口と農業

	1人当たりGDP (2015) (PPP US$)	合計特殊出生率		人口密度 (人/km^2)	1次産業シェア (%) (2015)		穀物単収 (kg/ha)		
		1980	2015	2015	GDP	就業人口	1960	1990	2015
サハラ以南アフリカ	3491	6.76	4.92	43	17.5	57.4	806	1053	1466
南アジア	5331	5.12	2.49	366	18.0	43.9	1019	1926	3008
中東・北アフリカ	11508	6.26	2.86	43	10.3	22.2	804	1471	2581
東アジア	12165	3.14	1.85	128	9.6	23.6	1288	3794	5336
南米カリブ海諸国	14039	4.31	2.10	32	5.3	14.5	1277	2063	4362
欧州・中央アジア	18528	2.57	1.95	18	6.4	15.0	1232	2597	2816

［出典：World Development Indicators より筆者作成.］

1-12

リストの農地制度論

フリードリッヒ・リスト（Friedrich List, 1789-1846）はドイツの経済学者で**歴史学派**の創設者である．主著は『経済学の国民的体系（*Das nationale System der politishen Ökonomie*）』（1841 年）であり，リストを歴史に残る経済学者としたものはアダム・スミスの確立した自由主義的政策を主張する古典派経済学への批判であった．リストは，アダム・スミスらの古典派経済学はイギリスの利益を代弁し，当時の超大国であるイギリスの世界覇権を正当化する理論として批判した．そして，後発工業国としてのドイツは，フランスやロシアと関税同盟を結び，工業保護政策による国家経済の発展を主張した．こうした主張をもって，リストは**保護貿易**を体系化した最初の経済学者とみなされている．

●リストの農地制度論　リストは『経済学の国民的体系』公刊翌年の 1842 年に「農地制度，零細経営および国外移住（Die Ackerverfassung, die Zwergwirtschaft und die Auswanderung）」を発表した．この論説でリストは「農地制度が社会のあらゆる事柄のうちで最も重要な問題の 1 つであり，しかもこの問題が価値の理論の諸原理（古典派経済学を指す：筆者注）によっては解決できない」（リスト/小林訳，1974：p. 212）と述べる．このような理解の上でリストは，中世以来の開放耕地制度（open field system（英），Gütergemengeverfassung（独））という**農地制度**が土地細分と零細経営の根源であるとしてその解消を主張する．すなわちドイツの農業問題は，経営規模の零細と農村の過剰人口にあると指摘し，その解決には土地整理が必要であるという見解を明らかにした．

この主張においてリストが意識していたのは，イギリスにおける農業構造の変革であった．18 世紀後半から始まったとされるイングランド東部起源の農業革命は次第にイングランド全域へと拡がり，飛躍的な農業生産力の上昇をもたらす．それに先立つ 15 世紀から 16 世紀に第一次エンクロージャー enclosure（囲い込み）が起きていたが，農業革命と同じ時期の 18 世紀後半から 19 世紀前半にかけての第二次エンクロージャーはイギリス農村に大きな変革をもたらした．エンクロージャーによる土地の囲い込みは，大量の農民の農村から都市への移動をもたらして産業革命の労働力基盤を確保するとともに，農業においては大土地所有を成立させ，土地を所有する大地主からの借地によって農業革命を背景とする高い生産性をもつ資本主義的農業成立の条件となった．リストは，このイギリスの農業構造の大転換を意識しつつ，しかしながらドイツではこの過程を実現することは不可能と考えた．すなわち，世界に先立って産業革命を成し遂げ，世界の工場となったイギリスでは農村起源の多数の労働力供給が必要であったとしても，ドイツでは同じプロセスは成立しないし，採用すべきでないとした．ドイツが世界の工場となる途はすでに断たれており，農村でエンクロージャーが起きれば大量の貧民が生じかねないからである．

●リストの目指したもの　リストはどのような農地制度，農業経営をドイツで実現しようとしたのであろうか．リストは開放耕地制の解消を主張したが，その一方で相続による土地細分化を批判し，適正規模経営の形成を国家政策として進めるべきであるとした．適正規模は地域条件によって異なるものの，標準的には20～80モルゲン[注)]を小経営，80～200モルゲンを中経営とし，これを下回る零細経営，上回る大経営をともに例外とする農地制度こそが「農業経済的ないし国民経済的原理にも最もよく適合する」（前掲書：pp. 38-39）というのである．また大経営を必ずしも否定しないで，「中・小・零細の経営に囲まれている大経営は，畜産の向上，機械の改善，改良された経営方法と新しい栽培との採用，余剰農産物の貯蔵，これに普通ともなう大規模な農産物取引などによって，また工業家や都市に大量の余剰生産物と原料とを供給することによって，これをとりまく右の諸経営に好影響を与える」（前掲書：pp. 39-40）と肯定的に捉えている．

●リストの農地制度論が示唆するもの　リストは農地制度を論じる場合に当該国民の「発展段階」を考慮すべきと述べている．当時の国際的政治経済環境に照らし，最先進国であるイギリス・モデルは他の国，とりわけドイツには妥当しないのではないかという強い問題意識をもっていたといえる．イギリスで実現した「土地清掃（囲い込み）」はもはやドイツでは不可能であるだけでなく，むしろ有害であると捉えた．しかしリストは，工業に国内市場と原料を提供する農業の発達が国民経済にとって重要であることは理解していた．その農業のあり方としては，イギリス的大農業（資本主義農業）ではなく，中小規模経営（20～200モルゲン）を中心としつつ規模的にそれらを上回る大経営が並立する形で，農業生産力の発展と農村の人口維持をともに実現しようとしたのである．こうしたリストの農地制度，農業経営構造についての主張は，イギリス的囲い込みないしは大規模経営への土地集中が制度・政策選択として不可能，不適切な諸国において，現代においても示唆するところが多いといえよう．

［盛田清秀］

注)：1モルゲンは午前中に耕作可能な面積を表すが，地方によって実際の面積は異なる．ライン地方では25 a，モーゼルラントで31.5～38 a，バーデン36 a，ヴュルテンベルク31.5 aなどとなっている．また，1モルゲン＝40 a（0.4 ha）とする場合もある（松田，1967：pp. 11-12, p. 34）．

1-13

マルクス経済学と農業

農業の**マルクス経済学**における位置づけは重要なテーマであるが，一方で混迷を伴うものであった．それは農業の産業的特徴，生産物の特性，生産構造の独自性，生産者が農民であることが理由である．**マルクス**は資本主義の経済構造を歴史的・論理的に分析し，独自の理論体系を構築した．すなわち，経済を資本の自己増殖過程と捉え，資本の運動を担う資本家，価値生産を担う労働者，資本のコントロールの及ばない土地（自然と言い換えてもよい）を所有する地主という三者の鼎立構造（三分割制）が資本主義社会の基本構造であるとした．資本主義はこの基本構造のもとで成長，循環するというのである．

しかし，この図式は19世紀の最先進国であり超大国であったイギリスの経済構造をモデルに構築したものであり，世界的にはこのようなモデルが妥当する国はほかに存在しなかった．特に農業では，地主―資本家―労働者の3階級による生産構造は成立しておらず，多くの国で大地主―小作人という階級構造のもとにあった．マルクス経済学では農業のこの生産・階級構造を遅れた関係と捉え，経済の発展とともに徐々に資本主義経営が現れ，支配的になると予想した（エンゲルス，1894）．それゆえ，農業という産業が資本主義化するかどうかは，資本主義が全産業，全社会を捉える指標として重要であり，また資本主義の成熟を示し，社会主義への移行を展望する有力な指標として理解された．

●マルクス経済学による農業問題の解明　基本的にはこのような理解に立ち，マルクス経済学の立場から各国での農業分析が展開する．特にイギリスに比べて経済「後進国」であり，国民経済に占める農業の比重が大きく，農業の動向が経済社会に大きな影響を及ぼす国々において，**農業の資本主義化**を抽出しようとする研究が行われた．例えばドイツにおいてはカウツキーの『農業問題』（1899年），ロシアではレーニンの『ロシアにおける資本主義の発達』（1899年）があり，日本でも第二次大戦前の日本資本主義論争では農業における資本主義の浸透，成立が主要なテーマとして論じられた．

その一方で，農業の資本主義化はイギリス以外では容易に進まないことが明らかになるにつれ，**農業問題**の独自の様相に関心が集まるようになった．例えば日本では第二次大戦前に1～2 ha経営規模層の増大すなわち「小農（中農）標準化傾向」があるとされ，さらに農地改革後は1 ha前後の経営規模層が大部分を占めるようになり，かつそのような階層構造は比較的安定し，ついに農業資本主義化の展望はほとんど描けなくなるに至る．そこでその原因を，工業部門特に大工業による農業搾取，さらに独占資本主義成立による農業収奪に求めることとなる．それはマルクス経済学的農業研究の主流となり，戦前の日本資本主義論争において相対立した「講座派」と「労農派」の流れをくむ立場に共通する理解となる．こうした独占資本主義ないし国家独占資本主義と農業との関係性に着目した研究が，主として農産物価格・市場論の分野で展開するとともに，農業の資本主義化あるいは大規模農業経営の形成を阻害する農業内部の要因解明に向けた研究が進められる．その主要分野の1つが農地価格・地代論であり，農地取引（売買・賃貸借）の経済分析が理論的・実証的に展開する．この分野は農民層分解論とともに農業のマルクス経済学研究の主要な柱となる．

●マルクス経済学による農業分析の現状と展望　その後マルクス経済学による農業研究は，視点や対象を変えて展開する．その転機の1つが，農地価格・地代論における展開であった（今村，1969）．この研究は農地貸借が広範に成立する経済条件成熟を示したが，**農業構造**の変化は理論的な想定どおりには進まなかった．ここに至り，農業経営学や村落社会学などの領域と重なる形で新たな分野での研究が展開する．農業構造に関する全国的および地域別の実証研究は引き続き行われるのであるが，大規模経営や多数の雇用労働力を抱える経営の収益構造，地域労働市場との関連や農業所得水準，個別の農業経営と生産組織ないし集落等地域社会との関係，個人経営から法人経営への転換，農業の企業形態などに関する実態分析へと多様な展開を示すようになる．

マルクス経済学における農業研究は，以上のように理論体系との直接的関連がさらに希薄になりつつある．この背景には，マルクス経済学の方法論的特徴，すなわち計量モデルを用いた研究ではなく，定性的な概念モデルを「原理論」としてベースに置き，構造やそこに作用する法則を記述的に解明するという研究手法がある．ときに「構造分析手法」と称されるこうした研究方法は，必ずしも計量分析手法に比べて重要性が劣るものではなく，計量分析手法が適用しがたい構造変化の摘出，新たな分析枠組みの提示に優位性をもつといえよう．農業は生物産業であり，食料を生産し，生産規模の中小性や家族経営が支配的であるという特徴があり，そのことを反映した経済分析が今後も必要であり続けよう．またそれは，資本の運動の連続性が切断されるという農業の特徴でもある（熊野，2018：p. 119）．そのことは経済理論体系の直接的適用の制約となること，経済理論一般とは区別される農業経済学の独自性を条件づけるものである．　［盛田清秀］

1-14

近代経済学と農業

農業経済学の研究手法を「近経」・「マル経（非近経）」に二分するのは一般的な慣行であるが，両者の線引きをするのは，実際には困難である．農業経済学研究の包括的サーベイを行った中安・荏開津（1996）は，「近経」・「マル経」ではなく，「計量」・「非計量」という分類に基づく考察を行っているが，これらの分類は一対一対応をするとは限らない．「近代経済学」に対して，次の簡潔かつ暫定的な定義を与えておく．「農業経済学研究における近代経済学とは，標準的なミクロ経済学・マクロ経済学をベースとした経済学であり，数学的・計量経済的な手法を多用するという特徴があるものを指す」．

●近代経済学の限界　日本の食料・農業問題に関する議論においては，「近代経済学の限界」についての多くの指摘がある．中安定子・荏開津典生は，「計量的な分野の研究者には，農業経済の現実から，直接情報を取り出す力が弱い」ため，「計量研究の世界は他の学会に対しては開かれているが現実に対しては閉じられて」いるとしている（中安・荏開津，1996 : p. 32）．泉田洋一は，「近代経済学的農業分析」について，「数式を作ればそれで終わりとする傾向」「手段のおもしろさが，ときにそれを目的にすりかえさせるのである」といった弱みに関する評価を引用しつつ，「農業問題を国民経済の発展の中で起こるものと捉えたこと」「農業問題を長期的ないし歴史的なスパンの中で捉えようとしていたこと」などのポジティブな面での特徴を挙げている（泉田，2005 : pp. 6-8）．原洋之介は，日本農業経済学が過去に蓄積してきた研究業績を評価した上で，現在の日本農業に関する経済論は「市場効率性という一点だけに立脚した議論によって席巻され始めている」（原，2006 : p. 251）としている．

●近代経済学の可能性　以上のような「限界」を踏まえつつ，以下，食料・農業問題を分析する上での近代経済学の将来的な可能性の一端について述べる．

第1に，近代経済学がベースとするミクロ・マクロ経済学の理論的な発展は，実証分析に対しても大きな貢献を果たしている．ミクロ経済学の標準的な教科書の1つである神取（2014）では，「第Ⅰ部・価格理論」と並んで，「第Ⅱ部・**ゲーム理論**と情報の経済学」が論じられている．神取（2014 : p. 335）は，ゲーム理論の分析の1つの意義として，「個人の自己利益追求がより社会全体の利益を最大にすることは，競争的な市場では成り立つものの，より一般的な社会や経済の問題では成り立たない」ことを指摘し，「適切なインセンティブを与える制度設計」の重要性を述べている．近代経済学を「市場原理主義」や「自由放任主義思想」とみなして批判することは，現代の標準的な経済学とはそぐわなくなった．農業経済学の分野でも，ゲーム理論や情報の経済学に基づく研究が重要な知見を生み出している．例えば，ゲーム理論の応用によって，共同体がセーフティネットの提供・共有資源の管理・取引費用の節減といった「地域的公共財」（速水，2000：p. 289）を供給していることが認識されるようになった．こうした経済学の理論的な発展によって，従来の近代経済学的農業分析において検討が不十分であるとされた課題に対して，新たな光を当てられることが期待される．

第2に，近代経済学を実証するための計量分析の適用範囲が拡大している．従来の計量分析では，大型の計算機と専門的なプログラミング言語を利用し，生産関数や需要関数といった，価格理論から導かれる関数を推計することが多かった．現在では，計算機技術の発展によって，一般的なパーソナルコンピュータと，「R 言語」や「Stata」といった統計解析ソフトによって，計量分析を容易に実行することができる．また，単なる相関関係を示す分析に加えて，原因と結果の関係を示す因果関係を検証する「因果推論」のための手法が発達した．これによって，伝統的な回帰分析などに加えて，「ランダム化比較実験」・「自然実験」・「疑似実験」といった実験的手法に基づく研究が盛んになっている．非集計かつ大規模な個票データの利用可能性が高まっていることも，計量分析の可能性を拡げている．例えば，政府統計の利用促進の一環として，農林水産省「地域の農業を見て・知って・活かすデータベース」のような，大規模なデータの公開が徐々に進められている．

最後に，中安・荏開津（1996：p. 32）において，計量研究の長所として挙げられていた「他の学会に対しては開かれている」ことは，現在の近代経済学的分析でも妥当である．近代経済学的な日本農業の経済分析は，引用文献に外国文献や異分野の論文を含むだけでなく，研究成果が国際学術誌に英文で掲載されることが一般的になっている．海外との研究成果の交流によって，海外研究の知見を導入するとともに，日本農業の経済分析の意義を国際的に発信することが期待される．

●近代経済学的農業分析の将来　現代の経済学の主流は理論分析から実証分析へとシフトしており，近代経済学の農業分析への応用可能性は広がっているといえる．「近代経済学的農業分析」の研究蓄積が現在でも重要な意義をもつことは泉田（2005）や原（2006）が指摘するとおりである．今後は，そうした研究蓄積の意義を踏まえつつ，従来の分析において「限界」とされてきた課題に対して，前述のような「可能性」を活かした上で，革新的な研究を行うことが期待される．

［高橋大輔］

1-15

イギリス農業革命とエンクロージャー

農業革命とは農業の急速な大変革を意味するが，経済史や農業史の分野ではもう少し限定した意味で使われることが多い．例えば小松芳喬は農業革命を「中世的農業経営の近世的農業経営への移行に際して，（中略）大多数の国々に発生したところの，農業技術および農業慣行の変革を伴う土地配分の急激な変化」であったと定義している（小松，1961 : pp. 1–2）．

イギリスの農業革命を特徴づける現象として**エンクロージャー（囲い込み）**が挙げられる．エンクロージャーとは，従来1年の全部または一部に共同権が存在していた土地を生け垣その他の境界標識で囲み，共同権を排除し，私有地として明示することである．囲い込まれたのは荒蕪地（こうぶち）（waste）や共同地（common），開放耕地（open field）などであった．土地の囲い込みは早くは中世に始まっており，それが19世紀まで途絶えることなく続いたとみられている．しかし歴史的には耕地を牧場に転換した15，16世紀の牧羊エンクロージャー（第一次農業革命）と，改良農業を実施するために18，19世紀に行われた議会エンクロージャー（第二次農業革命）が特に有名である．ここで第一次農業革命はagrarian revolution，第二次農業革命はagricultural revolutionと表記され，前者は主として農村・土地所有関係の変革，後者は主として農業技術や経営方式の革新であったと理解されている．

●牧羊エンクロージャー　イギリスで囲い込みが大きな社会問題となるのは15世紀末葉以降である．1516年に出版された**トマス・モア**の『ユートピア』には，「もし国内のどこかで非常に良質の，したがって高価な羊毛がとれるというところがありますと，（中略）その土地の貴族や紳士や，その上自他ともに許した聖職者である修道院長までが，国家のためになるどころか，とんでもない大きな害悪を及ぼすのもかまわないで，百姓たちの耕作地を取り上げてしまい，牧場としてすっかり囲ってしまうからです．家屋は毀（こぼ）つ，町は取壊す，後にぽつんと残るのはただ教会堂だけという有様，その教会堂も羊小屋にしようという魂胆からなのです」（モア/平井訳，1957 : pp. 26–27）という記述がある．このように囲い込みを批判する文献はほかにも複数残されている．

当時政府はエンクロージャーを禁止する法律を作って，住民の追い立てと耕地の牧場への転換を禁じたが，それを実行に移すことはできなかった．エンクロージャー法の実施を担当する地方の行政官・治安判事（justice of the peace）が囲い込みの利益を最も享受する立場にあったからである．とはいえ第一次エンクロージャーが実施された面積はそれほど大きくはなく，例えば1455年から1607年までに牧畜のためのエンクロージャーが行われたのはイギリスで約50万エーカー（1エーカーは0.4 ha），すなわち全面積の2% 以下にすぎなかった（小松，1961 : p. 10）．

●議会エンクロージャー　領主層を中心とする牧羊エンクロージャーが進展する一方で，16～17世紀になると**穀草式農法**（convertible husbandry）あるいはレイ農法（ley farming）と呼ばれる新農法が登場する．これは耕地を一時的に牧草地に転換し穀作と牧草地利用を交互に行うもので，土地の肥沃度を向上させる効果がある．新農法を導入するために農民主体の話合いによる囲い込みが各地で進行した（椎名，1973 : pp. 41-42）．また18世紀になるとタル（Jethro Tull）による条播機の考案，タウンゼント子爵（Viscount of Townshend）による蕪(かぶ)作の実験，**ノーフォーク農法**とよばれる新農法（小麦―蕪―大麦―クローバーの順に栽培する輪栽式農法）の導入，ベイクウェル（Robert Bakewell）による家畜の改良など，農業技術や農法の革新がみられた．新農法によって家畜に牧草と冬場の飼料を供給することができ，結果として家畜の頭数と堆肥の量を増やし，それが耕地における穀物の収量増加につながった．大規模農業を推奨したアーサー・ヤング（Arthur Young）などは，開放耕地制度の非能率を攻撃してエンクロージャーの必要性とその利点を説いた（小松，1961 : p. 17）．

この当時囲い込みを行うには関係土地所有者の同意を取り付ける必要があった．そこで18世紀になると個別的なエンクロージャー法を制定して，関係者の3/4または4/5（いずれも土地価格を基準とする）以上の同意があれば囲い込みを実施できるようにした．すなわち「囲いこみの手続きは自発的な同意や圧力よりはむしろ，議会の個別立法によって進められるのが通常であった．囲いこみの法律が成立するには，その地域の全員一致の賛成を必要とはしなかった．むしろ必要であったのは，弁護士と測量士への謝礼，それに法案が通過したあとで柵と生け垣，道路，排水施設をととのえるための資金であった．」（ブリッグズ/今井他訳，2004 : p. 271）．

こうして18世紀の最初の60年間に通過したエンクロージャー法は年平均4つであったが，1760～92年には同40を超え，1793～1815年の対仏戦争期には同80に達し，1845年までに総計約4000のエンクロージャー法が成立した（小松，1961 : p. 19）．議会エンクロージャーにおいてもその主導権は大土地所有者側にあり，結果として土地を手放さざるを得ない農民が続出した．　［田代正一］

1-16

経済発展と農業

ペティ=クラークの経験法則によれば，経済発展に伴い農業部門がGDPや就業人口に占めるシェアは低下する．農業のシェアが依然として大きい経済発展初期の国においては，経済発展に対する農業成長の役割は極めて大きいが，さらに経済が中所得国段階，高所得国段階にまで発展すると，農業の役割も変化してゆく．ここでは，それぞれのステージごとに，経済発展と農業の役割について説明する．

●発展初期における農業成長の役割　一般に，一国における農業成長（農業生産性の向上）が経済全体の発展に果たす役割としては，生産性の向上により，増大する食料需要を満たすに十分な食料を国民に供給し，食料価格の上昇を抑制すること，近代部門で必要とされる労働力を供給すること，工業化に必要な資本の供給（農業搾取政策を通した），などがある．

日本やイギリス，フランスなどの今日の先進国の場合も，近代的産業の発展と同時期に農業の生産性上昇率も高く，農業成長が産業化を促進したと考えられている．また，インド，インドネシア，フィリピンなど，農村の貧困問題を抱えていた発展途上国においても，米，小麦，とうもろこしなどの「緑の革命」による生産性向上なくしては，人口稠密な農村における貧困問題，食料安全保障の問題を深刻化させることなく，産業化を進展させることは困難であっただろう．

最貧国であった中国やベトナムにおける目覚ましい経済発展は，集団農業システムから個別農家による生産請負制度への制度変革による農業成長が先行しなければ，実現しなかったかもしれない．個別農家による生産請負制の実施は農家に生産意欲を与え，生産性の向上につながったであろう．それによって生まれた農業部門における余剰は，農産物の供出制度（政府が，市場価格より安い価格で農民から強制的に農産物を徴収する制度）を通じて，その後の経済成長に寄与したと考えられる．

一方，近年では，サハラ以南のアフリカなど，多くのエネルギー・鉱物資源富裕国が資源を輸出することにより目覚ましい経済成長を達成したが，これらの諸国は，それ以前の時期において農業開発投資には消極的で，農業成長は停滞していた．この事実は，一見，低所得国は農業部門の成長なくして中長期的な経済発展（所得水準の上昇を含めた多角的な厚生水準の向上）を達成できないという，古典的なパラダイムを否定しているようであるが，資源輸出型成長戦略により急成長した国々において，製造業部門の発展が停滞し，教育や保健・医療の水準が所得水準に比べて低いことを考慮すると，農業発展に関するパラダイムは，現代の低所得国にも，依然として当てはまるといえよう．

●構造変化と農業　産業化が進展し，国全体の平均的所得水準が上昇しても，部門間の生産性上昇率の差や産業間労働移動が円滑に進まないなどの理由により，依然として，農業部門に多くの過剰労働が存在する場合，農業部門は過剰労働力人口を扶養するという重要な役割を担う．過剰労働の存在は農村居住の人々の所得水準を相対的に低下させ，農村の貧困が問題視される．農家所得の向上を目的として，新技術の導入による生産性向上，収益性の高い作目への転換が推奨される一方，場合によっては，農村の貧困層の所得向上を目的とした直接的な貧困削減政策が実施される．

食用農産物に対する需要が増大する一方，国内生産が需要に追いつかない場合には，食用農産物の供給増加と食料の安全保障の観点から，食料増産対策が講じられる．一方，需給のひっ迫により国内食料価格に上昇圧力がある場合には，貧困層対策として食料配給政策などが講じられる．また，経済発展に伴い農業の生産性向上のための新技術も比較的安価に供給されるようになり，多くの農民がこれを採用するようになると，化学肥料や農薬の多用による環境問題や水・土地などの集約的利用による資源過剰利用の問題が深刻となる．

●労働不足経済への転換と農業保護　さらに近代的産業部門が発展すると，過剰労働が解消し，農業部門のシェアがさらに低下し，経済発展に対する農業の役割も大きく変化する．

産業化が進展し労働不足経済に転換すると労働費用が上昇する．農地の流動化が進展し規模拡大が実現すれば労働費の上昇をカバーできるが，アジア諸国のような小農による小規模農業経営が一般的な地域においては，多くの場合，流動化は遅々として進展しない．その結果，農業所得は近代的産業部門の所得を大きく下回り，兼業化が進展する．この段階になると，消費支出に占める農産物消費支出の割合が低下する一方，食の安全性の保持，農村の環境保全などが，農業の役割として期待されるようになり，農業保護政策が実施されやすくなる．

西欧やアメリカなどの比較的農業経営規模の大きな先進国やタイなどの農産物輸出国において，農業部門は輸出産業として国の基幹産業の一翼を担うが，程度の差こそあれ，農業保護政策が実施されるようになる．特に，先進国による自国農業保護政策は発展途上国との間の自由貿易交渉において軋轢を生む要因となる．

［福井清一］

1-17

持続可能な経済社会と農業

●「持続可能な社会」とは　持続可能な社会とは，「持続可能な発展」理念に基づく社会である．すなわち，当時代の科学技術を活かし，自然や環境が不可逆的な損失を被らない範囲内において経済活動を行い，それによる成果を，南北間衡平・世代間衡平等の社会的衡平，福利・厚生の質の向上につなげることができる社会，そのような制度が構築された社会である（矢口，2013）．

持続可能性には，環境的・経済的・社会的持続可能性の3つの側面がある．環境的持続可能性とは，負荷許容量の範囲内での資源利用等により自然・環境が不可逆的変化を生じないことであり，環境保全システムの構築が必要である．経済的持続可能性とは，効率や技術革新を確保しつつ，人々の生活が最低限以下にならないことであり，公正・適正な経済システムの構築が必要である．社会的持続可能性とは，文化的・社会的な多様性を尊重し，人々の尊厳が守られることであり，生活の質や福利・厚生を確保できる社会システムの構築が必要である．これらは，環境的持続可能性を前提・基礎とし，経済的持続可能性を1つの手段として，社会的持続可能性を最終目的・目標とする関係性の中で，社会的衡平等を確保する．例えば，国連は持続可能な開発目標（SDGs）を掲げている．

持続可能な社会は，場（地域）の住民・NPO・公的組織等（ステークホルダー）が，課題・目標を明確にして〈コミュニケーション・合意・協働〉という一連の合目的的行動・行為（＝共生）なしには実現しない．共生とは，持続可能性確保のための合目的的行為であり，共生のある持続可能な社会を「共生社会」と定義できる．行為の主な実践者・担い手は自由な諸個人であり，また，自由な諸個人が自覚的・能動的に結びついた集団（アソシエーション）である．

持続可能な社会を実現するには，共生に加えて，持続可能な発展のための教育（ESD）の推進やPDCAサイクルによる点検も必要であり，実現をより確かなものにしていく．そして，上記の3つの持続可能性を確保・担保すること，すなわち制度として確立することが重要である．現実の地域社会では，身近で具体的な解決すべき課題や問題があり，その改善・解決のために共生が必要である．制度として確立する日常性の積み上げや努力が「持続可能な社会」に近づけていく．

●「持続可能な農業」とは　農林業や，人と自然，人と人・社会，人と風土との関わりをもつ〈農〉の世界は，実践的にも暮らしの上でも，常に3つの持続可能性に向きあっている．農業はその持続性と最大収量を確保する上で，工業とは違った特質をもつ.

①農業は生命体＝有機体の生産であり，その栽培・飼育過程に土地，水，空気，天候等の自然を取り込み，環境負荷を許容量内で処理し続ける．②農業は生命機能を利用するため，生育過程で土地・季節・気象・気候的条件を考慮し，生命体を適切に管理し続ける．技術進歩のもとでも生育・生理のコントロールには限界がある．「もやし」等を除けば，作物は1〜2日といった短期間では収穫できない．鶏も1日に10個の卵は産めない．③農業は生産量増大には土地集積・拡大が必要であり，土地の化学的・物理的条件，地形的・地理的条件，歴史的条件も考慮する．土地制約が非常に少ない施設利用型＝工業的農業は例外である．

④農業は，適正な生産活動により農産物という経済的価値のほかに多面的で公益的な価値・機能＝外部経済効果を生み出し，自然・社会環境を形成・保全する．その価値とは，景観の形成・保全，国土・環境保全，水源涵養，人間の教育，保健休養の提供，伝統・文化の形成，食料安全保障等である．「食料・農業・農村基本法」の第3条でも規定している．⑤農業は自然・物質循環する．収穫物は生物を養うエネルギー源だが，その廃棄物，例えば家畜排泄物は貴重な肥料源・バイオマス（生物資源，生物由来の資源）となり，次の生産過程の原材料となる．

⑥農業は第2次・3次産業の要素ももって社会に貢献する．産出される食料や多面的公益的価値は，人間生活に不可欠なもので社会に貢献する．農業は，第1次産業の枠を超えて多様化している．先進国に共通した動きとして，農業経営内における「ペティ=クラークの法則」がみられる．

ここでの第2次産業は，生産者・消費者双方が味噌・醤油等の農産加工を行い，「うるおい・自己実現・満足＝幸福感」を体感し，販売による収益も得る．第3次産業としての農業は，生産者が消費者に農業生産や農産加工過程とその場を提供し，消費者はそこで「幸福感」という精神的価値を得てその代価を生産者に支払うという関係が成り立つ農業（サービス農業）である．農業・農作業体験ビジネス，市民農園，グリーンツーリズム等がその例である．従来と現象は同じでも意味・内容が異なる．「自己実現と地域づくり」のためにその「新しさ」がある．

このような農業の多様化も含め，持続可能な社会の農業および持続可能な農業は，次のように定義できる．風土および自然条件を踏まえ，投入物や機械の適正な使用等，農業技術の適正な活用（生命・生物機能利用および環境許容内適正投入）により，環境・資源を保全し，農民に適正な利益を与え，安全な食料と繊維原料等を適正な価格で長期的に安定して供給する産業である（矢口，2013).

［矢口芳生］

第２章

農業経済学のユニークネスと新展開

2-1

農業経済学の対象と方法

農業経済学は，どの時代のどのような農業に対して研究し，分析することができるのだろうか．我々の生活する現代の世界のみを対象とするのか，それともそれ以外の世界をも対象とし得るのかという点で，考え方に違いがおきてくる．

●農業経済学の3つの方法　我々の生活している現代世界を市場経済の社会とするならば，資本主義市場世界の中で成立している農業の経済分析をするのが，第1の方法になる．しかし，資本主義市場経済が全世界に遍く成立する以前にも，農業は存在していたわけであり，それぞれの時代のそれぞれの農業に対しても，分析を行うことができるとするのが，第2の方法となる．近代経済学の方法論は，第1の方法で，市場における農業の経済分析が行われる（☞1-14）．

一方，マルクス主義経済学においては，資本主義経済を対象とするが，同時にさまざまな生産様式の中における農業の変化のすべてを含み，歴史の中で位置づけることになる．歴史的に見て，発展段階の違う国と国，産業と産業の間における矛盾と対立が，社会進化の源泉となると考え，その変化を分析する．したがって，農業を経済学だけでなく，社会学や政治学や歴史学の分析を，含むことになる．これが第2の方法である（☞1-13）．

さらに，人類の歴史の中で資本主義経済を考えるが，西欧社会の歴史を最終の発展段階だと考えないという主張がある．これが，第3の方法となる．経済人類学の方法（ポランニーなど）や世界システム論（ウォーラーステインなど）の方法である．ただし，第3の方法論は，第2の方法論とも密接に関連している．

●近代農学の成立とテーア　農学が近代農学として位置づけられたのは，19世紀の1人の農学者アルブレヒト・テーアによるところが大きい．クルチモウスキーも『農学原論』（1919 : pp. 3-4）の中で，ローマやギリシャの農業書，あるいは中世の数々の農業書を参照しながら，それらは，なお現代の農学に結びつくことはできないと考えた．また，16世紀から18世紀にかけて，さまざまな社会の中で農学者が出現し，農学が出現してきたと指摘している．その中にはイギリスのジェスロー・タルやアーサー・ヤングなどがいたが，彼らは農学が成立する直前の学者であり，経済地理学者，実験的経済学者として位置づけられている．

科学としての農学が成立するためには，「その学問の性格が明瞭に提示され，そしてそれを可能にするための方法が確立されなければならない．と同時に方法的に捉えた対象が，一体として整序され，体系をもつものにならなくてはならない」と，柏祐賢の指摘するとおり（1962：p. 30），他の先駆者たちとは異なり，テーアは，自らの農学の基盤を「合理的農業」と定義し，実験と観察を実践的に重ねる方法を提示することによって，近代農学を確立していった．テーアは，ドイツのハノーバーの医師の出身で，やがてツェレで農園経営を開始して実験を繰り返し，プロイセン王国に農業学校を設立した．後に，イングランドの農法の分析をもとに『合理的農業の原理』を書き上げ，農学の体系を確立した．テーアは，啓蒙学派の唯理主義（rationalism）に影響を受けており，特にイギリスの「輪栽式の農業」が，土地の地力を維持しながら永続的な作物生産を可能にし，かつ冬季の家畜経営をも可能にする農法と捉えた．循環するこの農法こそ，最も合理的な農業の体系であった．また，こうした地力維持に関する技術的合理性と同様に，農業経営においても最高の純利益を持続的に引き出す方法として，テーアは経済的合理性を求める体系の学としての農業経営学を，農学の中に位置づけたのである．

●テーア以降の農学の発展　テーアの考えた農学は，2つの方向で継承されていく．1つは，農法における合理性で，これは，輪栽式による地力の回復を説いたテーアに代わり，鉱物質の補給こそが地力の回復に必要だとする**リービッヒ**によって訂正され，発展していく．これは，農芸化学という新しい学問分野を生み出した．一方，経営における合理性については，**チューネン**が，テーアの後継者となる．ドイツの実際の農業では，テーアが考えたように，すべての地域で合理的な農業形態（輪栽式農業）がとられているわけではなかった．チューネンはその原因を，農場の市場からの距離にあると考えて，1つの都市を中心とした理念的なモデルの「孤立国」を想定した．『孤立国』では，中心に都市があり，その外側に，自由式農業圏，林業圏，輪栽式圏，穀草式圏，三圃式圏，畜産圏の順で，異なる農業形態が同心円状に拡がっている．さまざまな農業様式の違いは，都市における穀物価格と都市への運搬料の違いによるものである．その結果，都市からの距離によって，地代が決定してくるとして，それぞれの農区ごとの純利益産出の方程式を示した．さらに，経営の規模が，農業経営の重要な要素となることを示した．

チューネンの研究は，農業経済学が農学の経済的合理性を貫く学問として位置づける試みであった．一方，こうしたドイツ流の農業経済学の概念には，農業の生産様式の違いには，歴史的な発展の過程が含まれていることを示唆していた．ここから，さらに発展して，マルクス主義的な農業の発展段階に焦点を当てた農業経済学が形成されてくるようになる．

［末原達郎］

2-2

応用科学としての農業経済学

『日本農学80年史』は農業経済学に1章を割き，その展開過程と対象領域の変化を整理している（日本農学会編，2009）．農業経済学は社会科学でありながら，広義の農学を構成していると認識されているのである．実際，農業経済学関係研究室は，経済学部ではなく農学部に設置されていることが多い．つまり，農業経済学は農学と共通の基盤をもつのである．

●農学と農業経済学　農学の科学的特質について研究を進めた柏祐賢は，科学を自然科学，文化科学，**応用科学**に分類した（柏，1962）．自然科学とは自然現象を主な対象とし，法則の定立を目指す科学である．文化科学は，それぞれの事象に存在する「特殊にして個性的なもの」を描き出すことを目的とする．応用科学とは対象としている現実を，将来実現されるべき目標に関連づけて考察する科学である．だから，未来を展望するという特色をもつ．

坂本慶一は，応用科学は「価値目標の実現を目指すという意味で」独自の方法論をもつ科学であると規定した．応用科学は純粋基礎研究をもとにして，価値目標に方向づけられた基礎研究，応用研究，技術開発という段階が認められる．ここでいう技術開発には価値実現に向けた制度化も含んでいる．

祖田修はこの価値目標について，総合的価値の実現，つまり総福祉の極大化が農学の課題であるとした．総合的価値とは，経済価値，生態環境価値，生活価値の間に存在するトレードオフ関係を農村という「場」において調整することで得られる動態的な目標である．とすれば，狭義の経済学だけではこの総合的価値を取り扱うことはできない．環境や社会についても考察する必要が生じるのである．

●歴史を踏まえた理論的研究と実践的研究　応用科学は**課題志向的科学**である．だから，課題をどのように設定するのかが，農業経済学にとってのレゾン・デートルを左右する．課題を設定するためには，問題を特定しなければならない．しかし問題は自明ではない．研究者の立場や地位で見解が異なることもある．文脈の違いで同じ現象が問題視されたり，逆に好ましいものと評価されることもある．

そこで，こうした個別事情をできるだけ捨象し，時代的・社会的要請に応え得るような課題が追求されてきた．第二次世界大戦後に限っても，食料増産，農村の貧困と過剰人口から始まり，近代化，構造政策，多面的機能，フードシステム，食品安全性などを挙げることができる．

こうした多様な領域の研究を進めるには何よりも事実，実態がどうなっているかをきちんと把握しなければならない．そのために，歴史を踏まえた理論研究が進められる．一方で，例えば震災や原発の過酷事故による農業・農村復興や食料供給網の再編とリスク回避のように，緊急的な対応を迫られることもある．この場合には，優れて実践的な研究が求められる．しかし，実践的な研究であっても理論の裏づけが重要となる．理論なき実践は説得力に乏しく，実践なき理論は空疎である．理論的研究と実践的研究の両者が結びついていることも，農業経済学の応用科学としての特徴である．

●経済学との共通性と違い　農業経済学は経済学の一分野なのかどうかについては早くから議論があった．1つは，農業経済学は経済学とは異なる独自の科学であるとする立場であり，もう1つは経済学の中の特殊科学であるとする立場である．もちろん，農業経済学は経済学と同様の分析ツールを用いることも多い．しかし，農業経済学は，生命体を扱う農業が対象であるという一点において，経済学とは異なった特質をもつ．それゆえに，農業は地域個性をもつ．この点で，農業が世界共通の画一的な市場制度に接合できるのかという問いは農業経済学がその登場以降抱え続けてきた最大の課題である（原，2006）．

●農業経済学が失ったものと獲得したもの　1924年に農業経済学会は発足した．間もなく100年を迎える．発足メンバーには東大や京大の研究者，農政官僚らが名を連ねているが，民俗学者として知られる柳田國男が含まれていたことは特筆すべきである．農業経済学の展開過程の中で，民俗行事などの社会性や歴史性は非経済的要因として軽視されてきたが，柳田の存在はこうした条件も農民の意思決定に大きく影響することを，設立当初の農業経済学界が意識していたことを暗示している．現在の農業経済学は経済的側面や技術的側面に偏りがちだが，そのことは農民の心性を含む農業の全体性やダイナミックさを見失う危険性がある．

農産物は従来，食料（food），飼料（feed），繊維原料（fiber）の3Fが中心だったが，21世紀に入ってからはバイオ燃料（Fuel）が加わり，4Fの時代となっている．これは非食料産業が対象となる点でも，それぞれの用途が相互に転換可能だという点でも，農業のダイナミックさを示す好例である．4Fの段階では，農業の生産場面だけでなく，多様な加工産業や食品産業，エネルギー産業との関わりも重要になる．こうした新しい対象領域の獲得に伴って，応用科学としての方法論的再考も求められている．

今後，農業の混迷が見通される中，方法論的な精密化や時代や社会的要請に応じた対象領域の開拓に加え，生命体を扱う農業という原点に立脚する農業経済研究の意義と重要性が増すことになるだろう．

［池上甲一］

2-3

農法論と農業技術

農林水産省「**農業技術**の基本指針（2017 年度改定）」によれば，「農業技術は，農業に携わる農業者やその生産基盤を成す農地などと並んで農業生産を支える重要な要素」で，その「開発・導入に……弛まぬ努力が不可欠」である．

●農業技術と農業技術体系　ドイツ農業経営学の影響を受けた日本では，農業技術は労働対象と労働手段に区別されてきた．労働対象とはそれ自身が労働の対象となる種子や肥料など，労働手段とは労働対象に働きかけるための道具・機械などであり，両者を生産手段と総称した．また「指針」では技術の外に置かれた農業者と農地の技術的性格を重視し，前者を**技能**，後者を労働手段/労働対象の両面をもつものと位置づけた．農地は改良の対象であるうえ作物育成を支える労働手段でもあるからである．したがって，農業者（技能）―労働手段―労働対象―農地（労働手段/労働対象）という技術的諸要素とその連関が農業技術論の対象になった．ここに**農業技術体系**という包括的概念が成立したが，それはなお要素的・骨格的な理解を強く残していた．

●関係的・実際的概念としての農法　「技術」概念に空間と時間を与えたのが「**農法**」である．理念的把握を関係的・実際的把握へと具体化したともいえよう．

初期農法研究を牽引した加用信文は，「学術的に一定の概念規定を与えられているわけではない」が，「農業経営様式または農耕方式の発展段階を示す歴史的な範疇概念として用いる」（加用，1972 : p. 7）とし，今 1 人の論者である熊代幸雄は「耕耘に基礎をおく作業連鎖，つまり農業技術体系」の，「土地利用の空間的編成を大きく類型としてしめくくる概念」（熊代，1974 : p. 6）だとしていた．農法とは何よりも土地利用方式であり耕作序列・耕作方式であると合意されていたといえよう．クロハリョフの原著名“О системах земледелия”を「農耕方式」と訳した的場徳造も，日本語の一般用語としては「農法」だと記していた（クロハリョフ/的場訳，1965 : p. 379）．

●発展段階論から類型論へ　これらの議論では，農業の発展史を農法すなわち土地利用・耕作方式の発展史として理解するところに主たる関心が向けられていた（加用，1972 : p. 7）．「比較農法」を掲げた熊代も，「……西欧近代の輪栽式をもたらした休閑地解消・条播・中耕ということだけでは，東アジア農法では近代化の特徴ではなく……」（熊代，1974 : p. 423）などの叙述にみられるように，アジア農法をみる場合も西欧農業の発展段階論に大きく引きずられていた．「**農業類**

型」という考え方は，なお未熟であったといわざるを得ないのである．

その後農業における「地力補給と雑草防除」の重要性に着目し，農法概念の中核にこの「両体系」を据えた飯沼二郎は，その具体的性格が自然条件（乾・湿/暖・寒）に決定的に依存していること，したがって各々の組合せに基づき，農業の発展形態は明確な差異をもつことを主張した．4つのマトリックスに対応した世界農業の四大類型論を提示したのである．類型論的農法論は，土地利用方式としての農法論が明らかにした多様な農法諸形態を，自然・人間関係のあり方に根差した歴史的個性として再把握する見方を提示したといえよう．

●農業技術論を超えて　他方，農法という概念は，農業労働と生活，農業と生態環境，自然と人間の関わりを農業的個性に根差しつつ根源的に理解しようとする考え方を生んだ．自然をただ管理の対象としてみる農業は，科学技術の発展とともにむしろ破壊性を増したからである．ここに農法概念は，いわば農学批判という新たな意味合いで必要とされてきた．代表的論者は守田志郎であり，農法論は「工業の言葉」である技術に対する明示的な批判の学になった．守田の主張は，主著タイトル『農業は農業である―近代化論の策略』（1971）に端的に示されている．

なお，近世農書や慣行農法の考察により守田説を継承・豊富化しようとするものに（徳永，2019ほか），より一般的に「（自然性を帯びざるを得ない）農業の技術的性格を示す概念」とする（中島，2013ほか）などがある．

●農法論とスマート農業　近年ICT・AI・ロボット技術の急進展を背景にしてスマート農業（農業情報学会，2014ほか）が話題になっている．土地利用型農業でも破格の効率化が可能で，構造改革を併せ遂行することにより輸出産業化が達成できるとの政策サイドの判断が，この動きを強力にリードしている．

しかし，少なくとも現段階のスマート農業は，先に記した農業技術体系における部分技術にすぎない．そして，農業の意味を人と大地の相互作用において多面的に把握する努力を重ねてきた**農法論**的広がりと深まりを，いわば「効率性という価値観」と「管理された極小空間」に絞り込んでしまい，これら2つの論理の「外」に起き得る多様な事象に対してほとんど関心を向けていないようにみえる．

●農法論復権という課題　科学技術の成果は十分尊重されるべきであるが，そのインパクトのありようは巨大かつ複合的でしばしばインビジブルですらある．人類にとって真に意味あるものにするには広い知的基盤の上に位置づけられることが必要であり，その意味で，農法論的視野とそのさらなる深化が強く求められている．そして，段階的にも類型的にも大きな隔たりのある「世界」にまで議論を及ぼす時には，その必要性は決定的なものになると思われるのである．

［野田公夫］

2-4

農業論争

農業に関する論争は，多くの場合，経済学の理論や法則と農業・農村の現実とのズレをめぐって展開された．特にそれが革命路線や重要な政策決定に関係する場合に，論争は白熱することとなった．

●大農小農論争　ヨーロッパ農村が長期農業恐慌のもとにあった1890年代に，社会主義者の間で展開されたのが大農小農論争である．論争の主戦場となったドイツ社会民主党（1875年創設）は，1891年の「エルフルト綱領」でマルクス（Karl H. Marx, 1818-1883）の理論に基づいて小農の没落を必然としていた．しかし，党の中でもバイエルンなどの農業州の党員は，小農保護を公約に含めることを求め，農業綱領の起草が論議されることとなった．

この時，エンゲルス『フランスとドイツにおける農民問題』（1894年）とカウツキー『農業問題』（1899年）が正統派を代表する主張となった．エンゲルス（Friedrich Engels, 1820-1895）は，小農は過去の遺物で資本主義下での没落は不可避とし，協同組合所有への誘導を論じた．カウツキー（Karl J. Kautsky, 1854-1938）もまた，科学技術の応用において大経営は小経営に優越すると論じた．これに対し，修正派を代表するダヴィッド（Eduard David, 1863-1930）は，『社会主義と農業』（1903年）において，現実には大経営よりも家族労働力に見合った規模の経営が増加している事実を示し，その理由を工業とは異なる“生命の育成”という農業の産業的な特性に求めた．

この大農小農論争は，その後も時代を超え，場所を変えて繰り返されていく．ロシアでは，レーニン（Vladimir I. Lenin, 1870-1924）がカウツキーを継承してロシア農業の資本主義的発達を論じたのに対して，チャヤノフ（Aleksandr V. Chayanov, 1888-1939）は，非資本主義的な経営を“賃労働なき経済”として小農論を展開した．日本でも，資本主義法則の貫徹を主張する農民層の両極分解論と家族経営規模の小農存続を主張する中農標準化論とが対立した．

●封建論争　昭和恐慌下の日本で1930年代に展開されたのが封建論争である．この論争は日本資本主義の性格をめぐる論争の中核部分をなし，具体的には当時の小作農が地主に支払う現物で高率の小作料の評価をめぐって争われた．論争は，イギリスを典型とする“封建制から資本主義への移行”に照らして，明治維新と地租改正をいかに評価するのかを焦点とした．

この論点に対して，『日本資本主義発達史講座』（岩波書店，1932-1933年）に結集した論者は，現物・高率小作料を“前近代的・半封建的”関係の証として，地租改正は土地制度改革として未完であり，農村には「地主制」という半ば封建的関係が存続すると主張した．彼らは“講座派”といわれ，山田盛太郎（当時，東京大学経済学部教授）や平野義太郎（当時，東京大学法学部教授）がその代表者であった．一方，雑誌『労農』に結集した論者は，地租改正によって農地の私的所有が確立されたことは否定できないとして，小作料の高率性の根拠を農民間の競争に求め，その性格を過渡的な“前資本主義地代”と主張した．彼らは，雑誌名にちなんで“労農派”と呼ばれ，代表者には向坂逸郎（当時，九州大学経済学部教授）や櫛田民蔵（当時，大原社会問題研究所）がいた．

前近代的関係の存続を重視する論者の中には，大塚久雄（当時，東京大学経済学部教授）のようにマックス・ウェーバー（Max Weber, 1864-1920）に依拠して封建制から資本主義への移行の理念型を追求した論者もいた．この論争は，後発の資本主義国が共通して抱え込む前近代的関係の問題として，日本に限らず戦後のアジア諸国でも同様な論争が展開された．

●“農業革命”論争　米消費が減り続け米の過剰が問題となった1970年代から，日本では第二次世界大戦中に起源をもつ食管制度がその財政赤字と合わせて議論の的となっていた．そうした中，1981年に総合研究開発機構がまとめた提言『農業自立戦略の研究』から始まったのが“農業革命”論争であった．その内容は執筆した叶芳和によって『農業先進国型産業論』（日本経済新聞社，1982年）として刊行された．その議論はシンプルで，農業は先進国では研究開発型産業であるとして，米に対する国の保護をやめて競争原理を導入すれば，「市場革命」が「土地革命」「人材革命」「技術革命」を誘発して，日本農業は輸出産業にまで成長するというものだった．これは大農論の再現であり，叶が依拠した新古典派経済学においても，結論はカウツキーやレーニンとほぼ同じであることを示していた．

これに対して，多くの論者が稲作農業の実態を踏まえて反論を行った．さらに，機械化の進展が稲作の大規模耕作を可能としたことを背景に，稲作生産性の規模間格差をめぐる実証的な議論が展開された．こうした研究から検出されたのは，規模拡大によるコストダウン効果が5 haを超えると消失するという実態であり（加古敏之，1992），その理由がまた論争となった（今日では，規模拡大効果の消失は10 ha前後となっている）．その一方で，この実態をめぐる議論とは離れて，叶の“農業革命論”は財界やマスコミの間で大きな話題となり，折からのGATTウルグアイ・ラウンドにおける米輸入自由化の政策を後押しする役割も担った．

［玉 真之介］

2-5

農業・農村の外部効果

ある経済主体の行動が他の経済主体の状態に及ぼす影響・効果をまとめて外部効果という．効果が市場を通じて価格メカニズムにより調整されている場合を金銭的外部効果，市場を経由せず（できず），影響に対する対価の授受がない効果を技術的外部効果と区分することもあるが，一般には後者を外部効果と呼んでいる．また，影響を受ける側にとって望ましい効果を外部経済（正の外部性），望ましくない効果を外部不経済（負の外部性）という．

●外部不経済の是正　外部効果が発生する場合，経済活動を担う主体にとっての私的費用と社会全体にとっての社会的費用との間に乖離が生じる．その結果，外部不経済が発生している場合は社会全体にとって望ましい水準に比べ生産が過大に，逆に外部経済が発生している場合は生産が過小になることが知られている．これは市場の失敗の一種であるが，外部不経済の是正策として，①外部不経済の根源となる事象を公的ルールにより直接規制すること，②汚染源への課税（ピグー税）ないし汚染を軽減する取組みへの補助金による調整，③当事者間交渉による外部不経済の内部化，④公的組織による取引可能量の割当てと取引権売買の許容による総取引量の段階的軽減などが提案されてきた．だがいずれの施策を適用するにも，外部効果の及ぶ範囲と事象間の因果関係を特定するには多大の労力と時間を要するため，施策の具体的なルール作りやその効果の検証は容易ではない．

●農業・農村における外部効果　農業は基本的に自然環境の影響を強く受けるとともに，多くの場合露地の開かれた環境のもとで生産が行われる産業である．そのため農業生産活動は自然環境と多様な経済主体にさまざまな外部効果を及ぼしている．加えて，農業の主たる担い手である家族経営農家は農地に隣接して居住していることが多いため，外部効果は農業生産の局面だけでなく，農家の生活や農村地域社会との関係性も考慮して捉える必要がある．

農業・農村をめぐる外部効果の事例は多数ある．経済学の教科書にもよく紹介される果樹園と養蜂家の関係性（ミツバチによる蜜の採取により果樹の受粉が同時になされる）は外部経済の典型例である．こうしたミクロな経済主体間にみられる外部効果に加えて，1980年代以降は，適正な要素投入を継続している持続的な農業生産によりもたらされる水質の保全，土壌流出の防止，良好な景観の保全といった諸機能を総称した「多面的機能」の維持・保全が外部効果として強調されてきた．その一方，地域資源の乱用や過剰な農業資材の投入を伴う営農活動はさまざまな外部不経済をもたらすことも知られている．例えば，過剰な施肥（化学肥料だけでなく有機肥料も含む）による下流の水源の富栄養化，農薬の過剰散布による生態系の破壊，家畜糞尿の不適切な処理によるさまざまな汚染や生活環境の悪化，安易な揚水依存による水不足・地下水系の破壊などは，世界各地で観察される農業由来の外部不経済である．

農業経済学にはかねてより，農業生産・農村環境のさまざまな場面で生じる外部効果の因果関係を明らかにすること，さらにその成果に基づき農業・農村政策に外部効果を反映させること，または政策の根拠とされる外部効果を検証することが求められてきた．例えば先進国の条件不利地域で多く導入されている直接支払政策は，農業由来の外部経済（特に多面的機能）の存在を根拠にしている．同時に，生活利便性の決してよくない地域に定住しながら営農を続けることに対し，社会全体として一定の対価を払うことへの合意・了解も形成されつつあると考えてよいだろう．しかし政策を具体的にルール化する段階で，補助の単位や水準の設定を見誤ると，かえって外部不経済をもたらすこともあり，先進的事例においてもルールの段階的改定が続けられている．また条件こそ国や地域により異なるが，環境保全型農業を促進する政策が拡大しているのは，農業による外部不経済が各地で発生しており，それを抑制する必要性が認識されているためであろう．

●外部効果の計測　また，農業・農村の外部効果を検討する場合，具体的な外部効果の水準やその発生時の社会的費用を計測することは極めて重要である．しかしピグー税が前提としている環境負荷の限界外部費用の正確な計測は難しい．それでも，根拠をもった手法で環境負荷の具体的な測定基準を見出し，その基準を排出物の量的管理政策と環境税の税率調整に応用することにより，最少の費用をもって環境負荷を削減することにつながるとの指摘もある（ボーモル=オーツ税）．実際，OECD は多様な農業環境指標を開発し，その具体的データを公表している．その公表値は国（マクロ）レベルであるが，よりミクロなレベルで精密な評価を行うための手法や，非市場財に対する個人選好の評価手法など，新たな手法や分析枠組も次々と公表されている．かつて理論・概論としては理解されながら計測できなかった外部効果の「見える化」が進みつつある．その成果を正確に理解し，有効に活用するには，分析する側だけでなく，成果を活用する側の手法に対するリテラシー向上も必要である．同時に，計測事例研究を単なる一事例の精緻化に終わらせず，複数の計測事例を比較しながら，農業および農村社会全体の発展に貢献し得る知見を見出すための努力が必要であろう．　［櫻井清一］

2-6

生物多様性の保全

生物多様性（生物学的多様性）は 1980 年代以降普及した概念であり，日本では 2010 年に名古屋市で開催された生物多様性条約第 10 回締約国会議（COP10）を契機として普及した．COP10 では，TEEB（The Economics of Ecosystems and Biodiversity）統合報告書が公表され，生態系と生物多様性の経済的評価を含む経済的側面に対する注目を集めたことも特筆すべき点である．

●生物多様性とは 生物多様性については，生物多様性条約第 2 条において「すべての生物（陸上生態系，海洋その他の水界生態系，これらが複合した生態系その他生息または生育の場のいかんを問わない）の間の変異性をいうものとし，種内の多様性，種間の多様性および生態系の多様性を含む」と定義されている．種間の多様性とは，大型の哺乳類や樹木から微生物に至るまで，生物群系に多様な生物種が存在することを意味する．生態系の多様性とは，山地や温帯林，農地，草原，熱帯林，砂漠，海洋など多様な生物群系が存在することを示す．種内の多様性は遺伝子の多様性とも呼ばれ，同じ種の中でも各個体がもっている遺伝子が異なり，多様な個性が存在することを示す．遺伝子の多様性は農業にも関わりが深く，ある個体群が病原体に冒されたとしても，遺伝子の多様性が保持されている場合には，農作物全体への病気の蔓延を回避できる場合もある．

●大量絶滅時代と生物多様性条約 現在は，第 6 回目の大量絶滅時代を迎えているとされ，世界各国において生物多様性保全が重要な政策課題となっている．この大量絶滅には人間活動が強く影響し，気候変動などの環境問題を含めて，人間活動が地球環境に影響を与える人新世（Anthropocene）の時代を迎えているといわれる．IUCN（国際自然保護連合）が公表した 2017 年 9 月時点のレッドリストでは，既知の生物種数約 170 万種のうち 8 万 7967 種について評価結果が掲載され，2 万 5062 種が絶滅の危機にあることが示された．未知の生物種数および絶滅種数については，必ずしも正確な数値は把握できないが，IUCN は人間活動がない状況と比較すると 1000〜1 万倍程度の絶滅速度であると推定している．

生物多様性条約は 1993 年 12 月に発効した国際条約であり，その主要な目的は，地球上の多様な生物をその生息環境とともに保全し，生物資源を持続可能であるように利用し，そして遺伝資源の利用から生ずる利益を適切に配分することである．生物多様性条約は，生物多様性の保全だけではなく，生物多様性から得られる経済的利益について人々の利害を調整し，持続可能な方法で利用することが重要な目的である．名古屋市で開催されたCOP10では，2020年までの生物多様性保全目標である愛知目標，そして名古屋議定書が採択された．名古屋議定書は，遺伝資源の取得の機会およびその利用から生ずる利益の公正かつ衡平な配分（ABS：Access and Benefit-Sharing）を行うことを目的とし，2014年に発効した．ABSは，締約国内において提供国措置と利用国措置を講じることにより，利益配分による生物多様性保全と遺伝資源の不正な取得制限を実現する役割を果たす．

●生物多様性の危機　「環境省レッドリスト2018」において，日本国内の動物1409種，植物2266種の合計3675種が絶滅危惧種に選定された．1995年には生物多様性国家戦略が施行され，2008年には生物多様性基本法が施行された．2012年に策定された「生物多様性国家戦略2012-2020」では，第1の危機（開発など人間活動による危機），第2の危機（自然に対する働きかけの縮小による危機），第3の危機（人間により持ち込まれたものによる危機），第4の危機（地球環境の変化による危機）が4つの危機として示された．第2の危機は日本において顕著な課題であり，農業活動の変化とも深く関わる．生活様式や産業構造の変化，人口減少など社会経済の変化に伴い，自然への人間の働きかけが縮小した結果として，里地里山などの環境が変化し，種が減少し，生息・生育状況が変化してきた．

●生物多様性保全と農業　生物多様性保全の代表的な方法は，種や生態系・生息地の保護に関するものである（吉田，2013：p. 43）．個々の生物種の保護については，種の保存法のように，絶滅危惧種の輸出入や国内での捕獲禁止に法的規制を行うとともに，人工的な保護増殖事業のような政策手法をとることが一般的である．生態系・生息地の保全については，国立公園や森林生態系保護地域など保護地域指定による保全政策が代表的な手法である．それ以外にも，NPOや企業による保護・保全活動，市場を活用した生態系サービスへの支払いなどの手法がある．

農林水産省生物多様性戦略においては，不適切な肥料・農薬の使用などの農業活動が生物多様性に負の影響を与えるとともに，農業活動の低下が種の減少や鳥獣被害の深刻化を招いていることが指摘されている．それ以外にも，農業と生物多様性の関係として，単一作物の大規模栽培による遺伝資源の多様性の損失，遺伝子組換え作物による生物多様性への影響などが懸念されている．他方，2005年11月にラムサール条約湿地として登録された宮城県大崎市の蕪栗沼・周辺水田の冬期湛水田のように，水田での適切な営農活動と渡り鳥保護の両立が可能となる事例もある．それらの農産物に生きもの認証マークが適用されることは，生態系サービスへの支払いに基づく保全方法として関心が高まってきている．

［吉田謙太郎］

2-7

農業・農村の教育力・福祉力

農業生産活動の一連のプロセスは，土や植物に触れ，その成長を目の当たりにするなど自然と接する「生の体験」に加え，作業を通じた他者との交流での気づきから「農業・農村の教育力」を発揮することがある．そして，農作業は種まきから収穫まで多段階かつ多様なものであり，体力や技術の差に応じて行うことができるため，年代や性別，属性を超えて共同的に取り組むことができる．このような農作業の特徴は，農業への障がい者就労や高齢者支援の分野に活かされ「農業・農村の福祉力」を発揮し，地域社会における社会的包摂の実践となっている．

●教育力・福祉力の捉え方　農業・農村のもつ教育力や福祉力は，農業・農村の公益的機能あるいは多面的機能の1つとして理解されている．日本学術会議「地球環境・人間生活にかかわる農業及び森林の多面的機能の評価（答申）」（2001年）では，農業・農村には人間性を回復する機能（保健休養，高齢者アメニティ，機能回復），人間を教育する機能（自然体験学習，農山漁村留学）があるとしている．農林水産省では，水源涵養や国土保全などの機能に加えて，「体験学習や教育の場としての働き」「医療・介護・福祉の場としての働き」などを提示している．

農業・農村の公益的機能や多面的機能の1つとしての教育力・福祉力への着目は，農業・農村の役割を食料生産・供給機能だけではないものとする解釈であり，経済学的な観点からみると正の外部経済効果として捉えられる．このような理解は，これまで教育学や福祉学分野から扱われることが多かった農業・農村での教育・福祉活動を，農業経済・経営学領域からの研究アプローチへと広げた．

●農業の教育的価値　1980年代以降，産業教育としての農業教育に関する研究のみならず，農業・農村での教育的価値に関する指摘（坂本，1986）が現れ，90年代後半以降は教育効果を実証的に解明する研究がみられている（山田，2016）．

農業・農村における福祉に関する研究は，高齢者介護など農村福祉の問題が中心であったが，1990年代以降に園芸療法などで農作業を通じた影響を福祉力と捉える研究がみられるようになった．2000年代以降は，農業経営体および企業の特例子会社などが取り組む障がい者就労やひきこもり者など作業を通じた療育に関する研究成果が現れている（吉田他，2014）．

●農業の教育力に着目した実践および政策の進展　1960年代に入り受験戦争が過熱する中で，自然体験や家事の手伝いなどの生活体験が乏しい状況とともに，体験学習の必要性が認識されはじめた．民間による実践が端緒であり，（公財）

育てる会による山村留学（1968年）など自然体験と農村での生活体験を取り入れた教育活動が開始されている．学校教育では，学習指導要領の改定に伴った「ゆとりの時間」の設置（1977年）によって，学校農園などの農業体験学習がみられるようになったが，美化活動や勤労学習の色彩が強いものであった．

1980年代に入ると，農業の現場では小・中学生の農家民泊や農作業指導などへの参画がみられ，学校教育においても自然教室推進事業（1984年）や生活科の設置（1989年）により，生産者との交流を伴う農業体験学習の機会が拡大した．

1990年代は，市民農園整備促進法（1990年），農山漁村余暇法（1994年）の制定により農業・農村体験の場が整備されるとともに，「文部省・農水省連携の基本方針」（1998年）が示され，子ども長期自然体験村事業などが実施された．

2000年代は，総合的な学習の時間（2002年）での農業体験活動や，食育基本法（2005年）制定とともに栄養教諭による食指導の開始など，学校教育での食や農に関する教育機会が増加した．国の農政としては，宿泊を伴う農業・農村体験活動を推進する子ども農山漁村交流プロジェクト（2008年），生産者が体系的な農業体験活動を指導するとした教育ファーム推進事業（2009年）が取り組まれた．

●福祉力に着目した実践・政策の進展　福祉そのものの意味として社会の多くの人々の幸福を指すが，とりわけ農業・農村の諸機能は，障がい者や引きこもり者など生活・就労支援が必要な人々への「福祉力」を発揮するとされている．

1949年に身体障害者福祉法が制定されて以降，障がい者政策が進展した一方で，WHOのクラーク勧告（1968年）で指摘されたように施設への収容・保護を重視した閉鎖的な実態がみられた．こうした状況に対し，1958年頃から元教員が精神障がい者の療育としてぶどうと原木椎茸栽培の生産を開始したこころみ学園のような先駆的取組みがみられた．自由学園の元教員が創始者である共働学舎（1974年）では，不登校や非行，障がいなど何らかの要因で社会になじめなかった人々を受け入れ，酪農や有機農産物の生産活動を通じたソーシャルファームというべき実践を行った．民間による先駆的活動は，農の福祉力を生かし，当時の政策とは異なる形でノーマライゼーションを目指したものであった．

障害者雇用促進法の改正に伴う特例子会社による農業進出（1998年），障害者自立支援法による就労支援の促進（2006年）など，障害者就業と生活支援に関する政策的変化がみられた．農地法改正による農外参入の規制緩和（2009年）以降は，農水省においても農福連携や医福食農連携（2013年）に関する政策展開がみられ，障がい者などを包摂した福祉的機能を発揮する農業経営の展開が期待されている．

［片岡美喜］

2-8

イギリスのコモンズと日本の入会（入相）

「自然は誰のものか？」川・湖・海などの水資源そのものやそこから捕獲可能な魚類や山林からの林産物や牧草など「帰属があいまいになりがちな」自然物や半自然物の所有や利用の問題はいわゆる「**共有資源**」問題として農業経済学だけでなく，環境社会学等の分野で多くの研究蓄積がなされてきた．特に1970年代以降，先進国では環境問題が惹起されやすい水辺など自然度が高い空間を対象に，また文化的･生態的多様性の高い途上国では資源管理問題として注目されてきた．

●議論の始まり　その始まりは*Science*誌上にのった，Hardinによる論文"Tragedy of Commons"である．日本語では「**共有地の悲劇**」と直訳された．例えばある共有牧草地に放牧する農民は自己利益を求めて放牧牛を増やす．他の農民も牛を増やし，結果的に牧草地は荒れ果てるという．Hardinの論文は発表直後から，「資源の所有は私有か国有にしないと枯渇を招く」という含意をもって広まっていった．日本の農山漁村における自然資源へのアクセス権の研究成果からみると，Hardinの論文を「共有地」と翻訳することには大きな誤解がある．日本語でいう共有地には，内部的な利用規制があるのは当然で無制限の利用は許されない．Hardinが主張するような空間はいわば「無主地」である．それゆえHardinの事例は「**無主地の悲劇**」と翻訳するべきであろう．しかしHardinの論により，その後の「共有資源のガバナンス問題」が国際的注目を集めた意義は大きい．

●イギリスにおけるコモンズ　ではHardinが使ったコモンズ（Commons）の元の意味はどうなっているのだろうか．Commonsとはイギリスの土地利用制度や環境法の中で長年議論されてきた概念である．平松紘によると「コモンズは基本的に，他人の所有権に属する地盤を対象とする収益権（Profits in alieno solo）の一類型としての"profit a prendre"であり，"他人の土地に対する権利"と"自然産出物の一部の採取"の2要素がそれを構成するのである」（1995：p.7）という．これはいわば日本における「共有の性質を有しない入会権（民法294条）に相当し，他人の土地（領主）への「収益権」あるいは「利用権」とするべき大変限定的な権利である．特にイギリスでは19世紀以降の産業化による都市の生活環境が悪化する中で，貴族の所有地に，散策やスポーツ活動などのアメニティを確保する利用権を主張するコモンズ保全が課題となっていた．日本の民法でいう「共有の性質を有する入会」（＝総有）（民法263条）に対応する概念はイギリス所有体系にはない．

●日本における入会　そもそも日本の「入会（入相）」とは一定の地域の住民が特定の森林，原野，漁場等を共同で利用する権利である．入会地が自村内の土地の場合，他村の土地の場合，第三者の私有地の場合，官有地の場合によって，「村中入会」「他村入会」「私有地入会」「官有地入会」の4種に分けられる．一定の土地に数村が入会う「数村入会」もある．入会についての諸規則は，慣行あるいは「村規則」によって決定され，住民の持分なども，これによって定まるものとされていた．歴史的には，明治に近代法が確立する以前から，山林の薪炭用材や堆肥用落葉等，また海や湖，河川の魚類や水そのものを村民が利用していた慣習に由来し，その利用および管理に関する規律は各々の村落において成立していた．特に「村中入会」の基本は共同所有の一形態（総有）である場合が多く，その財産の管理・処分権は総有団体である村落共同体に帰属し，個々の構成員にはその使用・収益権のみが与えられる．近代的な意味での共有とは異なり，各構成員は持分権がなく，分割も請求できない．さらに，その権利は資源維持のための共同労働や祭りなどの社会的活動への参加とも表裏一体となっている権利でもある．

●入会の現代的意義　日本では明治時代の近代法の制定時に，漁業法や水利権法をつくり，それまでの慣習的な共同体の規律を法定化した点は国際的にも評価できる制度化といえる．しかも民法では漁業権は物権として認められ，その後の日本漁業の地元住民による自主管理論の法的後ろ盾となった．一方明治以降の国家主義の中で，山林の入会権等は「克服すべき悪しき古き所有形態」と批判され，「入会権近代化法」が昭和期になってさえ制定されている．しかし近年，入会的環境管理は，環境保全や環境教育上，その価値が新たに認識され始めてもいる．

●共有資源管理のルール　国際的にみると，2009年，アメリカの共有資源研究者のOstromがノーベル経済学賞を受けた．地球レベルで進行している乱獲による共有資源枯渇や環境破壊問題への対応を政治経済学理論として提起したことによる受賞である．共有資源の保全管理はHardinがいうように「国家」か「市場」かの2つしかないという流れの中で，Ostromは共有資源の保全管理のため第3の方法として，当事者によるセルフガバナンス（自主統治）の可能性を示した(Ostrom, 1990)．Ostromの研究アプローチは，現実の共有資源の事例データから実証的に議論を展開した事に特徴があり，その実証研究に日本の水利権や漁業権，森林利用の入会制度が貢献したのである．Ostromが提示した共有資源の長期存立条件，すなわち①境界の明確性，②利用ルールの調和性，③ルール設定への参加性，④モニタリングの存在，⑤柔軟な罰則，⑥調整メカニズム，⑦主体性，⑧組織の入れ子状性の8条項は，都市住民などからの参加も含めて，未来型のモデルを示しているともいえる（嘉田，2002：pp. 17-32）．　［嘉田由紀子］

2-9

地域資源の利用・管理主体としてのむら

農業は地域資源に依拠している．地域資源は競合性と排除性の観点から**地域公共財**として位置づけることができる．速水によると，**共有資源管理**といった地域公共財の供給は，市場や政府よりも共同体が比較優位をもつ（速水，2006：pp. 17-18）．地域資源は私的に占有されるものではなく，農民たちはむらという共同体の決まりに従って利用と管理を行ってきた．むらとは，一定の空間的範域と共通規範をもつ社会的統一体で，農家の経営と生活を支えてきた地縁集団である．

●地域資源の所有・利用・管理　むらの資源は個人の所有に還元できない．利用権の淵源は占有して利用することをむらが認めたからだ，というのがむらの規範である．このような規範はだいぶ薄れてきたとはいえ，農民の意識にはなお根強く残っている．農地流動化を進める際には，この点についての留意が必要である．

他方，農業用水や共有林のような財の場合には，利用と管理とが一体化していた．利用するために，みんなで溝浚いや下草刈りといった管理作業をする．いわば，利用を前提とする管理が成立していた．ところが，これらの地域公共財の使用価値が低下する中で，利用を前提としない管理，すなわち所有し続けるための管理をせざるを得ない状況が生まれてきた．新しい問題領域の発生である．

●村落共同体論と資源をめぐるむら機能　むらはしばしば共同体として捉えられてきた．共同体については，その定義や性格規定などをめぐりさまざまな議論があった．西欧では近代批判のために，過去の村落社会を共同体とみなしたのに対し，日本では特に第二次世界大戦後に，近代化を妨げる封建遺制として批判的に評価された．その後近代化の弊害が目立ちはじめると再評価が行われたが，グローバル化が進展し，国際競争力強化の必要性が高まると，むらの規制が規模拡大の桎梏だとして再び批判的に評価されるようになった．一方では，グローバル化に抗する拠点としてむらの共同体性に期待をかける見解もある．以上のように，むらの共同体性については絶えず否定，肯定が繰り返されてきたといってよい．

むらの共同体性が期待されるのは，地域資源の利用と管理をめぐるその役割にある．むらは生産上も生活上も，むら人たちが住み続けられるように生産や生活を守るさまざまな役割をもっていた．これを**むら機能**と呼ぶ．

むら機能が初めて政策的に意識されたのは，1970年代の地域農政の時代である．そこでは，米過剰対策としての生産調整が主な農政課題となったが，その受け皿としてむらが位置づけられた．水稲作と畑作的利用が混在すると生じる栽培技術上の不都合を避けるには，転作作物の団地化が望ましい．こうした土地利用調整はむらの得意とする機能である．もちろん，受け身的な対応だけでなく，団地化を積極的な特産品開発や担い手農業経営体の形成に結びつけることも多くの地域でみられた．これらの事例は集団的土地利用秩序の形成にむら機能が大きな役割を果たし得ることを示した．

●財産区　地域資源の管理主体として，地方自治法294条が定める財産区という特別地方公共団体がある．この財産区は実質的には藩政村と重なることが多い．それは1889（明治22）年の市町村制実施に伴い，藩政村の共有資源を合併市町村の財産に変えようとしたが，農民たちからの反対運動によって，入会の地域（むらまたはその連合）を単位として所有を認める財産区制度を地方自治法に導入した．これを旧財産区という．さらに昭和の市町村合併期にも，財産区を設立する例が相次いだ．これを新財産区という．財産区は農村だけではなく，都市にもあるが，その場合には生産的な利用よりも，資産価値の利用に重点を置いている．同じ財産区であっても，成立過程や立地条件に応じてその性格が異なっている．

●農業水利秩序とむらの役割の再評価　農業にとって，水は土地と並ぶ重要な地域資源であり，その管理と利用にむらは深く関与してきた．かんがい範囲が広範囲に及ぶ場合には，むら連合がその任を果たした．日本では歴史的に水田開発が卓越したため，河川でもため池でもちょっとした降水不足があると，たちまち水利紛争が発生した．数次にわたる紛争の過程を経て，自生的な農業水利秩序が形成された．そのもとでの番水や管理の決まりを守らせるのが，むらまたはむら連合の役割だった．現在は．水の公的な管理主体は土地改良区ないし水利組合であるが，いずれもむらまたはむら連合が，組織運営や末端水利施設の維持管理活動の基盤となっていることが多い．

第二次世界大戦後に盛んに行われた社会科学的な農業水利研究は，むらの関与を規制と捉え，いかに自由な水利用を実現するかに関心が集中した．その後，土地改良事業に伴う資本投下についての性格に関する研究が行われたが，この段階では管理主体としてのむらは関心から抜け落ちてしまった．むらが再び注目されるようになったのは，農地・水・環境保全向上対策や多面的機能支払い交付金制度（農地維持支払および資源向上支払）が始まってからのことである．それは，農政当局が，末端水利施設の持続的な管理には，やはりむら機能やむらの知識が有効であることを再認識したからである．最近の研究では，この文脈上で農業水利施設の共同管理をコレクティブ・アクションとして捉え，その成立条件や経済的意義が分析されている．

［池上甲一］

2-10

里山・里海

里山は，狭義に里山林を指す場合と広義に自然豊かな奥山と都市に介在し，特色ある農村景観を有する地域をさす場合がある．後者においては，二次林である里山林を取り巻く農地，ため池，用水路，草原などがその構成要素となる．また，地域で営まれる農林業などの生業や日々の暮らしを通じた，さまざまな人間の関わりによるモザイク状の土地利用が，生物の生活史に適度な物理的攪乱を及ぼし，固有の景観が生み出されていることが近年広く社会の関心を集めている．なお，第5回自然環境保全基礎調査（2001年）の結果によると，ここで中核をなす二次林のみでも約800万ha，日本の国土の2割，農地まで含めると4割を占めることになる．一方，里山における人間と自然の相互作用に向けられた眼差しは，海，とりわけ沿岸域にも及び，「人の手を加えることによって生物生産性と生物多様性が高くなった沿岸海域」が里海と呼ばれるようにもなってきている．

●生態系　地球上のさまざまな自然は，食物網，エネルギー循環，物質循環が空間的にまとまりをもち，システムとみなし得る場合がある．この多種多様な生き物とそれを育む特色ある環境から構成され，一定のまとまりをもつものこそ生態系である．里山や里海もこの生態系の1つとみなし得る．一般に1次産業においては，生態系がもたらす恵みを人間にとってより効果的に活用できるように，人為的に改変した自然の高度利用システムが構築されている場合が多い．なお，時に里山と里海はつながりあって機能している場合もあり，このつながり（連環）を重視する統合型の研究領域として日本発の「森里海連環学」が提唱されている．

●生態系サービス　このような生態系から我々人間への恵みは，**生態系サービス**と呼ばれ，最近注目されている．2000年の国連総会におけるアナン事務総長（当時）の呼びかけで，国連環境計画を事務局として，**ミレニアム生態系評価**（MA）は2001年から開始された．その5年にわたるプロジェクトの成果が2005年に公表され，急速に進みつつある世界中の生態系の危機的状況が生態系サービスの観点から浮きぼりにされた．

日本では，国際連合大学高等研究所を中心にサブグローバル評価を2007年に開始し，日本固有の生態系の世界的発信の魁として，「**日本の里山・里海評価（JSSA）**」を，2010年10月に名古屋で開催された生物多様性条約の第10回締約国会議（COP10）に合わせて公表し，里山・里海の生態系サービスの現状とその変動要因を整理した．時を同じくし，生物多様性分野における「気候変動に関する政府間パネルIPCC」ともいえる「**生物多様性と生態系サービスに関する政府間科学政策プラットフォーム（IPBES）**」が設立された．こうした国内的動きと国際的動きが相まって，生態系サービスという用語は広く社会に知られるようになった．

生態系サービスの体系的な研究は，農業・農村の多面的機能研究とも一部重なり，少なくとも1960年代半ば頃までさかのぼることができる．現在までに分類もさまざまに提案されてきている．その1つであるミレニアム生態系評価の分類によると，生態系サービスはさらに供給サービス，文化的サービス，調節サービス，基盤サービスの4つに分けられる．

供給サービスと文化的サービスとは，我々の生活への生態系からのモノかそれ以外の贈り物のことである．モノの供給サービスとしては，里山林からの「落葉や草木，木灰などが，農地にすき込まれる，重要な肥料であったし，薪炭が日常生活を支える燃料であった」（水野，2015：p.1）．これに加えて，農産物の生産も供給サービスである．里山の文化的サービスは，日本各地の多様な農耕儀礼や伝統の形で，日本の暮らしを豊かで実りあるものにしてきた．里山の調節サービスとしては，田んぼダムに代表される洪水調節機能がある．基盤サービスは，生態系を構成するさまざまな生物が太陽エネルギーを駆動力とする生物学的，地質学的，化学的循環の複雑な相互作用で互いを支え合っていることから生じる働きであるが，近年ではこれを独立したサービスとみるのではなく，一種のストックとして機能している**自然資本**として捉えようとする動きが主流になってきている．

●SATOYAMAイニシアティブ　なお，COP10を契機に環境省と国連大学を中心に推進されてきたSATOYAMAイニシアティブは，日本の里山に顕著にみられる人間と自然の相互作用の普遍性に着目し，社会と自然の共進化の姿を世界に発信しようとする取組みである．日本のように1次産業や日々の生活といった人間の営みの影響を受けながら，長い年月にわたって維持されてきた二次的自然は世界中にみられる．しかし，その多くで人口の都市への集中などにより，人間と自然の相互作用が希薄になり，二次的自然の持続性が脅かされ，その悪影響が懸念されるようになってきている．その解決に向けて，里山・里海の知恵を発信していくことは，日本らしい国際貢献として今後ますますその重要性を増すことであろう．

［浅野耕太］

2-11

世界と日本の家族農業

国連が2014年を**国際家族農業年**，2019〜28年を**家族農業の10年**と定めたことに象徴されるように，2010年頃から国際的に**家族農業**（family farming）に対する社会的，政策的，学術的関心が高まっている．

●家族農業とは　国連食糧農業機関（FAO）は，家族農業を家族によって営まれ，**家族労働力**が農業労働力の過半を占める農林水産業と定義している（FAO, 2013）．個人や家族，およびその団体による農業経営は，家族農業に含めて議論されており，雇用労働力に依存した企業的農業の対義語として位置づけられる．また，小規模農業（smallholder agriculture）や小農農業（peasant farming）の同義語としても用いられる（FAO, 2013；2014）．なお，家族経営の中には家族が所有，管理，意思決定を行っていても，投下労働時間で評価した総農業労働力のうち雇用労働力が過半を占める場合がある．このような家族経営は，経営目的や運営方法がより企業経営に近づいてゆくとみなされるため，ここでは家族農業に含めていない．しかし，途上国の中には，家族経営であっても地域の雇用創出とコミュニティ維持のために，あえて農作業の過半を雇用労働力に任せる地域もあるため，実態に即した家族農業の定義と政策が各国・各地域で求められる．

FAOの試算によると，全世界の農場数の9割以上が家族農業であり，農地面積の7〜8割を利用して，食料生産の8割を担っている（FAO, 2014）．また，世界の農場数の7割強が1 ha未満の経営規模であり，5 ha以上の経営規模の農場数は6%に留まる（FAO, 2013）．この事実を踏まえて，国連の持続可能な開発目標（SDGs）の実現のためには，家族農業が食料安全保障や貧困・飢餓の撲滅等に対して主要な役割を果たす存在であるとの認識が国際的に形成された．さらに，食料生産だけでなく，貧困・飢餓，環境問題，ジェンダーといった社会の諸矛盾を解決していく上でも，家族農業は重要な役割を果たすと期待されている．

●家族農業のレジリエンス（回復力）　家族農業の重要な特性の1つとして，多くの場合，家計と農業経営が未分離であることが挙げられる（椎名，1987）．家計から農業経営への所得補填，労働の強化（自己搾取），および家計消費の切り詰め（過少消費）は，農業経営の存続可能性を強化する面もあるが，同時に農村共同体に支えられた家族農業労働力の低賃金構造を存続させた面もある．また，主として農業労働力を家族労働力でまかない，家計と農業経営が一体化しているため，労働力や資本の多寡が家族構成員のライフサイクルの影響を受ける．

家族農業の経営目標は，家族の維持・存続を基本とし，農業生産活動で家計を支えられない場合は，兼業収入を求めることになる．実際に，農外の自営業や臨時雇用，常雇に複数従事する多就業という労働形態は，先進国・途上国を問わず世界各地の家族農業で広く実践されている（FAO, 2013）．家族農業の中には商品作物を専門的に生産するもの，自給用や地域市場向けの農産物を少量多品目生産するもの，および両者の併存形態も数多くみられる．こうした農外の所得獲得機会と生産品目の多様性は，家族農業の**レジリエンス**（回復力）を高めている．家族農業が国土に幅広く存在することは，コミュニティの活性化，雇用創出，環境・国土保全，文化伝承等の正の外部経済効果にもつながっている．

●世界で再評価される家族農業　家族農業が国際的に再評価されるに至った背景には，2007/08年の世界食料危機の発生を受けて既存の農業政策のあり方への批判的検討がなされ，方向転換をはかる気運が国連機関や国連加盟国間で高まったことがある（FAO, 2013；2014）．さらに，グローバル化や都市化，国際市場競争，気候変動，土地や種子といった農業の基本的生産要素が企業や国家による包摂の対象となっていること，家族農業が世界各地で存続の危機に直面していることもまた，国際社会に緊急の行動を迫った．なお，国連機関のみでなく農民組織や市民社会の長年にわたるアドボカシー（政策提言）も政策の見直しに貢献した．家族農業は，持続可能な農業のあり方とされるアグロエコロジー（生態系の営みを農業に活かす学問，実践および社会運動．農業生産だけでなく，消費やコミュニティのあり方も問い直す．ラテンアメリカで始まり，2010年頃から国連機関や各国政府の政策に取り入れられるようになった）（Rosset and Altieri, 2017）と両輪で推進されている．

●日本の家族農業　農業経営体の98%が家族経営体（2015年農業センサス）であり，家族農業は日本農業の中心的形態として位置づけられる．日本の家族農業は，稲作，園芸，畜産のいずれも資本・労働ともに集約的に営まれており，兼業農家が7割である．生産規模からみると，経営耕地面積1ha未満の経営体が54%，2ha未満が78%を占めており，世界的にみても小規模経営が太宗を占める（2015年農業センサス）．一方では商品作物の生産と経営の専門化，慣行化（機械，新品種，農薬，化学肥料等を用いる近代化）が進んでいるが，他方では有機農業・自然農法や産消提携運動，協同組合運動で世界に影響を与えてきた．さらに，日本は「能登の里山里海」や徳島県「にし阿波の傾斜地農耕システム」など世界農業遺産（GIAHS）を多数保有しているように，家族農業によって営まれる伝統的かつ持続可能な農業形態が数多く維持されており，世界に対してその経験知を提供できる立場にある．

［関根佳恵］

2-12

生活経営体

生活経営体とは生活と経営を一体とする集団である．このような発想は社会における生活と経営の機能分化とともに現れた．分化は生活と経営，消費と生産，家計と企業などの形で進行し，両者の関係が問われることになった．もっとも生活経営体という概念は形成途上にある．本項目では，経営とは農業経営を，集団とは家族集団を指す．以下，生活経営体を，ペザント，家族農業，その多様化という歴史的な展開に沿い，類型的に説明する．

●ペザント（peasant）　ペザントとは生活と経営の未分離状態の生活経営体である．代表的な理論として，Teodor Shanin，有賀喜左衛門，チャヤノフを挙げる．

Shanin のペザント論は，定義の核に農産物の小規模な生産者（小農）を置く．ペザントは農産物を，簡単な農具と家族労働力を用い，自家と支配層に向け，生産する（Shanin，1987：pp. 3-5）．ペザントは以下の 4 つの特徴をもつ．①農業経営と家族は密に重なり，それは社会の基本単位をなす．②生計の基盤とするのは農地の耕作である．③ペザントは，小さな農村社会の内部において，濃密な対面関係をもつ．④対外的には，服従・搾取の関係に組み込まれ，社会的地位は低い．ときに農民反乱のような自己防衛に立ち上がる．

有賀喜左衛門の家論は家族からの接近である．有賀は「日本に特殊な家族的現象」として「家」を捉える（有賀，1972：はしがき）．家とは「社会における生活の単位」であり，「成員の生死を超えて，連続することを目標とした」．家は「家産や家業の運営の集団」（前掲書：pp. 19-22）であり，また「信仰，経済，法律，道徳，自治，芸術等」の「諸機能の複合」（有賀，1969：p. 270）でもあった．

「家単位の小さな互助組織」（有賀，1972：p. 38）がムラである．ムラには外から「政治がきわめて強い形で」はたらき，「人民の反抗は内訌した形で生じ，……家は極度に自衛集団としての性格を持」（前掲書：pp. 24-25）っていた．

このように，Shanin と有賀は，基本単位（家族），小社会（農村社会），大社会（政治・経済）という同心円状の枠組みを共有する．ただし基本単位となる生活経営体を，Shanin は経営・経済から，有賀は生活・家族から説明する．

チャヤノフの小農論は家族と農業経営の間に労働力を入れる．「家族の大きさと構成」は，「現存の労働能力ある家族員によって供給される」労働力を通して，「経済活動の……規模」を決定する（チャーヤノフ/磯辺他訳，1957：p. 9）という．ここに＜家族・労働力・経済＞という生活経営体の基本図式を得るとともに，基本問題が示される．それは農業と家族を媒介する労働力の調整という問題である．1つの解決策は，農繁期には家業・本業に，農閑期には余業・副業に従事することである．このように生活経営体は常に多就業化への潜在的な圧力を受ける．

●家族農業（family farm） **家族農業**とは家族という基本単位の中に，農業経営が下位単位として自立している生活経営体を指す．指標となるのは家計と経営の分離であり，そのような変化を促すのは大社会によるペザントの包摂である．生活経営体の変化としては次の3点が重要である．

第1に，農業経営の下位単位化は貨幣経済や商品経済の浸透によってもたらされた．家族は労働力を提供するが，経営は市場と関わる．経営体は農業資材を購入し，農産物を販売する．経営は計算可能となり，農業会計が家計から自立した．

第2に，**兼業農家**が広範囲に出現した．消費生活の深化は現金収入の機会を農外に求めさせ，地域労働市場の展開はそれを可能とした．兼業収入は当初は「いったん戸主が受け取って，家計の補充とし，当人には必要な小遣いを渡」（有賀，1972：pp. 109-110）した．家計は1つであった．しかし兼業化は，家計における世代分離を，さらに個計化を進めた．兼業は離農の機会すら与えた．生活経営体は内部に多様な経済単位を生み，経営単位が消失することもあった．

第3に，諸機能の複合体であった家族生活においては，家族機能が社会化され，家族機能は縮小した．家族は多くの機能を市場・行政から私的・公的に調達する．家族生活は消費生活を中心に営まれるようになった．

●多様化（diversification） 近年はさらに生活経営体の多様化が著しい．第1に，家族から分離された**農業企業体**が登場した．生活と経営を一体とする生活経営体は解体し，生活と経営は別個の集団に担われるようになった．労働力はワーク・ライフ・バランスという形で，家族と農業企業体の間で調整される．

第2に，農業企業体の対極には**新しい生活経営体**が現れた．定年就農，農的生活，半農半Xなどである．農はライフスタイル（生き方）の根幹として，生活の必須要素となった．さらに農業の教育力や福祉力，農業・農村の多面的機能という発想によって，農業は従来よりも広い意義をもつようになった．生活は農業を取り入れ，農業はその意義を拡大し，それぞれの内容は変わった．背景には，都市からの移住者の増加，生活の個人主義化，環境の重視，情報社会化などがある．

第3に，農業企業体と新しい生活経営体の間にあって，家族農業も新しい課題に直面した．家族と農業の関係において，生活と経営を一体化する根拠，一体化の程度やあり方，農村社会との関係など，再考する必要性が生じた．

［大内雅利］

2-13

食の３重性

近年食への関心が高まっており，それは健全な食生活の実現が難しくなっていることの反映でもある．食に関する問題へのアプローチとして，食のもつ３側面が手がかりになる．３側面とは**食の構造・機能・意味**であり，そのような３側面を併せもつ状態を食の３重性と表現する．食の構造とはフードシステムから食を捉えるものであり，生産，流通，加工・調理，消費に関する過程そのものや携わる人のむすびつき方である．食の機能とは，身体の健康や維持に関連して食を捉えるものであり，食品がもつ熱量や栄養，ならびに安全性や品質のことである．食の意味とは，個人，個人間あるいは社会的な位置づけとして食を捉えるものである．食のもつ伝統文化，芸術性，地域性，季節性，あるいは食器，場所，誰と食べるかなどの食が営まれる状況や生活の豊かさから捉えるものである．

●変わる食の「構造」　近年の食を巡る状況を食の３重性から検討してみよう．「構造」として最も顕著な変化は，食と農の距離がグローバルに拡大したことにある．流通や加工・調理技術の発達によって長距離，長時間の輸送が可能となった．こうした輸送条件の革新的変化に対応して，生産地は大量効率的生産を目指した食料供給基地と化し，生産者と消費者が決定的に分離して両者のむすびつきはほとんどなくなってしまった．また，フードシステム全般にわたって経済効率性が重視され，もはや生産者，流通や加工・調理に携わる者，消費者が互いに誰だかわからない状態になっている．このようなフードシステムを構築し，コントロールしているのはアグリビジネスを展開する多国籍企業である．こうした「構造」の変化は「機能」と「意味」においても大きな変化をもたらしており，それに伴う問題を解決するために新たな動きがみられるようになっている．

新たな動きを「構造」の面からは，食と農を近づける動きとして捉えられる．物理的な距離を縮めるものとして食と農の再ローカル化，あるいは地域自給へのシフトを目指すファーマーズマーケット（朝市），直売所，産直などがあり，価値や倫理面で距離を縮めるものとしてフェアトレードが挙げられる．

●食の「機能」と「意味」の変化　「機能」の面における顕著な変化は，残留農薬，農薬混入，加工における不適切な扱いなど，食の安全性を揺るがす問題が噴出するようになったことである．その原因は食と農が分離して相手が見えない状態にあって，経済効率性が最重視されてきたことにほかならない．このような状況に対して，食と農の分離した状態を前提としながらも，フードシステムの信頼性や安全性を確保するための技術的，制度的な対応としてラベル認証やHACCPが位置づけられる．また，ファーマーズマーケット，直売所，産直などでは生産者が名前や生産方法の情報を開示することによって，消費者との間に信頼を醸成し，安全性や信頼性を確保している．

「意味」における顕著な変化は，グローバル経済の進展によって食のファースト化が進み，画一化による伝統食や食文化の衰退，食の外部化や加工済み食品の利用による消費者の調理技術の衰退，食品に関する知識の喪失がもたらされたことである．また，家庭ですら食卓をともにすることが減少して孤食・個食化が進展しており，それに付随して健康やコミュニケーションに関する問題が顕在化するなど社会問題にもつながっている．

●フードシチズンの誕生　ここで，忘れてはならないのは食の「意味」に関する諸問題が，消費者の技術や知識の喪失を伴っていることである．食に関する技術や知識のない消費者はグローバルにアグリビジネスを展開する多国籍企業にとっては都合のよい扱いやすい存在であり，そのような消費者で構成される社会では，「意味」における食の劣化と消費者の技術や知識の喪失が一体的にもたらされ，食の地域性，伝統，文化が失われる可能性がある．そのような事態に陥らないためには，消費者の意識と行動にアプローチする必要があり，そこから導かれた概念が**フードシチズン**である．

フードシチズンとは，民主的，社会・経済・環境的に持続可能なフードシステムを構築・発展させるため，食の生産や流通，消費，さらに廃棄過程についての十分な知識や調理技術をもち，健全な食生活を獲得するために行動する主体のことであり，ただ食を受動的に消費するだけの知識や技術をもたない消費者とは区別される．グローバルなフードシステムへの構造変化が，食の「意味」の劣化をもたらしてきたことに対抗して，フードシチズンによるフードシステムを作ろうとする動きは，食の「意味」から新たな「構造」を構築しようとするものであり，これまでと逆方向の動きと捉えられる．ファーマーズマーケット，産直，フェアトレード，食育，直売所，市民農園，援農などを通じて，食に関する知識や加工技術，食の地域性や伝統に関する情報の消費者への提供，生産活動への参加機会の提供は消費者の意識や行動を変化させるものとして位置づけることができ，食の「意味」において望ましい社会を形成する上で重要であると理解できよう．

［西山未真］

2-14

食料の経済的特徴

食料は工業製品と違い，移動することができない農地をその重要な生産財として，自然条件に左右されながら供給されるという不安定要因をもつ．一方，需要面でもそれが必需品であるがゆえに①**人口**，②**所得**，③価格に大きく左右される．加えてこれら量的な変化のほかに，④経済成長や⑤嗜好（食生活）の変化によっても需要の質が変化するという，需要と供給の不安定性に特徴がある．それゆえに，安定的な価格と供給を目的とした安定化政策が求められることとなる．

●人口　**マルサス**（T. R. Malthus, 1766-1834）はその主著『人口論』の中で，人口は幾何級数的に増加するが，食糧は算術級数的にしか増産できないので，必然的に社会の人口過剰による貧困や悪徳をもたらすが，同時に過剰人口が抑制，淘汰されて行くとする「マルサスの罠」を提唱した．しかし，マルサスは農業技術の発展の可能性を考慮しなかったため，実際には，第二次世界大戦以降の農業技術の進展が食料の増産をもたらすとともに，人口規模を押し上げることとなった．一方，**ボズラップ**（E. Boserup, 1910-1999）は，人口圧力は農業発展の圧力となる，と主張した．いずれにしても人口の変動は食料需要に大きな影響を与えるが，それは数だけでなく年齢，性別，運動量または宗教など，人口構成の内容によっても食料需要に及ぼす影響が異なってくる．

●所得　人間のみならずすべての生き物は，生きていくために最低限必要な栄養を摂取しなければならない．そこで，所得が低い場合は贅沢品よりも必需品への支出が優先され，結果として家計支出に占める食料消費支出の割合が高まる．やがて所得が向上してくると，必需品以外の支出が増え，消費支出に占める食料の支出割合は相対的に低下する．たとえ量的な消費から質的な消費へ，具体的には穀物より単価の高い動物性食品や果物などを摂取するようになったとしても，人間の食料摂取量には限界があるため，その消費支出割合は低下していく．このように，所得が上昇すると家計支出に占める食料消費支出割合が低下して行くことを，発見者のエンゲル（Ernst Engel, 1821-1896）の名前にちなんで「**エンゲルの法則**」という．近年日本ではエンゲル係数の上昇がみられ，所得だけでなく高齢化や単身世帯の増加との関係が指摘されている．

●食料の価格形成と価格変動　商品の価格は需要量と供給量で決まるが，食料の場合は需要と供給両面に不安定要因があり，食料価格の変動が大きいことが特徴である．需要側の変動要因は述べてきたとおりであるが，供給側にも天候による

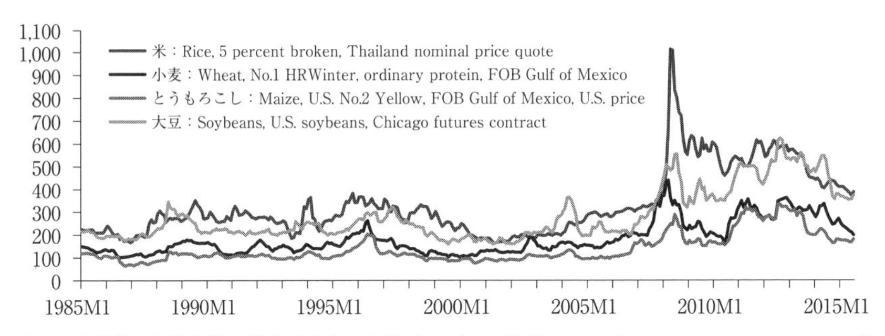

図1　穀物等の国際価格の推移［出典：高橋（2016），元資料：IMF「Primary Commodity Price」］

影響や保存性に乏しいことなど，工業製品に比べ量的安定性が欠けるため，価格も不安定になりやすい．しかし，価格が不安定でも，食料は必需品であるために消費せずに済ますことはできない．高額でも入手しようとするため，供給量が減少すると価格が高騰，さらには暴騰することもある．一方，気象条件によっては過剰生産となる場合もあり，その場合は価格が大幅に低下しがちである．

●政治的側面　図1に示すように，農産物の国際価格も大きく変動し，2006年の後半から急騰していることがわかる．これは各国での干ばつや凶作，不作などの異常気象，バイオ燃料政策，投機資金の流入，国際的な需給構造の変化など，複合的な要因が続いた結果，供給量が減少したためである．この価格高騰を受けて開発途上国では暴動が発生し，死亡者が出る事態となった．収穫量の減少の際には自国の消費を優先するため，輸出禁止措置がとられるなど国際市場での食料調達が困難になる．現在，食料自給率が38%と低い日本では，自国の食料自給率向上のための対応が重要課題となっている．

●価格政策　このように，食料は「政治財」的な側面をもつため，その価格安定化のために政策的に介入することがある．豊作時に政府が買い上げ，在庫調整する量的な介入，市場価格が暴落した際には，政府の買上げ価格を高くしてその差額を財政負担する場合，あるいは生産制限によって供給量を制限する場合もある（典型的には減反政策）．さらに貿易政策として，食料輸入の有無，輸入数量制限，関税による内外価格差の調整などの方法をとる場合もある．しかし，いずれの場合もコストがかかり，そのコストは税金によって賄われることになる．したがって，どのような政策を行う場合でも，納税者の納得のいく政策が求められる．

［清水みゆき］

2-15

食の文化的側面

食料は市場に流通しても単なる商品ではない．日本人の主食である米を考えてみよう．米はすでに江戸期には堂島米市場（大坂）で現物取引に加え先物取引も行われた商品であった．米取引の様子は井原西鶴『日本永代蔵』（1688 年）にもうかがわれる（「波風静かに神通丸」）．しかしながら，米は商品性と同時に，産婦に生米を食べさせると強くなるとされた「力米」の風習など（柳田，1990 : p. 345），栄養分以上の何か霊的な力を有する存在としても普及していたのである．こうした文化性が食には顕著にみられている．

●食の地域性　明治初期に内務省勧農局が行った調査（1880 年）によれば，米や粟・稗等の雑穀，薯類等の消費割合が全国 78 地域で大きな隔たりのあったことがわかる．同じ東北地方でも，羽前・羽後は米の消費割合が 9 割近くも占めていたが，陸中・陸前ではわずか 3 割台に留まっていた．こうした食生活の地域性はその後，戦後の高度経済成長を経て解消するに至るのだが，もともと食生活は固有の風土に根ざしており変わりにくい側面をもっていた．陸中（岩手県）の米消費が 3 割しかなかったというのも，度重なる冷害（やませ）に苦しめられた東北太平洋岸では，リスク分散のため冷害に強い粟・稗・蕎麦等の雑穀を栽培していたからだ．この雑穀文化圏という食生活がベースにあったのである．宮沢賢治が『グスコーブドリの伝記』（1932 年）において，冷害によって「オリザ」（米）が全滅し救荒作物としての「蕎麦」で飢饉をしのぐ，というプロットを示したのも食の地域性が存在していたからだといえる．しかし耐寒性に優れた品種改良を通して稲作適地が拡大していったこともあり，1960 年代には**米食**が常食となった．こうして食の地域性が崩れていくのである．

●食と民俗　食生活は地域性に規定されつつ地域文化を形成する．例えば正月の儀礼食として餅を食する文化が広く普及している一方で，正月に餅を搗かない・食べない・供えない「餅なし正月」と呼ばれる民俗伝承がある（安室，1999）．この餅なし正月の事例が示すように，日本の正月の儀礼食も日常食同様に複合的だった．年中行事に伴う儀礼食には，餅の他にも，御節料理，赤飯，甘酒，月見団子等々，地域性を越えた共通性もみられる．神事における直会（なおらい）など，人々が集まって食事をする共食慣行という共通点も少なくない．また食には宗教性も付与されている．食物禁忌が典型である．日本でも仏教との関連で肉食が忌避されていたが，古くは『旧約聖書』に食物禁忌の考えが登場している（「レビ記」11 章．

例えば鰭と鱗のない水生物は食べてはいけない等).

●食の文化性の変容　しかしながら米食が日本列島を覆う高度経済成長期以降，とりわけ**外食**が普及する1970年代以降，食文化は大きく変容し，地域性が弱まり画一化傾向が強まってきた．1970～71年には相次いでファミリーレストランやファストフード店が開店している．またこの時代，年越し蕎麦のようにマスメディアによって地域を越えて広く普及した食文化もある．さらに1990年代以降のグローバル化において海外の食材や料理が流入し，ますます食の地域性に根ざした固有の文化性が薄れている．そうした現象への反発として，伝統的な食文化の見直しや在来種への注目などの動きも始まっている．　[ここまで岩崎正弥]

ハラル（ハラール）とは，イスラム教の教義に照らして合法という意味である．ハラルとは，物に対する概念ではなく，イスラム教徒の日々の行為を律する基本概念である．

●ハラル食品とは　ハラル食品とは，イスラム教徒が，宗教的な罪悪感なしに摂取できる食品である．ハラル食品であるための要件は，食品の原材料として豚由来成分，アルコール飲料，教義に反する方法で屠畜された動物由来成分などが使用されないだけではなく，フードチェーン（栽培・飼育・製造・包装・輸送・保管・調理・陳列・提供）のすべての段階，さらには，経営，広告などにおいて，ハラルでない物や行為から隔離されていることである．

食品のハラル制度とは，ハラル食品の基準を定め，基準に適合する食品に認証マークの貼付を認め，適合しない食品の生産，輸入，流通などを，宗教的な圧力で制限する制度である．ハラル制度は宗教上の制度であるため，非イスラム諸国との間で，制度を巡る産業・通商上のトラブルが少なからず発生している．

ハラル制度は，食品だけでなく，人が摂取したり肌に触れたりする物やサービス，例えば化粧品，医薬品，トイレタリー製品，レストラン，輸送などにも拡大しつつある．ただし，ハラル制度は，異教徒に接する機会の多いアジア諸国でみられる現象であり，中東では，制度化は進んでいない．

●ハラル食品市場の拡大　近年，ハラル食品が日本でも注目される背景には，国内食品市場規模が拡大しない中で，膨大な人口を抱え（2017年：17億4000万人(IMF)），経済成長を続けるイスラム諸国の食品市場規模が急拡大していること，イスラム教徒の観光客が増えていることがある．

なお，イスラム教に限らず，多くの宗教が食の禁忌を有している．ユダヤ教では，コーシャという概念・制度がある．　[ここまで並河良一]

2-16

食関連産業の発展

いかに食べ，いかに飲むかはまさに文化の問題であり，同時にそれはすぐれて経済的な問題であり，ある意味では経済の根幹を決めているといっても過言ではない（今井・後藤，1976）．そういう意味で，食関連産業はまさにわが国の1億人のいのちを支える重要な産業であり，その活動範囲は，**農場から食卓**に至る実にさまざまな分野に及んでいる．

●国民の命を支える存在　欧米諸国では，フードビジネス，アグリビジネス，フードシステム，フードチェーンなどとして食関連産業に関する研究が比較的早くから行われてきたのに対して，日本で食関連産業という言葉が使われ始めた歴史はそれほど古くない．一口に食関連産業といってもその範囲はすこぶる広い．広義の食関連産業というときには，農業，食品製造業（食品工業ともいう），食品流通（卸売・小売）業，外食産業（フードサービスを含む）の4つの産業を指しており，狭義に用いるときには農業以外の3つの産業を指す場合が多い．

このように，食関連産業という定義そのものは必ずしもはっきりしていないのであるが，ここでは農業，食品製造業，食品流通（卸売・小売）業，外食産業の4つを食関連産業と捉えることにする．もとより食品の供給は，「米・小麦などの穀類」「野菜・果実などの青果物」「鮮魚，食肉などの生鮮品」「ビール，日本酒などのアルコール飲料」「菓子・パン，調味料，その他食品」とでは大きく異なっており，流通経路も同じではない．

●食生活の変化と食関連産業の発展　日本で食関連産業が急速に発展したのは，1950年代以降の高度経済成長とそれに伴う食生活の変化が大きく関わっている．1950年代には日本の食卓を劇的に変えたインスタントラーメンやレトルト食品が発売され，流通業界ではセルフサービス方式による大型スーパーが大都市圏を中心に店舗展開を開始した．さらに大阪万博が開催された1970年にはファミリーレストランが初出店し，翌71年にはマクドナルドやケンタッキー・フライドチキンなどの外資系ファストフード店が日本に上陸した．74年には日本初となるコンビニエンスストアの1号店が開店し，急速に売上げを伸ばしていった．

このように，高度成長期における**食生活の欧米化**と**食の外部化**の進展に伴い，加工食品や飲料等の消費が飛躍的に増大し，これらの商品を供給する食品製造業，食品流通業，外食産業が急速な発展を遂げたのである．そしてそこには，次々に画期的な新製品とサービスを生み出していった食関連企業の弛まぬ企業努力と技術革新があったことも見逃せない．食関連産業の発展の歴史は戦後70年間の食生活の変化と軌を一にしたものであり，大企業から中小・零細企業，個人事業者にいたるまで，実にさまざまな経済主体によって構成されている．

●食関連産業の事業規模　2015年現在，1億2708万人の国民が1年間に消費する食品の最終消費額は76兆円に達しており，この半世紀の間に食関連産業がいかに巨大な産業に発展してきたかがわかる．主だった食関連産業の生産・販売額を大掴みにみると，農業9兆円，食品製造業26兆円，食品流通業（生鮮・加工卸・小売・中食を含む）30兆円，外食産業25兆円，輸入食料6兆円となっており，それぞれの産業の大きさを表している．ちなみに，食品製造業の生産額は自動車などの輸送用機械器具製造業の64兆円，化学工業の28兆円に次いで第3位であり，製造業部門の中で10%のシェアを占めていることから1割産業と呼ばれている．食品の流通を担っている卸・小売業の事業所数は優に40万を超えており，外食産業は，レストラン，すし店，食堂，そば・うどん店などの飲食店から機内食，ホテル，旅館，ペンション，民宿などの宿泊施設，病院，学校などの集団給食や企業等の事業所給食，喫茶店，居酒屋，料亭，バー，キャバレー，弁当給食に至るまで実にさまざまな業種業態によって構成されていることもあり，正確な事業所数や従業者数を把握することが困難である．

●人口減少と高齢化でシュリンクする食関連産業　多種多様な業種におよそ1000万人を雇用する食関連産業は，生産や雇用に占める中小事業者の占めるウェイトが高く不況に強い，農水産物等への原材料依存度が高く，その調達先を少なからず海外に依存しているといった特徴がある．しかし隆盛を誇った食関連産業にも変化の兆しがみられる．その1つは，人口減少と超高齢社会の到来による**食市場の縮小**である．加工食品の国内出荷額も，食品流通業の取扱高も，飲食業の売上高も軒並み減少している．2つ目は，2030年までに農業，食品製造業の出荷額割合の高い北海道，東北，九州などの地域の生産年齢人口の減少率が10%以上に達することから，食市場の縮小と相俟って食関連産業の活動が鈍化したり低下したりする可能性がある．3つ目は，そうなると日本の食関連産業は成熟し停滞化せざるを得なくなるから，それを補完するために食関連産業の海外展開が加速する可能性がある．いわゆる**食のグローバル化**の進展である．その一方で，消費者の倫理的で環境問題に配慮したエシカルな食品を求める動きや，食の安全性志向の高まりによって安全安心な国産食材を指向する動きも強まっており，原材料調達を目的に農業に参入するなど，原材料調達の内部組織化が進展している．

［下渡敏治］

2-17-1

実験・行動経済学と新制度派からのアプローチ①　実験・行動経済学

実験経済学は，**経済実験**を用いて経済問題を分析する．一方，**行動経済学**は，心理学の観点から人々の経済行動を解明する．両者は異なる学問領域であったが，行動経済学も実験を用いることが多いため，次第に両者の距離が狭まっている．経済実験を用いると原因と結果の因果関係を容易に特定できるため，政策の効果を分析する手法として実験・行動経済学が注目されている．

●経済実験の特徴　経済実験で最も重要な要素は「ランダマイズ」と「成果報酬」である．経済実験では，操作を行う「処置群」と行わない「対照群」に被験者をランダムに振り分けて比較する．年齢や性別などの個人属性の影響はランダマイズにより均一化されるため，処置群と対照群を比較することで操作の影響を検出できる．被験者をランダムに振り分けて比較する実験はランダム化比較実験（RCT）と呼ばれる．

また，経済実験では，実験の成果が謝金に連動する成果報酬を用いることで，実験に対するインセンティブを実現している．成果報酬を用いると，被験者の利得を実験者が自由にコントロールすることが可能となるが，これは価値誘発理論として知られている．

●ラボ実験とフィールド実験　経済実験は大別すると実験室内で行う「ラボ実験」と現実の経済問題の当事者を対象に行う「フィールド実験」に区分される（栢植他，2011）．

「ラボ実験」は実験室内で学生の被験者を対象に経済実験を行う．ラボ実験の被験者は現実の経済問題の当事者ではないため母集団の反映は困難である．しかし，実験室内でコントロールされた環境のもとで実験を行うことができるため，ランダマイズは容易である．ラボ実験は経済理論の検証を目的とした研究が多いが，排出量取引など現実問題を対象とした実験も多い．

「フィールド実験」は，農家や消費者など経済問題の当事者を対象に実験を行う．フィールド実験は現実の経済問題の分析に応用することが容易だが，現場の当事者を対象にランダマイズを行うことは倫理的に問題となることもある．ランダマイズが行われない場合は，処置群と対照群を単純に比較できないため操作以外の要因の影響を統計分析により排除する必要がある．　［栗山浩一］

2-17-2

実験・行動経済学と新制度派からのアプローチ②　新制度派

現代の経済学では，市場メカニズムを論拠とする新古典派経済学が主流となっている．しかし現実の経済は，市場だけではなく，企業組織，契約様式，行政機構，法制度，さらにインフォーマルな社会慣行など，さまざまな非市場の制度に支えられて動いている．これらの制度は，新古典派では外的与件とされ，経営学，人類学，法学などの研究領域とされてきた．しかし，経済システムが市場と制度によって構成されている現実を踏まえるならば，やはり経済を分析する経済学によって，制度を直接解明しなければならない．制度を対象として，新古典派的な方法論の延長上でその仕組みを読み解く**新制度派経済学**（新制度経済学：new institutional economics）が1980年代以降，急速に拡充されてきた．ゲーム理論，情報の経済学，契約理論を理論的なベースとする．

●Coaseによる発想の転換　その礎となるCoase（1937）は，市場利用の費用（取引費用）を節約するために，市場に制度としての企業が生まれることを説明した．そこでは新古典派が想定してこなかった，需要者と供給者の取引過程に目を向けるという発想の転換があった．ここから非市場の制度は，取引過程に関連した効率化のために設計されるという分析の枠組みが提示される．この枠組みで，新古典派では対象とならなかった学際的な領域が分析されることになった．

●新制度派の多彩な展開　まず，企業組織，企業間の組織，契約のデザインの効率性を研究する**組織の経済学**が展開した．エージェンシー関係，ホールドアップ問題，インセンティブ設計などが扱われる．また取引とは所有権の束の移転であるので，取引の前提となる所有権そのものを扱い，これを規定する法制度の効率性を分析する**法と経済学**が確立した．また制度変化としての経済史や中世西欧の貿易慣行の分析で，歴史に埋め込まれた経済の合理性も説明されている．なお同様の方法と領域において，主にゲーム理論と比較情報を用いて分析する**比較制度分析**も確立している．

農業経済学でも，新制度派による接近が試みられており，浅見（2015）で論点が統括されている．特に，途上国の未整備な生産要素市場を支える非市場の制度を，また生産物市場においても，取引過程そのものを制御するフードシステムの制度を，新制度派によって分析することが有効である．　［浅見淳之］

2-18

小　農

小農は，**農民層分解論**を中心に国内外の農業経済学者が関心を寄せてきた．農業政策においても小農は重要な対象であり，2010 年頃から再評価が進んでいる．

●古典研究における小農　古典的な定義による小農は「自分自身の家族とともに耕し得るよりは大きくなく，家族をやしなうよりは小さくはない一片の土地の所有者もしくは小作者，特に前者」とされる（エンゲルス，1894）．すなわち，家族労働力を主として営む農業経営であり，雇用労働力に依存した大農・富農と区別される．また，兼業所得を必要とする貧農・半プロレタリアとも区別される．つまり，労働力，土地，資本を所有して農業生産を行う小商品生産者であり，労働者，地主，資本家の性格を自己の中に統合し商品経済の中で両極に分解すると考えられている．しかし，実際には小農は消滅せず，中間層として数多く滞留・再生産されており，そのことが資本主義時代の農業問題として議論の焦点になってきた．特に日本では，中農標準化論として議論が展開された．ロシアのチャヤノフは，大農と小農の違いを両者の経済活動の目的の違い（前者は利潤，後者は家族の消費欲求の充足）として捉えたが，カウツキーは小農の過度労働と過少消費にその存続理由を見出した（チャーヤノフ，1911-1912；カウツキー，1899）．

●現代の小農研究　現代では，小農（peasant）は家族農業（family farming）や小規模農業（smallholder agriculture）とほぼ同義語として幅広く用いられている．また小農の定義は時代によって変化がみられる．古典研究では小農と貧農・半プロレタリアが区別されていたが，現代では小農は企業的農業（corporate farming）や起業的農業（entrepreneurial farming）よりも小規模な農業として位置づけられており，貧農・半プロレタリアによる農業も含む概念として理解されている（van der Ploeg, 2018）. Van der Ploeg（2018）は，現代の開発政策において小農が後進性や低生産性と同一視されており，こうした固定的な小農観に基づく政策が小農の一層の貧困化をもたらしていることを批判している．

●日本農政と小農　日本では戦後の農地改革により，自ら所有する農地を自ら耕作する**自作農**の割合が高まった（暉峻，2003）．これらの小農の生産性向上は，占領政策の中で食料増産と農村の民主化に重要だったが，東西冷戦の中で次第に政策の重心は日本の経済発展に移った．経済的自立のために，農業では自作農体制を基盤とした食料増産・自給政策が 1950 年代初頭に進められたが，日本が国際体制に復帰して高度経済成長期を迎えると，農業政策の方向性は変化してくる．

GATT 体制を前提として策定された農業基本法（1961 年）は，農業生産の「選択的拡大」（他方で選択的縮小を含む）を謳い，農工間所得格差を是正すべく効率的で近代的な家族経営や協業経営が推奨された．これは，経営規模の拡大を目指す**構造政策**でもあった．また，国内市場の開放と食生活の欧風化が相まって，食料自給率はこの時期に急速に低下した．さらに GATT ウルグアイ・ラウンドの議論を受けて，一層の貿易自由化と農業支持政策の後退に対応するため，1992 年には新農政が始まり，認定農業者や一定規模以上の上層経営に施策を集中する選別的農政が登場した．小農は，集落営農組織を形成して，政策的支援の受け皿となることを目指すケースが増えている．

こうした政策の中で，戦後創出された小農の農民層分解が一定程度促進され，農家数は減少したが，同時に兼業化によって農業に留まる小農（兼業農家）は農業経営の 7 割を占めている．しかし，日本の農業就業者の高齢化は世界的にも稀にみる水準（高齢化率 66%，2017 年）になっており，後継者不足によって小農の再生産が次第に困難になっていることを表している．

●小農の再評価　小農は，古典研究の中では両極分解される存在とされ，農業の近代化政策のもとでも効率化と規模拡大による企業的農業経営への移行または農業からの退出が促進されてきた．このように小農を時代遅れの農業経営とする見方は，国内外の学術的および政策議論の中で長らく支配的であった．しかし，こうした見方を覆すように，2010 年頃から新たな潮流が生まれている．

世界的な農民運動団体であるビア・カンペシーナ（農民の道）（1993 年設立）は，小農の自立と基本的利益を守るために，新自由主義的グローバリゼーションに対抗する運動を展開している．2009 年にビア・カンペシーナが採択した「農民の権利宣言」を受けて，2018 年に国連総会は「小農と農村で働く人びとのための権利に関する国連宣言（**小農の権利宣言**）」を賛成多数で採択した．

学界においても，小農への関心が再び高まっている．Van der Ploeg（2018）は，現代において工業的農業に対抗するかたちで小農的性格（自給，多就業，自律等）を強める農業経営が増えており（再小農化：repeasantization），小農が新たな形態（新小農：new peasantry）で社会的な諸矛盾を克服する可能性と実践をもたらしていることを指摘している．さらに，世界全体の小農数は歴史上最大になっており，公式統計（小農は約 5 億戸とされる）からもれているものを含めるとその数は 20 億を超えると指摘する．日本においても，小農学会（2015 年設立）が発足するなど，小農と研究者がともに新たな社会のあり方を模索する動きが展開されている．

［関根佳恵］

第3章

農業と技術

3-1

農業技術の発展

農業技術とは，人間がある目的のもとに自然の力をさまざまな生産手段をもって活用する試みといえる．一般的に生産手段は労働対象と労働手段に分けられる．労働対象は土地，動植物，水，肥料，農薬（病害虫）等から構成され，その利用は自然力を活用して行われ栽培もしくは飼養技術と呼ばれる．労働手段は人力，役畜，農機具，施設，最近発展が目覚ましい情報機器とそのソフト等から構成される．農業技術の発展は，これらの労働対象，労働手段に関わる技術が経済的生産を行う経営体の中で評価され，その合理的な選択・組合せの結果として生まれる．この選択する技術を**経営技術**と呼ぶ．さらに，経営技術を含む農業技術の発展方向は，農地や水利等の農業生産基盤の整備状況，さらには科学技術の発展にも大きく規定される．また，農業技術の発展は，資材・労働力を多投してより多くの生産物を獲得する集約化技術，より少ない労働力・資材の投入で多くの生産物を獲得する節約化技術が，社会・その他の技術の発展の中で組み合わされて実現される．ここでは，わが国の農業技術の発展を，第二次世界大戦後から高度経済成長期を経て米の生産調整が始まる（1970 年）までの食糧増産期，多様な農業の展開を模索する生産調整以降の昭和期，農業技術の急速なイノベーションが始まる平成期に分けて概観する．

●戦後食糧増産期の農業技術の発展——生産調整開始まで　戦後農業は，食糧危機の克服を目指した新技術の開発，緊急干拓・開拓事業による食糧増産からスタートした．農業技術に関しては，米の増産中心の多収技術重視で，保温折衷苗代と水稲の早期栽培の普及，多収品種の開発，全層施肥・穂肥法・乾土効果等の施肥効率を高める技術が開発された．また，農薬の開発も目覚ましく，DDT，BHC，パラチオン剤，水銀剤の急激な普及による効率的な病害虫防除と除草剤（2，4-D），MCP の利用による除草作業の軽減が実現した．この時期，動力耕うん機が登場し，その後の労働節約技術到来の先駆けとなった．

1955 年頃から始まる高度経済成長による食生活の多様化は，米以外の野菜，果実，食肉などの農畜産物の需要増加をもたらし，米中心から成長作物への転換を目指す選択的拡大政策が展開された．その一方で急激な経済成長を支える労働力需要が高まり，農村労働力の急激な流出，担い手の兼業化，出稼ぎの増大の中で稲作の機械化・省力化と農業生産基盤の整備が推進された．多収品種の普及（日本晴，レイメイ等）と追肥を重視する V 字型稲作理論の普及により水稲の多収穫技術が一般化し，水稲の生産力は大きく高まった．しかし，1965年頃になると米の生産過剰が問題となり，生産調整政策が導入されることになる．一方，野菜作では促成栽培，ハウス栽培，水耕栽培等の技術が，果樹作でもジベレリン処理による無核化技術，高級品種化と高接更新技術，スピード・スプレヤーの普及が，畜産では輸入購入飼料による養豚・養鶏の大規模飼養技術が普及した．

●多様な農業展開を模索した生産調整以降の昭和期後半の農業技術の発展　米の生産調整施策導入以降，大区画圃場整備が推進され，乗用トラクター，乗用田植機，自脱コンバインを基軸とする**稲作の中型機械化体系**が確立され，水田作の労働生産性が飛躍的に向上した．また，水稲品種についても，多収品種から良質米品種（コシヒカリ，ササニシキ，あきたこまち，ひとめぼれ，きらら397等）への転換が進められた．野菜生産では，接木苗，耐病性品種，F1品種が普及した．これまで順調に伸びてきた果樹生産も需要の伸び悩みが顕著になり，高級品種への転換が進められるとともに，非破壊糖度測定機の開発と普及，りんごの矮化栽培，おうとうの雨よけ栽培等が普及した．この時期にはDNAの二重らせん構造が解明され，その後の分子生物学の発展を導いた．農業分野でも細胞融合技術，凍結受精卵移植，牛の「体外受精」技術等が開発された．また，この時期は高度経済成長期に展開した化学肥料，化学合成農薬に依存した農業の問題（人体への影響，自然生態系の破壊）が顕在化し，低投入農業の確立が要請され，病害虫発生予察の精緻化，減農薬栽培技術の開発，病害虫の総合防除への挑戦が始まった．

●平成期の農業技術のイノベーションの展開　平成期に入ると，バイオテクノロジーの急速な発展に支えられた多様な特性をもった動植物品種の作出が加速化された．イネ遺伝子の全塩基配列の完全解読（2004）に始まり，2005年からは麦，大豆，ブタ，カイコ，ウンカ等のゲノム育種研究が展開した．その後も有用遺伝子の単離技術の開発，DNAマーカー選抜育種技術，ゲノム編集技術の開発と目覚ましい発展を遂げている．この時期の新たな水田作技術として特筆できるのは，水稲直播技術（乾田直播，湛水直播，不耕起V溝直播），多様な低コスト技術，IoT・ロボット技術等であり，大規模水田作経営の発展を支えている．これらの技術は，農家が手軽に先端技術・情報を利用できる**スマート農業**構築のベースとなっている．国は，こうした農業技術のイノベーションの迅速な社会実装をAIやビッグデータ，そしてバイオテクノロジーを活用して促進する戦略的イノベーション創造プログラム（SIP），技術開発で産業や社会生活のイノベーション創出を目指す新たな社会「Society 5.0」づくりの取組みをスタートさせている．

［門間敏幸］

3-2

中型機械化技術

水田作や畑作等に使用される各種農業用機械は，機械の大きさや作業能率の違い等に着目して小型・中型・大型の3種類に区分される．中型機械化技術とは，こうした農業用機械区分のうちの中型機械をベースにした作業技術体系のことで，わが国の**稲作経営**および稲作農業の発展に及ぼした影響と関連させて機械化を取り上げる場合にこの用語が使用されることが多い．

●稲作における機械化の進展　第二次世界大戦後から1950年代にかけてのわが国の稲作は，畜力や人力に依存する作業が大部分を占めていた．農業用機械は，一部の農家で耕起・整地作業に耕耘機が利用されたり，収穫後の籾の脱穀作業や乾燥作業で動力脱穀機や通風乾燥機が利用されたりする程度であった．このため，当時の全国平均の10a当たり稲作労働時間は170時間を超え，水田内での諸作業も重労働であったことから，稲作の機械化を多くの農家が待ち望んでいた．

そうした中，高度経済成長が始まる1960年代になると，1962年に代掻きのできる20馬力未満の水田用**トラクター**が市販され，1965年には稲を刈り取り結束するバインダーが，1967年には**自脱型コンバイン**が相次いで販売された．さらに，育苗箱を使用して栽培した土付マット苗を植えつける**田植機**が1969年に発売されると，短期間に全国の稲作地帯に普及していった．これにより，稲作の主要作業である耕起・整地・代掻き・田植・収穫が機械化され，生産組織や経営規模が大きく資金力のある専業農家を中心に，稲作の機械化が急速に進展したのである．

●稲作における中型機械化技術の確立　上述した農業機械の小型・中型・大型といった区分はあくまで相対的なものであるが，わが国の稲作においては，歩行型の農業機械は小型，また乗用型農業機械では，トラクターは排気量1500cc未満，田植機と自脱型コンバインは5条以下を中型とし，これらを超すものを大型とするのが一般的である．この区分に基づくと，耕起・整地・代掻き作業が耕耘機からトラクターへ，収穫作業がバインダーから自脱型コンバインへ移行し，これらに乗用田植機が加わることで，1970年代前半には中型機械化技術がほぼ確立したといわれている．

なお，この中型機械化技術は，個々の作業用機械の単なる組合せ技術ではない．例えば，機械田植を行うには，田植後の苗の活着がよく，しかも欠株が生じないような土付マット苗の効率的な生産技術が必要とされる．また，収穫時の水田圃場の土壌水分割合が高いと，自脱型コンバインの作業能率が低下するため，収穫作業を円滑に行うには用排水施設の整備や出穂後の適切な水管理が欠かせない．このように，中型機械化技術は，他の栽培管理技術や用排水管理技術とセットになって初めてその効果が十分に発揮されるのである．

こうして，中型機械化技術の導入・普及によって，1970 年代に入ると，全国平均の 10a 当たり稲作労働時間は 100 時間を大きく下回り，60 時間台となる．もちろん，こうした投下労働時間の低下には，水田区画の整備・拡大（30a 区画）や用排水施設の整備，除草剤の使用等も作用したが，中型機械化技術の普及による作業能率の向上が大きく影響していたことは間違いない．さらにまた，品種改良，稚苗移植技術，雑草・病虫害防除技術，肥培管理技術等の進歩によって米の単収水準が上昇傾向で推移したことから，投下労働 1 時間当たり米生産量も飛躍的に増大することとなった．

●中型機械化技術の経営的意義　中型機械化技術の確立とその普及は，稲作経営における栽培面積の拡大を可能にし，それによって単位面積当たり経営費の低減と所得の増大をもたらした．その結果，中型機械化技術を導入した大規模経営が小規模経営の稲作所得に見合う小作料を支払うことができるようになり，水田貸借による経営規模の拡大を促進した．すなわち，1970 年代後半以降，それまで大多数を占めていた 1～2 ha 前後の稲作経営の中から，徐々に規模拡大を進め，5～10 ha 規模の稲作を行う借地型経営が出現するようになったのである．中型機械化技術の確立は，それを基盤にして規模拡大を進める農業経営の形成をもたらし，それは，経営規模や経営管理能力の点においてこれまでの零細な稲作経営とは異なる農業経営といえるものであった．

そして，こうした稲作経営が形成される一方で，中型機械化技術は小規模稲作経営や生産組織にも次第に普及し，農外労働市場の急速な展開のもとで大量の農業労働力の農外流出と兼業化を促進し，戦後の農地改革の柱とされた自作農主義を崩壊させる農業構造の変動（農民層分解）を引き起こすことになったのである．

しかし，時代が進み 1990 年代以降になると，農業労働力の減少と高齢化の一層の進行に加え，新食糧法の制定等によって米の価格・流通政策や生産調整政策が大きく変化し，中型機械化技術に依拠した稲作には所得の確保や規模拡大等の点で限界が見られるようになってきている．こうしたことから，現在では雇用型の大規模家族経営や法人経営を中心に，1 ha を超す大区画圃場での稲以外の作物を含めた水田の汎用利用と農作業のさらなる高能率化を目指し，大型機械化技術を基軸とした水田作の新たな展開が主要な水田地帯で散見されるようになっている．

［土田志郎］

3-3

生産力・生産力発展

農業生産力とは，人間生活に有用な農産物を「1人の働き手が1年間に生産し得る」（七戸，1988：p. 17）力量のことで，「農業技術の進歩の過程を人間の労働を軸にして捉えた」（陣内，1989：p. 259）ものである．働き手は，農業技術を，一方で大気気象や土壌など自然風土の諸条件や諸法則に即して組み立てるが，その素材となる資本財や土地等の生産諸要素を自らが所属する社会の経済や政策のもとで調達するから，その影響から逃れることはできない．このため，わが国の農業生産力発展の研究では，働き手たちの力量発揮を基軸にして日本の風土と社会に根ざした農業技術発展の姿や道筋を追究し，何がその前進を促進し，何が妨げるかの諸条件の解明に重点を置いてきた．以下では，明治以来の水田作技術の発展からあえて5局面を切り取り，その概要と諸条件の交錯状況を摘記する．

●「明治農法」の形成　第1は，明治期の産業資本勃興による米需要の拡大に農業側が商品生産の稲作形成で応えた「**明治農法**」の形成である．1878年の全国平均の稲作単収は反当約153 kg，同総生産量約383万tだったが，1900年代には約270 kg，約780万tに著しく伸びた．同農法は，福岡県などの在来農法の乾田馬耕の全国的な普及・改良を土台に，新規種籾選種法の塩水選，苗代改良による健苗育成，入念な中耕除草が容易な正常植，西日本の「神力」や東北の「亀の尾」など統一品種の普及に田区改良や米質改良等からなる包括的な技術体系であった．だが，米の商品化をテコに同農法を推進した主力は手作り地主層で，他方，自作農は地租の重税や緊縮政策などから落層化して技術改良意欲を抑制されたため，同技術の普及は県令や官憲導入など強硬的手段をも駆使してなされた．

●社会問題の噴出　第2は，大正期から昭和期に稲作技術は肥料工業の発展を背景とする多肥化を軸に多収品種の開発と導入から土地改良まで広く再編成され，東日本の低単収を全国水準を超すまで押し上げた一方，社会問題の噴出で抑制的な側面が現出したことである．1918年には米騒動が明治以来最大の民衆運動となり，第一次世界大戦後には重化学工業発展と労働市場の変化を背景に小作争議が全国で激発して地主制の存立を問うに至り，体制的な危機が認識された．国家は財政投資を通じて農業の生産流通過程に直接介入し，米穀法，自作農創設維持事業，用排水改良事業などを講じ，以後の農業政策の基礎を築いた．また，農民経営群が上向して「佐賀段階」を拓き，「自小作前進」を現出させたが，全体的には寄生地主制の軛を引きずって戦時総力戦体制に巻き込まれていった．

●「戦後段階」の形成　第3は，第二次大戦後から1950年代前半期，農地改革による自作農的土地所有のもと，戦前の米生産量を大きく突き破る「戦後段階」を画したことである．保温折衷苗代技術の登場による初期生育の安定に加え，自分の技術力向上の果実を自分で手に入れられるという自作化効果をテコに，病虫害防除の化学薬剤や除草剤などの新技術への関心も含めて，農産物価格や収益性に敏感な小商品生産者としての行動を強めた．しかし，アメリカの占領政策転換により，アジアの反共拠点としての日本の経済復興「自立」を図るため，財閥を復活させ，賃金を抑えて企業利潤創出を最優先する体制を整備する一方，53年のMSA小麦協定や54年の飼料穀物関税ゼロ協定など食糧を輸入依存で調達しつつ，国内では低米価や高負担など「農業に犠牲を強いる政策」（暉峻，2003: p. 140）の戦後の枠組みが整備された．

●選択的単作集中　第4は，1955年以降日本経済の高度成長で食料需要が変化する一方，61年の農業基本法下で選択的に稲単作に集中した結果，短期間で過剰となり生産調整を余儀なくされたことである．だが，農家労働力は急速かつ大規模に都市に吸引され，機械化，装置化，化学化等省力化技術の懸命な導入にもかかわらず，農業の生産性の向上は他産業に後れた．米は生産費・所得補償方式下の米価上昇で維持させ得たが，麦は輸入価格基準のパリティ方式で麦価が伸びず大きく後退した．この間の稲作は，機械化だけでなく化学肥料や農薬導入もあずかって技術の省力化，単純化を進める一方，働き手を悩ませてきた人力での「四つ這い作業」を解消し，トラクター，田植機，自脱型コンバイン等の「日本型」稲作中型機械化技術と資本財のマネジメントで経営自立を追求する担い手層を輩出すると同時に，同体系の小型化は小規模兼業稲作の滞留をも容易にした．

●輸入による生産力停滞　第5は，1985年のプラザ合意以降，「市場原理・自由貿易体制の強化」（86年農政審答申）のもとで食料の輸入を激増させ，海外依存を強める一方，国内では，米の生産調整下で米価下落を進め，農業財政投資と他作目転換を抑制する中で，農業者は米の品質競争のためにも生産要素の投入を控えて土地生産性を停滞させ，収量増加で国民扶養力の向上をねらう世界の動向とは対極的な生産力停滞を示していることである．一部には，雇用導入や大規模汎用機械体系，各種IT技術の活用などで従来の規模限界を打破して直播水稲や他作目を含めて高品質農産物の商品化に活路を拓く事例も現れている．日本政府は，例えば2013年の「日本再興戦略」で，今後10年で全農地面積の8割を認定農業者等「担い手」に集積，米生産コストの4割削減，法人経営体5万という目標を示して農業の急速な企業化で問題打開を図るが，目標にはほど遠い進捗状況にある．

［佐藤　了］

3-4

技術体系

農業技術は，農作物生産の省力化や収量の増加，品質の向上等を目的に，対象作目や栽培・飼育環境，作業方法等に働きかけて開発されるものであり，新品種の開発や生産基盤の改善技術，栽培技術，機械化や施設化技術等がある．農業技術は，果菜類の雨除け栽培技術のように，1つの技術で病害虫の発生を抑え，収量や品質の向上に効果をもたらすものもあるが，多くは複数の技術を組み合わせることにより効果が発揮される．農業生産において特定の効果を発揮するために必要な複数の農業技術を論理的に組み合わせたものを技術体系，あるいは技術システムと呼ぶ．

●農業技術体系の分類　農業技術体系はその効果の及ぶ範囲によって，作目別技術体系，部門別技術体系，営農技術体系に区分される（梅本，2004：pp. 155-158）．この区分に従って農業技術体系の具体例を紹介する．

作目別技術体系は，特定の作目や一部の生産工程に効果が限定される技術の組合せである．例えば，水稲栽培における「鉄コーティング湛水直播栽培体系」は，慣行の移植水稲作と比べて，育苗の削減による省力化と鳥害や病害を防ぐ効果があるが，「種籾の鉄コーティング技術」と「硬めの代かき」「播種後の出芽揃えまでの落水」など，一連の技術を履行することで効果が発揮される．また，作目の増収を可能にする多収品種は，成長に必要な養分の要求量が増える一方，病害虫の発生リスクの高くなる場合もあるため，「新しい品種の導入」と，それに対応した「肥培管理技術」「防除技術」をセットにした「増収技術体系」として紹介されることがある．

部門別技術体系は，耕種部門における複数作目による輪作等に効果を発揮する技術の組合せである．例えば，水田作経営における「プラウ耕・グレーンドリル播種による稲（乾田直播）―麦―大豆（狭畦密植）の2年3作（輪作）体系」は，水稲作における乾田直播栽培の課題である発芽前の排水性の確保と発芽後の湛水機能の確保の両立を可能にし，栽培の省力化と安定生産をもたらすものであり（大谷，2015：pp. 42-47），「プラウ耕による深耕」と「ケンブリッジローラによる播種床形成」「グレーンドリルによる高速播種」「ケンブリッジローラによる鎮圧」の個別技術を組み合わせた畑作的な技術体系である．このため，プラウ耕やグレーンドリル播種は小麦や大豆作の省力栽培技術としても適用され，輪作体系を維持しつつ飛躍的な規模拡大を可能にする技術体系といわれている．

●営農技術体系　営農技術体系は，耕種と畜産，畜産と林業など複数の異なる部門を組織化し，土地や労働力，家畜等の資源を効率的に運営・管理するものであり，総合技術体系とも呼ばれる．戦前戦後に推進された「有畜複合経営」や，アイガモの飼養と水稲の無農薬栽培を両立する「アイガモ農法」，クヌギ林の肉用繁殖牛の放牧により椎茸原木の育林と原木椎茸生産と子牛生産を同時に行う「林畜複合経営」などが営農技術体系の例として挙げられる．

これらの営農技術体系は，複数部門相互の資源を利用した生産技術，各部門の適正な規模とそれに応じた機械・施設装備と合わせて論じられる．例えば，戦後推進された「水田酪農」は，水稲と酪農の複合経営であるが，その営農技術体系は，「稲わらや畦畔野草，水田裏作の牧草による乳牛の飼養技術」「水田裏作における牧草栽培技術および水稲との輪作技術」「乳牛排せつ物の堆肥化技術」「堆肥を活用した水稲の栽培技術」等で構成される．この営農技術体系は，乳牛飼養により冬季の就労機会が確保される反面，春季に飼料作物の収穫作業と水稲の育苗や移植作業が重なる．このため，「収穫時期を早める牧草種の品種や栽培技術」「収穫作業を効率化する収穫機械化技術」，あるいは「水稲の晩植技術」，さらには水稲の作付けを減らし水田の一部を，年間を通じて飼料生産に充てる「水田での通年飼料生産技術」等も，「水田酪農」の営農技術体系に含まれることもある．

「林畜複合経営」は，育林と農業または畜産を組み合わせた営農技術体系であり，混牧林経営またはアグロフォレストリーとも称される．今日でも一部の地域で行われている原木椎茸生産と和牛繁殖を組み合わせた林畜複合経営は，椎茸のほだ木の原材料となる「クヌギの育成技術（放牧牛からの幼木の保護や下草管理等）」「クヌギ林の草生管理と家畜の放牧飼養技術（草種とクヌギの植栽密度，家畜の放牧密度等）」「放牧を前提とする家畜飼養技術（牧柵等の隔障物の設置，放牧時の補助飼料の給与，給水方法，放牧環境への馴致，放牧しながらも飼い主と家畜の信頼関係を維持する馴致方法など）」等の個別技術や経験的スキルにより構成される．里山のネザサ等を牛の飼料基盤として放牧利用しつつクヌギの生育を促せるため，牛の飼養管理やクヌギ林の下草管理作業が減らされる合理的な技術体系であるとともに，飼料費の節減や所得の向上や安定化に寄与するなど経済的合理性の高い技術体系でもある．このように営農技術体系では，経済的合理性が高く，農業経営における実用性の高い農業技術体系が求められる．

［千田雅之］

3-5

農業技術の類型

技術とは何かについてはさまざまな定義がなされているが，その1つに「機能的にみれば，一定の目的を達するための手段および操作の総体といいうる」（磯辺，1971 : p. 21）という整理がある．このような観点からは，農業技術は，農業生産という行為を合目的に実現するために必要な農業生産諸手段や作業のやり方等を結合する機能をもったものといえる．

農業技術についての理解を深めるために，これまで，さまざまな観点からの類型区分が試みられてきた．

●技術の実践過程における類型　農業経営学では，経営を経済と技術の相互交渉の場と捉えて分析していく研究方法が構築されている．このような観点に立って技術を評価していく際に，経営内における相互交渉の過程における両者の関係に応じて，「純粋技術」「合理技術」「実践技術」という3種類の区分が行われている（金沢，1982 : p. 14）．このうち，純粋技術は，手段や費用を直接の問題としない，すなわち，まだ経済との交渉が生まれない段階での技術である．合理技術は，産出された成果に対する費用の節減の程度によってその妥当性が評価される技術である．段階としては経済との交渉の過程にあり，純粋技術とともに，まだ可能性の技術である．実践技術は，農業者による経済的考慮によって裏づけが行われた後に経営に採用され，実践されている技術である．そのためには，その技術が技術的に合理的であるだけでなく，経済的にも合理性をもち，経営目標の達成に貢献し得るものでなければならない．したがって，現実の農業経営に採用されている技術は，このような技術と経済の交渉の結果として農業経営に導入されている実践技術であるといえる．

●農業技術の存在形態からみた類型　技術は，2つの基本的な形態，すなわち無形的・知的技術と，有形的・物的技術として存在している（渡辺，1976 : p. 7）．前者は，生産の仕方，あるいはつくり方を意味しており，後者は物的な生産手段といえる．農業生産を事例にしていえば，直播という水稲の栽培方法が無形的・知的技術であり，一方，そのような栽培法を実施するのに必要な品種・資材・肥料・農薬・機械などが有形的・物的技術となる．

また，前者の無形的・知的技術は，各作業の実施時期を含めた作業のやり方を示す労働様式と，各作業の所要労働力の質と量の状況を示す労働組織という2つの概念から，その内容や性質が分解される．一方，有形的・物的技術は，種苗・

肥料・飼料・農薬などの労働対象と，道具・動力・機械・施設といった労働手段に区分される．農業技術については，このような4つの区分を組み合わせて把握していくことにより，その特質をよりよく理解することができる．

●技術の体系化からみた類型　農業技術の発展，あるいは，新たな技術体系の形成という観点からも，さまざまな類型化が行われている．技術体系とは，生産過程における一局面である部分技術が組織的かつ主体的に統一されたものである．技術体系をその対象に沿って整理すると，①個々の作目ごとの技術体系を示す作目別技術体系，あるいは個別技術体系，②耕種部門等における複数の作目の組合せからなる部門別技術体系，さらに，③いくつかの部門が総合化された営農技術体系に区分できる．このうち最後の営農技術体系は総合技術体系とも呼ばれるが，これは作目や地目を組織化するとともに，労働力や機械・施設，資材など各種の資源を運営・管理する経営技術も含む体系とみることができる．

個別技術が統合化されたものが技術体系であるが，各部分技術は相互規定的に作用するので，技術の体系化は部分技術の進化および一般化として現れる．すなわち，「1つの部分技術の変化はそれだけに止まらず，やがては他の部分技術の変化をひきおこし，ついに体系的変化といいうるような変化に達する」（渡辺，1976 : p. 16）のであり，このような変化は，技術進歩の基礎的条件といえる．

●技術進歩からみた類型　農地面積を広げないで土地単位当たりの生産性を向上させようとする技術に土地節約的技術があり，その具体例として，多収品種の開発や施肥方法の改善，二毛作などがある．一方，労働節約的技術は，稲作における田植えや収穫作業の機械化のように，農作業の作業能率の向上に効果がある方法およびその技術的手段を意味する．

また，以上のような生産要素の相対的な関係に基づく区分の他に，農業における技術進歩の特徴を把握する観点からは，生物学的・化学的技術（BC技術），および，機械的技術（M技術）という区分もなされている．なお，基本的に，BC技術は土地節約的技術，M技術は労働節約的技術に対応しており，BC技術が農場の規模と無関係であるのに対して，M技術は規模と密接に関連している（荏開津，2003 : p. 48）．農場の規模によって使用可能な農業機械が異なるとともに，生産費にも格差が生じることから，このようなM技術の普及は，わが国の稲作において規模の経済を発現させる要因ともなった．

技術の類型化は，農業生産への理解を深めるとともに，技術の特質や構造，さらには，技術進歩の性格等を知る上で有効な分析視角を提示するものである．

［梅本　雅］

3-6

明治農法と近代技術

明治政府は，その経済発展の礎として，当時の主要産業，農業の技術近代化に着手した．明治農法は，こうした農業技術近代化の1つの画期として，近世からの農法とそれ以降の農法の結節点として位置づけられる．また，それは，政策的にみれば，明治政府が進めてきた「西洋農学の知見に基づく，深耕等の技術の系譜」と，同時に政府が活用してきた「老農のもつ高い技術水準の在来農法」との融合ともいえる．明治農法は，端的には次のように定義できる．

「明治後期から大正初期にかけて，主として東日本の水田において，その単収水準が飛躍的に向上した時期に，これを支えた農法．具体的には，従来の農法が，冬季湛水のままの湿田，浅耕，不十分な種子精選，来歴不明の在来品種に依拠していたのに対して，乾田化，馬耕による深耕，塩水選による種子精選，西日本では神力，東日本では亀の尾等改良優良品種の採用を一連の技術体系とする農法」．

以下では，それぞれの技術要素ごとに，明治農法の位置づけを説明する．

●冬季湛水から乾田へ　近世からの在来農法では，冬季湛水が常識的慣行であった．確かに低い生産水準では，湛水すれば土壌が還元状態となるため地力窒素の消耗が少なく，それなりに合理性があった．しかし，高い生産水準を目指すならば，乾田化して地力窒素を発現させ，かつ肥料を投入してこれを効果的に活用していく必要があった．そのためには，浅い耕深では限界があった．また，湿田状態から乾田状態になると，土壌は硬くなる．人力耕では作業的にも限界があった．

●耕深と畜力耕　明治政府が進めてきた西洋農学の導入政策により，ドイツから招かれた御雇い外国人，駒場農学校のマックス・フェスカは，当時の日本農業の欠点として「耕耘，浅きに失すること」を指摘した．しかし，当時の在来農法では，人力耕が主体で，深耕するのは労力的に容易ではなく，また，畜力耕は少なく，またあったとしても，深耕には適さない，長床犂であった．

こうした中で，フェスカは，当時筑前地方で用いられていた無床犂の「抱え持立犂」に注目した．この犂は，安定性を欠き，操作が難しいという難点があったものの，当時の各地の犂の中では，例外的に深耕を可能とするものであった．すでに明治前期から，人力耕地域であった東北等の諸県では，馬耕先進地域であった福岡や熊本から「馬耕教師」を招いて積極的に乾田馬耕を導入する取組みが行われていた．特に，明治20年前後に，筑前の老農，林遠里は，民間主体でこうした馬耕教師の育成・派遣を積極的に実施し，明治後期以降の明治農法の本格的な普及の先導役となった．こうした中でフェスカの指摘に学理的な正当性を得て，乾田馬耕の普及は加速化した．後に無床犂は改良されて，短床犂として普及した．

なお，耕耘速度という点でみると，人力耕のみならず，耕耘速度が遅い牛を用いた，抵抗が重い長床犂による耕耘に対して，耕耘速度が速い馬を用いた無床または短床犂による耕耘は，能率アップの意義が大きいものであった．

●肥料　深くなった耕土の肥沃度を保つためには，地力窒素や堆肥に加えて，肥料の投入が不可欠であった．昭和初期からは化学肥料も普及するが，その前，明治農法の高い水準の水稲単収を支えたのは，金肥といわれる有機質購入肥料であった．近世では，近海産の干鰯（ほしか）が利用されたが，それも資源枯渇があったので，ニシン，さらにのちには満州大豆粕が活用された．

●塩水選　塩水選による種子精選は，横井時敬が発案した方法であり，簡便だが理に適った方法であった．発案は明治 15 年であるが，明治 20 年代半ば以降，全国に普及した．それまで各地には，各種の迷信に基づく非科学的な種子精選方法があったが，塩水選の普及により充実した種子が用いられるようになった．

●改良品種の普及　明治農法を支えた品種は，前述の「神力」「亀の尾」の他に，関東の「愛国」，北海道の「坊主」等があった．これらは，在来種の中から優れたものを選抜する，という方法により育成された品種であった．近代農学の成果として農場試験場における人工交配が実施されたのは，明治 37 年であり，その成果は大正以降となった．とはいえ，上記の品種は，それまでの在来種が，深耕により地力窒素が発現し，不釣合いな窒素による生育遅延，いもち病の発生等で限界を生じていた折に，待望の耐肥性品種の登場であり，急速に普及した．

●日本史的位置づけ　水稲単収は，明治に入って後，政府の農業技術近代化の努力にもかかわらず，明治 25 年頃までは，それほど顕著な増加はみられなかった．ところが，この明治農法の普及が本格化した 20 年代末以降，水稲単収は上昇局面に入った．一方，大正半ば，米騒動前後からは，再び水稲単収は停滞期に入った．これら停滞期の間にあって，明治農法が普及した明治後期から大正初期にかけては，日本の稲作技術が飛躍的に進歩した，輝かしい時期であったといえる．

●世界史的位置づけ　世界の農耕技術進歩は，通常は人力耕から畜力耕へ，畜力耕から動力機械耕へと進歩していくのが基本的シェーマである．これに対して，日本では，近世に畜力耕が人力耕に戻る現象が観察された．人力耕への戻りは，精緻な集約的農法の実現という側面もあったが，世界標準からすれば，やや変則的であった．これを踏まえて明治農法を見ると，本来あるべき畜力耕への正常な発展が，この時期，一気に起こったものと捉えることもできる．　［荒幡克己］

3-7

技術普及・普及制度

古典的普及論は，**公共財**である農業技術を公的費用負担によって公的制度を通じて均質な不特定多数の農家に広めることで，私益（農家の私経済）と公益（食料の安定供給）を同時に達成することを前提としてきた．しかし近年，農業生産力の向上，技術の高度化，農家数の減少と農村の混住化，経営の多様化などを背景に，それらの前提は崩れつつあり多元的な支援のあり方が求められている．

●ロジャース普及論 革新技術の普及に関する古典理論は，ロジャースらの1950年代アメリカ中西部における農業技術（ハイブリッドコーン，除草剤など）を対象とした実証研究に始まる．それは技術合理性，経営合理性を客観的に示すことに加え，採用者の主観的な評価，意思決定プロセス，それらに影響を与える人間関係や社会システム全体までを対象とし，技術はS字曲線を描いて普及・収束する（Rogers, 2003 : pp. 272–75）というものである．採用までの意思決定経過は，①技術を知りその機能を客観的に理解する，②自分にとって有用であるか否か主観的に納得する，③採用/不採用を決める，④試行する，⑤有用性を確信し使い続ける（Rogers, 2003 : pp. 168–92）．採用を促進する技術特性は，①現行技術に対する比較優位性，②採用者の価値観，知識・技術レベル，ニーズとの整合性，③技術の複雑性・難解性が少ない，④試行できる，⑤有用性が観察可能でわかりやすい，である（Rogers, 2003 : pp. 219–59）．技術の採用者は概ね5タイプに分けられる．①イノベーターは最初に採用する少数派で，リスク許容的，若年，高学歴，高所得．コミュニティ外との接触が多く冒険的であるが，社会全体への影響力は弱い．②初期採用者はイノベーターと類似した社会特性をもつが，思慮深く地域に根ざしたオピニオンリーダーとして尊敬を集め，彼らの採用で普及は加速化する．③初期多数派は，平均的な社会階層，熟考派でオピニオンリーダーとの接触が多い．④後期多数派は懐疑的で，経済的必要性と周りからの圧力に迫られて採用する．⑤頑固者（laggards）は，保守的で社会的に孤立しており，革新的な考えには抵抗があり最後まで採用を拒む（Rogers, 2003 : pp. 267–85）．

●日本の普及制度 日本の農業指導の淵源は，近世自治村落の豪農や名主などリーダー層の役割に遡る．江戸期は年貢を個人ではなく村に課し，村全体で納入の連帯責任を負っていた（村請制）．リーダー層は，農事，商品作物導入，金融，販売，治山治水などに尽力し，自主的な活動である農談会が各地に広まり村の共同性と自治が育まれた．明治以降は，1870年に勧農局が開設，欧米農業が奨励されたが自然・社会環境の違いから定着しなかった．その反省から農事巡回教師制度（1885年）を通じて老農が各地に派遣され明治農法が普及した．普及を目的とする官制組織は，農会として府県・町村レベルに設置され（農会法，1899年），戦中に産業組合と統合し農業会となり（1943年）食料の割当てや供出に指導の重点が移った．戦後は，民主改革の一環で農業会は解散し，1947年農業協同組合法で設立された農協の営農指導事業（1952年第1回全国農協大会決議）と，1948年**農業改良助長法**による公的な協同農業普及事業（国と都道府県との協同）によって，現行の普及事業の二重構造の確立に至る．2004年の改良助長法改正で，専門技術員と改良普及員を**普及指導員**に統一，**地域農業改良普及センター**設置の弾力化（必置規制廃止）など，全体として組織のスリム化を図りつつ，税源移譲などで都道府県の裁量余地を広げ地域ごとに特徴のある事業展開が可能となった．

●普及のパラダイムシフト　近年，農業技術一般を公共財とするのは困難になりつつある．地域ブランド形成に資する技術は，産地外での利用を制限し産地の生産者は自由に使える地域公共財，環境修復やアメニティ向上に資する技術は，地域住民全体に資する地域環境財，特定部門（畜産，施設園芸など）に固有の共通技術（家畜用ワクチン，共通資材など）は，業界内で公共性を有する業界財，フランチャイズの参加者に使用が許される技術は，会員限定のクラブ財の概念が適用できる．1つの経営に利用が限定される特注技術や経営コンサルは純粋な民間財である．このように技術の提供者，採用者，受益者いずれも多様化しており，今後の技術開発・普及の担い手や費用負担のあり方として，経営コンサルなどは民間企業が受益者負担で提供する一方で，環境改善など外部性を有する技術には公的援助を与える，といった混合モデルが展望できる（横山，2014：pp. 100-102）．

諸外国においても1980年代からパラダイムシフトが起きている．先進諸国では農業・農村の環境や生活の質における役割が問われる一方で，財政改革から普及事業の民営化・有料化が進められた．途上国の開発援助においては，緑の革命が一巡し，パッケージ技術の限界が指摘されファーミングシステム・アプローチや参加型開発に伴って，支援主体も公的機関からNGO，民間の役割が増している．その理論的背景として従来の単線的な技術移転に代わるものとして，AKIS（Agricultural Knowledge & Information System）が提唱された．それは，協働によって，意思決定支援，問題解決，技術革新という目的に向かって，連携・相互作用を通じ，知識・情報の創造，変換，伝達，保管，回復，統合，普及，利用に従事する組織や個人の集合体，と定義される（Leeuwis, 2004：p. 322）．

［横山繁樹］

3-8

技術評価・技術の経済性分析

「技術評価」あるいは「技術の経済性分析」は社会科学分野における技術研究活動の1つに位置づけられる．すなわち，農業経済学や農業経営学における技術研究は，「農業技術進歩率の計測」「農業生産の技術構造の解明」「農業技術の経営評価」「流通技術の経済評価」の4つに整理され（堀内，2001 : pp. 13-14），「技術評価」や「技術の経済性分析」はその中の「農業技術の経営評価」に対応する．「農業技術の経営評価」は「農業経営における技術の経済的効果を，経営者の目指す経営目標達成のための貢献度として測定し，判断すること」（農林水産省農業研究センター，1996 : p. 8，原典は農林省農林水産技術会議事務局，1965）であり，これまで主として国および都道府県の農業研究機関における行政主導の技術開発プロジェクトの一環として実施されている（堀内，2001 : p. 13）．

●技術評価の目的と内容　技術評価の目的は以下の3点である．すなわち，第1に農業経営者が新しい技術を選択・導入する際の拠り所を提供すること．第2に開発された技術が営農現場に定着していくための条件や技術的な改善点を明らかにし，新技術の普及を促進すること．第3に技術研究者に対して開発すべき技術のターゲットを提示し，現実の経営者の要請に応え得るような技術開発を促すことである（農林水産省農業研究センター，1995 : p. 8）．第1の目的のユーザーは農業経営者であり，対象はほぼ完成された技術である．技術導入を検討する経営者のもつ土地や労働力等の経営資源を念頭に，技術がどの程度経済性を発揮するか，あるいは，経済性を十分に発揮するために経営が具備すべき条件（追加的に必要となる土地や労働力等）は何か，といった点を中心に評価を行うことになる．比較対象は技術導入前の当該経営自体（相対評価）や，経営者が思い描く目標（所得水準や労働時間等）である（絶対評価）．また，このときの評価は，ほぼ完成された技術を対象とするため事後評価である．第2の目的に対するユーザーは，営農現場への定着という点では都道府県の農業改良普及員やJAの営農指導員であり，技術的な改善という点では技術研究者である．対象は，例えば，部分技術はほぼ完成されており，体系化（組合せ）が模索されている段階の技術である．直播稲作技術を例に挙げると，播種前の土壌処理や湛水の有無等，多くの個別技術を地域の気象条件等に応じて体系化する（堀内，2001）．また，このときの評価は，完成前段階を対象とするため中間評価である．第3の目的に対応するユーザーは技術研究者であり，対象は開発に着手された段階もしくはこれから開発に着手される段階の技術である．近年，ICT や AI など革新的な技術開発への期待が高まっており，これらの技術の開発方向を提示していくことが求められる．なお，このときの評価は事前評価である．

●技術評価の方法　技術評価にはいろいろな方法があるが（農林水産省農業研究センター，1996），ここでは，ユーザーに対してわかりやすくかつ説得力のある**生産費**による評価と**営農モデル**による評価の 2 つについて述べる．まず，生産費は生産物 1 単位当たりに投入された費用であり，ミクロ経済学の平均費用に相当する．生産費を構成する費目は種子や肥料などの流動物財費，機械や建物など固定資本の減価償却費，労働費であり，それらの合計から副産物価額（稲作であればワラ，畜産であれば厩肥など）を差し引いて算出される．また，この生産費にさらに支払利子や支払地代，機会費用としての自己資本利子および自作地地代を加えたものが**全算入生産費**になる．技術導入前後の生産費の変化を示すことによって，農業経営者等に対して技術導入や普及の判断材料を与え，他方，技術研究者に対して低コスト化のための収量目標等の技術改善目標を与える．次に，営農モデルによる評価は，主として**線型計画法**（Linear Programming Method）を用いて，農業経営を単体表（Simplex Table）としてモデル化し，コンピューターを用いたシミュレーションから，モデルに新技術を導入した場合の経営全体の変化を明らかにする方法である．シミュレーションに際しては，通常，農業経営の収益最大化が目的となる．線型計画法を用いる利点は経営活動を総合的に判断し得ることである．新技術導入前後の経営全体の収益が明確に示され，また，複合経営の場合には，ある作物に関する新技術が導入されたとき，従来から経営内で生産していたその他複数作物の作付け規模を，それぞれどの程度変化させるべきかということもわかる．さらに，モデルの中で設定されている収量や労働時間，土地面積などを変化させることにより，新技術が経済性を発揮するための技術的あるいは経営的条件を明確に示すことができる．

●多面的な技術評価の必要性　これまで述べてきたことは，狭義の技術評価といってもよい．今後の農業技術開発に求められることは経済性の追求とともに，食料生産と環境保全とのバランスの回復である（生源寺，2013 : p. 155）．環境保全という視点からの技術評価も求められる．また，技術は農業経営だけでなく，地域農業のさまざまな側面に対しても影響力を発揮し得る．さらに，歴史的にみれば農業内部に留まらず，社会全体に対して影響力を発揮することもあり得る．農業経営内部，あるいは農業内部を超えた技術の波及効果に対する評価も求められる．

［久保田哲史］

3-9

技術の研究開発・品種改良

品種改良は既存の作物をもとに人類に有用な形質を付与する作業であり，地域の自然環境や社会環境に適合するよう個体を改良することもその大きな役割の1つである．ここでは，主に社会環境と品種改良の関係性について，わが国の稲や麦の品種改良の歴史をもとに解説する．

明治期以前，品種改良は農家が地域や風土に適した個体を自らの圃場で選抜し，翌年の作付けに供する形で行われていた．1893（明治26）年に農事試験場が設立されると，公的投資による品種改良が開始された．当初は各地から収集された在来種から優良品種を選び出す純系淘汰法が主にもちいられた．現在主流の人工交配育種は，明治30年代に加藤茂苞によって開始されたが，その本格的な普及は昭和を待つこととなる．人工交配育種の導入は，メンデルの法則に依拠した科学的育種（近代農業）の始まりを意味し，品種育成は在来種の形成に貢献した農民の手を離れ，交配と初期選抜を国の試験場が，以後の選抜と固定を生態区分された各地の試験場が実施する指定試験制度へ引き継がれた．

昭和に入り農林登録制度が開始されると，人工交配種が普及しはじめた．その時点での在来種に対する純系淘汰種の増収率が約10%であったのに対し，人工交配種のそれは16.2%であったとされる．こうした指標をもとに，秋野（1982）は品種改良の増収効果について，需要増加に伴う米価上昇を抑制し近代日本の工業化に貢献したと結論づけた．

●肥料反応の改善　一般に作物生産は肥料に対する収穫逓減の法則に従う．農地が限られるわが国では，品種改良によって作物の肥料反応を高めることで単位面積当たりの収量を増加させ，農業の生産性向上を実現してきた．こうしたBC（Biological/Chemical）過程（技術）への科学的育種の応用と改良品種の普及は，国際稲研究所，国際トウモロコシ・コムギ改良センターによる「緑の革命」として結実し，その実現に日本の短稈種が貢献したことはよく知られている（速水，1995）．

肥料反応の向上によって増収を目指す土地節約型技術は，安価な肥料の供給を必要とする．崎浦（1984）によると，日本では肥料価格が1883年以降継続的に低下したことで，1930年頃から肥料反応の高い品種が普及しはじめた．しかし，東南アジア諸国のように，十分な肥料供給が見込めない中での肥料反応の高い品種の導入は，その恩恵が，肥料を入手し得る一部の農家に限定されると危惧される.

●早生化と耐冷性の強化　稲の品種改良においてもう1つ特筆すべきは，早生化と耐冷性の強化による稲作の北進である．耐冷性強化は，北海道を米の一大生産地へ押し上げるとともに収量変動を緩和した．しかし，生産調整により食味重視が進行した結果，食味と耐冷性の両立は難しく収量は再び変動することとなった．このように，わが国における環境ストレス耐性の研究は主に耐冷性強化を中心に進められてきた．しかしながら，地球温暖化により，近年は，登熟期に高温が頻発することによる品質低下が問題となっている．栽培管理や天候予察による対応のほか，品種改良の観点からは高温耐性を付与した品種開発が求められる．人口増加が続く世界に目を転ずれば，耐乾燥性や耐塩性の強化も環境ストレス耐性の重要な研究課題である．

●小麦の品種改良　米の生産調整による減反は食味重視の品種改良を促進したが，同時に，ブランド化や産地間競争が全国的に激化した．一方，米の生産調整によって作付面積が増加したのが小麦だが，国内の作付けが停滞する間に，輸入小麦の品質は改善されており，国産小麦の供給量が再び増えると，輸入小麦と同等の品質が求められるようになった．齋藤（2011）は，小麦の民間流通制度により高タンパクで品質のよい国産小麦が高価格で取引されるようになると，小麦の品種改良の方向性も収量から品質重視へと変化してきたことを説明している．さらに，国内に保有する小麦の在来種では対応できない小麦粉製品に対しても国産小麦の利用が要望されるなど，消費者の需要は多様化している．現在では，国産小麦で作ったパンやパスタも売られるようになり，品種改良は品質向上や用途拡大でも重要な成果を上げつつある．

農業生産における品種改良は，生産性向上の最も有効な手段であることから，農業経済学においても常に重要な関心事項であった．生物学的技術知識が集約される種子は，非排除・非競合で定義される公共財にあたることから，民間投資は過少となることが知られ，こうした市場の失敗を改善し社会的に最適な投資を実現するため，公的機関による品種改良が進められてきた．一方，F1種子やハイブリッドなど雑種強勢を利用する野菜やとうもろこしの育種が民間育種機関を中心に進んだことは，育種技術によって排除性が高まることを意味している．今後，ゲノム情報解読スピードの加速やコストの低下，マーカー育種，ゲノミックセレクションやゲノム編集技術など，植物育種技術のさらなる進展が期待される中，これまでも品種改良の担い手が農民から試験場を始めとする公的機関へ移ったように，民間投資も含めた，あるべき育種制度について，学界としても貢献していくことが求められる．

［齋藤陽子］

3-10

有機農業技術

1999年にFAO/WHO Codex委員会で「オーガニックガイドライン」が国際合意され，日本政府は同年にJAS法を改正し，続いて「有機JAS規格」を定め，2001年に有機農産物認証制度をスタートさせた．これを期に有機農業技術はこれらの規格基準に沿ったものとの理解が広がっている．だが，これは大きな誤解である．これらの規格は商品表示の線引き基準であって，有機農業技術の規定ではない．日本では2006年に**有機農業推進法**が制定されたが，そこでも有機農業技術についての踏み込みはなかった．同法では，有機農業の定義を次の3点としている．①化学的に合成された肥料および農薬を使用しない，②遺伝子組換え技術を使用しない，③農業生産に由来する環境負荷をできるだけ低減した生産方法を用いる．

●有機農業は民間の自生的農業運動から　有機農業，あるいは自然農法は20世紀のかなり早い時期に，世界各所で，それぞれ独自に提唱されるようになった自生的な技術運動であり，すでに80年余の歴史が重ねられている．民間の自生的な運動であるから，それぞれに独自性があるが，おおまかには，近代農業批判であり，それを踏まえた実現可能な代替的あり方を提示する小農的な技術運動である．

よく知られた代表的な提唱者には，アルバート・ハワード（イギリス），ルドルフ・シュタイナー（ドイツ），J.I.ロデイル（アメリカ），岡田茂吉（日本），福岡正信（日本），一楽照雄（日本）らがいる．いずれも，化学肥料や農薬などの工業製品導入を軸として自然からの離脱を志向する近代農業を批判し，土や作物・家畜の自然力を重視し，地域の自然資材を活用して生産力を維持，向上させ，かつ食の安全を守ろうとする**自然共生志向の農業**のあり方の提唱であった．それは特殊技術としてではなく，農業の一般的あり方の提示であった．この視点は現代の有機農業・自然農法においても基本的には継承されている．

●有機農業の2つのステージ　技術運動としての有機農業は，化学肥料や農薬に依存せず，食の安全と環境保全を求めていくノンケミカルな農業（化学肥料や農薬の使用を拒絶しようとする農業）の追求というステージと，地域の自然条件や農業の長い伝統を踏まえ土や作物・家畜に潜在している**自然力に依存した農法形成**というステージがあり，この2つのステージが同時並行的に追求されてきた．

●有機農業の技術論的構成　このような有機農業の技術的内容は，それが自生的で風土性をもつので，多様性があるが，おおよその次のようにいえる．

まず，土のもつ潜在力の重視である．土の力を高めていく営農技術として，堆肥施用，有機質肥料施用などによる有機物の土壌への補給と土壌生物環境の改善が強く位置づけられる．そこでは林野・河川・湖沼などからの地域自然資材の利用と，それらを素材とした発酵技術の活用が重視される．また，そうした土づくりの取組みでは，地下部生態系の時間をかけた形成が重視される．

作物・家畜の潜在的な自然力利用能力に注目し，在来伝統品種の保全と利活用が追求される．遺伝子組換えについては強く排除される．

栽培・飼育技術に関しては，健全な生育，天敵などの自然環境の形成を重視し，疎植，低栄養下での生育・飼育が追求される．雑草についても一概に敵視せず，それを自然資源として評価する．生物多様性が重視され，多様な鳥や昆虫などの生態的役割も位置づけて，圃場地上部の生態系コントロールもさまざまに工夫される．

土地利用については，収益性だけを追求するモノカルチャー的な利用ではなく，立地条件を活かした穏やかな輪作利用が尊重される．また，農地と林野・河川・湖沼などの地域自然との連携，協調が追求される．

経営形態は，多品目，適正規模の有畜複合経営で，家族農業が基本である．

また，農業においても，農家の生活においても，自給と地域資源の穏やかな利用が重視され，地産地消，顔の見える流通が志向される．そこでは，**風土的な営農体系**や暮らし方が再評価され，掘り起こされていく．

これらの技術論の骨格は，「**低投入・内部循環・自然共生**」として総括され，経時的蓄積が重視される．それは近代農業における「多投入・ワンウェイ（非循環）・自然離脱」と対称的である．

●有機農業展開の現在　科学論としては，近代農業が工業依存のバイオケミカル志向であるのに対して，有機農業は自然との共生を目指すバイオエコロジー志向という対比がある．最近の研究でその正当性が裏づけられつつある．

当初は，安全で美味しいが，収量水準は低く不安定で，規模も小さいという状況からの出発という例も多かったが．取組みの積み重ねの中で，近年では，収量や経営規模も慣行栽培農家に近似した水準という程度までには到達している．

有機農業・自然農法のあり方は多くの市民たちに共感と支持を広げている．農業外の市民からの参入者も増えてきており，量的なボリュームはまだ小さいが，地球環境問題の解決という大きな時代的要請のもとで，未来に期待がもてる，可能性のある農業と位置づけられてきている．

多国籍企業による農業支配が激しく進んでいる途上国では，それと対抗した食料主権を求める農業運動において，有力な農業のあり方として期待されている．

［中島紀一］

3-11

環境保全型農業技術

環境保全型農業技術は，**環境保全型農業**を構成する土づくりや化学肥料・化学農薬の使用低減に資する技術の総称である．減農薬・無農薬栽培等を行う先駆的農業者の実践によって培われてきたが，食の安全安心・環境保全意識の高まりを背景に『自然と調和した農業技術』（農林水産技術会議事務局編，1989）として注目されるようになった.「新しい食料・農業・農村政策の方向」（1992年）において環境保全型農業を農業全体の目標に位置づけたことや農林水産省に有機農業対策室（1989年），環境保全型農業推進本部（1994年）が設置されたことを受けて，環境保全型農業の推進に資する技術の検討が行われ，その成果は「環境保全型農業技術」（農林水産技術会議事務局1995年，環境保全型農業技術指針検討委員会1997年）としてまとめられた．そのうち，汎用性の高い技術は持続性の高い農業生産方式の導入の促進に関する法律（持続農業法，1999年）成立後に定めた「**持続性の高い農業生産方式**を構成する技術」に取り入れられ，環境保全型農業技術や「農業技術の基本指針」（農林水産省）として推奨されている．

●技術構成 環境保全型農業技術は，(1) 汎用性の高い基盤的な技術，(2) 地域特認技術，(3) 上記2項に含まない農家技術の3つに大別することができる．(1) は表1の諸技術に代表される．これらの技術のほか，「**有機農産物の日本農林規格**」別表1に掲げる資材は土づくりや化学肥料低減技術，別表4に掲げる薬剤は農産物流通過程を含む化学農薬低減技術，別表3の菌種培養資材や別表5の調製用資材は化学肥料または化学農薬低減や有機農産物の品質保持改善に資する技術として推奨されている．表1にはないが，作期移動，輪作・間作等耕種的技術も

表1 持続性の高い農業生産方式を構成する技術

技術分類	技術の構成・概要
1. 土壌の性質を改善する技術	①堆肥等有機質資材施用技術，②緑肥作物利用技術：レンゲ等緑肥作物を農地に鋤き込み利用する，等
2. 化学合成肥料低減技術	①局所施肥技術：側条施肥等作物が吸収しやすい根圏域に施肥する，②肥効調節型肥料施用技術：肥料成分の溶出速度を調節した緩効性肥料等を施用する，③有機質肥料施用技術：動植物性有機質肥料や3割以上の有機入り化成肥料を施用する，等
3. 化学合成農薬低減技術	①湯温種子消毒技術：種子を温湯に浸漬し，種子に付着した有害生物を駆除する，②機械除草技術，③除草用動物利用技術：合鴨，コイ等小動物を農地に放し飼い，有害生物を駆逐する，④生物農薬利用技術：昆虫，拮抗細菌・糸状菌等天敵やバンカー植物を防除に利用する，⑤対抗植物利用技術：線虫等有害生物に防除効果を有する植物を利用する，⑥抵抗性品種栽培・台木利用技術，⑦天然物質由来農薬利用技術：有機農産物の日本農林規格・別表2に掲げる諸技術，⑧土壌還元消毒技術：土壌被覆等で土壌中酸素の濃度を低下させ，有害生物を駆除する，⑨熱利用土壌消毒技術：太陽熱，熱水，蒸気等を使って土壌中の有害生物を駆除する，⑩光利用技術：反射資材，粘着資材，非散布型農薬含有テープ，黄色灯，紫外線除去フィルム等を利用して有害生物を駆除する，⑪被覆栽培技術：トンネル栽培や防虫ネット等被覆資材の利用，⑫フェロモン剤利用技術：昆虫のフェロモン作用を有する物質を成分とした薬剤の利用，⑬マルチ栽培技術：反射シート，再生紙，わら類等被覆資材利用，等

［出典：農林水産省通知等をもとに筆者作成.］

化学肥料・化学農薬低減に有効な伝統農業技術として知られる．(2) の地域特認技術は，環境保全型農業直接支払の地域特認取組として認められた技術や自治体の環境保全型農業栽培指針等に推奨された技術である．都道府県で168取組み (2018年) が設定されているが，代表的なものとしてリビングマルチ，草生栽培，冬期湛水，江の設置，IPM (総合的病虫害・雑草管理)，深耕または少耕・不耕起，無代かき等がある．(3) の農家技術は，環境保全型農業を行う農業者の実践・研鑽によって編み出された農家独創型技術と，(1) と (2) の技術に独自の創意工夫を加えた農家改良型技術がある．その一部は「農業技術の匠」や「生産の匠」等に選ばれ，(1) と (2) 諸技術の形成にも寄与している．外部投入を極力抑える各種の**自然農法**，土着微生物や野草等生物資源を発酵して利用する天恵緑汁，合鴨水稲同時作等は，優れた農家技術として知られる．

●源泉　以上のように，環境保全型農業技術は主に①優れた伝統農業に由来する技術，②農業者の実践・研鑽により培われてきた技術，③試験研究機関や大学等の研究活動によって選抜・開発された技術，の3つの源泉から形成されてきたといえる．現場では，①〜③を個別に使うケースもあれば，複数の技術を地域・圃場条件，自らの経営スタイルや市場動向に合わせて組み合わせ，独自の工夫を加えて活用するケースもある．後者は環境保全型農業技術をさらに発展させ，新しい技術を生み出す源泉にもなっている．

●普及経路・到達点　環境保全型農業技術の普及促進は特別栽培米制度 (1987年) の施行に始まり，持続農業法や有機農業の推進に関する法律 (有機農業推進法，2006年) の成立によって本格的に進められるようになった．エコファーマー認定，特別栽培・有機農産物認証，環境保全型農業直接支払制度や環境保全型農業推進コンクール等は主な手法であるが，関連学会，団体，生産者同士間の交流・研修・啓蒙活動も技術の伝播と定着に大きな役割を果たしている．これらの活動により，環境保全型農業は技術と経営の両面で著しい進化を遂げた．最新の研究 (胡，2018) によれば，有機栽培，無農薬栽培等高水準の取組みを行う農業経営は地域・作物を問わず多数現れ，家族経営で10 ha，法人経営で約200 ha，町村範囲で数百haの地域的取組みも出現している．経営面積だけでなく，地域の慣行栽培に優る収量を上げた取組み，生産技術向上と経営改善で「全国優良経営体表彰」や地元で「生産の匠」等の認定を受けた取組み，多様な農産加工で高付加価値経営を実現した取組みなど，新しいイノベーションの形を示唆する事例も多く，技術と経営が成熟しつつあることを示している．

経営現場で解決すべき課題も多々あるが，環境保全型農業技術は，農業活動と環境の調和を目指す未来指向型技術として食と農に革新をもたらす可能性がある．[胡　柏]

3-12

バイオテクノロジー

バイオテクノロジー（biotechnology）とは，バイオロジーとテクノロジーを組み合わせた言葉であり，生物や生命現象を品種改良などの生物関連技術に広く応用する技術一般を指す．以下農業経済に深く関連する植物育種等の領域に絞って説明すると，バイオテクノロジーは古典的な作物の品種改良方法すなわち突然変異個体を繁殖する場合や自然交配や人工交配による優良個体の選抜とその形質の固定化等と，1970 年代から急速に発展してきた分子生物学を基礎とした遺伝子工学を応用した遺伝子組換え技術などの直接的な遺伝子操作を行う育種方法とに分かれる．現在では後者をさす場合が多いと思われるが，最新の遺伝子工学技術が前者の古典的育種技術にも影響を及ぼしている．以下基本的技術分野とその経済的意義について順を追って説明する．

●優良個体のクローン技術と変異体の選抜・作出　組織培養（tissue culture）によって得られた遺伝的に同一な個体群をクローン（clone）と呼ぶ．栄養繁殖性作物の組織培養によるクローン増殖は挿木や株分けなどの従来の繁殖方法と比べて，優良種苗を短期間に大量増殖し普及することを可能とした．その結果，農業や園芸の経営と市場に大きな変化をもたらした．またウイルスが侵入しにくい茎頂部の組織培養はウイルスフリーの種苗を作り出す技術としてじゃがいも等の重要な経済作物を支えている．

育種の進歩は変異個体を発見することでもたらされる例が多いが，その頻度が低い上に機械化や規模拡大が進んだことにより耕作者が発見することが難しくなってきた．そこで放射線照射等によって人為的な突然変異誘発も行われている．他に倍数体化によって商品性を高める試みはぶどう，永年性牧草，花き園芸等において成功している．また植物の花粉や卵細胞を適切な条件で培養すると，分裂を開始し植物体に成長することがある．これらの配偶子は減数分裂により通常の植物体細胞の半分しか染色体をもたないが，これを薬剤処理して二倍体に戻すことができるため数年間もかけて自家受精を行って純系を作り出すよりも効率的である．この手法はイネ科植物に用いられる場合が多いため経済的価値が高く，アフリカの持続的発展に寄与しているアジア系イネ（*Oryza sativa*）とアフリカ系イネ（*Oryza glaberrima*）の種間雑種であるネリカ（NERICA, New rice for Africa）品種群の開発過程でも葯培養が用いられたことが知られている．

●一代交配品種の作出と細胞融合　育種においては効果的な変異を期待して遺伝

的距離の離れた雑種を作出することがある．一般に遠縁であればあるほど交配が難しいが，近年は受精が難しい場合には細胞融合（cell fusion）技術が用いられることがある．このような手法で同種の雑種のみならず，時にはその枠を超える種間属間の雑種も作出されている．また細胞融合技術は雄性不稔などの有用な遺伝特性を導入する目的でも利用されており，近年では世界規模で市場拡大を続けるF1と呼ばれる一代交配品種の野菜種子等を効率よく生産するための技術として経済的にも重要な位置を占めつつある．

●遺伝子組換えとゲノム編集　近年多くの植物において，耐病性等の形質をもった遺伝子の組合せが特定され，それらを用いた作物の育種が行われている．1990年代より除草剤耐性のダイズやナタネ，耐虫性のワタなど，省力化のメリットが大きい品種が作出され，主に大規模栽培に取り入れられている．また，これらの生産物は日本を含む遺伝子組換え作物（GMO）の栽培に制限のある諸国へも大量に輸入されている．わが国においても，これらの技術により主穀類等の重要な食用作物を対象に耐病虫性，不良環境耐性等の遺伝子を導入した品種がすでに数多く作出されているが，消費者等の安全性に対する不安のため実際に商用として栽培される段階には至っていない．一般に実用化されている遺伝子組換え作物は生産する側に経済的メリットをもたらす目的でつくられるが，低アレルギー，低カロリー，食べるワクチンなど，健康志向の消費者のメリットを重視した品種を作出する研究開発も行われている．しかしながら，2018年現在市場流通しているものの大半はグリホサート（glyphosate）と呼ばれる除草剤に対して耐性をもつ品種とバチルス・チューリンゲンシス（Bacillus thuringiensis）由来のBtトキシンと呼ばれる殺虫成分をもつ品種または双方の性質を兼ね備えた品種（Stacked GM Plants）である．

遺伝子組換え技術は遺伝子解析技術の発展と並行して2010年代に入り急速に発展を遂げ，現在ではゲノム編集（genome editing）と呼ばれるように，クリスパーキャスナイン（CRISPR/Cas9）等の核酸分解酵素（nuclease）を用いて自在に遺伝子を改変する手法が主流となってきている．この手法は比較的簡便な設備で実施できるために多くの人々が比較的自由に実験を行うことが可能であるが，その反面で遺伝子操作のもつ潜在的危険性を危惧する声も高まってきている．遺伝子組換え実験はカルタヘナ議定書により，環境を損なうことのないよう安全性を確保することが求められている．同時に高等動物，特に人間に対するクローニングや遺伝子改変技術の応用については高い倫理性が求められており，安易な遺伝子操作や遺伝子情報の公開は厳しく戒められなければならない．

［吉田義明］

3-13

農業におけるICT・RT技術

情報は，農地などの生物物理資源，人的資源，資本資源と並んで主要な農業経営資源と考えられるようになっている．農業経営においては，日々の農作業における農薬や肥料の散布判断から，中長期的な経営判断まで実に多くの意思決定が連続的になされている．これらの意思決定を行うには，その基礎となる経営内外の情報が不可欠である．最近では，こうした情報の収集・処理・意思決定支援に情報通信技術（ICT : Information and Communication Technology）が活用され，重要な役割を果たすことが多くなっている（南石，2011）．さらに，ICTと一体となってロボット技術（RT : Robot Technology）が発展し，ロボット農機などの実用化が進んでいる．以下では農業におけるICT・RT技術をICTと総称する．

農業経営におけるICTの活用場面としては，生産管理では温室環境制御や農作業自動化，財務管理では簿記・会計システム，販売管理ではインターネット農産物販売等がすでに広く知られている．これらは，マネジメントの次元からみれば主に実施・統制でのICTの活用である．実施・統制では，意思決定問題が構造化されており，ICT導入効果が明確で，また技術的にもその活用が比較的容易である．しかし，戦術的マネジメントや戦略的マネジメントにおける意思決定問題は構造化が困難であり，あるいは半構造化されているにすぎず，従来はICT活用が困難であった．しかし，技術革新によりこれらの意思決定にもICTの活用が期待できる段階になっている．

そこで，本項目では，最新の研究開発動向に基づいて，今後，重要になると考えられる戦術的マネジメントや戦略的マネジメントにおけるICT活用について述べる．具体的には，精密農業（PF : Precision Farming, Precision Agriculture），適正農業規範（GAP : Good Agricultural Practice），技術・技能継承，経営計画や経営シミュレーションにおけるICTの活用が重要になる．精密農業や適正農業規範GAPは生産管理の領域に属し，実施・統制や戦術的マネジメントにおけるICTの活用が期待される．技術・技能継承は，実施・統制や戦術的マネジメントにおけるICTの活用が期待される．営農計画策定や経営シミュレーションは，経営管理全般を対象にしたものであり，戦術および戦略の両マネジメントに対応している．

ところで，農業経営学における関連研究は，「情報技術影響評価アプローチ」と「意思決定支援手法開発アプローチ」の2つに大別できる（南石，2002）．前者は，「情報ネットワーク経済論」や「情報経済論」と同じ学術的関心に依拠しており，データを整理したり，取捨選択したりして，その意味づけをしたものを「情報」としている．一方，後者は，農業経営の発展を支援する情報システムの研究・開発を目指すものであり，以下に示すように，現代の農業経営の課題と密接に関連している．

●精密農業と ICT・RT　精密農業は「情報技術を駆使して作物生産に関わる多数の要因から空間的にも時間的にも高精度のデータを取得・解析し，複雑な要因間の関係性を科学的に解明しながら意思決定を支援する営農戦略体系」（澁澤，2006 : p. 2）であり，以下の３つの要素技術から構成されている．第１は圃場マッピング技術であり，土壌や作物の状態を計測する各種センサー，場所を特定する GPS（Global Positioning System），収集した多様な空間データを管理・解析・表示する GIS（Geographic Information System）等の ICT が基盤となる．第２は意思決定支援システムであり，栽培管理の最適化など作物学と ICT が基盤となる．第３は可変作業技術であり，収量や土壌の圃場マップに基づいて，肥料や農薬の散布量の自動調整や農機自動走行等の RT が基盤となる．

●適正農業規範 GAP と ICT　GAP の目標は，環境保全（environment），食品安全確保（food safety），労働安全確保（security for people），動物福祉維持（animal welfare）と考えられている．GAP において ICT は不可欠ではないが，効果的な実践のためには ICT 活用が有効であると考えられている．食の安全確保に対する消費者の関心の高まり等もあり，例えば農薬安全管理確認作業や生産履歴記帳等を確実に行うことが，従来にもまして農業経営には求められており，農薬使用適否判定や生産履歴記帳作成を行うシステムも開発されている．

●人材育成・技能継承と ICT　農業生産は生命現象に基づいており，気象や土壌等の影響を受けることが多く農作業標準化が困難である．また生産サイクルが月年に及ぶことが多く，作業者が経験できる作業回数が制限されるという特質がある．このため，技術・技能の習得・継承を含む人材育成が困難な特性がある．

こうした中，農業従事者の高齢化が急速に進行し，篤農技術が急速に失われていくことが危惧されている．そこで，最新の ICT を活用して，これら篤農技術（匠の技，暗黙知）を数値化・データベース化し，それを「可視化」・「見える化」することで，新規就農者や雇用型農業経営の従業員へ継承し，人材育成を支援するための手法の研究開発が推進されている（南石他，2015；2016）．今後，農業における ICT の役割は，生産管理，販売管理，財務管理の面だけでなく，技術継承・人材育成など人的資源管理においてもますます重要になると予見される．

［南石晃明］

3-14

作付体系と土地利用方式

農業は，土地を利用して作物を栽培または家畜を飼養し，人間にとって有用な生産物を生産する産業であるが，そうした土地利用の仕方を栽培技術や経済活動の視点から体系的に捉える考え方として作付体系と土地利用方式がある．

●作付体系とは　狭義の作付体系は，どのような作物を選択し，それらをどのように組み合わせるかを意味する．その内容は，間作・混作といった作物の空間的な配置（**作付様式**），連作・輪作といった時間的な作物配置（**作付順序**）によって分類され，後者には一毛作・二毛作の違い，作付時期や栽培期間の長短が含まれる．一方，広義の作付体系は，耕地を利用した営農における土地，労働力，気象などの資源を最適に利用するための生産システムを指し，品種選択，耕うん播種法，肥培管理，除草制御，病害虫対策，灌漑方法，収穫調製技術，副産物利用などの要素技術の総体をいう．このように作付体系は，作物生産をシステムとして分析する概念であると同時に，経営の集約度やリスク分散，経営計画などにも関わることから，栽培研究のみならず，農業経済研究においても重要な概念である．

広義の作付体系においては，多肥栽培においては耐倒伏性品種が選択される，移植栽培から直播栽培への変更を行う際は灌漑期間が延長される，選択性除草剤の改良によって中耕培土が不要になるなど，作付体系に含まれる要素技術が相互に影響し合う．また，複数の作物が栽培される場合には，作物間に**補完関係**や**補合関係**，**競合関係**が生じるため，作付体系の改善や評価にあたっては，土地利用上の重なりだけでなく，農業機械や農業労働の競合などを踏まえた検討が必要となる．また，作付体系の生産力は，年間を通じた日射量や気温，降雨パターンや灌漑の有無，地形や土壌条件などによっても規定されるため，作付体系について検討する際には，環境条件についての記述が不可欠である．

●土地利用方式とは　土地利用方式については，「作物または部門間の時間的，空間的に見た適切な組み合わせに注目し，一定のパターン化された合理的土地利用方式が見いだされるもの」という定義（荒幡・梅本，2007 : p. 161）があるが，辻（1993 : pp. 92–93）によれば，土地利用方式とは「収益と生産力の追及を目的として，**土地利用共同**を基軸に形成される農地の反復的利用の体系」とされ，農地の空間的・時間的占有に着目した土地面積利用共同（間作，混作），期間的利用共同（多毛作），さらに，作物の前後作への影響に着目した地力利用共同の3つの土地利用共同から構成されると定義されている．そして，土地利用方式の研究では作物の時間的空間的配置を工夫し，土地の利用率を上げようとする「集約度」と作付順序，耕耘方法，施肥管理などを工夫し，土壌の持続的管理を行う「地力維持」との相互関係の中で生産力を上げていくことが大きなテーマとされている．

●畑利用方式　このうち特に，地力の消耗が顕著な畑作においては，輪作を行うとともに畜力を用いた深耕や堆肥の投入を行うなど，地力共同利用に重点が置かれる傾向が強かった．しかし，農業機械や化学肥料の投入が容易になり，農業経営において収益性がより重視される方向へと転換してくると，畜産と結びついた飼料作物を含む作付方式から，収益性の高い作物を中心とした単純化が進んできた．十勝の例では，豆類を中心に雑穀や飼料作物を含む複雑で長期的な作付方式から，てんさい・ばれいしょという根菜類を中心とする作付作物の単純化，作付間隔の短縮が進み，さらに，1980年代以降には，畑作物価格の引下げの中で，野菜類が導入されており，露地野菜を組み込んだ園芸的土地利用における収益向上の可能性や持続性についての研究が進んでいる．

●水田利用方式　一方，わが国の水田農業においては，零細な農家の農地が交錯するため，自由な作付けは困難であり，特に，米の生産調整面積が拡大する中で，集落などを単位として，ブロックローテーションなどの土地利用方法が工夫されてきた．そうした地域輪作の取組みは，「稲作と麦，大豆等転作作物を有機的に結びつけ，集落等一定地域の中で，集団的な田畑輪換を行う等合理的な土地利用，作付体系を実現することにより，水田の持つ高い生産力を最大限に発揮させ，転作営農の定着と土地利用型作物の生産性の向上を図ろうというもの」（昭和61（1986）年度農業白書）であり，集団的土地利用とも呼ばれる．こうしたアプローチは，政策対応的であると同時に，零細な圃場が分散する日本農業の弱点の克服と輪作による地力維持も視野に入れた日本的な土地利用方式であるといえる．

●土地利用方式の見直し　近年では，化学肥料や農薬の多投などによって農業生産力の向上のみを追求してきた土地利用方式の持続性に対する疑念に加え，農薬使用による生態系への影響や，温室効果の大きい亜酸化窒素の水田からの放出など，農業活動が環境に与える影響へと視点が広がっており，自然生態系の維持や環境保全といった問題にも配慮した土地利用方式が重要になっている．さらに，経営面積拡大と農業労働力減少が加速する中で，飼料作や放牧を含む畜産的土地利用や，休閑緑肥などより粗放的な作物を組み込んだ土地利用方式も現れており，堆肥や緑肥を活用した持続的な農業のあり方が再び注目されている．このように土地利用方式の捉え方や主な論点は時代とともに大きく変化している．

［宮武恭一］

3-15

輪作と田畑輪換

同一作物を同一圃場で連作し続けると土壌伝染性病害や難防除雑草の増加が生じることが多くなる．さらに，作物によっては連作を続けることで地力低下による生育不良を生じることもある．主として，こうした**連作障害**を避けるために同一圃場で作物をローテーションしながら栽培するのが輪作である．

●輪作の効果　輪作の効果としては，「土壌有機物の供給・維持，チッソの天然供給力の拡大，土壌物理性の改善，土壌中の養分吸収圏の拡大，土壌養分のバランスの維持，浸食防止，病害虫発生の抑制，雑草抑制，労働力配分の均衡化，土地利用率の向上」があるとされている（大久保，1976 : pp. 18–20）．また，経営的には特定の作物への依存度を下げることで気象災害リスクや市場リスクを分散させる効果がある．特に畑作では，イネ科（麦類），マメ科，根菜，深根性作物を組み合わせ，窒素供給や深耕等による増収効果や，作物構成上の危険分散，機械・労働力の稼働率向上の効果が包括的に発揮されるように，作付割合や作付順序を決定することが重要な経営戦略となっており，例えば十勝では，後作への影響（堆肥の残効，雑草の発生しやすさ等）を考え，「てんさい→豆類→ばれいしょ→小麦」といった4年輪作が典型的な土地利用方式となっている．

●田畑輪換　これに対して水田作では，湛水によって地力消耗が抑制され，連作障害も回避されることから，水稲の連作が可能となっている．しかし，水田において大豆や麦などの畑作物を栽培する際には畑と同様に連作障害を生じることから，水稲作と転作畑作物の栽培を交互に行う田畑輪換が広く行われている．田畑輪換に関しては，「作物生産の基盤としての地力を維持し，イネ，畑作物とも収量水準を顕著に高めうる技術である．また，土壌病害虫，雑草などは湛水，乾田化を繰り返すことによって生態的防除が可能となる．一方，潜在地力は**乾土効果**によってチッソが有効化して作物に利用される．このように田畑輪換は合理性を持った技術であり，作物生産の片寄りを調整し得る面も持っている」など，高い評価を受けてきた（大久保，1976 : p. 282）．

●田畑輪換の問題点　田畑輪換で畑作物を栽培する場合の問題点としては，排水不良による湿害，耕盤による根圏抑制，地力の消耗による生育阻害などが挙げられる．特に，地域の中で個々の農家が，分散した区画の小さな水田を耕作することの多いわが国の水田農業においては，水田の畑利用が無秩序に実施された場合，隣の水田からのかんがい用水の横浸透により，畑作物の湿害が深刻な問題となる．このため水田転作の面積が拡大し，水田での麦・大豆の栽培が増す中で，計画的，集団的，団地的な転作推進方策として，転作作物の湿害対策や連作障害回避のため，集落を3つのブロックに分け，3年サイクルで順番に転作田を回していくようなブロックローテーション方式が，地域輪作として広く取り組まれるようになった．さらに，田畑輪換を円滑に進める方策として，暗渠排水などを整備した**汎用水田**が整備され，2014年には水田面積246万haのうち108万haが排水良好となるとともに，地下水位を人為的にコントロールできる地下かんがい方式を導入した乾田直播栽培や無代かき栽培など，田畑輪換に適した水稲栽培技術も開発されている．

●田畑輪換における稲作の特徴　田畑輪換で水稲を栽培する場合，赤米や雑草イネなどが多発する水田では，畑期間を挟むことでそれらを除草剤で制御することが容易になる．こうした効果から，アメリカ南部では水稲作と大豆作や休閑・緑肥を組み合わせた田畑輪換が広く行われている．また，転作田を水田に戻した復元初年目の水稲作では，畑期間中に下層土にまで酸素が供給され，乾土効果によって地力窒素が発現することで増収が期待される．このため田畑輪換に関しては，水田転作における畑作物の増収メリットが強調されるとともに，1980年代に入って顕著になった水稲単収の頭打ち傾向を打破する可能性が注目された．しかし，復元初年目の水稲作では窒素過多による食味低下や倒伏が起きやすい．このため倒伏しやすい「コシヒカリ」などの栽培は避け，飼料米や加工用米を栽培することが多くなっている．さらに，**耕盤破壊**による漏水や畦畔からの漏水，復田後の田面の不等沈下による生育ムラや除草剤の効きムラが問題となるなど，復元田での水稲栽培のデメリットが問題となることが増えてきている．

●田畑輪換の再評価　田畑輪換圃場における畑作物の生育や土壌条件の長期モニタリングによって，3年サイクルのブロックローテーションを長く続けると，水田における地力低下と単収低下の傾向が現れることが明らかになってきた（住田他，2005）．これらの問題は水田転作の取組みが長期化し，水田転作の割合が高まる中で営農現場において生じている．このため転作割合の高い北海道などを中心に，水田を恒久的に畑地化する「畑転換」や田畑輪換を行わず水田において畑作物を栽培し続ける「長期転換畑」といった取組みもみられる．これらの圃場では，排水性向上による畑作物の収量・品質向上，畦畔を除去することにより大区画化され作業性が向上するなどのメリットが得やすいとされており，こうした面からも田畑輪換の再評価が必要になっている．

［宮武恭一］

3-16

水稲直播栽培

水稲直播栽培は水稲栽培において育苗を行わずに水田に種子を直接播種する栽培方法である．今日，わが国の水稲面積は大半が**移植栽培**であるが，担い手の高齢化と減少に伴い水稲作の規模拡大が不可欠となり，直播栽培への期待が高まっている．米価低下のもとで，コストダウンを可能とする技術としても期待が高い．

直播栽培については，これまでも第一次大戦後や1960年代後半の高度経済成長期など労働力不足が問題となった時期には，一定の普及を示してきた．1990年代以降は，農家の高齢化・担い手不足の深刻化を背景に，稲作規模拡大に不可欠な省力技術として直播栽培が注目された．1995年には農林水産省はじめ試験研究，普及機関，民間等による「全国直播稲作推進会議」が設置され，「日本型直播稲作」の確立を目指し，国・公立農業試験研究機関等での技術開発および普及に向けた取組みが強化され，進められてきた．

水稲直播面積は1994年を底に増加に転じ，2016年には全国で約3.2万ha，稲作面積の2%強まで増加してきた．北陸，東北地域ではそれぞれ1万haを超え，近年は東北地域での増加が目立つ（2011年対比で1.9倍）．この背景には，これらの地域での担い手への農地集積と大規模経営の形成および**大区画圃場整備**の進展がある．中国四国地域は，用水不足の厳しい岡山を中心に最も直播栽培面積が多かったが，米生産調整による水稲面積減少もあり，直播自体が減少している．

●水稲直播栽培の種類と特徴　水稲直播栽培は，播種時の水田の湛水の有無により**湛水直播**と**乾田直播**とに区分され，2016年で湛水直播が71%を占めている．

湛水直播は，湛水した水田に播種するものである．播種方法により散播，条播，点播などの区分，土壌表面か土中か等の播種位置，さらに酸素発生剤（過酸化カルシウム，いわゆるカルパー）での種子被覆の有無等，多くの種類がある．代かきを行うため雑草対策の行いやすさと移植栽培との技術的な連続性，点播などではコシヒカリでの直播栽培も可能である等の点で，湛水直播は直播栽培としては導入のハードルは低い．カルパー粉衣は，湛水播種での出芽率を高める目的であるが，粉衣種子の保存期間の短さ，被覆作業の代かきとの競合，資材のコスト増加等の課題がある．このため1990年代の落水出芽法の開発，2000年以降では鉄コーティングが農研機構（農業・食品産業技術総合研究機構）近畿中国四国農研で開発され北陸や東北で普及しており，近年はべんがらモリブデン被覆（酸化鉄のべんがらと三酸化モリブデンの混合物による被覆）が農研機構九州沖縄農研で開発され普及しつつある.

これに対し, 乾田直播は畑状態で播種するものであり, 大型機械での播種が可能なため, 湛水直播に比べ作業能率が高く, 倒伏しにくい. しかし, 播種作業時に降雨があると播種できず, 圃場均平精度の確保や漏水しやすい圃場には適さない等の課題・制約がある. 耕起の有無により耕起乾田直播および不耕起乾田直播に区分される. 圃場均平と漏水対策に関しては, 前者ではレーザーレベラーの普及とカルチパッカ等での鎮圧により, 漏水防止および播種床造成を図るプラウ耕鎮圧体系が農研機構東北農研で確立され, 東北や北海道において広がりつつある. 後者のうち代表的な播種方法である愛知県農総試で開発されたV溝播種方式では, 冬季代かき技術の開発で圃場均平の改善が進み, 東海や東北等で普及している.

●水稲直播栽培の導入効果および直播栽培の技術特性と今後の技術開発　水稲直播栽培事例での2014年産の10a当たり労働時間は7.6～11.3時間で, 農林水産省米生産費調査の14.2時間（2014年産都府県15 ha以上平均）に比べ20～43% 少ない. この結果, 労働費は低下するが, 種苗費や農薬費等資材費および償却費等の増加により, 10a当たりコストでは移植より大きくは低下しない. 他方, 直播栽培の単収は移植より低いことが多く, 60 kg当たりコストは移植より高くなってしまう. 60 kg当たりの低コスト化には単収向上が不可欠なのである.

水稲直播栽培の導入は, 省力化や作期移動による稲作部門拡大と所得増加の追求だけでなく, 稲作省力化を麦・大豆作や野菜等に振り向け, 複合経営確立につなげる等の経営全体の効果も大きく, 小室（1999）にみるように数理計画法等による経営モデルを用いた分析が多数行われてきた.

わが国の水稲直播栽培に関しては,「日本型直播稲作」と称されてきた. その特徴は「技術的特性としての稠密性」（梅本, 1999）にある. 播種技術を中心に技術開発が進められ, 耐倒伏性の高い品種開発, 落水出芽法や鉄コーティング被覆法, 播種深さの均一化を可能とする播種機, ノビエに効果的な除草剤開発等により, 出芽・苗立ち安定化等が一定程度確立し,「稠密周到な管理を前提条件の下……日本型直播栽培は一定の完成度を見た」（梅本, 2006）とされる.

今後に向けては, 米消費量が減少する中で, 水田の畑地的利用も含む**水田利用方式**確立に直播栽培をどう活かすかが課題となる. その際, 乾田化による畑作物導入の容易化を考慮すれば, 乾田直播技術の本格的な展開が重要となる. 大区画化および**地下かんがい**可能な地下水位制御システムの整備に基づく直播技術の安定化とともに, とうもろこし等も含めた地力維持機構を内包する体系の確立が求められている.

［仁平恒夫］

3-17

植物工場

施設内で環境条件を制御し，農作物を生産する「植物工場」への関心が高まりつつあり，近年，異業種から参入する事例が数多くみられるようになった．植物工場とは，施設を利用して野菜など栽培する施設園芸のうち，施設内の温湿度，光，二酸化炭素濃度，培養液などの環境条件を人工的に制御し，周年・計画生産を可能とするシステムである（農林水産省・経済産業省，2009；食品工業編集部，2010）．

植物工場は，大きく「完全人工光型（以下，**人工光型**）」と「太陽光利用型（以下，**太陽光型**）」の2つに大別される．人工光型は，外部から完全に隔離した閉鎖環境で太陽光を全く使わずに環境を制御して周年・計画生産を行うシステムをいい，蛍光灯やLEDランプなどの人工光のみを光合成のエネルギー源とする形態で，主にレタス類やハーブなどの葉菜類が栽培されている．

太陽光型は，温室などの半閉鎖環境で太陽光の利用を基本として，雨天・曇天時の補光や夏季の高温抑制技術などにより周年・計画生産を行う（夜間などは人工光を利用する「太陽光・人工光併用型」も含まれる）．ただし，わが国では従来「**温室栽培**」と呼ばれてきた施設も，高度に環境を制御でき，周年栽培が可能であれば「植物工場」と呼ばれるため，太陽光型の定義は必ずしも明確ではない．果菜類には強い光が必要であり，トマトやパプリカなど果菜類が栽培されている．

植物工場の歴史をたどると，1957年のデンマークのクリステンセン農場でのクレス（カイワレ類の一種）栽培が始まりといわれているが，人工光型については，わが国は1970年代には早くも研究や栽培が開始されるなど世界的に先行した取組みが行われてきた．「つくば科学万博」（1985年）での人工光型のレタス植物工場の展示はその象徴であった（高辻，2007）．とはいえ，どちらかといえば実証するのが目的であり，事業としての件数が拡大したのは，農林水産省，経済産業省が植物工場の設置についての助成を開始した2009年以降である．

傾向として全体の施設数は着実に増加しており，日本施設園芸協会の実態調査によると，2018年2月時点で，人工光型が183カ所，太陽光・人工光併用型が32カ所，太陽光型が158カ所（施設面積が1 ha以上で養液栽培装置を有する施設）となっている．しかし，人工光型に関しては伸び悩んでいるのが実情である．それは参入件数の増加が鈍化しているのではなく，栽培技術不足や販路確保に苦戦し，事業継続を断念するケースが増えていることによる．

●新たな食資源生産システムとして　植物工場の中でも人工光型は，既存の土地利用農業（露地栽培）と比較すると，①天候に左右されない安定的・計画的な生産が可能，②外部から隔離された栽培環境のため，虫などの侵入はなく，無農薬や細菌の少ない安全な生産が可能，③空間を利用した**多段階栽培**が可能であり（図1を参照），栽培期間を短縮するなどの効率的な生産であること，④工場やビルなどの空いたスペースや遊休施設を利活用できるなど，設置場所を問わないこと，⑤室内での作業環境の良好さと，露地栽培のような農繁期や農閑期がないので，雇用労働力の確保が比較的容易であることなど，さまざまな利点が挙げられる（食品工業編集部，2010；丸山・矢野，2016）．

図1　低カリウム野菜を多段階で栽培（富士通ホーム＆オフィスサービス（株）・会津若松 Akisai やさい工場）

しかし，人工光型は環境制御や装置の導入などの初期投資が大きく，施設環境をコントロールするための消費電力量などランニングコストも総じて高い．また，そこで生産される品目も，その多くがレタスやルッコラといった葉菜類，ハーブなどの香草類が多く，品目が限定されている上，栽培技術も未確立な段階にあるなどの課題も指摘されている（食品工業編集部，2010）．実際，園芸施設全体の面積（43千ha，農林水産省による実態把握：2014年）に占める人工光型（29 ha）の割合は0.06%程度にすぎない．

植物工場野菜は「露地ものに比べて栄養価が劣る」と思い込む消費者はまだまだ少なくない．旬の季節は露地ものに軍配が上がるかもしれないが，年間を通すと平均して高い栄養価を維持し，カリウムやミネラルなど主要な栄養成分をコントロールする栽培も可能である．したがって，植物工場に適した専用品種の開発や新しい食べ方の提案などが必要であり，既存の農業経営体とシェアを奪い合うのではなく，多彩なラインナップによって棲み分けをすれば市場拡大にもつながる可能性も高いといえよう．また，データに基づく客観的な管理を基本とする植物工場は，今後，ICTやAIの分野からのアプローチも増えてくることが予想される．生産ノウハウの向上とともに省力技術や高機能野菜の開発技術が進展すれば，植物工場を新たな生産形態や経営形態として地域農業の中に位置づけていくことが求められてくるだろう．

［宮部和幸］

第4章

農業経営

4-1

家族農業経営

家族農業経営（家族経営）は，農業の**企業形態**の基本類型であり，家族という社会的な性格と，経営という経済的・技術的な性格という2つの側面を併せもつことに特徴がある．

家族経営の定義に際しては，農業の生産要素である土地，労働，資本の所有関係をもとに，自ら所有する生産要素のみ利用し，経営と家計が未分離な経営，すなわち家族労作経営を家族経営とする考え方がある一方，近代的な家族関係をもとに，家族労働力を中心としながらも，農地や資本の少なくない部分を外部から調達して生産活動を行う経営を家族経営とみる捉え方もある．しかし，経営者としての機能のみ家族が担う経営まで家族経営と定義すれば，極めて広範な経営が家族経営と判断されてしまう．そこで，労働に注目して，基幹的労働力と経営機能のほとんどが家族によって担われる経営を家族経営とみなすという考え方が一般的である（日本農業経営学会他，2007 : pp. 29–30）．このような家族経営は，①労働力が家族従事者中心である，②経営と家計が未分離である，③経営目標が家族の維持存続を基本とする，などの特質がある．

ただし，家族経営は多様な実態をもち，経営目標や労働力の状況などによって「企業的家族農業経営」，「生業的家族農業経営」，「自給的農業経営」などと呼ばれることもある．一口に家族経営といっても，その内容は大きく異なり，外形的基準によって定義することは極めて難しい．

●米国と日本における家族経営　米国における議論を眺めると，O'Donoghue et al.（2009）は，家族経営を①農場運営の所有権の過半を家族が保有，②労働力の過半を家族が提供，③経営する農地の75%以上を家族が保有，④経営規模が1000エーカー未満（1エーカーは約0.4 ha），といった定義を用いて，米国農業における家族経営のシェアを計測している．農場数ベースの家族経営シェアは，①所有権基準では97%超，①所有権基準＋③土地所有では約69%など，定義によって家族経営の割合は大きく変化する（表1）．

わが国の農林業センサス（2015年）は，農業経営体を「家族経営体」と「組織経営体」に区分するが，「家族経営体」の定義は「1世帯（雇用者の有無は問わない）で事業を行う者」で，「農家が法人化した形態である一戸一法人を含む」とされる．そして，家族経営であるか否かの判断は，回答者に委ねられている．

農業において家族経営が支配的な理由として一般的に挙げられるのは，【農地

表1 「家族経営」シェアの定義による変化

分類	農場所有権	労働力	土地所有	規模	農場数ベース	販売額ベース
基準	50% 以上所有	過半が家族による	経営面積の 75% 以上所有	1000 エーカー未満		
1	○				97.1%	84.0%
2	○	○			87.4%	44.1%
3	○		○		68.7%	34.9%
4	○			○	88.9%	41.5%

[出典：O' Donoghue et al.(2009)]

取引を通じた農場規模の拡大】のスピードを，【機械技術の進歩による労働生産性の向上】スピードが常に上回ることである．この不等式が成立すれば，農場当たり必要な労働者数は減少するため，家族だけでの経営が十分可能となる．実際，英国では，かつて農業労働者を多数抱えた「資本主義的農業経営」が発達したが，今日では農業労働者数は減少している．また，米国における企業の農業参入が農地を必ずしも必要としない畜産分野で多くみられる事実とも整合的である．

●家族経営の新たな潮流　家族経営は多様な内実をもつため，その定義が難しく，しばしば理念として語られる．その結果，「家族経営（家族経営的）」であることは，論者の視角によって肯定的にも否定的にも用いられる．しばしば，「家族経営」は「**企業経営**」と対概念のように用いられるが，本業として営まれている農業経営のほとんどは，「家族的」な要素と「企業的」な要素を併せもっている（内山，2011）．

農業に限らず，家族的要素と企業的要素を併せもつ企業を対象とした研究分野に**ファミリービジネス**研究がある．その中で注目される概念である「ファミリネス」とは，家族による要因が，企業の経営資源や経営者能力の蓄積にどのようにつながっているかを解明するものである．

このような整理からわが国の農業を改めて眺めれば，ファミリネスが家族経営に優位性をもたらしてきたが，今日ではその優位性が揺らいでいること，一方で，非家族経営においても，ファミリネスに代わるソーシャルキャピタルが形成されないケースが多いと指摘できる．より具体的には，雇用の拡大，新たな事業展開にかかる意思決定，経営継承などの場面で問題が生じているといえる（木南，2013）．

［内山智裕］

4-2

経営規模

農業経済学の基本課題である規模論では，産業を構成する企業の規模別分布に関わる議論と，経営の適正規模に関わる議論があるが，これまでは，前者の経営規模構造論，換言すれば，経営規模別分布など階層分解に関わる問題（国民経済的問題としての経営規模問題）が主に議論されてきた．しかし，今日では，後者の経営規模論（私経済的問題としての経営規模論）が中心課題となってきている．

●経営規模の概念　経営規模の概念や規模指標についてはさまざまな整理があるが,「農業経営の規模は本来,その経営体を構成する要素の総体としての大きさで表されるべきであり,それが困難な場合に,便法としてその総体の大きさになるべく比例するような,しかも共通の適用範囲が広い主要要素でもって代表させてよいし,その場合には,他の要素の大きさを示す補助指標を併用することが望ましい」(菊池,1985 : p.9)という理解が一般的といえる.規模の指標については土地面積が一般的に用いられてきたが,経営部門によっては労働力数を用いるのが有効な場合もあろう.しかし,総生産量や総費用を規模指標とすることは適切ではない.なぜならば,生産量等の多少が,その経営がストックとして保有する生産要素の大きさに起因するのか,その稼働率によるものか判別できないからである.

農業経営学では，経営規模と集約度は概念として明確に区分した上で扱われてきた．経営規模とは，上述したように経営における固定的な生産要素のストックとしての大きさといえるが，これに対して集約度は操業度と同じ概念であり，固定的な装備の利用の程度を測るものといえる（金沢，1982 : p.78）．集約度についてはさまざまな定義があるが，その中でブリンクマンは，農業生産の基本的な生産要素は土地であるという認識から，労働費用額＋資本財消費額＋資本利子を土地面積で割ったものを集約度としている（金沢，1982 : p.90）．

●規模拡大の進展　国民経済的問題としての経営規模問題に対しては，これまで，階層別戸数の増減や，その分岐となる規模を中心に議論がなされてきた．これは，わが国の土地利用型農業では，これまで，規模拡大への期待にもかかわらず農地集積が進まず，規模の零細性が問題とされてきたからである．しかし，1990 年代以降，特に，2000 年代に入り，平坦水田地帯の担い手を中心に急速な規模拡大が進展している．また，雇用労働力を導入する水田作経営では面積拡大と合わせて，消費者への直接販売や農産加工，6 次産業化といった垂直的多角化も進めるなど，経営規模（ファームサイズ）と事業規模（ビジネスサイズ）の並進を図る経営も生じてきている．この点で，経営規模構造は従来とは大きく異なる段階に入ったといえる．

●農業経営における適正規模　一方，経営の規模論に対してもさまざまな議論がなされてきている．まず，農業経営における適正規模に関わる検討として「所得説」と「費用説」がある．前者は，適正規模を農業所得による家計費充足率が100％の農業経営規模として捉える立場であり，後者は，最も低い平均生産費を実現できる技術条件をもつ企業の規模を適正規模とみなすものである（菊池，1985：pp. 206-221）．また，最小適正規模や最大可能規模といった技術的側面からみた適正規模概念に加え，専業経営下限規模という経済的側面からみた概念が提起されている．最小適正規模は，規模に沿ってコストが低下し，最も少ない水準に至る最初の規模という意味であり，稲作を想定した場合には，作業ユニットとして機械1セット，オペレーター1人が効率的に稼働できる規模ということになる．一方，専業経営下限規模は，家計消費支出を賄うに足る経営耕地面積の下限値（生源寺，1990：p. 29）である．最小適正規模は技術的な効率性に関わっての規模であるのに対して，専業経営下限規模は必要な所得水準からみた規模であり，この両者を満たす規模の経営が，「新しい食料・農業・農村政策の方向」（平成4年．農林水産省公表）で目標とした効率的・安定的経営体ということができる．

●規模の経済と不経済　1980年代以降，大規模経営の形成が進む中で，規模の経済に関する分析が多く行われた．稲作を例に示せば，①生産費統計や事例調査から10a当たり費用合計を規模別に比較したもの，②生産関数や費用関数の計測から規模の経済の有無を分析したもの，③機械体系別に費用曲線を導出したものがある．その結果，都府県においては2～3 ha未満の規模の階層において規模の経済が存在するが，それ以上の規模では収穫不変であることや，規模の経済の程度は近年強まりつつあること，さらに，規模の経済が生じた要因として，中型機械化体系という分割不可能性を有する技術の普及があることなどが示されてきた．

一方，規模拡大が急速に進む中で，規模の不経済の発生も指摘されてきている．規模の不経済の要因には経営管理能力の分割不可能性等が指摘されているが，土地利用型農業を対象とした場合には，主に，圃場枚数の増加および分散化が問題とされてきた．しかし，近年は，雇用型経営の形成に伴い十分な知識・技能をもたない従業員が増加し，作業効率や作業精度が低下すること，一方，それらを回避するための中間マネージャーの確保も困難であるといった人的側面での制約が規模の不経済の要因とする指摘があり，経営規模論の観点からも，組織マネジメントや人材育成に向けた検討が重要な課題となってきている（梅本，2014：p. 36）．

［梅本 雅］

4-3

農業労働力

労働力は土地や資本と並び，財もしくはサービスを生産するために必要な**生産要素**の１つである．労働力は本源的な生産要素であり，肉体的・精神的な人間の能力の全体を指している．労働とは労働力が道具や機械等の生産手段を利用して生産を行うフローの状態を指し，ストックの概念である労働力と峻別している．日常では，労働者そのものを指して労働力と呼ぶことがあり，統計の労働力人口として把握されている数値について言及されることも多い．

農業の主要な企業形態は家族経営であり，労働力のほとんどを経営者とその家族から供給される家族労働力が占める．家族が供給源となるため，**家族労働力**の多寡と経営規模や経営組織との関係は薄く，そのライフサイクルに大きく影響を受ける．家族以外から供給される**雇用労働力**は，雇用期間により，常雇，臨時雇に分けられる．常雇は年間を通して雇用されるもので，農林業センサスで定義される７カ月以上の雇用期間があるものを指し，相対的に家族労働力に近似した位置付けをされ固定費的な性格をもっている．一方，臨時雇は農繁期を中心として常雇より短期間の雇用期間で，補助的な労働力として雇われ，契約のあり方により日雇い，季節雇いなどと称される．また，農作業の機械化が進展する以前には手間替え・ゆいといった，地縁，血縁関係による農家相互扶助的な労働慣行による，無償の労働等価交換が多く見受けられた．なお，昨今，生産現場の一部では，地域の労働力人口減少と他産業との争奪激化により，労働力確保の観点から外国人受入への関心も高まっている．

●労働力人口の変遷　労働力人口を把握した統計には，「農林業センサス」「国勢調査」「就業構造基本調査」などがある．調査内容から，「農林業センサス」と「国勢調査」は期間中の状態を，「就業構造基本調査」は普段の状態を捉えている．また，この他「労働力調査」があり，これは集計量を少なくして調査期間中の変動を機動的に公表しており，就業構造の把握を行う上で役割分担がなされている．

日本農業にはかつて不変の三大基本数字といわれたものがあり，農業就業人口1400万人，農家戸数550万戸，農地面積600万haは，明治初期から高度経済成長期まで大きな変化はなかった．農業就業人口は1960年に1454万人とピークに達し労働力人口の1/3を占めていたが2015年には201万人まで減少し，平均年齢は66歳を超え高齢化率64%となった．農業労働力の減少と高齢化は，わが国自体の少子高齢化社会への進行のみならず，日本経済の発展と農工間の不均等発展に起因する．高度経済成長期には，機械化や化学肥料・農薬利用による省力化，農地の集約化などによる農作業の効率化により，相対的過剰人口を抱えていた農村から都市部へ大量の余剰労働力が供給された．この農家労働力の流動化過程は，農業の機械化や省力技術の導入により生じた農業内のプッシュ要因，経済構造や労働市場の賃金格差を重視するプル要因から論じられてきた．

このように農業経営における労働力構成に占める家族労働力は，高度経済成長期以降，労働力の他産業就業の増加，少子高齢化などで量と質の面で脆弱化している．そのため，現在では生産要素のうち労働力が希少資源化しており，経営展開を図る上で労働力の量と質の両面で確保が重要になっている．雇用労働力についても，供給源であった零細農家や農家次，三男の農外流出，機械化の進展などから減少傾向を辿ってきた．しかし，施設園芸や畜産経営などの生産規模を拡大した経営，6次産業化を図り事業規模を拡大した経営では，雇用労働力が増加傾向にある．これらの経営では，雇用の確保・活用を図るため，作業標準化などの生産管理，作業の周年化のための経営計画，人的資源管理が重要な経営課題となっている．

●労働配分均等化　農業労働力の生産現場での利用では，生命体を扱う農業の特質を考慮して，**労働配分**の均等化に取り組まれてきた．すなわち，作物や家畜の生産過程は，生育過程に従い労働を多く必要とする時期と，労働対象が労働とほとんど無関係に生育する時期があり，季節性と適期性が生じる．季節性は作目の組合せなどにより緩和できるが，適期性が重視される植付けや収穫は労働需要が一時に集中する農繁期が形成される．その一方で農繁期とは逆に，労働需要量が供給量を下回る農閑期も生じる．農業生産の季節的な繁閑は，作目・作型により異なる．そこで，労働競合が生じないよう，一作目だけを選択する場合に比べて経営内にある労働力を有効に活用する作目選択や加工部門の導入が行われてきた．これまで多くの家族経営では，厳しい農繁期がある反面で出稼ぎをするほどの長い農閑期も存在し，1人当たり就農日数が少ないことから年間の労働報酬は低かった．そのため，農業所得向上の手段として「家族労働力の完全燃焼」が掲げられ，各時期の労働配分均等化に努めてきた．労働配分の均等化は，家族経営のみならず，雇用労働力に依存した大規模経営においても，固定化した労働力を擁する経営一般の課題である．また，農作物や家畜といった生命体を扱う農業の生産過程では，時間的な順序を変えることが難しいため，工場制企業の基本をなす，各人が別所で随時に単独で分担するという分業の形態は工業に比べて困難であり，農業生産の特質に依拠した労働力利用がなされている．　[金岡正樹]

4-4

水田作経営

水田作経営とは，**水田**（畦で囲まれた湛水可能な農地）を使用して農作物生産を行う農業経営のことである（農林水産省の統計調査では「水田で作付けした農業生産物の販売収入が他の営農類型の農業生産物販売収入と比べて最も多い経営」と定義している）．かつてのように水田で米のみを生産し，それが主な収入源になっていた時代は稲作経営という呼称が一般的であったが，水田で裏作麦が栽培されたり米の生産調整によって大豆や野菜等が作付けされたりするようになると，水田作経営（あるいは水田経営）という用語が使われる場面が多くなった．

●水田作経営の特徴　水田作経営の中心作物である**水稲**はわが国の気候風土に適した農作物であり，生産された**米**は主要食糧や年貢米として長きにわたって社会・経済の中で常に重要な位置を占めてきた．このため，水源が確保できる地域には昔から必ずといっていいほど水田が造成され，全国各地で米作りが行われてきた．また，農業政策や技術開発等の面でも，水田農業や水田作経営に対しては以前から手厚い支援が行われ，他の営農類型に比べて政策面で優遇されてきたといえよう．その結果，現在では，北は北海道から南は九州に至るまで，さらには平坦地域から標高の高い山間地域に至るまでの広範な地域で水田作経営が展開している．2015年農林業センサスによると，わが国の農業経営体（一定規模以上の農業経営または農作業受託を行う個人や法人等）に占める水田作経営（稲作単一経営と稲作主位の準単一経営）の割合は56%で，最も多くなっている．しかし，1経営体当たりの稲の平均栽培面積は1.4 haで，10 ha以上の栽培を行っている農業経営体は1.7万経営体であり，全体のわずか1.8%にすぎない．

一般に栽培面積の拡大は，使用する機械・施設の10a当たり減価償却費負担が軽減され，生産される農作物の生産費が低減するため，借地等で農地を必要量確保できるならば，収益性の点で有利となる．しかし，季節性の強い水田作の場合，使用する機械・施設の1シーズン中の稼働期間には制約があるため，ある面積を超えて水田面積を拡大しても水田用機械1セットの10a当たりコストは低減しなくなる．また，借地で拡大した水田の圃場条件が良好でなかったり圃場が分散していたりするような場合には，逆にコストの上昇要因となってしまうこともあり，**規模拡大**を目指す場合は慎重かつ計画的に行う必要がある．

現在の水田作経営は，米の需給調整への対応に加え，面積当たり収益の増大や農地・労働力の有効利用等の観点から，水稲だけでなく麦・大豆・野菜等の畑作物の栽培も行うことがある．そのため，輪作を可能とする汎用水田の整備や地域レベルでの効果的な用排水管理システムの構築が欠かせない．また，経営耕地の拡大を図ろうとするならば，水田の貸借あるいは購入を円滑に進めるため，日頃から近隣農家や周辺地域の農業関係機関と良好な関係を築いておく必要がある．

このように，水田作経営の維持・発展のためには，個々の経営における効果的な経営管理の実践に加え，近隣農家や周辺地域との良好な関係構築が不可欠であり，こうした点が施設園芸経営や中小家畜経営の場合とは異なる．

●水田作経営の課題と発展方向　わが国の水田農業においては，100 ha を超す大規模経営が出現するようになってきているとはいえ，前述したように，依然として零細経営が多数を占めている．また，1 ha 区画以上の大区画圃場の整備も行われてはいるが，水田の汎用化や区画の拡大が進展していない地域も多い．さらに，米の需給調整では，稲以外の農作物生産が水田で行われることになるが，今後の政策内容のいかんによっては円滑な需給調整が困難になるおそれもある．

このように，わが国の水田作経営は規模の大小を問わず，多くの課題を抱えている．したがって，水田作経営では，どのような耕地規模，労働力構成，機械・施設装備，技術体系のもとで，どのような作物・品種をいかなる作付方式によって生産し販売していくか，このための経営戦略の構築と経営管理の実践が重要となる．これまでの水田作経営では，規模の経済をねらった経営耕地の拡大と，リスク分散や範囲の経済をねらった経営の**複合化**が基本的な経営戦略であった．しかし，近年は，単に美味しく安全・安心な農産物を低コストで生産するだけでは不十分で，生産した農作物をいかにして付加価値を高め，どのようなルートで販売して所得を増大させるかが，問われている．また，自らが直接加工・販売事業に進出するのか，他者との提携等を目指すのか，その判断も求められる．

一方，目指すべき経営形態，経営規模，栽培作物，機械・施設装備といった水田作経営の具体的内容は地域条件によっても異なってくる．そのため，例えば，農業関係機関等が中心となって，当該地域における目指すべき水田作経営像を提示するとともに，地域的な土地利用調整等によって，そうした経営に農地を面的に集積していくことが望まれる．また，地域としての米販売戦略の構築や産地ブランドの確立へ向けた組織的取組みなども必要とされよう．水田作経営が維持・発展するためには，個々の経営の自助努力が基本になることはいうまでもないが，そうした経営を側面から支援する地域レベルでの対応も欠かせない．

［土田志郎］

4-5

畑作経営

耕地は用水供給・湛水機能のある田とそれ以外の畑に区分される．この畑を利用した農業が広義の畑作農業であるが，狭義には畑は普通畑と樹園地，牧草地に区分されることから，普通畑で行われる農業を畑作農業と呼んでいる．日本の畑地面積は1958年の272万haをピークに減少している．2016年の畑地面積は204万ha（普通畑115万ha，樹園地29万ha，牧草地60万ha）であり，全耕地面積447万haの46%を占めている（作物統計）．

●畑作経営の定義　農業経営統計調査の営農類型別経営統計では，耕種経営を水田作，畑作，野菜作（露地野菜作，施設野菜作），果樹作，花き作（露地花き作，施設花き作）に区分し，畑作の基準は「稲，麦類，雑穀，豆類，いも類，工芸農作物の収入のうち，畑で作付けした農業生産物の販売収入が他の営農類型の農業生産物販売収入と比べて最も多い経営」としている．さらに畑作は主要作物で区分され，北海道は麦類作，ばれいしょ作，てんさい作，大豆作・小豆作・いんげん作，都府県の主要地域はかんしょ作，ばれいしょ作，茶作，さとうきび作が区分されている．茶作が畑作区分されることやばれいしょ作経営が作物統計では野菜に区分されるなど留意が必要である．麦類，ばれいしょ，豆類，工芸農作物を普通畑作物と呼んでいるが，これら作物は主に普通畑で作付けされていることから，普通畑作物の生産を行う経営を畑作経営の典型と考えることができる．

畑作農業と畑作経営は農業統計で以上のように定義されているが，狭義・広義の畑作経営体数およびその年次推移を把握するのは難しい．表1では，農林業センサスの農業経営体（2000年は販売農家）で畑作狭義（販売金額1位部門が麦類作，雑穀・いも類・豆類，工芸農作物の経営体），畑作広義（狭義に露地野菜，施設野菜，果樹類，花

表1　畑作経営体の推計

（単位：経営体・農家数，%）

	農家・農業経営体数	販売金額1位部門別の経営体数および構成比				
		稲作	畑作狭義		畑作広義	
		%	経営体	%	経営体	%
2000	2154938	63.0	142263	6.6	697264	32.4
2005	1736318	60.8	116142	6.7	595916	34.3
2005	1760755	60.1	119014	6.8	613497	34.8
2010	1506576	59.0	89219	5.9	544474	36.1
2015	1245232	57.4	70933	5.7	471163	37.8

（注：2000年と2005年の上段は販売農家，2005年下段以降は農業経営体数である．）［出典：農林業センサス各年度］

き・花木，その他作物を加えた）経営体数と構成比を示した．麦類，いも・豆類，工芸農作物を作付けする畑作経営（狭義）は販売のある経営体の約6%であり，野菜作付けなどを加えた広義の畑作経営は約38%となる．稲作1位の経営体割合が減少傾向にあり，広義の畑作経営割合は増加傾向にあるが，狭義の畑作経営割合は微減状況にあり，経営体数も少ない．

●畑作地帯北海道　こうした地域の中でも欧米同様に畑作農業が行われている地域が北海道であり，なかでも十勝，網走，羊蹄山麓地域が代表的な畑作地域である．とはいえ，十勝地域は普通畑作物と呼ばれる小麦，ばれいしょ，てんさい，豆類の作付け，網走地域は豆類作付けが少ない3作物の畑作，羊蹄山麓地域はばれいしょ作付割合の高い畑作農業という相違があり，十勝，網走，羊蹄山麓の順に畑作経営の1経営体当たり耕地面積は小さくなる．また，いずれの地域でも野菜作付面積が増加している．

●畑作農業問題　畑作で注目されるのは，水稲と異なり連作に弱い，**連作障害**に見舞われるということであり，同一地片への作付作物を年次ごとに交替させる**輪作**が行われる点である．北海道においては，てんさい―ばれいしょ（豆類）―豆類（ばれいしょ）―小麦というように作付けを交替させる輪作（4年輪作）が行われている．この輪作は禾本科，豆科などの作物特性や作業時期などが考慮され，地域の自然条件に応じた作物の作付順序が採用される．この**作付順序**が安定し，地力収奪にならないような合理性をもつ場合に作付方式と呼んでいる．しかしながら，麦類，ばれいしょ，てんさい，豆類はそれぞれ異なる収益性を示す．経済的にみれば最も高収益の作物のみの作付けが有利となるが，連作障害回避の輪作の励行，作物により異なる単位当たり投下労働時間や作業時期を考慮した作物・作付選択が求められる．このような技術的合理性と収益性を両立させる作物選択は難しく，結果として特定作物の作付けに傾斜する過作問題を抱えることが多い．

作付方式確立を困難にしている要因は，作物の技術的ならびに経済的性格だけではなく，畑作物の大半がその自給率の低位性に示されるように輸入品との競争にさらされており，その競争下で低コスト生産が要請される点を指摘できる．輸入農産物との競争を強いられる状況での畑作経営支援策の必要性が価格政策から所得政策の導入を選択させたと考えられる．畑作農業・経営をめぐっては作物別の価格政策や需給，地域動向や地帯構成，畑作経営の階層動向の検討などの視点から研究が進められてきた．日本においては，畑作経営は地域性を有し，その事例も少ないが，世界的には畑作農業が主流であり，作付方式に関する農業経済学分野のさらなる研究蓄積が求められる．

［志賀永一］

4-6

畜産経営

畜産経営とは家畜を飼養する農業経営のことで，対語は耕種経営である．耕種経営は米や野菜など作物生産のみを行うのに対し，畜産経営では家畜飼養に加えて飼料作などの作物生産も行う場合がある．水田や畑で行われる作物生産は季節的な制約が大きく，天候条件に影響されるのに対し，畜舎内で行われる家畜飼養は季節性が小さく，年間を通して定時・定型的な作業が可能である．そのため，畜産経営では作業のマニュアル化に取り組みやすいことから，雇用労働力の導入に適し，法人化（＝企業経営）が進んでいる．また，畜産経営では家畜に給与する飼料を経営内で生産（＝自給）するか，外部から購入するかを選択することができ，家畜飼養のみを行う畜産経営（豚や鶏などの中小家畜）と飼料生産も行う畜産経営（牛などの大家畜）に分化している．

作物生産を行う耕種経営が規模拡大するには農地の集積が必要であり，そのためには地権者の合意が不可欠であるが，一般に合意形成には時間がかかることなどから，これまで耕種経営の規模拡大のテンポは緩慢であった．一方，家畜飼養のみの畜産経営の規模拡大では，農地は不要で，畜舎や家畜を購入する資金さえあれば可能である．したがって，畜産経営では経営者の意思だけで規模拡大に取り組みやすい．以上のことから，畜産経営では規模拡大と法人化が進み，農業（畜産）所得だけを収入源とする畜産専業体制が支配的になっている．

近年の畜産経営の動向をみると，ほとんどの畜種で戸数が大きく減少したのに対し総頭羽数は小さな減少に留まり，その結果，1戸当たり頭羽数は大きく増加している．生産量の動向も総頭羽数と同様に小さな減少に留まっている．また，最近年（2016年）の1戸当たり平均農業所得は多くの畜種で1000万円を超えている．つまり，畜産経営では多くの離農農家を出しながら，残った農家が規模拡大して農業所得を確保し，生産量を維持してきたのである．

●家畜の種類と経営方式　飼料は穀物などの濃厚飼料と牧草などの粗飼料に分けられ，家畜は粗飼料を不可欠とする家畜（牛・羊など）と濃厚飼料主体の家畜（豚・鶏など）に区分される（表1）．乳用牛を飼養する酪農経営は家畜飼養に加え粗飼料生産を行うことが多いが，濃厚飼料は購入が一般的である．畜産経営が家畜に給与する飼料を自給するか購入するかの主たる選択基準は調達コストである．飼料の輸入は自由化されているが，北海道など農地の制約が小さい地域では，粗飼料は輸入牧草（乾草）よりも自給粗飼料の方がコストや品質で優れてい

表1　家畜の種類と経営方式

家畜種類		主産物	給与飼料		経営方式
			濃厚飼料	粗飼料	
乳用牛		生乳	○	○	酪農経営：家畜飼養＋粗飼料生産
肉用牛	肉用種	子牛 肥育牛	△ ○	○ △	繁殖経営：家畜飼養＋粗飼料生産 肥育経営：家畜飼養
	乳用種，交雑種	育成牛 肥育牛	○ ○	○ △	育成経営：家畜飼養＋粗飼料生産 肥育経営：家畜飼養
豚		肥育豚	○		養豚経営：家畜飼養
鶏	採卵種	卵	○		採卵鶏経営：家畜飼養
	肉用種	肥育鶏	○		ブロイラー経営：家畜飼養

（注：○：主体，△：補助）［出典：筆者作成］

るのに対し，濃厚飼料は輸入飼料穀物に優る自給飼料穀物はないからである．なお，北海道などの酪農地帯では，飼料生産作業を請負会社（**コントラクター**）などに委託する作業外部化が進展している．さらに，生産された粗飼料に濃厚飼料などを加えて混合飼料（TMR）を製造して，販売する**TMRセンター**も設立されている．

肉用牛の経営方式は畜種によって大きく分かれる．黒毛和種などの肉用種では，子牛生産を行う繁殖経営と子牛を購入して肥育まで行う肥育経営に分化していることが一般的であるが，両者を行う繁殖肥育一貫経営もある．繁殖経営では粗飼料生産も行うが，肥育経営では給与飼料は濃厚飼料主体であることから家畜飼養のみが多い．なお，既述のように畜産専業体制が支配的な畜産経営の中で，唯一，繁殖経営は稲作や畑作などとの複合経営が主流になっている．乳用種では酪農経営で生産された乳用種雄子牛を購入して育成まで行う育成経営と肥育まで行う肥育経営があるが，後者の一貫肥育経営が多い．交雑種では乳用牛に和牛を交配した交雑種子牛を購入して肥育まで行う．乳用種と交雑種では家畜飼養のみを行う経営が多いが，北海道に立地する経営では粗飼料生産も行っている．

中小家畜はいずれも家畜飼養のみを行い，豚は繁殖から肥育まで行う一貫養豚経営が支配的で，鶏は採卵鶏経営と肉用のブロイラー経営に分かれている．中小家畜生産では，濃厚飼料（配合飼料）の製造会社を中核（インテグレーター）とする生産から流通までの垂直的統合（**インテグレーション**）が進展している．そこでの畜産経営はインテグレーターから供給された素畜と飼料でマニュアルに従った飼養管理が行われている．なお，こうしたインテグレーションは肉用牛の肥育経営においてもみられる．

［鵜川洋樹］

4-7

園芸経営

園芸部門は，野菜，果樹，花きの3作目によって構成される．さらに露地栽培と温室などで栽培する施設園芸に分けられる．園芸経営には，作目や栽培方式にかかわらず，共通する特質もあるが，作目や栽培方式ごとの特質も存在する．以下では，園芸経営に共通する特質，作目ごとの特質，施設園芸の特質の順に述べる．

●園芸経営共通の特質　園芸経営は，総じて**労働集約性**が高い．水田作などでは機械化により大幅な省力化を達成したが，園芸品目では，複雑で熟練性を要する作業が多いため，機械化が遅れ，労働時間が長い．収穫期などの大きな労働ピークを形成する時期の労働力の確保が，重要な経営課題となる．また，生産費用に占める労働費の割合は高く，賃金水準が国際競争力の重要な要素の1つとなる．

園芸品目は，早い段階から販売目的で生産されており，**商業的農業**として発展してきた．しかも，米などの主要食糧と異なり，政府が流通に関与することも少なく，市場流通によって販売されてきた．そのため，園芸品目の多くは，現在に至るまで一貫して，出荷・販売が経営上の重要な課題となってきた．市場での高い競争力を確保するため，生産の地域的集積と農協などによる共同販売体制を特徴とする産地が形成された．

さらに鮮度が重視され，貯蔵が難しい品目が多いことも，出荷・販売過程での特質である．貯蔵性が乏しく，貯蔵による需給調整が難しい品目では，生産量の変動がそのまま供給量に反映し，大きな価格変動を招きやすい．また収穫後の物流過程での鮮度保持が重要な課題となり，そのための費用が大きい場合も多い．

●作目別の特質　野菜作経営には多様な形態が存在している．普通畑における野菜専作的家族経営が典型であるが，それ以外に小規模で副次的な経営も多く，近年は企業の農業参入が最も多いのも野菜作である．さらに水田転作の進展により，水田における水稲作との複合による野菜作も増えている．

野菜作では，連作障害の回避と土壌生産力の保持，周年的な就労の場の確保のための品目の組合せ，**土地利用方式**が重要な課題となる．野菜の土地利用方式は，野菜作経営発展のメルクマールとなる（木村，1982 : p. 25）．冬季の栽培が困難な高冷野菜産地などを除くと，複数品目の野菜を導入していることが多い．労働集約性の高い野菜の土地利用方式では，機械化の進展が土地利用方式転換の契機となり得る．かんがい施設の導入などの農地基盤整備も，作業体系の改善，土壌管理の高度化を可能とし，土地利用方式変革の契機となる．

果樹作の大きな特徴は，永年作物を対象としていることである．植栽してから収穫できるようになるまで，一定の年数が必要であり，その期間に投じられた費用は，固定費用となり，その後の収穫期間で回収する必要がある（桂，2002：p. 15）．また樹は土地と切り離すことができないので，果樹園の賃貸借では樹を含めた貸借となる場合が多く，樹の評価も賃借料に算定される必要がある．借地で改植を行う場合には，改植費用を回収する前に貸借が解消された時の残存価値の補償，すなわち，有益費補償問題が発生する．

永年作物であるため，一度植えると，簡単に品目，品種の転換はできない．温州みかんは，1960年代の高度経済成長期に需要拡大に合わせて栽培面積が急拡大したが，1970年代に需要の頭打ちなどにより深刻な供給過剰に陥った．その後の生産の転換・縮小による需給調整には，20年間にも達する長期間を要した．

花きは，生産物の形態によって，切り花類，鉢物，花壇苗に分けられる．経営体数，生産額では，切り花類が最も大きく，次いで鉢物，花壇苗の順となる．総じて施設栽培の比率が高く，資本集約的な性格を有している．

花きは，所得向上に伴って，需要が拡大する作目である．わが国でも，1990年代初頭のバブル経済期まで順調に需要は拡大し続け，農業生産が縮小傾向に転じた以降も，花き生産は1990年代中頃まで拡大していた．鑑賞を目的とする花きでは，消費者のし好の違いが大きく，時期ごとの流行もあるため，商品アイテム数が多く，品目・品種などによる価格差が大きくなりやすい．そのことも背景として，流通過程では小規模・零細な業者の比重が高い．しかし，近年は卸売市場の大型化，小売段階での量販店の比重が高まっている．

●施設園芸経営の特質　施設園芸には，簡易なビニールハウスから高度な**環境制御**装置を装備した大型温室まで，多様な施設が存在する．施設栽培の目的は，温度などの生育環境の人為的制御であるが，その最先端には，温度だけでなく，光量，二酸化炭素濃度，根域環境まで制御する施設が開発され，植物工場と呼ばれている．施設の建設費用は，施設装備のレベルにもよるが，総じて高額である．特に高度な装置を備えた大型温室は極めて高額であり，資本集約的な性格を有している．そのような施設では，安定的かつ計画的な生産が可能であるとともに，周年就労が可能であり，しかも作業が単純化・規格化しやすく，雇用労働力を調達しやすい．このような特質から大きな資本投資のもとで大量の雇用労働力を導入した企業的経営が展開しており，農外企業の参入も多い．　［徳田博美］

4-8

農業経営の管理

農業経営は，農業経営者が一定の目的を実現するために，自己の責任のもとで意思決定を行い，経営資源を利用し，農産物や農業関連サービスを生み出し，その成果を関係者に分配する活動を行う独立した持続的な組織である（木村，2008）．そして，**農業経営者**は，自らがこの農業経営の目的を設定し，その実現に向けて経営戦略を策定し，経営組織を形作り，そして，生産・販売・購買・労務・財務・情報などの経営活動を効率的かつ効果的に遂行する．農業経営の管理（以下，「**経営管理**」）とはこれら一連の活動を意味する．

農業経営には技術，経済，マネジメントの3つの側面があり，相互に関係しあっている（和田，1990）．第1の技術の側面は，生産に必要な資源（ヒト・モノ・カネ・情報など）を調達し，それらを技術的に変換して製品やサービスを生産するという側面であり，**農法**，経営規模，作目の組合せなどの経営組織のあり方が関係する．第2の経済の側面は，社会経済的な制約（法律・制度・経済システムなど）のもとでビジネスの形態を作るという側面であり，経営資源を誰が所有し，どのように調達するのかという**企業形態**の問題に関わる．そして第3のマネジメントの側面は，経営者が経営目的の実現のために**経営戦略**を策定し，経営資源を統合し管理するという側面であり，経営者の能力が関係する．さらには，農業経営の技術の側面と経済の側面の調和をとることも求められる．例えば，農業経営を発展させる上で，技術の側面から生産の効率を向上させる新しい栽培方法の導入が必要であったとしても，経済の側面からは経営を継続するだけの収益が上がらないことが見込まれる，といった問題に直面した場合に，どのように問題を解決するのか，がマネジメントの課題となる．

●経営管理の課題　経営管理が対象とする課題には，短期的な課題から中長期的な課題まで，時間的に大きな幅がある．日々の農作業の管理は，すでに選択した技術と経済の制約のもとで目的を達成することが課題である．それに対して，農業経営の将来構想や経営戦略の策定は中長期の課題である．この場合，技術（例えば農法の選択）や経済（企業形態の選択）に関わる選択を行うことも経営管理の対象となる．例えば技術の側面で，選択した農法が慣行農法か有機農法かによっても作業の管理方法は異なる．また経済の側面では，農業経営の企業形態，例えば，家族経営を法人化するか否かによっても経営目標の設定が異なるため，管理の方法が異なることになる．法人化していない家族経営であっても，より企業的になっていくにつれ，収益の目標が家族農業所得から，家族労働報酬，経営者労働報酬へと変化していくため，経営管理の方法は一様ではない．

●経営管理の領域　経営管理は，管理する領域から環境マネジメントと組織マネジメントに大別することができる（木南，2003）．農業経営は，経営資源を調達する市場，製品やサービスを販売する市場，さらには政府によって形成される環境の中で活動している．環境マネジメントは，こうした環境の中で，競争相手と競争し，取引相手との関係を築き，環境の変化に適応するとともに時には自ら環境を変えようと経営の外部に働きかけようとすることである．一方，農業経営の内部では，経営者は自分以外の人を通して自分が実行したいことを進めてもらうという活動を行っている．組織マネジメントとは，人の集まりとしての組織の中で，他人との協働を円滑に進めるということである．

ただし，環境マネジメントと組織マネジメントは，前者が経営外部に向けたものであるのに対して，後者は経営内部に向けたものであることから，両者はしばしば矛盾することがある．例えば，競争力をつけるために付加価値の高い品種を導入したものの，その結果，新たな人材や資金の調達が必要になり組織の安定性が損なわれるといったこともあり得る．しかしながら，このような両者の間の矛盾を克服してこそ，経営の成長と安定がもたらされるのである．

ところで，農業経営が持続性をもつためには3つの条件がある．第1は経済性であり，十分な経済成果を上げ，競争の中で勝ち残るということである．第2は社会性であり，農業経営が社会的に認知されて受け入れられるということである．第3の条件は環境保全であり，農業経営が自然環境に適合するということである．これら3つの条件が要求する水準は，時代や地域によっても異なり，3つのバランスをとりながら，持続可能性を発揮することが経営管理には求められる．

●農業経営管理論の課題　現代の経営学は，共通の経営理論に基づいた学問体系の国際標準化とデータ分析を重視した経営法則の科学的探究という2つの方向に重点を置いて発展している（入山，2015）．その一方で，経営学から得られた知見をツール化することを通じて，ビジネスの現場に対する応用と実践が進められている．しかしながら農業経営学研究は，まだその域には達しているとはいえない．農業においてビジネスとしての経営が増加するとともに，一般産業のビジネスと共通する経営管理の課題に直面する今日，農業経営学の新しい理論やツールを導入し，それを経営管理に応用していくことが求められている．　［木南 章］

4-9

農業経営の財務と会計

農業経営の財務と会計に関しては，農業のもつ多様性と特質とを考慮する必要がある．特に，耕種農業において一般の非農業企業における財務・会計と大きく異なる点として，第1に生物生産に由来するため，天候や自然的・生理的条件に生産が大きく左右され，生産工程の短縮・入替えや，収穫時期の操作・変更が困難である点，第2に保存性に乏しく，鮮度が失われたり傷んだりする前に速やかに消費者に届けなければならない点がある．そのため，標準原価を設定して生産し，販売価格をあらかじめ想定して販売することが基本的に困難なことから，農業は収益の安定化が難しく，企業的経営が難しい事業であると考えられてきた．多くの先進国でも家族農業経営が大宗を占め，農業所得の悪化を農外所得や生活レベルの引下げによってカバーする例がみられる．

●農業会計の特徴・変遷　この家族農業経営の多くは，経営と家計の未分離と相まって，所得の確保・向上を主な経営目標の1つに置くとされ，経営内で生産された生産物を自家消費に回すという特徴を併せもつ．京都帝国大学の大槻正男によって開発された**自計式農家経済簿**は，家父長制を前提とした当時のわが国の家族農業経営を発展せしめることを意図している（大槻，1938）．この簿記の特徴は，未分離な状態の経営と家計との間の内給要素用役費（自家労賃，自作地地代，自己資本見積額）を明確にしつつ両者を分離させ，経営成果と家計の実態を明らかにすることにより農業経営の発展に寄与してきた．近年，恒常的な雇用を導入して家族農業経営や集落営農等から企業的な農業経営へと展開したり，農業・食料関連企業や非農業企業から農業に参入して地域の中核的担い手となる事例が出現してきている．このような先進的な農業経営では，企業会計システムを導入する例も珍しくなく，これらの会計データをもとに，収支分析，収益構造分析，コスト分析，資本構成分析，付加価値配分分析等を行う例もみられる．ただし，これらの先進的経営といえども農業のもつ多様性と特質から逃れることは基本的にできず，経済的困難を強いられている経営も散見される．また，各々の経営目標にも多様性があり，困難な中にも利潤追求を目標とするものから，食品リサイクルループ（食品廃棄物を肥料・飼料として農産物生産に活用する仕組み）の活用を目標とするもの，CSR（Corporate Social Responsibility）や地域活性化を目標とするコミュニティビジネス等，さまざまな経営が存在する．こうした経営目標の多様化は，成果指標の多様化と表裏一体であり，会計固有の領域である財務的な成果指標のみならず，社会・環境・経済にわたる幅広い成果指標（トリプルボトムライン）の研究・活用が今後ますます進むと予想される．

●農業経営の財務会計・管理会計　上記のわが国の農業経営の現状を踏まえ，農業における**財務会計**と**管理会計**の特徴を次に整理する．

農業経営における財務会計の特徴は，第1に，家計と経営が未分離の家族経営の場合，家計と経営双方の計数管理を視野に入れている点である．前述の自計式農家経済簿は，財産台帳と多桁式現金出納帳が組み合わせられており，内給要素用役費を明確に把握・計上することで，家計から独立した経済活動として農業経営を評価できる．第2に，企業経営，家族経営に共通する特徴として，一部独特な収益認識基準を採用する場合がある点である．すなわち，①公定価格が存在する品目または所得税法施行令第88条に定める品目では収穫基準が適用できる，②農業協同組合を通じて共同販売，共同計算をしている場合，農協からの仮払金（前受金）を受領した時点で収益認識する慣行がある，③国際財務報告基準（IFRS）では，生物資産を公正価値で評価する，の3点である．第3に，**農産物原価計算**に関連して，生物資産の棚卸資産評価が難しい点である．

農業経営における管理会計については，1970年代初頭には農産物原価計算の必要性が高まりつつあることが指摘されている（阿部，1971）．しかしながら，農業ではあらかじめ均質な製品原価を算定できる安定的な生産環境にはないことが多く，利潤追求を必ずしも第1としない場合もあることから，価格算定や生産物当たりの利益を算定するために原価計算をする動機が起きにくい．このため，農産物原価計算の普及は必ずしも順調だったとはいえない．さらに，農産物原価計算の技術的問題点として，以下2点がある．1つは，生産プロセスにて同時不可避的に農産物が生産されるケースが多くあり，ジョイントコストの按分計算に関する問題点があることである．2つ目は，コスト発生と農産物育成の因果関係を明確に把握することが困難な場合が多く，原価凝着（原価の製品への粘着的な関係性）の観点から直接費を特定することが困難な場合が多くあるという問題点である．この点は簡便的な実務の観点から，所得税法上も未収穫農産物等の部分原価での棚卸資産評価を容認する規定にも見て取れる（国税庁，2006）．このような理由から，既往の研究では，農産物原価計算の必要性は主張されてきたものの，実践的な適用事例の報告はそれほど多くない．農産物原価計算の実現を基礎として，ABC（活動基準原価計算）や原価企画，BSC（バランスト・スコアカード）等，新しい管理会計の技法を農業経営へ援用する研究については，今後の進展が待たれる．

［小田滋晃，保田順慶，珍田章生，伊庭治彦］

4-10

経営者能力

経営とは，経営者の目的や理念を具現化するために，刻々と変化する外部環境への適応を意識しながら経営の内外から資源を調達し，技術やノウハウを適切に組み合わせ，財やサービス（付加価値）を生み出す経済的活動である．ここで経営者は経営の主宰者であることから，経営者能力とは，**経営理念**を明確にするとともに経営の将来構想を構築すること，その構想を実現するために**戦略的意思決定**を行うこと，そして意思決定に基づく各工程の業務を適切に**執行管理**すること，この3つの機能を遂行する能力のことである．

●経営者能力研究の系譜　「農業経営研究における経営者能力研究はまず，同一条件でも経営成果に差が出るという事実認識から出発」した（淡路，1996 : p. 14）．他の要因がほぼ同一にもかかわらず経営間に労働所得の格差が生じる調査結果を紹介したテイラー等の先行研究をもとに，天間（1971）は北海道十勝支庁の畑作経営と酪農経営を対象に，農業粗収入が大きく財政的に安定している成功農家群と一般農家群にアンケート調査を実施し，経営主の性格，身体的能力，農業経験と学歴，生活態度，農業に対する興味，知的能力，集団の中での社交性や指導性等について比較検討を行い，農業者が成功するためにはどのような能力が重視されなければならないか，経営を成功させるための精神的能力は何かを解明しようと試みた．しかし，経営成果の格差を比較静学的に人的要素で説明しようとする人的資源論アプローチは，経営者能力の高低を測定する適切な指標の設定や成功している経営者のメンタルファクターをどのように確定できるのかといった分析手法上の困難があり，その後大きな進展はみられなかった．

次にあらわれたのが，企業成長論を基礎にして「農業経営発展と経営者の経営行動を動学的に捉え，……経営活動の経験を通した学習過程に着目し，そこに経営発展をもたらす経営者能力の成長の契機を見出そうとする」能力形成論的アプローチである（淡路，1996 : p. 17）．その代表的研究に，奈良県の施設いちご作農家を対象にアンケート調査と個別インタビュー調査を実施して，経営主体が就農後いかなるプロセスを経て経営管理の重要性を認識・展開してきているのかを実証した重富（1983）がある．そこでは理論仮説に，経営者能力形成プロセスを把握するためにピアジェの発達心理学に依拠した「準備性」概念と経営者能力の形成指標として「射程」概念を導入し，「「準備性」がある時に「射程」の拡大が起こるのであり，しかもその「準備性」として，基礎技術の修得，経営権の獲得，更に労働投下や数値に関する意識にも注目する必要がある」ことを解明した（重富，1983：p. 25）．しかし，この能力形成論的アプローチは，「特定の経営を取り上げ，特定の時期・環境下での経営者の行動とその成果を事例的に扱う方法をとるために一般化が難しく……普遍化することは容易ではない」（淡路，1996：pp. 18-19）．

その後1990年代以降は，これら一連の研究蓄積を踏まえ，冒頭に述べた経営者機能に着目し，それと経営発展との関係性に焦点を当てた経営者機能論アプローチが数多く展開されている．その中で木村（2008）は，清水（1983）に依拠しつつ，経営者能力を企業者能力，環境適応者能力，管理者能力の3つに捉え直し，全国の農業法人経営者や認定農業者等を対象に実施したアンケート調査結果から，企業形態別経営者能力に明確な相違があることを明らかにした．具体的には，販売金額3億円以上の企業農業経営では，3つの能力を発揮していると回答した経営者の割合が6割を上回っているのに対して，販売金額2千5百万円未満の生業的家族農業経営や販売金額1千万円未満の副業的家族農業経営では，いずれの能力についても発揮していると回答した割合が3割未満に留まっており，経営発展の視点からみて，経営者能力に大きな基本的課題を抱えていると論じている．

●次代に求められる経営者能力　これに対して石田（2013）は，「経済が成長・拡大の時代ならばともかく，成熟の時代に入り，しかもその成熟が貧困問題や財政問題を孕みながら展開されるという矛盾の時代にあって，農業経営者に対しプロトタイプの経営者像を押しつけることに違和感を覚える」（石田，2013：p. 6）と前書きした上で，サイモンの意思決定論に依拠しつつ，「経営者によって価値前提も事実前提も異なってくるから，そこから導かれる意思決定もまた多様なものがあって然るべき」で，次代を担う経営者には「価値前提，事実前提の知覚・感覚を磨くことこそ，経営者が具備すべき重要な要件」であり，この点において「（モノづくりの）技術力よりも（商品に価値を与える）**デザイン力**，**構想力**（トップマネジメント）を優先すべきである」（石田，2013：p. 12）と論じている．経営を取り巻く外部環境と内部環境の変化が激しく，将来の不確実性が増大しつつある今日，多様性の大切さを踏まえた正鵠を射た論点である．あわせて，次代の経営者には，家族経営か法人経営かを問わず，地域との良好な関係を築き，地域営農を牽引することが求められる．それは，農業生産に欠かすことのできない土地や水資源を地域社会が綿々と共同管理してきたからであり，生産や販売の作業自体も地域の慣習や価値観のもとで協働に行われることが多いからである．

［伊藤房雄］

4-11

農業経営戦略

経営戦略の定義についてアンゾフ（2015）は「事業活動についての概念提供，新しい機会を探求するための指針，企業の選択を絞り込む意思決定のルール」であるとし，伊丹・加護野（2013）は「組織としての活動の長期的な基本設計図を市場環境との関わり方を中心に描いた構想である」としている．後者によれば，戦略の特徴を，企業と市場環境との関わり方の基本方針を述べ，長期的な展望を与えようとし，行動につながる設計をし，人間の集団を牽引し，これからどうするかという意志を示すものであるとしている．戦略の対語は戦術であり，こちらは短期的・具体的な経営の方針を指す．

わが国の農業経営において，経営戦略という概念が用いられはじめたのは，市場環境が整い，販売を起点にして商品やサービス生産を計画するという条件が整備された後の1980年代後半以降である．米を事例に取れば，1987年の特別栽培米制度創設により，米生産者は通常の流通ルートの例外として，承認を得て消費者へ直接一定量の米を売ることができるようになった．それまでは農協などを経由してしか，米を販売することができなかった．これにより稲作農家は，消費者の求める米を生産・販売することが可能になった．それ以前は，野菜や果実などの商品作物生産を中心に，産地農協レベルで，より有利に販売するための出荷先市場選定はなされていたが，農家単位で経営戦略が実施される局面はごくまれであった．さらに，第二次世界大戦以来の食料不足の状況から一転して，1960年代後半以降，徐々に国内農業生産が拡大し，一方で世界的な貿易自由化の動向に伴い輸入農産物が増大する中で，1980年代終盤以降，農業経営の方向性や作物選択と販売チャネルの選択などに関して，経営内外の状況を勘案して適切な戦略を策定することが重要になってきた．

●農業経営戦略の領域　現段階の農業経営戦略は，事業規模の拡大，従来品と差別化できる新商品や新サービスの開発・提供を中心に策定されていると，広く理解されている．しかし現在の農業経営の担い手は，家族経営・雇用型法人経営・集落営農・農業参入企業などと多様化しており，かなり広い範囲の農業経営戦略領域が存在していると思われる．この視点に立つと，事業理念から始まり，法人化と経営形態および他の経営体との連携関係の選択，資本・人材・農地の調達と事業部門への配分，生産物と生産方法の選択，生産・加工・流通・消費に至るバリューチェーンにおける事業領域および関連事業領域の選択など，非常に広範囲の戦略領域が存在しているといえる.

経営資源の調達可能性から重要な戦略領域を考えれば，農地拡大に関しては地域差があり，圃場分散の問題は解決されていないものの，農家戸数の激減とともに状況は急激に緩和されている．また資本調達では，機械施設投資に伴う補助制度活用が可能であり，制度金融による低利長期融資などが利用できるほか，公的ファンドなどによる出資も受けることができる．一方で，経営者の資質や能力と従業員の質と量という人的資源に関する部分は，現在，最も希少な経営資源であり，重視すべき戦略領域であるといえよう．

●経営戦略策定手順　第1に経営全体に関わる戦略（企業戦略）を策定する．次に，1つの経営に含まれる，水田作，野菜作，農産物加工といった事業単位で事業戦略を策定する．続いて，技術開発，購買，生産，販売，人事，財務といった機能別戦略を策定するが，事業部門・機能別に戦略が異なることもあり得る．例えば，水稲作の販売戦略と野菜作の販売戦略は独立して策定されるといった具合である．また，他の農業経営や農業経営以外の組織との戦略提携が行われることも多い．これらの手順の中で，従来は事業戦略に留まり，経営全体を包摂する企業戦略をもたない農業経営が多かったが，大規模農業法人経営や農業参入企業では，企業戦略の重要性が認識されるケースが増えていると思われる．

●経営戦略の策定に用いられる手法　経営内外の強み・弱み・機会・脅威を整理した上で戦略を探るSWOT分析は，経営戦略策定に先立って多く用いられる．また，市場浸透・製品開発・市場開拓・多角化の4象限に整理して経営成長を検討するアンゾフの成長ベクトル分析は，新製品と新たな販売チャネルを検討する際に有効である．他にも，自社製品を市場の成長率とマーケットシェアの2軸4象限に位置づけて今後の資源配分を考えるPPM（プロダクト・ポートフォリオ・マネジメント）や，付加価値が事業活動のどの段階で生み出されているかを分析する手法であるバリューチェーン分析など，農業部門で経営戦略策定の際に有効な分析法がある．また，策定する戦略の類型としては，**ポーター**の3つの戦略（低いコストで競争に勝つコストリーダーシップ戦略，他社とは異なる価値を顧客に提供する差別化戦略，特定の市場にターゲットを絞る集中戦略）や，製品のマーケティングを行う際に売り手側が重視すべき4P（Product 製品・Price 価格・Promotion 宣伝・Place 流通）などの戦略手法は有効性をもつと考えられる．さらに一般の経営学で用いられている，その他の分析方法も，今後，農業経営が規模拡大していった際には，有効な分析方法として用いられる可能性がある．

［納口るり子］

4-12

農産物マーケティング

農産物マーケティングとは，工業製品等と異なる生産・商品特性をもっている農産物（その典型としての青果物）を対象にして，農業経営体や農協等の**産地**のマーケティング主体が，一般のマーケティング理論や方法を適用または援用し，価値創造と交換を行うことによって顧客を満足させるための一連の活動である．

農産物，特に青果物（植物工場での生産などの例外あり）の生産・商品特性として，①生産が土地・土壌条件や気候条件等の立地によって制約を受ける，②一年一作のものや周年供給が困難なものが多い，③収穫適期が短く，かつ保存や貯蔵適性が低いものが多いため，短期的な数量調整が困難である，④同じ産地の通常の生産においても数量や品質がばらつく，⑤主な技術開発が外部機関で実施されている，⑥一般的に多数の農業経営体が地域的に集積して産地が形成され共同輸送や共同販売が行われており，意思決定主体が重層的に存在する，⑦流通途上でカットや詰替などが行われ商品形態が変化することがある，⑧消費者が家庭で多様に調理して消費される，等が挙げられる．

●マーケティング・マネジメント　マーケティングは，製品中心の考え方から顧客中心へ，そして人間や社会中心へと時代とともに変遷しており，近年のインターネット上でのコミュニティの形成によって新たな段階に入っている．**マーケティング・マネジメント**には，古典的ながら重要な概念であるSTPや4Pがある．STPとは，セグメンテーション（Segmentation），ターゲティング（Targeting），ポジショニング（Positioning）の略である．また4Pとは，企業が操作可能なマーケティング・ミックスを構成する製品（Product），流通チャネル（Place），価格（Price），プロモーション（Promotion）のことである．STPと4Pは次のようなプロセスで実施される．まずSTPについて，企業は，事業領域およびその周辺の市場環境を把握し，市場を階層や用途等のセグメントに分割して（S），その中でターゲットとなる顧客層を定める（T）．そのターゲット顧客層に対して，自他社のブランドや製品のポジションを明確にした上で（P），顧客ニーズに応えられるとともに自社の強みを活かせる開発目標を定める．次にその実現に向けて4Pを決定していくが，まず製品開発を行い，続いて流通チャネル開発，価格設定，プロモーションを統合的かつ整合的に実施する．そして，自社ブランドに対する顧客の認知度，理解度を高め，購買行動を喚起するとともに，顧客とのコミュニケーションによって顧客満足度を高めて，再購買行動や潜在的顧客への推奨行動（好意的な口コミや書き込みなど）を促す．このようなプロセスを繰り返し実施し，持続的な経営を行う．

●農産物マーケティングの特徴　農産物においてもマーケティング・マネジメントの基本的な考え方やプロセスは同様であるが，産地の場合は農協の生産・販売部会等を意思決定主体として，先述の特性のもとで4Pを組み立てて実行する．まず製品は，消費者が使用することによって得られる便益を生み出す実体である．美味しさや栄養素などの食品としての中心的な価値と，スタイル，パッケージ，ブランド，栄養・機能性表示などの諸属性に加えて，サービスや品質保証，認証などによって構成される．製品戦略の１つの柱は**製品差別化**である．一部の農産物ブランドでは，製品差別化によって顧客に認知され選好されているものがみられるが，立地条件，独自品種・技術，認証制度等に基づかないとその効果の持続は困難である．特に品種開発は，外部機関で担われていることが多く，産地としての独自性を追求することは難しい．製品の品質がばらつくことと相まって，製品戦略としては，技術選択とその後の高品質化や品質の均一化などの方策がとられている．コールドチェーンや朝採り販売など流通チャネルを通じた差別化，加熱用など特定用途に特化した消費者の使用場面を捉えた差別化，作り手のこだわりや地域資源との関わりなどの物語性を付与した差別化などの戦略もとられる．

次に流通チャネルは，商品を顧客に届けるまでの諸活動を担う流通過程の連鎖であり，需給整合，物流，金融，情報伝達，市場調査などの機能がある．青果物流通では，需給整合や物流，金融面から卸売市場流通が重視されてきた．しかし近年では卸売市場流通においても相対取引や契約型取引が増加しており，さらに庭先やインターネットでの直売，農産物直売所やインショップへの出荷，およびそれらを仲介する流通業者への出荷，加工業者や小売業者との直接取引など，多様な流通チャネルが存在している．顧客中心や**バリューチェーン**の考え方も浸透してきており，特定の顧客ニーズへの対応や流通チャネル全体での価値構築が重視され，取引先との戦略的な連携や資本関係のある提携に発展する場合もみられる．

そして価格は，製品コンセプトや流通チャネルに合致するように設定される．卸売市場でのせり取引では必須ではないが，近年では直売や契約型取引などでコストを基準にした指標価格の設定が必要になっている．

最後にプロモーションは，需要を喚起するための情報提供であり，顧客との関係性を構築する活動である．店頭での人的販売や販売促進，マスコミに取り上げられるパブリシティに加えて，直売やウェブサイト，SNS等を通じたコミュニケーションが行われており，その重要性が増している．　［河野恵伸］

4-13

農産物の販売チャネル

販売チャネルとは，製造業者（生産者）の視点から商品・サービスが流通業者を経て消費者に至る経路を指す用語である．これと類似した用語として流通チャネルがあるが，これは同じ経路を社会的な視点から捉えようとする点が異なる．一般に販売チャネルを構成するメンバーは，川上から製造業者（生産者），卸売業者，販売代理商，ブローカー，小売業者などの中間業者である．その機能には，調査，プロモーション，接触，マッチング，交渉，物流，金融，危険負担がある．また販売チャネルは，経路の長さ（段階数）や閉鎖性（参入の難易）によって分類される．前者についてみると，小売業者も介さず消費者に販売する直売が最も短いチャネルで，卸売業者や小売業者を加えるに従って段階数の多い長いチャネルとなる．後者については，取引を行う卸売業者や小売業者を特定しない開放型，卸売業者や小売業者を少数に特定する閉鎖型，さらに両者の中間の選択型がある．農産物の販売チャネルは，生産者が零細なため資力に乏しく，天候による供給変動も大きくリスク分散が必要なため，複数の卸売業者や小売業者を経由する長くて，参入が容易な開放的な伝統的チャネルが一般的であった．また品目により商品特性や流通特性も大きく異なるため，それぞれに固有なチャネルが形成されてきたことから，以下では主要品目ごとに概要を述べる．

●米　農家や農業法人など農業経営の米販売チャネル（直接の取引先）は，農林水産省（2017a）によれば，農協（46%），卸売業者・小売業者への直売（直接集荷）（16%），消費者への直売（11%），自家消費（無償譲渡を含む）（18%），その他（1%）となっている．依然として農協が半数弱を占めているが減少傾向にあり，これに対して事業者や消費者への直売は増加傾向にある．なお農産物直売所における米の販売は，5.5〜7.8 万 t と米流通量の約 1% と推定される．農協や産地集荷業者は，主に消費地の卸売業者へ，一部はスーパーマーケットチェーンなどの大規模小売店に販売し，さらに卸売業者からは小売店や外食企業に販売される．大規模な水田作経営においては，経営の目的や戦略に応じて，高価格販売の期待できる消費者への直売，低価格ながら大ロットで物流効率の高い卸売業者・小売業者への直売，安定性の高い農協といった特性の異なるチャネルを選択，または組み合わせることにより，利益追求とリスク分散のバランスをとるようになっている．

●青果物　農業経営の野菜販売チャネル（直接の取引先）は，農協，集荷業者，カット業者，卸売市場，**農産物直売所**，通信販売などで，これらのうち農協が半数以上を占め，残りは主に集荷業者，直売所と推定される．農協のシェアは減少傾向にあるといわれているが，少なくとも商流からみると大幅に減少しているとはいえない．農林水産省（2001）によれば，農協の出荷先の約 8 割は**卸売市場**であり，卸売市場（中央卸売市場の仲卸業者）の販売先の半数以上はスーパーマーケット等の大規模小売店である．しかし，小林（2017）によれば，国内で生産される主要野菜 13 品目についてみると，小売店を経由して消費者に購買される比率は 4 割強で，残りの 6 割弱は多様なチャネルを通じて外食・中食の業務用および加工用に仕向けられていると推計されている．このため，大規模な野菜作経営だけでなく，既存の野菜産地の農協においても，価格は低いが安定した外食・中食および加工関係の事業者との契約取引の取組みが増加している．果実の販売チャネル（直接の取引先）も，農協，集荷業者，カット業者，卸売市場，農産物直売所，通信販売などで，これらのうち農協が半数以上を占め，残りは主に集荷業者，直売所と推定される．なお，通信販売では，主に高品質，高単価の商品が取り扱われており，果樹作経営にとっては高収益追求の有力な戦略となっている．

●畜産物　生乳の販売チャネルは，農林水産省（2017b）によれば，酪農家が農協・酪農協から指定団体（酪農協連合会・農協連合会）を通じて乳業メーカーに販売する比率が 2016 年には 97% と大半を占めている．残りのうち 2% は，酪農家が直接または農協・事業協同組合，販売業者を通じて乳業メーカーに販売するチャネルである．肉用牛のうち子牛の販売チャネルは，生産者から農協，家畜商，家畜市場へ，または生産者が農協や家畜商を通じて家畜市場に出荷するものがある．家畜市場に出荷された子牛は肥育牛生産者に買い取られる．肉用牛のうち肥育牛については，生産者から直接または農協や家畜商を通じて，卸売市場を併設したと畜場，食肉センター，一般と畜場に出荷され，と畜・解体・処理された上で卸売業者（食肉問屋），食肉加工業者，全農などに買い取られる．これら販売チャネルのうち，農協経由のシェアは 5 割弱を占めている．豚の販売チャネルは，生産者から直接，または農協や家畜商を通じて食肉センター，卸売市場を併設したと畜場，その他と畜場に出荷され，と畜・解体・処理された上で卸売業者（食肉問屋），食肉加工業者，全農などに買い取られる．これらのうち農協経由のシェアは 2 割強にすぎず，8 割弱は家畜商などを通じて販売されている．食鶏の販売チャネルには，雛と飼料の配給から飼養，処理，販売までを一貫管理する大量生産・大量流通の農協系または商社系のインテグレーションが形成されている．

［佐藤和憲］

4-14

複合経営

複合経営とは，単一の作目（作物や家畜の種類のことを示す）生産だけでなく，複数の作目を栽培・飼養する農業経営のことをいう．農業統計では，作目の販売金額割合により，特定の作目の販売割合が80% 以上の経営を**単一経営**，80～60% 以上を準単一複合経営，60% 未満の経営を複合経営と区分している．販売のあった経営体数が対象となるが，それぞれの経営体数割合は，表1に示したように単一経営が約80% を占め，**準単一複合経営**は約15%，複合経営は約5% であり，販売のあった経営体数が大きく減少している中にあって，構成比はほとんど変化していない．

●複合経営の長所　農業統計における複合経営の定義は存在するが，複合経営が注目された背景には，単一作物のみの経営と比較した場合，作況変動や価格変動に伴う収入変動の緩和や単作的土地利用に伴う連作障害回避などの長所が存在することが指摘される．このほか複合経営は，季節的な繁閑の存在を特徴とする農業労働の有効活用，農業機械の稼働時間の延長，作物の特性を踏まえた前後作による肥料費の節約や雑草抑制による農薬費の節約などの効果が期待される．これら農業経営費の節減や経営資源の有効活用という効果は**補合・補完**関係が存在すると理解されている．補合は生産物の増産を伴わない場合，補完は生産物の増産をも伴う場合を想定するが，複合経営は労働力，土地，資本といった経営要素利用において，作物・作目間の相互関係に注目し，競合関係を抑制し，補合・補完関係を追及する営農類型と考えられている（このような効果を労働力利用共同，機械利用共同，土地利用共同などと整理することもある）．

表1　農業経営組織別経営体数の動向

（単位：経営体，%）

年度	販売のあった経営体数	経営組織別構成比				
		単一経営	うち稲作	準単一複合経営	うち稲作主位	複合経営
2000	2162350	77.5	54.1	17.7	7.0	4.9
2005	1760755	77.7	51.8	17.0	6.5	5.3
2010	1506576	78.4	51.3	16.4	6.0	5.3
2015	1245232	79.5	50.3	15.5	5.5	5.0

［出典：農林業センサス各年度］

●複合経営の動向　複合経営育成の具体的取組みとしては，米生産調整に伴う転作作物を導入した複合経営育成や第二次大戦後の有畜複合経営の育成などを挙げることができる．前者は，経営耕地面積拡大が進展しない状況下，複数作物生産による販売金額の安定化や増加が期待されていた．転作政策の変化の影響を受けながらも，稲＋麦＋大豆作経営など現在も取組みが継続している．また，後者の畑作＋酪農の複合経営は（北海道では「混同経営」と称することもある），有畜化による肥沃度の向上や冷害への対応という経営安定化を目的にしていた．この有畜複合経営は，1970年代半ば，機械・施設への個別投資，集出荷体制合理化への対応投資などを背景に，それぞれ畑作経営と酪農経営の専作経営に分化し，その数は大きく減少している．

複合経営の作物・作目の組合せには農畜産物価格の変化のほか，農業機械や肥培管理技術の進展が大きく影響していると考えられる．特に耕種と畜産を行う複合経営は，耕種部門が飼料や敷料を，畜産部門が堆きゅう肥を，相互に供給する関係が期待されるが，前述のような理由で専作経営への分化が進む結果となった．このような実態を踏まえ，複合経営の長所を活かそうと個別経営の複合化ではなく地域レベルでの複合化を育成する動きもみられた．いわゆる「地域複合」の取組みである．現在進められている「耕畜連携」の取組み，酪農経営などを支援するコントラクター・TMRセンターなども，複合化論の観点から検討することも必要であろう．酪農では，コントラクターは粗飼料の収穫調製作業を受託し，TMRセンターは粗飼料を含めた混合飼料を生産・配送し（北海道では粗飼料の収穫調製作業も受託する組織が一般的である），酪農経営の労働支援を行う組織である．耕畜連携では連携経営間や当該地域間における効果の検討が，労働力支援が強調されている酪農支援組織では飼料自給率の動向や低コスト生産への可能性など多方面からの検討が求められる．

●複合化と多角化　従来の経営複合化は作物・作目の導入として考えられ，その経済的効果などの検討が行われてきたが，近年取組みがみられる6次産業化では経営の多角化として把握されている．経営多角化は複数の生産部門の導入や加工，販売部門さらには飲食・観光部門の導入事例がみられる．こうした取組みを農業経営の複数事業部門の導入と捉え，部門導入の必然性や他部門にもたらす効果などの研究を進めることが必要であり，複合化として再把握することも重要であろう．特に，先に指摘した複合化の効果の中でも資金面での効果を扱った研究はほとんどみられず，部門導入に伴う資金調達やキャッシュフロー問題の検討などは重要な研究課題である．

[志賀永一]

4-15

6次産業化・農商工連携

地方創生，地域活性化が重要な国家的課題であるのはいうまでもないことであろう．6次産業化，農商工連携はともに地域において，農林水産業（1次産業）の生産だけでなく，それらを原料とした加工（2次産業）や，販売，サービス（3次産業）を取り込み，地域に付加価値を取り込む連携事業を通じて，地域活性化を目指す事業のことである．だが，その成り立ちや支援制度，中心となる主体には若干の差があり，この2つの事業は，それぞれ別々に発展を遂げているといえよう．

●農商工連携とは　6次産業化と農商工連携の成り立ちを遡ると，農商工連携がより早くその支援制度が成立している．農商工連携は主に中小企業庁がその中心的支援組織として，中小企業者と農林漁業者とが有機的に連携し，それぞれの経営資源を有効に活用して行う事業活動を総合的に支援するものとしている．この取組みは2007年11月から動きはじめ，経済産業省と農林水産省が共同で支援している．この支援制度はもちろん，農業分野，商工業分野両方に大きく関係しているが，その主体的支援組織からもわかるように，地域における商工業者への支援を主な目的としてスタートしている傾向が強い．地域における農林水産資源を活用したブランド品の開発等を通じて，地域の商工業者を支援するのが制度の趣旨といえよう．

●その支援制度は　農商工連携の中心的支援制度は農商工等連携促進法（中小企業者と農林水産業者との連携による事業活動の促進に関する法律：2008年5月成立）である．その中身は，中小企業者と農林漁業者が連携し，事業計画を策定，事業が認められればその新商品や新サービスの開発・販路開拓等の取組みについて支援を行うもので，信用保証協会による保証枠の拡大や，日本政策金融公庫による低利融資・債務保証，日本貿易保険による保険業務の拡充などがある．

●6次産業化とは　一方，6次産業化は農商工等連携促進法成立後，農林水産省が中心的支援組織として，農林漁業者の主体的な商工業者との連携を推進するために成立したものである．6次産業化とは，1次産業としての農林漁業と，2次産業としての製造業，3次産業としての小売業等の事業との総合的かつ一体的な推進を図り，農山漁村の豊かな地域資源を活用した新たな付加価値を生み出す取組みであり，これにより農山漁村の所得の向上や雇用の確保を目指している．

●その支援制度は　6次産業化の中心的支援制度は，地域資源を活用した農林漁業者等による新事業の創出等および地域の農林水産物の利用促進に関する法律（六次産業化法：2011年3月施行）に基づくものである．その中身はまず，初めに農林漁業者等が農林水産物および副産物（バイオマス等）の生産およびその加工または販売を一体的に行う事業活動に関する計画を立てる．農林水産大臣の認定を受ければ，農業改良資金融通法等の特例（償還期限および据置期間の延長等）や，野菜生産出荷安定法の特例（指定野菜のリレー出荷による契約販売に対する交付金の交付）等が適用される．また研究開発においては，種苗法の特例（出願料・登録料の減免）や，農地法の特例（農地転用許可に係る手続の簡素化）等さまざまな支援が行われる．

●両者に共通する課題　農商工連携，6次産業化ともに数多くの事業計画が立てられ，新商品の開発等が進められているが，多くの事例で共通する課題が存在するのも事実である．その課題とは農林水産業，工業分野，商業（消費者）分野に内在する需給のミスマッチである．例えば，原料供給部門としての農業分野では，これまで多くの農業地帯（産地）で加工用原料の生産だけではなく，生鮮品をメインの品目として生産が推進されており，品質，価格（コスト）の両面で，加工原料用の生産物としては不向きな生産が多い．また，食品加工分野においても，品質，量の安定は，原料利用として最も重視する項目であり，生鮮品の規格外品の原料利用では品質，量ともに安定せず，おのずと安定供給に限界が存在するケースも多い．また，消費者と対峙する商業分野においては，消費者ニーズに沿った安定した品質の商品を，しかも消費者が購入可能な価格帯で供給することが基本的な経営方針であるが，国産農産物の原料利用はコスト（価格），品質の両面で十分そのニーズを満たしていないケースも多い．国産農産物を原料として利用したいという潜在的ニーズはあるものの，加工・商業（外食企業）分野が供給できる量に見合う国産原料を確保するのは容易でないケースも多々みられる．さらに，消費者においても，国産農産物を利用した加工品や外食食材を購入したいという潜在的ニーズは確かに高まってきているが，それら商品の価格はどうしても相対的に割高であるし，安全性を重視し，高価格であっても購入を決断する消費者層は一部に限られる．このように農業，食品・外食企業，消費者に内在するミスマッチによって農商工連携，6次産業化の推進には大きな阻害要因が存在している．

●両事業の優良事例の特徴　しかし，このように，多くの課題を抱えながらも，事業者の創意工夫により，特筆すべき優良事例が全国には点在している．これらの事例の多くは前述した課題を農林漁業者，商工業者が一体的にその問題克服に挑戦し，時には企業や大学の研究機関，県の試験研究機関等多くの関連業者とも連携しながら，事業を軌道に乗せている．

［堀田和彦］

4-16

経営継承

農業経営者の世代交代，つまり若い世代の農業者に農業経営を引き継ぐことを**経営継承**と呼ぶ．農業経営継承事業（2008～17年度）によって政府が支援策を講じる等，経営継承は行政用語としても定着している．農業の経営継承に対する関心が高まったのは1990年代以降であり，その背景として次の点が挙げられる．

第1に「人」に関する問題である．農業就業人口の厚い層をなしてきた昭和一ケタ生まれの世代が年金受給年齢に達し，農業からの引退が進んだ．農業就業人口の分析を通じて以前から予想されていた事態（並木，1960；中安，1978）が顕在化したのである．これに第2の「経営」に関する問題が重なる．「経営感覚に優れた効率的・安定的な経営体の育成」を謳う「新しい食料・農業・農村政策の方向」（1992年）および世界貿易機関（WTO）の設立（1995年）を契機とする農政改革に後押しされて，農業経営の規模拡大や法人化がかつてない速さで進展した．

伝統的な零細農業経営のままでは若い農業者の確保は困難であり，人材の確保と経営の確立の同時達成が求められる．1990年代以降の日本農業は，後継者不在の零細経営が有する農地の放出→その集積による経営規模拡大→有能な人材確保というメカニズムが作動する格好の条件を備えたという見方ができる．しかし実際には農地集積と人材確保が順調に進まず，農業者の高齢化と減少によって日本農業は全般的に縮小傾向をたどっている．

●就農支援政策　就農支援政策が本格化したのは1995年の就農支援資金制度の開始からである．この制度は研修・経営開始・初期投資に向けた資金需要に対し無利子資金を融資するものであった．都道府県が設置する青年農業者等育成センターが融資業務を担当し，このセンターが就農相談窓口の役割を果たすようになった．2008年からは助成金・給付金を支給する制度に切り替えられていった．すなわち同年，農業法人等での研修の支援を目的とする農の雇用事業が開始され，法人経営の従業員としての就農ルート（雇用就農）を拡張した．2012年からは準備型（就農前研修）2年，開始型（就農後の経営確立）5年の最長7年間の支援を受けることができる青年就農給付金の制度が始まり，現在も農業次世代人材投資資金と名称を変えて続いている．これらの制度変更に伴い，就農支援資金は2014年から青年等就農資金に切り替えられた．旧資金制度中の就農施設等資金を拡充し，実質的に担保・保証人を不要とする融資が行われている．

●中小企業の事業承継との異同　中小企業分野でも事業承継という呼称で類似の問題が生じており，オーナー経営者の世代交代をいかに進めるかが課題となっている．経営承継円滑化法の成立（2008年）後，相続税・贈与税の納税猶予制度，民法の遺留分に関する特例，金融支援をはじめとする支援対策が講じられるようになった．さらに2018年度税制改正により事業承継税制について10年間限定の特例措置がスタートした．

中小企業では，事業承継の障害として税制が問われることが多い．また，後継者となる子が不在の場合に，従業員や役員への第三者承継に加えＭ＆Ａ（合併・買収）が有効な対応策になると考えられている．このように農業と中小企業では直面している問題の性格が異なり，これが経営継承と事業承継という呼称の違いにつながっている．他面，経営規模拡大の進展により，中小企業分野と共通する問題を抱える農業経営が増えている．また，中小企業分野でも都道府県単位に事業引継ぎ相談窓口や支援センターを設置して地域対応を重視する等，農業と共通する取組みが進んでいる．

同じことは外国の農業との比較についてもいえる．イエとムラを社会的基盤とする日本農業の経営継承は際立った特徴を示していた．しかし，その伝統からやや離れた位置にある大規模経営や法人経営も後継者不在や経営継承に関する困難を抱えており，そこに欧米農業と共通する問題が認められる．経営規模拡大や農家家族の変容によって，経営継承の問題構図は複雑化する方向にある．

●経営継承をめぐる課題　従来の日本農業は，各々の農家がイエのあとつぎを確保し，農地等の家産と家業である農業の継承が行われてきた．しかし，イエのあとつぎの確保が難しくなり，農業経営の規模や企業形態も変化していることから，経営継承のあり方も変化せざるを得ない．今なお多数を占める農家子弟の親元就農に加え，第2，第3の就農ルートとして，個人ないし企業・団体による**新規参入**の可能性を拡張すること，さらに企業・団体が営む農業経営への雇用就農を安定化させるという課題が浮上している．

それには，若い農業者が活躍できる農業経営の確立と合わせて，農業に関する知識・技能習得の機会を提供する等の人材育成の仕組みを強化することが必要である．また，人と経営のそれぞれについての対応だけではなく，人と経営を結びつける対応が求められる．すなわち，有形・無形の経営資産の受渡しを進めるために資金調達等，資産取得に向けた諸条件を整えることが重要である．また，農地等の資産を円滑に譲り渡すための対応も必要である．国や地方自治体の政策と合わせ，農業者や農業団体による地域レベルでの取組みが期待される．

［柳村俊介］

4-17

農業の新規参入

農業就業人口の高齢化と減少が続く中で，**新規就農者**を育成することが求められている．2015年に国が策定した「食料・農業・農村基本計画」においては，「将来に向けて世代間のバランスのとれた農業就業構造を実現するためには，青年層の農業就業者を増加させていくことが喫緊の課題である．このため，農業の内外からの青年層の新規就農を促進する．また，次世代に農地等の資源を着実に継承するための経営継承や，リース方式による企業の農業参入を促進する．」と述べられ，新規就農の促進等が農業政策上の重要課題であると位置づけられている．

●新規就農者数の推移　新規就農者は，①新規自営農業就農者（家族経営体の世帯員で，学生や他の勤務から自営農業へ主に従事するようになった者），②新規雇用就農者（農業法人等に常雇いされ農業に従事した者），③**新規参入者**（土地や資金を独自に調達し，新たに農業経営を開始した経営の責任者および共同経営者）の3つに分けられる．表1に示したように，近年新規就農者は減少傾向にあったが，最近では再び6万人を超え，そのうち新規参入者は3500人前後で推移している．49歳以下に限ってみると，新規自営就農者は減少傾向にあるものの，新規参入者は2500人前後で横ばい，新規雇用就農者は8000人を超えて増加傾向にある．表には示していないが，新規参入者の経営作目は，野菜が非常に多く（65%），続いて果樹（15%），稲作（7%），花き・花木および畜産（いずれも4%）

表1　新規就農者数の推移　（単位：人）

年	合　計	うち49歳以下	新規自営農業就農者	うち49歳以下	新規雇用就農者	うち49歳以下	新規参入者	うち49歳以下
2008	60000	19840	49640	—	8400	—	1960	—
2013	50810	17940	40370	10090	7540	5800	2900	2050
2014	57650	21860	46340	13240	7650	5960	3660	2650
2015	65030	23030	51020	12530	10430	7980	3570	2520
2016	60150	22050	46040	11410	10680	8170	3440	2470

（注1：2013〜2014年調査結果は，福島県の一部地域を除いて集計した数値である．注2：2015〜2016年の新規自営農業就農者および新規雇用就農者の数値には，福島県の一部地域は含まれていない．注3：新規参入者については，2014年調査から「経営の責任者」に加えて「共同経営者」が含まれている．注4：2015年の新規参入者は，熊本県の4農業委員会（市区町村）は，集計に含まれていない．注5：四捨五入されているため合計値が合わない場合がある．）［出典：農林水産省『平成28年新規就農者調査』（2017年9月8日公表）より筆者作成．］

となっている（全国農業会議所・全国新規就農相談センター，2017 : pp. 13-14）

●新規参入者の経営課題と支援制度　上記の会議所・センターの調査により，新規参入者が抱える「経営面での課題」（複数回答）をみると，「所得が少ない」（55.9%），「技術の未熟さ」（45.6%），「設備投資資金の不足」（32.8%），「労働力不足（働き手が足りない）」（29.6%），「運転資金の不足」（24.3%）があがっており，特に所得問題では「おおむね農業所得で生計が成り立っている」と回答したのは全体の 24.5% に留まっている．「農業所得による今後の生計の目処」について「今後，目処が立ちそうだ」と回答したのは全体の 72.7% であるが，就農後 5 年以上経って「おおむね農業所得で生計が成り立っている」と回答したのは 48.1% と，半数以上の新規参入者が農業所得による生計が成り立っていないことが伺える（前掲書 : pp. 49-50, p. 58）．

こうした実状も踏まえて，国では新規就農者への支援に力を入れている．2012 年からスタートした「**青年就農給付金制度**」（2017 年度より「**農業次世代人材投資事業**」と改称）では，原則 45 歳未満で独立・自営就農，雇用就農，親元での就農を目指す人を対象にして，就農前の研修期間（準備型：最長 2 年）および経営が軌道に乗るまでの期間（経営開始型：最長 5 年）において所得支援（年間最大 150 万円）が行われる．また，「日本農業経営大学校」（一般社団法人アグリフューチャージャパン：2013 年設立），「ふくい園芸カレッジ」（福井県が 2014 年に開設），「有限会社（農業生産法人）かみなか農楽舎」（福井県若狭町：地元の自治体と農家，民間企業が 2002 年に設立）等，民間の団体や地方自治体が中心となって新規就農・参入者の育成や希望者の受入れを積極的に行うケースがみられる．

●一般法人の農業参入　2009 年の農地法改正により，法人形態や事業の内容にかかわらず農地を借り受けて（リース方式）農業に参入することが可能となった．その結果，食品関連産業や建設業，製造業などの参入が進み，一般法人の農業参入数は，当初（2009 年末）の 427 法人から 3030 法人（2017 年末）と増加した．株式会社が全体の 6 割以上を占めるが，近年 NPO 法人等の参入も増えてきている（農林水産省経営局資料）．株式会社の農業参入については，土地利用型農業の場合，経営がうまくいかないとかえって農地の荒廃につながるおそれがある，施設型農業の場合でも地元の雇用拡大につながるのかどうか等，かねてより慎重論が存在する．その一方で，農業における新しい担い手の創出や遊休農地の活用，地元の産業や異業種団体との連携促進など，一般法人の農業参入への期待も大きい．

［北川太一］

4-18

農業生産組織・ファーミングシステム

農業生産は自然力を利用して営まれるものであり，人工的な環境を整備して行われる工業と異なる．このことに起因する第1の特質は，**農家**が農業生産の大宗を占めることである．天候ひとつとっても自然力は不確実であるが，家族で働く農家はその変化に比較的柔軟に対応できるからである．ただし，一戸の農家のみで農業生産を完結することが難しい，もしくは合理的でないことがあるため，しばしば複数の農家で共同・協力関係を結ぶ．それが農業生産組織である．第2の特質は，農家やそれがおかれた生産条件の多様性である．農家は各々が異なる家族構成，栽培作物や飼養家畜を有している．それをいくつかの要素からなる体系（システム）として捉えるのがファーミングシステム（以下，FS）である．

●農業生産組織とは　農業生産過程において複数の農家が一定の合意のもとに共同・協力関係を結んだのが農業生産組織である．共同・協力の内容により，次のように分類される（吉田・菊元編，1982）．①品種や栽培方法を統一する栽培協定組織．一定品質の生産物を一定数量確保することでその市場評価を高めるなどのねらいがある．②一緒に農作業を行う共同作業組織．③資金を出し合って機械・施設を購入する共同所有組織．④それらを一緒に利用する共同利用組織．⑤組織構成員以外から農作業を請け負う農作業受託組織．

いずれも組織を構成する農家は独立した経営を営んでおり，農業生産組織はそれを補完するものである．なお，農村には地縁的な社会集団である集落が存在するが，それを基盤とする農業生産組織は**集落営農**（組織）と呼ばれている．

●なぜ農業生産組織が注目されたのか　1960年代から80年代終盤にかけて，全国の水田地帯を中心に農業生産組織が多数形成され，それをめぐって活発な議論がなされた．代表的な議論は，農業生産をどんな主体が担うのかというものである．わが国では第二次世界大戦後の**農地改革**によって1～2 ha程度の農地を所有する農家が多数形成された．農業経済学の重要な関心事の1つに，この土地所有者であり，資本家でもあり，かつ労働者でもある農家がどう分化・分解していくかがある．換言すると，離農する農家から農地を購入または借り入れることで経営規模の拡大が進み（＝農地集積），いずれは農業においても労働者を雇用する資本主義的経営が形成されるかどうかである．農業生産組織はその過渡的形態だとする主張と，逆に農家の分化・分解に歯止めをかける存在だとする主張が展開された．1990年代になると農業生産組織を中心に据えた議論は下火となったが，

2000年代以降は上述した集落営農（組織）を対象とした研究が活発化している．

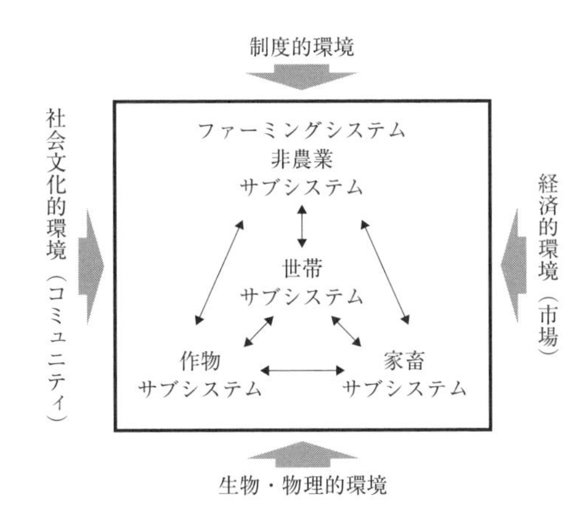

図1　ファーミングシステムの概念図［出典：コールドウェル他（2000）p.26を一部改変.］

●ファーミングシステムとは　以上のように農業生産組織論は主として農家間における生産要素（土地，労働，資本）の所有あるいは利用の関係に注目するものであり，作物や家畜の組合せなど，生産技術や物質代謝への関心はやや希薄である．これに対しFSは農家もしくは農家集団を1つの体系（システム）として捉える（コールドウェル他，2000）．日本語では営農体系や農業体系などと訳される．図1の太枠がFSであり，①世帯員の組合せである世帯サブシステム，②作物の組合せである作物サブシステム，③家畜の組合せである家畜サブシステム，④工芸品など農産物以外の生産活動である非農業サブシステムから構成される．これらはいずれも農家もしくは農家集団によりコントロール可能である．FSを制約する条件となるのは，①生産資材や農産物の価格などの経済的環境，②土壌条件や気象などの生物・物理的環境，③食嗜好や人口構成などの社会文化的環境，④土地所有制度や農業政策などの制度的環境である．

●ファーミングシステムの視点で捉える意義　増大する世界の人口を養うには，開発途上国における農業生産力の向上が必要である．そのためには農家個々の事情に対応した農業指導や技術普及を行うことが理想であるが，時間的にも経済的にも限界がある．そこで農業生産をFSとそれを取り巻く環境という視点から類型（ドメイン）に分けることにより，地域特性に適合し，かつ効率的な指導・普及が可能となる．

また，土壌の塩類集積や家畜ふん尿による環境汚染など，農業の持続可能性が問われている．こうした中，FSの視点を導入することで，経済性のみならず物質代謝の面からも農業生産を評価・分析できるようになる．それは持続可能な農業生産への転換に向けた世論形成や政策決定を促す上で極めて重要である．

［中村勝則］

4-19

農業経営と地域・集落

居住を軸として拡がる一定範域の空間と社会のシステムを「地域」とすれば，農家にとっての地域は，生産と生活の場としての集落であり，通常「むら」と呼ばれる．むらは土地・作物・人間の3つの要素からなり，それらすべてが保全されることによって，むらでの生産と生活が成り立ってきた．特に農業生産のみならず生活環境の基盤でもある土地の保全は，むらの存否に関わる最重要な機能である．現代社会において土地は私的所有の対象であり，原則として自由な私的利用は許される．しかし，他の生産手段と異なって不動の地域資源であり，まして**零細分散錯圃制**を歴史的に背負ってきたわが国の水田農村においては，各家の私的所有に重層する形で，むら全体としての総有的土地所有観が潜在している．そのため，私的所有がそのまま私的利用につながらず，むらを単位とした集団的秩序の下での限定された私的利用とならざるを得ない．さらに，水田における土地利用は水利用と切り離すことができず，取水・配水・排水・水路管理等の各局面で否応なしに集団的対応が求められる．以上のことから，各家を個別経済単位とする農業経営の展開は，必然的にむらを単位とする集団的対応が前提となり，場合によっては集団的規制を伴うことになる．

他方，生活の場としてのむらは，集落住民の生活保全の役割をも担ってきた．具体的には，構成農家の永続的な継承・発展のために，内部では農家間の相互扶助や平等・公平原則に基づく利害調整，外部に対しては結束力を強める社会的統合の役割を果たしてきた．昨今，兼業化・都市化・混住化の進展によるむら構成員の異質化に伴い，こうした人間保全機能の弱体化が懸念されており，都市同様にコミュニティの再生が喫緊の課題となっている．

●農業経営の展開と集落　農業経営の展開と集落との関係は，時代とともに変化してきた．第二次大戦後に限定すれば，戦後自作農の増産意欲を背景に，1950年代後半から水稲集団栽培組織が結成され，品種統一・共同防除および肥培・水管理などの一元化が図られ，各農家の水稲単収が向上した．まさにむらの機能を活用することによって，農業経営が改善された．60年代には家族労働力が農外に流出しはじめたことに対応して，大規模層と中小規模層の農家が連携して協業編成を組み，当時機械化されていなかった農繁期作業を乗り切った．この時期はまだ各家の農業経営構造は同質的であったので経営目標も共通しており，「お互い様」の相互扶助的労働提供が集落の中で許容されていたのである．このように

60年代までは農業経営の展開と集落とは整合的な関係にあった．70年代に入ると，圃場整備事業を契機に集落をベースとした大型高性能機械・施設の共同利用組織が形成された．ところが，この時期には兼業の深化と専業農家による単一部門の規模拡大とが相まって，構成農家の異質化が進み，以前のような相互扶助や平等原則に基づく労働出役は困難になっていた．同時に，機械・施設の効率的利用の観点からも，少数農家グループによる共同活動が好ましかった．そのため，この種の共同利用組織はその後集落から離れ，作業・経営受託組織へと再編された．80年代には水稲偏重の水田利用の是正が強く要請され，大豆等の畑作物定着へ向けた団地転作が推進された．こうした行政的外圧に際して，集落では平等・公平原則を旨とする互助金制度を案出し，土地利用調整による転作の団地化に大きく貢献した．90年代以降になると急速な高齢化を背景に，借地拡大型個別大規模経営体が叢生したものの，零細分散錯圃制のもとで，集落を超えるような外延的拡大は，圃場間移動の長距離化や水管理の煩雑化等を招来し，一定の限界に直面せざるを得なかった．その克服策の1つとして期待されたのが，農場制的土地・水利用を可能とする**集落営農**である．

●集落営農の展開　農水省「集落営農実態調査」によると，「集落を単位として，農業生産過程における一部または全部についての共同化・統一化に関する合意のもとに実施される営農」を集落営農と定義している．

集落を単位とした営農活動は，既述のとおり1950年代後半に登場し，当時は，「集落生産組織」，その後「地域営農集団」「地域農業集団」「地域型生産組織」等々，さまざまな名称が混在して用いられてきた．集落営農という用語が「農業白書」に登場するのは，1989年に**農業生産組織**の項目の中に「近年，集落等を単位とした生産の組織化を図り（中略），……地域全体として農業生産力の向上等を目指す集落営農的な事例が多くみられる」との内容で取り上げられたのが最初である．その後，集落営農が白書に再登場するのは1998年を待たねばならないが，90年代初めには概ね行政用語として定着し，自治体における地域農政の柱の1つとなった．例えば，島根県「島根農業振興対策事業（新島根方式）（1975年～）」，富山県「集落営農組織化促進事業（1982年～）」，滋賀県「集落営農ビジョン促進対策事業（1989年～）」が代表的である．集落営農は，当初こうした個々の農家の経営面積が相対的に小規模で，かつ農村の高齢化や兼業化が急速に進んだ中国，近畿，北陸地域を中心に進展した（「集落営農ベルト地帯」とも称された（小田切，2008 : p15））．これら地域の自治体が行う地域農政と極めて深く関連しつつ集落営農という用語が用いられたこともあり，集落を単位に活動する組織の総称として集落営農という用語が広く認知され定着した．この間，農政は集落営農については,「仲良しクラブ」的存在で地域農業の担い手たり得る存在とはみなしていなかったと推察されるが, 1999 年に制定された「食料・農業・農村基本法」において大きく方向転換がなされることとなった. 具体的には, その 28 条において,「集落を基礎とした農業者の組織」という表現で集落営農は, 今後, 育成すべき担い手の一形態として位置づけられた. さらに, 食料・農業・農村基本法を受けた 2002 年からの「米政策改革」では, 一定の要件を満たす集落営農を「集落型経営体」とした. また 2005 年の経営所得安定対策等大綱により具体的枠組みが示され, 2006 年に成立した「担い手経営安定新法」に基づいて実施された「品目横断的経営安定対策」, およびそれに続く「水田・畑作経営所得安定対策」では, 一定の要件を満たし 5 年以内の法人への移行を前提に集落営農は, 認定農業者とともに施策の助成対象として位置づけられた. これら政策の後押しを背景に集落営農は全国に展開していくことになるが, 他方で, 集落営農の取組みが進んでいなかった地域において, 集落営農を組織化しなければ施策の対象から除外されてしまうという強い懸念を農家だけでなく行政担当者も含めて生じさせた. これら地域では, 中国・近畿・北陸地域で取り組まれてきたものとは異なり, 助成金獲得に向けて政策が求める要件の充足を主目的とし, 家族経営を残した形態である「枝番管理型」と呼ばれる集落営農が多数設立された. その後の政策変更や組織化の進展を受けて, 近年では, 集落営農数は横ばい状態（1 万 5111 組織, 2018 年）で推移している. 農業労働力の減少と高齢化が進む中で, それに対応するものとしての集落営農の組織化の動きはそれほどの進展はないが, この間の政権交代に伴う政策変更がなされたにもかかわらず, 集落営農の解散は相対的に少ない. これは, 枠組みとしての集落営農に一定の評価が示された結果といえよう. 一方で, 集落営農の法人化は一貫して増加傾向（34%, 2018 年）にある. 当初は, 政策の支援要件に法人化が含まれていたことが大きな理由であったが, 近年は, 高齢化の進展等に伴う離農者の農地の借入や, 収益向上を通じた組織外部を含めた雇用労働力の確保の必要性の高まり等に起因するところが大きい.

高齢化等の課題に対応するため, 集落営農の仕組みそのものの再編を図る取組みもみられる. その 1 つは, 集落営農の合併を通じて, より広範の地域資源（人材, 資金, 農地, 情報等）を集積し, 専従的な担い手や従業員の雇用が目指されていることである. また, 谷筋に農地が存在する条件不利地域では, 合併効果が弱いことから, 緩やかに連携したネットワーク組織を設立し, それら組織で機械の共同利用やリスクを伴う新規事業の探索, あるいは農業研修生の受入れ等に取り組む動きも進みつつある.

●集落営農と地域　農業生産における土地・水利用は個別的には完結できず，地域的な合意や規制を伴ってはじめて生産手段として十全に機能するがゆえに，集落をベースとした集団的対応を余儀なくされてきた．ただし，これまでの農業生産組織や集落営農の多くは，個別経済単位としての農家がそれぞれ経済効率性や収益性を上げるための補完・補強組織であった．一般企業のような経営体ではなく，中間組織といわれたのはこのためである．ところが，高齢化等の加速によって「農家＝個別経済単位」が成立し難くなったことを背景に，従来の集団的対応の基礎単位であった集落（場合によっては集落連合）が，それに代わる新たな個別経済単位となることが求められている．つまり，法人化を通じて一般企業と同じような１つの**組織経営体**となることが求められている．この場合の構成単位は，従来のような農家ではなく個人であり，各人は，例えば経営管理者・機械オペレータ・補助作業者・単なる農地提供者という異なる資格で参加することになる．しかも，その運営原理には経済効率性を優先した人事配置や能力主義が求められ，貢献に応じた報酬システムをも備えなければならない．

一方，この組織経営体の構成員は同時に集落住民でもあり，生活者として豊かな生き甲斐のある暮らしが保障されなければならない．集落の運営原理である相互扶助や平等・公平原則は，まさに定住者の生活を共同防衛するためのものであり，都市のコミュニティ機能と同様に，今後とも保持・強化されなければならない．ところが，集落営農ベルト地帯と称される高齢化・過疎化の進んだ中山間地域では自治組織が機能不全に陥り，しかも市町村の広域合併によって自治体からのサポートも十分でない状況から，集落営農の組織経営体が自治機能をも肩代わりせざるを得ず，高齢者の生活支援等の地域社会の維持に向けた諸活動を実施する社会貢献型事業に取り組む動きも生まれている．集落をベースとした組織経営体ゆえの特徴的展開といえる．このように地域に根ざした組織経営体の経営理念やそれに基づく経営管理は，一般企業のように経営経済的合理性に徹しきれず，生活合理性との調和が求められる所以がここにある．これへの対応としては，原則的には，生活は自治組織，生産は組織経営体という形で役割分担を明確にした上で密接な相互連携をとることが肝要であるが，その具体的連携のあり方は，集落の高齢化や混住化の程度，基幹的農業従事者の賦存状況，地域労働市場等の諸条件に応じて多様となるであろう．　［安藤益夫・高橋明広］

4-20

農業経営のリスク・マネジメント（リスク管理）

将来が正確に予見できないことを不確実性という．何もしないことを含めて意思決定者の行動が予期せぬ結果を招き，人の福祉や経営状態に望ましくない影響を及ぼす可能性がある場合，不確実性はリスクになる．リスク・マネジメント（risk management）は，意思決定から生じ得る不確実性の望ましくない結果を管理することである．換言すれば，リスクの悪影響を低減させるために，複数の選択肢の中から最も望ましい選択を行うことである（南石，2011）．

●リスク・マネジメントの目的　リスク・マネジメントの目的は，農業者のリスク選好（慎重や強気）に対応した経営資源の最適配分を行うことである．農業経営の目標とリスク負担（risk exposure）をバランスさせることが目的であり，単にリスクを低減させることではない．直面する不確実性や保有する経営資源や技術が同じであったとしても，意思決定者の目的やリスク選好が異なれば，最適な資源配分は違ったものになる可能性がある．リスク選好とは，リスクに対する態度（attitudes toward risk, risk attitudes）あるいはリスクに対する方針であり，慎重から，強気，投機的までいろいろな程度が考えられる．つまり，不確実性，意思決定者の目的，リスク選好，資源の最適配分が，リスク・マネジメントにおけるキーワードである．

リスク・マネジメントは，リスクの認識・識別（identifying），分析（analysing），評価（assessing），対処・処理（treating），監視（monitoring）の過程で進められ，これらに対して，経営政策（management policies），手続（procedures），実践（practices）を体系的に適用していく（Hardaker et al. 2007）．具体的対処には，農業経営内部のリスク低減（多角化戦略等），農業経営外部へリスク移転（生産契約等），リスクに対する農業経営抵抗力強化（流動資産保有）等がある（Harwood et al., 1999）．

●リスク・マネジメントと政策　農業におけるリスク・マネジメントは，原則として，経営管理の一環としてなされるべきものである．しかし，リスクの存在が社会的に望ましい資源の最適配分や産業の持続的発展の阻害要因となる場合には，農業リスク・マネジメントを支援する政策が社会的に必要となる．このため，農業リスク・マネジメントは，農業政策の選択肢を理解する手段ともいえる（Fleisher, 1990）．また，食の安全確保や環境保全は，農薬使用など農業生産段階におけるリスク・マネジメントと密接な関連がある（南石，2010）．さらに，農業技術の普及を考える際には，技術の安定性や農業者のリスク選好をも考慮する必要がある．このように，農業リスク・マネジメントは，農業者や農業ビジネス関係者のみならず，農業政策担当者，さらには国民全般にまで関わるテーマを対象としている．

●リスクの種類　ところで，農業リスクの種類については，さまざまな整理がなされているが，生産リスク，市場リスク，財務リスク，制度リスク，人的リスク，資産リスクの6つに大別することができる（南石，2011）．生産リスクには，収量リスク，技術リスクや生態リスク（環境保全リスク）などの生産過程で生じるさまざまなリスクを含めて考えることができる．気象変動や病害虫の発生などに伴う収量や品質の変動，技術革新に伴う技術の陳腐化，農業生産に起因する環境汚染や生態系破壊のリスクなどがこれに含まれる．収量や品質の変動は，主に気象リスクや生物リスクなどの自然リスクに起因する．生態リスク（環境保全リスク）は，農薬や肥料など農業資材の使用に起因するものが多い．

市場リスクには，価格リスクや販売リスクなど生産物や投入資材の販売や調達に関わるさまざまなリスクを含めて考えることができる．農産物や農業資材の市場価格変動リスクとともに，販路や需要など市場構造の変化に伴うリスクも重要な市場リスクである．価格変動は，供給量や需要量の変動に起因する．市場構造の変化は，経済発展や人口動態などによる消費者の嗜好変化に起因する場合が多い．

財務リスクは，農業経営の財務的な不安定性に関するリスクであり，経営破綻のリスクが最も重大なリスクである．生産は順調でも，資材コストが高騰すれば，事業継続に必要なキャッシュフローが十分に得られないリスクもある．また，融資を受けている場合には，売上低迷や金利上昇によって返済ができなくなるリスクがある．

制度リスクは，政策変更による補助金削減・規制強化・税制変更，契約不履行に伴う賠償責任，取引上の問題発生による訴訟，国際紛争による農産物輸出禁止などに起因するリスクである．例えば，畜産廃棄物処理や農薬使用に関わる規制強化が行われると，農業経営では新たな対応が必要になる．しかし，これらの規制に対応できる技術力をもつ経営にとっては，これは新たなビジネス・チャンスと捉えることもできる．

人的リスクは，経営者やその家族，あるいは，中核的な従業員の死亡，怪我，病気，経営離脱などに起因するリスクであり，経営継続困難や経営破綻の原因ともなり得る．経営構成員間の人間関係悪化なども人的リスクに含めることができる．資産リスクは，地震・津波・土砂崩れなどの自然災害や，火災・盗難などの人為災害による農地・建物・施設などの資産損失のリスクであり，経営継続困難や経営破綻の原因ともなり得る．

［南石晃明］

第5章

農業と資源投入

5-1

農業生産と土地

農業は，植物や動物の成長する力を人が手助けすることで成立している．特に，植物を育てる作物の生産においては，土地は植物が成長する基盤となるだけでなく，人の助けを媒介する役割を果たしている．人は土地を農地として整地し，耕し，肥料や水を投入して地力を高め，植物が生育しやすい環境を整える．動物を育てる畜産においても，飼料は主に農地で栽培された穀物や放牧地に生育する牧草で賄われている．国連食糧農業機関（FAO）の統計によれば，2015 年において，世界に 16 億 ha の作物栽培のための農地と 33 億 ha の牧草地が存在し，両者を合計した農用地は，全地表面積の 37% を占めている．人口 1 人当たりにすると 0.7 ha の土地によって私たちの生活が支えられていることになる．

●土地の特殊性　経済学において，財・サービスの生産に必要な生産要素は，土地・労働・資本の本源的生産要素と原料となる中間投入財で構成される．土地の重要性が低い，言い換えれば土地集約度の低い工業やサービス産業の生産活動を分析する際には，土地を除いて議論される場合が多い．一方，土地集約度の高い農業を分析する農業経済学において，土地を生産要素から除くことができるような状況はほぼ存在しない．

土地は他の生産要素と比較して特殊性を有している．荏開津・鈴木（2015）は**土地の特殊性**として，①生産不可能性，②移動不可能性，③外延性，④不可滅性，⑤地域性を挙げている．土地は人が生産することも移動させることもできず（生産不可能性，移動不可能性），基本的に消滅することもない（不可滅性）．ある土地での生産に適する作物は，気象条件や地質など自然環境に依存し，土地を移動させることはできないことから，農業は他産業と比べ地域による多様性が大きい産業である（地域性）．例えば，多くが温暖・湿潤気候に属する日本では水田稲作が土地利用の中心であるのに対し，夏に雨が少なく乾燥しているヨーロッパでは麦類などの畑作が広がっている．また，農業に利用されている土地の面積は広大であるため，農業における土地利用や農業のあり方は広く社会に影響を与えることになる（外延性）．土地のもつ地域性や外延性によって，農業は地域の歴史的特徴，つまり，**経路依存性**を強くもつことになる．

●土地所有とその多様性　農業には地域特有の生産様式や技術があることから，その土地で実際に生産を行う耕作者の移動性も生産技術が画一的な産業と比べて制限される．農業は人の生存に不可欠であり，さらに，工業やサービス産業が発展する前段階において，主要な税源であった．誰が土地を所有し，誰が耕作するかをめぐる土地所有制度は国家や社会の仕組みを決定づける重要な要素であった．

欧米諸国などの現在の自由主義国家では，土地を自由に使用し，土地が生み出す利益を獲得できるとともに，これらの権利を売買することが可能な**私的所有権**が認められている．私的所有権は，土地を売買・貸借によって取引する**土地市場**が成立する条件である．18～19 世紀にかけて大規模な畑作地の（第二次）囲い込みが起こったイギリスでは，大規模な土地所有者である地主から貸借市場を通して土地を借入れ，労働力も労働市場で調達して企業的に農業を営む借地経営が成立し，穀物の生産力が上昇した．

日本においては，1873 年に明治政府が行った地租改正により土地の私的所有権が認められた．地租改正は，耕作者である個々の農民に土地の私的所有権を与え，耕作者と所有者が一致した自作農を生み出した．土地の所有者となった農民には，土地の価値の一定率が税金（地租）として課され，近代化を進める明治政府の原動力となった．しかし，重い地租を払うことができなかった農民は土地を売却し，新たな地主から土地を借りる小作農となることで，地主・小作制が成立した．地主の多くは零細規模の自作農出身であり，小作農も家族の生活の維持を目的とした家族経営であったため，イギリスのような企業的な借地経営は生まれなかった．第二次世界大戦後の 1947 年に農地改革が行われ，地主・小作制は消滅して自作農中心の生産構造が再構築された．

社会主義国家である中国などでは，土地の私的所有権は認められていない．土地は国有や公有であり，農民は土地の耕作権を国等から借りる形をとっている．ただし，現在の中国では，土地の売買は禁止するものの耕作権の貸借取引を認めるなど，社会主義を維持しつつ市場経済の仕組みを導入している．国家の中央集権的な力が弱いアフリカの一部地域では，土地は共同体で所有され，構成員への配分は共同体内で決定されている．戦前期日本のような零細小作農が多数存在する地主・小作制は，現在の南アジアなどでも広くみられるが，日本と比べ小作契約が短期間で終了する傾向にある（坂根，2011）．農業と同じく土地所有形態も多様であり，その国や地域の歴史的経路に依存している．

●土地と農業経済学　土地は特殊な生産要素であり，土地集約度の高い農業は地域性や経路依存性をもつことになった．土地という生産要素の捉え方，分析の枠組みの構築をめぐって農業経済学にはさまざまな学派が生まれ，議論が交わされてきた．土地の特殊性が農業経済学の独自性に貢献しているともいえよう．

［草処 基］

5-2

地代と農地価格

●地代と農地価格の経済理論　いかなる財やサービスにも必ず価格（取引価格）が存在する．農地にも地代や農地価格という形で価格が付く．地代とはフローとして土地用益の価格（農地の賃貸借料）を意味し，農地価格はストックとしての価格である．

では，地代と農地価格はどのように決定されるのであろうか．ここでのキーワードは，**土地純収益**と**収益還元地価**である（以下の議論の詳細は，荏開津・鈴木（2015），生源寺（1993）を参照）．土地純収益とは，農産物販売額から農地以外の投入要素の費用（肥料代，農機具代，労賃など）を差し引いた残余を指す．すなわち，

土地純収益＝農産物販売額－農地を除く生産要素費用

となる．この土地純収益は帰属地代に相当し，土地用益に支払ってもよいと考える最高価額，つまり支払い容認地代を表している．

この土地純収益の考え方に基づいて，現実の農地取引の需給関係の分析にアプローチした研究として，「**今村・梶井仮説**」がある．今村（1969），梶井（1973）は，「上層農（大規模農家）の土地純収益が下層農（小規模農家）の農業所得を上回る」階層間の費用・生産性格差が存在していることを明らかにし，農地賃貸借の成立条件を提示した（「今村・梶井仮説」）．この条件が満たされるとき，下層農は自作するよりも地代を得た方がより多くの所得を得られるため，農地を貸し出す．一方の上層農は地代を払ってもなお（規模間の費用・生産性格差により）収益を生み出すことができるため，農地を借り入れることが合理的となる．かくして農地は下層農から上層農へと集積することとなる．

土地純収益と農地価格の関係については，収益還元地価という考え方が基本となる．具体的には，収益還元地価は，毎期の土地純収益を市場利子率で割り引いて足し合わせたものに等しくなる．ここで，収益還元地価を P，土地純収益を R，市場利子率を i とすると，

$$P=\sum_{t=0}^{\infty}\frac{R}{(1+i)^{t+1}}=\frac{R}{1+i}+\frac{R}{(1+i)^{2}}+\cdots\cdots+\frac{R}{(1+i)^{t+1}}$$

となる．上式の右辺は $\frac{R}{i}$ に収束するため，

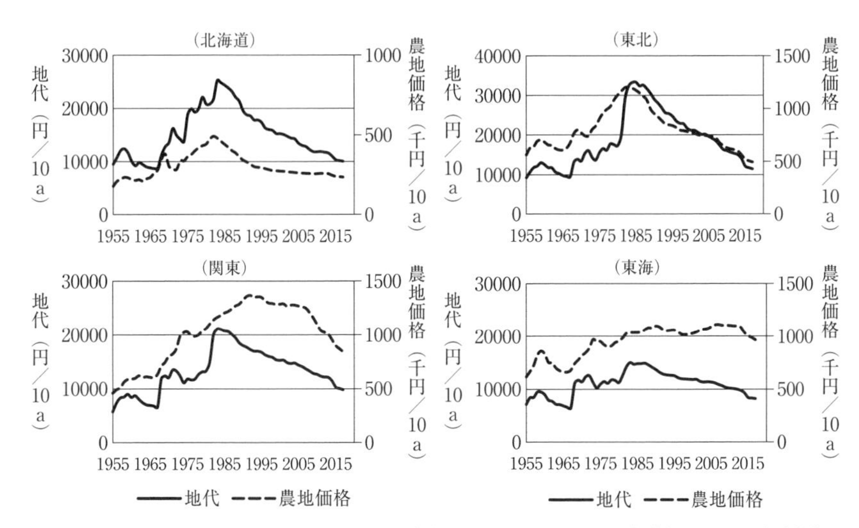

図1　地代と農地価格の推移（注：地代と農地価格はGDPデフレータで実質化している．）［出典：日本不動産研究所「田畑価格及び小作料調」］

$$収益還元地価 = \frac{土地純収益}{市場利子率}$$

となる．つまり，収益還元地価は土地純収益の割引現在価値に等しくなる．

●地代と農地価格の実態　では，実際の地代と農地価格は，どのように推移しているのであろうか．図1は，日本不動産研究所「田畑価格及び小作料調」（2010年より「田畑価格及び賃借料調」に改称）を用いて，1955年から2017年までの地代と農地価格（普通品等水田）の推移を示したものである．図から以下の2点を指摘することができる．

第1に，農地価格が地代の収益還元地価を大きく上回る水準で推移していたことである（**地代と地価の分離**）．特に，関東，東海，近畿などの都市的な地域でこの傾向は顕著であり，農地価格の形成に都市的用途への転用期待が大きく影響していたことが確認できる．一方で，北海道，東北，九州などの遠隔農業地帯の農地価格は依然として地代の水準に大きく規定されていた．

第2に，近年の農業の収益性の動向を反映して，すべての地域で農地価格が低下傾向を示していることである．このことは転用期待の影響が薄れていることを物語っているが，農地の経済的価値が大幅に低下しているという意味で，所有者不明農地など新たな問題を惹起している（吉原，2017）．　［中嶋晋作］

5-3

農地の集積

「農地の**集積**」の定義について，最も代表的な政策文書といえる農林水産省「食料・農業・農村白書（以下，白書)」の「用語の解説」を参照しよう．「農地の集積：農地を所有し，又は借り入れること等により，利用する農地面積を拡大することをいう」．「農地の集積」は「**集約化**」とともに「農地の集積・集約化」として用いられることが多い．「農地の集約化：農地の利用権を交換すること等により，農作業を連続的に支障なく行えるようにすることをいう」．「集積」と「集約化」が同時に用いられる背景としては，集積された農地が複数の場所に分散している場合には，「農地の集積」が「集約化」にはマイナスに作用することがあるためである．以上の定義では，「農地の集積（・集約化)」を，誰が主体となって，誰を対象として行うのかは明示されていない．しかし，近年における白書などの記述においては，農地を集積させる対象は基本的に**担い手**であり，農地の集積のための取組みを行う主体は**農地中間管理機構**とされることが多い．平成27年食料・農業・農村基本計画においても，「農地中間管理機構のフル稼働による担い手への農地集積・集約化」が講ずべき施策として掲げられている．

●農地の集積の意義　農地の集積が必要である理由として，農地の集積によって「規模の経済性」（スケールメリット）が生じることがある．農業経済学の基本的なテキストである荏開津・鈴木（2015 : p. 52）では，「規模の経済性」を「企業の規模が大きくなると生産物1単位当たりの生産費が小さくなること」とした上で，「農業の場合についていえば，農場規模が大きいほど生産物1単位当たりの生産費が安くなるのが規模の経済性」であるとしている．実際に，「米および麦類の生産費」から，都府県における米の60 kg当たり平均費用（資本利子・地代全額算入生産費）を作付面積規模別に比較すると，「0.5 ha未満」や「0.5～1.0 ha」に対する「5 ha以上」の生産費用は，およそ半分になっている．荏開津・鈴木（2015）は，規模の経済性が生じる理由として，大型農機具を分割して用いることができないことから，小規模な農場においては大型農機具を効率的に使えないことを挙げている．また，農地の集積と同時に集約化が実現されると，規模の経済性がより強く作用するとともに，「規模拡大のメリットが増すことによって，長期的には大規模化，そして更なるコスト削減という正のスパイラルへと結びつけること」（川崎，2009 : pp. 22-23）が期待される．さらに，農地の集積・集約化によって，利用者の間でのさまざまな集合的・集団的調整が可能となり，洪水防止機能・地下水涵養機能など水田の水管理に関連する機能や農村景観に関わる機能といった多面的機能を，より効果的に発生させることも期待される（荘林・岡島，2014 : p. 715）.

●農地の集積の実態　高齢農業者のリタイアや，担い手を対象とした経営安定対策が実施されていることなどによって，大規模経営体への農地の集積が急速に進行している．北海道を含む全国においては，5 ha 以上の経営体の農地集積率は，2005 年に 43.3%，2010 年に 51.4%，2015 年に 57.8% と推移している．都府県においては，5 ha 以上の経営体の農地集積率は，2005 年に 21.4%，2010 年には 32.1%，2015 年における 40.2% と上昇している．ただし，都府県の中でも，東北・北陸・九州などの大規模経営への農地集積が進んだ農業地域と，中国・四国・近畿などの農地集積の進展が遅れている農業地域の間で格差があり，その傾向はさらに強まりつつあるという「構造変動の二極化」が発生している．

農地の集積に加えて，農地の分散を解消するための農地の集約化を進めることも重要である．農林水産省「平成 25 年度農地の面的集積に関する市町村実態調査」によると（以下，括弧内は平成 18 年調査），調査対象の経営体の平均経営面積が 18.4 ha（14.9 ha）であるのに対して，平均団地数は 31.5 団地（25.0 団地），1 団地の平均面積は 0.59 ha（0.6 ha）などとなっており，農地の集積の進展によって農地の分散がより深刻化していることがわかる．

●農地の集積に向けた課題　農地の集積・集約化を実現するにあたっては，農地の集積・集約化にとっての重要な制約要因が何であるのか，農地に関するどのような制度によって制約要因を除去・軽減できるのかを解明する必要がある．「規模の経済性が存在する中でなぜ農地の流動化が進まないのか」（有本・中嶋，2010 : p. 31）は，日本の農業経済学の代表的な論点であった．有本・中嶋（2010）を参考に整理すると，「農地流動化の制約要因」には，「農地法を始めとする農地の取引に関する制度の問題」「農地の取引に探索費用・吟味費用・交渉費用・契約費用などのさまざまな取引費用が発生すること」「農地への転用期待が農地の売却や貸付を妨げること」「農地の零細性と分散錯圃を解消するための圃場整備の遅れ」などが挙げられる．農地の集積だけでなく，農地の集約化に関する制約要因を解明することも重要である．荘林・岡島（2014）は，農地の集積・集約化のためにはアクター間の土地利用調整に関する新たな制度的枠組が必要であるとしている．このように，集積・集約化を同時に達成するための農地制度のあり方についての検討が求められている．

［高橋大輔］

5-4

農地の転用

農地として登記された土地を農地以外の用途に供するには，農地法上の農地転用許可が必要となる．許可を受けずに他用途への転用を行ったり，許可された内容に従わない場合には罰則規定も存在する．これまで農地関係法令によって築かれてきた各種の農地転用規制は，優良農地の確保に加えて農地転用を農業上の利用に支障がない農地に誘導することを目的としてきた（全国農業会議所，2015）．

農地の転用面積の動向は景気に大きく左右されることが知られており，第一次オイルショック直前の列島改造ブームに煽られた地価急騰期の 1973 年（6 万 7720 ha），およびバブル経済崩壊直前期の 1991 年（3 万 5781 ha）の 2 つのピークの後，2011 年の 1 万 1281 ha に至るまで減少傾向が続いていたが，直近の 2015 年（1 万 6508 ha）には景気の回復を受け微増傾向が確認されている．

●農地転用にかかる法令と転用の仕組み　農地の所有者が自ら**農地転用**をする場合の規定は農地法第 4 条に記されており，所有者が売り主になり，買い主と売買が行われる場合などの規定は同第 5 条に記されている．これらは農地行政の現場で「4 条転用」「5 条転用」と呼ばれている．また，転用しようとする農地がどういった区分の農地に指定されているかによって審査の内容と結論は大きく異なる．

農地に関するゾーニングすなわち土地利用区分には，農業振興地域法における農用地区域（**農振農用地区域**）と都市計画法における市街化調整区域，市街化区域などがある．とりわけ，農地法による転用許可が問題となるのは，原則転用不可とされている農振農用地区域と転用申請があった場合に原則許可される市街化区域を除く，図 1 の斜線部の区域である．なお，こうしたゾーニングは必ずしも固定的なものではなく，場合によっては転用を意図した農用地区域からの除外手続きが行われることもある．

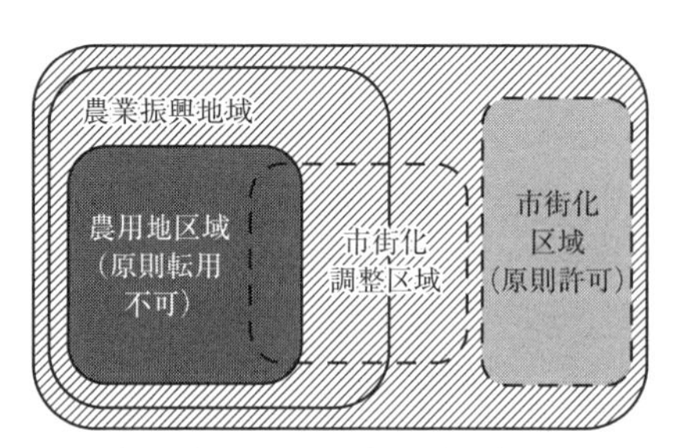

図 1　転用許可が必要な農地区分（注：図中の▨の範囲が農地転用許可が必要な範囲である．）［出典：都道府県農業会議資料に基づき作成した鈴村（2015）第 1 図．］

転用許可の判断基準を表 1 に示した．農振農用地区域内と甲種農地，第 1 種農地は公共性の高い転用案件など一部を除き原則不許可であるが，第 3 種農地は原則許可方針，第 2 種農地は第 3 種農地に立地困難な場合などには許可方針であることがわかる.

表1　農用地転用許可の基準（立地基準）

農地区分	要件	許可の方針
農用地区域内農地	市町村が定める農業振興地域整備計画において農用地区域とされた区域内の農地	原則不許可
甲種農地	市街化調整区域内の ①農業公共投資後8年以内の農地 ②集団農地で高性能農業機械での営農が可能な農地	原則不許可 （ただし，公共性の高い事業に供する場合等は許可）
第1種農地	①集団農地（10 ha 以上） ②農業公共投資対象農地 ③生産力の高い農地	原則不許可 （ただし，公共性の高い事業に供する場合等は許可）
第2種農地	①農業公共投資の対象となっていない小集団の生産力の低い農地 ②市街地として発展する可能性のある農地	許可（第3種農地に立地困難な場合等）
第3種農地	①都市的整備がされた区域内の農地 ②市街地にある農地	原則許可

［出典：都道府県農業会議資料に基づき作成した鈴村（2015）第1表より抜粋.］

●地方分権に伴う農地転用事務の変化　2015年の第5次地方分権一括法施行以降，事務手続きは面積が4 ha 超か4 ha 以下かにより異なっている（内閣府）. 4 ha 以下の転用許可事務は都道府県知事が担い，4 ha 超の転用についても，国との協議を行う条件のもとで法定委託事務として知事が担う（政令指定都市などの権限委譲市については，都道府県に代わって農地転用許可を行う）こととなり，従前の4 ha 超の転用に国が直接関わる仕組みから大きく地方分権が前進した.

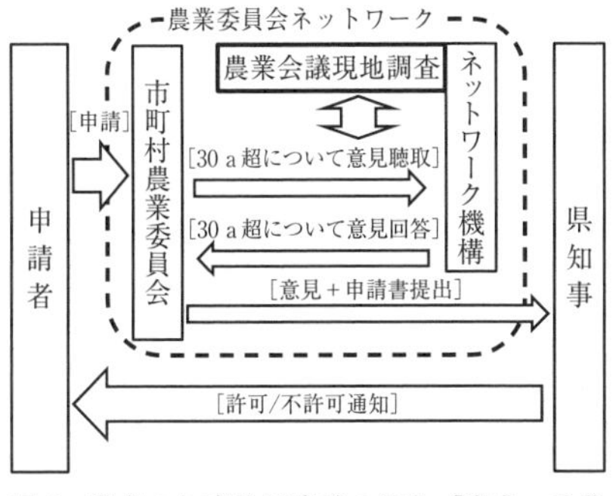

図2　現在の知事許可事務の流れ［出典：千葉県農業会議提供資料に基づき作成した鈴村（2015）第4図.］

現在の知事許可事務の新たな流れについては図2に示した. 2015年の最大の変更点は「**都道府県農業委員会ネットワーク機構**」の設置である. 以前はそれぞれの立場から関わっていた市町村農業委員会と都道府県農業会議の連携を強めることがねらいであり，転用案件の許可事務に両者が一体的に取り組める仕組みに変更されたといえる.

従来の法令では，転用案件が知事部局に通知されてから，知事部局の仮判断が示された後，「許可相当」と判断されたものについてはすべて農業会議に諮問がなされていた. しかし，ネットワーク機構が設置されてからは，市町村農業委員会に申請された30a 超の全案件がネットワーク機構に意見聴取され，現地調査を経て回答がなされる. 従前の仕組みのように「許可相当」の案件のみではないため，現場では実質的に議論が活発化したという意見が聞かれる. その意味で，都道府県農業会議が**違反転用**に目を光らせる「現地調査」の重要性も一層増しているといえる.

［鈴村源太郎］

5-5

農業労働力の就業形態

農業労働力の就業形態に関しては，統計上，いくつかの類型区分がある．農林業センサスにおいて，農業労働力を示す指標の１つである**農業就業人口**は，15歳以上の農家世帯員のうちで，調査期日前１年間の就業状態から，自営農業のみに従事した者，または農業以外の仕事に従事していても，年間労働日数において自営農業の従事日数が多い者を指す．また，農林業センサスの**基幹的農業従事者**は，農業就業人口のうち，ふだんの主な状態が「主に仕事（農業）」のものを指す．そのほか農業専従者は，調査期日前１年間に自営農業に150日以上従事したものを指している．農林業センサスの以上の類型は，これまで農業労働力の状況を示す指標として利用されてきた．しかし，近年においては，常雇，臨時雇などの雇用労働者や，組織経営体に属する農業従事者のように，従来の類型に該当しない農家世帯員以外の農業労働力が増加している．

●戦後の農業労働力の変化と特徴　農業労働力に関しては，並木正吉が指摘したように，明治時代から高度経済成長期に至るまで，敗戦直後の海外からの引揚者，都会からの疎開者などによる増加を除くと，農業就業人口は約1400万人前後とほぼ一定で推移してきた．国内の農業労働力が大きく変化するのが，戦後の高度経済成長期以降である．製造業，建設業をはじめとする他産業の急速な発展により人手不足が深刻になると，農村地域の農業労働力が補給源として期待された．

高度経済成長期以降，他産業への労働力の移動により，農業就業人口は急速に減少した．高度経済成長期のはじめは，兼業先は農閑期を利用した土木・建築業の日雇いや製造業などへの季節的な出稼ぎが主体であった．しかし，次第に労働力の確保を目的として農村部まで工場などが進出するようになると，通勤兼業による兼業従事者が増加した．特に1971年の**農村地域工業等導入促進法**の制定により農村地域への工場誘致が進んだことで，恒常的に兼業に従事する農業者が多くなった．

兼業が進んだ要因としては，農工間の所得格差の拡大とともに，農業における省力化が挙げられる．特に，稲作では除草剤，化学肥料の普及とともに，田植機，自脱型コンバインなどの中型機械が普及したことで，農業労働時間は著しく減少した．当初の兼業従事者の中心は農家の次男，三男などの余剰労働力だったが，機械化・省力化により，基幹的な農業経営者まで兼業に従事するようになる．その結果，都府県を中心として農業労働力の多くを配偶者（母ちゃん）や親世代（じいちゃん，ばあちゃん）が担う「3ちゃん農業」と呼ばれる事態が生じた．

農家の兼業化が進む一方で，国内の農業労働力の多くを占めたのが「**昭和一ケタ世代**」（昭和元（1926）年から昭和9（1934）年の生まれ）である．「昭和一ケタ世代」は，戦争の影響で上の世代の労働力人口が少ない中で，戦後の食糧難の時期に就職した世代であり，就農する割合が高かった．さらに高度経済成長期以降，新規学卒者が「金の卵」として他産業に就職する一方で，「昭和一ケタ世代」は，農業に従事しながら，日雇い，出稼ぎなどの不安定な兼業先に従事する者が多かった．そのため，農業就業人口や基幹的農業従事者などの指標では，長期にわたって「昭和一ケタ世代」が突出して高い割合を占めた．2015年には「昭和一ケタ世代」はすべて80歳以上となり，農業労働力に占める割合は低下しているが，いまだに農作業の多くは，この世代を含めた高齢者によって担われている．2015年の農林業センサスによると，農業就業人口，基幹的農業従事者の平均年齢はそれぞれ66.4歳，67.0歳に達している．

●就農経路の変化　戦後，農業従事者の兼業化が進む中で，就農に至る経路も変化した．かつては，農業後継者は家の農業を継承するために，学卒後すぐに就農するケースが多かった．だが，高度経済成長期以降，新規学卒就農者は減少し，農家子弟の多くが他産業に就職するようになる．農林水産省の「農業構造動態統計」によると，1970年の新規学卒就農者は3.7万人だったが，その後もさらに激減し，バブル経済期の1991年には戦後の最低水準となる1.7千人にまで低下した．また，後継者が就農する場合も，その時期は次第に高年齢化し，30歳代以降に都市部からUターン就農するケースや，他産業での定年退職を契機に就農するケースが増加している．特に，1990年代以降に関しては，定年退職を契機として農業への比重を強める**定年帰農者**が増加し，集落営農組織においては，定年帰農者が機械のオペレーターや組織の経理担当を勤めるなど，兼業先の経験を活かしながら活躍しているケースもみられる．

●1990年代以降の兼業農家の減少　1990年代以降，農家世帯員の高齢化に伴い，高齢専業農家が増加する一方で，兼業農家数が減少している．販売農家全体に占める兼業農家の割合は，1985年農林業センサスでは85%を占めていたが，2015年には67%にまで減少した．また，2015年農林業センサスをみると40歳未満の若手農業経営者において，農業に専業的に従事する割合が高まる傾向にあり，兼業従事者が減少している．今後，若手への世代交代が増加する中で農業経営者の就業動向が注目される．

［澤田 守］

5-6

農業労働力の流出

戦前期のわが国の農業労働力（農業就業人口）はほぼ1400万人，農家人口はほぼ3000万人で推移していた．農業労働力に変化がみられなかった要因として，農家数，耕地面積に大きな変化がない中で，1戸当たりで必要とされる労働力を大きく変化させるような技術変化がなかったことが挙げられる．このため，農村部での人口増加分が，都市部に流出する状況にあった．

戦後，復員，海外からの引き揚げ等により，農家人口は戦前を500万人も上回るようになり，その状況は10年以上も継続した．この時期，農業に必要以上の労働力が滞留している「**過剰就業**」が問題にされ，特に，中卒後の農家の次三男の就職が困難であったことから，「次三男問題」が社会的に注目された．

1955年に始まる高度経済成長のもとで，労働力の多い農業の生産性が低いことが問題となってきた．これに対し，農林漁業基本問題調査会の答申（1960年）が農業労働力の減少を通じて**農業生産性の向上**を目指すとしたため，農業労働力の動向は政策的に関心の高いものとなった．

●高度成長期以降の農業労働力の流出　農業就業者の就業異動については，1958年から1990年まで，「農業就業構造動向調査」で把握されてきた．表1からわか

表1　農業労働力の期間別年平均異動数　（単位：千人）

		1958～59年	1960～64年	1965～69年	1970～73年	1974～79年	1980～84年	1985～88年	1989～90年
在宅のままの異動	離農就職	189	393	447	531	402	336	222	139
	離職就農	45	83	126	183	192	207	145	60
	増減数	△144	△310	△321	△348	△210	△129	△77	△79
住居の転出入を伴う異動	離農就職	427	455	367	265	148	93	60	48
	離職就農	137	115	88	62	49	35	16	5
	増減数	△290	△340	△278	△203	△99	△58	△45	△42
農業従事者の異動者数（計）	離農就職	675	954	901	922	635	499	327	211
	離職就農	210	260	294	360	332	314	206	85
	増減数	△465	△694	△607	△562	△303	△186	△122	△126

（注1：異動者数の合計には，「住居の変更を伴う転勤等」を含む（一定期間で戻る者が多く，離農者と帰農者の差は小さい）．注2：各期間の平均人数を示した．注3：1958～59年の数値および，1984年までの期間区分は，弘田澄夫（1986）を参照）［出典：農林水産省「農（林漁）家就業動向調査」］

るように，農業労働力の減少は1960年以降に加速化し，オイルショック（1974年）まで，離農就職者は年間90万人を超えていた．その後の離農就職者は大幅に減少し，1990年では年間20万人強となった．なお，農業従事者の純減数（離農就職者－離職就農者）も，1973年までは年間60万人前後で推移していたが，その後は大きく減少し，1985年以降は年間12万人強にまで低下している．

また，就業異動を，住居の転出入を伴う異動と在宅のままの異動に分けてみると，転出入による離農就職者は，1960～64年をピークに減少傾向を示しているのに対し，在宅のままの異動は，1960年代に急増し，1970～73年をピークに減少傾向となっている（在宅のまま離農就職しても休日等で農作業を行う者が多く，兼業農家の増加をもたらした）．このような動向のため，1964年までの離農就職者は住居の転出入を伴う異動が多かったが，それ以降は在宅のままの異動が多くなっている．

●農業労働力の流出要因　就業異動の要因としては，労働供給サイドの要因による**プッシュ要因**と労働需要サイドの要因による**プル要因**に分けられる．この観点から，戦後の農業労働力の流出要因をみると以下のように整理される．

戦後しばらくの状況は，農家人口が増加したにもかかわらず労働需要が少なかったため，農家に労働力が滞留していた．1955年以降の高度成長により労働需要が都市部を中心に増加したため，住居の転出入を伴う離農就職者が主流となった．一方，1960年代後半から70年代にかけて，稲作で田植機，コンバイン等の普及による省力化技術が定着する中で，農業生産に必要な労働力は大幅に減少した．これにより生じた余剰の労働力は，地方での労働需要の高まり（工場の地方移転，公共工事の増加等）に応じて，在宅の離農就職者となったと考えられる．オイルショック（1974年）以降，低成長期となる中で，労働需要が低下し，離農就職者は大きく減少した．加えて，農業労働力とともに農家人口も減少していたため，農業からの労働供給力が緩やかに低下したことも，離農就職者の減少を加速させた．

以上のように，農業労働力の流出は，プッシュ要因，プル要因の双方が影響していたことがわかる．

1990年頃になると，農業労働力の流出はわずかなものとなり，他産業への労働供給力はほぼなくなっている．逆に，離職就農者が大幅に減少したこと，農業労働力の中心的な年齢層が60歳を迎えたこと等を背景に，農業労働力を確保することが大きな問題となっていった．

［松久 勉］

5-7

地域労働市場と兼業農家

高度経済成長期以降の日本農業の特徴の1つが，農家世帯員が他産業に従事することによる兼業農家の増加である．兼業農家とは，農林業センサスでは世帯員に兼業従事者（過去1年間に自営農業以外の仕事に従事した者）が1人以上いる農家としており，所得について自営農業が主のものを**第1種兼業農家**，自営農業が従である農家を**第2種兼業農家**と呼ぶ．

高度経済成長期以降，農家世帯員の他産業従事が進む一方で，農業構造が変わらない要因の1つとして兼業農家の滞留が挙げられた．兼業化に関しては，高度経済成長期初期は出稼ぎや不安定な日雇労働が主体であったが，次第に**安定兼業**となり，所得の多くを兼業先からの賃金で賄う農家世帯が増加する．特に，稲作を中心に兼業化が進んだが，第2種兼業農家にほぼ共通する基本的特徴として，零細規模でありながら個別所有（または数戸共有）の農業機械を揃え，主として週末や朝夕の農作業で，自家農業に従事していることが指摘された．そのため，第2種兼業農家の滞留による土地利用の粗放化や，農業機械などへの過剰投資による資本利用の低効率など，兼業農家の生産性・収益性の低さが問題視された．

零細な規模で，かつ生産性・収益性が低い兼業農家が農業従事を続ける理由について，御園喜博は，第1に，兼業農家の農外就業が低位不安定で，農外所得が低いことが多く，自家農業が必要不可欠であること，第2に，農外就業機会の乏しい中高年齢者や主婦の場合は，多少の農業所得の確保を目的・理由として零細な兼業農業を保持する場合があること，第3に，農外所得が十分に高くても，自家労働力に余裕がある場合には自家農業を保持する意向がある点などを指摘した．

●兼業農家の滞留構造　兼業農家の滞留構造が問題となる一方で，滞留構造の変化にも関心が寄せられた．兼業農家の方向に関しては大きく2つの考え方がある．1つは，兼業農家がさらに安定兼業に傾斜して「土地持ち労働者」的性格を強め，資産的農地保有者として農地を貸し出すことで事実上の離農が進むとする見方であり，もう1つは，世代交代などがあったとしても兼業農家の離農は全面的に進まず，兼業農家への滞留が今後も支配的な傾向として継続するという見方である．今日においては，兼業農家の多くが**高齢専業化**し，農業が継承されずに離農する傾向にあるものの，一部の兼業農家においては滞留が続いている．すなわち，兼業農家の方向性は，農家世帯員の農業への従事状況や地域性などによって異なるものになっている．さらに2000年代以降になると，水田作地域を中心に，兼業農家を包摂した集落営農組織が多数設立され，集団的土地利用により，規模の零細性を克服するケースもみられるようになっている．

日本だけではなく，欧米各国においても兼業化が進行している．欧米各国では，日本ほど兼業農家の割合は高くはないものの，一定の割合を占めるまで拡大している．特に農家世帯員が農業以外の仕事に従事する「**多就業**」が注目を集め，地域農業の担い手になっていることが指摘されている．

●兼業農家と地域労働市場　高度経済成長期以降，農家世帯においては兼業化が急速に進行したが，兼業の形態，就業先，兼業深化の度合いには**地域労働市場の違い**が大きく影響した．労働市場とは，労働力商品の価格（賃金）が決定される機構であり，労働力の質によって職種別の労働市場が形成されている．農家の兼業先は，地域の範囲が限定される傾向にあるため，地域労働市場の構造把握が特に重要視され，賃金形成のメカニズムに関心が集まった．

地域労働市場の研究が進む中で，田代洋一は，地域労働市場の中に，農業に関わりをもった「**特殊農村的低賃金**」の存在を指摘し，その形成メカニズムとして，兼業農家の世帯員数の多さを背景とした有業率の高さ，就業者数の多さを背景に，小農経営に特有の家族協業＝家族総働きという労働のあり方が基礎にあることを指摘した．一方で，「特殊農村的低賃金」とされた農村日雇賃金の水準に関しては，日本国内でも地域的に格差がある．磯辺俊彦は，東海・近畿を頂点として，そこから東西に低下していき東北・九州を底辺とする**地域格差**の構造があることを指摘する．さらに，磯辺は，農村通勤労賃が高いほど実勢小作料は低いという一般的傾向を指摘し，地価・地代形成との関連で農村日雇労賃を考察する必要があるとした．

●地域労働市場の地域性　地域労働市場に関しては，その地域性について，地帯構成的視点が必要だとの指摘がある．山崎亮一は，農業労働力が包摂される農外労働市場において，農村日雇賃金，「切り売り労賃」等と表現される「特殊農村的低賃金」の労働市場に着目し，「東北型地域労働市場」と「近畿型地域労働市場」の類型を設定した．その上で「東北型」地帯においては，人夫日雇賃金による農外就業を行う兼業農家が多いのに対して，「近畿型」地帯においては，「年功賃金」体系が一般化し，人夫日雇賃金による農業就業を「層としては」検出しがたいことを指摘した．地域労働市場の地域性については，その後も実態調査などをもとに，地域労働市場の構造，賃金形成のメカニズムの違いに焦点を当てた分析が多数行われている．

［澤田 守］

5-8

農業の多様な担い手

1990年代の「農業の担い手」について，田畑（1996）は，「生産力担当層」，「農業生産の担い手」，「**地域農業の担い手**」とさまざまな定義があることを指摘している．また，「若い担い手」といった表現のように，農業経営者や後継者などの「人」を「担い手」とする場合とは異なり，「多様な担い手」は経営体や組織等に対して用いられてきた．

「担い手」にさまざまな定義がある中で，政府は構造政策の目標として「担い手の育成・確保」を掲げてきた．ただし，政策の対象や目標としての「担い手」の意味するところは，時代の流れとともに変化を遂げてきた．そして，このような変化の中で，「多様な担い手」の概念も用いられることになった．なお，「担い手」を判断する基準には農業所得等が用いられ，畜産・園芸等の生産者も対象とされてきた，田畑（1996）の指摘した「地域農業の担い手」は主に土地利用型農業を想定しており，「多様な担い手」もこの想定のもとで生まれることになった．

●旧農業基本法下における「担い手」の変化　戦後，農地法制定（1952年）により自作農主義が確立したが，他産業で生産性が向上する中で，農業の低生産性が問題となった．この対応策として，農林漁業基本問題調査会の答申（1960年）では，「今後の農業発展の担い手を全階層にひとしく期待する」のではなく，「経済的に自立し得る近代的家族経営」の育成を政策目標にすべきとした．これを受けて1961年に制定された農業基本法では，「**自立経営**（他産業従事者と均衡する生活を営むことができるような所得を確保することが可能なもの）の育成」が政策目標とされた．しかし，現実には自立経営の増加は実現しなかったため，農政審議会報告「「80年代の農政の基本方向」の推進について」（1982年）では，**中核農家**（60歳未満の男性農業専従者のいる農家）の農地のシェアを増大させることを目標とした．

1985年以降，男性農業専従者の多かった昭和一ケタ世代が60歳を迎え，政策対象の中核農家が大幅に減少する中で，農政審議会報告「農業構造・農村地域の活性化」（1990年）では，生産組織も担い手として明確に位置づけられた．1990年農業センサスで農業サービス事業体が調査対象とされたこともあり，1990年度の農業白書では，「地域の農業は，個別経営を中心にしつつも，農業生産組織，農業サービス事業体などさまざまな主体が補完し合うなど，多様な担い手により支えられている」とされ，初めて「多様な担い手」という表現が使われた．つまり,「担い手」に関する政策対象に農家以外の組織や経営体も加えた結果,「多様な担い手」が用いられたのである.

●旧農業基本法の見直し期以降の「多様な担い手」の推移　農林水産省が策定した「新しい食料・農業・農村政策の方向」(1992年)において,「効率的・安定的な経営体」の育成を政策目標とし,その経営体の類型として個別経営体(主に農家)と組織経営体を示した.これを踏まえ,1993年に制定された「農業経営基盤強化促進法」では,**認定農業者**(農業経営改善計画が市町村基本構想に照らして適切である等の条件を満たした農業者)のいる経営(個別経営体,組織経営体)を政策対象とした.つまり,農家以外の経営も対象とされることになった.

さらに,食料・農業・農村基本問題調査会の答申(1998年9月)を踏まえて,政府・関係団体等との議論の結果をまとめた農政改革大綱(同年12月)では,「多様な担い手の確保」として,「地域の実情に応じた担い手」(認定農業者)に加えて,「**集落営農**の活用」と「公的主体等の農業経営への関与」,「農作業の受託組織(サービス事業体等)の育成」を示しており,「担い手」の対象が従来よりも拡大した.

その後,「米政策改革大綱」(2002年)において,認定農業者に加え,「集落型経営体」が育成すべき農業経営として位置づけられた.さらに,2005年の食料・農業・農村計画では,個別経営とともに,経営主体を有する集落営農組織も土地利用型農業の「担い手」と位置づけられる一方で,「担い手」の範囲を経営体に限定したため,地域農業の支援組織などが「担い手」とされることは少なくなった.

2012年度から推進された「人・農地プラン」(地域農業マスタープラン)の中で,新規就農者もその対象とされた.「農林水産業・地域の活力創造プラン」(2013年)では,「多様な担い手の育成・確保(法人経営,大規模家族経営,集落営農,新規就農,企業の農業参入)」と,新規就農,参入企業も「担い手」に含まれるようになっている.

以上のように,「多様な担い手」は,主たる政策対象である「担い手」以外の経営体や組織も政策対象とされることになった際に,それらを包括的に表す言葉として用いられた.ただし,当初は農家以外の経営体や組織のみを「多様な担い手」としていた.その後,農業の政策対象が拡大し,多様化していく中で,それらをまとめる用語として「農業の多様な担い手」が用いられている.

[松久 勉]

5-9

農業における女性の役割

現在，日本の農業従事者の48%，基幹的農業従事者の43%を女性が占める(2015年農林業センサス)．これらの割合は減少傾向にあり，家族農業経営では女性が長く過半の労働力を占めていた．かつて女性の多くは婚姻を契機に家族農業経営に参入し，意思決定に参画することなく農作業に従事するとともに，家事育児といった再生産労働を担ってきたのである．天野（2001）は，「農村婦人問題」の先駆的研究者である丸岡秀子の著作を引きながら，農地改革以前の貧しい農家生活の中で，嫁が「角のない牛」と呼ばれ，労働力としてだけの存在であり，直系を重んじる家族主義の中で差別的に扱われ，生活や子育てに関しても何らの発言権もなかった状況を描く．そして第二次世界大戦敗戦後の**生活改善普及事業**が，女性農業者の地位をどこまで向上させたのかを時代区分ごとに分析している．

家族農業経営の女性の状況が大きく変化したのは，高度経済成長期である．男性の出稼ぎや兼業の恒常的勤務化の進展により，1970年代には「主婦農業」などといわれた女性経営者の経営が増加したが，過渡的なもので経営規模や収益性も低いとされた（西山，1983）．農業の担い手の衰退や高齢化に伴い，女性の労働力に対する期待が高まり，加えて農家女性の農外就業の進展により，農家女子就業率を対象とした研究も実施されるようになった．このような労働力視点からの女性への注目とともに，男女の平等を求める世界的な潮流の中で，女性農業者に対するより総合的な研究視点が求められるようになる．

1980年代以降，女性が従属的地位におかれる家族関係を通じての農業従事と無償労働が問題化され，欧米を中心に研究が進展した．日本でも女性の権利に対する意識の高まりとともに研究蓄積が進みはじめる．庄司（1994）は，家族員の個の自立は世帯主義の直系制家族規範によって阻害されていることを指摘した上で，家族経営の矛盾の解消のためには世襲制農業からの脱却，経営と生活・家計の分離と女性労働の有償化，諸施策の世帯主義から個人主義への変化という3点の「仕組みと方法」が必要であるとした．これを受けて熊谷（1995）は，それまで「見えなかった」女性労働の存在を「見える」ようにする分析枠組みを求め家族農業経営内部の構造と**性別役割分業**に関する理論的な整理を行った．

●政策の展開と女性の役割　日本の政策において女性の職業として農業を捉えるようになったのは，1992年の「農山漁村の女性に関する中長期ビジョン」からであるとされる．そして1999年の「男女共同参画基本法」制定，同年の「食料・農業・農村基本法」制定により，農村における「男女共同参画」の実現が謳われた．さらに普及機関等を通じて，女性の社会参画と経営参画が目標となり，**家族経営協定**の締結促進，**農村女性起業**の支援等の方策がとられてきた．

家族経営協定は，経営における個人の役割を明確化し，収益配分等の評価を適正に行おうとするものである．これによって，例えば妻として経営に携わる女性が共同経営者としての位置づけを得たり，部門責任者の役割が明確化されるなどとともに，それに応じた収益配分や報酬等の獲得が行われるようになってきた．また農業経営に関する講習の受講等を経て，財務管理部門や労務管理部門を担う女性が増加したとみられる．

一方，農村女性起業は，農産加工や販売という領域での女性の能力が社会的に認識される契機となった．当初，女性の生きがいや，現金収入によるエンパワーメントと結びつけて語られることの多かった農村女性起業であるが，次第にビジネスとして評価されるようになる．経営規模拡大により，地域における雇用機会の増大や特産物の創出などをもたらし，地域経済振興に貢献する事例が多く報告されている．農村女性起業推進の流れは，2000年代になって6次産業化の施策の中に位置づけられるようになった．農村女性起業が開拓した，農産物や農村資源の付加価値を高めて販売する戦略は，農業界全体に浸透しつつある．

●就農経緯と経営における地位の多様化　国勢調査によれば，農業に従事している女性の「従業上の地位」は「家族従業者」が最も多く2015年では68.4%を占める．しかし，25年前（1990年）の81.2%と比較するとその比率は減少しており，一方で「雇用者」はこの間に4.9%から19.8%と大きく増加している．そして，実数は少ないとはいえ，「役員」や「雇人のある業主」の比率も高まりつつある．農業後継者との婚姻を契機とした就農だけでなく，農業法人への就職が就農経緯に占める比率を高めている．女性の就職を受け入れない法人も存在する一方で，女性従業員の比率が高い法人，女性の役員への登用や，産休・育休制度の整備など就業条件を積極的に整えている法人も増加している．

これらの背景には女性の職業経験や就農経緯の多様化がある．家族関係に拘束されない就農の可能性が女性に開かれ，法人の代表など農業部門における女性リーダーも増加し，女性が働きやすい労働環境の整備も進みつつある．一方，家族農業経営における資産相続等に関する慣行上の不平等といった課題に関しては抜本的な変化はないままである．このような状況下で，農業における女性の役割に関する研究は活発とはいえないのが実状である．女性の役割が「見える」研究への関心の再喚起が求められる．

［原 珠里］

5-10

農業の技術と生産関数

農業における代表的な生産要素として，農地，労働，肥料や農薬などの経常投入財，農業機械や建物などの資本が挙げられる．農業技術は生産関数によって表される．**生産関数**とは生産要素と農産物産出量との技術的関係を関数として，例えば $Y=F(V,S,L,K)$ と表現したものである．ただし，Y は産出量，V は肥料などの経常投入財，S は農地，L は労働，K は農機具などの資本を示す．V のみを可変的投入要素とすると生産関数は図1のようになり，この傾きを肥料の**限界生産力**という．限界生産力とは施肥量などの生産要素をほんの少しだけ増加させたときの収量の増分を意味する．施肥量の増加とともに収量も増加するが，収量の増加量は次第に小さくなる．これを**収穫逓減の法則**と呼ぶ．

●利潤最大化と均衡要素投入量　p_Y を生産物価格，p_V を肥料価格とし，これらの価格がそれぞれの市場で完全競争的に決定されていると仮定する．ここで肥料以外の生産要素の量を固定し，最適な施肥量を求めてみよう．その答えは，以下の条件付最大化の問題を解くことによって与えられる．農家は利潤を最大にするように施肥量を決定するわけである．

$$\max.\ p_Y Y - p_V V \quad \text{s.t.}\ Y=F(V|S,L,K)$$

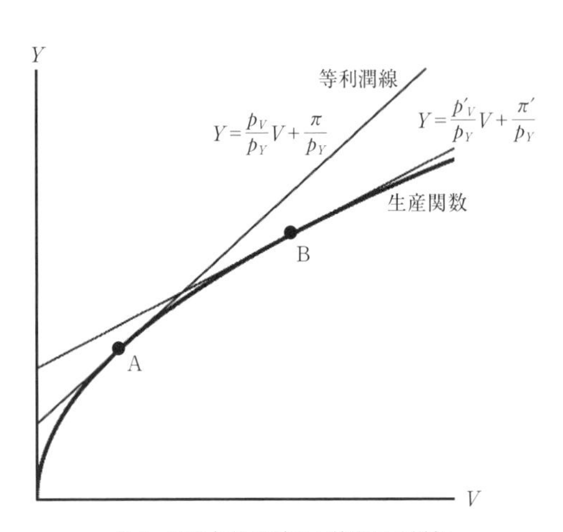

図1　肥料価格の低下と施肥量の増加

図1では，A点を通る等利潤直線の Y 切片が最大になる．等利潤線とは価格を所与とし，ある一定の利潤を実現する施肥量 (V) と収量 (Y) の組合せである．A点で生産関数と等利潤直線が接していることから，肥料の限界生産力 $(F'(V))$＝肥料の実質価格 (p_V/p_Y) という利潤最大化の均衡条件が満たされており，最適な施肥量を達成しているといってよい．仮に，他の条件を一定として肥料価格が低下すれば，図1の直線の傾きはよりフラットになり，利潤が

最大化されるB点では施肥量が増加し，収量も上昇する．農産物価格が上昇しても同様のことが起こる．

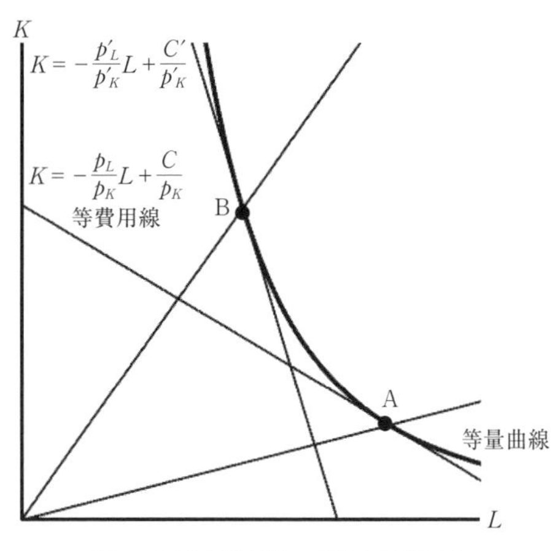

図2　要素相対価格の変化と要素代替

●費用最小化と均衡要素投入量 生産要素投入量の決定においては，生産要素間の代替関係と相対価格との関係も考慮する必要がある．今度は生産関数を $Y=F(L,K|V,S)$，すなわち肥料 (V) と農地 (S) を一定として労働 (L) と機械 (K) が可変的であるケースを想定しよう．図2は一定量の農産物 (Y) を生産するために必要な労働と機械の投入量の組合せを示している．縦軸が機械投入量で横軸が労働投入量である．この曲線を**等量曲線**（isoquant）という．Y を所与として農家は等量曲線上のどの点を選択するであろうか．これは費用最小化問題として，以下のとおり定式化される．

$$\min.\ p_L L+p_K K \quad \text{s.t. } Y=F(L,K|V,S)$$

ただし，p_L は賃金率，p_K は機械の賃貸価格を示す．費用を C とすれば，$C=p_L L+p_K K$ は $K=p_L/p_K \cdot L+C/p_K$ と変形できるので K 切片が最も小さいA点が費用最小化点となる．A点では p_L/p_K と等量曲線の傾きにマイナスを掛けた値（**技術的限界代替率**）が等しい．賃金率に対して機械の賃貸価格が低下すれば，直線の傾きがより急になり，労働に代わって機械投入量が増加し均衡点はB点に移動する．すなわち，労働から機械へというかたちで要素代替が生じる．このように生産要素投入量は生産要素の相対価格にも依存して決定される．

●市場メカニズムと生産要素投入 農産物収量や生産要素の結合比率は，農業生産の技術的条件のみならず，市場価格に対応する農家の経済的選択行動にも依存している．我々が目にしている稲作の収量や労働や機械の結合比率などは，まさに，技術と経済の結節点ということになる．

［近藤 巧］

5-11

農業の技術進歩の経済分析

農業技術は生産要素の投入と生産物の産出との技術的関係として生産関数によって示されるが，この技術的関係は時間とともに変化する．農業をめぐる環境の変化や新技術が体化された農機具，種子などの導入によって生産方法が変化するからである．新しいインプットに頼らず，農業経営のマネジメントの改善によっても生産性は向上する．農業・農村資源の新しい管理方法やこれに関わる制度の改革，新しい仕組みの創出なども広い意味での技術進歩と捉えることができる．経済学では，技術進歩を生産方法の改善と捉えることが多く，生産関数のシフトとして分析できる．ここでは，増収型と省力型の技術進歩を取り上げ，技術進歩と生産要素投入量との関係，技術進歩の方向性について考えてみる．増収型の技術進歩は土地生産性の向上，省力型の技術進歩は労働生産性の向上とも解釈することが可能で，いずれも農産物の供給曲線の右方へのシフト要因である．

●増収型技術進歩　図1に示すように，農業生産における技術進歩は生産関数 $Y=F(V)$ の上方へのシフトとして表すことができる．ただし，Y は産出量，V は肥料投入量である．生産関数をこのようにシフトさせる技術として耐肥性に優れた高収量品種や耐病性品種の開発などが挙げられる．これらの技術開発によって施肥効率が高まり，少ない施肥量で農産物の収量を増加させることができる．このような生産関数のシフトは増収型技術進歩といえる．増収型技術進歩によって，肥料と生産物の相対価格が不変であったとしても，利潤を最大化する均衡施肥量と産出量が増加することが図1から明らかである．技術変化前には最適点であったA点が，技術変化後にはB点に移動する．

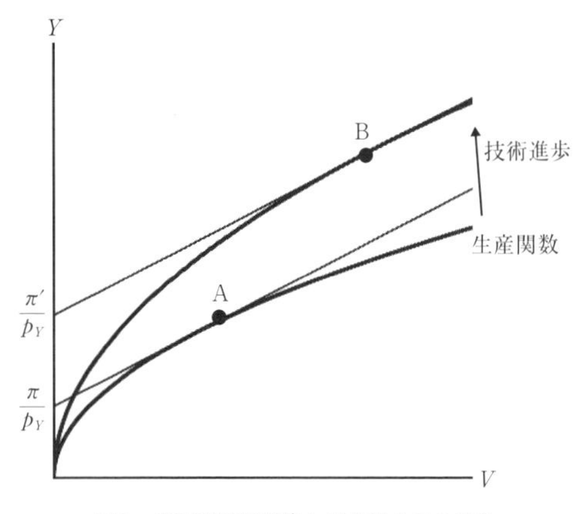

図1　増収型技術進歩と要素投入量の変化

●省力型技術進歩　増収型技術進歩では施肥量が増加したが，生産要素投入量が減少するタイプの技術進歩も存在する．図2の（a）と（b）には労働 (L) と機械 (K) の投入量に関する等

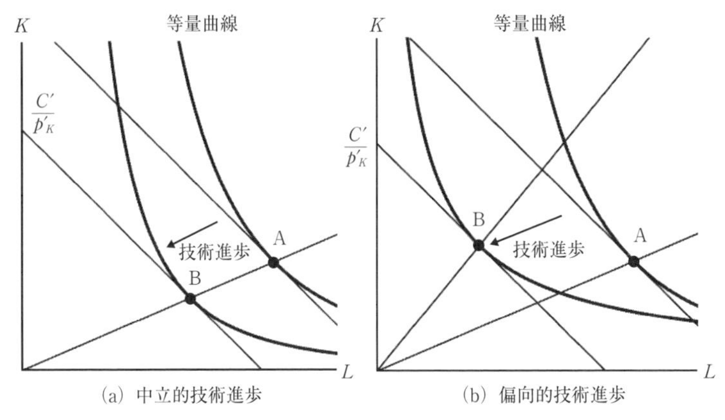

図2　省力型技術進歩と要素結合比率の変化

量曲線を用いて，省力型技術進歩をモデル化している．両図では技術進歩によって，A 点から B 点へと労働の投入量が節約され，機械投入量で見た総費用(C'/p'_K)，すなわち K 切片は低下するという点で共通している．ただし，図 (a) では機械と労働の結合比率は不変にとどまるのに対し，図 (b) では高まっている．図 (a) のように等量曲線が原点に向かって相似縮小的にシフトするタイプの技術進歩を**中立的技術進歩** (neutral technological change)，図 (b) のように，K 軸の側に偏ってシフトし要素結合比率が変化する技術進歩を**偏向的技術進歩** (biased technological change) という．

●日本農業の技術進歩　戦前・戦後の食糧難の時代においては，図 1 に示したような増収型の品種改良や肥培管理技術の開発が重視され，その結果，食糧難からの脱却も進むことになった．1955 年に始まる高度成長期以降の賃金上昇下では図 2 (b) に示したような省力型の技術開発とその普及が重視されてきた．この結果，わが国農業の機械化が急速に進展し労働時間は大幅に減少した．

●技術進歩の源泉　かつての経済学は技術進歩を「天からの恵み」(manna from heaven) ととらえ与件とみなしてきた．しかし，今日では農業試験研究開発投資，人的資本の蓄積，内生的経済成長，**誘発的技術進歩**，制度変化など生産関数のシフト要因に関する経済分析に力が注がれる傾向にある．例えば，ヒックスは技術変化の源泉である発明を 2 つに区分し，生産要素の相対価格の変化に由来する発明を「誘発的」(induced)，それ以外の発明を「自立的」(autonomous) と定義し，相対的に希少で高価な生産要素を節約する方向に技術進歩が起こることを提唱した．

［近藤　巧］

5-12

農業の機械化と規模の経済

一般に**規模の経済**とは，生産規模の拡大とともに平均費用すなわち生産物1単位当たりの費用が低下していく状態を意味する．規模の経済の源泉としては，機械・設備に関わる固定費用の存在が大きい．農業経済学では，規模の経済を作付面積（飼養頭数）の拡大に伴う単位面積（1頭）当たり費用の低下として把握することが多く，機械・設備の大型化によって生じる費用の低下も重視されている．

農業をめぐる規模の経済に関する研究では，農業技術について，肥料・農薬等から構成される生物的・化学的技術（以下，Biological and Chemical を略した**BC技術**という）と機械・施設等から構成される機械的技術（以下，Mechanical を略した**M技術**という）に分けて議論することが多い．これは，投入される資材・機械等の生産規模間格差について，BC技術では無視することができ，M技術では経営の成果を大きく左右する要素である点に着目した議論である．つまり，規模の経済の源泉は，M技術に伴う装備の生産規模間格差にあるとされてきた．また，農業をめぐる規模の経済に関する研究では，土地利用型の稲作・畑作や装置産業としての発展が著しい酪農において，多くの実証分析が蓄積されている．以下では，特に稲作に焦点を当て，農業の機械化と規模の経済に関する知見を整理する．

●機械化の動向 まず，わが国の稲作の機械化の歴史を確認する．戦後における稲作の機械化は，1950年代前半の乗用型トラクターの輸入から始まる．その後，1960年代には国産の乗用型トラクターが開発され，耕耘・運搬作業の機械化が実現した．続いて1950年代後半には，コンバインや穀物乾燥機に関する試験研究が活発化した．そして，1960年代後半には自脱型コンバインが普及し，さらに1970年代にはライスセンターやカントリーエレベーターといった乾燥施設の導入が進むことで，コンバインと乾燥機の利用が一体となった収穫・調製の機械化体系が成立した．他方，水田での労働負荷の高い田植えの機械化は1970年代から本格化し，わが国の稲作技術の高度化に強いインパクトを与えた．

以上のプロセスで可能になったトラクター，田植機，コンバイン，乾燥機等の導入は，一連の作業の省力化による労働生産性の飛躍的な上昇をもたらした．「中型機械化一貫体系」と呼ばれる**技術体系**の成立である．ところが，このような技術体系はすべての農業経営体に普及したわけではない．経営規模が小さいことや，分散錯圃あるいは劣悪な圃場条件によって機械が導入できないなど，経営規模と農地の状態は技術体系の導入を規定する重要な要素である．

●理論的枠組　ここで，経営規模と規模の経済の関係について，平均費用（単位面積当たり費用）を技術体系間で比較することにより説明する．具体的に，トラクターの馬力数，コンバインの条数を必要に応じて短期間には変更できないなど，技術の**分割不可能性**を前提に，複数の技術体系を想定してみよう．通常，機械装備は1年以内の短期で更新されることはなく，複数年の長期にわたり利用される．つまり，機械装備の毎年の減価償却費は固定費用であり，平均費用は固定費用の分散により経営規模に比例して減少する．ただし，特定の技術体系（技術体系Aとする）のもとで経営規模を拡大し続けた場合，作業期間や労働負荷等の制約が作用し始めることで，平均費用が減少局面から上昇に転じることが知られている（梅本，1992）．

次に，経営規模を拡大したことによる平均費用の上昇に直面した農家が，長期的な意思決定として，さらに大型の機械装備（技術体系Bとする）を導入したとする．このとき技術体系Bのもとで実現される平均費用は，その減少局面において，技術体系Aのもとでの平均費用を下回ることが期待される．すなわち，このような平均費用の格差こそが，技術体系A・B間における規模の経済の発現にほかならない．そして，さまざまな技術体系間の比較を通じて，規模の経済の実態が広域の経営規模について確認されてきた．ちなみに，現在のわが国の稲作では10～15 haが規模の経済が観察される経営規模の上限であるとされている．

●実証研究の展開　規模の経済と生産者の行動に関する実証研究は多い．その多くは生産関数や費用関数等を推定する定量的アプローチを採用し，規模の経済の有無と水準を検証している．なかでも，農業技術をBC技術とM技術に分割する着想から生産関数モデルを実証した成果として，荏開津・茂野（1983）が特筆される．また，このタイプのモデルを用いた多くの実証分析によって，営農類型や技術条件に応じた規模の経済が評価されている．他方，稲本（1986）を嚆矢として，技術体系別に短期平均費用曲線を導出し，その比較分析から規模の経済を実証するアプローチも成果が多い．このアプローチでは，農業の機械化の特質を技術体系ごとに具体的に把握することが重視されており，その分析結果から経営の意思決定に資する知見が提供されている．

一方で，技術体系の高度化による規模の経済の追求に加えて，市場におけるバーゲニングパワーの発現（梅本，1992）や圃場分散による負の外部性の作用（川崎，2009）など，今後は農業経営の意思決定にも関わって，規模の経済の多面的な分析視角が注目される．

［松下秀介］

5-13

農業投資と資本ストック

近代経済学で資本とは，土地や労働と並ぶ生産要素の1つであり，工場，機械などの生産設備や在庫品，住宅などからなる．資本が他の生産要素と大きく異なるのは，**投資**という人工的な行為によってその水準を変化させることができるという点である．

●資本の本源的な意味　そもそも，投資や資本に用いられている「資」とは，資金すなわち貨幣のことを指す．一般に貨幣は，何にでも姿を変えられる，いわゆる流動性という性質をもつ．その反面，貨幣自体には生産能力もなく，利益を生み出す力もない．利益を生み出すためには，貨幣を工場や機械などの生産設備に変える必要がある．現在手元にある資金の一部または全部を投下して生産設備を増やす活動が投資である．投資により生産設備に変わった瞬間に，貨幣のもつ完全な流動性は失われてしまう．つまり投資には，非可逆性を承知の上で資金を投下して企業の生産能力を増強させるという側面がある．期待どおりの生産収益が得られないこともあるので，投資にはリスクを伴うが，財や株券の短期的な価格高騰を期待して資金を投じる投機とは異なる．

マクロ経済でみれば，投資は一定期間内に国内で生産された生産物のうち，その期間に消費されなかった部分に相当する．海外との資金のやりとりを無視すれば，事後的には国全体の投資額が国全体の貯蓄額に等しくなる．また，投資には，建設後に増加した資本ストックを通じて生産水準を高める本源的な効果（ストック効果）の他に，施設の建設期間中に資材関連産業の財・サービス需要を喚起して経済を活性化させる効果（フロー効果）もある．

なお，経営学では，資本とは，広義には企業資本の調達源泉つまり総資本を意味し，狭義には調達源泉のうち返済義務を負わない自己資本を指す．狭義の資本は，企業の総資産から総負債を差し引いた純資産に相当する．したがって，企業の所有する金銭や株式なども資本に区分され，金融資本と呼ばれる．

●資本の種類　生産要素としての資本を形態別に区分すれば，工場や機械などの固定資本と原材料・仕掛品・出荷前製品などの流動資本に分かれる．これらは，生産に直接関与する物的資本である．農業においては，農業機械や乾燥調製施設に加え，家畜や果樹も固定資本に該当する．家畜や果樹は，無機物ではないが，子牛や苗の購入後にその成長によってミルクや果実を産出し，何年間か生産を継続した後に生産能力を失うという工場や機械と同様な特性をもつからである．

資本を投資主体別にみると，民間企業が蓄積する民間資本と政府や公的機関が公共事業で整備する**社会資本**（社会間接資本と呼ばれることもある）に分かれる．資本主義経済では，民間資本が企業の利益を生み出すために用いられるのに対し，社会資本は，道路，上下水道，公園，学校，鉄道施設等の社会インフラであり，民間企業の生産活動に間接的に関与する．農業に関係する社会資本には，灌漑排水施設のほか，圃場整備事業により整備された農地，さらには親水公園や生活基盤施設等が概当する．

これら資本に加え，教育や健康維持活動のような自己研鑽投資により蓄積される人的資本や研究開発投資により蓄積される**知識資本**も，関連する生産を増加する能力があることから，資本の1つとみなされている．また，社会における人間関係向上のための活動費用を投資と考え，これら投資によって蓄積される人的ネットワーク，信頼の度合い，さらには利他的心情の程度を総合的に評価して社会関係資本（ソーシャルキャピタル）として捉える見方もある．さらに，宇沢（2000）では，法律や慣習によって蓄積される社会制度や大気，森林などの自然環境も大きな意味での資本に括られている．ただし，社会制度や自然環境は，市場で行われる生産活動に影響する要素ではあるものの，投資との直接的な関係を特定しがたいことから，生産理論に基づく実証分析で考慮される機会は少ない．

●資本ストック量の計測　資本の蓄積量すなわち資本ストックの多寡は，工場や機械の種類によって物的な性質が異なることから，物量単位ではなく金銭単位で計測するのが一般的である．実際の定量化の場面では，民間企業の固定資本のストック量は，公表されている企業会計上の**減価償却費**から推計できる．通常用いられる定額法による年減価償却費は，（取得価額×耐用年数に応じて定められた定額法の償却率）で算定されるので，この式から取得価格で評価した資本ストック額を逆算するのである．年減価償却費の計算に定率法を採用している企業の場合でも，式は異なるが同様な逆算が可能である．

一方，年減価償却費が不明な社会資本や知識資本のストック額の推計には，**恒久棚卸法**が適用されることが多い（内閣府，2017）．恒久棚卸法は，施設が利用できる期間（耐用年数）に投下された投資額の合計でストック額を定量化する方法で，耐用年数を経過した過去の投資は除却されると仮定される．

2017年の農業経営統計調査（米生産費）の減価償却費から推計すると，日本の稲作で利用される農業機械や農業用建物の資本ストック額は約2.4兆円であるのに対し，水田関係の農業基盤整備で蓄積された社会資本ストック額は2017年度末で約50兆円（推計方法は國光・中田，2015参照）となっている．

［國光洋二］

5-14

農業金融の特質

わが国の農業金融システムの基本型は，1950 年代から 1960 年代初頭に形成され，今日に至るまで存続している（泉田，2008）．その大きな特徴は，資金供給主体が日本政策金融公庫（旧農林漁業金融公庫，以下，公庫）と農協にほぼ限定され，貸出される資金の大部分が制度資金であることである．わが国の農業金融システムが競争の少ない閉鎖的なシステムとなっている背景として，資金需要者の大半が小規模家族経営であることに加え，農業の技術的特質が大きく影響していることを加藤（1983）は指摘し，農業金融の特質を長期性・季節性・零細性・危険性・地域性など 10 項目にわたり整理している．

ところで近年，資金需要者である農業経営は，自身を取り巻く制度的・経済的環境変化のもとで変貌しつつある．例えば，農業の川下の領域への事業拡大が進行するとともに，経営発展の方向やプロセスも多様化している．このことは農協以外の民間金融機関（以下，銀行等）の農業融資への関心の高まりにつながっている．このような資金需要者・供給者の動向を踏まえると，泉田（2008）が指摘するように，かつて加藤（1983）が規定した農業金融の特質の多くは変化してきている．その上で現段階でも存在するわが国の農業金融の特質は，他産業の一般企業への融資と比較して信用リスクが高いこと，したがって融資に関わる情報分析コストが高い点にある．信用リスクとは技術的特質・経営的特質のもとで，農業経営が債務を返済できなくなるリスクを意味する．信用リスクが高ければ，結果として金融機関における情報分析コストも高くなる．すなわち，債権の保全・回収のために，借り手の返済能力に関する情報の収集・分析が行われるが，そのために多くのコストが必要とされる．

●現在の農業金融の制度・構造上の特質　制度資金において重要な位置づけにある公庫のスーパーＬ資金は，その性格から認定農業者であることを要件としている．認定農業者数は現在 24 万人を超えている（2018 年 3 月）．経営規模や経営成果からみて，認定農業者の経営としての質には大きな幅があり，すべての認定農業者がスーパーＬ資金を借りるのにふさわしい先進的経営とは限らない．

銀行等による農業向け貸出金残高は，2019 年 3 月時点で，総額 0.9 兆円，このうち運転資金 0.7 兆円となっており，2000 年代後半から運転資金を中心に件数も融資額も一貫して伸長している．ただし，銀行等が農業融資に取り組む際には，農業の技術的・経営的特質についての情報が，従来から熟知している他産業よりも少ない．また，緒についたばかりなので経験的な知識も乏しく，実際には収益性や安全性に問題のない経営の資金需要に対しても，適切に対応できない可能性が生じる．

この問題を緩和する取組みとして，公庫による銀行等との業務協力協定の締結がある．銀行等はこの制度を通じ，農業者との間に生じている情報ギャップの解消に向けて，有益なアドバイスを公庫から得ることができる．また，わが国では今世紀に入って，担保・保証を求めない貸出が重視されるようになり，無担保・無保証に対応した貸出技術の開発・普及も進み，農業融資の拡大に貢献している．

農業経営は，運転資金を内部資金で賄えない場合，短期の借入によって対応する．金融機関からの借入以外の調達方法として，仕入れ先と行う信用取引がある．これは掛払いを通じて取引される企業間信用と呼ばれる資金調達手法であり，買い手である農業経営が代金分の資金を売り手から借りていることに他ならない．企業間信用は，資金需要者にとって重要な資金調達源泉であるにもかかわらず，企業間信用と融資との関係等，その実態や背景は必ずしも明らかではない．農業経営と生産資材等仕入れ先との企業間信用の実態の解明は，農業経営発展に資する農業金融支援システムの提示および政策提言を行っていく上で，欠かすことのできない論点である．

●農業金融を巡る新たな動き　安定的な農業金融の実現のためには，多様な資金需要者と資金供給者が自由に金融取引に参加できる市場環境を整備していくことが求められる．そのような環境整備の1つの試みとして，官民ファンドがある．これは，多様な業務に意欲的に取り組む農業法人に対する強力な資金供給を目的としている．具体的には，2002年にアグリビジネス投資育成株式会社，2013年に株式会社農林漁業成長産業化支援機構が設立され，投融資を通じ，農業法人を金融面から支援する仕組みが運用されている．また，農業経営は資金調達に際し，中小企業等を対象とする公庫の信用補完制度を利用することはできないが，その代わりの制度として，農業信用保証保険制度が用意されている．この制度は，銀行等が融資する資金の保証についても制度上は利用可能であるが，農業経営が銀行等から融資を受ける際の活用実績は少ない．したがって，巨額な運転資金需要のある企業的農業経営に対する信用を補完する制度が手薄になっている．農業金融市場の環境整備の一環として，多様な農業経営主体の信用を補完する制度の充実は，農業分野の知識や融資経験が少ない銀行等における農業向けの融資拡大に貢献すると考えられる．

［森　佳子］

5-15

農業・農村の資金循環

資金循環とは，ある経済対象（一国全体や特定の地域など）において，金銭の受渡しや貸借を伴う取引あるいは金融の資産や負債の増減などによる，資金の動きを表したものである．日本における農業の特性や発展の経緯を踏まえて，以下では政府による財政（歳入・歳出）や農業・農村の金融に着目し，明治期から現在までの長期の流れについて俯瞰する．

●明治から第二次大戦前までの推移　江戸時代までの日本の産業は，農業が中心であった．明治中期以降は第2次・第3次産業が急速に発展し，国民所得に占める農業の割合の推計によれば，1880年代の60%台から1930年代の20%弱へと傾向的に低下した．同じ時期の農業・非農業間の資金移動に関する研究（恒松，1956など）によると，国と地方を合わせた全租税収入に占める農業からの割合は，1880年代の90%から1930年代の30%弱へと低下している．ただし，この割合は国民所得に占める農業の割合を一貫して上回っており，農業は非農業よりも重い税負担を課されていた．一方，財政支出については，国民所得と補助金の比率が農業・非農業別に推計されている．その結果によると，1920年代までは農業が補助金に依存する度合いは低かったが，1934年以降，農業の補助金依存度が非農業のそれを上回ることになった．以上のように，明治期には政府が**地租**を中心に農業から資金を吸い上げ，それを産業，交通，教育，軍事などの近代化に投入したが，大正期や昭和期には農業向けの補助金も次第に増加した．さらに，1930年代の昭和恐慌期以降の農業は，租税を負担するよりも財政支出の恩恵を受ける産業に転換した．また，農村部の各種の金融機関を通した資金の流出（貸出や出資）・流入（預貯金や借入）を比較した研究によれば，戦前の全期間で流出・流入はほぼ拮抗していた（寺西，1982）．金融面では資金の流れが純流出・純流入のいずれかに大きく偏ることはなかった．当時は旺盛であった土地改良投資や肥料購入などの資金需要が，農業・農村からの資金供給で満たされていたわけである．

●第二次大戦後から近年までの推移　地租は1950年に市町村の固定資産税に移行した．また，すでに戦前から税収の中心が個人・法人の所得税や各種の間接税に移っていたこともあって，戦後には農業の重い税負担が解消された．一方，財政の支出面について国の歳出総額に占める農業向けの割合を確認すると，1970年代半ばまでは10%台で推移したが，その後は低下傾向が続き，今世紀に入ってからは3% 程度である．ただし経済全体のGDPに占める農業の割合は，1950年代前半には20% 程度だったが，1960年代には10% を下回り，2000年代以降は1% 台で推移している．つまり，戦後の農業は財政への依存度が高い産業であり続けた．また，農業生産額が1980年代の13兆円をピークに，今世紀には8兆円台で推移したのに対して，国と地方を合計した農業向け財政支出は1980年代の5兆円台から近年の4兆円台といった水準で推移している（本間，2010）．現代の農業生産額の半分は政府支出に支えられているとみることもできる．もっとも農業生産に対する財政的な補助政策は，アメリカやEUなどの先進国にも共通している．

次に金融面の農業・非農業間の資金移動についてみていく．まず，戦後の農家家計は，一貫して金融資産が金融負債を上回る**黒字主体**，すなわち資金余剰主体であった．特に1960年代の高度成長期以降，兼業収入や土地売却代金の増加に伴って，**総合農協**（以下，農協）などの金融機関への預貯金が大幅に伸びることになった．一方，農林漁業金融公庫資金や農業近代化資金などの政策的な低利融資が広く提供されたが，農協による農業貸出は伸び悩んだ．**資金のすれ違い**と呼ばれるこのような構造は，全体としては現在も続いている．ただし，農業にも投資による資金需要が旺盛だった分野はある．作目別では畜産や施設園芸，規模別では大規模経営，そして経営形態別では1990年代から政策的な後押しも行われた組織法人経営である．また地域別には，兼業所得を含めた収入が農家の出資や借入を大きく上回る東海，近畿，四国などでは，農協の貯金に対する貸出の割合（貯貸率）が低下した．これに対して，多額の投資も必要な畜産が盛んな北海道，東北，九州では，貯貸率の低下は緩やかであった．農協で貸出に仕向けられない余裕金は，信用農業協同組合連合会や**農林中央金庫**に預け金として集積されることになり，主に非農業分野で運用されている．農林中央金庫では，1990年代までは国債などの国内の有価証券の購入や（農業とは直接には関係しないインフラ関連の）大企業への貸付が運用の中心であったが，2000年代には外国の有価証券への運用が増加し，近年では資産の30% を超えている．2008年のリーマンショックの際には，アメリカの不動産担保証券による巨額の損失も発生している．

●現況　農業・農村の資金循環について財政面の現況をまとめると，税収では農業・非農業間で格差なく徴収されており，その財源は農業に手厚く分配されている．また金融面では，一部の大規模な経営体を除いて，全体として農業への出資や貸出が伸び悩む一方で，農家や農村部の非農家世帯による農協貯金は今なお堅調である．その差が生み出す余剰資金は，国内の有価証券や農外への貸出に向けられるだけでなく，近年は国外での運用にも依拠せざるを得なくなっている．

［万木孝雄］

第6章

農産物市場と価格形成

6-1

完全競争と不完全競争

我々の周りには，無数の財・サービスがあふれているが，その価格と取引数量は通常，市場において需要と供給が一致する水準に決まると考えられており，そこで成立する価格を市場均衡価格あるいは需給均衡価格と呼ぶ．農産物の卸売市場では，競り人が需給が一致するように均衡価格を決める．需要が供給を上回っていれば，競り人が価格を引き上げ，下回っていれば価格を引き下げる．ワルラス（L. Walras）は，このような試行錯誤の過程をタトマン（tâtonnement）と呼んだが，仮に競り人が不在であっても，分権的な取引に市場裁定が働けば，財の需給は一致し，価格は均衡水準へと収斂する．

このようなメカニズムに従って取引価格と取引数量が決まる市場を競争的市場ないしは完全競争市場と呼ぶ．それは以下の条件を満たしている（今井他，1982a）．

(1) 取引される財は同質的であり，製品差別化が排除される．
(2) 多くの消費者・生産者が市場に参加しているため，彼らは価格を所与として行動する（プライス・テイカーの仮定）．
(3) 取引の対象となっている財・サービスの品質などに関して，隠された情報（hidden information）が存在せず，一物一価の法則が成立する．
(4) 消費者・生産者にとって，市場への参加，市場からの退出は自由である．

競争的市場は1つの抽象概念であり，ここに掲げた4つの条件をすべて厳密に満たす市場は現実には存在しない．競争的市場は現実への第一次的な近似である．

●不完全競争　4つの条件のいずれかが満たされない市場を不完全競争市場という．このうち，1人あるいは少数の買い手や売り手のみが参入している市場（独占市場，寡占市場）では，条件（2）が成立しない．その結果，彼らは利潤を最大化する供給量あるいは需要量を決定する過程で，価格をも操作することができる．製品差別化が可能な市場（＝独占的競争市場），すなわち条件（1）が成立しない市場では，多くの生産者が市場に参入していたとしても，ある生産者は，製品差別化により自社製品が他の製品とは直接競合しない地位を確保できるので，自社が直面する右下がりの需要曲線に応じて価格を決めることができる．

独占市場や寡占市場あるいは独占的競争市場では，供給量や需要量を操作することで，企業は競争市場に比べてより多くの利潤を得ることができる．こうして生み出された独占（寡占）利潤の源泉は過小供給・過小需要にあるから，そこには不公正な所得分配とは別に，資源の効率的な配分が損なわれるといった問題が生じている．

現実の世界では条件（3）も容易には成立しない．例えば，品質の異なる財が市場に出回っていても，消費者は自分が購入しようとする財の品質を正確に見極めることができない．こうした場合，逆選抜（adverse selection：低品質の財が高品質の財を市場から駆逐する現象．逆選択ともいう）が生じ得る．一方，こうした隠された情報に起因する問題に対して，取引の当事者が自らの行動によって対処することもある．情報をもつ主体が自らの利益のために，取引相手に情報を伝達するシグナリング（signaling）や，情報をもたない主体が積極的な行動をとることによって，情報をもつ主体からその情報を引き出そうとするスクリーニング（screening）などがこれにあたる．

条件（4）は，参入障壁の構築あるいは撤廃といった文脈で取り上げられることが多い．わが国の農業についていえば，株式会社の農業参入や農業協同組合に対する独禁法適用除外をめぐる議論がよい例である．参入の自由を制限すれば，正の超過利潤が発生するが，経済学ではこれを準レント（quasi rent）と呼ぶ．通常，レントとは短期的に供給が固定されている希少資源や土地等の生産要素に対する報酬を意味するが，例えば，制度や法律に基づく許認可などを固定化した生産要素とみなし，これに帰属する報酬を準レントと呼ぶのである（Varian, 2010）．

●資源配分と所得分配　ところで，競争的市場は重要な規範的な意義をもっている．それは「競争的市場は資源の最適配分（パレート最適）を実現する」というものである（厚生経済学の第1定理）．この定理は，あらゆる経済政策を立案・実施する上で，基本となる考え方であり，例えば，貿易の自由化に理論的な根拠を与えている．政府の介入を排し，財の取引と価格の決定を市場に委ねることで，取引当事国は国民所得を増加させることができる．当然，輸入国の生産者は自由化によって損失を被るが，課税や補助金給付などによる所得移転によって，誰もが満足できる公平な所得分配を実現することができる（第2定理）．

市場介入的な政策の是非をめぐってはさまざまな議論が存在するが，効率性と公平性に関する二分法は，概念を整理するための便法であって，問題の具体的な解決方法を示したものではない．今井他（1982b：pp. 224-225）で指摘されているように，「我々が規範的分析に基づいて何らかの政策的な結論を導くとすれば，資源配分上の解決と所得分配上の解決との両方を含んでいなければならない」．農業ではこれに非市場的価値や食料安全保障への配慮などが加わるため，政策論は価値判断と切り離しがたく結びつくことになる（荏開津，1987）．

［伊藤順一］

6-2

農産物市場の短期変動

日照不足等の天候不良によって夏野菜が不作となり価格が上昇している，逆に，豊作により価格が下がりキャベツなどの葉物野菜が産地で廃棄されている，といったニュースを目にした人は多いであろう．このような価格の短期的変動は，工業製品の市場にはあまりみられない農産物市場に特有の現象である．

●農産物供給と需要の特性　図1は，ある農産物の市場を分析するための模式図であり，その農産物の価格を縦軸に，取引数量を横軸にとっている．農業者の市場における行動は**供給曲線**として表されるが，一般的に価格が上昇すると市場への供給量は増加するため，右上がりの線で描かれている．一方，消費者の行動は**需要曲線**として表され，一般的に価格が上昇するとその農産物への需要量は減少するため，右下がりの線として描かれている．

食料となる農産物は生存のために欠かすことができず，消費者は農産物の価格が変動しても需要量を大きく変えることはできない．価格が1% 上昇したとき需要量が何 % 減少するかを表す指標を，需要の**価格弾力性**と呼んでいる．農産物の価格を P，需要量を Q，それぞれの変化量を ΔP，ΔQ で表すと，需要の価格弾力性 E は以下のように定義される．

$$E=-\frac{\Delta Q/Q}{\Delta P/P}=-\frac{\Delta Q}{\Delta P}\frac{P}{Q}$$

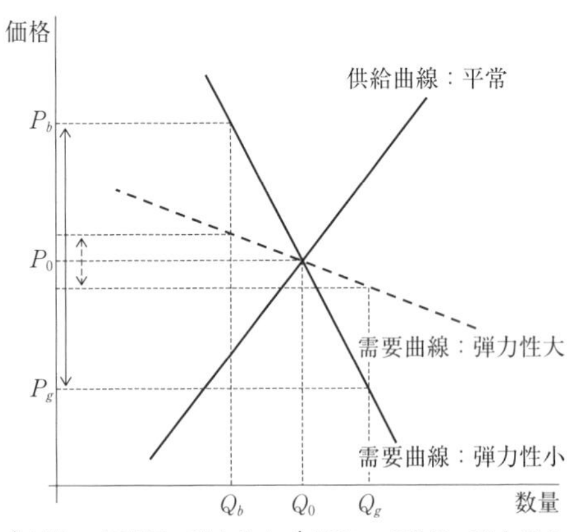

図1　農産物市場における価格の短期変動［出典：筆者作成］

農産物の需要の価格弾力性は1より小さいことが多く，これは，価格が1% 上昇しても，需要量の減少は1% 未満に留まることを示している（茬開津・鈴木，2015）．価格弾力性が小さいとき，図1の需要曲線：弾力性小に示されるように，需要曲線は大きな負の傾きをもつ．逆に，需要の価格弾力性が大きければ，点線で示したような傾きの小さい需要曲線となる．

農業は自然に依拠した産業であり，農業者が制御できない天候などの要因に左右される．さらに，農作物の生産には，カイワレ大根などの例外を除き，少なくとも数カ月の時間を要するため，農業者は生産量を完全に予測することができない．たとえ農業者が需要曲線と平常時の供給曲線との交点における**均衡**取引量 Q_0 を市場に供給しようと生産計画を立てたとしても，実際の供給量は豊作であれば Q_g，不作であれば Q_b のように変動する．

●農産物価格の短期変動　市場への供給量が変化すると，農作物の価格も変動する．豊作時には計画以上の Q_g が市場に供給され，均衡価格 P_0 よりも低い価格 P_g で取引される．逆に，不作時には Q_b しか市場に供給されず，価格も P_b まで上昇する．図1に示されるとおり，需要の価格弾力性の小さい農産物市場では，供給量の変化に対して価格が敏感に反応し，豊作・不作時の価格の変動幅が大きくなる．これは，上で提示した需要の価格弾力性の定義式より，その逆数 $1/E$ が，需要量が1% 上昇したときの価格の減少率（%）を表していることからも確かめられる．

●農業者への影響　価格の大幅な変動は，消費者の家計のみならず，農業経営にも大きな影響を与える．農業者が得る収入は価格×取引量，すなわち，PQ で表される．上と同様に，市場への供給量が定まった後の価格は需要曲線に従って決定されるとしよう．豊作により市場への供給量が ΔQ だけ増加したときの収入の変化は，需要の価格弾力性を用いて P（1-1/E）で表すことができる．したがって，需要の価格弾力性が1より小さいとき，豊作にもかかわらず，価格の大幅な低下により農業者の収入が減ってしまうことになる．いわゆる豊作貧乏であり，産地での野菜などの廃棄は価格暴落の打撃を回避するための対応にほかならない．

●現実の農産物市場および農業者の行動　現実の農産物市場には，農協などの仲介業者や契約栽培などの市場外取引があり，ここで紹介した理論よりも複雑になっている．農業者もまた，価格や生産量の予測できない変動（リスク）が経営に与える影響を軽減する工夫を行っている．さらに，政府は野菜生産出荷安定法や備蓄米制度などの法制度を整備し，農産物市場における価格や供給量の安定を図っている．しかし，単純化した理論は，農業生産に時間がかかるという供給側の側面と需要の価格弾力性が小さいという需要側の側面の両者が組み合わさり，農産物市場の不安定性が生じることを教えてくれる．根本的な原因への理解が，現実の市場の仕組みや農業者の行動を解明するための第一歩となる．　［草処 基］

6-3

農産物市場の循環変動

農産物は，植栽後数年を要して実のなる果樹類，種付けから牛肉として出荷するまで3年もかかる牛肉等その生産期間が長いことに特徴がある．このような投入と産出の間の長いタイム・ラグは，将来価格の予想による生産量の決定という困難な経営問題を引き起こす．

農業では数カ月あるいは数年先の価格を予想して，野菜の作付面積や肥育牛の頭数を決定しなければならない．もちろん，投入時に生産物の価格がすでに決定している場合や生産側に価格の決定権がある場合，この予想（expectation）という問題は生じない．しかし，多くの農産物の場合，需給関係で価格が変動しており，将来価格が未知のままで投入の意思決定をしなければならないところに制約がある．実際の販売価格は予想を上回ることもあれば，下回ることもある．こうした予想と現実が異なると，思わぬ利益を得たり，逆に損失を被ったりすることがある．農業の場合には，価格決定のあり方と生産期間が長いという特質のために，すべての経営者が予想に基づいて不確実性によるリスクを負担しなければならないのである．

●循環（周期）変動のメカニズム——くもの巣モデル　予想と現実のギャップは，農産物の市場に独特の変動をもたらす．とりわけ，牛肉や豚肉の場合には，それがある種の周期変動になっていることが古くから知られており，ビーフ・サイクルやピッグ・サイクルの名で知られている．こうしたサイクルの起こるメカニズムを説明するモデルが，くもの巣モデルといわれるものである．

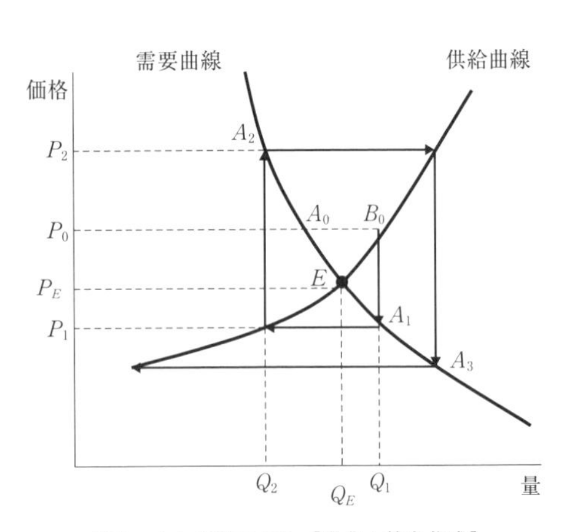

図1　くもの巣モデル［出典：筆者作成］

くもの巣モデルを図に示したものが図1である．くもの巣モデルでは，経営者は生産物出荷時の価格が生産（作付け）開始時の価格と同じであると予想して生産（作付け）を決定すると仮定される．

図1では点A_0からサイクルが

スタートする．価格は P_0 であるから，生産者は将来価格も P_0 であると考えて P_0 水準と供給曲線が交わる点 B_0 で生産を決定し，来期の生産量は Q_1 となる．しかし，Q_1 の供給を売り切るための価格は，需要曲線上の点 A_1 に対応する P_1 となる．

価格が P_1 になると，生産者は来期もその価格が続くと予想し，供給曲線上の価格 P_1 に対応する Q_2 の生産を決定する．しかし，生産物の出荷時が来て Q_2 が市場に上場されたときには，価格は需要曲線上の点 A_2 に対応する P_2 になっている．

図1では本来の需給均衡点は点 E であり，均衡価格は P_E，均衡需給量は Q_E である．しかし，はじめに点 E ではなく，点 A_0 からスタートすると，価格も数量も均衡点から離れてゆき，$A_0 \rightarrow A_1 \rightarrow A_2 \rightarrow A_3$ とくもの巣のような軌跡をたどって変動を続けて発散することになる．

さらに，現実の農業生産には豊凶変動が生じ，生産者も循環（周期）変動の経験を活かして予測にも変化が生じる．したがって，計画時の価格のみに基づいて生産計画が立てられるわけではない．そして，中長期的には需要における嗜好の変化や生産技術の進歩のために，需要曲線と供給曲線は常に一定ではなくシフトしているとみることができる．よって，周期自体が変動するし，周期変動の振れ幅自体も変化していると考えられる．

●周期の長さと規定要因　周期の長さは，対象品目の生理上の生産期間と経営行動上の遅れによって規定されている．肉豚の場合，種付けから生産まで4カ月，育成期間が3カ月および肥育期間が4カ月で，種付けから肉豚出荷まで合計11カ月を要する．さらに，種付けのための繁殖雌豚を増頭させねばならないとなると，繁殖豚は8～9カ月齢にならないと種付けできないから，種付け―出産―繁殖用素豚育成―種付け開始まで12～13カ月を必要とする．その繁殖豚から生まれた豚が育成，肥育を経て出荷されるまで，さらに11カ月かかるから，合計23～24カ月の期間が必要になる．

豚の生理上の生産期間と経営者の意思決定の時間的遅れを合計した期間が，18カ月であれば3年周期となり，24カ月を必要とすれば4年周期となる．周期的価格変動における対象期間は，価格変動に対して生産者が行動を選択し，その結果がまた価格に影響を与えるという，生産者の対応を含む期間である．

一方，わが国の和牛部門には，約7年のビーフ・サイクルが存在している．米国牛肉経済には，約10年の周期変動が存在している．わが国の和牛ビーフ・サイクルの変動には，繁殖雌牛の淘汰状況と消費者の需要行動が影響しているといわれている．

［福田 晋］

6-4

市場の限界と農業政策

一般的に経済学では，厚生経済学の第１基本定理として，市場が完全であれば競争均衡は最適な資源配分をもたらすが，市場が競争市場でなかったり，情報が不完全だったり，外部性のようにそれを取引する市場が存在しない場合には，市場は資源の最適配分に失敗する，と指摘されている．これが市場の失敗である．ただし，最適資源配分の概念は，経済主体間の所得分配について何も述べていない．所得分配は価値判断を含む概念であり，何が最適かを定義することは難しいが，いったん目標とする所得分配が定まれば，資源の初期賦存量の再分配を行うことで，市場均衡の結果として，目標とする所得分配が達成される．これが厚生経済学の第２定理である．このように所得分配を考慮した上で，市場機能だけでは公平な所得分配が達成されない状況を市場の限界と表現する．市場と資源配分の関係には価格が非常に重要な役割を果たす．

●農産物という財の特殊性　価格は，市場を通して供給と需要が一致する水準に決定される．その際に，農産物では，その特殊性を反映して，他の工業製品等とは異なった価格の動きがある．特徴的なものを挙げると，多くの農産物に伴う短期的な変動，牛肉や豚肉について観察される循環的な変動，長期的なトレンドとして農産物の実質価格の下落である．第１に，短期変動は，天候や病害虫などの自然条件の影響を受けるため供給量が変動することによって発生する．第２に，循環的変動は，生産に要する時間が長いため，生産の意思決定と出荷のタイミングが異なり，出荷時期に価格が上昇しても生産者が直ちに価格に反応できず，調整に時間的な遅れが生ずるために発生する．第３に，長期的な農産物価格の下落傾向は，農産物の需要の伸びよりも供給の伸びの方が大きかったという経験的事実による．供給の伸びは農業における資本の蓄積や労働力の増加，さらには農業部門や非農業部門の技術進歩を反映し，需要の伸びは人口の増加と経済成長による１人当たりの需要の伸びを反映したものである．

●農業生産要素市場の特殊性　一方，生産要素市場に視点を移すと，労働，資本が産業間で，農地が農業部門内で自由に移動できれば，産業間・部門内での要素価格は均等化するはずである．実際には，農業部門では家族経営が多く，生産要素が固定的であり，少なくとも短期的には農業・非農業間の賃金格差が生じ得る．

●市場の限界を克服するための農業政策の基本原則　すべての市場が完全競争的であれば，資源の最適配分が達成され，市場の失敗は起こらない．所得分配を考慮する場合でも，少なくとも理論的には資源の初期賦存量の再分配を適切に行えば，市場が機能することにより，公正な所得分配も達成される．ところが，農産物価格に不確実性がある場合や，生産要素が産業間を自由に移動できない場合，あるいは農業生産活動から外部性が生じる場合には，市場がその機能を十分に果たすことができない．これらの場合，政府が市場に介入することで市場の限界を補う必要がある．政府が介入する場合，複数の政策目標を達成するには政策目標の数と同じ数の独立した政策手段が必要であり（ティンバーゲンの定理），それぞれの目標を達成するのに最も効率的な手段を割り当てることが必要である（マンデルの定理）．政策目標と政策手段の数，さらには効率的な手段の割当ては，**政府の失敗**を回避するためにも，市場の限界への対処として重要な視点である．

●具体的な農業政策の方向　農産物の価格が長期的に下落するとき，労働移動が不完全であれば農工間の賃金格差が発生する．格差を是正するためには農産物価格を引き上げる価格支持よりは，労働移動を妨げる要因を除去する政策が望ましい．しかし，阻害要因が除去不能であれば，阻害要因を前提として代替的な政策を考える必要がある（次善の理論）．ただし，この場合でも，価格支持政策で所得格差を解消するよりは，直接所得補償を用いる方が効率的である．価格への介入は，政策対象主体（この場合は農業者）だけでなく，その価格に直面するすべての主体（消費者や流通業者）にインセンティブの歪みを発生させ，市場全体が，直接所得補償を用いた場合よりも非効率的になるからである．

農産物価格の短期変動は農業所得を変動させる要因であるが，危険回避的な農業経営にとっては，価格変動がなかった場合と比べ投入量（生産量）を減少させる．また，投資意欲を減退させ，将来の農業生産にも影響を及ぼす可能性も高い．対処策の１つは収入保険市場を創出することである．民間部門による保険供給が難しいのであれば，政府による供給も正当化される．しかし，保険には情報の非対称性に伴う問題が発生するおそれがあるので，その設計には十分注意することが必要である．また，収入保険は，価格の短期変動に伴う所得変動の緩和が目的であり，長期的な農産物価格の下落に伴う収入の減少を緩和することはできない．

●非経済的目的のための政策　資源の最適配分の前提には，市場で取引される農産物に関する消費者の効用関数が想定されているが，食料の安定供給など社会の要請は考慮されていない．市場で決まる生産量が社会的要請を満たす水準より低いと判断される場合には，当該産業の生産量を望ましい水準まで引き上げることも考えられる．非経済的目的を達成するための政策については，長期的視点から経済学的に正当化され得ることも忘れてはならない．

［齋藤勝宏］

6-5

農産物の価格支持政策

価格支持政策は，生産物の価格がある水準を下回ることがないように政府や関係機関（以下では政府とする）が市場に介入する措置である．価格支持は，英文では price support と呼ばれ，国際的には概念上，価格安定 price stabilization とは明確に区別される．特に後者は，価格の低下のみならず，消費者保護の立場から価格高騰も抑えるような政策を意味する．しかし，もっぱら生産者の立場に立つならば，両者ともに価格低下を抑える機能としては共通しており，日本では，価格支持政策にも「価格安定」という用語を充てることがあるので，注意が必要である．また，生産者価格の下支えと同時に，財政負担により消費者等には低めの価格を設定する「**二重価格制**」もある．以下では，政府の市場介入の度合いによっていくつかの方式に分けて説明する．

●価格支持の方法　①全量買入れ方式：政府が生産量全量を買い入れる方式である．かつての日本の食糧管理法では，米は原則全量を食糧庁に売り渡すことになっていた．この介入がなければ成立した市場価格よりも高い水準の価格による買入れは価格支持の役割をもつ．この方式では，集荷・販売業者を指定・規制し，また闇市場の存在を排除する必要がある．

②自由市場並存方式：政府が生産量の一部のみを買い入れる方式である．この場合，政府による流通とは別に当該生産物を自由に販売・購入できる自由市場を通じた流通経路が存在する．生産者には，政府に売り渡すか，市場流通させるかを選択する裁量の余地がある．政府が市場価格より高い買入価格を提示できれば，生産者の政府への販売が促され，市場に出回る数量が減少する．この結果，市場価格は上昇し，結果，政府買入価格が実質的な支持価格となることが期待される．インドの米や小麦の配給制度のための買入れは，この仕組みによる．

③**担保融資**方式：生産者が生産物を担保として政府に預け，融資価格と呼ばれる単価で融資を受ける方式である．この制度では，市場価格が融資価格を上回る場合，生産者は，融資を返済して預けた生産物を返却してもらい，市場で販売することが可能である．一方，市場価格が融資価格を下回る場合には，生産者は融資の返済の免除を選択できる．この場合，担保生産物は，そのまま政府の在庫となり，市場への供給量が減少して市場価格が上昇する．こうして，融資価格は，実質的な支持価格の機能をもつ．例として，アメリカで採用されていた穀物に対する**ローンレート**（融資価格）制度，タイで採用されていた米の質入れプログラム

がある．
④**不足払い**方式：この方式では，目標価格を設定し，市場価格との差額を払い，生産者手取りを保証する．政府は在庫を持たず価格は市場に委ねるが，実質的に生産者への価格支持機能をもつ方式である．この方式の詳細については6-7「農業所得補償政策」において述べられている．

●支持水準の決定　価格支持水準の決定方式は，パリティ方式，生産費方式，所得補償方式の3つに大別される．パリティ方式では，ある基準時の生産者価格をもとに，その後の生産者の購入品等の各種物価水準の変化を考慮して改定を行う．基準時の価格が適正であること，基準時と比べて経済，社会構造に大きな変化がないことが求められる．生産費方式では，主要産地等の生産費を調査した上で，これをもとに支持価格が設定される．所得補償方式では，例えば他産業の所得水準とのバランスを確保できる水準に生産物の価格を設定する．実際にはこれらのミックスで行われることが多い．食糧管理法の下での米価決定では，施行後しばらくはパリティ方式が採用されていたが，1960年以降，生産費のうち労働費の算出に都市均衡賃金水準を用いた生産費・所得補償方式が採用された．

●価格支持政策の意義と問題点　多くの国では，政府が生産物流通に関与し，価格支持を行った経験をもつ．その根拠は，例えば，市場安定化のための在庫運営，地理的な問題や市場インフラの整備不足の理由で市場機能が発揮できない地域の存在，購買力を十分にもたない消費者への食料安全保障上の配慮による配給制度等が考えられる．

ただ，いずれの理由であっても，価格支持政策は，生産者保護効果が高いと同時に生産刺激的であり，不足払い方式以外は，市場価格をも歪曲する．このため，WTOでは，価格支持制度は「**黄の政策**」として削減対象に区分されている．また，価格支持を実施する場合，政府の介入を効果的に行うための流通規制や国境措置を伴うことがある．これが市場機能や国際貿易上のゆがみを一層助長させる．

実際，価格支持水準が市場均衡価格を上回る場合，生産量が過剰になることは避けられない．政府が生産物を引き取る場合には，過剰処理の財政負担が生じる．このことから，作付制限等の生産調整とともに実施されることも少なくない．一方，消費者価格を低めに設定する二重価格制では，需要も促されることから過剰生産問題は軽減されるものの，逆ザヤと政府介入数量の大きさによる財政負担は大きい．なお，過剰が発生しないが，財政負担が大きい点では，不足払いも同様である．また，その生産物が輸出可能な場合，政府が引き受けた生産物の売却価格によっては輸出補助金となる可能性がある．　［首藤久人］

6-6

農産物の価格安定政策

農業は生物生産であり，必然的に自然の影響を受け，豊作・不作により，価格の暴騰・暴落は頻繁に発生する．農産物の価格変動の要因には，こうした農業という生産活動の特殊性に加え，開発途上国等においては市場が完全に統合されていないこともある．理論上は，空間的に価格に格差がみられれば，裁定が機能し一物一価の法則が作用する．しかし，生産者はしばしば空間的に散在しており，出荷先や出荷量の決定のために独自に収集し得る情報は限られる．農産物市場が完全競争市場として機能するためには，参加する経済主体が価格，質等について完全な知識をもっていることが必要になる．価格安定のための第一歩は，価格情報を広く生産者に伝えることである．Jensen（2007）らは，携帯電話の普及とともに魚市場における価格の変動が急速に小さくなったことを示した．

農産物の価格を安定させることは，生産者と消費者の双方にとってメリットがある．農産物は食料であり，人間の生命の維持にとって不可欠である．生産者にとっても価格変動は農業所得の変動を引き起こし，経営と生活の不安を招来する．このため，価格安定政策は，生産者のみならず消費者の保護も視野に入れ，価格下落とともに，価格高騰も対象として，上下から安定化させることが基本となる．以下では，典型的な価格安定政策である市場介入型に焦点を当てつつ，不足払いなどにも若干言及する．市場介入型では，政府が市場に介入し直接買い上げたり，売り渡したりすることで市場価格を安定させる（荏開津他，2015：pp. 40-43）．市場介入の方法として，①管理価格制度，②安定価格帯制度がある．

●管理価格制度　まず，価格を安定させるため政府管理価格 Pg を何らかの方法によって定める．政府は Pg で生産者から農産物を買い取り，流通を管理し消費者に売り渡す．市場価格は常に Pg に収斂する原理が働く点で，最も強い価格安定政策である．政府は豊作年には在庫を抱え，不作年には在庫を放出する．ただし，Pg が長期の需給均衡価格から乖離すれば，構造的に過剰ないしは不足が生ずる．Pg が過小設定されていれば，緩衝在庫は絶えず売渡しに直面し底をついてしまう．逆に Pg が過大設定されていれば，緩衝在庫は買い足されて膨らむ一方である．緩衝在庫活用の成否は，農産物市場の需給均衡価格の長期趨勢を正確に見極めることにかかっている．なお，管理価格を意図的に市場均衡価格よりも高い水準に設定すれば，それは「価格支持」となる（☞6-5）．

●安定価格帯制度　図 1 に示すように P_H を上回らず，P_L を下回らないように価格をコントロールする．P_H を天井価格，P_L を床価格と呼ぶ．また，P_L と P_H の価格幅が安定価格帯である．豊作で生産量が Q_H を超過したと仮定する．政府は価格を P_L に留めるため Q_H を超過する農産物を買取り在庫として保有する．この数量調整が適切に機能すれば，市場価格は最低価格 P_L より下がらない．逆に不作で生産量が Q_L 以下の場合には，価格を P_H に維持するため政府は在庫を放出して供給量を増やす．この制度では，管理価格制度のような厳密な価格コントロールは難しいが，大幅な変動は抑制できる．

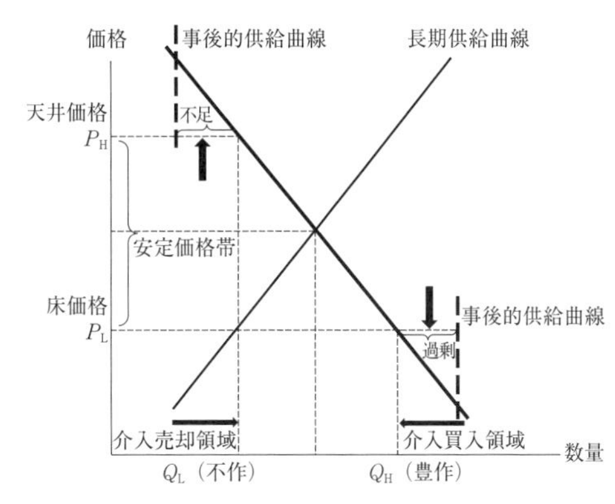

図1　農産物の価格安定政策

●不足払いなど　価格安定政策が農業政策として実施される時，生産者保護の立場からすれば，上下双方の変動抑制ではなく，下落防止のみが関心事となることが多い．この場合，上記のような典型的な政策手段のほかに，しばしば広義の価格安定政策としての不足払いや「ナラシ」，すなわち価格低下の影響を緩和する施策も行われる．不足払いは，市場価格は安定しないが生産者の手取価格は安定するので，確かに生産者にとって安心感がある．しかし，消費者は暴騰時には高価な農産物を購入しなければならないこと，米などのように国内生産比率が高い農作物市場に不足払いを適用した場合，政府は在庫を抱える必要がないものの財政負担が増加することなどの短所もある．

●運用上の課題　市場介入型の価格安定政策は農産物の緩衝在庫を抱えるので，これがうまく機能するためには，対象となる農産物が保存・貯蔵適性を有する必要がある．穀物や冷凍の食肉は貯蔵が可能であるが，この特性を欠く野菜などの生鮮物に関しては適用できない．また，市場隔離の効果は農産物需要の価格弾力性に依存する．すなわち，市場隔離が価格に及ぼす影響は，ε_d を需要の価格弾力性，ΔQ を市場隔離する農産物の数量とすれば $1/\varepsilon_d \cdot \Delta Q/Q$ である．非弾力的な農産物ほど市場隔離効果が大きい．管理価格 Pg や価格安定帯（P_H，P_L）をいかに算定するかも論点である．算定方法として，生産費，関連物価のパリティ指数，過去の実勢価格などを用いる方法がある．概して，政策価格は高めに設定される傾向にあり，緩衝在庫が累積し財政負担の増高を招くことも少なくない．

［近藤 巧］

6-7

農業所得補償政策

現行のWTO協定が締結されて以降，農産物貿易摩擦の原因である政府の市場介入が厳しく制限されたため，多くの先進国は農業保護政策を消費者負担型から**財政負担型**へと基本的に移行せざるを得なくなった．ここで，消費者負担型の政策とは価格支持政策に代表される政策であり，政府は農産物の買上げや関税賦課などによって農産物市場に介入し，国内の市場価格を一定水準に維持する．消費者が高い価格を支払うことを通じて農業保護の費用を間接的に負担することから，消費者負担型と呼ばれる．

一方，財政負担型の政策とは農業所得補償政策に代表される政策であり，政府は基本的に農産物市場に介入せず，国内の需給調整を市場に委ねる．そして，市場価格が下落し，農業所得が減少した場合，その減少分を政府が財政的に補てんする．農業保護の費用を財政が負担することから，財政負担型と呼ばれる．政府が農業生産者に補てん金を直接支払うことから，**直接支払政策**ともいう．

●市場の効率性と公平性　財政負担型への農業保護政策の移行は，需給調整を市場に委ね，政府が所得移転を行えば，稀少な資源を効率的（無駄なく）かつ公平に配分できるとする**厚生経済学の基本定理**に依拠したものであるといえる．つまり，公平性の観点から，農業部門と非農業部門の所得不均衡を是正するため，政府が農業部門へ所得移転を行うのが，農業所得補償政策である．

ただし，所得移転を行うにあたっては，効率性の観点から制約が課される．需給調整はあくまで市場に委ねるべきであり，所得移転が農業生産を刺激し，市場をわい曲してはならないという制約である．こうして，WTO協定では，財政負担型の農業所得補償政策であっても，農業生産を強く刺激する政策は，消費者負担型の価格支持政策と同様，「黄の政策」として厳しく制限されている．

●「黄の政策」と「緑の政策」　WTO協定が農業所得補償政策のうち「黄の政策」として分類する政策に，不足払い政策がある．かつて米国で多くの農産物に用いられ，わが国の酪農政策にも導入されている．その骨格は，農業生産費を目標価格として設定した上で，この目標価格を市場価格が下回った場合，その差を政府が農業生産者に補てんするというものである．しかし，補てん金額がその年の生産量に応じて決まり，農業生産を強く刺激してしまうため，「黄の政策」とされている．

一方，WTO協定が削減対象外の「緑の政策」として分類する農業所得補償政策は，農業生産への刺激や市場のわい曲が限定的な政策である．例えば，過去の作付面積に応じて農業生産者への補てん金額が決まる政策がそれに該当する．補てん金額が作付面積に応じて決まれば，面積当たりの生産量を増やすインセンティブが働かず，さらに，その作付面積が過去のものであれば，作付面積を増やすインセンティブも働かないという考え方に依拠したものである．

●定額補償と変額補償　農業所得補償政策は，補てん単価が定額のものと変額のものに分類される．定額の政策は，農業所得を一定水準に補償することを基本的な目的としており，EUの単一支払いや米国の固定支払い，わが国の米の所得補償交付金や畑作物の直接支払交付金などが含まれる．ただし，EUと米国の直接支払いが，消費者負担型の価格支持政策からの移行による農業所得の減少を補償するねらいから導入されたのに対して，わが国の特に畑作物を対象とする交付金は，諸外国との生産条件の格差から生じる不利を補正するという意味合いが強い．なお，わが国の以上の交付金による対策は，**ゲタ対策**とも呼ばれる．

一方，補てん単価が変額の政策は，農業所得を安定させることを基本的な目的としており，米国のCCPやACRE，わが国の米価変動補填交付金や収入減少影響緩和対策などが含まれる．いずれも，その年の市場価格あるいは収入が過去の平均を下回った場合，その差額の一定割合を農業生産者の積立や政府の補助によって補てんするものである．農業生産者が支払う保険料をも原資として補てんする農業収入保険制度に類似した政策である（☞6-8）．なお，わが国の以上の交付金による対策は，**ナラシ対策**とも呼ばれる．

消費者負担型の価格支持政策から財政負担型の農業所得補償政策への移行は，先進国を中心に世界の潮流となっている．しかし，その一方で，政府による所得移転が農業・農村のあり方をめぐる価値判断を伴うという点には，留意する必要がある．農業所得補償政策は所得移転，つまり農業保護の金額を把握しやすく，透明性が高いが，そのため，国民の理解が得られない場合は予算が削減されやすく，農業生産者の所得補償水準は低下する．

なお，財政負担型の政策としては，以上の農業所得補償政策のほか，環境支払政策や条件不利地域支払政策がある．環境保全や食料安全保障など，市場では評価されないさまざまな多面的機能（外部経済）をもつ農業には，相応の対価を追加して支払うべきであるという考え方に依拠したものである．これらの直接支払政策の導入も，世界の潮流として続くものと思われる（☞11-19，11-13，11-16，13-17）．

［前田幸嗣］

6-8

収入保険制度

2017 年 6 月に農業災害補償法（1947 年制定）が農業保険法に改称・改訂され，農業収入の変動を緩和するための農業経営収入保険（以下では「**収入保険**」）が創設された．収入保険は 2019 年 1 月から実施されている．

●農業共済　**農業保険**としては，農業災害補償法に基づく農業共済が実施されてきた．農業共済は，作物別に加入し，自然災害に起因する収量減少による収入減少分を補償する収量保険である．日本においては，農産物市場が比較的高い国境障壁によって国際市場から隔離され，主要な農産物には価格安定制度が適用されてきたことから，農業収入の主たる減少要因は自然災害による収量の減少であった．また，農業共済の保証額は，基準収穫量と保険価格（＝固定的な行政価格）を用いて算定されたことから，農業共済は一定水準の農業収入を保証する役割も果たしてきた．しかしながら，各制度・施策の見直しを通じて，農産物価格は需給動向を反映して決定されるようになった．このため，保証対象が特定の農作物に限定されている，価格低下が保証対象とされていないといった農業共済の課題を踏まえて，2017 年改正では，すべての農産物を対象に，農業経営全体の収入に着目した**経営単位**の収入保険が導入された．同時に水稲や麦について共済加入を義務づける当然加入制から任意加入制への移行等の農業共済の見直しも行われた．

●収入保険の概要　収入保険の加入対象者は，青色申告を行っている農業者で，加入申請時に青色申告実績が 1 年分あれば加入できる．収入保険の対象品目は原則として農業者が生産するすべての農産物（畜産経営安定対策の対象である肉用牛，肉用子牛，肉豚および鶏卵は除く）で，もち，梅干しなどの簡易な加工品も含まれる．ただし，収入保険と収入減少を補てんする機能を有する類似制度（農業共済，米・畑作物の収入減少影響緩和交付金，野菜価格安定制度等）については，どちらかを選択して加入する．保険対象リスクは，自然災害による収量減少のほか，販売価格の低下，けがや病気により農作業ができないことによる収量減少，盗難や運搬中の事故のような農業者の経営努力では避けられない収入減少である．保険期間は，税制度の収入算定期間と一致させるため，個人の場合は 1 月～12 月，法人の場合は事業年度の 1 年間である．収入保険による支払いは，保険期間中の農業収入が基準収入（農業者ごとの過去 5 年間の平均農業収入を基本とし，規模拡大や保険期間の営農計画等を考慮して設定）に補償限度（最高 9 割）

を乗じた額を下回った場合で,「掛捨ての保険方式」によりプールされた保険料と「掛捨てとならない積立方式」による加入者の積立金の組合せによって, 下回った額に支払率（最高9割）を乗じた額が支払われる. 支払いの有無は保険期間の農業収入を税務関係書類で確認した上で決定され, 支払時期は確定申告後となる. 当初の保険料率としては全国の加入者に共通した料率が適用されるが, 加入者の保険金の受取実績に応じて翌年以降の保険料率が変動する. 国は加入者が負担する保険料の50%, 積立金の75%を補助する. 収入保険の実施主体は全国農業共済組合連合会であり, その委託を受けて都道府県の農業共済組合等（2018年4月現在142団体）が収入保険の加入や保険金支払に関する業務を行う.

●アメリカの収入保険　100カ国以上で農業保険が実施されているが, 現在収入保険が全国的に実施されている国はアメリカだけである（1991年にカナダで初めて実施され, 1995年に廃止). アメリカでは, 1996年から作物別, 1999年からは経営単位の収入保険が実施されている. 収入保険の加入者のほとんどが作物別収入保険のRP（Revenue Protection）を選択している. RPでは, 基準単収や収穫単収には加入者個人の実績データ, 価格は商品取引所の先物価格が用いられる. したがって, RPは加入者の実際の収入ではなく, 平均的に得られると期待される収入を保証する. 経営単位収入保険の仕組みは日本とほぼ同じであるが, アメリカでは, 対象リスクが収量減少または価格低下による収入減少に限定されている, 農業収入には収穫後の価値増加分が含まれない, 作物別の保険を含む経営安定対策との重複加入が可能である, 加入者ごとの保険料率が適用されるなどの点で日本とは異なっている.

●収入保険の意義と留意点　経営単位の収入保険では, 加入者が生産・販売するすべて農産物からの合計収入を対象に制度が仕組まれるため, 農産物ごとの収入の増減が相殺され, 作物別に収入保険に加入するよりも保険金の支払機会は少なくなるが, 農業経営全体としてみて真に収入補てんが必要な場合にのみ支払いが行われるので, 経済学的には合理的である. また, 青色申告のような農業所得税申告書を活用することにより, 個人の農業収入の状況に応じた保証を提供でき, 特に収穫量や平均価格という尺度では十分に評価されない高品質・高価格の果樹, 野菜等の農産物に対して実態に即した保証の提供が可能になる. さらに, 日本の収入保険では, 収量減少や価格低下のほか, 営農を継続する上での幅広い収入減少リスクにも対応できる. 他方, 従来の制度のような作物別の収量や価格の変動に応じた支払いとは異なることから, 収入保険への加入を進める際には, 農業者のリスク意識を把握しながら, 収入保険の保証内容に関する農業者の十分な理解を得る必要がある.

［吉井邦恒］

6-9

米市場の特質と米価形成

米の流通は，食糧管理法（食管法）のもとで政府の管理下にあったが，食糧法（1995年），改正食糧法（2004年）を経て，大幅な規制緩和がなされた．現在，流通に政府が関与するのは，備蓄米とミニマム・アクセス米のみであり，米の流通の大部分は民間に委ねられている．

●米流通の現状　米の流通経路の概略を図1に示したが，それらは，①農協集荷によるもの（系統集荷），②全集連等の集荷業者によるもの，③生産者の直接販売によるもの，に大別することができる．2016年産米におけるそれぞれの割合を示すと，① 42.1%，② 2.7%，③ 27.6%（農林水産省，2018）となっている．なお，残りの部分は生産者の自家消費（親類縁者等への無償譲渡を含む）18.1%，加工用米・もち米等9.5%である．

現在の米の主要な価格形成の場は，米流通に関わる当事者間において行われる相対取引であり，そこでは，数量・価格・取引期限がセットで契約される．相対取引において成立する相対取引価格は原則として当事者のみが知り得る情報である．ただし，全農，道県経済連，および年間の玄米仕入れ数量が5000 tを上回る出荷団体等の相対取引価格・数量については農林水産省が調査を行い，「米穀の取引に関する報告」として公表している．なお，1995年から2003年までは自主流通米価格センターが，2004年から20011年までは米穀価格形成センターが入札による取引を行っており，そこでの取引価格が米の需給状況を反映する指標価格として機能していたが，取引量の減少に伴い，センターは2011年3月に廃止となっている．

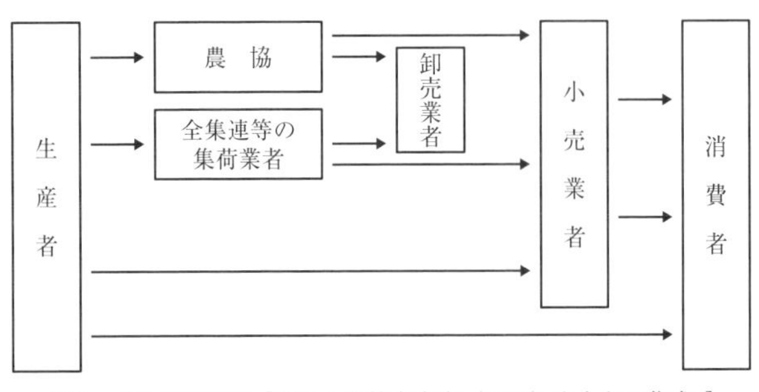

図1　米の流通経路［出典：農林水産省（2018）をもとに作成.］

●農協集荷米の価格形成　農協が集荷した米は，生産者が農協グループに販売を委託する委託販売を基本としているが，近年においては米流通の多様化を反映して，買取り販売もみられるようになってきた．また，農協に販売が委託された米は全農・経済連を経由して卸売業者に売り渡されるほか，一部は農協から直接，卸・小売業者に渡る．委託販売という特殊な取引であることに由来して，農協が集荷の際に生産者に提示するのが概算金である．概算金は仮渡し金であり米価とは異なるが，米価の形成に重要な影響力をもつ．概算金は当年の作柄，需給状況をもとに決定され，次年度以降，販売が完了した時点で最終精算払いが行われる．生産者にとっては販売が完了する前に販売代金（の一部）を手にすることができるメリットがあり，農協集荷の特徴の1つとなっている．

●米市場の歴史　米の取引が活発化するのは，「米つかいの経済」ともいわれる江戸時代に入ってからである．社会の価値基準である米は，大坂，江戸を中心とする大都市に集積され，大坂堂島，江戸浅草蔵前などの巨大な市場で取引されるようになる．こうした大市場においては，大名や旗本の蔵屋敷が蔵米の預かり証として発行する米切手を現物に代わるものとして取引した．とりわけ大坂堂島市場においては，米相場の情報が米飛脚によって全国へと送信されるとともに，現代の先物取引に通じる帳合米（ちょうあいまい）商いが行われるなど，高度な市場取引が行われていた（高槻，2018）．

●統制下の米市場　1918（大正7）年の米騒動を契機に，社会的混乱をもたらす米価変動を押さえる目的で，政府が米の需給調整に介入することを定めた米穀法が1921（大正10）年に施行される．1933（昭和8）年には，米価の最高価格と最低価格を決め，その範囲内で政府が無制限に買入れ，売渡しを行うことを定めた米穀統制法が施行され，米価は公定制となる．その後，戦争の拡大を受けて食管法（1942年）が制定され，生産された米は政府への売渡しが義務づけられることになり，米市場は政府による直接統制の時代を迎える．

食糧管理制度は戦後になっても維持され，1949年には米価審議会が設置される．米価審議会は農林水産大臣の諮問に応じて，米価をはじめとする主要食糧の価格に関する基本方針を審議する機関であり，生産者代表，消費者代表，学識経験者代表によって構成されていた．当初の米価は物価の上昇に連動したパリティ方式によって決定されていたが，1960年産米より都市と農村の所得格差の是正に配慮した生産費・所得補償方式が採用された．生産費・所得補償方式のもとで生産者米価（政府が生産者から買い入れる際の価格）は上昇し，生産者米価が消費者米価を上回る「逆ザヤ」が生じた時期もあった．1969年産米からは政府が米価の決定に関与しない自主流通米制度が導入され，米価に米の品質，銘柄等の差が反映されるようになる．米流通における自主流通米の役割は次第に大きくなり，食糧法の制定につながった．

［茂野隆一］

6-10

青果物の価格形成

生鮮三品の１つである青果物は，貯蔵性の低い品目が多く，迅速な流通が要請される．その一方で，売手，買手の双方が多数にのぼる上，天候等の要因で収穫量，品質・規格，および消費量も日々変動する．そのため，取引を迅速にまとめるためには，需給の変動を適切に反映した適正価格の発見が行われること，そして，その価格情報が取引参加者間で共有されることが重要である．

わが国の青果物の多くは卸売市場を経由して流通しており，なかでも大都市中央卸売市場が価格形成の場となってきた．**中央卸売市場**において，長年，**セリ取引**を通して効率的で透明性の高い価格形成が図られてきたが，近年は，相対取引が主流となったことで，その価格形成のメカニズムは大きく変容している．

●価格形成の変遷　生産者あるいは出荷団体等から中央卸売市場に出荷される青果物は，卸売市場法で定められた「卸売業者」が荷受業者となって，それらを仲卸業者ならびに買受人に販売する．1999 年の卸売市場法改正までは，卸売業者をセリ人とするセリ売りが原則であった．その際，せり上げ方式が採用されており，これは，需給を反映した適切な価格発見を効率的に行える．なお，セリ人である卸売業者が需給操作によって私的利益を追求すると，価格発見機能が失われてしまうため，卸売業者に対しては荷受拒否の禁止，買受人に対する差別的取扱いの禁止，卸売業者が同じ市場内で買受人となることの禁止が課される．

中央卸売市場におけるセリ率は 1985 年の 70% 台から継続的に下落を続け，特に 1999 年の卸売市場法改正において，**相対取引**が通常の取引方法と位置づけられたことで大幅に低下し，2004 年には 20% 台まで低下した（藤島，2008）．その後も下落を続け，2015 年度は 10.6% となっている．この背景として，第１に量販店の台頭が挙げられる．量販店の開店時刻に間に合わせるため，また，受注量を確保するために，仲卸業者にとって事前に荷を確保するニーズが強くなった．第２に，青果物流通が広域化して集散市場体系が構築される中で，転送が増加したことも理由の１つである．転送先のセリ取引に間に合わせるためには，転送元市場ではセリよりも先に荷を動かす必要が出てくる．こうした市場の構造変化を受けて，上述の市場法改正以前から，先取りと呼ばれる相対取引によって，セリ開始前の取引が例外的に行われてきた．ただし，先取りの取引価格は当日のセリ取引の価格を反映させるというルールが概ね採用されている．

現在，相対取引では，取引の数日から１週間程度前に卸，仲卸の間であらかじめ取引数量の大枠を予約しておき（ここに小売業者や産地が参加する場合もある），取引価格は当日の市況を反映した上で卸売業者が決定するというパターンが多くみられる．こうして形成される相対価格が，もし不当に市況から乖離すると，産地あるいは小売業や実需者から他市場へ切り替えられるおそれがある．市場間の競争も激しく，結果，相対取引といえども，相場を反映した価格設定を行うことになる．

以上の相対取引の価格形成にみるように，卸売業者は，市場におけるセリ取引比率が低下する中で，かつての単なるセリ人としての立場から，価格形成の変遷に対応して，大きくその性格を変えつつある．しかし，卸売業者が果たす役割，すなわち，セリと相対双方の取引を通じて，需給情報の縮約・斉合を図り，価格発見の機能を担う役割は変わらない．相対取引は公開の場で行われないだけに，その役割は一層重要となってきている．

●価格形成に関する諸課題　第1に供給寡占化の影響が議論されている．**野菜生産出荷安定法**（1966年制定）のもとで**指定産地制度**が導入され，また，近年の農協合併もあり，野菜産地の集中と大型化が進んできた．一般的には産地が寡占力を行使することによる価格上昇が懸念されるが，これまでの研究では共販組織の存在を明示的に考慮しても，寡占力の行使がみられないという結論が多い．ただし，2000年以降の実証研究が不足しており，継続的な検証が望まれる．

第2に価格伝達に関する問題である．大型産地による指値によって，卸売業者が買付集荷を行い，時に卸売価格との逆ザヤが発生することが指摘される．また，仲卸業者と量販店の間の納入価格は，市況変動に対して，上方修正よりも下方修正が行われやすいという研究結果もある（坂爪，2000）．

第3に卸売市場価格の指標性に関する問題である．シーズンや年間を通して固定価格を採用する契約型の相対取引も増えつつある．卸売市場における相対取引価格の公表にあっては，日々の需給が反映されない固定価格が混ざることは，指標性を損ないかねず，区分した公表が望ましい（森高，2013）．

第4に価格発見機能の維持と費用負担の問題である．卸売市場価格は，市場内外を問わず青果物取引における指標価格となっており，公共財的性質をもつ．この指標性を保つためには，一定の上場量が確保されることが望ましい．現在は，代払制度によって，出荷者にとって迅速かつ確実な代金回収が可能であることから，結果的に市場出荷が維持されている．ただし，取引参加者にとって，市場外流通へシフトして，価格発見機能にただ乗りするインセンティブは常に存在する．機能の維持と公平な費用負担についての制度設計が望まれる．　［森高正博］

6-11

牛乳・乳製品の価格形成

日本の牛乳・乳製品は，米や野菜と比べて寡占的な市場構造を有する．

牛乳・乳製品の原料農産物である生乳の販売面では，1966 年度に施行された**加工原料乳生産者補給金等暫定措置法**（**不足払い法**）の指定団体制度によって酪農家の組織化が図られてきた．その結果，地域ごとに指定された指定団体（農協連合会など，2017 年度現在で 9 団体）が生乳の 95% 以上を集荷・販売している．上位 5 団体の販売集中度（CR5）は 87%（2017 年度）であり，非常に高い．

牛乳・乳製品を製造する乳業でも生産集中度は高いが，乳製品と比較すると牛乳では寡占度は低い．生乳生産量で全国の過半を占める北海道でも，乳業メーカーの生乳購入量ベースで，脱脂粉乳・バター等の CR5 が 88% なのに対し，牛乳(道外移出向け除く)の CR5 は 69% である(ホクレンの販売実績値, 2017 年度).

日本の牛乳・乳製品市場は，およそ 2/3 が国産の牛乳・乳製品，1/3 が輸入乳製品で構成される（生乳換算量）．1990 年代以降，輸入は約 2 倍に増加し，輸入の 7 割弱はチーズである．ただし，バター・脱脂粉乳など主要乳製品への高関税と**国家貿易**によって，国内の生乳，牛乳・乳製品の価格形成に輸入品の及ぼす影響は，チーズを除き，限定的といえる（矢坂，2009：pp. 77–78）.

●生乳の価格形成　指定団体と乳業メーカーとの間の取引乳価は相対交渉で決定され，価格改定は年度 1 回が基本である（4 月改定）．高い市場シェアを背景に，指定団体は用途別乳価を採用している．乳業メーカーの製造する製品用途で乳価を区別し，牛乳は高く，乳製品は牛乳より安く販売される．その結果，生乳生産費の高い都府県産生乳は牛乳向け，生産費の安い北海道産生乳は乳製品向けに大半が仕向けられ，地域的な供給用途の分業がなされている．この役割分担により，乳製品中心の北海道の乳価に，北海道から都府県への生乳輸送経費を加えた水準に，牛乳向け中心の都府県の乳価がおおよそ収斂している（川口他，1994：pp. 12–14）.

酪農と乳業の双方寡占のもと，指定団体と乳業メーカーは協調して乳価の安定を追求し，それに一定の利益を見出してきた（矢坂，2009：pp. 74–79）．つまり，需給ギャップを価格で調整するのではなく，生乳計画生産や指定団体による用途間調整（不足時は牛乳向け優先，過剰時は乳製品向け増加），国家貿易の輸入による補てんといった数量調整による**需給調整**である．

実際に，1990 年代から 2000 年代半ばにかけて，牛乳消費が傾向的に減少し，脱脂粉乳やバターの過剰在庫が常態化していたにもかかわらず，これらの乳価はほぼ固定的に推移していた．図1に，2007年以降の月別価格推移を示した．飲用乳向け，脱脂粉乳・バター等向け乳価はともに一貫して上昇傾向にあるが，この間も牛乳消費の減少傾向が続き，バター不足の程度も強弱を繰り返していることを踏まえると，乳価は需給動向を反映しているとはいいがたい．2007年度以降の生乳生産費の上昇に対して，酪農家の所得回復を目指す指定団体の乳価引上げを反映した価格動向といえる（清水池，2017：pp.46-47）．

図1　生乳および牛乳・乳製品価格の月別推移（注：生乳価格は1kg当たりホクレン販売価格，牛乳は1000 ml紙容器の小売店舗価格，バターは200 g当たり大口需要者価格．）［出典：「ホクレン指定団体情報」（生乳），総務省「小売物価統計調査（動向編）」（牛乳），農林水産省「主要乳製品の価格動向」］

●牛乳・乳製品の価格形成　牛乳・乳製品のコストに生乳購入費の占める比率は高い．そのため，乳価水準は牛乳・乳製品価格に大きな影響を与える．図1によれば，2007年以降の乳価引上げは，ほとんどの場合でこれら製品価格を押し上げている．しかも，製品価格の上昇幅は乳価のそれと概ね同程度である．

ただし，それ以外に需給変動を要因とする価格変動もみられる．牛乳では，前年同月比生産量（≒消費量）の減少率が高まると，価格が低下する関係性が読み取れる．一方，バターの需給指標は在庫量である．在庫が積み上がった2010年は価格が下落し，逆に在庫量が低水準であった2008年，2011〜2014年は価格上昇が継続している．

図1によると，バターの場合，乳価上昇後の製品価格水準を維持しているが，牛乳は乳価上昇で製品価格が上がっても，その後に消費減で価格低下が生じ，価格水準を維持できていない．この原因として，バターと比較して，競合財の多い牛乳は**需要の価格弾力性**が相対的に高いことや，中小乳業メーカーが多く，生産集中度が低いことが考えられる．

●牛乳・乳製品分野の規制改革　2017年の畜産経営安定法改正により指定団体制度が廃止され，指定団体以外の生乳流通が今後増加すると思われる．また，2017年には日EU・EPA，TPP11が相次いで合意に達し，乳製品関税の撤廃・削減が決まった．指定団体のシェア低下や安価な輸入品の増加によって，価格安定を目的とする数量調整中心の需給調整が困難となり，需給動向に応じた価格変動が大きくなる可能性が指摘されている（矢坂，2017：pp.118-119）．　［清水池義治］

6-12

食肉の価格形成

食肉の価格形成を考える上で，その商品形態の変化という物流上の特性について理解しておく必要がある．肥育経営が食肉用の家畜を商品として販売するとき，生体（せいたい）で出荷することが一般的である．

生体は制度的に承認されたと畜場でと畜・解体される．この段階で頭，四肢，内臓，皮などが取り除かれ，背骨に沿って縦に2分割されて「枝肉」段階となる．

次に，枝肉から骨を除去した上で，ヒレ，モモなどの部位別に分割し，余分な脂肪を削り，筋などを除去した「部分肉」段階がある．この「部分肉」が，用途によってカットやスライスされて，小売店で販売される「精肉」となる．

●枝肉の取引と流通の主体　生体家畜を出荷するのは，肥育経営をはじめ，そこから販売を委託された農業団体（総合農協，専門農協，県経済連，全農県本部等）や集出荷業者である．出荷された生体を受け入れと畜・解体する主体は，食肉卸売市場併設と畜場，食肉センター，一般と畜場の3つに分かれる．食肉流通において，一般的に食肉卸売市場に上場されるものを市場流通，食肉卸売市場を経由せず，食肉センター，一般と畜場を経由したものを市場外流通という．

と畜場を併設している食肉卸売市場は，と畜・解体を行うほか，食肉の取引に関わる集分荷機能，価格形成機能，代金決済機能，情報受発信機能など公正な取引と価格形成の構築に重要な役割を果たしている．

食肉センターはと畜・解体を行うとともに，部分肉加工や精肉パック包装など高度な物流機能を有している．牛肉においては，個体ごとのブランド，評価が大きく異なる和牛肉に卸売市場での取引が多く，1頭ごとの品質に大きな差のみられない乳用牛などは市場外取引が多い．

食肉加工会社は，卸売市場や食肉センターで仕入れた食肉を自らハムなどに加工する場合もあるが，食肉問屋などとともに部分肉・精肉の卸売業者の役割も果たす．その販売相手先は，精肉小売店，量販店，外食業者，中食業者など多様である．

●枝肉段階の価格形成　以上のように，食肉は流通過程で商品形態が大きく変わるという特質をもつ．したがって，価格形成も商品形態に応じて行われる．ここでは枝肉の卸売段階取引，部分肉の卸売段階取引，精肉の小売段階取引に分けて価格形成について説明する．

枝肉段階の取引のあり方は卸売市場と産地食肉センターで異なる．卸売市場併設と畜場でと畜された枝肉は，当該卸売市場において当日または翌日に上場され，セリによって取引される．食肉センターや一般と畜場では，相対取引が一般的である．

枝肉取引では，それぞれの枝肉ごとに日本格付協会によって格付けが行われ，取引の指標となる．格付けは，牛肉の場合，ロース芯面積，バラの厚さ，冷と体重，皮下脂肪の厚さからなる「歩留等級」（A～C の 3 段階）と脂肪交雑，肉の色沢と質，肉の締まりおよびきめ，脂肪の色沢と質からなる「肉質等級」（5～1 の 5 段階）で評価されている．

卸売市場における枝肉取引価格は食肉センター等の相対取引の建値（取引の基準価格）となる．東京，横浜，大宮さらには大阪までも加えた 4 市場（これに地元市場を加えることもある）の平均価格が建値となる場合もある．近年，食肉卸売市場の経由率は低下しつつあるが，枝肉価格の形成に関しては，重要な役割を果たしている．

●部分肉段階の価格形成　卸売市場や食肉センターで枝肉を仕入れた加工業者や卸売業者は，部分肉にして取引が行われる．部分肉取引には，13 部位すべての 1 セットとして取引するフルセット取引と単品ごとのパーツ取引がある．最近は，パーツ取引が増える傾向にある．

この部分肉取引では，豚肉の場合，フルセット品については，枝肉価格に一定の「指数」を乗じて算出するケースが多い．指数とは，枝肉から部分肉加工する上での歩留り，部分肉加工経費，資材費などから決められる．

パーツ取引の場合，フルセット価格から割り出される部位別価格に季節ごとの各部位別需給動向を勘案して決定される．牛肉の場合，枝肉仕入れ価格を基礎に，部分肉加工経費，資材費，配送費を加算し，部位別の需要動向を勘案して取引交渉が行われる．

●小売段階での精肉価格形成　小売段階での精肉価格形成についてみると，売価設定は原価計算方式によって部位別に原価を算出し，それに粗利益を加えて決定するのが一般的である．しかし，食肉専門小売店，量販店等によって高級牛肉である和牛から輸入牛肉，豚肉までいずれにウェイトを置くかという店舗戦略により，売価設定が異なる．一般的に牛肉の粗利益率は低く，安価な豚肉や輸入牛肉の粗利益率は高いといわれている．

［福田 晋］

第7章

フードシステムと農業・食品産業

7-1

フードシステム

食料の安定供給は，農林水産業と食品産業によって支えられ，その機能を果たすため関連産業群が高度に連携してフードシステムを構築している．それは**フードチェーン**と呼ばれる生産，加工，輸送，販売等の工程の連鎖から構成されている．その連鎖構造を川の流れにたとえて，農林水産業を川上部門，食品製造業や食品流通業を川中部門，食品小売業や外食産業を川下部門に分類することが多い．

●食と農の距離　川上部門で生産された農畜水産物がそのままで消費されることはほとんどない．消費者に至るまでに，加工，貯蔵，流通に係るさまざまな行為が付け加えられる．それは，より豊かな食生活を実現するためのもので，その結果，①地理的，②時間的，③社会的な観点からの**食と農の距離**が拡大した（高橋，2002）．原材料の特性によって加工，貯蔵，流通のあり方はさまざまであり，商品ごとにそれぞれ特徴のあるフードシステムが構築されている．

米や麦などの穀物の特徴は，収穫が一時期に集中している，一次加工が必要である，貯蔵性が高い，ほぼ1年間で消費するように在庫品の取引が行われることである．主食として安定供給させるため，かつては政府が強い統制を行ってきたが，消費の変化に合わせて規制緩和が進められた（☞7-5，11-11）．

青果物の一般的な特徴は，品目が多様でそれぞれの収穫時期は短く分散している，特別な加工は必要ない，貯蔵性が低い，短期間で迅速に取引されることである．卸売市場経由の流通が中心だったが，輸入品の増加や加工契約取引の拡大などで市場外流通の割合が上昇している（☞7-6）．

畜産物の特徴は，年間を通して供給される，衛生条件に配慮した加工・流通工程が求められる，比較的単価が高く差別化が進んでいることである．戦後の消費拡大によりまずは国内の生産振興が進み，そして輸入が増大した．養鶏や養豚のような中小家畜では川上部門での企業経営が進み，市場取引に代わり契約取引が増大した（☞7-7）．

●フードチェーン　関連する産業群によって農畜水産物には付加的な価値が加えられる．2011年の産業連関表（☞7-2）によれば，川上部門で食用農林水産物の生産額は10.5兆円だったが，フードチェーン最末端の消費者の飲食費総額は76.3兆円であり，金額は7倍以上になった．飲食費の内訳は，生鮮品等向けが16%，加工品向けが51%，外食向けが33%であり，経年的に加工品や外食の割合が高まっていて，最近では特に加工品の中の調理食品や中食（弁当・総菜等）の伸びが著しい（☞7-10）．食品の供給過程では，独立した中小の企業が取引を積み重ね，分業した形態で**バリューチェーン**を構築している．それらの活動拠点は必ずしも国内にとどまらない（☞7-20）．国内外の食品産業の連携は，最新技術を取り入れた物流システム（☞7-13），品質保証制度（☞7-18），安全管理制度やトレーサビリティ制度（第9章参照）によって支えられている．加工・製造技術，流通技術，容器包装における開発が進み，衛生・品質・栄養成分の格段の向上が達成された（☞7-14）．

●フードシステムの分析枠組み　消費者ニーズの変化，技術革新，ビジネス革新，法規制の変化に応じて，フードシステムは様変わりしていった．その変容過程と成果の評価を中心にわが国のフードシステム分析は展開していったが，大きな転機は1994年の日本フードシステム学会の発足であった．食の供給過程をシステムとして捉え，経営組織内システム，中間組織システム，市場取引システムの観点から，それぞれを構成する生産者，製造業者，流通業者，外食産業者等の相互の「タテ」の取引関係を分析する**主体間関係論**が提起された（髙橋，2002）．

分析枠組みは，構造論的アプローチの観点からさらに精緻化されることとなり，経営構造，流通構造および市場構造の分析が統合された．そこでは連鎖構造，競争構造，企業結合構造，企業構造・企業行動，消費構造と消費者の状態という5つの副構造の分析視角が提示され，さらにそれらを規定する基礎条件として，商品特性，制度・慣習・文化，公共政策，社会的技術条件，社会的市場条件，国際的貿易ルールが指摘された．この分析枠組みによって，フードシステムの複雑な全貌を把握することが可能となった（新山，2001）．

フードシステムの変容に呼応して，川上部門の農業生産の内部構造・行動規範も大きく変化し，農業部門とポストハーベスト部門（農協等の集荷・調製・加工部門）を統合したビジネスが次々登場した．そして，それらの取組みを後押しする政策として，2000年前後から国により食品産業クラスター，農商工連携，6次産業化といった政策が次々に打ち出されていった．農業からポストハーベスト部門，食品製造業，食品流通業までが連携して新たな価値が生み出されてきたが，その過程を分析するアプローチがバリューチェーン論である（斎藤，2017）．

これらの分析枠組みにとって共通の理論的基礎となっているのが産業組織論である．いわゆる古典的産業組織論による同一産業内の集中度など「ヨコ」の企業間関係を分析する視点に加えて，新しい産業組織論におけるゲーム理論的アプローチに基づいた「タテ」の企業間関係を分析する視点が，現代のフードシステム分析において共有されている（☞7-3，7-12）．

［中嶋康博］

7-2

産業構造論

産業構造とは，国民経済を構成する各産業の比重や内部構造，および産業間の連関構造を表すものとして使われている．最初に，産業構造の経験法則を見つけたのは，17 世紀の W. ペティ（1690）であり，彼は，1 人当たり所得水準が増加するにつれて，農業部門から工業部門へ，さらに商業部門へと就業者の比重が移ることを見出した．その後，C. クラーク（1940）が，この経験法則をもとに，四十数カ国の長期時系列データを利用して，経済が発展するにつれて，就業の比重が，農業を中心とする第 1 次産業から製造業を中心とする第 2 次産業へ，さらにサービス産業である第 3 次産業へと移っていくことを再発見した．今日では，この法則は両名の名前をとり，「ペティ=クラークの法則」と呼ばれている．現在では，一国の産業構造を議論する場合は，産業連関表に基づく産業連関分析が用いられる．そこで，日本の 1985 年（2011 年固定価格評価の実質表）と 2011 年の産業連関表を取り上げ，**生産誘発係数**，影響力係数，感応度係数を計測し，産業構造の比較分析を行う．

●産業構造と産業連関表　W. レオンチェフ（Leontief, 1966）が開発した産業連関表は，1 年間の国民経済において各産業の投入物がどの産業から発生し，各産業の産出物がどこに向かって流れているかを 1 つの表に要約した統計表である．表 1 から 1985 年表と 2011 年表を比較すると，この期間を通じて農林水産業の国内生産額は 2.9 兆円減少し，付加価値額も 1.3 兆円減少した．この国内生産額の減少の主因は食品産業から中間需要の減少と最終需要部門の減少であることが産業連関表から読み取れる．一方，食品産業（産業分類：飲食料品）は逆にそれぞれ 3.3 兆円と 1.8 兆円ほど増加した．特に食品産業は当該産業から中間投入額が増加した．これは食品産業の輸入額（競争輸入型産業連関表では輸入が控除扱い）が 5 兆円ほど増加したからである．その結果として，中間財の投入構造が変化し，国内の農林水産業と鉱工業・建設業からの中間投入額が減少した．つまり，日本の食品産業のグローバル化がこの間進展したことを裏づけている．

●生産誘発係数・影響力係数・感応度係数　表 2 の 3 種類の係数は，産業連関表の中間投入・産出部門についての投入係数の逆行列（レオンチェフの逆行列）を使って算出される数値である．生産誘発係数はある最終需要項目の 1 単位の増加が他の産業の生産額や輸出額をそれぞれ何単位誘発するかを示す指標である．農林水産業の国内最終需要の誘発係数は繊維産業よりも大きいものの，ここに示し

表１　日本の 1985 年と 2011 年の産業連関表（単位：億円）

1985 年表（実質表）	農林水産業	食品産業	鉱工業・建設業	第３次産業	中間需要計	国内最終需要	輸出	輸入	国内生産額
農林水産業	17395	86340	15908	10968	130611	45735	432	−26933	149844
食品産業	13401	39407	2122	35421	90351	244126	2164	−14348	322293
鉱工業・建設業	27691	32418	1316678	345346	1722133	1016892	194929	−185330	2748623
第三次産業	19783	52271	462111	551934	1086098	1871862	53321	−28544	2982737
中間投入計	78270	210436	1796819	943668	3029193	3178614	250846	−255156	6203497
付加価値部門	71574	111857	951804	2039068	3174304				
国内生産額	149844	322293	2748623	2982737	6203497				

2011 年表	農林水産業	食品産業	鉱工業・建設業	第３次産業	中間需要計	国内最終需要	輸出	輸入	国内生産額
農林水産業	14566	70641	7865	13738	106810	38699	479	−25628	120360
食品産業	11493	62509	2114	69955	146070	271003	3310	−64974	355409
鉱工業・建設業	17147	27770	1513307	545792	2104016	1057624	541423	−651763	3051299
第三次産業	18770	64863	595506	1499459	2178598	3523862	164234	−89216	5777479
中間投入計	61976	225783	2118791	2128944	4535494	4891188	709446	−831581	9304547
付加価値部門	58384	129626	932508	3648535	4769053				
国内生産額	120360	355409	3051299	5777479	9304547				

（注：1985 年表の実質表の作成では 1985-1990-1995 年，1995-2000-2005 年，2000-2005-2011 年の３つの接続産業連関表のデフレータを利用した.）［出典：総務省統計局（http://www.stat.go.jp/data/io/）］

表２　生産誘発係数，影響力係数，感応度係数

主要な産業	生産誘発係数（国内最終需要）		生産誘発係数（輸出）		影響力係数		感応度係数	
	1985 年表	2011 年表	1985 年表	2011 年表	1985 年表	2011 年表	1985 年表	2011 年表
農林水産業	0.0294	0.0239	0.0083	0.0046	0.9671	0.9516	0.8321	0.7926
食品産業	0.0664	0.0715	0.0097	0.0082	1.0494	1.0549	0.7112	0.7774
繊維産業	0.0118	0.0055	0.0191	0.0095	1.0737	0.9772	0.8221	0.6174
一般機械産業	0.0443	0.0359	0.2164	0.1783	1.1307	1.1113	0.8433	0.7119
電気産業	0.0412	0.0388	0.2572	0.2446	1.4743	1.1126	0.7851	0.7970
輸送用産業	0.0546	0.0424	0.3890	0.3503	1.4130	1.4441	1.1629	1.0228

（注：1985 年の生産誘発係数は両時点の国内最終需要と輸出の各構成の違いを取り除くために，2011 年時点の各構成を用いて算出した.）［出典：表１をもとに筆者作成.］

た他産業よりは小さい．食品産業は農林水産業や他産業よりも大きく，かつ上昇しているが，輸出では逆に小さく，かつ低下している．一方，影響力係数は最終需要がどの産業で増加したときに全産業に与える生産波及の影響が強くなるかを示す相対的な指標であり，感応度係数は仮に全産業の最終需要がすべて１単位増加した場合にどの産業がどれだけ影響を受けるのかを示す相対的な指標である．表２で係数の２時点変化をみると，農林水産業の両係数はいずれも全産業平均の 1.0 以下でかつ低下している．一方，食品産業では影響力係数が 1.0 以上，感応度係数は 1.0 以下の 0.7 台だが，いずれも上昇している．この間，農林水産業の生産波及の度合いは相対的に低下したが，食品産業は上昇したのである．［徳永澄憲］

7-3

産業組織論

産業ごとの不完全競争市場の実態を，ミクロ経済学的に解き明かす学問領域が産業組織論である．不完全競争市場の形態は，売り手相互間，買い手相互間の競争関係だけでなく，売り手と買い手の間の取引関係に基づいて構成されている．

●競争関係　伝統的には1950年代から，現実の市場の競争関係と，そのもとでの企業の行動を描き出す理論が展開してきた．まずBain（1959）らによって，市場構造，市場行動，市場成果という分析枠組み（**SPCパラダイム**）が提唱されて，伝統的産業組織論として体系化された．これに基づき，独占禁止政策が主導されるが（ハーバード学派），一方では政策介入が不完全競争状態を温存するという考えもあり（シカゴ学派），政策論争が続いた．

技術的，政策的な**参入障壁**などの競争制限要因があると，市場は少数の企業に占有され価格支配力が生まれる．市場への参加者数に基づき，1社が存在する独占市場，少数が存在する寡占市場として競争状態が分類される（市場構造）．競争相手がいないと，企業は価格支配力を行使しプライス・メイカーとなり，完全競争よりも高い価格，大きい利潤を追求してしまう（市場行動）．その結果，完全競争では実現できる総余剰が失われ，厚生損失が発生する（市場成果）．伝統的にこのSPCパラダイムのもと，市場集中度と利潤率の相関が検証されてきた．

参入障壁は，意図的に競争相手を排除する**製品差別化**によっても形成される．売り手が多数であっても，品質，機能，イメージなどの差別化によって価格支配力が生まれる市場を独占的競争と呼ぶ．食品では，品質などでの技術的優位性や広告による商品イメージがブランドを形成して，製品差別化が図られることが多い．参入障壁は規模の経済によっても形成される．規模の経済が著しい事業分野では，先行企業による自然独占状態となる可能性が高いために，公益事業化などの規制が行われてきた．ただし公益事業分野でも，参入退出の自由なコンテスタブルな市場に誘導する政策が試みられている．

フードシステムの産業組織論研究でも，市場の競争関係のSPCパラダイムによる分析が主として行われてきた．代表的な食品業界では，上位数社の市場集中度が高い一方，多数の零細企業が併存する二極集中性が特徴として示された．例えば畜肉加工，乳業などの食品産業で，ナショナル・ブランドとローカル・ブランドが併存している実態がある．また，農産物市場は本来完全競争に近いが，農協共販によって市場支配力を高め，寡占としての産地のマーケティング戦略が進んでいる．このSPCパラダイムにおいて，産地間競争論が展開している．

このような伝統的産業組織論に加え，自己に有利な市場構造を作り出そうと，競争相手へ戦略的に働きかける行動を分析する，ゲーム理論を用いた新産業組織論が展開している（Tirole, 1988）．寡占では，競争相手との相互依存的な市場行動がとられる．数量競争での同時手番では，ナッシュ均衡としてのクールノー均衡が形成される．相手の出方をみる逐次手番ではシュタッケルベルグ均衡が形成され，先手が常に有利になる．価格競争では，同時手番において，差別化がないと利潤はゼロとなるが，差別化があるとともに正の利潤を得られるベルトラン均衡となる．クールノー均衡では生産量を増やすことは相手の利潤を下げ，ベルトラン均衡では価格を上げることが相手の利潤を上げる．前者は戦略的代替，後者は戦略的補完といわれ，自社の行動の結果とられる相手の対応行動が，間接的に自社の利潤に影響を与える．

●取引関係　産業組織を，売り手と買い手の間の取引関係の視点から，企業の内部組織にまで広げてみる見方が定着している．取引関係が市場，企業内部，あるいは企業間の，いずれかで結ばれるのかによって，内部組織（企業）も，産業組織（市場）も，中間組織（企業間）も統一した枠組みで理解される．

市場と企業を比較してその形態をみる場合（Williamson, 1975），いかなる取引を企業内で行うのかという，企業の境界，つまり垂直的統合の程度に焦点が当てられる．投資が当該の取引相手にのみ価値のある関係特殊性がある場合，市場取引でそれを進めるならば，合意の遅れなどに基づく過大な**取引費用**が発生する．一方，関係特殊性があると投資後に取引相手を変えられないために，取引相手から契約条件を相手に有利になるように迫られる**ホールドアップ問題**が生じ，これを恐れて過少投資が起こる．このような場合，統合して取引関係を内部化すれば，これらの非効率を防ぐことができる．いずれも効率的な取引関係をもたらすための垂直的調整への取組みである．

なお新産業組織論では，市場パワーの計測や流通チャネルの共分散構造分析によって，これら取引関係の数量的研究が展開している．

フードシステムも，売り手と買い手の間の取引の連鎖であり，産業組織としては競争関係だけでなく取引関係も分析の対象とされる．Marion（1986）によって，米国のフードシステムにおいて取引関係が注目されるようになって以来，川上から川下に至る間の主体間関係に分析の焦点が当てられている．特に，契約生産やインテグレーションの形をとる，食と農の間の取引関係を制御する垂直的調整もしくは垂直的統合が，分析の鍵概念となっている．　[浅見淳之]

7-4

流通論

人間は生活するためにさまざまな財やサービスを消費する一方，そうした財やサービスを供給するために生産も行っている．しかし，通常は各人がそれぞれ自ら生産し自ら消費することはないなど，生産と消費との間には**ギャップ**（隔たり，距離）が存在する．そのギャップを埋めるのが**流通**である．ギャップにはいくつかの種類があるが，主なものとして以下の3点が挙げられる．なお，以下の説明での消費者には業務用と家庭用の両者が含まれていて，後者に限定する場合は最終消費者という用語をあてる．

●消費と生産の間のギャップを埋める流通　ギャップの第1は人的ギャップで，生産者と消費者とが異なることを意味する．両者が異なると，生産物（財，サービス）の所有権が生産者から消費者に移転しない限り，消費者は当該生産物を消費できない．この移転は商品経済社会では売買（商取引）によって行われ，その結果，人的ギャップは解消される．売買とは後述する価格形成や代金決済等の複合的な行為であるが，これは以下に述べる輸送や保管等と区別して「**商的流通**（商流，商取引流通）」とも呼ばれる．

第2は空間的ギャップ．これは生産する場（地点，地理的空間）と消費する場が異なることである．両者間の相違は生産物の輸送によって解決されるが，輸送は「**物的流通**（物流）」と呼ばれるものの一部である．

第3は時間的ギャップ．これは生産する時（年月日）と消費する時が異なることである．このギャップを解決するために貯蔵・保管が行われるが，これも物的流通の一部である．ちなみに，輸送や貯蔵・保管といった物的流通は商的流通とは異なって，非商品経済社会でも必要とされるし，生産者と消費者が同一人物であっても必要とされる．

●流通機能　上記のギャップを埋める活動を行う個人（自然人）や組織（法人）は「流通主体」と総称され（生産物は「流通客体」），流通主体が行うさまざまな活動は一括して「**流通機能**」と呼ばれる．

この機能は大きくは商的流通機能，物的流通機能，情報流通機能に3区分されるが，そのうちの商的流通機能はさらに4つに分けられる．第1は競りや交渉等によって値段を決める価格形成機能．第2はお金の授受を行う代金決済機能．第3は掛け売りや割賦販売等を実現する金融機能．第4は輸送中の商品の破損等に対応する危険負担機能である．

物的流通機能も4つに細分化される．第1は仕入先からの輸送や販売先への配送を行う輸送機能．第2は常温倉庫や冷蔵庫等を利用する貯蔵・保管機能．第3は仕入れや品揃えを実現する集荷機能．第4はそれぞれの販売先相手ごとに必要な品目や数量をまとめる分荷機能である．

情報流通機能は2つに区分される．1つはチラシやテレビコマーシャル等を利用して，買い手側に当該商品の販売場所（店舗等）や利用方法等の関連情報を伝える情報伝達機能．もう1つはアンケート調査等のマーケット・リサーチを通して買い手側のニーズを入手する情報収集機能である．

●流通経路の4類型　流通主体のつながりを商流面からみたのが流通経路（流通ルート，流通チャネル）で，これは基本的には4類型に分けられる．なお，流通客体ごとの流通経路の組合せや，特定企業または特定地域が有する流通経路の総体は流通機構（流通システム，流通構造）と呼ばれる．

流通経路の第1類型は生産者と消費者の直接取引．ここでの生産者，消費者は，ともに個人または組織で，消費者の中には家庭等の最終消費者だけでなく，レストランや加工業者等の業務用需要者も含まれる．なお，第1類型は流通主体が生産者と消費者だけで最も少ないので「最も短い流通経路」ともいわれる．

第2類型は生産者が小売業者（個人商店，スーパーマーケット等）に販売し，小売業者が消費者に販売する経路．ただし，この場合の消費者は小売業者から購入することから最終消費者に限られる．

第3類型は生産者が卸売業者（問屋，商社，卸売市場卸売業者）に販売し，卸売業者から小売業者へ，さらに最終消費者へ販売される経路．これは4類型の中で流通主体の数が最も多く，それゆえ「最も長い流通経路」である．

ちなみに，生鮮生産物（青果物，水産物，食肉，花き）に特有な流通経路として卸売段階に卸売市場が存在するルートがある．卸売市場では「卸売業者」「仲卸業者」と呼ばれる流通主体が活動しているが，彼らによって大量の生鮮生産物が売れ残ることなく，短時間に効率的に，適切な価格で取引される．その結果，消費者が鮮度の高い生鮮生産物を入手できることに加えて，「最も長い流通経路」であるにもかかわらず，流通コストが縮減されることになる．

最後の第4類型は生産者が卸売業者に販売し，卸売業者が消費者に販売する経路．ただし，この場合の消費者は卸売業者から購入することから，家庭のような最終消費者ではなく，購入した生産物を使用して新たな生産物を製造する業務用需要者である．

［藤島廣二］

7-5

米をめぐるフードシステム

畜産物や青果物と異なり，米は長年にわたり食糧管理法のもとで国家による全量管理が行われてきたが，1995 年の「主要食糧の需給及び価格の安定に関する法律」（食糧法）の施行に伴い，食糧管理法が廃止され，2004 年の同法改正により，米流通はほぼ完全に民間流通となり，その過程で価格形成も大きく変化した（☞6-9，11-11）．米は国内の主食用のほか，加工用，酒造用などにも用いられる．また，近年では需給調整のための新規需要米として飼料用が増加しているとともに，米粉用や輸出用など用途が多様化している．以下では主に主食用について述べる．

●生産者から消費者までの流通経路　通常，米は生産者から籾ないしは玄米の形態で集荷され，産地の倉庫や乾燥・調製施設であるカントリーエレベーターに保管されたものが，玄米形態で卸売業者等の流通業者に出荷される．多くの場合，倉庫やカントリーエレベーターは**農協**などの集荷業者が保有しているが，比較的大規模な生産者は，乾燥・調製のための専用施設（ライスセンターなど）や精米施設を保有し，玄米や精米の形態で，流通業者や消費者に直接販売する場合もある（冬木，2003 : pp. 61–62）．2016 年産米の流通経路別の数量は図 1 に示したとおりである．

かつて消費者の米購入先は専門小売店が大部分であったが，規制緩和が進むにつれ，主要な購入先は**量販店**（スーパーマーケットなど）に変わった．専門小売店の場合，精米機を保有している場合が多く，玄米で仕入れ，単体もしくはブレンドした精米商品を販売できるが，量販店の場合，精米は卸売業者に委ねるため，卸売業者の商品設計機能が重要となる．卸売業者は出荷された玄米を精米工場で加工し，「新潟コシヒカリ」「北海道ななつぼし」等の産地名と品種名を組み合わせた商品アイテムとして

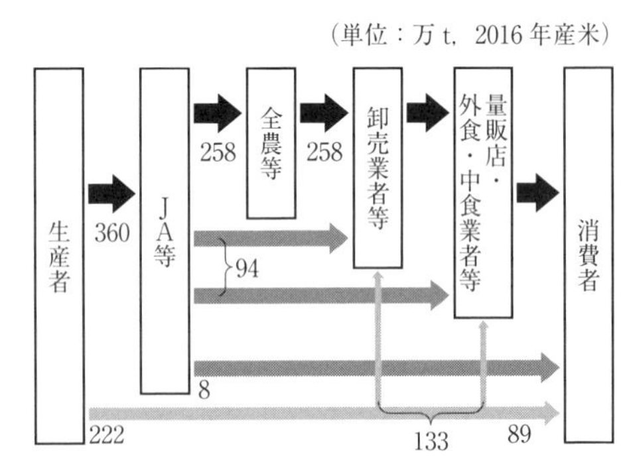

図 1　米の流通経路［出典：農林水産省「米をめぐる関係資料」（2018 年 11 月）をもとに筆者作成.］

量販店に納入する．それ以外に，複数の産地・品種をブレンドした商品や量販店のプライベート・ブランド商品も納入する．

消費者の食料消費に占める外食・中食の位置づけが高まる中で，米についても業務用の割合が拡大している．2016 年 7 月から翌年 6 月までの 1 年間で，年間玄米取扱量 4000 t 以上の販売業者が販売した精米（約 330 万 t）における外食・中食等の業務用向けの割合は 39% である（農林水産省「米をめぐる関係資料」2018 年 11 月）．

●米流通再編の方向　米の 1 人当たり年間消費量はピークであった 1962 年度の 118 kg から半減し，2017 年度では 54 kg になっている（農林水産省「食料需給表」）．米市場縮小，産地間競争激化の中で，各産地は消費者に選択される品種の開発を積極的に行った．その結果，米の品種数は増加し，日本穀物検定協会の食味ランキングで最高の「特 A」銘柄がピークの 2015 年産には 46 銘柄（2000 年産は 11 銘柄）になり，ブランドが乱立する状況になっている．

消費者の購入先も多様化している．前述したとおり，2017 年度の消費者の米購入先はスーパーマーケットが最も多いが，近年はインターネットや産地直売所などを通じて生産者から購入する場合が増えている．また，農協が直接実需者・消費者に販売する場合も増えていることから，**全農**や卸売業者など中間流通の見直しが進みつつある．

2016 年 11 月に策定された「農業競争力強化プログラム」では，全農の農産物の売り方の見直しが位置づけられ，これを受け，全農は 2017 年 3 月に米穀事業の見直しに関する年次計画を策定した．農協とその系統組織の米事業は生産者から農協，農協から全農へ販売を委託する形態（委託集荷）を原則としているが，委託ではなく生産者から買い取る割合を主食用米の 70%（2024 年度目標）に拡大する計画である．また，量販店や**外食・中食業者**等の実需者へ卸売業者を介さずに直接販売する割合を 90% にする目標を示している．

同プログラムには**米卸売業界**再編も含まれている．米の卸売業者は全国で 260 社以上存在し（2016 年 5 月末現在，「農業競争力強化プログラム」参考資料），顔ぶれは入れ替わっているが，数としては食糧法施行直前の状況と変わらず，米の市場規模が縮小していることを考えれば業者数は過剰である．業者数を減らす再編・改革を通じて，非効率な中間流通を極力なくし，産地と実需者が直接取引することで，流通コスト削減に結びつけることを政府は推奨している．

［冬木勝仁］

7-6

青果物をめぐるフードシステム

青果物をめぐるフードシステムは，生鮮品の特徴として，国産比率が高いことと，流通ルートとして卸売市場の比率が高いことが特徴であったが，近年，その状況は大きく変化しつつある．

●青果物の自給率と仕向け先の状況　青果物（野菜，果実）の自給率は，2017年度に生産量・輸入量ベースで野菜80%，果実40%となっている（農林水産省「食料需給表」）．生鮮品については消費者の安全・安心志向が強く，スーパーマーケットでの選択しない理由の第1位が「色合いが悪い」であるのに次いで，第2位が，野菜は「海外産」，果実は「産地が不明」，となっている（全国スーパーマーケット協会，2018）．安全・安心に関する消費者の関心は高い．このことも野菜の輸入品を低めることにつながっている．一方で果実は国内で生産できない品目も多く，輸入に頼らざるを得ない．ちなみにバナナはほとんどが輸入で，果実総輸入量の39%を占めている．

野菜の用途別仕向け比率は，2015年に加工・業務用が57%，家計消費用が43%となっていて，1990年にはそれぞれ51%，49%であったから，加工・業務用の比率が年々高まっているといえる．国産品の使用比率は加工・業務用が71%，家計消費用が98%であり，その比率は両方とも年々下がる傾向にある（小林，2018）．

消費者の夕食向け野菜の購入先は，スーパーマーケット79.3%，ディスカウントストア29.0%，直売所20.2%，ショッピングストア16.2%，コンビニ11.4%，ドラッグストア9.9%，食品宅配6.3%，専門店5.5%，インターネット販売1.1%，その他8.4%であり，依然としてスーパーマーケットが中心となっている（全国スーパーマーケット協会，2016）．

果物の総流通量は2010年度に急激に減少し，以後も漸減し続けており，2016年度は1989年度に比べて10%減となった．減少の転機の背景にはバブル崩壊で不況による果実の消費差し控えなどが要因と考えられる．果実の卸売市場価格は上がらず，生産者が経営意欲を低下させて廃作する動きが続いた．

●青果物の流通における特徴　生鮮青果物の流通は卸売市場経由が主である．表1に総流通量と**卸売市場経由量**（率）の推移を示した．総流通量には輸入量や加工仕向け量も含まれる．

同表で明らかなように，野菜は26年間で総流通量（生産量）は経年的に漸減

表1　青果物の卸売市場経由率の推移　　（単位：千 t）

	野菜			果実		
	総流通量	市場経由量	市場経由率	総流通量	市場経由量	市場経由率
1989 年度	15113	12888	85.3%	8548	6670	78.0%
1998 年度	14541	11897	81.8%	8707	5368	61.7%
2008 年度	14009	10373	74.0%	8690	3369	38.8%
2015 年度	13899	9369	67.4%	7576	2983	39.4%
2015/1989 比率	0.92	0.73	0.79	0.89	0.45	0.51

［出典：農林水産省「卸売市場データ集」（2018 年 7 月）］

傾向にあり，市場経由率も減っているものの，まだ 3/4 程度の水準は確保している．野菜の市場経由率が低下した理由は，流通形態が多様化して，直売所の全国的普及，量販店や生協等の産地直結仕入れ，加工品向け・大口需要の農協等からの直接納入，などが増加したためである．しかしながら，それでも市場経由率がまだ高い理由は，産地が全国に分布し，多くは零細な生産者に支えられているために出荷量が安定せずに，卸売市場出荷へ頼る傾向がいまだ強いこと，量販店などでは仕入れ先として卸売市場の利便性が高いこと，などが挙げられる．

果実の市場経由率はかつて 7 割を超えていたが，2000 年前後から急速に低下して，4 割を下回っている．その理由は，果実は特定品目の集中的栽培が進み，農協などの**大型出荷団体**による販売比率が高いからで，有利な販売先を求めて，卸売市場出荷に依拠しない大口需要者への直接販売が多い傾向にある．

流通多様化の中で伸びつつある市場外流通は大企業対応型と地場流通型に大別される．**市場外流通・大企業対応型**は，スーパーマーケットや加工食品企業などと大型産地の生産者・出荷団体が直接取引するもので，大量規格品，特定のブランド品，加工用の品種，などの商品が扱われている．これらには，卸売市場経由に要する経費が不要というメリットがある．その反面，生産者にとっては，価格の直接交渉，販売代金支払いシステムのあり方（支払いまでの期限が長い），納入品の品質条件の厳密さ（適合しない品物は他へ販売活動が必要）などの点で，すべての品物について販売の引受けを拒否しない（受託拒否の禁止規定が適用されている）卸売市場に比べてデメリットもある．**市場外流通・地場流通型**では直売所が大きな存在となっている．また，水耕・液耕栽培，人工照明栽培などの土を使わない農業も取り組んで，無農薬・清浄野菜としてマーケットを確保しつつある．

［細川允史］

7-7

畜産物をめぐるフードシステム

20世紀末から21世紀初頭にかけて，BSE（牛海綿状脳症）の蔓延や情報技術の革新などを契機として，**畜産物のフードシステム**は大きな転機を迎えた．フードシステムには効率的かつ安定的に食品を消費者に提供する役割だけでなく，安全性や信頼性などを確保することが強く求められるようになった．経済活動のグローバル化の中で，家畜（牛・豚・鶏・羊・山羊・馬など）の肉，乳，卵などを扱う畜産物のフードシステムは，一貫した品質・衛生管理や生産・流通情報の記録・伝達の仕組みをいち早く整えることで，消費者の不安や不信の解消に応えようとしてきたのである．それは現代の畜産物のフードシステムの以下のような特徴と深く関わっている．

●畜産物のフードシステムの特徴　第1に，フードシステムの核となる加工・処理施設の役割の重要性である．肉牛・豚のと畜場・解体処理施設，食鳥処理場，生乳の殺菌処理・加工などを行う乳業工場，鶏卵のGP（格付包装）センターは，商品としての畜産物が加工・処理される起点であり，集散拠点となっている．これらの施設はこれまでも経済的取引の拠点として畜産物の加工処理を行い，格付けや価格形成，需給調整といった役割を担ってきたが，さらに畜産物の安全性を担保する衛生管理の中核的施設として一層重視されるようになった．

第2に，生産から消費までのサプライチェーンが長く，しかも枝分かれして複雑なことである．飼料生産や家畜のと畜・解体，生乳の殺菌処理や鶏卵の格付け・包装などは畜産経営から独立した事業部門となることが多く，畜産物の副産物（内臓，皮，骨など）も食品や工業原料に広く利用され，畜産物のフードシステムには極めて多くの事業者が携わっている．しかも家畜は穀物と異なり，土地に縛られることなく移動し，畜産物も冷蔵品・冷凍品・粉末の状態で国際的に流通する．その中に健康を害する畜産物が含まれていると，消費者の不安はたちまちに世界中に広がる．BSEの原因とされる変異型プリオンが蓄積した牛の特定部位の摂取による人のvCJD（変異型クロイツフェルト・ヤコブ病）の発症は，その代表的な事例であった．腸管出血性大腸菌による食中毒の発生も大きな不安をもたらした．こうしたスキャンダルを契機に，畜産物のフードシステムは**HACCP（危害分析重要管理点方式）**による衛生管理の導入，飼料・家畜生産から小売にいたる**トレーサビリティ**の確保を進め，透明性の高い管理されたシステムへと転換していった．

第3に，**資源循環型社会**システムを支える役割である．食品加工業などで発生する食品残渣は豚や牛の飼料として利用され，家畜の骨や内臓も肉骨粉に加工されて飼料，肥料の原料となる．また家畜の糞尿は堆肥化されるだけでなく，糞尿から発生するメタンガスを燃焼させて発電する仕組みも広がりつつある．「農業は消費者から生産者へのモノの流れを扱う静脈産業の成立を支え，循環を実現する基盤として位置づけられ」（矢坂，2004）ている．特に畜産物のフードシステムは廃棄物や残渣を原料として農業の生産資材やエネルギーを生産するというルートを含み，資源循環型の地域社会を形作る要にもなっている．家畜糞尿は適切に処理されないまま廃棄・放置されれば，地下水や河川の汚染や悪臭，虫害といった環境汚染の原因となり，資源循環が求められる．

もっともBSEに罹患した牛の肉骨粉が飼料として流通したことがBSE蔓延の原因となったように，循環的な資源利用には思いもよらないリスクがある．そのため牛の肉骨粉の利用は国際的に厳しく禁止された．

第4に，畜産物フードシステムの多様性である．人と家畜との付き合いは遠い昔に遡り，畜産物の食品としての位置づけは地域によって大きく異なる．近代では多くの人々が経済的な豊かさを享受するようになり，人々の食生活は穀物中心から畜産物への依存度を高めていったものの，消費される畜産物の種類や量などは歴史や風土，宗教などの影響を受けて多様である．アジアモンスーン地域の畜産物消費のあり方は欧米のそれとは異なっている．畜産物のフードシステムは国や地域ごとに個性的ともいえるような多様な展開を遂げてきたのである．

●フードシステムの新たな展開　消費者の畜産物への関心は味覚や色合いなどだけでなく，調理の容易さ，健康への影響，さらに畜産生産の社会的評価へと広がっている．飽和脂肪酸の健康への影響をめぐる議論や家畜の飼養形態や動物福祉への関心の高まりも，畜産物のフードシステムのあり方を見直す動きにつながっている．また菜食主義者・ヴィーガンからの批判や動物由来の成分へのアレルギー疾患の増加を受けて，植物ベースの畜産物代替食品のフードシステムが生まれ，発展しつつある．

畜産物のサプライチェーンを貫く識別・記録と伝達の情報システムを基盤として，畜産物の特質・こだわりを消費者に正確に伝えることで，畜産物の価値を創造する新たな地平が広がった．消費者の関心は畜産物そのものに限られることなく，家畜飼養のあり方を含むフードシステム全体に及ぶようになったといえよう．畜産物のサプライチェーンが整備してきた情報システムは消費者に新たなニーズや要望をもたらすようになり，畜産物のフードチェーンは今や消費者と一体になって多様な展開を遂げつつある．

［矢坂雅充］

7-8

食品製造業

食品製造業は農業・食料関連産業において中核をなす産業である．国内生産額をみると，同製造業は農業・食料関連産業全体の 32.5% を占める（農林水産省「平成 28 年農業・食料関連産業の経済計算」）．また，2011 年産業連関表によると，生産された財の 64% は家計が，残りの 36% は同じ食品製造業と外食産業が需要しており，最終消費財だけでなく中間財の生産・供給産業でもある．

●食品製造業の構造　食品製造業の構造の特徴として，**垂直的な投入産出構造**と**二極化した市場構造**の 2 つが挙げられる．1 つ目の垂直的な投入産出構造は，農水産物を直接加工する素材加工の業種と，それらの素材加工食品を使って高度加工を行う業種の投入産出関係で形成される．素材加工の業種は，農林漁業の投入係数が高く食料品製造業からの投入がない，あるいは僅少な業種で，精穀，食肉，冷凍魚介類，でん粉，製粉などが当てはまる（表 1）．他方，それらの素材加工食品を中間財とするのは，食品製造業からの投入係数が高くその業種数が多い業種であり，そう菜・すし・弁当，冷凍調理食品，めん類やパン類などが該当する．

2 つ目の食品製造業の構造の特徴として，少数の大企業と多数の小規模な生産者の存在という市場の二重構造が指摘されてきた（加藤，1990；上路・梶川，2004）．設備投資や広告宣伝に多くの資本を要することが寡占化を促している．例えば，ぶどう糖・水あめ・異性化糖製造業，植物油製造業，製粉業，砂糖精製業ではほとんどの生産工程が機械化・自動化されているが，価格競争力をもつのは大規模工場による効率的な生産を実現した企業のみである．また，最終消費財の需要比率が高い業種では，多くの企業が消費者へ訴求するため活発に広告宣伝するが，高頻度で全国規模の広告宣伝が行えるのはビール製造業のような資本力のある少数の大企業である．他方，豆腐・油揚製造業，パンや和菓子製造業のように小規模な生産者が多数存在する業種もある．こうした業種の製品の多くは，鮮度劣化が速いあるいは地域嗜好性が高いといった商品特性のため，多数の小規模な生産者が地理的に分散した市場構造になっている．

●国内市場の縮小とグローバリゼーション　近年の食品製造業を取り巻く環境変化に人口減少による国内市場の縮小がある．これに対して，各企業は生産の効率化を目的とした委託生産を活発に行っている．委託生産には，同業他社との水平的委託と小売企業間との垂直的委託の 2 形態がある．水平的委託では，委託元の企業は新規の設備投資を抑制して生産・販売拠点を増やすことができ，委託先の企業は，新商品の開発や広告宣伝の費用を抑えて工場の稼働率の上昇が可能になる．一方，小売企業のプライベートブランド（PB）商品の生産を受託する垂直的委託では，自社製品に比べて安価な供給を求められるが，小売企業の流通網を通じて一定量を安定して販売できる利点がある．

また，グローバリゼーションの進展に伴って食品製造業は海外とのつながりを深めている．1つは1985年のプラザ合意後に急増した**海外直接投資**である．当初は，タイなどでのエビや鶏肉の冷凍加工品といった日本への逆輸入を目的とした**開発輸入**が多かったが，1990年代以降は，現地や周辺諸国の市場獲得が最大の目的になっている（阿久根，2009）．背景には，アジアを中心とした経済発展による新規市場の出現とその拡大とともに，各国の貿易自由化政策や投資促進政策がある．関税撤廃や諸手続きの簡素化は投資国での原料調達や市場アクセスを向上させ，わが国の食品製造業の海外立地の誘因の1つである．さらに，活発な海外直接投資の結果，投資国内で日系食品企業間の垂直的な投入産出構造が形成され，それも新たな海外直接投資を促す要因になっている（阿久根，2014）．

もう1つの海外とのつながりの深化は，原料，特に中間財の海外依存の高まりにみられる．産業連関表の分析によると，1980年から2011年の間に原材料費に占める国産農林水産物は83.8％から69.5％に低下し，逆に輸入原料の割合が上昇していた．このうち，輸入農林水産物が9.9％から11.8％への増加に留まる一方で，中間財となる輸入加工食品は6.3％から18.7％へと著しく増加した．このように食品製造業では国内の生産工程でも**国際分業**が進んでいる．　［阿久根優子］

表1　食品製造業の投入産出構造

	投入元からの投入係数		食品製造業の投入業種数
	農林漁業	食品製造業	
食品製造業の中央値	0.077	0.181	10
食肉	0.752	0.000	0
肉加工品	0.003	0.418	13
畜産びん・かん詰	0.101	0.219	15
酪農品	0.336	0.169	9
冷凍魚介類	0.558	0.000	2
塩・干・くん製品	0.251	0.173	7
水産びん・かん詰	0.199	0.099	10
ねり製品	0.034	0.284	15
その他の水産食品	0.226	0.115	11
精穀	0.849	0.000	0
製粉	0.431	0.025	2
めん類	0.007	0.303	20
パン類	0.010	0.302	20
菓子類	0.027	0.267	17
農産びん・かん詰	0.082	0.160	7
農産保存食料品	0.202	0.081	9
砂糖	0.150	0.241	1
でん粉	0.548	0.008	1
ぶどう糖・水あめ・異性化糖	0.000	0.478	1
動植物油脂	0.400	0.199	17
調味料	0.044	0.171	19
冷凍調理食品	0.066	0.303	22
レトルト食品	0.074	0.181	20
そう菜・すし・弁当	0.066	0.313	26
学校給食	0.074	0.279	30
その他の食料品	0.077	0.337	22
酒類	0.009	0.063	9
茶・コーヒー	0.264	0.068	3
清涼飲料	0.009	0.228	7
製氷	0.000	0.000	0
飼料	0.400	0.271	17
有機質肥料	0.061	0.297	11
たばこ	0.036	0.000	1

［出典：農林水産省（2016）「平成23年農林漁業及び関連産業を中心とした産業連関表」］

7-9

食品小売業

小売業は，消費者の購買代理人と表現されるように，消費者ニーズに強く規定される．最近の消費者の食へのニーズは，適正な価格，食味，栄養，安全・安心，さらには簡便性，バラエティ，アベイラビリティ（入手可能性）などますます多面化している．また個々の消費者別にみても，所得や年齢，世帯や就業形態などによって異なり，加えて場所や機会に応じて変化する．現代の食品小売業には，多面的で多様，かつ不確定な消費者ニーズを的確に捉えて，品揃え，価格設定，販売促進などの**小売マーケティング**とそれを支える**商品調達**を実行することが求められている．もはや画一的なマス・マーケティングの時代ではない．

●多様な食品小売業態　食品小売業は，店舗の立地や規模，商品の品揃えや価格帯，顧客層，付帯サービスなどの組合せから，いくつかの**業態**（Format）に分類される．食品を扱う代表的業態は，食品スーパー（SM），コンビニエンスストア（CVS），総合スーパー（GMS）や百貨店であり，最近では異業種からの参入であるドラッグストア（DgS）も加えられる．百貨店を除き，いずれも多店舗を展開するチェーンストア方式により大規模化を実現してきた．近年，インターネット利用の電子商取引が急成長している．その革新性は，店舗業態では達成しがたい低マージン率と高商品回転率の実現，さらに大量の顧客情報を活用する精緻な販促の展開にある．ただし，食品小売販売額に占める電子商取引比率は2.4%（2017年度経済産業省調査）に留まる．特に生鮮食品分野での今後の動向が注目される．

●食品スーパーとコンビニエンスストア　今日の食品小売市場において大きなシェアを占める主力業態はSMとCVSである．時系列的にみても，GMSと百貨店が縮小基調に喘ぐ一方，SMとCVSはそれぞれ安定的な地位を維持している．

SMは，消費者が生鮮三品などの食材を購入するチャネルとして中心的な役割を担ってきた．特売による低価格訴求を基本戦略に据えつつ，近年は調理食品の品揃えを拡充しミール・ソルーション（食事問題の解決）の取組みを強化している．CVSは，調理食品を主力カテゴリーに位置づけIT活用と物流改善による小売**サプライチェーン**（supply chain）革新を先導してきた．最近，顧客セグメントの拡張とともに，生鮮食品の取扱い，健康訴求，サービス機能の多面化など各社独自の差別化を目指している．食品小売市場が成熟化する中，小売競争は価格競争を基底としながらも，サービスを含む品質差別化の要素を強めつつある．

現在，CVS 上位 3 社の累積集中度（CR3）は 9 割を超える．一方，SM の集中度は全国レベルでは低いが，地域別には地元の有力 SM が地域密着の優位性を基盤に高いシェアを占め，さらに近年，大手小売による中小 SM の買収や中堅 SM 同士の業務提携が進展している．食品小売市場は徐々に集中化する様相を示す．

●変化するサプライチェーン　商品調達面に目を向けると，1970 年代以降，大規模小売業者による納入業者への優越的地位の濫用が問題視されてきた．特売対応などの低価格要求にはじまり，センターフィーや協賛金，**プライベートブランド**（PB）商品の供給，賞味期限 1/3 ルールの強要などである．小売業者によるバイイングパワーの行使は，資源の浪費などサプライチェーンの歪みを招き，最終的には生産者を疲弊させ食料供給の安定性と持続性を破壊することになる．政府は，2015 年以降，改正独占禁止法の運用を強化し，食品事業者間の適正取引推進のガイドラインを公表するなど，不公正な取引の規制強化に取り組んでいる．

食品サプライチェーン変容の基調はどうか．対立的関係性を孕みつつも協調的関係性が広がりをみせる．PB 供給では，低価格訴求から高品質・高付加価値へシフトすることで，生産側が主体的に対応する領域が拡張している（木立，2017：p. 183）．1/3 ルールについても，食品廃棄ロスの削減と環境保全への合意形成を受けて見直しの動きがみられる．こうして小売業者と生産者や卸・物流業者が目的と情報の共有を基礎に協働する取組みが着実に進展している（図 1）．

●社会的責務　人口減少や過疎化，高齢化，単身化が進行する 21 世紀の日本社会において，人々の生命と健康，生活の豊かさを支える地域社会インフラとして食品小売業者が果たすべき責務は重い．食の代理購買者として，多様化・高度化する食ニーズに応じた小売マーケティングの展開と買物弱者に対応する小売業態の革新が課題となる．あわせて，真の消費者志向の観点からは，食供給の持続性を維持，強化するサプライチェーン構築が目指されねばならない．生産の担い手の減少，異常気象や自然災害の多発，国際需給の逼迫への懸念が高まる中で，国内の農水産業者との連携がますます，重要になってきている．

［木立真直］

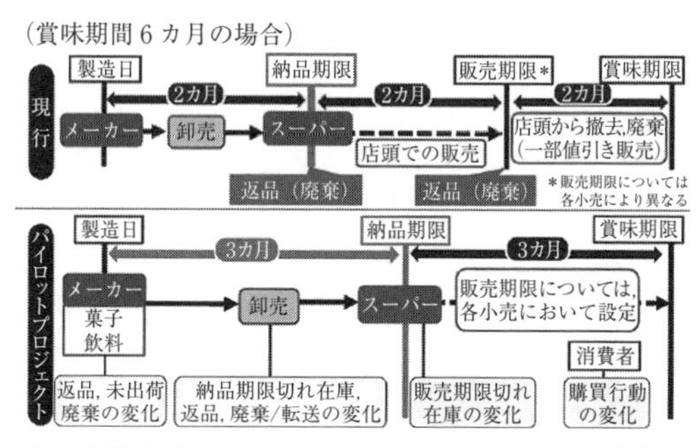

図 1　食品サプライチェーンにおける 1/3 ルールの現状と改善方向［出典：農水省食料産業局］

7-10

外食産業・中食産業

外食産業と中食産業が発展した背景には，店舗の**チェーン展開**が挙げられる．この展開方式は，1967年より開始された資本の自由化を契機に普及していった．チェーン店の各店舗に届けられる食材は，すでに調理済み・前処理済みのものが大半である．これらは，自社のセントラルキッチンやカミサリー（食品工場），あるいは専門の食品製造業者が委託を受けて仕様書に基づき製造する．このような**調理の外部化**によって，人員の削減，品質の安定化，注文から料理提供までの時間短縮等が可能となり，大規模な多店舗展開を志向する企業が多数参入した．これに伴い，家族経営によって営まれてきた町の食堂や惣菜店に代わってチェーン企業が中心的な担い手となり，外食および中食が産業として発展していった．

主に外食産業でチェーン展開を行う企業では，生産性向上を目的に1980年代にはPOSシステムの導入による店内での情報伝達速度や会計速度の効率化が行われた．そして，1990年代には作業効率を高めるために厨房レイアウトや作業工程を改善し，また2000年代には料理の生産量や廃棄の適正管理を行うシステムを開発した．中食産業では，CVSや量販店がPOSデータを活用した商品の開発・販売に取り組むとともに，コスト削減のためサプライチェーン・マネジメントを展開した．これらは，女性の社会進出に伴った家庭内で調理時間を短縮したいというニーズの高まりに対応するためのものであり，調理食品の利用機会は確実に増えていった．こうした企業行動は企業成長のみならず各産業の発展も助長した．

●競争構造と近年の動向　両産業は競争関係にあり，多数の競合者が存在する．しかも多様な消費者ニーズに応じるように両産業では多業種多業態化が進んでおり，提供する料理をはじめ，味付け，サービス，価格も企業によって異なるので，特定企業だけに需要が集中しない．そのため，両産業ともに寡占的な競争構造にない．2017年の市場規模に占める売上上位4社のシェアは外食産業で6.3%，中食産業も4.7%にすぎない（日経MJ「2017年度飲食店ランキング」）．

公益財団法人食の安心・安全財団では，わが国の食市場（全国の食料・飲料支出額）の大きさを**内食**，**中食**，**外食**市場の合計としている．これによると，2017年の食市場は74兆4570億円である．うち内食市場が41兆6394億円（55.9%），外食産業市場が25兆6561億円（34.5%），中食産業市場が7兆1615億円（9.6%）となっている．食の外部化率は44.1%であり，これは同年の米国の43.5%よりも高い水準にある（U. S. Bureau of Labor Statistics「Consumer Expenditures Survey」）．

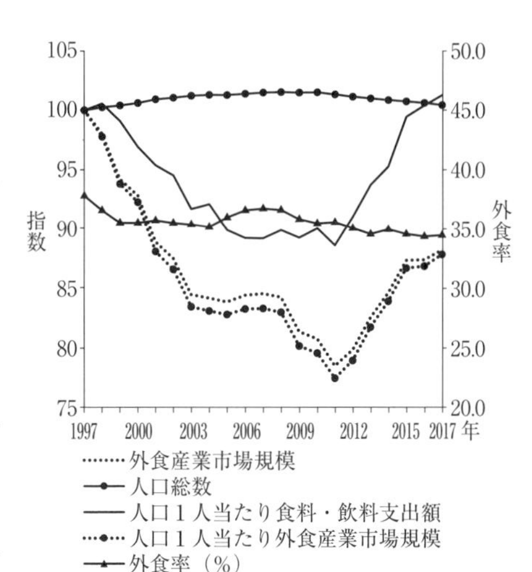

図１　わが国における人口総数・外食率・外食産業市場規模の推移規模の推移［出典：食の安心・安全財団 HP（http://www.anan-zaidan.or.jp/data/index.html 最終閲覧日 2019 年 6 月 27 日）および総務省統計局「人口推計」より作成.］（注１：外食率以外はすべて指数で示し，1997 年の実数を 100.0 としている．注２：人口１人当たり食料・飲料支出額には企業の分を含まない.）

外食と中食の市場規模は 1997 年までは順調に拡大していった．ところが，外食市場は同年の 29 兆 702 億円をピークに，2011 年の 22 兆 8282 億まで縮小傾向（減少率 21.4%）に転じた．それに対して，中食市場はこの期間中も一貫して成長し，3 兆 6122 億円から 5 兆 7783 億円へと拡大（増加率 60%）した．先述のように，両産業は競合するので中食市場の拡大は外食市場の低迷の一因となる．だが，その影響は同期間中の縮小分の半分にも満たず，また，この期間中に人口が大きく減少したり，食生活において外食が端的に減少する構造変化は起こったりしていないことからすると（図 1），これ以外にも要因がある．それは消費者動向に合わせて**低価格化**（値下げ）を進展させたことである．その結果，①外食産業の売上総額が低下してしまい，②人口１人当たり外食市場規模の減少幅が人口１人当たり食料・飲料支出額の減少幅を大きく上回るほどまでになってしまった（消費者が外食支出を特に減らした）．一方，中食市場は家庭内における調理時間の短縮や，単身世帯の簡便化志向のさらなる高まり，魅力ある商品の開発等を理由に，２人以上の世帯・単身世帯ともに中食率が上昇していったのである．

外食市場は 2012 年から 2017 年にかけて回復傾向にある．これは景気回復に伴って外食への支出が増えるなか，外食産業が講じる差別化戦略が受け入れられたことやインバウンド効果が一因である．また，業界では労働力不足や過度な効率化の弊害に直面し，低価格競争に限界がきていることも挙げられる．そして，中食市場では中食率の高い単身世帯の世帯数増加が成長を後押しし続けている．

消費者に直接対峙する外食・中食産業の動向は，両産業に向けて商品を販売する食品産業の構成主体だけでなく，国内産地にも影響を及ぼす．それゆえ，わが国のフードシステムを発展させていく観点からは今後も注目が不可避である．

［菊地昌弥］

7-11

直　売

直売は直接販売の略語で，農業関係では実務界だけでなく学術界でも多用されているが，商業学やマーケティング論ではダイレクト・マーケティング（Direct Marketing）が学術用語として用いられている．その意味するところは，製造業者（生産者）が卸売業者や小売業者を通さずに消費者に販売すること，製造業者が卸売業者を通さずに販売すること，および小売業者が通信販売など無店舗で消費者に販売することなどを指す．農業ないし農家による**直売**としては，古くから農家の庭先売り，引き売り（行商），青空市場（朝市）などの形態が都市部や都市近郊を中心としてみられた．現在は，生産者団体・グループが消費者団体や小売企業に直接販売する①産地直結事業（以下では産直），生産者団体などが運営主体の小売店舗である②農産物直売所（道の駅の農産物販売コーナーを含む），インターネットや宅配便などを利用した③通信販売が主な形態となっている．

●産直　産直は1970年頃から農産物の安全問題や野菜価格の高騰を背景として出現してきた．産直は，農家と消費者が直接取引する点においては従来の朝市や行商と同じであるが，朝市や行商が農家と消費者との個人間の取引であるのとは異なり，多くの場合，生協等の消費者団体またはスーパーと農協や農家グループといった生産者団体の間での組織間取引であることに1つの特徴がある．また農産物の安全性を担保し，生産者を支援するため，生産者と消費者の間に産消提携と呼ばれた連携関係が形成されたことも大きな特徴である．しかし，農産物には豊凶変動があるため需給調整が困難なことや，限られた生産者だけでは品揃えに限界があることなどから，民間スーパーなどは一旦撤退するものもあった．その後，地域生協の発展を背景として1980年代以降，複数の産直産地の組合せや中間流通業者を活用することによる需給調整の仕組みも確立され，生協産直は商取引としても確立するに至った．また安全面では使用農薬の特定や栽培履歴の管理による安全性の担保，簡略化された出荷規格による品質の安定化と効率化も図られた．海外では，アメリカでのCSA（Community supported agriculture）が1980年代にヨーロッパや日本の産消提携の影響も受けて登場した．農場と消費者グループが直接取引を行うだけでなく，消費者による農場運営への参加が行われる点が特徴である．フランスではAMAP（Associations pour le Maintien de l'Agriculture Paysanne）がアメリカのCSAをモデルにして2000年代に登場することになった．

●農産物直売所　農家グループや農協が運営する小売施設としての農産物直売所は，1980 年代以降に登場してきた．その特徴は農産物や農産加工品に特化した小売店であること，セルフサービス・集中レジ方式をとること，価格は出荷者自身が決めること，直売所は出荷者から手数料を徴収し運営費に充てていることなどが挙げられる．その背景には，女性や高齢者を含む農業者による多品目少量生産がある．青果物流通のメインチャネルである農協共販-卸売市場では有利価格の追求のため栽培方法と出荷規格の統一された大ロット出荷を進めていたため，ロットが小さく品質や規格も統一されていない多品目少量生産品を有利に販売することは困難であった．このため，これに代替する販売チャネルとして農産物直売所が形成されてきた．また需要サイドの背景としては，鮮度，生産者との関係性，低価格等を求める消費者ニーズにマッチしている点も指摘できる．全国の農産物直売所の販売金額は 2015 年には，9974 億円に達しており，6 次産業（農業生産関連事業）の半数（50.7%）を占めているとされている．日本農業新聞の調べによれば，2016 年度には JA（総合農協）系の直売所だけでも，年間売上高が 10 億円を超える店舗が全国に 39 店ある．他方，中山間地域などには，地域の農家グループが運営する中小規模の直売所が数多くある．これらの年間売上高は 1 億円に満たないものも多いが，高齢者などが生産する多品目少量生産品の販路として，また地域のコミュニケーションの場として重要な役割を果たしている．

●通信販売　通信販売は，果樹産地ではギフト向けの販売チャネルとして古くから取り組まれていた．1970 年代以降，卸売市場での果実販売の不振と他方でのギフト需要の増大を背景として通信販売は増加してきた．さらに 1976 年に開始した宅配便サービスはこれに拍車をかけた．その後 1990 年代前半をピークとして，やや減少傾向にある．通信販売の受注方法については，従来，電話や FAX が主体であったが，近年は専用ウェブサイトやシッピングモールを利用した e コマースが急速に増加しつつある．経済産業省（2018 : p. 40）によれば，食品，飲料，酒類の EC 化率は 2.41% とカテゴリー別では最も低いが，市場規模は約 1 兆 5579 億円と推計され最大のカテゴリーとされている．また，日本政策金融公庫（2016 : p. 2）によれば，e コマースでの購入が多い農林水産物等は，米と果物で，これらに次いで茶，米加工品，野菜が挙げられている．スーパーマーケットによるネットスーパーもあるが，これはスーパーの各店舗に在庫されている商品を専用ウェブサイトから発注するもので，商品自体は店頭販売と同じ商品であることが多い．

［佐藤和憲］

7-12

フードシステムにおける産業間の統合

農業部門が加工・販売を統合しようとする6次産業化や，食品産業部門が農業生産を統合しようとする直営法人の設立など，2000年以降，フードシステムにおける産業間の連携が進化している．フードシステム論では，主体間関係論によって部門間の垂直的な関係性を解明し，取引コスト論から相互の契約関係に接近する議論が行われてきた．これらの産業間の統合の実態はより多様化しており，政策や戦略を検討するには中範囲の論理と呼ばれる，産業組織論，経営戦略論，流通・マーケティングを組み合わせたアプローチが必要になっている（斎藤，2017）．産業間の連携は，経営資源を相互に活用して成長を速め，競争力を拡大することが目的である．生産から消費に至るサプライチェーンをどのように形成するかはフードシステムの実践上の課題であった．サプライチェーン上のミスマッチは，食品産業を輸入原料へ依存させてきたが，その解消とパートナーシップの構築がわが国の農業と食品産業の競争力を向上させることにつながる（斎藤，2001）．

●食品産業と農業の関係性　かつて食品産業と農業との関係性は，例えば青果物では市場流通を介した関係が主であった．流通価格の変動が著しく，安定して維持することが困難であったため，生産者は卸売市場に出荷し，食品産業は卸売市場から調達していた．しかし生産者は価格と所得の安定につながる契約生産のメリットを認知した結果，今や大手の食品製造業や外食産業は，市場流通に依存せず，年間を通した価格契約やシーズンごとの価格契約をすることが一般的になってきた．大規模経営ほどそのメリットを享受しやすくなり，また相互に流通コストを削減できるので，サプライチェーンの効率性も高まることになる．

一方，中小家畜では，飼料産業がインテグレーターとなった契約生産が1970年代から一般的になった．生産コストの中で飼料費が大きな割合を占めており，その飼料価格は大きく変動している．契約生産ではおおむね安定した価格で飼料を提供するので，リスクはインテグレーターが負担することになる．また，施設の老朽化や生産者の高齢化などが要因になって継続的な新規技術の障害がある場合，インテグレーターがリース方式で施設投資を行い，フィールドサービスで技術支援を進める事例が増えている．契約生産者を確保できない場合，直営農場を建設して，さらなる畜産物の安全性の確保と高品質生産を展開することになる．

食品産業によって，農業との関係性は異なっている．食品製造業は商品の厳格な原価管理を特徴として契約価格も硬直的であるが，外食産業は規格の簡素化やメニュー提案力を重視して原料調達価格の変更に柔軟に応じる傾向にある．他方，量販店等の食品小売業はいまだ市場流通の調達が中心であり，たとえ販売契約を結んでいても，販売直前にならないと価格が決まらず，発注量も事前に確定しにくいために企業側がリスクを十分に負担していないといった状況が一般的であり，契約生産や直営農場からの供給事例は今のところ限られている．ただし，大手の量販店では，小売主導型流通システムへの移行もみられる．そこではGAP（農業生産工程管理）による安全衛生管理と産地と連携した品質・ブランド管理を行って，青果物プライベートブランド（PB）によるバリューチェーンを構築しようとする．さらに量販店のチェーンストアー化が進むと，調達先が市場流通以外に多様化する傾向にある．その場合，産地は取引相手との価格形成，マージン配分，契約条件でのチャネル管理やパートナーシップの確立が課題となる．

●連携の強化　食品産業と農業との関係性は進化しており，取引契約だけでなく資本提携や人材派遣など，「ヒト・モノ・カネ」についての経営資源を全面的に提供し，情報の共有化を超えて戦略の共有化へ踏み出している．食品企業は契約生産を重視して現地に工場を立地させる戦略をとっている．産地（農協などの生産者集団）が，食品企業と提携して工場を建設し販売先を確保する．その工場長などは提携企業から派遣されており，協力して工場経営を進めているのである．

垂直的な主体間の連携が進化する過程でどちらが投資するかは経営戦略上最大の課題となる．産地が工場に投資すると，原料の供給や雇用に責任をもつことになる．ただ，不足する経営資源がある場合，例えば加工技術の指導などで食品企業へ依存したならば，独占的な販売契約へ向かう可能性がある．一方，寡占的な大規模な食品企業がパートナーだと，企業自らが工場を設立し統合を主導することが多い．ただ，大規模な企業でも多くの製品ラインや事業領域をもって多角化する時には，投資額を節約するために産地と提携したOEM等を選択するだろう．

農業部門が自ら主導する6次産業化によって加工や販売部門を統合する場合は，多大な投資とリスクを抱え込むことになる．それよりも流通企業や生協も含めた食品企業との資本・業務提携を進めて，投資コストやリスクをおさえるような6次産業化を進める戦略もあり，農商工連携の1つの形態といえよう．こういった連携による生産から消費までのバリューチェーンの連鎖が価値共創へ導くこととなり，小売主導型流通システムでは，産地サイドの企画提案力が産地ブランドを活用した小売の活性化につながることが期待される．現代ではこのバリューチェーンが医療・福祉の領域まで広がっている（斎藤・高城，2018）．

［斎藤　修］

7-13

物流とコールドチェーン

物流・物的流通（physical distribution）とは，対象物をある地点から別の地点まで動かすことである．ディストリビューション（distribution）が「流通」と訳されるのに対し，①原材料調達から生産・販売に至る輸送・配送，②それらの管理技術や過程，を含め，**ロジスティックス**（logistics：兵站）とも呼ばれる．本来，「兵站」は物資配給や整備・輸送・支援等を示す概念だが，農業経済学や経営学では，物流に限らず顧客サービスや需要予測，商品の回収・廃棄など物流関連活動を含むより広義の概念として用いている．

さらに近年では，物流関連業務全体の最適化を戦略的かつ継続的に行い，組織の効率性と収益性を追求する経営管理手法として**サプライチェーン・マネジメント**（supply chain management, SCM，供給連鎖管理）が普及している．

●主たる業界（海運・陸運・空運・倉庫）とその動向　物流関連業界（海運・陸運・空輸・倉庫・引越・トランクルームや納品代行等を含む）の国内市場規模は約20兆円（2017年）で，最大手の海運と，物流業務すべてを外部委託する形の**システム物流**（3PL：サード・パーティ・ロジスティックス）で概ね半分を占める．

なかでも，海運は船舶大型化とコンテナ船・バラ船の輸送中心，陸運は鉄道とトラック中心だがドライバー不足が課題であり，空運は従来型のエアラインに加えLCC（格安航空会社）が拡大し地域内競争が激化していることなどが特徴である．また，保管倉庫が不動産賃貸等に進出したり，EC（電子商取引）や3PL市場の拡大により，次世代型物流施設の建設も増加している．

●サプライチェーン・マネジメント（SCM）　SCMの最大の特徴は物流システムを一企業内に限定しないことである．これはコンピュータの機能向上とインターネットの発展・普及により，リアルタイムでの情報一元管理が安価かつ正確な形で可能となったことが大きい．農業だけでなく乳業，水産業，冷凍食品からコンビニエンスストアまで，異なる品目や業界間あるいは複数組織間で一元管理が可能となっただけでなく，より精緻な仕組みが次々と開発されつつある．

SCMの教育と資格認定を行う世界最大の専門家団体APICSでは，「サプライチェーン運用参照（SCOR：Supply Chain Operations Reference）モデル」として知られる具体的な流れを定めている．そこでは，供給者と顧客との間に，PDCAサイクルに似た形の，計画（Plan），調達（Source），製造（Make），配送（Delivery），返品（Return）の5つの流れが示されている．

●**物流とコールドチェーン**　生鮮食品や医薬品等を低温により本来の特性と品質を保持したままで広域あるいは長期間流通させる技術と方法は，SCMの中でも特に**コールドチェーン**（cold chain，低温流通体系）またはクールチェーン（cool chain）と呼ばれる．これは対象品目の品質劣化を防ぐだけでなく，地理的・時間的な輸送障害を克服した点で農業と食品関連産業の発展において重要な役割を果たしている．

わが国における本格的なコールドチェーン対応は，1965（昭和40）年に当時の科学技術庁・資源調査会による「食生活の体系的改善に資する食料流通体系の近代化に関する勧告」，いわゆる「コールドチェーン勧告」からである（高橋，1974；田中，1975）．その後，農林水産省，厚生労働省，経済産業省，国土交通省などの関係行政当局や農業・食品業界などで研究と実践が蓄積して今日に至る．

コールドチェーンの核は定量的な記録に基づく品質管理システムである．具体的には，温度変化に敏感な食品や農産物などをサプライチェーン上のすべてで適切な低温環境に置き，定量的に分析，測定，管理，記録した上で，輸送・保管・供給など必要な作業を行う．この過程ではすべての物流関連業者が関わるためSCMという包括的な一元管理の仕組みが大きな役割を果たすことになる．

●**コールドチェーンの技術と基準**　低温処理の基礎技術は，冷蔵（cooling or cold：10～2℃），氷温冷蔵（chilling：2～－2℃），凍結（freezing：－18℃以下）の3温度帯で構築されている．それぞれでの低温保存に関わる関連技術（輸送・洗浄・加工・包装など）に，運営・管理・出荷・価格システムに関する技術などが統合されて，それらが関連する分野はサプライチェーンの全領域に及ぶ．

コールドチェーンの業界標準としては，オランダに本部があり世界各国の空港や航空貨物輸送業者がメンバーである非営利団体としてのクールチェーン協会（Cool Chain Association）と船舶や航海の安全・設備環境に関する業務を行うドイツロイド船級協会（Germanischer Lloyd：GL）により作られたクールチェーン品質指標（Cool Chain Quality Indicator：CCQI）が知られている．CCQIの基本は，①個々の作業におけるコールドチェーン品質の定量的評価と，②コールドチェーン品質の適合性チェックであり，品質管理システムとしてはISO9000による品質管理と似た仕組みである．

わが国でのコールドチェーンに関する業界団体としては日本冷蔵倉庫協会，学術団体は日本冷凍空調学会などがあり，学術的な研究とともに国内・国際レベルでの輸送実務に基づく数多くの実践事例が報告・検討されている．　［三石誠司］

7-14

食品機能と製品開発

食品の機能には，一次機能として，私たちの健康を栄養面から維持・増進させる食品の働き（栄養機能），二次機能として，嗜好に関わる感覚面での働き（感覚機能），三次機能として，通常の栄養の領域を超えた，いわゆる非栄養性食品因子による生理学面での生体調節の働き（生体調節機能）がある（荒井，2013: p. 4）．食品開発においては，従来から感覚機能，すなわち美味しさが重視されているが，現在は，栄養機能や生体調節機能に関わる**健康強調表示**（health claim）が，他製品との差別化を図る重要な手段となってきた．

●開発目標の変遷　美味しさは，消費者にとって喫食後直ちに判断できるため（経験特性），明確な食品選択の理由となる．食品製造の装置産業化が進むと，美味しさを理化学的に評価し，それを安定生産することが求められ，これには食品化学・食品工学が大きく寄与してきた．なかでも，出汁文化をもつ日本において，旨味の発見・解明と製造法の開発が進んだことは特筆すべき点である．一方，農畜産物等の一次産品においても，例えば，米ではアミロース含有率の低さ，牛肉ではオレイン酸含有率の高さなどのように美味しさの指標化が進み，ブランド化の要素として取り入れられ始めている．また，個体差が大きく，美味しさの保証が難しい青果物においても，糖度，酸度等の非破壊検査法が確立したことで，味覚による選別とブランド化の道が開かれた．なお，食品の美味しさは理化学的特性だけでは説明しきれず，依然として，官能評価も重要な評価手段である．

近年は，そうした感覚機能に留まらず，栄養機能および生体調節機能が製品差別化の要素として注目されている．この背景には，先進国を中心に消費者の健康志向の高まりや，食生活の乱れや運動不足による生活習慣病の増加がある．栄養機能については，不足しがちな特定の栄養成分の強化，あるいは過剰摂取が問題となりやすい栄養成分が少ないことを強調表示できる食品の探索と開発のほか，特定の栄養成分の補給のために利用される食品の開発が目指される．生体調節機能に関わる食品開発においては，これら機能性成分の発見，それらを多く含む食品の探索，そして，機能性成分を含むことによって，特定の保健の用途や，疾病リスクの低減に資する食品（いわゆる機能性食品）が目指されている．

●表示規制　栄養の働きや非栄養的な生体調節の働きについては，その健康への影響が発現するまでに個々にタイムラグがあり，また，食品の摂取が多様かつ多頻度であるため，消費者が特定の食品について，その効果の程度を判断することは事実上不可能である（信用特性）．そのため，消費者の自主的かつ合理的な食品の選択の機会を確保するために，その科学的根拠の確認と表示の方法に一定の規制がなされることになる．日本では，栄養機能あるいは生体調節機能を有し，これを表示できる食品は，**保健機能食品**と総称される．**特定保健用食品**（以下，**特保**）は，個別の食品に対して，特定の保健の効果を表示することを，国が科学的根拠に基づいて許可したものである（1991 年導入）．**栄養機能食品**は，不足しがちな栄養成分の補給を主な目的としている食品で，栄養成分の機能を表示するものである．一定の規格基準を満たしていれば企業が独自に表示可能である（2001 年導入）．**機能性表示食品**は，一定の科学的根拠に基づき，届出によって，事業者の責任の下で表示を行うものである（2015 年導入）．その他，特定の栄養成分が多いこと，あるいは少ないことの強調表示は食品表示基準に則って行われなければならない（2003 年導入）．

●生体調節機能に関する製品開発　表示規制の厳格さの要求と市場活性化への要望との間ではトレードオフが生じやすい．特保制度設立当初は，前者に重きが置かれていた．これは，特保が食品でありながら，その訴求内容が医薬品との境界領域に位置するためであり，また，当時，医薬品と誤認されるような食品表示が問題となっていたためでもある．科学的根拠として，作用機序が明確であること，ヒトに対する無作為化比較試験で効果が認められることが，企業の申請時に求められる．申請後も，国による効果の判断，安全性評価，医薬品の表示に抵触しないかの確認，関与成分量の分析を経て消費者庁長官の許可が必要で，分析のやり直しが指示されることもある．試験研究に多額の費用がかかること，許可までに数年を要す場合があることが，中小企業にとっての高い参入障壁となっていた．また，一次産品は，品種間，個体間の成分量のばらつきが大きく，特保の許可をとることは困難である．特保の条件緩和がなされたものの，2017 年 12 月末現在，特保の許可品目をもつ企業は 165 社，食品の種類も約 85% が乳製品と清涼飲料水と限定的で，2007 年まで右肩上がりで成長してきた特保の市場規模も，6 千億円台に達した後，上げ止まっている（日本健康・栄養食品協会ウェブページ）．

機能性表示食品は，以上の課題を踏まえた上で，保健機能食品市場の活性化を意図した制度といえる．安全性や機能性の根拠として，主に食経験およびシステマティックレビューを用いており，特保に比べて表示可能な効能の種類が広がり，また，製品の多様化も期待されている．2018 年末までの届出数は，すでに 1676 件に上り，生鮮食品が 24 件含まれていることも特徴である．学識経験者や消費者団体等から一部の科学的根拠や品質保証，安全性に対する疑問も出されており，制度設計については，検討が続いている．

［森高正博］

7-15

食品廃棄と削減対策

食品廃棄物には，まだ食べられる（可食）部分の廃棄も含まれており，その部分を「**食品ロス**」と呼ぶ．栄養不足人口が約8億人いるといわれる世界の食料事情を考えると，食品廃棄物の問題は食料問題といえる．一方，日本では，「循環型社会形成推進基本法」（2000年制定）のもとに「食品循環資源の再生利用等の促進に関する法律」（食品リサイクル法，2000年制定）があり，食品廃棄物は環境政策（廃棄物行政）の対象として考えられてきた．いずれの場合も，廃棄量の削減が求められている点では共通しているが，廃棄物行政の場合は，リサイクル産業という新しい経済成長分野の創設に重点が置かれることとなる．一方，FAO（国際連合食糧農業機関）の調査報告（「世界の食料ロスと食料廃棄」FAO 2011年）では，消費者段階で廃棄されることが多い先進国の食料廃棄に対し，末端の消費者に届かないうちに廃棄が発生する途上国の食料問題の存在に，社会的インフラ整備の支援の重要性を指摘している．

●日本の食品廃棄　現在の日本の食品廃棄の具体的な数字は以下の表1に示すとおりである．食品関連事業者全体で1970万t（2016年度）発生している廃棄物のうち，再生利用されている割合は71.0%で，減量等を差し引くと最終的には約

表1　日本の食品廃棄量および再生利用（2016年度，家庭系は2015年度）

（単位：万t（%））

	発生量	減量	再生利用以外	再生利用計	再生利用（71.0%）*			熱回収	焼却・埋立	可食部
					飼料	肥料	エネルギー等			
食品製造業	1617	167	45	1309	997	221	92	53	43	
食品卸売業	27	2	2	12	4	6	3	0	11	
食品小売業	127	1	2	48	21	15	13	0	76	
外食産業	199	6	4	29	6	10	13	0	161	
計	1970	175	53	1398 (71.0)	1027 (52.2)	251 (12.7)	121 (6.1)	54 (2.7)	291 (14.8)	357 (18.2)
家庭系	832					56 (6.7) **			776 (93.3)	289 (34.7)

（注：* は食品事業者の再生利用全体の割合．** は家庭系の再生利用全体と同義）［出典：農林水産省「食品産業における食品リサイクルの現状」］

291万tが焼却・埋立てとなっている．一方，家庭系の廃棄物832万tのうち再生利用されているのは肥料としての6.7%でしかなく，その背景には調味料等が混入している家庭系の廃棄物の再生利用の困難性，1カ所からの回収量の少なさ，食品リサイクル法は家庭がその対象外であること等の要因が考えられる．

●リサイクルシステム　事業系での再生利用は，飼料化が最も高く52.7%を占めている．飼料化には主に乾燥化と液体化があり，製造業からの廃棄物は乾燥化が中心であった．しかし，コンビニエンスストアなどから排出される栄養価の高い廃棄物でも単品で管理されていれば液体化でき，乾燥に要するエネルギーの削減効果もあることから，近年，養豚業者との提携が進展している．また，小売店からの野菜残さなどの肥料化も進み，そこで製品化された肥料を契約農家の畑に還元し，そこで収穫された地場野菜を地域の店舗に供給するというリサイクルシステムを構築する事例が増加している．現在農林水産省では，そうした農産物のブランド化戦略も含めて，食品のリサイクルループ作りを推奨している．

●リデュース　なるべく廃棄物を出さない（**リデュース**）対策も進められている．流通業界では，図1に示すように，製造日から賞味期限までの全期間のうち1/3を超えると納品できず，さらに2/3を超えると販売できないとしている現在の食品業界の1/3ルールを変えることで販売期間を延長し，食品ロスを削減しようとしている．賞味期限の，年月日表示から年月表示への変更，**ドギーバッグ**による外食での食べ残しの持ち帰りへの理解も進みつつある．

●フードバンク　近年注目されているのが**フードバンク**やフードシェアリングである．表1の右端の列が「食品ロス」で，この可食部分の合計646万tは，国民1人当たりにすると毎日茶碗1杯分のご飯を無駄にしていることになる．FAOの報告書では，世界全体で供給される食品の約1/3は廃棄されているという．食品をリサイクルの対象ではなく食料問題と捉えるならば，なるべく食べ切ることが重要である．そこで，賞味期限が間近となった食品や，食品衛生上問題がない規格外品（容器の変形，印刷ミスなど）を消費者が入手できるようにするのがフードシェアリング，無償で譲り受けるのがフードバンク活動（子ども食堂含む）であり，食品の廃棄削減と有効活用が可能となる．社会福祉活動との連携によるダブル効果によって，食料資源を活かしきるこの活動の促進が期待されている．

［清水みゆき］

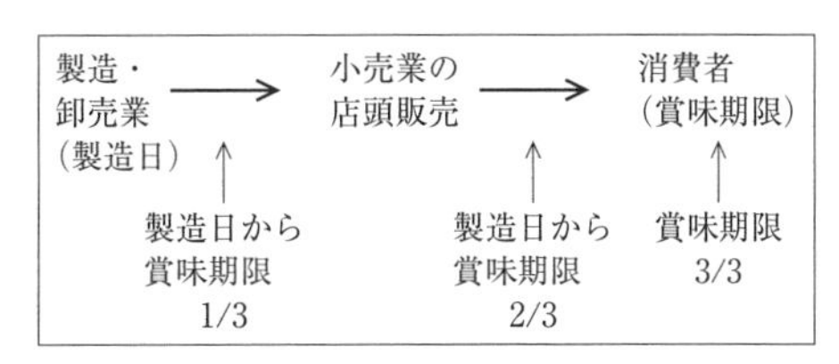

図1　業界の1/3ルールの考え方

7-16

フード・コミュニケーション

フード・コミュニケーション（以下 FC）とは，「食に関するステークホルダー間の意思疎通」を意味する．“food risk and benefit communication”や，“mother-daughter food communication”といった用例があるとおり，幅広い内容を包含する概念である．FC の対象の「食」に関しては，食品から食行動，食文化に至るまで，FC の主体の「ステークホルダー」についても，家族から企業，行政機関まで，カバーする範囲は極めて広い．近年では，食に関するステークホルダー間の情報の非対称性の拡大によって深刻化した，いわゆる**食の信頼問題**を解決する手段として FC への関心が高まっている．

●FC と食の信頼問題　食品は，我々の生命維持に不可欠であり，日々，膨大な数の商品が比較的短いライフサイクルで市場に供給されている．消費する前にその品質を確認できない経験財，または，消費後でも確認できない信用財として取引されることも多い．特に，わが国では，高度化する消費者ニーズに対応して，加工技術等が発達するとともに，世界各地から食材等を調達しているため，フードシステムは複雑化の一途をたどっている．この複雑化が，ステークホルダー間の情報の非対称性を拡大させ，食品偽装等の不祥事に伴う不信感の広がりや，消費者の食品選択時の情報探索費用，事業者間の監査費用等の社会的コストの増大を惹き起こすこととなり，これらが食の信頼問題として認識されている．この問題の解決方策が社会的に模索される中で，ステークホルダー間の情報の非対称性を縮小する観点から FC の再定義が進められてきた．

●フード・コミュニケーション・プロジェクトの実践　FC を戦略的に展開することで食の信頼問題の解決を目指す取組みが，農林水産省が食品事業者等と協働しながら推進している**フード・コミュニケーション・プロジェクト**（以下 FCP）である．FCP は，2007 年前後に食品偽装等の事件が続発し，食の信頼問題が深刻化したことを受けて，2008 年にスタートした．農林水産省は，FCP を「食の信頼向上に向けた食品事業者の主体的な活動を促すため，フードチェーンの各段階で事業者間のコミュニケーションを円滑に行い，情報を消費者まで伝えていくためのツールの開発・普及」を進める取組みとしている．具体的には，FCP の趣旨に賛同する事業者等が，情報を共有するネットワークに参加し（2018 年 12 月段階の参加数は約 2000），その中から希望者を募って，ツールの開発・普及，人材育成を協働で実践する研究会等が開催されている（詳細は，FCP のホームページ http://www.maff.go.jp/j/shokusan/fcp/を参照).

FCP のツールとは，消費者の信頼を得るために重要な食品事業者の行動を体系的に整理し，標準化・規格化した共通言語やアプローチである．実際にビジネスで活用されるツールとしては，関係者間で表現にばらつきのあった工場監査の項目等を共通化した「FCP 共通工場監査項目」や，展示会・商談会における効果的なやり取りに必要な項目を標準化した共通フォーマット「FCP 展示会・商談会シート」等がある．FCP の標準化活動の中には，プロジェクトの枠を超えた拡がりをみせているものもあり，工場監査等に関する意見交換は，日本発の食品安全マネジメント規格である **JFS 規格**の策定，認証スキームの構築につながっている．

●システム思考で見た FC の可能性　食の信頼問題の解決方策としての FC の枠組みは，ものごとを全体像から捉えるシステム思考のアプローチにより，問題の根源であるフードシステムの複雑性を縮減するシステム分化の取組みとして整理することができる（神井，2016）（図 1）．FCP の標準化活動は，食品事業者の評価の効率化等の目的に従って，排他的で互いに代替し得ない機能でフードシステムを分化（機能的分化）する取組みである．例えば，共通フォーマット等の活用によって，やり取りされる情報と関係者が合目的的に限定される結果，効果的な FC が可能になり，情報の非対称性が縮小されるのである．他方，フードシステムを同等の部分に区分（環節的分化）して複雑性を縮減し，効果的な FC を可能にする方策としては，ローカル・フードシステムの構築や，いわゆる「顔の見える関係づくり」等が提案されている．このようなフードシステムの複雑性を縮減する機能を意識し，ステークホルダーが戦略的に FC に取り組むことによって，食の信頼問題への効果的な対応が期待される．

［神井弘之］

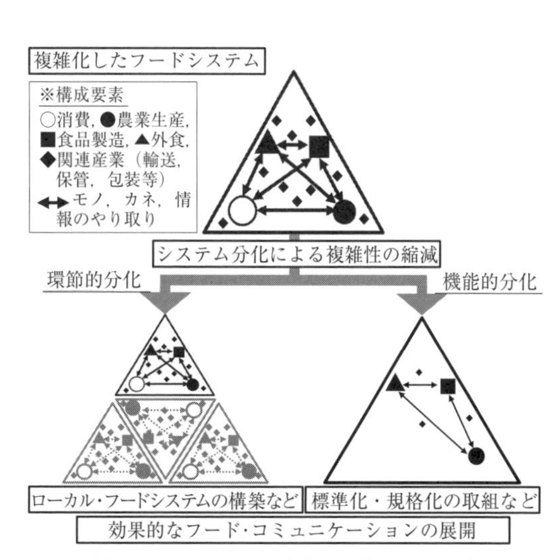

図 1　フードシステム分化の類型（イメージ）

7-17

食文化と食育

わが国の食文化研究の第一人者である文化人類学者の**石毛直道**によると，食文化は「農学，栄養学，生理学，歴史学，民俗学のほかに，世界の食文化の比較には民族学や文明論，食事空間について述べるとすると建築学，調理道具や食器については道具論，盛りつけに関する事柄には美学，食の情景描写に関しては文学，食品の価値や外食については経済学や社会学…といったふうに，おおくの分野を網羅する」（石毛，2015 : p. 13）概念である．つまり，人間の生活の中での基礎的な営みとしての食は，各々が置かれた多様な環境下でそれに適した文化を形成するものであり，わが国では，和食という独自の食文化が形成された．

「**和食；日本の伝統的な食文化**」は 2013 年 12 月にユネスコ無形文化遺産にも登録され，①多様で新鮮な食材とその持ち味の尊重，②栄養バランスに優れた健康的な食生活，③自然の美しさや季節の移ろいの表現，④年中行事との密接な関わり，が特徴とされる（農林水産省 HP）．栄養バランスに優れ，長寿の基とされる日本の食生活は，1970 年代半ば以降，「日本型食生活」として農業政策の中にも位置づけられた．1980 年の農政審議会の答申「80 年代の農政の基本方向」では，日本の食生活は欧米諸国に比較して，栄養バランスに優れている点が評価されただけでなく，総合的な食料自給力維持の観点からも日本型食生活を定着させる努力が必要であるとする提言がなされており，伝統的食習慣の中で培われた日本の食生活が農林水産業の維持においても理に適ったものであるとしている．

●食育基本法　第二次大戦後から高度経済成長期を経て，日本国民の消費水準・構成は短期間のうちに大きく変容した．交通・通信の発達，家族形態の変化，製造技術の向上，食品産業の発達，国際貿易の変化等の社会経済情勢の変化によって，日本のフードシステムは深化し，食生活はより簡便で，多国籍な食文化を取り入れたものとなってきた（第 8 章「食料消費と消費者行動」参照）．しかしその一方で，国民の栄養バランスの偏り，朝食欠食等の食習慣の乱れ，生活習慣病の増加，生産から消費に至る食の循環に対する理解の希薄化，食品ロスの増加，さらに多様な地域で継承されてきた食文化の喪失といった課題が挙げられる．

以上のような状況下で，2005 年に**食育基本法**が制定された．「現在及び将来にわたる健康で文化的な国民の生活と豊かで活力ある社会の実現に寄与することを目的（第 1 章第 1 条）」とし，①国民の心身の健康の増進と豊かな人間形成，②食に関する感謝の念と理解，③食育推進運動の展開，④子どもの食育における保護者，教育関係者等の役割，⑤食に関する体験活動と食育推進活動の実践，⑥伝統的な食文化，環境と調和した生産等への配意および農山漁村の活性化と食料自給率の向上への貢献，⑦食品の安全性の確保等における食育の役割，を基本的な取組み方針とした．

食育基本法に基づき，食育推進会議（農林水産大臣を会長として，総務，法務，外務，財務文部科学，厚生労働，経済産業，国土交通，環境の各大臣，学識経験者，民間有識者等から構成；2017 年 9 月現在）が，食育の推進に関する施策の総合的かつ計画的な推進を図るための**食育推進基本計画**を 5 年ごとに策定する．第 3 次食育推進基本計画（2016～2020 年度）では「実践の環を広げよう」をコンセプトに，①若い世代を中心とした食育の推進，②多様な暮らしに対応した食育の推進，③健康寿命の延伸につながる食育の推進，④食の循環や環境を意識した食育の推進，⑤食文化の継承に向けた食育の推進の 5 つの重点課題が挙げられている．

●食育の重要性と意義　食文化の形成は，当該地域の農林漁業を基礎としたあらゆる伝統的文化の中から培われるものである．すなわち，食文化の継承には，前述の重点課題にもあるように，国民が食の循環や環境を意識することが必要不可欠である．例えば，食料・農業・農村基本法が定める食料・農業・農村基本計画においても，「「日本型食生活」の実践に係る取組と併せて，学校教育を始めとする様々な機会を活用した，幅広い世代に対する農林漁業体験の機会の提供を一体的に推進し，食や農林水産業への国民の理解を増進する」としている．すなわち，食文化の継承は，農林水産業の維持と両輪の関係にある．将来に受け継がれるべき重要な農林水産業システムとして FAO（国際連合食糧農業機関）が認定する世界農業遺産（GIAHS：Globally Important Agricultural Heritage Systems）では，認定基準の 1 つに「文化，価値観及び社会組織」を挙げており，当該地域の農林水産業システムと文化的アイデンティティおよび風土の結びつきが強調されている．この文化的アイデンティティの重要な構成要素の 1 つが食文化である．

食育推進のために，学校での給食の時間，特別活動，各教科等，教育活動全体の中で体系的・組織的な取組みが行われている．加えて，消費者自身はもちろん，農林漁業者，食品産業等の企業，地方公共団体，大学等教育機関，ボランティア等の食育関係者による農林漁業体験，地産地消運動，食文化継承活動，栄養・健康教育，食と農を活用した地域再生，食品ロス削減活動等，多面的な活動の展開が望まれる．特に，食文化継承には，学校給食での郷土料理等の積極的な導入や行事の活用，「和食」の保護と次世代への継承のための産学官一体となった取組み，地域の食文化の魅力の再発見等に期待が寄せられる．　[上岡美保]

7-18

品質保証と認証制度

わが国の食品の品質は国際的に高く評価されていて，政府はそれを追い風に輸出振興（GFP 農林水産物・食品輸出プロジェクトなど）を進めている．しかし，かつては，国産品の品質は必ずしも高いとはいえなかった．終戦直後は社会の混乱を背景にして，悪質な業者がまがいものを製造・販売する例が後を絶たなかった．そのような状況を正し，消費者が安心して購入できるように，「農林物資規格法」（1950 年制定）に基づき，品目別に国家規格としての**JAS 規格**（**日本農林規格**）を定めた．そして，その規格に適合した商品だけが JAS マークを貼付して販売された．その後，数次の改正がされ，現在の JAS 規格は「日本農林規格等に関する法律」（JAS 法，2017 年改正）によって規定されている．

●規格と認証　規格化の歴史は，以下のとおり，互換性技術の発展と標準化から構成されている（橋本，2013）．互換性部品の発明は 20 世紀の製造業に量産化の時代をもたらした．そして他の製品とも互換性をもたせるために部品の標準化（規格）が普及する．さらに作業工程の効率性に関する科学的管理法がフレデリック・テイラーによって提唱されて，作業の標準化が普及した．その後は，材料試験法の標準化，材質自体の標準化などが進み，戦後になると航空運航やコンテナ輸送など技術システムの標準化が行われて，社会発展の基盤となった．

このように標準化とは規格の制定を意味し，その意義として，①相互理解，②互換性の確保，③新技術の普及，④消費者の利益確保，⑤安全性の確保・環境保護が指摘されている（日本適合性認定協会ウェブページ「適合性評価の仕組みと認定」参照）．規格制定の対象は，製品やサービス（工程・システム）だけに留まらず，要員（技能者等），マネジメントシステム，試験・校正，検査などに及び，それぞれの規格は目的に応じて特定の要求事項として定められる．その定めを満たしているかについて第三者が行う**適合性評価**を**認証**と呼ぶ．

規格は，国際機関，地域（例えば EU），国家，業界団体，そして個別企業により定められる．国際機関や国家などによって公的に策定された規格は，デジュール標準として，強制規格でないものも広く認知されて利用される．関係する企業が協議をして業界団体として策定された規格はフォーラム標準として利用される．一方，個別企業が独自に策定した規格であっても，マーケットでの競争を勝ち抜いた場合，デファクト標準として業界で利用されることになる．

各国の異なる規格が互いの貿易障壁とならないように，国際的な整合性を確保するため，GATT（貿易及び関税に関する一般協定）東京ラウンドで合意されたスタンダードコードを経て，WTO（世界貿易機関）協定で**TBT 協定（貿易の技術的障害に関する協定）**が定められた．TBT 協定によって，工業品および農産品を含め，強制規格，任意規格，適合性評価手続きの策定の際に，原則として国際規格および国際指針等を基礎として使用することとされた．その国際規格を定める国際標準化機関には，ISO（国際標準化機構），Codex 委員会（FAO（国連食糧農業機関）および WHO（世界保健機関）により設置）などがある（湯川，2016）．

規格の適合性評価についての国際的な枠組みや手法も ISO 規格で定められている．事業者を評価する組織が認証機関（製品認証を行う機関に対する要求事項は ISO/IEC17065，マネジメントシステム認証では ISO/IEC17021），その認証能力を評価するのが認定機関（要求事項は ISO/IEC17011）である．そして国ごとに設置されている認定機関の能力を国際的に評価し同等であることを IAF（国際認定フォーラム）等のもとで相互承認することで，各国内での認証の国際的同等性が保証されることになる．JAS 規格認証も ISO の適合性評価手順で行われている．

国際民間団体である GFSI（世界食品安全イニシアティブ）による食品安全認証制度の承認システムが注目されている（☞9-20）．GFSI に承認された SQF や FSSC22000 などは国際的に通用する認証スキームとなり，それを利用することで輸出など国際取引の面で有利になることから，海外展開を志向する大手食品メーカーを中心にそれらのスキームは各社の**品質保証**体制へ組み入れられつつある．

●JAS 制度の展開　発足時，JAS 規格は優れた製品を識別するものであったが，業界全体の品質が向上した結果，多くの品目で平準化規格とみなされるようになり，JAS マークをつける割合も低下していった．当初の JAS 規格は，成分や性能基準からの製品規格に限定されていたが，生産プロセスの基準を取り入れた特色規格としての特定 JAS 規格，そしてその枠組みに基づいた有機 JAS 規格が創設されていった．

2017 年の JAS 法改正以降，規格化の対象領域が大幅に拡大された．その背景として，①市場のニーズが品質以外の価値・特色にまで多様化，②海外の取引相手に産品の品質や事業者の技術などを説明する機会が増大，などが指摘されている．新たな規格によって，事業者や地域の差別化・ブランド化を後押しすることを目指している．製品の規格に，流通方法の基準を含めることも可能となった．また，マネジメントシステム，試験方法に関する規格も JAS 制度で扱えるようになり，例えば「有機料理を提供する飲食店等の管理方法」という新たな規格も制定されることになった．

［中嶋康博］

7-19

地域ブランドと地理的表示保護制度

世界貿易機関（WTO）のTRIPS協定（知的所有権の貿易関連の側面に関する協定）において，地理的表示は「当該商品の確立されている品質，評判，その他の特性が，その地理的原産地に本質的に起因する場合，その商品が加盟国の領域あるいは領域内の地域・地方を原産地とすることを識別する表示」（WTO, 1994）と定義されている．

19世紀末になると，横行する食品の産地偽装に対抗するため，原産地由来の屋号・商標などの利用を真正な生産者に限定することで，消費者が騙されて過分な代金を支払わないように，そしてそれらの生産者が評判・売上・価格の下落で利益を損なわないように，複数の国々の政府が法律で保護しはじめた．

●欧州の地理的表示保護制度　原産地と品質についての基準を設定し，認証表示・ラベルによって基準を満たすことを保証する世界最初の制度が，フランスのAOC（Appellation d'Origine Contrôlée）である．「原産地保護に関する法律」（1919年）やその改正（1935年）を経て制度が確立された．1935年にはAOCワインの認定・運用を担う国立原産地・品質機関（INAO）が設立され，1955年にはチーズ，1990年にはその他の農畜水産物やそれらの加工品も管轄とした．

そこでは**テロワール**という概念に基づき，原産地特有の品質・特性をもつ食品について，それを生産する地域・組織や呼称・表示が統制される．例えばブルゴーニュ・ワインの場合，AOC表示のO（原産地）の部分に，地方名（ブルゴーニュ），地区名（コート・ド・ニュイなど），村名（ヴォーヌ・ロマネなど），農園名（ロマネ・コンティなど）が入るが，原産地が狭まり限定される（村名や農園名の表示となる）ほど貴重だとみなされる．テロワールとは，その産地の自然（土壌，地勢，気候など）と人間（生産者・栽培技術・伝統文化など）によって総合的に歴史的に形成される特性・独自性を意味する．

さらに欧州委員会も，上記のフランス，そしてイタリアなどの国内制度を参考に，原産地呼称保護（**PDO**）と地理的表示保護（**PGI**）の2つの認証ラベルを設けた（1992年施行）．PDOとPGIを分けるのは，食品と原産地との関連性の度合である．PDOはフランスのAOCに基づくもので，PDOは原料生産を含む生産工程のすべてをその地域に限定するが，PGIは生産・加工・調整の一部でよい．PDOは品質等の特性が地理的環境（テロワールに相当）に強く結びついているものに限定され，PGIは社会的評価を含めて地理的原産地との結びつきがあればよいが，それらの証明とともに，製品の自然科学的，官能的特徴の説明が求められる．このように，原産地との全面的な関連性を求めるPDOに対し，PGIは部分的な関連性に留まる（内藤，2015：第2部第3）．

●日本の地理的表示保護制度　2015年に「特定農林水産物等の名称の保護に関する法律」（通称「地理的表示（GI）法」）が施行され，2018年11月末時点で神戸ビーフ，市田柿，関さばなどの69件が登録されている．地理的表示活用ガイドラインによれば，原産地との関連性について，産品の特性（他と差別化される品質，社会的評価，その他の特性）が生産地の自然的要因や人的要因と結びついていること，その状態で一定期間（概ね25年）継続して生産されている伝統性，さらに前者についての合理的説明が登録要件になっている（地理的表示活用検討委員会，2015）．GIは地域共有の知的財産であり，生産・加工業者が組織する団体が加入の自由を保証していれば申請者になれる．申請団体が明細書において，「生産地の範囲」「産品の特性」「生産方法」「特性と生産地の結びつき」を説明し，その結びつきが合理的であるか否かを，学識経験者の意見を参考にして農水省が審査する．

このように品質等の特性の地理的特有さを重視しているが，社会的評価のみでもよいことや，原料生産・加工・包装のいずれかが表示の生産地で行われればよいことからも，原産地との関連性はPGI相当である．

●「地域ブランド」価値の訴求　他方，主に「地域名＋商品名」の商標を知的財産として保護するのが，2006年施行の地域団体商標制度である．「地域名＋商品名」の商標を，申請団体が排他的に利用できるようにし，地域ブランドとして育成することにより，地域の活性化につなげることを主目的としている．登録要件についても，産地と結びついた品質よりも，すでに有名かどうかの社会的評価を重視していて，GI登録の上記3件を含む645件もの登録が実現している（2018年11月末現在）．

GIについても，地域ブランドとしての育成が企図されているが，地理的表示がそのまま，ブランドとして有効に機能するわけではない．それゆえGI申請時における，地域ブランド戦略・体制までの検討が推奨されている．

すなわち，原産地との関連性（地理的特有さ・独自性）の高さ，品質保証の体制，それらをめぐる地域の活動などを広く伝え，他地域の食品あるいは標準品質の食品に対する優位な差異（それらがもたない割増の品質）であると，顧客が認識できるようにする，ブランド価値の訴求が重要である．

そういう意味で，欧州のAOC/PDO並の原産地との関連性の高さを表現できないことが，日本のGIの課題であるといえよう　［辻村英之］

7-20

海外直接投資と輸出入

世界の貿易秩序は，非関税障壁を廃止し，関税化することで自由貿易体制の維持・発展に大きな役割を果たしたGATT（関税及び貿易に関する一般協定）体制から，サービス貿易や知的所有権などに規律範囲を拡大した**WTO（世界貿易機関）**体制に移行し，さらに世界中で220を超える自由貿易協定（FTA）が発効するなど，一段と貿易自由化が進んでいる．

●貿易自由化の進展と農産物の輸出入　1970年代から80年代にかけて巨額の貿易黒字を抱えていた日本は，国際協議の中で為替（通貨）の調整を余儀なくされた．1985年9月のプラザ合意によって円とドルの交換レートが大幅に見直された後も円高が続伸した結果，安価な外国産農産物が大量に日本市場に流入し，これを境に，わが国の農産物貿易は文字どおり地球規模で展開していった．1985年に5兆470億円だった農産物の輸入額は1989年には7兆220億円と1.4倍に膨れあがった．1990年代以降，WTO協定のもとでわが国の農産物輸入額は概ね7兆円台から8兆円台で推移していたが，2015年と2016年の両年には9兆円を超えた．

他方，わが国の農産物輸出は，2007年に農産物輸出史上初となる5000億円台に達した．しかしその後，2008年のリーマンショックと2011年3月の東日本大震災の影響を受けて輸出が大幅に減少した．農産物輸出が回復に転じたのは2013年以降であり，2017年度の輸出額は8071億円（対前年比7.6%）となっている．農産物輸出が大きく伸張したのには，2019年の輸出額1兆円達成を成長戦略の重要な柱に据えた安倍晋三政権の**農産物輸出政策**が大きな後押しとなっている．この農産物輸出政策は，2020年に680兆円に達するといわれるグローバルな食市場の拡大を見据えて，食産業の海外売上高5兆円達成を目指したグローバル・フードバリューチェーン戦略（FVC），農林漁業者の輸出に対するインセンティブを高めるなど，意欲的な輸出取組みを支援する農林水産業の輸出力強化戦略や食産業の海外展開と農産物・食品の輸出を一体的に推進するものである．しかし輸出には為替変動や輸入先国の需要動向を含めて課題も多い．今後，EC（電子商取引）市場の拡大やSNSの普及が，輸出環境や市場アクセスを大きく変える可能性がある．

●食品企業のグローバル化と海外直接投資　1980年代後半以降の急激な円相場の上昇は，食品企業の海外直接投資による海外進出の急激な増加をもたらした．円高で国際競争力を失った食品企業が大挙して生産拠点をアジア地域に移すなど食品産業の海外進出が大きなトピックとして取り上げられた．海外投資が増大した背景には，為替相場の上昇に加えて，製品輸入の関税率が低いのに対して原料農産物の関税率が高いために国内生産コストが割高になっていることがある．加えて生産体系が労働集約的な食品企業には，国内の高い労賃がさらなる足かせになっていた．そのような事情が要因となって，野菜・水産加工品などの労働集約的な製造プロセスの多くが低賃金の中国や東南アジアに移転していった．1990年代から2000年代の初めまでは300社程度で推移してきた食品企業の海外現地法人は，その後進出企業数が年々増加し，2015年の現地法人数は食品製造業694社，スーパー，コンビニなどの小売業が692社，外食産業が2399社となっている．

2000年頃までは，海外に生産拠点を移した食品企業の製品，半製品，調製食料品が大量に日本市場に逆輸入された．それらは，当時，食の外部化や外食企業のチェーン展開などを背景に，安価でなおかつ規格化された大量の業務用食材を必要としていた食品産業の原材料需要を賄うことに大きく貢献した．2000年代後半以降になると，人口減少などに伴う国内市場規模の縮小や急速な**グローバル化**の進展などを背景に，食品企業の進出パターンも従来の低賃金型や原材料確保型から次第に現地市場での販路拡大を目的とした輸出代替型，市場開拓型，営業推進型の投資形態へと変化している．このような海外直接投資の増大によって，一般製造業に比べて低水準で推移してきた食品製造業の海外生産比率も6%に近い水準にまで上昇している．ただし，海外直接投資が食料貿易にどの程度影響し，投資国と投資受入国にどの程度のメリットを与えたかは十分に研究されていない．

食品企業の海外直接投資を先導し，複数の国に生産拠点や販売拠点を設置している**多国籍企業**という言葉は，戦後に登場した新語である．欧米諸国ではネスレ，ユニリーバ，コカコーラ，マクドナルドといった多くの食品企業がグローバルに活動しており，これらの企業の売上高の過半は投資先国での売上によるものである．日本企業では，総合食品メーカーの味の素，醤油の代名詞にもなっているキッコーマン，乳酸菌飲料のヤクルト，インスタントラーメンの日清食品，パン製造業の山崎パン，コンビニのセブンイレブンやファミリーマート，ローソンといった企業が世界各地に生産・販売拠点を設置して活動している．国内市場規模が縮小する一方，**経済連携協定**（EPA）の締結などによってグローバル化が一層進展してゆく中で，食品企業の海外直接投資は今後さらに増加することが見込まれるが，地球規模での気候変動や資源制約，食品の安全管理や諸外国との規格・制度の標準化，そして知的所有権問題への対応など，持続可能で透明性の高い企業活動が求められるようになっている．

［下渡敏治］

第 8 章

食料消費と消費者行動

8-1

食料消費と消費者行動

農産物の市場開放が政策課題となる今日，日本農業の競争力は，主に「価格劣位・品質優位」が前提となっている．すなわち，「品質優位の前提によって，価格劣位の部分さえ保護政策で補えば，最終消費主体である家計や消費者は品質に優る国産農産物を購入するはずであるという期待のもとで，日本農業は需要を維持できる」という考え方が農業政策の基本となってきた．

●食料消費と消費者行動分析の役割　こうした考え方は，理念型としての完全競争市場を前提とした正統派（古典派）経済学のセイ法則を想起させる．完全競争市場では需要と供給の間にミスマッチは生じないが，価格劣位の部分を保護政策で補うという冒頭の考え方は，需要サイドのニーズが供給サイドにうまく伝達されない余地を与えることにもなり得る．例えば，食料自給率が低下基調のもとで，米の過剰対策が長期化・半固定化しつつある現状などは，そのわかりやすい例であるといっても差し支えないであろう．

日本における食料政策の基本は，国民に対する食料の安定供給の確保にあるが，保護政策が市場のクサビとなって，需要サイドのニーズが供給サイドにうまく伝達されない事態を改善することが，政策的見地から**食料消費**と**消費者行動**分析に課せられた重要な役割であると考えられる．

●食料消費と消費者行動分析の課題　1960年代以降にミクロ経済学の分野で進展した双対(そうつい)理論の体系化は，食料消費分析においても，理論や実証手法の改善に大きく貢献した．例えば，経済理論が記述する消費者の最適化行動を体現した手法によって実証分析が可能になったことなどは，その代表的な例であるといえよう．このように，食料消費分析の理論や実証手法が精緻化されたことは，研究領域の拡張と研究成果の正確性を向上させることに大きく貢献したが，その一方で，政策提言に結びつくような研究成果は必ずしも十分ではなかった．

その原因をわかりやすく表現するならば，理論や手法は精緻化されたが，分析の内容自体は，米や肉類などの品目別需要を推計するという点で，以前とあまり変わらなかった点にあると考えられる．例えば，日本の食料消費量は，本来，日本に居住する人々の食生活の総体として決まるはずである．したがって，食料政策の基本である食料の安定供給とは，国民の食生活を安定的に担保することでなければ意味がない．しかし，従来の食料消費分析は，食生活の分析ではなく，米や肉類，野菜類といった品目別消費量の分析が主流となっていたため，最終消費主体である家計や消費者の購買行動は抽象化されたままであった．このことは同時に，消費主体である家計や消費者の購買行動における意思決定が明示的に考慮されなかったことも意味している．分析時点の経済状況が家計や消費者に対してどのように影響し，それが食生活のありようにどう反映されるのか，消費主体はなぜそのような食生活を選択するのか，さらには，そうした購買行動が具体化するまでの意思決定プロセスが明らかにされることによって，はじめて政策提言に結びつくような実証レベルの食料消費分析が可能となり，その結果として需要サイドのニーズを諸政策に反映させることができるようになると考えられる．

●食料消費と消費者行動分析の内容　農産物の市場開放が進展する中で，人々の食生活は外食を含む食品産業へ大きく依存するように変貌した．このような状況を踏まえると，従来の食料消費分析の枠組みに留まることなく，需要体系（需要システム）を駆使した食生活の分析や，消費主体の購買行動における意思決定論に基づく研究成果の展開などを，理論・実証両面の枠組みからバランスよく体系的に解説することが，農業経済学における食料消費・消費者行動分析のあり方や役割を理解する上で重要であろう．

そのため，本章の前半部分では消費者行動分析の理論的根拠である行動意思決定論を解説し，その上で行動意思決定論に基づく食料の購買行動，特に食料購買時の選択行動に関する実証分析を，購買時の食品選択行動として論じる．行動意思決定論は経済学と心理学の融合理論であり，消費主体の限定合理性を明示的に扱う点などで，伝統的な理論や手法と一線を画している．また，ミクロ経済学の標準的教科書における消費者選好の理論を実証分析に反映させるには，顕示された選好の体系化が有益であり，対象は食品の安全性や機能性などに対する消費者の評価にも及ぶ．そのための社会調査法として表明選好法を解説し，あわせて消費者の個性や属性を反映させた枠組みや研究を紹介する．

次に，食料需要分析の展開やエンゲル法則と消費主体の問題を整理した上で，食生活の洋風化・欧米化，外部化，二極化，ならびに食生活規範との関係，さらに最近の論点として，所得格差と食生活，食行動と食育など，日本人の食生活の変遷と，その変遷に対応した食料消費分析について解説する．同時に，外食を含む食品産業や輸入食料への依存度が増大した今日の食生活においては，食品の品質や表示，機能性をどのように担保するのかという問題がより重要になっている．また，食料品の購買自体に困難が生じる事態も社会問題化しつつある．前者は情報の非対称性，後者は外部性や公共財に関わる問題であり，本章の後半で論ずる．

［草苅 仁］

8-2

行動意思決定論

消費者行動は，「製品やサービスを取得し，使用し，処分する際に従事する諸活動」（Engel, Blackwell et al., 1986）と定義され，その中にはさまざまな選択肢から1つの選択肢を選ぶという意思決定の過程も含まれている．消費者の意思決定は，製品カテゴリー，製品属性，ブランド，購入場所・購入方法の選択といった一連のプロセスから成り立っている．

●限定合理性　サイモン（Simon, 1955）は，経済主体が意思決定を行うにあたっては，その知識や情報処理能力に限界があることから，その合理性には限界（限定合理性）があることを指摘した．これを消費者の意思決定プロセスに当てはめれば，消費者はその限定合理性ゆえに，情報処理を簡略化しようとする．「思考の近道」とも呼ばれるヒューリスティクスは，複雑な分析，包括的な処理を行わないことにより情報処理を簡略化しようとするものである．一方，製品購買時の人々の意思決定は比較的簡単な**決定方略**（decision strategy）に基づいて行われていることが，実験室実験や行動観察によって明らかとなっている．決定方略とは，選択肢の評価および選択肢の採択をどのような心的操作の系列で行うかを示したもの（竹村，2009）であるが，代表的な決定方略としては以下のようなものがある．加算型：すべての属性の評価値の合計が最も高い選択肢を選ぶ方略．例えば，米の品質を表す属性が，見た目，香り，味，粘り，硬さの5種類あり，各属性が5段階で評価されている場合，各属性の評価値の合計が最も高い品種が選択される．辞書編纂型：最も重視する属性において最も高い評価値の選択肢が選ばれる方略．もし最も重視する属性について同順位の選択肢がでた場合には，次に重視する属性で判定される．例えば，米の品質のうちで「香り」が最も重視され，次いで「味」が重視される属性だった場合，香りの評価値が最も高い品種が選択され，もしそれが複数あった場合は「味」の順位が高い品種が選択される．連結型：各属性に必要条件が設定され，1つでも必要条件を満たさない場合はその選択肢を選ばないという方略．分離型：各属性に十分条件が設定され，1つでも十分条件を満たすものがある場合にはその選択肢が選ばれるという方略．

●消費者意思決定モデル　消費者の購買行動を規定するさまざまな要因の関係性を図式化し，意思決定過程を説明するために，1960年代後半からさまざまな消費者意思決定モデルが提案されてきた．ハワード=シェス・モデルは，消費者の購買行動を，「刺激：Stimulus」「生活体：Organism」「反応：Response」という流れで概念化したもので，S-O-R アプローチとも呼ばれる．入力変数としての刺激は，表示的刺激（実際の商品から得られる品質，価格など），象徴的刺激（広告によってもたらされる商品の情報など），社会的刺激（家族，友人などからもたらされる情報など）の3つに大別される．これらの刺激は，消費者の知覚構成概念，学習構成概念において処理され，意思決定結果としてのブランドの購買となる．

ベットマン（Bettman, 1979）が提唱した情報処理モデルは，消費者を目標に向けて能動的に情報処理を行う存在として位置づけている．このモデルは，①情報処理能力，②動機づけ，③注意，④情報取得，⑤記憶，⑥意思決定プロセス，⑦消費と学習プロセスといった概念から構成されている．一方，購買意思決定プロセスに情報処理プロセスを関連づけて体系化されたのが，EBM モデル（Engel, Blackwell et al., 2005）である．モデルの中心となる購買意思決定プロセスは，「問題認識」「情報探索」「代替案評価」「購買」「購買後評価」より構成されており，これらは消費者の「記憶」を媒介として情報処理プロセスと結びついている．

●プロスペクト理論　カーネマンとトベルスキー（Kahneman and Tversky, 1979）は，不確実性に直面した経済主体の意思決定を説明するための標準的な理論であった期待効用理論に代わる**プロスペクト理論**を提唱した．期待効用理論では，「各状態の効用にそれが生じる確率を乗じて足し合わせたもの（効用の期待値）」を意思決定の基準としていたのに対し，プロスペクト理論では「効用」を価値関数から導かれる値，「確率」を確率ウェート関数に置き換えるという修正を施している．価値関数は，経済主体の満足度を表すという点で効用関数と等しいが，満足度が経済主体の置かれた状態に依存するのではなく，参照点と呼ばれるある水準からの変化に依存するという点で大きく異なる．また，価値関数は，利得よりも損失をより深刻に評価する（損失回避性），参照点から離れれば離れるほど，状態のわずかな変化に対する満足度の変化分が逓減する（感応度逓減）という特性をもっている．一方，確率ウェート関数は，経済主体の確率に対する主観的な価値評価を表していると考えられるが，カーネマンとトベルスキーはさまざまな実験結果をもとに，確率が0や1に近いところでは客観的な確率と主観的な確率の価値評価が乖離する傾向があること（確実性効果）を明らかにした．プロスペクト理論によって，「利益を得られる場面ではリスク回避を優先し，損失をこうむる場面ではリスクを好む」「確実に起こることをより高く評価する」といったそれまでの経済理論が合理的に説明できなかった事象（アノマリー）を解明するための有力な仮説となっており，さまざまな分野の分析に応用されている．

［茂野隆一］

8-3

購買時の食品選択行動

●食品選択行動の位置づけ 食品の購買行動は**食行動**の一部と捉えることができる．図1のように食行動過程の最初に，店舗選択，商品選択からなる購買行動が行われる．家庭内食では，「購買行動→加工・調理行動→摂食行動」と過程が進んでいくが，中食や外食では「加工・調理行動」がなく，調理されたものの「購買行動」から「摂食行動」となる．購買行動に対しては，利用可能な店や商品（アイテム），消費者自身の属性や置かれた状況，意識などが影響するとともに，調理の便を考えて商品を選択するなど，他の場面における行動も関連する（大浦，2012 : p. 47）．

●食品選択行動時の意思決定過程の特徴 消費者は，1日に200～300の食料消費に関わる意思決定を行っているとされる（Just, 2011 : p. 107）．また，現代では極めて多様な食品が選択できる状況にある．例えば，冷凍食品やレトルト食品，惣菜（中食）といった，いわゆる「簡便化商品」の開発が進み，商品形態の多様化が進んできている．同時に，1つの品目に対するアイテム数（商品の種類）も増加している．例えば，牛乳および関連商品についてみると，産地，乳脂肪分，サイズ，機能性成分添加の有無などの違いにより，あるメーカーのアイテム数は12にのぼる．さらに，スーパーの店頭には複数メーカーの商品が並ぶため，消費者は場合によっては30種類以上の商品から自分（あるいは家族）に合う商品を選ぶことになる．このようなアイテム数の増加は，近年では青果物でもみられるようになってきた．トマトやイチゴなど嗜好品的な性格をもつ商品では，店頭に10以上のアイテムが並んでいることも珍しくない（大浦，2012 : p. 46）．

このような選択肢が多い状況においては，消費者が自身の認知能力を超える過剰な量の情報に直面するケースがあり，**情報過負荷**と呼ばれる現象が発生すると考えられている．この情報過負荷に陥ることによって正確な選択が不可能となるといわれており，鶏卵購買時の選択行動を分析した佐藤・新山（2008 : p. 21）では，過剰な情報提供量により消費者選択に混乱が生じ得ること，しかしその混乱は高知識・高関与ほど低く抑えられることが指摘されている．

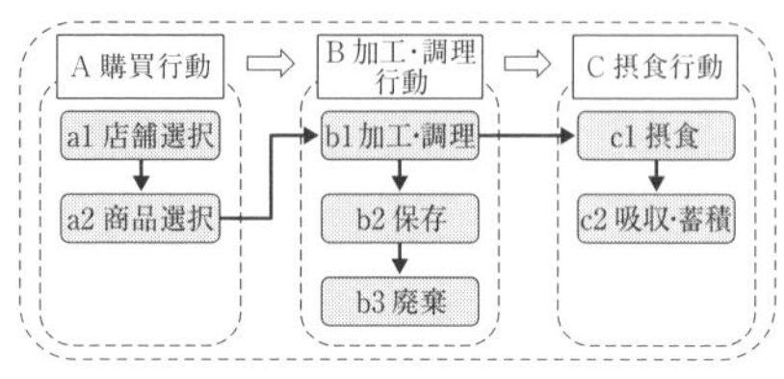

図1 食行動過程の概念［出典：大浦（2012）p. 47より引用（一部省略）］

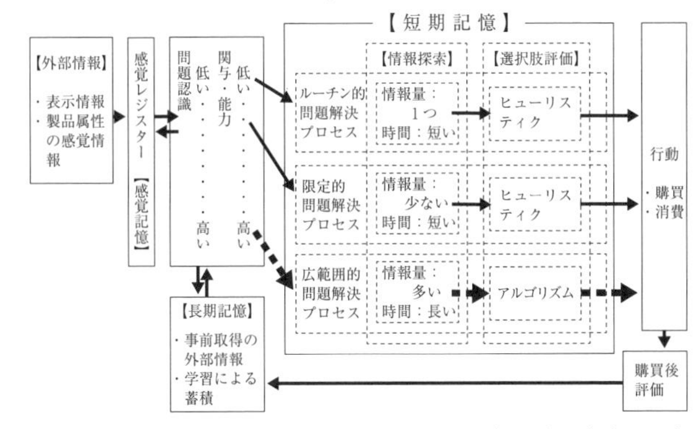

図2　消費者の食品購買時の情報処理プロセス（注：太い矢印は，食品購買の情報処理プロセスを表す．点線の矢印（広範囲的問題解決プロセス）は，車，家電製品，服などの購買の情報処理プロセスを表す．）［出典：新山他（2007）p.20より引用（一部省略）］

また新山他（2007：pp.19-23）は，食品購買時の**情報処理プロセス**を提示している（図2）．情報処理プロセスの中でも，心的操作プロセスは「問題認識」「情報探索」「選択肢評価」からなり，「ルーチン的問題解決プロセス」「限定的問題解決プロセス」「広範囲的問題解決プロセス」の3つのプロセスに分類される．「ルーチン的問題解決プロセス」は，探索される情報量は1つであり，探索時間はごく短い．また，「限定的問題解決プロセス」は，探索される情報量は少なく，時間は短い．これら2つのプロセスは，**ヒューリスティクス**に類する簡略化された決定方略をとる．一方で「広範囲的問題解決プロセス」は，探索される情報量は多く，探索時間は長い．複数の選択肢の比較検討を行うといったアルゴリズム的な決定方略をとる．生鮮食品（卵，牛肉，牛乳，豆腐，野菜）の研究例では，食品購買時の問題認識状況は複雑ではなく，ルーチン的，限定的な問題解決プロセスがとられており，探索される情報量が少なく，選択肢評価においても処理を簡略化する決定方略（ヒューリスティクス）が用いられていることが示されている（新山他，2007：p.29）．また，米の銘柄選択においても，消費者は購入する米の選択にそれほど長い時間をかけるわけではなく，商品群を一瞥するわずかな時間で意思決定がなされており，商品属性に対する経済合理的な評価に基づいて意思決定するのではなく，長年蓄積された米に対する意識（印象）に沿って選択がなされることが実証されている（梅本他，2002：p.36）．さらに，青果物の購買時では，消費者は特定の属性が商品を選ぶ際の満足基準を満たしているかを確認した後に，その他の属性の評価・検討を行い，その際，2つ程度の限られた属性を考慮しつつ，短時間で商品選択を行っているという報告もある（梅本他，2010：p.54）．このように，購買時の食品選択行動の特徴としては，短時間で必要なものを無駄なく購買するためにヒューリスティクな決定方略が用いられていると考えるのが一般的である．

［大浦裕二］

8-4

表明選好法

表明選好法は，質問を通じて人々の財・サービスに対する好み（選好）を定量的に測定することを目的とした社会調査法のうち，経済学との整合性を重視した手法である．経済学では，人々が代替案（財・サービス）を選択（購入）するという行動を，一定の制約のもと，2つ以上の代替案から構成される選択肢集合から，自身の満足（効用）を最大にする代替案を選択する行為であると考える．さらに，代替案は複数の特徴によって表現することができ，特徴の違いによって代替案から得られる効用も異なると考える．このような理解に基づけば，特徴の異なる複数の代替案から構成される選択肢集合をいくつも作り，各選択肢集合での人々の選択行動を観察し，代替案の特徴と選択結果との関係を分析すれば，代替案を構成する特徴に対する人々の選好を測定することができる．表明選好法では，このような考え方に沿って調査・分析を実行できるように，質問の設計や回答行動の定式化を行っている．特に，代替案やそれを構成する特徴に対する人々の評価を貨幣単位で把握（経済評価）したいときには，それを可能とするために特徴の1つを価格などの貨幣単位で表現される特徴とする．

表明選好法は，質問の設計からデータの解析とその結果から選好情報を得るまでの作業工程の全体を指す用語であり，その基礎には社会調査法，実験計画法，経済学，計量経済学など複数の学問分野が含まれる．表明選好法では，仮想的な選択状況のもとでの質問に対する人々の回答を通じてデータを収集することから，環境や食品安全性，開発段階の製品といった現実の市場では取引されていない（それゆえ取引に関するデータも存在しない）多種多様な財・サービスを分析対象とすることができる（澤田，2004；出村他，2008；中嶋・新山，2016）．表明選好法に該当する手法は多岐にわたるが，それらは評価可能な属性の数によって分類することができる．主要な手法としては，1つの属性を評価するときに用いられる仮想評価法，2つ以上の属性を評価するときに用いられる離散選択実験がある．

●仮想評価法（Contingent Valuation Methods）　仮想評価法は，環境の経済価値を評価する手法として開発されたが，食品属性の消費者評価にも幅広く活用されている．多くのバリエーションがあり，その中でも最も普及しているのが二肢選択形式である．この形式では，特徴の異なる2つの代替案を回答者に提示して，望ましい方を選択してもらうことでデータを収集する．その際，回答者から見て望ましいと思われる特徴をもつ代替案を選択するには，一定の費用を負担しなければならないように設定する．これにより，特徴の違いを経済評価することが可能となる．例えば，りんごを題材として，通常栽培と比べた有機栽培の消費者価値を評価することを考える．この場合，通常栽培りんごと有機栽培りんごを回答者に提示し，後者は前者より単価が X 円高いと説明する（栽培方法と価格以外の特徴は2つのりんごで同じと仮定）．そして，どちらのりんごを買いたいと思うか質問する．りんごの価格差 X 円については事前にいくつかの値（例：20円，40円，60円）を設定し，回答者によって提示する価格差を変化させる．他の条件を一定とすれば，大きな価格差を示す質問に直面した回答者ほど，有機栽培りんごを選択する確率は小さくなるだろう．このようにして得られた価格差と有機栽培りんごの選択確率との関係を統計解析することで，通常栽培と比べた有機栽培の消費者価値を評価することができる．

●離散選択実験（Discrete Choice Experiments）　離散選択実験では，代替案は2つ以上の属性から構成され，各属性は2つ以上の水準をもち，任意の代替案は属性水準の組合せとして表現される．これにより，選好を測定する対象としての属性数を2つ以上にすることができる．ただし，仮想評価法と比べると，代替案の作り方が複雑となる．例えば，りんごを題材として，産地と栽培方法の違いに対する消費者価値を評価する状況を考える．りんごの属性と各属性の取り得る水準（カッコ内）を，産地（A県，B県，C県），栽培方法（通常栽培，無農薬栽培，有機栽培），1個当たり価格（150円，170円，190円）とすると，任意のりんごは各属性からそれぞれ1つの水準を取り出して組み合わせたものとして表現できる（例：1個190円のA県産有機栽培りんご）．さらに，2つ以上の異なる仮想的なりんごを1組として，質問で提示する選択肢集合とする（属性水準の組合せの作成と，それらをいくつか合わせた選択肢集合の作成には，実験計画法と呼ばれる統計手法を利用する）．そして，選択肢集合から回答者にとって最も望ましいりんごを選択するよう依頼する．この際，代替案の1つとして「どれも選ばない」を含めることも多い．提示するりんごの組合せを変化させながら質問を繰り返すことでデータを収集し，それを統計解析することで属性水準に対する人々の選好を測定する．この例のように，価格などの貨幣単位で定義された特徴を属性の1つとして設定することで，非貨幣属性の水準の違いに対する消費者価値を経済評価することができる．なお，離散選択実験は，選択実験や選択型コンジョイント分析と呼ばれることもある．

［合崎英男］

8-5

消費者属性と食料消費

食料は消費者にとって非常に身近で，1日に何度も，何を食べるか，何を買うかの選択をしている．また，製品差別化の程度も極めて高く，新製品も大規模かつ継続的に投入されている．これらのことから，食料製品への多様なニーズが存在していることがわかる．その背景には消費者の年齢や世帯規模，子どもの有無，ライフステージ，嗜好，購買シチュエーションなどの消費者属性が存在している．

●経済学における消費者属性の取り扱い　ところで，教科書的なミクロ経済学において，消費についての意思決定は予算制約下での効用最大化により説明されている．つまり，消費者は，その時の商品価格をみながら，一定の所得を最大限に使って，最も効用が高くなるような消費の組合せを選ぶとされ，所得と価格が注目される．かつては，消費者属性は分析におけるある種の夾雑要因，ノイズとして捉えられていた側面があり，例えば14歳以下の子どもを成人男性0.52人分に換算するなど，当該消費者の属性を補正して，平均的な消費者にそろえるようデータが処理されていた（Deaton and Muellbauer, 1980）．そこでは，消費者属性を積極的に分析する意識はあまり強くなかったといえる．

1970年代に相次いで提案された消費理論において，消費者属性の消費への影響の分析枠組みはより体系的となった．ベッカー（G. S. Becker）により提案された**家計生産理論**（household production theory）は，消費者意思決定の制約要因として予算制約だけではなく，家計内での家事労働（家計内生産と呼ばれる）をモデルに組み入れた．これにより，例えば女性の社会進出による調理食品需要の増加や，冷蔵庫や電子レンジなど調理関連の耐久財の保有状況や，調理経験や情報の蓄積による消費の変化について，一定の理論的枠組みのもとでの分析が可能となった．また，ランカスター（K. J. Lancaster）による**属性アプローチ**（characteristics approach）は，商品を属性（例えば味や原産地，見た目，品質等級など）の束として理解する方向性を示し，コンジョイント分析など商品属性ごとに消費者評価を分析する手法の理論的背景となった．特に商品属性に対する評価と消費者属性との関係性についての分析はアウトプットも理解しやすく，食料消費分析に幅広く適用されている．さらに，近年では心理学あるいは行動経済学に基づいたアプローチにより，同じ消費者でも状況により異なる判断基準をもつと想定した**文脈依存型選好**（context dependent preference）や**心的会計**

(mental accounting) に基づいて，購買シチュエーションの差異による消費の違いなどが議論されている．

●非集計データの利用可能性と個性への関心　研究者自身が消費者調査を実施し，消費データを収集する場合，より多様な消費者属性を分析の中に組み入れることができる．加えて，「家計調査」などの消費に関する公的統計の個票データ（世帯レベルのデータ）の公開が進展しているとともに，購買行動を商品レベルで記録したPOSデータなどのスキャナーデータの利用も広がるなど，非集計マイクロデータの利用可能性が大きく広がっている．集計データでは消費者属性は平均化されてしまうが，非集計データであれば，多様な消費者属性の情報をそのまま分析に反映できる．また，消費者属性にはさまざまなものがあり，年齢や性別など容易に観察し得るものだけはなく，個人的嗜好や，過去の消費経験など，外部からは見えにくい属性も存在している．食料消費に関する近年の実証研究では選好パラメータの個人間差異を何らかの分布で表現する混合モデルや，一定の仮定のもとで消費者個人の選好パラメータを推定することが可能な階層ベイズモデルなど，外部から観察可能な消費者属性だけではなく，観察不可能な消費者属性に起因する個人間差異（**選好異質性**）について考慮する分析も増えてきている．

●消費者属性と食料消費との関連性　食料消費に影響を与える消費者属性としては，年齢や性別，家族構成など人口学的属性，居住地や出身地など地理学的属性，意識や考え方など心理学的属性が注目されることが多い．これらの消費者属性と食品や食品属性への評価との関連を見ることは，食品市場のセグメンテーションやターゲッティングなど，マーケティングの手がかりとなる．また，公共政策の提案を志向する研究も多い．例えば，海外では肥満についての研究が盛んに行われて，学校付近にファストフード店がある状況では児童の肥満が多くなる現象が研究により指摘されたことをうけ，実際に学校周辺でのファストフード店の出店規制が設けられたケースもある．また，食の砂漠（food desert）問題は，居住地付近に食料品の購入店舗がなく，公共交通機関も未整備である状況のもとでは，買い物が困難な消費者，例えば高齢者世帯などの栄養状態が悪化することが指摘されている．さらに，所得格差が拡大している中で，いわゆる社会的弱者の消費行動に対する研究も注目されていて，ひとり親世帯や高齢単身世帯の消費実態を非集計の公的統計データにより分析し，政策的支援のあり方を検討する研究などもみられる．

農業経済学でも消費者全体の平均的な動向についての研究から，それぞれの消費者の個性とその背景にある消費者属性に着目した研究へと潮流が変化している．消費者属性と食料消費の関係は今後も重要な研究課題といえる．　［氏家清和］

8-6

食料需要分析

食料は，生命と健康の維持に最も不可欠な財で，消費者が日常的に需要する典型的な非耐久財である．食料に対する消費者の需要，すなわち**食料需要**はフードシステムの末端を形成する．食料需要分析は，例えば，ミクロ経済学の消費者行動理論と計量経済学の方法を用いた食料需要の実証的な分析などが該当し，農業経済学を構成する重要な研究領域の１つとなっている．

●食料需要と需要関数 食料需要分析の代表的な方法の１つに**需要関数**の推定がある．食料需要分析における需要関数は，一般に，注目する財の需要を，所得，当該財および連関財の価格，当該財の需要に影響を与えると考えられる他の要因などで説明する**回帰**モデルとして定式化される．所得や価格の変化率に対する需要の変化率の割合は需要の弾力性と呼ばれ，所得や価格に対する需要の反応を表す．需要関数を推定することで，所得に対する需要反応（所得弾力性），当該財の価格に対する需要反応（自己価格弾力性），連関財の価格に対する需要反応（交差価格弾力性）の他に，年齢，性別，世帯規模などの人口統計学的要因や季節差，地域差，自然災害，経済的ショックなどさまざまな外的要因が需要に与える影響を分析することができる．実証研究への需要関数の適用範囲は広く，データや変数を工夫することで，食料消費分析にとどまらず食生活分析や食料政策分析などへの応用も豊富である．

総務省「家計調査」や卸売市場のデータのように需要が連続値として入手できる場合には，需要関数の推定にしばしば線形回帰が用いられる．一方，POSデータのように需要が財の販売個数として離散値で記録されている場合にはポアソン回帰や負の二項回帰など，またアンケート調査のように被説明変数がある財を購入したか購入しなかったかという二項選択の場合にはロジスティック回帰（ロジットモデル）やプロビットモデルなどが利用される．

●食料需要と需要システム 以上のような単一の需要関数を推定する方法の他に，食料需要分析ではミクロ経済理論に矛盾しないように配慮しながら複数の需要関数を**需要システム**として推定することが多い．需要システムにおいて，各財の需要は，すべての分析対象財の価格，それらの財に対する支出，およびシフト変数（需要に影響を与える他の要因）の関数として表される．通常，需要システムを食料需要分析に用いる場合には，二段階支出配分の仮定に基づき，消費者が購入する財のうち食料に属するもののみを推定の対象とする．

需要システムは，Stone（1954）による linear expenditure system（LES）の先駆的な研究以来，消費者行動の計量分析に広く利用されているが，特に食料需要分析への応用は膨大である．食料需要分析では，しばしば財と財との代替・補完関係に関心があるため，構造的に需要システムは実証モデルとして適している．一方，需要システムは静学的**効用最大化**，すなわち時間的要因や時間的関係を考慮しない効用最大化より導かれるため，効用が長期にわたる耐久財への適用には向かない．食料は最も典型的な非耐久財であると考えられるため，需要システムによる分析の対象として好まれるという側面もある．なお，需要システムにマクロ経済のオイラー方程式を連立させることで，時間配分を内生化した動学的な分析を試みた研究もある．

●消費者需要と市場需要　個別消費者の効用最大化（または支出最小化）より導かれる需要システムは，元来，消費者需要，すなわち個別消費者の需要を表すモデルである．一方，需要システムによる分析で用いられるデータは，しばしば，市場に参加しているさまざまな所得水準の消費者の需要が集計された市場需要を表す集計データである．一般に，個別消費者の需要を表す未集計データよりも，集計データの方が入手しやすい．種々の需要システムのうち，市場需要のデータを用いて推定したパラメータを，理論的に矛盾なく，消費者需要のパラメータとみなすことができるものは，一致集計可能なモデルと呼ばれる．これまでに知られている需要システムの多くは一致集計可能である．一致集計可能なモデルのうち，LES や almost ideal demand system（AIDS；Deaton and Muellbauer, 1980）などは，特に代表的消費者モデルと呼ばれる．

食料需要分析によく用いられる AIDS などの多くの需要システムは，ミクロ経済理論が要請する制約以外の余分な制約を伴わないフレキシブルな関数形を有し，すべての財に対して任意の需要と弾力性を得ることができる．分析対象財が2個の場合，理論上，それらは必ず互いに代替財となる（Hicks, 1946）．また，分析対象財の数が増すにつれて，推定すべきパラメータの数は幾何級数的に増える．補完財を許容しつつ推定を可能とするため，財の集計や二段階支出配分の仮定により，分析対象財は，通常3個から十数個程度とされる．

●食料需要と逆需要　生鮮魚介，生鮮野菜，生鮮果物などは市場への出回り量の増減により価格がしばしば大きく変動する．このような保存性の低い生鮮食品では，与えられた所得と価格に従って需要が決まる通常の需要関数や需要システムよりも，所与の需要に対して価格が従属的に決まる逆需要関数や逆需要システム（Matsuda, 2005 など）の方が実態に即したモデルとなることがある．

［松田敏信］

8-7

エンゲル係数とエンゲルの法則

エンゲルの法則（Engel, 1895）は，**所得**水準が高いほど**エンゲル係数**は小さくなるという経験則であり，古今東西の横断面データや時系列データにおいて広く観察される．エンゲル係数は食料の**支出比率**であり，所得に占める食費の割合を意味する．エンゲル係数の大きさは生活水準を表す指標となっており，一般に高所得者や所得水準の高い国ほどエンゲル係数は相対的に小さく，同じ消費者や国でも，所得の増加や経済発展に伴って，エンゲル係数は減少する．

ただし，ミクロ経済学における厳密な意味でのエンゲルの法則は，「他の要因が不変で所得のみが増加した場合」に，エンゲル係数は小さくなることを意味する．こうした条件を設けるのは，所得とエンゲル係数との因果関係を明確にするためである．他の要因の変動を適切にコントロールせずに所得の変動とエンゲル係数の変動とを単純に比較すると，一見，エンゲルの法則に反するような現象が観察されることがある．しかし，このような場合は，エンゲル係数の増減の原因がすべて所得の変動にあるとはいえないので，エンゲルの法則が成り立っていないと結論づけることは正しくない．なお，簡単化のため，所得はすべて財の購入に支出されるという，ミクロ経済学における一般的な仮定をおく．

●エンゲルの法則の成立　エンゲルの法則は，元々，ベルギーの家計調査の結果から経験的に導かれたものであるが，理論的には食料が一般に必需財であることに基づいている．よって，所得と食料以外の必需財の支出比率との間にも，エンゲルの法則と同様の関係が成り立つ．価格など需要に影響を与える他の要因が不変で所得のみが増加した場合，必需財の需要の増加率は所得の増加率よりも低い．すなわち，必需財の所得弾力性はゼロより大きく1より小さい．例えばMatsuda（2006）では，日本における食料の所得弾力性は0.689～0.889と推定されている．

エンゲルの法則の成立が認められる時系列データの一例を図1に示す．図は，日本の2人以上の世帯における2000年1月1日から2014年6月30日までの消費支出（総務省「家計調査」）とエンゲル係数との関係を描いたものである．支出以外の要因がエンゲル係数に与える影響をできるだけ調整するため，土曜，日曜，祝日および振替休日，ゴールデンウィーク，盆（8月13～16日），年末年始（12月27日～1月5日）を除いた3419日を対象としている．対数実質消費支出（消費支出を総合消費者物価指数で除して自然対数変換した値）とエンゲル係数との間にはほぼ右下がりの直線的な関係がみられ，この関係を提案したWorking（1943）のモデルによってエンゲルの法則はよく説明できることがわかる．エンゲルの法則が成り立っているといって差し支えないであろう．データとして存在しないものも含め，エンゲル係数に影響を与える所得以外の要因は無数にあり，実際に，それらすべてをコントロールすることは不可能である．しかし，無作為標本が十分に大きければ，所得以外の要因はランダム化され，それらの影響をできるだけ小さくすることが可能なので，所得とエンゲル係数との関係が明確に現れると考えられる．

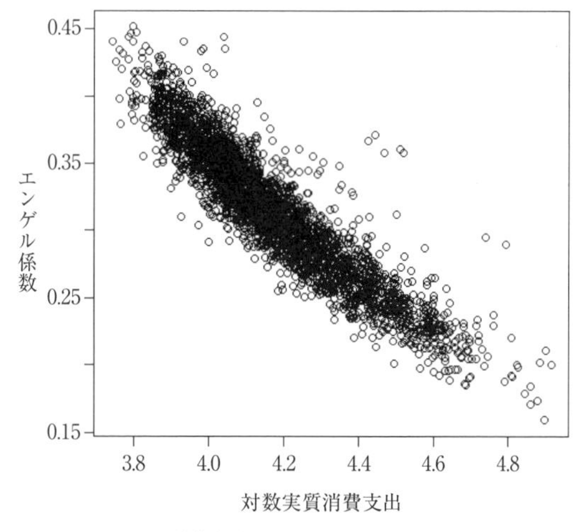

図1　消費支出とエンゲル係数との関係

●エンゲル曲線とエンゲルの法則の不成立　所得とある財の支出比率との関係を表す曲線は**エンゲル曲線**と呼ばれる．観測されたデータをよりよく説明するために，これまでにさまざまな形のエンゲル曲線が提案されている．なかでもWorking（1943）のエンゲル曲線は最も代表的でよく知られており，多くの実証研究において利用されている．

集計されていない消費者レベルの横断面データでは，時系列データに比べて所得の変動が大きくなる傾向がある．時系列データはもちろん横断面データの場合でも，形状がシンプルなWorking（1943）のエンゲル曲線は，大半の観測値に対してよく当てはまるが，所得が極端に大きい観測値や極端に小さい観測値については必ずしも十分に捉えられないことがわかっている．例えば極端に貧しい消費者にとって，食料はもはや必需財ではなく奢侈財（ぜいたく財）だということもあり得る．奢侈財の所得弾力性は1より大きい．このような極端な観測値では，他の要因が不変で所得が増加するとエンゲル係数は増加する．すなわち，エンゲルの法則に反する現象が現れることがある．エンゲルの法則は食料が必需財であることを前提としており，食料が奢侈財となるようなデータでは成り立たない．谷・草苅（2017）は，総務省「全国消費実態調査」の貧困世帯，特に母子貧困世帯を対象とした分析で，日本においてエンゲルの法則が成り立たない事例について報告している．

［松田敏信］

8-8

食料消費と消費主体

食料消費の問題を考える際に，消費の単位である**消費主体**をどのように定義するのが適当かという点も重要な問題である．

●消費主体の問題　具体的には，消費主体を**個人**（1 人当たり）とみるか，**家計**とみるかという問題がある．例えば，国民が日常生活を営む上で必要な食料が供給されているのかどうか，あるいは必要な食料を摂取しているのかどうかという観点から食料問題を考察する際の消費主体は，1 人当たりの食料消費量を検討するのが適当であろう．実際の消費量としては供給量や摂取量を問題とするが，この場合の 1 人当たりの食料供給量とは，一国全体の食料供給量を人口で除した，国民 1 人当たりの平均分配量という意味であり，摂取量とは食事によって摂取した量のことである．日本では，農林水産省『食料需給表』や，厚生労働省『国民健康・栄養の現状』によって，1 人当たりの供給熱量や摂取熱量を確認することができる．また，国連食糧農業機関（FAO）は，世界各国の 1 人当たり供給熱量データを提供している．周知のように，世界の基本的な食料問題の 1 つは，食料の過剰と不足が併存している点にあるが，併存の様相を確認する基礎資料として，1 人当たり消費量という消費主体の観点が重要であることはいうまでもない．

一方，経済学の視点から食料消費との関係で消費主体を考えると，消費者が食料を購入する際に，消費者はどのような単位を想定して食料の購入量を決定するのかという，購買行動における意思決定の単位が重要になる．例えば，小売店で食料品を購入する際には，1 人当たりの食料消費ではなく，家計全体の食料消費を念頭に購入量を決定するのが一般的であろう．こうした観点から食料問題を捉える場合には，個人（1 人当たり）よりも家計の方が消費主体として適切である．

農業経済学では食料消費の経済分析も重要な研究領域の 1 つである．しかしながら，経済学の視点から消費主体を適切に定義することの重要性は，従来はあまり認識されていなかったといっても差し支えない．認識が不足した理由は，家計は消費者個人の集まりであり，例えば，4 人世帯の食料消費は，そのまま世帯員数の 4 人で割れば，平均的個人（1 人当たり）の食料消費に等しくなると考えられていたためである．すなわち，世帯員数は食料の購買行動に対してニュートラルであると想定された．

消費者は食料を購入する際に，食料の価格や支出可能額を勘案して，購入する食料の組合せとそれぞれの購入量を決定する．その際，世帯員数は購入する食料の組合せには影響せず，もっぱら購入量が人数倍になるだけであるという想定が，食料の購買行動に対して世帯員数はニュートラルであるという意味である．この想定のもとでは，世帯員数に比例して購入量が変化するだけなので，個人か家計かという消費主体の相違は重要な問題とはならない．

●消費主体の影響　こうした従来の想定に欠落しているのは，家計は消費主体であると同時に生産主体でもあるという考え方である．論点はそれぞれ異なるものの，家計の生産活動に着目した代表的な著作は，Illich（1981）と Toffler（1980）であった．例えば，農家が米を生産する際には米作の生産技術によって米の生産量や品質が制約されるように，家事という家計の生産活動は，家事の生産技術によって制約されている．その際，家事の生産技術には，世帯員数が少なくなるにつれて，1 人当たりにかかる手間が増えるという明確な特徴がある．経済学では，こうした手間や時間をコストとして捉えるため，世帯員数の多い大家族ほど，家事に要する 1 人当たりのコストは減少するといえる．日本では，逆に家計の小型化が進行しているので，家計の小型化によって，1 人当たりにかかる炊事のコストは増加している．

本章の食生活の外部化の項目で（☞8-10），内食（ないしょく）の割合が減少して，調理食品・惣菜・弁当などの中食（なかしょく）と，外食の割合が増加している状況を解説するが，内食の減少には共働き世帯の増加とともに，世帯員数の減少による家計の小型化も影響している．内食は食品スーパーなどで食材を購入し，それを家庭で調理して食べる食事形態のことであるから，買い物，炊事，後片づけの手間を要する．家計の小型化によって，1 人当たりにかかる内食生産のコストが上昇していることが，共働き世帯の増加とともに，内食の割合が減少していく原因になっているであろう．実際に，総務省『国勢調査』によると，家計の構成員である世帯員数は，高度経済成長期の 1960 年では 4.1 人であったが，2015 年には 2.3 人まで減少している．この半世紀の間に日本の家計のサイズはほぼ半分になった．

食料の購買行動に対して世帯員数はニュートラルであるという従来の想定が正しければ，世帯員数の減少率と内食の減少率は等しくなるはずである．草苅（2011）は，新たな理論モデルを構築して家計の小型化が内食の減少に及ぼす影響を計測したが，世帯員数が 10% 減少すると，内食を生産するための食材購入量は 13% 減少することがわかった．したがって，従来の想定とは異なり，家計の小型化は内食の減少を誘発しながら，直接，食料の購買行動に影響を及ぼしている．

以上の結果は，食料消費の問題を検討する際には，問題の特徴に応じて消費主体を適切に定義することが重要であることを示唆している．　［草苅 仁］

8-9

食生活の洋風化・欧米化

食生活の洋風化・欧米化とは，穀類（日本の場合は米）の消費量が減少し，畜産物（肉類や乳卵類など）や油脂類の消費量が増加する現象を指す．経済成長に伴って，炭水化物の摂取比率が減少し，脂質の摂取比率が増加する現象は，世界的に観察される普遍的な事実である．

日本における食生活の洋風化・欧米化の状況を確認するため，図1に農林水産省『食料需給表』から1人1日当たりの品目別供給熱量比率の推移を示した．同図より，高度経済成長期（1955年から1972年）に，米の熱量比率は大幅に減少し，それに代わる形で肉類，乳卵類，油脂類の熱量比率が増加していることが確認できる．

●食生活の洋風化・欧米化の要因　それでは，食生活の洋風化・欧米化をもたらした要因は何であろうか．何よりもまず，経済成長による家計所得の増加を指摘することができる．食生活の洋風化・欧米化が高度経済成長と軌を一にして始まったことから，家計所得の増加が主たる要因であることは疑いを入れる余地はない．実際，草苅（2011）の推計結果によると，需要の支出弾力性（1951年から1970年）は，穀類で0.345，畜産物＋油脂を含む調味料で1.270であった．このことは，食料支出額が10%増加するとき，穀類の消費量は3.4%しか増加しないが，畜産物＋調味料の場合は12.7%と支出額の増加以上に消費量が増えることを意味している．

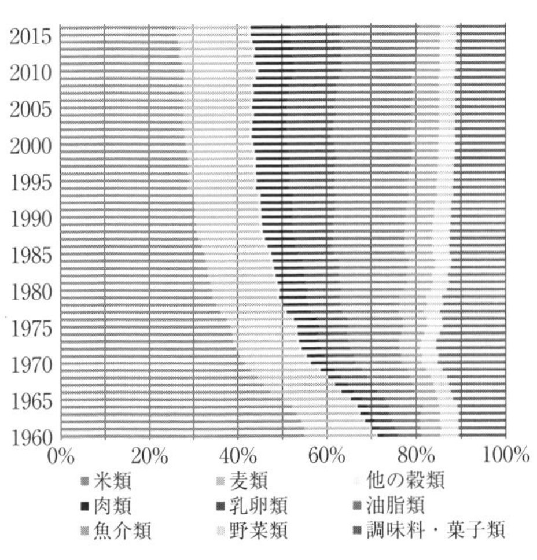

図1　1人1日当たり品目別供給熱量比率の推移［出典：農林水産省『食料需給表』］

また，秋谷（1988）が指摘するように，食生活の洋風化・欧米化は家計所得の増加を前提としつつも，米とパンの代替を重要な契機として進展した．米の経済的な割安さ（中山，1960）が薄れたことを示唆している．

一方で，日本に特殊な要因も指

摘できる．

第1に，アメリカからの「援助」という名の売込みによって，戦後の米不足時に強制された粉食がある程度慣習として確立したことである（岸，1996）．具体的には，ガリオア資金（GARIOA，占領地域救済資金）を利用した小麦輸入，MSA協定（日米相互防衛援助協定）による余剰小麦の受入れが挙げられる．

第2に，栄養教育の影響を指摘することができる．**キッチンカー（栄養指導車）**による粉食の普及，ララ（LARA，アジア救済連盟）やユニセフ（UNICEF，国連国際児童緊急基金，現国連児童基金）の援助によるパンと脱脂粉乳の**学校給食**は，パン食を生活の中に定着させる役割を担った．

第3に，経済成長に伴う核家族世帯の増加を挙げることができる．このような新しい家族形態に対応するため，多くの公団住宅（いわゆる団地）が供給され，「団地族」という言葉も生まれた．モダンな生活を標榜する「団地族」にとって，ちゃぶ台からテーブルへの台所の変化は，食生活の洋風化・欧米化を謳歌するための前提条件であった．

●食生活の洋風化・欧米化の帰結　食生活の洋風化・欧米化は，質・量ともに日本の食生活を飛躍的に変えた．確かに，日本の食生活は豊かになった．1980年の農政審議会『80年代の農政の基本方向』において，**PFCバランス**（たんぱく質P，脂質F，炭水化物Cの三大栄養素摂取比率）の理想的な状態を表す「**日本型食生活**」が初めて言及されたが，この「日本型食生活」を成し遂げることができたのは，取りも直さず，食生活の洋風化・欧米化によるところが大きい．また，「日本型食生活」が，世界最高水準の平均寿命の延伸に大きな役割を果たした点も，食生活の洋風化・欧米化のプラスの側面として指摘しておかなければならない．

一方で，行き過ぎた食生活の洋風化・欧米化には弊害もある．1980年以降の過度な食生活の洋風化・欧米化は肥満や生活習慣病を誘発し，健康寿命を損なうおそれが危惧されている．また，日本農業の観点からは，食料自給率を押し下げる方向に作用するという意味でマイナスの影響もある．

『80年代の農政の基本方向』における「日本型食生活」の賛歌は，過度な食生活の洋風化・欧米化への警鐘でもあった．ただし，皮肉なことに近年の食生活は理想的なPFCバランスから乖離する方向に進んでいる（中谷他，2017）．

［中嶋晋作］

8-10

食生活の外部化

食生活とは単に食べるという行為だけでなく，食事を作る過程をも含む行為であり，加工・調理過程の外部依存が傾向的に強まることを「食生活の外部化」という（持田，1987）．こうした食生活の外部依存は，家庭内で調理して食べる**内食**（ないしょく）が減少して，家庭外で調理した惣菜や弁当などを利用する食事である**中食**（なかしょく）や，飲食店で食べる**外食**が増加することでもある．そのため，食生活の外部化の程度を表す指標として，図1のように，家計の食料支出に占める中食比率と外食比率の合計を，**食生活の外部化比率**として用いることが多い．食生活の外部化比率は，1960年代には10%台前半であったが，1970年代に入ると次第に上昇しはじめ，1970年代中盤から2000年頃まで急速に上昇した．この時期に，外食と中食への依存度はともに高くなっていたことがわかる．

●食生活の外部化の要因　食生活の外部化で減少した内食には，食材の購入（買い物），調理，後片付けという手間がかかる．図2に女性の労働力率と専業主婦の割合である家事専従率を示すが，高度経済成長期に増加し続けた専業主婦は，日本経済が低成長期に転換するとともに減少に転じた．低成長期において，日本では生活防衛のために共働き世帯が増加したためである．周知のように，先進国の中でも，日本は家事の多くを女性に依存している国である（OECD, 2016 : Table LMF2.5. A）．そのため，共働き世帯の増加が食生活の外部化を促進させた1つ目の要因であると考えられる．

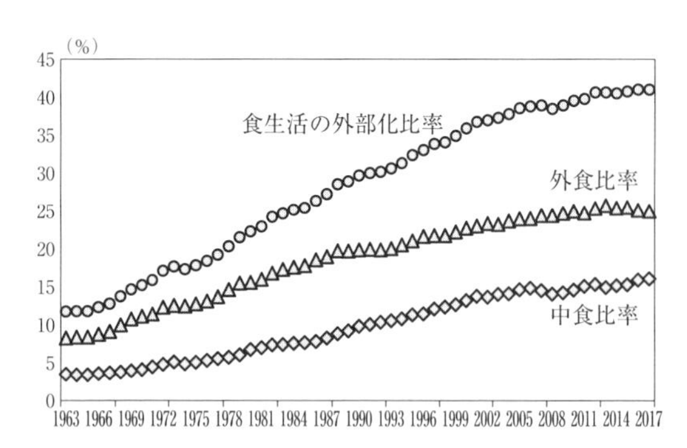

図1　食生活の外部化指標（1963〜2017年）（注：中食は調理食品（弁当，惣菜等）である．食生活の外部化比率は食料支出に占める外食と調理食品への支出比率である．ただし，食料支出から，嗜好品である菓子類，飲料，酒類は除外して算出している．）［出典：総務省『家計調査』（全国2人以上世帯・勤労者世帯（農林漁家を除く））］

さらに，高度成長期に女性の高学歴化が急速に進んだため，未婚・既婚を問わず，雇用労働者としての女性が増加したことも図2は示している．こうした状況で晩婚化や少子化が進み，1世帯当たりの世帯員数である**世帯規模**が継続的に縮小していく様子を図3に示した．この点も，以下に示す理由から，外部化の2つ目の促進要因であると考えられる．

内食を含む家事は家計の代表的な生産活動であり，家電製品の普及とともに，世帯規模が大きいほど1人当たりにかかる**家事の手間**は少なくなるという特徴を有している．例えば，単身世帯と4人世帯を比較した場合，家事に必要な手間は，4人世帯が単身世帯の4倍とはならないであろう．すなわち，世帯規模の縮小は世帯員1人当たりにかかる家事の手間を増加させるので，中食や外食に対して，内食の手間を相対的に増加させる効果を有する．経済学ではこうした手間を「コスト」として捉えるため，世帯規模の縮小は1人当たりにかかる内食の生産コストを上昇させると言い換えてもよい．以上の2点の要因に着目して食生活の外部化を捉えた理論・実証研究に，草苅・柿野（1998），草苅（2006；2011）がある．

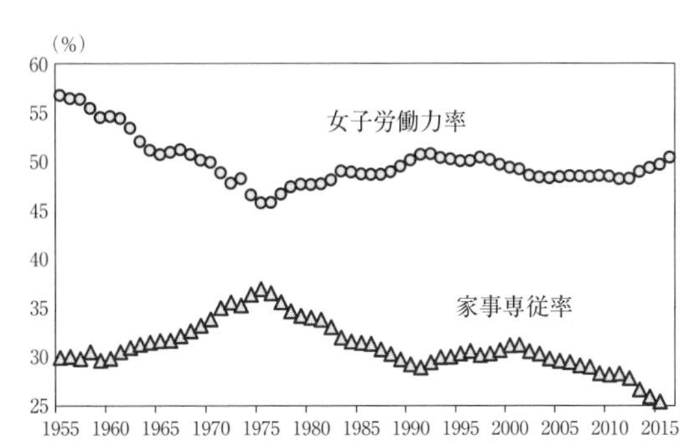

図2　女子労働力率と家事専従率（1955～2016年）（注：女子労働力率は女子について労働力人口を15歳以上人口で除した比率であり，家事専従率は女子について家事専従者数を15歳以上人口で除した比率である.）［出典：総務省『労働力調査』］

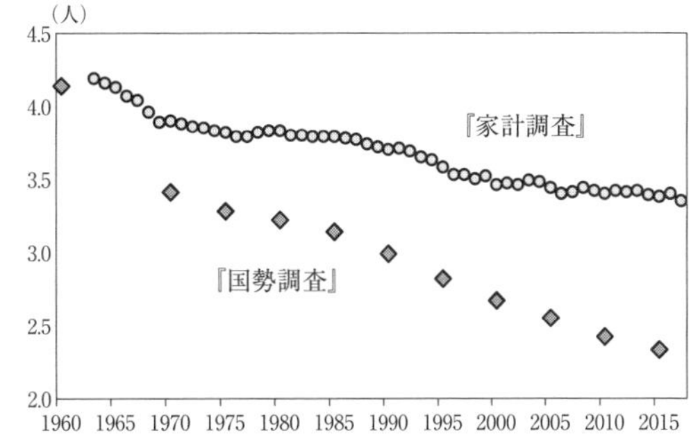

図3　世帯規模の推移（注：『家計調査』は全国2人以上世帯・勤労者世帯（農林漁家を除く）である．『国勢調査』は一般世帯であるため，単独（単身）世帯も含まれている.）［出典：総務省『家計調査』，総務省『国勢調査』］

「単身世帯」や「夫婦のみの世帯」などで示される世帯の種類を「世帯類型」と称するが，今日，世帯類型別世帯数の割合が最も増加しているのは単身世帯であり，今後も日本における家計の平均的な世帯規模は縮小していくことが予想される．こうした世帯類型割合の推移は，中食や外食に対して，内食の生産コストを相対的に引き上げるため，食生活の外部化がさらに進展する可能性を示している．

［住本雅洋］

8-11

食生活の二極化

●食生活の二極化　食生活の二極化とは，近年，若者世代とシニア世代の間で食事に対する志向が対極化している状況を指し，草苅（2011）によって指摘された．若年齢世帯における**低価格・簡便化志向**と，高年齢世帯における**健康志向**が，以前にも増して顕在化している．

食生活の二極化を確認するため，はじめに**2人以上世帯**の世帯主年齢階級別に，1人当たり消費支出（以下，実質値）と**エンゲル係数**を図1に示す．エンゲル係数とは，家計の消費支出に占める食料支出の割合であり，家計所得または家計消費支出の増加に伴ってエンゲル係数が低下する関係を，エンゲルの法則という．エンゲルの法則は食料が必需品であるために観察される一般的な経験則である．図1によると，1人当たり消費支出は，時系列では1990年代中盤までは増加傾向にあったが，その後，横ばい，ないしは漸減傾向にあり，エンゲル係数は逆の動きを示しているので，時系列ではエンゲルの法則が成立している．一方，年齢階級別では，1人当たり消費支出が最も少ない29歳以下世帯のエンゲル係数が下から2番目，ないしは最下位であり，エンゲルの法則は成立していない．

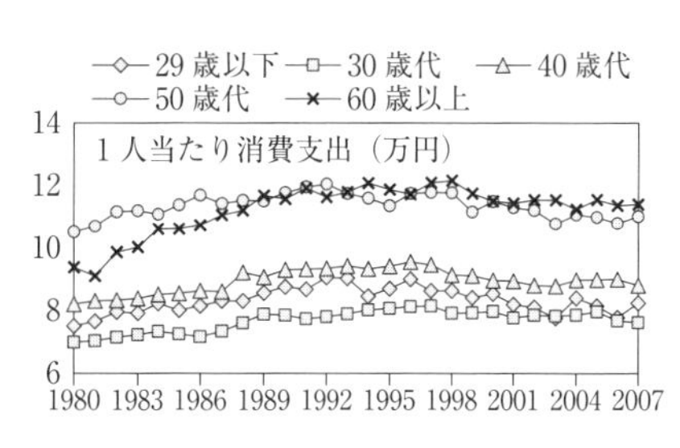

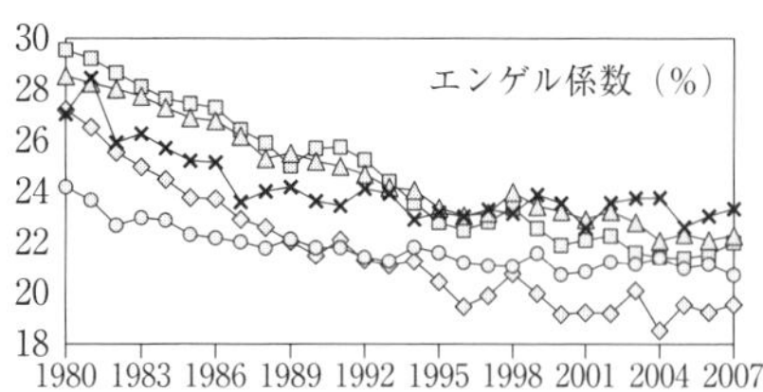

図1　1人当たり消費支出とエンゲル係数（注：1人当たり消費支出は総務省『消費者物価指数』「総合」（2015年基準）で実質化した.）［出典：総務省『家計調査』（全国2人以上世帯・勤労者世帯（農林漁家を除く））］

次に，2人以上世帯の世帯主年齢階級別データによる需要体系分析によって，草苅（2011）で推計された**嗜好バイアス**を図2に示す．嗜好バイアスとは，各品目に対する好き嫌いの強さを示す相対指数であり，その値が大きいほど好きな度合いが強いことを表す．「調理食品・外食」への嗜好はすべての年齢階級で経年的に強まっている中で，特に29歳以下と30歳代が強い嗜好をもつ．その一方，「魚介類」と「野菜類」への嗜好は経年的には弱まっているものの，50歳代と60歳代が強い嗜好を有している．

以上より，若年齢世帯は低価格の食品を選択して食料支出を抑制すると同時に，簡便な食事への嗜好が強く，食事に対する低価格・簡便化志向が顕在化している．一方，高年齢世帯は食料支出を抑制することなく，健康によいとされる魚や野菜への嗜好が強く，食事に対する健康志向が顕在化している．

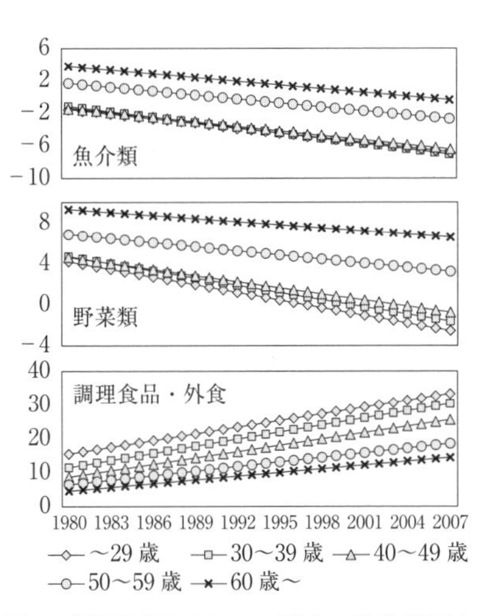

図 2　品目別嗜好バイアス［出典：草苅（2011）第 8 図より抜粋・一部修正して転載.］

●食生活の二極化の要因　日本では，1991 年のバブル経済崩壊以後，雇用調整圧力が高まり，非正規雇用割合が増加するとともに，経済のグローバル化が進展して，国際的な実質賃金率の平準化圧力も高まり，所得格差が拡大した（経済産業省，2008：pp. 169-172）．1990 年代において，こうした経済状況の影響を最も強く受けたのが若年齢世帯であり，食生活の二極化をもたらす一因となったと考えられる．

●世帯類型間の違い　以上の関係の留意点として，2 人以上世帯に対して，**単身世帯**では食事に対する簡便化志向が強くなる．**食生活の外部化比率**を図 3 から比較すると，両世帯ともに若年齢世帯ほど外部化比率が高い点は同様であるが，単身世帯で外部化比率が最も低い 60 歳代以上と，2 人以上世帯で外部化比率が最も高い 29 歳以下が，ほぼ同じ水準となっている．

［住本雅洋］

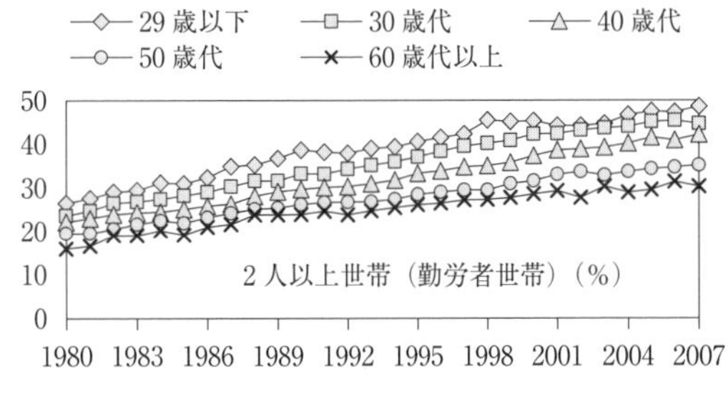

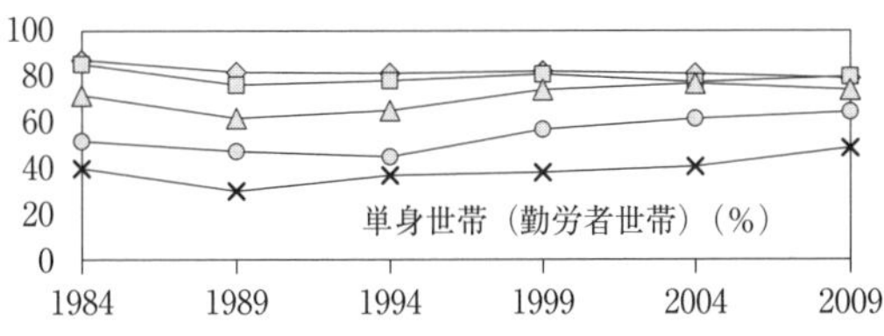

図 3　食生活の外部化比率（2 人以上世帯と単身世帯の比較）（注：食生活の外部化比率とは，嗜好品（菓子類，飲料，酒類）を除く食料支出に占める，外食と調理食品の支出合計割合である．なお，単身世帯の「賄い費」は，外部化比率の分子である外食・調理食品支出に加えている．）［出典：総務省『家計調査』（全国 2 人以上世帯・勤労者世帯（農林漁家を除く）），総務省『全国消費実態調査』（全国単身世帯・勤労者世帯）］

8-12

食生活規範

「**食生活規範**」とは，文字どおり，食生活の規範のことである．類似した用語に「食育」がある．食育基本法には「子どもたちが豊かな人間性をはぐくみ，生きる力を身に付けていくためには，何よりも「食」が重要である．今，改めて，食育を，生きる上での基本であって，知育，徳育及び体育の基礎となるべきものと位置付けるとともに，様々な経験を通じて「食」に関する知識と「食」を選択する力を習得し，健全な食生活を実践することができる人間を育てる食育が求められている」と明記されている．類義語としての「食生活規範」と「食育」の相違をあえて強調すれば，「食育」が子どもたちに対する食教育に重きを置いているのに対して，「食生活規範」は国民全般を対象とした規範であるが，後述するように，食育の考え方は，食生活規範にも取り入れられていく．

●食生活規範の変遷　以下では第二次大戦後の代表的な食生活規範を取り上げ，その変遷について説明する．戦時下，食糧不足の状態が続いた日本では，終戦年の1945年産米が不作であったことや，その後の復員や引き揚げによる人口増加によって深刻な食糧難に陥った．しかし，40年代も終わりに近づくと食糧事情は好転しはじめ，それまで農産物や水産物に適用されていた統制が次第に撤廃されていく．その後，50年代後半から日本経済が高度成長の軌道に乗るに従って食生活の洋風化が加速していった．50年代後半から食生活の洋風化が加速するのは，高度成長による家計所得の増加に加えて，この時期に，1952年の「栄養改善法」を根拠法とする「栄養教育」が実施されたためである．当時の栄養教育の理念を要約すると，「コメが主食の日本人は，コメの過食，蛋白質，ビタミン，脂肪等の不足が免れがたく，これによって健康状態は相当被害を受けている．そこで米食偏重を排し，小麦をコメと同等の地位において食生活に導入し，栄養のバランスが取れるように動物性食品（魚介，肉，卵，牛乳），油脂類，大豆製品，蔬菜類などを努めて多く摂るように指導教育する」と示されている（厚生省公衆衛生局栄養課，1956）．また，栄養教育活動の実行部隊として，栄養指導車（キッチンカー）による移動料理教室が全国で開催された．この厚生省（当時）の所管事業である「栄養教育」が，戦後の高度成長期に厚生省（当時）が提示した食生活規範にほかならない．

当時，日本人がこうした規範で「指導教育」されて以降，日本人の食生活は急速に洋風化したが，そのため，70年代に入って成人病（当時）の罹患率が増加して国民医療費が膨張するなどの事態が明らかになってきたため，「栄養教育」の見直しが図られる．農林水産省は，農政審議会の答申として80年に発表した『80年代の農政の基本方向』の中で，食生活のあるべき姿として，欧米諸国とは異なる「日本型食生活」が日本で形成されつつあると述べ，従来の欧米追随型の「改善」とは一線を画すべきであるとした（農政審議会編，1981）．それを受けて，食生活懇談会が組織され，1983年に「私達の望ましい食生活――日本型食生活のあり方を求めて」の中で，「緑黄色野菜や海草の摂取に心がけること」など（同懇談会「8項目の提言」）が指摘された．

その後，かつて欧米追随型「栄養教育」を所管した厚生省（当時）は「食事の洋風化に伴い，脂肪の摂取量が増加傾向にあり，適正量の上限に近づいている．加工食品に過度に依存することにより，栄養バランスに偏りのある者が増加している」として，「1日30食品を目標」にした「健康づくりのための食生活指針」を85年に公表した．「今後の本格的な高齢化の進展に伴い，がん，脳卒中，心臓病，糖尿病等の成人病の一層の増加が予想されるが，成人病（当時）については，日頃の健康管理，特に適正な食生活の実践によって相当程度予防することができることから，国民1人1人が自覚を持ち，食生活の改善に努めることが重要である」としている．この「1日30食品」は「1日30品目を摂ることが必要」として日本人の記憶に刻み込まれることになるが，続く90年において，厚生省（当時）は食生活と成人病（当時）との関係をさらに強調する方向で食生活の指針を展開した．さらに，2000年に至って，文部省（当時），厚生省（当時），農林水産省の3省共同で「食生活指針」が発表された．内容は欧米追随型の「栄養教育」から転換して以降の指針と基本的に同様であるが，文部省（当時）が加わったことで，食教育としての「食育」の性格を指針に取り入れることになる．

●食生活規範の成功と失敗　食生活規範の効果には濃淡がある．最も成功したのは「栄養教育」であり，高度経済成長による家計所得の増加や家事専従者の増加という社会的背景と規範の方向性が一致していたためである．一方，その副作用から，厚生省（当時）が「栄養教育」を転換した時期は，高度経済成長から低成長へ移行した時期であり，国民は生活防衛のために共働き世帯が増加して「食生活の外部化」が進展した時期である．「1日30食品」に典型的なように，この時期の厚生省（当時）の指針は，栄養学的理念型のようなものであったと考えられる．国民の生活実態を踏まえた実現可能性への配慮が不足していた結果，食生活規範の効果も限定的とならざるを得なかったといえよう（草苅，2011）．

［谷　顕子］

8-13

世帯属性・所得格差と食生活

日本では高度経済成長が終焉を迎えた1970年代中盤以降，主に生活防衛のために共働き世帯が増加し，**食生活の外部化**が進展している．こうした日本の平均的傾向に対して，1990年代以降，**非正規雇用者割合の増加**や家計所得の抑制傾向が顕在化するに及び，**所得格差**や家計の貧困問題がクローズ・アップされてきた．

単身世帯や核家族世帯などの世帯類型は，世帯における構成員の内容を表す世帯属性であり，世帯属性が世帯の就業形態を規定し，世帯の就業形態が家計所得や食生活に影響を及ぼしている．

●景気と家計所得　1980年代中盤以降，経済のグローバル化が進行したことを受けて，日本の企業でも，資源調達の一環として，国の枠組みを越えて安価な労働力を海外に求める傾向が強まった．こうした状況を単純に捉えれば，グローバリズムは国際間の賃金格差を平準化させる方向に働くため，高賃金経済の先進国では労働への分配率が抑制される．それが賃金率（単位時間当たり賃金）の抑制や非正規就業の増加につながる．日本では，1990年代以降，非正規雇用者の割合が増加するとともに，2000年代の景気拡大局面においても，正規雇用も含めた賃金率の横ばい傾向が続いた．景気の拡大が家計所得の増加につながらなかった．

●所得格差と貧困　日本社会に存在する「格差」については，労働経済学を始め，さまざまな分野で活発に議論されるようになった（橘木，1998；大竹，2000など）．ここで，厚生労働省『国民生活基礎調査』から，**相対的貧困率**の推移を図1に示す．相対的貧困率とは，**貧困線**に満たない世帯員の割合を表す．その際に基準となる貧困線は，OECD（経済協力開発機構）の作成基準に従って，「**等価可処分所得**の中央値の半分の金額」とする．等価可処分所得とは，世帯全体の可処分所得を世帯員数の平方根で割った値であり，実際に，家計によって世帯員数が異なるため，家計間で可処分所得が比較可能なように調整した可処分所得という意味である．例えば，世帯員数の異なる可処分所得を家計間で比較可能にするには，

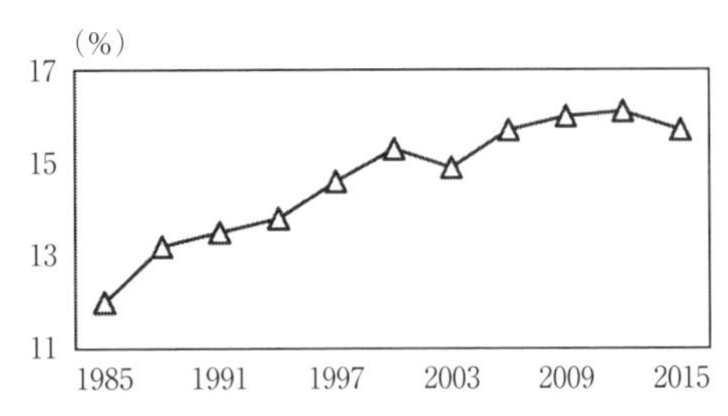

図1　相対的貧困率（1985～2015年）（注：相対的貧困率とは，貧困線に満たない世帯員の割合を指す.）
［出典：厚生労働省『国民生活基礎調査』］

世帯員数で割って1人当たりの可処分所得を計算すればよいという考え方もできるが，実際には世帯員数が少ないほど1人当たりの生活コストが割高になる傾向にあるため，世帯員数の平方根で割って調整している．図1から，日本の相対的貧困率は増加傾向が続き，以前と比較して，最近は高止まりの状態にあることがわかる．この間，総務省『全国消費実態調査』や『家計調査』で家計所得の平均値が横ばい，または若干の低下傾向にあったことを考慮すると，等価可処分所得の中央値が上昇しているわけではないので，可処分所得の水準においても貧困世帯が増加していることを図1は表している．

●世帯属性と等価可処分所得　厚生労働省『国民生活基礎調査』「1世帯当たり平均等価可処分所得金額」(2016年）から，世帯類型別に等価可処分所得をみると，全世帯では283.7万円であったのに対して，**高齢者世帯**（65歳以上の者のみ，またはこれに18歳未満の未婚の者が加わった世帯）では216.2万円，**母子世帯**（65歳未満の母親と20歳未満の子からなる世帯）では137.5万円，全世帯から高齢者世帯と母子世帯を除いた「その他の世帯」では303.5万円であった．よって，高齢者世帯や母子世帯は，低所得世帯に陥る可能性の高い世帯であることがわかる．

●世帯属性・所得格差と食生活　世帯属性が就業形態を規定し，就業形態が家計所得や食生活に影響を及ぼしている以上，日本人の食生活と家計所得との平均的傾向とともに，世帯属性別に家計所得と食生活との関係を捉えることも必要である．その際，より重要なのは格差の底辺に位置するような低所得家計において，所得の制約が消費行動にもたらす影響である．食料は必需財であるため，低所得家計の食料消費は社会の**セーフティネット**と直結している．

従来，データの制約から世帯属性と所得水準の関係を識別すること自体が困難であった．しかし，2009年4月から全面施行された統計法第36条により，総務省『全国消費実態調査』「匿名データ」の利用が可能になったことで，データの制約は緩和されつつある．そこで，『全国消費実態調査』「匿名データ」(2004年）を用いて，高齢者世帯と母子世帯の貧困率と食生活の関係に着目した実証研究（谷他，2017；2018）を紹介しよう．分析データによる相対的貧困率は，全世帯（2人以上・勤労者世帯）が9.8%であるのに対して，高齢者世帯（無職世帯を含む）は13.8%，母子世帯は41.5%であった．それぞれについてエンゲル関数を推計した結果，貧困世帯では内食の奢侈性が相対的に強く，支出弾力性が非貧困世帯よりも大きいこと，なかでも可処分所得と時間の制約がともに強い貧困母子世帯では，こうした傾向がさらに顕著であることなどが明らかとなった．共働き世帯の増加によって食生活の外部化が進展する日本の平均的家計では内食の必需性が強く，貧困世帯の反応とは明らかに異なっている．　［谷 顕子・草苅 仁］

8-14

食行動と食育

経済発展に伴い生活習慣が大きく変化してきたわが国では，特に若年層を中心とした食行動の乱れ——**欠食**，栄養バランスの偏った食事（偏食），過度の食事制限，過食（むちゃ食い），不規則な食事など——が指摘されている．**生活習慣病**の低年齢化，子どもの**孤食**化，肥満傾向児と痩身傾向児の二極分化などの実態が明らかにされており，就学前児童や小・中・高・大学生を対象とした食行動の乱れに関する研究成果が多数発表されている．さらに近年，食行動の乱れに起因する生活習慣病の増加に加えて，成人（男女とも）の朝食欠食率の上昇基調，女性の過度の痩身志向や野菜摂取量の低下，高齢者の**低栄養**傾向等の問題が顕在化してきたことを受け，農業経済学分野においても成人（高齢者を含む）を対象とした食行動研究が活発化している．また格差・貧困が社会問題化したこともあり，生活困窮度の高いひとり親世帯などの貧困世帯を対象とした研究も行われている．

●食行動の乱れ　学童期以降の子どもの食行動との関連性が指摘されているのは性別・学齢（年齢）等の個人属性，生活習慣，自尊感情や精神健康状態等の個人要因，食卓の雰囲気，家族との**共食**，親子関係，親の食行動・食育意識等の家庭内要因，友人関係等の家庭外要因である（河村他，2013）．例えば個人属性の性別と学齢については，高校生期までは女性の方が男性よりも欠食・偏食傾向にあるなど食行動は乱れ気味であること，学童期以降学齢があがるに伴い欠食率は概して高くなるが，反対に偏食は改善される傾向にあること，女性の場合，中学生期から高校生期にかけて歪んだ自己体型イメージに起因する痩身願望から過度の食事制限に走りやすいことなどが指摘されている．個人要因に関しては，遅寝遅起き等の生活習慣の乱れ，自立性や自尊感情の低さ，不定愁訴や抑うつ等の精神健康面での問題と食行動の乱れとの関連性が報告されている．家庭内要因については，家族との共食頻度が高い者ほど野菜や果物などの摂取頻度あるいは主食・主菜・副菜のそろった食事頻度が高く，かつ女性の場合には共食が自己認識体型の誤謬や過度な痩身願望を是正して行き過ぎた食事制限を抑制するなど，共食が食行動によい影響を及ぼすと考えられている．また親（特に母親）からの受容感の欠如や過干渉が過食や偏食を助長する一方，子どもに対する親の適度な関わりや良好な家族関係，子どもが楽しいと感じる食卓環境・雰囲気は食行動の乱れを抑制するといわれている．家庭外要因である友人関係については，その不安定性がストレッサーとなって不定愁訴を高め，結果的に健康阻害的な食行動を助長すると指摘されている．

ここで成人に話題を移すと，概して食行動が乱れているのは若年者，未婚者や単身世帯者，死別・離別経験者（主に男性），低学歴者，健康意識の低い者，家族等との共食頻度が低いあるいは家庭での食卓環境・雰囲気がよくない者，低所得者や生活困窮者，主観的な暮らし向きにゆとりがない者と指摘されている（有宗他，2014）．また，子ども期の食習慣や食に関わる体験，子ども期における家庭の経済状況や親の失業・離婚・長期療養等の経済的ショックなどが成人後の食行動に一定の影響を及ぼすことが明らかにされている（石田他，2017）．

貧困と食行動との関係に関しては，例えば生活困窮度の高い母子世帯の母親はふたり親世帯の母親と比べて食育意識面で差は認められないが，長時間就労による時間的制約等の理由で食に関わる子どもへの働きかけが弱く，母子ともに食行動が乱れる傾向にあると指摘されている（石田他，2017）．

●食行動の乱れに対する食育活動　わが国において，食育への取組みが本格的に始まったのは**食育基本法**が施行された2005年のことである．翌2006年に『食育推進基本計画』が制定され，5年ごとに計画の見直しが行われている．子ども期における健全な食意識形成が成人後の食行動に良好な影響を及ぼすとの認識のもと，2005年に栄養教諭制度が施行されるなど，主に学校教育の場において子どもに対する食育活動が推進されてきた．また家庭内における食卓環境，家族との共食，調理担当者（主に母親）の食育意識や食教育態度が子どもの食行動に及ぼす影響が大きいことから，『食育推進基本計画』においても，学校に加えて家庭が「子供への食育の基礎を形成する場」（農林水産省，2016）と位置づけられてきた．しかし最近，20〜30歳代の若い世代における朝食欠食傾向や栄養バランスの乱れ，若年女性や高齢者の低栄養傾向，ひとり親世帯のような生活困窮世帯における（特に子どもの）食行動の乱れ，食行動に起因する生活習慣病の増加などの問題が顕在化してきた．これを受けて，『第3次食育推進基本計画』では，2016年から2020年の間に「若い世代を中心とした食育」，「多様な暮らしに対応した食育」，「健康寿命の延伸につながる食育」などを通じて，「子供から成人，高齢者に至るまで，生涯を通じた取組」を推進するという目標が設定されている（農林水産省，2016）．「家庭や個人の努力のみでは，健全な食生活の実践につなげていくことが困難な状況も見受けられる」ことから，「地域や関係団体の連携・協働を図りつつ，健全で充実した食生活を実現できるよう共食の機会の提供等を行う食育」が推進されている（農林水産省，2016）．最近NPO法人や個人等の民間によって，無料または安価な食事と共食の場を提供する子ども食堂の活動が活発化している．

［石田　章］

8-15

食品表示

食品表示は，原産地，原材料名など，消費者が食品を選択する上で有用な情報を表示することにより，公正な食品市場を形成するとともに，事故が発生した場合の行政措置を適確かつ早急に実施するための安全管理の役割を担っている．

●食品表示の必要性　食品の安全性や品質等に関わる属性を，食品摂取前に消費者が知覚できる**探索属性**，食品摂取後，直ちに知覚できる**経験属性**，食品摂取後も正確に知覚できない**信用属性**の3つに分類する場合がある．例えば，トマトの色は探索属性，味は経験属性，微量栄養素の含有量は信用属性に該当する（Caswell, et al., 1992）．このうち食品表示で提供される情報は，信用属性に関するものが多い．信用属性に関する情報が不明な場合，食品を供給する事業者は認識しているが，その食品を需要する消費者は知覚できないという，事業者と消費者の間の情報格差が発生し，情報が非対称な市場が形成されるためである．

情報が非対称な市場では，正しい情報を表示せずに，過大な利益を得ようとする誘因が事業者に生じる．実際に，**不当表示**によって過大な利益を得る事業者が現れると，公正な競争が阻害され，正しく表示している事業者は，本来得るはずの利益を失う．事業者が不当表示によって過大な利益を手にすれば，当然ながら消費者は過大な支出を余儀なくされる．この際の過大な支出とは，不当表示による過払い部分を指し，経済学では**無知の費用**という．

ここでの問題は，無知の費用の発生原因が食品の信用属性に関わるものである限り，あらかじめ消費者が情報を探索することで非対称性を解消することが困難なことである．したがって，公的機関が事業者に食品表示を義務化することで，情報の非対称性を解消して，消費者利益の確保に努めることが正当化される．

●食品表示の動向　食品の場合，取引を市場に委ねると，不当表示によって過大な利益を得ようとする誘因が事業者に生じると同時に，それが消費者の健康被害にも結びつきかねないため，食品以外の物品と比較して無知の費用も大きくなる．

従来，食品表示に関わってきた法令は，制定順に，食品の安全性確保のための表示を主目的とした**食品衛生法**（1947年：厚生省（当時）），農林産品の適正な品質表示を主目的としたJAS法（農林物資の規格化及び品質表示の適正化に関する法律，1950年：農林省（当時）），健康増進のための栄養表示を主目的とした**健康増進法**（2002年：厚生労働省）の3法令であり，それぞれに法改正を重ねてきた．その結果，食品の名称，賞味・消費期限，保存方法，遺伝子組換え表示，製造者名などは食品衛生法とJAS法で重複して表示義務を課す項目となったが，それぞれの法令の目的が相違することから，例えば，食品衛生法では生鮮食品に区分される食品が，JAS法では加工食品に含まれるなど，品目の区分や定義が必ずしも一致しないという問題が生じた．一方，食品衛生法では添加物やアレルゲン等を，JAS法では原材料名，内容量，原産地等を，健康増進法では栄養成分等を独自に表示義務として掲げており，表示制度は複雑化した．そのため，**食品表示制度の一元化**による複雑化の改善が求められることとなった．

●食品表示法の制定　2001年のBSE（牛海綿状脳症，狂牛病）問題に端を発する産地偽装事件を契機に，農林水産省と厚生労働省が合同で表示制度の改善に着手し，用語の統一などの整合化が進められた．その後，2009年に消費者庁が設置されたことを受けて，消費者行政の一環として，食品表示に関わる行政も消費者庁に移管され，消費者庁が食品表示規制に関する業務を一元的に所掌することになった．消費者庁は2011年に食品表示一元化検討会を設置して，食品表示の統一に向けた法制化について検討を進め，2013年に食品表示法案が上程され，同年に食品表示法が成立・公布，2015年に施行された．

食品表示法は，従来の食品表示関連3法令の整合化を図るとともに，「食品に関する表示が食品を摂取する際の安全性の確保及び自主的かつ合理的な食品選択の機会の確保に関し重要な役割を果たしている」として，「販売の用に供する食品に関する表示について，基準の策定その他の必要な事項を定めることにより，その適正を確保し，もって一般消費者の利益の増進を図る（抜粋）」ことを目的としている．具体的には，食品の名称，原産地（生鮮食品），原材料名，アレルゲン，遺伝子組換え表示（義務表示は「遺伝子組換え」,「遺伝子組換え不分別」），添加物，内容量，消費期限・賞味期限，保存方法，原産国（輸入品），原料原産地（加工食品），事業者の名称および所在地，栄養成分および熱量，表示に用いる文字の大きさなどが該当し，個別の義務表示事項については食品表示基準（府令）で規定している．

また，食品表示を適用対象の一部に含む関係法令として，景品表示法（不当景品類および不当表示防止法，1962年：2009年に公正取引委員会から消費者庁へ移管）や不当競争防止法（1993年：経済産業省）が，不当表示（誇大表示などの優良誤認を含む）や食品偽装などの防止による事業者間の公正な競争の確保に寄与している．食品表示は，食品の安全性と消費者の合理的な食品選択の機会を確保する上で不可欠な制度であるが，グローバリズムの進展，食生活と食品の多様化，さまざまな購買手段の普及を踏まえた対応が今後に求められる．

［竹下広宣・草苅 仁］

8-16

機能性食品

機能性食品を世界に先駆けて定義したのは，1984年に始まった文部省（現文部科学省）の特定研究である．**食品の機能**を一次機能（栄養機能として，生きてゆく上で最低限必要である栄養素やカロリーを供給する機能），二次機能（感覚機能として，味・香りなどの感覚に関わり美味しいと感じさせる機能），三次機能（**体調調節機能**として，生体防御，疾病の防止，疾病の回復，体調リズムの調整，老化抑制などの機能）の3段階に分類し，三次機能を機能性食品であることの要件とした．その後，国は機能性食品の表示について制度づくりを進め，機能性の表示ができる食品を**保健機能食品**として，一般食品と区別した．2015年に施行された**食品表示法**が定める食品表示基準のもとで，食品表示に関わる3法令（食品衛生法，JAS法（農林物資の規格化及び品質表示の適正化に関する法律），健康増進法）が整理され，2019年時点において，保健機能食品は，**特定保健用食品（トクホ）**，**栄養機能食品**，**機能性表示食品**の3つに分類されている．

●特定保健用食品　特定保健用食品は特定の保健効果が期待できる食品であり，保健用途を表示した食品である．健康増進法の前身である栄養改善法を根拠法として，1991年に制度化された．制度の発足から長年が経過し，今日では，ヨーグルト，緑茶，麦茶，炭酸飲料，果実・野菜飲料，豆乳，コーヒー，シリアル，そば，食用調理油，しょうゆ，ソーセージ，ミートボール，生洋菓子，錠菓（タブレット菓子），ガム，粉末など，多種多様な商品が販売されている．また，サプリメント商品が少ないことも特徴の1つである．特定保健用食品の商品化には**消費者庁の審査・許可**が必要であり，事業者は動物試験，ヒト試験，臨床試験などを実施して，製品の安全性と特定の保健効果を科学的に証明しなければならない．

●栄養機能食品　栄養機能食品は特定の栄養成分の補給を目的として利用される食品であり，栄養成分機能を表示した食品である．2001年の保健機能食品制度の創設に伴って，先発の特定保健用食品とともに保健機能食品として制度化された．したがって，2001年の時点で保健機能食品は特定保健食品と栄養機能食品の2つであった．栄養機能食品は，国が定める栄養成分（国際的にその機能が定着しているビタミン13種，ミネラル6種，脂肪酸1種）の含有量が規定の範囲にあれば，消費者庁の審査・許可はもとより，届け出もなしで製造・販売と栄養成分機能の表示ができる．ただし，審査・許可および届け出を必要としない制度に基づく商品であることは表示する義務がある．栄養機能食品は健康を保つために必要な栄養成分を補うためのバランス栄養食を謳った商品が多いため，特定保健用食品以上に多種多様であり，サプリメント商品も多い．

●機能性表示食品　機能性表示食品は特定保健用食品と同様に特定の保健効果が期待できる食品であり，保健用途を表示した食品である．2015年に施行された食品表示法によって保健機能食品に加えられた．機能性表示食品は，事業者の責任において科学的根拠に基づく機能性を表示した食品である．事業者は表示内容や安全性・機能性に関する情報を販売日の60日前までに消費者庁へ届け出る必要がある．消費者庁の審査・許可が不要なため，研究費用や発売までの期間を圧縮・短縮できる点，機能性の表示範囲が拡張された点が従来の特定保健用食品と異なる．2019年1月時点で，清涼飲料，黒酢，ヨーグルト，みそ汁，チョコレート，ソーセージ，魚，魚の缶詰，米，大豆もやし，みかん，りんご，クラッカー，唐辛子など，多様な商品が販売されている．また，891件の加工食品に対してサプリメントが862件であり，サプリメント商品がほぼ半数を占めている点も，従来の特定保健用食品と異なっている．

●機能性食品と食生活　2001年に創設された保健機能食品制度の趣旨には，「国民生活において，消費者自らの手で健やかで心豊かな生活を送るためには，バランスのとれた食生活が重要である．消費者個々人の食生活が多様化し，しかも多種多様な食品が流通する今日では，その食品の特性を十分に理解し，消費者自らの正しい判断によりその食品を選択し，適切な摂取に努めてもらうことが重要である．そのためには，消費者が安心して，食生活の状況に応じた食品の選択ができるよう，適切な情報提供が行われることが不可欠である．こうしたことから，国民の栄養摂取状況を混乱させ，健康上の被害をもたらすことのないよう，また国民に過大な不安を与えることのないよう，一定の規格基準，表示基準を定めるとともに，消費者に対して正しい情報の提供を行い，消費者が自らの判断に基づき食品の選択を行うことができるようにすることを目的として，保健機能食品の制度化を図る」（厚生労働省，2001）と記されている．

この項の冒頭で紹介した食品の機能のうち，一次機能と二次機能に関わるカロリー摂取や食味については，戦中・戦後の食糧難時代から今日までの間に大きく改善されたが，1970年代中盤以降，共働き世帯や単身世帯が増加するに至って**食生活の外部化**が進展したため，栄養バランスのとれた食事を規則正しく摂ることが容易ではない状況が続いている．このことは，食品の機能のうち，三次機能の重要性が相対的に増大していることを示唆しており，食生活を機能面から補完する機能性食品の役割は，今後も重要視されると考えられる．

［竹下広宣・草苅 仁］

8-17

食料品アクセス

食料品アクセス問題とは，『平成23年度食料・農業・農村白書』で初めて用いられた用語であり，高齢者等が食料品の買い物に不便や苦労を感じる状況をいう．この問題は世帯レベルのフードセキュリティ（食料の安全保障）に関わる問題であり，全国レベルでは食料が十分な状況にあっても，地域や世帯の条件によっては買い物に苦労する結果，生活必需品である食料品が購入しにくい場合に生じる．イギリスでは，食料品店へのアクセスはこのHousehold food securityの一部となっている．食料品アクセス問題は，高齢者等の食品摂取や栄養摂取を制約することから最終的に健康問題を引き起こす可能性があるため，健康寿命の延伸が課題となっている超高齢社会の重要な課題となりつつある．

●関連用語　食料品アクセスの関連用語に，「買物難民」「買物弱者」「買物困難者」「フードデザート問題」がある．「買物難民」（杉田，2008 : p. 31），「買物弱者」（経済産業省，1990 : p. 32），「買物困難者」は，いずれも食料品等の買い物が困難な状況におかれている人々を指しており，これらに実質的な差はない．しかしながら，「買物難民」はその要因として大規模店舗の開店に伴う中小小売店の閉店といった住民にとって外的な事情を重視した用語である．一方，フードデザート（食料砂漠）問題は，もともとはイギリス政府の用語であり，スーパーの郊外進出と都心部の中小食料品店の廃業により，貧困層が都心の雑貨店での買い物を強いられるようになった結果，食生活の乱れや健康被害が生じているという都市的な社会問題，栄養・健康問題である．日本では，①社会的弱者が集住し，かつ②買い物利便性の悪化および/または家族・地域住民とのつながりの希薄化が生じたエリアとして捉えられている（岩間，2017 : p. 4）．食料品アクセス問題は以上のさまざまな問題に共通する食料品へのアクセスに焦点を当てた用語である．

●問題の要因　食料品アクセス問題の要因としては，食料品の供給者側の要因と需要者側の要因がある．供給者側の要因としては食料品販売店舗の大幅な減少により店舗までの距離が遠くなったことがある．飲食料品小売業の店舗数は1979年の73万5千店をピークに中小の小売店を中心に減少を続け，2014年には30万8千店にまで減少した．2000年代以降この減少が加速化しており，その要因として商圏の広い大規模店舗の郊外出店の影響が指摘されている．また，地方では食料品販売店舗の減少に加えて公共交通機関の縮小も要因となっている場合がある．一方，需要者側の要因としては急速な高齢化の進展がある．わが国の65歳以上の人口割合は2007年に超高齢社会の基準である21%を超えた後,2015年には26.6%となっている.また,住民の食品摂取との関連では,都市部における地域コミュニティの希薄化が都市の高齢者の食生活を悪化させる要因となっている.

●問題の現状　日本の食料品アクセス困難人口には，いくつかの推計がある．経済産業省は，内閣府『平成22年度高齢者の住宅と生活環境に関する意識調査結果』において「日常の買い物に不便」と回答した割合（17.1%）に60歳以上人口を乗じて，2014年に買い物弱者が全国で約700万人存在するとしている．一方，農林水産省農林水産政策研究所は店舗まで500 m以上で自動車利用が困難な65歳以上高齢者を食料品アクセス困難者と想定し，全国を500 mメッシュ単位でカバーした食料品アクセスマップを作成して公表しており，2015年で全国825万人，うち75歳以上は536万人となっている（農林水産省，2018）．食料品アクセス困難人口は2005年678万人，2010年733万人，2015年825万人と一貫して増加しており，特に三大都市圏や都市部での増加や75歳以上の増加が著しい．しかしながら，このようなアクセス困難人口の把握は第一次的な方法であり，実態は地域差が大きい．例えば，大都市郊外の団地における核家族世帯では子育て世代も買い物に苦労しているという事例がある．また，大都市の高齢者については，店舗が近くにあっても地域コミュニティが希薄なことから食品摂取が十分でない事例がある．一方農村地域においては，店舗までの距離は遠いものの野菜などを自給している農家はこのような買い物の苦労が軽減されるほか，昔ながらの地域コミュニティが維持され，食料品の入手における相互扶助体制が整っているケースが多い．

●対策　食料品アクセス問題への対策には①家まで商品を届ける，②近くに店を作る，③家から出かけやすくするといった対策がある．対策が必要な市町村の約6割で何らかの対策が実施されており，その内容は，「コミュニティバス・乗合タクシー運行」（上記③）が最も多く，次いで「常設店舗の出店」（同②），「宅配・御用聞き・買物代行サービスへの支援」「移動販売車の導入への支援」（同①），「朝市等の仮設店舗」（同②）であり，各地域の実情に応じて対策が実施されている．例えば，高齢化した地域では，移動手段の確保による日常生活の支援が重要になる．一方，都市や郊外では移動販売車の導入が拡大しており，御用聞きや見守り機能も付加した形で行われている．また，これらの対策は，自治体単独による実施は少なく，地元スーパーなどの民間事業者との連携，地域住民の参加・協力という形態をとる．さらに，一部に会食を通じた地域住民の交流による地域コミュニティ形成への取組み，ネット卸の運営による物流の改善・効率化への取組みがある．

［薬師寺哲郎・高橋克也］

第9章

食品の安全

9-1

国際的な食品安全対策の考え方の発展：国際貿易と食品安全

1986年にイギリスで発生が確認されたBSE（牛海綿状脳症）は，欧州大陸，世界へと拡がり，社会的な衝撃を与え，食品安全の制度や政策が抜本的に見直されるきっかけとなった．原因とされる高分子の変異型プリオンの腸壁からの吸収，家畜からヒトへの種の壁を越えた伝播は過去の科学的知見を超え，長期間を要したが，動物性飼料の禁止，特定危険部位の除去措置により，制御が進んだ．

他方，農薬のような意図して使用する化学物質の管理は徹底し，基準値を超える汚染はまれになった．しかし，1999年，2011年にダイオキシンに汚染された家畜飼料，畜産物が欧州中で回収されたように，製造工程への汚染物質混入のようなケースでは汚染が広域化している．

病原微生物については，1980年代から北米や豪州で腸管出血性大腸菌による大規模な食中毒が続発し，微生物制御のあり方を見直すことにつながった．近年も2011年にドイツと周辺15カ国で感染者3842人，死者53人（同年10月16日現在）をだした発芽有機野菜のO104汚染による食中毒が発生し，日本でも2011年にユッケ（O111，O157）で5名，2012年に浅漬け（O157）で8名の死者を出している．鶏肉のカンピロバクター汚染による食中毒も目立つ．

食品事故の広がりの背景には，現代社会の大量生産・大量流通の経済システム，交通網の発達，貿易を促進する国際的ルールなどの社会経済構造がある．

●**食品安全対策の考え方の抜本的転換**　このような中で，食品安全の考え方は抜本的に転換され，**食品安全確保の新しい思想**が取り入れられた（欧州連合「一般食品法」（規則（EC）No 178/2002），日本「食品安全基本法」に導入）．まず，①人間の生命と健康の優先である．食品事業者には安全な食品を供給する第一義的な責務が課される．食品安全は，**非市場的な調整**，すなわち，価格をシグナルとする市場の需給や品質の調整メカニズムの外におかれ，価格に関わらず，すべての食品に安全の確保が求められる．そのため，②科学的根拠とリスクに基づいて健康保護措置の立案を行う．1980年代までは危害要因（Hazard）の完全な排除が目指され，成功したかにみえたが，上記の大規模な細菌性食中毒がそれを翻した．ヒトや家畜の体内微生物との共生，環境中の常在，突然変異など予測できない危害要因の発生，微量の化学物質の長期蓄積の影響など科学的に未解明な要因，検査を含む技術の制約，ヒューマンエラーなどにより，危害要因は100%排除できない．危害要因はあり/なしではなく，危害を及ぼすかどうかは危害要因の量と作用の程度によると考えられるようになり，危害発生の程度を捉えるリスク（Risk）の概念（☞9-2）が導入され，管理の対象が危害要因の管理からリスクの管理へと転換した．リスクは常に残るのですべての関係者に役割が求められ，③「関係者相互の情報交換と意思疎通」，④「決定過程の透明性」が最重視され，すべての関係者の合意に基づく措置の立案が目指される．かつ⑤「フードチェーンを通した対策（from farm to table）」が求められる（新山，2012）．

このような考え方に立ったリスクアナリシスの枠組み（☞9-2）が国際的に共有され，欧州連合を嚆矢に，各国はこの枠組みを実施できるように食品安全行政を再編してきた（☞9-16，17）．また，科学的データに基づく食品安全行政を支える新しい科学としてレギュラトリーサイエンスの定着が求められている（☞9-15）．

リスク管理（Risk management）と危機管理（Crisis management）の違いにも留意が必要である．リスク管理は安全でないものを市場に出さない（Food safety）ための予防措置であるが，危機管理はそれがかなわず緊急事態が発生したときの対応措置（Emergency situations control）とその事前の備えを指す（☞9-11）．

●食品安全の国際ルールと国際機関　食品汚染の世界的な広がりにより，国境検疫には限界があり，食品安全は生産点で確保することを基本とするようになった．そのため国際貿易と食品安全の国際ルールとして，WTO（世界貿易機関）において**SPS協定（衛生と植物防疫措置の適用に関する協定）**が結ばれた．

加盟国は人と動植物の生命と健康を保護する権利を有するが，科学的な原則にたち，科学的証拠に基づき，偽装された貿易障壁にならないよう求められる（第2条）．国によって異なる生産・流通の方法，特有の疾病，生態や環境，さらに文化や慣習，経済的状態，人々の意識や要求によって生じる健康保護措置のレベルの違いが貿易の障壁とならないよう，措置の国際的な調和が目指される．そのために，国際的な基準，指針，勧告がある場合には，それに基づき自国の措置をとる（第3条）．さらに，国際機関が作成した方法で実施したリスク評価による科学的証拠に基づき，危害の発生による損害やコントロールの費用，代替的措置の費用対効果という経済的要因を考慮し，適切な措置の水準を確保することとされる（第5条）．措置の違いが貿易上の紛争になりWTOに提訴されると，この協定に従って裁定されるため事実上の強い拘束力をもつ（新山，2008）．

食品安全の国際基準提示機関としてCodex委員会（WHO/FAO合同食品規格委員会），動物衛生はOIE（国際獣疫事務局），植物衛生はIPPC（国際植物防疫条約事務局）に，各国から最新の知見を持ち寄り，基準を立案する．国際的なリスク評価は，WHO/FAOの合同専門家会議の各部会が担当している．

［新山陽子］

9-2

食品安全のためのリスク低減の枠組み：リスクアナリシス

科学的データに基づくリスク低減の意思決定のために，Codex 委員会が提示したのが**リスクアナリシス（Risk Analysis）の枠組み**（以下 RA）である．1993 年に SPS 協定（☞9-1）に基づく国際基準として Codex 内部用に策定され，加盟国に向けガイド（2006 年 FAO/WHO），作業原則（2007 年 Codex）が定められた．欧州連合や日本では導入の法や組織が整えられた（☞9-17，9-18）．

●リスクの概念の導入背景　かつては危害要因を完全に排除することが目指されたが，100% 排除できないと認識されるようになった（☞9-1）．つまり，危害要因は「ある」「なし」ではなく，危害を及ぼすかどうかは危害要因の量と作用の程度による（用量一反応関係）．危害と利益が表裏の関係にあり，一定量までは利益を与えるが，それを超えると危害を及ぼすものは多い．農薬や合成保存料はもとより，ビタミンなどの栄養成分や食べ物も取りすぎれば疾病を起こす．そのため，悪影響の発生を予防するには，摂取の量とそれが健康に与える悪影響の程度，悪影響の発生可能性を予測することが必要となる．悪影響の発生可能性をできるだけ数量的に推定し，それを指標にして制御すること（発生可能性を一定水準まで低減させること）が求められるようになったのである．発生可能性を表すのが「リスク」である．リスク低減の目標として ALARA の原則（As Low As Reasonably Achievable）が知られる．また，リスクは複数の危害要因の共通の尺度となる．使用できる資源が限られるので対策の優先順位づけが必要であるが，質の異なる危害要因の軽重を評価するのは難しい．リスクを推定できれば，リスクの高いものから優先的に措置を講じることが可能となる（新山，2012）．

●リスク（Risk）の定義と概念　食品安全上の「**リスク**（Risk）」は，「食品中に危害要因が存在することによって，健康へ悪影響が発生する『確率』と『重篤度』の関数」として定義される（Codex 2007, FAO/WHO 2006）．「**危害要因**（Hazard）」は，「健康に悪影響を引き起こす可能性をもった，食物の中の生物的，化学的，物理的な作用を引き起こす物，食物の状態」である（同上）．リスクとその原因となる危害要因とが混同されがちであるが，リスクは人間の頭の中で生み出される抽象概念であり，危害要因はその存在を検査などによって確認できる実体概念である．生じる被害は，Harm（危害）で表される．

リスクは，将来起こり得る事態を予測するときの，予測可能性の一状態である．将来の予測のデータは完全ではなく，**不確実性**（対象の認識を含むデータの欠如）

が伴う．リスクは量的概念であるが，不確実性が大きい場合には定性的に推定される．BSEの地理的リスク評価（☞9-6）はその例であり，発生メカニズムに確定できない要素が多いためである．確率が推定できる場合にもさまざまな不確実性を伴うので，その処理とそれへの言及が必須とされる（FAO/WHO 2006, CAC 2007）．

●リスクアナリシスの枠組み

RAは，リスク低減のための政策・規制の立案と実行を行う「リスク管理（Risk management）」，リスクの科学的評価を行う「リスク評価（Risk assessment）」，すべての関係者の間でリスクとそれに関する情報と意見を交換する「リスクコミュニケーション（Risk communication）」（RC）の3つの要素からなる構造化された枠組みである（図1）．リスク評価に斟酌が入らないよう，リスク管理との厳格な機能的分離が求められる．同時に，管理者と評価者の間には，科学的情報の共有，評価指針および評価結果の理解に関して密接なRCが求められる．RAは，リスク評価からではなく，食品安全問題を特定し，リスクプロファイルを作成，管理目標を定め，リスク評価指針を策定するなどの「リスク管理の初期作業」から始まり，必要な場合にリスク評価が依頼される（☞9-4）．「リスク管理の選択肢の特定と選定」には，リスク評価の結果に加え，経済的結果，実行可能性（CAC 2007），社会的，文化的，倫理的な考慮（FAO/WHO 2006）を伴う．「決定の実行」にはコントロールと検証が求められ，コントロール結果の「モニタリングと再検討」を行う．この4つのプロセスからなる**包括的なリスク管理の枠組み**（Generic risk management framework：RMF）が各国のリスク管理の仕組みを発展させる上で有効とされる．日本では「農林水産省及び厚生労働省における食品の安全性に関するリスク管理の標準手順書」が設けられた．リスク評価は「ハザード（危害要因）の特定」「ハザードの特徴づけ」「曝露評価」「リスクの判定」の4つのステップで進められる．微生物，化学物質，動物感染症では手順が異なる（☞9-3, 9-4, 9-6）．また，図中の下線部のステップにおいて関係者のRCが求められる（☞9-15）．

［新山陽子］

図1　リスクアナリシスの要素と構造

9-3

化学物質のリスク管理とリスク評価

リスク管理を担う厚生労働省や農林水産省は，トータルダイエットスタディ（TDS：Total Diet Study）などで下記のような食品中の各種危害要因の摂取量がどのくらいなのかを継続的に監視し，必要な健康保護措置を講じている．農林水産省は優先的にリスク管理を行うべき物質についてはリストを公表し，対策を講じている．その際に必要であれば食品安全委員会にリスク評価を依頼するが，食品安全委員会が自主的に評価することもある．食品中に含まれる化学物質の安全性評価には，大きく分けて2つの方法が採用されている．1つは食品添加物，残留農薬，残留動物用医薬品のような，意図的に使用されて食品に含まれるものに対して採用される方法と，もう1つは環境汚染物質やカビ毒，製造副生成物のような意図せず食品に含まれるものに当てはめられる方法，である．

●意図的に使用するもの　食品添加物，残留農薬，残留動物用医薬品については，事業者が農林水産省や厚生労働省に登録あるいは指定を申請し，これらリスク管理機関からリスク評価機関である食品安全委員会に食品健康影響評価を依頼する．食品安全委員会はリスク評価の結果としての1日摂取許容量（ADI：Acceptable Daily Intake）や急性参照用量（ARfD：Acute Reference Dose）を設定する．ADIはヒトが一生涯にわたって毎日食べ続けても健康への悪影響がないと推定される1日当たりの摂取量を意味し，体重1kg当たりの摂取量（mg/kg体重/日）で示される．ARfDはヒトの24時間以内の経口摂取で健康に悪影響を示さないと推定される体重1kg当たりの摂取量のことである（mg/kg体重）．

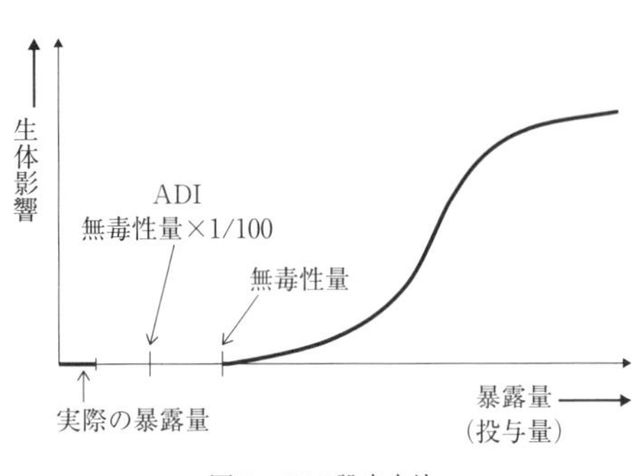

図1　ADI設定方法

ADIの設定には動物を使った長期安全性試験データを用いる．慢性毒性試験や生殖発生毒性試験等で有害影響が観察されなかった最大投与量である無毒性量（NOAEL：No-Observed-Adverse-Effect Level）を安全係数（あるいは不確実係数）で除して導出する．安全係数は通常種の差を考慮した10とヒトの個人差を考慮した10を掛け合わせた100を用いるが，データの不足などにより安全係数は調整される（図1）．ARfDの場合は短期試験を用いる．食品安全委員会のリスク評価結果を受け取った厚生労働省は，どの年齢集団でも推定摂取量がADIやARfDより少ないことを確認して残留農薬基準設定や食品添加物の指定を行う．また農林水産省や地方自治体などの他のリスク管理機関とともに，市場に流通している食品がこうして設定した基準を守っているかどうかを監視している．

●意図せず食品に含まれるもの　食品には環境中に存在する有害重金属や微生物が作り出した毒素，食品そのものに含まれる有毒アルカロイド，調理や加工の際に生じる製造副生成物といった，意図せず含まれる有害物質が多数存在し得る．これらを総称して汚染物質contaminantsと呼ぶ．これらについては完全に排除することは困難で，意図的に使用するものと同じ考え方を当てはめると食べられるものが相当減ってしまうため，ALARAの原則（As Low As Reasonably Achievable；無理なく到達可能な範囲でできるだけ低くすべき）を適用して現実的な管理をしている．意図的に使用するものの場合のADIに相当するものとして耐容1日摂取量（TDI：Tolerable Daily Intake）あるいは耐容週間摂取量（TWI：Tolerable Weekly Intake）が用いられるがその導出の際にはALARA原則が考慮される．例えば食品安全委員会は魚中メチル水銀についてTWIを2.0 μg/kg体重/週と設定しているが，この時の不確実係数は，ヒトのデータを用いたので動物種差に対する係数は必要がなく，ヒトの個人差に対する係数として通常の10ではなく4が採用された．この評価結果をもとに，リスク管理方法として消費者向けの助言提供が選択され，妊娠している人や妊娠の可能性のある人に向けて魚介類の摂食と水銀に関する注意事項を発表している．こうしたコミュニケーションによるリスク管理の場合にはリスク評価機関とリスク管理機関は消費者庁を交えて協力する．また遺伝毒性発がん性の可能性があるものについては暴露マージン（MOE：margin of exposure；無毒性量などの閾値やそれに相当する用量と摂取量の大きさの違いを示す指標で，両者の比として求められる）を導出してリスク管理の優先順位づけを行う．MOEが10000以上のものはヒトの健康への懸念は低いとされる．食品安全委員会では糖とアミノ酸の加熱で生じるアクリルアミドについてMOEを算出し，それが1000程度と小さく十分な値ではなかったため，食品中の含量を下げるための対策が必要であるとしている．その評価を受けて農林水産省はリスク低減のために食品関連事業者向けには「食品中のアクリルアミドを低減するための指針」，消費者向けに冊子「安全で健やかな食生活を送るために～アクリルアミドを減らすために家庭でできること」を発表している．

［畝山智香子］

9-4

食中毒菌のリスク管理とリスク評価

食中毒といえば，汚染食品の摂食後，数時間で腹痛，下痢，嘔吐などの消化器症状が現れ，数日以内で回復する一過性の急性胃腸炎を連想するだろう．このような食中毒は，腸炎ビブリオ，黄色ブドウ球菌などの食中毒菌が食品中で増殖または毒素を産生し，その汚染食品を摂食してしまった結果，大量の毒素または食中毒菌が消化管細胞を傷害するために引き起こされる．食中毒の予防には，食中毒菌を「つけない」「増やさない」および「やっつける」こと（食中毒の予防3原則）が重要である．実際，予防3原則に従って，家庭での手洗いはもちろん，食品工場や飲食店では，衛生管理の徹底，冷蔵・冷凍設備や特殊包装設備の導入，殺菌・消毒剤や高熱・高圧処理の利用，消費・賞味期限，保存方法の表示など，予防3原則に則った対策が積極的に行われるようになり，このような従来の食中毒の発生件数は減少している．

●近年の食中毒　一方，近年知られるようになったカンピロバクター，腸管出血性大腸菌，ノロウイルス，E型肝炎ウイルスは必ずしも食品中で増殖する必要がなく，少量摂取であっても体内で増殖し，直接的に細胞を傷害または体内で産生した毒素が細胞を傷害することによって食中毒を引き起こす．症状は，摂食者の健康状態や食中毒菌の種類によって異なり，従来の食中毒症状に限らず，数日～数カ月で発熱，出血性下痢，意識障害，痙攣，黄疸などを引き起こし，重度の場合，後遺症で苦しめ，時に死亡させることもある．また，食中毒菌が糞便や嘔吐物に大量に存在するため，トイレ後の手指洗浄や嘔吐物処理が適切でなかった場合，これら汚染物から二次感染することがある．さらに，近年の食品の大量生産，流通の広域化の影響もあり，大規模な集団食中毒事件に発展することもある．

このような状況に対応するためには，上述の予防3原則に「広げない」を加え，各食中毒菌が，どこで，どんな食品をどの程度汚染し，どのような健康被害・社会的コスト（治療費，休業に伴う経済的損害など）をどの程度発生させるのか，また，食品の原料である農林水産物が，どのように生産・加工され，食品として流通後，どのように調理・摂食されているのかなどの情報を収集・分析し，フードチェーン（農場から食卓まで）の最適なポイントで対策（リスク管理措置）を実施する必要があると世界的に認識されるようになった．この一連の過程を，フードチェーンアプローチに基づくリスクアナリシスという．

●リスク管理　食品の国際規格を作成しているCodex委員会は，各国のリスク管理を支援するため，2007 年にリスク管理に関する原則とガイドライン（Codex 2007）を作成した．要約すると，まず，リスク管理者（厚生労働省，農林水産省など）は食中毒の発生状況，フードチェーンの食中毒菌汚染状況，食中毒菌の病原性，微生物制御技術や検査技術の開発状況，消費者の関心などの情報から食品安全上の問題を特定し，リスクプロファイルとしてまとめる．次に，リスク管理措置が必要と判断した場合，健康被害の状況，達成すべき目標，リスク管理措置案を明確にしたリスク評価方針を作成し，リスク評価者（食品安全委員会）にリスク評価（食品健康影響評価）を依頼する．その後，評価結果をもとにリスク管理措置の特定と選択を行い，実施後にモニタリングと再評価を行う．

●リスク評価　Codex 委員会は，1999 年にリスク評価に関する原則とガイドライン（Codex 1999）を作成した．リスク評価は，①ハザード（危害要因）の特定，②ハザードの特徴づけ，③暴露評価，④リスクの判定からなる科学に基づいた一連の過程である．2011 年 10 月 1 日から生食用牛肉に適用された「生食用食肉の規格基準」（平成 23 年厚生労働省告示第 321 号）を例に説明する．2011 年の腸管出血性大腸菌集団食中毒事件（患者数約 170 名，死者 4 名）に対応するため，厚生労働省は新たなリスク管理措置が必要と判断し，対象食品を牛肉，対象微生物を腸管出血性大腸菌とサルモネラ属菌，この組合せによる食中毒の年間死者数を 1 名未満にするためのリスク管理措置案を作成した上で，食品安全委員会にリスク評価を依頼した．食品安全委員会は，リスク評価の過程を通じ，提案された措置案が妥当であると結論した．例えば，食中毒の最少発症菌数を 0.04 個/g と推定し，厚生労働省が提案した 0.014 個/g という摂食時安全目標値（FSO）は，3 倍程度安全側に立ったもの，また，FSO の 1/10 を達成目標値（PO）としたことも相当の安全性を見込んだものと評価した．さらに，腸内細菌科菌群を指標とした規格基準案についても，生食用牛肉の PO を 95% の信頼性で確認できるものであると評価した．

●リスク管理措置の今後　フードチェーンから食中毒菌を完全に排除することは不可能（リスクゼロは存在しない）である．このため，具体的な目標を設定した上で，なるべく多くの選択肢の中から，最も効果的かつ実現可能性が高いもの（組合せ）を選択し，また，その効果が最大となるよう確実に実行しなければならない．そのためには，消費者を含めたすべての関係者の理解と協力が必要であり，行政施策の透明性や消費者の信頼性の確保の観点を考慮しても，フードチェーンアプローチに基づくリスクアナリシスは積極的に行われていくだろう．

［佐々木貴正］

9-5

新技術のリスク管理：遺伝子組換え，ナノテクノロジー

農業や食料生産には常に新たな技術が導入されてきたが，特に近年の科学技術の革新に関しては，メリットだけではなく，健康や環境に対する安全性の面からも適切な評価を行いつつ利用することが課題となってきた．遺伝子組換え技術やナノテクノロジーも例外ではない．以下では，これらを事例として，新技術のリスク管理の基本的考え方と課題について，環境安全への対応も含めて概説する．

●遺伝子組換え技術とは　遺伝子組換え（以下 GM）技術は，他の生物の DNA の一部を取り出し，これを別の生物の DNA に導入し発現させる技術である．これにより交配不可能な生物間でも DNA の導入ができる．1973 年のコーエンとボイヤーが行った実験により最初に確認された．その後，GM 微生物や作物，動物が開発され，商業化されている．さまざまな特性の付与や改変，例えば除草剤耐性，害虫耐性や環境ストレス耐性，有用物質生産などを目的として GM 生物が作出されている．以下では，基本的に作物への適用を念頭において説明する．

GM 作物の規制は，日本国内では，食品安全に加えて，環境安全や飼料安全の観点からも関連法（食品衛生法，カルタヘナ法，飼料安全法）に基づいて実施されている．リスク管理は使用目的に応じて関係省庁が所管している．例えば，GM 作物の野外栽培であれば，環境省と農林水産省がリスク管理（拡散防止措置等）を所管し，GM 食品の認可に関しては，厚生労働省が所管している．食品安全性審査は，リスク評価機関（食品安全委員会など）が担当する．

リスク管理のあり方に関しては，国際的にも大きな論議を呼び，さまざまな場において食品安全・環境安全の両面から検討されてきた．特に OECD や Codex 委員会，カルタヘナ議定書締約国会議での検討が重要な場となっている．同議定書は組換え生物が国境を越えて移動する際に，生物多様性への影響を回避すべく，事前合意手続きやコモディティの取扱い，情報交換センターの役割などを取り決めたものである（小林，2005）．近年のリスク管理上の課題としては，国家間での GM 作物認可の時間的ずれに伴う，未承認 GM 作物の微量混入問題や，生物多様性に対する損害をめぐる責任と救済の問題が挙げられる．

国際的には，EU のように予防原則を重視し，GM 生物への独自の規制を導入してトレーサビリティや義務表示などを課している地域がある一方で，アメリカのように新法を制定せず，既存法の枠組みの中で規制している国も存在する．アメリカの政策は，GM 作物が世界で最も栽培されるなど，バイテク産業の振興上，

大きな役割を果たしたといえるものの，その後の新技術開発により規制ギャップ(GM 動物をいかに規制するかなど）が生じるというジレンマも存在する．

なお，GM 食品に関しては，わが国でも義務表示が 2001 年より導入され，消費者への情報提供を主眼とするが，トレーサビリティは義務づけられていない．

●ナノテクノロジーとは　ナノテクノロジー（以下，ナノテク）が世界的に注目された発端は，アメリカ・クリントン政権が開始した国家ナノテク・プロジェクト（NNI）である．ナノとは，10 億分の 1 メートル（10^{-9} m）の長さの単位を意味し，このような微細レベルで加工することにより，新たな機能や物性を発現させようとする技術である．電子機械から医療，エネルギーなどさまざまな分野での応用が期待されており，農業や食品への応用（食品素材，食品加工，食品計測，食品安全検知，製品製造など）も進みつつある（中嶋・杉山，2009）．具体的には，微細化により消化吸収を高めること，食感改善，検出感度の向上，包装資材のインテリジェント化などが応用領域として期待されている．他方，こうした特性変化は，急速な吸収や過剰摂取，細胞などへの直接侵入，体内や環境中での動態予測の困難などの点で安全性への懸念を生じさせる．サイズを微細化したことによる特性や挙動の変化に伴うリスクが指摘されており，知見の蓄積が求められている．

特にナノテクにおいては，その応用領域が広いこと，また知見の蓄積も十分ではなかったことから，ナノマテリアルをどのように定義・分類・測定するかという点が最初の課題となった．新技術のリスク管理においては，管理する対象を明確化すること自体が挑戦的な課題となる場合が存在する．定義と規制は表裏一体の関係にあり，科学的知見の蓄積がない段階でリスク管理を検討しなければならないというジレンマが常に存在する．なお，定義の問題は GM 生物においても近年生じつつある．すなわち，ゲノム編集技術など新しい育種技術由来の生物が GM 生物に該当するかどうかという問題が検討されている．

ナノテクの食品応用に関して，リスク管理の枠組みを導入している国はほとんどないものの，EU では，ナノマテリアルに関する横断的定義のもとで，製品分野ごとの規制および最終製品（食品や化粧品など）に対する表示が制度化されている．

ナノテクは萌芽的な科学技術であったことから，そのリスクガバナンスにおいては，市民の意見を研究の上流段階から考慮すべきという観点が提起された（英国王立協会など）．これは GM 作物をめぐる市民社会による検討が，市場化された後に提起されたことへの反省によるものである．

なお，新技術のリスク管理の外延には，不確実性や多義性，無知といった科学の不定性（本堂，2017）が存在している点を忘れてはならない．　［立川雅司］

9-6

動物感染症・人獣共通感染症のリスク管理とリスク評価

動物感染症は，密飼いの進む畜産業において最大の経済的リスクといえる．斉一性の高い個体を多頭羽群で飼養管理する場合は，感染症への感受性も群内の個体間で似通っているため，感染症発生時に損失が拡大するからである．動物感染症の中にはヒトにも感染して病気を引き起こすものがあり，これを人獣共通感染症と呼ぶ．インフルエンザやエボラ出血熱など，ヒトの新興・再興感染症は動物由来の感染症である場合が多い．また，動物用医薬品の過剰な使用による耐性菌の出現も，ヒトの公衆衛生上重要な問題となっている．近年では，ヒトの健康は動物衛生や環境（生態系）と密接に関連するようになり，それぞれの分野が連携して感染症をコントロールする必要があるという“One Health”アプローチが提唱されている．このように動物感染症のリスク管理は畜産業における経済的リスクを超えて重要になっている．人獣共通感染症のコントロールに際しては，野生動物や愛玩動物の感染症リスク管理も重要であるが，本項目では家畜に限定して解説する．また，リスク評価については各国・地域の疾病リスクステータス評価を中心に解説する．

●国際貿易と動物感染症・人獣共通感染症のリスク管理・リスク評価　人と動物のグローバルな移動は，動物感染症侵入のリスク要因となる．1920年，インドからブラジルに向けて輸出された牛が経由地のアントワープ港（ベルギー）において牛疫を発症した．これを契機に家畜貿易と獣医衛生に関する国際的な調整の場の必要性が認識され，1924年に国際獣疫事務局（Office International des Epizooties, OIE）が設立された．WTOにおけるSPS協定（☞9-1）では，各国のSPS措置が国際的な基準，指針または勧告に基づくことが求められており（3条1），また，各国が関連国際機関の定めるリスク評価の方法に沿って科学的にその保護水準を正当化できる場合に限り，国際的な基準等に基づく措置よりも高い保護水準をもたらすSPS措置を維持できることが定められている（3条3，5条1）．OIEは，動物衛生および人獣共通感染症に関する国際的基準・指針・勧告をとりまとめる機関として指定されている（SPS協定の附属書Aの3）．

動物感染症，人獣共通感染症に関して，家畜および畜産物の輸出入の際に国や地域レベルで重要となるのが，その疾病の無発生地域であるかどうかというリスクステータスの証明である．無発生地域であることを証明できれば，家畜や畜産物の輸出の道が開かれるだけでなく，発生地域からの輸入を制限する理由ともなる．獣医公衆衛生上重要な 7 つの疾病（アフリカ馬疫，牛海綿状脳症（BSE），豚コレラ，牛肺疫，口蹄疫，小反芻獣疫，牛疫）については，各国からの申請に基づいて OIE が国やその一部地域のリスクステータス評価を行い公表している（牛疫は 2011 年に撲滅が宣言された）．鳥インフルエンザなどその他の重要な疾病については，OIE の陸生動物衛生規約の規定を参照して，各国の獣医衛生当局が自国や地域のリスクステータスを宣言している．リスクステータスは，BSE の場合，過去に発生例のある国では，リスク評価の実施に加え，① B 型サーベイランス実施（5 万頭に 1 頭の BSE 感染牛検出が可能），過去 11 年間自国で出生した牛に発生がない，反芻動物由来の肉骨粉の反芻動物への給与禁止（飼料規制）を 8 年以上実施等の条件を満たせば「無視できるリスク国/地域」，② A 型サーベイランス（10 万頭に 1 頭の BSE 感染牛検出が可能），飼料規制の実施等がなされていれば「管理されたリスク国/地域」，③それ以外は「リスク不明国」に分かれる．口蹄疫の場合は主として過去 12 カ月間の状況に基づいて「ワクチン非接種清浄国/地域」，「ワクチン接種清浄国/地域」，「汚染国/地域」のステータスが分かれる．それぞれのステータスに応じて輸出入に際しての条件が異なっている．

●国内におけるリスク管理とリスク評価の例　飼料規制等が徹底された結果，わが国では 2009 年 1 月を最後に BSE の発生は確認されておらず，2012 年には OIE より「無視できる BSE リスク」国の認定を受けている．食品安全委員会による BSE 対策の見直しに係る食品健康影響調査（リスク評価）の結果，人への健康影響が無視できるとして，と畜場における健康牛の BSE 検査は 2017 年 4 月から廃止されている．

●わが国の法制度　わが国では，**家畜伝染病予防法**とその施行規則において，監視・届出を必要とする家畜伝染病，伝染性疾病が定められている．その中で，口蹄疫，BSE，高病原性・低病原性鳥インフルエンザ，豚コレラ，牛疫，牛肺疫，アフリカ豚コレラについては，特定家畜伝染病防疫指針（以下，防疫指針）が作成されている．防疫指針においては，例えば口蹄疫の場合，基本方針のほか，発生時の諸対応（届出，検査，移動/搬出制限区域の設定，殺処分，埋却，（特別）手当金に係る家畜の評価，ワクチンの取扱いなど）が定められている．生産農家が法に従うように，インセンティブとして，口蹄疫，高病原性鳥インフルエンザ等では，患畜・疑似患畜として処分される家畜に，手当金（患畜は評価額の 1/3，疑似患畜は評価額の 4/5）に加えて特別手当金が交付され，評価額全額が補償されるが，通報や飼養衛生管理基準の不遵守が認められた場合には手当金が減額・不交付となるという措置が設けられている．

［山口道利］

9-7

食品を介した放射性物質のリスク管理

東日本大震災で東京電力福島第一原子力発電所の事故が起こり，環境中に放射性物質（主に放射性セシウム［Cs-134，Cs-137］と放射性ヨウ素［I-131］）が放出され食品も汚染された．この意図せぬ汚染のリスク管理の基本は，ALARAの原則（☞9-3）である．

●放射性物質のリスク評価　放射性物質が放射線を出す能力を放射能と呼び単位はベクレル（Bq）である．放射線にはアルファ線，ベータ線，ガンマ線といった異なる種類とエネルギー量のものがあり，それらによる人体影響はシーベルト（Sv）で表現する．事故直後，厚生労働省は当時の原子力安全委員会が定めていた「原子力災害時の飲食物摂取制限に関する指標」を暫定規制値として採用した．その後食品安全委員会が食品健康影響評価を行い，生涯における追加の累積線量としておおよそ100 mSvを指標とすると評価した．それを受けて各省庁での審議，協議を経て，2012年4月1日から新しい基準値が施行されている（表1）．

●基準設定の考え方と海外比較　食品中の放射性物質の濃度（Bq/kg）から食品由来の被ばく（mSv）を計算するには，濃度（Bq/kg）に食品の摂取量（kg）と実効線量係数（放射性核種により異なる値）を掛ける．食品の放射性物質の基準値はセシウムのみが定められているが，事故で放出された放射性物質のうち半減期が1年以上のすべての放射性核種（セシウム134，セシウム137，ストロンチウム90，プルトニウム，ルテニウム106）を考慮した上で，被曝線量が年間1 mSvを超えないように設定している．追加線量の上限を年間1 mSvとするのは国際的には標準的な考え方であるが，日本は流通する食品の50%が放射性物質に汚染されているという仮定をしているためCodex委員会やEUとは基準値が異なる（表2）．

表1　日本の，食品中放射性物質に関する指標値の変遷（放射性セシウム134と137の合計）

（単位：Bq/kg）

時期	1986年11月～	2011年3月17日～2012年3月31日	2012年4月1日以降
規制値	輸入食品　370	飲料水　200 牛乳・乳製品　200 野菜類・穀類・肉・卵・魚・その他　500	飲料水　10 牛乳　50 乳児用食品　50 一般食品　100

表2 海外の食品中放射性物質に関する指標 (単位：Bq/kg)

核種	日本	Codex 委員会	EU	米国
放射性セシウム	飲料水 10 牛乳 50 乳児用食品 50 一般食品 100	乳児用食品 1,000 一般食品 1,000	液状食品 1,000 乳製品 1,000 乳児用食品 400 一般食品 1,200	すべての食品 1,200
追加線量の上限設定値	1 mSv	1 mSv	1 mSv	5 mSv
放射性物質を含む食品割合の仮定値	50%	10%	10%	30%

ただし，その国の基準が日本と異なっていても，日本産の輸入食品に対しては日本の基準値をあてはめる場合がほとんどである．他の基準に対しても同様の措置がされ，日本でも輸入食品についても同じように対応している．

図1 Radura マーク（Codex 委員会）

●食品照射について 放射性物質のリスク管理とは別であるが，食品照射についても簡単に述べる．食品衛生法において食品に放射線を照射することが認められているのは，製造工程または加工工程の管理のために照射する場合と特別の定めのある場合のみである．前者は食品の吸収線量（物質が吸収するエネルギー量，単位グレイ Gy）が 0.10 Gy 以下に限られ，異物混入の検査や品質管理目的で広く使用されている．後者が一般的に食品照射といわれるもので，日本ではばれいしょの発芽防止にコバルト 60（ガンマ線）を用いて最大 150 Gy までが認められているのみである．照射した食品には「放射線を照射した旨」の表示義務がある．世界では 60 カ国以上が害虫管理（植物検疫）や微生物による食中毒予防などを目的に食品への放射線照射を認めていて，10 kGy（キログレイ）までの照射では食品の安全性に問題はないと評価されている．認められている線量で照射された食品が放射能をもつ（放射化する）ことはない．放射線照射の利用が多いのは乾燥スパイス類で，化学物質を使わず，熱による風味の損失も少ないため EU はじめ各国で主な殺菌方法として利用されている．照射食品には表示が義務づけられていて，一般的に Radura マーク（図1）が使われる．

［畝山智香子］

9-8

費用便益分析・損失評価

リスクアナリシスの枠組みでは，リスク管理においてリスク管理措置の選択肢を立案・評価する際に，その対策による費用と便益を考慮することが求められている．**費用便益分析**とは，ある事業によって社会にもたらされる便益と事業に伴う費用を検討することによって，その事業を実施するかの判断や代替案の比較評価を行うものである．しかし現在までのところ，わが国の食品安全や家畜疾病管理の分野における公的プロジェクトでは，費用便益分析が適用された例はなく，ガイドライン等も制定されていない．そこで本項目では，獣医疫学分野における家畜疾病管理に重点を置いて，費用便益分析とその基礎となる**損失評価**の考え方について解説する．

●家畜疾病管理における費用便益分析　便益や費用は，ある一時点のみで発生するのではなく，多期間にわたって，しかも不均一に生じることが多い．獣医疫学分野を中心に**経済疫学**として費用便益分析が利用されてきたこれまでの目的は，費用の生じるタイミングと便益の生じるタイミングのずれを調整し，長期的な家畜疾病対策の有効性を評価することにある．異なった時点間での便益や費用を比較するには，将来の価値をある割引率 r で割り引いて現在の価値（現在割引価値）に戻した上で比較する．しかし，費用便益分析は，特定の事業体における投資案件ではなく，本来は冒頭にも述べたとおり公益的な事業に対する評価を行うためのものである．家畜疾病管理においても，個別畜産農家を対象とするある事業の効果が当該畜産農家を超えて周囲の農家や周辺産業等にも生じ，公共政策に似た状態になるケースが存在する．このとき，その事業の受益者が直接の費用負担者と異なる場合，事業の社会的な費用対効果を知るためには，外部性を取り込んだ便益評価が必要となる．家畜疾病に関してこの種の費用便益分析が行われたケースは管見の限り存在しない．人のカンピロバクター症に対する鶏肉フードチェーンの対策を，DALY（障害調整生命年）を効果指標として評価した費用効果分析の例として，オランダのCARMA プロジェクトが挙げられる．

●家畜疾病の損失評価　家畜のへい死・殺処分による損失（死廃損失）は，その時点での家畜の評価額と同じである．例えば，市場価格で評価する場合には，過去の畜産生産額や家畜共済の評価額（共済価額）を利用して，これに事故率を乗じることによって推計することができる．ほかに指標となる価格が存在する場合には，その価格に事故頭数を乗じてもよい．このようなデータは，特に評価の地理的範囲が大きい場合に入手が容易であり，迅速な推計には適するが，死廃時点での評価額からの誤差が大きいという欠点がある．また，いずれも平均値やその他の代表値を用いた評価となるため，個体差が大きい場合には誤差を考慮してより細分化されたデータを利用することが望ましい．死廃事故には至らない損失として，疾病によって生産性（増体，乳量など），生産物の品質（肉質，乳質など），あるいは繁殖成績が低下するという形で生じる損失（有病損失）がある．評価の範囲が大きいときには，市場供給量の増減に伴う価格の変化について考慮する必要がある．また，出荷される生産物の質・量には影響がないが，疾病のために飼養期間が延長するなど生産コストの増加がみられる場合には，この費用の増分によって損失を評価することができる．治療や予防のための費用については，個別の畜産経営からみれば，診療費は家畜共済によってカバーされるために支払いが生じず損失とならないのに対し，社会的にみれば，このような支払いが生じない診療コストについても損失として計上する必要がある．

●周辺産業の損失評価　家畜伝染病制御のための移動制限に伴う，イベント等の自粛や地域の観光等周辺産業に与える影響も，家畜疾病による重要な間接的損失と考えられる．これらの損失については，売上変動に関する事業者向けアンケート調査等追加的な調査によって材料を収集することが考えられる．また，産業連関分析によって，家畜疾病による畜産生産額の減少額が畜産以外の産業にどれだけ波及するかを推計することができる．産業連関分析に用いる産業連関表は，国や都道府県などの単位で，複数の産業分類について公表されており，108 部門表以上の分類になると畜産業が独立した部門として取り扱われている．各産業の生産額への一次的な波及効果を推計するには，家畜疾病による畜産業の最終需要の減少を，公表されている逆行列係数表の畜産業に該当する列に乗じればよい．各産業に波及的に生じた損失は，それぞれの産業の雇用者所得を減少させ，それが最終消費の減少を招いてさらに各産業の生産減少をもたらすことになる．これを二次的な波及効果と呼び，産業連関分析ではこの二次的波及効果まで推計されることが多い．

以上で紹介した損失評価の手法は，現状では乳房炎などの日常的な生産病による損失を金銭評価してその予防や治療の経済性を示したり，事後的な被害を評価する際の使用に留まっているが，今後はリスク管理措置の比較検討においても使用されることが望まれる．

［山口道利］

9-9

農産物・畜産物生産現場の衛生管理と監視の仕組み：一般衛生管理（GAP）

農畜産業など一次生産段階ではどのような衛生管理が求められ，その実施の監視（つまり，確実に実施されているかをチェックする）はどのようになされるのだろうか．食品の生産においては，生産する作業環境を衛生的に整える管理（調理器具や作業者の手・衣服の衛生を保つなど）と，生産工程上の衛生管理（病原菌の死滅に必要な温度と時間で加熱するなど）が重要である．前者の，**作業環境の衛生**を整えることに重点を置き，生産工程の基本的な衛生の管理を含むものが「**一般衛生管理**」であり，その適正実行規範がGHPと呼ばれる（新山，2010）．その農業生産に関するものが**GAP**（Good Agricultural Practice：適正農業規範）である．後者の生産工程上の衛生管理について，工程において重要な管理点を定め，そこを重点的に管理していくのがHACCPシステム（☞9-10）であり，このHACCPシステムが機能するには一般衛生管理の実施が必要となる．とりわけ一次生産段階においては一般衛生管理が重要となる．実務的なGAPには食品安全，環境保全，労働保全が含まれるが，この項では食品安全のみ扱う．

Codex委員会が食品衛生の規範（CAC 2003）を提示しており，そのセクションⅢにおいて，GAPにあたる一次生産段階における一般原則が示されている．そこに含まれる内容・項目は，圃場環境や水，設備の衛生管理，作業者の衛生管理などであり，生産段階で食品の安全性を確保するのに役立つ管理項目とされる．なお，生鮮果実・野菜に対しては，Codex委員会により「生鮮果実・野菜衛生実施規範」が作成されている．Codex規範をもとに農林水産省により「栽培から出荷までの野菜の衛生管理指針」の他，スプラウトに対しても衛生管理指針が策定されている．

●農業生産工程管理（GAP）の共通基盤に関するガイドライン　日本では，都道府県や農業生産者団体などさまざまな主体が独自にGAPを推進してきた．また民間団体によるGAPおよびその認証制度もある．そのような中で，農業者・産地が取引先から異なる要求を求められることがあり，混乱と負担が懸念されることから，平成22年に農林水産省により「農業生産工程管理（GAP）の共通基盤に関するガイドライン」が提示された．ここではGAP項目の共通基盤として，野菜など5品目に対して，実践が奨励される取組みが示された．例えば野菜に関しては，次のように7区分され，合計16の項目が示されている．それは「ほ場環境の確認と衛生管理（1項目）」「農薬の使用（無登録農薬の使用禁止や農薬の適正使用など4項目)」「水の使用（1項目)」「肥料・培養液の使用（2項目)」「作業者等の衛生管理（2項目)」「機械・施設・容器等の衛生管理（4項目)」「収穫以降の農産物の管理（2項目)」である．このような実践の奨励（共通基盤）の根拠として挙げられているものの多くが，上記のCodex委員会の衛生規範や，上述の野菜の衛生管理指針等である．その中で法律や省令で義務化された項目は，農薬取締法等による農薬の使用にかかわる3項目に留まり，少ないことがわかる．

●衛生管理の実施，監視と認証制度　このように日本では，農産物生産に関して共通のGAP項目，ひいてはCodex規範の義務化はほとんどなされておらず，自発的な取組みの普及とその支援が行われてきた．上述のような衛生管理指針も策定され，実施が推奨されているが，義務項目になっていない場合には，例えば，食品衛生法に基づいて保健所が食品事業者に対して実施する食品衛生管理指導のような，公的な実施のチェック・監視の仕組みは整えられていない．日本では，一次生産段階の食品衛生管理の促進のために，GAP認証取得の拡大や，日本版の国際的な認証制度創設が政策的に推進され（農林水産省ウェブサイト)，GAP認証の取得が注目を浴びているが，その背景には，一次生産段階においてGAPに関わる要件が義務化されておらず公的な監視制度が整えられていないことがあると考えられる．

一方EU（欧州連合）では，農産物・畜産物等の一次生産段階に対しても，食品衛生規則において，Codex規範に対応する項目が義務化されており，米国でも食品安全強化法により農産物の生産・収穫・包装・保管に対する基準が制定されている．さらにEUでは，一次生産段階を含めてすべての食品事業者に対して，食品衛生要件の遵守を公的に監視する仕組みを整えることが，各加盟国に義務づけられている．原則をこのように定めた上で，民間認証制度を取得している場合には，監視の頻度を下げたりする等の取組みがなされている．

●畜産物生産現場の衛生管理　畜産物の生産現場における衛生管理について補足する．家畜伝染病予防法に基づいて，飼養衛生管理基準が定められ，家畜飼養者には，衛生管理区域への病原体の持込みを防止し，衛生状況を確保するための措置などの遵守が義務づけられているため，畜産物生産では，一般衛生管理にあたる要件も一部義務化されていると考えられる．また都道府県の家畜保健衛生所が存在し，飼養衛生管理の指導を行っている．なお，農林水産省により，「家畜の生産段階における衛生管理ガイドライン」および牛肉，豚肉，鶏肉，鶏卵に対し畜種別のガイドラインが作成されている．

［工藤春代］

9-10

食品製造現場の衛生管理と監視の仕組み：一般衛生管理とHACCP

加工食品や調理済み食品，飲料品を製造する現場では，食品衛生に関する国の政策や規則を受けながら，事業者自らによる食品の安全性を担保する方策がとられている．すべての食品製造業者にとって衛生管理の基本となるのが，**一般衛生管理**である．この一般衛生管理を基礎として，特定の危害要因を標的としたHACCP（Hazard Analysis Critical Control Point）管理方式を構築することがCodex委員会より推奨されている（CAC：2003）．本項目では，食品製造の現場における一般衛生管理，HACCPそして自治体が行う食品衛生監視指導について述べる．

●食品製造現場における一般衛生管理　農業などの一次生産段階（☞9-9）と同じく，加工や流通などの二次生産段階でも一般衛生管理は食品の安全性を担保するための基本となる．食品製造の現場では，**適正製造規範**（GMP：Good Manufacturing Practice）などのプログラムがこれに相当する．一般衛生管理によって，施設，設備そして従業員の衛生管理，食品や使用水の取り扱い，鼠族，昆虫への対策などの基礎的衛生管理が実施されることで，作業環境の衛生を確保し，食品の二次汚染を防ぐことができる．また，一般衛生管理のような基礎的衛生管理が達成された施設でなければ，HACCPは機能しない．

●HACCP（Hazard Analysis Critical Control Point）による工程監視　HACCPとは，食品の原料の納入から，製造，出荷までの各工程において行う衛生管理の手順であり，一定の手順によって工程を管理・監視することで，問題のある食品の生産や出荷を未然に防ぐことを目的とする．HACCPは大きく以下のステップからなる．まず工程において発生し得る危害要因とその危険度を確認する（**Hazard Analysis**：HA）．次に確認された危害要因に対して**重要管理点**（CCP）を特定し，その重要管理点を継続的に監視，記録するというものである．

食品または食品群に存在する可能性のある危害要因のうち，HACCPでは食中毒の原因となる病原微生物（生物学的危害因子）が主な管理対象とされる．加えて，貝毒やヒスタミン等の化学的危害因子，金属片等の物理学的因子も管理対象として設定することも可能である（今城，2017：p.16）．そして，重要管理点とは，対象とする危害要因を排除したり，許容レベルまで減少させるために設定する管理点である．その管理を外れれば許容できない健康被害や品質低下を招くおそれのある工程中の地点や管理方法を指す（例えば，微生物制御のための加熱工程など）．監視，記録とは，重要管理点で，管理項目を決められた方法と管理基準によって監視（モニタリング）し，それを記録することを指す．これは，工程や食品中の病原微生物等の危害因子の状態を直接監視するのではなく，それが制御できているかを，管理方法と基準（加熱温度や消毒液の濃度など）の監視によって確認するものである．これによって継続的な監視がしやすくされている．さらに，重要管理点において管理基準から逸脱した場合の修正措置を定めておく．例えば，工場の停電等により重要管理点である加熱温度が一時的に低下した場合などに，どのような手順で修正作業を行うのか，その時間帯に製造された商品はどのように取り扱うのか等についてあらかじめ手順を設定しておき，管理基準からの逸脱時にはこの手順に沿った対応をとる．これらの手続きはCodex委員会により7原則12手順として定められている（CAC 2003）．欧州連合加盟国では，2006年から農業生産段階を除くすべての食品事業者にHACCP原則に基づいた衛生管理の導入が義務化されている（European Commission 2004）．米国でも食肉，食鳥，卵等に関してHACCP原則に基づいた衛生管理の導入が義務化され（Federal Register 1996），さらに，食品安全強化法により，食品施設は危害分析と予防管理，その監視を含む食品安全計画を実施しなければならないことになった．

2018年6月の食品衛生法の改正により，国内でも原則としてすべての食品等事業者に，一般衛生管理と「HACCPに沿った衛生管理」（食品衛生上の危害の発生を防止するために特に重要な工程を管理するための取組）の実施が求められることとなった．ただし，規模や業種等を考慮した一定の営業者については，「HACCPの考え方を取り入れた衛生管理」（取り扱う食品の特性等に応じた取組）とすることが認められている（HACCPに関しては2020年に施行の予定．ただし2021年までは現行基準が適用される）．

●食品衛生監視指導　食品衛生法とその関連法令の定めにより，都道府県および保健所を設置する市では，食品事業者への監視指導の実施に関する基本的な方向や重点的監視指導項目に関すること，監視指導の実施体制等について，毎年度，食品衛生監視指導計画を作成している．都道府県および保健所設置市ではこの計画に則り，食品衛生監視員等による食品事業者への監視と指導が実施され，年度ごとに実施状況が公表されている．多くの自治体ではウェブサイトで食品衛生監視指導計画とその実施状況を公開している．

2018年6月の食品衛生法の改正により，都道府県，保健所設置市の保健所が営業許可の更新時や通常の定期立入検査等の際に，一般衛生管理および「HACCPに沿った衛生管理」あるいは「HACCPの考え方を取り入れた衛生管理」の実施状況についても監視指導が行われることとなった．　［清原昭子］

9-11

食品のトレーサビリティと製品回収

食品のトレーサビリティは，主に欧州で1990年代頃から発展してきた仕組みである．日本では牛海綿状脳症（BSE）の発生を機に，2003年に一般食品への導入の手引きが策定され，同年BSE対策として牛・牛肉に義務化された．また，2010年には米・米加工品に義務化されるなど，取組みが進められてきた．

●食品のトレーサビリティとは何か　多くの専門家の間で受け入れられている食品のトレーサビリティの定義はCodex委員会の定義である．すなわち，**トレーサビリティ**とは，「生産，加工および流通の特定の1つまたは複数の段階を通じて，食品の移動を把握できること」（CAC, 2004 : p. 10，和訳は「食品トレーサビリティ導入の手引き」改訂委員会，2007 : p. 10）である．具体的には，次の2つのレベルにおける移動の把握が含まれる．

第1は，入荷先と出荷先の把握である．フードチェーンの特定の段階の事業者が，物流として，食品や原材料をどこから仕入れ，最終製品をどこに仕向けたか．こうした「一歩川上への遡及」と「一歩川下への追跡」ができることが，最も基本的な形のトレーサビリティである．

第2は，**ロット**ごとの**識別**と**対応づけ**である．「ロット」とは，「ほぼ同一の条件下において生産・加工または包装された原料・半製品・製品のまとまり」（「食品トレーサビリティ導入の手引き」改訂委員会，2007 : p. 13）を指す．例えば，水産物の缶詰の製造業者が原料の冷凍魚を魚種，入荷日，入荷先ごとに分けて保管する場合，同じ魚種・入荷日・入荷先の冷凍魚が1つの「原料ロット」として扱われていることになる．また，この製造業者が缶詰を品名，製造日ごとに分けて取り扱うならば，同じ品名・製造日の缶詰が1つの「製造ロット」ということになる．このように事業者が，原料や製品のロットの作り方を定め，識別記号を割り振り，ロットごとに原料や製品を管理できるようにする．その上で，事業者が識別記号を用いて，①原料ロットと入荷先，②原料ロットと製品ロット，③製品ロットと出荷先との対応関係を記録し（対応づけ），④原料/製品ロットとその取扱いの記録も対応づける．こうして各々のロットの移動を把握できるようにすることが，トレーサビリティのもう1つの形である．

●食品の安全確保におけるトレーサビリティの役割――製品回収への寄与　一般衛生管理（☞9-9）や危害分析重要管理点方式（HACCP）（☞9-10）は，食品の汚染を防ぐ予防的な措置である．一方，万が一に食品が汚染された場合には，そ

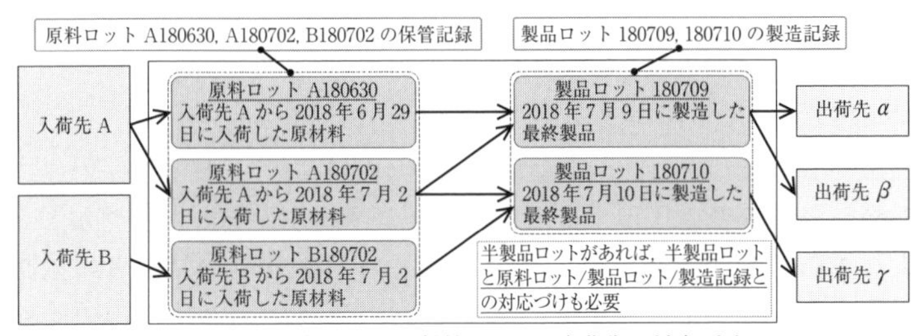

図 1　ロットごとの識別・対応づけの模式図

の食品が消費者の手に渡る前に，事業者がこれを迅速に回収して消費者への被害の波及を防がねばならない．そのために役立つのがトレーサビリティである．

事業者が製品回収を行う上では，最も基本的なレベルでのトレーサビリティ（入荷先と出荷先の把握）が確保されていることが，最低限の条件となる．自社の特定の製品が危害要因に汚染されていることがわかっても，事業者がその製品の販売先を把握できていなければ，流通過程から製品を回収することはできない．逆に，原材料の仕入先で汚染事故が生じたとしても，現に事故発生の期日に，その仕入先から原材料を入荷していたかについて，正確な記録がなければ，迅速で適切な製品回収の判断は困難である．したがって，事業者は事故の発生に備え，**入荷の記録**（品名，入荷日，入荷先，数量）と**出荷の記録**（品名，出荷日，出荷先，数量）を作成・保存しておくことが望まれる．なお，米国のバイオテロリズム法や欧州連合の一般食品法（EC 規則 No. 178/2002）は，食品等の入荷先・出荷先を特定できるようにしておくことを事業者に義務づけている．

一方で，事業者がロットごとの識別と対応づけの記録を残している場合，自社製品の汚染の原因を特定しやすい．例えば，製造業者において最終製品のロットとそれに使用した原料ロットとの対応関係がわかり，各ロットの製造記録（モニタリング記録等）が保管されていれば，最終製品の検査で異常が検知されるなどしたときに，事業者は，その製品ロットの製造記録を調べ，工程を遡って異常の有無を確認でき，異常があれば原因究明に取りかかれる．原料ロットの仕入先にその製造状態を照会することもできる．結果として特定の製造時間，製造ライン，原料ロットに問題があったとわかれば，事業者は，それらにより製造された最終製品ロットをロットの対応づけの記録から特定し，当該製品だけを回収でき，事業者の負担や社会不安の抑制につながる．　　　　［山本祥平］

9-12

食品事故への危機管理

食品汚染から消費者を保護するには，汚染の予防が最上の方法だが，人間のミス等により予防措置が破たんし，例えば2000年の飲用乳製造業者の低脂肪乳による集団食中毒のような，大規模な事故に発展する例が幾度となくみられた．そのため汚染事故の完全な予防は不可能との観点から危機管理が重要視され，国際機関や政府機関が国・事業者レベルの対応の指針を発出してきた（農林水産省，2015；消費者庁，2015；WHO, 2008；FSIS, 2013；CFIA, 2018 など）.

●危機管理とは何か——リスク管理との違い　「危機管理」の定義については，「リスク管理」と混同されることもあるが，食品安全の領域では，「リスク管理」は，食品中の危害要因によるリスクを社会的に許容可能な水準に抑えるための管理措置を指し，事業者のレベルでは，一般衛生管理やHACCP（☞9-10）といった食品汚染の予防措置の実施が含まれる.

他方，「**危機管理**」とは，予防措置が功を奏さず，食品の汚染事故が実際に発生し，多数の消費者に健康被害を与える事態の兆候が感知されたときに，その被害を抑制することに関わる一連の管理過程を指す．このうち事業者レベルの危機管理にあっては，①製品の不適合を示唆する情報をつかみ，危機の発生の有無を判断すること（**危機発生の探知**），②必要な措置を講じて被害の拡大を抑制すること（**緊急事態対応**），③不適合品に含まれる病因物質や，不適合が生じた場所と原因を特定すること（**汚染様態の調査**），④事故発生の原因や，危機管理の実施に伴う不手際を改善すること（是正措置），⑤これらのタスクを実施するための平常時の準備（**事前準備**）が含まれる（山本，2012）．危機発生の探知から緊急事態対応までの作業内容，これらと並行して実施される汚染様態の調査の作業内容，およびこれらの事前準備は，以下のとおりである.

●危機発生の探知の手順と事前準備　危機発生の探知では，まず社内の各部署が，自社の生産現場，仕入先，販売先，行政機関や消費者から発せられる危機の兆候を適切に捉え，製品の安全性を評価する能力のある部署（品質保証部等）に速やかに報告して一元化し，かつ対応の遅れを避けるために関連部署間で共有する.

その上で，例えば同様の条件下（製造日，原材料など）で作られた製品に複数の不適合が報告された事実や，汚染様態の調査の結果などをもとに，事業者は，緊急事態対応の必要性を検討する．緊急事態対応が必要と判断される場合には，事業者はタスクフォースの招集，保健所などの管轄官庁との連携が必要になる．

なお，危機発生の探知に有用な事前準備としては，手順書の作成や訓練のほか，製品に対する苦情・照会を記録するためのファイルの作成，危機の兆候に関する情報を各部署から品質保証部等の担当部署に一元化するための報告経路の整備，緊急事態対応の必要性に関する判断基準の明確化と社内共有などが挙げられる．

●緊急事態対応の手順と事前準備　緊急事態対応においては，まずトレーサビリティ（☞9-11）を活用するなどして，どこからどこまでの製品が不適合品に該当するのか（不適合品の範囲）を特定し，かつ不適合品の流通先をつかむことが求められる．その上で，不適合品の範囲や流通状況に照らし合わせて，事業者は，出荷停止，製品回収ないし撤去を行う．また消費者等への注意喚起と信頼関係の維持のためのプレスリリースも，緊急事態対応の要点となる．プレスリリースにあっては，正確な情報の提供はもちろん，情報を事業者が社内に留めおくなどして情報を隠ぺいしたとの印象を与えることのないよう，留意が必要である．

以上に加えて，事業者は，回収対象の製品の数量・流通状況・出荷先との連絡状況を確認するとともに，回収品の数量確認・隔離・処分を実施することが求められる．不適合品による健康被害の拡大が抑制されたと判断されれば，事業者は，所管官庁とも協議の上，緊急事態対応の終了を決定することになる．

なお，緊急事態対応の事前準備としては，手順書の作成や訓練のほかに対応を主導するためのタスクフォースを平時のうちに編成しておくことが挙げられる．編成にあたっては，関連部署の責任者・代理人をバランスよく配置することや，迅速な意思決定を損なわない程度の規模の組織にすることなどが要点となる．加えて，製品回収を行う上では，トレーサビリティの確保が欠かせない．最低限，入荷先・出荷先の記録の確保が必要であり，また回収を最小限に抑える上では，ロットごとの識別や対応づけの実施も求められる．プレスとの関係作りや想定問答集などの整備も重要な事前準備の1つである．

●汚染様態の調査の手順と事前準備　汚染様態の調査には，不適合品等の検査によって食品中の汚染物質を特定したり，トレーサビリティを活用して食品の取扱いの経路を迅速に特定し，食品に危害要因が混入した工程（汚染源）や背景（汚染原因）を把握したりすることが含まれる．これらの情報は，危機発生の探知や緊急事態対応の的確な実施に極めて有効だが，危機管理は時間との勝負であり，調査結果に不確実性が残る場合であっても，危機管理を進めねばならないケースもある．汚染様態の調査の事前準備としては，危機発生時の汚染物質の特定に向けた，自治体の検査機関等の連絡先の確認や関係の構築のほか，汚染源や汚染物質を特定するためのトレーサビリティの確保が挙げられる．　［山本祥平］

9-13

人々のリスク知覚とヒューリスティクス

食品に由来するさまざまなリスクについて，一般市民は自ら科学的リスク評価はできない．しかし，リスクを知覚し判断しており，その主観的評価は「**リスク知覚**（またはリスク認知）risk perception」と呼ばれる．市民のリスク知覚は科学的なリスク評価結果とは異なるため，専門家からみると，知識がないゆえに感情的で歪んで見えることがある．こうした考え方は「欠如モデル」と呼ばれる．しかしながら，市民は，人間の情報処理の特性を反映した方法でリスクを判断している．

●一般市民の確率の知覚とヒューリスティクス　人間のもつ認知能力や時間には限界がある．それゆえ，事象の生起確率といった数値の推定において，あらゆる情報を体系的かつ網羅的に精査することはなく，簡便な情報処理方法である「**ヒューリスティクス**」が用いられる．そこで推定された数値にはバイアスがかかっており，その値と科学的な推定値との間には差異がある．

人は事象の生起確率を判断するときに，事例の思いつきやすさによって推測することがある．これは「利用可能性ヒューリスティクス」と呼ばれる（Tversky and Kahneman, 1974）．大きく報道され目立ちやすい事象の生起確率は大きく見積もられ，ありふれた事象の生起確率は小さく見積もられる傾向がある．想像しやすい事柄や印象に残る事柄は，それが起こる確率も高いと判断されがちである．

確率を推定する際に関連する数値が与えられると，そこから推定を始め，調整しながら推定を行うこともある．これは「係留と調整ヒューリスティクス」と呼ばれる（Tversky and Kahneman, 1974）．結果的に，初めの数値にとらわれた推定につながる．

ある事象がXに属している，あるいはある事象がXにより生じる確率を判断するときに，その事象がXに似ている（Xを代表する）程度によって確率を判断することもある．この情報処理方法は「代表性ヒューリスティクス」と呼ばれる（Tversky and Kahneman, 1974）．似ている程度に基づいて確率が判断されるため，前提となる基準比率（例えば，食品の汚染率や疾病の罹患確率）は無視されてしまう．また，具体的で詳細なシナリオほど，条件が積み重なって頻度確率は低下するはずなのだが，より起こりやすいと知覚される傾向がある．

●一般市民のリスク知覚　1970年代以降の心理学分野で蓄積されたリスク知覚研究により，リスク知覚は感情的，情緒的プロセスによる直観的かつ経験的思考に依存するものであることが明らかにされている.

一般市民は「リスク」を判断するとき，そもそもリスクの定義（悪影響が起こる確率とその重篤度）に含まれる「確率」と「重篤度」を考慮しないことが多い.市民のリスク知覚は，概して対象とするリスクやハザード（危害要因）の質的特性の知覚から構成されている. Slovic et al.（1980）は，さまざまなハザードのリスク知覚に影響を及ぼす質的特性として，恐ろしさ，影響の遅延性，将来世代への影響，科学的な未知性，不公平性，制御不能性，非自発性などを報告し，「恐ろしさ」因子と「未知性」因子を抽出している. リスクないしハザードの質的特性の知覚以外にも，さまざまな要因がリスク知覚に影響を及ぼす. 個人のもつ一般的な**世界観**（運命主義，個人主義，平等主義，科学技術信仰など）や，リスクマネジメントに対する**信頼**，ハザードに対する**感情**ないし感情的なイメージ想起なども，リスク知覚やリスクの受け容れに影響を及ぼす（Slovic, 1999 など）.

性別や所属も，リスク知覚の違いを生み出す. 一般に男性よりも女性の方が，リスクを高く見積もる傾向がある. 市民が質的な特性を幅広く考慮してリスクを判断するのに対して，専門家は危害の確率や予測される死亡者数をもとにリスクを評価する. しかし，専門家のリスク知覚も状況依存的であり，専門分野外であれば素人としてのリスク判断となる. 専門家のリスク知覚といえども，所属，性別，世界観，感情などにより影響を受けることが指摘されている（Slovic, 1999）.

食品由来リスクについては，新山他（2011）により，健康被害の重大さ，体内蓄積・影響遅延，制御・回避困難，便益というリスク・ハザード特性因子に加え，知識，イメージ想起という個人因子，情報への曝露，規制措置や専門家・企業への信頼という社会因子がリスク知覚を構成することが明らかにされている. 特に「イメージ想起」がリスクの大きさの知覚や健康被害の重大さの知覚に及ぼす影響が大きいことがわかっている（新山他，2011 など）. これらの因子を背景に，食中毒の原因微生物，メチル水銀や残留農薬のリスクは高く，自然毒や遺伝子組換え食品，合成保存料は中程度，天然着色料やサプリメントのリスクは低く知覚される傾向がある. なお，食品分野においては一般に，自然由来のリスクは低く，人為的ハザードのリスクは高く見積もられることも指摘されている.

●リスク知覚とリスクコミュニケーション　相互理解を目指すよりよいリスクコミュニケーション（☞9-15）を展開するためにも，専門家や行政は，市民のリスク知覚や確率判断の特徴を理解し受け止めることが必要である. その上で，一方向的な情報提供ではない，双方向のコミュニケーションのあり方を探っていくことが望まれる.

［鬼頭弥生］

9-14

消費者の食品リスクに対する行動と風評

2000年以降，食中毒事件やBSEなど**食品安全性**を脅かすさまざまな事件や事故が立て続けに発生した．食品リスクに関する社会的な関心は大きく高まり，リスクアナリシスの視点から食品安全行政を再構築することが要請されることとなった．2003年7月にリスク評価機関として食品安全委員会が内閣府に置かれ，農林水産省や厚生労働省などリスク管理を行う主体からは独立したリスク評価が行われることとなった．また，2011年3月11日に発生した東日本大震災とそれに起因する東京電力福島第一原子力発電所での過酷事故は，日本社会のさまざまな側面に大きな影響をもたらしたが，事故により環境中に放出された放射性物質による食品汚染の問題により，消費者はこれまで経験したことのない食品リスクに直面した．

このような社会的状況のもとで，農業経済学においても食品リスクに対して消費者がどのように行動するかという点が重要な研究課題として認識され，さまざまな研究がなされている．

●リスクのもとでの消費者行動　リスクとは，ある危害が生じる確率とその危害の大きさを掛け合わせたものとされている．リスク下での意思決定理論として代表的なものは，カーネマン（D. Kahneman）とトベルスキー（A. Tversky）による**プロスペクト理論**（prospect theory）である（竹村，2015）．プロスペクト理論とは，端的にいえば，リスクあるいは不確実性のもとで，人がどのように行動するかを説明する意思決定理論である．そこで描かれる消費者行動の特徴として，①今までの経験や周辺情報に基づく評価基準（参照点）を基準としてとり得る行動の利得・損失が評価されること，②利得よりも損失の影響力が強いこと，③低い確率を過大評価する傾向などが挙げられる．これらによって，リスク下の行動で観察されやすい損失忌避性や**ゼロリスク**への希求などが説明される．

食品リスクのもとでの消費者行動を考える上でもう1つ重要な考え方として，意思決定におけるヒューリスティクスがある（☞9-12）．適切な意思決定のためにはさまざまな情報を処理する必要があるが，人間の情報処理能力（あるいはある種の資源になぞらえて認知資源と呼ぶこともある）には限界がある．認知資源が限られている状況では，それを節約させながら意思決定をするというモチベーションが生じる．その場合，意思決定の最適性を求めて膨大な情報を完璧に処理するよりも，過去の記憶にある印象やほかの人の行動などの情報を利用して意思決定を簡便化し，最適ではないまでもある程度満足できる結果を得られるよう意思決定をするということがしばしば観察される．このような簡便化した意思決定のあり方をヒューリスティクスという．リスクには評価が困難な確率事象が含まれており，それに対する評価には大きな認知資源が必要となる．そのためなるべく簡便に意思決定を行うためにヒューリスティクスが利用されることが多い．

●食品リスクと風評　ところで，食品安全に関わる事故では，しばしば「**風評**」による被害の存在が指摘されている．関谷（2011）によれば風評被害とは『ある事件・事故・環境汚染・災害が大々的に報道されることによって，本来『安全』とされる食品・商品・土地を人々が危険視し，消費や観光をやめることによって生じる経済的被害』と定義している．また，風評被害が発生する社会的な要因として，①大々的な報道ないしは情報提供が行われやすくなっていること，②消費者の安全・安心を求める傾向が強まっていること，③代替品を容易に求めることができることが指摘されている．

食品安全事故では本来の事故範囲を超えて，本来『安全』とされるような食品にも影響範囲が広がることがしばしば観察される．前述したように，プロスペクト理論によれば，人は損失の方をより重視し，また，起こりにくい事象ほど，その発生確率を過大に考える傾向がある．実際に健康被害に直面する確率が非常に小さくても，被害のリスクは過大に評価され，その結果，ゼロリスク希求が生まれると説明されている．さらに，Kasperson は忌避の対象が広範化する現象を**社会的増幅**（social amplification）と定義し，その要因の1つとしてヒューリスティクスの存在を挙げている．つまり，大量の情報提供によって安全事故の印象が強まることにより，事故と関連しそうな商品に関しては，認知資源の節約のために，正確なリスク評価を行わずに当該商品の購入をとりやめるという意思決定がなされるということになる．

現在の日本には代替品は豊富に存在しており，一生懸命考えて大量の情報を整理し適切なリスク評価を行うよりも，安全性に対する懸念がない他の商品を買ってしまった方が，意思決定を楽に行うことができることも多いだろう．「風評」というと，あたかも消費者の無理解や非合理性によるものと考えられることもあるが，リスクのもとでの意思決定を説明するプロスペクト理論やヒューリスティクスの存在を考慮すれば，限定的な認知能力しかもち得ない消費者による，一定の合理性をもつ行動の帰結であるとも考えられる．　［氏家清和］

9-15

食品分野のリスクコミュニケーション

「**リスクコミュニケーション**」は，食品のリスクアナリシス（☞9-2）を構成する3つの要素の1つである．Codex委員会において，リスクコミュニケーションは，「リスクアナリシスの全過程において，リスク，リスク関連因子やリスクの認知について，リスク評価者，リスク管理者，消費者，産業界，学界や他の関係者の間で，情報および意見を相互に交換すること．これにはリスク評価で見出された事実や，リスク管理の決定の根拠の説明も含まれる」と定義されている(FAO/WHO, 2006)．

●**リスクコミュニケーションの思想**　「リスクコミュニケーション」は，食品分野に限らずさまざまな分野にまたがる概念である．当初は一般市民に対して専門家が一方的に教導する技術として考えられていたが，National Research Council (1989) が関係者間の情報・意見の交換を重視する視点から，「個人とグループそして組織の間で情報や意見を交換する相互作用的過程である．それはリスクの特質について多種多様なメッセージと，厳密にリスクについてでなくても，関連事や意見またはリスクメッセージに対する反応やリスク管理のための法的，制度的対処への反応についての他のメッセージを必然的に伴う」と定義している．この理念はその後も引き継がれている．

●**食品分野のリスクコミュニケーション**　先述の食品分野におけるリスクコミュニケーションの定義も，関係者間での情報・意見の双方向の交換を重視するものである．FAO/WHO (2006) によれば，リスクコミュニケーションの目的は，消費者に向けた啓蒙や広報活動ではなく，関係者が互いの理解を進め，それを尊重することにある．リスク評価者とリスク管理者の間の文書によるコミュニケーションのほか，リスクアナリシスのさまざまな段階で消費者や食品事業者を含む関係者間でのリスクコミュニケーションが求められ（表1），それを通じて，すべての関係者が意思決定や措置の実行に参加することが目指される．リスクコミュニケーションには，公聴会や意見交換会，研修会などの集会による方法のほか，広報誌やパンフレット，フリーダイヤルやテレビ，イベントなど集会以外の方法によるものがある．リスクコミュニケーションを実施するにあたっては，消費者や事業者を含めた関係者のリスク知覚や知識の状態について把握することが重要になる（FAO/WHO, 2006)．

●**日本における現状と課題**　日本の現状として，リスク管理者とリスク評価者の間のコミュニケーションが十分でないという課題がある．リスク管理とリスク評価は機能的に分離されるべきだが，リスク評価方針の共有など，情報および意見の交換は不可欠である．行政や専門家と消費者の間のコミュニケーションにも大きな課題がある．日本において行政・専門家と消費者の間で行われてきた食品リスクコミュニケーションは，ホームページやパンフレットによる情報提供，行政機関が主催する**意見交換会**が主になっている．情報提供は必然的に一方向的なコミュニケーションとなる．意見交換会は，実際には大会場での専門家による講演と短時間の質疑応答から構成されることが多い．それは専門家・行政側が消費者に対して，科学的なリスク評価結果や管理措置の理解を求め，それを受容するように相手の態度を変えようとする**説得コミュニケーション**になるきらいがある．**コミュニケーションの双方向性**を確保するため，少人数かつ消費者参加型のサイエンスカフェやワークショップ形式も模索されている．

表1　食品のリスクアナリシスにおいてコミュニケーションを行うポイント

リスク管理過程のポイント	コミュニケーションの主体
リスク管理の初期作業	
・食品安全上の問題の特定	すべての関係者
・リスクプロファイルの作製	リスク管理者，リスク評価者，科学者，業界
・リスク管理目標の設定	すべての関係者
・リスク評価方針の策定	リスク管理者，リスク評価者
・リスク評価の委任	リスク管理者，リスク評価者
・リスク評価中	ステークホルダーの参加が奨励される
・リスク評価完了時	すべての関係者
・リスクのランク付け	リスク管理者，ステークホルダー（より影響を受けるグループ）
リスク管理の選択肢の特定と選択	すべての関係者
リスク管理の決定事項の実施	リスク管理者，リスク管理措置を実施する主体（業界，消費者などの関係者）
モニタリングと見直し	リスク管理者，公衆衛生当局

［出典：FAO/WHO（2006）に基づき作成された，新山他（2015）を転載．］

このようななか，双方向性と普及可能性の確保を目指したリスクコミュニケーションモデルが提示されている．新山ら（2015）は，消費者が体系的な科学的情報とその吟味のプロセスを要するケースに有効なリスクコミュニケーションモデルとして，市民の疑問をくみ取り，それに応える科学情報を作成する「フォーカスグループコミュニケーション」，そして「コミュニケータ養成」「広範囲の普及コミュニケーション」の3つのステージからなるモデルを提示している．

また，関係者間で情報・意見を相互に交換し，その結果をリスク管理措置に反映させるためのリスクコミュニケーションとして，農林水産省は2005年より「リスク管理検討会」（関係団体および有識者が参加）を開催している．

今後も引き続き，実践および研究，その協同により，リスクコミュニケーション上の課題の解決に向けた取組みが望まれる．

［鬼頭弥生］

9-16

食品分野のレギュラトリーサイエンスと専門人材育成

食品安全分野では，科学的根拠と，リスクに基づいて健康保護措置を講じることが求められており，このような公共政策をつかさどる食品安全行政を支える科学が**レギュラトリーサイエンス**（Regulatory Science）（以下 RS）である．日本学術会議・食の安全分科会が，2011 年に食品安全分野の RS の確立の必要性について「提言」（日本学術会議，2011）を公表した．ここでは「提言」に基づき説明する．詳細は「提言」を参照されたい．

●定義と対象領域　「提言」では，食品安全分野における RS は，食品安全行政を支えることによって，食品分野の科学・技術の人間生活への適用のための調整（ルールづくり）の役割をもつものである，としている．

RS の**対象領域**は，科学的根拠に基づく食品安全行政の実務手法の国際的な枠組みであるリスクアナリシス（Risk Analysis）（☞9-1）の構成要素（リスク評価，リスク管理，リスクコミュニケーション）を支えるものとされている．

●経緯と背景　RS の概念は欧米で 1970 年代頃から医薬品，薬学，食品安全分野において用いられはじめた．日本では，1980 年代末の内山充（元国立衛生試験所所長）の提唱に始まる．その後，医薬品，薬学，農薬分野の学会において，科学的基礎に基づく安全確保のための独自の科学分野として理解されてきた．領域は，リスク評価とそれを支える科学に絞っている場合と，社会科学，人文科学を含む関連科学を視野に入れている場合とがある．2010 年に総合科学技術会議は「科学技術に関する基本政策について」への答申の中で，主に医薬，医療分野を念頭に置き，RS を「科学技術の成果を人と社会に役立てることを目的に，根拠に基づく的確な予測，評価，判断を行い，科学技術の成果を人と社会との調和の上で最も望ましい姿に調整するための科学」とした．また，日本学術会議『日本の展望 リスクに対応できる社会を目指して』（2010 年）は，幅広い分野に「安全の科学（リスク管理科学：RS）」の必要性を提言した．

食品安全分野においても，リスクアナリシスの本格的な導入を契機に，RS の確立が求められるようになったが，このような研究のカテゴリーに対する認知が科学界でも行政サイドでも十分ではない．そのため，これらの研究への十分な評価がなされず，研究者や行政における専門家の養成や予算配分についても十分とはいえない状況にある．

●科学としての特徴　真理探究型，仮説実証型の基礎研究とは異なり，課題解決型の研究が要請される．健康保護措置（行政措置）を講じるには，例えば，あるハザード（危害要因）によるリスクを推定するための定量モデルの開発，立案されているリスク管理措置に対する費用の推定方法の開発のような，現在直面している措置案件，また将来生じ得る案件を首尾よく解決することを目標として研究が実施されるという特徴をもつ．措置の立案は将来に向けた予防的なものであり，将来の予測には不確実性（データの欠如，☞9-2）が伴うが，不確実性を踏まえた最善の措置を合理的に立案することが求められることも特徴である．

●科学領域と諸科学の連携　食品安全のための RS に関連する科学領域は，自然科学諸分野，人文・社会科学諸分野にわたり，それらの間の連携が求められる．リスクアナリシスにおいては，ハザードの性状やそれによる汚染，疾病などの自然科学的データを扱うだけでなく，リスク評価にあたって数学的モデリング，食品の生産～消費のプロセス（フードシステム）や消費行動の把握を必要とすることがある．リスク管理においては，疾病による損失推定，リスク管理措置の費用-効果/費用-便益分析などの経済的分析を必要とし，社会的，文化的，倫理的考慮をも必要とする．リスクコミュニケーションでは，リスク認知やリスク受容態度などの心理的プロセスへの考慮を必要とする．以上は一例であるが，関連する幅広い領域の科学による支援，それらの連携が求められる．

●必要とされる科学的知見と改善を要する研究評価システム　専門家の養成，RS 研究への評価，それらへの予算配分が適切に行われるためには，RS に対して，学術界だけでなく，行政サイドにおいても社会的な認知が必要である．「提言」では，喫緊に望まれる研究内容，その特徴，人材育成の要件について詳細に説明し，さらに，研究評価システム，研究者の意識の改善の必要を提示している．社会科学に求められる知見については，新山（2012）に示されている．

●早急に必要な人材の育成と登用　大学・研究機関だけでなく，行政部局やリスク評価機関の事務局に，リスクアナリシスのための専門的知識を有する人材の拡充が求められ，トレーニング制度，人材登用制度の整備が必要とされる．欧米のように博士号をもった人材の登用，国際的な視点をもつ人材の育成，そのようなキャリアをもつ人材の登用も必要である．このような人材の育成のためには，農学部，薬学部，医学部等において，高等教育カリキュラムの整備が必要である．また，そこにおいて，研究者倫理，職業倫理の涵養が不可欠である．

提言はさらに，国際的議論に加わり，議論を先導し，国際的な措置の調整と普及に貢献することを求めている．また，アジアへの寄与のために，研究者のネットワークをアジア諸国に広げることを求めている．　［新山陽子］

9-17

主要国の食品安全行政

本項目では，EU（欧州連合）および米国において食品安全確保のための法制度がどのように整えられているかを概説する．各国は食品安全が確保されるための仕組みを整えることとなるが，**Codex委員会**により，国の食品安全管理システムの原則として，消費者の保護や全フードチェーンアプローチ，透明性，関係者の役割および責任など13の原則が挙げられている（CAC, 2013）．リスクアナリシス（☞9-2）の原則に基づくことも必要とされ，それが実施できるよう法や行政組織が整えられている．

●EUにおける食品安全行政と法　EUにおいて，加盟国共通の食品安全政策や基準の策定を担当するのは，欧州委員会の**健康・食品安全総局**である．EUでは，BSE問題をはじめとする食品危機を受けて，1990年代後半から食品安全システムの改革が進められてきた．リスク管理は健康・食品安全総局に一元化され，2000年の「食品安全白書」によって食品安全改革の原則・指針と工程表が示された．それに基づき，「**一般食品法**」が制定され，リスク評価を行う**欧州食品安全庁**（EFSA）が設置された．一般食品法は，食品や飼料に関わるすべての法律の原則を定めるものであり，食品関連法に求められる要件について明確に定められている．

EUの法律は，加盟国に拘束力をもって直接適用される規則（Regulation），政策目標等が定められ，その達成のために国内法の制定が加盟国に任せられる指令（Directive），特定の加盟国等に対して直接適用される決定（Decision）などがある．食品安全の分野では，国内法等を必要とする指令に代わり，加盟国に直接適用される規則で法律を制定することが優先されることとなり，これまでに食品・飼料衛生，汚染物質，農薬，食品接触物質，食品改良剤，表示等に関する多くの法律が一般食品法の原則に従って再編・改正されてきた．

そのもとで各加盟国は，基本的には法律の実施と実施の監視（行政コントロール）を担当する．ただし監視については，各加盟国が独自の方法で行うわけではなく，監視方法の原則は，欧州議会と理事会の規則（EU）No 2017/625（公的コントロール規則）により，EU共通に定められている．そこにおいては，リスクベースで，つまり，リスクや問題の大きいところに焦点を当ててチェックを行うことが必要とされている．EUでは，このように監視の枠組みを定める法律があることが特徴である．さらに，欧州委員会の健康・食品安全総局は，各国の監視システムの監査，つまり，各加盟国の行政コントロールが機能しているかどうかのチェックも行う．また，EUへ農産物・食品を輸出する国に対する監査も実施している．

●米国の食品安全行政システムと法　米国では，日本やEUとは異なり，BSE問題を契機として食品安全行政システムの抜本的な再編は行われていない．リスクアナリシスは，リスク評価，管理，コミュニケーションのチームを設置して実施され，機能的に分離されており，組織的には分離されていない（FDA，2002）．

米国においては，連邦は州間の取引および貿易を対象とするのに対し，州政府は州内の事業者を規制する（Directorate-General for Internal Policies of the Union, 2015）．連邦レベルでは，食品のリスク管理には複数の連邦機関が権限をもつ．食肉・家禽肉・卵製品は農務省の**食品安全検査局**（FSIS）が担当し，その他のすべての食品は保健福祉省の**食品医薬品局**（FDA）が担当しており，これら両局が重要な役割を果たしている．このように品目によってリスク管理の担当機関が分かれているが，その一方で，担当機関によってフードチェーンを通した管理がされている．ただし政府説明責任局（GAO）は，40年以上にわたって，分断化された食品安全の監視システムの不備を報告してきたとしており，見直しを求めている（GAO，2017）．米国の制定法（Statute）は合衆国法典（United States Code）に編集される．食品安全に関する代表的な法律には，食品安全の監督や食品基準の設定，施設の検査の実施などについてFDAに権限を与える食品・医薬品・化粧品法（FD & C Act）や，と畜検査，と畜場・加工場の衛生基準の設定，モニタリング・検査等について定めるUSDAが管轄する食肉検査法（FMIA）などがある．各州は，食品安全や品質の規制のために，州の法規制で連邦法を補完する場合がある．ただし大部分の州は，連邦の食品安全法をモデルとしており，それと内容の一致した法律を採用しているとされる（Directorate-General for Internal Policies of the Union, 2015）．

なおFDAに関して，2011年には全面的な食品安全法改革とされる食品安全強化法（FSMA）が成立した．この法律では，①予防管理の強化（食品施設に対する，HACCPの考え方に基づく予防的な管理措置実施の義務化，青果物の義務的な生産・安全基準など），②リスクベースの公的検査，効率的・効果的な検査アプローチ，③問題が発生した場合の効果的な対応ツール（義務的なリコールの権限），④輸入食品の安全確保（輸入業者の責任や第三者認証の必要性），⑤連邦・州・地方や海外等の関連機関とのパートナーシップの強化，の5つが重要な要素とされている（FDAウェブサイトに基づく）．　［工藤春代］

9-18

日本の食品安全行政

日本国憲法第25条は生存権を規定し，公衆衛生の向上を国の責務としている．第二次世界大戦直後の衛生水準は極めて低く，飲食起因の危害発生を防止する公衆衛生の観点から，食品衛生法が1948年1月1日に施行され，食品衛生行政が展開されてきた．2001年9月，日本1例目となるBSE（牛海綿状脳症）の発症が公表された．BSE国内発生を契機に，**食品安全基本法**が2003年7月1日に施行され，EUの食品安全行政に倣う形で，日本の食品衛生行政は食品安全行政へと転換した．食品安全基本法は，食品（医薬品等を除くすべての飲食物）の供給行程（農林漁業生産から食品販売まで）において，安全性を確保するために，リスクアナリシス導入を図る法律である．**リスクアナリシス**は，リスク評価，リスク管理，リスクコミュニケーションを構成要素とする．食品安全基本法では，順に，第11条（食品健康影響評価の実施），第12条（国民の食生活の状況等を考慮し，食品健康影響評価の結果に基づいた施策の策定），第13条（情報及び意見の交換の促進）で規定されている．リスクアナリシスでは，政策決定プロセスはリスク管理機関が担う．そのため，食品安全基本法では，施策の基本計画ではなく，施策策定の基本方針（考え方や留意点）を「食品安全基本法第21条第1項に規定する基本的事項」として，閣議決定し公表することを政府に義務づけている．

●食品安全基本法とリスクアナリシス　食品安全基本法第11条では，リスク評価に「食品健康影響評価」という用語を用いている．食品安全委員会は，食品健康影響評価を担い，リスク管理機関から独立を保つため，内閣府本府に設置されている．評価事項は，食品衛生法を含む14法令を根拠として，リスク管理機関から評価要請される．食品安全委員会の設置以前は，リスク管理機関所管の関係審議会が安全性審査にあたっていたが，リスク評価に係る調査審議が分離され，食品安全委員会に移行した．なお，食品安全委員会が評価事項を自ら選定することもできる．食品安全委員会は，委員7名（国会同意人事，常勤委員4名は原則兼業不可）で組織され，事務を処理する事務局を置く．リスク評価の調査審議には，専門委員（学識経験者，非常勤）が任命され，専門事項ごとに，専門調査会とワーキンググループが設置されている．委員・専門委員は，リスク管理機関所管の研究機関や大学等から選出される．リスク評価は，最新の科学的知見に基づき客観的・中立公正に実施されなければならない．委員・専門委員は，企業等との利益関係を確認され，中立性に疑義がある場合，審議から排除される．

食品安全基本法第12条では，リスク管理を規定している．リスク管理は，リスク評価に基づくが，諸事情（食環境，国際貿易，費用対効果，施策優先順位など）も考慮の上で実施される行政対応である．食品安全性に関係する中央省庁として，厚生労働省が食品衛生の，農林水産省が農林漁業生産の，環境省が環境由来の，リスク管理を担っている．2009年9月に，頻発する食品表示偽装や消費者事故を背景として，消費者庁と消費者委員会が消費者行政を担う組織として設置された．以降，消費者庁は，食品表示とすき間事案（食品起因の消費者事故で，各省庁所管法から抜け落ちる事案）を担うリスク管理機関に位置づいている．なおすき間事案は，消費者安全法による行政対応がとられる．

食品安全基本法第13条では，食品安全施策の策定を前提として，リスクコミュニケーションを規定している．リスクコミュニケーションとして，意見交換会の開催，ウェブサイトでの情報公開，パブリック・コメント手続が，措置されている．**パブリック・コメント手続**は，国の行政機関が設定する規制に対して，設定前に意見募集する手続として，1999年4月に導入された．2006年4月からは，地方公共団体の措置も含めて，行政手続法に基づく法制度として実施されている．リスクコミュニケーションは，法令上，施策を担うリスク管理機関が推進主体であるが，リスク評価機関の食品安全委員会も，食品健康影響評価に係る情報公開やパブリック・コメント募集などに取り組んでいる．また，関係行政機関間のリスクコミュニケーションを調整する所掌事務は，消費者庁の設置後，食品安全委員会から消費者庁に移っている．

●食品衛生法とリスクアナリシス　**食品衛生法**は，食品安全基本法との整合を図り，リスクアナリシスに取り組むため，2003年に改正された．法律目的が従来の「公衆衛生の向上と増進」から「食品の安全性確保を通じた健康保護」と改められ，行政・食品等事業者の責務を明記し，食品衛生の監視指導施策に関するリスクコミュニケーションを規定した．食品衛生法では，有害な食品等の販売を禁止し，「**食品，添加物等の規格基準**」を設定することで食品衛生を管理している．規格基準に係る手続は，リスクアナリシスに則り，食品健康影響評価を踏まえ，厚生労働省審議会の審議，パブリック・コメント手続が実施される．規格基準の整備・監視指導は，重要なリスク管理措置である．さらに，2020年東京オリンピック・パラリンピック競技大会を控えて，食品衛生法が2018年に改正されている．HACCPに沿った衛生管理の制度化（☞9-10），国際整合的な食品用器具・容器包装の衛生規則の整備など，改正は7分野にわたる．日本の食品安全行政は，諸課題に対して国際整合性を重視せざるを得ない状況にある．

［梶川千賀子］

9-19

食品安全に関する民間認証制度

食品分野には多数の**民間認証制度**が存在する．例えば，ISO22000やGFSI承認規格などの民間認証制度は食品の安全性およびそれ以外の品質にかかわる特徴について保証することを目的としている．本項では食品安全に関する**認証**制度に限定をする．

このうち，食品安全に関する工程管理やトレーサビリティについては民間認証制度とは別に公的な監視システムが必要とされる部分である．

●食品安全に関する民間認証制度と公的検証の関係　工藤（2017）によれば，欧州委員会では，認証とは仕様書で定められている製品や生産方法・体系の特定の特徴が守られているということを保証するものであるとしている（European Commission 2010）．認証を受けることは要件を満たしているという証明にすぎないのであり，重要なのはそれを実施していることである．

図1は食品安全に関わる要件について，義務的要件と追加的，付加的な要件との関連を示したものである．安全については義務的要件と，それを満たした上で追加あるいは付加される要件がある．前者はすべての食品が満たすべきものであるから，そのための要件は食品衛生監視指導（☞9-10）などの公的な仕組みによって検証されるべきものであり，民間認証の有無とは独立したものである．後者は義務的要件を満たした上で付加される安全要件である．これには，フードチェーンを標的としたテロへの備え（フードディフェンス）や，国外の民間認証との整合性をとるための要件等が含まれる．

なお，原材料の産地などで表される製品の特徴や，加工方法や原材料の栽培方法などで表される生産プロセスの特性などに関わる品質要件については，品質に関する認証制度が存在する（☞7-18, 7-19）．これらにも公的認証と民間認証があるが，市場における要求によって生み出され，評価されることから，製品差別化につながる品質でもある．フードシステムではこれらの特性は，取引上は小売業者等から

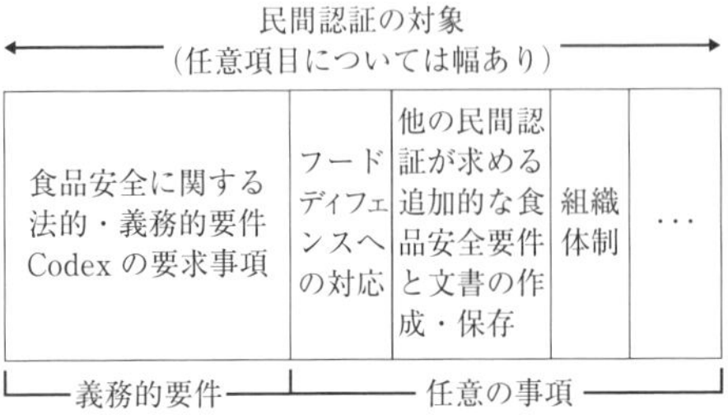

民間認証の対象（任意項目については幅あり）

食品安全に関する法的・義務的要件 Codexの要求事項	フードディフェンスへの対応	他の民間認証が求める追加的な食品安全要件と文書の作成・保存	組織体制	…
義務的要件	任意の事項			

図1　食品安全の義務的要件と任意の事項

要求され，民間認証制度はこれらの要件の確認を容易にし，特性を保証することで生産者・製造者と小売業等との取引を円滑にしたり，消費者の識別を可能にしたりする機能がある．食品安全に関する民間認証に用いられる国際的基準として，民間組織であるISO（International Organization for Standardization）が作成したISO22000がある．同基準にはHACCPおよびその前提要件プログラム（☞9-10）を組み込んだフードチェーンの各段階に対する要求事項が含まれる．その他にも食品安全マネジメントの要求事項に関する民間認証制度は多数存在する．Global Food Safety Initiative（GFSI）は民間認証制度を承認する取組みを行っており，承認された規格の例としてFSSC22000やBRCなどが挙げられる．

●民間認証制度の意義と限界　民間認証制度に関する欧州委員会による「農産物・食品の自発的認証枠組みに関するEUの適正規範ガイドライン」（European Commission 2010）の中で，食品安全については，次の2つの注意点が挙げられている．1点は，民間認証が公的な監視の代替となるとの主張をしてはならないこと，もう1点は，認証によって安全性に関する差別化を行うべきでない，ということである．後者には特に，法的要件を超える安全・衛生水準をもつ認証スキームのもとで販売される製品は，市場の他の製品の安全性や，公的監視の信頼性を損なうような傾向にある方法で宣伝・販売されてはならない，と記されている（工藤，2017）．つまり，必要水準は法的要件で確保されており，民間認証制度が保証する安全性がそれを上回るとの主張は禁じられていることを示している．そして安全性は民間認証の有無にかかわらず，すべての食品で達成されるべきであることも示されている．

日本では，2018年6月の食品衛生法の改正によって，食品製造段階における一般衛生管理とHACCPの導入が制度化され，これにより食品製造段階では民間認証と公的検証との役割が制度上も定義可能となった．一方，農業生産段階については，食品衛生法の改正によっても食品安全の義務的要件とその公的検証の仕組みは明示されず，民間認証の取得が政府によって推奨される状態となっている．基礎となる安全に関わる部分の公的な検証制度がないまま，民間認証制度に委ねられているのである．民間認証制度では法的要件を超える追加的な安全要件が要求されることもある．また食品事業者に認証取得や監査の費用の負担がかかることとなる．したがって，農業生産段階では，民間認証取得を希望し，それが可能な事業者は食品安全の要件が整備できるが，導入できない事業者は，基礎的な食品安全の要件の整備が進まない可能性がある．　［清原昭子］

第10章

農業・農村と環境問題

10-1

市場の失敗と農業

「市場の失敗」という言葉は，市場メカニズムがうまく作用しない状況を表している．前提にあるのは，市場メカニズムは希少資源を最も効率的に配分することができる点で優れた機能をもっているシステムだという理解である．ミクロ経済学では，資源の最適な効率的配分をパレート最適（効率性）といい，そのもとで社会厚生（社会余剰＝消費者余剰＋生産者余剰）は最大となり，社会として望ましいために，経済学における価値判断の基準となっている．市場メカニズムが一定の条件下でパレート最適を達成できることは，「厚生経済学の第１基本定理」として知られている．つまり，その財やサービスの市場が完全競争の条件を満たしていれば，最適な資源配分が達成される．完全競争とは，財やサービスの価格形成において，個々の経済主体が影響を与えることがない状態，つまり，生産者と消費者がプライステイカーであることを意味する．逆に最適な資源配分が達成されない「市場の失敗」は，市場メカニズムそのものが働かないか，経済主体がプライステイカーでないことから生ずる．しかしながら，現実に完全競争の条件を厳密に満たす市場は存在しないと考えられていて，その意味で完全競争は一種の理想モデルである．

農産物市場は，一般的に，非常に多くの農家，生産者から供給がなされ，他方，需要サイドの消費者も非常に多数である．経済モデルとしては「原子的競争」の産業ないしは市場として取り扱われることが多く，「市場の失敗」は起こりにくいとされている．しかしながら，農産物の流通過程において大量に品物を売買する主体は必ずしもプライステイカーであるとはいえない．

明らかに，「市場の失敗」が生じる代表的なケースとして，外部性がある場合および公共財がある場合が挙げられる．これらは，財あるいはサービスの性質上，市場を経由することが困難か，市場自体が存在しない状況を示している．いずれも，環境問題に関連する経済事象である．

●外部性　外部性とは「ある経済主体が他の主体に直接影響を及ぼすような行動をとっても，それに対して支払いを行ったり支払いを受けたりしないとき」（スティグリッツ・ウォルシュ，2012：p. 201）とされ，それが，他の経済主体に負の（良くない）影響を及ぼす場合を外部不経済，正の（良い）影響を及ぼす場合を外部経済という．外部性を最初に概念づけたのは，ケンブリッジ学派の創始者であるA. マーシャルであるが，その概念を外部不経済として環境問題に関係づけたのは，後継者で厚生経済学を確立したA.C.ピグーである．

外部経済の古典的な例として取り上げられるのは，養蜂家と果樹農家の関係である．養蜂家が放つ蜜蜂は果樹園の花の蜜を吸い，養蜂家はその蜜を採取することで利益を得る．果樹農家の側では，蜜蜂が受粉を媒介することによって果樹生産の利益を得る．けれども，お互いに代価を支払わないし，受け取りもしない．他方で，外部不経済の例としては，R.カーソンの『沈黙の春』で広く知られることになった農薬の使用があり，生態系への悪影響だけでなく，人の健康被害も生じさせる．農業生産の過程において，化学物質の多投が農業生産を増加させると同時に環境問題を引き起こしている場合，私的な生産費用以外に損失が生じていることになる（外部費用ともいう）．農家がその損失を考慮しなければ，生産者の私的費用の合計は社会全体の費用（私的費用＋外部費用＝社会的費用）を下回り，この農業生産への資源投入が過剰となるため非効率が起こり，パレート最適とはならない．パレート最適とするためには，外部費用を発生者（農家）に負担させる必要がある．これを汚染者負担原則といい環境問題解決の１つの方策である．

●公共財　私的財の購入（消費）は便益を得ることに対して対価（費用）を支払わなければならないが，公共財の消費は便益と費用負担が結びついていないことに特徴がある．公共財はP.A.サミュエルソンによって理論的に定義されており，消費に関して，非排除性と非競合性の２つの性質をもつ．非排除性とは，特定の人をその財・サービスの消費から排除できないことであり，人々は公共財にただ乗りして（フリーライダー），財・サービスを享受できる．非競合性とは，消費が競合しないことである．私的財はある人が消費してしまうと他の人は消費できないが，公共財は他の人も同時に消費できる．他人も自分も消費が可能であるために共同消費ともいう．公共財には人々が正直に需要を表明する誘因が働かないことから，市場経済が社会の需要に見合った財の供給を行うことはできない．外部性の性質をもつ財・サービスは公共財の性質もあることが多い．農村景観はその一例である．

農産物はもちろん私的財であるが，生産過程で投入される農道，用水路などの農業生産基盤からのサービスは公共財の性質をもつ，さらに，生産技術に関する情報も公共財の性質をもち，複製も容易である．これらは，市場で供給することは難しく，「市場の失敗」が起こるために，政府が主体となって，財・サービスの供給が行われている．

［廣政幸生］

10-2

農業の多面的機能

食料・農業・農村基本法の第3条では，農業の**多面的機能**を「農村で農業生産活動が行われることにより生ずる食料その他の農産物の供給の機能以外の多面にわたる機能」と定義している．他方で，国際的には，「農業と一体的に供給され，外部性または公共財の性格を有する農産物以外の生産物」（OECD, 2001）という定義が広く受け入れられている．両者を比較すると，農業の多面的機能には，「農業生産との**一体性**」と「**外部性・公共財**的性格」の2つの要素があり，日本の定義は前者のみに着目した広い概念であるのに対して，OECDの定義は両者を踏まえたより狭い概念となっている．

●国際的な論争の発端　農業の多面的機能の存在は，国際的にも以前から認識されていた．例えば，1992年のOECD農業大臣会合の共同声明や地球サミットのアジェンダ21等には，農業の多面的機能に相当する表現が盛り込まれている．ただし，それが国際的な論争の的となったのは1990年代後半であった．すなわち，1995年に発効したWTO農業協定の規定により，後にドーハ・ラウンドの一部となるWTO農業交渉の開始が2000年に迫る中で，日本やEU諸国等は，農業の多面的機能の維持を根拠に，農産物貿易の漸進的な自由化を主張した．これに対して，急進的な自由化を求めるオーストラリア等の農産物輸出国は，それを「保護主義の口実」と批判し，農業の多面的機能をめぐる対立が先鋭化した．

●国際機関での検討　こうした対立を解消すべく，1990年代後半からさまざまな国際機関で農業の多面的機能に関する検討が行われた．このうち，日本政府が推進した作業を表1に要約した．まず，先進国が参加するOECDでは，日本政府

表1　農業の多面的機能に関する検討作業

区　分	OECD	FAO	ASEAN
実施期間	1999～2003年	2000～2006年	2000～2006年
対象地域	先進国	開発途上国	ASEAN加盟国
分析対象	農業の多面的機能	農業の役割	水田農業の多面的機能
主な概念	一体的生産 外部性・公共財的性格	間接的な波及効果 外部性	外部性
作業内容	分析枠組み 政策含意	分析枠組み 定量評価（6分野） 政策指針（貧困削減と環境便益）	定量評価
成果物	書籍	書籍，論文，ウェブサイトによる情報提供	国別報告書
参加者	主に政策担当者	主に研究者	政策担当者と研究者

［出典：作山巧（2007）「農業の多面的機能を巡る我が国の国際戦略：その成果と今後の課題」『農林水産政策研究所レビュー』25, 16-19.］

が事務局に専門家を派遣し，加盟国の政策担当者による議論を経て，多面的機能の分析枠組み（OECD, 2001）や政策的な含意（OECD, 2003）が示された．また，国連機関のFAOでは，日本政府による事務局への資金拠出と専門家の派遣により，開発途上国を対象とした多面的機能の分析枠組みの構築，定量的な評価，政策指針の策定が行われた（作山他，2007）．さらに，ASEANでは，日本政府がASEAN事務局に資金を拠出し，ASEAN 9カ国の研究者が日本の専門家による指導を受けつつ，各国が重視する水田農業を中心とした多面的機能の定量的な評価が行われた．

こうした検討作業から得られた知見は次のようなものである．まず，農業の多面的機能への高い評価は北東アジアや欧州の先進国に特有の現象であり，それは日本の棚田やアルプスの景観のような長い耕作の歴史に育まれた二次的自然の存在と，国民所得の向上に伴う二次的自然への需要増大という需給両面の要因が揃っているためである．また，多面的機能への支援策については，水田農業に由来する国土保全等の物理的な機能を重視する日本等では，農業と多面的機能の一体性が当然視され，農業を保護する関税によって多面的機能も維持されると考えられがちである．他方で，欧州諸国では景観や生物多様性が重視され，こうした機能は農業保護によって過度に集約化が進むと損なわれるため，効果が一律に及ぶ関税ではなく，集約度を適切に管理できる補助金が最適な手段と考えられている．

●WTO交渉での扱い　農業の多面的機能をめぐる論争の発端がWTO交渉であったことから，交渉が本格化した2000年前半以降は論争も徐々に終息した．ただし，WTO農業協定に明記されているのは**非貿易的関心事項**であって多面的機能ではなく，WTO交渉での争点は関税や補助金の削減ルールを決める際に非貿易的関心事項を考慮すべきか否かであることから，上記の検討作業がWTO交渉に直接反映されたわけではない．他方で，2004年の枠組み合意においては，国内支持分野では非貿易的関心事項に配慮して緑の政策の骨格が維持され，市場アクセス分野でも上限関税の例外となり得る重要品目が先進国にも認められた．つまり，多面的機能を根拠とした日本等の主張は，WTO交渉でもある程度は反映された．

●最近の動向　2008年にWTOのドーハ・ラウンド交渉が頓挫すると，日本政府も含めて多面的機能への言及はみられなくなり，国際的な関心も低下した．例えば，2010年や2016年に開催されたOECD農業大臣会合の共同声明でも，多面的機能の代わりに公共財や生態系サービスという用語が使われた．現在の日本や欧州等では，農業の多面的機能はもっぱら国内の農業政策の文脈で用いられている．

［作山　巧］

10-3

日本農業の多面的機能

農業の多面的機能（Multifunctionality of Agriculture）は，市場で売買される農産物とは異なり，農業が市場を経由することなしに，国民に提供している有益で多様な機能を指している．例えば，水田が大雨のとき遊水地のような役割を果たすという洪水防止機能，水を地中に浸透させる地下水涵養機能，蒸散機能によって都市周辺の夏場の温度上昇を緩和する気候緩和機能，動植物の生息地を提供する生物多様性の保全機能などである．

多面的機能の定義や内容は，扱う国や国際機関によって異なるものの，わが国の食料・農業・農村基本法では，「農村で農業生産が行われることにより生じる食料その他の農産物供給以外の多面にわたる機能」と定義している．日本学術会議（2001）では，この定義をさらに広めて「これら農業生産活動に直接関わらないが，それによって発現するその他の機能」と定義している．具体的な項目としては表1のとおりである．

●わが国における農業のもつ多面的機能の特徴　日本学術会議が答申した農業の

表1　日本学術会議の答申で示された農業の多面的機能

1. 持続的食料供給が国民に与える将来に対する安心	
2. 環境への貢献	3. 地域社会の形成・維持
◯農業による物質循環系の形成 ・水循環の制御による地域社会への貢献 　洪水防止・土砂崩壊防止・土壌浸食（流出）防止・ 　河川流況の安定・地下水涵養 ・環境への負荷の除去・緩和 　水質浄化・有機性廃棄物分解・ 　大気調整（大気浄化，気候緩和など）・ 　資源の過剰な集積・収奪防止 ◯二次的（人工の）自然の形成・維持 ・新たな生態系としての生物多様性の保全等 　生物生態系保全・遺伝資源保全・野生動物保護 ・土地空間の保全 　優良農地の動態保全・みどり空間の提供・ 　日本の原風景の保全・人工的自然景観の形成	◯地域社会・文化の形成・維持 ・地域社会の振興 　社会資本の蓄積・ 　地域アイデンティティーの確立 ・伝統文化の保存 　農村文化の保存・伝統芸能継承 ◯都市的緊張の緩和 ・人間性の回復 　保健休養（やすらぎ機能） 　高齢者アメニティー 　機能回復リハビリテーション ・体験学習と教育 　自然体験学習・農山漁村留学

［出典：三菱総合研究所（2001）を参考に加筆・修正.］

もつ多面的機能は大きく3つに分けられ，第1に持続的食料供給が国民に与える将来に対する安心，第2に環境への貢献，第3に地域社会の形成・維持を挙げている．まず，第1の機能は農業本来の食料生産機能に直接関わるものである．次に，第2の環境への貢献では，稲作を前提とした農業による物質循環の形成というわが国の多面的機能の特徴が色濃く表され，欧州における農業の多面的機能とは一線を画する．例えば，水循環の制御による地域社会への貢献は，水田農業ならではの多面的機能であり，わが国の多面的機能の経済評価もこの部分が中心となっている．これに対し，欧州における多面的機能で重視される機能は，農業が創り出す生物多様性や文化的景観の保全であり，第3の地域社会の形成・維持に挙げられている機能の中でも，特に，農村文化の保全などが重視されている．

●わが国における多面的機能の経済評価 多面的機能は市場で売買されないため，市場価格をシグナルとして，適切な供給水準が決定できない．しかし，国や地方自治体がその供給に関与する場合，多面的機能の価値に見合った費用対効果の高い施策を導入することが必要となる．そこで，多面的機能の経済評価が求められる．多面的機能の経済評価では，**代替法**，**仮想評価法**（CVM），コンジョイント分析，旅行費用法，**ヘドニック法**が用いられてきた．

わが国での多面的機能の経済評価は，多面的機能が**公益的機能**と呼ばれていた1972年の林野庁による代替法を用いた森林の公益的機能評価まで遡る．また，農業分野では1982年の農水省による試算まで遡る．その後，幾度か評価手続きの精緻化が試みられ，2001年の日本学術会議による答申では，農業の多面的機能はもっぱら代替法を用いて約8兆2千億円と評価されている．その内訳は，洪水防止機能が34988億円，土砂崩壊防止機能が4782億円，土壌浸食（流出）防止機能が3318億円，河川流況の安定機能が14633億円，地下水涵養機能が537億円である．また，有機性廃棄物分解機能は123億円，大気調整機能は87億円，そして旅行費用に基づく保健休養機能の評価額は23758億円であった．

このような多面的機能の経済評価ではCVMによる研究が最も多く，最初の評価は，1991年に農業総合研究所（現農林水産政策研究所）が行った中山間地域のもつ環境教育の価値評価であり，これに続いて数多くの研究がなされてきた．全国を対象としたCVMによる評価研究では，1996年に野村総合研究所が農業・農村の多面的機能を年間4兆1千億円と評価した．1998年には農業総合研究所が中山間地域における農業・農村の多面的機能を年間約3兆5千億円と評価した．なお，1991年には三菱総合研究所がヘドニック法を用いて全国の多面的機能を評価している．

［矢部光保］

10-4

環境勘定

環境勘定とは，環境と経済の相互作用を総合的に捉えるマクロ経済の統計的枠組である．環境勘定の策定目的は，種々の統計や調査資料から環境と経済の相互作用に関する基礎データを抽出・整理し，環境指標など種々の指標の数量化に必要なデータを提供することである．国内総生産（GDP）などのマクロ経済を記録する**国民経済計算体系**（SNA）では，生物多様性や枯渇性資源の減少などによる持続可能性の低下が明示的に反映されない．このためSNAを補完あるいは代替する統計体系の構築が必要となり，環境勘定の研究が推進されてきた．環境勘定には，森林や水などの自然資源のフローとストックを物量単位で記録するタイプ（物量勘定）の自然資源勘定やマテリアルフロー勘定，公害防止や廃棄物処理などの環境保護費用の負担状況を貨幣単位で記録するタイプ（貨幣勘定）の**環境保護支出勘定**（EPEA），および環境情報と経済情報をそれぞれ物量勘定，貨幣勘定として記録し，両者を関連づけて提示するタイプのハイブリッド勘定などがある．国連を中心に国際統計基準として整備が進められてきた**環境経済勘定**（SEEA）は，こうした環境勘定をサブ勘定群として体系的に整理する統計的枠組である．

●環境勘定の国際統計基準　SEEAは，1993年のSNA改訂時にサテライト勘定の1つとして導入され，環境経済統合勘定（SEEA93）とも呼ばれる．SEEAは2003年と2012年の改定作業によって，SNAとの整合性の確保，データベース機能の拡充，国際統計基準化が図られてきた．現在のSEEA2012は中心的枠組（SEEA-CF），応用と拡張（SEEA-AE），および**実験的生態系勘定**（SEEA-EEA）で構成される．このうち環境勘定の国際統計基準であるSEEA-CFは，環境と経済間の双方向のフローや，生産物などの経済内のフロー，環境資産のストックとその変動，環境関連取引などに関する種々の勘定体系の概念的枠組を提供している．一方，SEEA-AEはSEEA-CFから提供されるデータに基づきながら，適切な環境指標などの選択・作成を支援するガイドラインとしての役割をもつ．また，SEEA-EEAは生態系による供給サービス，調整サービス，文化的サービス，基盤サービスといった生態系サービスを計測し，環境と経済の相互関係を記録する実験的生態系勘定の枠組を提供する．農地の洪水防止機能のような生態系サービスの一部には，SNAの生産や資産の定義や価値尺度などと整合的に計測することが困難なものが存在する．すなわち，SEEA-EEAは生態系サービスに関する概念や計測・評価方法を提供することで，SEEA-CF を補完する機能を有している．

●SEEA-CF の主要環境勘定の概要　環境勘定は，①経済が環境から取り込む自然資源のフロー，②生産物や廃物として経済内で循環する物質のフロー，③経済から環境へ戻される物質のフロー，④環境保全や資源利用に関連する経済取引，⑤水資源や生物資源などの環境資産のストックとその変動など，環境と経済の相互作用を金額データや物量データとして把握する．SEEA-CF では①〜③を物量フロー勘定に，④を環境活動勘定に，⑤を資産勘定などに編集・整理する．例えば，物量フロー勘定では水資源やエネルギー資源，天然木材資源，天然水産資源などの経済への取込みは自然投入として①のフローに含まれるが，生産され消費される畜産物や回収され管理型処分場に貯蔵されるゴミは②のフローに区分される．また，土壌に散布された肥料のうち作物に吸収された養分は②のフローとされるが，吸収されなかった養分は経済から環境に戻る③のフローに区分される（茂野，2014）．環境活動勘定では環境活動を環境保護と資源管理の 2 つに大別している．環境保護活動は排気・排水や廃棄物の管理，生物多様性と景観の保護など，環境の汚染や劣化を防止・削減・除去する活動である．一方の資源管理活動は，鉱物・エネルギー資源や水資源，木材資源などの天然資源のストックを保全・維持し，枯渇・減耗から保護する活動である（氏川，2014）．環境活動勘定は，これらの環境活動に関連する情報を EPEA と環境財・サービス部門統計（EGSS）という枠組で記述する．EPEA は廃棄物や排水の処理のような環境保護に特化したサービスに関する情報を提供し，EGSS は浄化槽や太陽光パネル，汚染処理・防止技術など，環境財・サービスの生産に関する情報を提供する．SEEA-CF では，環境資産を鉱物・エネルギー資源，水資源，土地，土壌資源，木材資源，水産資源およびその他の生物資源の 7 つに分類している（牧野，2014）．家畜，穀物，果樹などはその他の生物資源に分類される．また，3 種類の生物資源（木材資源，水産資源，その他の生物資源）は，資源の管理活動によって育成資源と天然資源に区別されている．資産勘定では，こうした環境資産の期首・期末のストックと期中の変化を物量的・貨幣的に記録する．

このように環境勘定は，マクロ経済における環境と経済の相互作用に関する情報を記録し，環境指標（☞10-5）などの作成にデータベース機能を提供する統計的枠組であるが，その適用については水資源やエネルギー資源など特定の環境資産や農林水産業など特定の経済部門，あるいは都道府県など特定の地域に特化して編纂することも可能である．

［山本 充］

10-5

環境指標

内藤・森田（1995）によると，指標とは「ある多数の状態変数によって規定される場合，その対象が持っている特性のうち，特に抽出したいものを，できるだけ少数の特性値に投影して分かり易く表現したもの」であり，指標を環境状態の把握に適用したものが環境指標といえる．つまり，環境指標とは環境状態を適切に表す少数の変数であり，環境の改善や悪化といった変化を把握するために用いられる．環境状態は多くの事情や複雑な状況から影響を受けることから，これを把握するための変数も多数にのぼる．そのため，数ある変数の中から環境状態を最も的確に反映する変数を環境指標とすることが求められる．環境指標の推計には，環境勘定（☞10-4）にまとめられたデータを活用することができ，環境指標は環境勘定で整理された情報をもとに導かれるという関係がある．

●環境指標の分類　環境指標には大きく分けて**客観指標**と**価値指標**がある．客観指標は，主に量的に把握可能な物量やそれをもとに基準化された数値を指標とするもので，例えば温室効果ガス（GHG）排出量やレッドデータリストに掲載される生物種数などが該当する．一方の価値指標は，人々の主観的な評価に基づく価値判断を含んだ指標であり，具体的には環境悪化に伴う被害額や環境修復費用，環境保全に対する支払意思額などが該当する．客観指標は人間の価値判断が含まれないため，客観性は担保されるが，例えばある環境問題と別の環境問題との間の深刻度や対策の優先度の比較といった，主観に基づく判断に用いることができない．この点に，人間の価値判断を含んだ価値指標を用いる意義があり，価値指標を用いることで，異なる環境問題のあいだで重要度の比較を行うことができ，対策の優先度を決めるためにも利用できる．しかし，価値判断は個人の主観を反映したものであるため，時間の経過や情報の多寡などによって，価値指標も大きく変動するという課題がある．特に環境問題は長期にわたる対策が必要なことが多く，ある一時点において評価した価値指標を根拠に判断した環境対策の可否や優先順位が，その後の再評価で変わることも十分起こり得る．

また，環境指標は１つの変数のみを指標とする**単一指標**と，複数の変数をまとめた**統合指標**にも分類できる．このうち単一指標では環境状態の一側面しか把握できないという問題点があるため，複数の単一指標を列挙した**ダッシュボード指標**が用いられることが多い．例としては，OECD のグリーン成長指標や国連の持続可能な開発目標（SDGs）に付随する指標群などが挙げられる．ただし，ダッシュボード指標は複数の環境状態をそれぞれ別の単一指標で評価するため，指標間の関係や重要度の違いを把握できない．また，全体として環境状態の変化の方向性といった，全体像を把握することが困難という欠点がある．一方の統合指標は，適切なウェイトや単位変換係数を用いて，異なる単位の単一指標を統合化した指標である．例えば，地球温暖化係数（GWP）により集計されたGHG排出量や，環境負荷を土地・水域面積に換算したエコロジカル・フットプリントなどが統合指標に該当する．統合指標ではダッシュボード指標の欠点は解決されるが，逆に統合化によって単一指標が有する情報が失われ，具体的にどのような環境対策を行えば，環境状態が改善されるかを把握しにくくなるという欠点がある．このため，ダッシュボード指標と統合指標のどちらを適用するかは，環境指標適用の目的や求める結果によって判断する必要がある．

●持続可能性指標との関係と政策への適用　環境指標は持続可能性指標とも密接に関連している．持続可能性の概念には，持続可能な社会の達成に重要な3要素であるトリプル・ボトムライン（環境，経済，社会（地域））が含まれており，環境だけではなく経済，社会といった要素も関係してくる．そのため，環境指標は持続可能性指標の一部を構成するという包含関係がある．近年では，2015年に設定されたSDGsが持続可能な開発に関する国際的な目標となっている．この目標の中では，達成時期や数値を含むより具体的な到達点・経過点として，169のターゲットが設定されており，これらターゲットへの到達状況を把握するために環境指標も利用されている．

環境指標を政策に活用する国際的な動きの中では，SDGsのターゲット，OECDのグリーン成長目標など，環境政策に留まらず持続可能な社会の構築のための指標として活用されている．また農業分野では，OECDが公表している農業環境指標は，GHG排出量，水使用量，窒素・リン収支などといった共通の指標を用いて，各国の農業分野における環境負荷の大きさや，過去からの改善状況を把握している．一方，国内では，第5次環境基本計画の中で資源生産性や炭素生産性といった具体的指標が示され，これらの向上を目指すことが明記されている．この他，政策目標の達成状況の確認や，政策効果の持続性をモニタリングするためなどに個別具体的な指標が用いられる事例は多数ある．近年は，根拠に基づく政策立案（EBPM）が求められており，政策の効果や影響を客観的に評価するために環境指標の重要性は高まっている．

［林　岳］

10-6

環境の経済的評価

森林や農地などの自然環境は水源保全，災害防止，野生動植物の保全などさまざまな経済的価値をもっている．環境の経済的価値は大別すると利用価値と非利用価値に分類できる．環境にはさまざまな経済的価値が存在するが，その多くは市場価格が存在しないため経済的価値を定量的に示すことは容易ではない．例えば，森林の場合，木材には価格が存在するため森林の木材としての価値は木材価格で評価できる．しかし，景観保全，水源保全，災害防止，野生動植物の保全などは，いずれも価格が存在しない．

そこで，価格の存在しない環境の経済的価値を評価するためには，特殊な評価手法が必要である．環境の経済的評価手法は大別すると顕示選好法と表明選好法に区分される（栗山他，2013）．

●顕示選好法　環境が人々の経済行動に及ぼす影響を分析することで間接的に環境の経済的価値を評価する方法は顕示選好法と呼ばれている．顕示選好法の代表的な手法としては代替法，トラベルコスト法，ヘドニック法がある．

代替法は環境を私的財で置き換える費用をもとに環境の経済的価値を評価する手法である．例えば，森林の水源保全の価値を代替法で評価する場合，ダム何個分に相当するかを調べて，そのダムの建設費用をもとに価値を評価する．代替法は置き換え可能な私的財が存在しない場合は評価できない．例えば，絶滅危惧種対策の価値を評価する場合，絶滅危惧種に相当する私的財が存在しないため，代替法では評価できない．

トラベルコスト法は，環境がレクリエーション地の訪問行動に及ぼす影響をもとに環境の価値を評価する手法である．森林景観が改善されたことで，遠方からもこの森林を訪問するようになった場合，今までよりも高い旅費を払ってこの森林を訪れていることになるため，これを利用して景観改善の経済価値を評価することができる．トラベルコスト法は旅費と訪問行動のデータだけで評価ができる．ただし，訪問行動への影響をもとに環境の価値を評価するため，訪問行動に現れない環境の価値は評価できない．例えば，訪問者がほとんどいない奥地の森林の価値はトラベルコスト法では評価できない．

ヘドニック法は環境が土地市場や労働市場などに及ぼす影響をもとに環境の経済的価値を評価する．例えば，大気汚染や騒音が深刻な地域は人々が敬遠し，大気汚染もなく静かな地域は人気が集まる．このため環境のよい地域は地代が上昇するであろう．そこで，環境が地代に及ぼす影響を調べることで環境の経済的価値を評価できる．ヘドニック法は地代や地価などの価格データと大気汚染や騒音などの環境データのみで環境の価値を評価できる．しかし，土地市場に着目したヘドニック法の場合，そこに住むことで得られる環境の価値しか評価できない．例えば，絶滅危惧種対策の効果は，どこに住むかの判断には影響しないためヘドニック法では評価できない．

●表明選好法　このように顕示選好法では環境の非利用価値を評価できない．しかし，温暖化対策や生物多様性保全などの地球環境問題の多くは環境の非利用価値を含んでいる．そこで環境の非利用価値を評価するために表明選好法が注目されている．表明選好法は人々の表明したデータをもとに環境の価値を評価する．表明選好法の代表的な手法には仮想評価法（CVM: contingent valuation method）とコンジョイント分析がある．

CVMは仮想的な環境対策を回答者に示して環境対策に支払っても構わない金額（支払意思額）を尋ねることで環境の経済的価値を評価する．CVMは絶滅危惧種対策などの非利用価値も評価できることから注目を集め，世界各国でさまざまな環境政策に用いられている．ただし，CVMはアンケートを用いる必要があり，調査票設計や調査手順に不備があると回答が影響を受けてバイアスが生じる可能性があることが知られている．

コンジョイント分析は複数の環境対策を提示し，回答者に代替案の好ましさを尋ねることで環境の経済的価値を評価する．コンジョイント分析にはさまざまな質問形式が開発されているが，環境評価では複数の代替案の中で最も好ましいものを選択してもらう選択型実験が使われることが多い．コンジョイント分析はCVMと同様に環境の非利用価値を評価でき，しかも代替案別に環境の価値を評価できるという利点がある．ただし，CVMと同様にアンケートを用いることからバイアスの影響を受けやすい．最新の評価手法であるため，政策評価に用いられることは少ない．

このように表明選好法はアンケートを用いるためバイアスが生じやすい．アンケートでは実際に表明した金額を支払うわけではないため過大に回答する危険性が指摘されており，この現象は仮想バイアスと呼ばれている．表明選好法では，こうしたバイアスへの対策が重要な課題となっている（柘植他，2011）．

［栗山浩一］

10-7

農業環境政策の理論

農業と環境との関係性は他産業にはみられない複雑さを有している．農業は，世界レベルでみれば土地や水などの自然資源の主要な利用部門であり，また，同時にそれら資源を生み出す環境全般に負荷を与える産業でもある．加えて，農業はそれが消失して農地が他の用途に変換された場合に比して，生物多様性や景観などの環境便益をより多く提供していることがある（農業の多面的機能と呼ばれる）．環境に負荷をかける点では他の産業と類似している一方で，自然資源依存度が極めて大きいこと，環境便益の提供を行っていることが，農業と環境との関係性を特殊なものにしている．さらに，わが国をはじめとして多くのOECD加盟国では，多面的機能に代表される公益的機能の存在を理由に農業保護政策を採用していることも農業分野の特殊性である．

●農業環境政策の定義　このような事情を背景として，農業と環境の関係性を改善するための政策として農業環境政策が存在する．しかしながら，この特殊性ゆえに農業環境政策を厳密に定義することが困難となる側面もある．特に，農業の多面的機能を理由とした農業保護政策と農業環境政策の境界線を設定することは難しい場合が多い．例えば農業環境政策を，「農家による農業生産行為が環境に与えるインパクトを社会的に望ましい水準に改善あるいは維持するために農家が生産方法を変更する，あるいは変更しないインセンティブを与える政策」としてみよう．すると，現在の農業生産行為が社会的に望ましい水準の多面的機能を提供していると考えれば，農業生産を維持するための単なる農業保護政策もこの中に含まれてしまう可能性が生じる．

このような概念的な問題を考えると，各国が農業環境政策手法と“自認”している政策手法の集合体として農業環境政策を実質的に定義づける方法があり得る．例えばOECDの議論は，そのような観点で農薬規制などの規制的手法，環境税，排出権取引，補助金などの経済的手法から構成される一連の手法を「農業部門における環境問題に対する政策手法」としてリストアップしている（Vojtech, 2010）．

●農業環境政策の最重要概念としてのレファランスレベル　農業環境政策の中で，環境税や排出権取引などの分野横断的な環境政策にはない農業部門独自の代表的手法が**クロスコンプライアンス**（cross compliance）と環境支払いである．前者は，所得支持等の環境保全以外の政策目的を有する農家補助金（直接支払い）

の給付条件として環境要件を付与するものである．後者は，一定の環境水準（これを**レファランスレベル**（Reference Level．以下，RL）といい，環境改善行為に関する「農家と社会」の責任境界線を表す）を超える営農行為を実行する際に農家に発生する費用（生産費の増加や農業収入の減少）を政府が支払うものである（図1）．クロスコンプライアンスと環境支払いが多くの OECD 加盟国の農業分野独自の中心的な農業環境政策手法であること（Vojtech, 2010）を考えると，RL が農業環境政策に関する最重要政策概念の1つであることが理解されるだろう．RL の明示的な設定なしには，合理的な農業環境政策手法の設計は困難である．

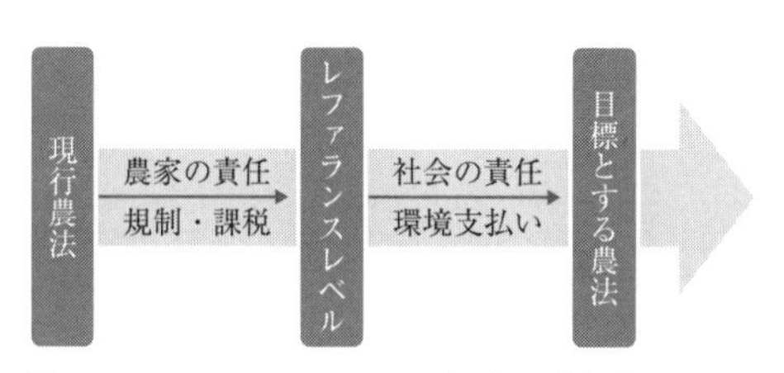

図1　レファランスレベルの概念図［出典：OECD（2001）をもとに筆者作成．］

一方で，RL の設定に伴う困難もある．1つには，RL は基本的に農業環境政策の実施に係る費用負担者を決定する概念であり，純理論的な観点だけで設定できるものではないことが挙げられる．また，RL を超える行為に対して財政支援を行う理由についても，明確な合意が理論的・政策論的になされているわけではない．具体的には，RL に留まることを農家の有する「財産権」（Property rights）と考えて，それを超えることに対する補償として支払いを捉えるものと，RL を超える環境改善を農家の提供する公益的サービスと考え，環境支払いをそれに対する報酬とする，2つの考え方がある（例えば Parker, 2017）．

●適切な農業環境政策が具備すべき条件　農業環境政策は農業政策および環境政策と強い関係性を不可避的に有することとなることから，それらの政策との代替性や補完性を常に念頭に置いて制度を構築する必要がある．農業政策との関係性については，農業経営体への支援政策が環境保全と対立的な関係にならないように，支援政策に環境クロスコンプライアンスを明確に設定することなどが重要となる．環境政策との関連では，環境支払い政策と温室効果ガスの排出権市場の「重複」を回避するための仕組みが典型的な配慮事例である．さらに，それぞれの農業環境政策手法の目的を明示的かつ可能な限り定量的に設定し，それを踏まえた適切な経済分析や事後的モニタリング体制を確立する必要がある（農業環境政策の経済分析については西澤ら（2014）が最も包括的に論じている）．

［荘林幹太郎］

10-8

農業環境政策の実際

農業環境政策は，環境に関わる農業の**外部性**に対処するための政策である．化学肥料や農薬の環境負荷の軽減といった外部不経済への対策もあれば，**生物多様性**を高めるような外部経済を対象とする政策もある．以下では，農業環境政策を先行して導入したEUとアメリカの主な施策について紹介する（日本は☞11-19）．

●**農業環境政策の手法**　Vojtech（2010）は，農業環境政策を規制的手法，経済的手法，助言・制度的手法，コミュニティ支援の4つの手法に分類し，表のようにそれぞれの手法を整理している．規制や農業者への支払い（環境支払い）は，一般的な環境政策の手法だが，クロスコンプライアンスは農業政策に特有のものである．これは，「ある施策による支払いについて，別の施策によって設けられた要件の達成を求める手法（生源寺，2006）」であり，アメリカが1985年農業法で導入したのが最初である．一方，環境税や許可証取引といった経済的手法は，農業環境政策ではまだ事例は少ない．これは，農業の環境負荷が面的で地域性が強く，不確実性も高いことから，汚染者負担原則の適用を難しくしていることにもよる．

●**EU**　EUにおける最初の環境支払いは1985年に導入された，環境面で慎重を要する地域（environmentally sensitive areas）に対する事業である．この事業の実施は加盟国の任意であったが，1992年には地域を限定しない環境支払いの実施が加盟国の義務となった．さらに1999年のアジェンダ2000では，農産物市場政策が**共通農業政策**（CAP）の第1の柱，農村振興政策が第2の柱とされ，環境・土地管理が第2の柱の4つの軸の1つに位置づけられた．なかでも環境支払いは第2の柱の中で最も予算額が大きい．EUの環境支払いは，環境保全的な農法に最低5年間取り組むことを約束した農業者に，その掛かり増し経費あるいは逸失利益を支給するというものである．対象となる行為は，事業を実施する加盟国によって異なる（ドイツ，イタリアなどは州が実施）．

クロスコンプライアンスは2005年に義務化された．これは，環境，公衆衛生，動植物の健康，動物福祉に関するEUの法令と良好な農業・環境基準（GAEC）からなっており，これらの遵守が所得補償的な直接支払いの受給要件となっている．EUの定める環境に関する各種の規制のうち，農業だけを対象とするものが1991年に制定された硝酸塩指令である．この指令は，硝酸塩警戒地域において，家畜糞尿からの窒素の農地還元量の上限を年間170 kgN/haと定めている．

●**アメリカ**　アメリカの農業環境政策は，ニューディール政策の一環としての土

表1　農業環境政策の諸手法

		概要または例
規制的手法	規制	例：農薬使用規制，土地利用規制，希少動植物の保護
	クロスコンプライアンス	農業者への支払制度における環境保全的行為の要件化
経済的手法	農業者への支払い（環境支払い）	環境保全型農法の採用に対する支払い，農業をしないこと（例：休耕，湿地への転換）に対する支払い，設備投資(例：家畜排せつ物の保管施設の建設)への支援
	環境税	環境への損失を招き得る投入物・産出物への課税 例：農薬税，肥料税，糞尿課徴金
	許可証取引	例：取水権取引，温室効果ガスの排出取引
助言・制度的手法	研究開発	例：環境保全型農法の技術開発
	技術支援・普及	例：農場ごとの養分管理計画の策定
	ラベリング・基準・認証	例：有機農業の基準・ラベルの策定，認証制度の創設
コミュニティ支援		地域で保全活動をする団体への財政支援，情報提供

[出典：Vojtech（2010）をもとに筆者作成.]

壌保全政策を起源とする．大規模な土壌侵食への対処として，1936年に農業保全プログラム（ACP）という農業者への補助事業が創設された．これは，環境保全的農法（BMP）を採用する農業者に，その費用の一部を補助するという環境支払いであり，現在は環境改善奨励プログラム（EQIP）という名称になっている．

もう1つの環境支払いが保全スチュワードシッププログラム（CSP）である．2002年農業法で保全保証プログラムという名称で始まったこのプログラムは，すでに環境保全に一定の貢献があるとみなされる農業者が，環境への貢献をさらに進める5年間の契約を農務省と結んだ場合に支払いを受けるものである．

1985年農業法は，著しく侵食を受けやすい土地を最低10年間休耕する場合に，農務省が地代を支払うという保全休耕プログラム（CRP）を導入した．これは，土壌侵食の削減が第1の目的であるが，水質改善や野生生物生息地の増加などの環境保全対策に加え，1980年代に深刻だった過剰生産対策という性格ももっていた．CRPは，現在でも農務省の環境関連施策の中で最大の支出項目となっている．

クロスコンプライアンスも1985年農業法で導入された．著しく侵食を受けやすい土地を耕作するときは所定の保全策をとること，および湿地を農地に転換しないことが，農業者が農務省からの支払いを受ける要件となっている．

[西澤栄一郎]

10-9

農業・農村の持続可能性

農業・農村の持続可能性については，日本の文脈では農山村の過疎化・高齢化や耕作放棄地の増大といった事態に政策的に対応する用語として使用されることが多い．しかし，持続可能性という概念が普及してきた世界的な文脈でみると，1987年の国連ブルントラント委員会報告でキーワードになった「持続可能な開発」（Sustainable Development）の概念や米国の1990年農業法で提起された持続可能な農業（Sustainable Agriculture）という用語にさかのぼることができる．

特に「持続可能な農業・農村」として，農業と農村がセットになって使用されるようになった国際的合意文書としては，1992年の国連環境開発会議（通称，地球サミット）で採択されたアジェンダ21（21世紀行動計画）の第14章「持続可能な農業・農村の開発の促進」（SARD）がある．農業という業と農村という暮らしが，切り離せないものとの認識が一般化してきた状況を示している．アジェンダ21では，人類が21世紀に向けて取り組むべき課題が全40章，351頁にわたって詳細に提示されており，各国の政策実現において道標的な役割を果たしてきた．

アジェンダ21はその後，環境分野と開発分野が統合された世界の共通目標「**持続可能な開発目標**（SDGs）」を中核とする「持続可能な開発のための2030アジェンダ」に継承されている（2015年国連総会にて全会一致で採択）．SDGsは17の大目標（ゴール）と169の小目標（ターゲット）からなり，農業・農村の持続可能性はゴール2「飢餓を終わらせ，食料安全保障および栄養改善を実現し，持続可能な農業を促進する」（外務省仮訳）にまとまって組み込まれている．

●環境・経済・社会の3側面の調和　持続可能性については数多く論じられてきたが，大枠としては環境，経済，社会の3つの要素を調和させることと考えられている．経済的な発展が環境破壊をもたらさず，社会的な問題（貧困，格差など）を生じさせない状態を想定したもので，農業と農村の持続可能性についても，環境，経済，社会が調和するあり方が目指されている（矢口，2018）．

持続可能な農業については，有機農業や環境保全型農業などが中核的な取組みとして位置づけられている．また農業の持続可能性について歴史的に視野を広げると，キングの『東アジア四千年の永続農業』やハワードの『農業聖典』が重要である．2つの文献は，アジアの伝統的農法の中に永続性（持続性）を維持する仕組みがある点に着目したことで，20世紀後半に有機農業運動が展開する際に重要な古典として再評価されている．

●**GIAHS と SATOYAMA イニシアティブ**　持続性の視点から農業を見直す近年の動きとしては，世界重要農業資産システム（GIAHS，通称世界農業遺産）が，2002年に国連食糧農業機関（FAO）によって創設された．GIAHSは次世代に受け継がれるべき重要な伝統的農業・農法（林業，水産業を含む）や生物多様性，伝統知識，農村文化，農業景観などを全体として認定し，その保全と持続的な活用を目指したものである．有機農業やGIAHSの動きは，従来の短期的な生産性と経済効率性を重視した農業近代化の動きに対して，環境面や社会面での持続性が失われる事態への反省から生じた動きと捉えられる．特に環境面からは，**里地里山**という人間が歴史・文化的に維持してきた地域の姿が再評価されており，日本では里地里山保全活用行動計画が策定され（2010年），生物多様性国家戦略の下で環境省が推進している．世界的にはCOP10（生物多様性条約第10回締約国会議，2010年）を契機として，SATOYAMAイニシアティブ国際パートナーシップが展開している．

●**多面的機能の維持**　農業政策において持続可能性に着目した動きは，農業・農村がもつ**多面的機能**の再認識として展開してきた．多面的機能の維持は，かつての農業基本法（1961年）が近代化による産業政策的な色彩（工業部門との所得格差是正など）を強く帯びていたのに対し，時代状況の変化を受けて提起されてきたものである．その転換は，1999年に農業基本法が廃止され，農業・農村が有する多面的な役割を意識した**食料・農業・農村基本法**が制定されたことに象徴的に現れている．

多面的機能を実現していく具体的な制度としては，2000年に中山間地域等直接支払が，2007年には農地・水・環境保全向上対策（2015年に多面的機能支払に移行）が導入されている．これは農業・農村の役割について，市場経済の枠組み（経済的評価）だけでは十全に評価されないことを踏まえたもので，農業・農村の持続可能性を支える仕組みづくりと支援の重要性を示している．その点では，農産物貿易の自由化を目指したWTO（世界貿易機関）体制下で，農産物市場政策とは次元を異にする**デカップリング**政策を実現してきた欧州の農業政策の潮流（価格支持から所得補償へ）とも共通性をもつ動きとして捉えることができる．

持続可能な農業・農村に関しては，農業が有する諸側面を総合的価値として捉える視点が重要である．経済・環境・社会の3側面の役割としては，経済価値の創造，健全な生態系の維持，豊かな人間生活と社会・文化の発展，などとして明示されている（祖田，2000）．持続可能性という基本的な概念は，これからの農業・農村の維持・発展には欠かすことのできない視点となっており，将来の国土形成や社会発展を見通す上で極めて重要なキーワードである．　［古沢広祐］

10-10

環境保全型農業

環境保全を重視する農業の取組みを**環境保全型農業**という．1970年代から注目されるようになった持続可能性（sustainability）の考えを理念とし，農業活動と環境の調和を指向する持続的な農業である．循環型農業，エコ農業等の呼び方もある．公文書としては，「新しい食料・農業・農村政策の方向」（1992年）において初めて環境保全型農業を「農業の有する物質循環機能などを生かし，生産性の向上を図りつつ，環境への負荷の軽減に配慮した持続的な農業」と定義し，「農業全体として目指さなければならない」目標と位置づけた．この定義は，その後「農業のもつ物質循環機能を生かし，生産性との調和に留意しつつ，土づくり等を通じて，化学肥料，農薬の使用等による環境負荷の軽減に配慮した持続的な農業」（農林水産省「環境保全型農業の基本的考え方」1994年）に整理され，農業関連施策や農林統計調査の指針として広く使われるようになった．

●展開 初期の**有機農業**を始め，環境保全型農業の取組みは1970年代から注目されはじめ，特別栽培米制度（1987年）や特別栽培農産物表示制度（1992年）等の追い風を受けて急増するようになった．1999年に成立した持続農業法と改正JAS法のもとで**エコファーマー**認定や有機JAS認証が始まり，エコファーマーや有機農業者は環境保全型農業を担う経営体として登場した．その後，環境と調和のとれた農業生産活動規範（農業環境規範，2005），有機農業推進法（2006年），環境直接支払を含む農地・水・環境保全向上対策（2007年），環境保全型農業直接支援対策（2011年）等が導入・施行され，地球温暖化防止や生物多様性保全に効果が高く，化学肥料・化学農薬の使用を地域の慣行栽培の5割以下に低減した営農活動に交付金を支給することになった．2014年に多面的機能支払，中山間地域等直接支払，環境直接支払を統合した多面的機能発揮促進法が成立し，環境保全型農業は農業の多面的機能の維持・発揮の一環として推進されるようになった．

●背景 農業は自然や作物・家畜等の生物を対象とし，人類存立の基盤となる衣食や緑豊かな住環境を含む美しい景観形成の一翼を担う生命産業なので，そもそも環境保全的でなければならない．そこをあえて「環境保全型」と強調することになった理由は，化学肥料・化学農薬に過度に依存した近代農業において農業本来の環境保全的側面が後退し，農薬被害や化学物質汚染等の環境負荷が増大してきた点にある．レイチェル・カーソンの『沈黙の春』（1962年）や有吉佐和子の

『複合汚染』(1975年) が警鐘を鳴らしたように，長きにわたって高度に調和的な関係にあった農業と環境は，いつしかトレード・オフの状態に変容した．それをいかに是正し，持続可能な形に再構築していくかが人類共通の課題となった．

●実態　環境保全型農業の取組みは，農法，生産物，経営体等の面で大きく進展している．農法の面では，有機栽培，無農薬栽培，無化学肥料栽培，減農薬栽培，減化学肥料栽培など多様な展開をみせている．これらの取組みを行う農家数や栽培面積などは国や自治体の統計で把握されている．2017年現在，環境保全型農業直接支払対象面積の内訳は，カバークロップ21%，堆肥の使用22%，有機農業16%，地域特認取組41%であり，いずれも化学肥料・化学農薬を地域の慣行栽培の5割以下に低減している．生産物の面では，有機農産物や**特別栽培農産物**は1兆円市場ともいわれ，食の安全・安心志向を背景に認知度が高まっている．有機栽培や特別栽培の基準を緩和し，自治体独自の認証を受けた**エコ農産物**も多数ある．農業経営体の面では，有機JAS認証を受けた農業者や「持続性の高い農業生産方式」の導入認定を受けたエコファーマーだけでなく，認証・認定を受けることなく環境保全型農業に取り組む経営体も多数形成されている．有機栽培や無農薬栽培等高水準の取組みを行う200 ha規模の法人経営や町村範囲で数百haの地域的取組も出現し，環境保全型農業の技術と経営 (☞3-11) が成熟しつつあることを示している．

●可能性と課題　環境保全型農業が直面する重要な課題の1つは，環境保全型農業への転換が食料供給の安定確保に与える影響である．多方面の検証が必要であるが，国連食糧農業機関 (FAO, http://www.fao.org/sustainability/en/) は次の見解を示している．①工業国では農法転換によって作物収量が低下する．②「緑の革命」地域またはかんがい農業地域ではさほど影響がない．③肥料などの外部投入の少ない伝統的農業地域では収量増加の可能性がある．つまり，食料不足は主に伝統的農業地域で発生していることから，環境保全型農業への転換は食料供給力や食料安全保障に寄与する可能性があると考えられる．推進現場でも多くの課題が指摘されている．環境保全型農業直接支払に必要とされる「まとまり要件」(取組が集落の耕作面積の一定割合以上を占めること) や「組織要件」(他農家との連携による組織化，複数の農業者で構成される法人) は取組みの面的広がりを促す効果がある一方，個性的で多様な取組みの形成を遅らせる一面もある．2018年からエコファーマーを交付対象から外し，代わりに国際水準の農業生産工程管理 (GAP) を義務づけた要件変更に対する戸惑いや不満も多い．環境保全型農業をどのような方向感をもって進めていくかを明確にするとともに，継続的な制度改善と一貫性ある制度運営で諸課題の解決を図る必要がある．［胡 柏］

10-11

有機農業の広がり

日本の**有機農業**の始まりは，1971年の日本有機農業研究会の発足が1つの画期である．さらに溯ると，1930年代および戦後に始まる自然農法の取組みがあるが，社会的に広がりをもつのは1970年代である．背景には，1960年代に本格化する農薬・化学肥料に依存した「近代農業」の弊害，すなわち農業者自身の健康被害や，土の疲弊，野生生物の減少といった環境の変化に気づいた農業者が，健康・環境に配慮した農業に転換を始めたことがある．また，安全な農産物・食品を求める消費者運動が活発であったこともある．そのため日本の有機農業は，生産者と消費者双方の「顔の見える関係」と表現される直接的な結びつき「産消提携」によって支えられ，発展してきたことが大きな特徴である．朝日新聞の小説欄に連載された有吉佐和子『複合汚染』（1975年）は，当時の農産物・食品の安全性をめぐる問題や有機農業に取り組む農家の様子を描いたことで大きな反響を呼び，有機農業を広く社会的に認知させる上で大きな役割を果たした．

有機農業は，自然農法などを含めて多様に展開しているが，今日の一般的な共通理解は「化学的に合成された肥料および農薬を使用しないことならびに遺伝子組換え技術を利用しないことを基本として，農業生産に由来する環境への負荷をできる限り低減した農業生産の方法を用いて行われる農業」（**有機農業の推進に関する法律**第2条）という定義に集約される．

●世界の有機農業　世界に目を向けると，やはりいくつかの潮流がある．1つは，英国から米国にわたって普及した「オーガニック農業」である．日本の有機農業は，当初「Organic Farming」の訳語であり造語であったことからも，その影響を強く受けている．ルーツは英国のA.G.ハワード『農業聖典』（1940年）であり，それを米国で実践，普及したJ.I.ロデイル『黄金の土』（1945年）である．彼らが強調したことは，有機物の土壌還元，堆肥による地力維持の重要性である．農薬毒性の環境への影響について警鐘を鳴らしたのはレイチェル・カーソン『沈黙の春』（1962年）であるが，これも日本の有機農業に大きな影響を与えている．

もう1つの潮流は，1920年代にドイツで始まるR.シュタイナーの「バイオダイナミック農業」である．太陽や月など天体の動きと動植物の生理的変化に対応した農作業暦（カレンダー）に特徴があり，播種，収穫等の農作業はこれに従って行われる．独特の調合材（水晶，タンポポ，カモミールの花など）の利用も特徴である．実践農場は世界中に点在し，共同販売組織「デメター」のブランドは国際的によく知られており，評価の高い有機製品として販売されている．

●有機基準・認証制度　有機農業が広く社会的に認知されて，その価値が認められると，有機生産でないにもかかわらず，付加価値を期待して「有機」表示を偽装するケースが懸念される．**有機認証**は，それを防ぐための表示制度である．現在，「有機」と表示するためには，生産・取扱要件を規定している**有機基準**を遵守し，さらに第三者機関による認証・検査を受けることが義務づけられている．有機基準は，「有機」とは何かという共通の定義であり，国際有機農業運動連盟（IFOAM）の「基礎基準」（1980 年）は国際的な参照基準となってきた．のちに，各国政府や国際機関が法的根拠を求めて策定したのが Codex 委員会（WHO・FAO 合同規格委員会）の「有機ガイドライン」（1999 年）である．実際的な施行規則として，EU 有機規則（1991 年制定），米国の全国有機プログラム（NOP）（1990 年に制定されるが，施行は大幅に遅れて 2002 年 10 月）等が制定されている．日本では，改正 JAS 法（農林物資の規格化等に関する法律）のもとで**有機 JAS 認証**による表示が 2000 年 6 月から義務づけられている．

●世界の有機農業・有機市場の広がり　有機農業の取組みは世界的に拡大を遂げている．有機農地面積の推移をみると，2000 年の 1500 万 ha から，2016 年には約 4 倍の 5780 万 ha へと，平均年率 8.3% で拡大し，世界の農地全体に占める有機農地面積の割合は 1.2% に達している．有機農地面積の割合は，有機農業の展開度合いを示す指標としてよく使われるが，総じて欧州諸国でその割合が高く，有機農業が最も普及している地域であることを示している．畜産利用の永年草地が多いアルプス地域や北欧諸国で顕著に高いが（オーストリア 22%，スウェーデン 18% など），近年では，イタリア 14.5%，スペイン 8.7%，ドイツ 7.5%，フランス 5.5% なども面積割合が高まっている（2016 年現在）（Willer and Lernoud, 2018）．日本では，有機農業の「取組面積」は 2 万 3803 ha（有機 JAS 認証農地と非認証有機農地を合わせた面積）で，その割合は 0.5% と低い．要因は，粗放的な畜産利用の永年草地が少ないことや，集約的な野菜生産が多いといった農業構造の違いによるところがある．

世界の有機食品市場に目を向けると，欧米諸国を中心に急成長を遂げている．最大の有機食品市場は米国（389 億ユーロ）で，ドイツ 95 億ユーロ，フランス 67 億ユーロ，中国 59 億ユーロと続く（日本は約 10 億ユーロ）．北米と欧州市場で世界の有機食品販売額の 90% を占めており，世界の有機食品市場は欧米諸国が牽引するかたちで急成長を遂げている．

［大山利男］

10-12

気候変動と農業・農村

気候変動とは，二酸化炭素などの**温室効果ガス**の増加を主因とする地球温暖化により，気候条件が変化することである．気温や降水量などに左右される農業生産も気候変動の影響を受け，その影響は社会や経済にも波及する．同時に，農業生産はメタンや亜酸化窒素といった温室効果ガスの主要な排出源でもある．以下では，気候変動が農業に及ぼす影響，農業生産が気候変動に及ぼす影響，および気候変動が農村生活に及ぼす影響について解説する．

●気候変動が農業に及ぼす影響　気候変動の農業への影響としては，まず作物の収量や品質の変化が考えられる．また，気候変動による水などの生産要素の入手可能性の変化も，農業生産に影響する．これらの影響の良し悪しや大きさは，地域や作目によりさまざまである．例えば，平均気温の上昇は，すでに気温が高い地域では米の品質低下をもたらす一方で，これまで気温が低いため栽培できなかった果樹の生産が可能になることもある．

これらの影響を経済学的に評価するためには，気象条件の将来予測や気象条件に応じた収量や品質の予測に加え，次の点の考慮が必要である．第1に，農産物価格である．収量の低下は，必ずしも農業生産額や農業所得の低下などの経済的にネガティブな結果を意味しない．気候変動により収量が減少しても，価格の上昇率が収量の減少率を上回れば，農業生産額は増加する．第2に，農家による気候変動への**適応策**である．農家による適応策とは，気候変動の負の影響を軽減し，正の影響を享受するための取組みであり，気候条件や農産物価格に応じて新たな品種や栽培管理方法を採用するなどの農家の行動である．以上の点を考慮した影響評価手法としては，気候変動下での作物の収量や品質を予測する作物モデルと，作物の需要量や価格を予測する市場モデルとを組み合わせたシミュレーション分析が有効である．

気候変動の影響を軽減するためには，将来見込まれる影響を予測し，できるだけ早期から具体的な対応をとることが重要となる．日本では，農林水産分野での適応策を進める指針として，2015年8月に「農林水産省気候変動適応計画」が定められた．同計画では，すでに顕在化しつつある気候変動の影響，将来見込まれる影響，およびそれらの影響への対策が，品目ごとに取りまとめられている．

●農業生産が気候変動に及ぼす影響　農業生産も温室効果ガスの排出源となっている．農業生産では，水田から発生するメタン，家畜呼気に含まれるメタン，施肥に伴い土壌から発生する亜酸化窒素，家畜糞尿の処理時に発生する亜酸化窒素などが排出される．これら農業特有の温室効果ガスの排出量は，1990 年から 2012 年までに世界全体で 13% 増加している（FAOSTAT）．また，農業での化石燃料利用による温室効果ガス排出は，農業特有の温室効果ガスに比べると排出量は少ないものの，1990 年から 2012 年までの間に 67% も増加している．これは機械化の進展や温室利用の増加が原因と考えられる．

地球温暖化の進行を抑える目的で，温室効果ガスの排出を削減したり，温室効果ガスの吸収を促進する取組みを気候変動の**緩和策**と呼ぶ．農業関連の緩和策としては，省エネルギー技術やバイオエネルギーの利用，施肥量の適正化，有機肥料施用による農地への炭素貯留の促進などがある．このうち施肥量の適正化や有機肥料の施用などは，比較的費用対効果が高い取組みである．

緩和策の促進には，緩和策実施の経済性を改善したり，緩和策実施によるコベネフィット（副次効果）を発揮することが重要となる．緩和策実施の経済性改善に資する日本国内での施策としては，J-クレジット制度がある．この制度では，農家などの温室効果ガス削減量が，大企業や地方自治体などに買い取られ，低炭素社会実行計画の目標達成などに利用される．農家などはクレジットの販売収入を得ることで，緩和策実施の経済性を高めることができる．

緩和策の実施により，生産性の向上や地域経済への波及効果などのコベネフィットをもたらすことがある．例えば，ハウス栽培の暖房機器を重油ボイラーから木質ペレットボイラーに転換することで，温室効果ガスの排出量が大幅に削減される．と同時に，木質ペレットの生産に関わる雇用創出，木質ペレットの原料となる間伐材の利用促進など，地域社会にプラスの影響を及ぼす事例も報告されている．

●気候変動が農村生活に及ぼす影響　気候変動による影響の中でも大雨や干ばつなどの極端現象の増加は，農業生産だけでなく，農村生活に多大な影響を与える．日本においても，毎年のように，大雨，台風，大雪などの極端現象による農業被害や農村地域を中心としたインフラ被害が発生している．

作物の主要な産地で極端現象などによる農業被害が発生すると，国際貿易を通じて他国・他地域にも影響が及ぶ可能性がある．オーストラリアやアメリカなどでの異常気象による穀物の生産量変化は，一国内での影響に留まらず，食料価格の上昇を通じて広く世界に波及した．食料価格の上昇は，特に低所得国や低所得者を中心に食料へのアクセスを妨げるおそれがある．　［澤内大輔］

10-13

生態系サービス

自然資本は，動植物や水，土地，鉱物など人々の生活に恩恵を与える再生可能・枯渇性資源を包括的に表す概念である．自然資本に由来し，人々の生活に与えられる恩恵が生態系サービスである．つまり，自然資本と生態系サービスには，ストックとフローという関係性がある．生態系サービスという用語は，国連ミレニアムエコシステム評価（Millennium Ecosystem Assessment 編，2007）の成果により普及した．2001～2005 年にかけて，95 カ国，1360 人の専門家が参加して実施された国際的プロジェクトは，生態系サービスという概念を世界中に普及させる契機となり，生態系サービスに関わる将来戦略を構築するための科学的根拠を示す役割を果たした．さらに，生態系サービスと人間の福利との関係性について，政策やビジネスの場での意思決定に役立つ概念が提示された．

●生態系サービスと人間の福利　国連ミレニアムエコシステム評価において，生態系サービスは基盤サービス，供給サービス，調整サービス，文化的サービスの 4 種類に分類された．基盤サービスは，その他の生態系サービスの基盤となるものであり，栄養塩の循環，土壌形成，有機物の一次生産などを含む．供給サービスは，人間生活にとって必要不可欠な物資を供給する役割であり，重要度の高いサービスである．食料供給などの農業生産に関連するサービスは供給サービスに含まれる．それ以外にも，淡水や木材，繊維，燃料などの供給が含まれる．調整サービスは，人間の生活環境を快適かつ安定したものに調整する役割である．気候調整や洪水制御，疾病制御，水の浄化など，自然資本の有するグリーンインフラとしての主要な役割が含まれる（グリーンインフラ研究会他編，2017 : p. 20）．文化的サービスは，人々の精神面に与える影響や余暇活動を豊かにする役割である．審美的・精神的影響，教育面での効果，レクリエーションへの利活用などが文化的サービスに含まれる．以上のサービスに加えて，生物多様性が豊かに育まれること自体を生息地サービスとして追加し，議論されることもある．

生態系サービスが人々に与える影響については，人間の福利という概念が用いられる．人間の福利は，「快適な生活のための基本的物資」「健康」「良好な社会関係」「安全」「選択と行動の自由」という要素から構成される．生態系サービスは人間の福利に対して直接的または間接的影響を与える．生態系サービスの評価は，自然資本の保全活動が人間生活に及ぼす影響を明らかにするとともに，その重要度を把握し，検討するための指標となる．

●生態系サービスへの依存度　国連ミレニアムエコシステム評価の分類は，自然資本と人間社会の関係性を理解する上で有用である．全人類が生態系サービスに依存して生活を営んでいるが，地域や個人によりその依存度は異なる．都市と農山村，先進国と途上国においても依存度は異なる．里地里山における農林水産物の採取，清浄な地下水の利用などが可能な農山村を都市部と比較すると，農山村における生態系サービスへの依存度は高い．同様のことは開発途上国において顕著である．ゆえに，過度な開発や自然災害，気候変動などによる影響は，生態系サービスに強く依存している貧困層の生活に深刻な影響を与える．それらの地域では，生態系サービスの変動や劣化，損失が，人々の生活基盤を奪い取ることにつながり得る．持続可能な発展を考える上では，生態系サービスをめぐる地域間や貧富の格差への適切な配慮による世代内の公平性の確保，そして将来世代との世代間の公平性の実現が重要な論点となる．それらの視点は，SDGs（持続可能な開発目標）を達成する上でも重要な役割を果たすだろう．

●農業と正負の生態系サービス　1999年に制定された食料・農業・農村基本法では，農業の多面的機能として，国土の保全，水源のかん養，自然環境の保全，良好な景観の形成，文化の伝承などが明示された．食料生産という農業本来の役割は供給サービスに含まれる．国土の保全と水源のかん養は調整サービス，良好な景観の形成と文化の伝承は文化的サービスに分類される．自然環境の保全は，生態系サービスの基礎となる生物多様性を育む基盤サービスの一部として，あるいは生息地サービスとして定義できる．グリーンツーリズムなどレクリエーションの場を提供する役割は，文化的サービスとして分類できる．しかしながら，環境影響を定量化するための国際的な環境指標においては，農地開発における森林伐採など，農業による土地利用転換がもたらす生態系サービスの劣化と損失という負の側面が取り上げられることが多い．化学肥料や農薬の過剰な投入による環境負荷の解消も長年の課題である．

また，農業生産活動自体が，正負の生態系サービスの影響を受けて成立していることも重要な視点である．農業における鳥獣害や病虫害などは，農業が被る負の生態系サービスである．他方，農業は訪花昆虫による授粉や淡水供給などの生態系サービスを受益している．農業生産活動が人々の生活におよぼす正負の生態系サービスに加えて，農業自体が依存する自然資本と生態系サービスの持続可能な保全も重要な課題である．農業と自然資本・生態系サービスの関係性を十分に考慮した政策立案と実行が求められる．　　［吉田謙太郎］

10-14

環境とマーケティング

農業におけるマーケティングとは，農産物の流通過程（生産，輸送，保管，販売）における，販売促進のための活動全般を指す．その内容は，消費者分析・競合分析・商品分析などの市場分析調査から，消費者向けの広告宣伝まで多岐にわたる．他の多くの財・サービスとは異なる生活必需品としての農産物は，マーケティングと比較的縁遠い存在であった．しかし近年では，消費者の環境意識や健康志向，食の安全性に対する関心の高まりを背景に，環境に配慮した農業による農産物（本項目ではグリーン農産物と呼ぶ）の販売促進・市場拡大を目指したマーケティングが注目されている．このような活動は**グリーンマーケティング**（環境マーケティング，エコマーケティング）と呼ばれている．

●対象となる消費者　多くの先行研究が，グリーン農産物に対する支払意思額は，一般の農産物よりも高いことを示している．しかし現実には，グリーン農産物の市場は拡大傾向にあるものの，依然として限定的である．その理由の1つとして，グリーン農産物を志向する消費者を十分に把握できていないことが挙げられる．

国内の調査によれば，有機農産物を購入する消費者の割合は年齢，家族構成，所得などにより大きく異なる（オーガニックヴィレッジジャパン，2018）．また購入動機，優先的に購入する作物，購入金額などにも，消費者によって大きな違いがある．グリーンマーケティングを実施する際には，消費者層を特定した上で，その層の購入動機に訴求するアプローチが必要である．

●グリーンマーケティングのアプローチ　多くの消費者は，グリーン農産物について十分な知識を有していない．グリーン農産物の付加価値をいかに消費者に伝え，他の農産物との差別化を図るかが重要となる．そのための代表的手法の1つが**環境認証**である．グリーン認証，エコ認証とも呼ばれるこの手法では，環境に配慮して生産された農産物であることを，第三者機関が審査・認定する．多くの場合，認定された農産物にはその証明として**環境ラベル**（**エコラベル**）が貼付さ

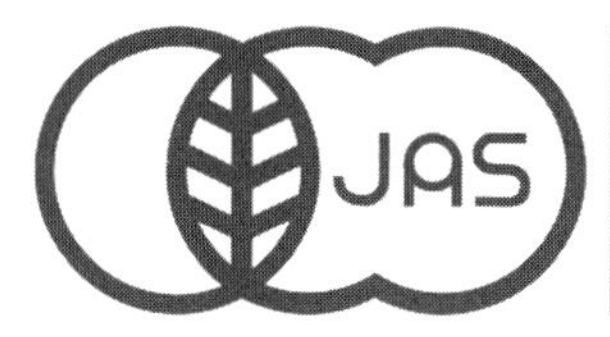

図1　日本，EU，米国の有機認証

れ，消費者が視覚的に認識できる．国内の環境認証の代表例は有機JASである．国際基準にも合致しており，有機JAS農産物はEUではEU Bio，米国ではUSDA Organicなど，海外でも同等の環境ラベルを付けて販売することができる．この点は，海外市場に販路を拡大する上で特に有効である．

近年では，地域独自の認証制度を実施する自治体が増えているが，その大半は自己宣言型の認証であり，内容も千差万別である．認証制度を有効に活用するためには，認証がもたらす付加価値を伝えるだけでなく，他の認証制度との違いを明確にすることが求められる．

グリーン農産物の付加価値向上の手法として，地域ブランド化も盛んである．2006年度に始まった「地域団体商標制度」を契機としたこの制度は，原産地表示によるイメージを伴う農産物の差別化と定義されている（出村，2005）．先行的事例である「コウノトリ育むお米」（兵庫県豊岡市）や，「朱鷺と暮らす郷のお米」（新潟県佐渡市）などが有名である．地域農産物のブランド化は，消費者の認知向上，付加価値の向上だけでなく，地域全体のイメージ向上を通じて地域活性化にもつながることが期待される．なお，上記事例では参加農家に対して取組み内容に応じた助成金が支給されており，生態系サービスへの支払いの性格も有している．

グリーン農産物の付加価値向上のため，独自の流通ルートを開拓する生産者も少なくない．既存の流通網は，生産者から消費者までの間に多くの中間業者が関わっており，生産者は価格決定力に乏しい．十分な価格プレミアムが形成されず，一般の農産物との差別化が十分でない点が課題である．そのため，市場を通さずに小売店と直接取引することで，コスト削減と利益改善を目指す事例が増えている．また，インターネットを利用して消費者にオンライン販売するなど，消費者との直接取引も増えつつある．

最近では，SNSを活用したグリーンマーケティングも注目されている．従来のマスマーケティングでは，メディアを活用した一斉宣伝が主流であったが，SNSを利用した行動ターゲティング広告や，購買者の口コミによる消費喚起などの事例が増えつつある．SNSマーケティングは，生産者が消費者とつながる新しい手法として，農産物に限らず幅広く注目を集めている．

●おわりに　グリーン農産物の潜在的な市場は大きいものの，現状では他の先進国と比べても非常に小さい．今後市場を拡大していく上で，グリーンマーケティングが貢献し得る余地は大きい．そのためには，ターゲットとなる消費者層を特定し，適切な手法でアプローチする必要がある．また，単一の手法に依拠するのではなく，複数の手法により包括的・重層的にアプローチしていくことが，グリーン認証の成功の条件である．

［田中勝也］

10-15

農業をめぐる資源循環

農業において土地は生産手段であり，その能力である地力を維持・向上させることは食料の生産力を発展させる上で必須の要件となる．その中心的役割を果たしているのが，土壌中の有機物である．動植物由来の土壌有機物は，①微生物によって分解され作物が吸収可能な養分となる，②土壌構造と保水力を良好に保つ，という2つの作用によって作物生産の根幹を支えている．農業は，有機物の循環を基礎に発展を遂げてきた．

●地力維持と有機物循環　古くは，土壌有機物の消耗によって収量が減少すると，生産の場を移し，それまでの耕作地が自然の植生によって地力を回復するのを待った．やがて食糧増産の必要から，人為的な施肥による地力回復が行われ，刈敷（林の落ち葉や野草地の刈草），草木灰が養分源として用いられるようになった．さらに，このような自然界に自生した植物を採取する施肥に加えて，家畜排せつ物，人の屎尿を利用して有機物を人為的に効率よく循環させる施肥が行われるようになった．その起源は定かではないが，鎌倉末期には存在したとされている（渡辺，1983：p. 113）．その背景には二毛作の導入があり，農地の利用度の高まりに応じた施肥技術の発達といえる．また，農業生産に組み込まれたマメ科植物などの緑肥も普及していった．この段階の有機物は，農場内あるいは集落等の限られた範囲で循環しており，農業生産に必要な養分は内給されていた．その後，江戸時代に油粕，魚粕など有機質の金肥の利用が一部で広まり，都市近郊の農村では都市住民の屎尿が利用されることで，養分の外給がみられるようになった．都市と近郊農村の範囲で維持された有機物の循環は，農産物の生産地と消費地を結ぶ資源循環として注目されている．

●有機物循環の後退と再構築　こうした循環型の施肥体系は，第二次大戦後の化学肥料の普及によって大きく変化した．特に高度経済成長期に，作物への養分供給は購入肥料である化学肥料への依存度を高めた．水田と畑への有機物施用量は1963年から73年にかけて，約4割減少した（小倉・大内，1976：p. 14）．多くの労力を要する有機物の施用が賃金上昇で難しくなったこと，そして農業の機械化によって役畜が姿を消し，無畜農家が増えたことなどが減少要因となった．化学肥料依存の多肥農業については，省力化の偏重から有機物施用が少なく，長期的・安定的な地力維持を欠くという問題が指摘されるようになった（小倉・大内，1976）．

このように農業の循環型産業としての性格が薄らぎ，作物への有機物施用が減る一方で，農業生産に利用されない有機性廃棄物が増加した．家畜排せつ物と食品残さである．環境への負荷低減，省資源が求められる中で，持続可能な農業を展開するために，これら廃棄物を活用した資源循環の再構築が求められている．

●家畜排せつ物の利用　家畜排せつ物は，畜産が専門化・大規模化する過程で土地利用と離れた方向へ展開したことで循環利用が減少し，過剰養分の環境負荷が問題となった．日本の畜産は，都市部ないし都市近郊から発展したため，高度成長期までは都市部の食品残さを利用するものが多く，粕酪，残飯養豚，あら養鶏などと呼ばれた．その家畜排せつ物も肥料資源として利用されていた．しかし，畜産の規模拡大とともに飼料を海外に依存する**加工型畜産**となり，さらには都市近郊から山間部などの遠隔地へ移転することによって，作物残さや食品残さを給餌して，家畜排せつ物を圃場に還元する有機物循環が希薄になった．家畜の排せつ物は年間 7900 万 t（2017 年）と推計されており，その農地還元可能量は窒素成分量で化学肥料の投入量とほぼ同じである．こうした家畜排せつ物の利用については，畜産経営と耕種経営の**耕畜連携**や地域における複合農業（地域複合農業）を形成することによって資源循環の強化が図られている．そのために，1999 年に**家畜排せつ物法**と**持続農業法**が制定され，堆肥等の有機質資材による土づくりと化学肥料・化学農薬の使用の低減を一体的に進める方向づけがなされた．

●食品残さの利用　食品の加工残さや消費残さは，農業生産とは離れた場所で分散して大量に発生するようになり，農業での利用が困難になった．この背景には，食料の広域流通化によって生産と消費の場が地理的に離れたことや，加工食品や外食の増加とともに食品産業が発達し，フードチェーンの厚みが増したことがある．食品残さは，食品関連産業全体で年間 2010 万 t（2017 年）を超え，有価で取引される製造副産物を除いた事業系廃棄物は 800 万 t に及ぶ．そのうち飼料として再生利用される割合は約 3 割，肥料としては約 1 割であり，半分以上が埋立て・焼却されている．事業系廃棄物は主としてフードチェーンの川中や川下にあたる部分で発生しており，これを川上の農業で利用する資源循環の形成を促進するために，2000 年に**食品リサイクル法**が施行された．

以上のように，有機物利用については，農法と経営対応の問題として議論された段階から，農業生産における化学化，食料および飼料の輸入依存と有機性廃棄物の大量発生を背景に，地球的な環境保全，社会的な資源循環の問題として扱われるようになった．その中で環境保全型農業，資源循環型農業のコンセプトが形づくられ，食料生産の持続可能性を高める政策が講じられている．　[淡路和則]

10-16

野生鳥獣害

農業における野生鳥獣害とは，ほ乳類あるいは鳥類が農業生産に及ぼす物的被害，およびそれに伴う経済的損失である．作物に対する食害のほか，踏み倒し，枝折り，農地や水路法面の掘り崩しなどが生じている．野生生物による農業生産への干渉という点では雑草・病虫害と共通するが，被害の影響範囲や発生要因に無視できない違いがある．それゆえ対策に求められる発想も異なる．

●被害の広がり　農林水産省の公表資料によれば，特に被害規模が大きい作物は稲，飼料作物，野菜，果樹である．飼料作物被害の大半はシカによる．稲ではイノシシ被害が目立つ．果樹や野菜ではカラスをはじめとする鳥類や，サル，クマ，ハクビシンなどによる被害も少なくない．地域的には，シカ被害は北海道で顕著であり，イノシシ，サルの被害は北海道を除く全国に広くみられる．雑草や病害虫と異なり，野生鳥獣は加害動物である一方で鳥獣保護管理法に基づく保護対象でもあり，薬剤による駆除は許されない．ゆえに対策はより困難である．

1999～2017年度の被害金額の推移をみると，2010年度の239億円をピークに減少傾向に転じている．危機意識の高まりや支援施策を背景とした被害対策の進展が，被害金額を減少させている可能性がある．しかし楽観は禁物である．なぜなら鳥獣害は，作物被害に計上されない，あるいはされにくい影響をも及ぼすからである．営農意欲の低下，農地の遊休化や荒廃，水路法面の被害などである．

こうした影響の全体像は容易に把握できないが，例えば**耕作放棄地**面積とイノシシ被害の相関を指摘する研究報告が複数ある（本田，2007；作野，2009）．山林と農地が近接する**中山間地域**では，鳥獣害が**遊休農地**発生の一因であることは間違いないだろう．当然ながら，すでに遊休化した農地で作物被害が生じることはない．荒廃農地が周辺の鳥獣害の温床となり，営農意欲の低下，農地の遊休化が周囲に波及していく可能性もある．また，水路の掘り崩し被害が**地域資源**管理の手間・費用を増すといった事態も懸念される．野生鳥獣害の深刻さは，作物被害に留まらず，こうした農業生産基盤の弱体化を誘発する点にある．

野生鳥獣害のもう1つの特徴は，加害動物の生息・出没範囲，被害の影響範囲が，農地やその周辺に留まらないことである．種にもよるが，山林や河川，宅地等を含む農山村の空間全域が生息・出没範囲となる．それはしばしば都市部まで広がる．ある地域の被害対策（例えば柵の設置）が，野生鳥獣の移動を促し，隣接する別の地域の被害拡大を招いてしまうといった事態があり得る．また，人身被害，交通事故，家屋侵入といった生活被害，下層植生変化や樹皮はぎなどの林業被害も生じている．農林業従事者だけでなく，地域内外の居住者，農山村を訪れるツーリストにまで被害あるいは不安が及ぶこととなる．このような問題の広がりを前に，農業生産への直接的影響だけに限定したのでは有効な対策は立てられない．空間や地域資源を一体的に把握する視点が重要である．

●被害の拡大要因と対策に求められる発想　近年の被害拡大要因として，狩猟免許保持者の減少による捕獲圧の低下，気候変動による生息域変化に加え，国土利用のあり方の変容，とりわけ**里山**の利用・管理の後退が指摘されている．農業生産技術や木材・燃料供給源の変化に伴い，草地や山林の利用は20世紀後半以降著しく低下した．近年，日本の国土は「森林飽和」（太田，2012）と呼ばれる状態にあるが，森林管理に苦慮する地域は少なくない．また，農業生産活動の後退や人口減少に伴い，中山間地域を中心に遊休農地や空き家が多発している．こうした人間活動の縮小が，野生鳥獣の人里への出没と農林業被害の拡大を招いている．これは社会の長期的な変化の結果であり，容易に解消しがたい．このことを前提に，国土の持続的な利用管理のあり方と体制を再構築しなければならない．

生態学における野生動物管理（wildlife management）の考え方を援用すれば，被害軽減策として，生息数の適正化を図る個体数管理，柵の設置や集落環境改善などにより被害を防ぐ被害管理，鳥獣の生息環境を整える生息地管理の3つの手法がある．個体数管理では，趣味・生業としての狩猟活動に加え，有害鳥獣駆除や個体数調整を目的とした許可捕獲の実施が重要である．狩猟・捕獲の担い手育成と活動支援が欠かせない．捕獲獣の食肉化（ジビエ）の取組みは，鳥獣害への社会的関心を喚起するとともに，狩猟・捕獲の経済的インセンティブを高め得る．

被害管理は柵や網の設置，緩衝帯整備などによる加害動物の侵入防止が中心である．ただし，地域内の意思共有のないままこれらを進めても効果は薄い．被害軽減効果を高めるには，集落などの地域ぐるみで被害箇所を点検・情報共有した上で設置や整備を行い，その後も維持管理を継続的に行う必要がある．

生息地管理では，農地，山林，河川等の多様な地域資源の一体的管理という視点が重要である．わが国の風土条件から，人間の活動領域と野生鳥獣の生息域は隣接・重複せざるを得ない．実際，ラムサール条約湿地やユネスコ生物圏保存地域，地域制自然公園は農地や農村地域を含んでいる．野生生物の生息地保全は農業の多面的機能の一要素でもある．野生生物と折り合いを付けつつ農業・農村が発展できるような農村空間の再定義，資源環境管理の仕組みづくりが求められる．

［桑原考史］

第 11 章

日本の食料・農業・農村政策

11-1

日本農政の展開過程：基本法農政から新基本法へ

戦後の復興期を経て，高度経済成長が始まると，すぐに国政上の大きな課題となったのが農業問題だった．1957 年には，早くも，農林省（後の農林水産省）の『農林白書』が，「5 つの赤信号」として，①農家所得の低さ，②食糧供給力の低さ，③国際競争力の弱さ，④兼業化の進行，⑤農業就業構造の劣弱化という，現在にまで及ぶ国内農業の問題点を指摘している．

特に①の農家所得の低さは，「国民所得倍増」が国レベルで追求される中で，**農工間所得格差**として現れることとなる．実際，当時の統計（農林省「農家経済調査」と総務庁「家計調査」）によれば，1960 年度の農家世帯の家計費（家族 1 人当たり，年間）は，6.1 万円であり，8.6 万円の勤労者世帯と比較すると，71% の水準にすぎず，生活の質にまで及ぶ格差が生じていた．農業基本法を提唱した政府の農林漁業基本問題調査会は，この農工間所得格差を「農業の基本問題」と把握し，「民主主義的思潮と相容れ難い社会的政治的問題」と認識した．そして，それを阻んでいる根本的要因としたのが，欧米先進国に比較して農家の経営規模が著しく小さいことであった．これを「零細農耕」と呼び，それが農業の低生産性を招き，その結果，農工間の所得格差が生じているとされたのである．

●農業基本法の政策とその構図　このような認識を基礎として，「農業の向こうべき新たなみちを明らかにし，農業に関する政策の目標を示すため」（農業基本法前文）に制定されたのが農業基本法（1961 年）であり，それに基づく農政は「基本法農政」と呼ばれる．基本法には，先の議論を受けて，「他産業従事者と農業従事者の所得・生活水準格差」と「他産業と農業の生産性格差」という 2 つの格差の是正を目的としていた．そのための主な政策手段として，①零細農耕から脱却し，規模拡大して他産業と均衡する生活を営む「自立経営」の育成を支える**構造政策**，②経済成長による国民の所得拡大の中で，需要の増大が見込まれる野菜，果実，畜産等への生産誘導と生産性の向上を促進する**生産政策**，③農産物価格の政策的な支持を通じて農業所得の増大を実現する**所得政策**が設定された．

つまり，基本法農政には，構造政策を直接の契機とする構造改善→生産性向上→所得均衡という太い流れに，生産政策，所得政策のサポートが位置づき，最終的な所得均衡に向けて諸政策が分業的に機能するという構図が描かれていた．

●その後の農政　その後の農政は**総合農政**，そして**国際化農政**に移行する．それは，この農業基本法の枠組みを大きく変えていくプロセスだったともいえる．

総合農政とは，先の基本法農政の行き詰まりを強く意識して，1968年より始まる農政である．「総合」の意味は，「こんにちの農業問題が農政固有の分野にとどまらず広く他の各般の政策分野と関連するに至っているので，これらの諸政策との有機的関連に留意（する）」（閣議了解「総合農政の推進について」1970年）ことであり，貿易政策との調和，農村の生活環境整備などを意識した表現であった．しかし，より重要な点は，顕在化した米の生産過剰への対応であり，農家所得の増大を支える米価について生産抑制を意識した価格政策の運用が求められた．そして，1971年からは「減反対策」も本格化した．日本の農政は，これ以降，米の生産調整の対応に大きなエネルギーを割くこととなる．基本法の描いたシンプルな政策の構図がすでにこの段階で現実に当てはまらない状況が生まれていたのである．

さらに，1986年になると米国との貿易不均衡是正を目指す前川レポートにより内需拡大が提唱され，農産物の一層の輸入拡大が迫られる．また，前年からの激しい円高傾向は，農産物の内外価格差を際だったものとし，国際競争力の飛躍的強化が農業サイドに求められた．国際化が農政上，全面的に意識されたことから，この時期は「国際化農政」と呼ばれることがある．政策により米価は引き下げられ，価格形成に市場メカニズムが積極的に導入された．農業基本法により位置づけられた価格政策を中心とする所得政策は全面的に後退をすることとなる．

その後，1992年にはさらに新しい政策体系も打ち出されるが（「新しい食料・農業・農村政策」），それは後の食料・農業・基本法を先取りしたものである．また，GATTウルグアイ・ラウンドを経て，WTO農業協定（1995年）という新たな国際規律も生まれた．

●基本法の見直しへ　こうした状況を経て，農林水産省は1995年に「農業基本法に関する研究会」を設置し，内実が大きく変化したにもかかわらず，内容的には一切改正されることなく30年以上も維持されてきた基本法の総点検を実施した．

その研究会の報告は，「農業基本法が描いた農業発展のシナリオについては，畜産物，果実，野菜等において選択的拡大が進んだこと等部分的には実現したものの，全体的にみた場合，当初の構想どおりには進まなかった」と評価した．同報告は「新たな基本法」の必要性を提唱し，「検討に当たって考慮すべき視点」として，①食料の安定供給の確保，②食品産業の活性化，③消費者の視点の重視，④新しい農業構造の実現，⑤自由な経営展開の推進，⑥農業経営の安定の確保，⑦農業の有する多面的機能の位置づけ，⑧農村地域の維持・発展の諸点を提起した．

こうして，1961年の農業基本法は廃止され，上記の諸点を踏まえた食料・農業・農村基本法が1999年に制定された．

[小田切徳美]

11-2

食料・農業・農村基本法

農政の理念と方向を定めた法律として，食料・農業・農村基本法が1999年に施行された．1961年の農業基本法に代わる新たな農政の基本法であり，制定に至るまでには多くの議論が交わされた．口火を切ったのは1991年2月の近藤元次農林水産大臣の記者会見であり，制定後30年となった農業基本法の見直しに言及した．その後は農政審議会においても検討が行われたが，大臣の発言後まもない1991年5月に農水省内に設けられた「新しい食料・農業・農村政策検討本部」の果たした役割が大きかった．

検討本部は有識者による懇談会も含めて議論を重ね，1992年6月に報告「新しい食料・農業・農村政策の方向」（新政策）を公表した．報告は新たな基本法に向けた提案を明示的に述べてはいないが，農業の多面的機能を重視し，効率的・安定的な経営体の概念を提起するなど，基本法を先取りした内容を含んでいた．特に農政を食料政策，農業政策，農村政策として構想した点は，基本法の政策体系として引き継がれることになった．

●食料・農業・農村基本法の理念　基本法制定を目指した政府部内の本格的な検討は，1995年9月に農水省に設置された「農業基本法に関する研究会」を軸に進められた．1年後の研究会報告は，新基本法の検討に際して考慮すべき視点・論点を整理するとともに，「まず現状を正確に認識し，それに基づき国民的な議論を積極的に行い，合意形成を進めることが必要」とも指摘した．

こうした国民的な議論の場として1997年4月に設けられたのが，食料・農業・農村基本問題調査会であった．調査会は農業界のみならず経済界，消費者団体，マスコミなどの多彩なメンバーから構成され，地方公聴会を含めて濃密な議論を積み重ねた．翌年9月の総理大臣への答申では，争点となった食料自給率目標や中山間地域への政策支援などの論点に一定の方向を打ち出すとともに，「国民全体の視点に立った食料・農業・農村政策の再構築」の必要性を強調した．国民全体の視点を重視する姿勢は，新たな基本法の理念にも反映された．

基本法の第1条は食料・農業・農村政策の目的として，「国民生活の安定向上及び国民経済の健全な発展を図る」ことを謳った．「農業の発展と農業従事者の地位の向上を図る」ことを目標としていた農業基本法とは大きく異なっている．そして，第2条から第5条には4つの理念，すなわち食料の安定供給の確保，多面的機能の発揮，農業の持続的な発展，農村の振興が掲げられた．このうち食料の安定供給と多面的機能は国民の享受する利益であり，その実現を支えるものとして農業の発展と農村の振興が位置づけられている．さらに農村は農業生産の現場であるとともに，多くの地域住民の生活の場でもある．ここにも国民全体の視点を重視する姿勢が貫かれている．

●食料・農業・農村基本法の政策体系　基本法の食料政策，農業政策，農村政策のポイントを，制定の過程で多くの議論が交わされたテーマを中心に整理する．まず，食料政策は食品産業と食料消費，つまり農業の川下の領域をカバーするとともに，農産物の輸出入や不測時の食料安全保障をめぐる施策にも言及している．また，食料政策と農業政策の双方に関わる大きな論点は，食料自給率の目標を国として掲げることの是非であった．この点については，後述する食料・農業・農村基本計画に「食料自給率の目標」を定めることとされた．

農業政策の特徴は効率的かつ安定的な農業経営の育成を掲げた点にある．効率的かつ安定的な農業経営とは，他産業並みの労働時間で生涯所得も他産業と遜色ない水準の農業経営を意味する．この概念は前述の「新政策」で提案され，1993年の農業経営基盤強化促進法を経て基本法に掲げられることになった．こうした担い手政策とも関わって，「農産物の価格の著しい変動が育成すべき農業経営に及ぼす影響を緩和するために必要な施策を講ずる」ともされた．その前提には「農産物の価格が需給事情及び品質評価を適切に反映して形成される」必要があるとも指摘している．国は農産物の市場への過度の介入を行わないと言い換えてもよい．担い手の育成政策が強調されたわけだが，これに加えて女性参画の推進や高齢農業者の活動促進に関する条文も設けられている．

農村政策は豊かで住みよい農村を目指すとともに，都市との交流促進などの施策を講じることとされた．農村政策の最大の論点は中山間地域の農業への支援策だったが，「農業の生産条件の不利を補正するための支援を行う」こととされた．この政策にも国民全体の視点を重視する姿勢が貫かれている．すなわち，支援策は国民の享受する「多面的機能の確保を特に図るため」なのである．

基本法の政策全般にわたる新機軸として，食料・農業・農村基本計画がある．おおむね5年ごとに，前述の食料自給率目標とともに「施策についての基本的な方針」と「政府が総合的かつ計画的に推進するために必要な事項」を定めることとされた．基本法はあくまでも政策の理念と方向を示したものであり，それを実現する法制度上の措置や予算・人員などの配置につなげるシステムとして，基本計画が策定されることになった．　［生源寺眞一］

11-3

食料安全保障

●食料安全保障の2つの意味合い 食料不足は生命の危険に直接結びついており，国民に対して必要な食料の供給を保障すること，すなわち**食料安全保障**(food security) は，どの国の政府にとっても国境の防衛や国内の治安維持と並ぶ最優先の課題である．

所得の高い国の場合，食料の安全保障とは，戦争や不作時の輸出規制などによる輸入の途絶といった不測の事態に際して，国民の生存に必要な食料の供給を保障することを意味している．世界の穀物市場が正常に機能している平常時は，経済的に豊かな国は食料を自由に買うことができるからである．一方，所得の低い国にとっては，食料の安全保障はそうした非常時の危機の問題ではなく，毎日の生活の問題である．世界にはなお飢餓と慢性的栄養不足に悩む数億の人々がいる．そうした国々では，最小限の食料の供給はすべてに優先する政府の責任である．

このように，食料安全保障の意味は，高所得国と低所得国とでは異なるが，政策的にはどちらにも共通する手段＝食料の国内自給に結びつく．食料自給は最も明快な食料の安全保障の手段である．もちろん，食料自給だけが唯一の手段ではないし，農地をはじめとする資源の賦存量を無視して食料自給に固執することは，非常に大きな経済的非効率をまねく可能性がある．しかしそれが最も安全で確実な食料確保の手段であることは，間違いない事実である．

●食料自給率と食料自給力 そこで，食料安全保障の確立のために，**食料自給率**を維持する必要性が議論される．表1に示すように，主要国の食料自給率が上昇傾向にあるのとは逆に，日本の食料自給率は年々低下しており，日本が直面している問題の特異性がわかる．表1の供給熱量自給率（カロリーベース自給率）は，食料供給量を食事エネルギー（kcal）単位換算した上で，国産食料の割合を求めたものである．

表1 供給熱量自給率の国際比較 （単位：%）

	1961	1990	2000	2005	2010
日本	78	48	40	40	39
アメリカ	119	129	125	123	135
フランス	99	142	132	129	130
ドイツ	67	93	96	85	93
イギリス	42	75	74	69	69
スイス	51	62	59	57	52

［出典：農林水産省「食料需給表」］

しかし，食事エネルギー自給率の低さは必ずしも食料安全保障の不安と直結しているわけではない．なぜなら，それは現在の日本人の食生活を前提とした数値であり，そして現在の日本人は，世界中から食料を買って豊かな食生活を謳歌しているからである．食料の安全保障は，飽食の保障ではなく生存の保障と考えるべき問題である．こうした観点から，現時点の自給率でなく，不測の事態を凌げる**食料自給力**（潜在生産能力）の維持が重要であるとの視点もある．

日本の食料自給率が低い背景には，①国民１人当たりの農用地面積が小さいこと，②穀物消費が多様化して米消費の減少と小麦消費の増加が進んだこと，③畜産物消費の増加に伴う飼料穀物輸入の増加，という３つの明確な要因がある．欧米諸国では，直接消費されている穀物は昔も今も小麦で，日本のような穀物消費の変化は起きていないし，畜産物消費量には日本ほどの大変化はなかった．

このように，日本の異常に低い食料自給率は，そもそも国民１人当たり農用地面積が小さいことに由来し，その急激な低下は，所得上昇に伴う食生活の「洋風化」の影響を強く受けている．食料自給率の問題は，以上のことを前提とした理解が必要である．しかし，最終的に食料自給率の水準を決めるのは，政策のあり方である．このことは，例えば禁止的な高関税によって農産物輸入が全く生じない場合，食料自給率は少なくとも100%になるということを考えてみれば，容易に理解される．日本よりも農業生産条件の有利な農産物輸出国でさえ，国内農業に多額の支援を投入しているのも事実である．

●日本の食料安全保障政策の変化と問題点　日本はむしろ率先して関税をはじめとする国境措置を削減し，国内の価格支持政策を廃止してきた．それは国内生産の縮小，農業の担い手の高齢化，後継者不足，耕作放棄の増加につながり，食料自給率の低下をもたらした．早くに関税撤廃したとうもろこし，大豆の自給率が，0%，7%であることは象徴的である．

輸入増加と自給率低下の進行のもとで，日本の食料安全保障政策は，輸出規制が安易に発動されないような国際的な歯止めの模索なども含め，安定的な輸入と備蓄の確保に努めつつ，国内生産については，食料自給力の維持に重点を置き，食料自給率の維持・向上という観点が相対的に後退しつつある感がある．

確かに，現状の食生活と耕地面積の制約を考慮すると，日本の食料自給率を大幅に引き上げるのは困難だが，一層の貿易自由化などによるこれ以上の低下が，不測時における食料自給力を維持し，食料安全保障という観点から許容できるか否かについて，十分な議論が必要である．

［鈴木宣弘］

11-4

食品の安全・表示・栄養制度の展開

第二次世界大戦の終結後，日本国憲法が1947年5月3日に施行され，内務省解体（1947年12月31日）とともに，厚生省（1938年設置，2001年中央省庁等改革で厚生労働省）が食品衛生権限を引き継ぎ，食品衛生業務は警察から保健所（1937年設置開始）に移管された．地域保健法（制定題名：保健所法）と食品衛生法は，1948年1月1日に施行されている．敗戦直後の衛生水準は極めて低く，保健所は，都道府県・保健所設置市・特別区（東京23区）に設置され，感染症対策や環境衛生，母子保健とともに，食品衛生と栄養改善を担う現場組織として位置づけられ，食品衛生行政を担ってきた．2001年のBSE国内発生を契機に，日本の食品衛生行政は食品安全行政に転換したが，保健所の活動に変わりはない．

●食品の安全制度　食品安全基本法に基づく食品安全行政では，リスクアナリシスを導入し（☞9-2），リスク評価，リスク管理，リスクコミュニケーションを担う行政機関を明確にした．食品衛生法は，食品安全基本法との整合を図り，リスクアナリシスに取り組むため，2003年に改正された．厚生労働省と保健所は，食品衛生に係るリスク管理機関に位置づいている．食品衛生法では，有害な食品・添加物の販売等を禁止し，規格基準を設定することで食品衛生を管理している．保健所は，食品に関する営業許可を所管し，施設への立入検査，「食品，添加物等の規格基準」に係る収去検査を実施し，国内流通食品の安全性確保に努めている．食品衛生法の2018年改正では，すべての食品等事業者に対して，HACCPに沿った衛生管理が制度化される（☞9-10）．これを受けて，事業者のHACCP実践状況に対して，保健所等による監視指導が行われる．

●食品の表示制度　第二次世界大戦後，工業製品を中心に粗悪品が横行し，産業政策として製品表示制度が創設された．工業標準化法が1949年に制定され，JIS（Japanese Industrial Standards：日本工業規格）マーク制度が整備された．不正競争防止法（1934年制定）は，商品の製造地・品質等の虚偽表示に対処するため，1950年に改正された．JAS法（制定題名：農林物資規格法）は1950年に制定され，JAS（Japanese Agricultural Standard：日本農林規格）に基づいて，材木・工芸作物など農林物資の品質保証が図られた．食品衛生法は，飲用牛乳等一部食品に製造年月日の義務表示を規定した．食品衛生法1969年改正において，容器包装入り加工食品に対して，名称，製造年月日，製造所所在地，製造者氏名，添加物の表示義務が課せられた．これら表示項目は，食品回収や食中毒原因解明など衛生対策として導入された．1960年8月，牛大和煮缶詰の多くが馬肉等原料のラベル模倣缶詰と判明し，社会問題となった．にせ牛缶問題を契機に，景品表示法（正式名：不当景品類及び不当表示防止法）と家庭用品品質表示法が，1962年に制定されている．サリドマイド事件（1962年）を教訓に消費者政策への取組みが進められ，消費者基本法（制定題名：消費者保護基本法）が1968年に制定された．消費者保護基本法附帯決議を受けて，産業官庁の農林省（現農林水産省）が，消費者の商品選択のため，JAS品目の品質表示基準を1970年に制定した．JAS法の品質表示基準は，対象品目を次第に拡大し，JAS法1999年改正において，一般消費者向けすべての生鮮食品・加工食品に，品質表示が義務づけられた．2009年9月1日，消費者委員会と消費者庁が設置された．製品表示は，消費者への情報提供手段であり，消費者庁には，食品表示をはじめ表示関係事務が他省庁から移管された．食品表示法は，食品衛生法とJAS法，健康増進法から，食品表示に係る規定を統合し，2015年4月に施行された．食品表示法は財務省・農林水産省・消費者庁に共管されているが，消費者庁が食品表示基準の策定等主要業務を担っている．食品表示基準は，生鮮食品・加工食品・添加物の表示基準を，一般用と業務用に区分し提示している．消費者庁では，景品表示法への課徴金制度導入（2016年4月施行）など，不当表示への監視指導を強化している．

●食品の栄養制度　敗戦後の占領下，食糧援助に向けての栄養調査が，GHQ指令（1945年12月）に基づき実施された．脱脂粉乳等の援助物資を受けて，1946年に学校給食が始まり，1954年には学校給食法が制定された．学校給食管理と食指導を担うため，公立小中学校への栄養教諭配置が2005年から始まっている．栄養改善法の1952年施行によって，「国民栄養調査」の実施，特殊栄養食品の表示許可など，法令に基づく栄養施策が開始された．「日本人の栄養所要量」は，1969年から厚生省の策定となり，5年ごとに改定されてきた．「日本人の栄養所要量」は健康維持に必要なエネルギー・栄養素を提示する基礎データで，「国民栄養調査」は栄養摂取実態等の調査データである．科学技術庁（現文部科学省）は「日本食品標準成分表」を1950年から公表している．これら栄養関係データは，病院・学校等での給食管理・栄養指導で利用されてきた．健康増進法が2003年に施行され，「国民栄養調査」は「国民健康・栄養調査」に形を変えた．また，「日本人の栄養所要量」は，2004年11月から「日本人の食事摂取基準」と名称変更し，健康増進法2013年改正によって，法令に基づく策定となった．厚生労働省では，生活習慣病予防を第一に健康増進施策を推進し，保健所は施策拠点となっている．

［梶川千賀子］

11-5

食品産業政策

産業政策とは，資源の投入や制度的な規制や誘導を通じて，その産業の生産性や競争力の改善を図るための政策のことをいう．大別すると，産業を支えるインフラの整備に関わる産業基盤政策と産業内の企業の規模や新技術の導入を促す産業構造政策に分けることができる．前者の典型は物流インフラの整備であり，複数の産業をカバーするケースも多い．後者には中小・零細企業の規模拡大を支援する政策などがある．

以上は狭義の産業政策であり，このほかにも産業のあり方に影響を与える政策が存在する．1つは産業内部に健全な競争関係を確保するとともに，製品の販売や資材の購入における公正な取引を促す政策である．もう1つは産業の活動が環境に負荷を与える側面や国民の安全で健康な生活を損なう事態を防止・抑制する政策であり，社会的規制として捉えることができる．これらの競争政策や社会的規制を含めたものが，広義の産業政策にほかならない．

●食品産業　食品産業は食品製造業，食品流通業，外食産業から構成されており，食品産業政策も直接には3つの部門のいずれかを対象とする場合が多い．また，フードチェーンとも表現されるように，3つの部門は緊密に結びついていることから，例えば流通業の改善のための政策は製造業や飲食店にもインパクトを与えるであろう．もう1つ留意すべき点として，時代とともに食品産業の構成に変化が生じていることがある．国勢調査によれば，食品産業の就業人口は1970年の509万人から2010年には792万人に増加したが，なかでも外食産業が倍以上に伸びている．なお，2010年の就業人口に占める食品産業の割合は13%であり，食品産業政策は就業機会の確保という点でも重要な役割を果たしている．

●食品産業政策の展開　食品産業政策が具体化するのは1950年代後半であった．農林（水産）省では1955年の企業市場課の設置にはじまり，1968年からの企業流通部を経て，1972年には食品流通局が開設される．この流れは2001年には総合食料局に継承され，現在は2011年設置の食料産業局を中心に食品産業政策が展開されている．なお，1941年に行われた農林省と商工省の分野調整の結果，農産物の加工と流通に関する行政は農林省が所管することになった．食品産業政策には多くの府省が関与しているが，狭義の産業政策を中心に農林水産省がイニシアティブをとる形態は今日まで引き継がれている．

食品産業政策の推移については，『食料・農業・農村白書』（農業基本法下では

『農業白書』）に収録された過年度に講じた施策の記述によって把握できる．食品産業政策の黎明期ともいえる1960～70年代の記述からは，卸売市場の整備などの流通改善や中小企業近代化促進法などによる食品製造業の構造改善に力点が置かれていたことがわかる．産業基盤政策と産業構造政策としての流通改善対策と中小企業対策は，法制度の変遷を経ながらも今日まで引き続き維持されている．また，1969年の第二次資本自由化によって100%外資による飲食業が可能になり，外資系のファストフードチェーンが急速に広がった．国全体の経済政策の転換が食品産業に大きなインパクトを与えたわけである．

食品産業と農業を車の両輪にたとえた農政審議会答申「80年代の農政の基本方向」（1980年）を契機に，外食も含めた食品産業政策の体系化が進むことになる．1981年の『農業白書』は「加工食品，外食等のウェイトが高まっている状況を踏まえて加工，外食および流通を一体的に捉えた食品産業につきその効率化を図る」と述べており，同年には外食産業対策室が設置された．一方，1980年代は貿易自由化や円高の進行によって国産食品の競争力強化が課題として浮上した時期でもあった．こうした中で，果汁や乳製品などの製造業を対象とした特定農産加工業経営改善臨時措置法（1989年）は，国際環境の変化に対応した産業構造政策の具体例であった．

●21世紀の食品産業政策　2001年のBSE患畜の発見や前年の大手乳業メーカーによる食中毒事件などにより，食品の安全に対する社会的な関心が急速に高まったことで，食品産業政策にも重要な変化が生じている．1つは今世紀に入ってスタートしたHACCP（危害分析重要管理点）の導入促進策であり，対象となる事業者の範囲を拡大しつつ，現在も継続中である．食品産業に新たな生産管理システムの導入を促すことから，産業構造政策の性格ももつ．もう1つは食品表示の適正化であり，近年ではJAS法や食品衛生法などの表示の整理を図った食品表示法（2015年）がある．こうした社会的規制の転換による食品産業へのインパクトも大きい．不適切な表示は当該企業の致命傷にもなる．

今世紀に充実が図られてきた政策には，環境への負荷の軽減策もある．食品の廃棄を規制する食品リサイクル法（2000年）などにより，資源の有効利用を促す政策が強化されている．食品産業の環境負荷については，1970年代から政策が存在していた．けれども，かつての施策はいわば公害対策であり，製造工程における環境汚染の問題を念頭に置いていた．現在は食品そのものが施策の対象であり，国際的にも関心の高まっているフードロス（食品ロス）の削減問題ともつながっている．

［生源寺眞一］

11-6

日本の農産物貿易政策

世界有数の農産物輸入国であるわが国の主な農産物貿易政策は，輸入政策である．輸入政策の主な目的は農業保護であり，外国からの輸入が国内農業に及ぼす影響を緩和するため，政府は輸入量を制限し，国産農産物の国内市場価格を一定水準に維持，安定化させる．

輸入政策の手段は主に，輸入数量制限と関税に大別できる．輸入数量制限が輸入量に上限を設け，輸入量を直接制限するのに対して，関税は輸入農産物への課税を通じて，輸入量を間接的に制限するという違いがある．関税の場合，それを納めさえすれば輸入量に上限がないのに対して，輸入数量制限の場合，その上限を超えた輸入は一切許されないため，輸入量を制限する上では輸入数量制限の方が強力である．

1948年に発足したGATTやその後継のWTOにおいて長年行われてきた貿易自由化交渉の中心テーマはまさに，この輸入数量制限を関税に置き換え，その関税を引き下げることであった．そして，この貿易自由化に対応することこそが，わが国の農産物貿易政策の歴史であった．なお，輸入数量制限を関税に置き換えることは，**関税化**と呼ばれている．

わが国が関税化を行う大きな転機となったのは，1967年に合意されたGATTケネディ・ラウンド交渉と1988年に合意された日米農産物交渉，1993年に合意されたGATTウルグアイ・ラウンド交渉である．ケネディ・ラウンド交渉では豚肉やりんごなどが，また日米農産物交渉では牛肉やオレンジなどが，さらにウルグアイ・ラウンド交渉では原則としてすべての農産物が関税化され，その関税率を一定程度引き下げることが合意された．

●センシティブ品目と特例措置 ただし，関税化は必ずしも機械的に行われたわけではない．わが国に限らず，先進国を中心に各国には，**センシティブ品目**と呼ばれるその国の農業を支える重要品目があり，関税化と関税率の引下げによってセンシティブ品目の輸入量が大きく増加するようなことになれば，農業の根幹がゆらぎかねない．そこで，このようなセンシティブ品目に対しては，さまざまな特例措置を講ずることがウルグアイ・ラウンド交渉で認められ，現行のWTO協定に反映された．

わが国に認められた特例措置は主に，**特別セーフガード**と**関税割当制度**に大別される．特別セーフガードは，すでに関税化した品目の関税率を引き下げる代償として認められたものであり，わが国のセンシティブ品目のうち，牛肉や豚肉などに採用されている．輸入量が急増し，国内の市場価格が大きく下落した場合に，輸出国に代償を何ら支払うことなく，関税率を一定の水準に一時的に引き上げることができるという緊急措置である．

一方，関税割当制度は，まだ関税化していない品目の関税化を受け入れる代償として認められたものであり，米や麦類，乳製品，砂糖などに採用されている．関税割当と呼ばれる輸入枠を一定量設定した上で，輸入量がその枠内に収まる場合は無税ないし低い関税を課し，輸入量が枠外まではみ出る場合は高い関税を課すという，いわば2階建ての関税制度である．ただし，現行の枠外の関税率は非常に高く，枠外まで輸入されることはほとんどないため，関税割当は輸入数量制限と実質的に同じはたらきをしている．

なお，関税割当制度を採用する場合，その代償として，**ミニマム・アクセス**と呼ばれる最低輸入機会を提供しなければならないため，関税割当は国内消費量の5% に設定する必要がある．ただし，あくまで輸入機会を提供するだけであり，輸入義務まではない．

しかし，わが国の米の場合，輸入義務が実質的に課されている．しかも，ミニマム・アクセス数量が国内消費量の 8% と通常より多い．理由は，わが国が他国に遅れて米を関税化した上に，米の輸入を民間貿易ではなく国家貿易によって政府の管理下においているためである．以上の特例を追加した代償として，わが国は，ミニマム・アクセス米と呼ばれる米を毎年 77 万 t ずつ輸入しているのである．

●さらなる貿易自由化への対応　わが国の農産物貿易政策は，ウルグアイ・ラウンド交渉が合意されたあとも，2014 年に合意された日豪 EPA 交渉や 2017 年に合意された日 EU・EPA 交渉，TPP 協定交渉など，さまざまな交渉において，さらなる貿易自由化への対応を繰り返し迫られてきた．しかも，どの交渉でも，わが国のセンシティブ品目に対する要求が強かった．

これらの要求に対してわが国がとった対応は，基本的に，現行の WTO 協定で認められた上述の特例措置を拡張し，利用するというものであった．牛肉や豚肉には，関税の引下げと引換えに，協定国に向けて発動可能な特別セーフガードが新たに導入された．一方，米や麦類，乳製品には，現行の関税割当制度を拡張し，無税ないし低関税の輸入枠が協定国向けに新たに設定された．

以上は，その是非はともかく，今後も同様の対応が続く可能性が高いことを示唆している．

［前田幸嗣］

11-7

農地制度

日本の農地制度は，農地に関する規制を定めた**農地法**，農業に関する地域計画を規定する農業振興地域の整備に関する法律，農用地の利用集積推進のための諸事業を規定する**農業経営基盤強化促進法**（以下，基盤強化法）の3つの法律から構成される．ここでは日本農業の課題である担い手への農地集積の推進という視点から農地法と基盤強化法を取り上げ，その展開過程を整理する．

●農地法の目的と課題　日本の農地制度の根幹は1952年に制定された農地法にある．同法の目的は戦前の地主制の復活を阻止し，農地改革によって創出された自作農体制を維持することにあった．そのため耕作権は国家の強い保護下に置かれ，耕作目的以外の権利取得を阻止するため農地の権利移動は厳格な統制を受けることになった．前者の耕作権の保護は農地調整法（1938年）の継承であり，賃貸借の対抗力，法定更新，解約等の制限からなる．これは農地改革で解放されなかった小作地（残存小作地）への対策だったが，新規の賃貸借にも適用されたため，農地所有者の側からすると貸付農地の返還は極めて困難となり，農地の貸付を手控えさせる結果となった．農地法における耕作権を弱めていくことが農地制度改革の1つの方向となったのはそのためである．また，後者の農地移動の権利統制は，農地を耕す者だけに農地の権利取得を認める「耕作者主義」として運用される．しかし，法人経営の登場に伴う制度的矛盾に対応するべく，耕作者主義の枠内に法人を収めるため**農業生産法人**制度が創設され（1962年），役員の「農作業常時従事」が要件として課されたが，その後も事業多角化の発展などの現実と制度との乖離が生じ，要件の緩和が行われてきた．

●担い手への農地集積推進のための制度改正　日本の農地制度は高度経済成長に伴う社会・経済の変化に応じて柔軟に展開してきた．農地転用の影響を受けた都府県では，農地価格が収益還元価格を超えて高騰したため，担い手への農地集積を売買から貸借に切り替えられた．1970年の農地法改正は自作地主義から借地主義への転換を打ち出すとともに，10年以上の賃貸借については法定更新の適用を除外したが，農地法による賃貸借の実績は伸びなかった．その一方，農外労働市場の展開を受けた農家の兼業化，さらに土地持ち非農家化によって農地供給層の形成は進み，農地法の許可を受けない貸借（相対小作）が増加していった．こうした事態に対応するため，1975年の農用地利用増進事業を経て，1985年に農用地利用増進法（以下，増進法）が制定されることになる．増進法では利用権設定という，法定更新が適用されない短期賃貸借制度が設けられた．以降，利用権設定が農地法による賃貸借にとって代わり，農地流動化の主流となる．同法は手続きも農地法に比べると容易で，農地法のバイパス法とも呼ばれた．耕作権を弱めることで農地の貸借を容易にしたのである．同法は「新しい食料・農業・農村政策」を受けて，1993年に経営体育成という目的も兼ね備えた基盤強化法となる．

●農地賃貸借による企業の農業参入　農業生産法人制度は度重なる改正によって要件が緩和され，企業参入のハードルは引き下げられてきた．2000年の農地法改正では，株式の譲渡制限がある株式会社形態の農業生産法人が認められ，法人が行う事業も農業とその関連事業であれば可とされ，業務執行役員の農作業従事および構成員要件が緩和されることになる．この農業生産法人制度の枠内での対応は，特区制度の登場によって大きく変化していく．2002年の構造改革特区制度で農業生産法人以外の法人（「特定法人」）への農地の貸付が，担い手不足で遊休農地等が相当程度存在する地域などの条件付きで認められ，2005年の基盤強化法の改正で法律として位置づけられることになった．さらに2009年の農地法，基盤強化法の改正で，農業生産法人以外の法人の農地の賃貸借（**解除条件付き賃貸借**）が認められた．ただし，①地域の他の農業者との適切な役割分担のもとに農業経営を行うと見込まれること（地域調和要件），②法人の場合は業務執行役員のうち1人以上が農作業に常時従事すること，③農地を適正に利用していない場合は契約が解除されてしまう（解除条件付き賃貸借）などの条件が付けられている．だが，これは決定的な変化であり，農地の賃借権の門戸は実質的に開放されたのである．

●農地所有権の農外企業の取得　2015年の農地制度改正では，役員の農作業従事要件は「農業に常時従事する役員又は重要な使用人のうち1人以上の者が農作業に従事」に緩和された．農場に農場長が1人いれば農地の賃貸借は可能というところまで来ている．また，農地を所有できる法人の名称が農業生産法人から**農地所有適格法人**に変更された．現在は企業の農地所有権の取得を可能とする方向で規制緩和が進められており，国家戦略特区では一般企業の農地所有が5年間という制約付きで認められた．構造改革特区の時と同様，担い手が不足する地方公共団体に限定された特例だが，将来的には全国展開が図られる可能性があり，その行方が注目される．こうした特区制度が推進される背景には耕作放棄地の増大という問題があり，そうした状況のもとでは企業の農業参入――農地の権利取得――の要求に抗することは難しかったのである．それだけに企業参入が農業構造や農地保全に与えた影響についての検証が求められるところである．

［安藤光義］

11-8

土地利用計画制度

土地（所有）には，①生活と生産の絶対的基礎，②非生産性，③非消費性，④不動性，⑤用途不定性，⑥相隣性，⑦独占性，⑧商品性，⑨遊休可能性といった性格があり，土地所有権の私的性格である⑦⑧⑨が所有権本来の保護法益である①を疎外しないために公的規制が必要となる（稲本，1978）．公的規制の方法には，案件ごとに個別審査する方式と，あらかじめ土地利用を計画する方式がある．

●5つの個別法　わが国では，①都市計画法，②農業振興地域の整備に関する法律（以下，農振法），③森林法，④自然公園法，⑤自然環境保全法といった5つの個別法に基づき土地利用計画が策定され，それらが国土利用計画法により統括されている．国土利用計画法の土地利用基本計画は個別法による計画を総合的に調整する役割が期待されているものの，それらを追認しているのが実情である．5つの個別法の中で農業地域の土地利用計画を所掌するのが農振法である．

●農振法の区域区分制度の成立経緯　高度経済成長期，都市的開発から優良農地を守る制度として1959年に農地法の農地転用許可基準が創設された．同基準は転用事案が生じたとき，当該農地を甲種，1種，2種，3種に4区分し，甲種や1種農地を原則転用禁止とし，3種農地から転用を誘導するという個別審査方式（一筆統制）を採用している．ところがこうした方法では，優良農地を面的に確保する観点から限界があった．このような状況のもと，都市計画法の区域区分制度（線引き制度）が1968年に成立した．同制度は，都市計画区域を設定し，（線引き都市計画区域の場合）その中を，市街化を促進する市街化区域と市街化を抑制する市街化調整区域に区分する制度で，「都市側の領土宣言」と呼ばれた．それに対抗する形で農振法が1969年に成立し，同法の区域区分制度は「農業側の領土宣言」と呼ばれた．

●制度の内容　農振法の区域区分制度では，まず農業振興地域が指定され，その中に農用地区域が設定されることにより，農業振興地域は農用地区域とそれ以外の区域（農振白地）に区分にされる．農用地区域は，農地転用が制限される代わりに土地改良事業などの公共投資の対象となる．農振法の区域区分制度には居住地域を計画する区域がなく，1984年の農振法改正で生活環境施設の整備計画が組み込まれ，1987年に集落地域整備法が制定されたものの，農振法自体はあくまでも農業を振興するための計画制度であり，「農村計画法」の体裁をとっていない．

都市計画法と農振法の区域区分の重なり方を図1に示す．農用地区域と市街化調整区域の重複部分の農地が転用される場合，農振法の農用地区域からの除外基準，農地法の農地転用許可基準，都市計画法の開発許可基準の規制がかかることとなる．一方，農用地区域以外の農業振興地域（農振白地）や，用途地域以外の非線引き都市計画区域（非線引き白地地域）など，「白地」と呼ばれる区域では規制が弱く，無秩序な土地利用が生じやすい．

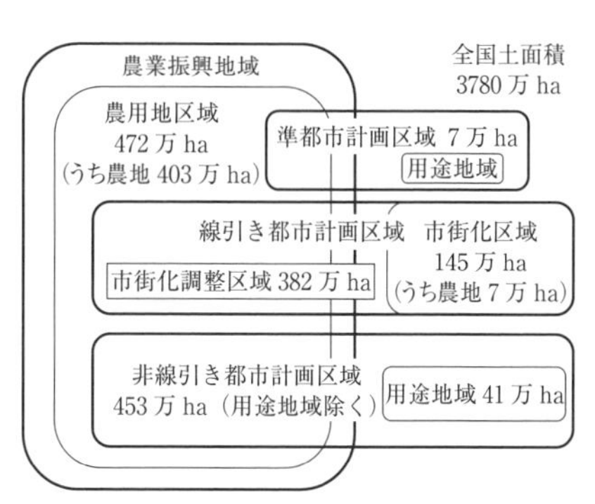

図 1　農振法と都市計画法の区域区分の重なり
［出典：国土地理院「全国都道府県市区町村別面積調」(2017 年 10 月 1 日現在)，農林水産省農村振興局農村政策部農村計画課調べ(2016 年 12 月 31 日現在)，国土交通省都市局「都市計画年報」(2016 年 3 月 31 日現在)，総務省自治税務局「固定資産の価格等の概要調書」(2017 年度)］

●運用実態と課題　農振法の区域区分制度の実施市町村数は 1598（2016 年 12 月末現在）で，全市町村の 9 割以上を占める．農用地区域内の農地面積は 1975 年では 421 万 ha だったが，1990 年には 453 万 ha まで増加し，2005 年には 425 万 ha に再び減少した（農水省資料）．農用地区域内の農地面積が一旦増加したのは，いわゆる「メリット通達（農林事務次官通達 48 構改 B 第 2308 号）」により農用地区域の設定と土地改良事業の推進がリンクしたため農用地区域への編入が進んだからである．一方，農振白地の実態をみると，DID（人口集中地区）からの距離が近く国道が通過しているような集落で農振白地面積が大きくなる傾向にあり（有田他，1990），農地所有者の開発期待により農振白地が肥大化していることがうかがえる．こうして生じた農振白地は，①農振白地内で無秩序な農地転用を生じさせ，②本来開発を促す区域での開発速度を遅らせ，③本来開発を抑制すべき区域に不要な圧力を加えるなど，土地利用秩序に大きな影響を及ぼす（広田，1981）．

優良農地確保の観点から農振法の区域区分制度をみた場合，農用地区域の設定・除外が適正に制御されれば，優良農地が都市的開発から守られ，農業に対する公共投資が有効に行われる仕組みになっている．しかし農用地区域からの除外は頻繁に行われ，過度に弾力的である（神門，2006）．除外基準も「農業基盤整備事業完了後 8 年を経過していること」を除いては具体性に欠け，特に除外位置に関しては弾力的に運用可能な基準である．これに対して，道路や宅地との接続のあり方を自治体独自に基準化したり，条例に基づいて住民参加型の土地利用計画を策定したりする先駆的事例があるものの，大きな広がりをみせていない．［福与徳文］

11-9

水田農業政策（米生産調整政策）

戦後の水田農業政策の歩みを辿ると，1969年までは米増産，1970年以降は減産（米生産調整）という対照的な違いがみられる．以下では，米増産の時代に触れつつ，その後，今日まで続く米生産調整（転作，減反）について述べていく．

●減反はなぜ始まったか 終戦直後の食糧難から脱した後も，旺盛な米需要に応えるため，農政は，米増産を基本として歩んできた．昭和30年代は，こうした米増産政策が成果を上げ，米作日本一表彰事業では，連年1t穫りの記録が更新されていた．その多収技術を見極めようと，作物学者等が，受賞者の圃場を追肥の時期等に至るまで詳細に調査し，稲作技術水準は年々高まっていった．

当時すでに食生活の洋風化により，近い将来の米消費の減少を指摘する見方もあったが，外米輸入等もあり，世論は一層の米増産を支持していた．米価が生産費所得補償方式により高めに設定されていたことも増産意欲を煽り，東日本を中心に新規開田ブームにより水田面積は増加した．

こうした矢先，昭和40年代半ば，米過剰が顕在化し，米生産調整が始まった．

●農産物生産調整は先進国共通の政策 先進国では，エンゲルの法則にみるように，経済成長しても食料需要は伸び悩む．一方で，農業技術の進歩は目覚ましい．このため，必然的に農産物過剰が発生する．米国は，1930年代，大恐慌の際に農産物生産調整を開始し，1996年の廃止まで60年以上にわたり断続的に実施した．欧州では，フランスが早くからワイン用ぶどうで抜根措置等の過剰対策を実施した．1970年代半ば以降は，EC（当時）で，生乳，穀物等で生産調整が実施され，2015年の酪農生産調整廃止まで継続した．このように，農産物生産調整は，先進各国共通の手法である．ただし，以下のような日本の独自性もある．

●日本の米生産調整の独自性 第1に，過剰発生の原因は，1930年代からの米国にせよ，1970年代半ば以降からの欧州にせよ，基本的に生産側の供給過剰であった．これに対して日本では，むしろ米消費の継続的減退が原因であった．そして，これは今なお継続中である．

第2に，欧米では，多くの品目で同時に過剰が発生した．しかし，日本では，米のみに過剰が発生し，他の作物では麦，大豆をはじめとして国内生産は不足した．このため，欧米では，休耕が生産調整の主役となったのに対して，日本では時として休耕を容認したものの，基本的に他作物への転換が奨励された．

第3に，欧米では，休耕補償等の経済的インセンティブが政策誘導手段であった．これに対して，日本では，補助金等による誘導も併用されたものの，効果的だったのは，罰則の適用であった．具体的には，減反配分未達成分の翌年度配分への積み増しや，市町村の野菜出荷施設整備事業等の執行停止であった．

●制度の変遷　昭和 40 年代半ばの制度発足当初は，減産手法は，休耕が中心であった．転換作物としては，「畜産 3 倍，果樹 2 倍」のスローガンのもとで積極的に進められていた選択的拡大の真っ盛りであったため，飼料作物や，西日本では柑橘園への転換も多かった．

ところが，昭和 40 年代末の世界食料危機は，米生産調整の農政スタンスを大きく変えた．休耕は転作対象外となり，大豆，麦が転作作物の主力となった．一時的に政府累積在庫が縮小したこともあり，生産調整面積は緩和された．

しかし，本質的な米需給不均衡の体質は変わらず，再び，いわゆる第二次過剰が発生した．これを機に，1978 年から，米生産調整はその運用の厳格度を増し，以来 2003 年頃まで，この制度の典型的な仕組みが継続した．その仕組みとは，前述の「強い罰則規定」と「集落の同調圧力を利用した集団主義・連帯責任制」のセットであった．これは，目標配分達成の確実性，財政負担の軽さ等の利点もあった反面，今なお残る集落内の悪感情や遺恨をもたらした．

転作作物は，麦，大豆を基本としたが，休耕も例外的に容認し，次第にその許容範囲も緩和された．また，1984 年からは他用途利用米（後に加工用米）制度が発足し，米作を継続したままでの転作も容認された．

1993 年から 1995 年にかけては，米大凶作，緊急輸入，復田奨励，そして，1995 年からの減反再強化，GATT ウルグアイ・ラウンドの決着，と次々と大きな変化があった結果，食糧管理制度（食管制度）は廃止され，「食糧法」が制定された．

食糧法のもとで，米生産調整は，形式的には，それまでが単に通達上の規定であったのに対して，法令上明確に位置づけられた．食糧法では，流通段階の自由化等食管制度における政府の厳格な米管理からの脱却が進んだが，米需給の不均衡による米価下落等には，農家経済としても，これを受けた政治的動きとしてもセンシティブであり続けたので，米生産調整の実効性は，佐伯（2009）が指摘するように食管制度の「遺制」として存続した．だが，実態上は，市場の動きに従い，制度は弛緩し，目標未達成が頻発するようになった．

政府は，2004 年の大幅な緩和を経て，飼料用米や，罰則に代わるアメリカ型の参加メリットとして戸別所得補償等の財政負担型の経済誘導措置制度への変革を進めてきた．そして，2013 年末，2018 年産米から国の生産数量目標配分廃止を決定した．

［荒幡克己］

11-10

担い手政策

本項目では，高度成長期以降のわが国農業，特に水田農業の担い手政策の推転をこの分野の研究展開と関連づけながら紹介する．

高度成長が始まると，農家・農業所得が相対的に低下していった．農政はこの根底に**零細農耕**という**農業構造問題**があるとの認識を前提に，農業基本法（1961年）を制定してそれを改善するための**構造政策**に着手した．その中心は，専業的農家の面積規模拡大と生産性向上を進め，「自立経営」（家族経営で他産業従事者と均衡する農業所得を確保する）を育成することだった．主要稲作地帯を対象にそのような構造変化の有無が研究され，農地借入を通じて拡大する経営群が見出され，その波頭には，家族労働報酬を超えた萌芽的利潤を獲得する「新しい上層農」「小企業農」が生まれているとされた．しかしそれらが水田農業の大宗を占めることはなく，大半の農家が兼業農家化した．その主要因は，在村農外就業を可能にする地域労働市場の展開とそこでの低賃金構造，農外就業と営農継続の両立を可能にした稲作省力化，米価停滞・低下，地価高騰等とされた（梶井，1985）．

●担い手政策の変転　高度成長終盤には米過剰に対する生産調整と水稲から他作物への転作が必要となり，「自立経営」追求型構造政策が行き詰まったことから，担い手政策も変転していく．農政審議会「80年代の農政の基本方向」（1975年）や農水省「地域農政特別対策事業」（1977年）は，「中核農家」（60歳未満の専業的農業従事者のいる農家）が土地利用型農業の過半を占めることを目標としつつも，**零細分散耕地**の条件下で担い手育成と生産調整・転作等の農地有効利用を実現するには，地域ぐるみの対応，集落の調整・集団的規範力の動員が必要とした．これらと併行して，①複数の担い手や兼業農家等も構成員として大型機械導入や協業の効果を追求する生産組織論（それが農業構造変動の促進要因となるか抑止要因となるか），②集団的土地利用論（集落等の広がりをカバーする地縁的組織による集団的な土地利用が零細農耕の限界を克服し得るか否か），③それらにおける個別経営と集団との関係（組織は個別経営の補完に留まるのか組織自体が新たな経営に転化するのか）といった研究が進展した（小池，1996）．

日本が貿易黒字大国化して農産物市場開放等の経済構造調整が至上命題とされる中で，農政審議会「21世紀に向けての農政の基本方向」（1986年）は，農業保護政策の縮小撤退とそれを前提とする担い手政策への一大転換を打ち出した．

●グローバリゼーション時代の担い手政策　世界貿易機関（WTO）が設立され

(1995年)，市場開放に加えて国内農業支持政策の削減も義務づける農業協定が発効するのを先取りしたのが，農水省「新しい食料・農業・農村政策の方向」(1992年) である．それは①育成すべき担い手を「効率的・安定的な経営体」(主たる従事者の年間労働時間や生涯所得が他産業従事者並みの水準) とし，②稲作については，10～20 ha 規模の「個別経営体」15万程度と「組織経営体」(1ないし数集落規模) 2万程度で生産の8割程度を占める目標を掲げ，③「経営体」は法人化を目指すとし，株式会社の容認を方向づけ，④以降の政策は「経営体」育成のために対象と内容の両面における選別と集中を行う方針を打ち出した．これらは農業基本法に代わる食料・農業・農村基本法 (1999年) に継承された．

組織経営体や法人担い手育成のために，一方で「水田経営所得安定対策」(2004～2009年度) 以降，所得補填支払を梃子に**集落営農組織**の設立とその法人化が推進された．他方で**株式会社の農業参入**について，①農地を所有できる農業生産法人 (後の農地所有適格法人) における株式会社形態の容認，事業範囲の拡大，出資構成員の農業関連企業や一般企業への拡大とそれらの議決権制限緩和，役員等の農業・農作業従事要件緩和などが農地法の相次ぐ改正によって，また②農業生産法人でない一般株式会社等の農地借入が，適正な農地利用や地域農業者との適切な役割分担を条件に，構造改革特別区域法 (2003年) を皮切りに農業経営基盤強化促進法や農地法の改正による全国化・要件緩和によって，促進された．

これらに関わる重要な論点としては，第1に，米の生産調整廃止や国境措置削減による価格低下が大規模経営が水田農業の大宗を占める構造変化にとってプラスに作用するとみるのか (本間，2010)，マイナスの作用が大きいとみるのか (田代，2014)，第2に，農家・農業経営体減少の加速が担い手大規模経営の大宗化という構造変化のスピードを凌駕する度合が増していること，第3に，多数設立された集落営農組織が協業化・収益向上・専従者確保などいかに経営的内実を備えられるか，第4に，構造変化の実績が相当に上がっている地域とそれが難しい中山間地域や担い手不在地域などとの地域差の拡大 (安藤編著，2018)，第5に，農業参入株式会社の経営的持続性や地域との調和的定着性などがある．

2012年末以降の長期政権下農政は，巨大な自由貿易協定・経済連携協定を推進するメガ FTA/EPA 路線を本格化し，それによって形成される国境措置が最小化したボーダーレスな巨大農業食料市場への輸出で成長産業化できる分野へと，政策の選別と集中をさらに強めつつあるが (農林水産業・地域の活力創造本部「農林水産業・地域の活力創造プラン」2018年6月1日改訂)，その担い手政策としての意味や農業構造への影響も，今後の重要な検討課題になろう．

［磯田 宏］

11-11

食管制度から食糧法へ

「食糧管理法」(食管法）に基づく食糧管理制度（食管制度）の成立は1942年にさかのぼる．もともとは戦時下で農家から食糧を供出させ，それを国民に配給するための制度であった．第二次世界大戦後，農地改革による戦後自作農体制の成立など一連の民主化措置の中で食管法も改正されるが，極端な食糧不足の中で統制的側面は維持された．河相（1990）は戦後食糧管理制度の根幹として，「米の政府全量買入れ」「米流通の国家一元管理・流通ルートの特定」「二重米価制」「米の国家貿易」「食糧管理特別会計」を挙げている．二重米価制は，政府が生産者から相対的に高く米を買い入れ，消費者に相対的に安く売り渡す制度であり，財政負担を伴うものの，運用によっては生産者の所得安定と消費者の家計安定を実現する側面ももっていた．また，米事業の免許制度による流通ルートの特定・一元化は過度な市場競争を抑制し，流通業者の経営安定を図る効果もあった．この制度下で米は商品的性格を否定され，もっぱら「配給」されるものとして位置づけられ，法律上も1981年の食管法改正まで，「配給」の文言が残存していた．

●食管制度の変容と規制緩和の進展　食管制度による米の全量買入れは農家に安定的な所得を保障することで戦後自作農体制を支えたが，需給動向とは相対的に独立して運用する制度であったため，食糧不足の時代はともかく，平常時には需給の不均衡をもたらす可能性があり，1960年代に入るとそれが顕在化した．1962年をピークに1人当たりの米消費量は減少に転じ，1960年代後半には政府が買い入れた米の過剰在庫，食糧管理特別会計の大幅赤字が顕在化し，米の全量買入れは維持できなくなった．その結果，1969年には一部の米について政府を経由せず流通させる自主流通米制度が導入され，1971年度（1969年度から試行的に実施）から米の生産調整が本格的に実施された．しかしながら，この段階においても米事業の免許制度は維持され，流通は規制されていた．また，自主流通米も数量や流通ルートを規制する「政府管理米」とされ，それ以外の流通が禁止されるなど，「米の政府全量買入れ」は廃止されたものの，「全量管理」は維持された．

1980年代以降，規制緩和が消費地流通段階で本格的に進展する．1981年の食管法改正に引き続き，1985年には「米穀の流通改善措置大綱」，1988年には「米流通改善大綱」が実施に移され，大幅な規制緩和が実施される．これまで同一都道府県内に限られていた卸売業者の営業区域が隣接都道府県に拡大され，大型外食事業者への直接販売も認められるなど（それまでは小売業者を通じて販売），卸売業者の販売先が大幅に拡大した．また，卸売業者は全農など集荷団体から自主流通米を仕入れるしかなかったが，都道府県を越えて卸売業者間で米を取引できる制度や，農協組織などの集荷団体・業者が自主流通米を上場し，卸売業者が入札によって買い入れる場である「自主流通米価格形成機構」の設置（1990 年）などにより仕入方法が多様化した．

しかし，産地流通段階では諸々の規制が残存していた．生産者から一次集荷，二次集荷など多段階にわたる業者の免許制度などにより，産地流通（生産者からの米の集荷）においては農協系統組織が圧倒的なシェアを有していた．

●食糧法の施行と改正　1993 年の大冷害，米不足，緊急輸入，1995 年の世界貿易機関（WTO）の設立とその協定に基づく恒常的な米輸入の開始，という経過の中で，1995 年には「主要食糧の需給及び価格の安定に関する法律」（食糧法）が施行され，食管法は廃止された．これにより，免許制であった米事業は登録制に変わり，新規参入が進んだ．同時に卸売業者の営業区域が全国に拡大され，消費地流通における自由化が進展した．また，政府買入米と自主流通米からなる「政府管理米」は「計画流通米」と名称を変え，それ以外の「計画外流通米」も認められるようになり，米の「全量管理」は放棄された．ただし，佐伯（2004）が指摘するように，この段階の食糧法は「政治的妥協の産物としての統制と自由の奇妙な折衷であり，それを象徴するものが計画流通制度」であった．この制度の根幹を担うことで，産地流通段階で農協系統組織は優位性を保っていた．

その後，2004 年 4 月から施行された改正食糧法では，計画流通制度が廃止され，米流通がほぼ自由化された．生産調整は維持されたが，これまでのように生産調整面積を生産者に割り当てる方式ではなく，生産数量の目標を割り当てる方式に変わった．食糧法では「生産調整の円滑な推進に関する施策を講ずるに当たっては，生産者の自主的な努力を支援すること」とされており，生産調整への参加は任意であったが，さまざまな補助金の支給要件になっていたため，多くの生産者が生産調整を継続していた．2010 年から施行された「戸別所得補償制度」は，生産数量目標に従って生産した者に対して補助金（米の直接支払交付金）を交付する仕組みであったため，生産調整を行う動機づけが強まった．

2018 年からは制度が変更され，米の生産数量目標に従って生産することを要件とした米の直接支払交付金が廃止されるとともに，これまでのように国が生産数量目標を配分しなくなった．そのため，米の生産段階での自由化が進むだけでなく，2016 年 4 月に施行された改正「農業協同組合法」に基づく農協改革の進展とともに集荷段階も含めた産地流通段階でも再編が進むことになった．

［冬木勝仁］

11-12

畜産政策

●有畜農家創設と酪農振興法　畜産は第二次世界大戦後に本格的な発展を遂げた．その過程では政策的な誘導が大きな意味をもった．1953年に「有畜農家創設特別措置法」が制定され，農業協同組合などが牛などの家畜を農家に導入するための「有畜農家創設事業資金」が設けられた．これによりアメリカ・オーストラリア・ニュージーランドから1万頭以上が，北海道・甲信・岡山・熊本・鹿児島などの酪農集約地域に導入された．同資金は，その後「近代化資金」に引き継がれた．また，1954年には「酪農振興法」が制定され，酪農経営近代化計画の作成，集約酪農地域の指定，生乳取引の公正化などが規定された．同法は1983年に「酪農・肉用牛生産振興法」に改正された．

●農業基本法の選択的拡大政策と畜産物価格安定法　1961年には「農業基本法」が成立したが，その柱として「自立経営農家」と「**選択的拡大**」政策が掲げられた．これは米麦中心の営農から，需要増が見込まれた畜産や果樹，施設園芸への誘導と振興を図り，他産業従事者と同等な所得水準を農業所得で得られる「自立経営農家」を生み出そうとするものだった．畜産振興施策は，同年制定された「**畜産物の価格安定等に関する法律**」（畜安法，現名称「畜産経営の安定に関する法律」）による国境調整措置を前提とした価格支持政策と，「総合施設資金」など大型の制度融資などであった．畜安法は当初豚肉と加工用原料乳を対象としたが，1975年には牛肉が追加された．

畜安法制度は，豚肉と牛肉の枝肉卸売価格について価格安定帯を設定し，価格の高騰・下落時に市場等から畜産振興事業団（現農畜産業振興機構）による買入れ，売渡しや生産者団体の在庫調整等によって市場価格が安定帯の中で変動するように，価格誘導を図るというものであった（小林，1993：171）．

●加工原料乳生産者補給金等暫定措置法（不足払い法）の変遷　酪農について当初は畜安法で乳価の安定を図ろうとしたが，生産者と乳業メーカーの対立の中で乳価の乱高下が収まらなかった．そこで加工原料乳価を対象に，原料乳地帯の生産者の再生産を保証する水準で乳価を支持する仕組みとして「加工原料乳生産者補給金等暫定措置法」が1966年から実施されることになった．同制度は，飲用原料乳価は市場に委ねるが，加工原料乳は，生産者乳価（保証価格）と乳業メーカーへの支払い価格（基準取引価格）を毎年国が決定し，その差額を国が補てんする仕組みで，**不足払い法**と呼ばれた．また，バターや脱脂粉乳などの指定乳製品については国が指標価格を決定し，畜産振興事業団による国産と輸入乳製品の売買操作によって価格安定を達成しようとした．さらに，地域の生乳の相当量（5割以上）を集荷・販売する都道府県別**指定生乳生産者団体**による一元集荷多元販売体制が創設された．これによって，乳価交渉などで乳業メーカーに対する生産者の立場が強まった．

●新たな酪農・乳業対策大綱と不足払い法の改訂　1999年の「食料・農業・農村基本法」制定と同時に，酪農では「新たな酪農・乳業対策大綱」が国によってまとめられた（小林，1999：p.148）．これに基づき，「乳製品・加工原料乳の価格を硬直的・固定的にしている」とされた安定指標価格，国産乳製品の売買操作，基準取引価格が廃止され，加工原料乳価については不足払い制度から固定的な支払い制度に変更された．また，指定団体は都道府県ごとから，北海道，東北，関東，北陸，東海，近畿，中国，四国．九州，沖縄の10ブロックに再編された．この結果，生産者団体の乳価交渉力は若干高まったが，生産者の所得補償機能は弱まったため，2008年の飼料価格高騰時には，生産者所得が大幅に減少し，経営問題に発展した．

●加工原料乳生産者補給金等暫定措置法から畜産経営安定法へ　2018年に規制改革推進会議の答申を受け，加工原料乳生産者等暫定措置法と畜安法が統合改訂された「**畜産経営安定法**（畜産経営の安定に関する法律）」が成立施行された．これによって生産者補給金は，チーズなどを含むすべての加工原料乳が対象となったが，支払い方法は固定支払い制度のままとされた．さらに指定生乳生産者団体として認定されるための要件から，「当該地域の実質5割以上の集乳を行う」団体という要件が外され，指定団体以外の生乳卸売や生産者にも補給金が交付されるようになった．今後，従来の指定生乳生産者団体による一元集荷・多元販売体制が維持できなくなれば，需給調整が困難化し，不足払い制度以前の乳価をめぐる混乱が再現することも危惧される．

●輸入自由化に対応した肉畜政策の変遷　1991年の牛肉の輸入自由化に備え，同年に子牛価格下落時に補給金を交付する肉用子牛生産者補給金制度が制定された．肥育牛経営と養豚経営には，粗収益と生産費との差額を補てんする「肉用牛肥育経営安定特別対策事業」（マルキン制度），「養豚経営安定対策事業」（豚マルキン）が実施されていたが，畜産経営安定法に組み込まれ法制化された．また，養豚が地域に有用な産業であることに鑑み，振興基本方針の策定などを定めた「養豚農業振興法」が2014年に制定された．

［小林信一］

11-13

主産地形成政策

現在，日本各地でみられる農産物の主産地は，多くが高度経済成長期に形成されている．主産地とは，農産物の主要な産地であるが，単なる同一作物の生産の地域的な広がりを意味するものではなく，まとまった生産が確保され，かつ生産，販売上で何らかの機能的，組織的活動が行われているところと定義できる．

●農基法農政 日本は1950年代後半から高度経済成長期に移行したが，国民の所得拡大に伴う食生活の変化は，農業のあり方に変化を与えた．農業基本法（1961年）の柱の1つである生産政策は，畜産物や青果物など消費者所得が増加するにつれて需要拡大が見込まれる農産物の生産拡大，いわゆる選択的拡大を中心に展開した．

農業基本法は，農業の生産性を向上させ，農業従事者の所得を他産業従事者と均衡させることを目的とし，生産政策のほか価格・流通政策，構造政策からなっており，これらも主産地形成と連動している．農産物の価格の安定を図るとともに需要増加に対応した流通過程の合理化を行い（価格・流通政策），あわせて農産物の生産を担う農業者が近代的な経営を実践することを支援する（構造政策）ことは，主産地形成を促進する方向に作用した．

価格・流通政策に関しては，農産物ごとに制定された「果樹農業振興特別措置法」（1961年），「畜産物の価格安定等に関する法律」（1961年），「野菜生産出荷安定法」（1966年）等があり，それぞれの部門における生産および出荷の安定を目指した施策が盛り込まれ，「卸売市場法」（1971年）は，都市部における生鮮食料品の集荷拠点としての卸売市場の整備促進を目的として制定された．

そして，構造政策の中心となっている農業構造改善事業（1962年開始）は，指定を受けた市町村単位で実施されることから，自ずとその地域で有望とみなされる農産物生産の拡大（産地形成）を促進することになった．

●野菜政策 主産地形成が促進された農産物の代表は野菜である．高度経済成長期に野菜の消費者価格は，食料の中で飛び抜けて高い上昇となった（1960年，1965年，1970年にかけて，食料平均が100→142→190に対して，野菜は100→198→305）．野菜は高度経済成長期に大幅な需要の増加がありながらも，それまで生産を担っていた都市近郊農村で急速な都市圏域の拡大に伴う農地転用が進行し供給が減少するなど，需給の乖離が生じた．野菜は当時の物価問題の焦点ともなった．こうした状況の中で，野菜生産出荷安定法が制定された．

同法に基づき，主要な野菜品目（指定野菜）について一定の生産地域を指定し（指定産地），そこでの集団産地の育成を図りながら，当該野菜が著しく値下がりした場合，積み立てておいた資金（国，道府県，生産者が負担）から生産者補給金を交付する制度が創設された．生産・出荷の安定と消費地域での価格の安定の同時達成を目的としている．交付の対象は指定産地から特定の消費地域（指定消費地域）に出荷された部分である．

指定産地への指定は，一定の面積規模を有し（例えば，葉茎・根菜の場合は25 ha 以上），出荷量の 1/2 以上を指定消費地域に出荷し，共同出荷組織による出荷が出荷量の 2/3 以上であるという要件を満たさねばならない．このため，指定産地は規模が大きく，共同出荷組織（農協共販組織等）が整備された産地である必要がある．価格補填の要件として，共同出荷組織による出荷が基本とされ，指定産地に策定が義務づけられている野菜産地近代化計画に組み込まれた流通施設の整備（補助事業）も，おのずと農協単位での取組みとなってくる．こうして，指定産地の育成は，農協による共同出荷を促進した．あわせて，県段階では農業試験場，農業改良普及組織がかかる産地形成に向けた技術の開発，普及を支援した．

一方で，指定消費地域は当初「人口の集中が著しい大都市およびその周辺の地域」として，京浜，中京，京阪神，北九州地域が規定されていたが，卸売市場法制定に基づく卸売市場整備計画によって地方都市で中央卸売市場設置が促進されたことと連動し，「野菜の消費上重要であり，かつ相当の人口を有する都市およびその周辺」（人口 20 万人以上の都市）へと範囲が拡大されていった．

このように，野菜生産出荷安定法を中心とする野菜政策は，野菜の消費増加に対応した生産拡大のために新たな産地形成を促進することとし，その受け皿として卸売市場を整備し，大量生産，大量流通を実現させることを目指した．そして，新たな産地形成で引き起こされる価格下落のリスクを価格補てんで回避することで，生産者が安定的な生産を継続することが期待された．同制度は，当初は物価問題への対応という性格が強かったが，産地形成が進んだ 1980 年前後に過剰生産基調となる中では，農業政策としての位置づけが濃くなった．

さらに，2002 年の同法の改正では，大規模な生産者も同制度に直接加入することが可能となったほか，加工業者，外食産業，量販店等との契約取引に伴う生産者リスクの軽減，指定消費地域の廃止など，野菜生産・流通をめぐる環境変化に対応した所要の改定が盛り込まれた．　［香月敏孝］

11-14

土地改良事業・農業農村整備事業

土地改良事業や農業農村整備事業は，農業の生産性を向上させるためのかんがい排水施設の整備や区画整理などの生産基盤の整備，ならびに集落排水処理施設整備など農村の生活環境の整備を行う事業を一般的には指す．これらの事業に対しては巨額の公費が戦後長きにわたり，さらに現在も投入されている．その結果，水田の標準的な区画とされる30 a以上の区画整理を了した水田は2016年時点で157.5万ha（水田面積の64.7%．1975年時点で約20%），畑地についても末端農道整備済み，畑地かんがい施設整備済み面積がそれぞれ155.7万ha（76.4%），48.7万ha（23.9%）に達している（農林水産省農村振興局，2018）．

●土地改良法に基づく事業としての「土地改良事業」　通称では同じような意味合いで使用されることの多い「土地改良事業」と「農業農村整備事業」は厳密には異なる内容を有している．まず「土地改良事業」は土地改良法でその手続きが規定されている事業を示す．同法では「土地改良事業」を，①農業用用排水施設，農業用道路などの新設，管理，または変更，②区画整理，③農用地の造成，④埋立または干拓，⑤農用地若しくは土地改良施設の災害復旧等，⑥農用地に関する権利等の交換分合等，と定義している．土地改良事業は，受益面積の規模等に応じて，国，都道府県，団体（土地改良事業を実施するための農家の組合である土地改良区など）のいずれかにより実施されることを基本としており，土地改良法に実施手続きが規定されている（表1参照）．いずれの事業においても国および県が一定の負担を行うとともに，市町村がさらに補助を行うことが通例となっている．ダムや頭首工（河川からの取水施設），基幹的水路などを国営事業で造成し，そこから下流部の水路等を都道府県営事業で，集落単位程度の範囲でやはり都道府県営の圃場整備事業を実施する重層的な事業実施が標準的なイメージであ

表1　国営事業と都道府県営事業の相違（一般的な水田かんがい排水事業の事例）

	受益面積	末端支配面積	国負担	国以外の標準的な負担割合
国営	3000 ha	500 ha	2/3	県17%，市町村6%，農家10.4%
都道府県営	200 ha	100 ha	50%	県25%，市町村10%，農家15%

（注：国以外の負担割合は「国営及び都道府県土地改良事業における地方公共団体の負担割合の指針について」より．）［出典：筆者作成］

る．他の社会資本と同様に，近年では新設ではなく更新事業が主体となっている．

このような仕組みで建設された各種施設の維持管理は，大規模で公益性が大きいという理由で国や都道府県が管理する例外および集落単位で維持管理されるケースが多い最末端用排水路を除いて，大部分は土地改良区により維持管理される．

●予算制度としての「農業農村整備事業」　「農業農村整備事業」は，農林水産省が所管する公共事業（国の予算のうち，「公共事業関係費」と区分されるもの）の中の文字どおり農業農村を対象とする事業制度の予算区分上の名称である．土地改良法で定義されている「土地改良事業」は，基本的には投資の形態に基づく工種を示していることからその内容は大きくは変化していない．一方で，予算制度上の区分である農業農村整備事業については，時代ごとの農政の変化に応じて構成事業やその重みを常に変化させてきている．例えば，従前は，かんがい排水事業や圃場整備事業のように，土地改良事業の工種に比較的一致した事業分類が主体だったものが，現在では，「農業競争力強化基盤整備事業」に代表されるように政策目的を示す名称のもとで工種を統合する事業が創設される傾向にある．あるいは，かつては農業農村整備事業の一部を構成していた土地改良事業に分類されない事業（集落排水事業に代表される農村整備事業）などを，農業農村整備事業の枠外の公共事業の一部として整理している（農山漁村地域整備交付金）．さらに，公共事業に含まれない非公共事業（「公共事業関係予算」に区分されない事業をいう）としての小規模な土地改良事業やそれに類似した事業もある．また，2007 年度に農地・水・環境保全向上対策として創設され，その後，多面的機能支払交付金となった予算の多くは，実質的には末端用排水路の維持管理に適用されていることを考えると，農業農村整備事業に分類されている土地改良施設維持管理事業に類似している．

●全体像の把握　以上を踏まえると，農政や公共事業政策における農業農村整備事業の重要性や効果を見る際に，公共事業としての農業農村整備事業のみに着目するだけでは明らかに不十分な状態となっている．実際，2018 年度の予算説明資料において農林水産省は，公共事業としての農業農村整備事業（3211 億円）と非公共事業の土地改良事業（498 億円）を合わせたものを「農業農村整備事業」，さらに農山漁村地域整備交付金のうちの農業農村部分（639 億円）を合算したものを「農業農村整備事業関係予算」と呼んでいる．公共事業部分のみで予算をみた場合，2000 年以降は漸減傾向にあった中で，民主党政権下の 2009 年度に激減したものが，現在は回復基調にある．前年度終盤で手当てされる補正予算を次年度当初予算に合算したベースでみると，激減前の水準に近い水準，すなわち農水省予算全体の約 20% まで回復している．

［荘林幹太郎］

11-15

制度融資と農協金融

日本での独特な用語である制度融資（制度資金とも称される）は,「制度」を「政策」に換えてもほぼ同義であり,「何らかの政策遂行を目的として法令や公的制度に基づいて行われる融資（資金の貸付）」と定義する（全国農業会議所, 2006: p.1 を一部改変）. また類似の制度「金融」という用語では農業信用保証制度なども含まれるが, 預貯金吸収や債券発行などの受信面（資金調達面）は一般的に制度金融の範囲外とされている. 他方の農協金融とは, 戦後の農業協同組合法（1947 年）で成立した**総合農協**（信用や共済との事業兼営が認められた農協）による信用事業を意味する. それら制度融資と農協金融に関する経緯と動向を, 以下に記す.

●**農業制度融資の経緯** 明治後期に日本勧業銀行（1897 年）, 46 府県の農工銀行（1898〜1900 年）, 北海道拓殖銀行（1900 年）といった半官半民の銀行が相次いで設立され, 政策的な農業貸付が開始された（戦前は制度融資とは呼ばれなかった）. また 1909 年に大蔵省預金部の普通地方資金制度が発足し, 郵便貯金を原資とした低利で無担保の農業貸付が, 耕地整理組合, 地方公共団体などを通して実施された. 農村部で信用事業を行う産業組合（1900 年）は戦後における総合農協の前身に当たり, 特に昭和恐慌期以降は大蔵省預金部資金の受け皿となっていた.

第二次大戦前後の混乱期を経て, 戦後の制度融資は**農林漁業金融公庫**（1953 年）, 農業改良資金（1956 年）, **農業近代化資金**（1961 年）という 3 本柱で実施されてきた（以下, 公庫資金, 改良資金, 近代化資金とする）. 第 1 の公庫資金は, 全額政府出資の機関による中長期の貸付である. 大規模な土地改良資金などで土地改良区等への直接貸付もあったが, 自作農維持（創設）, 農地取得, 総合施設といった資金では各都道府県の信用農業協同組合連合会（以下信連）が主要な受託機関となり, 最終的には総合農協が窓口となる委託貸付が中心であった（沖縄県では 1972 年より沖縄振興開発金融公庫が同様の貸付を担ってきた）. 第 2 の改良資金は, 47 都道府県が特別会計を設定し, 農業改良普及事業と連携させて期間は 7 年以内で小口・無利子により, 多くは総合農協を窓口として実施された. 第 3 の近代化資金は, 主に総合農協や信連に対して都道府県と国が利子助成を行い, 期間は 5〜15 年程度で施設や機械の導入を主要な用途とする小口の貸付制度であった. 各制度の最盛期における貸付決定額は, 公庫資金は 1980 年代前半の 4 千億円台, 改良資金は同時期に 300 億円前後, 近代化資金は 1970 年代後半の 3 千億円前後であり，その後は農業投資の減退により特に後二者は大きく減少していく．

●農協金融の推移　農協金融は制度融資を担ってきた側面はあるが，基本的には組合員の貯金を原資とし，それを組合員に貸し付けるという協同組合金融である．ただし貸付のみで運用しきれない部分があり，先述した信連や**農林中央金庫**（1923 年に産業組合中央金庫として発足し 1943 年に改称）に預け金という名称で再預金されてきた．総合農協での貯金に対する貸出金（貸付金に手形割引を含めたもの）の割合（貯貸率）は，1970 年代まで 50% 前後で推移していたが 2010 年代は 20% 台前半にまで低下している．総合農協は農業者である正組合員以外にも准組合員を広く受け入れており，黒字主体となった組合員による貯金増加と借入減退が進展する中で，農協に集められた貯金が信連や農林中央金庫を通していかに運用されるかが重要な課題である（それら連合会組織を含めた信用事業は系統金融と称される）．系統金融組織を簡素化するため 2002 年より 12 県の信連が農林中央金庫に統合し，また 1999 年の奈良県を端緒として 4 つの 1 県 1 農協発足などにより，信連の数は 32 となっている（2018 年現在）．

●2000 年代以降の現況　行財政改革のもとで先述の公庫は 2008 年に**日本政策金融公庫**に統合され，また改良資金も 2010 年に同公庫へ移管された．先の 3 分類による近年の制度融資決定額は，公庫資金は 1～3 千億円の間，改良資金は 2011・12 年度のみ 200 億円台でそれ以外は数十億円程度，近代化資金は 2000 年初頭の 1 千億円前後より 2010 年台は 400 億円前後に減少，という状況であり，改良資金はほぼその役割を終えたといえる．また 2010 年より農協の貸付残高における農業分野向け残高が公表されており，それは 23 兆円前後に対して 1 兆円台で推移している．制度融資の残高は公庫が 1.5 兆円前後，近代化資金が 2 千億円弱で，農業の資金需要は両者でほぼ満たされており，制度融資以外の農協による貸付（農協プロパー資金と称される）が特に農業向けで伸び悩む構造となっている．

公庫資金が他の制度融資ほど減少しなかった最大の理由は，1994 年に農業経営基盤強化資金（スーパー L 資金と称される）が発足したことによる．自作農維持資金は農業セーフティネット資金に，農地取得資金は担い手育成農地集積資金や経営体育成強化資金と名称を変えて存続しているが，スーパー L 資金では用途はほぼあらゆるものが認められている．そして返済の期間は 25 年と長期で，限度額（発足当初）は個人 1.5 億円，法人 5 億円と大きく，公庫農業貸付額の 50～80% を占めるに至っている（次に多いのは基盤整備資金）．スーパー L 資金が進展してきた半面で，公庫資金は農協やその他金融機関の農業資金需要を奪っている側面もあり，財政負担の分析も含めて制度融資の成果は常に検証が求められる．

［万木孝雄］

11-16

農業団体

農業者が組織する団体を広く農業団体と呼ぶ．農業団体には**農業協同組合**や**農業委員会**（農業会議所）のように農業者を網羅的に組織するもののほかに，さまざまな業種別の農業者組織がある．農業団体は，一般に農業者の自主的，自治的組織の性格をもつが，同時に農業政策と連携し，その下請け組織の性格をもつことが多い．狭義には，農業政策のための法的根拠をもつ団体を農業団体と呼び，農業協同組合，農業委員会等，農業共済組合，土地改良区が含まれる．ここでは農業協同組合と農業委員会について述べる．

●農業協同組合　農業協同組合法（1947 年）に基づく農業者等を組合員とする協同組合である．営農指導，信用，共済，購買，販売，利用事業のほか医療事業なども行っている．組合員には，農業者である正組合員とそれ以外の准組合員とがある．ただし准組合員には運営参加権が認められていない．

信用事業を兼営する農業協同組合を**総合農協**と呼び，それ以外を専門農協と呼ぶ．また，組合員を構成員とする単位農業協同組合（単協あるいは地域農協）と，それらを構成員とする連合会に区分される．連合会は事業別に組織されている．単協を基礎に，都道府県段階，全国段階の連合会からなる系統三段階制だったが，2000 年頃の段階再編によって，共済事業は全国連に統合，経済連は多数の県が全農に統合，信用事業でもいくつかの信連が農林中央金庫に統合された．戦後農協発足時には 1 万数千あった総合農協数は 1960 年代，1990 年代の合併運動を経て大幅に減少し，単協が県域で合併した「1 県 1 農協」も現れている（図 1 参照）．

農協は，約 100 兆円の貯金額をもつ巨大な金融機関でもある．農業構造が変化して農家数が減少する中で農協の正組合員数も減少し，准組合員数が正組合員数を上回る状況にある．

●農協批判と農協改革　農業団体である農協は，農業者の自主的な協同組合であるとともに，農業政策の下請け機関の性格をもっている．その理由の 1 つは，戦後農協が戦前の半官半民の農業指導団体だった農会と，農村部で幅広く組織されていた協同組合である産業組合の両者をルーツにもつことによる．そのため，戦後農協は食糧管理制度とともに食糧統制組織としての性格を色濃くもっていた．

農業基本法（1961 年）は，農業政策の推進手段として農協を位置づけた．しかし，70 年代に入って食糧需給が緩和し，増産から生産調整へと農業政策の重点が移ると，農協の農政上の位置づけはゆらぎ，牛肉・オレンジや米市場開放など

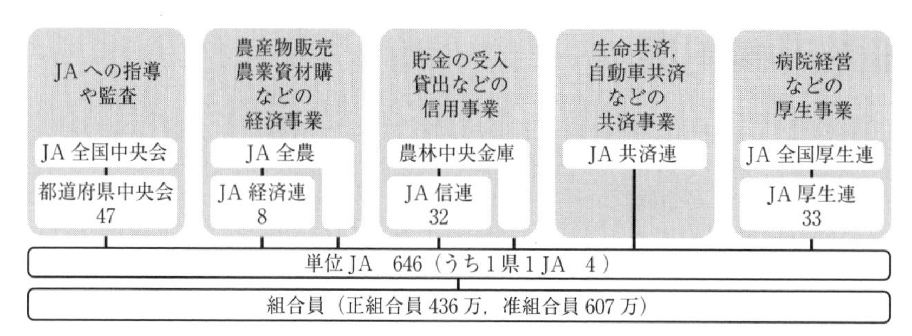

図1　JAグループの組織図（注：JA数は2018年4月1日時点，組合員数は2017年事業年度末，このほかに，日本農業新聞，家の光協会，農協観光がグループに含まれる．）

米国からの市場開放圧力も相まって，農協批判や**農協改革**の動きが強まった．

農協批判は，80年代の中曽根政権時の総務庁農協行政監察に始まり，2000年代の小泉内閣以降，農協批判が相次いだ．第2次安倍内閣のもとでの2014年6月の規制改革会議第2次答申には，「農協中央会の新たな制度への移行」「全農の株式会社化」，農協への「公認会計士監査の導入」「准組合員の利用制限」などが盛り込まれ，それを基本に2015年改正農協法が成立，2016年4月に施行された．

2003年の農水省「農協のあり方についての研究会」報告は，「安易に農協系統に行政代行的業務を行わせない」として農業政策の「農協ばなれ」を鮮明にしたが，米生産調整など，現実には行政が農協に依存する部分は依然として大きい．協同組合としての性格と農政代行機関としての性格をどう整理するのか，総合農協からの**信用事業分離**問題とともに問われている．

●農業委員会　農業委員会は，農業委員会等に関する法律（1951年）および地方自治法（1947年）に基づく市町村の独立行政委員会である．市町村農業委員会を基礎に，都道府県段階に都道府県農業会議，全国段階に全国農業会議所があり，系統組織を形成している．農業会議（所）は，農業委員会法に基づく特別法人であったが，2015年農業委員会法改正により一般社団法人化された．

農業委員会の所掌業務は，農地法等に基づく農地の権利移動の許可事務や農地のあっせん，農業・農民に関する意見公表，行政庁への建議等であったが，その後，農地の利用集積，法人化などの農業経営の合理化，農地利用状況の調査，遊休農地の所有者への勧告などが拡大した．

2015年改正では，農業委員の公選制を廃止し，市町村長の任命制に移行した．また意思決定を行う農業委員とは別に，担当区域における農地利用の最適化を推進するために農地利用最適化推進委員が設置され，農地中間管理機構と密接に連携して農地利用の改善を行うことになった．

［増田佳昭］

11-17

卸売市場制度

生鮮食料品等の流通は，一般に収集・中継・分散の各段階を経るが，卸売市場はその中継段階での拠点となる流通施設である．わが国では卸売市場法（1971年）に基づいて，青果物，水産物，食肉（牛肉，豚肉），花きの卸売市場が開設されている．また，農林水産大臣の認可を受けて地方公共団体が開設する中央卸売市場，都道府県知事の許可を得て民間事業者等が開設する地方卸売市場と，卸売市場法の規定に基づかないその他卸売市場（都道府県卸売市場条例等に規定されている場合あり）の3種類の卸売市場が開設されている．

わが国の卸売市場の特徴は，全国統一の法制度のもとで開設・運営され，取引が行われていることである．卸売市場に関する最初の法律は，第一次世界大戦後の都市人口増加に対応した生鮮食料品の供給の円滑化と，取引組織の改善による公正な価格決定を目的に制定された中央卸売市場法（1923年）であり，地方公共団体が中央卸売市場を開設するとともに，取引に対する規制を通じて公正な価格決定を実現しようとした．中央卸売市場法で成立した卸売市場制度の骨格は，その後，高度経済成長期の大都市への人口集中に対応した生鮮食料品等の生産・流通の円滑化と取引の適正化を図るために制定された卸売市場法に引き継がれたが，1999年と2004年の改正を経て2018年に抜本的な改正が行われたことで，卸売市場制度にも大きな変更が加えられた．

●卸売市場法のもとでの卸売市場制度　卸売市場法は，農林水産大臣が卸売市場整備基本方針，中央卸売市場整備計画，都道府県知事が都道府県卸売市場整備計画を定めることにより，中央卸売市場，地方卸売市場を総合した卸売市場の計画的な整備を促進することとした．この卸売市場法制定当時の卸売市場制度には次のような特徴があった．

第1に，前述のように許認可権者と開設主体によって制度的・機能的観点から中央卸売市場と地方卸売市場に区分されていた．なかでも，生鮮食料品等の流通・消費上重要な都市に開設され，広域的な流通の中核的拠点として位置づけられた中央卸売市場は，生鮮食料品等の生産・供給の円滑化と取引の適正化に行政が責任をもつために，地方公共団体が開設し運営する公設公営制をとったことである．

第2に，卸売市場で実際に取引を行う民間事業者は，出荷者からの集荷機能を担う卸売業者と小売業者等への分荷機能を担う仲卸業者への制度区分（垂直的機能分担制）と，取扱品目の部類（青果物，水産物，食肉，花き）ごとに営業許可が行われる水平的機能分担制がとられたという特徴がある．これは，商業の水平的・垂直的機能分化を卸売市場内部で制度化したものである．

第3に，卸売市場での取引の適正化のための規制が行われていた．卸売業者に対しては，集荷面における委託集荷原則（2004年改正で廃止），受託拒否の禁止，仲卸業者や売買参加者への販売面におけるせり売り・入札取引原則（1999年改正で廃止），市場内の仲卸業者・売買参加者以外への販売（第三者販売）の原則禁止，市場外にある物品の卸売の原則禁止（商物一致原則），集荷・販売両面での差別的取扱の禁止原則，仲卸業者に対しては市場内の卸売業者以外からの仕入（直荷引き）の原則禁止，などが，例外規定を伴いつつ定められていた．また，卸売予定数量および取引結果の公表も開設者・卸売業者に義務づけられていた．

●2018年卸売市場法改正による卸売市場制度の変更　以上のようなわが国の卸売市場制度は，2018年の卸売市場法改正によって大きな変更が加えられた．

第1に，目的規定から「卸売市場の計画的な整備」が削除され，それに伴って卸売市場整備基本方針，中央卸売市場整備計画，都道府県卸売市場整備計画に関する規定も削除され，代わって農林水産大臣が「卸売市場に関する基本方針」を定めるものとされた．この基本方針では，①卸売市場の運営に関する基本的な事項，②卸売市場の施設に関する基本的な事項，③その他卸売市場に関する重要事項，が定められる．

第2に，卸売市場の開設は，許認可制から認定制（中央卸売市場の認定は農林水産大臣，地方卸売市場の認定は都道府県知事）へと変更された．認定の対象となる卸売市場は一定の要件に適合しているものであり，中央卸売市場として認定されるのは，卸売市場の中で施設の規模が一定の規模以上であること等の基準に該当するものとなる．

第3に，卸売市場での取引に関しては，これまでの全国一律の規制から，共通ルール（①公正かつ効率的な売買取引の実施，②差別的取扱いの禁止，③開設者が定めた売買取引の方法による卸売の実施，④売買取引条件の公表，⑤受託拒否の禁止，⑥決済の確保，⑦売買取引の結果の公表）を遵守すれば，その他の取引ルール（商物分離，第三者販売，直荷引き，卸売業者の自己買受け，地方卸売市場における受託拒否の禁止）は開設者が取引参加者の意見を聴いた上で定めることができるようにした．

この改正卸売市場法は2020年6月21日に施行されることになるが，それが既存の各卸売市場にどのような変化を与え，生鮮食料品流通にどのような影響を及ぼすのか，が注目される．

［小野雅之］

11-18

地域資源保全政策

日本の地域資源保全政策は，2000年に始まった「**中山間地域等直接支払制度**」に，2007年からの「農地・水・環境保全管理支払交付金」が加わり，それらが「農業の有する多面的機能の発揮の促進に関する法律」(2014年) の制定により日本型直接支払制度として1つにまとめられて現在に至っている．日本型直接支払は中山間地域等直接支払，多面的機能支払，環境保全型農業直接支払の3つから構成されるが，それはこうした経緯を反映している．日本の地域資源保全政策の特徴は集落や地域を通じた施策の実施である．以下ではその典型である中山間地域等直接支払制度の展開過程を中心に解説を行う．

なお，こうした一連の政策とは別に制度面からも農地の保全は義務づけられており，遊休農地の調査・把握（農地パトロール）とその解消を図るための役割が農地法（2009年改正）において農業委員会に与えられている．

●中山間地域等直接支払制度創設の背景とねらい　同制度創設の背景には耕作放棄地の増大があった．過疎問題は中山間地域における地域資源管理問題へと新たなステージに突入していたのである．そのため1990年代の農業白書では耕作放棄地問題が毎年のように取り上げられ，市町村農業公社等の第三セクターや集落営農組織による農地保全管理の事例や自治体独自の直接支払施策が紹介されていた．中山間地域等直接支払制度にはこうした前史があった．同制度は，中山間地域と平場の生産コストの差の8割を，農地の管理者に交付金として直接支払う，生産性の格差に対する補償措置である．だが，**集落協定**を締結し，農家が共同で取り組む活動（共同取組活動）に交付金の一定割合を使うことができ（集落重点主義），予算を単年度で使い切らずに複数年度にわたってプールすることができるようにした点（予算単年度主義からの脱却），さらに，共同取組活動の内容は協定参加者自らが決めることができる点（制度の自己デザイン性）が大きなポイントである．単なる農地保全のための活動に留まらず，地元に裁量性を与え，内発的な発展にチャレンジするための基金を交付する性格も兼ね備えているということができる．ここに中山間地域等直接支払制度の最大のねらいがある．

●中山間地域等直接支払制度の展開　同制度は5年を1期として実施されており，現在は第4期に突入している．第2期対策では，支払単価が2段階に分けられ，農業生産活動の持続性を担保できるような体制整備を行わないと，これまでの8割の支払いしか受給できなくなった．その一方で土地利用調整，耕作放棄地復旧，法人設立については交付金の加算措置も講じられている．第3期対策も全体的に支払要件は厳しくなったが，現場に対する配慮から，耕作の継続が難しい農地が生じた場合，その農地の管理者を事前に定められていれば農業生産活動の持続性を担保しているとみなす仕組み（集団的サポート型）が導入された．時間の経過とともに集落協定の参加者の高齢化が進んでいたことがその背景にある．また，こうした事態への対策として，小規模・高齢化集落支援や集落連携促進などの加算措置が設けられた．ただし，残念ながら実績はそれほど伸びていない．第4期対策では交付金免除要件が緩和され，集落連携・機能維持加算や超急傾斜農地保全管理加算が新設されている．近年，協定締結面積は漸減傾向にあるとはいえ，同制度は中山間地域の維持に必要不可欠なものとなっている．

●多面的機能支払制度創設の背景とねらい　「農地・水・環境保全管理支払交付金」が創設された2007年は品目横断的経営安定対策もスタートした年でもある．同交付金は非農家も含めた地域住民，自治会，土地改良区，NPO法人など多様な主体で活動組織を設立して**農業用排水路**や農道の維持管理を行う政策である．これは「地域政策」と呼ばれ，品目横断的経営安定対策と並んで両者は「車の両輪」の関係にあるとされた．担い手への農地集積が進むと農業者の数は少なくなり，農地はもちろん，水路や農道などの農村地域資源の保全管理は困難になってくるという問題認識がその創設の背景にあったのである．個々の主体の活動ではなく，多様な主体から構成される組織に対する施策であり，地域ぐるみの共同活動の支援という点は中山間地域等直接支払制度と共通している．その後，環境支払いが分離独立し，「農業の有する多面的機能の発揮の促進に関する法律」（2014年）によって現在は農地維持支払と資源向上支払の2つから構成される「多面的機能支払交付金」となっている．

●集落など地域を基盤とした実施体制　中山間地域等直接支払制度も多面的機能支払も農村地域資源を保全する個人レベルの活動ではなく，集団的にそうした活動を展開する組織に対して交付金を支給する仕組みである．集落など地域を基盤とした実施体制という点にポイントがあり，それが農村地域資源保全政策に**コミュニティ政策**としての性格をもたらしている．その結果，中山間地域等直接支払制度は，交付金を活用して機械・施設を購入して集落営農組織を設立し，あるいは圃場整備の農家負担金に充てるといった自主的な取組みを生み出すことになったのである．

［安藤光義］

11-19

農村環境政策

「農業基本法」(1961 年) を起点に,「新しい食料・農業・農村政策の方向」(1992 年) を経て「食料・農業・農村基本法」(以下, 新基本法) (1999 年) に至る戦後農政の変改において, 農業基本法で定めた勤労者並みの農業所得確保に代えて, 新基本法では 4 つの目的が掲げられた. すなわち, 食料の安定供給の確保, **多面的機能**の発揮, 農業の持続的発展, そして農村の振興である. この多面的機能については, 同法の第 3 条で「国土の保全, 水源のかん養, 自然環境の保全, 良好な景観の形成, 文化の伝承等農村で農業生産活動が行われることにより生ずる食料その他の農産物の供給の機能以外の多面にわたる機能」と定義された.

新基本法では, 農業のもつ正の外部効果は多面的機能として位置づけられたのに対し, 家畜ふん尿や農薬等による負の外部効果は「農業の持続的な発展」に関係づけられ, 新基本法の制定までの過程で法制度が整備された. すなわち, 化学合成された肥料や農薬の使用の減に関する「特別栽培農産物にかかる表示ガイドラインの策定」の制定 (1992 年) と改訂 (2007 年), 畜産環境問題については「家畜排せつ物の管理の適正化及び利用の促進に関する法律」の制定 (1998 年) と本格施行 (2004 年), たい肥等による土づくりと化学肥料・化学農薬の使用の低減を一体的に行う農業者 (計画が認定されれば「エコファーマー」) の支援に向けた「持続性の高い農業生産方式の導入の促進に関する法律」の制定 (1999) などがそれである. 以下では, 新基本法以降, わが国における農業・農村の環境保全に関わる主要な政策について, 中山間地域等直接支払制度に始まり, 日本型直接支払制度に展開していく過程を通して概観する.

●中山間地域等直接支払制度　地域振興立法で指定された農業生産不利地域において, 傾斜等の基準を満たす農地を対象に,「**中山間地域等直接支払制度**」が 2000 年に制定され, 現在は第 4 期対策 (2015〜2019 年度) が実施中である. この制度は中山間地域等において, 農業生産が行われなくなると多面的機能も失われるため, 生産条件の不利を補正し, 農業や集落の維持を通じて, 輸入農産物では代替できない多面的機能を確保し, 地域活性化を図るためのものである.

●農地・水・環境保全向上対策　2007 年度から導入された「**農地・水・環境保全向上対策**」では, 環境保全に関わる助成が「共同活動への支援」と環境にやさしい「営農活動への支援」という 2 層構造になっていた. すなわち, 第 1 に, 農地・農業用水等の資源や農村環境の保全に関わる地域共同の取組みを対象に, 多様な主体を含む活動組織に対して活動経費が支給された．第2に，この共同活動に加えて，地域全体の農業者が環境負荷低減に向けた取組みを行った上で，地域でまとまって化学肥料や化学合成農薬を5割以上削減するなどの取組みを行った場合には，取組み農家に配分可能な交付金が支給される仕組みになっていた．

●「農地・水保全管理支払」と「環境保全型農業直接支払」への分離　そのため，2011年度には，この2層構造は再編されて独立の2つの制度になった．まず，農地，農業用水，農村環境の維持・保全に関する支援のうち，地域住民や多様な主体を含む活動には，「農地・水保全管理支払」が交付されることになった．すなわち，①基盤的な保全管理活動（水路の草刈り等）や農村環境の保全活動には「共同活動支援交付金」が，②施設の長寿命化（農業用用排水路の補修・更新等）や高度な農地・水の保全活動等には「向上活動支援交付金」が交付された．

次に，「営農活動への支援」は「環境保全型農業直接支払」へと名称変更され，支給対象は，農業者の組織する団体や農業者でも受給できるように拡大された．さらに，以前の「営農活動への支援」では取組みが環境負荷の低減に限られていたが，「環境保全型直接支払支援」では，地球温暖化防止や生物多様性保全に積極的貢献を果たすため，化学肥料と化学合成農薬の5割低減の取組みに，①カバークロップの作付け，②リビングマルチまたは草生栽培，あるいは③冬期湛水管理の組合せか，④有機農業の取組みのいずれかでもよいことになった．

●「日本型直接支払」へ　2015年度からは「農業の有する多面的機能の発揮の促進に関する法律」（2014年）に基づき，多面的機能や環境保全に関わる支援制度が**日本型直接支払**（①「**多面的機能支払**」，②「中山間地域等直接支払」，③「環境保全型農業直接支払」）に統合された．この「多面的機能支払」（2014年度より実施）では，水路・道路等，共用設備の維持管理について，農業者のみの活動組織も認められて「農地維持支払」が交付されるほか，従来からの地域住民を含む活動組織で行う「資源向上支払」も維持されている．前者は，共用設備の維持管理を地域で支えるために創設された．後者は「農地・水環境管理支払」を組替え名称変更したもので，共用施設の軽微な補修等の共同作業，植栽活動または生物調査等の農村環境保全活動，共用設備の長寿命化等に対して交付金が支払われるものである．

他方，「中山間地域等直接支払」は従来の制度を，「環境保全型農業直接支払制度」も2011年からの現行制度を維持している．このように，「日本型直接支払」は，中山間地域等直接支払制度に始まるわが国の農村・農業環境政策を統合し，農業者や農村地域における多様な主体の環境保全活動を支援する制度といえよう．

［矢部光保］

11-20

農業資源と知的財産権

人間の知的活動が生み出したアイデアや創造物などに財産的な価値を見出す場合，これを知的財産と呼び，特許権や実用新案権，商標権など法律で規定された権利として保護される場合，これを知的財産権と呼ぶ．政府の「知的財産推進計画」に呼応して農林水産省も農林水産分野の知的財産戦略を策定し，2006年に設置した知的財産戦略本部を中心に対応を強化した．2007年には「知的財産戦略」を決定し，2008年に種苗課を再編した知的財産課を中心に「知的財産戦略」の改定と実施に取り組んできた．現在は2017年に策定した「知的財産戦略2020」に基づき施策の具体化を進めている．知的財産保護制度には，①特許・実用新案制度や意匠制度，商標制度等の産業財産権制度，②種苗法等の新品種保護制度，③地理的表示保護制度，④不正競争防止法などが含まれる（農水知財基本テキスト編集委員会，2018）．農林水産分野の知的財産は植物新品種および動物遺伝資源，農業の技術・ノウハウ，地域ブランド・商標の3領域に大別され，地域ブランド・商標には地域団体商標制度と地理的表示保護制度が適用される．農業の技術・ノウハウでは熟練農家の技術・技能のビッグデータ化が近年注目を集めており，これが情報財として商品化される場合は権利保護の対象となる．また，植物新品種の育成者権を保護する法律として種苗法がある．

●農業遺伝資源に対する権利　多くの技術と時間が投入された新品種を知的財産として保護することで，一層の品種育成が行われ，農業発展に寄与するという考え方が新品種保護制度の根底にある．だが，近代的育種による改良品種も，世界各地の多様な自然的・社会文化的な条件に応じて農民が育ててきた多様な遺伝的特質をもつ在来種をもとに開発された以上，それを人類共有の財産，農村コミュニティの共有財産とする考え方が，利害対立を伴いながらも国際的に認知されている（今泉，2016）．栽培作物の原生地を多数抱える開発途上国では，古くから先進国政府・企業による遺伝資源の探索・収集が行われ，無断で持ち出された遺伝資源を素材に開発された改良品種や食品・医薬品によって経済・社会にダメージを受ける事例（バイオパイラシー）が数多く報告されてきた．そのため人類史的な営みの産物である多様な遺伝資源に対する農民の権利や国家の主権的権利とその成果物から得られた利益の公正な配分をめぐり，1970年代以降，国際社会で議論が続けられてきた．生物多様性条約（1992年）や同名古屋議定書（2010年），食料・農業植物遺伝資源条約（2001年）などはその到達点である（西川，

2017).

●種苗法と育成者権保護の強化　農産種苗法（1947年）を前身とする種苗法は1998年に現行の種苗法に改定された．植物新品種の保護に関する国際条約（UPOV条約）改正（1991年）への対応が背景にあった．もともと新品種保護制度では新品種の育種素材としての利用とともに，農民の慣行的な自家増殖も育成者権の「例外」として認められてきたが，UPOV条約改正で育成者権の保護が強化され，農民の自家増殖が制限されてしまった．日本でも1998年の改定で一部の作物について例外的に育成者権が及ぶようになり，種苗法の施行規則改定によって自家増殖禁止品目が増加し，2018年には農林水産省が農民による自家増殖を原則禁止する方向で検討に入ったことが報じられ，懸念が広がっている．ただし，育成者権は登録品種に一定期間付与されるもので，登録期間終了後の品種や未登録の（登録要件を満たさない）在来種には適用されないし，登録品種でも自家消費を目的とする家庭菜園での自家採種は制限されない．一部の在来種は，京野菜や加賀野菜などの地域伝統野菜としてブランド化が図られ，地域農業の活性化に貢献している．だが，在来種の保全を制度化し，自家増殖・種苗交換を通じて保全と利用に貢献してきた農民の権利を保護する法整備はされていない．

●公的研究開発・普及事業の役割　農林水産分野で知的財産や権利保護の意識が低かった理由に，公的研究機関が主導した技術開発の成果を，公的普及機関を通じて無償で生産現場に提供し，地域の共有財産として扱われる傾向が強かった点が挙げられることがある．だが，海外での品種登録を怠ったことに伴う逸失利益が指摘される事例に公的機関育成品種が目立つとはいえ，それだけで，公的機関が研究開発の成果物を公共財的に位置づけ，地域農業の振興に果たしてきた役割を否定的に捉えるのは間違っている．米・麦・大豆を対象に優良な種子の安定的な生産と普及を促進する役割を国と都道府県に課してきた主要農作物種子法（1952年）が2017年に突然廃止された（久野，2017）．民間事業者による新品種の開発と普及を同法は制限していないはずだが，主要農作物の品種開発と種子生産を国や都道府県が「独占」し，民間企業の参入を「阻害」してきたことが問題だというのが理由説明である．その結果，国・都道府県の役割は，その知見の民間事業者への「提供」に矮小化されてしまった．自然的地形的条件から日本の農業は多様性に富んでおり，それに応じた多様な品種の開発と緻密な種子の生産管理が不可欠であり，それは公的事業だからこそ可能だったのである．例外的な「強い農業」の育成と限定的な「農産物輸出」の促進に向けた知的財産戦略を優先するあまり，多様な担い手の営みである地域農業を支えてきた公的機関による研究開発・普及事業を後退・変質させてはならないのである．　［久野秀二］

第12章

農業生産の立地構造

12-1

農業生産の立地構造

農業は地域に賦存する資源を利用する産業である．地域の自然や歴史によって，それぞれの特徴をもつ農業の構造がつくられる．わが国の農業もさまざまな農業地帯の集合として全体が構成されている．

●気候区分と農業　日本の国土はユーラシア東端の中緯度帯に位置し，南西から北東に広がる弧状列島をなす．環太平洋造山帯の一角を占め，複数の海洋プレートと大陸プレートがぶつかり合うため，国土の61％を山地，12％を丘陵地が占める．広大な平地農業が形成されにくく，分断された小規模な農業地帯がモザイク状に連なる．

農業生産にとって最も重要な立地条件である気候については，まず日本列島がアジアモンスーン地域の最北東部に位置し，湿潤気候の特色をもつことが指摘される．日本の気候は6つに区分されている．南北の両端をなす北海道と南西諸島はそれぞれ冷帯，亜熱帯に属し，本州等とは作目の構成が異なる．北緯31〜41度の範囲にある本州・四国・九州は温帯に属するが，関東以南では二毛作が可能，東北・北陸の積雪寒冷地では不可能という違いがある．日本海と瀬戸内海の影響が加わり，気候は日本海側・太平洋岸・瀬戸内海式・中央高地式に区分される．

2015年の水田率（経営耕地面積に占める水田の割合）をみると，北海道・沖縄および南九州で低く，**米生産調整**が開始された1970年に比べて低下している．他方，本州・四国および北九州の水田率は50％を上回り，1970年に比べ，おしなべて上昇している．また，耕地利用率（耕地面積に対する作付面積の割合）をみると，広く二毛作が行われていた1956年では138％だったが，2015年では92％に低下し，100％以上の耕地利用率を示すのは佐賀・福岡・宮崎・福井・滋賀の5県に留まる．このように本州・四国・北九州の各農業地帯は，気候区分の違いをはらみつつ水田を主とする地目構成を示す点で同質的である．また二毛作が減退したため，この点についての差が縮小する傾向にある．

●農業地帯の類型認識　**農業立地論**は農業地帯を類型的に捉えるもので，農業地理学の研究領域に属する．その1つがチューネンの『農業と国民経済に関する孤立国』（近藤，1974）を嚆矢とする経済地理学のアプローチである．チューネンは市場からの距離の差に基づく農業経営方式の立地分化を論じた．一方，これとは異なる視角からわが国の農業地帯の地域類型を論じる議論が存在する．日本農業論の一環をなす**農業地帯構成**論がそれである．代表的論者である山田盛太郎は戦前の日本農業の地域類型として近畿型と東北型を見出した（山田，1934）．両者の稲作生産力とそれを取り巻く経済条件を分析し，生産力水準の差を農業構造変化の段階差とみる認識を示した．その後，山田は，戦後農業について近畿型と東北型の逆転を指摘し，農業地帯構成の規定要因の変化を論じている．注意を要するのは，稲作生産力に関心を集中する研究方法が農業地帯の同質性を前提にしている点である．だが今日，その前提条件は大きく崩れている．

●異質化する農業地帯　高度経済成長以降，日本農業は大きく変貌し，農業生産の立地構造は大きく変わった．農業地帯は異質化する方向にある．

その第1は，国産農産物の需要の変化に対応した作目構成の多様化である．1955年に総産出額の52%を占めていた米の割合は2016年には18%に低下した．かわって割合を高めたのは野菜と畜産であり，同じ期間にそれぞれ7%から28%，14%から34%に上昇した．この傾向は一様ではなく，米の産出額割合が現在も50%を上回る地域として秋田県・北陸4県・滋賀県の6県を数えることができる．

第2は都市化の影響である．それは都市からの距離に応じて異なるが，コンテナやコールドチェーン等の輸送方法の革新により，チューネンが論じた生産物の輸送費を介する農業立地への影響は弱まった．他面，農地の転用機会や農外の就業・自営業の機会といった，農業経営資源を農業以外に振り向けるための条件の有無が大きな意味をもつようになった．

第3に，地形条件による農業立地への影響である．わが国では遠隔地の農業地帯の多くが中山間地域に属することから，遠隔地性と地形条件が重なり合って影響を与えている．中山間地域には高原野菜や果樹の栽培，畜産の施設建設といった点で有利性も存在するが，稲作をはじめとする耕種生産については不利性をもつことから，過疎化・高齢化を背景に農業生産の維持に困難を抱える地域が多い．一部ではそれが地域社会の存続危機にもつながり，**耕作放棄地**や所有者不明土地の問題が顕在化している．

第4に，2016年におけるわが国の農業総産出額は9.2兆円で，ピークをなす1984年の11.7兆円に比べて21%減少した．これを都道府県別にみると，富山県（51%）・石川県（50%）等が高い減少率を示す一方，北海道・宮崎県・鹿児島県では12%増加しており，顕著な地域差が現れている．同期間における総耕地面積の減少（17%）にみるように日本農業が総体として縮小する中で，今日のわが国農業の立地分化を捉える際には，地目・作目といった農業生産の諸特徴を把握する以前に農業生産の維持いかんを問うことが必要になっている．　［柳村俊介］

12-2

主要農業地帯の特徴と構造①　北海道

●内国植民地としての農業開発　2018年に北海道は命名150年を迎えた．一部の沿岸部を除き，かつては北方民族に連なるアイヌ狩猟社会が島内部に形成されていたが，島そのものが国有未開地に編入され，それが農地開発や牧場経営を前提として民間に払い下げられた．**内国植民地**の形成である．産業は沿岸部の漁業，山間の林業・鉱業，そして平坦部での農業と順次発展を遂げ，これらの素材産業に加工型の工業が付随していく．

亜寒帯湿潤気候である北海道においては，森林が広範に存在していたため，農業はその伐採，焼畑とその延長線上の畑作として始まる．これは無肥料による収奪的な畑作であった．そして，内国植民地的な商業的農業の展開は，日露戦争，第一次大戦期の洪水的な輸出（ばれいしょ澱粉など）をもたらし，戦後には地力が枯渇して経営問題が発生する．当初は外延的な代替地すなわち「新開地」を求めて一部の耕地は放棄されたが，開発の進行に伴い経営形態の転換が模索されるようになる．具体的には，水田化，畑作における輪作の導入，有畜化であった．これ以降，北海道の農業経営は粗放的な畑作からの転換としての北方稲作経営やより集約的な畑作という2つの地目・経営形態が目指される．ただし，開発のフロンティアである十勝や網走では豆作に代表される連作型の畑作が継続し，他方でより寒冷な東部・根釧地域や北部・天北地域では自然草地・混牧林での馬産や小規模放牧酪農，連作のばれいしょ作が行われていた．

●第二次大戦後の農業展開　第二次大戦後，冷害によるダメージを克服するために，粗放的な畑作経営に根菜類（ばれいしょ，てんさい）を導入して輪作体系を構築する，酪農を導入して混合経営（北海道では混同経営と呼んだ）に転換するなどの展開がみられた．小麦の導入による畑作の輪作（十勝は4年輪作，網走は豆類を欠いた3年輪作）の確立は1970年代後半からのことであり，混合経営は同時期に畑作専業経営と酪農専業経営に分化していった．畑作と酪農はともに**畑地**（arable）**型**である（普通畑32万ha，畑作農家9千戸：2015年農業センサスによる．以下出典は同じ）．これに対し，根釧地域や天北地域では，戦後緊急開拓入植者を加え，酪農専業地帯を形成していく．自然条件を含め営農条件は厳しく，政策的なバックアップなしに地域農業は成立しなかった．ここでは混牧林を牧草専用地へと整備を行い，**草地**（pasture）**型**の酪農地帯を形成している（牧草専用地44万ha，酪農家6千戸）．

日露戦争後から開始され，第一次大戦後に本格化した北海道稲作は昭和戦前期の連続冷害等により縮小を余儀なくされるが，第二次大戦期のダム開発を起点として戦後流域開発によって拡大する（最大時28万ha）．泥炭地に立地する戦後開拓地域が大規模稲作地帯として加わる．しかし，1970年から開始された減反・転作により水田は大幅に後退し（21万ha），水稲作も減少する（12万ha，稲作農家1万4千戸）．ただし，良質米生産への努力により，ゆめぴりか等のブランド化に成功している．転作物は当初，単純休耕，「捨て作り」であったが，現在では輪作も行われるようになり，補助金を含む転作の所得は稲作を上回っている．

この結果，現在の北海道農業は，転作率の非常に高い水田作（稲作＋麦大豆），畑作と酪農が展開する畑地作，草地型酪農の3つから構成されることになり，1980年代からは野菜の導入も目立っている．

●農村の景観と社会・経済組織 農村開発は主に，アメリカ合衆国のホームステッド法をモデルとした殖民区画の設定の上に行われた．300間（540 m）四方の区画を6つに区分した5 ha（180 m×270 m）を農業経営単位とし，家屋は号・線と呼ばれる道路に沿って散居形態をとり，農村市街地とは分離されている．1930年代からは農家20戸を単位とした農事実行組合が農会によって組織され，産業組合・農協の基礎組織とされ，現在に至っている．これが，北海道における集落であるといわれる．

開発初期には新開地を求めて**農家の流動性**は激しかったが，昭和恐慌後には地区内の優等地を確保した農家が定着して経営の優位性を示す先着順序列が形成され，彼らをリーダーとする農村社会が形成された．当初は小作農場制度が開発の推進力となったが，1920年代の小作争議と昭和恐慌による農場経営が危機に陥ったためである．その拠点が産業組合であり，戦後の農協であった．

戦後の高度経済成長期になると離農が多発し，農地開発や土地改良も進行するため規模拡大に向けられる農地ファンドが形成された．第二次大戦前に集落のまとまりが形成された「旧開地」では，農地獲得競争を緩和するため平均規模以下の農家を底上げする集落での売買ルールが形成され，比較的均質的な**分厚い中農層**が形成された．しかし，戦後開拓地域を典型とする「新開地」では離農の発生頻度が大きく，しかも負債残を継承する売買が行われ，規模格差は拡大した．こうした開発序列により，農家や農協の性格にも大きな差が現れたが，近年では農地の権利移動も売買から賃貸借に変化し，農家戸数の減少が進んでいるため，こうした北海道農業の歴史的性格は潜在化している．［坂下明彦］

12-3

主要農業地帯の特徴と構造②　東北

東北地方は，高温多湿になる夏が短く冬の寒さや積算温度の限界などから主に一年一作の農業が営まれる．また，夏6〜8月にオホーツク海気団からの冷たく湿った東風ヤマセにより，太平洋側を中心に冷害にあいやすい．このため東北は，有史以来，稲作が不安定で動植物の狩猟・採集への依存度が高い辺境地と見なされてきたが，明治初期（1870年代）には藩政期に進展した平坦地谷地開発を基礎に米の一大産地（米生産量が約60万t，農産額の約65%）となっていた．

●東北農業の展開　東北の稲作単収が全国水準に到達したのは，明治農法（乾田馬耕等）への取組みを経て，肥料工業の発展をテコとする多肥化，多収品種の開発導入，土地改良が進んだ大正期から昭和期にかけてである．農地の過半を集積した地主層の支配に抗する東北の小作争議も，その後を追うように激化した．

地主制の支配を解体した戦後農地改革には，直接の働き手に経済的自立の基礎を与えることが期待された．東北の稲作は，保温折衷苗代技術の導入などから安定と躍進を遂げた．「米作日本一」事業（1949〜68年）なども足がかりに収量水準を上げる一方，水源を確保して後背台地等を増反開田した結果，戦前に倍する稲作の高単収（高地代）と生産量を実現して食糧供給の安定に大きく貢献し，全国平均と比べて2〜5 ha程度の**中規模層**が厚みをもつ農家構成となった．

だが，日本経済が高度経済成長期を迎えると，地域外からの目は，その労働力基盤に熱く注がれた．その結果，若年者の多くが集団就職等で流出して都市の最底辺の中小下請企業の肉体労働に，中高年者も出稼ぎ労働者として不安定な都市の建設肉体労働に従事し，資本蓄積の最底辺に組み込まれた．他方，中高年労働力の地場兼業も土建業主体の切り売り労賃で，また70年代以降農村に進出した縫製・弱電等の女子型や自動車部品下請企業なども最低賃金線上にあったため，低賃金・家族多就業形態の**混合所得による家計維持**が東北の特徴の1つとなった．

1961年の農業基本法による近代化政策，構造改善事業や果樹・畜産・野菜等の選択的拡大への対応も進んだが，1970年からの米の生産調整は米依存度の高い東北に衝撃を与えた．さらに1980年代半ば以降の国際化・グローバル化・農産物輸入の進展を背景に，東北農業も全般的な縮小局面に入った．

東北の主要作目の生産動向を，戦前のピークから戦後のピークをなす時期と2017年現在を対比させて示すと，以下のとおりである．【米】戦前期の160万tから1960年代後半320万tに倍化したが，1970年の生産調整以降縮小し，現在

211.5 万 t とピーク時の約 2/3 に.【麦類・豆類・いも類等在来畑作物】1950 年代後半には 100 万 t に戦前から倍化したが，基本法農政期以降 1 万 t 以下，1/100 に.【果実類】1960 年代末 100 万 t 超に 5 倍化したが，1970 年代以降低落して現在 66 万 t 余と 2/3 に.【畜産】牛乳：1980 年代前半 70 万 t 台に達し，以後縮小して現在 55 万 8 千 t 余，8 割弱に．豚：1990 年 198 万頭に達し，現在 153 万頭，8 割弱に.【果菜類（きゅうり・トマト・すいか等)】70 年代後半 50 万 t に達したが，2016 年 22 万 t 余，44% 程度に．以上，作目ごとに時期と程度は違うが，戦後急伸してピークを形成し，1970〜90 年頃に縮小に転じて今日に至る点で共通する.

●国際化時代の東北の地域農業課題　東北は，長い間，**低賃金・不安定兼業・高地代構造**下にあって農作業受委託は進むが，借地による農地流動化は進みにくい構造にあると理解されてきた．だが，2000 年代に入ると，東北各県の有効求人倍率が軒並み全国平均を下回り，2004 年の米政策改革以降，山形県以外の 5 県の転作目標率（生産目標数量（面積換算)/田面積）は全国平均以上に上昇し，主食用米比率を抑制した．さらに 2005 年以降，農地の受け手になり得る 3 ha 以上層の「稲作剰余」および「小作地の実勢地代」が減少したが，それよりも農地の出し手になり得る 0.5〜1.0 ha 層の稲作所得の下落幅が大きかった．その結果，大規模層の収益性と実勢地代が小規模層の所得を上回り，**農業の後退的構造変動**条件が形成されてきた（佐藤他，2015).

だが，東北の労働市場の発達はなお低位なため，混合収入による家計維持を追求する農家群が多く，中規模層を中心に米と野菜・果樹等の複合部門に収益機会を求める行動が根強い．それは，りんご果汁や牛肉の輸入依存強化などの経営複合化を抑制する重大な条件変化が起きた国際化時代になっても，東北の地域農業において複合化に向けた動きが持続する主な要因の 1 つである.

今日，問われるのは，そうした中規模層を中心とする東北の地域農業の内発的な発展要求を伸ばす諸方策に軸足を置くのか，それともグローバル・フードチェーンへのアクセスを旗印に両極分解を強力に進める国の農政路線に突き進むのかである．地域農業が，後者の影響を強く受けつつあることは，例えば山形県庄内地域でも，複合作目「だだちゃ豆」の収益性低下の背後で 20〜50 ha の米・大豆等粗放経営が急激に出現したことなどにみられる．しかし，同地域でも中規模層が複合化を追求しつつスケールアップする動きがなお主流で（西川，2018)，長く水稲単作だった同県最上地域でも，2000 年代になって県・JA・生産者主導による園芸産地化が進められるなど（角田，2018)，**複合化と規模拡大の並進追求**は続く.

［佐藤　了］

12-4

主要農業地帯の特徴と構造③　北陸

北陸農業の共通性を一言でいえば，「水田農業の中（水稲依存の範囲内）での多様性」であろう．以下，表1をもとに概要を述べる．北陸全体で耕地面積31万haのうち水田が89.5%を占め，各県の水田率は，全国平均54.4%に比べ大幅に高い．地形は，日本海に面して細長く，福井県から新潟県まで東西約400 kmに及び，背後に白山連峰・立山連峰・三国山脈・越後山脈等の急峻な山々が迫る．気候は，夏季は高温・多照，冬季は多雪・寒冷で日照時間は太平洋側の半分程度と少ない．特に山間部は全国（世界）トップクラスの積雪寒冷地で，そこでは当然ながら冬場の農業生産は極めて限られるが，稲作に関しては，水・土壌・気候条件に恵まれた全国有数の**良食味米産地**である．日本海に面した大河川の河口流域には，稲作とともに一部に砂丘畑が形成される．平野部はもともと低湿地帯で，長年の**排水改良**により稲作地帯が形成されてきた．内陸は，いわゆる棚田が連なる．佐渡や能登半島など島嶼農業的性格の強い地帯もある．

従来から北陸農業の基本的性格として，稲作依存・**兼業深化**が指摘されてきた（臼井，1985など）．田林（2003）は，「水稲作を唯一の農業活動としながら恒常的通期兼業に従事」していたため「農家人口が多かった」が，近年「農業から離脱する農民が増え，その分の農作業が，特定の農家や法人組織に委託される」傾向を指摘する．近年では，平林・小柴（2018）が，担い手層における急速な農地の集約や複合化，地域における農家の高齢化・担い手不足により雇用労働への依存が進んでいることを指摘しており，基本的性格にも変化の兆しが生じている．

表1　北陸4県農業の概況

（単位：%，万t，円/60 kg）

	基準年	福井	石川	富山	新潟	出所（または計算式）
水田率	2017	90.8	83.1	95.6	88.7	耕地面積調査
米産出額の割合	2016	61.3	51.6	67.3	57.5	農林水産統計
県外への販売数量	—	8.0	5.6	12.5	40.9	生産量—消費量（注）
コシヒカリ相対価格	2016	14,930	14,815	15,098	16,186	米マンスリーレポート
土改・水利費（A）	2016	307	241	433	978	米生産費調査
支払地代（B）		613	725	334	971	
相対価格－（A＋B）	—	14,010	13,849	14,331	14,237	—
30a 圃場整備率	2014	90.4	58.9	83.9	59.2	農業生産基盤の整備状況
担い手農地集積率	2017	63.8	58.3	60.0	61.5	農地中間管理機構の実績
うち集落営農割合	2017	63.3	28.5	61.6	20.7	集落営農実態調査
総農家数/総世帯	2015	8.2	4.7	6.1	9.2	農業センサス
集落平均総農家数		12.6	11.0	10.7	15.4	
有効求人倍率	2017	1.99	1.85	1.83	1.54	一般職業紹介状況

（注：消費量は全国消費量に対する人口割合に基づく案分量.）

●品目別の産地形成と市場対応　米に関しては，1980代以降の生産・流通の自由化のもとで，まずは，コシヒカリへの作付偏重が進んだ．これは北陸地方に共通の動きであり，2005年には，その面積割合は80%へと拡大する．その後，担い手層の作期分散・ニーズ多様化への対応により，近年は70%程度に低下している．新潟県は，近年の米消費の減少のもとで全国に広く販売する必要から，最高価格帯となる魚沼コシヒカリや新品種「新之助」を筆頭に，「こしいぶき」「その他品種」による低価格販売を組み合わせたフルライン化を進め，他方，他の3県は，良食味中価格帯（コシヒカリ＋第2品種）ブランドでの安定販売を図る．それらに対応した北陸の稲作生産構造は，従来からの小規模兼業稲単作経営に加え，新潟県では，集落営農組織と個別経営の拡大・法人化が併存進行し，他の3県では，集落営農が多くを占める．特に富山県・福井県は，早期から圃場整備が進んだため，事業費償還後の小作料水準が低く，豊富な兼業機会を背景に小規模農家の離農→集落営農組織への農地集積・低コスト化対応が進む．業務用野菜（たまねぎやトマトなど）の大規模生産の導入も早い．コシヒカリの販売単価は高くても，水利費や小作料など農地への支払いがかさむ新潟県の高コスト体質とは対照的である．

米の転作作物としては，福井県の6条大麦以外，主に大豆に依存する．それ以外の園芸・畜産については，各県とも小規模だが，それぞれ個性的な産地形成が行われてきた．砂丘畑でのすいか・ねぎ・だいこんなどが共通性をもつほか，一部で伝統野菜のブランド化が進む（加賀など）．果樹に関しては，りんご・みかん産地はほとんどなく，なし・ぶどう・かき・うめなどの比較的マイナー品目の産地が形成される．花きについては，ユリやチューリップの産地が点在する．畜産については，鶏・豚がメインとなるが，島嶼部や中山間地域など兼業機会の少ない一部地域に，和牛の生産が残る．酪農は戸数減が顕著である．

●農業・農村の担い手構造とその変化　かつて兼業深化のもと，比較的多くの農家が残存してきた北陸農業は，時代を経て転換点に差しかかる．担い手への農地集積は，各県とも60%前後に達し，全国有数の高さとなっている．他方，農業センサス（2015）によれば，販売農家の農業従事者数は26万8726人（5年前の27.8%減），基幹的農業従事者数の平均年齢は69.2歳（同0.8歳上昇），後継者のいる割合は49.7%（同12.5ポイント低下）と担い手の少数精鋭化が進んでいる．集落における総農家数は10～15戸と，総世帯の10%以下に低下し，担い不足・担い手による農地引受けの限界が危惧される．今後は，水田農業の基盤となる集落の水利や農道管理，さらには農業生産自体への土地持ち非農家などの地域住民の参加を促進する工夫が求められる．　［伊藤亮司］

12-5

主要農業地帯の特徴と構造④　関東・東山

関東・東山地方では，全国的にみても多様でダイナミックな農業生産が展開している．農林水産省『2015 年農林業センサス』の農業地域区分によると，同地方に属するのは，茨城，栃木，群馬（以上，北関東），埼玉，千葉，東京，神奈川（以上，南関東），山梨，長野（以上，東山）の 1 都 8 県である．センサスの主要数値のうち，全国計に占める同地方の割合は，農業経営体 21.7%（1 位），経営耕地面積 14.4%（3 位），農業労働力（経営者・役員等）で 20.1%（1 位）と高く，農業資源が豊富に賦存している．また，農林水産省『平成 28 年生産農業所得統計』によると，農業産出額の占める割合は 23.3%（1 位）と高く，全国の農業生産の約 1/4 が集中している．農業産出額上位 10 道県のうち，同地方からは，茨城（2 位），千葉（4 位），栃木（9 位），群馬（10 位）の 4 県がランクインしている．

●農業構造　関東・東山地方の農業構造は地域内でも極めて多様だが，その特徴を整理すれば以下の 3 点にまとめられる．第 1 に，農地に占める田以外（畑・樹園地）の比重が大きい．田の割合が極端に低い北海道を除いた都府県平均と比べて，同地方の田以外の割合は 37.3% と高くなっている．畑の多さは，以前は低生産性・粗放農業を象徴するものであった．しかしながら，第二次世界大戦後は園芸（野菜・果実・花き）を中心とした生産性の高い，いわゆる商業的農業への転換の基礎となった（永田，1985 : pp. 279–284）．2016 年の農業産出額に占める園

表 1　関東・東山農業の構造的特徴

	平均経営面積(ha)	経営耕地の構成（%）									農業産出額の構成（%）				
		地目別			地域類型別				経営類型別			園芸			
		田	畑	樹園地	都市的	平地	中間	山間	5ha以上	組織経営体	米	野菜	果実	花き	畜産
都府県	1.8	72.4	19.9	7.8	17.2	46.3	28.0	8.6	40.2	14.9	19.0	28.9	10.2	4.2	31.4
関東・東山	1.7	62.7	30.5	6.8	23.7	56.4	15.8	4.1	34.2	8.4	14.5	40.8	8.2	4.3	26.0
北関東	2.1	67.5	29.5	3.0	18.9	65.4	13.3	2.5	40.9	7.9	14.9	40.2	3.0	2.7	32.7
南関東	1.5	61.3	33.6	5.0	38.4	53.9	7.1	0.6	25.7	6.8	13.7	45.9	4.7	5.8	23.3
東山	1.2	50.3	28.0	21.8	12.4	33.0	39.0	15.6	28.7	13.0	15.2	30.9	32.6	5.6	11.6

［出典：農林水産省『2015 年農林業センサス』『2016 年生産農業所得統計』］

芸の割合は53.3%（都府県平均43.3%）に達する．第2に，都市近郊農業としての性格が強い．工業地帯として都市化が著しく進んだ京浜地区，および中京地区に対する生鮮農畜産物の供給拠点として，同地方の農業は発展してきた．第3に，農業者の組織化が進んでいない．集落営農組織に代表される，販売目的で農業生産を行う組織経営体が経営耕地面積に占める割合（以下，「組織経営体集積割合」）は8.4%（同14.9%）にすぎない．大都市市場へのアクセスが容易な同地方では集団的対応の必要性が乏しく，個々の農業者が市場環境の変化に対応できる「行動の敏速性」を身につけてきたといえる（永田，1985 : p. 25）．

●北関東　北関東農業の構造は，大規模経営体の層としての形成によって特徴づけられる．1経営体当たり経営耕地面積（以下，「平均経営面積」）2.1 ha，5 ha以上経営体への経営耕地面積集積割合（以下，「5 ha以上集積割合」）40.9%と，大規模経営体の形成を示す指標が関東・東山地方の中では大きな値をとっている．これは，関東平野の恵まれた土地条件とともに（平地農業地域の構成比が65.4%），農地所有面積の大きい農家が歴史的に形成されてきたことによる．特に後者は，①洪水常襲地帯である利根川中下流域での営農継続には相当面積の経営地が必要だったこと，②戦後の食糧増産政策下で平地林や原野の開墾が進んだことによる（安藤，2005 : p. 18）．なお，2000年代中頃まで水田の流動化は停滞していたが，近年急速に進展しつつある（西川，2015 : pp. 87-89）．

●南関東　北関東と同様に関東平野に位置するにもかかわらず，大規模経営体の形成は微弱である．平均経営面積1.5 ha，5 ha以上集積割合25.7%にすぎない．南関東では都市的地域が経営耕地面積に占める割合が38.4%を占めており，首都圏からの強力な都市圧にさらされている．南関東4県で全国の生産緑地面積の56.8%を占めるとともに（国土交通省『平成28年都市計画現況調査』），全国の市民農園の34.3%が所在している（農林水産省『第91次（平成28年度）農林水産省統計表』）．高地価下の宅地並み課税問題と，都市住民との関係構築の必要性という，典型的な都市農業としての課題を抱えている（後藤，2010 : pp. 24-31）．

●東山　北関東・南関東とは異なり，東山農業は大半が中山間地域に位置している．経営耕地面積に占める中山間地域の割合は54.6%に達する．大規模経営体の形成も微弱であり，平均経営面積1.2 ha，5 ha以上集積割合28.7%にすぎない．傾斜地を利用した果樹農業への特化が特徴的であり，経営耕地面積に占める樹園地の割合21.8%，農業産出額に占める果実の割合32.6%に達する．なお東山では，小規模な農家がひしめく中で，土地利用調整が集団的に進められてきた歴史を有する．そのため，関東・東山地方の中では農業者の組織化が進み，組織経営体集積割合は13.0%に達する．

［西川邦夫］

12-6

主要農業地帯の特徴と構造⑤　東海・近畿

東海地域と近畿地域はともに日本列島の中央部に位置し，都市化と工業化が最も進んだ地域に挙げられる．両地域ともに古くから農民的商品生産が先進的に展開していたが，高度経済成長期に兼業が深化して農業の後退ないし崩壊が他地域に先行して顕著にみられた．農業の後退・崩壊という基調の中で，集約的な野菜作，園芸などの専業的経営層の形成もみられる地域である．

●近畿地域　中世から大阪，京都，奈良を中心に経済発展を遂げた地域であり，その都市需要に結びついた商業的農業が全国に先駆けて展開し，都市近郊では商品野菜作が広がり，綿や菜種，果実などの大産地も形成された．比較的小規模であるが商品経済に対応した集約的な農業は近畿型農業の特徴とされる．稲作においては，奈良県が1890～1920年代に全国トップの高単収を維持し，「**奈良段階**」「**近畿段階**」といわれた．畜産においても都市部および都市近郊で粕酪，残飯養豚，あら養鶏が先進的に発展した．

戦後復興後も選択的拡大部門が先行して展開したが，高度経済成長期に著しく進行した工業化と都市化によって近畿の農業は衰退局面に入る．恒常的勤務による第2種兼業化と地価高騰・農地潰廃が全国に先駆けて進行した．こうした中で零細兼業稲作と高度集約商品生産への「二極化」が進行していった．多くの零細兼業農家は，中小機械を個人所有してウィークエンド・ファーマーとして自給飯米農業を継続するようになり，零細粗放的な稲単作農業が支配的になっていった．その一方で，一部の専業的上層農を中心とした高度集約商品生産農業が展開した．都市部の市街地では農業が縮小・消滅する中で，施設化し，多品目を組み合わせて短期間で回転させる軟弱野菜の「高速度輪栽農業」（御園，1985：p. 123）がみられた．都市近郊では米麦作に多種類の野菜を組み入れた多品目型の野菜作産地が形成され，さらに特定野菜への専作化・施設化によって集約的な野菜作産地へ移行する動きがみられた．また，その外延部では米麦作の麦に代わる裏作野菜，酪農，肉用牛などの専業畜産が伸長し，新興産地が形成された．

このように新たな経営を展開する専業農家が現れる一方，多数の兼業農家は零細粗放的な生産に留まっていた．その改善に向けて**集落営農**の組織化が進んでいることが注目される．とりわけ水田率の高い滋賀県，兵庫県は全国でも有数の高組織率を示している．

●東海地域　大都市近郊農業地帯（近畿など）と遠隔農業地帯（東北，北海道など）の中間に属する中間農業地帯に位置づけられ（御園，1985：p. 192），都市化・工業化の中で近畿地域とは異なる農業の展開がみられるかどうかが注目された．

戦前は稲作と桑（養蚕）という「米と繭」を基本とする農業であったが，養蚕が衰退して野菜作が拡大した．名古屋等の都市へ野菜等を供給する近郊農業とともに，東西市場の中間に位置する交通立地の有利性を活かした**輸送園芸**が展開した．近郊農業と輸送園芸を併せもった商品生産が東海地域の農業の特徴である．こうした展開には，水問題に対して先駆的に進められた農業土木事業の貢献が大きい．水害の常襲地帯であった木曽三川の下流域では三川分流など治水工事によって耕地が拡大し，収量が安定化した．反対に，水欠乏が深刻だった知多，三河・遠州の洪積台地では，明治用水，愛知用水，豊川用水など大規模な農業開発事業によって農業の外延的拡大とかんがいによる内包的拡大が進み，水稲作，野菜作の生産基盤が形成された．

東海地域の農業は，高度経済成長期に都市化・工業化の影響を受け，農業労働力の流出，兼業の深化を伴いながら「土地持ち労働者」が増加する一方で，上層農を中心として野菜・花き・畜産などに専業化する動きが活発化し，集約的な商品生産農業への特化が顕著となった．さらに後者の集約農業への特化の動きは，断続的な都市化・工業化によって再編を迫られることになる．

野菜では，産地が都市周辺部から中間・遠隔地へ移動する中で，主力品目に特化した大型産地化が進行した．その動きの中で，近郊産地では多品目少量生産の個人出荷から少品目大量生産の共同出荷への転換と広域的組織化がみられた．同時に，輸送園芸産地の大型化・施設化が進み，個別小規模施設から団地化された大型連棟施設がみられるようになった．畜産は，都市近郊で発達していたが，地価上昇の中で都市近郊から遠隔地への代替地取得の移転によって規模拡大し，加工型の養豚，養鶏に特化する経営と，山間部で酪農，肉用牛に特化する経営が展開し，畜産団地も形成された．稲作は近畿と異なり生産力の飛躍的発展を遂げることなく低収益性が続き，安定的第2種兼業農家の資産的農地所有が強まり，それら零細兼業農家の圧倒的多数は飯米自給を目的とする稲単作の粗放な農業に留まった．こうした状況から，集団栽培，技術信託，経営受託，といった農作業の共同化から**農作業受委託**への展開がみられ，数々の生産組織が生成・発展した．この点で，東海地域は農業生産組織形成の先駆的地域として注目を集める時期もあった（石橋・御園，1975：p. 2）．しかし現在，全国各地で進められている集落営農の組織率をみると，東海地域は高い方ではない．　　［淡路和則］

12-7

主要農業地帯の特徴と構造⑥ 中国・四国

中国・四国地方は大部分が山地や丘陵であり，中山間地域の割合が高く，平野部は小規模である．限られた土地を切り開き，瀬戸内の海上交通を利用しながら，地域特性を活かしたコウゾ・ミツマタ・和牛・養蚕（山間部），藍・綿花・イグサ（平野部）等の商業的農業を展開してきた．その生産力を支えたのは，1960 年代前半までの高い**耕地利用率**が示す（図 1），限られた農地を活用する農法であり，全国に占める中国・四国地方の農業総産出高の割合は耕地面積割合と比較して高い値を示していた．そうした商業的農業の基質が，高度経済成長期には，柑橘・もも・なし等の果樹作，露地野菜，施設園芸の大消費地向け産地形成につながった．

●農業立地構造の変化　しかし，中国地方の耕地利用率は 1960 年代には全国水準に接近し，米生産調整の開始後はそれをも下回っている．山陽臨海工業地域の急速な発展による農業労働力の流出はすさまじく，兼業深化地域においては水稲単作化が進み，他方で土地利用と切り離された施設型の畜産経営が展開した．今なお米麦二毛作が残る四国地方でも 1990 年代中頃には耕地利用率が 100% 以下に低下し，現在は全国平均を下回る．輸入農産物の増加を背景に国内市場における果実や野菜の過剰問題が生じ，それが価格下落に影響し，中山間地域の農地の耕作放棄につながっている．

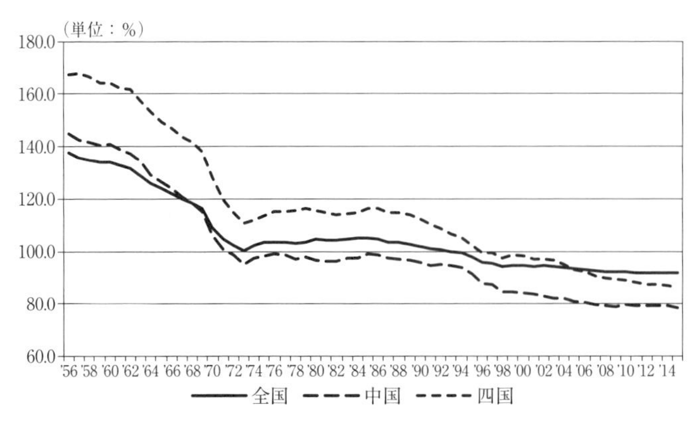

図 1　耕地利用率の推移（注 1：耕地利用率は，耕地面積に対する作付延べ面積の割合である．注 2：1979 年以前の作付延べ面積には「その他作物」（花き，花木，種苗，芝等）は含まない．注 3：1973 年以前の全国の値には沖縄を含まない．）［出典：「耕地及び作付面積統計」］

こうした経緯により，近年における農業総産出額の減少傾向は全国平均よりも顕著であり，日本農業における農業生産地としての位置づけは相対的に低下している．そして，農地の荒廃化，鳥獣害被害の拡大，農業労働力の高齢化等が他の地帯に先行して深刻化している．

●農業構造の脆弱化と課題　農業構造の脆弱化はまずは農業諸資源の減少から確認できる．1965～2015 年の 50 年間における耕地面積の減少率は，全国合計の 25.1% に対し中国地方が 46.0%，四国地方が 45.0% と高い．また，耕作放棄地の拡大も深刻であり，2015 年農業センサスでその面積率をみると，全国平均の 12.1% に対し中国地方 22.8%，四国地方 22.0% と，最も高い割合を示す．

1990 年から 2015 年にかけての販売農家数の減少率をみると，中国地方 56.8%，四国地方 53.2% で，全国平均 55.2% とほぼ同様であり，農業就業人口の減少率もそれぞれ 59.5%，55.6% で，全国平均 56.5% と大差はない．しかし，販売農家の中でも主業農家の減少率は全国平均より 5 ポイントほど高い．農業就業人口のうち 70 歳以上の割合を 2015 年農業センサスでみると，全国の 46.9% に対して中国地方 57.6%，四国地方 48.3% であり，中国地方の値は全国でトップクラスである．

また，経営耕地面積規模別経営体の割合でみると，0.5 ha 未満層（「経営耕地なし」含む）が，全国平均 22.2% であるの対して，中国地方 29.1%，四国地方 29.6% と高く，他方，5.0 ha 以上層は，全国 7.6% に対して，それぞれ 2.7%，1.5% である．四国地方では土地利用型の大規模経営体の数が限られているが，果樹と野菜作の経営組織の農業経営体が多いことと合わせて，**集落営農**がはかばかしく展開していないこともその要因の 1 つに挙げられる．

このように，中国・四国地方の農業構造は小規模零細の経営構造を特徴とし，全国的にみても最も脆弱な地帯として位置づけられ，耕作放棄地面積率の高さに象徴されるように，農業資源の絶対的な縮小が続いている．

そうした中で，中国地方では集落営農が広範に展開している．それは，限られた農業資源を有効に活用し，地域独自で農業生産を維持する取組みとして注目される．集落営農は，農業生産の維持拡大のみならず，地域資源の管理や地域コミュニティの維持に重要な役割を果たしている．また，**農産物直売所**の展開も広範にみられ，農業総産出額との対比でみた農産物直売所の販売金額の大きさは全国平均を上回る．特に四国地方では，農協運営による大規模な直売所がそうした動きを牽引している．直売所では圧倒的に地元産の農産物が取り扱われており，これまでの大消費地向けの出荷ではなく地産地消的な流通形態といえる．

こうした**地域資源を有効活用した農業振興**が期待されるが，中国・四国地方は人口減少率が高い一方で移住地としての人気が高まっており，そうした動向と新規就農者の受入とを連動した新たな担い手創出も今後の課題である．［板橋 衛］

12-8

主要農業地帯の特徴と構造⑦　九州・沖縄

九州・沖縄の農業は，北部は1970年代の「新佐賀段階」に象徴される水田稲作農業を中心とした地帯と，中部の阿蘇・飯田高原に展開する草地畜産地帯，南部の鹿児島県・宮崎県のかつて「限界地」といわれた畑作地帯，さらに鹿児島県と沖縄県に展開する島嶼部農業に大別される．

●地帯別　水田地帯についてみると，北から福岡平野，筑後平野，佐賀平野，熊本平野が代表的であるが，2000年前後の米政策の変遷によって，その様相は以前と大きく変化している．水田面積の集積主体によって地域農業構造が性格づけられ，佐賀平野では集落営農による「組織対応型」が主流であるのに対し，福岡県，熊本県では個別大規模経営による「個別経営対応型」や「個別・組織対応型」が多かったが，2004年の米政策改革以降は「組織対応型」が多数展開するようになった．水田の土地利用をみると，生産調整の結果，北部九州では水田施設園芸が広がった．また新規需要米の推進によって水田飼料作，特に稲発酵粗飼料（WCS）が熊本県・宮崎県を中心に取り組まれている．北部九州は国内有数の小麦の産地であるが，近年は国内産麦の利用を促進するためにパン・麺用の小麦の開発が進められている．

九州における代表的な畑作地帯は，佐賀県北部台地の畑作地帯，長崎県に点在する畑作地帯，熊本県・菊池阿蘇の畑作地帯および南九州の鹿児島県・宮崎県の畑作地帯，である．北部九州の畑作地帯では畜産や傾斜地を利用したみかんやびわなどの果樹生産が行われている．大分県・熊本県にまたがる高原地帯は冷涼な気候を生かした高原野菜の産地となっており，近年は契約栽培も増えている．南九州の畑作地帯においてはさとうきび，かんしょ，飼料作物などの伝統的作物から露地野菜，茶などへの転換が広くみられ，しかも単なる原料産地から，業務需要に対応したサプライチェーンの一角を個別経営体やJAが戦略的に担っている．

経営構造を見ると，経営体数の6%を占めるにすぎない5 ha以上の経営体が，経営耕地面積に占める割合は40%に至っている（2015年センサス）．経営組織別にみると，単一経営では施設野菜，肉用牛経営の割合が高いのが特徴で，複合経営も全国に比べて高い割合を占める．農業経営の法人化，および企業の農業参入もみられるが，全国平均に比べて格別に多いわけではない．

農家人口の高齢化率は全国平均に比べてやや高いが，北部九州では比較的低く，南部九州で高齢化が進んでいる．基幹的農業従事者の高齢化率は全国平均に比べて低く，相対的に40歳以下の基幹的農業従事者は多い．

●作物別　産出額を作物別にみると，全国に比べても米の比重は低下し10%前後を占めるにすぎず，畜産および野菜や花きの比重が増大した．水田転作の拡大により露地野菜が増えたが，熊本平野や宮崎県では施設園芸も盛んである．生産額で全国的に高い地位を占める野菜をみると，福岡県のいちご，佐賀県のアスパラガス，たまねぎ，長崎県のばれいしょ，熊本県のトマト，すいか，なす，宮崎県のきゅうり，ピーマン，ごぼう，鹿児島県のさやいんげんなどが挙げられるが，露地野菜を含めた野菜面積は鹿児島県が九州では最大となっている．なお，近年福岡県のいちご「あまおう」は輸出品目として注目されている．

果樹の栽培面積に占める割合はみかんが最も大きい．熊本県，長崎県，佐賀県の栽培面積が大きいが，栽培面積，栽培農家数も減少傾向にある．デコポンなどの良食味中晩柑の生産が拡大している．また落葉果樹でも新品種が導入されて，柿など一部は輸出用としても栽培されている．マンゴー，パッションフルーツなど熱帯果樹の栽培は沖縄県が先行していたが，近年は宮崎県，鹿児島県でも盛んになっている．

産出額の比重を高めているのが，畜産である．酪農，肉用牛，豚，鶏いずれの畜種でも飼養戸数は減少したが，飼養頭羽数は増加したので，1戸当たりの飼養頭羽数は増加し，経営規模拡大が進んでいる．酪農では熊本県の飼養戸数が最も多く，飼養規模も格段に大きい．肉用牛および豚は鹿児島県，宮崎県が全国でも有数の地位を占めている．ブロイラーでも宮崎県，鹿児島県の飼養戸数および飼養羽数が多い．近年，牛ではBSEあるいは口蹄疫，豚でも口蹄疫，養鶏では鳥インフルエンザなど家畜疾病の影響もあったが，一方で牛乳の輸出は熊本県，牛肉の輸出は九州各県が，豚肉については鹿児島県が海外輸出に取り組んでいる．

花き・花木類では福岡県，鹿児島県および熊本県の作付面積が大きいが，近年減少傾向にある．また工芸農作物では，鹿児島県の茶の摘採面積が格段に大きいが，福岡県，佐賀県にも銘柄を確立した茶産地が存在する．さとうきびは鹿児島県の離島および沖縄県の基幹作物だが，収穫面積，収穫量の年次変動が大きい．沖縄県は亜熱帯特有の地勢と気候に根差した農業が営まれており，さとうきびが基幹作物であるが，近年は生産額では肉用牛が1位を占めるようになっている．

九州は，食品産業（食品製造業，食品加工業）が盛んであり，佐賀県，宮崎県，鹿児島県では製造業に占める割合が1位である．近年は農商工連携や6次産業化が盛んになっており，農業の地域経済への貢献も大きくなっている．［岩元 泉］

12-9

経済地帯別にみた農業① 都市および都市近郊

日本の都市近郊においては，都市での需要を背景とした露地野菜作が広く行われてきた．しかし，1960年代以降，大産地の台頭により，その卸売市場におけるシェアは大きく低下した．特に1990年以降，量販店と大産地とによる相対取引の増加により，ロットが小さい都市近郊産の青果物の卸売市場での評価が低下したといわれている．こうした中，都市近郊では他地域に先んじて，市場外流通への転換がみられた．例えば，**庭先直売**による消費者への直接販売は，都市近郊地域の特徴的な販路であり，農業生産関連事業の代表例である．

●都市近郊における販路多様化 野菜類の庭先直売の形態においては，多品目を小面積ずつ作付けする上に，販売人員が必要であるため，労働時間が長くなる傾向がある（藤島他，1995）．近年，援農ボランティアの導入により，市民が農業に関わる機会を提供しつつ，収穫・調製作業等の軽減を図る取り組みが奏功している．

なしなどの果樹経営においては，高度経済成長以降，もぎ取りを中心とした観光農園が展開してきたが，単価の上昇や宅配便網の発達といった背景から，次第に贈答品を中心とした固定顧客への宅配へと販路が転換している．さらに近年では，地方の人口減少や贈答習慣の変化により，宅配から庭先直売に重点をシフトする経営も現れている．ブルーベリーの摘み取りや，より高付加価値なぶどうの庭先販売および宅配を強化する経営も少なくない．また，施設野菜作では，一般的には卸売市場出荷やスーパー，生協等への出荷が中心的であるが，農産物直売所への出荷や，宅配による消費者直販も広がっている．近年は，いちごの摘み取り園の増加も目立つ．

●都市農業の多面的機能への要請 特にヨーロッパの都市近郊では，農業がもつ**多面的機能**を発揮する多面機能的農業（Multifunctional Agriculture）が重視されており，その一環として，農業経営による**事業多角化**が評価されている．例えば，1980年代後半には，英国の都市近郊において，直接販売（庭先直売や直売所，摘み取り園，農産物の配達），宿泊，レクリエーション（乗馬，ウォータースポーツ，狩猟，散策道，農場ツアー，農場イベント，保養スペースの提供），農産加工（外食，乳製品，チーズ，アイスクリーム・ヨーグルトの加工，工芸，ペット，育種馬）といった事業多角化の進展がみられる（Ilbery, 1991）．

日本においては，2015年の都市農業振興基本法の成立を受けて，都市農業振興基本計画が策定され，都市における農業振興施策の本格展開が謳われている．その中では，「地元での農産物消費の促進（直売所，給食）」「農産物の供給機能の向上」といった農業生産を通じた市民との関わりに加えて，「農作業体験のための環境整備等」「学校教育での農作業体験の機会の充実等」のように，農作業を通じて市民との交流を推進することが求められている．

今日の都市近郊において，農作業体験サービスの提供は広くみられる．**体験農園**経営の形態は，1990 年代に開始され，「農業体験農園」として数多くみられるようになった．体験農園経営においては，開設者（農家）が料金を徴収して，一般市民が農作業の一部を体験する．農地の肥培管理が行われ，作付計画，栽培計画の責任や収穫物の処分権が開設者側にある．市民農園との大きな違いは，農地の貸出しではなく，農業経営の一形態として定義される点にある．したがって，**生産緑地地区**における相続税納税猶予制度の対象として認められてきた．また，経営者によって農地が一体的に管理されるため，景観的にも美しく保たれる．多品目露地野菜作において多く必要となる作業時間を大幅に軽減しつつ，収益を確保することも可能である（八木，2008）．さらに，2005 年の食育基本法の成立を受けて，食育基本計画が定められ，その中で学校給食における地場農産物の使用率の向上が推進されている．農地の少ない都市部においては，学校給食向けに地場農産物の供給を確保することは容易ではないが，例えば東京都日野市では，1980 年代より学校給食における市内農産物の活用を推進しており，給食出荷への奨励金制度やコーディネータの配置を通じて，高い使用率を達成している．

●人口減少と高齢化に対応した都市農業の展開　日本の大都市近郊の農家は，不動産賃貸を通じて農家所得を維持している場合が多いが，人口減少に直面する郊外ほど不動産の収益性も低くなる．したがって，これまで以上に農業所得の確保が重要となっている（Yagi and Garrod, 2018）．2018 年には，1991 年以来の生産緑地制度を大きく転換する都市農地貸借法が制定され，地権者以外が耕作しても相続税納税猶予を受けられる道が開かれた．こうした中で，長期的な農地保全や農業経営の姿について，展望を示すことが求められている．

また，都市部においても 3～4 人に 1 人が 65 歳以上の高齢者となる時代を迎えている．老後を健康かつ社会文化的にも有意義に暮らすためにも，都市農業経営による多角的な事業が役割を担っている．例えば，体験農園や援農ボランティアには，高齢者が 1 人で参加するケースが少なくない．これらの場は，農作業だけでなく，一緒に参加する他の市民や農業者との関わりから，充実感を得られる貴重な機会として期待されている．

［八木洋憲］

12-10

経済地帯別にみた農業② 平場農村

「平場農村」とは，大都市に近接しておらず，かつ，中山間農業地域に含まれない地域であり，それら両者の中間に位置する経済地帯区分である．農業経営を行う上での社会・経済的条件としては，大消費地に近接していないことによる時間的・費用的な不利性は一定程度あるものの，中山間農業地域にみられるような過疎や少子高齢化に起因する人材不足等の問題は大きくはない．また，「平場」が意味するのは，特に耕種農業の生産性に影響する圃場条件である．傾斜度が緩やかであり，一筆当たり面積が大きい等の特徴を有する圃場は，機械作業の効率性を高いものとする．このため，平場農村は他地域に比して「規模の経済」を得やすく，生産費用の低減が図りやすい．なお，平場農村の農業構造を把握するには，農林業センサスの農業地域類型の1つである「平地農業地域」の指標を用いることが有用である．農林業センサスでは平地農業地域を「耕地率20%以上かつ林野率50%未満の旧市区町村又は市町村（詳細は農林業センサスを参照）.」と定義している．以下，2015年農林業センサスのデータを用い，2005年からの変化を踏まえつつ，「平地農業地域」の農業構造の特徴と動向を整理する．

●わが国の農業に占める比率　平地農業地域がわが国全体に占める比率は，販売農家戸数の30%，経営体数の36%，農業集落数の25%，経営耕地面積の49%である．すなわち，平地農業地域に賦存する人的資源は全国の30%余に留まるものの，耕地面積は約半分に達する大きな比率を占めている．なお，これらの指標について2005年から大きな変化はない．

●経営規模構造と収益性　平場農村における経営規模構造の特徴は，圃場条件に起因して他地域に比して大規模層の比率が高いことである．端的には，農業経営体の平均経営耕地面積は，全国2.5 haに対して平地農業地域3.5 haであり，約1 haの差がある．2005年時の両者の差は約0.5 haであり，その差は拡大している．詳しくは，経営面積規模別の農業経営体数比率（全国平均：平地農業地域）を比較すれば，30a未満（4%：3%），〜1 ha（50%：38%），〜5 ha（39%：48%），5 ha以上（8%：11%）であり，1 ha以上の各階層において平地農業地域が全国平均を上回る．また，販売金額規模別の農業経営体数比率（全国平均：平地農業地域）について，100万円未満（59%：48%），〜500万円（25%：30%），〜2,000万円（12%：16%），〜1億円（4%：5%），1億円以上（0%：1%）であり，100万円以上の各階層において平地農業地域が全国平均を上回る．

このような経営規模構造の違いは収益性の格差となる．圃場条件が良好であることにより減価償却費に留まらない種々の費用が低下し，平場農村の収益性の高さにつながる．例えば，稲作経営に限れば農業経営体の平均経営規模は全国 1.4 ha，平地農業地域 1.9 ha であり 0.5 ha の差がある．両者間の差は，10 a 当たり全算入生産費では約 1 万円～1.5 万円，10 a 当たり投下労働時間では約 3 時間となり，平場農村の収益性の高さを裏づける（「平成 27 年産米及び麦類の生産費」における 0.5～1.0 ha 層と 1.0～2.0 ha 層の差からの試算による）．

●農業経営の持続性　収益性の高さや作業負担の軽さにより，他地域に比して平場農村の農業経営の持続性は強いはずである．2005 年から 2015 年の経営耕地面積の減少率は，平地農業地域は他地域類型よりも低く 5% である（全国平均は 7%）．反対に農業経営体数の減少率は 35% と最も高いが（全国平均は 32%），これは構造改善の進展度の高さを示している．また，営農条件の不利性に関わる耕作放棄地面積率は，平地農業地域は 7% と他地域類型よりも低く（全国平均 12%），農業経営の持続性の高さを示している．しかし，後継者の確保状況は他地域類型と同じく 30% 前後であり大差ない．すなわち，今後の農業経営の持続性に関しては，平場農村も他地域と同様に人的資源の確保に関わる問題を抱えている．

●部門構成　農産物部門構成については，社会・経済条件および圃場条件の両方の特質が影響し形成される．表 1 をみると，農産物販売金額第 1 位部門の農業経営体数比率は農業地域類型間に大きな差はない．ただし，都市的地域では「露地野菜」と「施設野菜」の比率が，中間・山間農業地域では「稲作」と「畜産」の比率が相対的に高く，平地農業地域は両者の中間的な部門構成を有していることが読み取れる．なお，中山間農業地域において稲作部門の比率が高いのは，農地維持の負担が最も軽いことを理由の 1 つとする．

●農業政策の役割　上記の特徴を有する平場農村地帯では，土地利用型農業に関わる農業政策はより有効となる．例えば，経営所得安定対策における麦や大豆，新規需要米等の土地利用型作物に対する面積当たりの支払交付金は，生産費用が低位にある平場農村では所得向上に有効に働く．そのため，同対策は平場農村における地域農業の維持・展開に関わる重要な要因となっている．［伊庭治彦］

表 1　農業地域類型別農産物販売金額第 1 位部門（抜粋）の農業経営体数比率

	稲作	露地野菜	施設野菜	果樹類	畜産
都市的地域	54%	16%	7%	12%	2%
平地農業地域	57%	10%	7%	12%	4%
中間農業地域	59%	8%	4%	14%	6%
山間農業地域	62%	8%	4%	10%	6%

（注：各部門の比率が最も高い農業地域類型に網かけしている．）［出典：「2015 年農林業センサス」］

12-11

経済地帯別にみた農業③　中山間地帯

中山間地域は，平野の外縁部から山間地に至る地域を占め，国土面積の約7割，総人口の1割を占めるとともに，農業産出額，耕地面積，総農家数の約4割，農業集落数の約5割を占める等，わが国の農業の中で重要な位置を占めている．

過疎問題，山村問題として取り上げられてきた地域問題は，1980年代後半に中山間地域問題として農政の主要政策課題として提起されるようになった．農林統計の地域区分も改訂され，1990年より4類型の**農業地域類型**区分が導入された．農林統計上，**中間農業地域**と**山間農業地域**が中山間地域として把握されている．

法律上では食料・農業・農村基本法第35条1項で「山間地及びその周辺の地域その他の地勢等の地理的条件が悪く，農業の生産条件が不利な地域」を「中山間地域等」と定義し，同条2項で「国は，中山間地域等においては，適切な農業生産活動が継続的に行われるよう農業の生産条件に関する不利を補正するための支援を行うこと等により，多面的機能の確保を特に図るための施策を講ずるものとする.」と国の役割を明示するとともに，地域振興立法5法（特定農山村法，山村振興法，過疎地域自立促進特別措置法，半島振興法，離島振興法）の指定地域を中山間地域総合整備事業等の対象地域としている．

●中山間地域で発生する問題　中山間地域で発生する問題を，小田切（2006）は「人・土地・ムラの空洞化」と表現している．中山間地域では，高度経済成長期を中心に農家あとつぎ世代が地域外に流出し，人口の社会減少が過疎化として問題とされた.「人の空洞化」の進行である．

地域に残った親世代は「機械化と健康長寿化」により中山間地域の農業を支えてきたが，親世代の高齢化が進む1980年代後半より地域の人口は自然減少に移行し，地域内人口が縮小するようになる．高齢化による親世代の農業からのリタイアに伴い，中山間地域では農地の供給量が増加するが，地域内での農地の受け手が不在であるため，農地の荒廃化が進む「土地の空洞化」が発生する．

一方，高齢化の進行に伴い，集落寄合回数の減少など集落機能が脆弱化し，集落レベルでの危機対応力にも陰りがみられるようになる.「ムラの空洞化」である．

●中山間地域の条件不利性　以上の空洞化が発生する背景に，中山間地域の**条件不利性**がある．条件不利性は，農業生産面と生活面の条件不利性として把握できる．農業生産面の条件不利性としては，農地の傾斜度が代表的な指標として用いられる．傾斜度の影響を強く受ける田に着目すると，山間農業地域では耕地の大半が立地している傾斜の程度が緩傾斜地，または急傾斜地である集落が6割以上を占める（小田切，2002）．傾斜度が高いと標準的な区画の圃場整備が困難であり，小区画または不整形の田となるため，大型の機械の利用が困難であり，平坦地が大部分を占める平地農業地域との間で労働生産性の格差が生じる．また，中山間地域では日照時間，気象，水温等の影響を受け水稲の単収も低い場合が多い．

生活条件の不利性を示す指標としては，DID（人口集中地区）および生活関連施設までの所要時間が代表的な指標として用いられる．所要時間が長い地域は交通条件が不利であることを意味しており，就業機会，通学，通院等の利便性が損なわれる．2015年農林業センサスによれば，DIDまでの所要時間が30分未満の農業集落数の割合は，中間農業地域で56.4%，山間農業地域で29.4%であり，平地農業地域の80.6%と比較して，いまだ生活条件面での不利性が残されている．

●条件不利性の地域差　農業地域別にみた場合，上記の条件不利性の程度には地域差が確認できる．小田切（2002）によれば，山間農業地域に注目した場合，大半の田が急傾斜地に立地している集落の割合は山陰43.6%，四国34.9%，北陸33.6%に対し，東北10.3%と顕著な地域差が存在している．また，2015年農林業センサスによれば，山間農業地域の田がない集落の割合は南関東74.2%，北海道58.7%に対し，山陽6.6%，山陰7.1%であり，DIDまでの所要時間が30分未満の集落割合についても，北陸49.0%，南関東48.3%，東山43.0%に対して，四国14.4%，山陰18.8%と地域差が確認できる．

このように，中山間地域という同一の農業地域類型区分を用いても，農業地域間に条件不利性の大きな差が存在している点に留意する必要がある．なお，条件不利性の差が生じる原因は，農業地域類型区分に複数の指標が用いられ，加えて地域類型により用いられる指標が異なること，さらに中間農業地域は他の地域類型の残余として設定されていることによる．

以上述べてきた中山間地域の生産条件の不利性を補う政策として，2000年度よりわが国初の直接支払型政策である中山間地域等直接支払制度が導入された．同制度は集落協定参加者が共同で取り組む活動に交付金の一定割合を充当することを想定しており，各地で創意工夫をこらした活動が行われてきた．「人・土地・ムラの空洞化」が進む中で，担い手枯渇地域である島根県，広島県等の中山間地域で行われてきた「集落ぐるみ型」「地域を守るための危機対応」「できるだけ手間ひま金をかけずに農地を守る」といった特徴をもつ集落営農等の取組みが，同制度を契機として他県の中山間地域でも広がっている（安藤，2008）．

［松村一善］

12-12

経済地帯別にみた農業④　島嶼部

日本は地理的には国土全体が多くの島からなる列島である．国土交通省の資料によれば，北海道・本州・四国・九州および沖縄本島の5つの島は本土，これら以外の島々は離島に区分されている．離島の総数は6847島にのぼり，有人島は418島である．そのうち311島（日本離島センター『2016 離島統計年報』CD-ROM版では303島）は，**離島振興法**および**地域別の特別措置法**（小笠原諸島振興開発特別措置法・奄美群島振興開発特別措置法・沖縄振興特別措置法）による振興対策等実施対象の島（指定離島）となっている．

島々は，その面積・人口規模において大きく異なり，地域社会の成り立ちは多様である．また産業展開の条件に乏しく，高度経済成長期に人口が大幅に流出した．前出「2016 離島統計年報」によれば，1960年から75年までの人口減少率は25.6%にのぼる．農業の分野では，基本法農政が推進された時期である．

●島嶼部における農業の地位　島嶼部における就業者の産業別構成は，前出「2016 離島統計年報」（「平成27年国勢調査」により照合）によると，第1次産業18.4%，第2次産業15.4%，第3次産業64.7%，「分類不能の産業」1.5%で，そのうち第1次産業の産業大分類では農業12.0%，林業0.3%，漁業6.2%である．これは全国の第1次産業3.8%，うち農業3.4%を大きく上回っており，島嶼部において農業は重要な産業分野をなしている．地域的には特に瀬戸内海西部，九州西北部および南西諸島において農業就業者の割合が高い島が多く分布している．

●島嶼部農業を取り巻く条件　**島嶼部の農業**は歴史的に多くの不利な条件によって制約されてきた．浮田典良は島嶼部における農業の特性として，①平野部に乏しく傾斜耕地が多いことにより生産性が低い，②水利条件が悪いため畑作の比率が高い，③農産物出荷の際に輸送費と輸送頻度の両面に問題がある，④通勤兼業が困難なため若年層の流出が著しい，といった点を挙げている（浮田，1975）．

浮田の指摘以降，生産基盤の整備は一定進んだが，耕地面積当たり農業生産額および農業就業者1人当たり農業生産額は全国に比べてなお低く，**生産条件の不利性**は今日も同じである．基盤整備における近年の特徴として，沖縄県の宮古島・伊江島・伊是名島・久米島および鹿児島県奄美群島の喜界島・沖永良部島において地域特有の地質を利用した「地下ダム」による水源整備が行われている．

●島嶼部の農業構造　島嶼部農業の現段階の特徴を，島嶼部の耕地面積が1000ha以上の都道県について示したのが表1である．表中の8都道県の島嶼は，

表1　島嶼部における農業の構造

都道県	耕地の状況（2014年）			農業就業者割合（%）	主な作目（農業生産額・2014年）			上位3作目が農業生産額計に占める割合（%）
	耕地面積（ha）	耕地率（%）	畑地率（%）		1位	2位	3位	
北海道	1,133	2.7	92.1	0.5	牛肉	米	畜産その他	85.9
東京都	1,110	3.3	100.0	6.5	牛乳	鶏卵	牛肉	100.0
新潟県	11,077	12.8	20.3	18.0	米	果実	牛乳	94.6
香川県	1,033	4.8	71.1	3.5	野菜	牛肉	花き	80.3
愛媛県	2,160	23.5	99.6	28.1	果実	豚肉	野菜	95.8
長崎県	14,105	9.1	63.7	7.9	牛肉	豚肉	野菜	80.9
鹿児島県	28,633	11.6	93.6	15.9	牛肉	工芸作物	いも	67.5
沖縄県	27,053	26.7	97.4	14.2	工芸作物	牛肉	野菜	83.9

（注1：「2016 離島統計年報」の「耕地化率」は「耕地率」とした．畑地率の畑地には樹園地，牧草地を含む．注2：農業就業者割合は「分類不能」を含む就業者総数を分母とし，「平成27年国勢調査」を照合して算出した．注3：「農業生産額」および作目名は「2016 離島統計年報」の表記による．）［出典：日本離島センター『2016 離島統計年報』CD-ROM版（原資料：「作物統計調査」，「平成27年国勢調査」，「農業所得統計」）より作成．原資料名は「2016 離島統計年報」の表記による．］

指定離島の62.2%，耕地面積の96.4%，農業生産額では97.6%をカバーしている．

耕地率は，沖縄県・愛媛県では全国平均（12.1%）より高いが，新潟県・鹿児島県はほぼ全国平均と同じ，北海道・東京都・香川県・長崎県ではかなり低い．耕地の地目は，新潟県を除けば畑地（樹園地・牧草地を含む）が圧倒的に多く，水田を主とする本土農業とは生産の基盤が異なっている．農業就業者の割合では，北海道を除けば全国平均より高く，農業への依存度が高い．

作目の構成は少数の作目に集中していることが大きな特徴であり，牛肉と野菜が上位を占めている地域が多い．牛肉は主に肉用牛繁殖経営であり，これは肥育経営に比べて少頭数での経営が可能であること，牧草地があること，取引が産地で行われることが背景にある．野菜は地域によって立地の要因は多様だが，沖縄県では亜熱帯の気候を活かし冬春期の端境期出荷を狙った生産が行われている．

また，それぞれの島の風土に根差した作物の生産も盛んである．トキとの共生を目指した「生きものを育む農法」等が世界農業遺産に認定された新潟県佐渡島の米作り，香川県小豆島のオリーブ，愛媛県の離島におけるみかん，南西諸島におけるさとうきびは，島々の農業の個性を形作っている．

島嶼部の農業は，構造的に不利な生産条件のもとで**島の立地特性**と資源を有効に活用することによって地域を維持するための重要な役割を担っている．

［仲地宗俊］

12-13

主要作目の立地構造①　稲作

稲作は日本農業の大宗を占め，水田は1904年1795千haから，**米過剰**が顕在化する1969年3441千haまで北限・山沿いへと拡張してきたが，これ以降，**生産調整**に伴う作付縮小・かい廃が進み，2016年には水田2432千ha，水稲作付1478千haまで減少した．1970年以降の生産調整下の作付け・産地変動に関して，水田かい廃・作付変動，主産地化の動向，および家庭用と業務用主産地への産地分化を中心に概観する．

●水田作付変動の推移　図1は水田のかい廃面積と転作を含む水田作付変動をみたものである．まず，水田の減少を確認すると，工業の地方分散や住宅地への転用を中心に水田かい廃（減少の38%）が進むとともに，近年は生産調整の拡大に伴い中山間地を中心に植林や荒廃農地化（40%）が広がってきている．北限地帯を中心とする畑への地目転換は22%に留まった．次に，転作を含む水田の作付変動をみると，初期の減反期を除いて麦・大豆等への他作物転作が進んだが，**食糧法**（1995年）移行後は，転作未達成地域の広がりとともに不作付地が増大し，生産調整の空洞化が進展した．生産調整の限界感が強まる中で，**米政策改革**（2006年）以降は飼料米を中心とする新規需要米による「米による転作」が進展している．2018年より生産者主体の生産調整に移行したが，2017年潜在生産量は1220万t，需要量は753万tであり，生産調整が再度空洞化した場合，米価下落を伴いつつ生産不安定化するおそれがある．

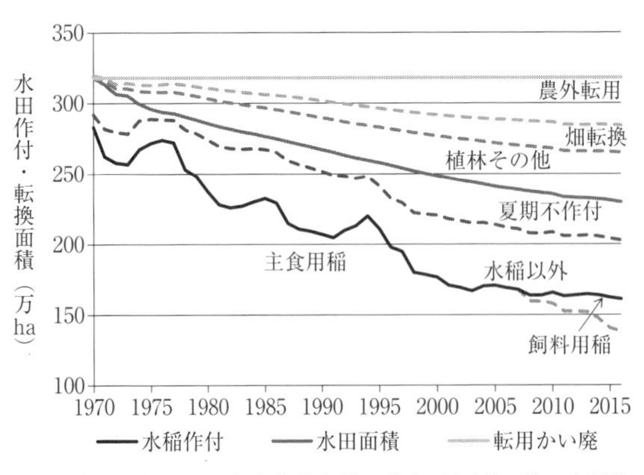

図1　水田の転用かい廃と作付変動の動向（全国）（注：水稲作付面積に各転作面積を加えて表示．転用かい廃は，各年の転用かい廃面積を累積して水田面積に加えて表示．）［出典：「耕地及び作付面積統計」，農林水産省「飼料用米の推進について」］

●稲作主産地の動向　表1は農業地域別の稲作特化度と米生産額シェアの変化をみたものである．生産調整の拡大と米価下落により，稲作依存度は全国で1970年37%から2017年17%にまで低下した．稲作依存度の高い地域は北陸，東北，近畿，中国地方であり，全国シェアの高い主産地は東北，北陸，北関東，北九州である．北陸は，稲作特化度を高めつつ全国シェアを上昇させている米単作型主産地の代表であり，近畿・南関東・山陽の大都市近郊地域がこの第1の型に属する．他方，東北は特化度・シェアとも大きな変化がなく，米単作脱却の困難性を代表する主産地であり，北関東，北九州がこの第2の型に属する．第3の型として，新品種による主産地化をねらう北海道の動向が注目される．

●需要対応による稲作産地の分化　米需要は減少傾向にある高価格帯を中心とする家庭用需要（70%）と，近年増大しつつある低価格帯中心の業務用需要（30%）に分化してきている．こうした需要動向に連動して主産地の生産も地域分化が進行している．第1の型は，家庭用需要主体の主産地で，新潟をはじめとする北陸，秋田，千葉，北海道であり，いわゆる良質米産地と早場米地帯，新人気品種地帯が属する．第2の型は，家庭用準主産地で，三重，愛知，兵庫，広島，福岡等であり，地域需要を中心に展開する都市型稲作地帯が属する．第3の型は，秋田を除く東北，栃木，岡山，佐賀等の地帯であり，業務用需要が6割水準となり，家庭用需要から新規需要へ積極的に転換してきている地域である．第4の型は，京都・大阪や宮崎・高知等，大都市近辺と畑作・畜産等の主産地で，稲作生産が縮小し徐々に消費地化してきている地域である．

以上のように，生産調整拡大による生産縮小と食糧法移行後の米流通自由化のもと，縮小する需要対応として**産地間競争**が激化し，産地分化が進展しつつある．米の主産地は，米単作型産地と複合型産地への分化，家庭用需要主体産地と業務用需要主体産地への分化を伴いつつ，生産構造の再編を進めつつある．［秋山 満］

表1　農業地域別稲作特化度と生産額シェアの動向

	米粗生産額構成比（%）			米特化係数			米粗生産額シェア（%）		
	1970	1995	2017	1970	1995	2017	1970	1995	2017
北海道	35.3	19.6	9.7	0.9	0.7	0.6	7.0	7.0	7.7
東北	57.8	46.6	28.3	1.6	1.6	1.7	25.6	26.0	24.9
北陸	69.1	68.3	55.9	1.9	2.3	3.3	12.4	13.4	14.7
北関東	29.2	28.6	13.8	0.8	1.0	0.8	10.4	9.3	9.0
南関東	21.8	20.5	12.7	0.6	0.7	0.8	3.8	5.6	6.3
東山	26.5	22.3	14.7	0.7	0.8	0.9	3.3	2.9	3.2
東海	24.1	19.7	11.7	0.6	0.7	0.7	6.7	6.1	5.8
近畿	35.5	33.8	24.6	1.0	1.1	1.5	7.3	6.8	7.7
山陰	42.0	36.7	23.1	1.1	1.2	1.4	2.3	2.1	2.0
山陽	39.4	40.2	23.1	1.1	1.4	1.4	5.7	5.3	4.8
四国	22.1	19.6	10.7	0.6	0.7	0.6	3.4	3.5	2.9
北九州	34.6	24.4	13.6	0.9	0.8	0.8	9.2	9.0	8.8
南九州	26.0	12.0	4.4	0.7	0.4	0.3	2.9	3.0	2.3
全国	37.2	29.7	17.0	1.0	1.0	1.0	100.0	100.0	100.0

（注：稲作依存度は農業粗生産額に占める米粗生産額の割合．特化係数は全国米粗生産額構成比で各農業地域の米粗生産額構成比を割った値．1以上が全国に比較して稲作への傾斜が高く，1以下が低いことを示す．米粗生産額シェアは，全国の米粗生産額で各地域の米粗生産額を割った値.）［出典：「生産農業所得統計」］

12-14

主要作目の立地構造②　畑作

畑作物とは，湛水されていない耕地のうち樹園地および牧草地以外の耕地に作付けされる草本性作物を指す．ここでは野菜類，飼料作物等を除く，**普通畑作物**（麦類，豆類，雑穀，いも類）および**工芸作物**（てんさい，なたね等）を対象とする．

●わが国における畑作物の生産動向　戦後，小麦，大豆，澱粉の国内消費仕向量は急増する一方，畑作物生産は縮小してきた．佐藤（1999）にならうと，この動向は，後退期（70年代半ばまで），回復萌芽期（80年代半ばまで），動揺期（80年代半ば以降）の3つの画期に分けられる（図1）．

後退期では大豆，なたね，甘味資源作物等の価格支持制度が整備されたが，基本法農政のもと，自給作物は縮小し，麦類を中心に畑作物の作付けが大幅に縮小した．

回復萌芽期では，世界食糧危機を背景に畑作物の政府買入価格が引き上げられた．また，米生産調整施策として麦・大豆が振興され，作付けが急増した．これを受け，畑作品目を基幹作物とした経営が北海道と九州の一部に確立し，また転作として畑作物を組み込んだ水田作経営が成立した．

動揺期では，円高の進展とGATT交渉のもと農業保護が引き下げられ，畑作物の収益性が下落し，畑作物の作付面積は再度，縮小に転じる．90年代後半から転作強化により，小麦，大豆の作付けは微増しつつも畑作物全体では横ばいとなる．2000年代には転作面積と畑作物の作付面積は近しく，畑作物生産は，水田政策の影響をより強く受けるようになっている．

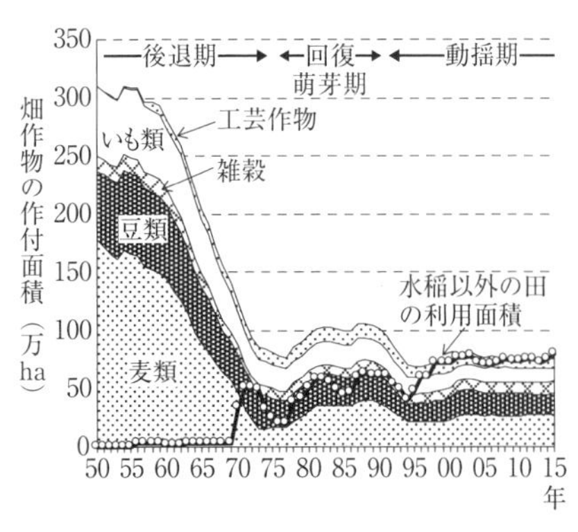

図1　畑作物の作付面積の推移（注：水稲以外の田の利用面積＝田の本地面積―水稲作付面積とした.）［出典：作物統計により佐藤〔1999〕に加筆して作成.］

●畑作物の立地変動　こうした作付け変動は，主要産地の移動を伴っている．ここでは特徴的な動向を示す小麦，大豆，小豆・いんげん豆を例に挙げる（表1）．

小麦はかつては九州，関東を中心に北海道を除く全国で作付けられていたが，60年代の減少局面の後，70年代の転作強化と麦価の引上げ，畑作地帯での収穫乾燥システムの導入等に伴い，北海道の主産地化が進む．90年代以降，北海道のシェアは高まり続け6割程度に至る．

表1　小麦，大豆，小豆・いんげん豆の作付面積の推移(単位：ha)

		1960年	1965年	1975年	1985年	1995年	2005年	2015年
転作率		1%	1%	8%	16%	18%	29%	35%
小麦作付面積		602300	475900	89600	234000	151300	213500	213100
構成比	関東・東山	35%	36%	31%	21%	17%	12%	10%
	九州	27%	30%	35%	25%	16%	17%	16%
	北海道	2%	3%	26%	40%	58%	54%	58%
大豆作付面積		306900	184100	86900	133500	68600	134000	142000
構成比	東北	29%	31%	33%	25%	27%	26%	24%
	北海道	22%	18%	20%	16%	14%	16%	24%
	九州	12%	10%	9%	15%	13%	17%	15%
小豆・いんげん豆作付面積		228000	200600	120400	84800	70800	49500	37500
構成比	北海道	61%	64%	72%	69%	73%	77%	84%
	東北	12%	11%	11%	11%	9%	7%	4%
	関東・東山	10%	8%	6%	7%	7%	5%	4%

(注1：農業地域は，期間中にシェア10%を超える農業地域のみ表示した．注2：転作率＝(田の本地面積－水稲作付面積)/田の本地面積とした．)［出典：「作物統計」より作成．］

大豆も小麦同様に，減少局面の後，政策価格の引上げ等を背景に70年代後半から作付けが拡大に転じる．もともと全国的に作付けがみられ，一部産地への集中度は低いものの，上位3地域以外では米の生産調整に応じた作付けの増減が大きく，本作としての定着に至らない産地も見受けられる．

表2　畑作経営の土地利用　(単位：ha，%)

	北海道畑作経営	九州 畑作経営	九州 うち かんしょ作	九州 うち 茶作	九州 うち さとうきび作
経営耕地面積	33.4	3.0	3.1	3.4	3.3
畑作作付延べ面積	31.7 (100)	2.7 (100)	1.9 (100)	2.6 (100)	2.5 (100)
麦類	8.8 (28)	0.0 (0)	0.0 (0)	—	0.0 (0)
豆類	4.2 (13)	0.0 (0)	0.0 (0)	—	0.0 (0)
かんしょ	—	0.8 (28)	1.6 (89)	0.1 (3)	0.3 (11)
ばれいしょ	5.8 (18)	0.1 (5)	0.0 (2)	0.0 (1)	0.1 (6)
工芸農作物	7.0 (22)	1.2 (43)	0.2 (11)	2.5 (96)	2.0 (82)
うち茶	—	0.5 (18)	0.0 (1)	2.4 (92)	0.0 (0)
うちさとうきび	—	0.6 (21)	0.2 (10)	0.1 (4)	2.0 (82)
うちてんさい	6.9 (22)	—	—	—	—

［出典：「営農類型別統計（個別経営）（平成28年）」より作成．］

小豆・いんげん豆は政策支援対象でない自由作物であり，一貫して作付けが減少している．かつては北海道，東北，関東で作付けられていたが，現在では北海道のシェアが80%を超える．米の生産調整が麦・大豆への誘導を意図したことを受け，水田作経営の土地利用から脱落し，畑作地帯に展開する品目となっている．

●畑作経営の地域性　ここでは畑作品目が販売額の首位を占める経営が多い2つの農業地域（北海道，九州）を例に挙げ，畑作経営の地域性をみる（表2）．

北海道では，十勝・網走地域で，経営耕地面積が大きく，麦類，豆類，ばれいしょ，てんさい等から3〜4品目の畑作品目を作付け，普通畑で**輪作体系**を採用する大規模畑作経営が展開する．一方，九州では，南九州の一部で相対的に規模の零細な畑作経営が営まれる．基幹となる畑作品目は，かんしょ，ばれいしょ，茶，さとうきび等，多様であるが，多品目ではなく少数品目を基幹とした畑作経営が営まれ，若干の田との複合もみられる．

畑作経営は地目，品目，規模に多様な地域性をもつことに留意されたい．

［平石　学］

12-15

主要作目の立地構造③　野菜

野菜生産のあり方は，地域の自然的・社会的な立地条件によって強く規定されている．重量当たり単価が低くしかも腐敗しやすいという野菜の商品的性格のために，かつて野菜生産は消費地である都市の近郊に立地する傾向が強かった．昭和戦前期の例を挙げれば，1937 年に東京市中央卸売市場に入荷した野菜の 67%（金額）は，東京府および隣接 3 県，すなわち南関東産であった．ところが，その後の立地条件の変化に伴ってダイナミックな産地移動がみられたことが，野菜生産の大きな特徴である．

●生産・流通の広域化　1960 年代当初，南関東，東海，近畿など，太平洋ベルト地帯に位置する人口稠密地域で，野菜生産割合は高かった（図 1）．しかし，高度経済成長期以降，これらの地域では減少が続き，代わって他の主要な農業地帯と目される地域での拡大が確認できる．こうした野菜生産・流通の広域化の形態は，2 つに分けることができる．第 1 は，生産の中心が南関東から北関東に移動していくといった，近郊産地が都市化の影響を受け外に向かって押し出され，新たな近郊供給圏を創り出す外延化の動きである．第 2 は，より都市から離れた地域において，地域の社会・自然的条件を活かして，産地形成が誘導される動きである．

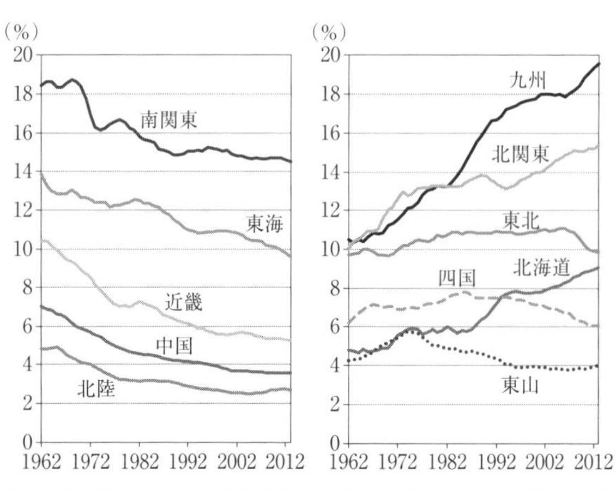

図 1　地域別にみた野菜生産額割合の変化（全国：100%）［出典：農林水産省「生産農業所得統計」から作成（各地域の割合は 5 カ年移動平均値）.］

高度経済成長期の野菜生産の広域化は両者の側面をもっているが，それまでそれぞれの地域内で成立していた分散的な地域需給圏を突き崩し，全国市場形成の動きを促進させたより深い広域化の内容をもつ第 2 の形態が注目される．

●広域化の動因　産地

広域化の動因を考えるにあたって，立地因子の考え方を援用することが有効である．立地因子とは，個々の立地条件ではなく，立地条件の作用を集約し，立地の差を構成する主要な要素にまとめたものである．立地因子は，一般経済レベルと地域・産地レベルの２つの次元に存在する．

一般経済レベルにある因子は，生産物の市場価格と運賃率（単位距離当たり運賃）である．個々の生産者にとって価格は外から与えられた条件であり，運賃率ももっぱら一般輸送技術の発達に負う．野菜は高度経済成長期に大幅な需要の増加がありながら，それまで生産を担っていた都市近郊農村で農地転用が進行し供給が減少するなど，需給の乖離が生じたため，価格が上昇した．

一方で，輸送運賃は名目価格でみて横ばいないし低下傾向にあった．この間に上昇した物価水準からみれば，実質運賃は大幅に低減した．高度経済成長は，物流に関わる社会インフラの充実を実現させた．輸送手段は鉄道からトラックへ移行し，高速道を含む道路網の整備，トラック車輌の大型化，集荷・配送センターの整備，フェリー開通等がなされた．輸送手段が未発達な段階では，市場までの距離が立地に大きな影響を与えることになるが，運賃率の低下が地方価格（市場価格マイナス輸送費）を上昇させ，生産・流通の広域化の基礎的な条件となった．これに価格の上昇が加わることによって，広域化の条件が整ったことになる．

一般経済レベルの立地因子に加えて地域・産地レベルの因子がある．地域に特有な自然的・社会的生産資源の存在状況，それらを活かした産地レベルでの主体的な活動の成果として，他の産地よりも安価な供給が可能となる生産費にかかる因子である．自然条件を活かした産地形成の例を挙げれば以下のようになる．

かつて季節外れの野菜とされた冬季の果菜類や夏季の葉・根菜類は，野菜消費の周年化に伴って需要が拡大したが，その生産を担ったのは，前者が四国，九州等，西南暖地の施設園芸産地であり，後者は，長野県や北海道等の高冷地・冷涼地産地である．冬季に温暖，夏季に冷涼といった他の地域にはない自然条件が活かされ，いずれも京浜や京阪神等の大都市圏への出荷を実現している．

●農協共販型産地　野菜の主産地の多くが，高度経済成長期に形成されている．それらは，同一品目を生産する多数の生産者による産地形成が行われ，産地レベルでの技術開発と普及を基礎に，生産・販売上での組織的活動を実践して，生産・出荷経費を削減するといった集積効果をもたらしている．こうした組織活動の核となっているのが農業協同組合である．わが国の野菜産地は農協共販型産地形成という共通の特徴を色濃くもっているのである．また，このような産地形成を制度面で支えたのが，野菜生産出荷安定法に基づく指定産地への組込みであった．

［香月敏孝］

12-16

主要作目の立地構造④ 果樹

果実の生産は，品目ごとに特定の都道府県に生産が集中する傾向が顕著である．みかんをはじめとする柑橘は，愛媛県，和歌山県などの西日本に生産が特化し，りんごは青森県への集中度が高く，生産量第2位の長野県を除けば，東北地方に特化している．ぶどう，もも，日本なしなどの落葉果樹は，南東北から山梨県，長野県にかけた本州中央部への集中度が高い．さらに同じ県の中でも，和歌山県のみかんは有田地域，青森県のりんごは津軽地域と，特定の地域に生産は集中している．地域ごとにみても，和歌山県の有田地域，愛媛県の西宇和地域，山梨県の甲府盆地など果樹農業が盛んな地域では，農業産出額の大部分が果樹であり，果樹に特化した農業が展開している．

果実生産に集中した地域は**果樹産地**と称され，そこでは果樹生産者の共同により，農協などを中核とした生産と流通を支える体制が構築されている（徳田，1997 : p. 11）．同じ園芸農業でも，野菜については都市近郊産地から遠隔産地への立地移動がみられるが，果樹産地の立地移動は，相対的に小さいことも特徴である．

●産地形成の要因　果実の生産集中の要因として，まず，品目ごとの栽培に適した気象条件の違いが挙げられる．みかんは温暖な気象を好み，りんごは冷涼な気象を好む．しかし，品目ごとに好適な気象条件が異なるのは果樹に限らず，他の多くの農業部門でもいえる．果実の生産集中の要因として次に挙げられるのは，嗜好性食品という果実の商品特性である．水稲のように主食として食べられ，必需品的性格をもつ品目では，当初は自給を主な目的とし，ほとんどの地域で多数の農家が栽培していた．しかし，必需品ではない果実は，無理に栽培する必要はなかった．栽培条件の適した地域の一部の農家が，当初から販売目的で栽培し，広域的に販売していた．江戸時代から知られた紀州みかんが，その典型である．

生産の地域的集中が進むと，生産の集中した地域で，気象などの自然条件の優位性のみでなく，社会経済的条件でも優位性が形成されてくる．当初から販売目的で生産された果実では，早い時期から共同の出荷組織の形成などによって，**市場競争力**を高めている地域が多い．さらに生産の集積によって，資材供給や技術の開発・改良などでも，他の地域を上回る優位な条件を実現している．また，先行して市場に浸透し，消費者の高い認知度を得ることで，市場で優位な地位を確保できるようになる．すなわち，生産の集中により，集積の利益を実現し，自然条件に留まらない優位性を実現しているのである．

●果樹立地の地形的特性　果樹の立地構造でもう1つ注目すべきことは，果樹園は**傾斜地**に立地している比率が高いことである（豊田，1990：p.20）．その要因は，第1に，わが国の農業での基幹作物は水稲であり，水田化が可能な平坦地は水田となり，水田化が容易でない傾斜地において副次的作物である果樹が栽培されてきたという歴史的背景である．第2に，水はけのよい土壌で，豊富な日射量を好む果樹品目が多く，傾斜地の方が高品質な果実の生産に適していることがある．そのため，転作政策で水田での果樹栽培が進められたが，高品質の果実が生産できないため，撤退した事例も少なくない．その一方で，傾斜地は，機械化を進めにくく，作業面では不利な条件となり，果樹農業の省力化を阻む要因になっている．

傾斜地に立地する果樹園の比率が高いため，果樹農業は傾斜地の多い**中山間地域**で営まれる比率が高い．社会経済的に厳しい条件下にある中山間地域では，果樹農業およびその関連産業が，地域の主要産業となっていることが多い．そこでの果樹農業の衰退は，ただでさえ厳しい地域経済にとって，深刻な影響を及ぼすことになる．

●果樹農業の立地移動　永年作物を対象とする果樹農業では，品目転換が容易でないため，立地移動は相対的に小さいが，果樹農業総体の盛衰と連動した立地移動が確認できる．果樹農業は，高度経済成長期にあたる1960年代初頭から70年代前半にかけて，栽培面積でみて7割を超える大幅な拡大を遂げた．既存産地では農業経営で副次部門であった果樹農業が経営の中核部門として拡大・専作化していった．それとともに，既存産地の周辺部を中心として新たな果樹園開発が進み，果樹産地が形成され，果実生産の分散化が進んだ．特にこの時期の生産拡大が顕著であった柑橘地帯では，九州地方で新たな産地形成が進んだ．

高度経済成長が終焉する1970年代初期になると，過剰な生産拡大，輸入の増加などのために，供給過剰に陥り，価格が低迷し，果実生産は縮小に転じた．その後，現在まで縮小の一途をたどっている．栽培面積は，2010年代には果樹農業が急成長する前の1960年を下回る水準となった．この生産縮小の動きは，高度経済成長期に発展した新興果樹産地で激しく，それ以前からの既存産地では相対的に小さかった（川久保，2007：p.235）．九州地方で高度経済成長期に出現した柑橘産地の中には，その後の縮小段階でほぼ壊滅したものもある．そのため，果実生産は分散化から集中化に転じ，旧来からの産地の比重が高まり，高度経済成長以前の立地配置に逆戻りしたような感がある．　［徳田博美］

12-17

主要作目の立地構造⑤　酪農

わが国の酪農経営では乳牛飼養と飼料生産の両方を行う方式が一般的である（☞4-6）．そのため，酪農経営の立地特性は飼料生産（調達）に関わる要因によって規定され，それは酪農経営の発展段階に応じて変化してきた．

●酪農展開と経営立地　わが国の酪農は戦後の有畜農家の創設として全国的に普及したが，稲わらなどの副産物や畦畔草，水田裏作物などの有効利用を目的とするもので，飼料基盤の制約から1戸当たり乳牛頭数は1～3頭程度であった．1960年代後半になると経営内耕地での飼料生産が本格化し，飼養頭数の増加を伴いながら経営の基幹部門となってきた．なお，ここでの飼料生産は粗飼料を指す．輸入飼料穀物の競争力が高く，濃厚飼料は国内でほとんど生産されていない．戦後の酪農展開は副次酪農期（1940年代後半から1960年代前半），複合酪農期（1960年代後半），主業酪農期（～1970年代前半），専業酪農期（1970年代後半以降）と規定されている（堀尾，1984 : p. 153）．

副次酪農期は副産物や畦畔草を飼料基盤とし，酪農経営は水田地帯や畑作地帯に広範に立地していた．複合酪農期以降，飼料生産が本格化したが，経営内耕地での飼料作の地代負担力（面積当たり収益性）の低さが酪農経営の立地の制限要因となった．飼料作と競合作物の地代負担力の差の問題は立地条件によって様相が異なる．都市近郊など土地が狭く，土地収益性の高い野菜が栽培されている耕地では飼料作の栽培は経済的に難しい．一方，遠隔地では土地が広く，地代（借地料）水準が低いため耕地への飼料作の導入が可能で酪農経営が立地している．

●酪農の経営類型と立地特性　飼料生産基盤の違いによって酪農経営は，**草地酪農**，**畑地酪農**，**水田酪農**に類型化できる．なお，都市近郊で食品粕などを飼料基盤とする**粕酪農**（エコフィード酪農）もある．草地酪農は，気象条件が厳しく牧草以外の作物栽培が難しい北海道の根釧地域や天北地域，都府県の山間地域に立地し，草地酪農の専業地帯を形成している．その生産基盤となったのが，「根釧パイロットファーム事業」や「新酪農村建設事業」に代表される草地開発と牛舎施設整備を行う国営事業である．戦後，草地酪農地帯ではこうした事業が多数実施され，その後の経営展開の礎となった．畑地酪農は複合から専業酪農期にかけて酪農家数が大きく減少し，現在では北海道の十勝・網走地域や都府県の戦後開拓地などに集団的に立地している．ここでは経営内耕地での畑作物間の地代負担力競争の結果，飼料用とうもろこし（サイレージ）や牧草が選択されている．飼料用とうもろこしは粗飼料の中では栄養価が高く，個体乳量の高い乳牛飼養を可能とするため，飼料作であっても高い地代負担力をもち得ている．また，草地酪農や畑地酪農では酪農経営が集団的に立地していることから，飼料生産作業を請け負うコントラクターや混合飼料を製造するTMRセンターが地域内に設立される事例が多く，こうした支援組織の存在が酪農経営の新たな立地条件となっている．

草地酪農と畑地酪農を基盤とする北海道酪農の1960年以降の動向をみると（農林水産省「畜産統計」），酪農家数は一貫して緩やかに減少している．1960年の6万3690戸から2018年の6140戸へ，年率換算では1.9%の減少率である．一方，乳牛（経産牛）頭数は1990年代前半までは大きく増加し，その後はほぼ頭数維持で推移している．1960年の10万5880頭から1993年の49万8100頭へ増加し（年率換算11.2%），2018年には46万1500頭となっている．

水田酪農は経営内耕地での飼料作ができず，副次酪農期から複合酪農期にかけて経営数が大幅に減少した．現在では全国の水田地帯にまばらに点在し，稲作経営との耕畜連携により転作田の牧草や飼料稲などを飼料基盤としている．しかし，転作田での飼料作は転作奨励金による地代負担力の上乗せが前提条件であり，米生産調整政策に依存した不安定性の克服が課題となっている．食品粕を生利用する，「粕酪」と呼ばれた都市近郊のエコフィード酪農は縮小傾向にあるが，大量取引を前提とする大規模なエコフィード工場の設立が酪農メガファームの飼料基盤となる事例も生まれている．その場合，遠距離輸送で複数の食品粕を発酵利用することから，その立地の自由度は比較的高い．ただし，エコフィードとともに輸入濃厚飼料を大量に使用することから，輸入港にある飼料工場からの距離によって酪農メガファームの立地は制約される面がある．

水田酪農主体の都府県酪農の動向をみると，1960年代の副次酪農期から1980年代の専業酪農期にかけて酪農家数が大幅に減少したが，一方で乳牛頭数は大きく増加しており，一定の専業酪農経営が水田酪農や畑地酪農として展開していたことが推察される．具体的な数字を示せば，酪農家数は1960年の34万6710戸から1983年の7万4100戸へ減少（年率換算3.4%），同じく乳牛（経産牛）頭数は34万9220頭から89万3000頭へ増加した（同6.8%）．それが1980年代以降になると，酪農家数と乳牛頭数ともに減少に転じ，2018年には酪農家数9540戸（同2.5%），乳牛（経産牛）頭数38万5700頭（同1.6%）になった．このように北海道酪農と比較して都府県酪農の衰退傾向があらわになり，2010年には北海道の生乳生産量が都府県を上回るようになったのである．　［鵜川洋樹］

12-18

主要作目の立地構造⑥　肉用牛

わが国の肉用牛飼養頭数は，牛肉の需要増加に伴い増加し，1970 年の約 179 万頭から，1990 年に約 276 万頭となった（表 1）．1990 年以降，国内の BSE 問題や口蹄疫等の発生を経て，270 万頭～290 万頭程度と横ばいで推移していたが，近年は減少傾向が続き，2017 年には 250 万頭程度となっている．飼養戸数に関しては，1990 年の約 22 万戸から 2017 年の約 5 万戸へと大幅に減少した．

飼養頭数規模に関しては，小規模階層の割合が低下する中で，多頭規模階層の割合が，徐々に高まってきている．1990 年に 10 頭未満階層の生産者は，全体の 80% を占め，200 頭以上階層はわずか 0.8% ほどでしかない．これに対し，2017 年においては，10 頭未満の小規模階層は 20% と大幅に減少し，200 頭以上の大規模階層は 4.5% と増加基調にある．さらに注目すべきは 2010 年以降調査が開始された 500 頭以上層である．2017 年の飼養戸数割合は 1.5% にすぎないが，飼養頭数の割合は 38.3% を占める．

●全国農業地域別飼養戸数・飼養頭数の推移　肉用牛飼養戸数・飼養頭数を全国農業地域別にみると，1990 年から 2017 年において，飼養戸数はすべての農業地域において大幅に減少しているが，減少率が全国よりも小さい地域は北海道，東海および九州沖縄である（表 2）．このうち東海を除く 2 地域では飼養頭数が増加しており，他のすべての地域が大幅に減少しているのと対照的である．2017 年における 1 戸当たりの飼養頭数規模をみると，すべての農業地域において 1990 年よりも大幅に増加している．なかでも中四国地方は，1 戸当たりの飼養頭

表 1　わが国肉用牛の飼養戸数・飼養頭数の推移

		単位	1990			2017			
			総数	10 頭未満	200 頭以上	総数	10 頭未満	200 頭以上	500 頭以上
飼養戸数	実数	戸	220600	178400	1780	49800	10300	2220	741
	割合	%	100.0	80.9	0.8	100.0	20.7	4.5	1.5
飼養頭数	実数	千頭	2765	622.7	767.2	2475	106.8	1386	948.6
	割合	%	100.0	22.5	27.7	100.0	4.3	56.0	38.3

［出典：農林水産省『畜産統計』各年版より筆者作成.］

表2　全国農業地域別飼養戸数・飼養頭数の推移

	飼養戸数（戸，%）			飼養頭数（千頭，%）			1戸当たりの飼養頭数(頭,%)		
	1990年	2017年	増減率	1990年	2017年	増減率	1990年	2017年	増減率
北海道	4600	2610	−43.3	330.0	516.5	56.5	71.7	197.9	175.9
東北	68100	13100	−80.8	537.7	336.7	−37.4	7.9	25.7	225.5
北陸	2010	411	−79.6	44.0	21.3	−51.6	21.9	51.8	136.7
関東・東山	14300	3200	−77.6	372.4	279.6	−24.9	26.0	87.4	235.5
東海	4020	1170	−70.9	162.9	122.9	−24.6	40.5	105.0	159.2
近畿	7110	1610	−77.4	110.0	83.1	−24.5	15.5	51.6	233.6
中四国	27200	3561	−86.9	273.4	176.9	−35.3	10.1	49.7	394.2
九州沖縄	93280	24530	−73.7	935.2	961.7	2.8	10.0	39.2	291.0
全国	220620	50192	−77.2	2765.6	2498.7	−9.7	12.5	49.8	297.1

［出典：農林水産省『畜産統計』各年版より筆者作成.］

数の伸びが他の地域よりも著しく大きい.

北海道では，総飼養戸数の5%にすぎない生産者が，総飼養頭数の20%もの肉用牛を飼養している．1990年には東北と九州沖縄の2つの地域に，肉用牛飼養者の73%が存在し，飼養頭数の53%を飼養していたが，2017年には，北海道と九州沖縄に，肉用牛飼養者の54%が存在し，飼養頭数の59%が飼養されている．また，2017年における総飼養頭数のうち肥育牛の比率は北海道が29%，九州沖縄が36%であり，農業地域によって違いがみられる．以上のように，肉用牛飼養戸数・頭数の主要な立地は，この30年間で大きく変化してきていることがわかる．現在，北海道は九州沖縄に次ぐ主要な産地と位置づけることができる.

●今後の方向性　わが国の肉用牛経営の飼養戸数をみると，近年，多頭規模飼養層の割合が高まってきている中で，繁殖経営は零細化と高齢化が着実に進行しつつある部門である．この状況が一層進めば，肉用牛肥育経営にも大きな影響を与え，将来，わが国の牛肉生産が産業として存続することも困難となりかねない．地方では，メガファームと呼ばれる，一経営で数千頭飼養する，**繁殖肥育一貫経営**や**乳肉複合経営**が台頭してきている．これらは特定の農業地域に集中して存在するのではなく，全国各地に点在している．今後，肉用牛経営はこういった**メガファーム**と，一部の銘柄牛を生産する農業地域の経営に集約されていく可能性がある.

［森　佳子］

12-19

主要作目の立地構造⑦　養鶏・養豚

わが国の畜産は役畜飼養が中心であったが，養鶏のみが明治期以前より用畜的に鶏を飼養してきた記録が残されている．明治期以降，採卵生産と鶏肉生産とが結合した卵用鶏中心の養鶏経営が展開していたが，**農業基本法**（1961年）の制定前後からそれぞれに経営が分化し，立地変動を伴いながら飼養羽数を急速に増加させていった．養豚に関しても大正期に飼養頭数が増加したが，農業基本法の制定前後から養鶏と同様の動態が確認される．農業基本法は，畜産を**選択的拡大部門**と位置づけ，主産地形成事業，近代化資金制度，農業構造改善事業や畜産物価格安定法の制定等の政策・制度を整備し，このような動態を可能とした．加えて，**MSA小麦協定の締結**，保税工場制度の復活により輸入飼料原料が安定的に確保されたことも大きい（中央畜産会編，1999）．この結果，養鶏・養豚では，わが国農業構造の再編過程で最も企業的展開が進展している部門と位置づけられる．

●明治期から農業基本法までの養鶏の立地構造　明治期には鶏卵消費の増加により中国から非常に安価な「上海卵」が輸入されていた．1927年に鶏卵増産10カ年計画が実施され，さらに**保税工場法**の公布により輸入飼料原料が無税となり，満州からの輸入が急増し，関東，東海など都市近郊に購入飼料依存型の養鶏が成立した．一方，耕種農家や一般家庭の残渣中心の放飼や軒先養鶏も広く展開した．1933年，農山漁村経済更正運動における経済更正計画実施村の約80%が養鶏を導入し，その結果，鶏卵輸入が全供給量の0.1%にまで減少し，0.3%程度の輸出も可能となっていた（農山漁村文化協会，1978b）．

●農業基本法以降の採卵鶏の立地構造　採卵鶏における**飼養管理の改善や技術革新**のポイントは，種鶏，鶏舎構造，鶏病対策，予防衛生の徹底，育雛・育成と成鶏の分離飼育，「オールイン・オールアウト」方式の普及・徹底，異齢群の混飼の回避，強制換羽，光線管理，鶏ふん対策，集卵・包装装置等である（農林水産省，1995）．海外から卵重，強健性，育成率，生存率，群全体の能力などの点で優れた鶏種が輸入されるとともに，飼養管理のマニュアルも含む技術的・経営的にさまざまな情報がもたらされ，急速な飼養羽数の増加に大きく寄与した．この結果，数百羽という飼養規模から数千～数万羽という飼養規模の企業養鶏の成立が可能となり，水産資本，総合商社等による直営生産も開始された．農協の畜産団地も各地に造成されたが，都市化の中で飼養羽数の増加は「畜産公害」や「規模拡大の限界」などの問題を引き起こし，それに対応すべく立地は遠隔地に移動していった．その結果，戦前からの産地である関東，東海の飼養羽数シェアが低下する一方，東北，九州のそれが上昇していった（農山漁村文化協会，1978b）．

●農業基本法以降のブロイラーの立地構造　1961年に鶏輸入が自由化され，急速にブロイラー専用種が導入されていく．ブロイラーとは，白色プリマスロックに白色コーニッシュを交雑させた一代雑種で，アメリカから輸入されたものである．発育や産肉能力に優れ，わずか数年で国産の準専用種の飼養羽数を超えた．1965年を前後して，産地にブロイラーの処理場が建設され，生鳥をと殺，脱毛，中抜き，屠体として貯蔵，冷蔵・保冷輸送することが可能となった．そのため地価・労賃の低い南九州への立地変動が生じた．そこでは総合商社，食肉加工資本，飼料商等による直営生産も開始され，一定の範囲内に飼料工場，処理場，育成場を立地させた集中型の生産が可能となり，インテグレーションが形成されていった．1974年の畜産危機を契機に，飼料・雛・燃料等の投入資材価格が安価な北東北にもブロイラー生産が立地した．この結果，南九州の志布志，谷山，北東北の八戸の飼料コンビナート周辺数十km圏にブロイラー生産が集中することになる．採卵鶏と同様に関東，東海，近畿での飼養羽数シェアの減少と東北，九州での増加という傾向にあるが，ブロイラーでそれが顕著となるのは，これらの点が大きく寄与しているためである（農山漁村文化協会，1978b）．

●戦前・終戦後（農業基本法まで）の養豚の立地構造　第一次世界大戦，関東大震災を契機に豚肉消費量が急速に増大し，養豚飼養は増加していった．1926年の有畜農業奨励政策により堆肥と追加所得の確保を目的とした1～2頭飼養の副業的養豚が広がる．一方，都市近郊や軍隊，工場，酒造会社の近隣では，そこから供給される厨芥，工場残渣等を活用した養豚専業農家も展開していった．かんしょ，厨芥，工場残渣等を利用できる鹿児島県，茨城県，千葉県，静岡県，神奈川県，東京府では飼養頭数が3万頭を超えていた．こうした養豚の発展には「豚小作」に負うところが少なくなかった（農山漁村文化協会，1978a）．

●戦後（農業基本法以降）の養豚の立地構造　養豚の飼養管理の改善や技術革新のポイントは，純粋種の輸入，系統造成，三元交雑種の普及，人口受精技術開発，群飼，週毎の作業の標準化，「オールイン・オールアウト」などの飼養の合理化，記帳管理や集計の活用，また，飼養管理の合理化に合わせた農場・施設の改善・大規模化，糞尿処理の適正化等である．この結果，南九州，北関東，北東北の飼料を供給する飼料コンビナートを中心に，その周辺地域での大規模農場の新設とその集中が進展していくこととなった（農山漁村文化協会，1978a）．

［宮田剛志］

第 13 章

地域資源と農村

13-1

地域資源

地域資源の活用が，地域振興方策や地域経済活性化のツールとして使われている．例えば「中小企業による地域産業資源を活用した事業活動の促進に関する法律」(2007年6月施行）では，地域資源を「農林水産物や鉱工業品」「生産技術」「観光資源」などに限定していることから，地域振興の実践に際しての地域資源の定義は，その必要性から定義づけられているといえる．

●資源と地域資源の定義　資源については，広義・狭義さまざまな定義がある．例えば科学技術庁資源調査会は「人間が社会生活を維持向上させる源泉として，働きかける対象となりうる事物である」と定義した．今日多くの場合，資源といえば「天然資源」というように最も狭義な定義を用いることが多い．経済活動の維持・向上に向けて必要とされる資源を，いかに効率的に開発・確保・利用するのかが資源問題とされているが，人間と自然の調和を軽視したこと等から，環境問題や資源枯渇問題を生み出してきている．

資源は自然物であるが，自然にあるものすべてが資源ではない．酒井（1995）は，資源は絶対的・固定的なものではなく，動態的，相対的性格をもち，「歴史の発展段階に応じて変わる社会的に意味づけられた自然の一部」と捉えている．では地域資源はどのように定義されてきたのだろうか．酒井は，地域資源とは経済学的には「地域に賦存し，地域活性化のために利用し得るもとになる有用な自然物ならびに未利用・低利用のために自然物化してしまう可能性のある地域生産物」としている．この地域資源について永田（1988）は，①非移転性（地域性），②有機的連鎖性，③非市場性の3つの性格があると指摘しており，一般的な資源と明確に異なるものと位置づけている．さらに今日では地域振興の実践という観点から，自然資源に加え，特定の地域に存在する特徴的なものを地域資源と捉え，労働技術など人的なものと，祭りなど人文的なものなどを含む広義の定義が一般的である．

●再生可能資源としての地域資源　日本はエネルギー・工業用原材料の9割，食料の6割を海外に依存している．現在の利用状況が続けば，金属資源や石油資源などの枯渇は避けられず，国民生活に多大な影響を与えることは予想するにやすい．これらの資源は他の資源に代替不可能な場合にのみの利用に限定しなければならず，金属資源などは3R（リデュース：発生抑制，リユース：再使用，リサイクル：再生利用）による資源循環を図るための技術開発が求められている．また石油資源などは再生可能な自然エネルギーへの転換が喫緊の課題となっている．そのような状況のもと地域資源の中には，この再生可能な資源が多く存在している．例えば里山は古くから薪や炭の原料を供給してきたが，エネルギー革命によってその利用は放棄されてきた．山林においても木材生産過程で発生する間伐材は電柱・枕木・建築足場材として利用してきたが，コンクリートや鉄パイプといった再生困難な資源を利用したものに取って替わられ放棄されている．これらのバイオマス資源は再生可能資源であり，石油資源を代替する可能性を秘めている．しかし，この再生可能な地域資源を持続的に利用していくには，人間による資源管理が不可欠なのである．わが国の歴史を振り返ると，例えば農山村内部においては，水田という地域資源は里山から落ち葉等の堆肥供給がなされ，また山林の健全な管理により豊かな水を確保できて存在できるという，有機的に結合した形がみられたのである．そのため，そのいずれかの地域資源を喪失した場合は，水田そのものの存立が困難であるという状況が生まれるのである．そのため永田の指摘した地域資源の3つの性格に適合した，資源循環を踏まえた管理が構築されていたのである．

●地域資源管理と地域　日本は水資源の豊かな国であると考えられているが，FAOによると年間降水量は世界平均を上回るが，1人当たりの年間降水量と水資源量は世界平均を下回っている．急峻な地形のわが国において290ℓ/1人・1日の水資源を利用できるのは地球10周分にあたる総延長40万kmの農業用水路・排水路が地表を毛細血管のように張り巡らされているからである．この農業水利施設は，地域の気候・風土に即して農村を単位としたルールと農民の労働によって管理されている．さらには安定的に水を利用するため，水源林としての山林の管理までも行っている地域もある．この水資源における資源管理は，日本の場合，農民自らの利用のためのルールと管理技術が採用されているところに特徴がある．

●持続可能な社会構築と地域資源　次世代のニーズを満足させつつ，現世代のニーズを満たしていく持続可能な社会構築が求められている中で，再生可能な地域資源をどのように利用していくのかという方向を明確にする必要がある．そこではわが国の伝統的な地域住民自らによる地域資源の利用方法と，再生のための管理方法を，今日の技術を駆使することを含めて検討していく必要がある．地域資源を再評価し，その利用と管理のあり方を地域住民自らが模索し，新しい地域経済循環システムを作り上げていく必要がある．大量生産大量消費型社会から持続可能な社会への転換が起こりつつある日本において，「自然の恵みの享受と継承」を実現することが，新たな社会構築のための重要な課題であるといえる．

［長濱健一郎］

13-2

水　利

夏禹の昔から治水勧農は日本に限らず東アジア諸国の課題であった．水利用の事象一般を指す水利について，権利の設定・活用と施設整備の観点から整理する．

●日本における水利権　水を利用する権利が定まったのは1896年の河川法である．流水は公水と位置づけられ，私有するもののない，慣行に従って利用される存在となった．慣行水利権は前近代からの水利秩序をそのまま反映した強力な権利であった．一方，1964年の新河川法によって，河川水の占用許可を国が許可水利権として付与する制度ができた．これは経済発展に伴い，発電用水，都市用水が急増する中，ダム等の大規模近代水利施設が登場することに合わせた水系一貫行政を実現するために新しく作られた権利である．

●近代的土地改良事業の進展と水管理主体の変化　水利関連の土木工事を総称して土地改良事業という．終戦直後，食糧増産対策費と呼ばれ新規圃場造成を中心としてきたが，農村の過剰労働力が払底する1960年代後半以降，生産性向上を目的とする農業基盤整備費に転じた．事業内容も耕地開拓から圃場区画の整備や許可水利権をもつ大規模水源の開発へと移行する．減反政策やインフレ収束による債務者利得消失にもかかわらず，昭和時代を通じて農家負担を伴う土地改良事業は比較的順調に展開した．この合意形成を支えたのが，均質な構成員による日本型水社会であった．希少な水資源を維持・配分するという前近代以来の「強迫観念」（玉城，1983）が近代土地改良事業の推進器だったのである．

水利施設の管理や配水オペレーション，事業費の償還金徴収を請け負うのが土地改良区である．配水や維持管理活動の計画と実行は，地域ごとに選出された利益代表者である理事会・総代会を頂点とする階層的な組織が行っている．各段階の組織は幹線水路・支線水路・末端水路という水路に対応しており，末端水路の管理では集落の協働を取り込む．農村住民は子ども会や祭りと同様に，地域の年間行事として末端水路掃除に参加する．渇水時の配水制限情報も集落を通じて通達され，集落の当番による水路見回りが行われる．水利の配水オペレーションやメンテナンスにおいても，近代的土地改良事業の実施を支えたのと同じ日本型水社会の均質性や強制力が威力を発揮してきた．

しかし，近代的土地改良事業の恩恵である近代設備，土砂流入を減らすパイプラインかんがいや電力によるポンプアップ給水は慢性的水不足や労働賦役から農村を解放した一方，必要性に裏づけられた日本型水社会の解体を促すことになった．平成時代に農業農村整備事業と名前を変えた土地改良事業は，水利施設の維持・更新，さらに景観や生態系への配慮，農村生活や防災へと公共事業の根拠を拡大したが，それは低米価と高齢化，そして永田恵十郎が「蛇口の論理」と表現した，農村住民の水利への関心低下に対する苦肉の策とも解される．農作物から利益を得る耕作者，農地所有者，あるいは景観等の外部経済を享受できる非農家，現代的な水管理主体を考える議論が必要である．

●更新投資と農業構造変動により迫られる新しい水管理システムの模索　水利施設の大半は耐用年数40年を超え，改修が急務となった．国家財政の状況と米価低落状態での農家負担の重みを考える場合，科学的検査に基づく緊急性に応じた補修の優先度を定めるストックマネジメントが不可欠である．

また，大規模農家の登場により，水利の季節的周期にも変化が起きている．兼業農家主体の土地改良区でみられた，連休や休日に水需要が過度に集中するといった供給不足が，大規模農家の計画的な田植えによって緩和される一方，田植え時期や作付け品種の多様化により代掻きや稲刈り期間が延び，許可水利期間を超過した水需要が生じるようになった．

現在の対処策は，遠隔操作型圃場導水設備などの技術的な省力化策と管理制度崩壊と水利用の実態に対応する制度改革である．2018年改正土地改良法では選挙制度の放棄や准組合員制度の導入，複式簿記への移行が示された．小水力発電等の独自財源開発に着手する土地改良区もある．しかし，農業用水の冬期許可水利権が十分な水量を確保できていないなど，制度や運用の課題はなお残されている．

●土地改良事業の経験を活かした資源管理　2007年「農地・水・環境保全向上対策事業（現多面的機能支払制度）」が成立した．地域保全活動に対する補助金の受け皿として地域ごとに保全会が作られたが，これらの多くは集落の老人会，自治会等を包摂している．集落の自治機能を再活性化する試みは，技術革新による効率性を追求する管理制度改革とは異なる道を示している．その反面，保全会活動の事務作業や内容の住民への負担も無視できず，現在も見直しが続いている．

現代の農村には，日本型水社会が保持した合意を促す力が失われたが，農業の担い手，地域の景観，水の効率的な利用を総合的に話し合うための場を作る活動が増えている．山形県椹平地区では，棚田周辺の水路や農道整備のために農地所有者が話し合い，一律の農地を提供する共同減歩を行った．そうして維持した扇状の棚田や曲線的農道を発信し，棚田米ブランドを確立した．将来の「自分たちの水利」像を描くことは，自分たちの地域づくりを話し合う第一歩ともなっている．

［西原是良］

13-3

牧　野

図1は，熊本県阿蘇地域の観光名所として知られる草千里．一面緑のじゅうたんを敷き詰めたような日本では珍しい草原の風景が広がる．この草原は，阿蘇特有のあか牛を中心とする肉用牛生産のための採草放牧地として，農家にとって不可欠な場所であり，阿蘇の人たちはこの草原を「**牧野**」と呼んでいる．

●営農に欠かせない草資源確保の場　この「牧野」という用語は，草地に関わる説明の中で「林野の粗放的な，または総合的な活用から，畜産の発展につれて，畜産対象地の呼称が牧から牧野へ，さらに草地に移り変わった」（岩波，1989：pp. 16–29）という形で登場する．

ここでいう「牧」は草を求めて採草・放牧する林野を指し，その用途は，家畜飼養のえさや敷料だけでなく，水田に投じる緑肥にもあった．それゆえに野草地は，小農の農業生産には不可欠とされ，限りある草が行き渡るように，一定の範囲に住む人々が寄合を通してルールを定め，集団的に利用・管理を行った．遅くとも江戸期には，各領主が「**入会林野**」として保護するようになり，明治期には，民法により入会林野を利用・管理する権利が入会権として位置づけられた．

このような歴史的出自を受けて，牧野の利用・管理に関わる集団組織は，「**牧野組合**」と称される．牧野組合は，「旧来の地元集落農家の総有としての採草放牧入会権が戦前・戦後を通じ近代化される過程で形成され，主として山林・原野・造成草地を農民グループで採草放牧利用する集団的土地経営体」（松木，1983：p. 32）であり，牧野に関する土地利用や権利関係は，各地域の慣行に基づく「**入会**」の性格を帯びている．

図1　草千里でのあか牛放牧［撮影：高橋佳孝氏（国立研究開発法人　農業・食品産業技術総合研究機構西日本農業研究センター）］

その後，1890年頃から進展した馬産行政の中で牧野法（1931年）が成立し，牧から畜産以外の用途が外され，「牧野」は畜産基盤となる土地を総称する公用語となった．牧野面積は1943年には全国で152.8万haという記録がある.

戦後は，農業基本法路線のもとで，肉用牛や酪農の生産基盤整備から牧野改良が進み，さらに，大規模・小規模草地改良事業の創設を契機に，今日では，飼料用に生産性の高い牧草を生産する「草地」が畜産政策上の公用語となっている.

●野草地利用の後退から縮小する牧野　このような畜産政策の転換を受けて，1970～80年代にかけて，牧野は牧草や野菜を作付けする畑地造成の供給源となり，さらにはリゾート開発で農外利用が図られるなど，土地利用形態の転換とともに縮小局面にある.

畜産政策の焦点が「草地」利用へ移った1960年以降，牧野面積は10年ごとに行われる「世界農林業センサス（林業編）林業地域調査」の中で，農地法上の「採草放牧地」として捕捉されてきた．その面積も，2000年には13.9万haと50年余りの間に1/10となり，牧野は，東北や東山，中国，九州を中心に，耕種生産さえ厳しい中山間地域に局所的に残るのみである.

●地域資源として捉え直される牧野の価値　今日もなお，熊本県阿蘇地域には2万ha近くの野草地，牧草地が集中して残る．そこでは，入会慣行を有する約150の牧野組合が畜産的な利用とともに，毎春野草地に火を入れ，牛の飼料となるイネ科の植物を選択的に残し，森林化を食い止める「野焼き」と，それに先立ち防火帯をつくる「輪地切り」「輪地焼き」などの管理作業を担ってきた.

しかし，1990年代以降，牛肉輸入自由化を背景にあか牛の飼養頭数は大きく減少し，牧野管理も担い手の高齢化や有畜農家への作業の集中など，集団的な利用・管理の形態が空洞化し，荒廃する牧野が広がってきた.

その実情が，「草原の危機」として地元新聞の記事に連載されると，九州の水がめである阿蘇の草原への関心が高まり，草原が担う多面的機能への理解が広がった．それを受け，2005年に阿蘇草原再生協議会が設立され，あか牛オーナー制度の推進，野草堆肥の利用促進，野焼き支援ボランティア活動や牧野カルテの作成支援，草原環境学習といったさまざまな活動が展開する．さらに，近年では「阿蘇の文化的景観」が強調され，草原を軸に生業と暮らしが一体となって持続性が図られてきた阿蘇地域の特徴を発信しつつ，牧野の価値の再構築が目指されている．2013年にはFAOの「世界農業遺産」の認定，2014年にはユネスコ世界ジオパーク認定と，それが世界的にも評価されはじめた中で，牧野の利活用と保全管理に関わる足元の担い手の育成もまた求められている.　[図司直也]

13-4

入会林野

近世の日本農業は，コメを中心とする主穀式農法が中心であった．そのため農業内部での家畜の飼料や有機質肥料を外部に依存することが課題であり，それを背後地である**里山**等の林野に依存することが不可欠であった．刈敷（肥草・肥料），飼料（まぐさ）等である．これに加えて燃料用の薪炭材，生活用資材（柴・萱）なども山林・原野に大きく依存していた．里山に立地する林野の多くはこうした農用林であり，これらを「部落有林」「入会林（入会林野）」という．

●日本の入会林野の歴史　入会林（**入会林野**）は一村内で利用する場合と，数カ村が利用する場合の村々入会があり，村落共同体員の共同管理と共同利用によって，森林資源の持続的維持が行われていた．採取期間，利用方法，場合によっては火入れ（森林・秣場（まぐさば）等で害虫駆除などを目的に立木や雑草等を焼却する行為）の管理等である．入会に参加する権利は理念的には村落構成員の平等性が基本であったが，歴史性や階層関係によって必ずしもそうならない場合も多かった．

入会林野における**入会権**が問題になるのは，明治維新以降の地租改正と土地官民有区分が契機となる．わが国が資本主義社会に移行するに際し，土地に対する**所有権利**は物権と債権に分かれ，物権は債権に優越する法制度が成立する．一般的には農民（百姓身分）の耕作権は所有権が認められたが，地主制のもとでは地主が物権所有者，小作人が債権義務負担（借地権・耕作権）を有し，現物地代（小作料）を支払うことになった（「ローマ法的土地所有観念」の導入）．なお，この入会権をめぐっては，物権であるのか債権かで議論が分かれた．学説的にいえば，入会権は私有財産としての「総有」であるとされ，その権利は村落住民全体の共同で使用するものとされた．ただ，農民的林野所有形成のウェイトが非常に低いまま国有林に多く囲いこまれた点は，その後の地域農林業の発展に大きな課題を残すこととなる．土地官民有区分は林野においては旧幕藩有林を膨大な国有林に編入し，他方の農用林等の里山林野は村有や私有として登記された．この過程で入会林野はこの2つに跨る権利として残されていくことになる．さらに，市町村制の施行による自然村から行政村への合併は，自治体の財政的基盤を強化する部落有林野の統一政策として進行し，部落有林の多くが市町村有林に統合された．他方，入会林野は，民法上の物権である入会権として国有地以外では認められた．しかし，国有地では入会権が否定され続けてきたが，戦後，最高裁の判例

（昭和48年3月13日判決）によってようやく国有林にも入会権が存在することが認められた．なお，入会林野に類似する制度として「旧慣使用権」（縁故地使用）があり，市町村等の自治体有林に対して，市町村制施行以降から存在する旧来の慣行により当該自治体の住民（農民）の一部に対して林野利用が認められた．他方，国有林に編入された林野は薪炭原木を地元に供給する代わりに住民が森林管理を命ぜられた委託林制度が創設された．

●戦後の入会林野　戦後，里山を主体とする林野利用は，農業経営様式が化学化・機械化農法に移行する過程とエネルギー革命（燃料革命）の中で薪炭林利用が崩壊する過程で，林野利用形態が大きく変貌し，他方で人工造林化が大きく進展し入会林野も変化していった．なお，現代の入会林野の利用形態としては，①古典的共同利用（入会権者個別の労働による営農・生活用自給資材の取得），②集団直轄（留山）利用（入会権者全員の組織的な労働による人工林の育成や商品化），③個別的分割（割地）利用（分割地での入会権者各自の家族労働による農林業経営），④契約利用（入会集団との契約に基づく第三者の造林等の土地利用，その典型は分収造林）の4類型に分類される．

この過程で入会林野近代化法が制定され，入会権は明確さを欠く「前近代的」な制度であるとの政策的見解があり，近代的所有権に転換すべきことが重要であるとされた．しかしながら，外材輸入の自由化が進行し木材価格が下落すると，このもとで作られた生産森林組合（森林組合には農協などと同じ機能をもつ「施業森林組合」と，入会林野を「近代化」した森林経営を行う「生産森林組合」に分かれる）は，その活力を失っていくことになる．さらに，近年では農林業以外のレジャー用地や他用途開発，構成員の不在村化や死亡等による連絡先不明，新たに移入・移住した住民の加入可否，入会権そのものの消滅問題も発生している．

●今日における入会林野の評価　他方，近年ではこの入会林野の管理手法としてグローバルコモンズ（global commons）が，地球環境の保全や持続性にも関わる概念として脚光を浴びている．コモンズはイギリス等の共有的資源の管理において持続的な利用管理維持のルールや組織が評価されている．大きくみれば日本の入会林野も，一定の地域住民が特定の権利をもって森林・原野を維持管理し，木材や生活用具などの採取を共同利用しており，コモンズの一種と規定されている（ただし，入会林は「総有」という私有財産であるため，「コモンズ」ではないという見解がある）．これがグローバルコモンズ論に影響を与えており，今後の森林資源の地域住民や市民連携による共同管理の仕組みの再生への重要な展望を含むことを示唆している．

［黒瀧秀久］

13-5

再生可能エネルギー

太陽光や太陽熱，水力，風力，バイオマス（薪炭，チップ，農・畜産業残渣），地熱などの再生可能エネルギー（以下「再エネ」と略す）は，基本的にカーボンニュートラル（大気中の二酸化炭素の増減に影響を与えない）で持続的に利用できる資源である．再エネは，地表面積に比例する性格の分散型エネルギーで，国土面積の大半を占める農山漁村に多く存在する．

●エネルギー自給地から消費地となった農山漁村　第二次大戦後，エネルギーが石油へ急激に転換した，いわゆるエネルギー革命の前までの農山漁村は，上記再エネのうち，水力および労働集約型の薪炭バイオマスエネルギーの生産・移出拠点であった．電力については，大電力供給網の整備がなお不十分であった1960年頃までは，自らの必要性から，自前で小水力発電も行われ，1952年には農山漁村電化導入促進法による支援も始まった．しかし，戦後高度経済成長と電気事業者による送電網の整備とともに，多くの自前設置の水力発電所は，買上げその他の経緯を経て閉鎖された．農山漁村は，農業資材や生活必需品などの工業製品ばかりでなく，ガソリン・軽油等の燃料や，石炭・石油等化石燃料の燃焼による火力発電電力のふんだんな供給を受け，それらの消費地に甘んじることとなった．

●FIT導入前の再エネ利活用と農山漁村　2012年の再エネ電力の固定価格買取制度（FIT：電力会社が再エネと国に認定された電力を，一定期間固定価格で買い取ることを義務づける一方，そのコストを電力価格に上乗せしてよいとする制度）導入以前のわが国のエネルギー政策においては火力・原子力が中心であり，再エネは重視されてこなかった．

バイオマスエネルギーの利活用については，「バイオマスニッポン総合戦略(2002年閣議決定)」のもと，2003年度から2008年度に，地方自治体を人々的に巻き込み，技術開発のほか，国産バイオ燃料の本格的導入，林地残材などの地域未利用バイオマス利活用によるバイオマスタウン構築の加速等の事業が行われた．この政策を通じ，地域で未利用資源活用への期待や注目が大きく集まったことの意義は大きい．ただし，総務省（2011）の政策評価書でも指摘されたように，バイオマス資源活用が地域で促進されるために欠かすことのできない経済性の実現，仕組み・ルールづくり，実務者の育成等を伴う「社会の中への技術の実装」は不十分であり，地域でのバイオマス利用が大きく普及するには至らなかった．

●FIT導入後　東日本大震災後の2012年に，再エネの大幅導入に舵を切るために導入されたFITは,「地域の活性化」に寄与することも目的として掲げている.確かに,総発電電力量に占める再エネ発電量は,2011年の約11%(うち8.1%が水力)から,2016年の約15%(うち7.5%が水力)と5年間で約4%伸びた(みずほ情報総研,2018).だが,その内訳は,域外大資本によるメガソーラーを先頭に域外資本による発電施設が多数を占めている.

FIT成立を受け,2013年に「農林漁業の健全な発展と調和のとれた再生可能エネルギー電気の発電の促進に関する法律(農山漁村再生可能エネルギー法)」も成立し,農山漁村の利益に資する再エネ利用の推進も弾みがつくと思われた.しかし,行政,地域の農林漁業者を含む企業,地域住民など,地域の主体による取組事例はいまだ限られている上,域外資本による大規模発電施設による景観破壊や土砂流出の事例を受け,地元住民による反対運動もみられるようになっている.バイオマス利用についても,木質燃料の安定供給を確保するために,輸入材(チップ,ペレット)やパームヤシ殻(PKS)等の輸入を前提とした大規模バイオマス発電事業が各地で進められている.このような輸入バイオマスに依存する大規模発電事業は,その運搬車両の通過により地域に交通負荷の増大をもたらし,輸入元の熱帯諸国においては,熱帯林の乱開発や生物多様性の減少,土地利用をめぐる紛争など,深刻な環境・社会問題を伴うものである.

●地域による地域のための再エネ利活用へ　再エネは本来地域固有の資源である.かつて地域のエネルギーがそうであったように,再エネを自らの手で活用することで,地域経済や地域の主体形成への貢献を明確にし,地域社会の持続的な発展とエネルギー自立に基づく「エネルギー自治」の実践が重要である.すなわち,FIT終了後も見据え,地域の電力自給の仕組みづくりや,特に農山漁村にある,暖房・冷房や給湯などの膨大な熱需要に対応し,太陽熱やバイオマスの熱利用も積極的に推進すること.また,農業生産を確保しつつも太陽光発電事業を同時に行うソーラーシェアリング(営農型太陽光発電)(図1)も,農山漁村の新たな所得機会の創出として注目されている.農水省も2018年5月に農地の一時転用期間を3年から10年に延長する農地転用許可制度の規制緩和を行うなど,その普及促進に向けて動き始めている.　[重藤さわ子]

図1　水田でのソーラーシェアリング[出典:合同会社F&Eあしがら金太郎電力]

13-6

農村人口問題：過剰人口・兼業化から高齢化，田園回帰へ

わが国における第二次世界大戦後の農村人口問題は，過剰から始まり，急激な人口流出，兼業化，その後の高齢化，そして最近では**田園回帰**傾向と激しく変転してきた．

敗戦後の日本の混乱期には，各地の農村は疎開者や戦地からの復員兵を数多く受け入れた．当時はこのような人々を含めて，農村過剰人口が問題となっていた．戦前から，農村には過剰人口圧力があり，それが地主制のもとで高率小作料を生み出し，さらに，この過剰人口の解消が日本のアジア諸国への侵略の要因となったという議論があったからである．そのため，過剰状態が続く農村人口問題は，戦後のある時期まで，社会的にも注目されていた．

●高度成長期の労働力流出　1950年代中頃からの高度経済成長に伴い，こうした状況は一変した．さまざまな形で農家人口や労働力の流出が進んだからである．それは地域によって，3つのタイプが存在していた．

第1に，山村・離島等の遠隔地では，地域外への激しい人口流出が発生し，「**過疎**」という造語も生まれた．その初期の1960年代まではいえ単位で移動する挙家離村も多く，それが集落全体に拡がり，廃村する集落もみられた．しかし，その後はモータリゼーションの発達や道路の整備により，若い世代が離村しても，同じ家族の中高年世代は残り，農家として存続する形が一般化している．

第2に，同じ遠隔地でも，東北，北陸，南九州等では，**出稼ぎ**という形もみられた．これは営農を継続しながら，男性世帯主などが農閑期だけ都市部に移動し，就業するというものであった．その量的なピークは1973年であり，年間約30万人の出稼ぎ者がみられた（農林（水産）省『農家就業動向調査』による—対象は農家のみ）．雇用先は建設業が多く，高度成長期の建設需要を反映するものであった．しかし，その後，このような季節的な人口移動は急速に減少している．

そして，第3に，平地農村や都市近郊では，農業を続けながら他産業を兼就業するという形の労働力流出が起こる．これが**兼業化**である．地域内での労働市場の存在と拡大が条件となるため，当初は建設業を中心とする日雇いも多かったが，1970年代には次第に全国的に農村工業化が進み，工場労働との兼業が増大する．政策的にも，進出企業の用地取得，税金，金融等の優遇措置を可能とする農村地域工業導入促進法（1971年）が制定され，農村労働市場の拡大が加速化

された．また，田植機の開発・普及に代表される農業機械化，あるいは除草剤等の導入という化学化による農作業の省力化を促進する．

このような3つのタイプに共通するのは，農業・農家内部からの労働力プッシュ要因である．特に，家計費均衡化圧力と呼ばれる生活水準を「人並み」にしようとする力は人口・労働力移動の原動力である．それは，戦後の民主主義教育を基礎的な要因としている．1961年に制定された，農業基本法は「農業従事者が所得を増大して他産業従事者と均衡する生活を営むことを期することができること」（第1条）を農政の目標の1つとしたが，基本法が想定した自立経営の形成ではなく，こうしたタイプの労働力移動によってそれは実現したのである．

また，当時の農業部門からの労働力移動は，高度成長下における工業分野の旺盛な労働力需要に応えるものであり，日本経済の成長を支えた．1960年代の新規雇用者の約半数が農家世帯からの供給である．農家世帯からの多様な形での労働力の移動なくしては，高度成長は実現しなかったであろう．

●近年の問題深化と新しい動き　その後，北海道や離島の一部を除き，挙家離村や出稼ぎは減少し，農家からの労働力移動は兼業化に集中することになる．地域内の大多数の農家が，そのような形態となることから，「総兼業化」といわれた．

同時に，地域の人口というレベルでみれば，離農や離村による農家人口の減少，そして特に都市近郊地域では非農家の新住民の転入もあり，人口全体における農家世帯のマイナー化，つまり混住化が進んだ．農業集落の農家率は1970年には5割を切っている（45.7%—農林省「1970年農業集落センサス」）．

さらに，1980年代の後半には，過疎地域では従来の人口の社会減少に加えて，人口の自然減少が加わる．これは，人口の高齢化と若い世代の減少の結果であり，「第2の過疎問題」といわれる．また，同じ時期には，兼業化が進んだ地域でも，為替レートの円高化による企業の海外進出に伴い，農村に進出した工場が撤退する動きが生じた．そのため，農村労働市場全体の縮小が進み，若い世代の地域外への流出がこのような地域でもみられるようになる．現在に至るまで，農村地域は高齢化が進む**人口減少地域**の色彩が強くなっている．この結果，多くの農村地域は，将来的な「消滅」の可能性さえ論じられる状況となっている．

しかし，他方で新しい動きも生まれている．都市部から農山漁村への人口移動は以前から散発的にはみられたが，それが2000年代以降には活発化する状況が確認される．「田園回帰」と呼ばれ，特に若い世代でみられ，農山漁村での新しい産業の起業や新規農業参入の増大も発生している．新たな動きとして，その安定性や持続性が注目される．

［小田切徳美］

13-7

農村社会の変質：混住化と高齢化

日本の農村社会は，農業集落を基本的単位として農作業や農業用水の利用を中心に家と家とが血縁的，地縁的に結びつき発展してきたとされる．農業集落は**自治組織**が形成され，農地，用水路等農村地域資源の管理機能，農業生産や生活面での相互扶助等さまざまな集落機能を有し，協働の取組みを通じて地域の維持・発展が図られてきた．自治組織には，行政とつながりの深い自治会と農協とのつながりの深い実行組合があるが，高度経済成長期以前，両者は一体である場合が大半であり，農業集落を統括していた．

●高度経済成長に伴う兼業化・混住化　日本の農村社会は，1955年以降の高度経済成長のインパクトを受け，大きく変質を遂げていった．最初に農業集落に変質をもたらしたのは1960年以降本格化する農家の**兼業化**であった．農業所得に依存しない農家の増加に伴い，第1に，農業集落における階層構造や政治構造が変化した．高度経済成長以前は，経営耕地面積の規模が農業集落の中での経済的地位を示していた．兼業化はその前提を崩していった．また，特定の家に固定的であった農業集落の有力者は減少していった．第2に，農外勤務の関係で共同作業に出役できなくなる場合が増加し，さまざまな共同作業が困難化しはじめた．このことは，農業集落における地域資源管理能力の低下につながっていった（大内，2007）．

兼業化に引き続き登場した**混住化**は，農業集落の変質を決定的に進めた．混住化とは，農業集落内における非農家の増加による農家と非農家との混住状況を指すが，非農家増加の経路としては，①外部からの転入と②農家の脱農化に大別される．この時期は外部からの転入が大半を占めた．都市の膨張に伴い，都市縁辺部の農村において都市的開発が進められた．この時期に問題となったのは，農業的土地利用と非農業的土地利用の競合だが，各地でスプロール化現象と呼ばれる無秩序な都市開発が進められた．これを抑え，農業的土地利用と非農業的土地利用の調和を図ることが政策的にも実践的にも課題とされた．

●混住化の進展と農村社会の構造的変質　農業集落内部をみると，混住化は住民構成の異質化をもたらしたが，農家と非農家の間の利害関心は大きく異なり，しばしば摩擦の原因となった．非農家は所得の源泉を農業集落外に有しており，農業集落は狭い意味の生活の場となっている．これに対して，農家の場合は，生産の場でもあり，生活の場でもある．非農家は生活環境面に，農家は農業生産環境と生活環境の両方にそれぞれ強い関心を有している．こうした利害関心の相違は，例えば，農薬散布や家畜糞尿をめぐって生じる摩擦を生み出していった（荒樋，2005）．そして，農業集落を統括してきた自治組織から農家組織の分離がみられるようになり，生活領域は農家，非農家とも共通するので自治会が，生産領域は実行組合が分担するようになっていった（大内，2007）．

表1　農業集落の動向

年	農業集落総数（戸数）	1集落当たりの平均							
		総戸数（戸）	農家戸数	専業農家戸数	兼業農家戸数	第1種兼業農家戸数	第2種兼業農家戸数	非農家戸数	農家率（%）
1960	153431	64	39	13	26	13	13	25	60.9
1980	142377	141	33	4	29	7	21	108	23.4
2000	135163	213	23	3	14	3	12	190	10.8

［出典：農業センサス］

兼業化と混住化は，時代が下るに従い深化していった．その結果，農業集落において農業の位置づけがさらに低下し，農業者が少数化しただけでなく農家も少数化するという事態が生じた．農業センサスによると，1960年には1農業集落の総戸数は64戸，うち農家数は39戸，専業農家数は13戸で農家率は60.9%だったのが，2000年には総戸数は213戸で，うち農家数は23戸，専業農家数は3戸で農家率は10.8%に減少している（表1）．農家の非農家化も進んだ．こうした傾向は，基本的には，都市縁辺部のみならず，平地農村，さらには中山間農業地域にも当てはまる．今日の日本の農村は，「農村＝農家の集まり」という従来の農村のイメージとは異なるものに変質している（大内，2007）．

●**高齢化の進展と農村社会の危機**　1990年以降顕著となったのが**高齢化**である．高齢化とは総人口に占める65歳以上の割合の増加である．今日の高齢化の要因は，①生活水準の上昇や医療の普及などによる乳幼児や高齢者の死亡率の低下に伴う長寿化，②出生数の低下による**少子化**・若年層割合の低下が挙げられる．今日の日本はこの2つの要因が重なって他に類のないスピードで進行している．農家人口や農業労働力の高齢化は日本全体より20年早く進んでいるとされ，人口減少と相まって，農村社会の存続が危機に瀕することが危惧されている．しかし，2015年農業センサスによると，例えば農業用排水路の保全活動を行っている割合は78.4%にのぼっており，集落機能は依然として存続しているといえる．高齢化には長寿化というポジティブな側面も含まれており，高齢者を農業や地域活性化の担い手として位置づける取組みも各地でみられる（高橋，2002；高野，2008）．混住化に関しては，近年，生産環境を生活環境と捉え直し，非農家も参加して地域活性化を試みる動きもみられる．その意味で，混住化や高齢化を単純にネガティブな要因と捉えず，農村社会における実際のさまざまな取組みを踏まえた的確な分析とそれに基づく政策的対応が必要とされる．　［川手督也］

13-8

農村経済：兼業滞留構造から地域経済の多角化へ

終戦から高度経済成長期にかけて，わが国の都市圏と農村地域との間に著しい経済格差（農工間所得格差）が生じた．1950 年代初頭に非農家世帯員 1 人当たり所得の 85% 程度だった農家世帯員 1 人当たり所得は，1960 年には 65% にまでに低下し，格差は拡大の一途をたどっていた．

その後，1961 年施行の農業基本法のもとでの価格支持政策や，高度経済成長に伴う兼業化により，都市―農村間の所得均衡は一定程度実現したが，それは基本法農政が想定した農業構造改善による生産性向上による所得増加とは異なる経路を通じてであった．すなわち，基盤整備や機械化による農業生産の省力化によって生じた余剰労働力（主に中高年層や女性）は，農村部で展開しつつあった農外労働市場に吸収され，在宅による兼業が広範化したため，農地等の農業経営資源の集積を通じた規模拡大による自立経営の育成は限定的となり，農地の分散と農業経営規模の零細性（分散零細錯圃）の解消は進展しなかったためである．

●農村労働市場の展開と「発展なき成長」　農家所得の兼業収入依存（兼業深化）は，1970 年代の低経済成長期に一層進展した．農村の就業構造は，住民生活を支える小売業，金融・不動産業などの各種サービス労働市場のさらなる展開に加え，不況対策としての公共事業や，大手製造業の比較的単純な工程を担う分工場の農村への進出等によって多様化し，雇用機会の増加による農家多就業・兼業滞留構造を作り出すことになった．1970 年から本格化する米生産調整政策（減反）による補助金収入も加わり，農家所得は都市部を上回るペースで増加した．ただし，このような農村における雇用創出と所得向上は，農村経済構造の質的な高度化（経済発展）を素通りした量的な農家所得の向上（経済成長）であり，公共事業や補助金等の財政支出や，都市部に本社機能を有する大企業への経済的依存を強める一方で，農村における内発的な産業発展や地域経済循環の停滞，経済・社会の自律性の喪失に結果し，「発展なき成長」と呼ばれた（安東，1986）．

●地域主義の台頭から「地域産業おこし」へ　経済成長が停滞する 1970 年代後半には，大都市圏への人口集中も鈍化する傾向にあった．この頃，経済成長の弊害としての公害，過疎・過密化，地域アイデンティティの喪失等への対抗として，地域の独自性や特徴を重視する「地域主義」という考え方が強調された．1977 年に閣議決定された第三次全国総合開発計画（三全総）では，大都市への人口と産業の集中を抑制すること，地方を振興し，過密・過疎問題に対処しながら，全国土の利用にあたってはその均衡を図り，人間居住の総合的環境整備を図ること（定住構想）が提起された．また，1983年に発表された「三全総フォローアップ作業」では，定住構想を具体化する手法として「地域産業おこし」が提唱され，「地域経営システム」確立のもとで，産業構造の変化と地域の諸資源や地域特性を踏まえた新産業創出，ないしは既存産業の再構築が推進された．各地で実践が積み重ねられていた「一村一品運動」や1987年の第四次全国総合開発計画（四全総）で提起された「1.5次産業」のような地域資源を活かした特産品開発が農山村地域経済振興の柱となっていった．農産加工事業を行う農協や特産品開発に取り組む農村女性グループ，市町村農業公社等の第三セクターが担い手として登場した．

●6次産業論の登場と交流を軸とした地域活性化へ　1980年代から本格化する農業の国際化への対応が著しく困難な中山間地域や過疎地域等の条件不利地域の総合的経済振興方策として登場したのが農業・農村の6次産業化である（国土審議会・山村振興対策特別委員会『新しい山村振興対策について』，1990）．「1次産業としての農林漁業と，2次産業としての製造業，3次産業としての小売業等の事業との総合的かつ一体的な推進を図り，地域資源を活用した新たな付加価値を生み出す取組」（農林水産省）である6次産業化の政策的推進にあたっては，「六次産業化・地産地消法」（2010年）や，それに先立って制定された「農商工等連携促進法」（2008年）によって，農林漁業者と中小企業者の有機的連携とそれぞれの経営資源の有効活用により，地域資源を活用した総合的事業展開を促進するスキームが構築されている．また，農村経済の多角化や農村空間の多面的機能の発揮において重要な役割をもつ「農村と都市との交流・連携」については，観光農業，農村リゾート，グリーンツーリズム，着地型観光などさまざまな用語や概念で把握されてきた．その推進にあたっては，地域資源の保全を図りつつ，地域内のさまざまな産業や住民，外部人材，農村訪問者等が連携することによる協働的かつ継続的な事業化が重要である．

経済社会のサービス化や知識基盤経済化が進むもとでの農村経済発展の方向性は，外来型・誘致型の投資や所得移転によるものではなく，住民・地元企業主体の内発的・地域資源保全型かつエネルギー・地域経済循環重視の地域振興策による産業連関構造の高度化を基本としつつ，外部人材や域外企業からの生産的で公共性を重視した投資を地域がハンドリングできる能力を高め，積極的に受け入れていく中で，物質的経済的側面のみならず，生活，文化，教育，福祉等を重視する総合的な地域振興を図っていくことが肝要である．　［槇平龍宏］

13-9

農山漁村の過疎問題

過疎という言葉は，1966 年の政府文書（経済審議会地方部会の「中間報告」）で初めて登場した用語である．過疎とは，戦後の高度経済成長を通じた都市部と地方との著しい地域格差，すなわち，人口が急増する都市部における過密と対をなし，農山漁村における人口減少により，教育・医療・防災など，その地域における基礎的な生活条件の確保に支障をきたすとともに，そこで暮らす人々の生活水準や生産機能の維持が困難となる状態を指す．政府も，それらの問題に対応すべく，1970 年制定の「過疎法（過疎地域対策緊急措置法，10 年間の時限立法）」以来，政策を更新し続け現在に至っている．

●過疎地域と過疎問題　過疎地域は，現「過疎法（過疎地域自立促進特別法，2000 年度〜）」の適用要件である人口減少率や財政力指数（標準的な行政に必要な経費に対する税金等の自己財源割合）などの指標に該当する市町村を指し，全国 1718 市町村の 47% を占める 817 市町村がそれにあたる（2017 年 4 月 1 日現在）．当該過疎地域の人口は約 1087 万人（2015 年国勢調査）と全人口の 8% 余にすぎないが，その面積は国土の約 60% を占める．また，過疎地域の大部分は，農山漁村に位置することから，国土保全，水源涵養，自然環境保持，地球温暖化防止などの多面的機能を通じて，国民生活にとって不可欠な役割を果たしている．

過疎化が進行する農山漁村，とりわけ中山間地域において発現する諸問題は，「人・土地・むら」の空洞化という概念で整理できる（小田切，2009）．人の空洞化は，農山漁村の若年労働力が都市産業に包摂される 1960 年代から 70 年代前半に社会減であった人口動態が，1980 年代後半以降は自然減にシフトし，地域内人口が確実に減少していることである．土地の空洞化とは，農山村における都市化・工業化の推進過程で，親世代の交代期に担い手不足が顕在化した 1980 年代中頃以降に，耕作放棄地や放置林が急増し農林地が荒廃化したことである．そして，視覚的に確認しやすい上記 2 つの空洞化とは異なり，少子高齢化社会の進行に伴って徐々に顕在化する，社会的共同生活を維持するための相互扶助的な集落機能（寄合会，道普請などへの参加）の脆弱化をむらの空洞化という．いわゆる「限界集落（65 歳以上の人口が過半を超え，高齢化により集落の自治機能が低下し，社会的共同生活の維持が困難な状態にある集落）」という考え方は，この延長線上に発生する問題とみることができる．さらに，1990 年代後半以降の「構造改革路線」と「市町村合併（平成の大合併）」の推進という政策的要因のもとで，基礎自治体の側が農村地域で発生している問題を十分認識できず，政策対象としての農村の存在が希薄化するという新たな困難（「見えない農山村」）も顕在化しつつある（小田切，2011）．近年では，山林の荒廃や耕作放棄地・放任園が増加するもとで自然災害や鳥獣被害も後を絶たず，農村地域の衰退は一層加速している．

●過疎対策の変化と特徴　**過疎問題**への対策は，従来「過疎法」の枠内で，国庫補助金のかさ上げ，過疎対策事業債の発行，都道府県代行制度，さらには行政上の各種特別措置等を通じて行われてきた．しかし，グローバリゼーションの進展や国際的な経済構造調整政策のもとで輸入自由化が進み，バブル崩壊による「民活型」大規模リゾート開発が破綻した．その結果，生産機能の低下や過疎化による集落機能の後退に直面した農村地域政策に対する重要性が高まったことから，近年の**過疎対策**にはいくつかの重要な変化がみられる（橋本他，2011）．

その典型は，**都市農村交流**施策にみることができる．例えば，グリーンツーリズムの推進に移住・定住，二地域居住の促進を加えた「都市と農山漁村の共生・対流（2003年）」が省庁連携の政策群として位置づけられ，交流施設設置などのハード整備に留まらず，地域間交流（U・J・Iターン）の促進などソフト事業に重点が置かれている．また，農村の地域資源の維持管理に一定の役割を果たす「中山間地域等直接支払制度」の発足（2000年）や「農地・水・環境保全向上対策」の実施（2007年），さらには集落機能の維持と活性化を目的に主として外部からの人的支援を行う「集落支援員」・「地域おこし協力隊」（総務省），「田舎で働き隊」（農林水産省）などの新たな農村活性化対策も実施された．

近年では，移住した「定住人口」でもなく，観光に来た「交流人口」でもない，地域や地域の人々と多様に関わる者である「**関係人口**」が注目を集めている．地方公共団体に対しては，自らの団体の「関係人口」を認識し，それらの者に対して地域と継続的なつながりをもつ機会を提供することが重要とする考え方が提起されている（総務省「これからの移住・交流施策のあり方に関する検討会報告書——「関係人口」の創出に向けて」2018年1月）．実際，移住者の受入れを通じて，農山村地域では，①外部からの“まなざし”を通じて，地域資源が有する固有の価値が顕在化する（地域住民が“気づく”），②従来農村内部では賄いきれなかったマーケティング，商品企画・開発，新規販路の開拓などに必要なノウハウや人的ネットワークの活用可能性が拡がる，③移住者による地域の「なりわいづくり」を通して地域コミュニティが活性化する等の変化が起こっている．これらは，農業・農村地域に新たな価値を創造する可能性を示唆している．

［藤田武弘］

13-10

都市と農村の交流

都市と農村の交流は，「「人，もの，情報」の行き来を活発にし，都市と農山漁村それぞれに住む人々がお互いの地域の魅力を分かち合い，理解を深めるための重要な取組」とされ，その形態は「**グリーン・ツーリズム**（農山漁村における滞在型の余暇活動）を中心とした一時滞在型のものから，二地域居住，定住型まで多様なもの」があると定義されている（農林水産省『平成23年度　食料・農業・農村白書』）．都市と農村の交流は，「都市と農山漁村の共生・対流」とも称され，都市と農村の新たな関係構築の可能性を秘めている．

交流の具体的内容は，農産物直売所の利用，農家レストランでの食事，観光農園・市民農園・体験農園の利用，体験型修学旅行・子ども体験学習，農家での宿泊（民宿・民泊），援農ボランティア（ワーキングホリデー）など実に多彩である．このほか，週末や長期の田舎暮らし，さらには観光・教育・福祉といった他分野との交流・連携や**移住・定住**（新規就農・定年就農）なども含まれる．

都市と農村の交流は，農林水産省「新しい食料・農業・農村の基本方向（新政策）」(1992年）の位置づけを起点とし，1999年制定の食料・農業・農村基本法（第36条）に明記されるなど農政の重要な施策対象である．

●交流の背景　戦後，わが国の都市と農村の関係は大きく変容している．すなわち，高度経済成長期以降，都市が膨張・肥大化する一方で，農業・農村は後退・衰退の一途を辿っている．このため農村は過疎化・高齢化が進むとともに，就業・就農条件や生活条件などさまざまな場面で地域格差が拡がっている．他方，都市は過度な産業と人口の集中により，都市住民は過密化の中で「いこい」や「やすらぎ」「心の豊かさ」を求めるようになる．このようなニーズは近年，「食と農」への関心の高まりと相まって都市住民を農業・農村に向かわせ，さらにそれに関わろうとする動きとして顕在化している．

このような都市住民の動きを農村サイドが積極的に受け止め，都市との交流・連携を通じて所得の向上，就業機会の確保，農村コミュニティの維持といった地域の再生・活性化（**内発的発展**）につなげていくことが交流の目的である．均衡ある国土の持続的発展を図るには，農業・農村の存在が欠かせないからである．

●交流の経緯　都市と農村の交流は1970年代から1980年代にかけて始動する．農業経営の一環として観光農園や観光牧場が開園され，国の農業構造改善事業によって「自然休養村（後に「緑の村」）が整備される．また，都市的地域を中心に「レクリエーション方式」の市民農園も開設され，生産者と消費者の連携による「産直」活動も「食と農」とのつながりを強めながら展開される．

しかし，その一方で，農村活性化の切り札とされたリゾート開発（総合保養地域整備法）は，1980年代後半に外部依存型ビジネス（ゴルフ場，観光施設・レジャー施設など）として展開され，バブル経済の崩壊とともに頓挫するものの，全国各地に乱開発と地価高騰をもたらした．

●交流の本格的展開と方向　1990年代に入ると都市と農村の交流は，法律・制度の整備とともに政策的支援を伴いながら本格的に展開する（表1）．農産物直売所や体験農園といった施設が活動拠点となり，農村のテーマパーク「農業公園」も開設される．あわせて，市民農園法（1990年）や農山漁村余暇法（1994年，2005年改正）が法制化され，市民農園や農林漁業体験民宿の増設を促す．また，農山漁村活性化法（2007年）は，農山漁村での定住や都市との地域間交流（U・J・Iターン）を促進するとともに，棚田オーナー制，援農ボランティア，農作業応援団・補助員といった都市住民による援農活動も活発化する．加えて，集落支援員，地域おこし協力隊（旧田舎で働き隊含む）など域外人材を活かした地域活動も「**田園回帰**」の動きと連動しながら展開される．

このように，都市と農村の交流は，「点」から「線」，さらには「面（地域・全国）」へと展開しながら拡がりをみせている．その際，①農村が有するさまざまな資源（地域資源・自然的資源・文化的資源・農業的資源・人的資源）を活かすこと（井上，2004 : p. 17），②農村住民（生産者）を主体に「人，もの，情報」が行き交う交流・連携から「人と人」の**協働**へと都市と農村の交流を進化させることが求められている．

［大西敏夫］

表1　都市と農村の交流に関わる法・制度等の整備（年表）

年次	項　　目
1989	特定農地貸付法制定（特定農地の貸付に関する農地法等の特例に関する法律）
1990	市民農園法制定（市民農園整備促進法）
1992	農林水産省「新しい食料・農業・農村の基本方向（新政策）」策定
1994	農山漁村余暇法制定（農山漁村滞在型余暇活動のための基盤整備の促進に関する法律）
1999	食料・農業・農村基本法制定
2002	関係府省連携「都市と農山漁村の共生・対流」推進
	構造改革特別区域法制定（市民農園・農家民宿等設置の規制緩和措置）
2007	農山漁村活性化法制定（農山漁村の活性化のための定住等及び地域間交流の促進に関する法律）
2008	集落支援員制度発足
2009	地域おこし協力隊制度発足

13-11

グリーンツーリズム，アグリツーリズム

グリーンツーリズムは，「緑豊かな農村地域において，その自然，文化，人々との交流を楽しむ滞在型の余暇活動」（農林水産省，1992：p.5）であり，その起源は1980年代の西ヨーロッパで普及した**アグリツーリズム**にある．大規模農場制の欧米諸国では，旅行者の受入は自炊施設も含む**農場民宿**中心であるのに対して，小農制の集落社会である日中韓，東南アジアのグリーンツーリズムでは，体験学習や人々との交流を重視した多様な受入施設に特徴がある．日本のグリーンツーリズムは今世紀初頭には全国展開して，農家民泊・民宿による体験教育旅行，農作業を支援するワーキングホリデー，棚田や果樹のオーナー制，中山間地域の滞在型市民農園，伝統民家での生活体験，北海道のファームイン等，地域ごとに独自の姿を示してきた．2010年頃から旅行者の到着地（農村）における滞在の長期化と持続的経営を推進するために，受入組織の法人化（旅行会社化）と旅行企画の拡充等により着地型旅行の受入体制が構築されつつある．この10年間，国による子ども農山漁村交流プロジェクト（体験教育旅行）が推進された背景には，農林漁業体験や宿泊体験の中でも農家民泊・民宿での宿泊・食体験の高い教育効果と行政による農家民泊・民宿の規制緩和とがある．これにより学校側の需要の拡大と同時に，受入農家の増加がみられた．体験教育旅行が注目される一方で，従来の旅行は旅行業法上第1種や第2種の資金力のある会社で，旅行者の出発地にある会社により企画・募集・受注されてきた．この方式では，小規模で地域内に分散したグリーンツーリズムは企画として扱いにくい弱点をもっていた．この対策として体験教育旅行に取り組む農村の組織は，一般社団法人やNPO法人等への法人化と第3種の旅行会社化とを図り，ガイドやインストラクターの地元手配，多数の農家民泊・民宿との調整，インバウンドの修学旅行等の誘致，地元観光資源の活用等着地型旅行の受入に力を発揮している．

●各国のグリーンツーリズム　欧米のアグリツーリズムでは1週間程度の長期滞在が一般的であり，1日単位のB＆B方式での農場民宿以外に長期滞在用の自炊宿泊施設やオートキャンプ場が農場内にある．日本の農林水産省は1992年からグリーンツーリズム政策を開始し，当時の**むらづくり運動**とも連携して住民主導による受入体制と施設の整備が進められた．これらの施設運営は農家の個人経営と地元住民による**コミュニティビジネス**とに二分されるが，四半世紀にわたるこの間の動向をみるとコミュニティビジネスの持続性が際立っている．韓国や中国

のグリーンツーリズム政策は当初，「観光農園」や「農家楽」（宮崎，2011：p.63，117）の個人経営を対象に支援していたが，今世紀に入りむらづくり運動と連携した支援策に転じた結果，緑色農村体験マウル等や「地域経営型郷村観光法人」（高田他，2012：p.84）といったコミュニティビジネスの育成に政策の重点を移している．タイのアグロツーリズム政策でも，複数の地元有志が主導するコミュニティビジネスを中心に旅行者を受け入れている．

●旅行者の類型と田園回帰　コミュニティビジネスでグリーンツーリズムに取り組む農村でも，過疎化高齢化と農家数の減少とが進行する今日では，都市からの移住者を受け入れなければ，経済社会の持続は困難となる．農村への旅行者にはビジター，リピーター，サポーター，セトラーの類型がある．グリーンツーリズムは都市と農村の交流として展開する場合，旅行者のライフスタイルに影響を与えビジター→リピーター→サポーター→セトラーへと誘導する可能性をもっている．農業・農村の多面的機能である美しい景観，豊かな自然，伝統文化を求めるビジター，人間の五感で体感した多面的機能から，それらを形作る背景にある農村住民のライフスタイルを体験学習するリピーター，そのライフスタイルに感銘を受けて人々を応援するサポーター，感銘を受けたライフスタイルを自ら実践しようと移住するセトラーというように，グリーンツーリズムの基調には都市と農村の交流を通じた，多面的機能を発揮する農村住民のライフスタイルへの共鳴がある．前述の棚田や果樹のオーナー制，滞在型市民農園はリピーターの確保に，ワーキングホリデーはサポーターの確保にそれぞれつながる取組みである．

●コミュニティビジネスの背景　アジアの農村で多くみられるコミュニティビジネスによる旅行者受入の背景には，欧米の農村にはない水田稲作の集落特有の「協同性」と「集落内農地の総有的性格」（祖田，2000：p.126，128）とがある．モンスーンアジアの水田稲作を中心とした農村では，道水路やため池等農業水利や生活関連の共有施設を住民協働で管理し（「協同性」），皆で農地を守り信頼関係の中で売買や貸借，農地配分を調整すること（「総有的性格」）が一般的である．このような農村住民のまとまりは，経済発展による農村経済の多角化と農山村の過疎化高齢化とにより希薄化してきている．これに対して少なからぬ農村では，むらづくり運動を背景にコミュニティビジネスとしてグリーンツーリズムに取り組むことが，住民総意によるホスピタリティの発揮，域外や女性・若者からの人材活用と収益の確保とを可能にしている．そして何よりも，域外に開放的な社会における住民協働の経済事業体として，農村住民の新しい社会関係資本の形成に寄与している．

［宮崎　猛］

13-12

地方自治体と農村

地方自治体は，学校教育，福祉，消防など住民の生活に関わる多くの事業を行っているが，それらに加えわが国では，観光業や農林水産業を含む地域経済振興も行ってきた．農業は，地域によって気候，風土，歴史が多様であることから，作目や経営主体の姿が異なり，地域差を反映した政策執行が求められる．これを，地方行政における「**近接性の原理**」という．住民に身近な分野は，地方自治体の裁量と責任の中で実施することが望ましいという考え方である．

一方で，農業政策には，食料安全保障，農業の多面的機能の発揮など，国家として必要だからこそ，国（中央政府）が責任をもって実施すべき側面がある．そのため，国が設計した政策を地方自治体がある程度の裁量をもって執行している．農村部の地方自治体は，自主財源に乏しいところが多いため独自の政策を展開しているところは少なく，国の補助制度の活用に重点が置かれている．

●国と地方の関係　国と地方の関係について行政学では，3つの視点から評価している．決定権限を表す「集権―分権」，実際の行政事務の実施主体を表す「集中―分散」，決定権限や事務実施の範囲が明確であるかを示す「融合―分離」である．なかでも重要である決定権限は，法的な権利だけでなく，財政（財源）も含めて評価される．

農業政策については，集権，分散，融合の特徴を示すとされる．実際，地方自治体は国の制度のもとで幅広い業務（土地改良事業，集落排水事業，認定農業者制度の運用，新規就農者の受入・支援転用規制など）を行っているが，法律や省令，政令に基づいて行うだけでなく，通達や所轄部署が作成するＱ＆Ａを参考にしている．

地方自治体と農業・農村に関する研究は，1970年代半ばから始まる地域農政の時代以降，**自治体農政**論，地域農業マネジメント論として展開されてきた．当時，都道府県，市町村は国政のパイプ役であるとされていたが，多様な補助制度を組み合わせ，地域農業の未来を構想し，関係者を調整する主体として市町村を位置づけたのである（高橋，1978）．この背景には，**農業補助金**の問題がある．農業補助金に関する研究では，縦割り行政の弊害，複雑さ，画一性，陳情の手間の大きさと不公平性が指摘された（今村，1978）．

●地方分権改革と農業政策　補助金制度への批判や国の財政赤字解消のために，1990年代以降「**地方分権改革**」が進められた．農業政策においては，農業経営基盤強化促進法（1993年）により，市町村が地域農業の基本構想を示し，認定農業者制度を運用する仕組みとなり，地域農業振興において市町村が明確に位置づけられた．一方1990年代は，バブル経済崩壊後の不況対策やGATTウルグアイ・ラウンド合意対策によって大量の公共投資が行われた時期でもあった．農業・農村への公共投資の多くは地方自治体が実施主体となったが，その財政運営および投資効果への課題が指摘されている．（石原，2008；堀部，2013）．

2000年代に入ると，「三位一体の改革（補助事業の廃止・メニュー化，税財源の移譲，地方交付税の見直し（削減））」と市町村合併が進められた．自主財源に乏しい農村部の市町村では，税財源の移譲よりも地方交付税の削減の影響の方が大きかった．そのため，財政誘導や各県による指導もあり，特に農村部の市町村において合併が進行した（平成の大合併）．

「三位一体の改革」における補助金改革の一環として，農業補助金の多くは関係団体によって組織される協議会への交付金へと変更された．目的別に，地域水田農業推進協議会，担い手育成支援協議会，耕作放棄地対策協議会といった協議会が，県段階，市町村段階にいくつも設置された．これは「**協議会方式**」と呼ばれるが，このような手法には，予算の流れとして地方自治体を迂回することで，地方議会によるチェック機能が働かなくなるという問題がある．また，多様な主体の参画により，地域の実情に合った政策執行が期待されるが，むしろ国の政策ごとに協議会があるため地域のガバナンスが機能せず，いわば国の下請け的な機関となっている側面がある．

●近年の動向と課題　第1に，協議会方式から，市町村を通じた補助金執行への回帰がある．民主党政権下における事業仕分けにおいて，協議会方式に対して上記の批判が行われた．そのため，近年注目されている多くの事業（人・農地プラン，機構集積協力金，農業次世代人材投資事業など）において，市町村が実施主体となっている．以前から指摘されていた農業補助金をめぐる問題が改めて問われている．また，現在も存続している「協議会方式」の運営上の課題も残されたままである．

第2に，合併した市町村では，合理化（職員数の削減）が行われてきたが，農村部に多い広域な市町村では，地域と行政の間で，連絡や課題把握に距離が出てしまうことや，地域経済の衰退の要因となっていることが指摘されている．また，農業部門の職員数削減により，補助事業等の運用や戦略的な地域農業振興への影響が懸念されている．

［堀部　篤］

13-13

農村地域経済の内発的発展

戦後，わが国において経済成長のあり方が鋭く問われた事象として，全国総合開発計画（1962 年）が高度経済成長を加速させた一方で，地域開発手法として採用された「**拠点開発方式**」によって全国に分散立地された重化学工業が引き起こした深刻な公害が挙げられる．また 1970 年代の低経済成長期においては，公共事業による財政を通じた所得移転と，製造業の比較的単純な工程を担う分工場の誘致によって農山村地域の所得向上（経済成長）が実現されたが，地域経済構造の自律的な発展・高度化（経済発展）を通じて実現されたものではなく，「発展なき成長」と呼ばれた．1980 年代のバブル経済期には「総合保養地域整備法(リゾート法)」(1987 年制定）が施行されたが，大手開発業者主導のリゾート開発が中心であったため地域経済への波及効果は限定的であり，バブル崩壊後の自治体財政圧迫や環境破壊が指摘されている．以上の戦後地域開発政策の歴史は，その時代のリーディング産業によって牽引される国民経済成長に農山村地域が生産要素提供を通じて組み込まれていく過程であり，農山村地域経済の自律的な発展は限定的であった．宮本憲一は，このような地域開発のあり方を「**外来型地域開発**」と呼んだ（宮本，1989 : p. 285).

●内発的発展の原則　宮本は外来型地域開発にかわる地域振興のあり方を「内発的発展」として定義し，その方向性を 4 つの原則として整理した（前掲書：pp. 296-303)．すなわち，「第 1 は，地域開発は（中略）地元の技術・産業・文化を土台にして，地域内の市場を主な対象として地域の住民が学習し，計画し，経営するものであること」「第 2 は，環境保全の枠の中で開発を考え，（中略）アメニティを中心の目的とし，福祉や文化が向上するような，なによりも地元住民の人権の確立を求める総合目的を持っていること」「第 3 は，産業開発を特定業種に限定せず，複雑な産業部門にわたるようにして，付加価値があらゆる段階で地元に帰属するような地域産業連関をはかること」「第 4 は，住民参加の制度をつくり，自治体が住民の意思を体して，その計画にのるように資本や土地利用を規制し得る自治権をもつこと」である．この 4 原則の特徴は，経済的側面だけでなく，学習を通じた歴史や文化の資源化，環境保全，アメニティの向上，住民参加，人間発達といった総合的側面からの地域振興を重視している点である．

ただし，農村地域の限られた地域振興事例をモデルとし，都市を中心とした新しい地域発展のあり方を展望した 4 原則が，存続の危機に瀕している条件不利地域の厳しい現状を打開するには限界があること，すなわち，地域住民や自治体の自助努力のみで将来展望を切り拓くことや，相次ぐ市町村合併を経て広域化し，多様な地域性を有する基礎自治体単位での地域振興手法には限界があるという難点を内包していた．保母武彦はそのような限界性を認識し，かつ中山間地域の現状と照らし合わせた上で，「①農山村の自前の発展努力」に加えて「②農山村と都市との連携」と「③国家による新しい農山村維持政策」という3政策の結合による農山村地域の内発的発展を主張している（保母，2013）．さらに小田切徳美は，豊富な農山村地域振興の事例整理を通じて，地域づくりのもつ理念として「内発性」「総合性・多様性」「革新性」の3つを掲げ，そのもとで「主体」「場」「条件」の3つの形成を行うことで内発的な地域づくりが進められてきたことを，わが国の地域づくりの到達点として提示している（小田切，2014）．

●今後の実践的論点　以上の系譜を踏まえ，農村地域経済の内発的発展を巡る議論は，主に以下の実践的な各論点へと展開をみせている．第1に，地域経済振興における資源の保全・利活用やその高度化，地域内経済循環のあり方，域内産業と外部資本との関係性などを問う「産業論」である．農業・農村の**6次産業化**や**農商工連携**，着地型観光などが具体的な研究対象となっており，小田切によって整理されている「4つの経済」（第6次産業型経済，交流産業型経済，地域資源保全型経済，小さな経済）のように，地域資源の保全・活用による産業振興と同時に，域外への所得の流出を塞ぎ，「地産地消」のような地域内需要を重視する地域的取組みが注目される．第2に，地域住民と基礎自治体，地域産業という従来の担い手に加え，外部人材やボランティア組織・NPO，大学等の研究教育機関，社会的企業等の新しい担い手との連携や，地域運営組織等の新たな自治の領域形成を通じた地域発展のあり方を問う「主体形成論」である．都市や他地域との協調・連携のもとで地域の自立性を探る「共発的」な地域づくりや，内発的発展論における交流の役割を強調する小田切・橋口（2018），さらに近年EUで提示されており，農村地域内部が都市も含めた地域外の主体と連携しつつ，主体性を発揮する発展戦略である「ネオ内発的発展論」等も重要な示唆を与えている．第3に，当事者意識の醸成と地域の自律的な合意形成に基づく住民自治の徹底を重視しつつも，厳しい現状のもとでの自助努力の限界性を認識し，農業・農村地域のもつ公共性維持をより上位の行政機関が責任をもつ「**補完性の原理**」に基づき，地域の実情に合った新たな政策フレームを模索する「政策論」である．これらの論点に関するわが国の農山村地域の実態に即した一層の具体化が望まれる．

［槇平龍宏］

13-14

多様な主体と農村振興

農村の主たる担い手は，いうまでもなく農家を中心とした当該地域に居住する者であった．その中でも，集落内の自治に関する**共同体**の担い手は，男性であり戸主であることが多かった．しかし，こうした状況は変化をみせ，農村の主体は多様化している．この変化は，第1に，戦後，地域内の女性の参画という点において進む．背景には，農村女性の自立やジェンダーに関する社会的要請があった．その具体的な動きは，戦後の生活改善普及事業などを通じた農産物加工や直売などの活動の展開とともに拡がった．もう1つの変化は，高度経済成長と軌を一にした兼業化や**混住化**の進行による集落構成員の多様化である．構成員が，主に農業に従事する者だけでなくなり，ライフスタイルや考え方なども多様化していった．

●主体の拡がり　こうした集落内部の変化に加えて，農村の主体の射程は，集落の外部にも拡がりをみせる．人口減少や高齢化による問題が顕在化するにつれて，他出子，在外の出身者にも主体として関心が向けられるとともに，交流活動などを通して断続的に関わりをもつ都市住民の役割も重視されるようになった．また，近年では，当該地域とはもともと無関係な都市住民が，外にいながらも地域の主体として活動を行う動きも拡がっており，そうした人々は関係人口とも呼ばれている．

一方，多様化は構成員レベルだけでなく，**セクター**という側面からも確認する必要がある．農村において中心となる主体は，もちろん地域の住民やその共同体であるが，わが国の戦後の農村振興においては，行政が果たしてきた役割が大きい．しかし近年では，公共サービスの提供や公共空間の維持管理において，第一セクターと区分される行政だけでなく，第二セクターである企業などの民間営利セクター，そして第三セクターであるNPOや地域の共同体など，多様な主体の協働活動が拡がっている．

実際，集落自治において，既存住民だけでなく地域内外の多様な人々，セクターが参画できるような組織づくりも進んでいる．地域運営組織（RMO：Region Management Organization）などとも呼ばれるこうした組織は，集落における総合的な生活支援機能を果たすことが期待されている．また，地域資源管理においては，早くから「地域資源の国民的利用」というビジョンが示されるように（永田，1988），地域資源の利用・管理の範囲を地域住民や所有者に限定せず，都市住民など国民全体に拡大することが不可欠となっている．実際の活動をみると，ため池や水路の管理において，農家のみならず周辺住民，企業などが新たな組織を立ち上げ維持管理活動を行う取組みも拡がっている．国による各種の直接支払制度においても，そうした協働体制の確立が推奨されている．また，棚田や森林の管理を，都市部からの支援者や利用者を募ることによって進めるオーナー制度なども具体的な取組みの1つである．このように，里山，棚田，ため池などのあらゆる地域資源の管理において，都市部のNPOや企業などの多様な主体が協働して取り組む活動が拡がっている．

以上のように，農村の主体は，農家，非農家，女性などと地域内部の住民の中で多様に捉えると同時に，移住者，他出子弟，交流する都市住民など，地域外への拡がりの中で捉えるべきであり，さらには，行政，企業，NPOといったセクターの拡がりの中で，立体的に理解されるべきである（中塚，2010）．

●農村振興と多様な主体　農村振興には，多様な主体の存在が重要であることはさまざまな表現で言及されている．例えば，地域づくりには，若者，ばか者，よそ者，が必要といわれたり，「土」と「風」の人，つまり，地元の者とよそ者の両者の存在が重要といわれたりしている（玉井，1995）．また政策においても，都市と農村の交流・対流の促進は，中心的な課題となっている．このように属性や考えが異なる主体が交わることが農村における新しい取組みの創出や，その延長としての農村振興において重要であることは，経験則として広く共有されている．これは，新しい価値の創造である**イノベーション**は新結合によって生まれるという，イノベーション理論によっても裏づけされる．今後，農業，資源管理，自治など，あらゆる側面で従来の仕組の継続が困難になることが予想される中，農村の持続性を高めるためには，商品・サービス，社会の仕組み，働き方などさまざまな面において，イノベーションを生み出す必要がある．その源泉になるのが多様性といえる．今，農村では，ヒト，モノ，カネ，情報・知識などといわれる経営資源のうち，欠如するものが，プレイヤーとしての人そのものへと変化しつつある．また，人口確保，担い手確保という課題が，さまざまな形で人を得ようとする力を働かせている．この意味では，多様な主体の確保は，農村振興の手段であるとともに目的ともなっているといえよう．

ところで，「よそ者」や「風の人」は，あくまでその機能を表現したメタファーである．必ずしも外部者である必要はない．内外問わず，そうした機能を果たす人材を育成することが重要であり，多様な人材を組み合わせながらイノベーションを創出させ，農村の持続的な発展につなげること，いわば多様性のマネジメントが今求められている．

［中塚雅也］

13-15

農村計画

土地利用は，国の土地利用計画制度に則り，その利用がコントロールされる．明治初期よりしばらくの間，均一な稲作小農を中心とする社会であったわが国は，1960 年代以降，高度経済成長を経て急速に都市化と工業化が進んだ．無秩序な乱開発行為は都市周辺の農地を虫食い状態に開発するスプロール現象を生み，都市にとっても農村にとっても大きな問題となった．こうした事態を受け，1968 年に都市計画法が改正されたが，都市と農村を二分したため，都市周辺の農地や農業集落が都市計画区域に含まれたほか，都市計画区域以外の農村地域は計画の対象外となるなど問題が残された．

●優良農地の保全と農村計画の誕生　開発行為から優良農地を保全するための法律として 1969 年に農業振興地域の整備に関する法律（以下，**農振法**）が制定された．農振法では，農振地域を対象に農業振興地域整備計画を策定することで農用地区域が設定され，土地利用規制と優遇処置により優良農地の保全が図られる．生産手段である農地は，いったん開発に供されたり荒廃化したりした場合，相当の投資を伴わない限り元の農地に戻すことはできない不可逆的な特徴を有する．また，圃場整備やかんがい排水施設整備は一体的農地を対象とすることでより高い機能を発揮する．農振法は，農振農用地区域を対象とする優良農地の一体的保全と農業生産基盤の整備を通して，農村地域の活力ある発展を支えるとともに秩序ある合理的な土地利用に寄与することを目指している．

都市計画区域外の農村地域が都市的土地利用の計画外となり，また，農振法が農業的土地利用を主として対象とするため，農地と集落が不可分に存在してきた農村地域では，都市計画とは別の計画が必要とされた．そこで，農村地域固有の土地利用や生活環境基盤および施設の体系的整備を議論するために，さまざまな課題を把握し解決の手段を見出そうとしたのが農村計画の原型である．今日では，土地利用計画や生活環境基盤・施設の体系的整備に加え，中山間地域問題，**多面的機能**の評価，地域資源，景観，地域づくり，生態系の保全，バイオマス系廃棄物の循環利用など，農村を対象とする**地域計画**として，さまざまな課題を対象とするに至っている．

●農村を対象とする地域計画としての発展　創生期に議論されていた農村計画は，科学的に検証された知見をもとに，国，県，市町村，集落等各レベルの土地利用計画や経済計画を組み立てていく「合理的な」技術として議論されていた．

しかし，地域計画には，生活環境，教育，福祉等住民の生活に関わる多くの課題が存在しており，これら課題に向き合うためには住民の主体性に委ねることが重要と考えられるようになった．そこで，「参加型」の計画論が登場し，ワークショップ手法等，地域づくりの場面で有用な**住民主体**の手法が生まれた（星野，1994）．内発的発展論の寄与により，住民の位置づけはさらに進展し，計画づくりにおいては，そこに暮らす人々が学習や計画づくりを通して地域資源の再評価と活用方法を見出すことや，その中で育まれる主体性，問題解決を図る能力の育みがより重要と考えられるようになっている．同時に，計画に携わる研究者は，処方箋を提示する専門家から，現場の人々に寄り添いともに試行錯誤する伴走者へと立場を変化させており，実践と科学の間を行き来しながら農村計画としての知見を積み重ねている．（田村他，2018）．

●農村地域の変化と農村計画への期待　さまざまな課題を対象としてきた農村計画ではあるが，平坦地域にも耕作放棄が発生する状況に現れているように，農業振興が最も重要な課題であることに変わりはない．農業経営基盤強化促進法のもと，担い手への農地集積が図られ，最近では農地中間管理機構がそれを推進している．また，人口減少と高齢化が進む農村地域では，大区画圃場整備やICTの導入によるスマート農業の推進等，新技術導入による躍進が期待されている．それには，一層の技術革新が求められるとともに，多くの人手を介し管理されてきた水利施設や農道など賦役に相当する部分の役割分担の再編が必要となろう．この点については，日本型直接支払制度（農業の有する多面的機能の発揮の促進に関する法律）に基づく多面的機能支払交付金を活用した地域の共同活動により実践されている．また，土地改良区が管理運営する水利施設についても，需要主導型の水利用による効率化が技術開発とともに議論されている．なお，農村計画の契機であった都市と農村の境界の土地利用については，例えば，生産緑地法のもと，いったん農地の宅地化が志向されたが，最近では，都市農業振興基本法が施行され，市街化区域内農地を農地として積極的に活用し，農業の有する多面的機能を都市でも発揮させようとする考え方に変わってきている．

人口減少，生産調整の廃止，農協，農業委員会の改革，災害の発生，公立小中学校の統廃合，一方での田園回帰や地域サポート人材の広がりなど，農村をめぐる事情は激変している．そのような中，住民の主体性を育みながら，現場における実態把握や課題解決を図ろうとする農村計画の役割はますます大きくなっているといえる．

［遠藤和子］

13-16

条件不利地域問題と政策：日本

条件不利地域とは，地形，気候，地質，位置等，地域のもつ諸条件，特徴が阻害要因となり，経済・社会活動が相対的に停滞している地域を指す．具体的には山間部や離島，豪雪地帯等がそれにあたる．

日本で条件不利地域という言葉が浸透したのは，1990 年代であり，それほど古いことではない．まず 1980 年代後半からの米価引下げや，構造政策の加速に伴い，それらへの対応が難しい地域として**中山間地域農業**問題が浮上する．

その分析の中で，水田だけでなく，他の地目，さらに他産業や生活インフラを含めた地域全体を総合的に把握する必要性についての認識が深まる．そして，EU で 70 年代から実施されてきた LFA（Less Favoured Areas）政策も参考にしながら用いられるようになったのが，「条件不利地域」である．本項目も，農業だけでなく，経済・社会一般も視野に入れて解説する．

●戦後日本における条件不利地域の分布と背景　現在の条件不利地域も，かつてからそうだったわけではない．例えば高度成長期前は，稲作の機械化は進んでおらず，山間部の小規模な棚田であっても，平場との**生産性格差**は大きくなかった．農家は養蚕，炭焼き，林業，畜産，出稼ぎ等，稲作以外の選択肢も多く，それらを組み合わせて，一定の収入を得ていた．しかし，その後機械化や圃場整備の進展による平地の稲作の生産性の上昇，貿易自由化，エネルギーインフラの整備，代替品の普及等による林業・炭焼き・養蚕等の自営兼業部門の衰退が進む．そして，その生産性格差の拡大や自営兼業部門の斜陽化が，それぞれの立地を反映して条件不利地域を生み出した．具体的には平地に対して山間部が，本土に対して離島が，沿岸部に対して内陸部が，条件不利地域として位置づき固定化していく．

●条件不利性の時代性　大まかな時代区分としては，以上の不利性の発現と格差の拡大は 1950〜60 年代の動きである．70 年代から 80 年代までは，引き続き農業内部での生産性格差は拡大するものの，条件不利地域においてもインフラ整備のための公共事業が増え，機械工業の下請け部門も進出し，条件不利地域でも兼業機会の増加がみられた．しかし，90 年代からはまず牛肉やオレンジといった条件不利地域を直撃する農産物貿易の自由化や，米価引下げによる農業の環境悪化が進む．さらに工場の海外移転や 2000 年代前半以降の公共事業抑制，市町村や農協の合併等で地域経済の縮小が進んでいく．

他方，生活インフラについては，高度成長期に格差が広がるもののそれは相対的なもので，条件不利地域においても道路，医療，通信，教育等，それぞれの分野での整備は着実に進んでいた．しかし，90年代以降は財政危機や人口減少による鉄道やバス等の公共交通の減便や廃止，スーパーやガソリンスタンドの撤退，学校の統廃合，病院の診療科の減少等，生活インフラの絶対的な縮小，環境悪化へと局面が変わっている．

●条件不利地域政策の背景　純粋な経済理論によれば，条件不利地域は人口の移動，産業の転換等により一定の期間を経て調整が進み，解消されるものとされる．しかし，現実にはさまざまな要因によりその調整が進まない，またはその調整の結果，もしくは調整の過程で生じる諸問題が社会的，政治的に許容できない場合もある．

具体的には，生活インフラの縮小や地域運営の困難化といった当該地域内の社会問題と，食料自給率の低下，国境防衛や環境問題，防災対策といった，国全体に関わる問題がある．

●不利性の補正・克服を目指す政策　それらの問題に対しては，大きく2つの政策のパターンがある．1つは，不利性を補正し，さらには移住者の確保や条件不利性を克服する新たな産業の創出を目指す政策である．主なものとしては，農業関係では新規作物の導入や農産加工等を奨励し，経済的な自立を目指した特定農山村法や，平場との生産性格差を補償する**中山間地域等直接支払制度**（中山間支払）がある．

地域振興全般については，山村，離島，半島等の各種地域振興法があり，さらに豪雪地帯特別措置法，へき地保健医療計画制度，また地域づくりの支援と若者の移住を目的とした地域おこし協力隊制度などが挙げられる．

●縮小を前提にした政策　もう1つのパターンは，逆に地域資源の管理の粗放化や地域外への人口移動を後押しする政策である．例えば，生活条件の厳しい地域から中心部への集団移住を支援する集落等移転事業（過疎地域集落再編整備事業の一部）がある．また前述の中山間支払も，維持が困難な農地の林地化を認め，その費用を支援対象としており，さらに，一部地域では，棚田での放牧も試みられている．

ただし，これらの政策については存在自体が広まっておらず，また利害調整の難しさや，政治の消極姿勢により，実施している事例も少ない．なお，2014年のいわゆる「増田レポート」の発表とそれに続く各自治体でのまち・ひと・しごと創生総合戦略の策定は，人口減少や財政縮小を前提に，地域資源管理の粗放化や，分散型の生活インフラのあり方を検討するチャンスだったが，十分な議論はなされず，具体的な動きもない地域が多い．

［山浦陽一］

13-17

条件不利地域問題と政策：欧州

欧州農業において条件不利地域といえば，1975年に当時の欧州諸共同体（EC，現EU）が共通農業政策（CAP）に導入した条件不利地域政策の対象地域であるless-favored areasを想起するのが一般的である．

●条件不利地域政策の原型　この政策の目的は，「営農を継続することによって，条件不利地域の最低限の人口水準を維持し，あるいは，田園空間を保全すること」にある．条件不利地域は「山岳地域」「条件不利農業地域」「小地域」の3つからなる．このうち「山岳地域」には標高と傾斜度が高く，営農期間や機械利用が制限される地域が指定された．また，「条件不利農業地域」には農業依存度が高いにもかかわらず，生産条件に恵まれないため，人口が維持できない地域が指定され，「小地域」には特別のハンディキャップがありながら，田園空間の保全や観光さらには海岸線の保護が必要な地域が指定された．

これらの指定地域にある農業経営者には，自然条件の不利性を補うための補償金（compensatory allowance），個別の経営発展のための特別助成措置および共同粗飼料生産等への投資助成が実施された．なかでも，補償金は現在まで続く息の長い支援制度であり，後に日本の中山間地域等直接支払制度の設計にも大きな影響を与える制度となった．補償金を受け取るには，3 ha以上の農用地で5年以上の営農をすることが条件とされ，補償の対象は大家畜換算（家畜単位）で15頭以上，50頭以下の家畜に限定された．

この制度は地域間の不均衡発展を強く意識している点に特徴があり，ECにおける最初の地域構造政策ともいわれている．経済発展に取り残された農村地域の中でも農業の生産性に劣る地域に焦点を当て，営農の継続性の確保を介して，地域社会を維持し，田園空間を保全する手法がとられている．

地域間の不均衡問題は1950年代から認識されていたものの，その対策は容易に実現しなかった．20年近く後になって条件不利地域政策が実現した背景には，イギリスのEC加盟（1973年）があるとされる．

●制度の変遷　条件不利地域政策は成立後四半世紀にわたって独立した制度として運用されてきた．しかし，2000年以降は共通農業政策が直接支払いと市場政策からなる第1の柱と農村振興政策からなる第2の柱に分けられ，条件不利地域は後者の枠組みで運用されることになった．第2の柱は農業構造政策，農業環境政策および条件不利地域政策等の所得支持政策以外の政策からなり，7年を1つの期間として計画が策定される．第 1 期（2000〜2006 年）の農村振興政策では，条件不利地域政策の支援手段を補償金だけに絞り，補償金の支払い対象を家畜頭数から農用地面積に変更した．

続く，第 2 期（2007〜2013 年）では，農村振興政策に関連する予算が統合され，資金をバランスよく配分するために 4 つの基軸（axis）が設定される．条件不利地域政策は第 2 機軸「環境と田園空間の改善」に含まれるとともに，条件不利地域政策の補償金は自然ハンディキャップ支払い（natural handicap payments）に改称される．

この名称は第 3 期（2014〜2020 年）に再び変更され，「自然あるいはその他特殊な制約に直面している地域への支払い（payments to areas facing natural and other specific constraints）」となる．支払い対象地域は従来の 3 つの地域を引き継ぐものの，これまで「条件不利農業地域」とされていた山岳部と平坦部のいわば中間地帯の指定には生物・物理学的な 17 種類の指標が設けられた．農地面積の 60% 以上がこの指標の 1 つ以上を満たすことが指定の要件になり，指定手続きの透明性が高められている．支払い額は 1 ha 当たり 25 ユーロを下限とし，250 ユーロを上限とした．ただし，「山岳地域」では 450 ユーロまでの支払いが許される．

●予算と受給の状況　条件不利地域政策の予算は第 1 期には 80 億ユーロ，第 2 期には 126 億ユーロが計上され，それぞれの農村振興政策の予算の 18%，14% を占める．受給農家数は 2005 年時点でおよそ 140 万戸であり，EU25 カ国の農家数の 13% に相当する．指定農地はさらに多く，EU 全農用地の 57% を占めている．農用地面積の割合に比べて受給者の比率が低いのは，条件不利地域では放牧などの粗放的な土地利用が主流になっているからである．

EU 農家会計データネットワークのレポート（European Commission, 2008）によれば，「山岳地域」の農業労働者（AWU）1 人当たりの受給額は 2445 ユーロ，その他の条件不利地域では 1448 ユーロである．1995 年までの加盟国（EU-15，ただしオランダを除く）でみると，「山岳地域」の受給農家の条件不利地域支払い受け取り額は 3878 ユーロで，農業所得の 22% を占めている．また，その他の条件不利地域では 2754 ユーロを受給し，所得の 14% を占めている．さらに，条件不利地域支払いを含む直接支払いの受給総額が農業所得に占める比率をみると，「山岳地域」で 89%，その他の条件不利地域では 109% に上っている．

このように条件不利地域の農家では他の直接支払いとともに条件不利支払いは重要な収入源となっている．　［飯國芳明］

13-18

震災と復興：社会関係資本の重要性

2011年3月11日に発生した東日本大震災からの復興は中間地点に差し掛かっている．復興庁（2018）によるとその被害状況はほぼ回復という評価をされている．発災当時，約47万人いた避難者は6.2万人まで減少し，被災3県（福島・宮城・岩手）における津波被災農地の営農再開率83%（16770 ha），漁業産出額回復率93%（743億円），製造品出荷額は震災需要の増加もあり3県ともに100%を超える回復率となっている．しかし，地震・津波に加え原子力災害の被害地域となった福島県では，農地の復旧率（除染を含め営農再開可能な農地）55.6%，漁業産出額回復率46.7%に留まっている（福島県，2018）．これは放射能汚染に伴い，長期間に及ぶ避難，放射性物質検査の実施，作付制限・出荷自粛，試験栽培・試験操業など原子力災害特有の被害を回復させることの困難性を表している．

●原子力災害による農業・農村の損害　放射能汚染による損害は3つの枠組みで捉えられる（小山・小松，2013）．第1は，フローの損害である．これは，作付制限対象となった農産物，出荷制限となり生産物が販売できなかった分の経済的損失および「風評被害」等による取引不成立や価格の下落分の損害である．原発事故以前（2010年）の福島県の農業粗生産額は約2330億円であったが，事故後（2011年）は1851億円と減少し，2016年には2077億円まで回復している．この間の損害賠償額は約3030億円であり，作付制限・出荷制限に伴う賠償のほか，農地を利用できない期間の賠償も含まれる（表1）．第2はストックの損害である．これは，物的資本，生産インフラの損害であり，農地の放射能汚染，避難による施設，機械の使用制限など

表1　福島県産農産物の損害賠償額

（単位：億円）

	合計
穀物	283.5
園芸	656.9
果実	182.8
原乳	44.5
家畜の処分	99.5
その他家畜被害	306.9
牧草	135.9
吸収抑制対策	1.7
不耕作（休業補償）	31.4
営業損害	194.9
小計	1938.1
不耕作	1091.9
合計	3029.9

（注1：不耕作には避難指示区域，作付制限地域の農地が含まれる．注2：2011年3月～2018年4月の合計値）［出典：JAグループ東京電力原発事故農畜産物損害賠償対策福島県協議会（2011年4月26日設立）をもとに筆者作成．］

が含まれる．2013年度より，東京電力による財物賠償が開始されたが，減価償却が終了した農機具などは一括賠償の対象となり，再購入価格には程遠い賠償額が査定されてしまうという問題を抱えている．

●農村における社会関係資本の損害　重要なのは第3の社会関係資本の損害である．これまで地域で培ってきた産地形成に関わる投資，地域ブランドなど市場評価を高めるための生産部会活動，農村における地域づくりの基盤となる人的資源やそのネットワーク構造，コミュニティ，文化資本など多種多様な社会関係資本が損害を被っている．避難指示区域では十数年におよびこれら資源・資本を利用することができない．この損失分をどのように測定するか，対策としてどのように穴埋めするか，このことはきわめて重要な問題となる．現段階では，原子力損害賠償紛争審査会（原子力損害の賠償に関する法律第18条に基づいて文部科学省に臨時的に設置される機関，2011年4月11日設置）でも全く手つかずの状況である．

●社会関係の分断　原発事故後，福島県の被災者・住民はさまざまな局面で分断されてきた．放射能のリスクに関する考え方，事故直後の避難，福島県産農産物を食べるのか，福島での子育て，帰村か避難継続か，賠償金の有無など．さまざまな場面で分断が継続・深化している．異なる意見を1つにまとめるためには時間がかかる．福島県相馬市の伝統行事「相馬野馬追」は，約千年にわたり培ってきた社会関係資本がベースにある．原発事故による避難指示により，2011年は宵乗競馬，神旗争奪戦が中止となった．原子力災害の最大の損害は再生の準備のための時間を奪ったことにほかならない．

●社会関係資本の復興　農村における「信頼」「規範」「ネットワーク」といった社会関係は，裏を返せば，軛（くびき）であり，しがらみでもある（稲葉，2011）．これは農村の閉鎖性や閉塞性など否定的な側面とも結びついている．新規参入者と既存農家の対立などは多くの農村でみられるが，被災地ではそのバランスが一瞬で瓦解してしまった．東日本大震災後に盛んに使われたキャッチコピーに「絆」がある．絆は英訳すると「bonds」であり，「縛るもの」「束縛」「契約」を意味する．おそらく震災復興に「絆」を使用することを考案したコピーライターは，絆を「ties」「縁」という意味で使ったと思われるが，震災・原発事故により，土地から切り離された住民，農地から離れざるを得なかった農家を皮肉なまでに表現している．農業・農地と農家を結びつける農業団体として農業協同組合がある．協同組合という組織形態は地域に埋め込まれた組織であり，震災後地域から離れず被災した農家組合員のための事業を展開してきた．農協改革の逆風の中，本来の協同組織として新たな地域形成の役割を期待したい．　［小山良太］

第 14 章

農業史・農村史

14-1

ヨーロッパ近代農業の成立

1840年頃よりイギリスでは技術改良の果実を取り入れた**ハイファーミング**と呼ばれる資本集約的な大経営が展開した．利潤追求を目的とし雇用労働力を利用する大借地農による資本主義的な農業経営が成立したのである（椎名，1973；Mingay et al., 1989；Collins et al., 2000）．しかし，フランスやドイツなど他のヨーロッパ諸国では，こうした経営の広がりは限定的で，農民的な経営や伝統的な経営が広範に残存した（Barjot et al., 2005）．とはいえ，そこでも，技術改良への志向はみられ，全国市場や国際市場とのつながりを通して資本主義経済により深く包摂されていくことになった．

●イギリスにおける近代農業の成立　**農業革命**の流れの中で進展した囲い込み運動や農業技術の改良の動きから飛躍するような形で19世紀のイギリスでは，排水整備を主とする土地改良，**グアノ**などの輸入肥料の利用，農業機械の導入が進み，資本主義的な性格を色濃くもつ大規模経営が出現するに至った．農産物市況の動向にも影響されつつ，地主と借地農との関係が次第に変化しつつある中で借地権が漸次的に確立し，近代農業成立への軌道に乗った．特に，1840年頃からは資本集約化が顕著に進み，ハイファーミングと呼ばれる農業経営が伸長したのである．

綿工業を主導として産業革命が進展し，非農業部門の政治的勢力が拡大しつつある中で，外国産穀物に輸入関税を設定することでイギリス農業を保護していた**穀物法**が，1846年，自由貿易を主張する産業界の強い要請に押し切られる形で廃止された．これによりイギリス農業は壊滅的な打撃を被ると予測されたが，しかし実際には黄金時代と呼ばれる繁栄の時期を迎えることとなった．その背景として，ロシア，アメリカなど穀物輸出国における戦争の影響による供給力の減退や，ヨーロッパにおける都市化の進展と人口増加に伴う需要拡大により，農産物価格が高止まりしたことが指摘されている．こうした経済状況を利する形でイギリス農業は繁栄を実現した．輸送手段の発展に伴い穀物輸入が増大し，農産物価格が低下していく1870年頃までそれが続いた．それ以降，イギリスでも自作農化が進むが，それより前の繁栄の時期にハイファーミングが大きく展開したのである．

●ハイファーミングの特質　ハイファーミングでは以下のような先進的な技術が導入されていた．土地改良については，イギリスの土質条件に鑑みるに，排水施設の整備が農業生産力の向上に大きく寄与することになるが，国の支援や地主の投資のもとで暗渠を使った技術が普及した．肥料については，いずれも輸入肥料である骨肥やグアノが導入され，人造肥料である過リン酸と合わせて農業の生産力を向上させた．機械の導入もみられ，蒸気機関を利用した脱穀機，刈取り機，選別機が普及した．さらに，輪作体系の集約化，高度化も進められ，じゃがいも，飼料用ビート，蔬菜の作付けが増大し，それに伴い畜産，酪農も拡大した．そして，この時期には鉄道が発達しつつあったが，それにより，農産物，畜産物，農業資材，肥料，農機具などの輸送が容易になり，農業生産に好影響を与えた．これら先進技術が採用されたハイファーミングの経営は大借地農によって行われた．大地主より農場を借り，農業労働者を雇用し，利潤追求を旨とする資本主義的農業経営がここに確立したのであった．

●他国における近代農業の成立と限界　フランスやドイツなどイギリス以外のヨーロッパ諸国では資本主義的農業経営の展開は限定的であり，多くの農民的小経営や伝統的な大経営が残存していた．しかし，それでも全国市場や国際市場とのつながりを強めながら，技術改良や生産力向上を，一定程度，実現していた．

例えば，イギリスに比べると緩慢な形で経済が発展したフランスでは，パリ盆地において資本主義的な大借地経営が近代的な形態をとりながら展開をみせ，工業都市が発達した北部においては集約的な農業経営が発展したが，基本的には農民的小経営が広く残存していた．もっとも，こうした小経営においてもじゃがいもなど新作物の拡大，中耕作物の導入，輪作体系の高度化，改良農具の採用，人造肥料の利用など技術進歩の動きを見出すことができた．北部や西部における沼沢地干拓や排水工事，南部におけるかんがい用水路の建設など土地改良事業が進展した．高い農産物価格にも支えられ，第2帝政期（1852～1870年）には，農業の黄金時代を迎えた．こうした農民的小経営もまた，全国市場への統合や国際市場とのリンクを通して資本主義経済の動向により深く組み込まれていった．とはいえ，資本主義的な農業経営の成立については，結局のところ限界を指摘せざるを得ない状況であった．

ドイツでも，西部では依然として農民的経営が優勢で，東部でも伝統的な特徴を色濃くもつ農民的大経営やユンカー経営が強固に残存していた．しかし，ここでも農業の集約化，輪作の改良，農業機械の導入，土地改良への動き，鉱物肥料の利用などの技術発展への志向がみられるとともに，市場とのさらなるつながりを求める商業的農業の展開に向けた契機を確かに検出することができるのである．

［伊丹一浩］

14-2

世界農産物市場の成立

市場とは何らかの財貨交換の存在を前提として，その行われる場，そこでの営み全体を指している．いま市場の理想型を考えてみると，そこでは「常時多くの財貨が取引され，そのための便宜が整い安全が保証され，だれでもそこへ参入できるよう門戸が開かれており，そこでは当事者の自由な競争により価格が形成される，そのような場」を想定することができる（松井，1991 : p. 53）．とはいえ現実の市場，とりわけ農産物市場はこのような理想化された市場概念からかけ離れている場合が少なくない．ここでは，農産物の世界市場がいつどのように成立したのか，その歴史的なプロセスをみてみたい．

●大航海時代と農産物貿易　世界的な農産物の貿易は古くから行われていたが，1492 年のコロンブスによる西インド諸島の「発見」にはじまる**大航海時代**以降，その様相が変化してくる．もともとアジアとヨーロッパの貿易は，シルクロードにみられるように古くは陸路で行われており，その貿易量は限られていた．しかし大航海時代になると，ヨーロッパとアジアとの，またヨーロッパと新世界との貿易が盛んになる．まずヨーロッパとアジアの貿易であるが，それはヨーロッパがアジアの特産物を求めることからはじまる．もともとアジアでは大航海時代以前から内陸や海上ルートを通じて広範な域内貿易が行われており，インドの綿織物や絹織物・生糸，香辛料，中国の生糸・絹織物や陶磁器などさまざまな産品が取引されていた（杉山，2014）．大航海時代になるとこのような特産物を求めてヨーロッパの武装した貿易船がアジアに進出し，さらにはアジア地域の植民地化を押し進めていった．

次にヨーロッパと新世界との貿易は，ヨーロッパ・アフリカ・アメリカ間の**三角貿易**として行われた．その一例を挙げると，イギリスの港から出航した船には植民地向けのさまざまな財貨（食糧や食器，靴や衣料，石鹸やろうそく，農耕具，奴隷の衣服など）が満載された．船は途中，西アフリカ沿岸に立ち寄り，そこで現地商人の仲介により，銃や弾薬，ラム酒，綿布やビーズなどと引替えにアフリカの黒人奴隷を買い入れた．奴隷を乗せた船は西インド諸島へ向かい，そこで奴隷をおろすと現地で生産された砂糖やタバコ，綿，染料のインディゴ，ココアなどを大量に積み込みイギリスの港へ帰還した（井野瀬，2017）．このようなアジアおよび新世界との貿易によってヨーロッパの生活様式は大きく変化し，それまでヨーロッパにはなかった生活習慣が形成された．イギリスで中国産の紅茶に西インド諸島産の砂糖を入れて飲む習慣が大衆化したのはその一例である．

●産業革命と世界市場　18 世紀後半からイギリスではじまる**産業革命**はイギリス国内のみならず，18 世紀末から 19 世紀前半にかけてヨーロッパやアメリカへ急速に普及していった．その結果，特に西ヨーロッパでは農業社会から産業社会への移行が促進され，産業組織や人々の生活様式に画期的な変化がもたらされた．またイギリスでは 1846 年に穀物法，49 年に航海法が廃止され，重商主義的な規制や保護関税がほぼ撤廃されて，**自由貿易**体制が確立した．この時期は「パクス・ブリタニカ」とも呼ばれ，イギリスは「世界の工場」であるのみならず「世界の銀行」として国際金融センターの役割を果たすようになる（杉山，2014）．この時期イギリス・インド・中国 3 国間の貿易決済の関係は「アジア三角貿易」と呼ばれ，中国からイギリスに紅茶が輸出され，インドから中国にはアヘンと綿花が，イギリスからインドには綿布がそれぞれ輸出された．

19 世紀半ばは蒸気船や鉄道，電信の普及による**交通・通信革命**の時代であり，イギリスを中心とする世界市場の統合化とネットワーク化が急速に進んだ．インドやアメリカ合衆国における鉄道の普及，スエズ運河の開通（1869 年）などにより農産物の輸送費用は大幅に低減された．アメリカでは南北戦争中に成立したホームステッド法のもとで大量の移民が未開の大平原に入植した．これら西部農民が生産した農産物は鉄道を利用して東部へ輸送され，さらに大西洋を越えてヨーロッパへと輸出された．また冷凍技術の発達により 1870 年代以降，北アメリカはもちろんアルゼンチン，オーストラリア，ニュージーランドなどの南半球からもヨーロッパへの冷凍肉輸出が可能となった．この時期をもって世界農産物市場は完成し，以後さらなる深化を続けていくことになる（持田，1996）．

東洋の島国日本もこうした国際環境の変化から自由ではあり得なかった．徳川幕府は 1858 年にアメリカ・オランダ・ロシア・イギリス・フランスと修好通商条約（安政五カ国条約）を結び，欧米諸国との貿易を開始した．それに伴い海外需要の大きい生糸と茶が輸出され，国内の製糸業や製茶業の急速な発展がみられた．日本も資本主義世界市場の一環に組み込まれたのである．

最後に，世界農産物市場の形成プロセスにおいては，しばしば物理的な力関係，権力や大砲が重要な役割を演じたことも忘れてはならない．ネイティブ・アメリカンや黒人奴隷がそうであったように，強者と弱者の出会いによって弱者が犠牲となり，これを人類史的にみれば，多大な代償を支払いながら世界市場が形成されたということである（松井，1991）．このような世界市場の歴史的性格は今日に至ってもまだ十分に解消されているとはいえない．

［田代正一］

14-3

農業保護政策の登場

今日にもつながる農業保護政策は，19 世紀末の関税復活から始まる．その後，第一次世界大戦後に食糧増産のための農業保護が始まり，世界大恐慌からは農産物価格支持政策が登場し，戦後へ引き継がれることになった．

●19 世紀末農業恐慌と関税の復活　世界に先駆けて産業革命を達成したイギリスは 1846 年に穀物法を廃止し，自由貿易を世界に広めていった．ドイツ関税同盟も 1853 年に，フランスも 1861 年に穀物関税を廃止した．これと並行して，アメリカ，カナダ，オーストラリアなどの新開国の農業開発が進み，東欧，ロシアなどの農産物輸出も拡大した．それには，鉄道建設が重要な役割を担い，またスエズ運河の開通（1869 年）や大型鋼製快速汽船の登場による「海運革命」が大きく寄与した．こうして，“世界農工分業体制”といわれる時代が到来した．

しかし，アメリカのような新開国やロシアなどからの穀物輸出により，1873 年以降，図 1 のように穀物価格は世界的に下落し続け，ヨーロッパ農村は 19 世紀末農業恐慌に陥った．この時，イギリスは自由貿易の原則を貫いたが，農業就業者が就業人口の 4 割を超えていたフランスやドイツでは，地主や農業者の困窮を受けて保護関税を復活させたのである．

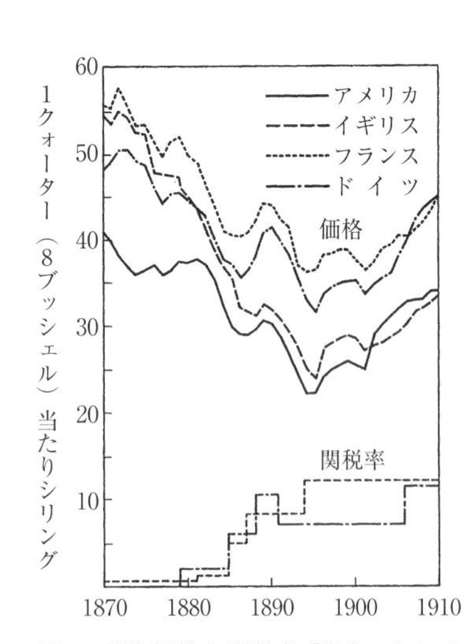

図 1　穀物価格と関税率［出典：トレイシー（1964）/阿曽村他訳（1966）p. 26.］

この保護関税は，1879 年のドイツ農工保護関税法にみられるように，帝国主義の時代を背景に工業製品を含めて自国産業を守るための保護貿易主義の一部であった．

●日本における米籾関税　日清戦争（1894 年）後に産業革命が達成され，1900 年以降は米の恒常的な輸入国に転じていた日本でも，日露戦争（1904 年）に伴う非常特別税の一部として米籾輸入税が導入された．この関税をめぐっては，商業会議所が撤廃を求め，地主や農業者は米価下落と農村疲弊を理由に引上げを求めて関税論争が展開され，1911 年関税改正によって増率で決着した．

ただし，当時の日本は，日露戦争で累積

した内外債償還のため，正貨流出の抑制が最重要課題だった．そのため，この関税の主眼も外米輸入の抑制による正貨流出防止にあった．また，日本の米は短粒種で外米（長粒種）との代替・競合も限定されていた．日本の場合，ヨーロッパと同じような植民地農業との競合は，米騒動を機に朝鮮と台湾で産米増殖計画が推進された第一次大戦以後となる．

●第一次世界大戦と食糧増産政策　1914年に勃発した第一次世界大戦は市民も巻き込んだ総力戦となり，イギリス，ドイツ双方で深刻な食糧危機が生じた．ドイツでは餓死者数が70万人にも達したといわれ，食糧は列強各国にとって安全保障上の最重要物資の1つとなった．このため自由貿易を貫いてきたイギリスも最低価格保障を含む穀物生産法（1917年），食糧の増産政策に国家が乗り出した．同様に他の国も非常時に備えた食糧増産政策を開始した．

食糧増産のための農業保護を最も典型的に進めたのは，フランスとドイツである．フランスでは，1926年の関税引上げに続き，1929年からは製粉業者に国産小麦の混入率を義務づけ，1931年からは輸入割当制を採用した．ドイツでも1925年の関税自主権の回復と同時に農業関税が設けられて，1929年にはフランスと同様に混入率を制度化して，翌1930年には農産物輸入が国家管理となった．一方，イギリスでは1932年の輸入関税法と同年のオタワ会議によって，大英帝国内に特恵関税を与え，帝国外には高率関税を課すブロック化政策が開始された．アメリカでも，1930年に報復的な関税引上げ合戦の引き金といわれたスムート・ホーリー法が成立し，工業製品を含めた対抗的な関税引上げが開始された．

●大恐慌と価格支持政策の登場　このような輸入防遏政策に加えて，1929年からの世界大恐慌のもとで，各国が導入したのが農産物価格支持政策である．イギリスでは1932年に小麦の最低価格保証が復活し，酪農では1931年農産物販売法によってミルク・マーケッティング・ボードが組織され，生乳の一元集荷・価格維持が開始された．フランスでは，レオン・ブルム人民戦線内閣のもとで，1936年全国小麦関係局が設立され，小麦価格が公定され，小麦貿易全般が独占的に管理された．ドイツでも，ナチス政権下の1933年に農民・加工業者・商人を含めた国内の生産・流通の総合組織である帝国食糧職分団が組織され，価格・流通も統制された．アメリカでは，ニューディール政策の柱として1933年に農業調整法が制定され，価格保証が商品信用公社を介して行われた．

日本でも1921年の米穀法から余剰米の政府買入れが開始されたが，昭和に入ると品質が日本米に近い朝鮮米，台湾米が大量流入して米価が下落し，1930年には昭和農業恐慌となった．このため，政府は1933年に米穀統制法を制定し，公定価格で余剰米を無制限に買い入れる価格支持政策を開始した．　［玉 真之介］

14-4

植民地プランテーション農業の展開

15世紀末以降に植民地獲得を進めたヨーロッパ諸国は，南北アメリカ大陸，アフリカおよびアジアにおいてプランテーションと呼ばれる企業的農業経営を成立させていった．以下では，アメリカ大陸とアジアに焦点を当ててその展開過程を説明する．

●アメリカ大陸におけるプランテーション農業　プランテーションの用語は，スペインとポルトガルが中南米を侵略してさとうきび（甘蔗）やカカオの強制栽培を広めはじめた15世紀の半ば頃から用いられるようになった．その後イギリスやオランダやフランスが北米に進出した1610年代には「ヨーロッパ移民の定住入植地」すなわち「コロニー」と同等な意味で使われるようになった．1706年の記録では，「タバコや綿花などの奴隷制大農園がプランテーション」と明示された．侵略した側からみればそれは神によって与えられた「新世界」の開拓農園であったが，実体は，先住民や多数の黒人を奴隷として使役し，また多くの白人奉公人（召使い）を酷使する大規模奴隷制農園のシステムだった．徹底した異民族・有色人種差別の強化をも特徴としたこのシステムは，世界商品としての農産物の強制栽培を通して，その後の世界史の展開を規定していく土台となった．

植民地プランテーションの開発は奴隷制ならびに大西洋奴隷貿易（三角貿易）の隆昌と結びついて展開し，砂糖をはじめやがて世界商品・日用品となる数々の農産物を，宗主国の需要に合わせて強制的に栽培させる奴隷制プランテーションの継起的な拡張的「発展」として歴史化された．世界の多くの地域をモノカルチャーに傾斜させていったこの展開は，「近代プランテーション革命」といわれる（池本他，1995：第3章）．

この革命は，中南米ではまず砂糖とカカオから始まった．その後は継起的にタバコ，コチニール（昆虫から得る臙脂色染料），米，インディゴ，コーヒー，麻，そして綿花のプランテーションがカリブ海域一円から南米，北米へと相次いで建設され，多くは奴隷制・強制栽培の農園として展開した．タバコ・プランターの勃興はアメリカ合衆国の独立と直結し，綿花とインディゴのプランテーション革命は，イギリス産業革命やインドの植民地化と直結した．19世紀末までには，太平洋各地の島々やアフリカにも天然ゴムやさとうきびやヤシ，パイナップル，カカオなどのプランテーションが広まった．プランテーション体制の普及と展開はエコシステムの崩壊（環境汚染・生物多様性の崩壊と先住民社会の疲弊・壊滅）

ももたらし，現在でも農業プランテーションや天然資源の採掘地では環境汚染や貧困の蔓延，多国籍企業の営利戦略と結びついた過酷な児童強制労働などが深刻な社会問題の淵源となっている（下山，2009：第3章，第4章）．

●アジアにおけるプランテーション農業　企業またはそれに準じる主体が，主に賃労働を用いて商品作物の大規模栽培に従事する農業経営組織としてのプランテーションがアジアで広がったのは，欧米植民地支配下の東南アジアと南アジアのいくつかの地域だった．その萌芽的形態は19世紀前半からみられたが，目覚ましい発達を遂げたのは運輸・通信の飛躍的発展により世界市場との結合が格段に進んだ1870年代以降のことだった．その主な作物は，コーヒー，茶，さとうきび（甘蔗），ココナッツ，タバコ，天然ゴムなどである．

コーヒーは19世紀に各地で栽培されたが病害により壊滅的な打撃を受け，プランテーションによる栽培はインドネシア（当時は蘭領東インド）など一部でだけ生き残った．代わりに広がったのが紅茶用の茶の栽培で，特に当時は英領のインド（アッサム地方とダージリン地方）とスリランカ（セイロン），およびインドネシア（ジャワ島西部）でプランテーションによる栽培が発達した．

さとうきびの栽培は古くから行われていたが，賃労働による砂糖輸出用の商業的大規模栽培が発達したのは，19世紀後半からインドネシア（ジャワ島中・東部，主に農民から賃借した水田で製糖工場が稲との輪作方式で栽培）とフィリピン（ネグロス島，アシエンダと呼ばれる農園で地主が栽培）においてであった．フィリピン（ミンダナオ島など）とインドネシアではまた，食用油の原料としてのココナッツのプランテーションによる栽培が広がった．

タバコの栽培はインドネシア（スマトラ島東海岸とジャワ島東部）で行われ，主にヨーロッパへ輸出された．ゴム樹（パラゴムノキ）の栽培は19世紀末からまず英領マラヤ（現マレーシア），次いでスマトラ島（現インドネシア）に広がり，20世紀に入るとアメリカを中心とする自動車産業の勃興を契機に大発展し，仏領インドシナ（現ベトナムおよびカンボジア）でも開発が進んだ．

これらプランテーションの大半は欧米系企業により経営されたが，なかにはフィリピンの甘蔗作アシエンダのように現地出身の地主や企業家によるものもあり，インドネシアやマラヤでは一部で華人や日系企業による経営もみられた．

また上記の商品作物栽培には，現地の小農（スモールホルダー）によるものもあり，コーヒーやゴム樹の栽培には早くから多数の小農が参入した．インドでは国内消費用に大量の小農さとうきび栽培が行われたし，フィリピンのルソン島では小作農によるさとうきび栽培が普通だった．

［下山 晃・加納啓良］

14-5

農業経営学の系譜

封建制下の村落で営まれた主要な農業形態は，「冬作物—休閑—夏作物」を反復する三圃式経営といわれる作付け方式であった．休閑は，土地を休ませ，肥沃にする意味がある．しかし時代はより大量で効率的な生産を要請していた．そこで注目されたのが，休閑をやめ，カブやクローバーなどの家畜飼料作物を導入して集約的な土地利用を行う多様な輪栽式経営であった．J. タルやC. タウンゼントなどの経営はその先駆であり，A. ヤングはイギリス東部を中心にノーフォーク農法の普及に奔走する．

輪栽式経営は，飼料作物の導入と家畜の舎飼いを進め，休閑をやめた代わりに家畜の糞尿を活用した厩肥の利用といった，耕種と畜産の有機的な結合を方向づけ，穀物生産を増大させた．また産業革命下で供給される農業機械を活用して農業生産力を高め，所得の増大をもたらした．それは，商業的農業の始まりであり，18 世紀末にはイギリス国内に広く普及した．ただそれは他方で，農民から土地を引き上げる土地囲い込み（エンクロージャー）によって農民の悲惨を伴い賃労働者化を進めた．

●テーア農学とその発展 ヤングは，生産諸要素の有機的結合，大農経営の優越性，純収益の増大などを説き，農業経営学の先駆となったが，より体系的な農学，農業経営学の確立は，ドイツの A. D. テーアの『合理的農業の原理』（1809～12年）によってなされた．テーアは，自らイギリスを訪れ，A. スミスの『国富論』を熟読し，A. ヤングに学び，啓蒙思想家ヴォルテールや哲学者カントの著作まで読み，農業経営学を主軸に，土壌論，施肥論，耕作・土地改良論，作物生産論，畜産など農学の全分野に及ぶような総合的体系をもつ著作を書き上げた．同時にそれはそれまでの官房学（行財政の学）や家父学（家庭経営の学）の流れも汲む．その主な論点は，①合理的精神に満ち，改良を重ねる新たな主体の形成，②腐植質の補給（腐植質説）による地力補償（地力均衡説）が必要，③輪栽式農法こそ最も合理的な農業形態，④畜産導入の重要性と舎飼い方式や厩肥の意義，そして⑤これらの実践によって最大可能な経営純収益を得ることであった．テーアが「農学の祖」とされるゆえんである．

農業経営の面でテーアの後に続いたのは，J. N. シュヴェルツ，J. H. von チューネンなどであった．テーアがあまりに広範かつ原理的で，輪栽式経営のみを重視したため，シュヴェルツはテーアに批判的で，『ベルギー農業入門』『実際農業入門』を著し，経験的，実際的な経営の状況を記述し，現実の場に貢献しようとした．またチューネンは，ツェレにあるテーアの私設アカデミーに学び薫陶を受けた．しかしテーアの「場所と時との事情によってさまざまに修正が必要だが，輪栽方式が絶対的で最も完全なもの」という議論に対し，疑問を抱いた．チューネンはやがて『孤立国』(1826年) を著し，農産物の市場である都市から遠ざかるにつれて，農業形態は順に①自由式経営，②林業経営（薪の供給），③輪栽式経営，④コッペル経営，⑤三圃式経営，⑥粗放放牧による畜産，という順に円形をなして展開するという，いわゆるチューネン圏理論を立てた．これは各種経営方式の，場所による相対的優位性を主張するものであった．この理論は現実に学ぶ帰納的研究方法であると同時に，現実をモデル的に説明する演繹的研究でもあり，まさに近代科学的方法であるとして，多くの支持を得た．

●社会状況の変化と農業経営学　資本主義が発展するにつれ，資本と労働の対立，農業者の困難，貧困の蓄積と再生産，周期的経済変動など多くの矛盾もあらわになってきた．そこで，マルクスの社会主義思想とそれに基づくカウツキーの社会主義的協同経営論，シュモラーなどの社会政策的な資本主義の改良論・農工の均衡的発展論等が現れた．また，農産物貿易の拡大により穀物価格が，気象条件以外の要因によっても大きく変動する状況が生まれ，農業経営がそれにどう対応するかが問題となった．

F. アーレボーは，メンガー，ジェヴォンス，ワルラスなどの限界原理を基礎として，農業経営学の体系化，精緻化を行った．それまでは各経営部門の平均収益，平均費用を比較考量し，資本の投入量を決定するという考え方が中心であった．しかし限界原理論では労働，土地，資本等の生産要素の一定の単位量を新たに追加あるいは削減した時，経営純収益がどう変化するかをみて収益の極大化を実現する点，つまり限界費用と限界収益が等しくなる点を探究する方法である．T. ブリンクマンは，チューネンの延長上で，国民経済の動態的変化に対応して，経営集約度や経営方式がどう対応するかという立地論的考察に重心を置いた．両者は環境条件の変化に対応する農業経営論を確立したといえる

しかしアーレボーもブリンクマンも経営集約度論に力点があり，経営規模論には言及がなく，アメリカのH. テーラー，E. A. G. ロビンソン，F. ワーレン，E. O. ヘディーなどを待たねばならなかった．

しかし集約度論にしても，規模論にしても，国や地域によって気象，地理等の自然条件，歴史的・社会的条件が異なり，いわゆる「場所性」によって左右され，それぞれ特色ある展開を遂げてきた．

［祖田 修］

14-6

大恐慌・総力戦の農業政策

20 世紀の農業・食糧政策の形成過程において 1929 年**世界大恐慌**とそれに続く**総力戦**は大きな影響を与えた．大恐慌と戦争に対する対応は，**ニューディール農業政策**を掲げたアメリカと，「農本主義」を標榜し帝国圏内での食糧自給政策を追求したナチス・ドイツがその双璧を成している．

●アメリカ大恐慌と「20 世紀型農業政策」　1929 年 10 月 24 日，後に「暗黒の木曜日」と呼ばれるこの日，ニューヨーク証券市場で起こった株価大暴落はその後各国に波及し，世界は大恐慌に突入した．国際金融面でも「フーバー・モラトリアム」等の対応にもかかわらず，麻痺状態が起こる．世界大恐慌はまず，証券・金融恐慌として世界に飛び火した．一方，すでに農業不況下にあった第 1 次産品輸出国は農業恐慌に陥り，多くの国々は金本位制停止に追い込まれ世界の資本循環は寸断されていった．こうして，アメリカの証券・金融市場から始まった恐慌は，他の産業部門に波及し，各国経済・産業部門を巻き込んだ全面的恐慌に拡大した．アメリカでも，1920 年代から不況下にあった農業・農家部門は経営危機・破産に追い込まれる．そして 1933 年に就任した F. D. ローズベルト大統領は，本格的な農業政策（「20 世紀型農業政策」）を展開する．それは大恐慌という未曾有の経済状況下で，国家による生産と市場への財政出動を伴う介入により農業・農家・農村をいかに守るか，いかに保護するかという課題のもとに組み立てられた．大恐慌下の農業経済状況は，その自然回復力を待つ余裕を与えるものではなかった．

ローズベルト大統領は，アメリカ社会の救済・回復・再建（いわゆる「3 つの R」）を実現するため，1933 年に「ニューディール政策」を開始した．農業政策もその一環に組み込まれた．ニューディール農業政策（「**農業調整法**」（AAA）等）は生産調整（減反）と農産物価格の維持，福祉政策との連携，金融支援等々をその内容とした．生産調整は生産面積を削減すると「減反補償金」を得られ，また商品金融公社（CCC）から農産物担保の融資（「担保流し」可能融資）を得られる．農家は「減反補償金」と CCC 融資により所得と農産物価格を維持できる．福祉政策との連携では，低所得者に食料を提供し貧困層の救済を行う対策（後に「フードスタンプ」政策に繋がる）も導入した．それは過剰農産物「処理」も図る政策といってもよい．金融支援では，農業金融庁（FCA）のもと，連邦土地銀行や中期信用銀行，生産信用組合の活用幅を拡大し，負債に苦しむ農家を救済した．金融面での農家救済は地方の金融再建につながる．

このように，アメリカの大恐慌期農業政策は，市場（国内外市場）の崩壊の中で，国家の介入により市場と生産を調整し，国内農業と農家・農村の「3つのR」を目指す政策体系として成立したのである．

●総力戦と食糧・農業政策：ナチス・ドイツの「生産戦」 総力戦は，戦場での兵士の戦闘だけではなく，銃後での市民の戦債購入，兵器・食糧生産が勝敗を左右することを示す概念であり，特に第一次・第二次世界大戦を象徴する言葉であった．食糧戦争ともいわれた第一次世界大戦後，交戦した主要国に食糧・農業関連省庁が設立され，程度の差こそあれ総力戦体制が構築されていくのも共時的な現象だといえよう．ナチス・ドイツは，来たるべき総力戦に敏感に反応して，食糧と農業の分野で総力戦の準備・遂行を進めた国家だった．

農本主義的宣伝で農民票を獲得し1933年1月に政権を握ったナチスは，農業経営者・農業諸団体を食糧身分団下に統合，そこが1934年11月11日に**生産戦**，すなわち 農産物増産運動を宣言する．恐慌下の農産物価格の下落から国内農業を守り，再軍備用の外貨を節約するために，食糧自給自足体制を築くことが目的であった．農業経営の効率化，土壌の改良，油脂作物の栽培，農業機械化資金の融通などの施策が打ち出され，生産力の上昇が要請された．開戦直後に始まった戦時生産戦も，平時の延長として農民たちを動員した．同時に主婦を対象とした「無駄なくせ闘争」という正しい食料保存と調理方法を訴える運動も進められた．農業生産と食糧消費の双方から総力戦を遂行する試みだといえよう．また，食糧身分団の市場や流通の統制や，農場カードの作成と農場巡回制度の導入による個別農家の監視の強化にも，この分野での国家介入の積極性をみることができる．

また，資源開発のための農学の動員も盛んになった．すでに1935年には，農村計画学が専門のK.マイヤーを中心に農学研究奉仕団が結成され，農学諸分野の統合が行われた．そこでは高たんぱくの牧草や油糧作物の品種改良などが進められた．

だが，戦前戦中にわたり，生産戦などの食糧農業政策は農家や主婦には不評で，食糧自給自足という目標も結局達成できなかった．ドイツ本国に限れば敗戦間近まで第一次世界大戦のような混乱は生じなかったとはいえ，それは，占領地から食糧を強制徴発し，被占領民の飢餓を前提にした政策，すなわち**飢餓計画**によって成り立った．中東欧からスラブ人やユダヤ人を追放するという計画の立案者がマイヤーであり，飢餓計画の立案者はバッケであったことから，ナチスの食糧・農業をめぐる総力戦の内実は窺い知ることができるだろう．そもそもそれは巨大な暴力を前提にした政策だったのである． ［立岩寿一・藤原辰史］

14-7

社会主義と農業

20世紀農業史の大きな出来事として，社会主義国家において**農業集団化**がなされたこと，その結果，これらの国では生産協同組合に基づく集権的な大規模集団農業体制がとられたことが挙げられる．それらに共通する点としては，集団化が上からの強制によって行われ農民の自発性の発揮は限定的であったこと，食糧生産の脆弱性が顕著で，多くの場合，社会主義国家体制のアキレス腱となったことが指摘できる．しかし，集団化の経緯や農業制度のありようは各地域の歴史的・社会的な条件に制約されて実にさまざまであり，相違点も顕著であった．

●ソ連・東欧の社会主義農業の展開　ロシア革命による土地改革・土地国有化宣言の後，内戦後に成立したソ連邦では，1921年より市場経済のもとでの個人農の発展による社会主義建設を目指したいわゆるネップ路線がとられた．しかし1929年の穀物調達危機を契機にこの路線は否定され，党組織を動員した強制的な穀物徴発（非常措置）が実施され，1930年代前半にスターリン主導下で一気に農業集団化が進められた．背景として社会主義的工業化を優先し，その原資として穀物の徴発が位置づけられたことが重要である（「上からの革命」）．このため集団化過程は著しく政治的・暴力的な性格を帯びることになったが，それに留まらず，コルホーズ（協同組合農場）を通じた国家による農産物供出制度が，ウクライナを中心とする1930年代の深刻な飢餓を生み出した．現在のソ連集団化の研究ではこの飢餓の実態や，飢餓に対する農民共同体の対応が焦点の1つになっている．戦後は大規模な農業開発事業が実施されるが，フルシチョフ時代の処女地開拓の失敗やアラル海流域の塩害に代表される深刻な環境問題など，農政上の失政が顕著である．集団化や過大な開発の後遺症は深く，1973年の食糧危機におけるソ連の穀物大量買付によりソ連農業の脆弱性が全世界に自覚されることとなった．

これに対して第二次大戦後にソ連圏に組み込まれた東欧諸国では，戦後改革の一環として大地主を追放し「勤労農民」を創出する**土地改革**が実施された．その直後の1950年前後には，社会主義体制の確立に合わせる形で農業集団化が一斉に開始されるが，スターリン批判を契機に各国での路線が多様性を帯びることとなった．東欧の社会主義農業の形成に関しては，第二次大戦の戦後処理として実施された領土再編と，それに伴う強制移住政策の影響が看過されてはならない．例えば敗戦国であった東ドイツでは，戦後の東方領土の喪失に伴い多数のドイツ人難民が流入するが，土地改革は彼らに土地を与え農村に入植させる意義があった．彼らはその後の集団化過程の上でも重要な役割を果たす．これに対して社会主義化が民族解放の意味をもったポーランドでは，旧ドイツ領地域の土地改革は土着のドイツ人農民の追放という民族主義的性格を帯び，また集団化も農民の激しい抵抗により中途で挫折，冷戦期を通じて個人農体制に留まる道を辿った．

●中国における社会主義農業　1978 年以前の時期における中国の社会主義農業システムは，1958 年に設立された農村人民公社（以下，人民公社）での集団農業体制によって特徴づけられる．

1949 年の中華人民共和国成立以降，土地改革が行われ，地主的土地所有が解体された．次いで 1957 年までの間に農業生産の互助合作化運動が進められた．この運動では自作農の経営を安定化させるため，農家間の農作業や役畜・農具利用の共同化を図る互助組の設立や，農業生産合作社（生産協同組合）の設立が進められた．合作社は，その初級形態として農家が農地等を出資して共同経営を行うものと，私的所有を廃止した高級形態に区分される．1956 年以降は後者が主流となり，それを土台に人民公社が設立された．

人民公社は単なる集団農場ではなく，農村地域の行政機関と経済組織が一体化した組織であった．人民公社の規模は概ね今日の郷・鎮政府の範囲に相当するが，その下は生産大隊（現在の村民委員会），さらに生産隊（現在の村民小組）に区分されていた．農地等は生産隊の集団所有とされ，農家労働力は集団作業に出役し，年末に労働点数に応じて報酬を分配された．それ以外に農家には「自留地」と呼ばれる庭畑地の耕作が認められていた．また，自由市場取引も一部認められており，「自留地」の収穫物を販売することができた．

人民公社制度については，概ね以下の 2 つの問題点が指摘されている．第 1 に，中国共産党は，当初ソ連のコルホーズを念頭に，農業の機械化の進展を前提に集団農場を設立することを構想していたが，毛沢東等は土地改革以降の旧小作農の土地売却現象を過大視して，共同社会の構築を追究して私有制と家族経営を否定した人民公社を設立したため，結果として農民の生産意欲の低下を招いた．第 2 に「大躍進運動」(1958〜61 年) や「プロレタリア文化大革命」(1966〜76 年) といった政治運動が起こされ，客観的条件を無視した農作物の過度の密植，製鉄運動，農地開発運動が展開されたり，「自留地」での生産活動が禁止されたりして社会的不安定が拡大された．

こうした問題を踏まえて 1978 年に農村経済体制改革が開始され，**農家請負生産責任制**が導入されて家族農業経営が復活し，1983 年に農村で郷・鎮政府が復活し，人民公社が最終的に解体された．　[足立芳宏・菅沼圭輔]

14-8

近世農村の成立

近世農村は，近・現代にまで継承される百姓の家と，行政的・自治的側面をもつ**村**によって構成されていた．百姓たちは**検地**により公認された田畑や屋敷地（高請地）を所持し，生産（耕作）と生活の拠点にした．加えて村の山野・湖沼・海川に入り会って肥・飼料や生活資材を採取し，生産・生活を支えた．百姓は農業を主とするが，地域の特徴によって複合的な生業を営み，なかには農業以外の生業に比重を置く者もいた．村の領域は中心に集落，その外側に田畑，一番外に山野があった．豊臣政権は全国を統一しながらほぼ一律に検地（太閤検地）を実施し，すべての村に村名と村高を示した．近世領主は農村から在地の支配層を排除して村高を直接掌握し，村を介して百姓を把握した．近世農村を特徴づける家・村の成立過程や中近世移行期の村落論について，1980 年代半ば以降，中世史・近世史の双方から実証的な研究が展開している．

●戦国時代の惣村と土豪・地侍　中世後期を代表する村落を「惣村」という．14〜16 世紀前半に列島の各地で，屋敷を接して集住する集村化が進み，畿内近国などでは土豪・地侍と有力百姓たちが連携して，一定の自治力と自立性のある惣村が成立した．その運営にはこうした有力者を構成員とする寄合があたった．惣村は入会・水利などの財産をもち，惣掟を定めて村内秩序を維持するための自検断を行使した．対外的には武器をもって村の権益を守り，年貢諸役の徴収・納入を請け負う村も現れた（地下請）．惣村は領主や近隣村々から，権利・義務主体として認知されるに至り，そのあり方は近世村に継承される．

土豪・地侍は拠点とする村に城館を構え，その村では経営主として隷属的な下人を使って農業経営を行った．自村・周辺村の農地を集積して，地主として小作百姓から下作料（小作料）を徴収し，村内でのさまざまな融通機能も担った．彼らは家来を抱え，武器・武力を背景に，近隣の土豪などと連合組織（同名中など）をつくり，また上級権力の奉公衆や被官になることで，自らの権益や惣村・連合する地域の自立性を守った．畿内近国では 16 世紀に入り村の自立性が高まるとともに有力百姓の家が形成され，小百姓の家も成立しつつあった．

●統一政権の誕生と近世前期農村　16 世紀末，豊臣秀吉が統一政権を樹立し，17 世紀初頭に徳川政権がこれに代わった．武士や商工業者は城下町への集住を促され，農村は農業に専念する百姓が住む場とされて，村と百姓から武力行使の権利が剥奪された．田畑・屋敷地は一地一作人を原則に面積を計り，米の収穫高に換算する検地が全国規模で実施される．土豪たちは在所を離れ武士になるか，農村に残り百姓として年貢を負担するかを迫られた．領主・侍の土着性を否定して城下町に権力を集中し，新たな領主制度を形成する**兵農分離**と呼ばれる過程である．百姓になった土豪の中には，当初は従来からの土地権益を守る者もあった．しかし，検地では実際の耕作者を検地帳の名請人欄に記載したため，それを根拠に，土豪に従属していた百姓の自立が進行し，村は小百姓が中心に位置する社会へと変化していった．

近世初期の検地は村域と村高も確定した．戦国時代まで土豪・地侍たちが大きな役割を果たしていた集落・田畑・山野からなる村域は，村の領地となった．村高を基準に村の請け負いで年貢を徴収する村請制が17世紀の間に全国に広がった．統一政権は当初，土着した土豪たちの中に，村の管理者として庄屋（主に西国）・名主（主に東国）を設定し，これらを通じて年貢徴収や法遵守を命じた．なお畿内では同じ役割の庄屋が15世紀から確認される．庄屋・名主による独断的な村運営がなされる場合もあり，百姓たちから批判・争論が起こった．村方騒動と呼ばれる．その過程を経て，庄屋を含む有力百姓たちの合議による，後にすべての百姓の意向を反映する村運営がなされていく．

●大開発に伴う近世農村の成立　戦国時代に開始された大河川の治水・利水工事は，豊臣・徳川政権のもとで徹底され，新たなため池も造られた．17世紀を通じて沖積平野に水田が大規模に開発され，台地上には常畑が拓かれた．既存の村では耕地が増加し，新たな新田村も多数形成された．全国の人口も同世紀に急増した．1600年頃と比較すると，18世紀初頭，耕地面積は1.5倍増加して約300万haに，人口は約2倍の3100万人余りになった．以後明治初期まで両者はほぼ横ばいで推移する．開発により生産が安定的に向上したため，百姓の村々への定着率も高まった．拡大する耕地での生産を担当したのが，下人からまた血縁者の分家によって新たに自立した，直系あるいは単婚家族を生産・生活の単位とする小百姓たちであった．畿内近国だけでなく東国などにおいても，彼らは村で一軒前の役割を担うようになり，近世中・後期につながる近世農村が成立した．17世紀後期からの幕府領・大名領の全域的な検地は，こうした農村の実態を把握する重要な検地である．近世村では，村域における耕地・資源の管理・利用から日常生活にわたるルールである村掟を定めた．それに則り，村の維持に必要な仕事である村役をすべての百姓に課し，村寄合での合意のもと，村役人の庄屋・年寄（名主・組頭）らが村を運営していった．後にそれらの監視役として，百姓代が設定された．

［加藤衛拡］

14-9

農書と老農

農書とは，農業技術を中心に記述された江戸時代の著作物を指す．著作者は経験を重視する「百姓」（農民）と読書等から得た知識に依拠する「学者」からなる．

老農とは，幕末から明治期にかけて農業技術の開発と改良，農業経営の改善を行い，その成果を他の農民に積極的に教示し，指導した篤農家をいう．

●近世農書　日本最古の農書は，伊予の小領主土居清良の一代記『清良記』（全30巻）の「巻七」である．巻七には戦国時代の農業技術と経営が記述されているが，成立年代は寛永6（1629）年から承応3（1654）年頃という説が有力である．

元禄期前後，地域性を重視した農書が執筆される．東海地方の『百姓伝記』（天和年間（1681～83年）），会津の『会津農書』（貞享元（1684）年），加賀の『耕稼春秋』（宝永4（1707）年）等である．作者は主に「十村」（大庄屋）や「肝煎」（庄屋）などを務める地域の最上層の農民であった．

同時期，地域性ではなく一般性・普遍性を重視した農書が刊行される．宮崎安貞の『農業全書』（元禄10（1697）年）である．安貞は福岡藩士であったが，承応2（1653）年頃，故あって致仕し，帰農する．安貞は，40年に及ぶ農業の経験，中国農書（『農政全書』）から得た知識，先進地畿内農業の視察体験をもとに『農業全書』を執筆する．同書は版を重ね，後続の農書に大きな影響を与える．

農書が最も多く執筆されたのは，商品経済が発達し，農民にもある種の合理的精神が形成される文化・文政期以降のことである．

文政11（1828）年，小西篤好の『農業余話』が刊行される．本書で展開される農業技術は篤好の経験に基づくものであったが，栽培理論として陰陽五行説と草木雌雄説が採用されている．陰陽五行説は農業の体系化を可能にし，草木雌雄説は作物の「多収につながる形質」や「特性を維持するための指標となる形質」（田中，1979 : p. 408）を農民に認知させる役割を果した．

近世の農学者として宮崎安貞と並び称される大蔵永常は，明和5（1768）年に豊後国日田の農家に生まれた．20歳の頃，九州各地を放浪し，製糖，製紙，製蝋等の技術を修得する．寛政8（1796）年，大坂に出て苗木と農具の取次商として畿内農村を歩く．ここで先進的で高度に商業化された農業を見聞する．享和2（1802）年に『農家益』を刊行し，好評を博する．文政8（1825）年，江戸に居を移し，以後農書の著作者として生活する．永常は民富の形成による富国化を構想した（『広益国産考』安政6（1859）年）．そのため米ではなく特用作物（菜種，綿等）

を重視し,『油菜録』(文政 12 (1829) 年),『綿圃要務』(天保 4 (1833) 年),『製油録』(天保 7 (1836) 年) 等を次々と刊行する. また省力化に強い関心を持ち, 文政 5 (1822) 年に『農具便利論』を刊行している.『再種方附録』(天保 2 (1831) 年) では, 蘭学の知識と顕微鏡による観察に基づいて草木雌雄説を否定した.

近世も後期になると, 経験を客体化することによって栽培法を確立する農民 (篤農家) が現れる. 下野の田村仁左衛門は, 長年の記帳に基づいて, 苗代での薄播と本田での疎植という稲作法を確立する (『農業自得』天保 12 (1841) 年). 出雲の戸谷源八は各地から集めた稲品種を同じ条件で栽培し, 坪当たりの収量を比較するという試験を行い, 栽培品種を決定している (『豊秋農笑種』天保 14 (1843) 年).

●明治の老農　明治政府は農業の近代化のために西洋農法の導入を図るが, 日本の風土に合わず失敗する. その結果, 日本の伝統農法が見直され, 老農が重用され, 活躍する. 特に船津伝次平と林遠里の活躍は顕著で, 日本の農業と農学に大きな影響を与える.

船津伝次平は大久保利通に見出され, 明治 10 (1877) 年に内務省御用掛となる. 翌年, 駒場農学校勤務となる. 農場の管理が主な仕事であったが, 教室での講義も担当し, 学生に日本の農業について教える. 酒勾常明や横井時敬らは, 外国人教師から西洋農学を, 船津から日本の伝統農法 (=伝統農学) を学び, 卒業後それらを融合して日本の近代農学を成立させる.

船津は外国人教師と交流することにより, 西洋農学を理解するようになる. 明治 18 (1885) 年, 日本の伝統農法と西洋農学の両方に通ずる者として甲部普通農事巡回教師に任ぜられ, 日本各地を訪れ, 農事改良の助言者となる.

林遠里は, 農業によって日本を富国化しようと考えた. その方法は, 自らが創案した遠里農法を普及して農業生産力を増大することであった. そのため日本中を巡って農事演説を行うとともに, 養成した実業教師を各地に派遣した. 遠里農法は, 馬耕による深耕, 土囲・寒水浸法による種子処理, 苗代での薄播, 本田での疎植, 蟹爪による中耕除草等の個別技術の組合せからなっていた. 土囲・寒水浸法を除けば, 福岡の在来農法が基盤となっていた. 遠里農法を実践すると, 実際に収量が増大した. ところが実践する農民が増えるにつれて種籾の腐敗という問題が発生するようになる. 明治 20 年代半ば, 近代農学の側の攻勢により実業教師と遠里農法は各地から撤退を余儀なくされる. しかし馬耕による深耕, 苗代での薄播, 本田での疎植, 蟹爪による中耕除草等は, その後も各地の篤農家によって実践され, 定着していく. これらは明治農法の基軸となる技術であった.

[内田和義]

14-10

地租改正と地主制

地租改正は，土地制度と地税制度の大改革であった．江戸期の年貢は，天領・私領で年貢率に相異があり，米納が主とはいえ年貢の種類は多様であった．その上，米価変動によって歳入額が変わるという難点を抱えていた．明治初年，地税は租税収入の大部分を占めており，産業化（殖産興業政策）の原資であったから，税制の近代的改革（租税負担の公平化と金納地税化）を断行する必要があった．一方，土地制度の面からみると，江戸期は武士の領主権（主に年貢を徴収する権限）と百姓の所持権（土地を使用，収益，処分する権限）が重層する関係にあった．明治政府は地租改正に際し，強い土地所持権をもっていた農民に近代的土地所有権（土地に対する絶対的排他的な権限）を付与することにした．このような近代的土地所有権の確立と地税の近代的改革を実現したのが，1873年から1881年にかけて行われた地租改正の大事業である．

●地租改正と近代的土地制度の成立　地租改正の内容は，①地押丈量によって一筆ごとに土地面積，形状や境界を確認すること，②「一地一主」の原則により土地所有者を確定すること，③地位等級制によって地価を決定すること，④土地所有者へ地券を発行すること，⑤地価の3%（1877年より2.5%）を地租として金納で徴収すること，である．焦点となった③地価の決定は，政府の期待する地租総額（江戸期の旧貢租総額に相当）になるように，政府から府県に予定税額を示し，府県では各郡・各村の等級（郡位・村位）や村内の等級別収穫高（地位等級）に合わせて，それを割り振っていくという地位等級制の方式がとられた．実際の改組作業（丈量など）や地価決定は村単位で農民自身が行い（経費も農民負担），その改組結果を官に報告し，官がそれを検査するという手順で進められた．農民が改組の主体となったことは日本の特徴であり，政府からするとコスト削減につながった．世界史的にみて地租改正が革命的だったのは，武士にではなく農民に近代的土地所有権を付与したことにあった．そのため，日本の近代社会は，封建社会に淵源する大土地所有や特権的階層が極小の比較的フラットな社会となり，階層間移動が容易で，経済活力を生み出しやすい社会となった．

すでに政府は1873年の地所質入書入規則で土地担保金融の道を開いていたが，戸長の公証機能を司法省が吸収する1886年の登記法を経て，1889年の土地台帳規則で土地取引をめぐる法制度を完成させた．地券制度は土地台帳規則で廃止された．この間，1884年の地租条例で地価を券面価（法定地価）に固定，減租方針を放棄し，あわせて土地再調査（地押調査）を実施し，帳簿・図面の正確化を期した．以上の措置により，国家の保護による土地所有・取引の安全が確保され，土地取引（売買や担保）の円滑性（取引コストの削減）が格段に高められた．このことは，金納地租による財源の確保とともに，同時期に進められていた産業化（殖産興業政策）のゆるぎない基礎となった．

●地主制の展開　地主制（土地賃貸借を軸とした地主小作関係）は，戦前日本農業の基本的特徴であった．すでに地主小作関係は江戸期から質地流れや新田開発により形成されていた．小作地率は明治初年には30%程度に達していたとみられている．地租改正では地主に土地所有権が認められた．小作地率はその後，1907年に45%へと上昇し，1929年にはピークの48%に拡大した．この小作地率の動向をみると，地主制は明治期に急拡大したことになる．地主制が急拡大した背景には，①地租改正などにより土地所有・取引の制度的枠組みが整備されたこと，②米価がおおむね右肩上がりで上昇し，地租率は日露戦争期まで大きく引き上げられなかったこと，③大正期以降と比べると地価が米価に対して相対的に安価であったこと，があった．つまり，土地投資利回りが高く，土地投資が有利な経済状況が生まれていたのである．一方，農民経営サイドからみると，定額金納地租への移行により，松方デフレなどによる経済変動（特に米価変動）や自然災害（風水害，干ばつ，虫害による不作，凶作）が農家経済を直撃し，農民経営を不安定化したことがあった．

明治期以降，地主制は安定的に拡大していった．それは以上のような外的状況とともに，江戸時代以来の「村」社会（共同体）の諸規範・慣習（特に地主小作間の強い信頼関係）が，土地賃貸借（小作契約）をめぐる取引費用を抑制するという内的条件が存在したからである．例えば，近代日本では，地主は小作人が小作料を支払わない，小作地を荒らすなどの小作人のモラルハザードを心配する必要はなかった．地主は小作人に長期に安心して小作地を貸し出すことができたのである．また，「村」社会の諸規範・慣習は，地主の所有権を制約し，小作にその経営を保全する権限を配分していた．明治民法では土地賃貸借は債権で地主に有利であったが，現実の地主小作関係では，民法の規定よりも「村」社会の諸規範・慣習が優先していた．そのため，事実上，小作人には強い小作権が配分され，長期の小作が可能であった．小作形態は減免付定量小作制で，小作人は定量小作料を支払えば増産分はすべて自らの手に残るため，強い増産誘因をもった．不作・凶作時の小作人の生存保障は，小作料の減免慣行により果たされた．以上の小作人への強い権利配分は，農業生産力向上の基礎となった．　［坂根嘉弘］

14-11

米と繭の経済構造

近代日本の農業において，米と繭は最も重要な商品作物であった．山田勝次郎は，古典的名著とされる『米と繭の経済構造』の中で，米について「わが国において，稲作が農業生産の主軸をなし，また，米が国民食糧の首座を占めてゐるといふ事情については，茲に贅言を費やすまでもない．」（山田，1946 : p. 3）と述べ，繭については「本邦輸出貿易の大支柱をなしてきた輸出生糸と国用生糸との原料であり……繭の生産たる養蚕が……家計の維持または補充上，特に現金収入の意義からみて不可欠の地位を占めてゐる」（山田，1946 : p. 101）と述べている．

●米の経済構造 「米遣い社会」たる近世経済を受け継いだ明治期の日本では，米の増産が課題となっていた．産業革命の進展に伴い，食糧自給率を低下させたイギリスとは異なり，近代日本において主食である米について，一貫して増産志向であったのである．近代日本農業を特徴づける，寄生地主制も，明治中期以降，**水稲単作地帯**において顕著にみられるものだった．山田盛太郎は，地主制の類型として「東北型」と「近畿型」を設定したが，「東北型」は再生産が概して農村内部で行われ，土地が巨大地主に集中するという特質があり，稲作と深い関連があった．その後，地域類型論では，養蚕業の発達を視野に入れることによって「養蚕型」（長野県・山梨県・岐阜県など）が新たに設定された．このように米と繭は，近代日本農業を代表する商品であるとともに地主制と農業構造の地帯構造論の立論の根拠となっていたのである．

明治後期以降の鉄道網の発達は，米の国内流通の発達をもたらし，従来の海運中心の流通から陸運中心の流通へと変化した．米の二大消費地市場は東京と大阪であったが，全国各府県は，二大市場のいずれか，あるいは両方に移出されることになった（一部は海外に輸出された）．消費地市場における米の評価と格付けは産米の改良を要請した．明治末には各府県において府県営米穀検査が行われるようになり，産米改良はすべての稲作農民を巻き込んで行われるようになった．小作米の販売者として米穀市場に向き合う地主は，産米改良事業として品種の統一，乾燥の改善，容量の統一，余枡（輸送中の目減り分をあらかじめ多く入れる）の徹底，俵装の改善を，小作農家を巻き込みながら推進した．この時期には，各府県および郡市町村に系統農会が組織されるが，農会の主要事業もまた，産米改良であり，かつ種子の塩水選や短冊型共同苗代，正条植えなどの**明治農法**の徹底をうながすものであった．

戦間期になると，**商業的農業**の発達に伴い，農業生産に占める稲作の相対的地位は低下する一方，経済成長により米の需要は増大した．米騒動（1918年8月）は，日本における食糧問題を顕在化させ，これ以後の米穀政策は，植民地を視野に入れた帝国レベルにおける需給調整を目指すものとなった．昭和恐慌では，米価は暴落したので，大量に移入されていた朝鮮米の取扱いが，問題視されるに至った．米価維持政策としてはすでに米穀法（1921年公布）が運用されていたが，昭和恐慌後にはこれを廃して，新たに米穀統制法（1933年公布）をもって，政府による米穀売買を無制限に行えることとし，政府は米穀市場への介入を強めたのである．戦時期には，農家労働力の不足に伴い米穀生産は停滞し，朝鮮干ばつがあった1939年には，極度の米不足が現実のものとなった．同年，米穀配給統制法が公布され，米の配給・供出制度が実施されることになる．

●繭の経済構造　明治以降の日本の輸出貿易においては，生糸が最大の輸出品であり，製糸業は外貨獲得産業として重要であった．製糸業の発展に伴い，全国の農村において養蚕が行われるようになるが，とりわけ平坦な耕地に恵まれない中山間地域においては，養蚕に特化する農業経営形態が選択されるようになった．その結果，全農家戸数に占める養蚕農家の比率は，1914年には30.6%，1929年には40.3%に達したのである（林，1981 : p. 124）．養蚕業における商品たる繭は，100%商品化される商品であり，生産高の増減は，直接的に農家経済の現金収入の多寡となって現れた．養蚕業の発展は，換言すれば農民的商品生産の発展の過程でもあったのである．

しかし，昭和恐慌による繭価暴落は，養蚕農家の現金収入の激減をもたらした．さらに，生糸の最大の輸出先である米国経済の苦境と絹織物にとって代わる人絹織物（レーヨン織物）の成長により，生糸輸出は行き詰まりをみせる．養蚕型地域における農山漁村経済更生運動では，養蚕依存をやめ，代わって新たな商品作物を導入する動きがみられた．長野県のりんごや高冷地野菜，福島県の桃などは，この時期に養蚕に代替するものとして発展した商品作物である．

このように戦間期，とりわけ昭和恐慌期以降の日本農業は，米と繭を中心とする農業経営から米の相対的比重低下および繭の減退により，新たな商品作物（蔬菜および果実）を加えた商業的農業へと変化していった．その意味では，昭和恐慌期をもって米と繭の経済構造の時代は終焉した，とみなすことができよう．

［白木沢旭児］

14-12

植民地における農業開発

帝国主義本国の資本は，植民地に対する差別的な政治支配を利用して資本蓄積を追求した．本国と植民地との間には，工業—農業の垂直分業関係が成立した．本国政府は，植民地において農業開発政策を実施してこの関係を深化させた．

日本は，台湾，南樺太，関東州，朝鮮および南洋諸島を植民地支配した．「満州国」も実質的な植民地であった．南樺太と南洋諸島は，それぞれ木材，砂糖の供給地となったが，他の植民地とは異なり，主に日本人移民がその生産に従事した．以下では，台湾，朝鮮および「満州国」における農業開発を取り上げる．

同時代の農業経済学者は，農業開発が，それまでになかった発展を植民地にもたらしたことを強調した（東畑，1936）．日本植民地帝国解体後，内在的発展論という新しい歴史研究の方法論が提起された．近年では，植民地権力や本国資本と農民・土着資本との対抗や交渉の局面に着目した研究がなされている．

●台湾における農業開発　台湾では，17 世紀末以降に移住漢人による農地開墾が進展した．その過程で，大租戸—小租戸—現耕佃人という三層の農地所有・占有関係が成立した．1885 年に台湾巡撫・劉銘伝が清賦事業を開始し，小租戸を納税義務者とした．日清戦争後の台湾割譲（1895 年）で設けられた台湾総督府は，抗日闘争鎮圧の一方で，1898 年以降土地調査事業を実施した．小租戸を土地所有権者に認定し，大租戸に対しては公債証書を交付して権利を買収した．

清代の台湾では，米穀などが大陸に移出された．開港以降，砂糖・茶の輸出が急伸した．台湾総督府は，近代製糖業の移植を目的に，原料買付独占保障（「原料採取区域制度」）などの施策を実施した．対象外とされた土着製糖業は，日本資本に圧倒された（涂，1975 : pp. 62-69）．甘蔗と並ぶ商品作物となった米穀の場合は，籾摺精米業・島内流通業を兼ねた地主ら土着勢力の活動が活発になった．

第一次世界大戦期，日本国内の米穀需要が急増し，1918 年には米騒動が起こった．対日移出増大を目的に，「産米増殖計画」が実施された．台湾総督府は，1920 年以降，嘉南大圳などの大規模潅漑事業を促進した．1922 年に開発された蓬莱米は在来米より収益性が高く，作付けに際して甘蔗と競合関係が生じた．そして，原料採取区域制度のもとで，「米糖相剋」問題が発生した．嘉南大圳は，米作・甘蔗作・雑作の 3 年輪作体系を農民に強制し，農民の反発を招いた．

●朝鮮における農業開発　朝鮮時代初期には，国家の収租権を官僚等に分与する制度（科田法，後に職田法）が設けられた．1566 年の職田法廃止により，実質的に私的土地所有制が成立した．1898 年に大韓帝国は，量田事業に着手した．1905 年に日本は韓国統監府を置き，義兵闘争を鎮圧した．1910 年統監府は土地調査事業に着手し，同年の韓国併合後に朝鮮総督府がそれを本格的に実施した．この事業に関しては，民有地収奪を強調する見解と，私的土地所有権の強固さゆえに収奪は限定的であったとする見解がある（李，2004 : pp. 334-346）．

朝鮮時代後期には，農村での商品生産が展開していった．19 世紀以降の進展を「資本主義萌芽」と評価する見解が示された．近年は，小商品生産としての発展とする見解が提起されている（李，2004 : pp. 189-199）．開港後，特に日清戦争後には日本との貿易量が急伸した．日本は綿製品を，朝鮮は米穀をそれぞれ輸出する「綿米交換体制」が成立し，朝鮮の農家経済は動揺した．植民地下では，米穀対日移出量がさらに増大した．1920 年，台湾とともに朝鮮においても「産米増殖計画」が開始され，かんがい事業が推進された．また，日本国内の「優良」品種が導入され，購入肥料（硫安）の使用が奨励された．結果的には，米穀対日移出量が一層増大し，農家経済を不安定化させた．1930 年代には，1 人当たりの米穀消費量が減少し，「満州」から輸入された粟がそれを補った．また，小作農家数が増加して地主との対立が激化した．「満州」や日本国内に移住を余儀なくされる農民も多数に上った．

●「満州国」における農業開発　「満州」では，17 世紀以降，移住漢人によって農地開墾が進められた．19 世紀末に「満州」大豆が世界商品となり，生産量が増大した．1905 年に日本が租借地として獲得した関東州の大連は，有力な大豆の輸出港となった．搾油業の副産物である大豆粕は，肥料として日本に輸出された．農村部での大豆流通は，糧桟と呼ばれる土着資本によって担われた．

1932 年に成立した「満州国」は，穀物や特用作物を多角的に増産して大豆依存の輸出構造を是正する方針を採った（山本，2003 : pp. 92-94）．欧州工業製品の代替および世界恐慌後の大豆価格低迷への対応，そして日満ブロック内での農産物自給という課題に応えるためであった．結果的には，大豆作付減少によって畑作輪作体系が崩れ，地力維持が困難となって穀物生産を停滞させた．

1935 年に「満洲国」政府は，土地所有権者の確定を目的として地籍整理事業を企画した．しかし，清代に成立した重層的な土地権利関係を整理するための原則を見出すことができずに挫折した．日中戦争以後は，農産物流通への統制政策を強化した．その結果，糧桟など土着流通資本の活動は制約を受けた．他方では，「北辺防衛」と食糧増産および日本国内農業経営の「適正規模」化を目的に，日本人の「満州」農業移民政策が推進された．朝鮮人農業移民政策も実施された．それらの入植地においては，中国人農民との間で対立が生じた．　［松本武祝］

14-13

農業団体と農民運動

平均経営規模1町歩・約550万戸という零細・多数の農家で構成される明治期日本農業が近代の市場経済に対応するには，組織化による指導の円滑化と主体的力量の強化が必要とされた. 農事の改良・指導にあたる**農会**（1899年, 農会法制定）と，信用・販売・購買・利用の4種事業を担う協同組合である**産業組合**（1900年，産業組合法制定，以下産組と略記）が，その課題を担う二大組織であった.

●農会と産業組合　農会は農談会や全国農事会などの，産組は先進地での事業組合結成などの前史を踏まえて結成されたが，加入強制力をもつ農会はともかく，任意加入で出資も必要な産組の会員拡大は容易ではなかった．産組が飛躍的な発展を遂げるのは，昭和恐慌期に経済更生運動の実行組織に位置づけられてからである．しかし，協同組合が国政の代行機関化することには批判も強く，「自主化」を求める産業組合青年連盟の台頭（産青連運動）を生んだ.

他方，農会は地主組織だという批判もあったが，各府県に設置された農事試験場と連携しつつ技術指導に取り組み，技術・営農指導に大きな成果を上げた.「農業の不利化」が話題になった明治後期には「多角形農業（多部門の複合農業）」に，新しい市場が拡大した大正期には園芸や畜産の産地形成にも指導力を発揮した. また第一次大戦後の反動恐慌に際しては，米の投げ売り防止運動を組織し農家利益の確保に努めた（農会農政運動の出発点).

●農民組合と農民運動　近代的土地所有に立脚する近代地主制の発達は農業・農村に新たな緊張をもちこむことになった．一般的な水田小作料は収量のほぼ半ばを現物（米）で収めるものであったが，農業の不利性が自覚されてくるにつれこのビジブルな対立が大きな争点となった．したがって，近代日本における農民組合は小作農を中心とする小作組合に，農民運動は小作料減額を要求する小作争議に代表されることになった.

小作争議は市場経済が先行した西日本から全国に波及し，1922（大正11）年には全国組織として**日本農民組合**（日農）が結成された．不作時の一時減免だけではなく小作契約自体の改定（永久減免）にも争点が及び，また簿記の知識を用いて損益計算書を作成し要求根拠を明確にする工夫も生まれた．これらの中に，市場経済に対する小作農民の洞察と対応力の進展をみることができる.

●農家小組合と農民運動　大正期，農会や地方機関の指導により伝統的共同性を保持する大字などの範域に**農家小組合**（通称）が組織されていった．小組合では，採種圃による優良品種確保，牛耕や最新農業機械（原動機とポンプ・籾摺機・精米機）の共同利用，小麦や蔬菜・果樹へのチャレンジ，必要資材の共同購入，さらには品評会や研究会・講習会・先進地視察など多彩な活動が取り組まれた．それは農業労働力流出による構造的な労力不足のもとで，農業生産過程の広い意味での共同を軸にして，成長しつつある新しい市場に接続するための営為であった．

伝統的結合力を有する大字などが基礎単位になったのは，小作組合でも同じであった．大きな影響を及ぼす行動に踏み切るには，それを支え得る社会の担保が必要だったからである．市場経済先進地帯である西日本では両運動はほぼ重なって進行したが，地主批判の小作運動と営農組織である農家小組合には，当然のことながら大きなズレと対立があった．小作争議の延長上に地主制廃絶を展望する前者にとって後者は運動化を阻害する「経済主義」に他ならず，市場・経営対策を通じて農業および農業経営者としての成長を目指す後者からみれば，前者は営農改善を滞らせる「政治主義」でしかなかったからである．

●農地をめぐって　最盛期の日農では“今年2割，来年3割，末は小作の作りどり”と歌われたが，「小作の作りどり」とはどんな状態なのであろうか．左翼運動は「土地国有化」とみなしていたが，当然「自分の土地にする」こと，すなわち自作化の方向もあり得た．運動の側は農地購入を「プチブル（小資産家）」化だと批判したが，それは「イエの土地」の回復を意味し，不在地主所有地であれば，同時に「ムラの土地」の回復でもあり得た．そこには長年培われてきた「イエとムラの正義」があったのである．

政府が争議対策として**自作農創設事業**（1926年，自作農創設維持補助規則）を重用したことには以上のような事情があった．従来，農民運動のこのような動きは「挫折」と批判的に評されてきたが，大農業化を展望できない小農制農業にとっては当然の改革方向であったともいえよう（戦後農地改革の歴史的前提）．

●戦時体制下の農業組織　経済更生運動下に，農家小組合を法人化（農事実行組合化）して産組に加入する途が開かれ（1932年，産業組合法改正），いわば「村ぐるみ」の加入が可能になった．しかし，実際にほぼ全農家を組織し得たのは戦争末期，農会・産組が「配給・供出システム」を担う国家機関化し，全農家の掌握が必須条件になってからのことである（戦後の100%加入農協成立の歴史的前提）．なお両者は農業団体法（1943年）により養蚕業・畜産・養鶏・茶業の各組合とともに合併，戦時農業統制団体である**農業会**になった．

戦前期農民は，本来は，小作運動（地主・小作関係改革）・農家小組合運動（小商品生産者としての成長）・産青連運動（権威からの「自主化」「大衆化」）のすべてと，それに立脚した農業団体の革新をこそ必要としていたと考えられる．　［野田公夫］

14-14

農業政策（小農保護政策）の展開

第一次大戦とロシア革命は世界と日本を大きく変えた．日本では米騒動が起こり，労働運動や農民運動をはじめ多様な社会運動が生起した．こうした中，「国士型」官僚の一群が登場し，歴史に重要な足跡を残す．国士型官僚とは，「国政の基本的方向づけとその執行を官僚固有の使命とする強烈な自負心と使命感をもった官僚」である．石黒忠篤（1884～1965年）はその代表的農林官僚であり，当該期に本格化した小農保護政策は「石黒農政」と呼ばれる．

●石黒農政　石黒ら国士型農林官僚の登場は，新たな経済発展に対応した官僚制のあり方を示す．当該期は官僚が政治や社会を変えた時代であり，農政は石黒農政として具現する．後発国型近代化特有の戦前の開発主義国家（天皇制国家）が彼らを生み出す土壌となった．石黒らは強烈な「天皇の官僚」意識をもつ一方，社会主義とデモクラシーの強い影響を受け，独自の社会改革と経済的民主化を志向した．「農政は経済政策と同時に社会政策」が石黒の基本哲学である．国の開発主義に規定された農政の不徹底な制度改革と，それを補完する行政的対応は表裏をなし，ともに社会問題に対する国家の政策対応の日本的特質である．

石黒農政は特殊日本的小農の維持を目的とした農業保護政策である．第1の柱は小作問題対策で，小作制度調査委員会設置（1920年），小作調停法（1924年），自作農創設維持補助規則（1926年），農地調整法（1938年），そして小作料統制令（1939年）をはじめ戦時農地政策，農地改革として展開する．第2は米騒動を契機に食糧増産を目的とした，米穀法（1921年），米穀統制法（1934年），米穀管理規則（1940年），食糧管理法（1942年）の食糧・米価政策．第3は，農会法改正（1922年），産業組合中央金庫設立（1923年），産業組合拡充5カ年計画（1933年），農業団体法（1943年），農業協同組合法（1947年）と続く農業団体育成政策．第4に，昭和恐慌は農村と農民を窮乏と不安の淵に沈め，テロと救済請願の温床に変えた．「体制護持」のため恐慌対策として打ち出された，現在の村おこしの原型である農山漁村経済更生運動をはじめ地域行政・地域政策も石黒農政の柱である．

●農本主義的農政　石黒の衣鉢を継ぐ「最後の農林官僚」東畑四郎によると，石黒農政の言い換えである「農本主義的農政」は1931年の入省時には省内に根づいていた．東畑曰く，戦前の日本農業は不変の農地面積と農業人口に規定された小規模農業．農本主義的農政とは，零細農耕制の上に農業の仕組みを作っていく農政である．こうした政策与件から耕作者の農地所有が農業生産力発展の最良の手段と考えられ，自作農創設が政策の軸となる．また，農業・農村・農民を一体的に，かつ地域によらず同質のものとして把握した，中央集権の画一的・同質的・平均的農政となり，補助金散布と農業団体の活用，隣保共助による農村組織化が政策手法の基調になる．そして，中央集権の農政であるがゆえに行政機構は高度に整備され，極めて効率的な行政が行われることになる．

「農民との対話」を重視し経営的に前進する農民層を政策の拠り所にしたことが石黒農政の本質である．石黒農政の本領は小作問題対策であり，次に経済更生運動であった．小作問題を政策課題に取り上げたことで，石黒は省内で求心力を得た．政策的に小作法的秩序を創出して農村社会を変えていったことも経済更生運動も，町村やむらを基盤とした，農民の主体性に基づく自治や協同の行動が基礎にあった．実態の調査と研究を重んじ，中央の画一主義や縦割りを排し徹底した地域の実情・計画に基づく手法によって，政策の実効性が担保され，現実的で深みのある政策の展開が可能になった．

●石黒なき石黒農政　戦争は食糧増産と食料統制を最重要課題に浮上させ，「戦争の論理」によって農政はダイナミックな展開を遂げる．官僚権力が一段と強化された戦時期は官僚にとって「仕事のしがい」がある時代であった．1940年頃が農林官僚の黄金時代，農政史上人的に最強の布陣をしく．戦時下の食糧・米価政策を隠れ蓑に土地問題の解決が図られた．食糧管理法は同時に土地政策の意味合いをもつ一方，それと連動して農業団体統制が行われた．農林省の体制として，土地問題は農政課という一部局に留まらず，農林省全体として取り組まれることになった．また，食糧問題を媒介に農地改革にとって重要な理念となる農業の公共性（国家的）が明確にされた．

農地政策では小作料統制令，臨時農地価格統制令，臨時農地等管理令によって収益，価格，権利移動・転用の3側面から農地所有に対し国家の統制が加えられることになった．この3勅令は政治体制が変われば容易に農地改革と戦後民主主義につながる要素の「装填」であり，これがなければ農地改革は不可能であった．また農林行政は，町村や府県の地方行政に足場を築いた経済更生運動を受け，戦時期に農地委員会の設置や自作農創設維持事業拡充等によって農地問題への関与など町村の事業と役割が大きく拡大した．

戦時農業政策は歴史的に戦後の農地改革と農地法，食料管理制度，農協につながる．農地改革は他の戦後改革と異なり，日本政府により独自に立案され，農林省が一丸となって世界で戦後最も早く実施された．農地改革の実施によって「農地耕作者主義」という農地所有の普遍的理念が生み出された．　［庄司俊作］

14-15

戦後改革と農業・農村

アジア・太平洋戦争に敗れ，アメリカが主導するGHQの占領下に置かれた日本は，当初は非軍事化・民主化，後には経済復興を求める占領政策のもとで，政治・経済・社会・文化等あらゆる分野で戦後改革を進めてゆくことになる．

農業・農村の分野では，**食糧危機**が深刻化する中で，農業・農村の民主化・復興のための戦後改革が**農地改革・農業団体改革**を中心に行われてゆく．

その結果，戦後の農業・農村は，**戦後自作農体制**といわれる生産構造，**総合農協**を中心とした流通構造，さらにはアメリカ産小麦の輸入に依存する食糧消費構造に大きく変貌していった．

●農地改革と戦後自作農体制　アメリカは，日本の大陸への軍事侵略の背景の1つに地主制下の農村の貧困があったとして，農地改革を行って農村を民主化することを必須と考えていたが，食糧増産に悪影響を与えるとして農地改革を先送りしていた．これに対して日本政府は，食糧増産のためにも体制維持のためにも農地改革を進める必要があるとして，第一次農地改革法を準備して議会に提出した（1945年12月4日）．その後，GHQも「農地改革に関する覚書」（12月9日）を発して農地改革に取り組む姿勢を示し，この「覚書」の後押しで第一次農地改革法が成立した（12月18日）．しかし，GHQはこの第一次農地改革法を不徹底として認めず，新たにGHQの主導下で第二次農地改革法（自作農創設特別措置法・改正農地調整法）が作られ，議会を通過した（1946年10月11日）．

第一次農地改革法の骨子は，不在地主の全貸付地と在村地主の5ha以上の貸付地を5年以内に強制買収し，小作料を金納固定化することであったが，これでは開放小作地は小作地の38%・90万haに止まるためGHQは不徹底としたのである．これに対して第二次農地改革法は，不在地主の全貸付地と在村地主の1ha以上の貸付地を2年以内に世帯単位で直接強制買収することに変わり，開放小作地は小作地の大半の80%・190万haに倍増することとなった．

第二次農地改革は順調に進み，農地改革がほぼ終了した1950年8月1日現在の開放実績は193万haにのぼった．小作地率は45年の46%から50年の10%へと大きく低下し，小作農・小自作農の比率も41年の28%・20%から50年の5%・7%へと激減した．地主制は解体し，農地改革の成果を守るために52年に農地法が制定され，戦後自作農体制と呼ばれる農業構造となった．

●農業団体改革と総合農協　農地改革は日本政府の提案ではじまったが，農業団体改革はGHQが「農地改革に関する覚書」で農業協同組合を奨励する計画の提出を求めたことからはじまった．産業組合と農会を戦時統制下に統合した農業会の民主化は進めるものの統制機能は温存したい日本政府と，自由・自主・民主の原則に則るべきとするGHQの間で折衝は難航したが，最終的にはGHQの方針（NRS二次案）に基づいて1947年11月7日に農業協同組合法が成立した．

農業団体整備法によって農業会の事業が停止した1948年8月末までに，総合農協はおよそ1万3千設立され，専門農協も1万8千を数え（50年末），連合会も都道府県350，全国15が設立された（48年末）．連合会の兼営は認められなかったが，市町村—都道府県—全国の系統3段階の農協組織が作られていった．

しかし，組織の整備の遅れやドッジ・ラインによる経営環境の悪化により，農協経営は不振に陥った．再建整備のため，農漁業協同組合再建整備法（1951年4月）などが作られ，また共販三原則の実践や肥料の予約注文制の励行などの対策が講じられた．さらに54年6月の農協法改正では行政権限の強化や中央会の設立など統制機能の強化が図られ，日本政府の当初の意向を実現したこの改正は戦後農協制度の転換点となった．

●食糧危機と食糧消費構造の再編　食糧危機は日本のポツダム宣言受諾の一因となったといわれているが，国民1人1日当たりの熱量供給量は，戦前（1934～36年度）の2030 kcalから，45年度1793 kcal，46年度1449 kcal，47年度1695 kcal，48年度1851 kcal，49年度1927 kcalへと，とりわけ1945～47年度に大幅に下落した．食糧危機は都市を中心に極めて深刻であった．

日本政府は，アメリカに食糧援助を要請するとともに，食糧管理法（1942年制定）に基づく戦時食糧統制を踏まえて食糧緊急対策（供出・配給対策）を進めた．これと並行して，戦時統制を再編・民主化する動きもはじまり，地方食糧営団等を廃止して政府機関として食糧配給公団が48年2月に設置されたが，49年度以降に食糧危機が解消していく中で，51年3月には同公団は廃止された．

食糧管理法に基づく統制は徐々に緩和され，1950年3月に諸類，51年3月にすべての雑穀の統制が解除され，52年6月には麦類が間接統制に移行し，米は55年産米から予約売渡制に移行した．

このような食糧危機の過程で，日本の食糧消費構造は，15％前後の不足分を植民地米の移入に依存した戦前の構造から，アメリカ産小麦の輸入（ガリオア基金（1946～51年）による食糧援助，MSA（54年）・PL480（55・56年）に基づく余剰農産物受入れではじまる）に依存する戦後の構造に再編されていった．

［清水洋二］

14-16

日本型食生活の形成

「日本型食生活」という言葉が注目され，流布していく契機となったのは，1980 年 10 月 31 日に出された農政審議会「1980 年代の農政の基本方向」(「農産物の需要と生産の長期見通し，健康的で豊かな食生活の保障と生産性の高い農業の実現をめざして」）であった．

●「日本型食生活」の提唱　この答申の第 1 章「日本型食生活の形成と定着―食生活の将来像―」では，成人病など栄養の偏りが問題となっている欧米諸国の食生活はもはやモデルとなり得ず，独自のパターンを形成しつつある「日本型食生活」こそ，今後，定着を目指すべき「食生活の将来像」だと指摘している．農政の基本方向を掲げた答申の冒頭に，食生活のあり方を論じた章を置いたのである．ではこの答申の中で，「日本型食生活」とはどのようなものとして想定されていたのだろうか．

高度経済成長期には，国民所得の急増という状況のもとで，欧米諸国の食生活への接近が目標とされた．米，野菜，魚を中心とした伝統的な食生活パターンに，欧米型の肉，牛乳・乳製品，鶏卵，油脂，果物の摂取が加わった結果として，「きわめて多様な食生活が形成されつつある」という現状認識がなされている．そして「栄養的にも，熱量水準の上昇，動物性たん白質の増加等めざましい改善がみられ，近年ではかなり満足すべき水準に達した」とされ，このような「わが国の良さが見直されなければならない」と評価したのであった．つまりこの段階の日本における食生活は，①成人病が問題となっている欧米諸国に比べて熱量摂取水準が低く，その中に占める澱粉質比率が高い，②動物性たんぱく質と植物性たんぱく質の摂取量が相半ばし，しかも動物性たんぱく質に占める水産物の割合が高い，という欧米諸国とは異なる「独自のパターン」を形成しつつあるとして，これを「日本型食生活」と命名したのである．

このように，たんぱく質，脂質，炭水化物の組合せのバランスがとれた食生活が形成されてきたと高く評価した上で，今後，この「日本型食生活」を定着させるべきだという指針を示している．ここで注目したいのは，このような食生活パターンの形成には，米を主食とした「伝統的な食習慣」の影響が大だと述べていることである．世代や個人差などによる食生活の違いに言及し，「食生活は基本的には個人の自由な選択の領域」とした上で，「今後は，栄養的観点からも，総合的な食料自給力維持の観点からも，米等わが国の風土に適した基本食料を中心にした日本型食生活の良さを再評価し，これを定着させる努力が必要である」と提唱したのであった．

●米消費の減少傾向　一方，同じ答申の第3章「農業生産の展開方向―需要の動向に応じた農業生産の再編成と生産性の向上―」では，1960年代から米の消費が減りはじめ，なお減少傾向が続いていると指摘されている．水稲の生産調整が行われてきたものの，大幅な過剰傾向は続いており，これまでのような食生活の変化が続くならば，米の消費減は今後も続く見込みだと述べられている．つまり，農政審議会の答申で「日本型食生活」が大きく取り上げられたのは，このような状況と密接に関わっていた．「日本型食生活」の定着は米消費の維持拡大につながると捉え，これにより米の需給均衡化を図るという意図があったのである．農政審議会の答申中に「日本型食生活」が提唱された背景には，多様化する食生活に伴う米の消費減少への危機感があった．事実，1人1年当たりの米消費は1962年の130.4 kgをピークに減少し，この答申が出された1980年は87.1 kgであった．麦類も含めた穀類（澱粉質）の摂取エネルギー比率は低下し続けていたのである．

●「日本型食生活」のその後　では「形成されつつある」とされた「日本型食生活」は，その後，定着していったのだろうか．1972年以降開始されていた学校での米飯給食は，「日本型食生活」の形成・定着という方向と軌を一にするものであり，1週当たりの米飯回数の増加や郷土料理の提供といった取組みがなされた．とはいえ，「日本型食生活」は，順調に定着していったとはいえない．農政審議会「21世紀へ向けての農政の基本方向」（1987年11月）では，「脂肪摂取量比率の上昇が続く中で，若年層を中心に脂肪過多等の問題もみられることとから，我が国の風土に適した基本食料の消費を中心とする健康的で豊かな「日本型食生活」の一層の定着促進を図ることが必要である」（第10章）と述べられている．脂質の摂取比率はさらにその後，2000年頃からやや減少したとされるが，米の消費は減り続け，2011年の家計調査では，家庭でのパン購入費が初めて米購入費を上回ったと報じられた．これはあくまで購入額であり，また，主食が米であるという意識はまだまだ強いと思われる．しかし魚類の消費も減っており，「日本型食生活」の維持という当初の目標を実現するのは決して容易ではない．

2013年12月，「和食；日本人の伝統的な食文化」がユネスコ無形文化遺産に登録されたが，登録に至る経緯は「日本型食生活」維持という80年代以降の基本方針と無縁ではない．世界に日本の食文化を発信するとともに，揺らぐ日本の食生活の現状に対し，自らの食生活，食のあり方を再提起するものであった．

［野本京子］

14-17

稲の育種

育種は，単収（単位面積当たり収量）の増加・安定化，品質（食味）の改善などの明確な目標のもとで，生物の遺伝形質を変化させ，新種を作り出すことをいう. 遺伝子工学以前の典型的な育種法には, 純系分離法（または純系淘汰法）と人工交雑育種法がある. メンデル法則の再発見以降, 日本でも人工交雑による育種が行われるようになったが，人工交雑による稲の育種が本格的に行われるようになるのは昭和時代に入ってからである. 大正時代までは純系分離法がメインだった.

●担い手と耐肥性品種　明治初期には老農による選種が行われたが，国立農事試験場（1893 年設置）において 1904 年に育種試験が開始されて以降，農事試験場が育種の担い手となった．官営育種に変わってから稲の育種は明確な目的のもとで行われるようになった．1927 年には国立農事試験場を頂点とする全国 9 カ所の指定試験地からなる組織的育種事業が確立されたが，寺尾博（農事試験場鴻巣試験地初代主任，国立農事試験場第 4 代場長）の業績だといわれる．以降 1942 年頃まで，育種目標は寺尾独自の考えによって決められていた．この寺尾が「肥料による増産能力」，つまり耐肥性を重要視していた．耐肥性とは，多量施肥に耐えうる能力を意味しており，イモチ病に強いことと倒伏しないことである.

官営育種によって生まれた耐肥性品種の代表的事例が「陸羽 20 号」と「陸羽 132 号」であるが，いずれも寺尾が関わっている.「陸羽 20 号」は，国立農事試験場の初期に育成された品種で，寺尾が耐肥性・耐病性の強い品種を育成することを目標として純系淘汰法によって育成した（1914 年）ものである.「陸羽 20 号」の耐肥性と冷害に強い特性が活かされた形で生まれたのが「陸羽 132 号」である.「冷害に強い」も育種目標の 1 つである.「陸羽 132 号」も，同じく寺尾が助手とともに,「陸羽 20 号」と食味のよい「亀の尾」を人工交雑して育成した（1922 年）品種であるが，組織的育種体系が確立する前に生まれた品種の中で最も優れた品種であった．食味も優れており，市場では「味付け米」として評判がよかった.

組織的育種体系の確立後に生まれた品種は「農林○号」という名称になるが,「陸羽 132 号」の遺伝子は，農林 1 号などの多くの農林番号品種，さらには今日の「コシヒカリ」や「あきたこまち」にも受け継がれていく．それだけでなく,「陸羽 132 号」は，1930 年代以降の朝鮮，満州，華北でも普及することになった. 朝鮮，満州，華北で普及したのは「陸羽 132 号」を含む純日本品種であったのに対し，台湾の場合，地理的環境の違いから，感光性・感温性が純日本種とは異なる蓬莱種（日本種×日本種，在来種×日本種の200余品種の総称）であった．これら（メンデル法則に基づいて育種された）近代品種は，植民地期台湾・朝鮮の水稲増産に寄与した．

●日本帝国圏内における稲の育種　日本から植民地・占領地に持ち込まれたのは，内地の農事試験場で育成された耐肥性種子だけではない．日本は，台湾，朝鮮，満州，華北，いずれの地域においても育種機関である農事試験場（勧業模範場）を設置した．各地の農事試験場においては，主に日本人の技師による組織的育種が行われたが，台湾・朝鮮と満州・華北では違いがみられた．

台湾では1896年に農事試験場が設置され，朝鮮では1907年に日本が運営主体である勧業模範場（1929年に農事試験場と改称）が設置された．その後，台湾・朝鮮では農事試験場が育種の主体となり，そこで育成された品種や内地から取り寄せた品種は，警察権力が関わる形で植民地の末端の農村にまで普及した．1920年代以降，台湾・朝鮮で米が増産され，内地への移出も増加し，内地の米需給緩和に貢献した．しかし，植民地米と内地米の競争が激しくなり，内地米価格が低落し，内地農業・農村経済は低迷することになった．こうした内地の事情により満州，華北における育種事業は抑制されることとなる．

満州では，満鉄農事試験場（1913年に設置された産業試験場が1918年に農事試験場と改称）が育種の主体であったが，日本の都合により，その育種活動は抑制されていた．1931年以降の満州は，日本や朝鮮の過剰米の輸出先だったが，満州の稲作生産量が急増したため，1930年代半ば以降日本と朝鮮からの米輸入を急速に減らした．満州の食料政策に深く関与していた日本農林省は，日本国内の米価暴落を恐れて満州での米生産を抑制した．寺尾（当時農林省農試種芸部長）は，1936年に満鉄農事試験場を視察した際，満州での育種活動に反対し，満州で「稲作試験圃を見ることが不愉快」であるといっている．

華北の場合，1936年に外務省の文化事業として華北産業科学研究所が設置された．外務省に召集された職員に対し，当時農林省農事試験場長だった安藤広太郎（1938年7月に華北産業科学研究所名誉所長に就任）は，台湾・朝鮮での品種改良により米が増産され，内地が難儀した経験を繰り返したくないとし，稲の育種には手をつけないようにと，発言している．

日本の育種界におけるトップ2人は，明確な育種目標のために設立されたはずの農事試験場の育種活動が内地の利益に反したため，その活動を抑制していたのである．しかし，戦争の激化や災害により日本帝国圏が米不足に転ずると再び育種に力を入れるようになる．

［李 海訓］

14-18

自治村落

主として経済関係や階級支配という観点から行われていた戦前期の農業問題分析に対し，**齋藤仁**は1970年前後から経済に加えて**小農**の共同体的社会関係という要素を導入することにより議論の深化を図った．いわゆる「自治村落論」である．その村落理解の特徴の1つは，伝統的な「イエ—ムラ」論とは異なり，村落は経済社会システムの中の小農の自己維持の共同体組織であり，上部行政権力に対する自治能力をもつ自治村落であるという点にあった．以下，自治村落の基本的性格について，（齋藤，1989；齋藤他，2015）により整理しよう．

●自治村落の形成と構造　自治村落という共同体的社会関係の構成員は，農業経営の主体である自立した小農で，近世初期に普及した集約的な小農的農法を技術的基礎とした家族経営である．自立した小農の家族は「家」としての規範を共有していた．とはいえ近世社会はすでに商品経済がかなりの程度浸透し，村落内では農民層の分解も一定程度進み農民間で階層差もあった．

近世封建権力は，兵農分離により身分制度を再編し，封建貢租の村請制などにみられるように，農民身分として「均質」な小農を**村落共同体**を通して支配した．小農は「家」の対外交渉力を村落共同体に集中し，村落として自治的に対応した．自治村落と支配権力との間には，貢租収奪だけでなく小農維持手段の供給など，双方に利益を供与し合う双務的な関係が形成された．

自治村落は固有の領域と構成員をもち，その範囲はおおよそ藩政村であった．構成員に対する村落の権限は，「立法」「行政」「司法」，村落の財政や財産などに及び，「公権力」をもった「上部構造」を形成していた．その事業は年貢諸役の配分と徴収，農地利用，山・水など資源管理，共同作業，祭祀，外部の商品経済への対応など，上部行政権力への対応だけでなく，小農の生活や生産の相互扶助にまで及び，その目的は構成員である小農の維持存続にあった．

村寄合における村落の意思決定は，構成員の近隣相識の関係を前提とした「一戸一票」によった．その長期間に及ぶ積み重ねはやがて慣習や慣行を生み出し，構成員の行動と関係を規制し，各自治村落固有の規範とその内実を作り出した．規範からの逸脱者は，村落の司法機能により制裁を受けたが，おおよそは構成員の日常的な相互監視と「後ろ指を指す」など社会的サンクションにより逸脱行為が防止された．構成員は村の規範に沿って自らの行動を自己拘束した．

相互監視は，村落のリーダー層にも及んだ．村落内の地主や上層農による村執行部の運営は，小農維持という村落の目的に沿ったものであった．自己の利益より執行部としての役割を優先することが，村の規範であった．

こうして近世封建制下で成立した経営体として自立した小農を構成員とする自治村落は，構成員に対する強い規範により担保された対外交渉力と自治能力を保持する上部権力への抵抗と妥協の組織であり，外部商品経済への対応組織であった．この関係を基盤に，自治村落は多くの機能的組織を生み出した．

●近代の自治村落と農業問題　明治以降の日本では，小農を広範に残存させたまま資本主義化した結果，自治村落もほぼそのまま残った．明治国家も地方行政の事実上の末端機構として自治村落の機能に依拠しつつ，行政を行った．

戦前期日本の農業問題は，小農の主要な生産手段である土地をめぐる紛争，**小作争議**が最大の焦点の１つであった．争議は，自治村落の社会関係に包まれた小作農と村落外の地主との間の小作条件をめぐる紛議が中心であった．小作農は自治村落の共同体原理を基準にした小作条件を地主に求め，村落の規制が及ばない不在地主は所有権絶対・契約自由という資本主義原理で対抗した．小作争議は，貧窮化し分解する村落の構成員と村落を防衛する「共同体復原運動」であった．国家も自治村落の論理を取り込みつつ争議の調停・解決を志向した．

小農の商品経済への対応組織である**産業組合**は，政府の保護のもとで，自治村落を基礎に成立した．小農の困難に対して，強い規範に基づく構成員の相互扶助と近隣相識という非商品経済的な共同体関係が，組合組織の基盤となった．

資本主義下での小農の困難という農業問題に対して，自治村落は小作争議と産業組合にみられるように，非商品経済的な共同体原理で対応したのであった．

●自治村落論への批判と影響　「自治村落論」には建設的な批判もある．批判は日本の村落はおおよそ自治村落的な特徴をもつとしつつも，自治村落＝藩政村という領域理解は，一藩政村多集落の内部集落には当てはまらないこと，自治村落の構成員に対する規制力は，上部権力への対応というよりも，小農家族の「家」という族制特に相続形態から説明できるのではないかという点であった（坂根，1996；2011）．これに対し齋藤仁は権力に第一次的に向き合っている内部集落は「準藩政村」といえるのではないか，また「家」の規制力が対上部行政権力との関係で外化したのが自治村落の規制力であると，議論を深めた．

以上のような農業問題の分析に小農の共同体的社会関係を導入するという自治村落論の研究視点は，近年，日本農業の歴史的研究の分野に留まらず，諸外国の農業問題や農業開発研究へも重要な示唆を与えつつある．　［大鎌邦雄］

14-19

農本主義

農本主義（農本思想）を簡潔に定義することは困難である．対象を明確に確定しにくいため「日本人の思想」とほぼ同一視する見解まで出されたことがある．しかしながら，近代において農本主義という用語が用いられるのは明治後期以降であるという事実を踏まえれば，やはり歴史的カテゴリーとして農本主義を理解すべきであろう．その先駆けとなった横井時敬によれば（横井，1897），当時の工業の伸長を念頭に「国富の増進」を第一義とする限り「工本主義」には勝てないが，農業や農民（農家）は「国家の健全なる発育」には欠かせない重要な要素であり，それゆえ農業・農民の保護政策が不可欠となる，こういう論理として農本主義を主張した．横井に表明された農の保護論はその後社会政策思想に流れ込んでいくが，この意味で農本主義とは対抗思想として捉えることができる．言い換えれば，資本主義発展・成熟期における産業としての農業の条件不利性に鑑みて，特に非産業面から農（農業，農民，農村）に価値を認め，その価値実現のために自らを表明した思想が農本主義だということになる．

●戦前・戦時期までの農本主義　敗戦に至るまでの農本主義は，経済的な工業化，政治・行政的な中央集権化，社会的な都市化への対抗思想として自らを表明した．その力点の置き方はさまざまであったが，反工業化・反中央集権化・反都市化は多様な農本主義いずれにもゆるやかに共有されていたといえる．

日露戦争後の1910～20年代，トルストイの流行と軌を一にして帰農する一連の知識人たちが登場した．徳冨蘆花を嚆矢として，江渡狄嶺（えどてきれい），加藤一夫，石川三四郎らが著名であるが，武者小路実篤の「新しき村」，橘孝三郎の「兄弟村農場」のように，共同体的な農業経営を実践したケースもみられる．かつて政治思想史家の丸山眞男は日本ファシズムのイデオロギー的特質として，「家族主義的傾向」「農本主義的傾向」「大亜細亜主義的傾向」を挙げたが（丸山，1947），丸山の想定した農本主義には帰農を中心とする思想は含まれていない．

ところで，農本主義が社会一般で注目されるのは1930年代に入ってからである．昭和恐慌をきっかけとして窮乏する農村がマスメディアに取り上げられた．「農本連盟」という農本主義的傾向を抱く知識人たちによる団体が結成され（1932年3月），五・一五事件に関与する橘孝三郎，農本自治運動の指導者・権藤成卿や長野朗，農村青年共働学校（私塾）を組織していた岡本利吉，農民文学運動の犬田卯（しげる）らがそれぞれの運動を展開した．特に長野朗らに指導された農民請願運動や飯米闘争（民事訴訟法改正運動）は一部地域で活発に展開された.

ただしこれらの運動も農村に十分浸透したとはいいがたい. 農村で比較的受容された農本主義とは, 農会や産業組合, 農学校や農民道場, あるいは雑誌『家の光』などを通して鼓吹されたものである. 現実の農業・農村経営に役立ったり, 農民の憧れであったモダニズムを農村でも実現させる手立てを提示できたからである. つまり実用的な一面を有していたことが比較的農村に受容された要因だったといえる. 実用的という点では, 農村の現実である**家族小農経営**やイエ・ムラの維持存続のために必要な道徳や論理をも提供していた. この意味では工業化・都市化への対抗という側面ももっていたのだが, 実際のところ, 戦時下に入ると一部の農村では既存の秩序を破壊しかねないほど工業化・都市化が進展していった. その現実を前にして, こうした農本主義も歯止めとなるだけの力はもちえなかったといわざるを得ない.

●戦後から現代の農本主義　政治的イデオロギーを脇において成り立ち得る農本主義は, 戦後さらには現代まで継承されている. 例えば**農業基本法**（1961）制定に携わった当時の農林事務次官・小倉武一は基本法の精神に農本主義が「生きている」ことを吐露している（小倉, 1966-67）. ここでいう農本主義とは,「自立家族経営」の育成という明治末期以来の中小農保護政策と大差ない政策に認められる. また小倉は「土の産業人」という言葉で農業経営者のあり方を農本主義に引き寄せて述べていた.

その後現代に至るまで繰り返し農本主義（ただし戦前・戦時のマイナスイメージを払拭するために「新農本主義」という言葉が好まれる）は使用されている. ここには田園回帰や新規就農者のライフスタイルも含意されている点に留意する必要があるが, それはかつての帰農の現代版である. また冒頭に述べた農本主義の定義に従う限り, 農の多面的機能を重視する論理も現代の農本主義と呼べるかもしれない. 農業政策を産業政策と地域政策の総合と考えたとき, 地域政策において農本主義がみられるといえるだろう. こうした農本主義は, 農業を極端な産業化・市場経済化・グローバル化への方向に誘導し, またGM技術やIoT・AI活用, 植物工場など, 農業分野における新たな工業化を促す動きに対する一定の対抗だと考えられる. この対抗の動きは日本国内外を問わずみられはじめている. なお近年, 元農業改良普及員の宇根豊が農本主義を強調している. 宇根（2016）によれば,「百姓の内からのまなざし」をもって「農業を農に戻す」こと, すなわち農の役割を狭い社会的価値（経済）に限定するような価値観を批判する. 対抗思想としての農本主義は今でも生きているのである.　［岩崎正弥］

14-20

農業経済学の成立

明治維新以降の富国強兵政策のもと，産業化による工業部門・非工業部門間の不均衡発展，貨幣経済の浸透は，農民経営を圧迫し，わが国はさまざまな農業・農村問題を抱え込むことになる．そのような農業・農村問題を危機感をもって受け止め，汗牛充棟の農業出版物がわが国では刊行され，夥しい時論が著された．農業・農村問題の研究は，わが国固有の零細農耕制下にある小農に特有な構造や機能を究明し，小農の問題を解決することを目的として多様な道を歩んできた．

●農業経済学の成立前史――農政論の誕生　明治中期には，新渡戸稲造（1862～1933年），横井時敬（1860～1927年），河上肇（1879～1946年），柳田國男（1875～1962年）といった少壮の手により重要な農政論が著された．この時期の農政論は，ドイツ官房学，歴史学派から圧倒的な影響を受けた社会政策論的な農政論であった．柳田國男の経済合理主義的な農政論を除けば，文明論や，経済法則に基づかない一定の価値観に立脚した政策論，提言が多くみられた．健全なる中産階級の担い手としての農民を重視し，工業立国論に対して農業保護論あるいは商工農鼎立論の立場をとるなどの特徴を有していた（坂根，1987）．日露戦後不況による農村の疲弊は社会問題化しており，1914年の社会政策学会では，小農保護をめぐり激しい議論がなされた．しかし多くの議論は「当為の学」「理念の体系」としての農政論であった（村上，1972）．

第一次大戦後になると農政論は，新たな段階に入った小作問題や米価問題へ対峙しながら，問題を実証的に捉えるようになる．そのような中，1924年に日本農業経済学会が設立，翌年には機関紙『農業経済研究』が創刊され，農業問題の専門的な研究が進められていくようになる．高岡熊雄（1871～1961年），河田嗣郎（1883～1942年），那須皓（1888～1984年），小野武夫（1883～1949年），高橋亀吉（1891～1977年）らが精力的に研究成果を著した．個別事象の実証研究は進むものの農業・農村問題を「一個の文明問題」と捉える那須にみられるように，論稿の多くは政策における理想や価値判断に対しては依然として無自覚であった．

●農業経済学の成立――農政論から農業経済学へ　1930年代になると，大槻正男（1895～1980年）の農業経営学や農業簿記論，有賀喜左衛門（1897～1979年）の農村社会学などの分野からも農業・農村問題の研究が進められるようになるが，経済学的な研究方法は大きく変貌を遂げる．

東畑精一（1899～1983年）は，従来の農政論を批判的に捉え，J. A. シュンペーター（1883〜1950 年）の『経済発展の理論』（1912 年）に依拠しつつ，『日本農業の展開過程』（1936 年）を著した．東畑は「農業を動かすものは誰か」という課題に対し，付加資本の有無という機能的視点から企業者を捉え，わが国農業を動態的に分析した．その結論は，農民は「単なる業主」「賃金率の定まらない労働者」であり，「農業を動かすもの」は，政府，加工業者，大商人，外地の地主であった．ただし政府は「危険を負担せざる企業者」であり，その別働隊である農業団体も真の意味では企業者ではなかった．政策論を排除し，純経済学の方法に基づく東畑の研究が，農業経済研究に与えた影響は大きく，その後，経済諸量の相互依存関係を経済理論に基づき統計学的手法や数学を駆使して実証的に分析し，農業固有の問題に接近する研究が進められるようになった．大川一司（1908〜1993 年）による需要の所得弾性係数に基づく米の需要構造の分析や，神谷慶治（1905〜1998 年）のコブ=ダグラス型生産関数による農業労働の生産性の研究などの成果が矢継ぎ早に発表され，農業経済の研究水準は一挙に高まった．

一方，地主的土地所有の性格規定，高率小作料の問題をめぐり 1927 年以降労農派，講座派の間で論争が巻き起こり，農業・農村問題はマルクス学派においても中心的な課題となった．そのような状況の中，近藤康男（1899〜2005 年）は従来の小農経済論を問題視し，ローザ・ルクセンブルク（1870〜1919 年）の『資本蓄積論』（1913 年），再生産表式論を導きの糸として，『農業経済論』（1932 年）を著した．近藤は，社会的総資本の蓄積運動の中で農業問題を捉える．資本は，剰余価値実現の拡張再生産の困難を，非資本主義的外囲にある小農を従属的にセットすることで克服するとし，そのような資本の支配により農民経済が窮迫，分解していくことが農業問題の核であるとした．近藤の影響は大きく，以後農民層分解論，農産物価格論といった分野で多くの重要な研究成果が生み出されていった．

1930 年代，農業経済学は，近藤，東畑に共通してみられるように，明治以来の社会政策論的な農政論・小農経済論を批判しつつ，「認識論的切断」ともいうべき方法により自ら方法を構築していった．農業・農村問題は多岐にわたり，その究明は，経済学のみならず社会学や歴史学といった諸学問を包含する中で解き明かされる必要があることはいうまでもない．西欧の工業的世界における市場経済を念頭に構築された経済学理論が，多くの非市場領域を抱えるわが国農業の多様な問題をすべてにわたり分析できるわけではない．とはいえ従来の農政論を克服する中から生まれた 1930 年代の農業経済学は，わが国固有の農業・農村問題を新たな視座から鋭利に捉え，その後のわが国独自の農業経済研究を打ち出す機運を生み出したのである．

［足立泰紀］

第 15 章

農村・農業社会学

15-1

農村社会

農村社会と農耕社会の違いについて説明をする．農耕社会（agricultural society, agrarian society）とは，人類史の中で狩猟採集社会に次いで成立した，農業を生活の基盤とした社会である．農耕社会は，狩猟採集社会や，牧畜社会，都市社会と対比される概念である．例えば，日本の社会では，縄文時代から弥生時代にかけて，狩猟採集社会から農耕社会へと移行したと考えられている．水田式の稲作農業が日本全国に拡大することによって，日本にも農耕社会が出現した．ただし，縄文時代前・中期においても，青森県の三内丸山遺跡ではヒョウタンやエゴマやクリなどが栽培されていたことが確認されている．それは，農耕の開始であって農耕社会の成立ではない．

一方，農村社会（rural society, agricultural village, rural village, rural community）と呼ばれる概念がある．日本社会では，これは山村社会，漁村社会，都市社会と対比される．しかし，山村や漁村も，林業や漁業に加えて農業も兼業し，多様な生業基盤を作っている社会なのでここでは農村社会に含めておきたい．したがって，日本における農村社会とは，農業を中心とした多様な生業形態をもつ地域社会のことである．

それでは，なぜ，農村社会と呼ぶのか．農政学者であるとともに，日本民俗学の創始者であった**柳田國男**は，1931年の『日本農民史』の冒頭で次のように述べている．

「農村という語は古くは用いられなかった，近年農業の改良が一段と根本に及ぶ必要があることを感ずるようになって，初めて農村の改良を説くに至ったのである．従ってその語の範囲も，まだ精確には決まっておらぬ．この節の政治家などが農村振興策とか農村問題とかいう場合の農村は，単純にイナカを意味するのみである」．ここで「この節」は，大正の末期から昭和の初期に相当する．農村とはイナカを総称する用語として生まれたのである．

●日本における農村社会研究　柳田國男は1929年の『都市と農村』において，農村社会と都市社会を連続性をもちながらも，対比されるべき社会として論じている．このころから，学界においても，農村社会への関心が高まった．しかし，当時，統一した農村社会の研究学会はいまだ存立せず（**村落社会研究会**が発足するのは，第二次世界大戦後の1955年のことである），農政学，農業経済学，歴史学，社会学，**民俗学**，民族学（文化人類学）の各分野から農村社会に関する研究が積み重ねられていった.

社会学から日本の農村社会にアプローチしたのは，鈴木栄太郎であった．鈴木はアメリカの社会学の方法論を，日本社会にも当てはめようとした．鈴木は『日本農村社会学原理』(1940年）の中で，アメリカの農村社会にみられる社会的関係の集積体としてのみの農村概念だけでは日本の農村を描くことはできないと考え，「自然村」という概念を創設した．植民地の中から移民者によって形成された極めて人工的な近隣社会であるアメリカの農村に対し，数百年あるいはそれ以上の歴史をもち，厳然とそこに存続してきた日本の農村とは異なることを示す必要があったからである．また，明治以前の幕藩体制の時代から続く小規模な村落（むら）を「自然村」と位置づけ，1889（明治22）年の町村制施行以降に行政単位として成立した村を「行政村」と位置づけている.

農村社会の社会関係が，同族関係と労働力の調達関係によって形成されていることを明らかにしたのは，**有賀喜左衛門**である．有賀は，民族学と民俗学の影響を受けており，『農村社会の研究―名子の賦役』(1938年）で，日本の農村社会における，「家」と「家連合」の成立過程を生活構造の分析から明らかにした.

歴史学の分野からは，日本農村の経済構造の研究が，古島敏雄や中村吉治などにより，農村社会の実証的歴史研究として積み重ねられてきた．特に村落共同体としての農村社会の分析が行われた.

●戦後日本の農村社会　第二次世界大戦後は，農村社会の構造が封建時代からの遺制に基づくものとして捉えられ，民主化されるべき対象としての農村社会の分析が福武直らによって試みられた．それらは，歴史学と社会学を結びつけた研究であった.

日本の農村社会の特徴は，20世紀前半までは，日本の国民の多数が農民であったことである．農家人口が全人口の半数を下回るのは，第二次世界大戦後以降である．それまでは，農業者の居住する農村社会が，日本全体の社会構造の基礎をなしていると考えられていた．しかし，日本が高度経済成長期に入った1960年代以降，農村に居住する若者の多くは都市へ移動し，都市住民や労働者になった．このことにより，農村の社会構造自体も変化する．かつては，農村では，農家が多数派であり，農村社会のさまざまな事業が，農業を基盤としていた．農地や水田に水を給水する水路の管理は，農村社会を構成する重要な規律であった．また，村落の自治へ参加することも，農業を継続していくために必要であった．しかし，現代では，農村社会の多数派は農家ではない．この結果，農村社会は，現代では単なる地域社会（rural society）へと変化したと考えられる.

［末原達郎］

15-2

集落再編

過疎地域では人口・戸数の減少や高齢化によって，集落が本来もっていた①資源管理機能，②自治機能，③生活互助機能，④価値・文化維持機能，⑤防災・災害対応機能など，さまざまな機能の低下がみられる．これらの機能を再生する方法の１つとして，複数の集落を統合したり，連合したりして一定数以上の戸数や人口を確保し，同時に自治組織の体制・機構を組みかえる集落再編がある．

●集落再編類型　集落再編はその原因（人口減少，高齢化，自然災害，ダム建設など）や当該集落の地理的条件によりさまざまな形態をとる．①住居の移転を伴うのか，②複数集落が連携しているのか，③旧集落自治組織の機能を残すのかという３つの分類軸を組み合わせると，移転型，単独型，統合型，連合型の４類型が導出される（図1）（福与，2011）．それぞれの類型の特徴は次のとおりである．1）移転型：1970年代を中心に行政主導の過疎対策として実施された集落移転事業によるものや，自然災害やダム建設などにより，地域住民が元の土地に居住し続けながら集落を再編することが困難な場合に行われる再編．2）単独型：再編前の集落に一定程度の人口・戸数が残っているなど，複数集落が連携する必要がないとき，集落自治組織の体制・機構のみを組みかえるタイプの再編．3）統合型：再編集落を運営していく上で，旧集落の機能に期待できない場合に行われる再編．このような再編は，戸数や人口の減少が進んで集落機能が極端に低下した場合，それを再生するために行われる再編に多い．4）連合型：旧集落の機能が一定程度低下しつつも臨界点までには達しておらず，再編集落においても旧集落の機能が必要な場合に行われる集落再編．このような再編は，集落機能が喪失する前の段階で，そうならないために地域振興を図ろうとする再編に多い．小田切（2009）が「小さな自治」と呼ぶ旧村（町村制施行当時の自治体の単位）レベルで形成される新たな農山村コミュニティがこれにあたる．

<table>
<tr><td rowspan="4" colspan="2"></td><td colspan="3">複数集落の連携</td></tr>
<tr><td colspan="2">yes</td><td rowspan="3">no</td></tr>
<tr><td colspan="2">旧組織を残すか</td></tr>
<tr><td>yes</td><td>no</td></tr>
<tr><td rowspan="2">住居の移転</td><td>no</td><td>連合型</td><td>統合型</td><td>単独型</td></tr>
<tr><td>yes</td><td colspan="3">移転型</td></tr>
</table>

図１　集落再編類型［出典：福与(2011)］

●再編による領域の変化　地域社会とは，「一定の範囲の領域（テリトリー）の上に人びとの生活上の社会関係が集積することによって形成されている」社会である（富永，1986）．単独型以外の集落再編では，再編により集落の領域が変化する．移転型は，従来の集落がもっていた領域とは（同じ集落内に住居を移転させる場合を除き）全く異なった領域を集落がもつこととなる．一方，統合型，連合型の場合は，統合あるいは連合する複数の集落の領域を合わせたものが新しい再編集落の領域となる．複数集落のまとまり方としては，①旧村，②学校区，③隣接した2，3の集落，④開拓時期など歴史的経緯が同じ集落，⑤山や川といった地形条件が境界となってまとまるなど，さまざまなパターンがある．①～⑤の条件は互いに独立しているわけではなく，歴史的経緯や地理的条件が同様の旧村や学校区でまとまるケースが多い．このことの意味を自然村論（鈴木，1968）の枠組みを用いて解説すると次のようになる（図2）（福与，2011）．

鈴木は，農村に存在する社会集団や社会関係が第1社会地区，第2社会地区，第3社会地区という3重の輪（領域）に累積していることを見出した．歴史的経緯や地理的条件による差があるものの，第1社会地区は隣組，班，小字に，第2社会地区はムラ，部落，大字に，第3社会地区は旧村や学校区に相当する．鈴木は江戸時代の藩政村に由来し，精神（規範的社会生活原理）による社会的統一性があり，独立性も高い第2社会地区を「自然村」と呼び，明治以降の町村で，官制的集団が累積する第3社会地区を「行政村」と呼んだ．連合型にせよ統合型にせよ，再編前の集落は第2社会地区であることが多く，再編後の集落は第3社会地区にまとめられることが多い．しかし統合型と連合型では，再編後の第2社会地区と第3社会地区の意味が異なる．統合型では，第3社会地区が，第2社会地区が果たしてきた機能を果たすようになり（第3社会地区の第2社会地区化），従来の第2社会地区は第1社会地区の機能を果たすだけとなる（第2社会地区の第1社会地区化）．一方，連合型の場合，第2社会地区はその機能を保持したまま，都市農村交流機能など新たな地域振興機能を獲得するために第3社会地区レベルに連合する．この場合，第3社会地区は鈴木栄太郎（1968）のいう行政村的性格に留まらず，地域経営能力を備えた地域自治組織に脱皮することとなる．小田切（2009）が，従来の集落の役割を「守りの自治」，新たな農山村コミュニティの役割を「攻めの自治」と呼んでいるように，再編集落（第3社会地区）と従来の集落（第2社会地区）がうまく機能分担していくことが課題となる．　［福与徳文］

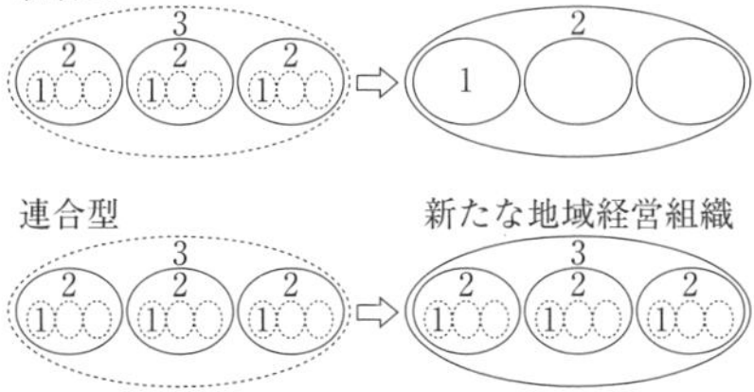

図2　再編による領域の変化［出典：福与（2011）．鈴木（1968）の理論に基づいて作成.］

15-3

村落領域論

日本農業なかでも水田稲作は，個別経営を超えた集落（学術用語としては村落）を単位とする種々の共同労働によって補完されてきた．農業用排水路の掃除や整備をする「溝さらい」や農道を補修する「道普請（みちぶしん）」は，地域により名称に違いはあっても代表的な**共同作業**であり，それらはむら人の役務として無償で提供される．村落はそれらを含めて無償あるいは過小評価された労働を提供し合う組織であるがゆえに，共同体的であるとする議論がある（細谷，1993）．

●村落領域論の始点と意図　無償労働組織のような人的関係から村落という社会単位をみるのではなく，村落内の土地の支配や管理という空間的視点から農業村落の特質に接近しようとするのが村落領域論である．村落という社会集団を人的局面と空間的局面の結合から理解しようとする理論といってもよい．

村落領域への着目は，1970年の世界農業センサスにおける**農業集落**調査にさかのぼる．農業集落調査は1955年の臨時農業基本調査において初めて実施された．その後，1960年センサス時にも集落調査は実施されたが，その対象は集落の地理的特徴と，農家が生産や生活において取り結ぶ共同的関係に留まっていた．つまり，村落の人的局面にしか関心が払われていなかった．さらに，どの範囲の人的関係の広がりをもって集落と同定するかという困難も抱えていた．

そこで1970年センサスで導入されたのが領域という概念である．主唱者の**川本彰**によると，村落運営は，人間保全，土地保全，作物保全という3つの機能がうまく働くことによって成立している．これら3機能のうち，農業を基礎とする社会においては，基盤となる土地保全が最も重要であり，村落最大の機能となる（川本，1983 : p. 20）．村落が保全するべき土地の範囲が村落の領域である．

センサスが実施された1970年の時点で，領域が明確であると回答した農業集落の比率は都府県全体で79.4%であった．8割の集落が自分たちの土地の範囲を認識していることにより，領域の存在を前提として村落社会の基礎構造を把握することの有効性が示された．しかし領域の明確な集落率が，45都府県（当時，沖縄県は含まれない）中19の府県で90%を超える一方，秋田県や鹿児島県は50%を下回るなど，地域差も確認された．

村落領域の重要性は日本の農村社会に固有ともいえる特性である．その成立理由について，外在的要因としては開発の進展によりフロンティアがなくなり，隣接する他者が意識されたこと，および徳川期において村境が確定され，支配体制の末端として利用されたことが挙げられる．内在的要因としては，個人の所有・利用地が領域内に散在する分散錯圃制に基づく水田農業において，特にかんがい用水の面的確保が死活課題だったことがある（川本，1983 : p. 16）.

●総有論とその発展　村落は領域内の所有地の多寡を基準としてむら人から協議費（自治会費）を徴収する権利をもつ．また，村落は領域を維持する共同作業のためにむら人の労働を徴用する権利をもつ．逆にむら人は労働を提供する義務をもつとともに，村落領域全体に対して労働を通じて働きかける権利をもつ．

注目すべきは，村落が領域内の土地の処分方法に対して規制をかける権限ももっていることである．例えば，領域内の土地の売買に村落（具体的には村落組織の代表者など）が介入し，なるべく村落成員の土地として領域内に留めようとすることなどにみられる．現代においては屋敷地であれ農地であれ山林であれ，入会などの特別な共有地でない限り，村落領域内のすべての土地は私的所有地に分割されている．私的所有地ならば所有の3要件である処分権，使用権，収益権が厳格に所有者に帰属するはずである．しかし村落ではそれが貫徹していない．

つまり，近代法では所有者に帰属すべき所有権（この場合は処分権）の一部を村落が保有していることになる．川本がいうには，「ムラ（＝村落，引用者注）の土地はムラの総有のもと」にあり，それは「資本主義社会の私的所有原則が貫徹しているかにみえる私的所有地においてもまたしかりである．ムラ全体の土地はムラ全体のもの，オレの土地もムラ全体のオレ達の土地であった」（川本，1983 : p. 243）．領域内の土地には私的所有の上に**総有の網**が被さっているのである．

ただし「オレ達の土地」であっても，その発言力には差がある．村落成員に課せられる徴収や徴用などのさまざまな責任を果たさなければ，オレ達の仲間には入れない．土地所有の多寡や代々にわたる村落運営への貢献なども発言権に格差が生まれる源泉となろう．村落内には，幾世代にも積み重ねられた経験の蓄積が共有されており，領域内での覇権をめぐる厳しい争いの歴史が潜在している．

村落領域論が考案された頃にはすでに都市化などの影響で領域の意義は弱まりつつあった．しかし領域が支配の末端単位として外在的に支えられたのと同様に，生産調整や中山間地域直接支払いの単位として，村落の領域は国家の農業政策によって再生産されてきた．集落を超えた地域営農組織の設立が進展しないのも，領域内で培われた空間と人間関係との長期的結合の歴史が大きく影響している．さらに領域論は対象への人間の働きかけ，すなわち労働投下が法律とは別のレベルで所有関係を発生させることを例証していることから，法的所有権がなくても，保全したい対象に労働を投下して処分権を獲得し，環境保全運動の戦略とする研究にも発展している（鳥越，1997 : 第2章）．　［秋津元輝］

15-4

過疎化・過疎社会

過疎とは，わが国において高度経済成長に伴う人口の都市への集中を背景として，1960 年前後から始まった農山漁村地域における急速な人口減少が生み出した社会問題を指す.「過疎」という言葉が，初めて公式に使用されたのは，1967 年の政府の「経済発展計画」においてである．本項目では，こうした現象としての「過疎化」そしてその進行地域としての「過疎社会」について，主に社会学的な観点から年代ごとの既存研究をたどりながら，まとめる．

●過疎化の悪循環と継続　1960 年代に社会問題化した過疎について，1970 年代以降，多くの実態分析がされてきた．その代表的な研究者である安達生恒は，島根県山間部の集落の現地調査をもとに，労働と生活の基盤が喪失していく過疎化の構造を詳細に分析している．そこでは，人口・戸数の急減が，産業の衰退と生活環境の悪化を招き，住民意識の後退につながる過疎化の内部メカニズムが循環的に連鎖し，集落の消滅へとつながる構造が明らかにされている（安達，1973）.

過疎現象は，高度経済成長期以降，どのような経緯をたどったのであろうか．1960 年に 1304 万だった過疎地域の人口は，1980 年には 881 万へ，そして 2000 年には 713 万へと急速に減少した（国勢調査による）．5 年間ごとの減少率は，60 年代には 10% 以上を示し，70 年代後半から 80 年代前半にかけては 4% 前後とやや鈍化傾向をみせたものの，80 年代後半からは 5% を超え，人口減少の再加速が懸念されるようになった．このような人口流出の年代的推移に対応するように，1990 年以降，過疎研究も，従来の人口流出メカニズムとそれに起因する地域生活の困難性に焦点を当てた「流出人口論的過疎研究」に加えて，過疎地域に残り生活を営む定住人口や U・I ターンによる流入人口を対象とした「生活人口論的過疎研究」が展開されるようになった．また，1990 年代においても継続する人口減少に関連して注目されたのは，いわゆる「限界集落」問題である．これは，主に中山間地域縁辺部において，小規模・高齢化した集落の機能維持が困難となり，集落の存続自体が危ぶまれる問題状況を指す.「限界集落」という用語の創始者である大野晃は，1990 年時点における高知県の山村集落調査をもとに，「高齢化率が 50% を超え，高齢化で集落自治の機能が低下し社会生活の維持が困難になっている集落」を「限界集落」と定義し，「限界集落」が急速に増大する構造的要因や関連する集落機能の低下や環境問題の発生等を分析した．

●「システム過疎」論等の登場　1990 年代終わりから 2000 年代初頭にかけては，

従来のように人口減少自体を絶対悪とみなさず，むしろ人口減少を前提として適合する地域システムの構築を唱える「システム過疎」論も登場した．その創始者である徳野貞雄は，過疎の実態分析の重要性は評価しながらも，問題の本質は，20世紀において形成された人口増加パラダイムを前提とした制度やシステムが，逆に人口が少なくなった農山村の実態と合わなくなったところにあると主張する．徳野は，このような現象を「システム過疎」と呼び，人口増加の可能性もないのに過疎の克服を叫ぶよりも，人口減少社会に適合した制度やシステムを作り，少ない人口でも生活の質の高い社会を目指すべきだと論じた（徳野，1998）．また，環境持続性からの新たなアプローチとして，植田和弘は，グローバリゼーションのもとでの地域の最優先課題は，持続可能な地域社会をつくるための自立的な経済的基盤を再構築することであると論じた．そして，森林等の環境資源に着目した地域経営のあり方を進化させれば，過疎化が進んできた中山間地域は，21世紀において構築を待たれる自然と共生する循環型社会の先進地域としての役割を担うことができるとの展望を示した（植田，2000）．

●「市町村消滅論」と「田園回帰」　2010年代半ばに，過疎地域に大きな衝撃を与えたものは，2014年5月に発表された「日本創成会議」の人口予測であった．若年女性層の急速な縮小予想を根拠として，全国の半数にあたる896市町村（49.8%）が，「消滅」の可能性があるとされ，このため，同会議の予測は，「市町村消滅論」とも呼ばれはじめた．この厳しい人口減少への警告に呼応して，2014年度後半からは，政府においても，人口の維持を主眼とする「地方創生」が重要課題として取り組まれはじめた．一方，同会議の予測の仕方や前提そして政策提言の方向性には，当初から論議すべき問題点が多々あるとの指摘もされている．特に，同会議の予測は2010年までの国勢調査データをもとにしていることから，2010年代前半に現れてきた「田園回帰」の傾向を捉えていないという批判もある．実際に，2015年国勢調査をもとにした人口分析では，少なからぬ離島や山間部といった縁辺性の高い小規模自治体において，社会増が発生している（藤山，2018）．このように，半世紀にわたる論議や政策展開を振り返ると，一貫して続いてきた大規模・集中型の成長志向の社会経済システムを前提とした「対症療法」では，過疎問題の解決にはつながらないことが明確になりつつある．地球規模においても地域ごとにおいても今後求められる持続可能な循環型社会への文明的転換を見通す中で，世代を超えて住み続けることのできる地域社会の枠組み，手法，担い手が論議されることを期待したい．

［藤山　浩］

15-5

地域活性化

地域活性化の目標は，定住人口の増加や地域経済力の向上という社会的受益だけでなく，個人が感じる暮らしやすさなどの主観的受益に至るまでと幅が広い．また地域の定義も難しい．したがって，地域活性化を一口に定義することは容易ではない．しかしながら多くの学問分野で，しかも長期間にわたって使用されている．また，地域づくり，地域おこし，地域振興，地域経営，内発的発展等の用語ともほぼ同義語として使われるケースも少なくない．

●継続課題としての地域活性化論　戦後，日本国内では高度経済成長期を迎え好景気に沸いたが，1973 年のオイルショックや円の完全変動相場制への移行などにより，国内景気の低迷化とグローバル化が進んだ．グローバル化と反比例するように，企業誘致等，地域外資本に頼った農村開発は陰りをみせる．これらを受けて，1977 年に政府が出した第三次全国総合開発計画（三全総）では，その基本目標を「人間居住の総合的環境の整備」とし，「定住構想」を開発方式として，地域の歴史的文化的特性が活かされ，人間と自然の調和がとれた居住環境の創出によって，大都市への人口と産業の集中抑制が図られた．それを契機に，主に地方自治体主導の地域資源の掘り起こしとその付加価値化が進められる．

この時期の農村社会の実態から構築された理論の１つに「内発的発展論」がある．その論の発端は，発展途上国における欧米型の近代化路線に対する批判からであるが，この概念を日本の農村社会開発にいち早く援用したのは宮本憲一である．1989 年に出版された宮本の『環境経済学』では，「地域の企業・組合などの団体や個人が自発的な学習により計画を立て，自主的な技術開発をもとにして，地域の環境を保全しつつ資源を合理的に利用し，その文化に根差した経済発展をしながら，地方自治体の手で住民福祉を向上させていくような地域開発を『内発的発展（endogenous development）』と呼んでおきたい」としたが，その後グローバル化とそれに対抗する形で住民主体の内発的発展が進んだ後に出版された『都市政策の思想と現実』では「内発的発展を持続可能な発展へ高める必要性が重視されている」と分析している（中村，2000 : p. 141, 143）．さらに，岡田知弘の「地域の持続的発展には地域内再投資力をいかにつくりだすかが重要」という理論が注目を集め（岡田，2005 : p. 139），宮本らの理論に１つの回答を示した，という見方ができるであろう．

こうした住民主体の活動は戦前にもあった．大正期には地域農業の計画・実行を自分たちで行う「農家小組合」の普及・発達があり，昭和大恐慌後の1932年には，国主導で「農山漁村経済更生運動」が実施されたが，そこでも地域住民組織の力が発揮された．それらも含めて考えると，地域活性化論は少なくとも近代日本において時おり盛り上がりをみせる継続課題であるといえる．これからもそれは続くと考えられることから，時代の枠を超えた地域活性化の絶対的な指標作りは困難といえるであろう．

●農業経済学における地域活性化論研究の始まり　一方，農業経済学で地域活性化論が目立って研究されるようになったのは1990年前後である．当時，地域活性化研究に貢献した目瀬守男（1992：p. 3）によると，「地域活性化とは，地域の所得，生活，文化および環境の質などを，新しい望ましい目標に向かって現状を転換し，ジャンプしていく動き」と概念を整理している．これは，この頃にバブル経済が崩壊し，中山間地域など産業展開の条件が不利とされている集落で過疎化がさらに進行したことを反映している．政府が三全総，その後の四全総で掲げた地域活性化の目標の1つの「人口増加」は十分には達成されなかった．誰が地域活性化を図るのかという主体についての概念が足りなかったのではないか．

●新しい地域活性化方策と定義　前述の地域活性化方策を経て「地域活性化にはよそ者の視点が重要」とする考え方に注目が集まる．小田切徳美（2018：pp. 13-15）は，地理学者・宮口侗廸の研究を引用し地域外との交流が地域活性化には重要という視点を指摘している．また，同じく宮口の「少ない数の人間が山村空間をどのように経営すれば，そこに次の世代にも支持される暮らしが可能になるのかを，追及するしかない」という論を紹介し，交流が「協業の段階」へと変化しつつあることを指摘している．具体的には，短期居住して労働提供を行うワーキングホリデーや企画提案等を行う参加型交流である．2008年以降は国でも総務省管轄で集落支援員や地域おこし協力隊など，地域サポート人材派遣政策を開始した．これらの事業評価研究は途上であり，地域活性化手段としての成果報告が待たれる．

以上のことから，時代背景に伴って，また推進主体によってその目標・目的は異なることを前提としつつも，一定水準の地域が存続するために，1. 地域内人口の減少に歯止めをかけること（交流人口も人口に含める），2. 地域環境と調和した地域内資源活用型の経済活動の実現，3. 個人の福祉的・精神的生活水準の向上を図ることを目的としつつ，その手段として，①地域内就業の場づくり，②地域資源保全活動の魅力向上，③地域内人材の育成，④地域外人材を受け入れるための協業体制づくり等を実践することが，現代の地域活性化に求められる課題といってよいだろう．

［中村貴子］

15-6

市民農園・体験農園・コミュニティガーデン

農作物の生産や植物とのふれあいに関心のある一般市民，特に都市住民が，有償または無償で農地の一定区画を利用し，主に自家消費または趣味的観点から農作物を栽培するのが一般的な市民農園の利用形態である．こうした利用は古くから存在したが，厳密にいえば自作農による所有・利用を大前提とする農地法の概念とは相容れない側面もあった．しかし1975年の構造改善局通達により市街化区域での市民農園利用が許容されたことをきっかけとして，市民農園整備促進法（1990年制定），特定農地貸付法（1989年制定・その後改正）の制定等により法的根拠も明確になり，都市的地域を中心として市民農園の設置・利用は増加していった．増加の背景には，食と農に関心をもつ都市住民の増加，余暇利用の機会の増加に加え，蚕食化した都市農地を有効活用したい農家のニーズ，また都市に緑地空間をある程度確保したい自治体のニーズも存在する．また市民農園をフィールドとした研究も1980年代より活発になり，制度上の課題，利用状況の実証分析や，海外の先進例としてドイツのクラインガルテン，イギリスのアロットメントの運営方式などが議論されるようになった．

●市民農園の分類　市民農園はさまざまな視点から分類できる．開設形態でみれば，農業者（農地所有者）が開設主体となり．利用者への貸借権等の移動は伴わずに農業者の管理・指導のもと利用者が農作業に取り組む「農園利用方式」と，地方自治体等が特定農地貸付法に基づき開設する「貸付方式」に分類できる．日常的な利用スタイルでは，利用者が近隣の農園を高頻度で訪問し作業後は帰宅する「日帰り型」と，自宅から離れた農園に宿泊して作業する「滞在型」に分類される．

農林水産省の調査によれば（2017年3月現在），上記2法に基づき設置された市民農園数は4223，総区画数は18万8158に達する．農園数を設置主体別に集計すると，地方公共団体が54%を占めるが，近年は多様な主体により設置できるようになったことから，農業者自ら，または企業，NPOが設置した農園も増えている．農業地帯別では都市的地域に80%が集中している．

中山間地域や平地農村では，遊休農地の有効活用や都市住民との交流促進，さらには地域活性化への期待から，滞在型市民農園の設置が1990年代から徐々に進展した．こうした農園は時に「日本型クラインガルテン」とも称される．滞在型市民農園では，農地区画に加え，利用者の宿泊施設や農機具庫等の附帯施設も整備されている．利用者は宿泊しながら長時間の農作業体験を楽しむ．交流促進のため，地域住民・農家との交流イベントが開催されることもある．

●体験農園の拡がり　都市的地域の一般的な市民農園では，利用希望者が多く順番待ちをする住民もいる反面，利用者の農園管理の粗雑さ，それに伴う緑地空間としての景観の悪化，さらには土地所有者である農業者との交流の希薄化が問題視されてきた．こうした問題を改善するために近年導入が進んでいるのが体験農園である．体験農園では，利用者は農園主が事前に提案する栽培品目と営農計画を了承した上で一定期間（1年が一般的）契約を結ぶ．期間中は，播種・定植から収穫に至るまで，時期ごとに園主から作業方法について指導・助言を受けつつ作業を行う．種苗は原則として農園側より提供され，収穫物も利用者にすべて供される．換言すれば，利用者は自身の農作業に対する指導・助言サービスも含んだ全量栽培契約を結んでいるともいえる．こうした運営スタイルを初めて導入したのが東京都練馬区の農家集団であったことから，体験農園の運営スタイルは時に「練馬方式」と称される．また体験農園では，園主らが利用者とともに定期的にイベントを開催することも多く，市民農園に比べ交流や農業・農的土地利用に対する住民への啓発効果も高いといわれている．農園側が提供するサービスへの対価も含むため，利用料金は一般的な市民農園に比べ高い．しかし農業者からみれば，体験農園は収益性の高い新たな都市農業経営方式としても注目されている．

●コミュニティガーデンとは　都市における緑地空間の公共的利用に関連して，市民農園・体験農園に加え，近年日本でもコミュニティガーデンに関する言及が増えており，実践例も散見される．しかし日本では明確な定義づけが行われていない．それでも，公共的緑地空間のデザインないし管理プロセスにおいて，当該コミュニティの住民が主体的に関与している取組みであるという認識はおおむね共有されているだろう．事例として，公園内の花壇や樹木のデザインと肥培管理に住民が関与する取組みや，空き地の景観管理のため住民主導で花や景観作物を植栽する取組み等が紹介されている．コミュニティガーデン発祥の地とされるアメリカの都市部でも，明確に制度的な位置づけはなされていない．しかし先進的な都市では，1970年代以降，自治体の経済的支援も受けながら，NPOなど多様な組織が母体となって，住民が共有できる緑地空間のデザインと管理に主体的に取り組んでいる．またアメリカのコミュニティガーデンでは，共用の緑地空間だけでなく，日本の市民農園のような個人利用の緑地区画も併せて整備され管理されることが多い．運営組織が提供する住民向けプログラムも多彩で，エスニック問題，貧困層対策，緑地利用をめぐる住民間の紛争への対処など，当該コミュニティの住民の多様性を反映したプログラムが用意されている．　［櫻井清一］

15-7

農村社会とジェンダー

農村社会に特有の**ジェンダー秩序**は存在するのだろうか．ジェンダーという語句に定まった定義はないが，性差に関する知や**性役割規範**，それを構成要素とする社会的な制度であり，人々の自己認識であるとされる．そして，農業という生業を中心とした伝統的社会として農村社会を捉えた場合，都市社会とは異なったジェンダー秩序がそこに存続していることは，世界においてほぼ共通の認識といえる．

欧米諸国において農業における女性の研究が花開いたのは1980年代であり，それまで女性はほとんど「不可視」な存在であったといわれる．当時の研究テーマは農家経営内部に関するものが多かったが，女性農業者の意識など，より社会的なテーマもみられるようになる．研究は社会運動とも連動し，欧米豪などにおける農村女性の運動は1980年代の潮流となり，アイデンティティの確立や権利の獲得に向けた政治的活動，ネットワーキングなど大きな成果を生んだ．しかし，それに対するバックラッシュも激しかったことから，政治組織資料や人々の発言の分析など構築的手法による研究が行われ，農村組織における男性性がいかに根強いかが明らかにされた．

他方，開発途上国の農村社会におけるジェンダーも重要な研究・政策テーマである．FAOはジェンダー主流化（あらゆる分野でのジェンダー平等を達成するため，すべての政策，施策および事業について，ジェンダーの視点を取り込むこと）を，人権の視点のみならず貧困や飢餓の撲滅への必要不可欠な要素であるとし，都市部以上に格差のある農村部の男女の経済力やICTへのアクセス状況等の解決を追求している．

世界の農村社会におけるジェンダーの状況やその背景は地域や国によって異なるが，家父長制を原則とする家族のあり方やその家族を中心とする農業経営，農業という営みがもつ「男性性」という特色を要因として捉えることができ，解決されるべき社会問題であるとともに重要な研究課題である．

●日本の農村社会組織とジェンダー　日本の農村社会は「イエ・ムラ理論」によって説明されてきた．イエを単位とし，その連合としてのムラを考察してきたのである．対外的な代表権をもつイエの長は，原則男性であった．2世代の夫婦が同居する場合が多く，イエの中での役割は世代と性別により画然と区別されていた．また，共同作業の場合の労働組織も性別に編成され，地域社会においては，イエの中の地位に応じて参加するべき組織が明瞭に別々に存在していた．細谷（1995）は，このように全成員がそれぞれ参加すべき組織が社会に用意され，決して女性が虐げられていたわけではないと述べる．またイエというシステムは庶民が生活する上での合理的な組織であり，非民主的だといった批判的視点からのみ見ることは問題だとの指摘もある．これらは重要な指摘であるが，日本の農村社会では性別によって明らかに異なった制度が用意され，抗うことの困難なジェンダー関係が存在し，重要な意思決定に女性は参加できなかった伝統が現在でも変化しつつも存続していることに注意を払う必要がある．

●農村女性施策の展開とジェンダー秩序の変化　日本における農村女性施策は1990年代に進展し，女性の経営参画と同時に社会参画が目標とされた．その後の20年余りで農業委員やJA役員等の役職の女性比率は高まったが，農業委員の場合1995年には0.33%だった女性比率が2018年度には10.6%と，なお男性と比肩するには至っていない．女性役職者が果たす役割は大きいが，男性中心の組織運営上の慣行が女性の十分な活動を阻害している例もみられる．有能な女性たちは，地域社会の意思決定機関への参画よりも，自分たちが自由に活躍できる場を求めて活動しているとの指摘もある（藤井，2011）．

施策の展開だけではなく，この間に日本社会全体に生起した変化が農村社会のジェンダー秩序に揺さぶりをかけている．その変化とは，①中山間地域を中心とした農村地域社会における人口減少と高齢化，②女性の就業率の上昇，③就農する女性の非農家出身比率の高まりである．①により男性中心の地域社会組織が存立の危機にさらされ，女性に対する門戸を開き期待を高めている事例は多い．また②や③が，農村社会の規範とは異なる都市的な規範や企業社会における規範を内面化している女性が農村社会のメンバーとなる流れを促進し，その結果としてジェンダー関係の変化をもたらしている（原・大内，2012）．

●農村社会と女性の可能性　農村社会におけるジェンダー関係は伝統的な特色を残しつつも変化し，意思決定過程に女性が参入する環境が以前より整えられ，女性の活躍事例も多く聞かれるようになった．秋津（2007）は，欧米豪と比較して日本の農村ジェンダー研究の蓄積の少なさを指摘し，特に**構築的研究**の必要性を説いている．マスコミや行政により女性の活躍が大きく光を当てられている現在，その扱われ方に関するより深い洞察，あるいは農村社会のジェンダー秩序が男性に与えてきた負担など，現代農村社会に存続するジェンダー関係に関するより多彩な研究が待たれる．

［原　珠里］

15-8

生産主義とポスト生産主義

生産主義（productionism）とは，主として第二次世界大戦後，国家または EU 等の超国家組織のもとに，農業の近代化が推し進められ，農業が食料産業として位置づけられ，その生産を拡大，発展，最大化するためにとられた政策，または関連する経済や社会の体制を指す．一方，ポスト生産主義（post-productionism）とは，1980 年代末から 1990 年代初頭にかけての生産調整（減反）政策，連作や農薬・肥料の多投による環境面での弊害，農業人口の減少を背景に，栽培や家畜飼養の粗放化，農業・農村の多面的機能の発揮，農業経営の多就業化（グリーンツーリズムなど）に重きを置く考え方，またはそのための政策や社会経済の体制を指す．

●CAP における農村概念の変遷　生産主義およびポスト生産主義の具体的な内容は，農村（rural space または the rural）概念の援用によって示される．イギリスの農村地理学者キース・ハルファクリー（Keith Halfacree）によれば，農村の理解をめぐって従来，地域（locality）として理解するか，表象（representation）として理解するかという，二項対立が続いていた．EU の共通農業政策（CAP）においてはこの両者が混在している．CAP は当初，農村を小規模な家族農場が営む農業生産の場として捉えていた．日々，実直に重労働にいそしむ家族農場，それらが形成する農村社会に道徳的な意義を見出していた（表象としての理解）．その後，CAP は農村の地理的な範囲や境界線を地図上に描き，農村の気候，資源，農業の潜在的成長力等々，農業生産に関わる特質を示して，それらが小規模な家族農場や農村社会にとって脅威となることこそが「農村問題」であると捉えた（地域としての理解）．だが 1970 年代以降，家族農場，農業者が減少する一方で，外部からの移住者や非農家が増すにつれ，CAP が表象として捉える農村も大きく変わらざるを得なくなった．EU による「農村社会の未来」（1988 年）や「コーク宣言」（1996 年）では，農村と農業との関連は過去と比べてはるかに薄く，農村が自律的であること，農村での生産も消費も同質的であったのが異質的になったことが示されている．そして，地域として農村を捉える場合も，例えば伝統的な小規模牧畜（クロフティング）が残るスコットランド北部地域のように，農業をも含む地域固有の文化や慣習に基づくようになってきた．

●農村概念の援用　ハルファクリーは，上記の「地域」（rural localities），「表象」（formal representations）に「日常生活」（everyday lives）を加え，これら 3 要

素が三角形で農村概念を形作ると提起している．そして生産主義の農村は，まずは絶え間ない栽培や家畜飼養の活動が行われる場，「地域」であり，その営農活動は次第に食料生産や農地の生産性，収益性を増大させるべく，産業的な様式をとるようになる．酪農地帯であれば，生産に関連して集乳，運搬，乳製品加工など，地域内に雇用機会が生まれ，人口流出が避けられる．生産主義の農村では，戦後の農業法（イギリスでは1947年），価格支持政策などの「表象」が農業を国家の重要産業として守っていた．そして農業者の「日常生活」は土地所有権，土地利用，金融，政治，イデオロギー，さまざまな面で安定的なものであった．それに対してポスト生産主義の農村「地域」は，都市への通勤圏内であり，レジャー産業や産廃処理の場となり，他方では農村の牧歌性（rural idyll）を求めて都市から移住する人々も現れる．農業者の「日常生活」は，負債や不況により不安定かつ不確実なものとなり，もはや「田園の庭師」であり，政府の財政的支援なくしては成り立たなくなってしまった．ポスト生産主義の農村の「表象」は，農村の生活，社会，文化，そして田園景観を商品化し，旅行者や消費者に体よく提供するというものであり，政策もそれを後押ししている．

●仮説の妥当性　「生産主義からポスト生産主義への移行」が仮説として妥当なのかについては異論もある．イギリス以外では，ヨーロッパ大陸の北部諸国，日本，北アメリカ，オーストラリアには共通する現象がみられるものの，地中海諸国ではまだ生産主義にも充分には達していなかったり，開発途上国にはほとんど当てはまらなかったりするなど，地理的な多様性がある．イギリスに偏った見方をするのではなく，そして，農村研究に根強く残る国固有の伝統に拘泥することなく，国際比較を進める必要がある．

●日本での関連研究　日本において生産主義，ポスト生産主義の概念を用いた研究としては，地理学では高橋（1998），高橋（1999），社会学では立川（2005）が挙げられる．高橋（1999）は，1980年代以降のイギリスの農村研究をレビューした上で，日本における「田園ブーム」や農村の再評価も欧米諸国のポスト生産主義の動向に影響されていると論じる．また，立川（2005）によると，日本の農村は米の減反政策が始まった1970年代からポスト生産主義に移行している．そこでは都市や消費者（外部）から農村に対する需要が登場し，農村の人々は外部の「まなざし」を意識して田舎らしさを商品化せざるを得なくなった．グリーンツーリズムや農業体験は政策によって推進され，田舎暮らし関連の書籍，ジブリ映画，鉄腕「DASH村」など，マスメディアも都会の人々にとって非日常的な場である農村を不可思議で魅力的なものとして描くことに加担している．

［市田知子］

15-9

帰農現象

ここで「帰農」とは，Ｕターンのみならず I ターンをも含めて都市から農村に移住し，何らかのかたちで営農や農業資源管理に関わっていくこととしておく．戦後の帰農は，高度経済成長後期以降，学生運動の興隆，公害や食の安全の問題，コミューン運動などを背景に 1960 年代末から 70 年代にかけて自然発生的になされていったと考えられよう．コミューン運動の影響下で「生活と生産の場が一体となった共同体建設」の理想を掲げ，4 名の青年が「三八豪雪」で打撃を受けた島根県弥栄村に移住し設立した「弥栄之郷共同体」(1972 年）はそのひとつである．都会の青年にワークキャンプを呼びかけ，休耕地（70a）を開墾し有機農業と広島への産直販売を開始，冬期の出稼ぎ解消のために味噌加工を導入，短角牛の山間放牧などと活動の輪を広げた．その後，法人化するなかで活動は地域と連携しながら拡大し，農業研修生受け入れや交流事業も含めて展開している．

同時期，学生運動元リーダーらが政治問題から環境問題や有機農業に軸足を移しながらライフスタイル創造を目指して I ターン就農するなどの動きもみられた．

高度経済成長時代が終わり低成長期に入った 1970 年代後半は「地方の時代」とも呼ばれ，大分県の大山村農協などに代表される地域農産加工等による「一村一品運動」などの動きがみられるようになった時代でもある．この時期以降もＵターンやＪターンなどの動きは進行し続け，日本有機農業研究会の機関誌を通した帰農に関する情報交換・支援活動のもとで援農，家庭菜園，通勤農業，消費者自給農場，新規農業参入など多様なかたちでの都市住民の農的世界への接近が，ライフスタイルの変革や生活の質の改善を求めてはじまったとされる（村松，2017)．1980 年代末からは自治体によるＵ･Ｉ･Ｊターン希望者の受入れ支援事業もみられるようになり，そのための宣伝活動もはじまった．

1990 年代以降は，ポスト・フォーデズム産業社会への移行が模索され，はじまるなかで成熟社会を目指す多様な市民の動きの一環として帰農は進んできた．2000 年代以降になるとそこには，かつて農村から都市部へと移住して働くことになった団塊世代が，定年を迎えるなかでふるさとの農村に再移住し，生活の質を改善するとともに地域振興にも貢献しようとする潮流もみられるようになっていった（村松，2017)．

こうした流れのなかで「100 万人のふるさと回帰運動」のような定年帰農の国

民的な推進を目指した運動も開始された．これは1998年の連合（日本労働組合総連合）の政策提言をもとに多様な団体を結集して2000年代前半から開始されたものである．2003年設立のNPO法人「ふるさと回帰支援センター」がそのベースを担っている．

他方で国もこうした動きを後押ししてきた．自治体を介した人への資金援助である．2009年から「地域おこし協力隊」（総務省）や「農の雇用」（農水省）が，2012年には「青年就農給付金」（農水省）などの制度が導入された．

●U・Iターンと新規就農　U・Iターンによる新規就農希望を阻害する要因として**新規就農コスト**の存在がある．農地集積コスト，農業機械などへの初期投資コスト，経営管理能力・技術習得コスト，そして職業移動コストなどである．これらを軽減するための仕組みを地域でいかに構築していくかが重要となる．

農村側の取組みとしては，市町村農業公社やJA出資型農業法人などが希望者を国や自治体の給付制度等を用いて研修生として受け入れ，研修後に斡旋などをとおして地域に定着させるタイプが多い．しかし担い手の新規創出を目的とした**インキュベータ（孵卵器）機能**をもった市町村農業公社，JA出資型農業法人や一般の農業生産法人などでは，より効果的にこうしたコストの軽減を図ろうとしてきた（柏，2002 : pp. 83-128）．新規就農希望者を雇用しOJT方式で育成し，そののち地域内にて独立させるなどである．土地利用型農業の場合，独立時に担当していた農地を「株分け」的に「転貸」して農地集積コストの軽減を図るケースもある．独立した主体と母体の経営体とが連携関係を構築するケースもある．

●集落営農と帰農　帰農は集落営農の維持にとっても重要である．集落営農では，畦畔・法面草刈りや水管理等の資源管理を地主に再委託することが多い．さらに地主が高齢化して管理作業も困難になると，それも集落営農法人が担い，地主は農作業から撤退し，法人は集落を母体としつつも経営的にはそこから独立する方向もある．しかしその展開は中山間地域では難しい．棚田は小区画で法面が大きく，草刈り等の管理作業の負担が大きいため，集落営農はそれらの作業を地主に再委託してきた．この地主参加型の集落営農が持続するには，オペレータの世代交代のみならず，地権者も世代交代してその資源管理作業が引き継がれる必要がある．そこで期待されるのが定年帰農である．定年帰農には，農村に定住し農外就業してきた者が，退職を機に農作業復帰する離職就農もある．それは就業機会へのアクセスのよい農村では期待できるが，それが困難な中山間地域では離村者のUターン定年就農への期待が高まる．なおIターンに関しては，2階建て型の集落営農の1階部分の地権者組織を一般社団法人などのように法人化し，Iターン者らの受け皿機能とするケースも生まれている．

［柏 雅之］

15-10

オルタナティブ・フード・ネットワーク

オルタナティブ・フード・ネットワーク（以下，AFNs）とは，経済やフードシステムのグローバル化への対抗的取組みの総称である．慣行農法による高度に画一化，効率化された農業や多国籍企業が支配するグローバルフードシステムに対して，1990年頃から農産物の安全性や安定供給に不安がもたれることとなり，そうした時期にAFNsが登場した．AFNsの具体的取組みは，ファーマーズマーケットやCSA（Community Supported Agriculture 地域支援型農業），コミュニティガーデン，宅配等であり，フェアトレードを含むこともある．これらの取組みは，食と農の関係者自身が民主的に運営する社会・経済・環境の面で持続可能なフードシステムを構築することが究極の目的であり，それを実現するために，生産者と消費者の顔の見える関係や直結する関係を築くこと，有機農業など環境や安全性に配慮した農法を実践すること，小規模農業が自立すること，食と農の関係を再生する場としての地域の役割を見直すことなどが含意されている．同様の取組みをショートフードサプライチェーン（SFSC），アグリフードイニシアチブ（AFI），ローカルフードイニシアチブ（LFI），ローカルフードシステム（LFS），ローカルフードムーブメント（LFM）などと呼ぶことも多く，その最大公約数的な言葉としてAFNsが使われる．つまり，グローバルフードシステムのもつ要素の裏返しを一括して“**オルタナティブ**（別の選択肢，新しい）”と表現したものであり，オルタナティブは特定の取組みや理念を指すものではない．

●AFNsのオルタナティブ性への批判　AFNsのオルタナティブ性が包括的であるため，取組みの理念についてはすべてのAFNsが共有しているとはいえない．それゆえに，そのオルタナティブ性についての認識のズレに対する批判が多い．批判の一番の要因は，AFNsの構造的特徴と空間的特徴の混乱である．AFNsの構造的特徴とは，例えば，環境的に持続可能な有機農業による農産物の栽培や，中間マージンや流通コストの削減による社会的・経済的に公正な生産者と消費者の関係の構築などである．こうした特徴は，必ずしもローカルな空間で取り組まれるべきものとは限らない．しかし，AFNsにはローカルという空間的特徴がついてまわる．例えば日本でのAFNsの取組みとして，イメージしやすいものに地産地消がある．しかし，地産地消がすべてAFNsかといえば，そうでないものも多い．なぜなら，直売所で販売されている農産物の多くが慣行栽培であり，現行の農業を前提としていることが一般的だからである．

●**AFNsと市民社会**　AFNsのもう1つの特徴として，新しいタイプの生産者—消費者協同が挙げられる．生産者や消費者が食を獲得するといったこと以上に重要な役割を果たしているとし，**フードシチズン**として注目されている．フードシチズンとは，民主的かつ社会・経済・環境面で持続可能なフードシステムを構築・発展させるため，十分な知識や技術をもち，活動を実践する主体のことであり，単に食を消費するだけの消費者や慣行に沿った生産を続ける生産者とは区別される．食に対する知識や技術を持ち実践しているフードシチズンは，価格だけで判断しない主体の登場を意味しており，食行動と市場との関係を変えること，つまり食料経済が道徳的な価値判断に基づいて形成されるべきことを含意している．こうしたことから，**市民社会**がフードネットワークの協治に果たす役割に期待が集まっている．

●**日本でのAFNsの展開**　日本では，1960，70年代に農家の主婦による農産物自給運動や産消提携運動が生まれていた．そうした取組みは，必ずしも直接的ではないにせよ，1990年以降の環境保全型農業や地産地消運動の展開に結びついてきた．2000年代以降，世界的に同時期に産地偽装やBSE，残留農薬など食に関わる事件や事故が頻発したことが，地産地消の取組みを広く浸透させる要因となった．政策面でも1999年の新基本法がその促進を明記するなど後押しをした．しかし，輸入依存により失墜した農産物の信頼回復や食料自給率の向上などを目標に掲げて，自治体主導で進められた地産地消の取組みは，その土地の旬の産物を食べることが身体にもよいという「身土不二」として地域における食と農の関係の再生を目指すという本来の意味に至ることはなく，地元農産物の消費拡大運動として推進されることになった．しかし，地産地消をきっかけとした直売の広がり，都市部を中心とした市民農園の盛況，食育の一般化，援農の広がりなどにみるとおり，AFNsの取組みは日本でも確実に広がっている．さらなる展開のためには，参加者がフードシチズンとして自覚的に実践していくことだろう．AFNsを通した，食に関する知識や加工技術，食の地域性や伝統に関する情報，生産活動への参加の機会は，消費者の意識や行動を変化させるものとして位置づけることができる．こうした機会は生産者に対しても，消費者と共有できる考え方をもつ機会になる．同時に法制化された6次産業化と合わせて地産地消は，私たちに持続可能な食と農をもたらす戦略になり得るのか，あるいは新自由主義的競争を強いるにすぎないのか．その答えの鍵を握るのは，食と農を通して地域との関係を積極的に結ぶことで，思考でも行動でもグローバルとローカルを相対化できるフードシチズンの存在である．

［西山未真］

15-11

食農倫理

食の倫理とは，私たちは何を食べるべきか，私たちはどのような食料システムや食料政策を支持すべきかという問いに対して行動指針を与えるものである（Sandler, 2015 : p. 2）．他方，農業倫理とはあるべき農業，すなわち作物生産や家畜生産のあるべき姿について指針を与えるものとなる（Thompson, 2014）．しかし，両者の検討課題は図1のように大きく重なっている．食の生産と消費は直接的に結合しローカルに埋め込まれていた時代から，次第に特定の地域から剥離されると同時にそれらを包括するグローバルなシステムによって複雑に統合される段階に至った．その統合されたシステムにおいて食と農を貫通するさまざまな倫理的課題が生まれている．背景には，いまだに増加する世界人口にどのように食料を供給するかという課題と，生産・消費・廃棄をカバーする**フードシステム**における利益追求を基本とした産業主義からの作用がある．そうした中で人間の現在と未来の生存に関わる食と農のあるべき姿が模索されている．なお，食農倫理は近年に新しく注目を集めている分野であり，その議論はいまだ発展途上にある．ここでは図1に沿った論点整理と倫理固有の思考法に限定して解説する．

●食農倫理の諸論点　図1の食の主権（Food Sovereignty）と食の確保（Food Security）は**食の権利**に関連する．グローバルに進出する食品企業や農業関連産業によって農業者や消費者は選択肢を狭められて食や農における決定権を失いつつあるとともに，自らの生存の基盤をそれらの主体に依存する結果となっている．グローバルフードシステムは人間の選好を反映した帰結ともいえるが，反映される選好の不平等性や，選好自体が広告等によって誘導されるという反論がある（Sandler, 2015 : pp. 16-20）．食の確保には量だけでなく質の面も含まれており，貧困地区ゆえに質の高い食品を提供する食料品店が撤退し，不健康な食事を余儀なくされるという食の砂漠（Food Desert）問題も発生している．農や食の労働現場における十分な労働条件や労賃の実現は労働者の権利に関連する．これへの配慮の

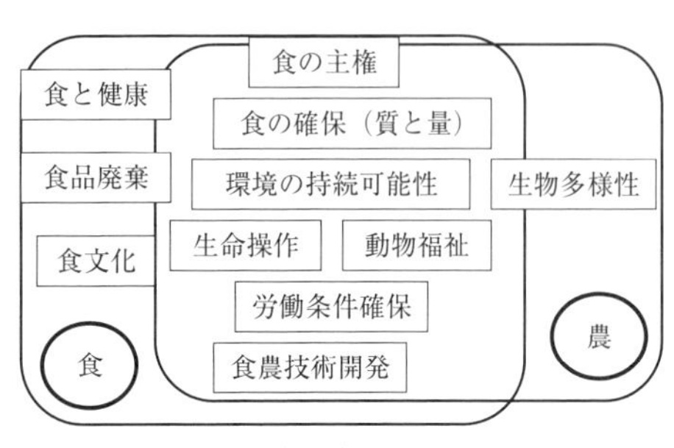

図1　食農倫理の課題群

代表はフェアトレード運動である.

食農技術開発については緑の革命に代表される集約的近代農法の功罪がある.化学肥料や農薬の多投により,単作化された作物の収量は増大し総生産カロリー量も増大したが,作物の多様性やそれに基づく文化の多様性,知識の多様性が失われた.**農業集約化**は環境負荷という課題とともに,農業者間の格差拡大という主権問題にも及んでいる.近代農法の成果としてとうもろこしはこの50年間で4倍の生産量となったが,その多くは工場的畜産の飼料やエタノール・甘味料生産のための工業原料となっている.農作物の遺伝子組換えや開発が進められるゲノム編集による育種,家畜へのクローン技術導入などは,農と食が一体化する先端技術開発の例であると同時に,生命操作に関連した倫理課題にも重なっている.

肉食問題には,人間用の食料を家畜に迂回させて不要に環境に負荷をかけ飢餓人口を増やしているという面と,動物を飼育し殺生することへの姿勢という動物福祉の面がある.欧米における**動物福祉**では,動物を意識はあるが自意識はない存在として定義し,飼育中は意識の存在に応じた福祉を考慮するが,自らの将来につながる自意識は存在しないため,苦痛なく殺生すれば福祉に反しないという立場をとる.動物を命ある存在として定義する日本では異なる対応が予想される.

その他,健康や公衆衛生との関連,食品廃棄,食の文化やタブーなどは食に特化した倫理領域といえる.しかしいずれもフードシステム全体と切り離して対処することはできない.食農倫理として一体的に対象とすべき段階なのである.

●倫理における普遍性と固有性　一般に倫理学は,メタ倫理学,規範倫理学,応用倫理学の3つの領域に分類される.倫理とはどういう尺度かなど倫理の存立自体を問うのがメタ倫理学である.規範倫理学は,功利主義(帰結主義),義務論,徳倫理など具体的行動の指針となる倫理原則が議論される.応用倫理学とは,それらの原則が応用される分野であり,生命倫理や環境倫理,情報倫理,研究者倫理などが含まれる.食農倫理も応用倫理学の一分野として,**普遍的規範**の適用によって多様な現実を超えて共通の基準で「よい」を判断することが考えられる.

しかし,とりわけ農業倫理の場合,栽培の前提となる自然環境の多様性が大きく,集約化の程度にしても一律に判断することは難しい.その場の環境や文化,知識の集積に応じたボトムアップ型で地域限定的な倫理が求められるという立場もある.グローバルフードシステムではなく,地域性に根ざした食が対案的なフードシステムとして選択されるならば,食の倫理も**地域個性**を反映したものとなろう.食と農という人間の生存に不可欠な分野において「よい」を定める議論は論争の中で進むのである.

［秋津元輝］

15-12

農業と地域の相続

農業の相続は，**事業継承**と**農業関連資産**の相続・継承に大別できる．また，日本の場合，農業集落を中心に地域の相続・継承が行われてきた（図1）．

●高度経済成長期以前　日本の農村では，伝統的には，直系家族制のもと，事業継承は家業継承として，農地等農業関連資産の相続・継承は家産継承として位置づけられ，家業と家産は不可分と捉えられていた．主として家の長男が一括で相続・継承（家督相続）を行った．第二次世界大戦以前は，戸主が死亡または隠居した場合は原則として長男が身分・財産の一切の権利を継承することが民法上定められていた．ただし，地域によっては，南九州の末子相続・均分相続等異なる相続慣行もみられた（相川，1979）．第二次世界大戦後は，民法の改正により諸子均分の共同相続と配偶者の相続権が認められるようになった．しかし，農家の場合，均分相続による農地の分割，縮小を防ぐ目的から，1964年以降，農地等の生前一括贈与に伴う贈与税の納税猶予による税制上の優遇措置が設けられた．

農地等農業関連資産のあり方は，農業集落により規制を受けた．日本の農村では，農業集落を単位としてコミュニティが形成され，生産・生活に関わるさまざまな機能を有しているが，農地や用水路等農村地域資源管理は集落共同で行われてきた．また，結いや手間替え等の田植えや収穫期等でのさまざまな共同作業が実施されてきた．こうした共同性に基づき，農業集落には他の地域と明確な境界により区切られたむらの領域が存在し，領域内の土地は法律上個別所有であっても農業集落（のメンバー総員）のものであるという**総有意識**が醸成され，個々の所有者による土地の利用等に干渉した（川本，1983）．また，農村景観の形成や文化の伝承等は，農業集落を単位としつつ，農業生産活動を通じて行われた．地域の景観や祭り，伝統芸能等は，何世代にもわたり地域で受け継がれ，地域固有の慣行や文化を生み出してきた．

●高度経済成長期以前
○農業の相続・継承：家業継承＋家産相続（家督相続）
　＊農業集落における共同作業＋総有意識による干渉
○地域の相続・継承：さまざまな集落機能を有するコミュニティ＋景観＋文化等の相続・継承

⬇

●高度経済成長期以降
○農業の相続・継承：農業後継者の激減による家業継承の困難化＋個人資産としての農業関連資産の相続
○地域の相続・継承：兼業化・混住化等に伴うコミュニティの弱体化による地域継承の揺らぎ

● 2000年以降
○農業の相続・継承：第三者継承を含む多様な事業継承＋個人資産としての農業関連資産の相続
○地域の相続・継承：高齢化・人口減少等に伴うコミュニティの弱体化による地域の相続・継承の危機→外部主体（NPO，企業，大学）との協働＋外部人材の導入→コミュニティの再編・再生の取組み（→コミュニティ＋景観＋文化の相続・継承）

図1　農業と地域の相続・継承の歴史的変化［出典：筆者作成］

●高度経済成長のインパクト　1955年以降の高度経済成長期以降，農業と地域の相続をめぐる状況は大きく変化した．農業の相続に関しては，兼業化等に伴い農業へのウェイトが低下する中，農業を家業として継承するという意識が希薄化した．それに対して，農地等農業関連資産に対する家産意識は依然として残った．しかし，全国的な土地価格の上昇を背景とした農地等の経済的価値の高まりは，家のあとつぎへの一括相続を困難化した．農業の事業継承問題は，非農業部門への労働力の大量流出に伴い，あとつぎ問題としてクローズアップされるが，その後も農業後継者の減少傾向は著しさを増していった．

農村地域に目を転じると，兼業化や混住化に伴う住民構成の異質化等により農村住民の連帯性は低下していった．混住化は，農業集落の自治組織を狭い意味の生活領域を扱う自治会と農業生産領域を扱う実行組合の分離へと導いた．こうしたことは，農地，用水路等農村地域資源の共同管理の水準の低下をもたらし，コミュニティの弱体化を導いた．また，農村景観や文化は地域で生活を営む上で基盤となる資産であり，農村内の多様な組織が支えてきた．しかし，次第に弱体化していき，一部の担い手に過重な負担がかかるようになっていった．

●2000年以降　農業の事業継承においては，直系家族制のもと，血縁関係のあるあとつぎが事業継承を受け継ぐという従来型の継承がいよいよ困難化し，非農家出身者の新規参入を促す必要性が顕著化している．自ら農業経営を立ち上げる場合のみならず，法人経営等で雇用したり，農業の担い手として育成する場合も増加している（柳村，2004）．また，農村景観や文化は，農村地域の住民だけでなく国民全体が享受しており，地域資源として保全・復元し，次世代に継承する必要性が指摘されるようになってきたが，肝心の担い手が著しく減少している．特に，過疎化や高齢化の著しい地域では，地域の将来を担う人材の不足が生じている．そのため，農村で生活して農業生産活動を行い，農地等の保全や集落機能の維持・補完に取り組む人材の確保・育成や関連する支援が急務となっている．

注目されるのは，定年帰農や田園回帰の動きである．定年帰農は，他産業で定年を迎えたのを契機に自家農業に従事することを指す．1980年頃からみられるようになり，2000年以降注目されるようになった．農業の担い手としての評価は分かれるが，農業のみならず**地域の担い手**や地域社会の調整役として期待が高まっている（荒樋，2007）．また，田園回帰の動きが高まる中で，農村に関心をもつ都市部の人材の参画を得て地域の活性化を図る取組みが進められている．今後は，外部主体（NPO，企業，大学）との協働や**外部人材の導入**などを積極的に進めながら農村コミュニティの再編・再生を図り，農業と地域の円滑な相続・継承を行って持続的な農村社会の発展を図る必要がある（小田切，2013）．

［川手督也］

15-13

都市農業

2015年に**都市農業振興基本法**（以下，基本法）が制定された．郊外・農村地域や中山間地域で営まれる農業が日本農政の中心的対象であり，都市で営まれる農業は不必要な存在として排除される状況にあった．それが基本法の制定によって，都市農業をめぐる位置づけは大きく転換し，「振興」が目指される画期的な局面を迎えている．人口減少や高齢化によって都市農地に対する開発圧力が低下するとともに，新鮮な農産物の供給，防災空間の確保，良好な景観の形成など，農業の多面的機能の発揮を通じて，農業は現代都市にとって保全すべき存在へと変容している．

●都市農業の成り立ち　高度経済成長期に，三大都市圏を中心に各地で都市化が進展し，以前は農地が広がっていた地域に住宅や店舗が立ち並ぶようになった．郊外へ郊外へと都市が外延的に拡大するにつれて，従来からの農地は都市内部に包摂されることになり，都市農業が生まれた．成り立ちからして，都市農業は，都市に比較的近接した地域で都市の消費者向けに農業生産を行う都市近郊農業とは異なっており，営農環境の悪化や農地転用の増大によって，徐々に消えていった．1968年に制定された新都市計画法では，都市を市街化区域（開発済み，もしくは，10年以内に開発される区域）と市街化調整区域（市街化への開発を抑制する区域）に線引きし，市街化区域内農地は宅地等に転用されるべき土地とされ，高額の固定資産税を課す宅地並み課税が実施された．また，市街化区域内農地は，たとえ農業が営まれていたとしても，農業政策の対象から外された．都市計画，税制，農政の点から，都市農業は消失すべきものとみなされていたことがわかる．

都市計画制度によって市街化区域に含められても，農業を継続しようとする農家も多く，一定の緑地を保全する社会的要請もあった．そのため，1991年に生産緑地法が改正され，市街化区域内であっても保全する農地として**生産緑地**が制度的につくられた．生産緑地は固定資産税の農地並み課税，相続税納税猶予措置が適用されるが，その税制優遇の代わりに，30年間の営農義務が課された．改正生産緑地法施行後30年近くが経過した今，三大都市圏特定市の市街化区域内農地面積は，生産緑地以外の農地が約4割の減少を示しているにもかかわらず，生産緑地はおおむね保全されており，保全効果があったとみることができる．

●都市農業の今　長い間，都市にとって農業は不要とされてきたものの，都市自体が経済社会の転換とともに変化してきた．例えば，人口減少は空家の増加をもたらすなど都市が縮減する時代への移行を象徴的に示し，高齢化は地域社会での暮らしの重要性を高め，豊かな自然環境やコミュニティでの結びつきが求められるようになった．特に，2011年の東日本大震災を経て，災害に強い都市づくりが急務となった．発災後の避難スペースや物流が途絶えた中での新鮮な農産物供給，さらには，農作業を通じた復興時のコミュニティ支援など，都市の農業・農地が災害時に発揮する役割への期待は大きい．すなわち，都市の農業・農地は快適な暮らしを支える都市施設として，都市に必要な存在へと化している．

基本法成立後，2016年には都市農業基本計画，2017年には生産緑地法・都市計画法等の改正（生産緑地内での直売所・レストランの併設可能，田園住居地域という新用途地域の創設），2018年には農地を貸し付けても相続税納税猶予の適用を可能とする都市農地貸借円滑化法が，それぞれ定められている．

●都市農業の範囲　基本法において，都市農業は「市街地及びその周辺の地域」で行われる農業と定義されているが，営農に大きく関わる宅地並み課税や相続税の問題から，実際の政策適用範囲は市街化区域に焦点が当てられている．しかし，市街化調整区域であっても，ほぼ立地的に都市内部にあり，都市開発の影響を色濃く受けている．同様に，市街化区域内農地であれ，調整区域内農地であれ，新鮮な農産物の供給や良好な都市環境の形成といった諸機能を発揮する点では相違はない．よって，市街化調整区域の農地を含めた政策支援が必要とされよう．

また，担い手の範囲として，直接的には，都市農業は農家が行うものの，都市住民が身近に農作業に親しむことができる市民農園や体験農園であったり，障害者の就労機会や高齢者の生きがい・健康づくりにも効果的である福祉農園であったり，多様な人々が都市農業に関わりをもつ事例が増えてきている．また，地域の範囲として，生産緑地指定が可能な三大都市圏特定市に限っても，12都府県213市区（東京都23区は1市扱い）に及び，都市農業像にも地域差がある．栽培作物は畑作中心の地域が多いものの，稲作，さらには酪農・畜産に取り組む生産者を擁する地域もあり，多様である．

●海外との比較　都市で営まれる農業は日本以外でもみられるが，諸外国では，例えば，都市内部にある土地を再農地化して農産物を栽培し，都市住民の食料として供給する途上国の例や，同様に，ガーデニングや屋上菜園などを通じて，新鮮な農産物を確保しようとする欧米諸国の例などがある．日本では，「農家」が「都市農地」を用いた農業＝都市農業と理解されているが，海外では，「都市住民」が「多様な土地」を用いて農産物を生産する取組み＝urban agriculture（UA）と捉えられている点に留意が必要であろう．

［池島祥文］

15-14

伝統行事，祭り，芸能

農村に伝承されている伝統行事や祭り，芸能は，いずれも地域住民の日常生活に根ざして育まれ展開してきた民間信仰の表出形態である．そうした信仰は，特定の教理や教団，教祖に規制されているわけではなく，個人単位というより一定の地域社会や同族のような村の基本的社会関係をなす単位で信仰されてきた民俗宗教である．伝統行事，祭り，芸能は，民俗学や農村社会学，文化人類学，宗教学などで研究対象とされてきたが，とりわけ日本人の心意や基層文化の解明を主要課題とする民俗学では，それらを課題解決のための有力な民俗資料と位置づけ，それぞれの種類や起源，意義等について分析が進められてきた．

●民俗学における研究　伝統行事のうち，年々周期的に繰り返される**年中行事**は，神を迎えて供物を捧げ，神人共食し，祈願あるいは祈願成就を感謝する神祭りの日である．生業によってそれぞれ異なる年中行事の体系が作られてきたが，農業においては豊年予祝としての正月や田植祭り，収穫祭などの稲の成長段階に従った農耕儀礼が行われてきた．また，産育，婚姻，葬制など冠婚葬祭にまつわる**人生儀礼**（通過儀礼ともいう）も伝統行事といえる．人生儀礼は個人が一定の地域社会や集団の成員となったり，あるいはそこから離脱したりする際に行われるなど，ある状態から別の状態への移行を確認する社会的な儀礼である．祭りについては，農村において神社の祭祀のほか小祠の祭り，仏教民俗である盆行事など多数伝承されていることが知られている．この研究分野では特に神社祭祀に関するものが中心であり，神社信仰に表れた神観念や祖霊観，氏神・氏子の関係，祭祀の態様などに関する多彩な議論が展開されてきた．地域住民に受け継がれている舞踏や音楽等の芸能は，芸能専業者の継承してきた芸能と区別して「**民俗芸能**」と総称されている．民俗芸能は，その芸態や目的から，神楽，田楽，風流，語り物・祝福芸，大陸伝来の芸能の要素を含む外来系に分類される．

●伝承組織　伝統行事や祭り，芸能は一定の地域社会に培われてきたものであり，その伝承組織の構成には伝承母体である村落の構造とその変化が反映される．そうした特徴を顕著に示す事象として注目されてきたのが，戦前まで西日本に広く分布していた「宮座」といわれる祭祀組織であった．宮座は，地域において社会的評価が高く政治力，経済力があり家格が高いとみなされる特定の家々で構成される株座と，全戸が神事に参加できる村座とに大別される．いずれにおいても成員となる者は年齢階梯に応じてそれぞれの役割を果たし，祭祀を司る当屋の役目を持ち回りで務めるという仕組みがみられる（高橋，1978）．こうした実態をもとに，戦後も，村の平準化に伴う祭祀組織の構成，性格の変化や，また逆に，祭祀組織の変化から照射される村の階層構成の変化が議論されてきた．

農村において人口減少や高齢化が進み，伝承に携わる住民が減少している今日では，特に民俗芸能に顕著なように，伝承者の資格をその地の男性世帯主や青年などに限定していたのが，地域を問わず女性や児童に門戸を開くようになっているところも多い．こうした伝承組織の再編の動きには，地域の人口動態や世帯構成，すなわち過疎高齢化による村落構造の変化に起因した，伝承基盤の弱体化が影響している．

●国政の影響　伝統行事や祭り，芸能の伝承は，農村の構造変化とともに外部環境である国政にも左右される．戦前においては，国家神道体制の確立を目的とした明治政府による一連の神社政策，とりわけ明治末期の1町村1社を目標とした神社整理が，民間信仰に根ざす伝統行事や祭り，芸能の趨勢に強く影響した．神社整理は，祭祀が行われず建造物等の体裁が整わないといった神社を廃止し，人々の敬神観念を高め精神的統合を図るねらいで実施されたものである．施策の実施度合いや内容は都道府県で差があるものの，総じて府県社や郷村社ではなく村社や境外無格社といった地域の氏神鎮守が多く整理の対象となった．これによって氏神鎮守を失った地域では，氏神の祭りが廃れ合祀先神社の祭礼へは地域を代表して総代のみ参列するなど伝承活動の停滞も生じた（櫻井，1992）．

戦後においては，建造物や工芸技術，遺跡など幅広いカテゴリの文化財を対象に，保存と活用をうたう文化財保護法（1950年，文部科学省・文化庁所管）を中心とした文化財行政が伝承を規定している．文化財保護法において伝統行事や祭り，芸能は「無形民俗文化財」に分類されるが，同法の数次にわたる改正と文化庁の数々の提言，施策を通して，無形民俗文化財をめぐる施策は，文化財そのものの「保存」から地域振興のための文化財の「公開」，すなわち「活用」へと重心を移してきたといえる．こうした「活用」を促す施策の典型的なものが「地域伝統芸能等を活用した行事の実施による観光および特定地域商工業の振興に関する法律（通称「おまつり法」）」の成立（2002年）であろう．今日では，年中行事や祭り，芸能を**地域活性化**の資源と捉え，観光客の増加を図る地域も少なくない．

また，今後，国政との関係をみる上で無視できないのが，わが国におけるユネスコの世界遺産条約の影響であろう．1992年の条約締結に伴う政府の対応や無形文化遺産登録による伝承地の活動の変化を注視していく必要がある．

［澁谷美紀］

15-15

半農半X

「半農半漁」という言葉がある.「農業と漁業を兼ねて生計を立てる」ことを意味するこの言葉の「漁」部分を入れ替えて，鹿児島県屋久島町に住む作家の星川淳は自らの生き方を「半農半著」と表現した（星川，1990）. この言葉に出会った塩見直紀は,「著」部分を「さまざまな天職（X)」に入れ替えて「半農半X」という概念（半自給的な農業とやりたい仕事を両立させる生き方）で提唱し，2000年から「半農半X研究所」を主宰している.「半農半X」を冠した塩見の著書は2003年にソニーマガジンズから単行本として出版された後，2008年に同社で新書化，2014年に筑摩書房で文庫化され，さらには台湾・中国・韓国でも翻訳されている.

●「半農半X」の誕生と広がり　京都府綾部市で生まれ育った塩見は，大学進学を機に郷里を離れていたが，自らの天職（生き方）を模索する中で「半農半X」という言葉に辿り着き，勤めていた企業を1999年に退職して33歳で帰郷した. それから実家の田畑で自給的農業に従事しつつ，海外を含む各地で講演活動等を行ってきたが，この言葉は綾部市ほか各地の農山村（含漁村）へ移り住む人たち（単なる「兼業農家」に収まらないさまざまな価値観を持って新たな生き方を目指す農的生活者）の拠り所ともなっている. 2011年の東日本大震災（遡れば1995年の阪神淡路大震災も）で多くの人がもちはじめた都市生活に対する危機感，さらには経済的な将来不安等から多世代にわたる「田園回帰」が顕在化（小田切，2016）しているが，この「半農半X」という言葉に影響された人も少なからず存在する.

テレビ朝日系列で2000年から全国放送されている長寿番組「人生の楽園」等に象徴されるような「リタイヤ世代」の「定年帰農」ではなく，子育て現役世代が家族で田園移住する際，三反百姓的な自給農だけで家計を維持することは難しいので，おのずと農以外の生業が必要となる. もちろん完全な自給自足を目指す人も皆無ではないが，子育て現役世代につきまとう教育費等の確保には一定以上の現金収入を得なければならない. この「半農半X」の「X」部分には,「農家民泊・カフェ・蕎麦屋・アーティスト・大工・介護士・翻訳家・NPO職員・議員……」等々のさまざまな天職が入る. もちろん複数の「X」を組み合わせることで生計を維持する場合もある. インターネット環境の整備に伴って，大都市圏に常時居住せずともクリエイティブな仕事が可能になり「サテライトオフィス」

や「ノマドワーカー」といった単語も多く聞かれるようになった結果,「半農半X的生活」の幅も広がっている.

●「半農半X」概念の普及と課題　「農業の多角経営」を意味する英語としては“Farm Pluriactivity”が用いられる. 特に, EU諸国において日本の中山間地域に相当する条件不利地域（LFA : Less Favoured Areas）では, 家族農業経営を維持するための多就業（Pluriactivity）が注目されてきた（Ohe, 2001）が,「生き方」まで含んだ概念としての「半農半X」を意味する訳語とはなり得ない.「半農半X」は“Half agriculture, Half X”と訳されることも多いが, 天職を意味する「X」をシンプルに伝え難く, まだ模索中である（塩見, 2014）. 英語圏への概念輸出は今後まだ時間を要するかもしれない.

いずれにせよ, 日本国内および漢字圏に伝わった「新しい概念」としての「半農半X」は, 兼業や多角経営といった経済的な要素に留まらず「農山村での生活」そのものが意味する環境的・精神的・社会的な側面を含めた「新しい生き方」を現代社会に投げかけたといえる. その結果, 少子高齢化・人口減少によって地域社会の維持に危機感を抱く自治体や団体, そして都市生活の中で「生きがい喪失」に悩む人たちが「半農半X」の考え方に反応しているわけだ.

農山村で生まれ育った人が進学や就職で都市生活者となった数年後に帰郷する「Uターン者」に加え, 都市で生まれ育った人が多い現在「Iターン者」の獲得は多くの農山村で非常に重要な課題である. 潜在的なIターン希望者を掘り起こし, 具体的な移住行動に結びつけるべくさまざまな推進策が打ち出されているが, その際に有効なキーワードとしても「半農半X」が重用（例えば「半農半X支援事業」等でU・Iターン者の就農助成を行っている島根県等）されている.

ただ, 最終的には経済的な理由等から「半農半X的生活」を継続し得ない状況に陥るU・Iターン者も散見されるため, 今後そういった生活を目指す人たちは世帯構成員の年齢や就業・起業できる仕事（＝X）ほか多方面からの慎重な検討を踏まえる必要がある. 行き詰まった都市生活から離脱し, 農山村で新たな生き方を求める人の増加は農山村振興の立場からは歓迎すべき傾向であるが, 農とX両方の収入予測を適切に見極め, 実現可能な戦略と戦術をもたねばならない. そのためには, メディア等に出回る成功例の表面的な情報だけでなく, 失敗例も含めた幅広い実情の収集と検証が求められる. 社会経済農学の分野で扱う研究テーマとしては, その視点から冷静に「半農半X」を見つめ直す必要もあろう.

［中尾誠二］

第16章

世界の農業

16-1

農産物貿易

世界の農産物市場は「**薄い市場**（thin market）」であると表現される．これは，農産物貿易の特徴として，生産量に対して国境を越えて取引される貿易量が少ないことを意味する．例えば，自動車や工作機械などの貿易割合は50%以上だが，穀物のそれは10%をやや上回っているにすぎない．

また，人口1億人以上の主な国の**穀物自給率**をみると，日本が20%台と例外的に低い以外は，ほとんどの国が80%から100%を自給している．穀物の貿易割合が小さいことはこの裏返しである．世界の農産物市場が自給的になる理由の1つは，それが食料だということである．食料不足は生命の危険に直接結びついているので，国民に対して必要な食料の供給を保障すること，すなわち**食料安全保障**（food security）は，どの国の政府にとっても国境の防衛や国内の治安維持と並ぶ最優先の課題である．したがって，それが食料の国内自給政策に結びつく．

生産が耕地面積に制約されることも，農産物の貿易量に制約が生じる要因である．商品生産は，生産面で相対的に有利な商品を輸出し，不利な商品を輸入するという**比較優位**（comparative advantage）の原則に従っているが，農産物は，この比較優位性という点で重要な特質をもっている．それは，生産がそれぞれの国の耕地面積によって絶対的に制約されているということである．これが「絶対的制約」だというのは，耕地は生産することも輸入することもできないからである．

また，生産が天候による収量変動の影響を受けることは，国際農産物市場を不安定にする重要な原因である．これは国内市場についても当てはまるが，国際市場の不安定性はより大きい．なぜなら穀物の場合，輸出は国内需要を充たした後の余剰を販売する限界市場だからである．

●農産物貿易の不安定性　悪天候によって輸出国で穀物が不作になった場合，自国民の食料需要を充たさないで輸出することは，たとえ経済的利益はその方が大きかったとしても，国家としてそれを許すことは政治的に不可能である．自国民を空腹と飢餓にさらしたままで穀物を輸出することは，その国の社会秩序の崩壊につながる．このような農産物貿易の不安定性も，国内自給政策が必要とされる大きな理由である．

オーストラリアの干ばつなどを直接的な契機とした2008年の世界的な「食料危機」では，とうもろこし，米，小麦，大豆などの穀物価格が急騰した．特に米については，世界全体としては，在庫水準は前年よりも改善していたにもかかわらず，米価格が高騰したのは，他の穀物が高騰している中で，米の需要が増えるとの懸念から，各国ともまず自国の在庫確保を優先するために，輸出規制に踏み切ったことが大きい．

その結果，「高くて買えないどころか，お金を出しても買えない」事態が起こり，アメリカなどからの要求で米関税削減を進めたために，自国の米生産が縮小し，輸入依存を強めていた途上国の中には，米をめぐって死者を出すような暴動が起きた．このとき，「このような国際的な食料価格高騰が起きるのは，農産物は世界の生産量に比べて貿易量が小さいからであり，貿易自由化を徹底して貿易量を増やすことが食料価格の安定化と食料安全保障につながる」という見解もみられたが，一方で，これを機に，貿易自由化を一方的に進めるのではなく，各国が食料の自給力を強化する必要性が再認識された．

●政策介入，不完全競争性と外部経済　国内自給が重視されることからわかるように，農産物貿易のもう１つの特徴は政策介入が大きいことである．特に国民所得水準の高い国では，農産物の輸入を制限する国境措置と国内農業保護政策が広く行われている．それは農産物過剰問題を惹起し，アメリカとEU間の輸出補助金の応酬につながった．それが，ガット（GATT）の農産物貿易交渉，いわゆる**ウルグアイ・ラウンド**（UR）農業交渉の大きな引き金となった．

なお，2008年の食料危機のときに，少なからずの研究者が「食料危機は農産物価格高騰によって途上国の農家所得を向上させる」と指摘したが，現実にはそうした事実はほとんど観察されなかった．肥料・燃料・飼料等の高騰で生産コストが上昇したのに比較して農家の販売価格の上昇は小さく，むしろ途上国政府は農家支援に乗り出さなくてはならなかったのが実態である．

その大きな要因の１つは，輸出価格が上がっても農家の手取りに反映されにくいという輸出業者や中間業者の「買手寡占」（農産物の買いたたき）である．穀物メジャーといわれる多国籍企業などの存在とも関連した，こうした農産物市場の不完全競争性は，生産国の農家から安く買い，消費国には高く売る形で，中間業者のレント（差益）を生み，生産者・消費者の双方に十分な利益を与えていない可能性を考慮する必要がある．

さらには，農産物貿易の一層の自由化を進めるべきか否かの判断には，農業のもつ多面的機能，すなわち外部経済（＝正の外部効果）の考慮も必要である．例えば，米の関税撤廃で水田が耕作放棄地化すると，水田のもつ洪水防止機能や水を濾過する機能が低下し，オタマジャクシなどの多様な生物種が減少するといった損失は，貿易自由化のコストとして考慮される必要がある．　［鈴木宣弘］

16-2

多国籍企業と農業

多国籍企業研究の第一人者である関下稔は**多国籍企業**を「海外直接投資を通じて多数の国に子会社をもち，世界的な生産・流通・販売・情報・技術移転・資金移動などのネットワークを張り巡らして，本社の統合管理のもとに，多数の工場，事業所等を通じて世界的規模での事業活動を営み，世界大で利潤の極大化を目指している企業」（関下，2012：p. 88）と定義する．グローバル化の進展・深化に伴って，多国籍企業はその規模と影響力において国民国家を凌駕するような「巨大多国籍企業集団」（前掲書：p. 89）への傾向を強めているが，多国籍企業は無国籍企業ではなく，本社所在国に国籍を有するとともに，多数の海外子会社は現地法人としてそれぞれ国籍を有している．それにもかかわらず，多国籍企業は本社の指揮権のもとに国境を跨いだ利潤の極大化を目指しているとすれば，その行動は各国国家主権との間に緊張関係を生まざるを得ない．多国籍企業に関する研究が多国籍企業論として独自の領域を形成してきたのは，それが国際経済学や国際経営論では処理しきれない状況，すなわち，多国籍企業と国民国家との間に「複雑な対抗と軋轢と相互依存ともたれ合いと規制ないしは支援が錯綜し合っている」（前掲書：p. 90）状況が，多国籍企業の戦略的行動に影響を及ぼすと同時に，国家主権のもとに行われるべき経済政策や社会政策に多大な影響を及ぼしているからである．

●農業食料部門の多国籍企業　農業関連産業部門を一般にアグリビジネス（食品産業を強調する場合はアグリフードビジネス）と呼んでいるが，事業主体である企業を集合的に指すことも少なくない．また，後者の場合，ローカルな農業食料関連企業を指すこともあれば，巨大多国籍企業集団を念頭に置いて用いることもあるなど，用語の混乱がみられる．本項では便宜上，農業食料関連産業でグローバルに事業展開する巨大企業を一括して**多国籍アグリビジネス**と呼ぶことにするが，実際には価値連鎖を通じて複雑に関連し合いながらも，それぞれ異なる構造と論理からなる産業諸部門を包含しており，各産業部門は部門を跨いだ垂直的統合（インテグレーション）の傾向を伴いながらも，それぞれ異なる顔ぶれの企業群で構成されることに留意が必要である．

最上流に位置する農業生産財部門はさらに農薬や種子，化学肥料，農業機械，動物医薬等に区分される．これまで公的機関が主導していた農業技術の開発普及事業が多国籍企業のビジネス戦略に包摂され，農業生産財（農業技術商品）市場の寡占化と知的所有権による囲い込みが急速に進んでいる．農業機械では世界市場の54% をディア（米），CNH（蘭），クボタ（日本），AGCO（米）の4社が占め，最近はGPSを搭載したハイテク農機の開発を通じて精密農業の商品化に力を入れている（データは2014年，以下同じ）．化学肥料の場合は成分ごとに業界構造は異なるが，総合するとヤラ（ノルウェー）やアグリウム（カナダ），モザイク（米）など上位10社で56% のシェアを占める．種子市場の寡占化も進んでいるが，その中心は遺伝子組換え（GM）作物の商品開発に成功した巨大農薬企業であり，世界各地の種子企業や技術開発企業を次々と買収して主要作物の遺伝資源や改良技術の囲い込みを強めている．2000年代以降，モンサント（米），シンジェンタ（スイス），バイエル（独），ダウ（米），デュポン（米），BASF（独）の6社をもってバイオメジャー（ビッグ6）と呼ばれる状況が続いていたが，2016～18年にダウとデュポン，バイエルとモンサント，中国化工集団とシンジェンタとのM & Aが一気に進み，これら3企業集団にBASF（バイエルの種子事業を一部買収）を加えた4社で世界農薬市場の8割，世界種子市場の6割を超える状況となった．

穀物取引企業として長い歴史を有するカーギル（米），ADM（米），ルイドレファス（蘭），バンゲ（米）等の**穀物メジャー**は，当初より国境を跨いだ事業を行ってきた生粋の多国籍企業だが，1980年代に入って本格化する事業多角化を通じて，取扱い農産物は小麦・とうもろこしから大豆・菜種等の油糧作物，綿花，砂糖，コーヒー豆，カカオ豆，オレンジ等へと広がり，さらにそれらを原料とした配合飼料や畜産・食肉加工，食品添加物，事業用半加工食品，バイオ燃料や工業用原料の製造・販売にも事業を拡大してきた．化学肥料や鉄鋼といった資源商品にも関わり，先物市場での経験を踏まえて金融取引でも莫大な利益を稼いでいる．先の4大穀物メジャーは頭文字からABCDとも呼ばれ，世界穀物取引量の7割以上を占めるが，近年は中国の中糧集団（COFCO）がシェアを急速に伸ばしており，シンガポールのウィルマーや丸紅・伊藤忠など日本の総合商社も伸長著しい．

原料農畜産物の調達を通じた多国籍アグリビジネスの支配的影響力は，食肉パッカーや青果物メジャーにも顕著である．JBS（ブラジル）やタイソンフーズ（米），スミスフィールド（米）等の食肉パッカーは，北米や南米の畜産経営を生産販売契約によって垂直的に統合しながら市場占有率を高めてきた．米国のブロイラー部門では，1970年代は2割に満たなかった上位4社の市場占有率が1990年代に4割を超え，2012年には6割に達した．養豚部門でも1980年代に4割前後だった上位4社の市場占有率が2010年には7割近くに達している．他方，ドール（米）やチキータ（米）等の青果物メジャーはバナナに典型的なプランテーションや契約栽培農場を直接・間接に支配し，その大半が開発途上国である生産輸出国の政治経済に大きな影響を及ぼしてきた．

加工食品企業や外食企業による原料調達行動や，近年寡占化が著しい食品小売企業による商品調達行動を通じた農業構造への影響も無視できない．ネスレ（スイス）やペプシコ（米），コカコーラ（米），モンデリーズ（米），ユニリーバ（蘭）等の加工食品企業は多くの場合，各国・地域で定着してきたナショナルブランドやリージョナルブランドの企業を買収しながら事業を拡大し，海外進出を果たしてきた．これらの加工食品企業はマクドナルド（米）やヤム・ブランズ（米）に代表される外食企業とともに，提供する食品の健康への影響（ジャンクフード消費による肥満等の生活習慣病）や原料農産物の生産・調達過程で発生する農業構造や自然環境への影響（大規模畜産やコーヒー豆・カカオ豆・さとうきび・油ヤシ等の非持続的生産の誘発や人権侵害）をめぐって「**企業の社会的責任**」が厳しく問われてきたことでも知られる．そうした商品を最終消費者に販売し，各国・地域で寡占化を強めるウォルマート（米）やシュワルツ（独），クローガー（米），テスコ（英），カルフール（仏），セブン&アイ（日本）等の大手小売企業も消費者の意識や行動に敏感である．そのため近年は原料生産や流通・加工段階での社会的・環境的な品質を担保するため，企業・業界レベルで社会環境基準に関する認証制度を積極的に導入しているが，そのことが逆にサプライチェーン管理の強化となり，そこで発生するコストとリスクを末端の生産者や納入業者にしわ寄せすることにつながるのではないかとの懸念も生まれている．

●多国籍企業の政治力　多国籍アグリビジネスが多国籍企業としての存在感を示し，研究対象として特に重要性を増すのは，企業戦略が各国および国家間の政治過程と交錯する場合である．多国籍アグリビジネスが農業・食料のあり方に及ぼす影響力は経済過程，すなわち水平的統合を通じた寡占度の高まりや価値連鎖に沿った関連事業の垂直的統合・戦略的提携の強化によって発揮される市場影響力としてだけではなく，各国の産業政策・規制制度やその国際的調整をめぐる政治過程，例えばWTO協定やTPP協定等の国際交渉過程においても存分に発揮される（Hisano, 2013；久野，2018）．多国籍アグリビジネスは各国の政策形成過程に深く関与するために，例えば米国であれば上下両院の公聴会や通商代表部（USTR）の意見公募等の機会を捉えては，企業・業界利益を国家・国民利益として主張し，政府機関に設置される各種専門家諮問委員会に参加しては，政策形成に大きな影響力を行使している．また，他の産業部門を代表する企業・業界団体とともに業界横断的な産業ロビー団体を恒常的に組織するとともに，TPP交渉をめぐって結成された「TPPのための米国企業連合」やNAFTA再交渉のために新たに設置された「貿易のための米国食料農業対話・北米市場作業部会」のようなアドホックな産業ロビー団体を駆使しながら政府への圧力を強め，世論の誘導を図ってきた．国際協定が政府間交渉によって決められる以上，多国籍企業が母国を中心に所在国の政策形成過程への働きかけを重視するのは当然だが，国連「生物多様性条約バイオセーフティ議定書」交渉やWTO「サービス貿易に関する一般協定」改正交渉，FAO/WHO Codex委員会・部門会合の例でも知られるように，国際交渉に直接圧力をかけるために，関係分野の多国籍企業が各国の業界団体を糾合して国際ロビー団体を結成することも珍しくない．

●多国籍企業の民主的規制　国際社会で基本的人権として認知されている経済的・社会的・文化的な権利（「食料への権利」もその一部を構成する）が多国籍企業の事業活動によって侵害されたとしても，国家の法的権限が及ぶ管轄権を跨いで事業展開を行う多国籍企業を国際的に規制するための法的な規制枠組みが十分に整備されていないという問題がある（久野，2011）．国際労働機関（ILO）の「多国籍企業および社会政策に関する原則の3者宣言」（1977年），経済協力開発機構（OECD）の「多国籍企業行動指針」（1976年），国連「グローバル・コンパクト」（2000年），国連人権理事会「ビジネスと人権に関する指導原則」（2011年）など，多国籍企業の行動規範に言及した国際枠組みは存在するが，いずれも自主規制に留まっているため，国連人権理事会は2015年に政府間作業部会を設置，改めて法的拘束力を有する国際条約づくりに着手している．また，労働者の人権を守るため労働組合と多国籍企業との間で「グローバル枠組み協定（GFA）」を締結する動きが広がっており，例えばダノン（仏）やチキータ（米）等と協定を締結した国際食品労連（IUF）の役割が注目される．農業分野でも2013年から国連人権理事会で検討されてきた「小農と農村で働く人々の権利に関する国連宣言」が2018年12月の国連総会で採択されたが，こうした国連での動きに影響を与えてきたのが，ビア・カンペシーナを中心とする小農・市民社会組織のグローバルな連帯運動である．彼らが主唱する**食糧主権**は日本でも紹介され，徐々に定着しつつある．ビア・カンペシーナに2005年から参加し，2008年に正式加盟した農民運動全国連合会（農民連）の真嶋良孝は，食糧主権を「すべての国と民衆が自分たちの食料・農業政策を決定する権利」「すべての人が安全で栄養豊かな食料を得る権利」「こういう食料を小農・家族経営農民，漁民が持続可能なやり方で生産する権利」「多国籍企業や大国，国際機関の横暴を各国が規制する国家主権と，国民が自国の食料・農業政策を決定する国民主権を統一した概念」（真嶋，2011）と説明している．食糧主権に基づく食料・農業政策の構築が求められている．

［久野秀二］

16-3

世界の関税と非関税措置

物品貿易に対する制限措置は，関税とそれ以外の非関税措置に大別される．GATT・WTO では，貿易制限の手段として前者を容認しつつその削減を図る一方で，貿易の拡大を阻害しないよう後者に関するルールの整備が進められてきた．

●関税　関税は，広義では物品の輸出入に対して課される税金であるが，狭義では物品の輸入に課される輸入関税のみを指す．また，他国からの輸入品に適用する関税の上限を約束することを譲許といい，この上限を譲許関税率と呼ぶ．他方で，譲許関税率の範囲内で実際に適用される関税率を実行関税率という．

関税の目的は2つに分けられる．第1は，国家の財源確保である．租税制度が未整備な開発途上国では，関税は今でも重要な歳入源である．第2は，国内産業の保護である．輸入品に関税を課すと，その価格が上昇して輸入量が減少するため，同種の物品を生産する国内産業を保護する効果がある．今日では，日本を含む多くの国における関税の主な目的は国内産業の保護である．

関税は，課税の基準から従価税と従量税に大別され，関税を輸入品の価格に応じて課すのが従価税で，輸入品の数量に応じて課すのが従量税である．従量税は，輸入品の価格にかかわらず関税額が固定されているため，輸入品の価格が低下しても保護効果が維持されるメリットがあり，日本でも主要な農産品に適用されている．

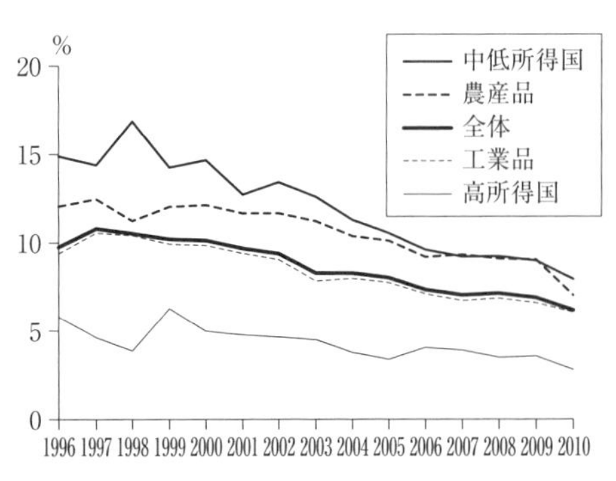

図1　世界の平均関税率の推移（注：高所得国は2016年の1人当たりGNIが1万2235ドル以上の国で，中低所得国はそれ未満の国である.）［出典：世界銀行（World Bank Open Data）をもとに筆者作成.］

世界の平均関税率の推移は図1のとおりである．単純平均の実行関税率は，世界全体で低下傾向にある．品目別にみると，工業品の関税率は相対的に低いのに対して，農産品の関税率は高い．また，所得水準別では，高所得国の関税率は，水準は低いものの低下のペースは緩やかなのに対して，中低所得国の関税率は，水準は依然として高いものの，1998年以降は大幅な低下をみせている.

●非関税措置　非関税措置は，UNCTADによれば，「貿易の数量や価格を変化させ，物品貿易に経済的な影響を与え得る関税以外の政策措置」と定義される．非関税措置は，輸入関連措置と輸出関連措置に大別され，前者は更に技術的措置と非技術的措置に分けられる．技術的措置には，衛生植物検疫措置等が含まれるのに対し，非技術的措置には，一時的貿易救済措置等が含まれる．

非関税措置は，関税のような数値で表されるわけではなく，その把握や国際比較は困難である．定量化の手法としては，措置の件数を数えるのが最も単純であるが，その適用範囲は国や品目ごとに異なるため，件数が非関税措置の貿易制限効果を示すわけではない．このため，非関税措置が存在する品目数が全品目数に占める割合である頻度比率（frequency ratio）や，非関税措置が存在する品目の輸入額が全輸入額に占める割合であるカバー比率（coverage ratio）等も用いられる．

世界全体の非関税措置の件数は表1に示した．件数では，貿易の技術的障害と衛生植物検疫措置が全体の75%を占め圧倒的に多い．また，品目別にみると，貿易の技術的障害は工業品に多いのに対して，衛生植物検疫措置は農産品に多いという違いがある．さらに，農産品に対する衛生植物検疫措置では，植物製品に適用される措置の件数が最も多いが，穀物のようにこの範疇に含まれる農産品の品目数が多いことを反映している面もある．

［作山 巧］

表1　世界の非関税措置の件数（2018年6月時点）

区　分	輸出関連措置				輸入関連措置	合　計
	技術的措置			非技術的措置		
	衛生植物検疫措置	貿易の技術的障害	出荷前検査			
農産品	27159	9046	993	2187	4566	43951
動物製品	7126	1944	302	559	1416	11347
植物製品	13500	2527	342	634	1316	18319
動植物油脂	1764	1013	122	322	641	3862
加工食品	4769	3562	227	672	1193	10423
工業品	6308	28666	1713	6369	8262	51318
合　計	33467	37712	2706	8556	12828	95269

［出典：UNCTAD（Trade Analysis Information System）をもとに筆者作成.］

16-4

戦後貿易体制と農業：GATTからWTOへ

第二次世界大戦後の国際経済体制は，米国をはじめとする連合諸国によって構築された．1944年の連合国国際通貨金融会議で成立したブレトン・ウッズ協定は，国際通貨基金（IMF）および国際復興開発銀行（IBRD）の設立を決定した．国際貿易に関しては，国際貿易機関（ITO）の設立協定が1948年に調印されたが，米国や英国などの主要国が批准に至らず，ITOは設立に失敗した．他方，すでに1947年から多国間の貿易自由化交渉が開始されており，ITO設立交渉の終結に先行して，**関税及び貿易に関する一般協定**（GATT）が1948年1月に発効した．

●GATT体制と多角的貿易交渉の展開　GATTは自由・多角・無差別な国際貿易体制の構築を目指し，加盟国に対する**最恵国待遇**，**内国民待遇**，数量制限の禁止等を原則としていた．しかし，国際収支上の必要や経済発展を促進するための例外的規定も多く含まれており，ヨーロッパ共同体（EC）の関税同盟による差別的措置が許容されるなど，上記の原則が常に適用されるわけではなかった．農業分野では，25条5項の義務免除（ウェーバー）によって1955年に米国が国内法による農産物輸入制限を許容されていた．また，数量制限の一般的廃止を定めた11条の2項aでは，食糧等の危機的不足を防止するための輸出制限，bでは生産許可の対象品目や一時的な過剰を除去するための輸入制限等の例外措置が認められ，日本は11条2項bを適用して実質的な米の禁輸を行っていた．

GATTの多角的貿易交渉は1960年代初頭までに5回を数え，貿易自由化の進展に大きく貢献した．しかし，国別・品目別交渉の積み重ねによる関税引下げ効果は次第に薄くなり，新たな譲許品目数は第1回の約4万5000から第5回の約5000へと大きく減少，交渉は先細りの様相を呈するようになった．

第6回ケネディ・ラウンド（1964～67年）では，先進国の鉱工業製品について関税一括引下げ方式が導入され，単純平均で平均35%削減を実現した．しかし農業分野では，実現した国際協定は国際穀物協定のみ，関税引下げ率は低水準で対象品目も限定的など，総じて不十分な成果にとどまった．第7回東京ラウンド（1973～79年）でも，鉱工業品関税は単純平均で33%の削減を達成したが，農業分野では国内農業政策とリンクした貿易政策の改革に踏み込めず，関税と非関税障壁が制度的に絡み合ったまま，問題は実質的に先送りされた．

第8回**ウルグアイ・ラウンド**（UR：1986～94年）では，世界的に農産物貿易が停滞する中，サービス・知的所有権・貿易関連投資措置の「新分野」と並び，農業分野が主要な焦点となった．足掛け9年を費やした交渉で成立したUR合意では，日本の米など一部の例外を除く農産物について原則的にすべての国境措置が関税化され段階的に引き下げられた．また，輸出競争および国内支持も補助・支持の削減対象になり，加盟国の国内農業政策は大幅な制約を受けることとなった．

●国際貿易交渉の停滞とWTO体制　UR合意の結果，1995年1月に**世界貿易機関**（**WTO**）が設立された．従来のGATTと比較すると，単なる協定ではなく国際機関として成立したWTOの主要な特徴として，以下の3点が指摘できる．①物財の貿易に加えて，サービス貿易や知的財産権，貿易関連投資，貿易政策など，規律や監視の対象が大幅に拡大した．②アンチ・ダンピング協定や補助金・相殺措置協定などのルールを厳格化し，原則として例外を認めず，すべての加盟国に遵守義務を課した．③紛争解決機関を設置し，審査を2段階化してネガティブ・コンセンサス方式を導入する等，紛争処理能力を強化した．

2001年に開始されたWTO最初の国際貿易交渉は，開発を最重要課題にすべきと主張する開発途上諸国の要求を受けて，**ドーハ開発アジェンダ**（DDA）と名づけられた．ただし，農業，サービス等の5分野は，UR合意による「ビルトイン・アジェンダ」として一足早く2000年から交渉に入った．しかし，2004年7月に枠組み合意が成立したものの，当初2004年末とされた交渉期限は延長に延長を重ね，2018年現在も終結の見通しは立っていない．

交渉の基本的争点は，規律の例外を最小限に留めたい先進諸国と，特別かつ異なる取扱い（S & D）を重視する開発途上諸国との対立で，非農産品市場アクセス（NAMA）とサービスでは，自由化推進を指向する前者と消極的な後者の利害が衝突した．農業分野では，日本等の食糧輸入国と欧州連合（EU）が市場アクセス拡大に慎重なのに対して米国等の輸出国は自由化推進，国内支持については米国が高水準の維持に固執し，輸出競争では途上国がEUに補助の撤廃を要求，EUは他の輸出国に同等の競争条件を求める等，対立の構図が錯綜していた．2008年7月の閣僚会合では，農業およびNAMAについてモダリティに関する合意形成の寸前まで交渉が進展したが，農業分野における米国と主要途上国の対立が浮上し，交渉は決裂した．その後，2013年の閣僚会合で農業・貿易円滑化・開発の3分野で部分合意が成立したが，いまだに恒久的措置としての採択に至っていない．

WTOは，貿易自由化交渉の場として機能不全に陥っていると随所で指摘されているが，貿易規律の遵守を監視し紛争を解決する場としての役割を果たしてもいる．現下の交渉の行方にかかわらず，WTO本来の役割を回復し発展させるため，すべての加盟国が叡智を結集すべき局面にさしかかっている．　［千葉 典］

16-5

貿易体制の転換と農業：FTA/EPA と TPP

●WTO 交渉の停滞と貿易体制の転換　2001 年にカタールのドーハで開催された WTO（世界貿易機関）閣僚会合において，世界 149 カ国が参加する新・貿易自由化交渉「ドーハ・ラウンド」（正式名称「ドーハ開発アジェンダ」）の開始が合意された．しかし，指導力が低下したアメリカや EU（欧州連合）などの先進国と，台頭著しい中国，インド，ブラジルなどの新興国や途上国が鋭く対立し，ドーハ・ラウンドは長期化を余儀なくされた．合意できない WTO への不信感が高まる中，当時急速に進んだ製造業のサプライチェーンの国際化への政策的対応が急務であったことから，主要各国は貿易自由化交渉の軸足を FTA（自由貿易協定）へと移し，FTA の数が急増した（中川，2013）．

FTA は GATT（貿易と関税に関する一般協定）の第 24 条 4 項にその規定があり，同条 8 項で FTA では締結国間で関税や輸入割当等の貿易制限的な措置を「実質上すべて」廃止すると定めている（中川他，2012）．EPA（経済連携協定）は FTA の要素に人の移動，投資，政府調達，二国間協力等を含む包括的協定とされている．代表的な FTA として，欧州諸国が参加する EU，アメリカ，カナダ，メキシコが参加する NAFTA（北米自由貿易協定），南米諸国が参加する MERCOSUR（南米共同市場）などがある．なお EU と MERCOSUR は，域内国で関税撤廃するだけでなく，域外国に対し共通の関税を課す関税同盟である．日本は 2002 年に締結した日・シンガポール EPA を皮切りに東南アジア諸国や，アメリカや EU と FTA を締結していたメキシコ，チリなどと EPA を相次いで締結した（本間，2014）．

GATT では，FTA でどの程度関税を撤廃すれば「実質上すべて」を満たすのか，あるいは何年以内に関税撤廃するのか，といった条件を具体的には定めていなかった．そのため個々の FTA における関税撤廃率等は，事実上，参加国間の交渉に委ねられていた．そこに FTA の締結推進と農業保護との両立を図る余地があった．EU，日本，韓国の FTA や，農産物輸出大国同士の米豪 FTA でも，一部の重要農産品目等を関税撤廃から除外，あるいは 10 年以上の長期段階的撤廃といった各種の影響緩和措置が設けられた（福田，2010）．しかしその結果，関税撤廃率の低い FTA が濫造された面もあった．

●TPP と農業問題　FTA 本来の役割は WTO の補完だが，貿易体制の転換が進むと，地域内の多数国が参加する包括的協定である「メガ FTA」を実現し，事実上の停止状態にあったドーハ・ラウンドの成果を先取りしようとする動きが生じた．代表的なメガFTAである「TPP（環太平洋パートナーシップ協定）」は，2006年にシンガポール，ブルネイ，チリ，ニュージーランドの4カ国で締結したEPA（P4協定）が元である．2010年に原加盟4カ国にアメリカ，オーストラリア，ベトナム，ペルーを加え，交渉分野が21分野に及ぶTPP交渉が開始された．その後マレーシア，カナダ，メキシコも参加し，日本は2013年に参加を決めた．

TPP交渉では牛肉，乳製品，砂糖などの重要農産品をめぐって農産物輸入国と輸出国の対立だけでなく，品目によっては輸出国同士の対立も焦点となった．過去の日本のFTA/EPAは，貿易自由化と農業保護の両立を図った結果，農産品の関税撤廃率が品目数の6割程度，全品目では9割に満たなかった．このため高いレベルの貿易自由化を目指したTPP交渉において，日本は特に重要5品目（米，麦，牛肉・豚肉，乳製品，砂糖）の関税撤廃を避けつつ，全体の関税撤廃率を高めることが大きな課題となった．

TPP交渉は難航したが，約5年の交渉期間を経て2015年に大筋合意が成立し，世界のGDPの約4割を占める巨大自由経済圏がTPP発効で誕生することになった．TPPでの日本の農林水産物の関税撤廃率は，品目数の81%（うち重要5品目は29.7%）となり，全品目の関税撤廃率は95.1%に達した．日本政府はTPPによる国内農業への影響は限定的としつつ，関税を即時撤廃する品目等には長期的に価格下落の可能性もあるとして，農業の体質強化対策などを含む「総合的なTPP関連政策大綱」を2015年に閣議決定した．またTPPでの関税撤廃率は，日本にとってその後のEPA交渉等での事実上の基準となった．2017年に署名に至った日EU・EPA（2019年発効）では，日本の農林水産品の関税撤廃率は約82%（全品目は約94%）と，TPPとほぼ同水準であった．ただしEU側の関心が高く，日本の消費者に関税引下げメリットが大きいソフトチーズ，ワイン，パスタなどはTPP以上に譲歩した．

TPPは2016年に署名を終え，各国の批准手続きに移った．ところが，2017年1月に就任したアメリカのトランプ大統領は，就任早々に同国のTPP離脱を表明した．この事態を受けて，アメリカを除く11カ国は再交渉を行い，2018年にTPPの合意事項のうち著作権の保護期間延長など22項目の効力をアメリカのTPP復帰まで凍結した「TPP11協定」（正式名称「環太平洋パートナーシップに関する包括的及び先進的な協定」）の署名・発効に至った．他方個別交渉に転じたアメリカは，同年妥結したNAFTA再交渉で，カナダから乳製品の市場アクセス拡大の譲歩を引出し，日本とは物品貿易協定交渉の開始を合意した．［福田竜一］

16-6

緑の革命

第二次世界大戦後の国際社会の懸念の1つは，途上国（特に東南アジアや南アジアの熱帯アジア）において人口が爆発的に増加する一方で，拡大できる可耕地には限界があるため，いずれ食糧危機が起こるのではないかというものであった．その解決を農業研究面で担う機関として，米国ロックフェラー財団やフォード財団が中心となり，1960年にフィリピンに国際稲研究所（IRRI）が，1966年（前身機関は1940年代から）にメキシコに国際トウモロコシ・コムギ改良センター（CIMMYT）が設立された．緑の革命とは，上記2機関で1960年代後半に開発された肥料反応性の高い米と小麦の近代品種の普及と化学肥料の使用増加により土地生産性が大きく上昇し，それが継続的に続いたため，主に熱帯アジアで食糧供給の長期的かつ安定的な増加を達成したことを指す．

●緑の革命の特徴 以下の4点にまとめられる．第1に，三圃制など資源利用方法の変革による革命とは異なり，化学肥料の投入と科学的研究による品種改良に依拠した科学的農業革命であるという点．第2に，温帯で開発された近代品種と熱帯の在来品種の交配を成功させ，熱帯で育つ近代品種が誕生したこと．米は，半矮性と非感光性という特徴をもち，前者は草丈が低くなるため，多く実っても倒伏しないことで収穫を上げ，後者は日量に関係なく結実するため，生育期間の短縮や二期作を可能にした．小麦は，半矮性と病害虫耐性という特徴をもつ品種であった．この成功は，温帯の技術を熱帯に近づける借用技術の適応研究という開発戦略が有効であることを示している．特に米について熱帯へ移転された技術は，戦前の日本が確立した集約的稲作技術であった（Hayami and Ruttan, 1985）．第3に，近代品種は生育環境が整った圃場においてその性能を最大限に発揮するため，近代品種の普及と同時にかんがい整備が進み，土地生産性が大きく上昇した．これは，熱帯の生産環境を近代品種に近づける努力である．第2点と第3点から，緑の革命は，技術と環境の歩み寄りを実現したことにより成功したということができよう．第4に，緑の革命は1回限りの成功ではなく，品種改良が継続して行われ，食糧供給の長期安定に貢献した．米の品種改良では，1970年代には病害虫耐性をもつ品種群が，1980年代には食味など品質の改良が加えられた品種が登場した．1990年代以降は，干ばつや洪水など環境ストレスへ対応した品種の開発が進んでいる．ちなみに，緑の革命を担った近代品種の主流は自殖品種で，最近になりハイブリッド（一代雑種）品種も加わるようになった．

●緑の革命の成果　米を例に概観すると，(1) 近代品種は農家の所得階層や経営規模に関係なく普及し，(2) 生産量が増加したため，米の実質市場価格が継続的に低下した．(1) であるが，開始当初，緑の革命は，化学肥料などの近代的投入財や農業機械を利用できる資金力のある大農に有利で貧富の格差を広げる技術であると批判された．しかし，近代品種は，除草など丁寧な栽培を必要とする労働使用的な技術であるため，すべての圃場の労働に監視を行き届かせることの難しい大農に比べ，労働者（家族労働を含む）の管理が効果的に行える小農に有利であり，長期的に比べてみると，近代品種が大農に有利だということを強く支持するデータはない（David and Otsuka, 1994）．また，近代品種は，労働使用的技術でかつ二期作を可能としたため，人口爆発のもとで増加する土地なし農業労働者層の労働機会を増やしたという点も指摘されている（David and Otsuka, 1994）．

このようにして比較的平等に採用された近代品種は，時間差を伴いつつも多くの熱帯アジア諸国で広まり，(2) の成果をもたらす．FAO の統計によると，同地域における米の単収は 1961 年の 1.6 t/ha から 2016 年の 4.1 t/ha へ持続的に上昇した．ちなみにサハラ以南のアフリカにおける同時期の変化は，同じ出発点の 1.6 t/ha から 2.5 t/ha までであった．その結果，熱帯アジアの米生産量は約 3.6 倍増え，これは人口増加の 3.1 倍よりも大きく，国際市場における米の実質価格は 1/3 程度下がった．実質価格の下落は米を生産し販売する農家にとっては利益を圧迫する要因であったが，米の購買者には便益をもたらした．多くの米を市場から買わなければならない零細農家や土地なし農業労働者に加え，エンゲル係数の高い都市の貧困層が大きな便益を受けたことになる．このようにして，緑の革命は，貧困削減に貢献した．

小麦においても同様の成果がみられ，最もその恩恵を受けたのが，インドとパキスタンの小麦作地帯である．FAO の統計によると，1961 年から 2016 年の期間に，両地域の土地生産性は 0.8 t/ha から 3.0 t/ha へ，生産量は耕地拡大の影響もあり約 8.6 倍も増加した．

●今後の課題　緑の革命を通じ，2000 年代までには多くの途上国に科学的農業が定着した．この農業は，多投入・多収量の生産システムであり，今後の課題は多投入からくる環境負荷をいかに適切にコントロールしていくかという点にある．肥料や農薬の外部環境への流出による環境汚染や地下水の過剰揚水による枯渇や水質汚染（ヒ素混入や塩害）は，政府の投入財価格補助や農村電力補助金によって政治的に助長されている側面がある．今後は，適切な政策により過剰使用を抑制する誘因を作っていくことが大切となる．　［加治佐敬］

16-7

土地収奪

土地収奪（land grabbing）は，生活のために使用していた土地が没収または略奪される状況を表す言葉である．本項目では2000年以降に顕在化した農地の大規模取引に限定する．それらの取引は，食品，飼料，バイオエネルギー，木材，鉱物の生産と輸出を中心に取り巻く，近年の国家的・国際的商業土地取引の爆発的増加という特徴をもつ．

土地収奪という用語は，土地所有・使用権をもつ者と土地没収・略奪を強行する者との不公平な力関係に関心を向けさせる反面，複雑な現実的背景やその現実理解と分析方法をあまりにも単純化しすぎてしまう面もある．この用語を使う代わりに，政治的背景とは無縁な用語，例えば土地の大規模な「取引」「売買」あるいは「投資」といった用語を使う人もいる．しかし，これも分析上の問題につながり得る．

●起源　土地略奪や土地の囲い込みは，人類の歴史全体において起きており，最近になって発生した新しい問題ではない．古代エジプト時代まで遡るほどの大昔から，植民地主義や帝国主義といった現代まで起き続けている．しかし，現代的な土地収奪の形態は「国境を越えてくる強大な資本や物資や思想の流入によって促進され，これらの流入は南北の帝国主義的伝統よりも，はるかに多極化した力の枢軸によって起こされ」てきた（Margulis et al., 2013）．2008年には「世界の土地収奪」という用語は，主に発展途上国において行われている土地の取引や併合といった統合の波を描写する際に使われていた．例えば，国際報道機関は，（韓国のような）資源が乏しく所得の高い国が，自国に持ち込むための食料生産を目的に，（マダガスカルのような）資源は豊富だが所得の低い国の広大な国土をどのように略奪してきたかをリポートし，この問題に世界の目を向けさせた．その後，途上国だけが標的地となっているわけではなく，実際には土地収奪が「すべての地域や場所で起きている地球レベルの現象」であることがわかってきた（Margulis et al., 2013）．

●牽引役　土地収奪の牽引役として，2003年から2008年にかけて発生した食糧問題が土地への関心を高めたことが挙げられている．別の理由として，バイオエネルギーの需要の高まりも指摘されている．しかし，より大きな全体像で捉えてみると，土地収奪とは実際には，「石油化学系サプライ・チェーンに依存した」（Lazarus, 2014）現代的な大規模農場や工業的農業を基盤とする世界的な食糧，農業，エネルギーシステムの維持と拡張に伴って発生しているものである．したがって，食糧問題やバイオエネルギーが土地収奪の直接の原因であるとするのは単純化しすぎであろう．

広大な面積の土地の獲得に投資しているのは，農業食品企業やバイオエネルギーの開発に関心の高い企業だけでなく，それ以外に外国政府，新興国の国有企業，そして政府系ファンド，銀行，投資信託会社といった機関投資家である．

●規模　直近の10年間でどれほどの土地収奪が実行されてきたかは定かではない．国際的な注目度が高かった頃に示された農業用地取引の当初の見積りでは，少なくとも4500万ha（Deininger et al., 2011），多ければ2億2700万haにまで上った（Oxfam, 2011）．

2000年以降に始まった土地取引に関する情報を提供するランド・マトリックス（landmatrix. org）の最新のウェブサイト（2018年11月18日閲覧）によれば，2000年以降に取引の完了した土地の総面積はおよそ4920万haに上るという．そのうち面積で83%については取得の目的が判明しており，38%が非食用作物，9%が食用作物，15%が食用と非食用を兼ねる作目，38%が以上のカテゴリーの組合せとなっている．全取引面積のほぼ半分を占めるアフリカについては，非食用作物の割合が58%に増加し，代わりに複数カテゴリーの組合せが24%に減少している．このように，対象地および/あるいは収奪地の総量は非常に大規模で，世界中のあらゆる国々に及んでいることがわかる．しかし，こうした土地収奪は不透明な傾向があるため，これ以上に正確で信頼度の高いデータを得ることは困難である．

●影響　土地収奪が，その対象地域や対象国の社会，経済，環境に好ましくない結果をもたらしたことが明らかにされてきた．特に，土地収奪により農地を手放し，移住を求められた住民は不利益を被っている．

こうした状況を反映して，土地の収奪がその地域住民にいかに脅威となるかについて，世界的な議論が引き起こされた．悪影響への懸念を受けて，国連機関や世界銀行などの国際組織は，マイナスの結果を減らし，投資をより「責任ある」ものにするための政策を打ち出した．しかし問題は，これらの政策が任意のものであるため，企業や政府に対して拘束力がないことである．このことは，土地収奪によるマイナスの結果を抑制する取組みには何がなされるべきなのか，実践的な解決策と実効性のある代替策をどのように見出すのか，という問題を投げかけている．

［ラランディィソン・ツィラヴ］

16-8

マイクロファイナンス

マイクロファイナンス（Microfinance Institutions：MFIs）とは，途上国の貧困層（主に貧困女性）に対して低利子無担保の小額ローンを提供する貧困削減プログラムである．その特徴は，政府からの補助金に運営資金を依存する従来のアプローチと違い，利子収入を得ている点である．つまり一種のソーシャルビジネスと位置づけられる．MFIsは，1970年代後半にバングラデシュのグラミン銀行（Grameen Bank）やバングラデシュ農村向上委員会（Bangladesh Rural Advancement Committee：BRAC）によって積極的に進められた．開始当初は，そのプログラムの特徴からマイクロクレジットと呼ばれた．MFIsは世界各国に広がり，2013年には世界で3000を超える機関が活動し，2.1億人のメンバーがその恩恵を受けるまでになった．こうした功績が評価され，グラミン銀行およびその創設者であるムハマド・ユヌス氏は2006年にノーベル平和賞を受賞した．

MFIsがその活動を始める以前は，貧困層は信用市場へのアクセスが限られ，投資資金を獲得することが困難であった．その原因となるのが，貸し手と借り手との間に発生する情報の非対称性や，返済の履行強制の限界である．これらは逆選択，モラルハザード，戦略的債務不履行を引き起こし，その結果，借り手の債務不履行リスクを悪化させる．したがって，とりわけ担保をもたない貧困層へのローンは，貸し手にとってリスクが高いと考えられてきた．しかしMFIsは，この理論的予測に反して高い返済率を維持している．

●画期的な返済制度　MFIsが高返済率を実現する上で，独自の返済制度の果たす役割が大きいと考えられている．なかでも，多くのMFIsが導入する連帯責任制は，多くの研究者や実務家から注目されてきた．これは，メンバー加入を希望する貧困層が複数人でグループを組み，あるメンバーが債務不履行となった際には，同グループに所属する他のメンバーにも罰則が発生するという制度である．一般的に，村人同士では情報の非対称性が発生しにくく，履行強制も比較的容易である．したがって，この制度のもとでは債務不履行リスクが高い村人は連帯責任グループを形成できない．これは逆選択の解消に有効である．またグループ内で相互に監視するインセンティブがあるため，グループを形成できたメンバーのモラルハザードや戦略的債務不履行も回避することができる．

また，MFIsメンバーは，毎週のメンバーミーティングへの参加が義務づけられており，ローンの受渡しや返済などの取引は，このミーティングを通じてのみ行われる．したがってメンバーは，毎週の分割返済が義務づけられることになる．多くのメンバーとの取引を一斉に行うことで，MFIsが人件費を削減できるだけでなく，他のメンバーの前で返済させることによる取引の透明性確保，返済インセンティブの上昇といった利点もある．

この他，債務不履行となったメンバー（あるいはグループ）に対しては次回のローン提供の停止，完済したメンバーに対しては次回ローン提供時の貸付限度額の増加といった制度も導入されている．これも返済インセンティブを高める要因となる．また，このルールに基づいて長期的にローンサイクルを繰り返すことで，MFIsにとっての取引当たりコストを低下させ，低利でのローン提供や利子収入の増加が可能となる．

●マイクロクレジットからマイクロファイナンスへ　これらの返済制度が注目されてきた一方で，いくつかの課題も指摘されてきた．第1に連帯責任制には，あるメンバーの債務不履行が他のグループメンバーの戦略的債務不履行インセンティブを高めるという，ドミノ効果が存在する．また，グループメンバー間の社会関係資本（信頼関係や社会規範）が弱い場合には，連帯責任制による返済率上昇効果は期待できない．第2に，メンバーのドロップアウトも深刻な課題である．ドロップアウトの主な理由には，投資機会の減少やMFIsのサービスに対する不満といった自主的ドロップアウト，そして債務不履行やメンバーミーティングの欠席による強制的ドロップアウトが挙げられる．メンバーのドロップアウトは，MFIsの持続的運営に支障をもたらす．最後に，MFIsの頻繁な分割返済義務は，災害や病気によって一時的に返済が困難となったメンバーに対して債務不履行，消費水準の低下，高利貸しへの依存といった悪影響をもたらすことが指摘されている．

こうした課題を克服するため，グラミン銀行をはじめとする機関は保険や年金，貯蓄機会の提供といった新たなサービスも行うようになった．これらのサービス拡大から，マイクロクレジットはより広義なマイクロファイナンスと呼ばれるようになった．例えばグラミン銀行は，2002年にグラミンⅡモデルを導入した．このモデルでは，各メンバーが個人の貯蓄口座を保有し，自由に貯金，引出しが可能となった．また，連帯責任制度に加えて個人融資制度も導入したほか，返済期限やローンの受取り時期をメンバーのニーズに合わせて変更可能とした．災害発生時には，毎週の分割返済の繰り延べも適用されるようになった．

さらに近年では，グラミン銀行は金融サービスのみならず，さまざまなソーシャルビジネスを展開している．このように，MFIsは当初の画期的制度にとどまることなく，常に変革を続けている．

［庄司匡宏］

16-9

インフラ整備と携帯電話

インフラストラクチャー（infrastructure）とは，国民経済の発展に資する公共設備を指す．このような公共設備は，鉄道路線，かんがい設備，電気，上下水道，電話などさまざまであり，いずれも社会経済活動を営む上での基盤となる．

インフラは一般的に，消費の非排除性・非競合性が高いために，公共財的な性格をもつ．これにより，市場を通じたメカニズムでは供給が過小になるために，中央・地方政府による公共事業として整備されることが多い．ただし厳密には，交通サービスにおける混雑のように消費の非排除性が完全に満たされない場合もあり，そのようなものについては準公共財として，純粋公共財とは区別される．

また，インフラの整備にはしばしば膨大なコストがかかり，それに伴うリスクも大きいために，特に発展途上国においては当該国政府や民間部門のみで投資を行うことが難しい．そのため，政府開発援助（Official Development Assistance）によるインフラ投資が行われることも多い．特に日本のODAにおいてはインフラ整備が大きな割合を占めていることが知られる．

●インフラ整備の効果　上述のように，インフラは社会経済活動の基盤となるものであり，その公共性の高さからも，エビデンスに基づいた効果的な投資戦略が求められる．マクロ経済レベルでは，多くの実証研究が，経済成長とインフラ投資の間にプラスの関係性を示している．しかしながら，このような研究については，複数の課題が存在する．まず，インフラは多面的な概念であるため，その整備状況を厳密に計測することが困難である．また，インフラ投資はデータ上観測されない要因と相関する可能性があるために，経済成長とインフラ投資のプラスの関係性を厳密な因果関係として解釈することが難しい．さらに，インフラの効果は国ごと・年ごとに大きく変わり得るために，推定された効果を額面どおりに解釈することが難しい．

このようなマクロ経済レベルでの研究に加えて，近年では個別のインフラ整備プロジェクトのインパクト評価が行われている．近年の経済学研究においては，プロジェクトの受益者と非受益者を無作為に分ける「ランダム化比較実験（Randomized Control Trial）」を用いて，厳密にプログラムの効果を測定するという手法がしばしば用いられる．しかし，特にインフラ建設の場合にはこのような手法を用いることは困難である場合が多く，その他の計量経済学的手法に基づくインパクト評価がなされることが多い．例えば，インフラ建設には影響を与えるものの，人々の所得・消費といったアウトカムには直接影響しない変数（ダム建設や送電線の設置における土地の傾斜角度など）を操作変数（instrumental variable）として用いる方法や，プロジェクト開始前後のデータを収集し，受益者と非受益者のアウトカムの差からさらにプロジェクト前後のアウトカムの差を取るという，「差の差（difference in difference）」による方法などが代表的である．

このような手法を用いた農業インフラのインパクト評価の代表的な例として，Duflo and Pande（2007）はインドにおけるかんがいダム建設の効果を操作変数法により分析し，下流域では降雨量の影響が緩和されて農業生産性が向上し，貧困削減につながった一方で，上流域ではかえって降雨量の影響が強まり，貧困率が増加したことを明らかにしている．

●携帯電話とモバイル・マネー　発展途上国における携帯電話の普及率は急速に上昇しており，この伸びはアフリカなどで特に顕著である．携帯電話については各戸に電話線を引くコストが不要であるために，固定電話を経ずに携帯電話の普及が進んでいるのもこの一因である．携帯電話の普及により，情報収集やコミュニケーションのコストが大幅に削減されるために，さまざまなメリットが期待される．その1つとして，携帯電話により情報へのアクセスが高まり，市場の非効率性を補う効果が挙げられる．特に農産物市場については，携帯電話の普及が穀物価格の空間的不均衡を削減したり，遠隔地農家の生鮮果物市場参入を促進することが明らかになってきている（例えばAker, 2010；Muto and Yamano, 2009を参照）．

携帯電話に関連するサービスとして注目されるのは，ケニアのM-Pesa（Mはモバイル，Pesaはスワヒリ語でマネーの意味）に代表されるモバイル・マネーである．これは携帯電話のメッセージ機能を用いた送金サービスであり，街中にある取扱店にて引出しや入金ができる．これにより，通常の銀行口座をもっていない貧困層も金融サービスにアクセスできるようになるため，金融包摂（financial inclusion）の一種として注目される．モバイルマネーは離れて暮らす家族・親戚等からの送金を容易にするだけでなく，農業投入を促進して生産性を高めることにより，小規模農家の厚生を改善して貧困削減に繋がることが期待される．　［會田剛史］

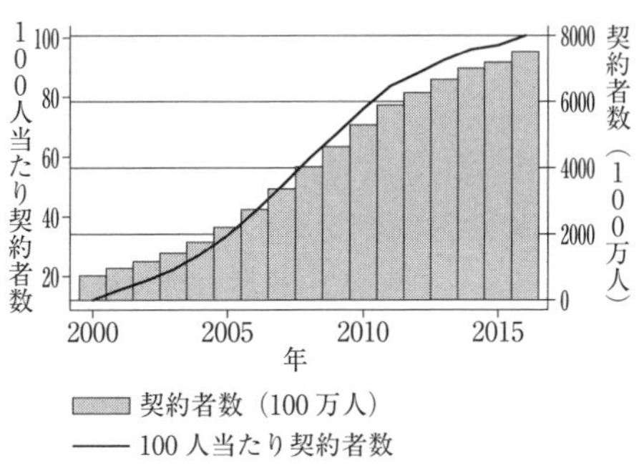

図1　世界の携帯電話契約者数の推移［出典：World Bank Open Dateから筆者作成.］

16-10

構造調整政策と化学肥料補助金

サブサハラ・アフリカ諸国では1960年以降化学肥料補助金を支給してきたが，化学肥料の配給システムの非効率性，非農家や政治家などへの流用，肥料の輸入・配給のずさんな管理や市場メカニズムを無視した価格づけにより財政赤字拡大などの問題が深刻になった．そのため，1980年代に世界銀行・国際通貨基金の主導により構造調整政策が実施されると，その一環で多くの国で化学肥料補助金が廃止された．しかし，2000年代半ば以降，サブサハラ諸国10カ国で化学肥料補助金が再導入されている．再導入された理由として，補助金の受益者となる影響力のある農村部のエリート層のロビー活動や複数政党制による選挙の実施に伴い政治家間競争が高まったこと，重債務国の債務免除プログラムによる公的資金削減圧力が緩和されたこと，2007～08年の世界食糧価格危機により食糧自給の推進に補助金が不可欠であると国際機関の貸付ポジションが変更されたこと，マラウィで再導入された化学肥料補助金がとうもろこし生産量の増加に効果的であったことを受け，著名な経済学者らが化学肥料補助金を支持したことなどが挙げられる．

●補助金支給の仕組み　化学肥料補助金の補助金率や支給方法については各国で違いがある．ナイジェリアのGrowth Enhancement Support Scheme（成長増進支援スキーム）の場合，登録者の携帯電話に送られてきたe-voucherを配給センターで提示すると，50 kgの化学肥料2袋を市場価格の約40％の価格で購入できる．ザンビアのFarmer Input Support Program（農業投入資材支援プログラム）では，年により補助金率が変動し（50～60％），バウチャーは発行されず，政府が委託した民間の肥料輸入業者がプログラム参加協同組合に配給し，組合員は協同組合から入手していた．ほとんどの国では高収量品種の種子（とうもろこし，米）も肥料と同時に支給していた．

この構造調整後に再導入された化学肥料補助金は，スマート補助金プログラムといわれている．それ以前のものと異なり，化学肥料の使用量は少ないが肥料を使用すれば利益を得ることができるあろう受益地域や受益者に支給を限定すること（受益者ターゲティング），化学肥料以外の生産投入財や生産物市場に配慮した政策を実施すること，政府による配給制度は民間の化学肥料市場の発展を阻害し得るため政府による配給は最小限にすること，財政を圧迫しないよう出口戦略を掲げることが条件となっている．しかし，実際にどのようにこれらの条件を満たすようにし，以前の化学肥料政策のような問題をどのように克服しているか，政府に説明責任はなく，スマート補助金プログラムの有効性の有無は政策をめぐる議論の重要な焦点となっている．

●ターゲティングの実効性　スマート補助金プログラムの目標の1つは受益者ターゲティングが適切になされることである（ターゲティングの実効性）．プログラムの適格基準は国により異なるが，市場価格では化学肥料の購入が困難な家計（世帯主が女性である家計，土地所有面積が5エーカー未満など）としている国が多い．しかし，実証分析の結果によると，政府の適格基準と実際の受益者の属性には必ずしも相関はみられない．タンザニアでは，政治家や農家グループのリーダーと近い関係にある農家が，マラウィ，ザンビア，ケニアでは所得の高い農家が，ガーナでは与党が選挙で敗北した地区の住人が，ザンビアとマラウィでは与党が勝利した地区の住人が，ナイジェリアではより長く村に在住している農家が化学肥料補助金の受益者となっている．

●補助金の有効性　ターゲティング以外の補助金プログラムの有効性に関する研究は，大きく分けて2つある．1つ目は，補助金プログラムを通して入手した化学肥料の量が，市場で入手した化学肥料量をどの程度減少させるかというクラウディング・アウト効果（押しのけ効果）の程度を計測するもので，100% クラウディング・アウトが起きると，補助金プログラムの受益者は市場から購入する量をプログラムから入手した量の分だけ減らすことを意味するので，補助金を支給しても化学肥料の使用量は増加しないことになる．マラウィとザンビアでは，補助金プログラムにより得た100 kg の化学肥料が市場から入手する化学肥料を15 kg 程度減らす効果があるが，ケニアでは40 kg にも及ぶ．補助金プログラムにより化学肥料の使用総量は増加することがわかるが，より化学肥料の市場が発達しているケニアではよりクラウディング・アウト効果が大きく，政策の有効性は小さくなる傾向がある．

2つ目は，補助金プログラムの受給者の農業生産性や家計所得が非受益者より増加したかどうかをテストするものである．家計レベルのパネルデータを使用した研究のみをみると，ザンビアではとうもろこしの収量が増加したのに対し，ケニアではとうもろこしの収量は増加しないことが示された．これはケニアではクラウディング・アウト効果が大きいことと整合的である．ザンビアでは補助金プログラムで100 kg の肥料を入手した受給者は平均で所得が4% 増加した．

スマート補助金プログラムの場合も財政状況や選挙の結果により継続性が危ぶまれる．ナイジェリアの上記スキームは2015年以降財政状況の悪化により支給を停止している．

［木島陽子］

16-11

貧困削減

発展途上国において特に農村部に貧困者の比率が高いことから，貧困削減は農業生産性の向上や市場アクセスの改善，非農業所得機会の創出，農村インフラの整備など発展途上国の農村開発政策と密接に結びついている．また，歴史を振り返るならば，農村の貧困削減は日本を含む先進国でも経験した課題であった．

●貧困削減が国際開発援助のキーワードに　1990年代は国際開発援助の潮流が構造調整から貧困削減に変化する移行期であった．1990年代は，世界銀行が『世界開発報告1990』（World Development Report（WDR）1990）のテーマに「貧困」を取り上げ，国連開発計画が『人間開発報告書1990』（Human Development Report 1990）を初めて出版したことで始まった．国連は1996年12月に，1997～2006年を「貧困撲滅のための国際10年（International Decade for the Eradication of Poverty)」と宣言し，貧困削減は国際的な最重要課題とされた．こうした貧困削減への流れは，1999年の世界銀行・IMF総会で貧困削減戦略文書（Poverty Reduction Strategic Paper：PRSP）の策定が合意され，2000年の国連ミレニアム・サミットでミレニアム開発目標（Millennium Development Goals：MDGs）が採択されたことで決定づけられたのである．

MDGsの目標1は「極端な貧困と飢餓を解消する」であり，その貧困に関するターゲットは「1990年から2015年で1日当たり1ドル未満の所得の者の比率を半分にする」である．MDGsの特徴は，掲げたターゲットの達成度をモニターするための指標（indicator）を明示している点にある．ここでは「購買力平価（PPP）で1ドル未満の人口比率」が指標とされた．この時点で明記されていないが，世界銀行がWDR1990で提案し，実際に1993年から2005年の間に使用した世界共通貧困線（International Poverty Line）を利用しており，正確には1日1.08ドルであり，1993年の米ドルを基準にした購買力平価である．

●貧困線と貧困者比率の推移　2000年にMDGsを採択してから最初のレポート（The Millennium Development Goals（MDG）Report 2005）は，この指標に基づき，貧困者の比率はサブサハラ・アフリカでは1990年の44.6%から2001年には46.4%へ増加したものの，南アジアでは同39.4%から29.9%へ，東アジアでは同33.0%から16.2%へ低下したと報告している．東アジアではすでに半減という目標を達成した．この貧困線を使った最後の2007年版のレポートでは，サブサハラ・アフリカでも46.8%（1990年）から41.1%（2004年）に貧困者比率が低下しはじめたことが示されている．

世界銀行の国際貧困線は，2005年に詳細に見直しが行われ，2005年の米ドルを基準にした購買力平価で1日当たり1.25ドルという新しい基準が導入された（Ravallion, et al., 2009）．MDG Reportでは2009年から新しい指標を採用している．2つの貧困線の実質額には違いはないが，発展途上国の生活費の上昇を反映して，新しい指標による貧困者比率は高くなった．しかし，2009年のリポートによると，1990年との比較ではどの地域でも貧困者比率は低下している．サブサハラ・アフリカでは1990年の57%から2005年には51%へ，南アジアでは同49%から39%へ，東アジアでは同60%から16%へ低下した．ただし，サブサハラ・アフリカでは比率は低下しているものの，人口急増を反映して，貧困者の数は増えていた．目標期間の最終年にあたる2015年のレポートでは，サブサハラ・アフリカでは1990年の57%から2011年には47%，2015年の予測値は41%，南アジアでは同52%，23%，17%，東アジアでは同61%，6%，4%である．発展途上国全体では，1990年の47%が，2011年の時点で18%にまで減少しており，貧困者比率の半減という目標は最終年の5年前にすでに達成していた．これは人口の多い中国とインドの経済成長により極端な貧困状態にある者の数を減らしたためである．しかし，サブサハラ・アフリカでは目標を達成することはできなかった．したがって，サブサハラ・アフリカにおいては，貧困削減は引き続き地域全体の重要な課題として残された．

●持続可能な開発目標と農業　貧困削減は，2015年9月の国連サミットで採択された持続可能な開発目標（Sustainable Development Goals : SDGs）の目標1「あらゆる場所で，あらゆる形態の貧困に終止符を打つ」に継承され，半減でなく貧困をなくすことがターゲットになった．貧困線は世界銀行が2015年に改訂した購買力平価で1日当たり1.90ドルを採用している．

最後に農業との関係について触れる．MDGsが作成された2000年のころ，農業が貧困削減に果たす役割については重視されていなかった．しかし2005年のMDGs進捗のレビューによりサブサハラ・アフリカで貧困削減の達成が困難であることが認識され，農業分野への投資による生産性の向上が必要であることが強調されるようになった．それを受けて世界銀行のWDR2008で農業が取り上げられ，さらに偶然にも同時期に世界食料価格危機が発生したことが，農業の重要性を改めて認識させることになったのである．その結果，SDGsでは農業の役割が明記され，貧困の撲滅（目標1）と飢餓の撲滅（目標2）を達成するために持続可能な農業の推進が目標に掲げられている．この経緯については，櫻井（2018）を参照．

［櫻井武司］

16-12

生産性向上と栄養改善

生産性向上と栄養状態は相互に関係しており，その相互関係は国や地域ごとの経済状況，フードシステム，および栄養状態の違いによって異なってくる．例えば，どの作物の生産性が向上するか，農産物がどのように流通しているか，などで栄養状態への影響が異なってくる．また，栄養問題には，カロリーやたんぱく質の欠乏，微量栄養素（鉄分，ヨウ素，ビタミンAなど）の欠乏，および栄養過多（肥満など）といったさまざまな状態があり，その状態によって栄養改善の意味合いが異なってくる．以下では，「農業生産性向上が栄養状態に与える影響」と「栄養状態が労働生産性に与える影響」の2つに分けて，それぞれの影響について詳しくみていく．

●農業生産性向上が栄養状態に与える影響　この影響は，特に低所得国および低所得世帯において重要になってくる．まず，食料価格が一定であれば，労働生産性の向上を伴う農業生産性向上によって農家の収入が増え，農家はより多くの食料を購入できるようになる．一方で，農業生産性向上は食料生産量に影響するため，食料の（その他の財やサービスと比べた）相対価格に影響する．また，特定の作物の生産性だけが向上することで，その作物の（その他の食料品と比べた）相対価格にも影響する．そして，このような収入と相対価格の変化によって食生活がどのように変化するかは，消費者の選好に依存する．そのため，農業生産性向上が栄養状態を改善する場合もあれば，影響がない場合や栄養状態が悪化する場合もある．

低所得国における農業生産性向上に注目すると，「緑の革命」などによる主要穀物（米や小麦）の生産性向上は「カロリーやたんぱく質の欠乏」問題の改善に大きく貢献したことが知られている（Headey and Hoddinott, 2016 など）．例えば，バングラデシュにおける「緑の革命」によって米の生産性が向上することで，低体重の子どもたちの栄養状態が改善した．また，マダガスカルにおける農業生産技術の改善によって米の生産性が向上し，米の価格が下がり，貧困層の実質賃金が向上し，飢餓に苦しむ世帯の割合が減少した（Minten and Barrett, 2008）．しかし，主要穀物の生産性向上だけでは，カロリー摂取量を増やす効果はあるが，他の栄養問題は改善できないことがわかってきている．例えば，「食生活の多様性」を向上させる効果はなく，「微量栄養素の欠乏」問題は改善できていない．また，過度なカロリー摂取は肥満など「栄養過多」になる要因となり，低所得国においても肥満の増加は深刻な栄養問題となっている．そのため，主要穀物の生産性向上ばかりに注力し，いも類・果物類・野菜類といった栄養価の高い作物の生産に十分な注意が払われていないこと（クラウディング・アウト）が問題視されはじめている．「食生活の多様性」を向上させ，バランスのとれた食生活によって「微量栄養素の欠乏」や「栄養過多」の問題を改善するためにも，より多様な作物の生産性向上が必要とされている（Fan and Pandya-Lorch, 2012）．

●栄養状態が労働生産性に与える影響　この影響は，低所得国だけでなく中・高所得国においても多くの研究が行われている．栄養状態が改善することで，身体能力や認知能力が向上し，労働生産性を短期的および長期的に向上させる影響があることがわかっている．短期的影響とは「現在の（もしくは過去数年の）栄養状態」が「現在の労働生産性」に与える影響，長期的影響とは「幼年期の栄養状態」が「青年期以降の労働生産性」に与える影響のことである．

栄養状態が生産性に与える短期的影響は，効率賃金（Efficiency Wage）仮説として古くから議論されており（Stiglitz, 1976），主要な既存研究は Strauss and Thomas（1998）にまとめられている．多くの既存研究が低所得国の農家に注目し，カロリー摂取量が増えることで農業生産性が向上することを示した（Immink and Viteri, 1981［グアテマラ］; Strauss, 1986［シエラレオネ］; Deolalikar, 1988［インド］など）．また，中・高所得国においては，肥満になることで賃金・生産性が下がることが示されている（Cawley, 2004［米国］; Brunello and D'Hombres, 2007［EU 9 カ国］; Shimokawa, 2008［中国］など）．さらに，微量栄養素の欠乏（特に鉄分不足）が労働生産性に与える負の影響も研究されている（Horten and Ross, 2003［途上国 10 カ国］; Jha et al. 2009［インド］など）．

栄養状態が生産性に与える長期的影響は間接的に検証されることが多い．例えば，青年期以降の身長や教育レベルは幼年期の栄養状態の長期的影響の結果だと考え，身長や教育レベルが賃金に与える影響を分析することで，幼年期の栄養状態が賃金に与える影響を間接的に示唆した（Thomas and Strauss, 1997; Shan and Alderman, 1988）．一方，Hoddinnot et al.（2008）は長期的影響を直接的に検証した数少ない研究で，1969～77 年にグアテマラの無作為抽出された村で 0～7 歳児に対して実施された栄養改善プログラム（栄養補助食品の配布）が，2002～04 年の 25～42 歳時の賃金に与える影響を分析した．その中で，0～2 歳時にプログラムに参加した者たちは，参加していない者たちと比べ，賃金が平均で 46% 高いことがわかった．つまり，乳児期と幼児期前期における栄養改善が長期的な労働生産性の向上をもたらすことを明らかにした．　［下川 哲］

16-13

農家家計と非農業所得

日本で「農家」というと，先祖代々受け継がれてきた水田を，家族で耕作するイメージが強いのではなかろうか．大型機械を駆使するアメリカ合衆国の農民，零細農地を役牛を用いて耕作するインドの農民などにもこれは共通する．本項目では，このような家族農業（family farming）に焦点を当てる．途上国も含めて，地球全体の農業生産者の大多数を占めるのはこのような家族農業である．国際連合は2014年を「国際家族農業年」に指定したが，その際に，家族農業は世界の農場数の9割，農地面積の7～8割，食料生産の8割をも占めると宣伝した．

家族農業をミクロ経済学的に分析する際のキーワードが農家家計（agricultural households）である．農家家計には，生産者として農業経営を行う側面と，農業労働を供給し，所得を消費と貯蓄に振り分け，さまざまな財を消費して生活を行う労働者・消費者としての側面がある．標準的なミクロ経済学では，前者は企業理論，後者は消費者理論として別々に分析される．しかし両者が不可分なものとなっているのが農家家計である．

●農家家計のミクロ経済モデル　生産者と消費者の二面性に着目した農家家計のミクロ経済モデル（agricultural household models : AHM）を簡単に紹介しよう（詳しくは黒崎，2001を参照）．AHMでは，農家を取り巻く市場の不完全性を数理モデル化し，家計としての効用を最大化するために農業生産や非農業所得に関する決定を行う経済主体として，農家家計を分析する．

農家が生み出す農業生産物や，生産に必要な投入財の市場が完全な場合，農家家計内の生産と消費の相互作用は比較的単純なものになる．第1段階で通常の競争的企業のように利潤を最大化し，その利潤が，生産者としての農家から消費者としての家計に移転され，第2段階で農家は通常の消費者のように効用最大化を行い，消費生活が決定されるのである．農業生産が消費者としての特徴から影響を受けないため，分離性（separability）が成立していると呼ぶ．

しかし分離性が成立するような完全な市場は，先進国・途上国ともにめったに存在しない．日本の農家を例にすれば，農業労働を自由に売り買いできる状況からはほど遠く，多くの農家は家族労働のみを用いて経営している．この場合，世帯員の中にどれだけ農業労働に従事できる者がいるかによって，農業生産計画が変わってくるはずである．すなわち生産面での決定が消費者としての家計の特徴から影響を受けるわけで，分離性が成立しなくなる．

より一般的にいって，農地の貸借や労働，信用・保険サービスなどの市場が整っていない場合には，分離性が満たされず，その結果，農業生産の経済誘因への反応がかなり抑えられるというのが，AHMの理論的予測である．途上国の多くでは市場の不完全性が顕著になりがちであり，農家の農業生産は不完全性の強い影響を受けることになる．ここで重要なのは，AHMでは，一見反応が鈍いような農家も，経済誘因の変化に合理的に対応していると考えることである．したがって，AHMに基づいた実証モデルを駆使することで，市場の不完全性がもたらす非効率を定量化し，不完全性が軽減された場合のインパクトを予測することができるようになった．この数理モデル化には日本の農業経済学者が貢献しており，農家の主体均衡モデル（subjective equilibrium models）とも呼ばれる．

●非農業所得の決定要因　AHMないし主体均衡モデルは，兼業農家の非農業所得がどのように決定され，その決定が農業生産とどのように関連しているかを分析する基本ツールともなっている．途上国の農家で重要になるのがリスクへの対応である．天候不順で農業所得が減少した時にそれを補うように非農業労働が強化されたり，そのような農業所得のリスクに事前に対処するためにあらかじめ世帯員の誰かが非農業活動に従事するリスク分散戦略がとられたりする．降雨量変動が大きい地域に住むインドの農家ほど，農業自営に配分する家族労働を減らし，その分，農外所得，とりわけ非農業での賃金・俸給労働を強化することが知られている（Ito and Kurosaki, 2009）．

では世帯内の誰が非農業に従事するのか．世帯の所得を効率的に上昇させ，安定化させるには，それぞれが比較優位をもつ部門に就業する必要がある．パキスタン農村の家計データ分析からは，農業と非農業を比較すると，農業の生産性や農業賃金は初等教育水準まではやや上昇するが，それ以上の教育には反応しないのに対し，非農業自営業の生産性や非農業賃金・俸給は教育水準が高いほど加速的に上昇すること，農家の労働力配分もこの人的資本の比較優位に整合的であることが判明している（Kurosaki and Khan, 2006）．

農家家計は，教育がもつこのような非農業従事への強みを意識して，子どもへの教育投資を行っている．しかし多くの途上国農村部では，教育の普及が遅れている．投資としての教育投資は，家計の信用アクセスが限られていると阻害され，その弊害は女子に対してより強く働くことが多い．AHMと主体均衡は，農家の教育投資を分析する基本ツールでもある．アジア農村部での持続的貧困削減には，農家家計における教育水準と非農業所得の上昇とが，相互補完的に貢献したのである（大塚・櫻井，2007）．　［黒崎 卓］

16-14

海外出稼ぎのインパクト

「海外出稼ぎ」は，生活の本拠地から離れて他国で就労し，それによって得た所得を本拠地で暮らす家族に送金したり持ち帰る就労形態を指す．海外出稼ぎ者に関する世界的な統計がないため関連性が高い国際移民（international migrant）のストック数をみると，1990年に1億5254万人であったが，経済グローバル化の進展などにより2015年には2億4759万人へと6割以上増えた（国連人口部）．ILO（国際労働機関）の推計によると，2013年には国際移民の65%が労働に従事していた．

●海外出稼ぎ増大の背景　国境を越えて人々が出稼ぎに行く理由はさまざまであるが，最も一般的なのは，経済的な理由であろう．満足のいく所得や雇用が自国で得られない一方で，海外で高所得の雇用が容易に得られるならば，それが海外出稼ぎを生む大きな圧力となる．この圧力が最も大きいのは，途上国と先進国の間である．急速に進む経済のグローバル化と労働力が不足する先進国労働市場の開放，石油価格の高騰による産油国経済の急成長，途上国政府による積極的な海外出稼ぎ促進政策，そして移動・通信手段の発達は，途上国から先進国や産油国に向けて労働力の大規模な移動を推し進めたのである．

ILOによると，2013年時点において，経済的に豊かな北米，北・南・西ヨーロッパ，産油国を中心としたアラブ諸国では，全労働者のそれぞれ20%，16%，36%が移民労働者によって占められていた．東アジアでも，日本や韓国などで移民労働者の数が急速に増加している．移民労働者の中にはIT技術者や研究者，企業の管理職などの頭脳労働者もいるが，工場労働，建設労働，介護労働，農業労働などの担い手となっている人が多い．労働力不足が深刻化する日本の農業でも，外国人労働力への依存度が高まっている．

●マクロ経済へのインパクト　海外出稼ぎ者1人ひとりが本国の家族に送る送金はわずかでも全体では莫大な額になり，国の経済に大きな影響を与えている国も多い．海外出稼ぎ者の送金が本国の経済に及ぼす影響は，途上国で強い傾向がみられる．GDPに対する個人送金の比率は世界平均で0.8%にすぎないが，低所得国では6.6%に達する．ネパールやタジキスタンなどでは，この値は30%ほどになり，輸出額やODA受取額をはるかに上回る（世界銀行推計，2015年）．

海外からの莫大な送金は，経常収支の改善に貢献するだけでなく，国内消費の増加をもたらし，さまざまな産業に波及して経済成長をもたらす．海外出稼ぎは労働力の需給を国際的に調整するとともに先進国の技術を途上国に移転する効果もあり，送出国および受入国双方の発展にプラスであるというのが国連の見解である．しかし，送出国の通貨高や頭脳流出を招くことで国内産業の成長を阻害したり，受入国国民の雇用機会を減少させたり文化的な摩擦を生むなど負の側面も存在する．

●本国に残る世帯と地域経済への影響　海外出稼ぎ者からの送金は，本国に住む家族や地域の経済状況を大きく変える．その例として，世界有数の海外出稼ぎ送出国であるバングラデシュの一農村の変化をみてみよう（表1）．

この村では，1989年から2016年の間に農業中心の経済から非農業中心の経済へと大きく転換したが，その中心的な牽引力になったのが，海外出稼ぎ者の増大と彼らから送られる多額の送金であった．出稼ぎ先はサウジアラビアなど中東産油国とマレーシアなど東南アジアが多いが，アメリカやイタリアなど欧米諸国への出稼ぎも徐々に増えている．機会さえあれば日本で働きたいという人も多い．中東や東南アジアへの出稼ぎで可能な送金額はひと月1～4万円ほどにすぎないが，農村内の一般的な職業である小規模農業経営や日雇い農業労働，リキシャ（人力車）引きなどの所得を大幅に上回る．

そのため，送金受取り世帯の消費（衣食住，耐久消費財，教育，医療，運輸サービスなど）が大幅に増え，住宅の新築ブームが起きた．これらの結果，村の中や地方都市で商売をする人や，建設業，運送業，教育産業などの非農業部門が急速に拡大している．

その一方で，欧米諸国など先進国への出稼ぎ者から多額の送金を受け取る一部の世帯による土地の集積が進み，農村内で貧富の格差が拡大している．

また，農業への影響も見逃せない．海外出稼ぎ者からの多額の送金などの恩恵によりバングラデシュでは高い経済成長が続いているが，畜産物や魚，野菜などの需要が増大したことで，畜産，魚の養殖，野菜栽培など高付加価値型の農業も盛んになっている．こうした中で農業部門の人手不足と賃金高騰が生じ，従来田畑で生産活動に従事することのなかった女性が田畑で働くようになり，農業の機械化も進みつつある．

経済のグローバル化などに伴う海外出稼ぎ者の増大は，送出国および受入国双方の経済や社会に大きな変化をもたらしている．　［須田敏彦］

表1　バングラデシュの一農村における就業構造の変化
（単位：人，%）

就業者の主な仕事	1989年	2006年	2016年
就業者総数	189（100%）	313（100%）	375（100%）
農業部門	122（65%）	126（40%）	124（33%）
非農業部門	67（35%）	187（60%）	251（67%）
海外出稼ぎ	1	39	77
ビジネス	22	22	31
給与所得者	15	68	76
日雇い建設労働	0	1	23
運輸部門従事者	8	29	29
その他の非農業部門	21	28	15

（注：「給与所得者」の多くは，都市への出稼ぎ労働者である．）［出典：須田（2017）に基づき作成．］

16-15

アメリカの農業

●農業と農業構造　アメリカは世界有数の農業大国であり，とうもろこし，大豆，牛肉，鶏肉，牛乳等の生産量が世界第1位となっている．日本と比較すると，1戸当たり農地面積は61倍（永年草地・放牧地が多く耕地面積では27倍）であるが，1戸当たり農業所得は1.4倍，農業生産総額でも4.5倍程度である（2017年）．アメリカでは，戸数にして1割の大規模経営が農地面積の5割を利用して生産額の7割以上を稼得しており，大多数の零細経営と少数の大規模経営が並存している．経営体の9割以上が家族経営（会社を含む）である．経営者の平均年齢は58.6歳（2017年）と20年前に比べて5歳近く上昇し，経営者が65歳以上の戸数が1/3以上を占めるなど高齢化が進んできている．GDPのうち農業のウェイトは1%弱にすぎないが，農産物輸出額は輸出総額の1割を占めており，農業は巨額の貿易赤字を補てんする上で重要な産業となっている．

●農業法　アメリカの農業政策は，概ね5，6年おきに制定される農業法に基づいて実施される．**農業法**には，政策分野ごとのプログラムの具体的な内容や財源措置が規定されている．最初の農業法は，ニューディール政策の一環として大恐慌期における農産物の需要低迷や価格低下に対応するために制定された1933年農業法である．それ以降2014年農業法まで合計17本の農業法が制定されている．農業法の根幹をなすのは，主要作物を対象とする**農業経営安定対策**（農産物プログラム）であるが，1977年農業法では栄養プログラム（子どもや低所得者に対して食料・食料購入手段の提供や栄養教育を実施）のフードスタンプ（1964年創設．2008年農業法でSNAPに改称），1985年農業法では環境保全支払いが新たに規定されたように，時々の農業をめぐる状況に応じて農業法の対象分野は拡大されてきた．農業法案の採決にあたっては，共和党と民主党の枠にとらわれない超党派による法案の可決が伝統とされてきた．しかしながら，厳しい財政事情と農業歳出への強い削減圧力のもとで，農業関係予算の7割以上を占める栄養プログラム予算の削減に関する両党の対応の違い等から，法案の審議・調整に時間を要するとともに，法案への賛否が接戦となる傾向にある．

●農業経営安定対策の変遷　1933年農業法制定後，パリティ指数をもとに，最低保証価格となるローンレートが市場価格よりも高い水準で設定され，農業収入の維持が図られてきた．しかしながら，1960年代にはアメリカの国際競争力が低下し，ローンレートを引き下げる必要が生じた．このため，1973年農業法によって，生産費に基づく目標価格と市場価格との差を支払う**不足払い**が導入され，農業収入の確保が図られる一方で，国際競争力を高めるためローンレートは低い水準に設定されるようになった．1970年代には農産物輸出の拡大により生産調整は実施されなかったが，世界的な農産物の過剰に伴い，1982年から毎年度生産調整が行われるようになった．このような最低価格を保証するローンレートによる価格支持融資（マーケティングローン），所得保証のための不足払いおよび過剰生産防止のための生産調整の組合せによる経営安定に関する政策体系は，1996年農業法によって大きく転換されることになる．1996年農業法では，高水準の農産物価格による農業部門の好調と生産者からの作付けの自由化を求める強い意向を背景として，不足払いと生産調整は廃止され，**直接支払**が導入された．直接支払は，現在作付けしている作物の価格や生産量にかかわらず，過去のある期間に作付けされた作物実績に基づき面積当たり一定金額を支払うデカップリング型のプログラムである．不足払いを廃止して直接支払を導入することにより，価格・収入低下時のセーフティネットとしての機能はマーケティングローンと**農業保険**に委ねられた．その後，2002年農業法では価格低下時に支払いが行われる不足払い型のCCP（Counter Cyclical Payment），2008年農業法では収入低下時に支払いが行われるACRE（Average Crop Revenue Election）がセーフティネットとして導入された．しかしながら，財政赤字が一層悪化する中で，農産物価格や農業収入の状況とは無関係に毎年巨額の支払いが行われてきた直接支払，また，セーフティネットとして十分機能しないCCPやACREに対する批判が高まった．このため，2014年農業法では，これらの3つのプログラムが廃止され，代わりに，平均販売価格が農業法で定められた基準価格を下回るときに支払いが行われる不足払い型のPLC（Price Loss Coverage）と郡ベースでみて実収入が基準収入の一定水準を下回るときなどに支払いが行われる収入変動対応型のARC（Agricultural Risk Coverage）が導入された．農業経営安定対策については，1996年農業法から続いてきたデカップリング型プログラム中心から，2014年農業法により価格や生産と結びついたプログラム中心へと回帰したことになる．

●農業保険　農業法とは別に，連邦作物保険法に基づく恒久的な制度として，**農業保険**が実施されている．農業保険には，自然災害等による収量減少に対応する作物保険と収量減少または価格低下による収入減少に対応する収入保険がある．農業保険への面積加入率は85%を超えており，農業保険は生産者，農業団体だけではなく議会からもセーフティネットの柱として位置づけられている．

［吉井邦恒］

16-16-1

カナダの農業

●農業の特徴　カナダの国内総生産（GDP）における農林水産業の位置は2%余りで，他の先進国と同様に経済全体に占める農林水産業の比率は低い．しかし，カナダの農林水産業は輸出産業であり，貿易収支への貢献度は高い．カナダの農産物を3つのグループに分ける．①輸出競争力がある農産物（穀物，油糧種子，食肉・家畜など），②主として国内市場向けに販売している農産物（牛乳・乳製品，鶏肉，鶏卵など），③輸入依存度が高い農産物（野菜，果実，ワインなど）．

主な農業地域区分を以下に示す．①大西洋岸ではじゃがいも，酪農が主な品目である．②オンタリオ州とケベック州は，トロント，モントリオールの大都市圏があり，酪農，養豚，養鶏や園芸作物の生産が盛んである．③平原州（プレーリー）は農地の最大部分を占め，穀物，油糧種子，肉牛の主産地である．④ブリティッシュ・コロンビア（BC）州は太平洋岸に位置し，酪農，養鶏，園芸作物を生産している．小麦は代表的な輸出産品であったが，1980年代以降は作付面積が減少傾向にある．対照的に，油糧種子（キャノーラ・大豆）と飼料作物の面積が大きく増えた．平原州では，かつての小麦単作型から油糧種子や畜産の台頭で生産構造が多角化している．

農場数は年々減少しており，2016年で19.3万農場と20万を切った（2016年農業センサス，以下同じ）．農場総面積は6427万haとやや減少したが，作付面積は増加を続け3783万haと最高を記録した．平均農場面積332 ha，平均作付面積196 haと「新大陸型」の大規模農業である．カナダの農業経営は二極化しており，農産物販売額100万カナダドル以上の大規模経営への生産集中が進んでいる．

●農業政策の特徴　カナダの農業政策は連邦政府と州政府の共同管轄であり，最近では5年ごとに農業政策の枠組みを決めている．この中に農業セーフティネット政策があり，最も予算額が大きいのは「アグリスタビリティ」（収入保険）である．カナダ独自の供給管理制度は，牛乳・乳製品，鶏肉，鶏卵を対象とする．農業経営に対して生産割当を行い，割当の範囲内で生産することで過剰生産を防いでいる．これを実施しているのが，各州に組織されたマーケティング・ボード（販売組織）である．供給管理品目はNAFTA（北米自由貿易協定）においても貿易自由化の例外であり，関税割当制により高率の二次関税で国内農業を守っている．

［松原豊彦］

16-16-2

オーストラリアの農業

●農業の特徴　オーストラリアにおける農業は，1787 年の英国による入植から始まり，初期は**放牧**，その後穀物生産が拡大し，短期間に急速に発展した．現在では国土面積 769 万 km^2 のほぼ半分が農用地である．概して降水量が少ないため，農用地の大部分は放牧地として使われている（玉井（各年）．以下，同様）．

ほとんどの農用地で**天水農業**が行われており，穀物栽培もその大半は天水によっている．かんがい面積は 200 万 ha 程度と，全農用地の 1% 未満にすぎないが，野菜・果実等園芸作物，綿花といった単価の高い作物の 8 割以上（金額ベース）を生産していることから，かんがい農業の生産額は農業生産額全体の 1/4 に達する．南東部の**マレーダーリング川流域**に，かんがいによる生産の約半分が集中している．降水量が少ない上に大きく変動するため，生産量の増減幅が大きく，しばしば干ばつに見舞われる．

●農業の地位　農場（生産額 4 万豪ドル以上）数は 10 万を下回り，単純平均すると経営面積は 4 千 ha 以上となるが，羊や肉牛の放牧では 10 万 ha を超える農場がある一方，園芸農業や養鶏・養豚の経営面積は相対的に小さい．

経済の発展とともに農業が GDP に占める割合は低下し近年は 2〜2.5% 程度であるが，人口が相対的に少なく，生産物の多くを輸出するので，輸出に占める割合は 10〜15% 程度である．生産量・金額の大きい，牛肉，小麦，羊毛といった品目の 2/3 以上を輸出しているため，必ずしも主要生産国とはいえないながら，世界の輸出量に占める割合は相対的に大きく，小麦，綿花，チーズで 1 割前後，牛肉が 2 割程度，羊毛，羊肉では 3 割以上に達する．かつての宗主国英国に替わり，近年はアジア市場との関係が深く農産物輸出額の約 6 割は東〜東南アジア向けである．

●農業政策　政治体制としては連邦制をとっており，連邦政府では農業・水資源省が農業政策を担当する．かつては各種の保護施策を行っていたが，1970 年代以後保護や規制の廃止を進めた結果，補助金はわずかとなり，現在の農業政策は試験研究・普及，病害虫対策，検疫といった一般サービスが中心である．貿易政策面でも自由化を進め，中国，日本，韓国，米国，ASEAN など主要貿易相手国との**自由貿易協定**を締結済みである．

［玉井哲也］

16-17

EUの農業

欧州連合（EU）は欧州28カ国（英国の脱退前）の地域統合体である．人口5.1億人を擁し，かつ所得水準も高い．EUの**欧州単一市場**内では関税等の国境障壁がないため，域内貿易が盛んで加盟各国の貿易の大部分を占め，農産物・食品も例外ではない．また，人件費の相対的に安い中東欧から西側の加盟国へ農業労働者が流入する一方，中東欧の食品関連産業には西側から資本が流入している．

●EUの農業　農業の競争力は土地資源の豊富な新大陸諸国に劣るものの，各種の施策により主要な農畜産物は油糧作物などを除き概ね輸出超過となっている．

利用農地面積は1.74億haあり，耕地が6割，永年草地が1/3を占める（2013年，以下同じ）．営農類型はほぼすべての加盟国で小麦・大麦など穀物作が主要な地位にあるほか，EU北西部では草食家畜（肉牛，酪農，羊・山羊），南欧ではオリーブや果物，中東欧では穀食動物（豚・家禽）や耕畜混合経営が多い．

農業経営体数は1千万強，平均経営面積は16haで，家族経営が支配的である．法的形態は個人経営が96.6%を占め，労働力は主に家族が提供し，経営者の過半数は55歳以上で高齢化が進んでいる．農業所得の半分は補助金に依存している．なお，南欧と中東欧では多数の零細経営と少数の大規模経営が並存し，特に中東欧には社会主義時代の国営農場等に由来する非常に大規模な経営がある．

●改革以前の共通農業政策（CAP）　EUには「**共通農業政策**」（CAP）があり，すべての加盟国における農業政策の大枠を定めている．CAPは1957年のローマ条約（EEC設立条約）により定められた．1962年以降，品目別の共通市場機構（CMO）が段階的に導入され，各種の政策価格と介入買入によって域内価格を支え，また輸入課徴金と輸出補助金によって安い国際価格の影響を遮断した．1967年以降は域内共通の政策価格（それまでは国ごと）が導入された．

こうした農業保護と技術進歩により主要農産物の自給が実現したが，70年代半ば以降は生産過剰となり，市場価格の下落圧力や介入買入・貯蔵・輸出補助金の拡大，そして米国との貿易摩擦が生じた．80年代末までさまざまな生産過剰対策が講じられたものの問題は解決しなかった．飼料向け小麦の価格引下げと輸入穀物の価格引上げ（サイロシステム，1976/77年から）は，関税率がゼロまたは低い穀物代替品の輸入拡大を招いた．その後，保証限度数量制（1982/83年）や，共同責任課徴金制度および介入買入れの制限（1986/87年）を経て，これらの要素を組み合わせたスタビライザー制度（1988/89年）に至った（平澤，

2015a). また, 生乳生産割当 (1984年) などの生産調整がなされた.

●**CAP改革**　1992年に最初の「**CAP改革**」が決定され, 穀物と牛肉の政策価格を引き下げ, それによる農業収入の減少を**直接支払**で補てんした. 穀物の値下がりによる飼料向け需要の拡大や, 生産調整を直接支払の受給要件とすること, そして農産物を増産しても直接支払の受給額が増えない仕組み (単収のデカップリング) によって, 生産過剰を抑え込んだ. 対外的には, 値下げにより輸出補助金や関税の削減が可能となり, また, 直接支払を当面削減の不要な「青の政策」とすることで, 米国と合意しGATTウルグアイ・ラウンドの妥結が実現した.

CAP改革はその後も継続し, EU中期財政 (MFF) と時期を揃えて進められている. 1992年と1999年の改革で導入された直接支払は, 農業者の過去の品目別生産実績に応じてなされた. 2003年改革は, 直接支払をWTO農業協定で削減の不要な緑の政策にするため, 生産品目に依存せず既往制度下での受給額実績に基づく「単一支払い」を導入した (生産のデカップリング). 2008年の小改革 (ヘルスチェック) により, ほぼすべての品目で直接支払の導入と, 単一支払いへの移行が完了した (平澤, 2012). 2013年改革では直接支払の過去実績が原則廃止となり, その結果, 単位面積当たり受給額の加盟国間・農業者間格差縮小や, 各種の目的別直接支払の導入など, 財源の再配分が実現した.

この間, 2007年以降の国際価格上昇で輸出競争力を獲得した穀物・乳製品や, 生産能力を削減した砂糖・ワインは, 生産調整の廃止 (ワインは緩和) に至った.

一連のCAP改革は, 生産と価格の決定を大幅に市場に委ねた. 並行して, EU域内では小売・食品加工など川下部門の寡占化が進行しており, 気候変動も加わって, 農業者の直面する生産・販路・価格のリスクが拡大した. そのためリスク管理やフードチェーン内における農業者の地位向上が課題となっている.

これらの市場政策と直接支払は, CAPの「第1の柱」と呼ばれる. それ以外の各種施策は1999年改革で新たに**農村振興政策**として束ねられ, 「第2の柱」となった. 第2の柱の特色は, 加盟国が施策を選択して農村振興プログラムを策定し, かつ財源の一部をEU財政とは別に負担する (「共同拠出」) 点にある. その施策は1970年代以降順次導入された農業構造政策, 条件不利地域助成, 農業環境政策, 非農業部門への経営多角化, 畜産衛生, 動物福祉, LEADER (地元立案の振興計画), 村落の改善と開発, 地域遺産の保護などである (平澤, 2015b).

1999年改革以来, CAPは予算維持のため農業による公共財の提供 (多面的機能) を強調し, 補助金受給にかかる環境保全等の要件を強化している. また, CAPには近年加盟した中東欧への財政移転効果があり, 利害調整が必要となっている.

[平澤明彦]

16-18-1

イギリスの農業

●農業の特徴　英国は国土面積の7割を農地が占め，その約6割が永年草地，約3割が耕地となっている．欧州諸国の中では農業の平均経営規模が大きく競争力のある農業が営まれているにもかかわらず，英国経済における農業の重要性は低い．英国のGDPに占める農業の割合は2015年で0.51%であり，EU諸国の中でも最も低い国の1つである．全就業者数に占める農業就業者数の比率も1.4%にすぎない．英国の農場当たりの平均面積は80 haでありEUの中はチェコに続いて大きい．50 ha以上の規模をもつ農場が農地の9割近くを占めている．英国の農場数は近年はほぼ横ばいであり，2016年には22万であった．英国で生産される農産物は多様である．イングランドの南西部は平坦地が多く穀倉地帯となっており　北西に行くにつれて酪農，丘陵地での牛や羊の放牧地帯となる．また，丘陵地の多いスコットランドやウェールズでは肉牛や羊，北アイルランドでは酪農が多い．EU加盟国の中で小麦，生乳，牛肉は3位，鶏肉は2位，羊肉は1位の生産国である．

●農業政策の特徴　英国の農業政策は，1973年のEU（当時はEEC）加盟以来，EUの共通農業政策の枠組みのもとで実施されている．農業政策の運用は英国を構成するイングランド，スコットランド，ウェールズ，北アイルランドの4カ国が独自に行っているが，概ね似たような内容となっている．英国の自由主義的な経済政策は農業政策にも反映されており，中小規模農場への支援や大規模農場助成の上限設定などは行わず，他のEU加盟国で一般的な生産と連動した補助金も，スコットランドでわずかに適用されているのみである．また，共通農業政策の2つの柱（Piller1とPiller2）のうちPiller2の農村振興政策に占める農業環境支払いの比率が非常に高いという特徴がある．競争力のある農業を追求すると同時に，生物生息地や農村景観の保全，動物福祉などを重視した政策となっている．英国は2016年6月23日に実施されたEU離脱の是非を問う国民投票の結果により，EUから離脱する予定となっている．EUからの離脱が英国農業に及ぼす影響は，共通農業政策なき後の農業政策の内容，EUとの貿易関係，EU以外の国々との貿易関係（食品をめぐる品質・衛生等の基準を含む），南東部の野菜地帯を中心に東欧の季節労働者に依存していた中での農業労働力確保など極めて広範に及ぶと予想されている．

［和泉真理］

16-18-2

フランスの農業

フランスはEU諸国の中でも農地面積，農業生産額について第1位の農業大国である．フランス農業の特徴はその多様性にある．パリ盆地を中心に広がる大穀作地帯，西部の集約型畜産地帯，南部にはぶどうを中心とした地中海式農業地帯，そして山間地域には酪農や肉牛，羊による粗放的な畜産地帯が広がる．農政面に目を向けると，農業団体が政策の決定や実施に強く関与する「コーポラティズム」と呼ばれる政策過程が特徴的である．

豊富な農地資源を誇るフランス農業は，第二次世界大戦後の農業復興を果たすと，1950年代には構造的な農産物の過剰生産の時代を迎えた．とりわけ，牛肉や乳製品，ワインなどに顕著であったが，穀物を含めて主要な農産物について国内需要を上回り，ヨーロッパの農産物市場を必要とした．その後，構造的過剰生産の問題はEU農政の懸案として引き継がれた．

●特徴的な農業構造政策　1960年代，農業基本法が制定され，フランス固有の農業構造政策が推進された．すなわち，農地へのアクセス，農業への就業と引退に関する政策介入である．農地について，特に知られるのが土地整備農村建設会社（SAFER：サフェール）である．農地や農業経営を買入れ，必要な整備を施し転売することを目的とした法人で，法律により先買権が付与されている．いわば，望ましい担い手に農地所有を誘導する政策手段である．また，賃貸借の調整には若手農業者の就農支援，継承による経営の存続，中小経営の規模拡大を目的とし，農業者に耕作目的の農地移動の際に行政庁の事前許可を必要とする構造規制と呼ばれる制度があり，地域の担い手に農地の集積を進めてきた．青年農業者育成制度は種々の助成金や優遇措置により経営者となる若手農業者を支援する制度で，農業経営政策の中核をなす一方，高齢農業者の離農促進は年金給付額の上乗せや早期引退給付等により農地の流動化を促し，世代交代を加速させた．

●残る所得格差　フランス農政における積年の課題は，穀物をはじめとした畑作経営と草地依存の畜産経営の間にみられる所得格差である．1970年代に始まる条件不利地域に対する助成の主たる対象は畜産経営であり，1990年代以降，草地保全を目的とした環境支払いは粗放的な畜産経営を対象としてきた．生産地を限定し，固有の手法による農畜産物を保護する原産地呼称制度は1900年代以降，偽装表示のワインの排除を目的に発展した制度であるが，山間地域のチーズをはじめ，地域の農業や畜産の振興に寄与している．

［石井圭一］

16-18-3

ドイツの農業

ドイツ連邦共和国の国土面積は35万7580 km^2，総人口は8274万900人である（2017年9月末時点）．総人口のうちドイツ人は7316万5500人と9割を占めるものの減少傾向にあり，外国人の人口が数，割合ともに増加傾向にある．近年，ドイツの経済は好調であり，1人当たり国内総生産は毎年2% 程度上昇し，2017年の時点で3万9454ユーロである．また，失業率は3.5% である．

●歴史　現在のドイツの地理的な範囲は中世以来，領邦国家が分立する状況にあった．1871年のドイツ帝国建国により，1つの国家として統一された．第二次世界大戦後，ドイツ連邦共和国（西ドイツ）はフランスとの協調のもとに欧州共同体（European Communities）の設立に関わり，「経済の奇跡」と称される経済成長を遂げた．1989年の「ベルリンの壁」の崩壊，ドイツ民主共和国（東ドイツ）の消滅の後，1990年10月，旧西ドイツに旧東ドイツの5州を加える形でドイツ連邦共和国は「再統一」された．

●農業　農地面積は約18万 km^2 であり，これは総面積の51% に相当する．そのうち2/3は畑地が占める（2016年12月末時点）．主要生産物は穀物，油糧作物，畜産物であり，菜種，豚肉，牛乳，じゃがいも，砂糖（てんさい）の生産量はEUのトップクラスである．農業経営数は約28万であり，減少傾向にある．平均経営規模は59 ha である．農業構造は，旧西ドイツ地域と旧東ドイツ地域，さらに旧西ドイツ地域の南部と北部とで大きく異なる．旧東ドイツ地域では，かつての農業生産組合（LPG）を再編した法人経営を中心として経営規模が大きく，平均で約230 ha である．一方，旧西ドイツ地域では依然，家族経営が9割を占めるものの，北部のニーダーザクセン州では約70 ha であるのに対し，南部のバイエルン州ではその半分である．

●農業政策の特徴　EUや連邦政府とともに各州が財政を負担し，独自に行う点に特徴がある．内容的には，1980年代から農業環境政策，農業経営の多角化，1990年代からは食品安全，バイオマスによる再生可能エネルギー促進に比較的，熱心に取り組んでいる．とりわけ南部のバイエルン州では，70年代から続く小農保護政策により，山間地域の農家民宿や放牧（アルプ農業）に対する助成，州独自の食品安全・品質検査に基づく認証，牛の健康に配慮した飼育方法の促進などを行っている．

［市田知子］

16-18-4

オランダの農業

●高生産性農業と環境問題　オランダはデンマークとともにEUの中では高農業生産性の国として評価されており，世界第2位の農産物輸出国としても注目されている．平均耕地面積は25 haとEU平均並みだが，平均経済規模単位ESUではEU平均の5倍とEU最大の国である（EUの27加盟国農場構造統計調査2007年）．これはオランダが北海の天然ガスを利用した施設園芸や輸入濃厚飼料に依存した加工型畜産部門を中心とする高集約農業の構造を形成しているからである．しかし，こうした1960年代以降の高い集約農業の発展が自然破壊を進めてきたという認識を市民が強くもった．ちなみに，1990年代初頭までの農地ha当たり農薬使用量，化学肥料使用量は世界一であった．その後1993年の「作物保護長期計画」の実行により急減しているが，21世紀初頭になっても農薬使用量ではオランダは第4位であり，化学肥料使用量においては第2位と依然として高い．また，加工型畜産システムは多量な家畜糞尿を排出しており，特に硝酸塩の排出により飲用水等の水質汚染が重大な環境問題となった．その解決のため政府は過剰な家畜糞尿のミネラル分排出とアンモニア放出を規制するミネラル収支制度を1980年代から導入している．EUは1991年の硝酸塩指令で硝酸塩の排出の防止と規制を行い，オランダ全土がその規制対象である硝酸塩脆弱地帯である．

●持続的農業の推進　オランダの農業生産力構造は水質汚濁，土壌汚染，畜産公害などの環境汚染とともに，生物多様性の保全や家畜福祉畜産への転換，食料の安全性についても多くの問題を抱えたままである．そのため，農業農村政策は，このような環境汚染の軽減と生物多様性の増強という環境問題解決とともに，かつ家畜福祉畜産による畜産物と食品の安全性を実現する持続的農業を目標とする21世紀の戦略を進めている．その柱に「農業自然管理協定」政策と「家畜福祉」政策の2つがある．農業自然管理事業は，「自然のための農業 “Boeren Voor Natuur”」という理想に向かっている．「農業者は自立した経営者として，自然と景観を”生産する“ことによって，所得形成と持続的経営を実現する」という考え方からきている．また，家畜福祉政策は，家畜をストレスから解放し健康な飼育をすることで安全な食品を供給することができるという理念のもとにある．EUの加盟国の中でもオランダは，共通農業政策と家畜福祉政策に対応しながら，採卵鶏のバタリーケージの廃止，子豚の外科的去勢の禁止，妊娠豚のストール禁止などの諸施策を先行している．

［松木洋一］

16-19

中国の農業

中国農業の構造的な特徴は，人が多く土地が少ないということに尽きる．**人民公社**体制のもとで大規模な集団農業経営が行われていた時代もあるが，改革・開放後は再び家族農業経営に戻っており，その平均的な経営規模は極めて小さい．

2016年末の全国の耕地面積は1億3492万haであり，ほかに樹園地が1427万ha，牧草地が2億1936万haであった．第3次農業センサスによれば，2016年末の農家戸数は全国で2億743万戸であり，農家以外の農業経営単位は204万であった．農家1戸当たりの耕地面積と樹園地面積の合計は約0.7haであり，日本の半分以下である．

2016年の耕地面積のうち，水田面積の割合が24.6%，かんがい可能な畑の割合が20.9%であり，残りの54.5%はかんがい不可能な畑である．日本では水田と普通畑を合わせた面積の70%近くは水田であり，それに比べて中国の水田率は，はるかに低い．そのため，中国では米だけでなく，畑作物である小麦やとうもろこしの生産も多く，三大穀物のいずれもほぼ自給できている．この点で，米の生産過剰に苦労する一方で，小麦やとうもろこしを大量に輸入せざるを得ない日本や台湾の事情とは大きく異なっている．

北方における水不足などの問題はあるが，全体としては恵まれた気象条件と労働集約的な農法により，中国の農作物の土地生産性は非常に高い．例えば2018年の単収は米（モミ）7.0 t/ha，小麦5.4 t/ha，とうもろこし6.1 t/haである．

●農業経営方式　中国は1949年の中華人民共和国建国前後に土地改革を実施した．つまり，建国後の一時期，中国にも自作農体制が存在したのである．しかしながら，間もなく**農業集団化**運動が始まり，1956年に高級合作社が成立すると，農民はいったん手に入れた農地を取り上げられ，農地の集団所有制が成立した．中国の農地は，現在でも集団所有制である．その後，1958年には人民公社が成立するが，人民公社の集団農業システムのもとでは，農民の労働意欲は低く，食料生産は長期にわたって低迷した．

改革・開放後，1981～83年頃に農家を単位とする生産責任制，すなわち**各戸請負制**が普及し，農家は農地の請負経営権を手に入れた．また，家畜や農業機械などの生産手段の私有も認められた．1985年前後には，政府への供出義務の残る穀物や綿花などを除いて，農産物の販売も自由化された（現在では葉タバコ以外の農産物の販売はすべて自由）．つまり，現在の中国の農業経営方式は，農地が集団所有制である点を除けば，日本の家族農業経営と変わる点はない．

中国では，2002年以降，農業就業者数の急速な減少がみられる．2002年の第1次産業就業者数は3億6640万人であったが，2018年には2億258万人であり，16年間に1億6382万人も減少している．数の上ではなお十分な農業就業者がいるようにもみえるが，内実としては高齢化と女性化が進んでおり，青壮年労働力の不足は深刻である．こうした事態に対応して，近年トラクターやコンバイン，田植機など農業機械の導入が進んでいる．また，一部の農家への農地集積による大規模経営（**家庭農場**）の成立や企業の農業参入などの動きも広くみられる．

●地域別の農業生産構造　国土が広い中国では，各地域の農業生産構造に大きな違いがみられる．一般的には，秦嶺山脈と淮河を結ぶ線より南では稲作中心の，それより北では畑作中心の農業が行われている．これをより詳しくみると，米の主産地は長江流域以南と東北，小麦の主産地は華北，とうもろこしの主産地は東北と華北，大豆の主産地は東北である．米は東北，華北，西北と長江下流域の一部がジャポニカ米地帯であり，その他はほぼインディカ米地帯であるが，雲南省ではジャポニカ米の生産も盛んである．

南方の米消費は，もともとインディカ米が中心であったが，近年粘り気の強いジャポニカ米を好む人も増えている．南方におけるジャポニカ米需要の増大を，東北と長江下流域におけるジャポニカ米生産の発展が支えている．小麦と飼料用とうもろこしについても，南方の需要を満たすために，北方から大量の輸送が行われている．中国の穀物輸送は，かつては南から北への流れが主であったが，今では北から南への流れが主になっている．

●農業生産と農産物貿易　中国の農業生産は，各戸請負制普及後，概ね順調に発展している．三大穀物の生産量は，米と小麦が世界1位であり，とうもろこしも世界2位である．野菜や果物，肉類などの生産量も世界1位である．とはいえ，人口大国であり，所得上昇に伴う植物油や畜産物の1人当たり消費も増加傾向にある中国は，すべての農産物を自給できているわけではない．

穀物については現在でも基本的自給を維持しているが，2000年代以降，大豆やナタネなどの油糧種子やパーム油などの植物油の輸入が急増している．近年では，肉類や乳製品などの畜産物や砂糖の輸入も増大している．綿花や羊毛など繊維原料の輸入も多い．中国が輸出競争力を有する農産物は，野菜，茶葉，生糸などに限られる．2016年の中国の農産物は（水産物を除く）輸出額は513億ドル，同輸入額は1013億ドルであった．輸入額ではアメリカに次ぐ世界2位，純輸入額（輸入額－輸出額）では日本を上回り世界1位であった．　［池上彰英］

16-20

東南アジアの農業

東南アジアは，ベトナム，ラオス，カンボジア，ミャンマーなどの大陸部と，マレーシア，インドネシア，フィリピンなどの島嶼部から構成される．気候は，多くの地域が熱帯モンスーン型気候域に属し，1年が乾季と雨期に分かれる．農業生産は，強く気候・風土の影響を受ける．

●気候・風土と伝統的作物　高谷（1985）によると，東南アジア主要地域の伝統的な農業の形態は，耕作形態によって，おおよそ次のように区分される．大陸山地区（ミャンマー，ラオス，ベトナムの丘陵地，山地）の標高の高い地域では温帯作物（メイズ，そば，麦，じゃがいも，だいこん，カブラ，アヘンなど）が栽培され，標高の低い地域では陸稲と雑穀が主であった．平原区（タイ中部・東北部タイ，カンボジア，ミャンマー，イラワジ・デルタの北側，ラオスのメコン川沿い平野），ジャワ区（インドネシア，中部・東部ジャワ），デルタ区（メコン，メナム，イラワジデルタ地域）では，主に水稲が栽培され，湿潤島嶼東部区（インドネシア，カリマンタン中部，スラウェシ）では，いも，雑穀，水稲が，湿潤島嶼西部区（スマトラ，マレー半島南部，カリマンタン西部）では，焼き畑で陸稲，メイズが栽培されていた．最後に，フィリピン区は，北西部で水稲，メイズ，南西部でメイズ，東岸では，いも，陸稲，雑穀が主要な作物であった．

●現代の東南アジア農業　現代の東南アジアは目覚ましい経済発展を遂げ，農業部門のシェアは低下しているものの，依然として多くの労働力が就業しており各国の過剰労働力を扶養するなど，経済発展を支える役割を担っている（表1）．

経済発展に伴い生産されている農産物の種類も大きく変化しているが，農産物生産の地域性は農業生態環境に強く影響されている．表2は，各国における主要農産物を，収穫面積の順に列挙したものである．

●水稲　水稲は全域で生産されており，マレーシアを除き，各国とも水稲の収穫面積が最も大きい．水稲生産が卓越しているのは，タイ，ベトナム，ミャンマーのデルタ地域，中・東北部タイ，カンボジア，ミャンマー，イラワジ・デルタの北部，ラオス，メコン川沿い平野部，中東部ジャワ，フィリピン・中北部ルソンである．このうち，水稲生産地域の土地・人口比率が大きな，タイ，ベトナム，ミャンマー，カンボジアは米の輸出国であるが，それが小さいインドネシア，フィリピン，ラオスは米の輸入国となっている．

●畑作物　伝統的な畑作物であるメイズ，キャッサバ，さとうきびについては，いず

表1　各国における農業部門のシェア（%）

国	GDP ベース		雇用ベース		1人当たり GNI（USD）	
	2005年	2016年	2000年	2017年	2000年	2016年
カンボジア	33	27	74	27	300	1140
インドネシア	—	14	45	31	580	3400
ラオス	36	19	83	61	280	2150
マレーシア	8	9	18	11	3460	9860
ミャンマー	47	25	76	50	—	1190
フィリピン	13	10	37	26	1220	3580
タイ	12.6	8.9	49	33	1980	5640
ベトナム	—	18	65	41	410	2060

［出典：GDP シェア，1人当たり GNI については，World Bank, World Development Indicators を，雇用シェアについては，ILO 資料を参照.］

表2　各国の主要農産物（収穫面積順）

国	1	2	3	4	5
カンボジア	***米***	***キャッサバ***	メイズ	野菜	果実
インドネシア	米	***油椰子***	***天然ゴム***	***ココナッツ***	木綿
ラオス	米	野菜	***キャッサバ***	***コーヒー***	果実
マレーシア	***油椰子***	天然ゴム	米	果実	ココナッツ
ミャンマー	***米***	***豆類***	***胡麻***	***落花生***	***メイズ***
フィリピン	米	***ココナッツ***	メイズ	***果実***	野菜
タイ	***米***	***天然ゴム***	***キャッサバ***	***さとうきび***	***果実***
ベトナム	***米***	メイズ	野菜	***天然ゴム***	***コーヒー***

［出典：FAOSTAT］（注：太字・斜体は輸出農産物，二重下線は輸入農産物.）

れの国でも生産されているが，メイズとさとうきびは，タイを除き輸入に依存している．キャッサバは，タイ，カンボジア，ラオスの大陸部平原地帯で商業的な生産が行われており，重要な輸出商品である．

●工芸作物　マレーシア，インドネシアの湿潤島嶼部では，食用油脂，工業原材料の世界的需要の増加に伴い，油椰子の栽培が増加しており，両国で世界全体の生産の85%を占めるまでに至っている．かつてはマレーシアが，近年ではインドネシアが世界最大の油椰子生産国となっている．油椰子農園造成のための熱帯林伐採や椰子油生産過程で発生する二酸化炭素による環境・自然破壊が大きな問題である．その他，天然ゴム，コーヒー，ココナッツなどが，世界的な需要の増加に対応して生産が増加し，輸出農産物として重要な地位を占めている．天然ゴムとコーヒーは，大陸山地区や湿潤島嶼西部区で生産が多く，ココナッツは，フィリピン区のミンダナオと湿潤島嶼西部区が主要生産地域である．

●果実，野菜　近年，経済発展に伴う食生活の多様化に伴い，いずれの国でも果実や野菜の生産が増加している．フィリピンの場合は，大規模農園で栽培される輸出用果実生産が大きなウェイトを占めている．

［福井清一］

16-21

インドの農業

インドの農林水産業は，2000年代にはその対GDP比率を2割にまで低下させているが，2011年人口センサスによると6カ月以上の就業状態にある主要就業者のうち同部門の割合は約5割と，依然として重要な地位を占めている産業である．

●農業生産の構造およびその成長　穀物と豆類を合わせた農作物・食料の分類をインドでは食糧穀物（foodgrain）としているが，これらが農業生産額，作付面積上の主たる生産物である．その国内利用可能量はインド農業農民福祉省（旧農業省）の推定によると国民1人当たり1950年代初頭の1日400g弱から2010年代半ばの500g弱へと大きく高まっている．しかし，趨勢でみればその生産額に占める割合は，特に穀物において低下が顕著である．同時に農業生産構造は多様化が進展しており，油糧種子，畜産・酪農，野菜・果物などの生産がその位置づけの重要度を高めている（藤田，2014）．

農業生産は，気象的・地理的条件に左右されるところが大きい．とりわけ雨季の降雨の影響は大きく，このためモンスーンの到来や特徴が大きくニュースで取り上げられている．また，生産構造や生産性およびそれらの変化にはかなりの地域差がみられ（黒崎・和田，2014），これは後述する政府の穀物流通への介入の仕組みにも影響している．

農業生産の増大は，作付面積の外延的拡大，二毛作・二期作などの作付集約度の拡大，ならびに土地生産性の拡大といった内容によって牽引されてきたと考えられている（黒崎・和田，2014；藤田，2014）．なかでも1960年代中ごろからの米・小麦の高収量品種の導入・普及によるいわゆる「緑の革命」が農業生産性のみならず農業生産構造の変化，農村社会の変容にさまざまな影響を及ぼしてきた．実際，以前は食料援助や商業的食料輸入に依存していた同国が，近年では世界最大の米の輸出国の1つとなっている．また，この影響は穀物の中での米・小麦の作物上の位置づけの高まりなど作付体系の変化にもみられる．同時に，農業生産の投入構造にも変化が生じているが，なかでも中央政府，州政府が肥料や電力，灌漑といった農業生産上の各種投入に対して補助を行っていることから，例えば肥料補助金の規模の大きさや資源利用に及ぼすゆがみについても議論が生じている．

●消費の特徴　独立以降，貧困人口比率は低下を続けている．全国標本調査に基づく中央政府の推定では2004-05年の総人口の約37%，約4億人が貧困線以下の暮らしをしているとしていたが，2011-12年の推定では総人口の約22%である2億7千万人にまで低下している．その一方で，1人当たり平均でみた熱量摂取水準は，1980年代からの30年近くの間で低下を続けているとする研究・推定結果がある．これは衛生環境の改善や肉体活動水準の変化に基づく必要栄養摂取量の低下によるとの指摘がある（Deaton and Drèze, 2009）．食料消費の多様化も進んでおり，穀物の消費あるいはそれに基づく栄養摂取の割合は低下する一方で，他の食料の消費水準やそれらからの栄養摂取の割合が高まっている．特に，ミルク，卵，肉類，魚といった動物性食品の消費の増加が予見されている．肉類の消費特に鶏肉の消費は，これまでの消費水準が低いこともあり，増加速度は著しい．人口の大きさを考えると今後の飼料穀物需要の高まりにも関心が寄せられる．

●買い入れ・備蓄・配給制度と国際市場への影響　公的分配システム（PDS: Public Distribution System）と呼ばれる食料配給制度は，同国の農業政策の重要な位置づけにある．この制度は，イギリス植民地政府下で始められ，1960年代半ばにほぼ現在の型に構築された．米あるいは小麦の場合，中央政府および関連組織が最低支持価格を基準に買い入れ，それを州政府に売り渡している．その後，各州政府がその穀物を消費者に販売，配給する仕組みである．最低支持価格で政府に売り渡すことができる地域は生産性の高い地域であることから，この制度は穀物生産先進地域での価格支持の役割をもつ．買入れや保管・流通費用を回収し得る価格では州政府には売り渡しておらず，中央政府は差額を食料補助金として支出する形で運用している．また，州政府は中央政府と異なる独自の基準で政府穀物の販売価格，上限数量を設定できることになっている．そのため運用には地域差があるが，特に貧困層向けには，非常に安価な値段で米あるいは小麦が販売されている．政府が介入する数量は，生産の一部であり，それ以外については原則自由市場での取引が可能となっており，さらに民間輸出も行われている．このため，この制度は国際市場への影響をもつに至っている．例えば，2007年の世界食料価格危機では，政府は分配する穀物を確保する必要から，一時的に米の輸出制限を行った（久保，2009）．これが，2008年に他の穀物と比較して米の国際価格が高騰した1つの理由として考えられている．この配給制度の動向については，これまで積極的にこの仕組みを利用してこなかった州で，分配を拡大する動きがある．また，中央政府としても2013年には国家フードセキュリティ法を施行し，政府穀物分配を拡充する方向にある．WTO交渉における農業保護措置の削減に消極的な同国の立場を知る上でこの制度への理解は重要である．

［首藤久人］

16-22

南米の農業

ブラジルの砂糖，コーヒーに代表にされるように，南米諸国の多くは元来1次産品輸出を行っており，19世紀後半には欧米先進国の原料・食糧供給基地として国際分業に組み込まれてきた．そして21世紀に入った今日においても，南米諸国は世界の食料供給国として，農業生産・輸出面でますます存在感を高めている．こうした背景には，世界市場全体での自由貿易の潮流が挙げられる．GATTウルグアイ・ラウンドの農業協定以降，先進国の農業補助金の削減，関税率の引下げや非関税障壁の関税化が大幅に進んだためである．また，メルコスール（MERCOSUR），北米自由貿易協定（NAFTA），自由貿易協定（FTA）などが活発に締結したことにより，ペルーのアスパラガス，メキシコの豚肉，チリの果樹など南米諸国の農産物貿易が大幅に増加している．

加えて，新興諸国，とりわけ人口大国中国の経済成長は，新興諸国における食の欧米化を加速させ，穀物・飼料作物・家畜などの需要増加へとつながっている．特に，南米諸国の中でも広大な大地を有し生産余力の高いブラジルやアルゼンチンでは，大豆，とうもろこしなどの生産・輸出が拡大している．

●新1次産品輸出経済　このように世界的に拡大する南米の農業輸出を再評価する動きがある．いわゆる新1次産品輸出経済である．南米諸国では，1929年の世界恐慌を契機に，多くの国が1次産品輸出経済からの脱却を図り，輸入代替工業化に舵を切った．プレビッシュ・シンガー命題として知られる1次産品輸出国における交易条件の悪化が問題となったのである．だが，21世紀に入ると国連ラテンアメリカ経済委員会（ECLAC）や日本のアジア経済研究所の星野ら（2007）によって，それまでの1次産品輸出経済とは異なるとして，現在の1次産品輸出経済に対して再評価をする動きが起こっている．1つは，田中・小池ら（2010）が述べているように，産業クラスターの形成に着目する動きである．彼らは，1次産品輸出においても関連産業を育成し，集積の経済の効果を生み出すことができれば地域経済を発展させるとしている．一方，星野ら（2007）は1次産品輸出においても工業製品と同様に高付加価値化あるいは高い生産性を実現することで，19世紀の1次産品輸出経済とは異なる経済発展が可能であるとしている．研究者によって強調点は異なるものの，南米においては農業分野が比較優位であるという認識からこの強みを生かした経済発展を提唱している．このように南米農業に対しては，日本，EU，アメリカあるいはアジアの国々と比較すると異なる考え方を有している特徴がある.

●ブラジルのセラード開発と契約栽培　南米の中でもとりわけブラジルは，大規模な商業的農業生産を行っている．1970年代後半には，それまで未開の地とされたブラジル中西部の大規模な農業開発が行われた．この中西部の農業開発には，日本の政府開発援助（ODA）の日伯セラード農業開発協力事業（セラード開発）も展開された．石灰を利用した土壌改良，気候に合った品種改良などが行われたことで，同地域は世界屈指の大豆生産地へと変貌している．現在は，農地を耕さずに耕作をする不耕起栽培，遺伝子組換え品種，センターピボット方式によるかんがいも普及している．また，こうした農業生産はアメリカをはじめとするアグリビジネスらとの契約栽培が主流であり，資本による農業の包摂をより進展させている．さらに，近年はこうした大規模な商業的生産が，北部・北東部のマトピバ地域へと広がりをみせており，同地域の農業開発も加速化させている．

●土地集中・自然環境への影響　こうした商業的生産の拡大は，資金力のある一部の大規模農業経営への土地集中を加速させており，地域間・農家間の格差など社会的階層を作り上げ貧富の差の大きい社会を生み出す可能性が指摘されている．また，商業的農業生産の北上は，アマゾンの熱帯林の破壊，水の枯渇・汚濁や大量の農薬・化学肥料の利用による土壌劣化など自然環境への影響が懸念されている．こうした環境破壊が進むことで，人類にとって有益な遺伝資源が傷つき，甚大な経済的損失を生み出す可能性も指摘されている．さらにはインディオやキロンボ（黒人集落）など地域コミュニティに対する影響もある．土地問題は，植民地期にスペイン・ポルトガルから持ち込まれた大土地所有制に問題が起因するなど歴史的問題を多く含まれる．特に，南米諸国では大規模な商業的生産が拡大する一方，多数の小規模農家・家族農業も存在しており，それらの多くは周辺化されていることからも，土地集中は社会問題の1つとなっている．

●強まる穀物の食料輸入　また多くの南米諸国は，コーヒー，砂糖，大豆，果物，野菜などの1次産品を輸出する一方で，小麦，とうもろこし，米などの穀物は輸入している．アルゼンチン，ウルグアイ以外は穀物の純輸入国であり，地域全体では穀物を輸入しており，こうした農業構造は経済自由化以降に強まっている．メキシコはNAFTA発足以降，主食のとうもろこしをアメリカ合衆国から輸入しており，ハイチもアメリカ合衆国より米の輸入が拡大している．1次産品価格が下落すると食料が輸入できない状況に陥る国々も多い．2008年に起こった穀物価格の高騰では，多くの人々が生活苦・飢餓に直面するなど大きな打撃を与えた.

［佐野聖香］

16-23

アフリカの農業

本項目では，アフリカ大陸のうちサハラ砂漠以南（サブサハラ）の諸国をアフリカとし，その農業について概説する．農業部門のGDPに占める割合は2000年に18.6%，2017年に16.2%であり大きな変化はない．同期間に農業部門に従事する労働人口の比率は66%から57%まで減少したものの，いまだに50%を超える労働力が農業部門に留まっている（数値は世界銀行の世界開発指標による）.

アフリカは南部アフリカを除いて全域が熱帯に属し，主として年間降水量により大きく4つの農業生態圏に分けられる．赤道付近の湿潤地帯，その北側と南側の亜湿潤地帯，さらにその外側に半乾燥地帯と乾燥地帯が続く．ただし標高の高い地域は熱帯高地に分類する．南部アフリカは亜熱帯である（HarvestChoice, 2015)．主食作物については，比較的雨量の多い地域ではメイズの他，ヤムイモやキャッサバといった根菜類，食用バナナが栽培され，雨量の少ない地域ではソルガムやミレット，ササゲが栽培されている．米は雨量が多い地域では天水条件で，雨量が少なくてもかんがい条件で栽培される．小麦は熱帯高地や亜熱帯に限られる．こうした主食作物に換金作物や家畜を加えたアフリカの多様な営農体系をDixon and Gulliver（2001）は15に分類する．

●**低い生産性**　アフリカの農業の最大の特徴は低い生産性である．アフリカの多くの地域で主食となっているメイズを例にすると，単位面積当たりの収量（単収）は2012年から2016年の5年間の平均で1843 kg/haであり，米については同2134 kg/haである．この数値は，先進国（例えば米国は9984 kg/haと8393 kg/ha）と比べて非常に低いだけでなく，アフリカ以外の発展途上国（例えば南アジア諸国は2920 kg/haと3803 kg/ha）と比べてもかなり低い（単収はFAOSTATよる)．この違いは，アフリカ以外の発展途上国では緑の革命により作物の生産性が大きく上昇したのに対して，アフリカではその間の生産性の上昇はわずかであったことに起因している．人口密度が低く，可耕地が多く残されていたアフリカでは，単収の増加によらず，耕作面積の拡大により食料供給を増やしてきた．

●**品種の改良**　アジアの緑の革命の経験に倣うと，アフリカの環境に適した改良品種を適切な化学肥料を用いてかんがい条件下で栽培すれば，アフリカでも緑の革命は実現するはずである（☞16-6)．実際，そのような努力は長年にわたり行われてきた．品種改良についてアフリカの特徴は，国際農業研究協議グループ（CGIAR）に属する国際農業研究機関の役割が，その他の発展途上地域と比べて大きいことである．メイズはCIMMYTとIITA，ソルガムとミレットはICRI-SAT，米はAfricaRice（旧WARDA）とIRRIが改良品種や育種素材を作出し，各国の農業研究機関や普及組織に提供してきた．その結果，アフリカ諸国を合わせると1970年から2011年の約40年間に食用作物全体で3194の品種が農民向けに提供された．そのうち，メイズは19の主要生産国で935品種，米は11の主要生産国で428品種である．メイズ改良品種のうち626品種は1999年以降に提供されており，特に東アフリカと南部アフリカにおける民間企業の参入が反映されている．改良品種の採用率を栽培面積シェアでみると，2010年に食用作物全体では35.3%であり，メイズは52.8%，米は36.5%である．メイズと比べて種子の商業化が遅れている米では，改良品種の普及水準も低いことがわかる（改良品種についてはWalker and Alwang, 2015による）．改良品種の普及を促進するために，改良品種の種子の生産と供給の体制構築が課題となっている．

●化学肥料の使用　アフリカの単収が低いことの原因として化学肥料の使用量が少ないことが挙げられている．FAOSTATの2009年のデータに基づく13 kg/haという数値がよく知られているが，世界銀行の生活水準測定研究-農業統合調査（LSMS-ISA）を利用できる6カ国（エチオピア，マラウィ，ニジェール，ナイジェリア，タンザニア，ウガンダ）について2010～12年頃の平均値を求めたSheahan and Barrett（2017）は57 kg/haという数値を得ている．化学肥料を全く使用しない家計が相当数含まれるため，使用した家計に限定して平均すると123 kg/haとなり，かなりの量が使われていることがわかる．ただし，エチオピア，マラウィ，ナイジェリアでは補助金により化学肥料価格が低く設定されていることが使用量に影響している（☞16-10）．補助金に反応することからも，化学肥料の価格が高いこと，また購入の際に融資を受けられないことが，使用量増加の妨げになっているといえる．また，天水条件のため生産リスクが高い問題も指摘されている．

●かんがい開発　Sheahan and Barrett（2017）の同じ6カ国のLSMS-ISAの集計によると，かんがい面積の比率は全耕作面積の1.8%であり，農地の一部でもかんがいされている家計の比率は4.6%である．稲作はかんがいされている比率が高いとはいえ，かんがい水田は稲作面積のわずか11%である（Walker and Alwang, 2015）．かんがい水田では改良品種の採用率や化学肥料の投入量も大きいため，高い単収が実現している．例えば，セネガルのセネガル川流域のかんがい水田やケニアのムエアかんがい地区では，米の単収がいずれも5t/haを超えている．したがって，かんがい開発は，アフリカの農業の大きな課題である．

［櫻井武司］

第 17 章

食料・農業・農村の統計

17-1

統計の種類と利活用

農業政策の推進や農業経済の研究を行う上で，農業統計の活用は必須である．最近では，農業生産や農産物の流通・消費に関する統計だけではなく，農村地域を対象とした非農業部門のデータ活用も頻繁に行われるようになっている．しかし，これら統計データを適切かつ効果的に活用した事例は必ずしも多くはなく，誤ったデータの利用をしているものもしばしばみられる．本章では，カテゴリー別に利用頻度の高い**農業関係統計**を選択し，利用上の留意点を含め，利活用の活性化に向けた情報提供を各項目で行うが，その前に，農業関係統計の種類と利活用について全体像に触れておきたい．

●政府統計の種類　農業関係の統計は，そのほとんどが国によって作成された「政府統計」である．政府統計は，統計情報の収集方法や作成方法によって「**調査統計**」「**業務統計**」「**加工統計**」の３つに大別される．「調査統計」は，統計を作成するために調査を行い，収集した統計情報を集計して作成された統計であり，該当する調査対象をすべて調査する全数調査と，一部だけを調査する一部調査（標本調査）に分かれる．

国勢調査や農林業センサス等が全数調査であり，さまざまな属性や細かな地域別の集計データを得ることができるが，膨大な調査費用と労力がかかることから周期年調査が多い．また，調査対象数が多いことから，国が地方自治体の統計担当部署に業務委託し，市町村等が任命した調査員によって調査が行われている．これに対し一部調査は，年次統計や月次統計の多くがこれに該当し，一般的には無作為抽出による標本調査によって実施される．周期年で実施されるセンサスと連携しているものも多く，農業関係では，農業構造動態統計や畜産統計がセンサス未実施年を補完している．

「業務統計」は，統計以外の業務目的で集められた資料をもとに作成された統計であり，代表的なものとして貿易統計や人口動態統計がある．農業関係では，農業協同組合等現在数統計や中山間地域等直接支払制度の実施状況等の事業実績報告書がこれに該当する．業務遂行の副産物として作成された統計であることから制度変更による影響を受けやすく，データの連続性には特に注意を払う必要がある．また，「加工統計」は，すでに作成された他の統計を組み合わせ，加工することによって作成された統計であり，二次統計とも称される．国民経済計算や産業連関表等が代表的な加工統計である．農業関係では生産農業所得統計等がこれに該当する．

●農業関係統計の分類　わが国の農業関係統計は，戦後，国が独自の調査組織を有して，精度の高い統計を自ら作成してきたことから，諸外国に比べ総じて充実している．しかし，1980年代からの行政改革の流れの中で，統計組織の縮小・再編と調査の合理化が幾度となく繰り返された結果，農業関係統計の種類や内容は大きく様変わりしてきている．そのため，農業関係の統計利用にあたっては，とりわけデータの連続性に注意を払う必要があるが，個々の統計については，それぞれの項目に譲ることとし，ここでは農業関係統計の基本的な分類とその中での代表的なものを紹介する．

第1に，「農業構造に関する統計」である．全数調査である農林業センサスが中心であるが，農業経営体の生産・就業構造を明らかにする農業構造動態調査や集落営農を対象とした集落営農実態調査等もこの分野に含まれる．第2に，「農業経営に関する統計」である．経営収支を明らかにする農業経営統計調査，生産コストに関する農産物生産費統計，農業生産額や農村物価に関する生産農業所得統計等がある．第3に，「農地面積や生産量に関する統計」である．農地面積を明らかにしている耕地および作付面積統計，作付面積，収穫量・作況に関する作物統計や作況調査がある．第4に，「流通・加工に関する統計」である．農畜産物の流通に関する青果物卸売市場調査や畜産物流通調査のほか，6次産業化総合調査もここに含まれる．第5に，上記の統計以外にも，食料需給表や産業連関表といった「マクロ関係統計」も作成されており，それぞれ利用に供されている．

●地域分析への統計活用　政府統計における一部調査は，標本数の制約から市町村等の**小地域別統計**を作成できるような仕組みにはなっていない．したがって，地域分析に活用できるデータは全数調査とならざるを得ない．以下，市町村別のデータ利用が可能な農業関係以外の社会・経済データを紹介する．

「人口」に関しては，行政諸施策の基礎となる重要なデータであることから，5年ごとに国勢調査が行われているほか，厚生労働省が人口動態統計，総務省が住民基本台帳人口移動報告等を作成している．「土地」については，特に利用状況に関するデータの整備が図られており，国土交通省の全国都道府県市区町村別面積調等が地域分析に活用できる．また，「産業・就業」に関しては，国勢調査の他，事業所統計，商業統計，工業統計等が利用できる．なお，「生活」に関連する賃金，所得，物価等に関する統計は，その多くが標本調査で実施されているため市町村レベルのものはほとんどない．この他，総務省の市町村別決算状況調が，自治体の財政状況（歳入・歳出，財政力指数等）をみるデータとして地域分析ではよく活用されている．

［橋詰　登］

17-2

農林業センサス

　わが国では，FAOが提唱した「世界農業センサス要綱」に基づき1950年に第1回の調査が実施されて以降，10年ごとに世界農林業センサスに参加するとともに，その中間年次（西暦の下一桁に5がつく年）にも独自の調査を行っている．現在，5年ごとに実施されている**農林業センサス**は，わが国の農業・農村の現状やその動向を分析する際の最も重要な統計データであり，全数調査によって，農林業の生産構造や就業構造，農山村地域における農林地資源等の賦存状況とその変化が明らかにされるほか，各種標本調査の母集団としての役割も担っている．しかし近年，農政が大きく転換する中で，農林業施策の企画・立案・推進に向けた基礎資料の作成に資することを目的に，農林業センサスでの調査項目や定義の見直しが頻繁に行われており，データの利用，特に時系列をみようとする場合には注意が必要である．

●調査体系・定義の見直し　農業関係に限定して近年の主な改正点をみると，まず，1990年センサスにおいて調査フレームが見直された．その内容は，①農家の下限基準を10aに統一（それまで西日本では5aが下限），②「自家農業概念」を「自営農業概念」に変更（自営兼業として扱っていた農作業受託を自家農業の一部として把握），③農家を「自給的農家」と「**販売農家**」に区分（経営耕地面積が30a未満で，かつ農畜産物販売金額が50万円未満の農家を「自給的農家」と定義），④農業サービス事業体調査の新設（農業事業体以外で農作業の受託を行う事業所を新たに調査）である．

　その後，2000年センサスでは自給的農家の調査票が別様式となり，調査項目が大幅に削減された．また，この年のセンサスから，全面自計方式（被調査者が自ら調査票の全項目を記入）が導入されている．

　そして，調査体系や定義の抜本的な見直しが行われたのが2005年センサスである．その背景には，行政側から施策対象となる「担い手」が行う農業生産活動に着目した統計把握が強く要請されたことに加え，総務省等から指摘されていたセンサスの簡素合理化に対応する目的があった．この年の改定によって，①これまで10年周期で実施してきた林業センサスを農業センサスと統合して，「農林業センサス」として5年ごとに実施，②農業に関する3つの調査と林業に関する3つの調査をすべて統合して「**農林業経営体調査**」として一本化，③世帯に着目した調査から経営に着目した調査へと体系変更，④農業集落調査と林業地域調査を統合して「**農山村地域調査**」として5年ごとに実施，が柱となっている．

●**農林業経営体調査**　本調査は，全国の農林業の生産構造や就業構造の実態を把握し，各種農林業施策に必要な資料の整備を目的に，農林水産省—都道府県—市区町村—指導員—調査員—調査対象という調査系統によって調査が実施されている．調査対象は，農林産物の生産を行うまたは委託を受けて農林業作業を行い，生産または作業に係る面積・頭羽数が一定規模以上の「農林業生産活動」を行う者（組織の場合は代表者）とされており，これらの者の自計申告に基づき2月1日現在の状況について調査票が作成されている．戦後14回目の農業センサスとして実施された2015年センサスでの客体数（農林業経営体数）は，140万4488経営体である．

なお，本調査では2000年までのセンサス結果と接続させるための集計も行われている．販売農家の集計のほかに，旧農家以外の農業事業体統計に対応した「販売目的で農業生産を行う組織経営体に関する統計」や旧農業サービス事業体統計に対応した「農作業受託を行う農業経営体に関する統計」等も作成され，農林水産省のホームページ上で集計値が公表されている．また，各年の農林業センサスの分析結果が報告書等によって刊行されている．

●**農山村地域調査**　本調査は，全国の農業集落の地域資源や活動実態を調査し，地域活性化をはじめとした各種農林業施策に必要な資料の整備を目的に実施されており，市区町村調査と**農業集落調査**の2つがある．

市区町村調査は，農林水産省—地方統計組織—調査対象という調査系統によって，全国の市区町村を対象にオンラインまたは往復郵送調査によって，所有形態別に森林面積・林野面積（総土地面積と林野面積については旧市区町村別に把握）が調査されている．また，農業集落調査は，農林水産省—地方統計組織—調査員—調査対象という調査系統によって，全域が市街化区域である集落を除く全国の農業集落（2015年では13万8256集落）に対し，農業集落の精通者に対する自計調査が行われている．2015年センサスでの調査項目は，①集落の立地条件や世帯数，②寄合いの開催状況，③地域資源の保全状況の他に，④活性化のための活動状況等であり，2010年センサスに比べ集落の活動状況に関する調査項目等の充実が図られている．

なお，農業集落の定義も2005年センサスで見直されており，2000年までの集落数と接続していない．また，上記2つのセンサス結果を農業集落別に整理した（主要な項目は時系列データも掲載）農業集落カードが集落地図（白地図データ）とともに作成されており，小地域別の農業・農村構造分析やパネルデータとしての活用も行われている．

［橋詰　登］

17-3

生産・就業構造に関する統計

●生産構造と就業構造の把握　生産構造を分析するためには，農業生産に必要な農地や資本，労働力といった生産要素を統計で把握する必要がある．その統計として，農地では農地面積や収穫量，作況を示す作物統計があるが，本章別項目で示されるため，ここでは取り上げない（☞17-9）．

次に，資本（機械や中間投入財の農薬・肥料）に関わる統計として，機械では経済産業省の「生産動態統計」で動力耕うん機や装輪式トラクター，田植機，コンバインなどの生産・出荷量をみることができる．また，農薬に関しては日本植物防疫協会で「農薬要覧」が整備されており，肥料については農林水産省消費・安全局が普通肥料や特殊肥料の生産量を公表している．

さらに，労働力については，すべての産業を対象とした統計調査として，総務省の「労働力調査」（月次・半期・四半期・年次別調査）や同省の「就業構造基本調査」（5年ごとの調査）がある．いずれも産業別分類の中で農業の労働力人口が1950年代から調査されており，性別や年齢別，従業上の地位別（自営業主，家族従事者，雇用者）の状況などに関して，他産業と比較しながら長期的に分析することができる．しかし，これらの統計調査は標本調査であることに加え，農業の就業状態に基づく調査ではない．このため，農業労働力の詳細な状況を正確に把握し，農業の就業構造を明らかにするためには，全数を対象とした「農林業センサス」によって分析する必要がある．

●家族労働力指標　「農林業センサス」における農業労働力は家族労働力とそれ以外に大別される．家族労働力については，販売農家を対象に，就業状態に応じた3つの労働力指標が設けられている．第1に**農業従事者**であり，15歳以上の世帯員のうち，調査期日前1年間に自営農業に1日以上従事した者を指す．つまり農業従事者は，従事日数の多寡に関係しない労働力指標である．そこで，農業従事者の中で，年間従事日数150日以上の者が農業専従者として集計されている．

家族労働力に関わる第2の労働力指標は**農業就業人口**である．農業就業人口は農業従事者のうち，調査期日前1年間に自営農業にのみに従事した者，または農業とそれ以外の仕事の両方に従事した者のうち，自営農業が主の者の人口をいう．家族労働力の中には他産業に従事している者もいるため，自営農業の従事日数の方が多い者を取り出すための指標として農業就業人口がとられている．

第３の労働力指標は**基幹的農業従事者**であり，農業就業人口のうち，ふだん仕事として主に自営農業に従事している者をいう．ふだんの状態が学生や家事・育児であっても，他産業従事がなく，自営農業に少しでも従事していれば，農業就業人口に含まれる．それらを除外し，仕事で自営農業へ主に従事している者をみるために，基幹的農業従事者が設けられている．このように，販売農家の世帯員に関しては，農業への従事の多寡や仕事としての関わり方に応じて農業従事者，農業就業人口，基幹的農業従事者が労働力指標に用いられている．いずれの労働力指標も男女別，５歳刻み年齢別に集計されているため，コーホート変化をみる上で有効である．なお，農林業センサスは５年ごとの調査であるため，その間の年次変化をみるには標本調査の「農業構造動態調査」があり，上記３つの労働力指標の従事者数が把握されている．

●新規就農者　以上の労働力指標は，販売農家が保有するストックとしての労働力人口であるが，他方ではストックに流入するフローの労働力人口，すなわち**新規就農者**についても「新規就農者調査」が毎年実施されている．この調査は販売農家のような世帯型の家族経営体を対象とした就業状態調査，世帯以外の組織経営体が対象の新規雇用者調査で構成され（いずれも標本調査），前者では新規自営農業就農者，後者では新規雇用就農者が把握されている．さらに，「新規就農者調査」には新たに経営を開始した者を捕捉する新規参入者調査があり，農業委員会等を通じて実施される．近年では，農家出身ではない者が多数を占める新規雇用就農者や新規参入者が増加しており，こうした外部人材が若年層で増えているという特徴がみられる．

●雇用労働力等　家族労働力以外の労働力としては，雇用労働力と組織経営体の責任者・役員・構成員があり，いずれも「農林業センサス」で把握されている．雇用労働力のうち，常雇い（雇用契約に基づき７カ月以上の期間を定めて雇った者）については家族経営体および組織経営体を対象に男女別，年齢区分別，従事日数別に調査されているが，臨時雇い（手伝いなどを含む）は男女別の実人数と従事日数のみの調査である．また，組織経営体の責任者・役員・構成員に関しては年齢別の把握が行われていない．

最近では雇用型経営の進展に伴い常雇いも増加傾向にあるが，雇用者は日本人だけではない．外国人の雇用労働力（**技能実習生**含む）も増加傾向にあり，その数は厚生労働省が毎年とりまとめる「外国人雇用状況」で確認できる．また，技能実習生については国際研修協力機構（JITCO）が調査している．雇用をめぐる情勢は，2019 年４月から特定技能の在留資格が導入されたこともあり，外国人労働力も含めて考えなければならない時代となっている．

［江川　章］

17-4

集落営農に関する統計

現行実施されている**集落営農**に関する統計調査としては，農林水産省統計部が統計法第19条第1項に基づく総務大臣の承認を受けた一般統計調査として実施している「**集落営農実態調査**」がある．また，すでに統計調査としては終了しているが，集落営農の活動の詳細を調査する目的の「**集落営農活動実態調査**」も2015年まで実施されていた．

●集落営農実態調査と集落営農活動実態調査　集落営農実態調査は，2005年の食料・農業・農村基本計画において，前回の2000年計画には記載のなかった「集落営農経営」が担い手に位置づけられたことを契機として，同年2月に初めて実施された．調査対象は，農林業センサスで耕地の存在が確認された全市町村を対象として市町村担当者に対し調査を実施しているため，実際の集落営農の経営者が調査対象となっていない点には留意が必要である．調査内容は，①集落営農数，②組織形態および法人化の状況，③構成員，④経営規模の状況，⑤活動・取組内容，⑥経理状況，⑦その他集落営農の実態を把握するために必要な事項となっている．調査項目は毎年加除があるもののほぼ同様の項目がとられていることから，集落営農について実態の経年変化を把握することが可能な唯一の統計といえる．

これに対して集落営農活動実態調査は，上記の集落営農実態調査では捉えきれない詳細な取組み内容を補足することを目的として，ランダムサンプリングによって選定された集落営農組織を調査対象として2007年に調査が開始された．標本数と回収数は表1のとおりであるが，平均すると標本数は3349集落営農，回収数は2801集落営農，回収率は83.7%である．集落営農活動実態調査は集落営農組織の代表者が回答することとなっていたため，代表者しか知り得ない詳細な活動内容を捉えるのには好都合であった．

表1　集落営農活動実態調査の標本数と回収数　（単位：組織，%）

	標本数	回収数	回収率
2007年調査	3333	2590	77.7
2008年調査	3456	2844	82.3
2009年調査	2809	2472	88.0
2010年調査	3165	2739	86.5
2011年調査	3481	2790	80.1
2012年調査	3474	2956	85.1
2013年調査	3474	2937	84.5
2014年調査	3474	2944	84.7
2015年調査	3474	2940	84.6
平均	3349	2801	83.7

［出典：集落営農活動実態調査「利用者のために」］

しかし，集落営農活動実態調査は，調査テーマおよび調査項目が毎年異なっていたためデータの経年比較を行うことが難しい構造となっていたほか，調査対象者の負担が大きいということが理由で2015年を最後に終了した．2016年以降は，集落営農実態調査にはなかった詳細な調査項目について，一部が集落営農実態調査の中に引き継がれ，継続してデータがとられることとなった．

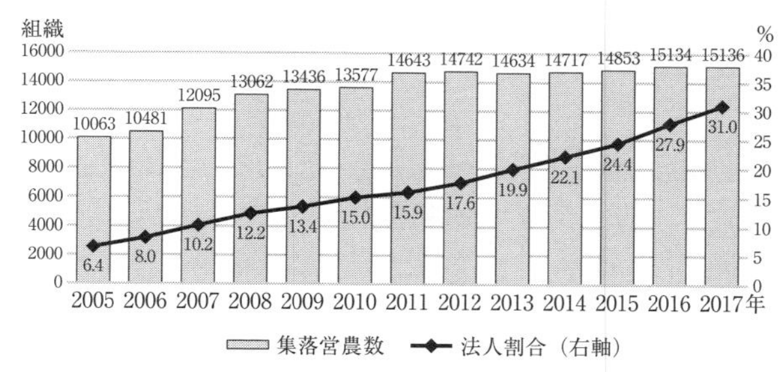

図1　集落営農数と法人化率の推移［出典：集落営農実態調査］

●集落営農の近年の動向　集落営農実態調査によれば，集落営農数は2005年から2011年にかけて大きく増加し，その後は微増傾向を示している（図1）．2011年までの急激な増加は，米政策改革や**経営所得安定対策**の実施を受けて，集落営農の

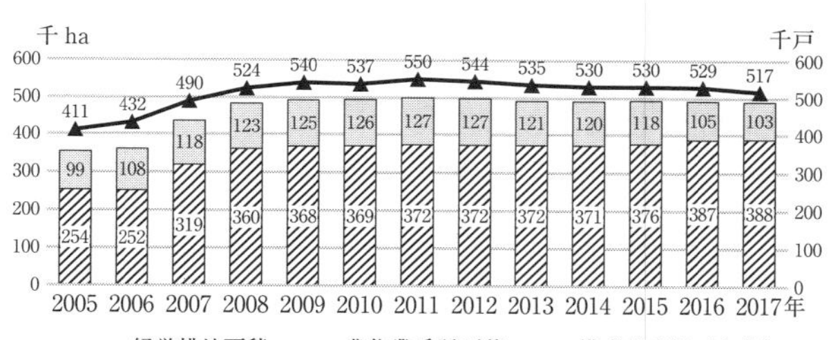

図2　経営耕地面積・農作業受託面積と構成農家数［出典：集落営農実態調査］

新設や再編が進んだことが要因といわれている．また，近年の傾向として法人化率が次第に高まる傾向が確認される．2005年に6.4%にすぎなかった集落営農の法人化率は2017年には31.0%に達している．

一方，図2によれば，経営耕地面積は2005～2009年に大きく増加した後，2009～2015年間は概ね37万ha，農作業受託面積は12～13万haで推移していた．2016年以降は若干経営耕地面積が増加する傾向にあるが，農作業受託面積と合わせた総面積は横ばいとなっている．構成農家数は，2011年の550千戸をピークに販売農家数の減少の影響で漸減傾向にあり2017年には517千戸となっている．

なお，**農業経営政策**における集落営農の重要性が高まる中，集落営農実態調査は担い手政策推進の上で重要な役割を果たしていくと考えられる．その一例として，これまでは実施されることのなかった農林業センサスとの個票突合が，2015年センサスにおいて初めて同年実施の集落営農実態調査との間で試みられた．2020年農林業センサスにおいては法人番号がセンサス調査項目に盛り込まれるなど集落営農組織の実態解明に向けたさらなる統計整備が期待される．

［鈴村源太郎］

17-5

経営収支に関する統計

近年，経営面積や飼養頭羽数等（ファーム・サイズ）の大規模化とともに，売上高（ビジネス・サイズ）が1億円を超えるような農業経営体が増加しており，これまでの家族経営とは一線を画すような企業的な農業経営の展開がみられる．こうした農業経営体の経営構造を検討する上で，経営収支等の分析は欠かせない．分析には品目別の生産費調査を利用することも考えられるが，複合部門を擁している農業経営体も少なくなく（例えば，水田作経営では，稲作を基幹作物として，麦作，大豆作等に取り組む経営体も多くある），経営体の経営収支に着目した分析が必要となる．他方で，こうした企業的な農業経営体とともに，従来からの家業として営む農家も多数存続しており，所得構成や世帯員の農業従事状況は多様である．本項目では，両者の経営収支の分析に利用可能な統計を紹介する．

●農業経営統計　農業経営の経営収支に関して公表されているものに，農林水産省統計部による①**営農類型別経営統計**と②**経営形態別経営統計**がある（表1）．①は経営組織別（水田作経営，畑作経営等）の経営収支を，②は農家属性別（主副業別農家，認定農業者等）の経営収支を掲載している．両者の大きな違いは，①は経営規模別の経営構造の把握を，②は農家所得の水準や所得構成（農業所得，農外所得，年金等）の把握を目的に，それぞれ作成・公表されている点である．

●営農類型別経営統計　本統計では主な農業部門を対象として経営規模別に，収入・支出の内容，経営の成果である所得や利益等の収益性を把握できる．まず収入内容については，農産物の販売収入，作業受託等の収入，助成金収入等が掲載されている．大豆や麦類，飼料用米等では販売収入は少ないものの，助成金収入が多いため，これらの作物を多く生産する経営体では助成金収入の割合が高くなる傾向にある．次に支出内容については，共通してシェアが高いものとして，労働費，減価償却費があるが，水田作や畑作経営であればこれに地代が，畜産経営であれば飼料費が加わる．**収益性**に関する指標としては，**農業所得**や**付加価値額**が掲載されており，労働時間で除すことによって労働生産性が求められる．農業所得とは農業粗収益から農業経営費を差し引いたものであり，自家労賃＋自己資本利子＋自作地地代＋利潤である．また，付加価値額とは農業所得＋雇用労賃＋支払小作料＋支払資本利子である．所得概念は家族経営の収益性を示す指標として直感的でわかりやすいが，自作地面積の大きさ等が所得に影響を与えることも

表1　経営収支に関する主な統計と項目

統計名	営農類型別経営統計	経営形態別経営統計
調査開始年	2004 年	2004 年
調査対象の経営主体	個別経営，組織経営	個別経営（組織経営はなし）
調査結果の整理	水田作経営 畑作経営 野菜作経営 果樹作経営 酪農経営 養豚経営 採卵養鶏経営 ブロイラー経営	主副業別 主業農家 農業労働力保有状態別 農業経営関与者の農業主従別 都府県経営耕地規模別 農業地域別・経営耕地規模別 認定農業者のいる農家 個別法人経営
前身となる統計	農業経営部門別統計	農業経営動向統計

あり，付加価値額を利用した方がよい場合もある．なお，先述したように公表データは調査経営体の平均値であり，現実には個々の経営によって経営構造は大きく異なる（菊元，1987）．例えば水田作経営であれば，稲以外に大豆や麦の収入や作付面積が掲載されているが，調査経営体の中には麦を作っていない経営体もある．細かな項目まで立ち入って分析するためには注意が必要である．

●経営形態別経営統計　本統計では主に農家所得の構成（農業所得，農業生産関連事業所得，農外所得，年金等の収入）を把握することができる．農家の中には一戸一法人，認定農業者，主業農家等の専業的な農家もあり，こうした農家と兼業農家等を比較できることも特長である．なお，時系列で分析する際には注意が必要である．2003 年以前は，「農業経営動向統計」として調査・公表されており，農業以外の収支について，農家世帯員全員を対象に把握されていたが，2004 年からの経営形態別統計では農業経営主夫婦および農業経営関与者（年間 60 日以上の自営農業従事世帯員）に限定されている（齊藤，2013）．このため，農家所得や農業所得率は両者で大きく異なっており，連続性が失われている．

なお，本格的に農業経営体の経営収支を分析しようとすれば，申請によってこれらの統計の個票利用を行うことが最善であり，公表データ（集計値・平均値）を利用して分析する際には十分に注意する必要がある．　［平林光幸］

17-6

生産コストに係る統計

わが国の農畜産物の生産コストに係る統計としては，農林水産省「農産物生産費統計」「畜産物生産費統計」がある．ここでは生産費統計について解説する．

●農畜産物生産費の概念　「生産費」とは，農畜産物の一定単位量の生産のために消費した原料，土地改良および水利費，賃借料，公課負担等のほか，労働費（家族労働および雇用労働），固定資産の財貨および用役等を貨幣価値で表したものである．購入，自給にかかわらず，対象とした農畜産物の生産のために供された経済価値のあるものは含まれる．また，対象とする農畜産物の生産を始めてから収穫，調製が終了するまでの期間を対象としており，一定の会計期間を対象とした収入額，支出額から算定する損益計算とは異なる（加用，1976）．

上述の「生産費」は生産のために実際に費やされた生産手段と労働力の価値の合計にあたる．これに，経営者が農畜産物の生産に際して資本や農地を借り入れることを想定し，資本利子と地代を加算した「**支払利子・地代算入生産費**」「**全算入生産費**」が算定される．これらは経営者が主産物を販売して得た利潤から資本と土地に対価を支払い得るかという考えに基づくものであり，農企業利潤や農業資本利潤と対応する（図1）．このため生産費概念を農業経済に適用するにあたっては，生産の担い手における労働，土地，資本のありようを勘案し適格性を判断する必要がある．なお，通常，農林水産省が生産費という場合，「全算入生産費」を指す．

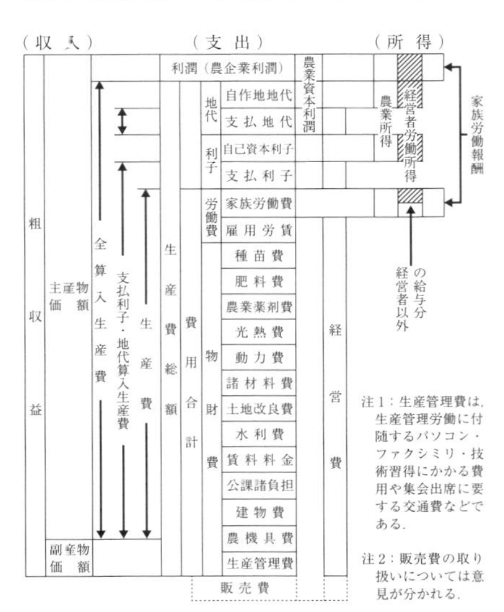

図1　生産費の構成および利潤との関係［出典：堀内（2004）より引用.］

●農畜産物生産費統計の目的と対象　生産費統計は，各種農畜産物の「生産費の実態を明らかにし，農政の資料を整備すること」を目的とする．2018年現在の対象品目は，農産物では米，麦類，大豆，原料用かんしょ，原料用ばれいしょ，てんさい，さとうきび，なたねおよびそばであり，畜産物では牛乳，肉用牛，肥育豚である．かつては，小豆，いんげん，らっかせい，こんにゃくいも，茶（2003年まで），鶏卵（2002年まで），ブロイラー，子豚（2004年まで）も対象とされていたが，統計調査の見直しのもと，価格安定対象品目でないこれらの品目では生産費調査が中止された．

●生産費統計の具体的活用　わが国の生産費調査は大正期の米穀法の制定を機とするが，米生産費は，かつては食糧管理制度のもとでの米価算定に利用され，近年の「戸別所得補償制度」では米直接支払の交付単価の算定にも活用された．畑作物では，「経営所得安定対策」における畑作物直接支払の交付単価は全算入生産費をベースに算定した，標準的な生産費と標準的な販売価格との差額を根拠とする．また畜産物では，「加工原料乳生産者補給金等暫定措置法」における補給金単価は過去3カ年平均の牛乳生産費等に基づき算定されており，「肉用子牛生産安定等特別措置法」における生産者補給金の交付基準となる保証基準価格等は，肉牛生産費を勘案して再生産を確保することを旨として設定されている．

すなわちわが国の農畜産物生産費統計は，かつては国による統制価格の算定基準として利用され，現在は，生産者に農畜産物の**再生産**を補償し，生産と経営を安定化させるための基準の算定のため広く活用されている．

●生産費統計の調査規模　生産費統計は，調査対象個々の私的，個別生産費から社会的，国民経済的生産費を導出するため，対象品目を生産するすべての販売農家を母集団として，一定の目標精度を設定した標本数を計算し，これを地域別，規模別に抽出することで，個別生産費群から，標準的生産費を導出する手順がとられている．

2016年の標本数は，米で1000，小麦，大豆，牛乳で500前後，他の品目は50～100程度である（表1）．標本の抽出率には品目間差があるが，畜産物で抽出率が高く，農産物では麦・大豆，甘味資源が1%前後，他は0.1～0.5%程度である．地域内の規模間差等を検討する上で標本数に制約があることに留意されたい．

［平石　学］

表1　生産費統計調査における目標精度，標本数と抽出率

	目標精度	標本数（①）	経営体数（②）	抽出率（①/②）
米	1.0%	1,034	952,292	0.11%
小麦	2.5%	547	37,694	1.45%
二条大麦	6.0%	75	15,192	1.07%
六条大麦	8.0%	48		
はだか麦	8.0%	40		
そば	5.0%	121	28,187	0.43%
大豆	3.0%	481	70,837	0.68%
原料用かんしょ	3.0%	70	31,366	0.22%
原料用ばれいしょ	2.0%	84	66,871	0.13%
なたね	5.0%	82	—	—
てんさい	2.0%	78	7,338	1.06%
さとうきび	3.0%	131	15,350	0.85%
牛乳	1.0%	500	17,636	2.84%
交雑種肥育牛	2.0%	108	2,134	5.06%
肥育豚	2.0%	318	3,465	9.18%

（注1：目標精度，標本数：2016年統計調査の値である．注2：経営体数：農業センサスによる2015年の販売目的で作付（飼養）する経営体数である．①かんしょ，ばれいしょは原料用以外も含む経営体数，②牛乳は2歳以上の乳用牛を飼養する経営体数，③交雑種肥育牛は和牛と乳用種の交雑種の肥育牛を飼養する経営体数である．注3：育成牛，その他の肥育牛は飼養戸数が不明であるため，表示を略した．）［出典：農林水産省「農産物生産費統計の概要」，「畜産物生産費統計の概要」および農業センサスより作成．］

17-7

農業生産額・農村物価に関する統計

日本農業の中長期的な変動を知ることができる指標の1つが，農業産出額および農業物価である．これらの統計データは，農業に関連する施策および地域の中長期的振興計画の策定における基礎資料として活用されるなど，極めて重要な統計データである．

農業産出額の統計は，2007年に農林水産統計の見直しによって市町村レベルでの統計は廃止され，国・都道府県レベルでの農業産出額統計が農林水産省より公表されていた．しかし，2014年から再び都道府県別の産出額をもとにした市町村別農業産出額の推計値が公表されている．

●農産物の産出額統計　農業産出額に関しては，品目別の農産物生産数量にそれぞれの農産物価格を乗じて算出される．生産数量は農林水産省による**作物統計調査**，**畜産物流通調査**等の生産量統計を基礎資料とし，農産物価格は農業物価統計や卸売市場統計が基礎資料として用いられている．また，地域的に重要な品目ではあるが，生産数量統計で把握されていない農産物は，市町村および農業協同組合等の農業団体の調査数値によって補完されている．なお，2014年以降公表されている市町村別農業産出額は，都道府県別の農業産出額を農林業センサスおよび作物統計調査を用い市町村別に按分し推計されているため，推計方法が2006年までとは一部異なり，データを接続するには注意が必要である．

●農業産出額の動向　農業産出額は国内の農業経済状況を計る指標として活用されるが，わが国の農業産出額は，1984年の11兆7千億円をピークに，その後，減少傾向に転じている（表1参照）．農業産出額が歴史的にピークを形成したのは，1984〜85年頃である．ところが，1994年のGATTウルグアイ・ラウンド農業合意以降は，農業産出額の伸び率は大幅に落ち込み，品目別の構成比においても米のウェイト低下が続く．そして直近の2015年においても，農業生産の落込みは止まらず，耕種部門の構成比においては野菜が健闘しつつも，米の決定的なウェイト低下が認められる．耕種の衰退に対し，畜産のウェイトはやや増加傾向が認められるが，その衰退をカバーするまでには至っていない状況である．

農業産出額の動向を分析することで，こうした国内農業の変動を把握することができるが，農業生産は常に気象条件等の影響を受けやすい特性を有しており，生産額の算出に際しての作物統計の利用にあたっては，都道府県を含む地域の条件を十分に加味して統計数値を使うことに留意が必要である．

表1　農業生産額の伸びと構成比　（単位：%）

年次	農業産出額の伸び率	農業産出額の構成比										
		合計	耕種			畜産						加工農産物
			計	米	その他	計	肉用牛	乳用牛	豚	鶏	その他	
1965年	100	100.0	76.1	43.1	33.0	23.2	2.4	4.6	4.4	8.7	3.1	0.8
1975年	285	100.0	71.8	38.3	33.5	27.5	2.7	6.2	8.1	8.3	2.2	0.7
1985年	366	100.0	71.4	32.9	38.5	28.0	4.1	7.6	6.8	8.0	1.5	0.7
1995年	329	100.0	75.1	30.5	44.6	24.1	4.3	7.6	4.8	6.7	0.7	0.7
2005年	268	100.0	69.8	22.9	46.9	29.4	5.6	9.2	5.9	8.1	0.6	0.8
2015年	277	100.0	63.9	17.0	46.9	35.4	7.8	9.5	7.1	10.3	0.7	0.6

［出典：農林水産省「生産農業所得統計」］

●農業物価の動向　農業産出額の伸びと品目別構成比の変化には生産量と価格の積があることを踏まえると，価格の変化が影響を与えている可能性もある．したがって農業物価指数の推移をみることが必要となる．

農林水産省では，農産物価格指数と農家購入品価格指数（農業生産資材価格指数・生活資材価格指数）を農業物価指数として公表している．農産物品目，農業生産資材品目，生活資材品目を一定の価格・数量を基準に加重平均によって算出し指数化している（ラスパイレス方式）．農家の売るものと買うものの価格変動を明らかにし，農業経営に直接関係のある物価の変動を時系列に把握することができる．例えば，わが国における農業物価指数をみると，米は1994〜95年をピークに一貫して低下しつつある．したがって，耕種部門の農業産出額の低下は，GATTウルグアイ・ラウンド合意以降の政府管掌作物である米の価格引下げに起因することが推測される．1995年施行の新食糧法（主要食糧の需給および価格の安定に関する法律）によって米の生産・価格・備蓄・流通にわたる大幅な変更がなされ，従来からの貿易の自由化政策が加速したのである．

農業生産物の価格は，他の産業製品とは異なり価格の変動が極めて大きい．したがって，農業生産額を算出する場合においても，どの価格を使用するかが重要であり，そのためにも農業物価統計の数値動向を十分に把握し判断することに留意が必要である．また，わが国の畜産は大量の飼料穀物をアメリカ等から輸入して成立している加工型畜産であることから，農家購入品価格指数の動向にも留意する必要がある．

［正木　卓］

17-8

農地面積・農地利用に関する統計

農地面積に関する統計の代表的なものには，農林水産省の「**耕地及び作付面積統計**」と「**農林業センサス**」がある.「耕地及び作付面積統計」は，耕地の面積を実測調査により把握・推定したもので，地目別面積や作物別作付面積を全国農業地域・都道府県別に把握できる（なお，田畑別面積は，都道府県合計値の内訳として市町村別の数値も公表されている).「農林業センサス」は，経営耕地について調査対象が自計したもので，農業経営体や販売農家の経営耕地の状況等を地目別および全国農業地域・都道府県別に把握できる．ここで経営耕地とは，「農林業経営体が経営している耕地（けい畔を含む田，樹園地および畑）をいい，自ら所有し耕作している耕地（自作地）と，他から借りて耕作している耕地（借入耕地）の合計」である．ただし，「耕地及び作付面積統計」は属地統計（耕作者の居住地にかかわらず，ほ場が所在する地域別に整理したもの）であるのに対し，「農林業センサス」はいわゆる属人統計（他の市町村や他の都道府県に通って耕作（出作）している耕地でも，すべてその農林業経営体の経営耕地とされており，○○県や○○町の経営耕地面積として計上されているものは，その県や町に居住している農林業経営体が経営している経営耕地の面積となるもの）であることに留意する必要がある.

●農地の利用集積　農地の利用集積に関しては,「農林業センサス」の「経営耕地面積規模別経営体数」や「経営耕地面積規模別面積」が一般的に用いられる．いずれも,「0.3 ha 未満」から「100 ha 以上」までの 14 の規模階層の経営体数または該当する規模階層の経営体が経営する耕地面積を把握でき，一定規模以上の経営体数シェアや面積シェアの推移によって農地の利用集積の進展が分析されている．また，農地の利用集積は都府県では主に農地貸借によって行われてきているため,「借入耕地のある経営体数と借入耕地面積」によって借入耕地面積シェアの推移を確認することも多い．なお，農林水産省経営局農地政策課では,「**担い手の農地利用集積面積**（認定農業者，認定新規就農者，基本構想水準到達者，集落営農経営が所有権・利用権・農作業受託により経営する面積)」を各市町村・都道府県からの報告の集計により把握し,「耕地面積及び作付面積統計」による耕地面積を分母として「担い手の農地利用集積率」を算出している.

●農地売買・貸借および転用面積　農地売買・貸借面積に関しては,「農地の移動と転用（農地の権利移動・借賃等調査)」が活用できる．当該調査は，農地法に基づく許可・届出・通知等の実績および農業経営基盤強化促進法に基づく公告実績，農地中間管理事業法による権利移動（2014 年以降）等を対象として農地および農用地を農業委員が調査したもので，所有権移転面積と利用権設定面積，転用面積を全国農業地域・都道府県別に把握できる．ここで農地とは「耕作の目的に供される土地（農地法第 2 条）」，農用地とは「耕作の目的または主として耕作若しくは養畜の事業のための採草若しくは家畜の放牧の目的に供される土地（農業経営基盤強化促進法第 4 条第 1 項第 1 号）」，転用面積とは「農地を農地以外，採草放牧地を採草放牧地以外（農地にする場合を除く）にした面積」である．ただし，農地貸借について，「農地の移動と転用」では「いわゆるヤミ小作などの無効の権利移転は対象としていない」のに対して，「農林業センサス」では「他から借りている耕地は，届出の有無に関係なく，また，口頭の賃借契約によるものも，すべて借り受けている者の経営耕地（借入耕地）」としている点に留意する必要がある．

また，市町村および農業委員会が農地等の所在および面積，所有者および借受者の氏名，賃借権等の設定の状況等を筆別に管理する「農地基本台帳」は，2015 年以降，全国農業会議所により「農地情報公開システム（全国農地ナビ）」として地図情報と合わせてインターネット上に公表されている．

●耕作放棄地等の面積　「農林業センサス」において，**耕作放棄地**が農家等の自己申告により主観ベースで把握されているほか，「荒廃農地の発生・解消状況に関する調査」において，**荒廃農地**が市町村および農業委員会により客観ベースで把握されている．ここで耕作放棄地とは「以前耕作していた土地で，過去 1 年以上作物を作付け（栽培）せず，この数年の間に再び作付け（栽培）する意思のない土地」を，荒廃農地とは「現に耕作に供されておらず，耕作の放棄により荒廃し，通常の農作業では作物の栽培が客観的に不可能となっている農地」（再生利用が可能なものと困難と見込まれるものに分類される）を指す．なお，「耕地及び作付面積統計」においても，田畑のかい廃面積の内数として荒廃農地面積が農林水産省職員または統計調査員による巡回・見積や情報収集等によって把握されている．

また，農林水産省経営局農地政策課では，2016 年に実施された「相続未登記農地等の実態調査」において，相続未登記農地（登記名義人が死亡していることが確認された農地）等の面積およびそのうちに占める遊休農地の面積を把握している．なお，遊休農地とは「現に耕作されておらず，かつ，引き続き耕作されないと見込まれる農地（農地法第 32 条第 1 項第 1 号）または利用の程度が周辺の地域の農地に比べ著しく劣っている農地（農地法第 32 条第 1 項第 2 号）」をいい，第 1 号遊休農地は前述の再生利用が可能な荒廃農地に該当する．　［井坂友美］

17-9

収穫量・作況および飼養頭羽数に関する統計

収穫量・作況および飼養頭羽数に関する統計は，農林水産省により，基幹統計である作物統計調査や農林業センサス，一般統計調査である畜産統計調査から作成されており，「食料・農業・農村基本計画」における生産努力目標の策定および達成状況検証のための資料や，各種の農業関係の法律，補助金の価格算定の資料として用いられている．

●収穫量・作況に関する統計　作況調査は，水稲に対する作柄概況調査と予想収穫量調査，そして対象作物の収穫量調査から構成され，収穫量調査は，表1に示す作物について調査が行われている．水稲は，全国1万余の作付地（標本筆）に対して坪刈で実施されるが，てんさいは製糖会社を，さとうきびは製糖会社や製糖工場等を，茶は荒茶工場を対象とし，それ以外の作物は，調査対象作物を取り扱っているすべての農協等の関係団体のほか，調査対象作物を販売目的で作付けし，関係団体等以外に出荷した農林業経営体から無作為に抽出したものも標本として選定している．

水稲の場合，作柄概況調査が7～9月に行われ，10月に予想収穫量調査が，収穫期に収穫量調査が実施される．また，各段階で収穫量構成要素の調査が行われる．収穫量構成要素とは，1 m^{2}当たり有効穂数，1 m^{2}当たり全もみ数，千もみ当たり収量，10a当たり玄米重であり，予想収穫量は8月に別途実施される作付面積調査による面積に，10a当たり予想収量を掛け合わせて算出され

表1　作況，収穫量統計の概要

作物名	品目	調査範囲	調査対象
稲	水稲	全国	作付農地
	陸稲	主産県の区域	関係団体等
麦	小麦，二条大麦，六条大麦，はだか麦	全国	
豆類・そば	大豆 そば	全国 全国	
かんしょ	かんしょ	主産県の区域	
飼料作物	飼料作物	主産県の区域	
工芸農作物	茶	主産県の区域	荒茶工場
	なたね	全国	関係団体等
	てんさい	北海道	製糖会社
	さとうきび	鹿児島県および沖縄県の区域	製糖会社，製糖工場等
果樹類	14品目	主産県の区域	関係団体等
野菜類	41品目（指定野菜，準指定野菜）	主産県の区域	関係団体等
花き類	切り花類，球根類，鉢物類，花壇用苗もの類	主産県の区域	関係団体等

（注1：調査範囲における主産県の区域とは，全国の作付面積の概ね80%を占めるまでの上位都道府県を指し，3～5年の周期で全国調査が実施される．注2：調査対象の関係団体等とは，調査対象品目の集出荷を行っているすべての農協等の関係団体および調査対象品目を販売目的で作付け（収穫）し，関係団体等以外に出荷した農林業経営体から無作為に抽出した経営体を対象とし，農林業経営体の標本数は，各都道府県で300を上限とする．注3：表中の作物に関する統計は，作物統計（普通作物・飼料作物・工芸農作物），果樹生産出荷統計，野菜生産出荷統計，花き生産出荷統計で公表される．）［出典：農林水産省「作物統計」，果樹，野菜，花きの生産出荷統計をもとに筆者作成.］

る．作柄の良否を示す水稲の作況指数は，当該年の10a当たり実収量（あるいは予想収量）と当該年の10a当たり平年収量によって算出される．水稲の作況指数と作柄の良否は，106以上が良，102〜105がやや良，99〜101が平年並み，95〜98がやや不良，94以下が不良とされる．10a当たり平年収量は，当該年の気象が平年並み，被害も平年並みに発生するという前提のもと，過去の10a当たり実収量についてスプライン関数により算定したものである．

10a当たり実収量は，伝統的に1.7 mm幅のふるい目により算定されてきた．しかし，実際の生産現場では主食用米の販売戦略等の観点から1.8〜1.9 mmのふるい目幅が用いられているとの指摘により検討が行われ，2015年産からは，従来どおりの1.7 mmに加え，地域ごとに農家等が実際に使用したふるい目幅の分布を勘案したふるい目幅別10a当たり収量についても公表している．このため，10a当たり平年収量も，従来どおりの1.7 mmに加え，地域ごとに農家等が実際に使用したふるい目幅を勘案した平年収量も作成し，これらに基づく作況指数を公表している．こうした各作物の作況・収穫量の公表値は，「作物統計」「野菜生産出荷統計」「果樹生産出荷統計」「花き生産出荷統計」により把握可能である．なお，水稲の作況調査は，民間でも行われており，米穀データバンクが毎年7月末現在で作況指数を算定している．

●飼養頭羽数に関する統計　飼養頭羽数に関する統計は，農林業センサスや畜産統計調査において把握され，畜産統計調査では，乳用牛，肉用牛，豚，採卵鶏，ブロイラーを調査対象としている．畜産統計調査の実査対象は，それぞれの家畜の飼養者であるが，採卵鶏は，成鶏めすの飼養羽数が1000羽以上（ひなのみおよび種鶏のみで，それぞれ1000羽以上）の飼養者，ブロイラーは，年間出荷羽数が3000羽以上の飼養者となっている．また，家畜の飼養者は，一般階層（営利）と特殊階層（非営利）に区分されている．一般階層は標本調査，特殊階層は全数調査が実施されるが，一般階層における超大規模層は，別枠で階層設定され，すべての飼養者が調査対象者となるように標本の選定が行われている．

畜産統計調査では，母集団リストとして，直近年に実施された農林業センサス結果から都道府県別，畜種別に飼養者をリストアップしたものを用いているが，牛については，毎年，牛個体識別全国データベースのデータ等から補正，補完が行われている．調査日は，毎年2月1日現在であり，乳用牛と肉用牛は毎年実施されるが，豚，採卵鶏およびブロイラーの各調査は，農林業センサス実施年においては休止になっている．畜産統計調査は，郵送方式による自計調査で実施されているが，特殊階層の調査対象の一部にはオンライン調査も行われている．畜産統計調査の調査結果は，「畜産統計」として刊行されている．　［仙田徹志］

17-10

農畜産物の流通・輸出入に関する統計

農畜産物の流通に関する統計は，生鮮食料品を中心に農林水産省により作成されている．作成当初の1960年代について農林省（1975）は以下のように言及している．「消費者価格の上昇傾向の中で生鮮食料品の値上りが著しい．これは，国民経済の高度成長に伴い生鮮食料品の需要が著しく増加したにもかかわらず，需要の変化に対して農産物の生産の適応がおくれていることに主としてよるが，生産と消費とを結ぶ流通経路が不備であることによる面も大きいと考えられる」．「生鮮食料品の流通の合理化および流通経費の節減を図ることは，国民生活を安定し，農水産業の健全な発展を図るためにきわめて緊要と考えられるので」，「生鮮食料品の流通改善を推進するための基礎資料として」，「生鮮食料品の流通統計の整備充実を図るものとする」．その後も拡充，再編を伴いながら現在に至っている．

●青果物の流通　卸売市場は青果物流通の中でも従来から大きな割合を占めてきた．「青果物卸売市場調査」では，全国の主要な青果物卸売市場において取引された，品目別・産地（都道府県）別の卸売数量，卸売価額および卸売価格等を調査している（日別・旬別，毎年公表）．調査対象は全国の主要な青果物卸売市場におけるすべての青果物卸売会社および全農青果センターであり，取扱数量が多い野菜50品目および果実44品目・品種（うち輸入果実9品目）である．卸売市場経由率の近年の低下傾向に留意する必要はあるが，本統計は青果物の流通動向を把握するための重要な指標として長い間活用されている．

また青果物は生産されてから消費者に渡るまでに多くの流通段階を経るため，各段階の流通経費が小売価格に大きな影響を与える．「食品流通段階別価格形成調査」では，産地から卸売市場を経由して消費地に至る各流通段階別の取引価格と流通経費を調査している（年間，毎年公表）．「青果物経費調査」では，青果物の卸売数量が全国計の6割を超えるまでの上位中央卸売市場における，16品目を対象に，段階別（集出荷団体・卸売・仲卸・小売）の流通経費を調査している．

●畜産物の流通　畜産の生産物は家畜の飼養目的によってそれぞれ異なるため，他の農産物のように明瞭な形で流通量を把握することは難しい．例えば成畜をもとに子畜，生乳，鶏卵を生産する目的で飼養するものと，すでに生産された子畜を育成・肥育し食肉等に供する目的で飼養するものなどがある．そこで「畜産物流通調査」では，生産者から出荷された後に必ず持ち込まれる，と畜場・処理場，もしくは集出荷施設に注目し，流通量を調査している（日別・旬別，毎年公表）．「と畜場統計調査」では全国の主要なと畜場における豚，牛および馬のと畜頭数および枝肉重量，「食鳥流通統計調査」では全国の食鳥処理場における肉用若鶏，その他の肉用鶏等の処理量，「鶏卵流通統計調査」では全国の主要な鶏卵集出荷機関における鶏卵の集荷量，「牛乳乳製品統計調査」では，牛乳処理場および乳製品工場における生乳の受乳量および送乳量，用途別処理量，牛乳乳製品の種類別生産量および在庫量などを調査している．

また畜産物は，重量，外観，品質等によって品目ごとの取引規格が設定されており，それぞれの規格等級ごとに取引価格が形成される．畜産物の卸売市場経由率は低下しており，流通の段階別にセリ，入札，相対などさまざまな形で取引が行われているが，価格形成に関しては中央卸売市場で取引された卸売価格が建値的役割を果たし生産者との取引価格や小売価格にも大きく影響している．「食肉卸売市場調査」では，中央卸売市場における牛・豚の規格別枝肉取引実績（成立頭数・総重量・総価額）を調査している（日別・旬別，毎年公表）．

●農林水産物の輸出入　「貿易統計」は，日本から輸出および日本に輸入された貨物について，税関を通過する際に提出された各種申請書に基づいて財務省関税局調査課が作成する統計であり，品目，量，金額などの輸出入状況を把握するための基礎的な資料である（月別・年別，毎年公表）．留意事項として，輸出金額は運賃・保険料を含まないFOB価格だが輸入金額は運賃・保険料込みのCIF価格であること，20万円以下の少額貨物や密輸出入品など統計から漏れてしまう部分もあること，集計が税関での申告に用いられる9桁の統計品目番号によって行われるため調べたい品目との整合性を精査する必要があること，などが挙げられる．

「農林水産物の輸出入統計」は，わが国の農林水産物の貿易状況を把握することを目的として，財務省の「貿易統計」をもとに農林水産物に該当する品目を農林水産省が抽出し，品目別・国別に組み替え・集計を行ったものである（月別・年別，毎年公表）．本統計における農林水産物は，農産物，林産物，水産物から構成されている．その中でも特に農産物には，穀物等（穀物，穀粉・調製品等），野菜・果実等（生鮮・乾燥，調製品等），畜産品（食肉，酪農品，鶏卵，動物性油脂，原皮・原毛皮等），蚕糸，砂糖類，嗜好食品（菓子，コーヒー，茶等），その他の調製食料品・飲料（アルコール飲料，調味料，清涼飲料水等），その他農産品（たばこ，播種用の種，花き，等）というように，極めて幅広い品目を含んでいるので，データを利用する際は数値だけでなく品目の範囲にも注意することが重要となる．

［神代英昭］

17-11

6次産業化に関する統計

わが国の農林水産業の持続的発展と農山漁村の振興を実現させるためには，農林漁業者の所得向上が不可欠である．農林水産物・食品の生産・加工・流通過程を通じて付加価値を高め，そのより多くの部分を農林漁業者が取り込むことが1つの鍵となる．農産物の加工，農産物直売所，観光農園，農家民宿，農家レストランといった6次産業化の展開は重要であり，実態を把握する上でこれに関する統計は有用である．

現在，継続して調査が行われている6次産業化の取組の実態を把握する主な統計としては「**農林業センサス**」のほかに，「**6次産業化総合調査**」が挙げられる．同総合調査は，複数の調査によって構成されており調査体系は以下のように整理できる（図1）．このほか，業務統計として「六次産業化・地産地消法」に基づく総合化事業計画の認定を受けた事業者に対する追跡調査（「六次産業化・地産地消法」に基づく認定事業者に対するフォローアップ調査）」がある．これは事業計画認定後の5年間，事業者に対して追跡調査を実施し，事業実施状況を把握するものである．これまでの結果は，農林水産省ホームページにて公表されてい

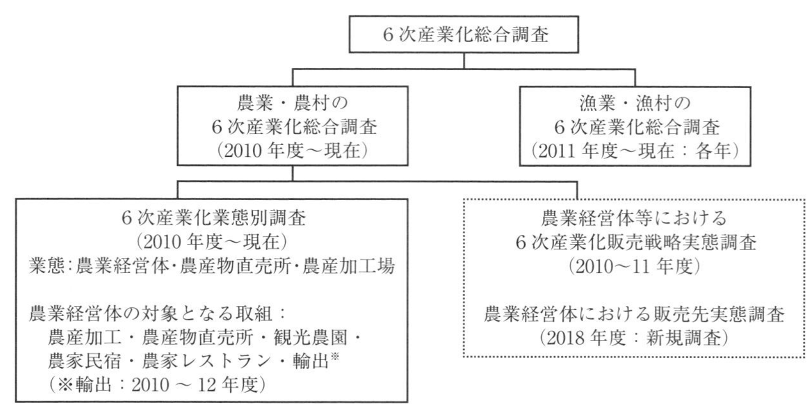

図1　6次産業化に関する統計の調査体系［出典：農林水産省ホームページの資料を基に筆者作成.］

る．現在は調査が実施されていないが，2004 年度，2007 年度，2009 年度の計 3 回実施された「農産物地産地消等実態調査」がある．2004 年度は学校給食調査，農産加工場調査，産地直売所調査で構成されていたが，以降調査年によって構成が変更されている．なお，産地直売所調査は 3 回の調査いずれにおいても実施されている．

以下では，農林業センサスにおける 6 次産業化の調査項目および実施状況を概観した後，「6 次産業化総合調査」のうち「農業・農村の 6 次産業化総合調査」を中心に紹介していく．

●農林業センサスからみる 6 次産業化　まず始めに，5 年ごとに実施されている農林業センサスにおける 6 次産業化の調査項目を確認する．農林業センサスでは 2000 年より農業生産関連事業に取り組む経営体数が調査されている．2015 年では販売額も調査されている．主な調査項目は「農産物の加工」「観光農園」「農家民宿」「農家レストラン」「海外への輸出」「店や消費者に直接販売」である．なお，「店や消費者に直接販売」は，2015 年からは農産物の出荷先としての「消費者に直接販売」（2005 年より調査）に統合されている．また，2010 年までは産地直売所数も把握されていた．

次に実施経営体数を確認すると，2015 年に農産物の販売を行った実経営体数は 124 万 5232 のうち，農業生産関連事業の実施経営体数（調査項目のいずれかを実施，「消費者への直接販売」を除く）は 3 万 6748 経営体（実施割合：2.95%），「消費者へ直接販売」（農産物の出荷先として）は 23 万 6655 経営体（実施割合：19.00%）である．

●農業・農村の 6 次産業化総合調査　2010 年度より毎年実施される調査であり，事業体数，販売額，雇用者数等，6 次産業化の取組みを総合的に把握できる．2018 年度は「農業経営体における販売先実態調査」が新しく実施されている．調査対象は，①「農産物の加工」「観光農園」「農家民宿」「農家レストラン」「海外への輸出」を営む農業経営体，②農産物直売所，③農産加工場・農家レストラン，④農産物の輸出に取り組む農協等である．2011 年度からは標本調査である点に留意が必要であり，2010 年度の調査では農林業センサスで生産関連事業への取組みが確認された全経営体に対して調査が実施されていたが，2011 年度の調査からは年間売上金額規模が 1 億円（農産物の加工：10 億円，農産物直売所：5 億円）以上が抽出されている．調査対象期間に新たに農産物の加工等の事業を開始した調査対象者については，全数調査が行われている（翌年以降は標本抽出）．

「農業の 6 次産業化」が提唱されて 20 年余り，取組みは広く普及し統計も整備されてきた．個票の活用も増えつつあり，研究の深化が期待される．［菊島良介］

17-12

食料自給率に関する統計

食料自給率とは，一国の食料消費が国内生産によってどの程度まかなえているかを示す指標である．わが国の**食料・農業・農村基本法**では，同基本計画で「食料自給率の目標」を定めることを規定しており，農政上の政策目標になっている．

●食料需給表　食料自給率は，農林水産省『**食料需給表**』（Food Balance Sheet）の数値をもとに計算され，毎年，『食料需給表』と同時に（付随して）公表されている．『食料需給表』は，食料の各品目について，生産から最終消費に至るまでの総量と，そこから計算された国民１人当たり供給純食料および栄養量の数値を示した統計で，そこでは図１のように消費者に到達した純食料の量が推計されている．

●主要な食料自給率　『食料需給表』と同時に公表されている食料自給率のうち主要なものは，品目別自給率と２種類の総合食料自給率である．

品目別自給率は，個別の品目ごとの自給率であり，以下の算式で算出する．

$$\text{品目別自給率}=\frac{\text{その品目の国内生産量}}{\text{その品目の国内消費仕向量}}\times 100\ (\%)$$

この右辺で，国内生産量と国内消費仕向量は重量単位で計ったものである．このことを，品目別自給率は重量ベースである，という．

一方，総合食料自給率は食料全体についての自給率である．ただし，複数の食

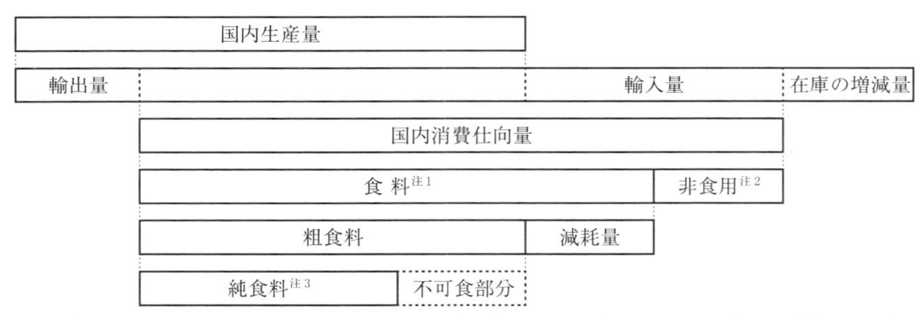

図１　『食料需給表』における，ある１品目の国内生産量から純食料への流れ（注１：『食料需給表』には「食料」の項目はないが，生産額ベース総合食料自給率の説明の必要上表示した．注２：非食用は，「飼料用」「種子用」「加工用」からなる．注３：『食料需給表』では，「粗食料」に「歩留り」を掛けることで「純食料」を得ている．）［出典：筆者作成］

料品目を単純に重量で合計しても意味がないので，何らかの意味のある単位に換算してから合計する必要がある．ここで，カロリー（熱量）単位に換算したものを**カロリーベース（供給熱量ベース）**総合食料自給率といい，金額単位に換算したものを**生産額ベース**総合食料自給率という．両者の計算式は以下のとおりである．

$$\text{カロリーベース総合食料自給率} = \frac{\text{1人1日当たり国産供給熱量}}{\text{1人1日当たり供給熱量}} \times 100\ (\%)$$

この右辺で，分母の供給熱量は「供給熱量＝純食料×単位カロリー」として，分子の国産供給熱量は「国産供給熱量＝純食料×単位カロリー×品目別自給率（×飼料自給率・原料自給率）」として，各品目を足し上げて計算されている．分子の計算の際に，品目が畜産物の場合には，輸入飼料に依存して国内生産された部分を国産から除くために，飼料自給率を乗じている．同様に，品目が加工品の場合には，輸入原料に依存して生産された部分を国産から除くために，原料自給率を乗じている．なお，各品目で重量からカロリー（供給熱量）へ換算する単位カロリーは，文部科学省『日本食品標準成分表』に基づいている．

$$\text{生産額ベース総合食料自給率} = \frac{\text{国内生産額}}{\text{国内消費仕向額}} \times 100\ (\%)$$

この右辺で，分母の国内消費仕向額は「国内消費仕向額＝食料×単価」として，分子の国内生産額は「国内生産額＝食料（国産）×国産単価（－輸入飼料額・輸入原料額）」として，各品目を足し上げて計算されている．分子の計算の際には，畜産物の場合は，輸入飼料に依存して国内で生産された部分を国産から除くために，輸入飼料額を控除している．同様に，加工品については輸入原料額を控除している．なお，各品目で重量から金額へ換算するための単価は，農林水産省『農業物価統計』の農家庭先価格等に基づいている．

2016 年度のカロリーベース総合食料自給率は 38%，生産額ベース総合食料自給率は 68% であった．2 つの総合食料自給率は，どちらも長期的に低下傾向で推移している（図 2）．　［金田憲和］

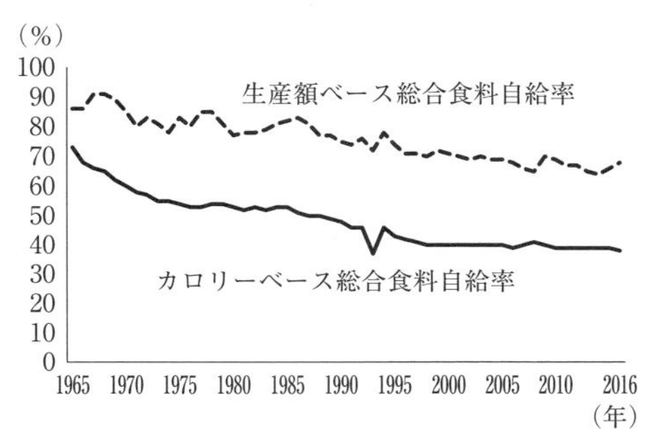

図 2　総合食料自給率の推移［出典：筆者作成］

17-13

産業連関表

産業連関表は，一定地域を対象に，諸産業の生産・販売を記録した統計である．特徴の第1は，産業間の取引を記録している点である．この情報を活用すれば，例えば，加工食品への支出の経済効果が食品製造業のみならず，農業など原料供給産業の生産に及ぶ様子がわかる．第2は，家計などの支出が生産を促し，その生産に伴い生じた所得が支出されるという経済循環を記録している点である．この情報を活用すれば，加工食品への支出の効果が，食品製造業やその原料供給産業の所得増加が促す支出増加を経てさまざまな産業に波及する様子がわかる．

●産業連関表の見方　表1は国の2011年産業連関表である．産業は1次，2次，3次産業に統合されている．実際には108部門程度の表が用いられる．

表を行方向に眺めれば，各産業の販路構成がわかる．ある産業の産出物は，他産業の生産過程に原料として投入される**中間財**と，もはや生産過程には投入されない最終財に分類される．**最終財**の販路は，消費，投資，輸出を含む．***Z***には中間財の販売額，***F***には最終財の販売額が記録されている．注意したいのは，これら販売額が国産品だけでなく，輸入品の販売額を含む点である．そこで，輸入額を負値で***−M***に記録し，行方向の合計が国内生産額***X***となるようにしている（***Z＋F−M＝X***）．例えば，2次産業の販路構成は，中間財として1次，2次，3次産業にそれぞれ3兆円，161兆円，63兆円の合計227兆円，最終財として消費，投資，輸出にそれぞれ57兆円，76兆円，54兆円の合計187兆円である．これら販売額が輸入額72兆円を含むので，国内生産額は227＋187－72＝342兆円とな

表1　国の2011年産業連関表

販路構成　　（単位：兆円）

		需要部門(買手) 1次産業	2次産業	3次産業			消費	投資	輸出		輸入		国内生産額
供給部門(売手)					費用構成								
1次産業	Z	1	8	1		F	3	0	0	$-M$	−3	X	12
2次産業		3	161	63			57	76	54		−72		342
3次産業		2	67	157			335	18	16		−9		90
粗付加価値	V'	6	107	364									
国内生産額	X'	12	342	586									

［出典：総務省「平成23年（2011年）産業連関表（確報）」より作成.］

る．

列方向に眺めれば，各産業の費用構成がわかる．$\boldsymbol{Z}$ には中間財の購入額，$\boldsymbol{V'}$ には粗付加価値額，$\boldsymbol{X'}$ には国内生産額，が記録されている．粗付加価値額は，国内生産額から中間財購入額を控除したものである．したがって，$\boldsymbol{Z}+\boldsymbol{V'}=\boldsymbol{X'}$ が成立する．各産業は**粗付加価値**から雇用者に労賃を支払い，資本減耗引当を保留し残りを営業余剰とする．例えば，2 次産業の費用構成は中間財を 1 次，2 次，3 次産業からそれぞれ 8 兆円，161 兆円，67 兆円の合計 235 兆円購入し，粗付加価値額が 107 兆円で，国内生産額は 235＋107＝342 兆円となる．

1 次，2 次，3 次産業の粗付加価値の合計（$\boldsymbol{V'}$）は 477 兆円である．これは，**国内総生産**（GDP）にほぼ一致し，国内産業の生産が生んだ所得である．この所得は，家計，政府，産業に分配され，支出される．支出は消費，投資，輸出－輸入の合計（$\boldsymbol{F}-\boldsymbol{M}$）で 477 兆円である．外国の経済主体による国産財への支出は輸出として加え，国内の経済主体による外国産財への支出は輸入として控除される．以上の結果，GDP は生産面，分配面，支出面のいずれからみても同じ値になる．これを**三面等価の原則**と呼ぶ．

●産業連関分析　総務省は，国を対象とする産業連関表を公表している．経済産業省は，全国を 9 地域に分割し，各地域の産業連関表を公表している．また，47 都道府県がそれぞれ産業連関表を公表している．地域表は，輸入や輸出に加え，国内地域間交易（移入や移出）を記録している．農林水産省は，農林漁業および関連産業を中心とした産業連関表を公表している．いずれの産業連関表も，各公表機関のウェブサイトからエクセル形式のファイルでダウンロードできる．これらウェブサイトでは，産業連関表や産業連関分析を詳しく解説している．

産業連関分析の主な目的は，最終需要（$\boldsymbol{F}$）が変化したとき，各産業の生産額がどう変化するかを知ることである．生産額の変化がわかれば，生産額と比例する所得，雇用や温室効果ガス排出などの変化を知ることができる．前述したように，加工食品へ支出の経済効果は支出先の食品製造業に加え，中間財の取引を通じて関連産業に及び，それら産業に生じた所得が支出されることで多様な産業に及ぶ．産業連関分析が優れるのは，支出先に生じる直接効果に加え，間接的な波及効果を計測できる点である．農業経済学の研究における産業連関分析の活用場面としては，例えば，食生活の外部化など食料支出の変化が食産業に及ぼすインパクト，公共事業など政府支出の変化が域内経済に及ぼすインパクト，観光や食品移輸出が域内にもたらす所得，農畜産物の生産から消費に至る間の環境負荷（例えば，温室効果ガスの排出）の分析などが考えられる．産業連関分析は，特別なソフトウェアを必要とせずエクセルがあれば十分である．　［藤本髙志］

17-14

食品産業に関する統計

食品産業は，食品製造業，食品流通業，外食産業から構成される複合的な産業概念である．

公的統計の場合，産業分類は「日本標準産業分類」(総務省) に即して行われる．「日本標準産業分類」は，1949 年 10 月の設定から 2013 年 10 月の第 13 回改定まで，産業構造の変化等を踏まえて適宜見直しが行われている (大・中・小分類).

この中で食品製造業は，当初から製造業 (大分類) における食料品製造業 (中分類) として分類され，食品流通業についても，基本的には卸売業・小売業 (大分類) の飲食料品卸売業・小売業 (中分類) 等の分類が踏襲されている．一方，外食産業という分類は「日本標準産業分類」にはなく，飲食店として分類されている．飲食店 (中分類) の場合，当初は小売業の一部門として「商業統計調査」の対象であったが，その後サービス業に属するものとして分類・調査されている．

こうした産業分類に即して，食品産業を構成する各産業に関する統計については，①各産業をそれぞれの調査時点・周期で個別に調査するもの (便宜上「個別産業単独調査」と呼称)，②各産業を同一時点で包括的に調査するもの (便宜上「複数産業同時調査」と呼称) に大別される．

●「個別産業単独調査」 食品製造業に関する最も基本的な統計は「**工業統計調査**」(経済産業省) である．調査対象は従業員 4 人以上の事業所で，調査は毎年行われている．調査事項は，従業者数，原材料使用額等，製品出荷額等であり，「品目編」「産業編」等として公表される．また，品目別の統計として，各種食品の生産量等を調査した「食品産業動態調査」，生乳処理や各種乳製品の生産状況等を調査した「牛乳乳製品統計」(ともに農林水産省) のほか，一般社団法人日本冷凍食品協会が公表している，各種冷凍食品の生産・輸入状況に関する統計等がある．

食品流通業について，卸売業，小売業の双方を含む最も基本的な統計は「**商業統計調査**」(経済産業省) であり，調査は，近年では 5 年ごと (中間年に簡易調査を実施) に行われている．調査事項は，従業者数，年間商品販売額等であり，小売業については，売場面積，営業時間等についても調査し，「産業編」「業態別統計編」等として公表される．また，月次ベースの標本調査として「商業動態統計調査」(経済産業省) がある．

外食産業については，産業分類上，飲食店 (食堂・レストラン等) に関する統計が中心となる．飲食店は，小売業の一部門として1992年まで「商業統計調査」の調査対象であったが，その後サービス業への分類変更を受けて，5年ごとに実施される「サービス業基本調査」（総務省）等で調査されている．月次ベースの飲食店の状況（従業者数，売上高等）については，2008年7月に創設された「サービス産業動向調査」（総務省）で把握することができる（同調査では前年1年間の売上高等も調査する拡大調査を年1回実施）．このほか，公益財団法人食の安全・安心財団が公表する，外食産業市場規模に関する推計値や食の外部化率の推移等に係るデータ等がある．

●**「複数産業同時調査」**　各産業を同一時点で包括的に調査したものとして，「事業所・企業統計調査」（総務省）がある．これは，個人経営の農林漁家等を除く国内すべての事業所・企業を調査対象として，所在地，従業者数，事業の種類・業態等を5年ごと（中間年に簡易調査）に調査するものである．ただし，同調査は，2006年調査を最後に，次の「経済センサス」に統合された．

各産業を対象とする大規模調査は，「工業統計調査」「商業統計調査」「サービス業基本調査」をはじめ，調査時点・周期や調査方法が異なっている．このため，各産業総体としての経済活動を同一時点で包括的に把握するため，これらの統計を整理・統合した「**経済センサス**」（総務省・経済産業省共管）が創設されることとなった．「経済センサス」は，個人経営の農林漁家等を除く国内すべての事業所・企業を調査対象として，「基礎調査」と「活動調査」から構成される．「基礎調査」は，所在地，従業者数，事業の種類・業態等を調査するもので2009年1月に第1回調査が，「活動調査」は，売上高，費用，設備投資等を調査するもので2012年2月に第1回調査が，それぞれ実施され，ともに5年ごとに行われている．

「経済センサス」の創設に伴い，「事業所・企業統計調査」「サービス業基本調査」は廃止，「商業統計調査」は簡易調査（中間年）を廃止して「経済センサス」（活動調査）の2年後に実施，毎年調査が行われる「工業統計調査」については「経済センサス」（活動調査）実施年の調査を中止，等の措置がとられている．

「経済センサス」は，各産業の経済活動等を同一時点で包括的に把握できる統計として重要な役割を担っているが，5年周期の調査であり，その中間年調査の必要性が提起されている．このため，「商業統計調査」「サービス産業動向調査」（年1回の拡大調査），「特定サービス産業実態調査」（経済産業省）を統合・再編した「**経済構造実態調査**」（総務省・経済産業省共管）を2019年度に創設し，「工業統計調査」と同時・一体的に毎年実施することとなっている（「サービス産業動向調査」のうち月次調査は継続）．

［小林茂典］

17-15

食料消費に関する統計

人口減少・高齢化社会を迎えたわが国において，食料供給に重要な役割を果たす農業・食品産業には，これに伴う食料消費構造の変化への対応が求められる．的確に変化を把握する上で，食料消費に関する統計およびその分析は重要となる．

食料消費に関する統計はアプローチ方法により大きく2つに分けられる．家計で具体的に何を消費しているかを調査する「人的接近法」に基づくミクロ（1次）統計と，財やサービスなどの商品の流れから推計する「物的接近法」に基づくマクロ（2次：加工）統計である（牧，2007）．これらのアプローチはそれぞれ課題を抱え，どちらが優れているかを議論できるものではない．以下では食料消費を把握できる公的統計を中心に，利用上の注意にも触れながら紹介していく（表1）．

●ミクロ統計（人的接近法）　わが国における家計ミクロデータが利用可能な公的統計としては総務省の「**家計調査**」や「**全国消費実態調査**」，厚生労働省の「国民生活基礎調査」が挙げられる（宇南山，2015）．厚生労働省の「国民生活基礎調査」は家族構成，所得，生活意識等に関する統計であり，食料消費支出を把握できるものではない．同調査を親標本とした後続調査である「**国民健康・栄養調査**」において栄養・食生活に関する状況を把握できる（唯是・三浦，2003）．これらの統計は全数調査ではなく標本調査であるため，調査に由来する誤差が生じる．

「家計調査」：全国約4700万世帯の中から約9000世帯の調査世帯を選定して家計状況が調査されている．毎月調査世帯の一部が交代する方式で，継続した調査が行われている（2人以上の世帯：6カ月，単身世帯：3カ月）．調査方法は，基本的に「家計簿」に記入する方式である．過去のデータと比較する場合，物価の差を考慮する必要がある．そのため，「消費者物価指数」などのデフレータを用いて名目値から実質値を算出しなければならない．

表1　食料消費に関する主な統計とその分類

ミクロ統計 （人的接近法：標本調査）	マクロ統計 （物的接近法：加工統計）
家計調査（総務省） 全国消費実態調査（総務省） 国民健康・栄養調査（厚生労働省）	食料需給表（農林水産省） 産業連関表（総務省）

［出典：牧（2007）および各省庁のホームページの資料をもとに筆者作成.］

「全国消費実態調査」：家計調査と調査方法・調査内容は類似している．頻度と規模が大きく異なり，家計調査が月次の統計であるのに対し，全国消費実態調査は5年に1度，調査世帯数は約5万6000世帯（家計調査の約6倍）である．大規模調査であるがゆえに「家計調査」よりも詳細な内容を得られる．

「国民健康・栄養調査」：「国民生活基礎調査」により設定された単位区から，300単位区内の世帯（約6000世帯）および世帯員（満1歳以上の者，約1万8000人）が抽出される．11月のある1日（日曜・祝日を除く）について，①身体状況，②栄養摂取状況，③生活習慣それぞれの調査票に記入する方式である．栄養素や食品群別の摂取量を詳細に把握できる．

●マクロ統計（物的接近法）　ミクロ統計は標本調査であるため，食料消費総量や支出額を調べる上では農林水産省の「**食料需給表**」（数量ベース）や総務省の「**産業連関表**」（金額ベース）も有用である（唯是・三浦，2003）．実際の消費量・支出額ではない点に留意が必要だが，生産から消費に至る流れが把握できる点，国産財と輸入財とを分離できる点に強みをもつ．

「食料需給表」：FAO（国連食糧農業機関）が示す計算方法に準拠して，各種のミクロ統計を積み上げて食料供給状況を把握している．1年間に国内市場に出回った食料の量から，非食用や不可食部分を除いた純食料量および栄養量が算出され，国民1人当たりの数値も示されている．食料自給率を算出する際の資料である．

「産業連関表」：商品ごとの産出・出荷額をもとに，取引が行われた流通段階ごとの配分比率やマージン率等が加味され，最終的な各商品の需要額が推計される．最終需要の変化による他産業への波及効果等も測定できる．

●食料消費に関する統計の整合性　紹介してきた食料消費に関するミクロ統計やマクロ統計はどの程度一致するのであろうか．最後に統計の整合性に触れる．

食料消費分析によく用いられる「食料需給表」「国民健康・栄養調査」「家計調査」の整合性を取り上げると（唯是・三浦，2004），「食料需給表」は供給側からみた最終消費であり，消費者が最終的に摂取する栄養（「国民健康・栄養調査」）でも，最終的に購入する食品（「家計調査」）でもない．このため，これら統計の単純比較は意味をなさず，各統計の特性を考慮した食品ロスの調整が必要となる．

国民全員を対象に食品ロスまで含めた調査を長期間実施することは現実的ではなく，真の食料消費を知ることは限りなく不可能に近い．推計値としてしか把握できないことを前提に，それぞれの統計の性質を正しく理解することが，これらを活用する上で重要となる．

［菊島良介］

17-16

食品の物価に関する統計

飲料を含む食品の物価に関しては，小売（消費者）段階，卸売段階，生産者段階のそれぞれにおいて調査が行われ，統計が整備されてきた．

●小売（消費者）段階　小売（消費者）段階の物価は総務省統計局の『**小売物価統計調査**』によって把握可能である．同調査は1950年6月より毎月実施，当初は54市が対象であったが，1962年からは郡部を含む調査となっており，現在167市町村の約580地域を対象に調査が行われている．同調査は価格調査，家賃調査ならびに宿泊料調査の3調査から構成され，このうち価格調査としては約550品目がカバーされている．その中には飲食料品209品目（食料品185品目，飲料品24品目）および外食等26品目（外食24品目，学校給食2品目）が含まれており，これらの平均小売価格が毎月調査，公表されている．

総務省統計局はまた，これら商品の販売価格およびサービスの料金について，業態差を含む店舗間格差，銘柄間格差，地域間格差など価格差の実態を解明し，物価対策などに関する基礎資料を得るため，1967年から『全国物価統計調査』を開始し，1977年以降5年ごとに実施してきた．同調査は2007年で終了し，2013年1月から新設された『小売物価統計調査（構造編）』に統合された（これまでの『小売物価統計調査』は「動向編」となった）．構造編のうち，地域別価格調査は全国88市の代表的な店舗を，店舗形態別価格調査は全国の道府県庁所在市（46市）にあるスーパーマーケットや一般小売店などから店舗を選択して実施されている．対象品目は68品目となっているが，この中には食料品が43品目，飲料品が8品目含まれており，合わせて全体の3/4を占めている．

総務省の『**消費者物価指数**』（CPI）は，世帯の消費構造を定め，これに要する費用が物価の変動によってどう変化するかを指数で表すことにより，全国の消費者が購入する財およびサービスの価格の平均的な変動を時系列的に測定するものである．同指数の作成は1946年8月に開始され，1951年からは上記『小売物価統計調査』の小売価格を同省『家計調査』から得られる消費支出をウェイトとして加重平均して算出している．このウェイトは各基準年の1世帯当たり1カ月の品目別支出金額の平均値（価格変動の大きい生鮮食品については，基準年の品目別支出金額に加え基準年およびその前年の月別購入数量）から作成されており，1955年から5年ごとに見直しされている．作成される指数には，基本分類指数（全体の物価の動きを平均化した総合指数と消費目的によって費目別に分類した指数），財・サービス分類指数，世帯属性別指数のほか，基礎的・選択的支出項目指数（米や野菜など必需性の高い基礎的支出項目と，世帯の嗜好等により購入される傾向のある選択的支出項目に分類した指数）などがある．

農林水産省でも食品の小売価格の動向を迅速に把握し，必要な施策を実施するため『**食品価格動向調査**』を実施している．具体的には2003年の食肉・鶏卵（5品目）を皮切りに，2008年から加工食品（現在16品目），2010年から野菜（現在8品目），2018年から魚介類（4品目）合わせて33品目の価格を調査し，平均小売価格を公表している．対象は各都道府県10店舗の量販店であり，調査，公表の頻度は現在，野菜は週1回，それ以外の品目は月1回となっている．

●卸売段階　日本銀行が公表している『**企業向けサービス価格指数**』（SPPI）は企業間で取引されるサービスの価格を毎月調査，算出したものであり，1991年1月から開始されている．2010年からは卸売サービスについても，「食料・飲料卸売」をはじめとする3業種について試験的な調査を開始した．さらに2019年からは「飲食料品卸売」を含む5項目の卸売サービスの価格指数を四半期ごとに調査，公表することになっている．

●生産者段階　日本銀行ではまた，企業間で取引される財の価格を毎月調査，『**企業物価指数**』（CGPI）として公表している．その源流は，日清戦争を機に起こった物価騰貴への社会的関心を背景に同行が1897年に公表した「東京卸売物価指数」に遡る．その後，1980年基準改定時に卸売物価指数（WPI）と改称され，国内，輸出，輸入の3指数が設けられた．2003年（2000年基準改定時）に企業物価指数（CGPI）となり，現在，国内品822品目，輸出品210品目，輸入品254品目について価格調査が行われ，国内企業物価指数，輸出物価指数，輸入物価指数が算出，公表されている．

このうち国内企業物価指数は，国内で生産された国内需要家向けの財について，生産者段階における出荷時点の価格を調査して算出される．この中には「飲食料品」ならびに「農林水産物」の項目（類別）があり，前者では加工原料食品，調整食品，飲料など6小類別，18商品群，109品目の物価指数が，後者では農産物，畜産物，水産物および林産物の4小類別，8商品群，24品目の物価指数が公表されている．また，通関段階における荷降ろし時点の価格から算出される輸入物価指数にも，「飲食料品・食料用農水産物」の項目（類別）があり，食料用農産物，食料用畜産物など7小類別，10商品群，37品目の物価指数が公表されている．輸出物価指数は通関段階における船積み時点の価格を調査しているが，現在，食品に関する項目はない．

［坂爪浩史］

17-17

農林統計に用いる地域区分

わが国で使用される各種**農林統計**では，地域属性に基づいた農林業の特徴が把握できるように，いくつかの地域区分が採用されている．農林統計に用いる地域区分の最初のものとしては，1960年世界農業センサス時に提示された**経済地帯区分**がある．これは，地方経済圏の形成に関して圏域モデルを設定し，そのモデルに基づき，第2次産業就業人口率，鉱工業人口指数，農家率，耕地率，林野率，専業農家率，林業兼業農家率等の基準指標を利用して，1950年2月1日時点の旧市区町村を①都市近郊，②平地農村，③農山村，④山村に分類しようとしたものであるが（1971年に区分単位は市町村に変更された），都市化の進行に伴い，上記の指標を利用した経済地帯区分はその妥当性が低下することとなり，1980年頃以降はほとんど利用されない状況となった（神保，1992）．ただし，統計データを農業・農村政策に役立てる上で，統計データ提供の単位となる地区の農業の特性（立地条件的特徴）を踏まえて，各地区を特徴づける地域区分の必要性が高まったことから（神保，1992），1990年には新たに**農業地域類型**が設定されるようになった．現在，農業統計の地域区分では，農業地域類型のほか，**全国農業地域**が代表的なものとして利用されている．

●農業地域類型区分　農業地域類型は地域を取り巻く社会経済条件の変化の影響を受けにくい土地利用関係指標（耕地率，林野率等）をベースに，全国の市区町村を第1次分類として，①都市的地域，②平地農業地域，③中間農業地域，④山間農業地域の4類型に区分するものである（表1参照）．なお，各市区町村の該当類型は，都市的地域，山間農業地域，平地農業地域および中間農業地域の順序で決定される．さらに，第2次分類として，水田型（水田率70%以上），田畑型（同30～70%），畑地型（同30%未満）に細分化されている．

当初，農業地域類型は市区町村を対象に設定されていたが，広域合併市の場合は1つの類型で地域特性を表現することが困難なことから，1995年農業センサスからは昭和前期時代の旧市区町村も単位として類型が設定されるようになった（橋詰，2013）．ただし，概ね5年ごとに行われる該当地域類型の確認・見直しによって類型区分が変化する（旧）市区町村が発生することがあるため，各種統計数値の経年的変化を分析する場合には，この点に関する注意が必要である．現在，わが国では中山間地域農業問題が注目されているが，その分析の際には，必要な統計資料の入手容易性から，中間農業地域と山間農業地域を合わせた地域を

表1　農業地域類型における区分基準（第1次分類）

農業地域類型	基準指標
①都市的地域	○可住地に占めるDID面積が5%以上で，人口密度500人以上又はDID人口2万人以上の市区町村及び旧市区町村. ○可住地に占める宅地等率が60%以上で，人口密度500人以上の市区町村及び旧市区町村．ただし，林野率80%以上のものは除く.
②平地農業地域	○耕地率20%以上かつ林野率50%未満の市区町村及び旧市区町村．ただし，傾斜20分の1以上の田と傾斜8度以上の畑の合計面積の割合が90%以上のものを除く. ○耕地率20%以上かつ林野率50%以上で傾斜20分の1以上の田と傾斜8度以上の畑の合計面積の割合が10%未満の市区町村及び旧市区町村.
③中間農業地域	○耕地率が20%未満で，「都市的地域」及び「山間農業地域」以外の市区町村及び旧市区町村. ○耕地率が20%以上で，「都市的地域」及び「平地農業地域」以外の市区町村及び旧市区町村.
④山間農業地域	○林野率80%以上かつ耕地率10%未満の市区町村及び旧市区町村.

［出典：農林水産省ホームページ（http://www.maff.go.jp/j/tokei/chiiki_ruikei/setsumei.html）の掲載表を一部加筆して作成.］

「中山間地域」として設定する場合が多く，農業地域類型は中山間地域農業の特徴把握に役立ってきた.

●全国農業地域区分　この区分は，「農業政策の総合的な地域的運営に必要な統計資料を整備する」（平田，1979）ことを目的として，1962年に都道府県を単位に設定された地域区分であり，全国を以下の10個の農業地域に区分している．①北海道，②東北（青森，岩手，宮城，秋田，山形，福島），③北陸（新潟，富山，石川，福井〕，④関東・東山（茨城，栃木，群馬，埼玉，千葉，東京，神奈川，山梨，長野），⑤東海（岐阜，静岡，愛知，三重），⑥近畿（滋賀，京都，大阪，兵庫，奈良，和歌山），⑦中国（鳥取，島根，岡山，広島，山口），⑧四国（徳島，香川，愛媛，高知），⑨九州（福岡，佐賀，長崎，熊本，大分，宮崎，鹿児島），⑩沖縄．なお，必要に応じて④関東・東山は北関東，南関東，東山の3地域に，⑦中国は山陰と山陽，⑨九州は北九州と南九州のそれぞれ2地域に細分化して統計データを提示する場合もある.

●林業統計の地域区分　林業統計の分野では，全国農業地域区分のほか，流域単位で地域を区分した森林計画区（全国で158計画区）も利用されている.

［能美 誠］

17-18

統計の二次的利用

●統計の二次的利用の展開　統計の二次的利用とは，統計等による調査により集められた情報を，既存の調査結果（集計表・報告書等）による活用後（一次利用），学術研究等の目的のために活用するものである．これは公的統計，民間統計に関わりなく実施されてきており，昨今のミクロ計量経済学の発展により，個票ベースでの利用が行われてきている．なお，公的統計においては，二次的利用で提供される個票のことを調査票情報と表記する．公的統計については，統計法（以下，法と略す.）において，二次的利用の推進が図られるよう，いくつかの形態で法整備がなされているが，いずれにおいても共通して規定されているのが「高度な公益性」の担保である．法 32 条は調査実施者（行政機関）自らが調査票情報を利用できるようにするためのものであり，法 33 条の 1 項では公的機関による調査票情報の利用を定めている．ここで公的機関とは，国の行政機関，地方公共団体，独立行政法人等を指す．研究上の調査票情報の利用は，通常，法 33 条の 2 項によって定められた調査票情報の利用に該当する．このほか，法 34 条では委託による統計の作成等（以下，オーダーメイド集計），法 35 条と法 36 条では，匿名データの作成と提供について二次的利用にかかる法整備がなされてきた．

一方で，民間統計の二次的利用は，調査実施者がデータの提供を行う方式（例えば，慶應義塾大学が実施している「日本家計パネル調査（JHPS/KHPS）」）があるほか，データアーカイブにより，個票データが提供される方式もある．海外では，ICPSR（Inter-university Consortium for Political and Social Research）データアーカイブが世界最大級のデータアーカイブとして運営されており，登載されている調査数は 1 万件を超えている．またわが国では，東京大学社会科学研究所にて SSJ データアーカイブ（SSJDA : Social Science Japan Data Archive）が運営されており，1300 件を超える調査データが登載されている．

●農林水産業に関わる調査票情報等の活用　次に，農林水産業に関わる公的統計の二次的利用の現状について，統計委員会による各年度の統計法施行状況報告における数値を参照し，他府省の動向との比較を通じてみていく．まず，調査票情報では，法 33 条の 1 項に定められた利用では，2010～16 年の 7 年間で延べ 9 府省 160 の統計（うち，農林水産統計は 25）の利用があり，件数は，全体で延べ 1 万 8212 件（うち，農林水産統計は 173 件）であった．法 33 条の 2 項に定められた利用は，表 1 に示したとおり，2010～16 年の 7 年間で延べ 8 府省 103 の統計で，1566件の利用が報告されているが，農林水産統計は7つの統計で，利用件数も22件に留まる．また，オーダーメイド集計は，8府省，1機関で26調査の提供がなされており，農林水産統計でも5調査の提供が行われている．ただし，2010～16年の7年間の提供実績は全体で122件であるのに対して，農林水産統計はゼロである．最後に，匿名データは，総務省と厚生労働省の7調査で作成され，2010～16年の7年間で258件の利用実績があるが，農林水産統計は匿名データの作成が行われていない．

表1　統計調査の二次的利用の動向

	2010	2011	2012	2013	2014	2015	2016	計
内閣府（5統計）	1	0	0	2	3	3	4	13
総務省（14統計）	27	40	35	35	51	43	59	290
財務省（2統計）	2	3	2	5	5	8	3	28
文部科学省（7統計）	4	5	2	1	3	2	9	26
厚生労働省（42統計）	96	91	110	178	152	184	202	1013
農林水産省（7統計）	2	7	5	0	3	2	3	22
漁業センサス	0	1	0	0	0	0	0	1
漁業経営調査	0	0	1	0	0	0	0	1
集落営農実態調査	0	0	0	0	0	1	0	1
6次産業化総合調査	0	0	0	0	0	0	1	1
農業経営統計調査	1	0	2	0	2	1	0	6
農業組織経営体経営調査	0	0	1	0	0	0	0	1
農林業センサス	1	6	1	0	1	0	2	11
経済産業省（10統計）	0	1	5	9	52	18	21	106
国土交通省（16統計）	1	1	10	14	12	7	23	68
合計（103統計）	133	148	169	244	281	267	324	1566

（注：表中の数値は調査票情報の利用件数を示す.）［出典：「統計施行状況報告」各年版より筆者作成.］

以上のように，農林水産統計の公的統計の二次的利用は活発ではないといえるが，一方で，農林業センサスや農業経営統計調査で，近年，統計調査間あるいは年度間の調査票情報のデータリンケージが行われており，これらのリンケージを通じて，長期のパネルデータ化や農業集落を媒介として集落別に集計された統計情報を付加した形での分析も行われている．また，調査票情報ではないが，小地域統計の編成という点で新たな二次的利用が展開されている．それは，農林水産省が2016年に公開した「地域の農業を見て・知って・活かすDB～農林業センサスを中心とした総合データベース～」であり，そこでは，他府省も含めた統計情報だけではなく，行政情報も付加された小地域のデータベースが利用可能となっている．

●リモートアクセスによる二次的利用　2018年5月に統計法の改正が行われた．このことにより，リモートアクセスによる二次的利用が推進されることになる．リモートアクセスによる二次的利用とは，調査票情報を1カ所の拠点に格納し，全国の大学等に設置されるオンサイト施設の仮想端末から，SINET（Science Information NETwork）を通じて分析を行う，というものである．現在，オンサイト施設での調査票情報の利用は，総務省と経済産業省のものだけだが，今後，農林水産統計のデータも登載されれば，農林水産統計の二次的利用が飛躍的に向上することが期待される．

［仙田徹志］

17-19

リンケージデータによる地域分析

農業経済学において地域を記述・分析する際には，多様な統計や行政情報の収集・整理が必要である．従来は利用者が行っていたこれらの作業を，近年では統計の作成者が行い**リンケージデータ**として公表しており，利便性が増している．

●リンケージデータ整備の背景　多様なデータを統合する必要性は従来から議論されてきた（仙田他，2015）．こうした中で官民データ活用推進基本法が制定され，情報を活用した活力ある日本社会の実現が目標とされた．同時に，**証拠に基づく政策立案**（Evidence-Based Policy Making, EBPM）が指向され，政策部門による多角的データ活用がより一層必要となり，リンケージデータの整備につながった．農業経済分野では，「**地域の農業を見て・知って・活かす DB**（ウェブサイト http://www.maff.go.jp/j/tokei/census/shuraku_data/index.html）」や，「**地域経済分析システム**（RESAS）（ウェブサイト https://resas.go.jp/）」が代表的なリンケージデータである．

●地域の農業を見て・知って・活かす DB　少子高齢化と人口減少社会の進展を背景に，農林水産業や地域の活力創造支援施策推進のため，2016 年 6 月に農水省が公表し，随時更新されている（栗山，2016）．表 1 にあるデータが農業集落単位で集計され，共通の農業集落 ID をもつエクセル形式で公表されている．データの統合や結果の整理は利用者が行う必要があるが，エクセルや QGIS の基本操作でできる（図 1）．農業関連データの豊富さ，集計単位の細かさに特長がある．

活用方法には，合意形成のための「見える化」と政策評価の 2 つの方向性がある．「見える化」の事例として，例えば栃木県では人・農地プランなどの地域での話し合いを促進するツールとして活用されている．

政策評価の分析例として，竹田（2018）は，表 1 の 1，7，8 のデータをもとに中山間地域等直接支払交付金・多面的機能支払交付金の政策効果について，因果推論に基づく政策評価の 1 つである差の差推定法を用いて，地域資源保全効果や地域コミュニティ活性化効果，農業構造政策の後押し効果がある可能性を指摘した．

利用上の注意点としては，表 1 に示した 1，5，10，11 以外のデータは GIS による空間処理により農業集落単位に再集計した加工データであり，農業集落で実際に観察される値と DB 上の公表値が若干異なる点である．そのため，ウェブサイトで公開されている再集計方法を利用前に確認する必要がある．また，データの秘匿措置にも注意が必要である（「農業と経済」編集委員会，2017）．

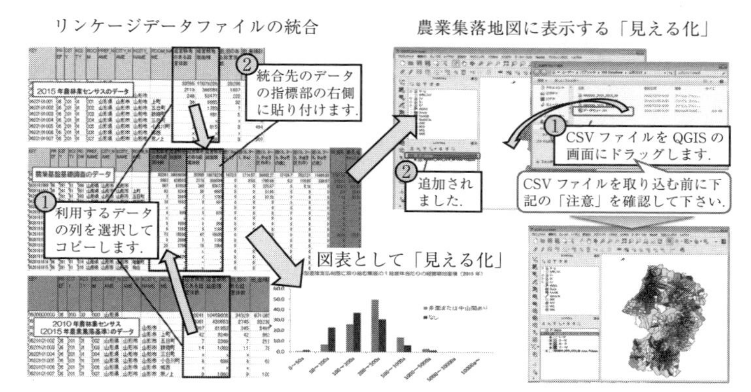

図1　地域の農業を見て・知って・活かすDBの利用方法［出典:「地域の農業を見て知って活かすDB」ホームページ］

表1　地域の農業を見て・知って・活かすDBでリンクされる統計など

統計・行政情報	主な項目
1. 農林業センサス	2005年，2010年，2015の主要項目
2. 国勢調査	世帯数，男女・年齢別人口など
3. 将来推計人口	男女・年齢別人口
4. 経済センサス	事業所数，従事者数，売上金額など
5. 集落営農実態調査	集落営農数や経営耕地面積，構成農家数など
6. 農業基盤情報基礎調査	区画規模別田面積，用水状況別面積など
7. 多面機能支払交付金	組織数，支払対象農用地面積など
8. 中山間地域等直接支払交付金	集落協定数，協定農用地面積など
9. 国土数値情報	地域指定，各種施設数，駅・バス停の有無
10. 地域指標	農業地域類型，生活関連施設までの所要時間など
11. 農業集落境界データ	農業集落の空間的境界を表す地理空間情報

［出典：農林水産省「地域の農業を見て・知って・活かすDB」ホームページ］

●地域経済分析システム（RESAS）　内閣府が管理するリンケージデータシステムで，地域の強みや弱み，地域経済を見える化することで，地方自治体による自発的かつ効果的な施策立案に基づく地方創生を支援するために作成された．データの種類が豊富で，人口，地域産業連関表，各産業のセンサス，企業活動，観光，まちづくり，雇用，医療・福祉，地方財政等のデータを含む．結果は一定のフォーマットで自動的に作成される利便性もあり，地方創生のプランニングに活用されている（例えば日経ビッグデータ，2016）．　［竹田麻里・村上智明］

17-20

POS データの活用

POS データの POS とは Point of Sales を略したものであり，日本語では販売時点あるいは販売時点管理と訳される．POS データは販売時点管理情報と訳されることもあるが，通常はそのままの発音でポス・データと呼ばれることが多い．海外では，POS データのシステムの中で使用されるデータ読み取り機械のスキャナーの言葉を用いて，**スキャナーデータ**（scanner data）と呼ぶことが一般的である．

POS データの一般的な仕組みの一連の流れを簡単に説明すると，以下のようになる．メーカーが製造する各商品アイテムに固有のコード番号を付し，そのコード番号をバーコードの形で商品の表面に印刷をしておく．商品は小売店において販売され，購入しようとした客がその商品をレジへもってきて，店員はレジに直結したスキャナーを使ってバーコードを読み取り，販売額を示し客は支払いを済ませる．この時，商品固有のコード番号をスキャナーが読み取ることで小売店は，どの商品が，いつ，どれだけの個数が，いくらで売れたかの情報を電子データとして得ることができる．実際の販売状況をまさに販売時点で把握できる仕組みが POS データあるいは POS システムである．商品アイテムごとに付けられるコード番号は，日本では **JAN コード**体系による 13 桁の番号となっている．

●POS データ利用のメリット　POS データは，1970 年代にアメリカで初めて実用化され，日本では 1980 年代に入った頃に大手メーカーと大手スーパーマーケットチェーンから導入・実用化されており，今日では広範囲に使用されている．

POS データ導入のメリットとして，当初，アメリカでは，レジでの作業時間の短縮，レジの打ち間違いの減少や不正の防止，レジ担当者の教育時間の節約などの「ハード効果」が強調されたが，次第に POS データをマーケティング活動や在庫管理のために利用する「ソフト効果」が大きな効果をもたらすようになっていった．

POS データのシステムを導入した当初は，何がいくらで何個売れたかをタイムラグがほとんど発生することなく把握できることだけでも大きな効果があったが，マーケティングの視点からはどのような客が買っているのか，購入者の属性についてのデータも必要になってきた．このため，ポイントカードを発行することで客の属性を把握し，販売時点でポイントを与えるためにポイントカードのデータも読み取ることによって購入者の属性を把握している．このことによって詳細な販売状況の把握が可能になるのみならず，後述のような消費者行動に関する詳細な分析が可能になった．なお，ポイントカードの会員などのようにPOSデータに加えて個人の属性も提供する人のことをパネル，あるいはパネラーと呼ぶことがある．また，コンビニなどではレジ担当者が購入者の性別・年齢等を入力することによって類似の効果を得ている．

●POSデータを用いた農業経済学の研究の動向　農業経済学の分野の研究でPOSデータを用いるメリットは，POSデータが利用できるようになるまでは事実上不可能であった詳細な需要分析や消費者行動分析を行うことを可能にしたことである．それまで需要分析では，『家計調査』のように，商品をカテゴリーごとに集計したデータを用いることが普通であり，そのため，商品需要を牛乳というカテゴリーで分析できても，○○社の○○牛乳という**ブランドレベル**で分析することはできなかった．もし，そのようなデータを計量経済学的な分析に耐えるだけの精度と量でそろえようと思っても，費用等の面で実際にはそれは不可能であった．しかし，POSデータが普及したことで状況は大きく変わったのである．

マーケティング研究においては1980年代に学習院大学の上田らによってPOSデータを用いた研究が行われているが，農業経済学分野で行われるようになったのは1990年代のアメリカにおいてである．Cotterill（1994）はその一例である．Cotterillを中心とするグループは，POSデータを用いることによってそれまでは，牛乳とかヨーグルトというようなカテゴリーでしか需要分析ができなかったものを，ブランドレベルまで細分化してより詳細に分析することを可能にし，食品産業の産業組織論的な実証分析の発展に貢献した．

日本の農業経済学分野の研究としては，高橋（1992）が初期の研究例である．高橋（1992）はシンプルな関数形の需要関数の計測を行い競合関係の分析を行ったが，その後，POSデータを用いてブランドレベルでの需要体系を求め，ブランドレベルでの競合関係等を分析する研究が行われるようになった．

さらには，POSデータとそれ以外のデータ（例としてはアンケート調査結果等）を併用することによって，詳細な消費者行動および企業行動の分析が行われるようになった．氏家（2002）は食中毒事件が消費者の食料消費行動に及ぼした影響を分析している．外園ら（2009）は，特売が消費行動に及ぼしている影響を明らかにした．消費者が多様化してきている今日の状況を考えると，今後とも消費者の行動を直接的に捉えているPOSデータの活用が進むものと期待される．

［川村　保］

付　録

付録1 法律の正式名称一覧

略称（国立国会図書館「日本法令索引」等による）	現在の名称	制定	公布	施行	制定時法律名
6次産業化法，六次産業化法，六次産業化・地産地消法	地域資源を活用した農林漁業者等による新事業の創出等及び地域の農林水産物の利用促進に関する法律	2010年	2010年	2010年	2章施行は2011年
JAS法，日本農林規格法，農林物資規格法	日本農林規格等に関する法律	1950年	1950年	1950年	農林物資規格法
栄養改善法	栄養改善法	1952年	1952年	1952年	2002年廃止
卸売市場法	卸売市場法	1971年	1971年	1971年	
果樹農業振興特別措置法	果樹農業振興特別措置法	1961年	1961年	1961年	
過疎地域自立促進特別措置法	過疎地域自立促進特別措置法	2000年	2000年	2000年	
家畜伝染病予防法	家畜伝染病予防法	1951年	1951年	1951年	
家畜排せつ物法	家畜排せつ物の管理の適正化及び利用の促進に関する法律	1999年	1999年	1999年	2004年全面施行
学校給食法	学校給食法	1954年	1954年	1954年	
カルタヘナ法	遺伝子組換え生物等の使用等の規制による生物の多様性の確保に関する法律	2003年	2003年	2003年	
景品表示法	不当景品類及び不当表示防止法	1962年	1962年	1962年	
健康増進法	健康増進法	2002年	2002年	2003年	
構造改革特別区域法	構造改革特別区域法	2002年	2002年	2002年	
国土利用計画法	国土利用計画法	1974年	1974年	1974年	
山村振興法	山村振興法	1965年	1965年	1965年	
自然環境保全法	自然環境保全法	1972年	1972年	1973年	
自然公園法	自然公園法	1957年	1957年	1957年	
持続農業法	持続性の高い農業生産方式の導入の促進に関する法律	1999年	1999年	1999年	
市民農園整備促進法，市民農園法	市民農園整備促進法	1990年	1990年	1990年	
種苗法	種苗法	1947年	1947年	1947年	農産種苗法（1978年種苗法），1998年全面改正
主要農作物種子法	主要農作物種子法	1952年	1952年	1952年	2017年廃止
障害者雇用促進法	障害者の雇用の促進等に関する法律	1960年	1960年	1960年	

消費者安全法	消費者安全法	2009 年	2009 年	2012 年	
食育基本法	食育基本法	2005 年	2005 年	2005 年	
食品安全基本法	食品安全基本法	2003 年	2003 年	2003 年	
食品衛生法	食品衛生法	1947 年	1947 年	1948 年	
食品表示法	食品表示法	2013 年	2013 年	2015 年	
食品リサイクル法	食品循環資源の再生利用等の促進に関する法律	2000 年	2000 年	2001 年	
食料・農業・農村基本法	食料・農業・農村基本法	1999 年	1999 年	1999 年	
食管法，食糧管理法	食糧管理法	1942 年	1942 年	1942 年	1995 年廃止
飼料安全法	飼料の安全性の確保及び品質の改善に関する法律	1953 年	1953 年	1954 年	
森林法	森林法	1951 年	1951 年	1951 年	
生産緑地法	生産緑地法	1974 年	1974 年	1974 年	
生物多様性基本法	生物多様性基本法	2008 年	2008 年	2008 年	
総合保養地域整備法，リゾート法	総合保養地域整備法	1987 年	1987 年	1987 年	
多面的機能発揮促進法	農業の有する多面的機能の発揮の促進に関する法律	2014 年	2014 年	2015 年	
男女共同参画基本法	男女共同参画社会基本法	1999 年	1999 年	1999 年	
畜産物価格安定法，畜安法，畜産経営安定法	畜産経営の安定に関する法律	1961 年	1961 年	1961 年	畜産物の価格安定等に関する法律
鳥獣保護管理法	鳥獣の保護及び管理並びに狩猟の適正化に関する法律	2002 年	2002 年	2003 年	
地理的表示法	特定農林水産物等の名称の保護に関する法律	2014 年	2014 年	2015 年	
特定農山村法	特定農山村地域における農林業等の活性化のための基盤整備の促進に関する法律	1993 年	1993 年	1993 年	
特定農地貸付法	特定農地貸付けに関する農地法等の特例に関する法律	1989 年	1989 年	1989 年	
都市計画法	都市計画法	1968 年	1968 年	1969 年	
都市農業振興基本法	都市農業振興基本法	2015 年	2015 年	2015 年	
都市農地貸借円滑化法，都市農地貸借法	都市農地の貸借の円滑化に関する法律	2018 年	2018 年	2018 年	
肉用子牛生産安定等特別措置法	肉用子牛生産安定等特別措置法	1988 年	1988 年	1988 年	
担い手経営安定新法	農業の担い手に対する経営安定のための交付金の交付に関する法律	2006 年	2006 年	2007 年	
農業委員会法	農業委員会等に関する法律	1951 年	1951 年	1951 年	
農業協同組合法	農業協同組合法	1947 年	1947 年	1947 年	

農業経営基盤強化法，基盤強化法	農業経営基盤強化促進法	1993 年	1993 年	1993 年	農用地利用増進法（1980 年）
農業保険法	農業保険法	1947 年	1947 年	1947 年	農業災害補償法（2018 年）
農工法	農村地域への産業の導入の促進等に関する法律（2017 年法律名改正）	1971 年	1971 年	1971 年	農村地域工業導入促進法，1988 年農村地域工業等導入促進法
農山漁村活性化法	農山漁村の活性化のための定住等及び地域間交流の促進に関する法律	2007 年	2007 年	2007 年	
農山漁村余暇法	農山漁村滞在型余暇活動のための基盤整備の促進に関する法律	1994 年	1994 年	1995 年	
農商工等連携促進法，農商工連携法	中小企業者と農林漁業者との連携による事業活動の促進に関する法律	2008 年	2008 年	2008 年	
農地中間管理事業法	農地中間管理事業の推進に関する法律	2013 年	2013 年	2014 年	
農地調整法	農地調整法	1938 年	1938 年	1938 年	
農薬取締法	農薬取締法	1948 年	1948 年	1948 年	
農振法，農業振興地域整備法	農業振興地域の整備に関する法律	1969 年	1969 年	1969 年	
半島振興法	半島振興法	1985 年	1985 年	1985 年	
不正競争防止法	不正競争防止法	1934 年	1934 年	1935 年	1993 年全面改正
不足払い法，加工原料乳不足払い法	加工原料乳生産者補給金等暫定措置法	1965 年	1965 年	1966 年	2018 年廃止（畜安法に統合）
文化財保護法	文化財保護法	1950 年	1950 年	1950 年	
野菜生産出荷安定法	野菜生産出荷安定法	1966 年	1966 年	1966 年	
有機農業推進法	有機農業の推進に関する法律	2006 年	2006 年	2006 年	
有畜農家創設特別措置法	有畜農家創設特別措置法	1953 年	1953 年	1953 年	
養豚農業振興法	養豚農業振興法	2014 年	2014 年	2014 年	
酪農振興法，酪農・肉用牛生産振興法	酪農及び肉用牛生産の振興に関する法律	1954 年	1954 年	1954 年	酪農振興法
離島振興法	離島振興法	1953 年	1953 年	1953 年	

付録 2 略称の原語表記一覧

略称	名称	日本語名
AAA	Agricultural Adjustment Act	農業調整法
ABC	Activity Based Costing	活動基準原価計算
ABS	Access and Benefit-Sharing	遺伝資源の取得の機会およびその利用から生ずる利益の公正かつ衡平な配分
ACP	Agricultural Conservation Program	農業保全プログラム
AFNs	Alternative Food Networks	オルタナティブ・フード・ネットワーク
AfricaRice	Africa Rice Center	アフリカ稲センター
ALALA	As Low As Reasonably Achievable	合理的に達成可能な限り低く，合理的に達成できる限り低く
AOC	Appellation d' Origine Contrôlée	原産地統制呼称，原産地呼称統制制度
ASEAN	Association of South-East Asian Nations	東南アジア諸国連合
BMP	Best Management Practice	環境保全的農法
BRC	British Retail Consortium	英国小売（業）協会
BSC	Balanced Score Card	バランスト・スコアカード
BSE	Bovine Spongiform Encephalopathy	牛海綿状脳症
CAP	Common Agricultural Policy	共通農業政策
CCC	Commodity Credit Corporation	商品金融公社
CGIAR	Consultative Group on International Agricultural Research	国際農業研究協議グループ
CIF	Cost, Insurance and Freight	運賃保険料込条件
CIMMYT	Centro Internacional de Mejoramiento de Maíz y Trigo (International Maize and Wheat Improvement Center)	国際トウモロコシ・コムギ改良センター
CMO	Common Market Organization	共通市場機構
CODEX	Codex Alimentarius Commission	食品規格委員会，コーデックス委員会
CRP	Conservation Reserve Program	保全休耕プログラム
CSA	Community Supported Agriculture	地域支援型農業
CSP	Conservation Stewardship Program	保全ステュワードシッププログラム
CSR	Corporate Social Responsibility	企業の社会的責任
CVM	Contingent Valuation Method	仮想評価法
EBPM	Evidenced-based Policy Making	根拠に基づく政策立案
EEC	European Economic Community	欧州経済共同体
EFSA	European Food Safety Authority	欧州食品安全庁
EGSS	Environmental Goods and Services Sector	環境財・サービス部門統計
EPA	Economic Partnership Agreement	経済連携協定
EPEA	Environmental Protection Expenditure Accounts	環境保護支出勘定
EQIP	Environmental Quality Incentive Program	環境改善奨励プログラム

EU	European Union	欧州連合
FAO	Food and Agriculture Organization	国連食糧農業機関
FAOSTAT		FAO（国連食糧農業機関）が提供するオンラインの食料・農業に関する統計・データ
FDA	U. S. Food and Drug Administration	（アメリカ）食品医薬品局
FOB	Free on Board	本船渡条件
FSIS	USDA Food Safety and Inspection Service	（アメリカ農務省）食品安全検査局
FSSC	Food Safety System Certification	食品安全システム認証，食品安全管理システム認証
FTA	Free Trade Agreement	自由貿易協定
GAEC	Good Agricultural and Environmental Condition	良好な農業・環境基準
GAO	U. S. Government Accountability Office	（アメリカ）政府説明責任局
GAP	Good Agricultural Practice	適正農業規範
GARIOA	Government Appropriation for Relief in Occupied Areas	占領地域救済政府資金，占領地域救済資金
GATT	General Agreement on Tariffs and Trade	関税及び貿易に関する一般協定
GDP	Gross Domestic Products	国内総生産
GFA	Global Framework Agreement	グローバル枠組み協定
GFSI	Global Food Safety Initiative	国際食品安全イニシアチブ
GHG	Greenhouse Gas	温室効果ガス
GHQ	General Headquarters (the Supreme Commander for the Allied Powers)	連合国軍最高司令官総司令部
GI	Geographical Indication	地理的表示保護制度
GIAHS	Globally Important Agricultural Heritage Systems	ジアス，世界重要農業遺産システム，世界農業遺産
GIS	Geographic Information System	地理情報システム
GM	Genetically Modified	遺伝子組換え
GMP	Good Manufacturing Practice	適正製造規範
GWP	Global Warming Potential	地球温暖化係数
HACCP	Hazard Analysis (and) Critical Control Point	ハサップ，ハセップ：危害（要因）分析重要管理点
IAF	International Accreditation Forum	国際認定フォーラム
IBRD	International Bank for Reconstruction and Development	国際復興開発銀行（世界銀行グループ）
ICRISAT	International Crops Research Institute for the Semi-Arid Tropics	国際半乾燥熱帯作物研究所
IFOAM	International Federation of Organic Agriculture Movements	国際有機農業運動連盟
IITA	International Institute of Tropical Agriculture	国際熱帯農業研究所

ILO	International Labour Organization	国際労働機関
IMF	International Monetary Fund	国際通貨基金
IPPC	International Plant Protection Convention	国際植物防疫条約
IRRI	International Rice Research Institute	国際稲研究所
ISO	International Organization for Standardization	国際標準化機構
IUCN	International Union for Conservation of Nature (and Natural Resources)	国際自然保護連合
IUF	International Union of Food, Agricultural, Hotel, Restaurant, Catering, Tobacco and Allied Workers' Association	国際食品関連産業労働組合連合会，国際食品労連
JAN	Japanese Article Number	日本共通商品コード，日本商品コード，JAN コード
JAS	Japanese Agricultural Standard	日本農林規格
JFS	Japan Food Management	食品安全規格，JFS 規格
JIS	Japanese Industrial Standards	日本工業規格
LARA	Licensed Agencies for Relief in Asia	アジア救済連盟，アジア救済機関，アジア救援公認団体
LEADER	Liaison Entre Actions de Développement de l' conomie Rurale (Links between the rural economy and development actions)	リーダー（事業），LEADER（事業）
LFA	Less Favoured Areas	条件不利地域
MDGs	Millennium Development Goals	（国連）ミレニアム開発目標
MERCOSUR	Mercado Común del Sur	南米共同市場
MFF	Multiannual Financial Framework	多年度財政枠組
MSA 協定	Mutual Defense Assistance Agreement between Japan and the United States of America	日米相互防衛援助協定，日本国とアメリカ合衆国との間の相互防衛援助協定
NAFTA	North American Free Trade Agreement	北米自由貿易協定
NRS	Natural Resources Section	天然資源局
ODA	Official Development Assistance	政府開発援助
OECD	Organization for Economic Co-operation and Development	経済協力開発機構
OIE	Office International des Epizooties	国際獣疫事務局
PDO	Protected Designation of Origin	保護原産地呼称，原産地名称保護制度
PGI	Protected Geographical Indication	地理的表示保護制度
POS	Point of Sales	販売時点（情報）管理
PPM	Product Portfolio Management	プロダクトポートフォリオ分析，プロダクトポートフォリオマネジメント，製品ポートフォリオ管理
PPP	Purchasing Power Parity	購買力平価
PSE	Producer Support Estimate	生産者支持相当

SAFER	Société d'aménagement foncier et d'établissement rural	サフェール，土地整備農村建設会社，土地整備農事創設会社
SARD	Sustainable Agriculture and Rural Development	持続可能な農業・農村の開発の促進
SDGs	Sustainable Development Goals	持続可能な開発目標
SEEA	System of Environmental-Economic Accounting	環境経済勘定
SNA	System of National Accounts	国民経済計算体系
SNAP	Supplemental Nutrition Assistance Program	補助的（補充的）栄養支援プログラム
SPS 協定	Sanitary and Phytosanitary Measures Agreement	衛生植物検疫措置の適用に関する協定
SQF	Safe Quality Food	SQF（認証）
TBT 協定	Agreement on Technical Barriers to Trade	貿易の技術的障害に関する協定
TEEB	The Economics of Ecosystems and Biodiversity	生物多様性の経済学，生態系と生物多様性の経済学
TPP 協定	Trans-Pacific Partnership Agreement	環太平洋パートナーシップ協定，環太平洋経済連携協定
TRIPS	Agreement on Trade-Related Aspects of Intellectual Property Rights	知的所有権の貿易関連の側面に関する協定
UNCTAD	United Nations Conference on Trade and Development	国連貿易開発会議
UNICEF	United Nations International Children's Emergency Fund (originally), United Nations Children's Fund	国際連合国際児童緊急基金（当初），国連児童基金
USDA	United State Department of Agriculture	アメリカ農務省
WHO	World Health Organization	世界保健機関
WTO	World Trade Organization	世界貿易機関

付録3 外国人名表記一覧

姓	氏名	氏名（英語表記が基本）	生没年
アンゾフ	イゴール・アンゾフ	Harry Igor Ansoff	1918-2002
ウェーバー	マックス・ウェーバー	Max Weber	1864-1920
ウォーラーステイン	イマニュエル・ウォーラーステイン	Immanuel M. Wallerstein	1930-
エーレボー（アーレボー）	フリードリッヒ・エーレボー（アーレボー）	Friedrich Aereboe	1865-1942
エンゲル	エルンスト・エンゲル	Ernst Engel	1821-1896
エンゲルス	フリードリッヒ・エンゲルス	Friedrich Engels	1820-1895
オストロム	エリノア・オストロム	Elinor Ostrom	1933-2012
オリーン	ベルティル・ゴットハード・オリーン	Bertil Gotthard Ohlin	1899-1979
カウツキー	カール・カウツキー	Karl J. Kautsky	1854-1938
クラーク	コーリン・クラーク	Colin G. Clark	1905-1989
ケインズ	ジョン・メイナード・ケインズ	John Maynard Keynes	1883-1946
ケネー	フランソワ・ケネー	François Quesnay	1694-1774
サイモン	ハーバート・サイモン	Herbert Alexander Simon	1916-2001
サミュエルソン	P. A. サミュエルソン	Paul Anthony Samuelson	1915-2009
シュンペーター	ジョセフ・シュンペーター	Joseph A. Schumpeter	1883-1950
スミス	アダム・スミス	Adam Smith	1723-1790
タウンゼント	チャールズ・タウンゼント	Charles Townshend	1674-1738
ダビッド	エドアルト・ダビッド	Eduard David	1863-1930
タル	ジェスロー・タル	Jethro Tull	1674-1741
チャヤノフ	アレキサンダー・チャヤノフ	Alexander Chayanov	1888-1937
チューネン	ヨハン・ハインリッヒ・フォン・チューネン	Johann Heinrich von Thünen	1783-1850
チュルゴー	チュルゴー	Anne Robert Jacques Turgot	1727-1781
テイラー	フレデリック・ウィンズロー・テイラー	Frederick Winslow Taylor	1856-1915
テーア	アルブレヒト・ダニエル・テーア	Albrecht Daniel Thaer	1752-1828
ハーディン	ギャレット・ハーディン	Garrett James Hardin	1915-2003
ハワード	アルバート・ハワード	Albert Howard	1873-1947
ピグー	A. C. ピグー	Arthur Cecil Pigou	1877-1959
ヒックス	ジョン・ヒックス	John Richard Hicks	1904-1989
フェスカ	マックス・フェスカ	Max Fesca	1846-1917
ブリンクマン	テオドール・ブリンクマン	Theodor Brinkmann	1877-1951
ベイクウェル	ロバート・ベイクウェル	Robert Bakewell	1725-1795
ベイン	ジョー・ベイン	Joe S. Bain	1912-1991
ヘクシャー	エリ・フィリップ・ヘクシャー	Eli Filip Heckscher	1879-1952
ペティ	ウィリアム・ペティ	William Petty	1623-1687
ポーター	マイケル・ポーター	Michael Porter	1947-
ボズラップ	エスター・ボズラップ	Ester Boserup	1910-1999

ポランニー	カール・ポランニー	Karl Polanyi	1886-1964
マーシャル	アルフレッド・マーシャル	Alfred Marshall	1842-1924
マルクス	カール・マルクス	Karl Marx	1818-1883
マルサス	トーマス・ロバート・マルサス	Thomas Robert Malthus	1766-1834
モア	トマス・モア	Thomas More	1478 (1477) -1535
ヤング	アーサー・ヤング	Arthur Young	1741-1820
リービッヒ	フライヘル・ユストゥス・フォン・リービッヒ	Freiherr Justus von Liebig	1803-1873
リカード	デイビッド・リカード	David Ricardo	1772-1823
リスト	フリードリッヒ・リスト	Friedrich List	1789-1846
ルクセンブルク	ローザ・ルクセンブルク	Rosa Luxemburg	1871-1919
レーニン	ウラジミール・イリッチ・レーニン	Vladimir Ilich Lenin	1870-1924
レオンチェフ	ワシリー・レオンチェフ	Wassily Leontief	1906-1999
ロジャース	エベレット・ロジャース	Everett M. Rogers	1931-2004
ロビンソン	エドワード・オースチン・ロビンソン	Edward Austin G. Robinson	1897-1993
ワルラス	レオン・ワルラス	Marie Esprit Léon Walras	1834-1910

引用・参考文献

（＊各文献の末尾の［ ］内に明記した数字は引用・参考している項目番号を表す）

第１章　経済学の発展と農業

【引用文献】

■い

泉田洋一（2005）「近代経済学的農業・農村分析の50年」泉田洋一編『近代経済学的農業・農村分析の50年』農林統計協会，1-14．［*1-14*］

今村奈良臣（1969）「稲作の階層間格差—生産力視点からみた山形・庄内，新潟・蒲原，佐賀平坦の比較分析」『日本の農業』62．［*1-13*］

■う

内田義彦（1989）『内田義彦著作集　第二巻　経済学史講義』岩波書店．［*1-5*］

■え

エンゲルス，F.（1894）「フランスおよびドイツにおける農民問題」/大内 力編訳（1973）『マルクス・エンゲルス農業論集』岩波文庫，151-185．［*1-13*］

■か

カウツキー，K.（1899）/向坂逸郎訳（1946）『農業問題　上・下巻』岩波文庫．［*1-3*］，［*1-13*］

加賀爪 優（2001）「国際備蓄構想とその食料市場安定化効果」『生物資源経済研究』7, 168-169．［*1-10*］

加賀爪 優（2009）「東アジア共同体構想における農業・環境問題と産業内貿易の意義」『生物資源経済研究』14, 60-61．［*1-10*］

加用信文（1970）『農業経済の理論的考察（増補版）』御茶の水書房．［*1-5*］

神取道宏（2014）『ミクロ経済学の力』日本評論社．［*1-14*］

■く

熊野純彦（2018）『マルクス　資本論の哲学』岩波新書．［*1-13*］

■こ

河野敏明（2008）『農業立地変動論—農業立地と産地間競争の動態分析理論』流通経済大学出版会．［*1-6*］

小松 章（2006）『新経営学ライブラリ５　企業形態論（第３版）』新世社．［*1-8*］

小松芳喬（1961）『イギリス農業革命の研究—第一次エンクロウジャをめぐる諸問題』岩波書店．［*1-15*］

■さ

斎藤 修（1988）「大開墾・人口・小農経済」速水 融・宮本又郎編『日本経済史１　経済社会の成立　17-18世紀』岩波書店，171-215．［*1-11*］

■し

椎名重明（1973）『近代的土地所有—その歴史と理論』東京大学出版会．［*1-15*］

■た

ダーヴィット，E.（1903）/森 力訳（1931）『社会主義と農業』日本評論社．［1-3］

■ち

チャヤーノフ，A.（1911-12）/磯辺秀俊・杉野忠夫訳（1957）『小農経済の原理（増訂版）』大明堂（ドイツ語訳（1923）をもとに翻訳）．［1-3］
チューネン，J.（1826）/近藤康男・熊代幸雄訳（1989）『近代経済学古典選集　孤立国』日本経済評論社．［1-6］

■と

徳田博美（1997）『果実需給構造の変化と産地戦略の再編―東山型果樹農業の展開と再編』農林統計協会．［1-6］

■な

中安定子・荏開津典生（1996）「農業経済研究の動向と展望・総括」中安定子・荏開津典生編『農業経済研究の動向と展望』富民協会，7-34．［1-14］

■に

日本農業経営学会編（2014）『農業経営の規模と企業形態―農業経営における基本問題』農林統計出版．［1-8］

■の

農林水産省（2018）『海外農業情報』（http://www.maff.go.jp/j/kokusai/kokusei/kaigai_nogyo/）．［1-2］

■は

速水佑次郎（2000）『新版　開発経済学―諸国民の貧困と富』創文社．［1-14］
速水佑次郎・神門善久（2002）『農業経済論（新版）』岩波書店．［1-2］
原 洋之介（2006）『「農」をどう捉えるか―市場原理主義と農業経済原論』書籍工房早山．［1-14］

■ふ

ブリッグズ，A.（1984）/今井宏他訳（2004）『イングランド社会史』筑摩書房．［1-15］

■ほ

ボズラップ，E.（1966）/安澤秀一・安澤みね訳（1975）『農業成長の諸条件―人口圧による農業変化の経済学』ミネルヴァ書房．［1-11］

■ま

松田智雄（1967）『ドイツ資本主義の基礎研究―ウュルテンベルク王国の産業発展』岩波書店．［1-12］
マルクス，K.（1894）/社会科学研究所監修（1983）『資本論　第3巻』新日本出版社．［1-7］

■も

モア，T.（1516）/平井正穂訳（1957）『ユートピア』岩波文庫．［1-15］

■や

矢口芳生（2012）『矢口芳生著作集　第2巻　農業貿易摩擦論』農林統計出版，196-258.［*1-1*］

矢口芳生（2013）『矢口芳生著作集　第8巻　共生社会システム論』農林統計出版，317-328.［*1-17*］

安場保吉（1980）『第二版　経済学全集12　経済成長論』筑摩書房.［*1-11*］

■り

リカードウ，D.（1817）/羽鳥卓也・吉澤芳樹訳（1987）『経済学および課税の原理　上巻』岩波文庫.［*1-5*］

リスト，F.（1841）/小林 昇訳（1970）『経済学の国民的体系』岩波書店.［*1-12*］

リスト，F.（1842）/小林 昇訳（1974）『農地制度論』岩波文庫.［*1-12*］

■れ

レーニン，V.I.（1899）/山本 敏訳（1978，1981）『ロシアにおける資本主義の発展　上・中・下巻』岩波文庫.［*1-13*］

■H

Hayami, Y. and Ruttan, V.W.（1971）, *Agricultural Development : An International Perspective*, Johns Hopkins University Press.［*1-11*］

【参考文献】

■か

カウツキー，K.（1899）/向坂逸郎訳（1946）『農業問題　上・下巻』岩波文庫.［*1-7*］

加賀爪 優（2011）「日系食品企業による海外直接投資の国際的波及効果に関する応用一般均衡分析」『生物資源経済研究』16, 33-54.［*1-10*］

■こ

小林 昇（1978-1979）『小林昇経済学史著作集　Ⅵ，Ⅶ，Ⅷ　フリードリッヒ・リスト研究（1），（2），（3）』未来社.［*1-12*］

近藤康男編（1966）『農業経済研究入門（新版）』東京大学出版会.［*1-3*］

■し

椎名重明（1962）『近代土地制度史研究叢書　第8巻　イギリス産業革命期の農業構造』御茶の水書房.［*1-9*］

七戸長生（1988）『日本農業の経営問題―その現状と発展理論』北海道大学図書刊行会.［*1-7*］

生源寺眞一（1993）「土地と農業」生源寺眞一他『農業経済学』東京大学出版会，117-149.［*1-5*］

■す

スミス，A（1776）/大河内一男監訳（1978）『国富論　Ⅰ～Ⅲ巻』中公文庫.［*1-9*］

■な

中村隆之（2018）『はじめての経済思想史―アダム・スミスから現代まで』講談社現代新書.［*1-9*］

中安定子・荏開津典生（1996）『農業経済研究の動向と展望』富民協会.［*1-13*］

■の

農林水産省（2017）『平成 28 年度食料需給表』.［1-2］
農林水産省（2018）『平成 29 年度食料・農業・農村白書』.［1-2］

■は

速水佐次郎・神門善人（2002）『農業経済論（新版）』岩波書店.［1-16］
原 洋之介編（2001）『アジア経済論（新版）』NTT 出版.［1-16］

■ひ

平野克己（2013）『経済大陸アフリカ―資源，食糧問題から開発政策まで』中公新書.［1-16］

■み

南 亮進（1981）『日本の経済発展』東洋経済新報社.［1-16］

■も

諸田 實（2018）『異色の経済学者　フリードリッヒ・リスト』春風社.［1-12］

■や

矢口芳生（2012）『矢口芳生著作集　第 3 巻　農政改革論』農林統計出版.［1-1］
矢口芳生（2013）『矢口芳生著作集　第 5 巻　農業多様性論』農林統計出版.［1-17］
矢口芳生（2018）『持続可能な社会論』農林統計出版.［1-17］
山崎亮一（2016）『農業経済学講義』日本経済評論社.［1-7］

■よ

横山淳一（1994）「『孤立国』における農業立地論の再検討」『人文地理』46（1），43-65.［1-6］

■ W

World Bank（2007）*World Development Report 2008 : Agriculture for Development.*［1-16］

第 2 章　農業経済学のユニークネスと新展開

【引用文献】

■あ

浅見淳之（2015）『農村の新制度経済学―アジアと日本』日本評論社.［2-17-2］
有賀喜左衛門（1969）『有賀喜左衛門著作集Ⅶ　社会史の諸問題』未来社.［2-12］
有賀喜左衛門（1972）『家』至文堂.［2-12］

■い

今井賢一・後藤 晃（1976）「食品」熊谷尚夫編『日本の産業組織Ⅲ』中央公論社.［2-16］

■え

エンゲルス，F.（1894）「フランスとドイツの農民問題」マルクス，K.・エンゲルス，F. 著/大内 力編訳

(1973)『マルクス・エンゲルス農業論集』岩波文庫，151-185.［*2-18*］

■か

カウツキー，K.（1899）/向坂逸郎訳（1946）『農業問題　上・下巻』岩波書店.［*2-18*］
加古敏之（1992）『稲作の発展過程と国際化対応』明文書房.［*2-4*］
柏 祐賢（1962）『農学原論』養賢堂.［*2-1*］，［*2-2*］
嘉田由紀子（2001）『水辺ぐらしの環境学―琵琶湖と世界の湖から』昭和堂.［*2-8*］
加用信文（1972）『日本農法論』御茶の水書房.［*2-3*］

■く

熊代幸雄（1974）『比較農法論―東アジア伝統農法と西ヨーロッパ近代農法』御茶の水書房.［*2-3*］
クルチモウスキー，R.（1919）/橋本伝左衛門訳（1932）『農学原論』西ヶ原刊行会.［*2-1*］
クロハリョフ，エフ・エス（1960）/的場徳造訳（1965）『農耕方式について―その史的概観』刀江書院.［*2-3*］

■さ

坂本慶一（1986）「農業・農村の教育的機能」農村開発企画委員会編『教育と農村―どう進めるか体験学習』地球社.［*2-7*］

■し

椎名重明編（1987）『ファミリー・ファームの比較史的研究』御茶の水書房.［*2-11*］

■ち

チャーヤノフ，A.（1911-12）/磯辺秀俊・杉野忠夫訳（1957）『小農経済の原理（増訂版）』大明堂.［*2-12*］，［*2-18*］

■つ

柘植隆宏他編著（2011）『環境評価の最新テクニック―表明選好法・顕示選好法・実験経済学』勁草書房.［*2-17-1*］

■て

テーア，A.（1809-1812）/相川哲夫訳（2007）『合理的農業の原理　上・中・下巻』農山漁村文化協会.［*2-1*］
暉峻衆三編（2003）『日本の農業 150 年― 1850～2000 年』有斐閣.［*2-18*］

■と

徳永光俊（2019）『歴史と農書に学ぶ　日本農法の心土―まわし・ならし・合わせ』農山漁村文化協会.［*2-3*］

■な

内務省勧農局（1880）「人民常食種類調査」豊川裕之・金子俊（1988）『日本近代の食事調査資料　第一巻明治篇　日本の食文化』全国食糧振興会.［*2-15*］
中島紀一（2013）『シリーズ地域の再生　第 20 巻　有機農業の技術とは何か』農山漁村文化協会.［*2-3*］

文献

■に

日本農学会編（2009）『日本農学 80 年史』養賢堂.［2-2］

■の

農業情報学会編（2014）『スマート農業—農業・農村のイノベーションとサスティナビリティ』農林統計出版.［2-3］

■は

速水佑次郎（2006）「経済発展における共同体と市場の役割」澤田康幸・園部哲史編著『市場と経済発展』東洋経済新報社.［2-9］

原 洋之助（2006）『「農」をどう捉えるか—市場原理主義と農業経済原論』書籍工房早山.［2-2］

■ひ

平松 紘（1995）『イギリス環境法の基礎研究—コモンズの史的変容とオープンスペースの展開』敬文堂.［2-8］

■ほ

ボズラップ，E.（1965）/安澤秀一・安澤みね訳（1975）『農業成長の諸条件—人口圧による農業変化の経済学』ミネルヴァ書房.［2-14］

■ま

マルサス，T.R.（1798）/永井義雄訳（1969）『人口論』中央公論社.［2-14］

■み

水野章二（2015）『里山の成立—中世の環境と資源』吉川弘文館.［2-10］

宮沢賢治（1932）『グスコーブドリの伝記』宮沢賢治（1986）『宮沢賢治全集 8』ちくま文庫.［2-15］

■や

安室 知（1999）『餅と日本人—「餅正月」と「餅なし正月」の民俗文化論』雄山閣出版.［2-15］

柳田國男（1940）『食物と心臓』柳田國男（1990）『柳田國男全集 17』ちくま文庫.［2-15］

山田伊澄（2016）『農業体験学習の実証分析—教育的効果の向上と農村活性化をめざして』農林統計協会.［2-7］

■よ

吉田謙太郎（2013）『生物多様性と生態系サービスの経済学』昭和堂.［2-6］

吉田行郷他（2014）「農業分野に本格進出した特例子会社の実態と課題」『農業経済研究』86（1），12-26.［2-7］

■C

Coase, R. H.（1937）The Nature of the Firm, *Economica, New Series,* 4（16）, 386-405.（宮沢健一他訳（1992）『企業・市場・法』第 2 章，東洋経済新報社.）［2-17-2］

■F

FAO（2013）Investing in Smallholder Agriculture for Food Security and Nutrition, Prepared for the High

Level Panel of Experts on Food Security and Nutrition of the Committee on World Food Security. [*2-11*]

FAO (2014) What do we really know about the number and distribution of farms and family farms in the world? Background paper for the State of Food and Agriculture 2014. [*2-11*]

■ H

Hardin, G. (1968) The Tragedy of the Commons, *Science*, 162, 1243-1248. [*2-8*]

■ O

Ostrom, E. (1990) *Governing the Commons, The Evolution of Institutions for Collective Action*, Cambridge University Press. [*2-8*]

■ P

Ploeg, J an Douwe van der (2018) *The New Peasantries, Rural Development in Times of Globalization*, Routledge. [*2-18*]

■ R

Rosset, P. and Altieri, M. (2017) *Agroecology : Science and Politics*, Fernwood Books. [*2-11*]

■ S

Shanin, Teodor ed. (1987) *Peasants and Peasant Societies*, Basil Blackwell. [*2-12*]

【参考文献】

■ あ

安倍澄子 (2005)『現代農家の家計構造に関する研究』建帛社. [*2-12*]

■ い

飯沼二郎 (1985)『農業革命の研究—近代農学の成立と破綻』農山漁村文化協会. [*2-3*]
依田高典 (2010)『行動経済学—感情に揺れる経済心理』中公新書. [*2-17-1*]

■ お

大江靖雄 (2003)『農業と農村多角化の経済分析』農林統計協会. [*2-5*]

■ か

加用信文 (1996)『農法史序説』御茶の水書房. [*2-3*]
川越敏司 (2007)『実験経済学』東京大学出版会. [*2-17-1*]

■ き

京都ふるさとセンター編集, 池上甲一編集責任 (2004)『京の旬—食と農の達人をめざして』昭和堂. [*2-13*]

■ こ

国際連合大学高等研究所/日本の里山・里海評価委員会編 (2012)『里山・里海—自然の恵みと人々の暮らし』朝倉書店. [*2-10*]

■さ

西條辰義編著（2007）『実験経済学への招待』NTT 出版.［*2-17-1*］
坂本慶一（1994）「応用科学の方法（3）」『福井県立大学論集』5.［*2-2*］
佐藤和夫（2000）「農業・農村における外部効果の経済的評価と費用負担に関する環境経済学的研究」『北海道大学大学院農学研究科邦文紀要』23（2），61-118.［*2-5*］

■し

食品産業センター（2017）『平成 29 年度版　食品産業統計年報』.［*2-16*］

■そ

祖田 修（2000）『農学原論』岩波書店.［*2-1*］,［*2-2*］
祖田 修（2013）『近代農業思想史―21 世紀の農業のために』岩波書店.［*2-4*］

■た

高橋正郎監修，清水みゆき編著（2016）『食料経済―フードシステムからみた食料問題（第 5 版）』オーム社.［*2-14*］,［*2-16*］

■て

出村克彦他編（2008）『農業環境の経済評価―多面的機能・環境勘定・エコロジー』北海道大学出版会.［*2-5*］

■な

中島紀一他編（2009）『戦後日本の食料・農業・農村　第 9 巻　農業と環境』農林統計協会.［*2-5*］
中本英里・胡 柏（2016）「ひきこもり者の社会復帰と自立性向上に果たす農園芸活動の役割」『農業経済研究』87（4），319-333.［*2-7*］
並河良一（2015）『ハラル食品マーケットの手引き（改訂版）』日本食糧新聞社.［*2-15*］
並木正吉他編（1987）『21 世紀を迎える　日本の食品産業　Ⅰ・Ⅱ・Ⅲ上・Ⅲ下巻』農山漁村文化協会.［*2-16*］

■は

橋本 禅・齊藤 修（2014）『農村計画学のフロンティア 4　農村計画と生態系サービス』農林統計出版.［*2-10*］

■も

守山 弘（1997）『自然環境とのつきあい方 6　むらの自然をいかす』岩波書店.［*2-10*］

第 3 章　農業と技術

【引用文献】

■あ

秋野正勝（1982）「農業研究活動の経済分析」森島 賢・秋野正勝編著『農業開発の理論と実証』養賢堂，1-17.［*3-9*］

荒幡克己・梅本 雅（2007）「土地利用方式」日本農業経営学会農業経営学術用語事典編纂委員会編『農業経営学術用語事典』農林統計協会，161.［3-14］

■い

磯辺秀俊（1971）『農業経営学―変革期における経営改善』養賢堂.［3-5］

■う

梅本 雅（1999）「序章　水稲直播栽培技術に対する経営的評価の展開と課題」小室重雄編著『水稲直播の経営的効果と定着条件』農林統計協会，13.［3-16］
梅本 雅（2004）「農業経営と生産技術」山崎耕宇他監修『新編　農学大事典』養賢堂，155-158.［3-4］
梅本 雅（2006）「直播による水田農法」金沢夏樹編集代表『日本農業経営年報 No. 5　新たな方向を目指す水田作経営』農林統計協会，173.［3-16］

■え

荏開津典生（2003）『農業経済学（第 2 版）』岩波書店.［3-5］

■お

大久保隆弘（1976）『作物輪作技術論』農山漁村文化協会.［3-15］
大谷隆二（2015）「プラウ耕鎮圧体系の乾田直播と水田農業の今後」『日本土壌肥料学雑誌』86（1），42-47.［3-4］

■か

金沢夏樹（1982）『農業経営学講義』養賢堂.［3-5］

■こ

小室重雄編著（1999）『水稲直播の経営的効果と定着条件』農林統計協会.［3-16］

■さ

齋藤陽子（2011）『小麦品種改良の経済分析―その変遷と品質需要』農林統計協会.［3-9］
崎浦誠治（1984）『稲品種改良の経済分析』養賢堂.［3-9］

■し

七戸長生（1986）『日本農業の経営問題―その現状と発展論理』北海道大学図書刊行会.［3-3］
澁澤 栄編著（2006）『精密農業』朝倉書店.［3-13］
生源寺眞一（2013）『岩波現代全書 014　農業と人間―食と農の未来を考える』岩波書店.［3-8］
陣内義人（1989）『食糧・農業問題全集 5　人間と自然の生産力―効率追求からの解放』農山漁村文化協会.［3-3］

■す

住田弘一他（2005）「田畑輪換の繰り返しや長期畑転換に伴う転作大豆の生産力低下と土壌肥沃度の変化」『東北農研報告』103, 39-52.［3-15］

■た

高辻正基（2007）『完全制御型植物工場』オーム社.［3-17］

■つ

辻 雅男（1993）「土地利用方式論」長 憲次編『農業経営研究の課題と方向―日本農業の現段階における再検討』日本経済評論社，82-95．［*3-14*］

■て

暉峻衆三（2003）「占領下の日本資本主義の再編成と農地改革」暉峻衆三編『日本の農業150年―1850～2000年』有斐閣．［*3-3*］

■な

南石晃明（2002）「経営研究における情報システム開発の意義と課題」『農業経営研究』40（1），87-92．［*3-13*］

南石晃明編著（2011）『農業におけるリスクと情報のマネジメント』農林統計出版．［*3-13*］

南石晃明他編著（2016）『TPP時代の稲作経営革新とスマート農業―営農技術パッケージとICT活用』養賢堂．［*3-13*］

南石晃明・藤井吉隆編著（2015）『農業新時代の技術・技能伝承―ICTによる営農可視化と人材育成』農林統計出版．［*3-13*］

■の

農林水産技術会議事務局編（1989）『農林水産研究文献解題No. 15　自然と調和した農業技術編』農林統計協会．［*3-11*］

農林水産技術会議事務局編（1995）『農林水産研究文献解題No. 21　環境保全型農業技術』農林統計協会．［*3-11*］

農林水産省・経済産業省（2009）「農商工連携研究会　植物工場ワーキンググループ」食品工業編集部編（2010）『食品工業NEO　植物工場―第3次ブームにおける施工事例と新技術』光琳．［*3-17*］

農林水産省農業研究センター編（1996）『農業技術の経営評価マニュアル―その方法と実際』．［*3-8*］

農林水産省農林水産技術会議事務局（1965）『農業技術の経営評価，農業経営研究中央打合会議概要報告』．［*3-8*］

■は

速水佑次郎（1995）『開発経済学―諸国民の貧困と富』創文社．［*3-9*］

■ふ

フェスカ，M.（1939）「農業改良按」農林省農務局編纂『明治前期勧農事蹟集録　下巻』大日本農会，1756．［*3-6*］

胡 柏（2018）「有機農業の新しい地平―技術と経営力の視点から」『有機農業をはじめよう！農業経営力を養うために』有機農業参入促進協議会，6-9．［*3-11*］

■ほ

堀内久太郎（2001）「地域農業の展開と技術研究の役割―技術開発を中心に」『農林業問題研究』141，12-17．［*3-8*］

■ま

丸山敦史・矢野祐樹（2016）「植物工場野菜に対する消費者イメージの理解とマーケティング」斎藤 修監修『フードシステム革新のニューウェーブ』日本経済評論社，226-241．［*3-17*］

■よ

横山繁樹（2014）「農業普及とルーラル・アドバイザリー・サービスの国際潮流」『農業普及研究』19（2），90-104．〔*3-7*〕

■わ

渡辺兵力（1976）『農業技術論』龍渓書舎．〔*3-5*〕

■L

Leeuwis, C.（2004）*Communication for Rural Innovation : Rethinking Agricultural Extension*, Blackwell Publishing Ltd.〔*3-7*〕

■R

Rogers, E. M.（2003, 1st 1962）*Diffusion of Innovations*, 5th Edition, Free Press.〔*3-7*〕

【参考文献】

■あ

天野慶之他編（1985）『有機農業の事典―暮らしを見つめる 60 講』三省堂．〔*3-10*〕

■い

石井哲也（2017）『ゲノム編集を問う―作物からヒトまで』岩波新書．〔*3-12*〕
磯辺俊彦（1979）「明治農法の形成とその担い手」「農林水産省百年史」編纂委員会編『農林水産省百年史　上巻』「農林水産省百年史」刊行会．〔*3-6*〕
伊藤喜雄（1979）『農業の技術と経営』家の光協会，121-184．〔*3-2*〕

■う

鵜飼保雄（2003）『植物育種学―交雑から遺伝子組換えまで』東京大学出版会．〔*3-12*〕

■か

梶井 功（1986）「土地利用方式論序説」梶井 功編著『土地利用方式論―日本的土地利用の方向』農林統計協会，3-33．〔*3-14*〕
川田信一郎（1976）『日本作物栽培論』養賢堂．〔*3-6*〕

■く

櫛渕欽也監修（1995）『直播稲作研究四半世紀のあゆみ―直播稲作への挑戦　第 1 巻』農林水産技術情報協会．〔*3-16*〕

■た

高辻正基（2012）『完全制御型植物工場のコストダウン手法』日刊工業新聞社．〔*3-17*〕

■ち

長 憲次（1988）『水田利用方式の展開過程』農林統計出版，225-295．〔*3-15*〕

■な

中島紀一（2013）『シリーズ地域の再生 20　有機農業の技術とは何か―土に学び，実践者とともに』農山漁村文化協会．［3-10］
中島紀一他（2015）『シリーズいま日本の「農」を問う 3　有機農業がひらく可能性―アジア・アメリカ・ヨーロッパ』ミネルヴァ書房．［3-10］
中島征夫（1994）「水田利用再編の技術論的課題」永田恵十郎編著『水田農業の総合的再編―新しい地域農業像の構築に向けて』農林統計協会，216-231．［3-15］

■に

日本土壌協会（2011）『有機栽培技術の手引　葉菜類等編』．［3-11］
日本土壌協会（2012）『有機栽培技術の手引　水稲・大豆等編』．［3-11］
日本土壌協会（2013）『有機栽培技術の手引　果樹・茶編』．［3-11］
日本土壌協会（2014）『有機栽培技術の手引　果菜類編』．［3-11］
日本農業研究所編（1970-1972）『戦後農業技術発達史　第 1 巻～第 10 巻』．［3-1］
日本農業発達史調査会編（1978）『日本農業発達史（改訂版）　第 1 巻～第 5 巻』中央公論社．［3-6］
日本農業普及学会（2005）『農業普及事典』全国農業改良普及支援協会．［3-7］

■の

農業・生物系特定産業技術研究機構編著（2006）『最新　農業技術事典』農山漁村文化協会．［3-5］
農林水産技術会議事務局編（1982）『農林水産研究文献解題 No. 9　作付方式・作付体系編』農林統計協会．［3-14］
農林水産省農林水産技術会議事務局昭和農業技術発達史編纂委員会編集（1993-1998）『昭和農業技術発達史　第 1 巻～第 7 巻』農林水産技術情報協会．［3-1］
農林水産省農林水産技術会議事務局昭和農業技術発達史編纂委員会編集（1995）『昭和農業技術発達史　第 1 巻　農業動向編―農業近代化と農業技術の展開』農山漁村文化協会，266-284．［3-2］

■は

波多野忠雄（1985）『現代稲作の技術構造―田植の機械化を視点にして』農林統計協会，1-38．［3-2］
ハワード，A.（1940）/保田 茂監訳（2003）『農業聖典』日本有機農業研究会．［3-10］

■ふ

藤岡典夫・立川雅司編著（2006）『農林水産政策研究叢書　第 7 号　GMO グローバル化する生産とその規制』農山漁村文化協会．［3-12］

■ほ

堀口健治・梅本 雅編（2015）『戦後日本の食料・農業・農村　第 13 巻　大規模営農の形成史』農林統計協会．［3-3］

■み

三位正洋（1994）「バイオテクノロジー植物（農業技術）の場合」『日本大百科全書』小学館．［3-12］

■わ

渡辺兵力（1985）『農業の技術―技術論・ノート』養賢堂．［3-5］

第４章　農業経営

【引用文献】

■あ

阿部亮耳（1971）「農業経営複式簿記の勘定設定について」『農業計算学研究』5，34–57．［4-9］
淡路和則（1996）『経営者能力と担い手の育成』農林統計協会．［4-10］
アンゾフ，I.(1965)/中村元一監訳（2015）『戦略経営論（新訳）』中央経済社．［4-11］

■い

石田正昭（2013）「次代を拓く経営者能力とは」『農業と経済』79（2），5–15．［4-10］
伊丹敬之・加護野忠男（2013）『ゼミナール経営学入門（第３版）』日本経済新聞出版社．［4-11］
伊庭治彦他編著（2016）『農業・農村における社会貢献型事業論』農林統計協会．［4-19］
入山章栄（2015）『ビジネススクールでは学べない世界最先端の経営学』日経 BP 社．［4-8］

■う

内山智裕（2011）「農業における「企業経営」と「家族経営」の特質と役割」『農業経営研究』48（4），36–45．［4-1］
梅本 雅（2014）「農業経営における規模論の展開」盛田清秀他編『農業経営の規模と企業形態―農業経営における基本問題』農林統計出版．［4-2］

■お

大槻正男（1938）『農家経済簿記―その原理と京大式簿記詳説』養賢堂．［4-9］
小田切徳美編著（2008）『日本の農業― 2005 年農業センサス分析』農林統計協会．［4-19］

■か

桂 明宏（2002）『果樹園流動化論』農林統計協会．［4-7］
金沢夏樹（1982）『農業経営学講義』養賢堂．［4-2］
川本 彰（1972）『日本農村の論理』龍渓書舎．［4-19］

■き

菊池泰次（1985）「農業経営における規模と集約度」菊池泰次編著『農業経営の規模・集約度論』地球社，9–13．［4-2］
木南 章（2013）「コメント」『農業経営研究』50（4），60．［4-1］
木南 章（2003）「外部環境のマネジメント」日本農業経営学会編『新時代の農業経営への招待―新たな農業経営の展開と経営の考え方』農林統計協会，177–189．［4-8］
木村伸男（1982）『農業経営発展と土地利用』日本経済評論社．［4-7］
木村伸男（2008）『現代農業のマネジメント―農業経営学のフロンティア』日本経済評論社．［4-8］，［4-10］

■こ

国税庁（2006）『農業を営む者の取引に関する記載事項等の特例について（法令解釈通達）』（平成 18 年 1 月 12 日課個 5–3）．［4-9］
小林茂典（2017）「主要野菜の加工・業務用需要の動向と国内の対応方向― 2015 年度の推計結果をもとに」『野菜情報』2017 年 11 月号，38．［4-13］

コールドウェル，J. S.・横山繁樹・後藤淳子監訳（2000）『ファーミングシステム研究—理論と実践』農林水産省国際農林水産業研究センター．［4-18］

■し

重富真一（1983）「農業経営者能力形成過程に関する一考察」『農林業問題研究』19（2），67-74．［4-10］
清水龍瑩（1983）『経営者能力論』千倉書房．［4-10］
生源寺眞一（1990）『農地の経済分析』農林統計協会．［4-2］

■せ

全国農業会議所・全国新規就農相談センター編集・発行（2017）『新規就農者の就農実態に関する調査結果—平成28年度—』．［4-17］

■ち

長 憲次（1978）「農業経営の展開と村落」農業経営構造問題研究会編『農業経営の歴史的課題』農山漁村文化協会，171-192．［4-19］

■て

天間 征（1971）「農業の経営者能力に関する研究」『農業経済研究』43（1），33-40．［4-10］

■な

中安定子（1978）『農業の生産組織』家の光協会．［4-16］
並木正吉（1960）『農村は変わる』岩波新書．［4-16］
南石晃明編著（2010）『東アジアにおける食のリスクと安全確保』農林統計出版．［4-20］
南石晃明編著（2011）『農業におけるリスクと情報のマネジメント』農林統計出版．［4-20］

■に

日本農業経営学会・農業経営学術用語辞典編纂委員会（2007）『農業経営学術用語辞典』農林統計協会．［4-1］

■の

農林水産省『平成28年新規就農者調査』2017年9月8日公表（http://www.maff.go.jp/j/tokei/kouhyou/sinki/）2018年7月1日閲覧．［4-17］
農林水産省（2001）『平成13年青果物・花き集出荷機構調査報告』農林水産省．［4-13］
農林水産省（2017a）『「農業競争力強化プログラム」関係資料（平成29年4月19日更新）』参考資料「13. 牛乳・乳製品の生産・流通等の改革」農林水産省生産局，8．［4-13］
農林水産省（2017b）『米をめぐる関係資料』農林水産省，10．［4-13］
農林水産省経営局資料（http://www.maff.go.jp/j/keiei/koukai/sannyu/kigyou_sannyu.html）2018年7月1日閲覧．［4-17］

■よ

吉田寛一・菊元富雄編（1982）『農業経営学』文永堂出版．［4-18］

■わ

和田照男（1979）「農業生産組織の企業形態論的分析方法」『農業経営研究』17（1）．［4-19］
和田照男編著（1990）『新しい農業経営管理』農林統計協会．［4-8］

■ F

Fleisher, B.（1990）*Agricultural Risk Management,* Lynne Rienner Publishers, xiii, 27-41.［*4-20*］

■ H

Hardaker, J. B., et al.（2007）*Coping with Risk in Agriculture,* 2nd Edition, CABI Publishing, UK.［*4-20*］
Harwood, J., et al.（1999）, Managing Risk in Farming : Concepts, Research and Analysis, Market and Trade Economics Division and Resource Economics Division, Economic Research Service, U.S. Department of Agriculture, *Agricultural Economic Report,* 774.［*4-20*］

■ O

O'Donoghue et al.（2009）Exploring Alternative Farm Definitions : Implications for Agricultural Statistics and Program Eligibility, *Economic Information Bulletin,* No.（EIB-49）, USDA.［*4-1*］

【参考文献】

■ い

和泉真理著・板橋衛監修（2018）『産地で取り組む新規就農支援』筑波書房.［*4-17*］
磯辺秀俊編著（1974）『新編　畜産経営学』恒星社厚生閣.［*4-6*］
岩崎 徹・牛山敬二編著（2006）『北海道農業の地帯構成と構造変動』北海道大学出版会.［*4-5*］
岩元典一（1979）「農業労働の種類とその性格」桃野作次郎編『農業経営要素論・組織論』地球社, 117-140.［*4-3*］

■ う

梅本 雅（1997）『水田作経営の構造と管理』日本経済評論社.［*4-4*］

■ え

荏開津典生・鈴木宣弘（2015）『農業経済学（第 4 版）』岩波書店.［*4-1*］

■ か

梶井 功編（1982）『畜産経営と土地利用　総括編　飼料問題の展開と経営構造』農山漁村文化協会.［*4-6*］
香月敏孝（2005）『農林水産政策研究叢書　第 6 号　野菜作農業の展開過程―産地形成から再編へ』農山漁村文化協会.［*4-7*］
加藤義忠監修（2006）『現代流通事典』白桃書房.［*4-13*］
金沢夏樹（1982）『農業経営学講義』養賢堂.［*4-14*］
金沢夏樹編集代表（2006）『日本農業経営年報 No. 5　新たな方向を目指す水田作経営』農林統計協会.［*4-4*］

■ こ

コトラー, P. 他（2016）/恩藏直人監訳（2017）『コトラーのマーケティング 4.0』朝日新聞出版.［*4-12*］

■ さ

斎藤 修監修（2014）『フードシステム学叢書　第 4 巻　フードチェーンと地域再生』農林統計出版.［*4-12*］
酒井惇一（1981）『地域農業複合化の理論と実践』家の光協会.［*4-14*］

酒井惇一他（1998）『全集　世界の食料　世界の農村　農業の継承と参入―日本と欧米の経験から』農山漁村文化協会．［*4-16*］
澤田 守（2018）「農業労働力・農業就業構造の変化と経営継承」農林水産省編『2015年農林業センサス総合分析報告書』農林統計協会，84-131．［*4-3*］

■し

島津 正他編著（1984）『畜産経営学』文永堂出版．［*4-6*］

■す

スターン，L. W. 他（1989）/光澤滋朗監訳（1995）『チャネル管理の基本原理』晃洋書房．［*4-13*］

■た

高橋正郎監修（2001）『フードシステム学全集　第6巻　フードシステムの構造変化と農漁業』農林統計協会．［*4-12*］
田代洋一（1996）「農業労働力」中安定子・荏開津典生編『農業経済研究の動向と展望』富民協会，62-74．［*4-3*］

■ち

長 憲次編（1993）『農業経営研究の課題と方向―日本農業の現段階における再検討』日本経済評論社．［*4-5*］，［*4-14*］

■つ

土田志郎（1997）『水田作経営の発展と経営管理』農林統計協会．［*4-4*］
土田志郎・宮武恭一（2019）「農業経営研究における経営戦略論の再検討」『農業経営研究』56（2），3-11．［*4-11*］

■と

徳田博美・長谷川啓哉・内藤重之（2012）「園芸経営研究の評価と展望」日本農業経営学会編，津谷好人責任編集『農業経営研究の軌跡と展望』農林統計出版，339-358．［*4-7*］

■に

新山陽子（1997）『畜産の企業形態と経営管理』日本経済評論社．［*4-6*］
日本村落研究学会編（2007）『むらの社会を研究する―フィールドからの発想』農山漁村文化協会．［*4-19*］
日本農業経営学会・農業経営学術用語辞典編纂委員会編（2007）『農業経営学術用語辞典』農林統計協会．［*4-5*］，［*4-14*］
日本農業経営学会編，津谷好人責任編集（2012）『農業経営研究の軌跡と展望』農林統計出版．［*4-5*］

■ふ

藤島廣二・安部新一（2003）『新版　現代の農産物流通』全国農業改良普及協会．［*4-13*］

■ほ

堀田和彦（2012）『農商工間の共創的連携とナレッジマネジメント』農林統計出版．［*4-15*］
ポーター，M.(1998)/竹内弘高訳（1999）『競争戦略論Ⅰ・Ⅱ』ダイヤモンド社．［*4-11*］

■や

柳村俊介（2016）「現代日本農業の経営継承―後進地域型から先進地域型へ」『農業と経済』82（3），5-16.［*4-16*］

第5章　農業と資源投入

【引用文献】

■あ

天野寛子（2001）『戦後日本の女性農業者の地位―男女平等の生活文化の創造へ』ドメス出版.［*5-9*］

有本 寛・中嶋晋作（2010）「農地の流動化と集積をめぐる論点と展望」『農業経済研究』82（1），23-35.［*5-3*］

■い

泉田洋一（2008）「農業・農村金融の新潮流と今後の方向」泉田洋一編著『農業・農村金融の新潮流』農林統計協会.［*5-14*］

磯辺俊彦（1985）『日本農業の土地問題―土地経済学の構成』東京大学出版会.［*5-7*］

稲本志良（1986）「農業における技術革新と経営対応―機械化・施設化と経営対応を中心に」『農林業問題研究』22（2），59-69.［*5-12*］

今村奈良臣（1969）「稲作の階層間格差―生産力視点からみた山形・庄内，新潟・蒲原，佐賀平坦の比較分析」『日本の農業』62，農政調査委員会.［*5-2*］

■う

宇沢弘文（2000）『社会的共通資本』岩波新書.［*5-13*］

梅本 雅（1992）「稲作における規模の経済性」『東北農業試験場研究報告』84，113-132.［*5-12*］

■え

荏開津典生・茂野隆一（1983）「稲作生産関数の計測と均衡要素価格」『農業経済研究』54（4），167-174.［*5-12*］

荏開津典生・鈴木宣弘（2015）『農業経済学（第4版）』岩波書店.［*5-1*］，［*5-2*］，［*5-3*］

■か

梶井 功（1973）『小企業農の存立条件』東京大学出版会.［*5-2*］

加藤 譲（1983）『現代農業経済学全集　第5巻　農業金融論』明文書房.［*5-14*］

川崎賢太郎（2009）「耕地分散が米生産費および要素投入に及ぼす影響」『農業経済研究』81（1），14-24.［*5-3*］，［*5-12*］

■く

國光洋二・中田摂子（2015）「農業農村整備の投資と社会資本ストックの動向」『農業農村工学会論文集』295（83（1））59-67.［*5-13*］

熊谷苑子（1995）「家族農業経営における女性労働の役割評価とその意義」日本村落研究学会編『年報村落社会研究 31　家族農業経営における女性の自立』農山漁村文化協会.［*5-9*］

■さ

坂根嘉弘（2011）『名著に学ぶ地域の個性 3 〈家と村〉日本伝統社会と経済発展』農山漁村文化協会．［5-1］

■し

生源寺眞一（1993）「土地と農業」生源寺眞一他『農業経済学』東京大学出版会，117-149．［5-2］

庄司俊作（1994）「家族農業経営と女性―村落研究の課題を求めて」日本村落研究学会編『年報村落社会研究 30　家族農業経営の変革と継承』農山漁村文化協会．［5-9］

荘林幹太郎・岡島正明（2014）「むらづくりのための土地利用調整に関する新たな制度的枠組みの検討」『水土の知：農業農村工学会誌』82（9），715-719．［5-3］

■す

鈴村源太郎（2015）「農地転用許可にかかるプロセス変更と農業会議の役割―千葉県農業会議のヒアリングから」『農政調査時報』574，全国農業会議所．［5-4］

■せ

全国農業会議所（2015）『農地転用許可制度マニュアル（改訂版）』全国農業会議所．［5-4］

■た

田代洋一（1984）「日本の兼業農家問題」松浦利明・是永東彦編著『先進国農業の兼業問題―日本とヨーロッパの国際比較』富民協会，165-250．［5-7］

田畑保（1996）「農業の担い手問題把握の視点と本書の課題」田畑保他編著『明日の農業をになうのは誰か―日本農業の担い手問題と担い手対策』日本経済評論社．［5-8］

■つ

恒松制治（1961）「農業と財政の作用」東畑精一・大川一司編『日本の経済と農業　上巻』岩波書店．［5-15］

■て

寺西重郎（1982）『一橋大学経済研究叢書　別冊　日本の経済発展と金融』岩波書店．［5-15］

■な

内閣府『第 5 次地方分権一括法の概要』（http://www.cao.go.jp/bunken-suishin/doc/05ikkatsu-gaiyou.pdf）．［5-4］

内閣府（2017）『日本の社会資本 2017』（http://www5.cao.go.jp/keizai2/ioj/docs/pdf/ioj2017_c1-1.pdf）2018 年 6 月閲覧．［5-13］

並木正吉（1960）『農村は変わる』岩波新書．［5-5］

■に

西山泰男（1983）「地域農業の展開と主婦農業」『日本の農業』146，農政調査委員会．［5-9］

■の

農林水産省統計部『農地の権利移動・借賃等調査』（http://www.maff.go.jp/j/tokei/kouhyou/nouti_kenri/index.html）．［5-4］

■ひ

ヒックス , J. R.（1932）/内田忠寿訳（1952）『賃金の理論』東洋経済新報社．[5-11]
弘田澄夫（1986）『農家労働力の統計分析』農林統計協会．[5-6]

■ほ

本間正義（2010）『総合研究　現代日本経済分析 3　現代日本農業の政策過程』慶應義塾大学出版会．[5-15]

■み

御園喜博（1983）『兼業農業の構造―再編の方向と課題』農林統計協会．[5-7]

■や

山崎亮一（2008）「地域労働市場論の展開過程」農業問題研究学会編『現代の農業問題 2　労働市場と農業―地域労働市場構造の変動の実相』筑波書房，1-24．[5-7]

■よ

吉原祥子（2017）『人口減少時代の土地問題―「所有者不明化」と相続，空き家，制度のゆくえ』中公新書．[5-2]

【参考文献】

■か

梶井 功（1983）「農村人口論」近藤康男総編集『昭和後期農業問題論集 5　農村人口論・労働力論』農山漁村文化協会，69-123．[5-5]

■こ

小嶋大造（2013）『現代農政の財政分析―財政調整からみた日本とドイツ』東北大学出版会．[5-15]

■し

新政策研究会編（1992）『新しい食料・農業・農村政策を考える』地球社．[5-8]

■せ

全国農業会議所（2010）『農地転用許可制度のあらまし（改訂版）』全国農業会議所．[5-4]
全国農業会議所（2013）『農地を転用するときは農地法の許可が必要です』全国農業会議所．[5-4]

■な

近藤康男総編集（1983）『昭和後期農業問題論集 5　農村人口論・労働力論』農山漁村文化協会．[5-6]
中安定子（1998）『食糧・農業問題全集 6　現代の兼業』農山漁村文化協会．[5-5]

■の

農林漁業基本問題調査事務局監修（1960）『農業の基本問題と基本対策―解説版』農林統計協会．[5-8]
農林水産省（1986-2005）『農業・食料関連産業の経済計算』（1967-1985 までは『農業及び農家の社会勘定』という統計書名で発行）．[5-15]

文献

■は

原 洋之介（2006）『「農」をどう捉えるか―市場原理主義と農業経済論』書籍工房早山．[5-1]

■へ

逸見謙三（1960）「農家人口の減少要因」大川一司編『過剰就業と日本農業』春秋社．[5-6]

■も

両角和夫（1996）「農業財政・金融」中安定子・荏開津典生編『農業経済研究の動向と展望』富民協会．[5-15]

第6章 農産物市場と価格形成

【引用文献】

■あ

安部新一（2008）「食肉」日本農業市場学会編『食料・農産物の流通と市場Ⅱ』筑波書房．[6-12]
安部新一（2009）「畜産物の流通システム」藤島廣二他『食料・農産物流通論』筑波書房．[6-12]

■い

今井賢一他（1982a）『現代経済学 1 価格理論Ⅰ』岩波書店．[6-1]
今井賢一他（1982b）『現代経済学 2 価格理論Ⅱ』岩波書店．[6-1]

■え

荏開津典生（1987）『農林統計叢書 16 農政の論理をただす』農林統計協会．[6-1]
荏開津典生・鈴木宣弘（2015）『農業経済学 （第4版）』岩波書店．[6-2]，[6-6]

■か

川口雅正他（1994）『市場開放下の生乳流通―競争と協調の選択』農林統計協会．[6-11]

■さ

坂爪浩史（2000）「規制緩和下の小売業再編と農産物市場」滝沢昭義・細川允史編『講座 今日の食料・農業市場Ⅲ 流通再編と食料・農産物市場』筑波書房，71-86．[6-10]

■し

清水池義治（2017）「加工原料乳補給金制度の改定要因―現行の『固定払い』方式の評価を通じて」『農業市場研究』26（3），43-53．[6-11]

■た

高槻泰郎（2018）『大坂堂島米市場―江戸幕府 vs 市場経済』講談社現代新書．[6-9]
高橋伊一郎（1985）『現代農業経済学全集 第4巻 農産物市場論』明文書房．[6-3]

■な

仲川直毅（2008）「国産牛肉の価格形成システムの解明」『名城論叢』．[6-12]

■の

農林水産省（2018）『米をめぐる関係資料』.［*6-9*］

■ふ

福田 晋（2008）「食品流通の仕組みと価格形成」日本農業市場学会編『食料・農産物の流通と市場Ⅱ』筑波書房.［*6-3*］

藤島廣二（2008）「青果物」日本農業市場学会編『食料・農産物の流通と市場Ⅱ』筑波書房，93-114.［*6-10*］

■も

森高正博（2013）「実需者市場としての農産物市場—農業と食品産業の関係性」『農業経済研究』85（2），80-88.［*6-10*］

■や

矢坂雅充（2009）「乳価形成をめぐる諸問題と改革の方向性」『都市問題』100（1），72-83.［*6-11*］

矢坂雅充（2017）「畜産経営安定法（畜安法）改正による生乳流通制度改革」『農業と経済』83（10），108-120.［*6-11*］

■B

Bhagwati, Jagdish N., et al.（1998）*Lectures on International Trade*, MIT Press, Chapter 28.［*6-4*］

■J

Jensen, R.（2007）The Digital Provide : Information（Technology）, Market Performance and Welfare in the South Indian Fisheries Sector, *Quarterly Journal of Economics*, 122（3）, 879-924.［*6-6*］

■V

Varian, H. R.（2010）*Intermediate Microeconomics*, 8th Edition, W. W. Norton & Company.［*6-1*］

【参考文献】

■あ

浅見淳之（2015）『農村の新制度経済学—アジアと日本』日本評論社.［*6-2*］,［*6-10*］

■え

荏開津典生・鈴木宣弘（2015）『農業経済学（第４版）』岩波書店.［*6-5*］

■き

岸 康彦編（2006）『世界の直接支払制度』農林統計協会.［*6-7*］

北出俊昭（1986）『食管制度と米価』農林統計協会.［*6-9*］

■し

生源寺眞一（2011）『日本農業の真実』ちくま新書.［*6-7*］

荘林幹太郎・木村伸吾（2014）『農業直接支払いの概念と政策設計—我が国農政の目的に応じた直接支払い政策の確立に向けて』農林統計協会.［*6-7*］

■は

速水佑次郎・神門善久（2002）『農業経済論（新版）』岩波書店．［6-4］

■へ

逸見謙三・加藤 譲編（1985）『基本法農政の経済分析』明文書房．［6-5］

■ほ

堀田和彦（1999）『WTO 体制下の牛肉経済の周期変動と将来動向』農林統計協会．［6-3］

■む

村田 武・三島徳三編（2000）『講座 今日の食料・農業市場 Ⅱ 農政転換と価格・所得政策』筑波書房．［6-5］

■も

持田恵三（1970）『米穀市場の展開過程』東京大学出版会．［6-9］

森高正博（2013）「実需者市場としての農産物市場―農業と食品産業の関係性」『農業経済研究』85（2），80-88．［6-2］

■よ

吉井邦恒（2014）「わが国の農業収入保険をめぐる状況―アメリカの収入保険 AGR を手がかりとして」『保険学雑誌』627，107-127．［6-8］

吉井邦恒（2015）「アメリカの収入保険制度」星 勉他『JC 総研ブックレット No. 11 農業収入保険を巡る議論―我が国の水田農業を考える』筑波書房，7-26．［6-8］

吉井邦恒（2016）「セーフティネットとしての農業保険制度―アメリカ・カナダの農業経営安定対策の事例研究」『保険学雑誌』634，137-157．［6-8］

吉井邦恒（2018）「収入保険と農業経営の安定化―アメリカを事例として」『農林水産政策研究所・プロジェクト研究資料［主要国農業戦略横断・総合］』第 6 号第 2 章．［6-8］

■S

Schmitz, Andrew, et al.（2010）*Agricultural Policy, Agribusiness, and Rent-Seeking Behavior*, 2nd Edition, University of Toronto Press.［6-4］

第 7 章 フードシステムと農業・食品産業

【引用文献】

■あ

阿久根優子（2009）『食品産業の産業集積と立地選択に関する実証分析』筑波書房．［7-8］

阿久根優子（2014）「食品企業の海外立地選択行動：新経済地理学からの接近」下渡敏治・小林弘明編著『フードシステム学叢書 第 3 巻 グローバル化と食品企業行動』農林統計出版，39-52．［7-8］

荒井綜一（2013）「機能性食品研究の過去・現在・未来―期待される研究の新領域」『食品と開発』48（10），4-6．［7-14］

■い

石毛直道（2015）「日本の食文化研究」『社会システム研究』特集号，9-17．［*7-17*］

■う

上路利雄・梶川千賀子（2004）『食品産業の産業組織論的研究』農林統計協会．［*7-8*］

■お

小田勝己（2004）『外食産業の経営展開と食材調達』農林統計協会．［*7-10*］

■か

加藤 譲編著（1990）『食品産業経済論』農林統計協会．［*7-8*］
神井弘之（2016）『食の信頼問題の実践解―フードシステムにおける協働のデザイン』農林統計出版．［*7-16*］

■き

木立真直他編（2017）『流通経済の動態と理論展開』同文舘出版．［*7-9*］

■く

クラーク，C.（1940）/大川一司他訳編（1955）『経済進歩の諸条件』勁草書房．［*7-2*］

■け

経済産業省（2018）『平成 29 年度　我が国におけるデータ駆動型社会に係る基盤整備（電子商取引に関する報告書)』．［*7-11*］

■こ

小林茂典（2018）「加工・業務用野菜の動向と国内の対応方向」『農林水産政策研究所レビュー』81．［*7-6*］

■さ

斎藤 修（2001）『食品産業と農業の提携条件―フードシステム論の新方向』農林統計協会．［*7-12*］
斎藤 修（2017）『フードシステムの革新とバリューチェーン』農林統計出版．［*7-1*］，［*7-12*］
斎藤 修・高城孝助編（2018）『医福食農の連携とフードシステムの革新』農林統計出版．［*7-12*］

■し

新村猛他（2012）「サービス工学―モノからヒトへ，顧客満足という価値創造」『精密工学会誌』78(3)，208-211．［*7-10*］

■せ

全国スーパーマーケット協会（2016）『スーパーマーケット白書』．［*7-6*］
全国スーパーマーケット協会（2018）『スーパーマーケット白書』．［*7-6*］

■た

高橋秀彦（1974）「コールドチェーン発展の背景と市場動向」『日立評論』56（2），61．［*7-13*］
髙橋正郎（2002）「フードシステム学の課題とその体系化」髙橋正郎･斎藤 修編著『フードシステム学の理論と体系』農林統計協会，3-20．［*7-1*］

髙橋正郎・清水みゆき（2016）「すすむ食の外部化」髙橋正郎監修・清水みゆき編著『食料経済—フードシステムからみた食料問題（第5版）』オーム社，60-74．[*7-10*]

田中和夫（1975）「わが国のコールドチェーンの現状と問題点—コールドチェーン勧告10周年を記念して」『コールドチェーン研究』1（1），8．[*7-13*]

■ち

地理的表示活用検討委員会（農林水産省監修）（2015）『地理的表示活用ガイドライン—地理的表示保護制度を活用した地域ぐるみの産地活性化』（http://www.maff.go.jp/j/shokusan/gi_act/process/pdf/doc14a.pdf）．[*7-19*]

■な

内藤恵久（2015）『地理的表示法の解説—地理的表示を活用した地域ブランドの振興を！！』大成出版社．[*7-19*]

■に

新飯田 宏（1978）『産業連関分析入門』東洋経済新報社．[*7-2*]

新山陽子（2001）『牛肉のフードシステム—欧米と日本の比較分析』日本経済評論社．[*7-1*]

日本政策金融公庫（2016）「ネット通販に関する消費者動向調査結果」『平成27年度下期消費者動向調査』．[*7-11*]

■は

橋本毅彦（2013）『「ものづくり」の科学史—世界を変えた《標準革命》』講談社学術文庫．[*7-18*]

■ふ

冬木勝仁（2003）『現代農業の深層を探る4　グローバリゼーション下のコメ・ビジネス—流通の再編方向を探る』日本経済評論社．[*7-5*]

■へ

ペティ，W．(1690)/大内兵衛・松川七郎訳（1955）『政治算術』岩波文庫．[*7-2*]

■や

矢坂雅充（2004）「「循環型まちづくり」の諸相」『農村と都市をむすぶ』638, 4．[*7-7*]

■ゆ

湯川剛一郎（2015）「国際的な適合性評価スキーム」中嶋康博・新山陽子編『フードシステム学叢書　第2巻　食の安全・信頼の構築と経済システム』農林統計出版，215-235．[*7-18*]

■B

Bain, J. S. (1959) *Industrial Organization : A Treatise*, John Wiley.（宮沢健一監訳（1970）『産業組織論　上・下巻』丸善．）[*7-3*]

■F

FAO (2011) Global food losses and food waste. Study conducted for the International Congress SAVE FOOD! at Interpack2011. [*7-15*]

■ L

Leontief, W.（1966）*Input-Output Economics*, Oxford University Press.［*7-2*］

■ M

Marion, B. W.（1986）*The Organization and Performance of the U. S. Food System*, D.C. Heath and Company.（有松晃訳（1986）『アメリカの食品流通』農山漁村文化協会.）［*7-3*］

■ T

Tirole, J（1988）*The Theory of Industrial Organization*, The MIT Press.［*7-3*］

■ W

Williamson, O. E.（1975）*Markets and Hierarchies : Analysis and Antitrust Implications*, The Free Press.（浅沼萬里他訳（1980）『市場と企業組織』日本評論社.）［*7-3*］

World Trade Organization（1994）, Trade-Related Aspects of Intellectual Property Rights, Article 22（https://www.wto.org/english/docs_e/legal_e/27-trips_01_e.htm）.［*7-19*］

【参考文献】

■ い

石毛直道（2011）『石毛直道自選著作集　第2巻　食文化研究の視野』ドメス出版.［*7-17*］

磯島昭代（2018）『果物の贈答マーケティング』農林統計協会.［*7-11*］

■ き

木立真直・齋藤雅通（2013）『日本流通学会設立25周年記念出版プロジェクト4　製配販をめぐる対抗と協調―サプライチェーン統合の現段階』白桃書房.［*7-9*］

■ く

久保村隆祐・荒川祐吉監修（2002）『最新商業辞典（改訂版）』同文館出版.［*7-11*］

■ こ

香坂 玲編著（2015）『農林漁業の産地ブランド戦略―地理的表示を活用した地域再生』ぎょうせい.［*7-19*］

小林富雄（2018）『食品ロスの経済学（改訂新版）』農林統計協会.［*7-15*］

■ し

茂野隆一・武見ゆかり編集（2016）『フードシステム学叢書1　現代の食生活と消費行動』農林統計協会.［*7-15*］

下渡敏治（2012）「食品企業のグローバル化と国際分業の新展開」『フードシステム研究』19（2）.［*7-20*］

下渡敏治・小林弘明編（2014）『フードシステム学叢書　第3巻　グローバル化と食品企業行動』農林統計出版.［*7-20*］

■ す

鈴木宣弘他（2009）「畜産業に未来はあるか」『都市問題』100(1), 41-90.［*7-7*］

■た

髙橋正郎監修，小林登史夫他編著（2001）『フードシステム学全集　第5巻　フードシステムと食品加工・流通技術の革新』農林統計協会．[7-10]，[7-14]

髙橋正郎監修，清水みゆき編著（2016）『食料経済―フードシステムからみた食料問題（第5版）』オーム社．[7-15]

田村正紀（2008）『業態の盛衰―現代流通の激流』千倉書房．[7-9]

■つ

辻村江太郎（1987）『円高・ドル安の経済学』岩波書店．[7-20]

■と

時子山ひろみ他（2018）『フードシステムの経済学（第6版）』医歯薬出版．[7-1]

■な

中嶋康博（2011）「食の信頼回復の経済学」『フードシステム研究』17（4），299-304．[7-16]

中嶋康博・細野ひろみ（2011）「食品事故がもたらす安全性への懸念の伝播構造―消費者心理のネットワーク型連関性の解明」『フードシステム研究』18（3），221-226．[7-16]

■に

新山陽子（2001）『牛肉のフードシステム―欧米と日本の比較分析』日本経済評論社．[7-7]

■の

農林水産省『我が国の食生活の現状と食育の推進について』（適宜更新　http://www.maff.go.jp/j/syokuiku/）．[7-17]

農林水産省『食育白書』各年版．[7-17]

■ふ

伏木 亨編（2006）『食の文化フォーラム24　味覚と嗜好』ドメス出版．[7-14]

藤島廣二他（2012）『新版　食料・農産物流通論』筑波書房．[7-4]

藤城尚武（2017）「国際標準化の重要性と今後の展望（特集　食品コールドチェーンとアジア越境EC）」『マテリアルフロー』58（11），24-27．[7-13]

藤巻正生監修（1988）『食品機能―機能性食品創製の基盤』学会出版センター．[7-14]

■ほ

細野ひろみ・中嶋康博（2011）「消費者の信頼感と食品事故をめぐる行動」『フードシステム研究』18（3），215-220．[7-16]

堀口健治他（1993）『全集　世界の食料世界の農村19　食料輸入大国への警鐘』農山漁村文化協会．[7-20]

■み

宮崎義一（1982）『現代資本主義分析10　現代資本主義と多国籍企業』岩波書店．[7-20]

■や

矢野経済研究所（2017）『2017年版　物流市場の現状と将来展望』．[7-13]

■よ

吉田俊幸（2003）『米政策の転換と農協・生産者―水田営農・経営多角化の課題と戦略』農山漁村文化協会.［*7-5*］

■C

Christensen, C. M., and Tedlow, R. S.（2000）Patterns of Disruption in Retailing, *Harvard Business Review* 78, No. 1 January-February.［*7-9*］

第8章　食料消費と消費者行動

【引用文献】

■あ

秋谷重男（1988）「食生活の「洋風化」―米食型食生活の転換」秋谷重男・吉田忠『食生活変貌のベクトル』農山漁村文化協会，72-91.［*8-9*］

有宗将太他（2014）「成人の朝食欠食を規定する要因」谷口憲治編著『地域資源活用による農村振興―条件不利地域を中心に』農林統計出版，427-442.［*8-14*］

■い

石田章他（2017）「子どもと母親の食行動・食意識と貧困」『フードシステム研究』24（2），99-112.［*8-14*］

岩間信之編著（2017）『都市のフードデザート問題―ソーシャル・キャピタルの低下が招く街なかの「食の砂漠」』農林統計協会，4.［*8-17*］

■う

梅本 雅他（2002）「米購入時における消費者の意思決定過程の実態と特徴」『農業経営研究』40（3），26-38.［*8-3*］

梅本 雅他（2010）「小売店舗における青果物購買行動の特徴―プロトコル法とアイカメラによる視点軌跡からの分析を中心として」『食農と環境』7，48-55.［*8-3*］

■お

大浦裕二（2012）「食に関する多様な消費者行動の解明に向けた視点と方法」『フードシステム研究』19（2），46-49.［*8-3*］

大竹文雄（2000）「90年代の所得格差」『日本労働研究雑誌』42（7），2-11.［*8-13*］

■か

河村昌幸他（2013）「中高生の朝食欠食・偏食に関する考察」『農業生産技術管理学会誌』20（3），85-93.［*8-14*］

■き

岸 康彦（1996）『食と農の戦後史』日本経済新聞社.［*8-9*］

■く

草苅 仁（2006）「家計生産の派生需要としての食材需要関数の計測」『2006年度日本農業経済学会論文集』

139-144. [*8-10*]
草苅 仁（2011）「食料消費の現代的課題―家計と農業の連携可能性を探る」『農業経済研究』83（3），146-160. [*8-8*]，[*8-9*]，[*8-10*]，[*8-11*]，[*8-12*]
草苅 仁・柿野成美（1998）「「家計」の変容とコメ消費」『1998 年度日本農業経済学会論文集』97-99. [*8-10*]

■け

経済産業省（2008）『通商白書 2008』（http://www.meti.go.jp/report/tsuhaku2008/2008honbun_p/index.html）. [*8-11*]
経済産業省（2010）『地域生活インフラを支える流通のあり方研究会報告書』32（http://warp.da.ndl.go.jp/info:ndljp/pid/1052065/www.meti.go.jp/report/downloadfiles/g100514a03j.pdf）. [*8-17*]

■こ

厚生省公衆衛生局栄養課（1956）『栄養改善とその活動』第一出版. [*8-12*]
厚生労働省（2001）「保健機能性食品制度の創設について」（医薬発第 244 号：厚生労働省医薬局長通知）. [*8-16*]

■さ

佐藤真行・新山陽子（2008）「食品購買時の提示情報量と消費者の選択行動―トレーサビリティ・システムにおける情報提供をめぐって」『フードシステム研究』14（3），13-24. [*8-3*]
澤田 学編著（2004）『食品安全性の経済評価―表明選好法による接近』農林統計協会. [*8-4*]

■す

杉田 聡（2008）『買物難民　もうひとつの高齢者問題』大月書店，31. [*8-17*]

■た

竹村和久（2009）『行動意思決定論　経済行動の心理学』日本評論社. [*8-2*]
橘木俊詔（1998）『日本の経済格差―所得と資産から考える』岩波新書. [*8-13*]
谷 顕子・草苅 仁（2017）「日本の貧困世帯における食料消費の特徴―母子世帯を対象とした実証分析」『農業経済研究』88（4），406-409. [*8-7*]，[*8-13*]
谷 顕子・草苅 仁（2018）「高齢者世帯の所得格差と食料消費行動」『農業経済研究』89（4），291-294. [*8-13*]

■て

出村克彦他編著（2008）『農業環境の経済評価―多面的機能・環境勘定・エコロジー』北海道大学出版会. [*8-4*]

■な

中嶋康博・新山陽子編集担当（2016）『フードシステム学叢書　第 2 巻　食の安全・信頼の構築と経済システム』農林統計出版. [*8-4*]
中谷朋昭他（2017）「日本人の栄養素摂取バランスに関する時系列分析」『フードシステム研究』24（2），82-93. [*8-9*]
中山誠記（1960）『食生活はどうなるか』岩波新書. [*8-9*]

に

新山陽子他（2007）「食品購買における消費者の情報処理プロセスの特質—認知的概念モデルと発話思考プロトコル分析」『フードシステム研究』14（1），15-33.［*8-3*］

の

農政審議会編（1981）『80 年代の農政の基本方向』創造書房.［*8-12*］

農林水産省（2016）『第 3 次食育推進基本計画』.［*8-14*］

農林水産省（2018）『食料品アクセス困難人口の推計結果の公表及び推計結果説明会の開催について』（http://www.maff.go.jp/j/press/kanbo/kihyo01/180608.html）.［*8-17*］

も

持田恵三（1987）『食料経済』同文書院.［*8-10*］

C

Caswell, J. A. and Padberg, D. I.（1992）Toward a More Comprehensive Theory of Food Labels, *American Journal of Agricultural Economics*, 74（2）, 460-468.［*8-15*］

D

Deaton, A. and Muellbauer, J.（1980）*Economics and Consumer Behavior*, Cambridge University Press.［*8-5*］

Deaton, A. S. and Muellbauer, J.（1980）An Almost Ideal Demand System, *American Economic Review*, 70（3）, 312-326.［*8-6*］

E

Engel, Blackwell and Miniard（2005）*Consumer Behavior*, 10th Edition, South-Western Pub.［*8-2*］

Engel, E.（1895）Die Lebenskosten belgischer Arbeiter-Familien früher und jetzt, C. Heinrich（森戸辰男訳（1941）『ベルギー労働者家族の生活費』栗田書店）.［*8-7*］

H

Hicks, J. R.（1946）*Value and Capital : An Inquiry into Some Fundamental Principles of Economic Theory*, 2nd Edition, Clarendon Press.［*8-6*］

I

Illich, I.（1981）*Shadow Work*, Marion Boyars, London（玉野井芳郎・栗原 彬訳（1982）『シャドウ・ワーク—生活のあり方を問う』岩波書店）.［*8-8*］

J

Just, J.（2011）"Behavioral Economics and Food Consumer" Lusk, J. L., Roosen J. and Shogren, J.（Ed）, *The Oxford Handbook of the Economics of Food Consumption and Policy*, Oxford University Press, 99-118.［*8-3*］

K

Kahneman, D. and Tversky, A.（1979）Prospect theory : An analysis of decisions under risk, *Econometrica*, 47（2）, 263-291.［*8-2*］

■M

Matsuda, T.（2005）Forms of Scale Curves and Differential Inverse Demand Systems, *American Journal of Agricultural Economics*, 87（3), 786-795.［*8-6*］

Matsuda, T.（2006）A Box-Cox Consumer Demand System Nesting the Almost Ideal Model, *International Economic Review*, 47（3), 937-949.［*8-7*］

■O

OECD（2016）"Time use for work, care and other day-to-day activities,"OECD Family Database（https://www.oecd.org/els/family/LMF2_5_Time_use_of_work_and_care.pdf).［*8-10*］

■S

Simon, H.（1955）A Behavioral model of rational choice, *Quarterly Journal of Economics*, 69, 99-118.［*8-2*］

Stone R.（1954）Linear Expenditure Systems and Demand Analysis : An Application to the Pattern of British Demand, *Economic Journal*, 64, 511-527.［*8-6*］

■T

Toffler, A.（1980）*The Third Wave*, Bantam Books, New York（徳山二郎監修（1980）『第三の波』日本放送出版協会).［*8-8*］

■W

Working, H.（1943）Statistical Laws of Family Expenditure, *Journal of the American Statistical Association*, 38, 43-56.［*8-7*］

【参考文献】

■あ

青木幸弘・新倉貴士他（2012）『消費者行動論—マーケティングとブランド構築への応用』有斐閣アルマ.［*8-2*］

■け

経済産業省商務情報政策局商務流通グループ流通政策課（2015）『買物弱者応援マニュアル ver3.0』（http://www.meti.go.jp/policy/economy/distribution/150430_manual.pdf).［*8-17*］

■し

清水俊雄（2015）『食品機能の表示と科学—機能性表示食品を理解する』同文書院.［*8-16*］

■の

農林水産省食料産業局食品流通課『食料品アクセス（買い物弱者・買い物難民等）問題ポータルサイト』（http://www.maff.go.jp/j/shokusan/eat/syoku_akusesu.html).［*8-17*］

■や

薬師寺哲郎編著（2015）『超高齢社会における食料品アクセス問題—買い物難民，買い物弱者，フードデザート問題の解決に向けて』ハーベスト社.［*8-5*］,［*8-17*］

■ T

Train, K. E.（2009）*Discrete Choice Methods with Simulation*, Cambridge University Press.［*8-5*］

第 9 章　食品の安全

【引用文献】

■ い

今城 敏（2017）「HACCP 取組のポイント」『農業と経済』83（3），15–27.［*9-10*］

■ か

梶川千賀子（2018）『食品法入門―食の安全とその法体系』農林統計出版.［*9-18*］

■ く

工藤春代（2017）「食材調達と食品安全」『農業と経済』83（9），34–43.［*9-19*］

■ こ

小林正寿（2005）「遺伝子組換え生物の環境リスク評価・管理の制度」『農業および園芸』80（1），121–136.［*9-5*］

■ し

消費者庁（2015）『食品安全関係府省食中毒等緊急時対応実施要綱』（http://www.caa.go.jp/policies/policy/consumer_safety/release/pdf/130415safety_3_1.pdf）.［*9-12*］

「食品トレーサビリティシステム導入の手引き」改訂委員会（2007）『食品トレーサビリティシステム導入の手引き（食品トレーサビリティガイドライン）（第 2 版）』（http://www.maff.go.jp/j/syouan/seisaku/trace/attach/pdf/index-54.pdf）.［*9-11*］

■ せ

関谷直也（2011）『風評被害―そのメカニズムを考える』光文社新書.［*9-14*］

■ た

竹村和久（2015）『心理学の世界　専門編 11　経済心理学―行動経済学の心理的基礎』培風館.［*9-14*］

■ な

中嶋光敏・杉山 滋監修（2009）『フードナノテクノロジー』シーエムシー出版.［*9-5*］

■ に

新山陽子（2010）「食品安全のための GAP とは何か」『農業と経済』76（7）.［*9-9*］

新山陽子他（2011）「食品由来のハザード別にみたリスク知覚構造モデル― SEM による諸要因の複雑な連結状態の解析」『日本リスク研究学会誌』21（4），295–306.［*9-13*］

新山陽子（2012）「食品安全のためのリスクの概念とリスク低減の枠組み―リスクアナリシスと行政科学の役割」『農業経済研究』84（2），62–79.［*9-1*］,［*9-2*］,［*9-16*］

新山陽子他（2015）「市民の水平的議論を基礎にした双方向リスクコミュニケーションモデルとフォーカ

スグループによる検証」『フードシステム研究』21（4），267-286．［9-15］
日本学術会議，農学委員会・食料科学委員会・健康・生活科学委員会，食の安全分科会（2011）『提言 わが国に望まれる食品安全のためのレギュラトリーサイエンス』．［9-16］

■の

農林水産省（2015）『農林水産省食品安全緊急時対応基本指針』（http://www.maff.go.jp/j/syouan/seisaku/kiki/）．［9-12］
農林水産省生産局（2018）『GAP の取組・認証取得の拡大に向けて』（http://www.maff.go.jp/j/seisan/gizyutu/gap/g_summary/attach/pdf/index-25.pdf）．［9-9］

■ほ

本堂 毅他編（2017）『科学の不定性と社会—現代の科学リテラシー』信山社．［9-5］

■や

山本祥平（2012）「食品汚染事故発生時に食品製造業者が実施する危機管理の作業原則の構築：食品事業者の危機管理システムの事例分析を手掛かりに」『フードシステム研究』19（2），169-180．［9-12］

■C

CAC（2004）Report of the twentieth session of the Codex Committee on General Principles, Paris, France, 3-7 May.［9-11］
CAC（2007）Working Principles for Risk Analysis for Food Safety for Application by Governments, Rome.［9-2］
CAC/RCP1（1969）Rev. 4-20031, Recommended international code of practice general principles of food hygiene.［9-10］
CFIA（2018）Recall procedure, A guide for food businesses（http://www.inspection.gc.ca/food/sfcr/food-safety-and-emergency-response/recall-procedure/eng/1535516097375/1535516168226）．［9-12］
Codex Alimentarius Commission（2003）Recommended international code of practice General principles of food hygiene, CAC/RCP 1-1969, rev. 2003.［9-9］
Codex Alimentarius Commission（2013）Principles and guidelines for national food control systems, CAC-GL 82-2013.［9-17］

■D

Directorate General for Internal Policies of the Union（2015）, Food Safety Policy and Regulation in the United States.［9-17］

■E

European Commission（2004）Regulation（EC）No 852/2004 of the European Parliament and of the Council of 29 April 2004 on the hygiene of foodstuffs.［9-10］
European Commission（2010）Commission communication-EU best practice guidelines for voluntary certification schemes for agricultural products and foodstuffs, 2010/C341/04.［9-19］

■F

FAO/WHO（2006）Food Safety Risk Analysis, A Guide for National Food Safety Authorities.（林 裕造監訳（2008）『FAO 食品・栄養シリーズ第 87 号　食品安全リスク分析—食品安全担当者のためのガイド』日本食品衛生協会.）［9-2］,［9-15］

FDA（2002）Initiation and Conduct of All 'Major' Risk Assessments within a Risk Analysis Framework.［*9-17*］

FDA ウェブサイト：Food safety legislation key facts（http://wayback.archive-it.org/7993/20170111192604/http://www.fda.gov/Food/GuidanceRegulation/FSMA/ucm237934.htm）.［*9-17*］

Federal Register（1996）Department of Agriculture Food Safety and Inspection Service, 9 CFR Part 304, et al., Pathogen Reduction, Hazard Analysis and Critical Control Point（HACCP）Systems, Final Rule.［*9-10*］

FSIS（2013）FSIS Directive 8080.1 Revision 7（https://www.fsis.usda.gov/wps/wcm/connect/77a99dc3-9784-4a1f-b694-ecf4eea455a6/8080.1.pdf? MOD＝AJPERES）.［*9-12*］

■G

GAO（2017）Food safety-A national strategy is needed to address fragmentation in federal oversight, GAO-17-74.［*9-17*］

■N

National Research Council（1989）Improving Risk Communication. Washington, DC : National Academy Press.（林 裕造・関沢 純監訳（1997）『リスクコミュニケーション—前進への提言』化学工業日報社.）［*9-15*］

■S

Slovic, P. et al.（1980）Facts and fears, in Schwing, R. C. and Alberts, W. A., Jr.（eds）, *Social Risk Assessment, How Safe is Safe Enough?*, Plenum Press, 181-216.［*9-13*］

Slovic, P.（1999）Trust, Emotions, Sex, Politics, and Science : Surveying the Risk-Assessment Battlefield, *Risk Analysis*, 19（4）, 689-701.［*9-13*］

■T

Tversky, A. and Kahneman, D.（1974）Judgment under uncertainty : Heuristics and biases, *Science*, 185（4157）, 1124-1131.［*9-13*］

■W

WHO（2008）Terrorist Threats to Food : Guidance for Establishing and Strengthening Prevention and Response Systems.［*9-12*］

【参考文献】

■あ

明石博臣他編（2013）『牛病学（第三版）』近代出版.［*9-8*］

■い

五十嵐泰正（2018）『原発事故と「食」—市場コミュニケーション・差別』中公新書.［*9-14*］

■か

閣議決定『食品安全基本法第 21 条第 1 項に規定する基本的事項』（http://www.caa.go.jp/policies/policy/consumer_safety/food_safety/）.［*9-18*］

文献

■き

木下冨雄（2016）『リスク・コミュニケーションの思想と技術―共考と信頼の技法』ナカニシヤ出版．[*9-15*]

■こ

厚生労働省『食品中の放射性物質』（https://www.mhlw.go.jp/shinsai_jouhou/shokuhin.html）．[*9-7*]

厚生労働省『食品添加物』（https://www.mhlw.go.jp/stf/seisakunitsuite/bunya/kenkou_iryou/shokuhin/syokuten/index.html）．[*9-3*]

厚生労働省『食品衛生法の改正について』（https://www.mhlw.go.jp/stf/seisakunitsuite/bunya/0000197196.html）．[*9-10*]

■し

消費者庁『食品中の放射性物質に関する広報資料』（パンフレット等）（http://www.caa.go.jp/disaster/earthquake/understanding_food_and_radiation/material/）．[*9-7*]

食品安全委員会『食品の安全性に関する用語集』（http://www.fsc.go.jp/yougoshu.html）．[*9-18*]

食品安全委員会『食品中の放射性物質に関する情報』（http://www.fsc.go.jp/sonota/radio_hyoka.html）．[*9-7*]

食品安全委員会（2011）『微生物・ウイルス評価書（生食用食肉（牛肉）における腸管出血性大腸菌及びサルモネラ属菌）』．[*9-4*]

■な

内閣府原子力委員会食品照射専門部会（http://www.aec.go.jp/jicst/NC/senmon/syokuhin/index.htm）．[*9-7*]

■に

新山陽子（2004）「食品由来のリスクと食品安全確保システム」新山陽子編『食品安全システムの実践理論』昭和堂，1-20．[*9-10*]

新山陽子編著（2004）『食品安全システムの実践理論』昭和堂．[*9-1*]

新山陽子（2010）「科学を基礎にした食品安全行政とレギュラトリーサイエンス」金澤一郎他著『学術会議叢書16　食の安全を求めて―食の安全と科学』日本学術協力財団，98-120．[*9-16*]

新山陽子編（2010）『解説 食品トレーサビリティ―ガイドラインの考え方/コード体系，ユビキタス，国際動向/導入事例 ガイドライン（改訂第2版対応）』昭和堂．[*9-11*]

■の

農林水産省『リスク管理（問題や事故を防ぐ取組）』（http://www.maff.go.jp/j/syouan/seisaku/risk_manage/index.html）．[*9-3*]

農林水産省『農薬の基礎知識』詳細（http://www.maff.go.jp/j/nouyaku/n_tisiki/tisiki.html）．[*9-3*]

農林水産省（2014）『食品トレーサビリティ「実践的なマニュアル」総論』（http://www.maff.go.jp/j/syouan/seisaku/trace/index.html#4）．[*9-11*]

■は

林 裕造著・監修，豊福 肇・畝山智香子訳（2008）『FAO食品・栄養シリーズ　第87号　食品安全リスク分析―食品安全担当者のためのガイド』日本食品衛生協会．[*9-3*]

■ふ

藤岡典夫（2007）『食品安全性をめぐるWTO通商紛争―ホルモン牛肉事件からGMO事件まで』農山漁村文化協会．[*9-1*]

藤岡典夫・立川雅司編著（2006）『農林水産政策研究叢書　第7号　GMO―グローバル化する生産とその規制』農山漁村文化協会．[*9-5*]

■も

門間敏幸（2013）「放射能汚染地域の農業・食料消費に関する研究動向」『農業経済研究』85（1），16-27．[*9-14*]

■や

山口道利（2015）『家畜感染症の経済分析―損失軽減のあり方と補償制度』昭和堂．[*9-6*]，[*9-8*]

山田友紀子（2004）「リスクアナリシスの枠組み」新山陽子編著『食品安全システムの実践理論』昭和堂．[*9-2*]

山田友紀子（2008）「食品安全の考え方とレギュラトリーサイエンス」安達修二編著『生物資源から考える21世紀の農学　第5巻　食品の創造』京都大学学術出版会，197-218．[*9-16*]

■C

Codex（1999）Principles and guidelines for the conduct of microbiological risk assessment CAC/GL 30-1999. [*9-4*]

Codex（2007）Principles and guidelines for the conduct of microbiological risk management（MRM）CAC/GL 63-2007. [*9-4*]

■G

GFSIホームページ（https://www.mygfsi.com/jp/about-us-jp/about-gfsi/what-is-gfsi-japanese.html），（https://www.mygfsi.com/certification/recognised-certification-programmes.html）．[*9-19*]

■I

IAEA Food irradiation（https://www.iaea.org/topics/food-irradiation）．[*9-7*]

ISO22000 : 2018, Food safety management systems--Requirements for any organization in the food chain. ISOホームページ（https://www.iso.org/about-us.html）．[*9-19*]

第10章　農業・農村と環境問題

【引用文献】

■あ

有吉佐和子（1975）『複合汚染』新潮社．[*10-10*]

■う

氏川恵次（2014）「新たな環境・経済統合勘定（SEEA2012）における構造・物的フロー・環境評価」『研究所報』43，25-37．[*10-4*]

文献

■お

太田猛彦（2012）『森林飽和―国土の変貌を考える』NHK 出版．［*10-16*］

大山利男（2003）『現代農業の深層を探る 5　有機食品システムの国際的検証―食の信頼構築の可能性を探る』日本経済評論社．［*10-11*］

オーガニックヴィレッジジャパン編（2018）『オーガニック白書 2017＋2016 近未来予測』オーガニックヴィレッジジャパン．［*10-14*］

小倉武一・大内 力（1976）『日本の地力―技術的・経営的解明』御茶の水書房．［*10-15*］

■か

カーソン，R.（1962）/青樹簗一訳（1964）『沈黙の春』新潮社（2001 年新装版，1964 年初訳タイトル『生と死の妙薬』）．［*10-10*］

■く

栗山浩一他（2013）『初心者のための環境評価入門』勁草書房．［*10-6*］

グリーンインフラ研究会・三菱 UFJ リサーチ＆コンサルティング・日経コンストラクション編（2017）『決定版！　グリーンインフラ』日経 BP 社．［*10-13*］

■さ

作野広和（2009）「中山間地域における集落の実態とイノシシ被害」『生物科学』60（2），78–88．［*10-16*］

作山 巧（2007）「農業の多面的機能を巡る我が国の国際戦略―その成果と今後の課題」『農林水産政策研究所レビュー』25，16–19．［*10-2*］

作山巧・国際連合食糧農業機関編著，国際農林業協働協会訳（2007）『開発途上国における農業の多様な役割―FAO プロジェクトからの知見と教訓』国際農林業協働協会．［*10-2*］

■し

茂野正史（2014）「環境経済勘定中心的枠組のあらまし」『季刊 国民経済計算』154，89–101．［*10-4*］

生源寺眞一（2006）『現代日本の農政改革』東京大学出版会．［*10-8*］

■す

スティグリッツ，J. E.・ウォルシュ，C. E.（2012）/藪下史郎他訳（2012）『入門経済学（第 4 版）』東洋経済新報社．［*10-1*］

■そ

祖田 修（2000）『農学原論』岩波書店．［*10-9*］

■つ

柘植隆宏他（2011）『環境評価の最新テクニック―表明選好法・顕示選好法・実験経済学』勁草書房．［*10-6*］

■て

出村克彦（2005）「地域ブランド戦略の意義と課題」『農業と経済』71（13），5–13．［*10-14*］

■な

内藤正明・森田恒幸著者代表，日本計画行政学会編（1995）『「環境指標」の展開』学陽書房．［*10-5*］

中島紀一他（2015）『シリーズ・いま日本の「農」を問う 3　有機農業がひらく可能性―アジア・アメリカ・ヨーロッパ』ミネルヴァ書房．[*10-11*]

■に

日本学術会議（2001）『地球環境・人間生活にかかわる農業及び林業の多面的な機能の評価について』．[*10-3*]

■ほ

法政大学比較経済研究所・西澤栄一郎編（2014）『法政大学比較経済研究所研究シリーズ 28　農業環境政策の経済分析』日本評論社．[*10-7*]

本田 剛（2007）「イノシシ被害の発生に影響を与える要因―農林業センサスを利用した解析」『日本森林学会誌』89（4），249-252．[*10-16*]

■ま

牧野好洋（2014）「環境経済勘定体系セントラルフレームワークの構造」『季刊 国民経済計算』155，1-16．[*10-4*]

■み

三菱総合研究所（2001）『地球環境・人間生活にかかる農業及び森林の多面的な機能評価に関する調査研究報告書』．（日本学術会議（2001）関連付属資料）．[*10-3*]

■や

矢口芳生（2018）『持続可能な社会論』農林統計出版．[*10-9*]

保田 茂（1986）『日本の有機農業―運動の展開と経済的考察』ダイヤモンド社．[*10-11*]

■わ

渡辺善次郎（1983）『都市と農村の間―都市近郊農業史論』論創社．[*10-15*]

■M

Millennium Ecosystem Assessment 編，横浜国立大学 21 世紀 COE 翻訳委員会（2007）『国連ミレニアムエコシステム評価―生態系サービスと人類の将来』オーム社．[*10-13*]

■O

OECD（2001） Improving the Environmental Performance of Agriculture : Policy Options and Market Approaches, OECD. [*10-7*]

OECD（2001）*Multifunctionality : Towards an Analytical Framework,* OECD Publishing.（空閑信憲他訳（2001）『OECD レポート―農業の多面的機能』食料農業政策研究センター）．[*10-2*]

OECD（2003）*Multifunctionality : The Policy Implication,* OECD Publishing.（荘林幹太郎訳（2004）『OECD レポート　農業の多面的機能―政策形成に向けて』家の光協会）．[*10-2*]，[*10-3*]

■P

Parker, G.（2017）「レファランスレベルをどのように定めるのか？　イングランドにおける議論からの教訓」荘林幹太郎・佐々木宏樹『日本の農業環境政策―持続的な美しい農業・農村を目指して』農林統計協会，177-194．[*10-7*]

■ V

Vojtech, V.（2010）Policy Measures Addressing Agri-environmental Issues, OECD.［*10-7*］

Vojtech, Vaclav（2010）Policy Measures Addressing Agri-Environmental Issues, OECD Food, *Agriculture and Fisheries Papers*, 24, OECD Publishing.［*10-8*］

■ W

Willer, Helga and Lernoud, Julia eds.（2018）. The World of Organic Agriculture：Statistics and Emerging Trends 2018, FiBL and IFOAM-Organics International：Frick and Bonn（http://www.organic-world.net/yearbook-2018.html）.［*10-11*］

【参考文献】

■い

石井龍一他編（2005）『環境保全型農業事典』丸善出版.［*10-10*］

■え

荏開津典生・鈴木宣弘（2015）『農業経済学（第4版）』岩波書店.［*10-1*］

■お

大元鈴子（2016）『ローカル認証―地域が創る流通の仕組み』清水弘文堂書房.［*10-14*］

■き

キング，F. H.（1911）/杉本俊朗訳（2009）『図説　中国文化百華 11　東アジア四千年の永続農業―中国，朝鮮，日本　上・下』農山漁村文化協会.［*10-9*］

■く

熊澤喜久雄監修・農林中金総合研究所編（1996）『環境保全型農業とはなにか』農林統計協会.［*10-10*］

栗山浩一・庄子康編著（2005）『環境と観光の経済評価―国立公園の維持と管理』勁草書房.［*10-6*］

■さ

酒井惇一（1995）『農業資源経済論』農林統計協会.［*10-15*］

作山 巧（2006）『農業の多面的機能を巡る国際交渉』筑波書房.［*10-2*］

佐藤真行（2014）「「持続可能な発展」に関する経済学的指標の現状と課題」『環境経済・政策研究』7（1），23-32.［*10-5*］

■し

荘林幹太郎他（2012）『世界の農業環境政策―先進諸国の実態と分析』農林統計協会.［*10-8*］

■す

スティグリッツ，J. E.・ウォルシュ，C. E.（2013）/藪下史郎他訳（2013）『ミクロ経済学（第4版）』東洋経済新報社.［*10-1*］

■と

富岡昌雄（1993）『資源循環型農業論』近代文藝社.［*10-15*］

■に

西尾道徳（2005）『農業と環境汚染―日本と世界の土壌環境政策と技術』農山漁村文化協会．［*10-15*］

■は

ハワード，A.（1943）/保田 茂監訳（2003）『農業聖典』コモンズ．［*10-9*］

■ほ

法政大学比較経済研究所・西澤栄一郎編（2014）『法政大学比較経済研究所研究シリーズ 28　農業環境政策の経済分析』日本評論社．［*10-8*］

■み

三浦慎悟（2008）『ワイルドライフ・マネジメント入門―野生動物とどう向きあうか』岩波書店．［*10-16*］

■O

Ottman, J.（2011）. *The new rules of green marketing : Strategies, tools, and inspiration for sustainable branding*, San Francisco : Berrett-Koehler Publishers.［*10-14*］

■U

United Nations et al.（2012）System of Environmental-Economic Accounting 2012 Central Framework.［*10-4*］

第 11 章　日本の食料・農業・農村政策

【引用文献】

■あ

有田博之他（1990）「農振法施行当初段階における農振計画のゾーニングの実態―「農業集落土地利用動向調査」データを用いた分析（Ⅰ）」『農業土木学会論文集』145，49-56．［*11-8*］

安藤光義編著（2018）『日本の農業：あすへの歩み 250・251　縮小再編過程の日本農業』農政調査委員会．［*11-10*］

■い

稲本洋之助（1978）「「農用地確保，規模拡大と土地負担」に関する法学的検討」『土地と農業』(9)，5-27．［*11-8*］

今泉 晶（2016）『農業遺伝資源の管理体制―所有の正当化過程とシードシステム』昭和堂．［*11-20*］

■え

荏開津典生・鈴木宣弘（2015）『農業経済学（第 4 版）』岩波書店．［*11-3*］

■か

梶井 功（1985）「解題：農民層分解論―事実と諸論調」『昭和後期農業問題論集 4　農民層分解論Ⅱ』農山漁村文化協会，323-384．［*11-10*］

梶川千賀子（2018）『食品法入門―食の安全とその法体系』農林統計出版．［*11-4*］

香月敏孝（2005）『農林水産政策研究叢書　第6号　野菜作農業の展開過程―産地形成から再編へ』農山漁村文化協会．［11-13］
河相一成（1990）『食管制度と経済民主主義』新日本出版社．［11-11］

■こ

小池恒男（1996）「農業の構造と組織」中安定子・荏開津典生編『農業経済研究の動向と展望』富民協会，75-105．［11-10］
小林信一（1993）「畜産政策の現状と課題」宮崎 宏編『国際化と日本畜産の進路』家の光協会．［11-12］
小林信一（1999）「WTO体制下の畜産政策と経営対応」『農業経済研究』71（3）．［11-12］
神門善久（2006）『日本の〈現代〉8　日本の食と農―危機の本質』NTT出版．［11-8］

■さ

佐伯尚美（2004）「スタートする新食糧法システム―米政策が変わる」『農村と都市をむすぶ』54（1），72．［11-11］
佐伯尚美（2009）『米政策の終焉』農林統計出版．［11-9］

■す

鈴木忠和（1994）『野菜政策の発現と発展』巌南堂書店．［11-13］

■せ

全国農業会議所（2006）編集・発行『新農林水産制度金融の手引』．［11-15］

■た

田代洋一（2012）『農業・食料問題入門』大月書店．［11-1］
田代洋一（2014）『戦後レジームからの脱却農政』筑波書房．［11-10］

■て

暉峻衆三編（2003）『日本の農業150年―1850～2000年』有斐閣．［11-1］

■に

西川芳昭（2017）『種子が消えれば，あなたも消える―共有か独占か』コモンズ．［11-20］

■の

農水知財基本テキスト編集委員会編（2018）『知的財産実務シリーズ　攻めの農林水産業のための知財戦略―食の日本ブランドの確立に向けて』経済産業調査会．［11-20］
農林漁業基本問題調査会事務局監修（1960）『農業の基本問題と基本対策・解説版』．［11-1］
農林水産省農村振興局（2018）『農業生産基盤の整備状況について（平成28年3月）』．［11-14］

■ひ

久野秀二（2017）「主要農作物種子法廃止の経緯と問題点―公的種子事業の役割を改めて考える」『京都大学大学院経済学研究科ディスカッションペーパーシリーズ』J-17-001，1-29．［11-20］
広田純一（1981）「農振白地の実態と土地利用秩序形成―関東1都6県の農振地域指定市町村へのアンケート調査から」『農業土木学会誌』49（10），31-39．［11-8］

■ふ

冬木勝仁（2003）『現代農業の深層を探る 4　グローバリゼーション下のコメ・ビジネス―流通の再編方向を探る』日本経済評論社．［*11-11*］

■ほ

本間正義（2010）『総合研究現代日本経済分析 3　現代日本農業の政策過程』慶應義塾大学出版会．［*11-10*］

■よ

吉田俊幸（2003）『米政策の転換と農協・生産者―水田営農・経営多角化の課題と戦略』農山漁村文化協会．［*11-11*］

【参考文献】

■あ

荒幡克己（2014）『減反 40 年と日本の水田農業』農林統計出版．［*11-9*］

安藤光義（2016）「農村政策の展開過程」高崎経済大学地域経済研究所編『自由貿易下における農業・農村の再生―小さき人々による挑戦』日本経済評論社．［*11-18*］

安藤光義・友田滋夫（2006）『共生農業システム叢書　第 2 巻　経済構造転換期の共生農業システム―労働市場・農地問題の諸相』農林統計協会．［*11-7*］

■い

飯國芳明（2011）「転換期を迎えた農業環境政策」横川 洋・高橋佳孝編著『生態調和的農業形成と環境直接支払い―農業環境政策論からの接近』青山社，19-47．［*11-19*］

泉田洋一（2013）『日本の農村金融・マイクロファイナンス』農林統計協会．［*11-15*］

今村奈良臣（1983）『現代農地政策論』東京大学出版会．［*11-7*］

■お

太田原高昭・田中 学編（2014）『戦後日本の食料・農業・農村　第 14 巻　農業団体史・農民運動史』農林統計協会．［*11-16*］

小田切徳美（2001）「直接支払制度の特徴と集落協定の実態」『21 世紀の日本を考える』14，農山漁村文化協会．［*11-18*］

■か

加藤 讓（1984）『現代農業経済学全集　第 5 巻　農業金融論』明文書房．［*11-15*］

■き

木立真直編（2019）『暮らしのなかの食と農 61　卸売市場の現在と未来を考える―流通機能と公共性の観点から』筑波書房．［*11-17*］

協同組合経営研究所（1967）『農業協同組合制度史　第 1 巻～第 7 巻』．［*11-16*］

■こ

公共事業としての農業農村整備事業の在り方研究会（2015）『公共事業としての農業農村整備事業の在り方について：提言』．［*11-14*］

厚生労働省『日本人の食事摂取基準』(http://www.mhlw.go.jp/stf/seisakunitsuite/bunya/kenkou_iryou/kenkou/eiyou/syokuji_kijyun.html). [11-4]
厚生労働省『国民健康・栄養調査』(http://www.mhlw.go.jp/bunya/kenkou/kenkou_eiyou_chousa.html). [11-4]

■し

島本富夫 (2003)『日本の農地―所有と制度の歴史』全国農業会議所. [11-7]
生源寺眞一 (2000)『農政大改革―21世紀への提言』家の光協会. [11-2]
生源寺眞一 (2006)「フードシステムの政策体系」生源寺眞一『現代日本の農政改革』東京大学出版会, 217-245. [11-5]
生源寺眞一 (2006)「食品産業政策と農業政策」生源寺眞一『現代日本の農政改革』東京大学出版会, 247-267. [11-5]
生源寺眞一 (2011)『日本農業の真実』ちくま新書. [11-10]
生源寺眞一 (2016)「フードシステムの政策研究」斎藤修編『フードシステム学叢書　第5巻　日本フードシステム学会の活動と展望』農林統計出版, 57-84. [11-5]
荘林幹太郎・岡島正明 (2017)「基幹水利施設の持続的な更新のための新たな制度的枠組み」『農業農村工学会誌』85 (9), 21-26. [11-14]
食料・農業・農村基本政策研究会編著 (2000)『食料・農業・農村基本法解説』大成出版社. [11-2]

■す

鈴木宣弘「食料をめぐる国際情勢と日本農業・農政の展開方向」(2009)『農業経済研究』81 (2), 1-15. [11-3]

■せ

関谷俊作 (2002)『日本の農地制度』農政調査会. [11-7]
全国農業会議所 (1992)『新しい食料・農業・農村政策の方向』全国農業会議所. [11-2]

■ち

畜産経営経済研究会編 (2017)「「不足払い法」成立から50年―酪農・乳業の過去・現在・将来を考える」『畜産経営経済研究』16. [11-12]
畜産経営経済研究会編 (2018)「畜産経営安定法を巡って―酪農・乳業の将来を考える」『畜産経営経済研究』17. [11-12]

■と

戸田博愛 (1989)『野菜の経済学』農林統計協会. [11-13]

■な

中村 勝 (1981)『近代市場制度成立史論』多賀出版. [11-17]

■の

『農業と経済』編集委員会編 (2011)『農業と経済 2011年5月臨時増刊号　急浮上するTPP (環太平洋戦略的経済連携協定) で日本農業はどうなる？』昭和堂. [11-6]
農林水産省編 (1986)『日本の農業団体と農業協同組合』御茶の水書房. [11-16]

■は

橋口卓也（2008）『条件不利地域の農業と政策』農林統計協会.［*11-18*］
橋口卓也（2016）『JC 総研ブックレット No. 16　中山間直接支払制度と農山村再生』筑波書房.［*11-18*］
服部信司（2004）『WTO 農業交渉 2004 ―主要国・日本の農政改革と WTO 提案』農林統計協会.［*11-6*］

■ひ

日暮賢司（2003）『農村金融論』筑波書房.［*11-15*］

■ほ

細川允史（2017）『激動に直面する卸売市場―農業競争力強化プログラムを受けて』筑波書房.［*11-17*］
堀口健治（2012）「戦後・土地改良を支える仕組みの変遷と農家負担のあり方」堀口健治・竹谷裕之編『戦後日本の食料・農業・農村　第 12 巻　農業農村基盤整備史』1-29.［*11-14*］

■も

文部科学省『日本食品標準成分表』（http://www.mext.go.jp/a_menu/syokuhinseibun/index.htm）.［*11-4*］

■わ

枡谷光晴（1977）『愛知学院大学経営研究所研究叢書　第 5 巻　中央卸売市場の成立と展開』白桃書房.［*11-17*］

第 12 章　農業生産の立地構造

【引用文献】

■あ

青鹿四郎（1935）『経済地理学講座　第 4 巻　農業経済地理』叢文閣（復刻版は近藤康男編（1980）『昭和前期農政経済名著集　18　農業経済地理』農山漁村文化協会）.［*12-15*］
安藤光義（2005）『北関東農業の構造』筑波書房.［*12-5*］
安藤光義（2008）「水田農業構造再編と集落営農―地域的多様性に注目して」『農業経済研究』80（2），67-77.［*12-11*］

■い

石橋俊治・御園喜博編（1975）『兼業農業の構造』東京大学出版会.［*12-6*］

■う

浮田典良（1975）「離島の農業」藤岡健二郎・浮田典良『離島診断』地人書房.［*12-12*］
臼井 晋（1985）『講座　日本の社会と農業 4　北陸編　兼業稲作からの脱却』日本経済評論社.［*12-4*］

■お

小田切徳美（2002）「中山間地域農業・農村の軌跡と到達点―農業地域類型別に見た日本の農業・農村」生源寺眞一編『21 世紀日本農業の基礎構造― 2000 年農業センサス分析』農林統計協会，240-319.［*12-11*］

小田切徳美（2006）「中山間地域の実態と政策の展開」小田切徳美他著『中山間地域の共生農業システム―崩壊と再生のフロンティア』農林統計協会，1-15．［*12-11*］

■か

香月敏孝（2005）『農林水産政策研究叢書　第6号　野菜作農業の展開過程―産地形成から再編へ』農山漁村文化協会．［*12-15*］

川久保篤志（2007）『戦後日本における柑橘産地の展開と再編』農林統計協会．［*12-16*］

河野敏明（2008）『農業立地変動論―農業立地と産地間競争の動態分析理論』流通経済大学出版会．［*12-15*］

■こ

国土交通省国土政策局離島振興課（2015）「離島の現状と振興について」ホームページ（www.milt.go.jp/common/001081042.pdf）2018年7月6日閲覧．［*12-12*］

近藤康男（1974）『チウネン孤立国の研究』農山漁村文化協会．［*12-1*］

後藤光蔵（2010）『暮らしのなかの食と農50　都市農業』筑波書房．［*12-5*］

■さ

佐藤　了（1999）「畑作物経営・土地利用の推移と畑作政策」『農業経済研究』71（3），131-141．［*12-14*］

佐藤　了他（2015）「東北地域における大規模借地営農の形成と直面する課題」堀口健治・梅本　雅編『戦後日本の食料・農業・農村　第13巻　大規模営農の形成史』農林統計協会，179-224．［*12-3*］

■す

角田　毅（2018）「水稲単作地帯からの園芸振興―山形県最上地域を対象に」『農村経済研究』36（1），25-32．［*12-3*］

■た

田林　明（2003）『北陸地方における農業の構造変容』農林統計協会．［*12-4*］

■ち

中央畜産会編（1999）『畜産行政史―戦後半世紀の歩み』175-243．［*12-19*］

■と

徳田博美（1997）『果実需給構造の変化と産地戦略の再編―東山型果樹農業の展開と再編』農林統計協会．［*12-16*］

豊田　隆（1990）『果樹農業の展望』農林統計協会．［*12-16*］

■な

永田恵十郎編著（1985）『日本の社会と農業3　空っ風農業の構造』日本経済評論社．［*12-5*］

■に

西川邦夫（2015）『「政策転換」と水田農業の担い手―茨城県筑西市田谷川地区からの接近』農林統計出版．［*12-5*］

西川邦夫（2018）「庄内水田農業の現段階―構造変動の歴史的パターンは変わるのか？」『農村経済研究』36（1），15-24．［*12-3*］

■の

農山漁村文化協会（1978a）『農業技術大系　畜産編 4「豚」』農山漁村文化協会.［12-19］
農山漁村文化協会（1978b）『農業技術大系　畜産編 5「採卵鶏・ブロイラー」』農山漁村文化協会.［12-19］
農林水産省「新潟県佐渡市」ホームページ
（www.maff.go.jp/j/nousin/kantai/giahs.3.010.html）2018 年 11 月 27 日閲覧.［12-12］
農林水産省農林水産技術会議事務局昭和農業技術発達史編纂委員会編（1995）『昭和農業技術発達史　第 4 巻　畜産編/蚕糸編』農山漁村文化協会.［12-19］

■ひ

平林光幸（2018）「新潟県中越地域における大規模水田作経営の展開構造」小柴有理江（同）「北陸・富山における構造変動」安藤光義編著『日本農業：あすへの歩み 250・251　縮小再編過程の日本農業—2015 年農業センサスと実態分析』農政調査委員会.［12-4］

■ふ

藤島廣二他（1995）「農業経営の個別マーケティングの意義と限界」『農業経営研究』33（2），25-34.［12-9］

■ほ

堀尾房造（1984）「酪農経営の特質」島津 正他編著『畜産経営学』文永堂出版，151-167.［12-17］

■み

御園喜博編（1985）『都市化のなかの農業再建』日本経済評論社.［12-6］

■や

八木洋憲（2008）「都市農地における体験農園の経営分析—東京都内の事例を対象として」『農業経営研究』45（4），109-118.［12-9］
山田盛太郎（1934）『日本資本主義分析』岩波書店（岩波文庫（1977）で復刊）.［12-1］

■I

Ilbery, B. W.（1991）Farm Diversification as an Adjustment Strategy on the Urban Fringe of the West Midlands, *Journal of Rural studies*, 7（3）, 207-218.［12-9］

■Y

Yagi, H. and Garrod, G.（2018）The Future of Agriculture in the Shrinking Suburbs : The Impact of Real Estate Income and Housing Costs. *Land Use Policy*, 76, 812-822.［12-9］

【参考文献】

■あ

麻野尚延（1987）『みかん産業と農協—産地棲みわけの理論』農林統計協会.［12-7］
荒幡克巳（2014）『減反 40 年と日本の水田農業』農林統計出版.［12-13］
安藤光義編著（2012）『JA 総研研究叢書 7　農業構造変動の地域分析— 2010 年センサス分析と地域の実態調査』農山漁村文化協会.［12-10］

文献

■う

鵜川洋樹（2006）『北海道酪農の経営展開―土地利用型酪農の形成・展開・発展』農林統計協会．［*12-17*］
宇佐美繁（1985）「東北農業の地帯構成と村落構造」河相一成・宇佐美繁編著『みちのくからの農業再構成』日本経済評論社，210-242．［*12-3*］
牛山敬二・岩崎 徹編著（2006）『北海道農業の地帯構成と構造変動』北海道大学出版会．［*12-2*］

■お

大原純一（2000）『高知県野菜園芸流通論』高知新聞社．［*12-7*］
岡崎泰裕他（2015）「九州沖縄における農業動向と技術開発の方向」『中央農業総合研究センター研究資料』10，78-92．［*12-14*］
沖縄総合事務局農林水産部農業農村整備ホームページ．「農」を支える（地下ダム）（www.ogb.go.jp/o/nousui/nns/c2/c2-index.htm）2018年12月25日閲覧．［*12-12*］

■か

甲斐 諭編（2014）『戦後日本の食料・農業・農村　第3巻（Ⅱ）　高度成長期Ⅱ―産業構造の変貌』農林統計協会．［*12-6*］
鹿児島県大島支庁（2018）「平成29年度　奄美群島の概況」ホームページ（https://pref.kagoshima.jp/aq01/h29.html）2018年8月17日閲覧．［*12-12*］
梶井 功編（1982）『畜産経営と土地利用　実態編　地域農業の形成と畜産の展望』農山漁村文化協会．［*12-17*］
梶井 功編（1982）『畜産経営と土地利用　総括編　飼料問題の展開と経営構造』農山漁村文化協会．［*12-17*］
鎌形 勲（1957）『日本の蔬菜農業』農業総合研究所．［*12-15*］

■き

九州農業経済学会編（1994）『国際化時代の九州農業』九州大学出版会．［*12-8*］
桐野昭二・渡辺基編著（1985）『講座　日本の社会と農業6　中四国編　商業的農業と農法問題』日本経済評論社．［*12-7*］

■さ

坂下明彦（1992）『中農層形成の論理と形態―北海道型産業組合の形成基盤』御茶の水書房．［*12-2*］

■し

七戸長生他（1985）『日本のフロンティアのゆくえ』日本経済評論社．［*12-2*］
食農資源経済学会編（2015）『新たな食農連携と持続的資源利用―グローバル化時代の地域再生に向けて』筑波書房．［*12-8*］
陣内義人編著（1985）『日本の社会と農業7　変貌する遠隔地農業』日本経済評論社．［*12-8*］

■せ

政府統計の総合窓口（e-Stat）（https://www.e-stat.go.jp/）2018年10月27日閲覧．［*12-12*］

■た

谷口信和他（2010）『地域の再生16　水田活用新時代』農山漁村文化協会．［*12-13*］
田畑 保（1990）「1980年代後半の日本農業の地帯構成」『農業総合研究』44（4）．［*12-1*］

■ち

中國新聞社編（2004）『中国山地　明日へのシナリオ』未來社.［*12-7*］

■と

徳田博美他（2016）「第Ⅱ部　果樹作産地の再編」八木宏典編集代表『日本農業経営年報 No. 10　産地再編が示唆するもの』農林統計協会.［*12-16*］
土井時久他（1995）『農産物価格政策と北海道畑作』北海道大学図書刊行会.［*12-14*］

■な

長岡顕他（1978）『日本農業の地域構造』大明堂.［*12-1*］

■に

日本農業経営学会編（2014）『農業経営の規模と企業形態―農業経営における基本問題』農林統計出版.［*12-10*］

■の

農林水産省（2018）「第 2 章第 3 節　主要農畜産物の生産等の動向」『平成 29 年度　食料・農業・農村白書』163-164.［*12-18*］

■は

橋口卓也（2008）『条件不利地域の農業と政策』農林統計協会.［*12-11*］

■ほ

北海道農業ベクトル研究会編（2013）『新北海道農業発達史』北海道地域農業研究所.［*12-14*］
北海道立総合経済研究所（1963）『北海道農業発達史　上・下巻』中央公論事業出版.［*12-2*］

■も

森 佳子（2016）「肉用牛繁殖部門の経営継承」『農業と経済』82（3），100-107.［*12-18*］

■や

山本 堯・杉山道雄編著（1983）『東海の農業―工業化地帯の農業を考える』日本経済評論社.［*12-6*］

第 13 章　地域資源と農村

【引用文献】

■あ

荒樋 豊（2005）「過疎問題と混住化問題」田畑 保・大内雅利編『戦後日本の食料・農業・農村　第 11 巻　農村社会史』農林統計出版，215-242.［*13-7*］
安東誠一（1986）『地方の経済学―「発展なき成長」を超えて』日本経済新聞社.［*13-8*］

■い

石原健二（2008）『農業政策の終焉と地方自治体の役割―米政策・公共事業・農業財政』農山漁村文化協会.

[*13-12*]
稲葉陽二（2011）『ソーシャル・キャピタル入門―孤立から絆へ』中公新書．[*13-18*]
井上和衛（2004）『暮らしのなかの食と農 24　都市農村交流ビジネス―現状と課題』筑波書房，17．[*13-10*]
今村奈良臣（1978）『補助金と農業・農村』家の光協会（『今村奈良臣著作選集（下）』農文協，2003 年に再録）．[*13-12*]
岩波悠紀（1989）「わが国の野草と野草地」山根一郎他編著『新 草地農学』朝倉書店．[*13-3*]

■お

大内雅利（2007）「都市化とむらの変化」鳥越皓之編『むらの社会を研究する―フィールドからの発想』農山漁村文化協会，38-46．[*13-7*]
小田切徳美（2014）『農山村は消滅しない』岩波新書．[*13-13*]
小田切徳美・橋口卓也（2018）「内発的発展論の展開に向けて」小田切徳美・橋口卓也編著『内発的農村発展論―理論と実践』農林統計出版．[*13-13*]

■こ

小山良太・小松知未編著（2013）『農の再生と食の安全―原発事故と福島の 2 年』新日本出版社．[*13-18*]

■さ

酒井惇一（1995）『農業資源経済論』農林統計協会．[*13-1*]
佐藤貴文他（2018）「再生可能エネルギーの現状と将来―再生可能エネルギーの導入による経済分析の視点から」『みずほ情報総研レポート』15．[*13-5*]

■そ

総務省（2011）「バイオマスの利活用に関する政策評価書」．[*13-5*]
祖田 修著（2000）『農学原論』岩波書店．[*13-11*]

■た

高田晋史他（2012）「地域経営型郷村観光法人の組織構造と運営に関する研究」『農林業問題研究』48（1），84-89．[*13-11*]
高野和良（2008）「地域の高齢化と福祉」堤マサエ他編著『地方からの社会学―農と古里の再生をもとめて』学文社，119-139．[*13-7*]
高橋 巖（2002）『高齢者と地域農業』家の光協会 [*13-7*]
高橋正郎（1978）「自治体農政と地域マネジメント」高橋正郎・森昭『自治体農政と地域マネジメント』明文書房（『高橋正郎論文集Ⅰ　農業経営と地域マネジメント』農林統計協会，2002 年に再録）．[*13-12*]
玉井袈裟男（1995）『新むらづくり論―人にやる気むらに活気』信濃毎日新聞社．[*13-14*]
玉城 哲（1983）『水社会の構造』論創社．[*13-2*]
田村孝浩他（2018）「農村計画学会 2018 年度春期シンポジウム報告：地方創生時代のワークショップ―実践と科学」『農村計画学会誌』37（1），66．[*13-15*]

■な

中塚雅也（2010）「多様な主体の協働による地域社会・農林業の豊かさの創造」『農林業問題研究』46（4），405-415．[*13-14*]
永田恵十郎他編（1988）『食糧・農業問題全集 18　地域資源の国民的利用―新しい視座を定めるために』

農山漁村文化協会.［*13-1*］,［*13-2*］,［*13-14*］

■の

農林水産省グリーン・ツーリズム研究会中間報告書（1992）『グリーン・ツーリズムの提唱』.［*13-11*］

■ふ

福島県（2018）『ふくしま復興のあゆみ（第 23 版）』.［*13-18*］
復興庁（2018）『東日本大震災からの復興の状況と取組』.［*13-18*］

■ほ

星野　敏（1994）「地域計画の論理と手法」河村能夫・星野　敏・目瀬守男共著『地域活性化シリーズ第 8 巻　地域活性化と計画』明文書房, 39-100.［*13-15*］
保母武彦（2013）『日本の農山村をどう再生するか』岩波現代文庫.［*13-13*］
堀部　篤（2013）「「地方分権改革」と農業補助金」『日本の農業』247.［*13-12*］

■ま

松木洋一（1983）「林業経済基礎知識（12）牧野組合」『林業経済』419.［*13-3*］

■み

宮崎　猛編（2011）『農村コミュニティビジネスとグリーン・ツーリズム―日本とアジアの村づくりと水田農法』昭和堂.［*13-11*］
宮本憲一（1989）『環境経済学』岩波書店.［*13-13*］

■E

European Commission（2008）Overview of the Less Favored Areas in the EU-25（2004-2005）（http://ec.europa.eu/agriculture/rica/pdf/rd0101_overview_lfa.pdf）.［*13-17*］

【参考文献】

■い

磯辺俊彦他（1993）『新版　日本農業論』有斐閣.［*13-4*］
市田知子（2004）『農林水産政策研究叢書　第 5 号　EU 条件不利地域における農政展開―ドイツを中心に』農山漁村文化協会.［*13-17*］
今村奈良臣他（1977）『土地改良百年史』平凡社.［*13-2*］

■お

大江靖雄編著（2017）『都市農村交流の経済分析』農林統計出版.［*13-8*］,［*13-10*］,［*13-11*］
小田切徳美（2009）『岩波ブックレット No. 768　農山村再生―「限界集落」問題を超えて』岩波書店.［*13-9*］
小田切徳美編著（2011）『JA 総研研究叢書 4　農山村再生の実践』農山漁村文化協会.［*13-9*］
小田切徳美編著（2013）『農山村再生に挑む―理論から実践まで』岩波書店.［*13-16*］
小田切徳美・橋口卓也編著（2018）『内発的農村発展論―理論と実践』農林統計出版.［*13-10*］

■か

戒能通孝（1977）『戒能通孝著作集　全 8 巻』日本評論社.［*13-4*］

梶井 功（1970）『基本法農政下の農業問題』東京大学出版会．［*13-8*］

■く

黒瀧秀久（2005）『日本の林業と森林環境問題』八朔社．［*13-4*］

■こ

是永東彦他（1994）『全集 世界の食料 世界の農村 14　EC の農政改革に学ぶ―苦悩する先進国農政』農山漁村文化協会．［*13-17*］

■し

重藤さわ子・堀尾正靭（2018）「農山村における再生可能エネルギー導入と内発的発展」小田切徳美・橋口卓也編著『内発的農村発展論―理論と実践』農林統計出版．［*13-5*］

■す

図司直也（2009）「入会牧野とむら」坪井伸広他編著『現代のむら―むら論と日本社会の展望』農山漁村文化協会．［*13-3*］

■た

田代洋一（2012）『農業・食料問題入門』大月書店．［*13-6*］

田畑 保（2011）「資源問題と地域―地域からの循環型社会の形成」明治大学農学部食料環境政策学科編『食料環境政策学を学ぶ』日本経済評論社．［*13-1*］

田畑 保・大内雅利編（2005）『戦後日本の食料・農業・農村　第 11 巻　農村社会史』農林統計協会．［*13-6*］

■つ

坪井伸広（1980）「農村地域資源」『日本の農業』132．［*13-1*］

■な

中安定子編（1983）『昭和後期農業問題論集 5　農村人口論・労働力論』農山漁村文化協会．［*13-6*］

並木正吉（1960）『農村は変わる』岩波新書．［*13-6*］

■は

橋本卓爾他編著（2011）『都市と農村―交流から協働へ』日本経済評論社．［*13-9*］，［*13-10*］

林 直樹・齋藤 晋編著（2010）『撤退の農村計画―過疎地域からはじまる戦略的再編』学芸出版社．［*13-16*］

半田良一（2010）「入会権―その本質と現代的課題」『林業経済』63（7）．［*13-4*］

■ひ

平澤明彦（2015）「EU の農村振興政策 2014-2020 年の新たな取り組み」『農林金融』（9），2-18．［*13-17*］

■も

諸富 徹（2010）『地域再生の新戦略』中央公論新社．［*13-8*］

諸富 徹編著（2015）『再生可能エネルギーと地域再生』日本評論社．［*13-5*］

■や

八木洋憲・八木宏典（2006）「農地の生産性の把握方法論の展開—土地分級論を中心として」『農村計画学会誌』25（2），120-131.［*13-15*］

■よ

横川 洋・高橋佳孝編著（2017）『阿蘇地域における農耕景観と生態系サービス—文化的景観論で地域価値を再発見し世界文化遺産登録を支援する』農林統計出版.［*13-3*］

■わ

渡邉紹裕他（2017）『シリーズ地域環境工学　地域環境水利学』朝倉書店.［*13-2*］

第14章　農業史・農村史

【引用文献】

■い

李 憲昶（2004）/須永英徳・六反田豊監訳『韓国経済通史』法政大学出版局.［*14-12*］
池本幸三他（1995）『近代世界と奴隷制—大西洋システムの中で』人文書院.［*14-4*］
井野瀬久美恵（2017）『興亡の世界史16　大英帝国という経験』講談社文庫.［*14-2*］

■う

宇根 豊（2016）『農本主義のすすめ』ちくま新書.［*14-19*］

■お

小倉武一（1966-67）「農本主義は生きている」（1967）『ある農政の遍歴』新葉書房.［*14-19*］

■こ

近藤康男他（1980）「回顧座談会」『農林水産省百年史　中巻』.［*14-14*］

■さ

齋藤 仁（1989）『農業問題の展開と自治村落』日本経済評論社.［*14-18*］
齋藤 仁他編著（2015）『自治村落の基本構造—「自治村落論」をめぐる座談会記録』農林統計出版.［*14-18*］
坂根嘉弘（1996）『分割相続と農村社会』九州大学出版会.［*14-18*］
坂根嘉弘（2011）『名著に学ぶ地域の個性3 〈家と村〉日本伝統社会と経済発展』農山漁村文化協会.［*14-18*］
佐竹五六（1998）『体験的官僚論—55年体制を内側からみつめて』有斐閣.［*14-14*］

■し

椎名重明（1973）『近代的土地所有—その歴史と理論』東京大学出版会.［*14-1*］
下山 晃（2009）『世界商品と子供の奴隷—多国籍企業と児童強制労働』ミネルヴァ書房.［*14-4*］

■す

杉山伸也（2014）『グローバル経済史入門』岩波新書．［14-2］

■た

田中耕司（1979）「農業余話・解題」『日本農書全集 7』農山漁村文化協会．［14-9］
玉 真之介（1990）「資本主義の発展と農業市場」臼井晋・宮崎宏編『現代の農業市場』ミネルヴァ書房．［14-3］
玉 真之介（2013）『近現代日本の米穀市場と食糧政策―食糧管理制度の歴史的性格』筑波書房．［14-3］

■と

涂 照彦（1975）『日本帝国主義下の台湾』東京大学出版会．［14-12］
東畑四郎（1980）（聞き手）松浦龍雄『昭和農政談』家の光協会．［14-14］
東畑精一（1936）『日本農業の展開過程（増訂版）』岩波書店．［14-12］
トレイシー，M.（1964）/阿曽村邦昭・瀬崎克己訳（1966）『西欧の農業』農林水産生産性向上会議．［14-3］

■の

農林水産省（1980）「80 年代の農政の基本方向」『農林統計調査』356．［14-16］
農林水産省（1987）「21 世紀へ向けての農政の基本方向」『農林統計調査』431．［14-16］

■は

林 宥一（1981）「第 3 章　独占資本主義確立期」暉峻衆三編『日本農業史―資本主義の展開と農業問題』有斐閣．［14-11］

■ふ

藤原辰史（2012）『歴史文化ライブラリー 352　稲の大東亜共栄圏―帝国日本の〈緑の革命〉』吉川弘文館．［14-17］

■ま

松井 透（1991）『世界市場の形成』岩波書店．［14-2］
丸山眞男（1947）「日本ファシズムの思想と運動」（2006）『新装版　現代政治の思想と行動』未来社．［14-19］

■も

持田恵三（1970）『米穀市場の展開過程』東京大学出版会．［14-17］
持田恵三（1996）『世界経済と農業問題』白桃書房．［14-2］

■や

山田勝次郎（1946）『米と繭の経済構造』岩波書店．［14-11］
山本有造（2003）『「満洲国」経済史研究』名古屋大学出版会．［14-12］

■よ

横井時敬（1897）「農本主義」大日本農會編纂（1925）『横井博士全集　第 8 巻』．［14-19］

■り

李 海訓（2015）『中国東北における稲作農業の展開過程』御茶の水書房.［*14-17*］

李 海訓（2018）「技術移転」日本植民地研究会編『日本植民地研究の論点』岩波書店.［*14-17*］

■B

Barjot, D. et al.（2005）*Les sociétés rurales face à la modernisation. Evolutions sociales et politiques en Europe des années 1830 à la fin des années 1920*, SEDES.［*14-1*］

■C

Collins, E. J. T. et al.（2000）*The Agrarian History of England and Wales, volume 7, 1850–1914*, Cambridge University Press.［*14-1*］

■M

Mingay, G. E. et al.（1989）*The Agrarian History of England and Wales, volume 6, 1750–1850*, Cambridge University Press.［*14-1*］

【参考文献】

■あ

秋元英一（1999）『世界大恐慌─1929 年に何がおこったか』講談社学術文庫.［*14-6*］

足立芳宏（2011）『東ドイツ農村の社会史─「社会主義」経験の歴史化のために』京都大学学術出版会.［*14-7*］

足立芳宏（2013）「「第三帝国」の農業・食糧政策と農業資源開発」野田公夫編『農林資源開発史論 1　農林資源開発の世紀─「資源化」と総力戦体制の比較史』京都大学学術出版会，279–339.［*14-6*］

■う

内田和義（1991）『老農の富国論─林遠里の思想と実践』農山漁村文化協会.［*14-9*］

内田和義（2012）『日本における近代農学の成立と伝統農法─老農　船津伝次平の研究』農山漁村文化協会.［*14-9*］

■お

奥田 央編（2006）『20 世紀ロシア農民史』社会評論社.［*14-7*］

■か

加納啓良他編（2001）『岩波講座　東南アジア史 6　植民地経済の繁栄と凋落』岩波書店.［*14-4*］

川北 稔（1996）『砂糖の世界史』岩波ジュニア新書.［*14-4*］

■き

岸 康彦（1996）『食と農の戦後史』日本経済新聞社.［*14-16*］

北島正元編（1975）『体系日本史叢書 7　土地制度史Ⅱ』山川出版社.［*14-10*］

■く

熊倉功夫・江原絢子（2015）『和食文化ブックレット 1　和食とは何か』思文閣出版.［*14-16*］

栗原百寿著（1949）『日本農業の発展構造』日本評論社.［*14-11*］

■こ

近藤康男・阪本楠彦編（1983）『社会主義下甦る家族経営―中国農政の転換』農山漁村文化協会.［14-7］

■さ

坂根嘉弘（1987）「大正・昭和戦前期における農政論の系譜」頼 平編『現代農業政策論 第1巻 農業政策の基礎理論』家の光協会.［14-20］

■し

庄司俊作（2017）「国家と農業・農村」『人文研ブックレット』56，同志社大学人文科学研究所.［14-14］

■せ

戦後日本の食料・農業・農村編集委員会編（2010）『戦後日本の食料・農業・農村 第2巻（Ⅰ）戦後改革・経済復興期Ⅰ』農林統計協会.［14-15］
戦後日本の食料・農業・農村編集委員会編（2014）『戦後日本の食料・農業・農村 第2巻（Ⅱ）戦後改革・経済復興期Ⅱ』農林統計協会.［14-15］

■そ

祖田 修（2013）『近代農業思想史―21世紀の農業のために』岩波書店.［14-5］

■た

竹前栄治・中村隆英監修（1997）『GHQ占領史 第33巻 農地改革』日本図書センター.［14-15］
竹前栄治・中村隆英監修（1998）『GHQ占領史 第34巻 農業協同組合』日本図書センター.［14-15］
竹前栄治・中村隆英監修（1998）『GHQ占領史 第41巻 農業』日本図書センター.［14-15］
竹前栄治・中村隆英監修（2000）『GHQ占領史 第35巻 価格・配給の安定―食糧部門の計画』日本図書センター.［14-15］
玉 真之介（1996）『主産地形成と農業団体―戦間期日本農業と系統農会』農山漁村文化協会.［14-13］
玉 真之介（2019）『日本小農問題研究』筑波書房.［14-13］

■て

テーア，A.（1809-12）/相川哲夫訳（2007/2008）『合理的農業の原理 上・中・下巻』農山漁村文化協会.［14-5］

■な

中兼和津次（1992）『東京大学産業経済叢書 中国経済論―農工関係の政治経済学』東京大学出版会.［14-7］
並松信久（2016）『農の科学史―イギリス「所領知」の革新と制度化』名古屋大学出版会.［14-5］

■に

西田美昭編著（1994）『戦後改革期の農業問題―埼玉県を事例として』日本経済評論社.［14-15］
西田美昭他編（2006）『20世紀日本の農民と農村』東京大学出版会.［14-13］

■の

野田公夫（2012）『名著に学ぶ地域の個性5 〈歴史と社会〉日本農業の発展論理』農山漁村文化協会.［14-13］

■は

ハウスホーファー，H.（1963）/三好正喜・祖田 修訳（1973）『近代ドイツ農業史』未来社．[14-5]
服部信司（2010）『アメリカ農業・政策史1776-2010―世界最大の穀物生産・輸出国の農業政策はどう行われてきたのか』農林統計協会．[14-6]

■ふ

深尾京司他編（2017）『岩波講座 日本経済の歴史　第3巻　近代1　19世紀後半から第一次世界大戦前（1913）』岩波書店．[14-10]
藤木久志（1985）『豊臣平和令と戦国社会』東京大学出版会．[14-8]
藤原辰史（2016）『増補版　ナチスのキッチン―「食べること」の環境史』共和国．[14-6]
古島敏雄（1975）『古島敏雄著作集　第5巻　日本農学史　第1巻』東京大学出版会．[14-9]

■ま

牧原成征（2014）「兵農分離と石高制」大津透他編『岩波講座　日本歴史　第10巻　近世1』岩波書店，135-168．[14-8]

■み

水本邦彦（2008）『全集　日本の歴史　第10巻　徳川の国家デザイン』小学館．[14-8]

■む

村上保男（1972）『日本農政学の系譜』東京大学出版会．[14-20]

■も

持田恵三著（1970）『米穀市場の展開過程』東京大学出版会．[14-11]
持田恵三（1996）『世界経済と農業問題』白桃書房．[14-3]

■わ

渡辺尚志（2007）『近世の村落と地域社会』塙書房．[14-8]
渡辺尚志・五味文彦編（2002）『新体系日本史3　土地所有史』山川出版社．[14-10]

第15章　農村・農業社会学

【引用文献】

■あ

相川良彦（1979）「農家相続の地域性」『農業総合研究』33（2），1-109．[15-12]
秋田典子（2014）「コミュニティガーデン方式による土地利用方式の検討」『日本建築学会技術報告集』20（45），727-730．[15-6]
秋津元輝他（2007）『農村ジェンダー―女性と地域への新しいまなざし』昭和堂．[15-7]
安達生恒（1973）『"むら"と人間の崩壊―農民に明日はあるか』三一書房．[15-4]
荒樋 豊（2007）「定年帰農と新たなコミュニティの形成」日本村落研究学会編『むらの社会を研究する―フィールドからの発想』農山漁村文化協会，214-219．[15-12]
有賀喜左衛門（1939）『農村社会の研究―名子の賦役』河出書房．[15-1]

文献

■う

植田和弘編（2000）『循環型社会の先進空間―新しい日本を示唆する中山間地域』農林統計協会．［15-4］

■お

岡田知弘（2005）『地域づくりの経済学入門―地域内再投資力論』自治体研究社，134-156．［15-5］
小田切徳美（2009）『岩波ブックレット No. 768　農山村再生―「限界集落」問題を超えて』岩波書店．［15-2］
小田切徳美（2013）「日本における農村地域政策の新展開」『農林業問題研究』192, 3-12．［15-12］
小田切徳美（2016）「田園回帰の概況と論点―何を問題とするか」小田切徳美・筒井一伸編著『シリーズ田園回帰 3　田園回帰の過去・現在・未来―移住者と創る新しい農山村』農山漁村文化協会，9-22．［15-15］
小田切徳美（2018）「農村ビジョンと内発的発展論―本書の課題」小田切徳美・橋口卓也編著『内発的農村発展論―理論と実践』農林統計出版，13-15．［15-5］

■か

柏　雅之（2002）『条件不利地域再生の論理と政策』農林統計協会．［15-9］
川本　彰（1983）『むらの領域と農業』家の光協会．［15-3］，［15-12］

■さ

櫻井治男（1992）『神道文化叢書 16　蘇るムラの神々』大明堂．［15-14］

■し

塩見直紀（2014）『半農半 X という生き方（決定版）』ちくま文庫．［15-15］

■す

鈴木栄太郎（1940）『日本農村社会学原理』時潮社．［15-1］
鈴木栄太郎（1968）『日本農村社会学原理』未来社．［15-2］

■た

高橋統一（1978）『宮座の構造と変化』未来社．［15-14］
高橋　誠（1998）「空間としての「農村」から農村空間の社会的表象―農村性の社会的構築に関するノート(1)」『情報文化研究 7』名古屋大学情報文化学部，97-117．［15-8］
高橋　誠（1999）「ポスト生産主義，農村空間の商品化，農村計画―農村性の社会的構築に関するノート(2)」『情報文化研究 9』名古屋大学情報文化学部，79-97．［15-8］
田代洋一（2018）「市街化区域農業から都市地域農業へ」『農業と経済』84（2），6-16．［15-13］
立川雅司（2005）「ポスト生産主義への移行と農村に対する「まなざし」の変容」日本村落研究学会編『年報村落社会研究 41　消費される農村―ポスト生産主義下の「新たな農村問題」』農山漁村文化協会，7-40．［15-8］

■ち

千葉県市民農園協会（2004）『市民農園のすすめ』創森社．［15-6］

■と

徳野貞雄（1998）「少子化時代の農山村社会」山本　努他『現代農山村の社会分析』学文社，138-170．［15-

4]
富永健一（1986）『社会学原理』岩波書店．[15-2]
鳥越皓之（1997）『環境社会学の理論と実践―生活環境主義の立場から』有斐閣．[15-3]

■な

内藤重之（2011）「市民農園の展開と都市・農村交流」橋本卓爾他編著『都市と農村―交流から協働へ』日本経済評論社，113-131．[15-6]
中村剛治郎（2000）「内発的発展論の発展を求めて」『立命館大学政策科学』7（3），141，143．[15-5]

■に

日本農業法学会（2013）「都市農業と土地制度―社会の転換期における意義と位置づけ」『農業法研究』48, 5-114．[15-13]

■は

橋本卓爾（2016）「新たな局面を迎えた都市農業―「都市農業振興基本法」の制定を中心にして」『松山大学論集』28（4）, 31-52．[15-13]
原 珠里・大内雅利（2012）「農村社会におけるジェンダー関係への視角」『年報村落社会研究 48　農村社会を組みかえる女性たち』農山漁村文化協会．[15-7]

■ふ

福武 直（1953）『日本の農村社会』東京大学出版会．[15-1]
福与徳文（2011）『地域社会の機能と再生―農村社会計画論』日本経済評論社．[15-2]
藤井和佐（2011）『農村女性の社会学―地域づくりの男女共同参画』昭和堂．[15-7]
藤山 浩編著（2018）『図解でわかる田園回帰 1% 戦略　地域人口ビジョンをつくる』農山漁村文化協会．[15-4]

■ほ

星川 淳（1990）『地球生活―ガイア時代のライフ・パラダイム』徳間書店．[15-15]
細谷 昂（1993）「『現代』と日本農村社会学」細谷 昂他『農民生活における個と集団』御茶の水書房，15-152．[15-3]
細谷 昂（1995）「農地改革後の東北農村における家と女性」『年報村落社会研究 31　家族農業経営における女性の自立』農山漁村文化協会．[15-7]

■む

村松研二郎（2017）「日本における帰農運動の歴史と現在―系譜論的試論」『国際日本学』14，167-192．[15-9]

■め

目瀬守男（1992）「地域活性化と住民参画による地域づくり」『農村計画学会誌』11（3），3．[15-5]

■や

八木洋憲（2013）「都市部における体験農業経営の立地と利用者需要」『農村計画学会誌』32（論文特集号），323-328．[15-6]
柳田國男（1929）『都市と農村』朝日新聞社（岩波文庫（2017）に再録）．[15-1]
柳田國男（1991）『柳田國男全集 29』ちくま文庫，240．[15-1]

柳村俊介（2004）『現代日本農業の継承問題—経営継承と地域農業』日本経済評論社．［*15-12*］

■H

Halfacree, K.（2006）Rural space : constructing a three-fold architecture, in Cloke, P., Marsden, T. and Mooney, P. H. ed., *Handbook of Rural Studies*, SAGE Publications, 44-62.［*15-8*］

■O

Ohe, Y.（2001）Farm Pluriactivity and Contribution to Farmland Preservation : A Perspective on Evaluating Multifunctionality from Mountainous Hiroshima, Japan, *The Japanese Journal of Rural Economics*, 3, 36-50.［*15-15*］

■S

Sandler, R. L.（2015）*Food Ethics*（the Basics）. Routledge.［*15-11*］

■T

Thompson, P. B.（2014）Agricultural Ethics, in Thompson, P. B. et al., ed., *Encyclopedia of Foods and Agricultural Ethics*, Springer, 54-62.［*15-11*］

【参考文献】

■あ

秋津元輝（2009）「農への多様化する参入パターンと支援」『農業と経済』75（10），5-14.［*15-9*］
秋津元輝他編著（2018）『農と食の新しい倫理』昭和堂.［*15-11*］
安藤光義（2012）「最近の欧米における AFNs 研究をめぐる論点」『農業市場研究』21（2）.［*15-10*］

■き

菊地 暁（2001）『柳田国男と民俗学の近代—奥能登のアエノコトの二十世紀』吉川弘文堂.［*15-14*］

■こ

コラックル=キング，J./白井和宏訳（2014）『シティ・ファーマー—世界の都市で始まる食料自給革命』白水社.［*15-13*］

■し

澁谷美紀（2006）『民俗芸能の伝承活動と地域生活』農山漁村文化協会.［*15-14*］

■や

山本奈美（2018）「オルタナティブフードネットワークに関する研究動向」『農業と経済』84（1）昭和堂.［*15-10*］

■わ

渡辺兵力編（1978）『農業集落論』竜渓書舎.［*15-3*］

■R

Renting, H. and Marsden, T.K.（2003）Understanding alternative food networks, exploring the role of short supply chains in rural development, *Environmental and Planning A*, 35, 393-411.［*15-10*］

■T

Tregear, A.（2011）Progressing Knowledge in Alternative and Local Food Networks, Critical Reflections and research Agenda, *Journal of Rural Studies*, 27（4）, 419-30.［*15-10*］

第16章　世界の農業

【引用文献】

■い

石井圭一（2010）「フランス農業の構造調整と政策・制度―農業者のアクセスとリタイアの制度設計」矢口芳生編集代表『現代「農業構造問題」の経済学的考察』農林統計協会，143-207.［*16-18-2*］

■え

荏開津典生・鈴木宣弘（2015）『農業経済学（第4版）』岩波書店.［*16-1*］

■お

大塚啓二郎・櫻井武司編著（2007）『貧困と経済発展―アジアの経験とアフリカの現状』東洋経済新報社.［*16-13*］

■く

久保研介（2009）「インド―貧困を抱えるコメ輸出大国のジレンマ」重冨真一他編著『情勢分析レポート No. 12　アジア・コメ輸出大国と世界食料危機―タイ・ベトナム・インドの戦略』アジア経済研究所.［*16-21*］

黒崎 卓（2001）『開発のミクロ経済学―理論と応用』岩波書店.［*16-13*］

黒崎 卓・和田一哉（2014）「県データで見た農業生産の長期変動とその空間的特徴」柳澤 悠・水島司編著『激動のインド　第4巻　農業と農村』日本経済評論社，第4章，73-123.［*16-21*］

■さ

佐伯尚美（1990）『ガットと日本農業』東京大学出版会.［*16-4*］

櫻井武司（2018）「SDGs（持続的な開発目標）への農学研究の課題と展望」『学術の動向』23（4），64-67.［*16-11*］

■す

鈴木宣弘（2013）『食の戦争―米国の罠に落ちる日本』文春新書.［*16-1*］

須田敏彦（2017）「バングラデシュの村―経済グローバル化の中で変わる村の暮らし」大橋正明他編著『エリア・スタディーズ32　バングラデシュを知るための66章（第3版）』明石書店，323-328.［*16-14*］

■せ

関下 稔（2012）『21世紀の多国籍企業―アメリカ企業の変容とグローバリゼーションの深化』文眞堂.［*16-2*］

■た

高谷好一（1985）『東南アジア学選書1　東南アジアの自然と土地利用』勁草書房.［*16-20*］

田中祐二・小池洋一編（2010）『「失われた10年」を超えて—ラテン・アメリカの教訓　第2巻　地域経済はよみがえるか—ラテンアメリカの産業クラスターに学ぶ』新評論．［*16-22*］

玉井哲也（2008，2009，2010，2015，2016，2017）「カントリーレポート：オーストラリア」農林水産政策研究所プロジェクト研究資料（http://www.maff.go.jp/primaff/kanko/project/index.html）．［*16-16-2*］

■な

中川淳司他（2012）『国際経済法（第2版）』有斐閣．［*16-5*］

中川淳司（2013）『WTO—貿易自由化を超えて』岩波新書．［*16-5*］

■ひ

樋口 修（2006）「GATT/WTO体制の概要とWTOドーハ・ラウンド農業交渉」『レファレンス』670，131-152．［*16-4*］

久野秀二（2011）「国連「食料への権利」論と国際人権レジームの可能性」村田 武編著『シリーズ地域の再生4　食料主権のグランドデザイン』農山漁村文化協会，161-206．［*16-2*］

久野秀二（2018）「国際通商交渉をめぐる農業関連業界・多国籍企業の動向」『農業と経済』84（3），33-45．［*16-2*］

平澤明彦（2012）「次期EU共通農業政策（CAP）改革の方向性」『食農資源経済論集』63（1），19-35．［*16-17*］

平澤明彦（2015a）「CAPにおける価格支持制度及びカップル支払いの変更点」『農林水産省 平成26年度海外農業・貿易事情調査分析事業（欧州）報告書』第I部（http://www.maff.go.jp/j/kokusai/kokusei/kaigai_nogyo/k_syokuryo/pdf/h26_eu01_kakaku.pdf）．［*16-17*］

平澤明彦（2015b）「2014-2020年CAPにおける農村振興政策の概要及び主な変更点」『農林水産省 平成26年度海外農業・貿易事情調査分析事業（欧州）報告書』第Ⅳ部（http://www.maff.go.jp/j/kokusai/kokusei/kaigai_nogyo/k_syokuryo/pdf/h26_eu04_rural.pdf）．［*16-17*］

■ふ

深作喜一郎（2017）「ドーハ・ラウンド交渉の変遷とWTOの将来」『国際経済』68，57-95［*16-4*］

福田竜一（2010）『農林水産政策研究叢書　第10号　貿易交渉の多層化と農産物貿易問題—自由貿易体制の進展と停滞』農山漁村文化協会．［*16-5*］

藤田幸一（2014）「インド農業の新段階」柳澤 悠・水島司編著『激動のインド　第4巻　農業と農村』日本経済評論社，終章，389-422．［*16-21*］

■ほ

星野妙子編（2007）『研究双書562　ラテンアメリカ新一次産品輸出経済論—構造と戦略』アジア経済研究所．［*16-22*］

本間正義（2014）『農業問題—TPP後，農政はこう変わる』ちくま新書．［*16-5*］

■ま

真嶋良孝（2011）「食料危機・食料主権と「ビア・カンペシーナ」」村田 武編著『シリーズ地域の再生4　食料主権のグランドデザイン』農山漁村文化協会，125-160．［*16-2*］

松木洋一（2010）「EUオランダの農業者による生物多様性保全システムと農業環境政策」『環境と公害』40（1），岩波書店，29-35．［*16-18-4*］

松木洋一（2018）『21世紀の畜産革命』養賢堂．［*16-18-4*］

A

Agrarpolitischer Bericht der Bundesregierung 2015, 88–91. [*16-18-3*]

Aker, J. C. (2010) Information from Markets Near and Far : Mobile Phones and Agricultural Markets in Niger, *American Economic Journal : Applied Economics*, 2 (3), 46–59. [*16-9*]

D

David, C. C. and Otsuka, K. eds. (1994) *Modern Rice Technology and Income Distribution in Asia*, Lynne Reinner. [*16-6*]

Deaton, A., and Drèze, J. (2009) Food and nutrition in India : Facts and interpretations. *Economic & Political Weekly*, 44, 42–65. [*16-21*]

Deininger, K. et al., (2011) Rising Global Interest in Farmland : Can It Yield Sustainable and Equitable Benefits?, World Bank. (https://siteresources.worldbank.org/DEC/Resources/Rising-Global-Interest-in-Farmland.pdf) [*16-7*]

Dixon, J. and Gulliver, A. (2001) *Farming Systems and Poverty : Improving Farmers' Livelihoods in a Changing World*, Food and Agriculture Organization and World Bank. (http://www.fao.org/docrep/003/y1860e/y1860e00.htm) [*16-23*]

Duflo, E. and Pande, R. (2007) Dams, *Quarterly Journal of Economics*, 122 (2), 601–46. [*16-9*]

F

Fan, S. and Lorch, R. P. eds. (2012) *Reshaping Agriculture for Nutrition and Health*, International Food Policy Research Institute. [*16-12*]

FAOSTAT (http://www.fao.org/faostat/en/). [*16-6*]

H

HarvestChoice (2015) AEZ tropical (5-class, 2009), International Food Policy Research Institute and University of Minnesota. (http://harvestchoice.org/data/aez5_clas) [*16-23*]

Hayami, Y. and Ruttan, V. W. (1985) *Agricultural Development : An International Perspective*, Johns Hopkins University Press. [*16-6*]

Headey, D. D. and Hoddinott, J. (2016) Agriculture, Nutrition and the Green Revolution in Bangladesh, *Agricultural Systems*, 149 (1), 122–131. [*16-12*]

Hisano, S. (2013) What does the U. S. Agribusiness Industry Demand of Japan in the TPP Negotiations? Problems revealed in the congressional hearings and the USTR public comment procedures, *Working Paper*, 127, Graduate School of Economics, Kyoto University, February 2013. [*16-2*]

Hoddinott, J., et al. (2008) Effect of a Nutrition Intervention during Early Childhood on Economic Productivity in Guatemalan Adults, *Lancet*, 371 (9610), 411–416. [*16-12*]

I

ILO (2015) ILO Global Estimates on Migrant Workers. [*16-14*]

Ito, T, and Kurosaki, T. (2009) Weather Risk, Wages in Kind, and the Off-Farm Labor Supply of Agricultural Households in a Developing Country, *American Journal of Agricultural Economics*, 91 (3), 697–710. [*16-13*]

K

Kurosaki, T. and Khan, H. (2006) Human Capital, Productivity, and Stratification in Rural Pakistan,

Review of Development Economics, 10 (1), 116-134. [*16-13*]

■ L

Lazarus, E. D. (2014) Land Grabbing as a Driver of Environmental Change, *Area*, 46, 74-82. [*16-7*]

■ M

Margulis, M. E. et al. (2013) Land Grabbing and Global Governance : Critical Perspectives, *Globalizations*, 10 (1), 1-23. [*16-7*]

Muto, M. and Yamano, T. (2009) The Impact of Mobile Phone Coverage Expansion on Market Participation : Panel Data Evidence from Uganda, *World Development*, 37 (12), 1887-1896. [*16-9*]

■ O

Oxfam (2011) Land and Power. (https://www.oxfam.org/sites/www.oxfam.org/files/bp151-land-power-rights-acquisitions-220911-en.pdf) [*16-7*]

■ R

Ravallion, M., et al. (2009) Dollar a day, *The World Bank Economic Review*, 23 (2), 163-84. [*16-11*]

■ S

Sheahan, M. and Barrett, C. B. (2017) Ten striking facts about agricultural input use in Sub-Saharan Africa, *Food Policy*, 67, 12-25. [*16-23*]

Statistisches Bundesamt ホームページ
(https://www.destatis.de/DE/ZahlenFakten.html) 2018 年 9 月 13 日閲覧. [*16-18-3*]

Stiglitz, J. (1976) The Efficiency Wage Hypothesis, Surplus Labour and the Distribution of Labour in LDCs, *Oxford Economic Papers*, 28 (2), 185-207. [*16-12*]

■ U

United Nations Population Division (2017) International Migrant Stock, The 2017 Revision. [*16-14*]

■ W

Walker, T. S. and Alwang, J. (2015) *Crop Improvement, Adoption, and Impact of Improved Varieties in Food Crops in Sub-Saharan Africa*, CGIAR and CAB International. (https://ispc.cgiar.org/sites/default/files/pdf/DIIVA_book-2015.pdf) [*16-23*]

World Bank (1989/2007) *World Development Report 1990 : Poverty / 2008 : Agriculture for Development*, Oxford University Press. [*16-11*]

【参考文献】

■ あ

朝倉弘教・藤倉基春編著 (1996)『WTO 時代の関税』日本放送出版協会. [*16-3*]

■ い

池上彰英・寶劔久俊編著 (2009)『アジ研選書 18 現代中国分析シリーズ 3　中国農村改革と農業産業化』アジア経済研究所. [*16-19*]

石井圭一 (2011)「EU の直接所得補償制度の評価と課題—フランスを中心に」『レファレンス』729, 65-86.

［*16-18-2*］
和泉真理（2018）「英国の農業保護政策と Brexit」『農業および園芸』93（6），養賢堂．［*16-18-1*］
岩本武和・阿部顕三編（2003）『岩波小辞典　国際経済・金融』岩波書店．［*16-3*］

■お

大塚啓二郎（2014）『なぜ貧しい国はなくならないのか―正しい開発戦略を考える』日本経済新聞社．［*16-6*］
大塚啓二郎・櫻井武司編著（2007）『貧困と経済発展―アジアの経験とアフリカの現状』東洋経済新報社．［*16-11*］

■か

勝又健太郎（2016）「米国農業法における経営安定政策の変遷とその背景」農林水産政策研究所・プロジェクト研究［主要国農業戦略］研究資料第 13 号『平成 27 年度カントリーレポート：米国，フランス，韓国，GMO（米国，EU）』1-32．［*16-15*］
カールズ，S.・ミラー，M. J./関根政美・関根 薫監訳（2011）『国際移民の時代（第 4 版）』名古屋大学出版会．［*16-14*］
外務省経済局国際機関第一課 編（1996）『解説　WTO 協定』日本国際問題研究所．［*16-4*］

■き

北原克宣・安藤光義編著（2016）『明石ライブラリー 162　多国籍アグリビジネスと農業・食料支配』明石書店．［*16-2*］

■さ

佐野聖香（2015）「ブラジルにおける大豆生産と契約栽培―ルッカスドリオベルジ市の事例研究」『アジア経済』56（4），57-87．［*16-22*］
澤田康幸・戸堂康之（2010）「途上国の貧困削減における政府開発援助の役割」『RIETI Policy Discussion Paper Series』10-P-021．［*16-9*］

■し

庄司匡宏（2009）「マイクロファイナンスの経済学―新返済制度を中心とした現状と展望」『経済研究』186, 89-129．［*16-8*］

■す

鈴木宣弘（2007）「WTO・FTA の潮流と農業―新たな構図を展望」『農業経済研究』79（2），49-64．［*16-1*］

■た

田島俊雄・池上彰英編著（2017）『WTO 体制下の中国農業・農村問題』東京大学出版会．［*16-19*］

■と

豊田 隆（2001）『アグリビジネスの国際開発―農産物貿易と多国籍企業』農山漁村文化協会．［*16-2*］

■の

農林水産省（各年）『海外農業・貿易事業調査分析事業報告書』．［*16-18-1*］

■ふ

フェネル，R.（1997）/荏開津典生監訳（1999）『EU 共通農業政策の歴史と展望―ヨーロッパ統合の礎石』食料・農業政策研究センター国際部会．［*16-17*］

■ほ

本郷 豊・細野昭雄（2012）『ブラジルの不毛の大地「セラード」開発の奇跡』ダイヤモンド社．［*16-22*］

■ま

松原豊彦（2009）「農業と農産物」日本カナダ学会編『はじめて出会うカナダ』有斐閣．［*16-16-1*］

■ゆ

ユヌス，M.・ジョリ，A.（1998）/猪熊弘子訳『ムハマド・ユヌス自伝―貧困なき世界をめざす銀行家』早川書房．［*16-8*］

■よ

吉井邦恒（2011）「アメリカにおける経営安定政策の展開と政府支払い」農林水産政策研究所・行政対応特別研究『欧米の価格・所得政策等に関する分析』69-84．［*16-15*］

吉井邦恒（2016）「アメリカ 2014 年農業法に基づく農業経営安定対策の実施状況」農林水産政策研究所・プロジェクト研究［主要国農業戦略］研究資料第 13 号『平成 27 年度カントリーレポート：米国，フランス，韓国，GMO（米国，EU）』33-53．［*16-15*］

吉井邦恒（2016）「セーフティネットとしての農業保険制度―アメリカ・カナダの農業経営安定対策の事例研究」『保険学雑誌』634，137-157．［*16-15*］

■A

Armendáriz, B., and Morduch, J.（2010）*The Economics of Microfinance*, MIT Press.［*16-8*］

■C

Chemnitz, C., Luig, B. and Schimpf, M. eds.（2017）*AGRIFOOD ATLAS : Facts and figures about the corporations that control what we eat*, Heinrich Böll Foundation, Rosa Luxemburg Foundation and Friends of the Earth Europe.［*16-2*］

■D

Defra（各年）Agriculture in the United Kingdom.［*16-18-1*］

Dowla, A. and Barua, D.（2006）*The Poor Always Pay Back*, Kumarian Press.［*16-8*］

■J

Jayne, T. S., et al.（2018）Review : Taking stock of Africa's second-generation agricultural input subsidy programs, *Food Policy*, 75, 1-14.［*16-10*］

■K

Kaiser, H. M. and Suzuki, N.（edited）（2006）*New Empirical Industrial Organization and Food System*, Peter Lang Publishing, Inc.［*16-1*］

■M

Mason, N. M., et al. (2017) The political economy of fertilizer subsidy programs in Africa : Evidence from Zambia, *American Journal of Agricultural Economics*, 99 (3), 705-731. [*16-10*]

■S

Sheahan, M. and Barrett, C. B. (2017) Ten striking facts about agricultural input use in Sub-Saharan Africa, *Food Policy*, 67, 12-25. [*16-10*]

■T

Takeshima, H. and Liverpool-Tasie, L. S. O. (2015) Fertilizer subsidies, political influence and local food prices in Sub-Saharan Africa : evidence from Nigeria, *Food Policy*, 54, 11-24. [*16-10*]

第 17 章　食料・農業・農村の統計

【引用文献】

■う

氏家清和 (2002)「安全性情報と食料消費―スキャナーデータによる飲用乳食中毒事件の分析」『農業経済研究』74 (3), 109-122. [*17-20*]

宇南山 卓編著 (2015)「特集：統計の整合性と家計行動の把握」『フィナンシャル・レビュー』122. [*17-15*]

■か

加用信文 (1976)『農畜産物生産費論』農林統計協会. [*17-6*]

■き

菊元富雄 (1987)「シンポジウム『農業経営研究と農業統計』開催にあたって」日本農業経営研究会編『農業経営と統計利用』農林統計協会. [*17-5*]

■さ

齊藤 昭編著 (2013)『「農」の統計にみる知のデザイン』農林統計出版. [*17-5*]

■し

神保正志 (1992)「統計情報部の農業地域類型と本地域類型」『長期金融』73, 76-84. [*17-17*]

■せ

仙田徹志他 (2017)「農林業センサスの高度利用―世帯パネルから世帯員パネルへ」『農業と経済』83 (5), 71-80. [*17-19*]

■た

高橋克也 (1992)「食品アイテム間の競合分析」『農総研季報』15, 19-25. [*17-20*]

竹田麻里「第 3 章, 第 2 節　農村政策と農業集落・農村地域― DID 推定による政策効果の検証」農林水産省編『2015 年農林業センサス総合分析報告書』農林統計協会, 250-297. [*17-19*]

■に

日経ビッグデータ編（2016）『RESASの教科書』日経BP社．［*17-19*］

■の

「農業と経済」編集委員会（2017）「［コラム］「地域の農業を見て・知って・活かすDB」の活用と今後の課題」『農業と経済』83（5），94-95．［*17-19*］
農林省（1975）「生鮮食料品流通改善対策要綱（1963年7月9日閣議決定）」農林省大臣官房総務課編『農林行政史』13，1085-1086．［*17-10*］
農林水産省統計部（2005-2017）「集落営農実態調査結果（2005年〜2017年）」．［*17-4*］
農林水産省統計部（2007-2015）「集落営農活動実態調査（2007年〜2015年）」．［*17-4*］

■は

橋詰 登（2013）「農業地域類型別にみた農業構造の変化とその特徴」農林水産政策研究所『構造分析プロジェクト研究資料　第3号（統計分析）　集落営農展開下の農業構造―2010年農業センサス分析』，149-164．［*17-17*］

■ひ

平田幸宏（1979）「地域，地帯」加用信文監修『新版　農林統計の見方・使い方』家の光協会，423-440．［*17-17*］

■ほ

外園智史他（2009）「牛乳の企業別需要分析―特売情報を含むPOSデータを利用して」『フードシステム研究』16（3），15-23．［*17-20*］
堀内久太郎（2004）『国際化時代の農業経営と経営者』全国農業改良普及支援協会．［*17-6*］

■ま

牧 厚志（2007）『消費者行動の実証分析』日本評論社．［*17-15*］

■ゆ

唯是康彦・三浦洋子（2003）『Excelで学ぶ食料システムの経済分析』農林統計協会．［*17-15*］
唯是康彦・三浦洋子（2004）「食料消費資料の数量的整合性：食品ロスの推計を中心にして」『統計学』87，28-42．［*17-15*］

■C

Cotterill, R. W.（1994）Scanner Data : New Opportunities for Demand and Competitive Strategy Analysis, *Agricultural and Resource Economics Review*, 23（2）, 125-139.［*17-20*］

【参考文献】

■あ

安藤光義編著（2013）『日本農業の構造変動―2010年農業センサス分析』農林統計協会．［*17-2*］，［*17-7*］

■い

今村奈良臣（1998）「新たな価値を呼ぶ，農業の6次産業化―動き始めた，農業の総合産業戦略」今村奈

良臣編著『地域に活力を生む，農業の6次産業化―パワーアップする農業・農村』21世紀村づくり塾，1-28．［17-11］

■か

加用信文監修（1978）『新版　農林統計の見方・使い方』家の光協会．［17-10］
加用信文（1979）『農林統計の見方・使い方』家の光協会．［17-6］

■き

木下 滋他編（1992）『統計ガイドブック 社会・経済』大月書店．［17-1］

■く

栗山 怜（2016）「［今月の農林統計］「地域の農業を見て・知って・活かすDB～農林業センサスを中心とした総合データベース～」を公開」『農業と経済』82（10），88-91［17-19］

■こ

児島俊弘（1962）『農業総合研究叢書　第61号　農業の経済的地帯形成と地帯分画』農業総合研究所．［17-17］

■さ

齊藤 昭編著（2013）『「農」の統計にみる知のデザイン』農林統計出版．［17-6］，［17-9］，［17-18］
澤田 守（2018）「農業労働力・農業就業構造の変化と経営継承」農林水産省編『2015年農林業センサス総合分析報告書』農林統計協会．［17-3］

■し

清水徹朗（2013）「農業所得・農家経済と農業経営」『農林金融』66（11），13-31．［17-5］
清水 誠（2000）『統計体系入門』日本評論社．［17-1］

■せ

全国農業会議所ホームページ「全国農地ナビ」（https://www.alis-ac.jp/）．［17-8］

■そ

総務省統計局ホームページ（https://www.stat.go.jp/）．［17-16］

■に

日本銀行ホームページ「統計」（https://www.boj.or.jp/statistics/）．［17-16］
日本能率協会総合研究所マーケティング・データ・バンク編（2000）『官庁統計徹底活用ガイド2001』食品流通情報センター．［17-1］

■の

農政調査委員会（1975）『農業統計用語事典』農山漁村文化協会．［17-6］
農政調査委員会（2016）『市町村の農業産出額に代わる農業生産額の算出について』．［17-7］
農林水産省（2018）『2015年農林業センサス総合分析報告書』農林統計協会．［17-2］
農林水産省統計部（2007）『解説　2005年農林業センサス』．［17-2］
農林水産省ホームページ「食品の価格動向」（www.maff.go.jp/j/zyukyu/anpo/kouri/）．［17-16］

■ひ

平林光幸（2010）「統計分析に見る『上層農』の現段階とその特徴」『農業問題研究』65，1–10．［*17-5*］

■ほ

堀口健治編（2017）『日本の労働市場開放の現況と課題―農業における外国人技能実習生の重み』筑波書房．［*17-3*］

■や

山口幸三（2014）『失われし20年における世帯変動と就業異動―1991年～2010年のミクロ統計データの静態・動態リンケージにもとづく分析』日本統計協会．［*17-18*］

事項索引

■英数字

■あ

■か

■さ

■た

■な

■は

■ま

■や

■ら

■わ

人名索引

■な

■は

■ま

■や

■ら

■わ

農業経済学事典

令和元年 11 月 25 日　発　行

編　者　日本農業経済学会

発行者　池　田　和　博

発行所　丸善出版株式会社

〒101-0051 東京都千代田区神田神保町二丁目17番
編 集：電話(03)3512-3264／FAX(03)3512-3272
営 業：電話(03)3512-3256／FAX(03)3512-3270
https://www.maruzen-publishing.co.jp

組版印刷・三美印刷株式会社／製本・株式会社 星共社

ISBN 978-4-621-30457-0 C 3561　　Printed in Japan